统计学精品译丛

（原书第5版）

线性回归分析导论

Introduction to Linear Regression Analysis

(Fifth Edition)

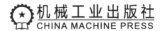

道格拉斯·C. 蒙哥马利（Douglas C.Montgomery）
[美] 伊丽莎白·A. 派克（Elizabeth A.Peck） 著
G.杰弗里·瓦伊宁（G.Geoffrey Vining）

王辰勇 译

机械工业出版社
CHINA MACHINE PRESS

图书在版编目（CIP）数据

线性回归分析导论（原书第 5 版）/（美）蒙哥马利（Montgomery，D.C.）等著；王辰勇译．
—北京：机械工业出版社，2016.4（2024.5 重印）
（统计学精品译丛）
书名原文：Introduction to Linear Regression Analysis, Fifth Edition

ISBN 978-7-111-53282-8

I. 线…　II. ①蒙…　②王…　III. 线性回归－回归分析－教材　IV. O212.1

中国版本图书馆 CIP 数据核字（2016）第 057191 号

北京市版权局著作权合同登记　图字：01-2013-4241 号。

本书是世界公认的“回归分析”权威教材，不仅从理论上介绍了当今统计学中用到的传统回归方法，还补充介绍了尖端科学研究中不太常见的回归方法．本书前 11 章是核心内容，阐述简单回归、多元回归、诊断统计量、指示变量、有偏估计、多项式回归模型等主题，并简单讨论了用于回归模型验证的一系列方法以及如何处理强影响观测值、多重共线性问题．最后 4 章介绍回归实践中比较重要的各种论题，包括非线性回归、广义线性模型、时间序列数据的回归模型、稳健回归、自助回归估计值、分类回归树、神经网络以及回归试验设计等．书末还有 5 个附录，其中附录 C 简短地给出了理论性更强的某些其他论题，附录 D 介绍了使用 SAS 处理回归问题，附录 E 介绍了 R.

本书适用于工程学、化学科学、物理科学、统计学、数学以及管理学等专业的各年级本科生与一年级研究生．

出版发行：机械工业出版社（北京市西城区百万庄大街 22 号　邮政编码：100037）

责任编辑：王春华	责任校对：董纪丽
印　　刷：北京捷迅佳彩印刷有限公司	版　　次：2024 年 5 月第 1 版第 7 次印刷
开　　本：186mm×240mm　1/16	印　　张：31
书　　号：ISBN 978-7-111-53282-8	定　　价：99.00 元

客服电话：（010）88361066　68326294

译 者 序

历经十个月，我终于翻译完成了这本 600 余页的著作. 这是我第一本译著，也是我第一次从事系统的翻译工作. 今天，我诚惶诚恐地将这本译著献给大家.

本书是一本权威的回归分析著作，被许多美国大学用作教材. 本书的第一作者蒙哥马利先生是一位著名的工程统计学家，著有十几本著作，其中包括《试验设计与分析》《统计质量控制》《响应曲面方法》《工程统计学》等权威教材. 本书秉承了蒙哥马利先生在工程统计领域的写作风格，旁征博引，大量使用各个领域的实际数据（尤其是工程数据）作为例子，这极大地增加了读者的兴趣与对回归分析方法的理解，但也为本书的翻译工作带来了不小的难度.

一本译著的完成，离不开身边支持我的人. 首先要感谢机械工业出版社对我的信任，将这本权威的名著交给了我，并给予了我一些帮助. 还要感谢已经陪我走过了十年的小伙伴们，尤其是傅泽伟、韩旭、王尉、王潇、张旭斌；翻译本书期间恰逢我一次重大的人生转折，是他们在我最困窘与彷徨的时候，给予了我巨大的帮助与启迪. 最后，要感谢我年迈的父母，没有他们的督促与激励，这本译著的完成时间恐怕还要延后，谨将这本译著献给他们.

原书出版商没有提供本书的电子版，所以我直接将原文笔译在纸上，然后再使用 LaTeX 录入. 虽然翻译本书花费了我大量的精力，但是翻译的过程也是我个人提高的过程，令我收获颇丰. 由于经验与时间所限，译文难以做到尽善尽美，其中的不当与错误之处，请读者不吝指正.

王辰勇
2015 年 10 月

前　言

回归分析是广泛用于分析多因子数据的方法之一. 回归分析使用方程来表达所感兴趣的变量(响应变量)与一系列相关预测变量之间的关系，其中所产生的概念逻辑过程使本书具有广泛的吸引力与实用性. 因为回归分析隐含着优雅的数学，同时也有完善的统计学理论，所以回归分析在理论上也是非常有趣的. 成功地使用回归分析，就要从理论与常见的实际问题两个方面，将其应用于实际数据.

本书适合作为回归分析的入门教材，包含了回归分析中的标准论题，也涉及许多新的论题. 本书理论与应用实例并重，使读者不仅理解必要的基本原理，还能将各种回归建模方法应用于具体环境中. 本书最初成书于回归分析课程的笔记，该课程面向高年级本科生与一年级研究生，学生来自不同的专业：工程学、化学与物理科学、统计学、数学，以及管理学. 本书也曾用于面向专业人士的入门培训. 本书假定读者学过统计学的入门课程，并熟悉假设检验、置信区间以及正态分布、t 分布、卡方分布与 F 分布，矩阵代数的某些知识也是必要的.

在回归分析的现代应用中，计算机扮演了重要的角色. 今天，即便是电子表格软件，也可以使用最小二乘法来拟合回归方程. 因此，本书整合了许多软件的使用方法，给出数据表格与图形输出，并总体上讨论了某些计算机软件包的功能. 本书使用了 Minitab、JMP、SAS 与 R 来处理各种问题与例子. 之所以选择这些软件包，是因为它们广泛用于实践和教学. 许多作业习题都要使用统计软件包来求解. 本书的所有数据都可以通过出版商以电子形式获得. ftp 地址为：ftp://ftp. wiley. com/public/sci_tech_med/introduciton_linear_regression，其中汇总了数据、习题解答、PowerPoint 文件，以及与本书相关的其他材料.

第 5 版的改进

本书第 5 版有很多改进，包括：重新组合了课文材料，新的例子，新的习题，关于时间序列回归分析的新的一章，以及关于回归模型试验设计的新材料. 进行修订的目的是使本书更好地用作教材与参考书，并更新对某些论题的讨论.

第 1 章从整体上介绍了回归建模，并描述了回归分析的某些典型应用. 第 2 章与第 3 章提供了简单回归与多元回归中最小二乘模型拟合的标准结果，以及基本的推断程序(假设检验、置信区间与预测区间). 第 4 章讨论了模型适用性检验的基本方法，包括残差分析，其中强调了残差图、离群点的探测与处理、PRESS 统计量，以及失拟检验. 第 5 章讨论了如何将数据变换与加权最小二乘法用于解决模型不适用这一问题，如何处理违背基本回归假设的情形. 本章也介绍了 Box-Cox(博克斯-考克斯)方法与 Box-Tidwell 方法，从分析的角度设定数据变换的形式. 第 6 章展示了诊断统计量，并简单讨论了如何处理强影响观测值. 第 7 章讨论了多项式回归模型及其各种变形. 本章的论题包括多项式拟合与推断的基本程序，以多项式、分层多项式与分段多项式为中心的讨论，同时拥有多项式与三角函数项的模型，正交多项式，响应曲面方法概述，以及非参数回归方法与光滑回归方法的介绍. 第 8 章介绍了指示变量，同时将回归模型与方差分析模型进行了联系. 第 9 章关注多重共线性问题，包括对多重共线性来源的讨论，多重共线性的危害、诊断量与各种诊断性度量．本章介绍了有偏估计，包括岭回归及其某些变种，以及主成分回归．第 10 章研究了变量选择与模型构建方法，包括逐步回归程序与所有可能回归．本章也讨论与解释了评估子集模型的某些准则．第 11 章展示了用于回归模型验证的一系列方法．

前 11 章是本书的核心，这 11 章贯穿着许多概念与例子．其余四章讨论回归实践中比较重要的各种论题，可以独立阅读．第 12 章介绍了非线性回归，而第 13 章简单讨论了广义线性模型．虽然这两章可能不是线性回归教材的标准论题，但是不介绍这两章，对工程学与自然科学的学生与教授将是非常不负责任的．第 14 章讨论时间序列数据的回归模型．第 15 章概述了几个重要论题，包括稳健回归、回归变量中测量误差的影响、逆估计即校准问题、自助回归估计值、分类回归树、神经网络，以及回归试验设计．

除了正文的内容外，附录 C 简短地给出了理论性更强的某些其他论题．回归分析的专家与利用本书讲授高级课程的教师会对其中某些论题更感兴趣．计算在许多回归课程中都扮演着重要角色，这些课程广泛使用 Minitab、JMP、SAS 与 R．本教材提供了这些统计软件包的输出．附录 D 介绍了使用 SAS 处理回归问题．附录 E 介绍了 R．

本书作为教材如何使用

本书覆盖了广泛的论题，有很大的灵活性．对于回归分析的入门课程，推荐详细讲授第 1 至 10 章，然后选出学生特别感兴趣的论题．举例来说，作者之一(D. C. M.)定期讲授一门面向工程学学生的回归课程，论题包括非线性回归(因为工程学中经常出现的机械模型几乎永远是非线性模型)、神经网络以及回归模型验证，其他的推荐论题有多重共线性(因为学生经常会遇到多重共线性问题)、广义线性模型导论——主要关注逻辑斯蒂回归．G. G. V. 讲授过一门面向统计学研究生的回归分析课程，大量使用了附录 C 中的材料．

我们认为，应当将计算机直接整合进课程中．近年来，在大多数课堂上都采用笔记本电脑与计算机投影设备，像在讲座中那样解释回归方法．我们发现，这样可以极大地促进学生对回归方法的理解．我们也要求学生使用回归软件来解题．在大多数情况下，习题都使用了实际数据，或是来自现实世界的议题，以表示回归分析的一般性应用．

教师手册包含了所有习题的答案、所有电子版数据集，以及可能适合于考试的习题．

致谢

感谢在准备本书的过程中提供了反馈与帮助的人．Scott M. Kowalski、Ronald G. Askin、Mary Sue Younger、Russell G. Heikes、John A. Cornell、André I. Khuti、George C. Runger、Marie Gaudard、James W. Wisnowski、Ray Hill 与 James R. Simpson 博士给出了许多建议，他们的建议极大地改良了本书的前几版与第 5 版．我们特别感激为本书提供反馈的许多研究生与实践专家，他们洞察出问题所在，丰富或拓展了本书的材料．我们也要感谢约翰-威利父子公司、美国统计学会以及生物统计学委员会，他们大度地允许我们使用其版权材料．

Douglas C. Montgomery
Elizabeth A. Peck
G. Geoffrey Vining

目　录

第1章 导 引

1.1 回归与建模

回归分析统计方法研究变量之间的关系并对其构建模型. 回归的应用领域广泛, 几乎遍及所有学科, 包括工程学、物理科学、化学科学、经济学、管理学、生命科学及社会科学等. 事实上, 回归分析可能是应用得最为广泛的统计方法.

下面是一个应用回归分析解决实际问题的例子. 假设有一位工业工程师, 这位工程师受聘于一家负责软饮料装瓶的公司, 他正在分析自动售货机的货物运送与服务运营过程. 这位工程师估计普通的送货员装货并检修机器所需的时间(送货时间)与送货的箱数有关. 他走访了随机选取的 25 个配有自动售货机的零售网点, 并依次观测了每个网点送货员的送货时间(以 min 为单位)和送货箱数(以箱为单位). 图 1-1a 画出了这 25 个观测值的**散点图**, 它清楚地表明了送货时间与送货量之间的关系. 能看到所观测的数据点都大致落到一条直线上, 图 1-1b 画出了这条直线, 但这一直线关系并不精确.

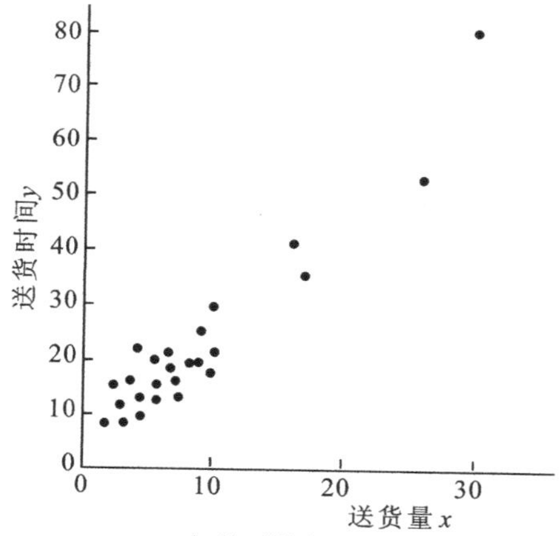

a) 关于送货量的散点图

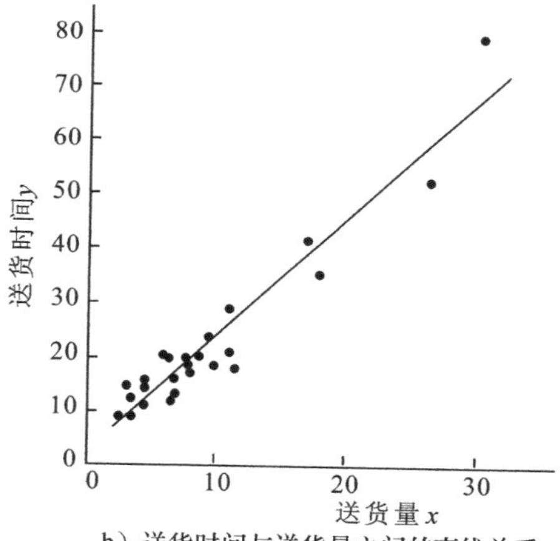

b) 送货时间与送货量之间的直线关系

图 1-1

如果令 y 表示送货时间, x 表示送货量, 那么这两个变量的直线方程为

$$y=\beta_0+\beta_1 x \tag{1.1}$$

式中: β_0 为截距; β_1 为斜率. 因为数据点并不是精确地落到这条直线上, 所以为了解释这一现象应当对方程(1.1)进行修改. 令 y 的观测值与直线上的值($\beta_0+\beta_1 x$)之间的差值为**误差** ε, 方便起见可将 ε 理解为统计误差. 统计误差是一个随机变量, 它使得模型不能精确拟合数据. 统计误差的产生可能是由于其他变量对送货时间有影响, 存在测量误差, 等等, 因此对送货时间这一数据而言更为合理的模型为

$$y=\beta_0+\beta_1 x+\varepsilon \tag{1.2}$$

方程(1.2)称为**线性回归模型**．习惯上将 x 称为自变量，y 称为因变量，但由于这种命名通常会引起与统计独立性这一概念的混淆，所以又将 x 称为**预测**变量或**回归**变量，将 y 称为**响应**变量．由于方程(1.2)仅涉及一个回归变量，故也将其称为**简单线性回归模型**．

为了深入领会线性回归模型，假设回归变量 x 的值为定值，观察响应变量 y 的相应值．x 为定值时，方程(1.2)右边的随机项 ε 将决定 y 的性质．设 ε 的均值和方差分别为 0 和 σ^2，那么对任意定值的回归变量 x，其响应变量 y 的均值为

$$E(y|x)=\mu_{y|x}=E(\beta_0+\beta_1 x+\varepsilon)=\beta_0+\beta_1 x$$

注意，这与前文考察过的，通过图 1-1a 中的散点图得出的关系式方程是相同的．同理对任意定值 x，其 y 的方差为

$$\mathrm{Var}(y|x)=\sigma^2_{y|x}=\mathrm{Var}(\beta_0+\beta_1 x+\varepsilon)=\sigma^2$$

因此，实际的回归模型 $\mu_{y|x}=\beta_0+\beta_1 x$ 是一条直线，y 的各均值都在这条直线上．也就是
2 说，取任意定值的 x 所对应的回归直线的高度，恰好是那个 x 所对应的 y 的期望值．斜率 β_1 可以解释为 x 变化一个单位时 y 均值的变化量．此外，对一个特定取值的 x，其 y 的随机变化情况由模型误差项的方差 σ^2 决定．这意味着对于每一个 x，都存在 y 的一个分布，每个 x 所对应的这一 y 的分布，其方差都是相同的．

举例来说，假设送货时间与送货量之间线性关系的实际回归模型为 $\mu_{y|x}=3.5+2x$，并假设方差 $\sigma^2=2$．图 1-2 描绘了这一情形．注意，我们用正态分布来描述随机变量 ε 所服从的分布．因为装货时间 y 是常数的和 $\beta_0+\beta_1 x$(均值)，又服从正态分布，所以 y 也是服从正态分布的随机变量．举例来说，假如 $x=10$ 箱，那么送货时间 y 服从均值为 $3.5+2\times10=23.5$min、方差为 2 的正态分布．方差 σ^2 决定了送货时间 y 的观测值会发生数量变化，即出现噪声．当 σ^2 较小时，送货时间的观测值将更靠近回归线，而当 σ^2 较大时，将明显背离回归线．

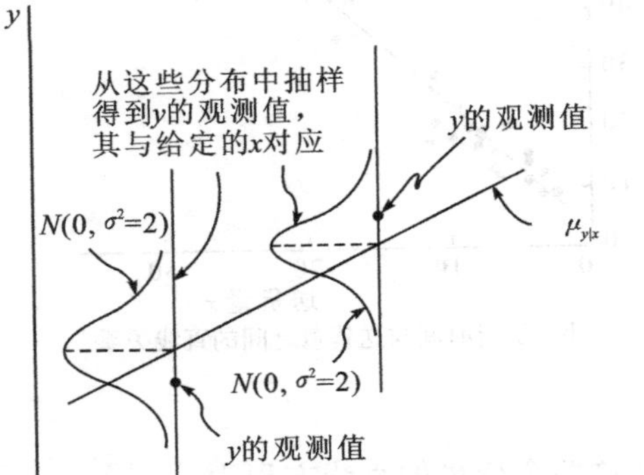

图 1-2　线性回归的观测值是如何生成的

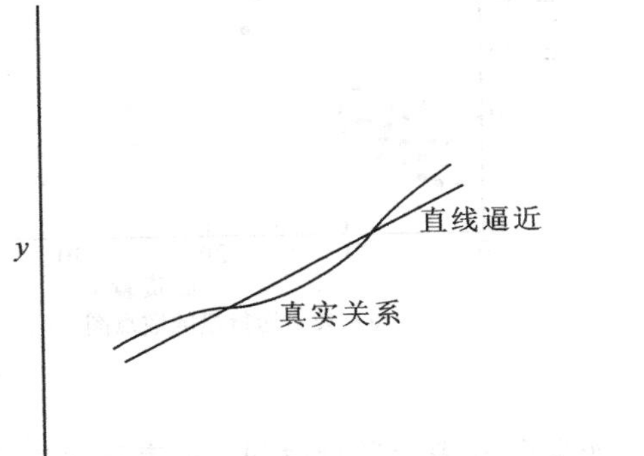

图 1-3　复杂关系的线性回归逼近

在几乎所有的回归应用领域中，对我们感兴趣的变量而言，回归方程只是实际函数关系的逼近．实际的函数关系通常基于物理学理论、化学理论，或其他工程学理论与科学理论而产生，也就是说，实际函数关系是以人们对理论中潜在机理的了解为基础产生的．因此，通常将这类模型称为**机理模型**．而回归分析却不同，人们将其视为**经验模型**．图 1-3 描绘了这样一种情形：y 与 x 之间的实际数量关系相对复杂，但这一复杂的数量关系可以

用一个线性回归方程很好地逼近．而潜在机理有时更为复杂，这就需要用更为复杂的逼近函数来逼近 y 与 x 之间的实际关系．如图 1-4 所示，这里的“分段线性”回归模型用来逼近 y 与 x 之间的实际关系．

通常情况下，回归方程的有效性仅限于包含观测数据在内的回归变量的区域上．比如考虑图 1-5 中的例子．假设关于 y 和 x 的数据位于区间 $x_1 \leqslant x \leqslant x_2$ 上，在此区间上的线性回归方程是对数据实际关系的良好逼近．但是，假如使用该方程预测 y 的值时，其对应的回归变量的值位于区域 $x_2 \leqslant x \leqslant x_3$ 内，那么显然，对在这一区域上的 x，由于模型和方程错误，该线性回归模型将失效． 3

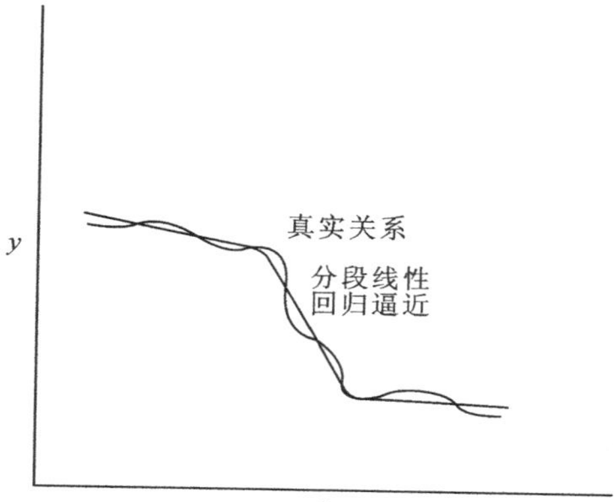

图 1-4　复杂关系的分段线性逼近

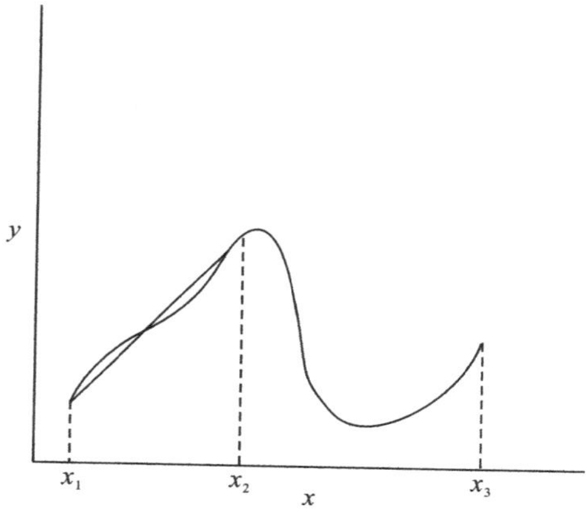

图 1-5　使用外推法的危险性

一般而言，响应变量 y 可以与 k 个回归变量 x_1，x_2，…，x_k 相关，因此，有

$$y=\beta_0+\beta_1 x_1+\beta_2 x_2+\cdots+\beta_k x_k+\varepsilon \tag{1.3}$$

由于该方程所涉及的回归变量不止一个，故称为**多元线性回归模型**．“线性的”这一形容词用来表明模型的参数 β_1，β_2，…，β_k 是线性的，而非 y 是关于 x 的线性函数．后文的许多模型中 y 与 x 以非线性形式相关，但只要方程关于 β 是线性的，就仍然可以将其当做线性回归方程处理．

使用回归分析的一个重要目标是估计回归模型中的未知参数，这一过程也称为用模型拟合数据．本书将研究若干种参数估计方法，其中一种就是最小二乘法(在第 2 章介绍)．举例来说，用最小二乘法拟合送货时间数据将得到

$$\hat{y}=3.321+2.1762x$$

式中：$\hat{y}$是送货时间的拟合值，也称为估计值，其对应着送货量 x 的箱数．该拟合方程已在图 1-1b 中画出．

回归分析的下一阶段称为**模型适用性检验**．模型适用性检验研究模型的适当程度，确定拟合质量的高低．模型适用性检验分析将决定回归模型的实用性．模型适用性检验有两种可能的结果，要么表明模型是合理的，要么必须修正原来的拟合方案．因此，回归分析是一个反复的过程，在这一过程中，数据导出了模型，而模型也拟合了数据．研究数据拟合的质量后，要么修正模型或拟合方案，要么采用这一模型．后续章节将多次解释这一过程． 4

回归模型并非意味着变量间存在因果联系．即使两个或更多变量间可能存在牢固的实

证关系，也不能认为这就证明了回归变量与响应变量间存在因果联系．确立因果关系，要求回归变量与响应变量必须存在一种基础性的、与样本数据无关的关系，比如理论分析中所暗含的关系．回归分析有助于因果关系的确认，但不能成为判断因果关系是否存在的唯一基础．

最后一定记住，回归分析只是众多用于解决问题的数据分析方法的一种，也就是说，回归方程本身可能并非研究的主要目的．就整个数据处理过程而言，洞察力与理解能力通常更为重要．

1.2 数据收集

数据收集是回归分析的一个重要方面．只有数据本身是良好的，以这些数据为基础的回归分析才可能是正确的．收集数据的三种基本方法如下：

- 基于历史数据的回顾性研究；
- 观测性研究；
- 试验设计．

良好的数据收集方案能确保我们得到的模型简洁而实用，而不良的数据收集方案将使得数据分析及其解释出现严重问题．下面举例说明这三种数据分析方法．

例 1.1 考虑如图 1-6 所示的丙酮-丁醇蒸馏塔，操作员感兴趣的是馏出物(产物)流中丙酮的浓度．可能影响丙酮浓度的因素有再沸温度、冷凝温度和回流率．对该蒸馏过程而言，操作员一直记录以下数据：

- 测试样本中，产物流中丙酮的浓度，每 4 小时记录一次；
- 再沸温度控制器的日志，这是一个再沸温度图；
- 冷凝温度控制器的日志；
- 名义回流率，每小时记录一次．

在蒸馏过程中名义回流率应为常数，生产过程中该速率极少变化．现在讨论前文所述的三种数据收集基本方法如何
5 应用到这一蒸馏过程中．

回顾性研究 我们可以进行回顾性研究．即使用一定时期内全部历史数据或其样本，来决定再沸温度、冷凝温度和回流率与产物流中丙酮浓度的关系．回顾性研究利用以前收集的数据，并将研究成本最小化．但是，这一过程存在

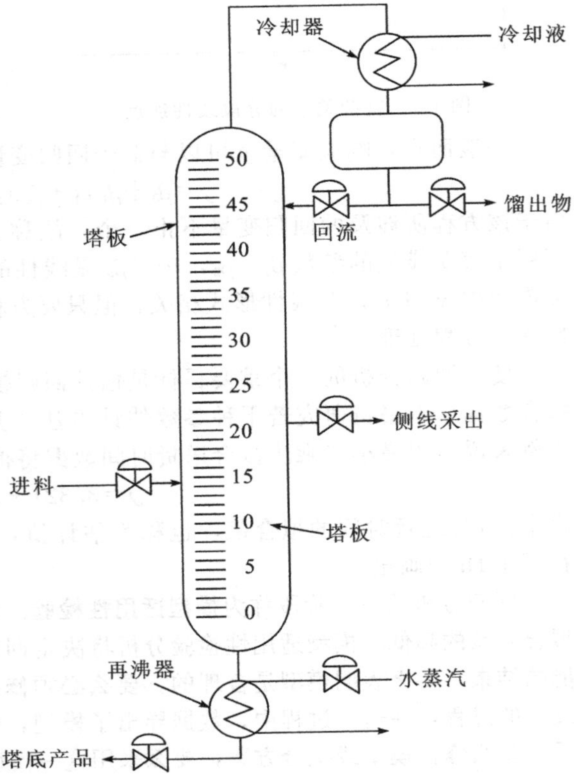

图 1-6 丙酮-丁醇蒸馏塔

以下问题.

1）我们实际上不知道回流率对丙酮浓度的影响，因为我们必须假设这一影响在那段历史时期内变化不大.

2）因为再沸温度和冷凝温度与丙酮浓度的数据不直接对应，因此，构造一个逼近的对应关系需要付出极大努力才能实现.

3）通过使用自动控制装置，在生产过程中能控制温度，使其尽可能达到特定的目标值. 因为再沸温度和冷凝温度几乎不随时间变化而变化，因此，观察其对浓度的真实影响存在极大困难.

4）在再沸温度和冷凝温度可以变化的极小范围内，冷凝温度往往与再沸温度共同上升. 结果，辨别两个温度对丙酮浓度各自的影响十分困难. 这将导致**共线性**(即**多重共线性**)问题，将在第 9 章讨论. 6

回顾性研究提供的有用信息数量有限. 一般而言，回顾性研究有如下主要缺点：

- 某些相关数据有时缺失.
- 数据的可靠性与质量通常相当值得怀疑.
- 数据的本质特征通常不允许我们轻松地处理问题.
- 数据分析通常设法通过某种方式使用这些数据，而人们以前从未打算以这种方式使用数据.
- 日志、笔记与记忆可能不能解释通过数据分析验证的有趣现象.

无论出于什么原因，操作员常会出现未记录或丢失了某些数据的过错，所以使用历史数据时总会伴随着危险. 一般而言，历史数据包含关键的信息，也包含便于收集的信息. 便于收集的信息一般严谨而精确，而重要的信息通常并不严谨精确. 因此，历史数据通常受困于记录错误等问题，这些错误使得历史数据易于出现**离群点**，即与大多数数据差异很大的观测值. 回归分析只有在基于可靠的数据时，才是正确的.

有时候，数据便于收集并不意味着其特别有用，通常情况下，常规的过程监视装置认为不重要的数据和不便于收集的数据反而确实对过程有显著影响. 因为这些数据信息从未被收集，所以历史数据不能提供这些信息. 举例来说，外界温度可能影响蒸馏塔的热量流失，天冷时蒸馏塔流失了比天热时更多的热量. 但丙酮-丁醇蒸馏塔的生产日志没有记录外界温度，结果即使外界温度的影响比较重要，对历史数据的分析也无法包括这一因子.

在某些情况下，我们尝试使用替代数据. 收集替代数据，是为了替代真正需要去收集的数据. 只有在替代数据在很大程度上真正反映了其所代表的数据时，分析结果才能提供正确的信息. 举例来说，进料口丙酮与丁醇的混合物的性状，能显著影响蒸馏塔的性能. 蒸馏塔的设计是将(达到混合物的沸点的)饱和液体作为进料. 生产日志记录进料温度，但不记录进料流中丙酮与丁醇的特定浓度，因为这些浓度值在通常条件下很难获得. 在这种情况下，进料口的温度将替代进料口混合物的性状. 在恰当的温度进料，以及使用过冷液体或气液混合物从进料口进料，是完全可行的.

在某些情况下，数据收集过于随意，因此数据的品质、精确性和可靠性极低，这将对响应变量产生极大影响. 数据对响应变量的影响可能是真实的，也可能是不精确的“人造

7 数据”对响应变量产生了虚假的影响. 很多数据分析得出的结论是无效的，因为它过于依赖其所使用的数据，而这些数据从未打算直接用于数据分析.

最后，许多数据分析的最初目的，是隐藏暗含的有趣现象的根本起因. 使用历史数据时，这些我们感兴趣的现象可能已经发生于数月前或数年前. 日志与笔记通常不对根本起因提供显著的深入的观察数据，而记忆也会随着时间流逝而明显消退. 大多的情况下，基于历史数据的数据分析会发现未经解释的、不精确的有趣的现象.

观测性研究　对这一问题我们可以使用观测性研究来收集收据. 正如这一名字所表明的，观测性研究就是对过程或总体进行观测. 只有获得的相关数据足够多，我们对这一过程的影响和干预才足够强. 使用恰当的试验计划，观测性研究能确保数据的精确性、可靠性与完整性. 但在另一方面，观测性研究能提供的数据间特定关系的信息极为有限.

在本例中，我们建立了数据收集表. 生产人员可以使用数据收集表，记录特定时间上的再沸温度、冷凝温度与实际回流率，并观测对应的产物流中丙酮的浓度. 数据收集表应提供添加评注的功能，以便记录可能发生的任何特殊的现象. 这一处理将确保数据收集的精确性与可靠性，也将解决上文提到的问题 1)和问题 2). 离群值与数据中某些误差相关，这一方法也将观测到离群值的可能性最小化. 不幸的是，观测性研究不能解决问题 3)和问题 4)，所以观测性研究易于产生共线性问题.

试验设计　这一问题最佳的数据收集策略是试验设计，试验中我们根据一种明确定义的策略，称为试验设计，控制再沸温度、冷凝温度和回流率等因子. 这一策略能确保我们分离了与之相关的每个因子对丙酮浓度的影响. 这一过程消除了所有共线性问题. 试验中因子特定的值叫做水平，一般来说，设定一个较小的数字代表因子的水平，比如 2 或 3. 对于蒸馏塔这个例子，假设对每个因子设定高水平(+1)和低水平(−1)两种水平. 那么，我们将使用三个因子，每个因子存在两个水平. 处理组合是对每个因子水平的特定组合，使用一次处理组合，就是进行一次试验. 试验设计或试验计划包含一系列试验.

对于蒸馏塔的例子，最为合理的试验策略是，使用所有可能的处理组合，用八次不同的蒸馏试验来形成一个基本试验. 表 1-1 所示的是这些组合的高低水平.

图 1-7 表明，这一试验设计形成了以高低水平为单位的立方体. 在不同条件的蒸馏试验过程中，依次让蒸馏塔达到平衡，抽取产物流样本，确定丙酮的浓度，然后对这些因子

8 进行特定的推断. 试验设计这一方法允许我们主动地研究总体或过程.

表 1-1　蒸馏塔试验设计

再沸温度	冷凝温度	回流率
−1	−1	−1
+1	−1	−1
−1	+1	−1
+1	+1	−1
−1	−1	+1
+1	−1	+1
−1	+1	+1
+1	+1	+1

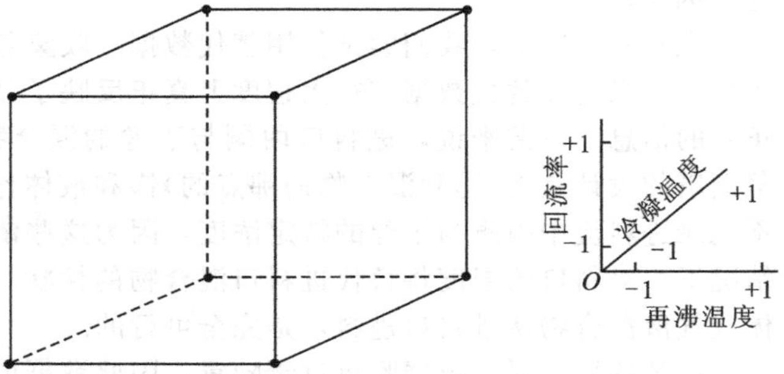

图 1-7　蒸馏塔试验设计

1.3 回归的用途

使用回归模型有以下目的：

1）描述数据；

2）参数估计；

3）预测与评估；

4）控制.

理工科资料中，往往使用方程汇总或描述数据集来建立模型，而回归分析有助于得到此类方程. 比如，通过大量收集送货时间和送货量的数据得到的回归模型，相比数据表甚至数据图形，都更加方便和实用.

回归方法有时可以解决参数估计问题. 举例来说，化学工程中使用米氏方程 $y=\beta_1 x/(x+\beta_2)+\varepsilon$ 来描述反应速率 y 与浓度 x 的关系. 在这一模型中，β_1 是反应的最终速率，即随着浓度的增大速率能达到的最大值. 如果得到了由不同浓度下速率的观测值组成的样本，那么化学工程设计中就能通过回归分析来得到能拟合数据的模型，从而得到最大速率的估计值. 第 12 章说明了此类回归模型如何拟合数据.

回归的很多应用领域都涉及对响应变量的预测. 比如，我们可能希望预测装入一定数量的软饮料瓶的包装，箱数所需的送货时间，这一预测可能有助于规划送货活动，比如，设计路线、安排行程，也可能有助于评估送货作业的效率. 由于存在前文(见图 1-5)讨论的模型或方程错误，所以利用回归模型进行预测时，使用外推法是危险的. 但是即使模型的方程形式是正确的，不良的模型参数估计量仍可能导致不良的预测效果.

使用回归模型的目的还可以是进行控制. 比如，化学工程中使用回归分析来得出有关纸张抗张强度与木浆中硬木浆浓度的模型，然后利用这一方程，通过改变硬木浆的水平， 9
控制抗张强度使其达到合适的值. 以控制为目的使用回归方程时，重要的是变量之间要存在因果关系. 注意，如果仅使用方程进行预测，因果关系可能并不是必要的，而必要的是，用于构建回归方程的原始数据中存在的因果关系. 举例来说，在美国，根据佐治亚州亚特兰大市八月的日耗电量，可能可以较好地预测该市八月最高温度日的温度，但是通过削减电力消耗来降低最高温度的尝试显然注定会失败.

1.4 计算机的角色

回归建模过程是一个反复的过程，如图 1-8 所示. 开始，使用有关研究过程的所有理论知识和可获得的数据，来指定最初的回归模型. 数据图通常非常有助于指定最初的回归模型. 然后是估计模型的参数，一般使用最小二乘法或极大似然法，这两种方法都会在本教材中展开讨论. 然后评估模型的适用性，这包括找出可能存在的对模型方程形式的错误假设，例如，未将重要变量纳入模型，将不必要的变量纳入模型，或者使用了特殊数据或不合适的数据. 如果模型不适用，就必须重新创建模型，并重新估计参数，这一过程可能会反复进行几次，直到得到适用的模型. 最后，完成模型验证，确保在最终应用时模型能产生可接受的结果.

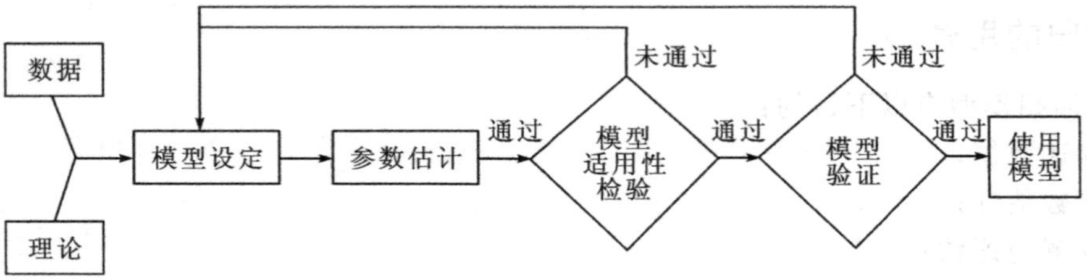

图 1-8　回归建模过程

优良的计算机回归程序是建模过程的必备工具，但是使用计算机标准回归程序的常规应用程序通常不能得到成功的结果．计算机不能替代人类对问题的创造性思考，而回归分析需要智慧而巧妙地使用计算机．我们必须学习如何解释计算机告诉我们的东西，以及如何将计算机与随后得到的模型中的信息结合起来．一般来说，计算机回归程序是更为通用
10 的统计软件包的一部分，比如，Minitab、SAS、SPSS 和 R．本书会连贯地讨论并说明这些软件包的用途．附录 D 结合 SAS 的基本用法，详细讨论了用于回归建模的 SAS 程序．附录 E 给出了对 R 统计软件包的简短介绍，全书都会使用 R 代码进行数据分析．没有计算
11 机技能，建立回归模型几乎是不可能的．

第2章　简单线性回归

2.1　简单线性回归模型

本章考虑简单线性回归模型. 简单线性回归模型有一个回归变量 x，回归变量 x 与响应变量 y 之间存在直线关系. 简单线性回归模型为

$$y=\beta_0+\beta_1 x+\varepsilon \tag{2.1}$$

式中：截距 β_0 与斜率 β_1 为未知常数；ε 为随机误差项. 假设误差项的均值为 0，且方差 σ^2 未知. 此外通常假设误差是不相关的，不相关意味着一个误差的值不取决于其他误差的值.

方便起见，视回归变量 x 由数据分析师控制且测量误差可忽略，而视响应变量 y 为随机变量. 也就是说，对于每个 x 的可能值，存在一个 y 的概率分布，这一分布的均值为

$$E(y|x)=\beta_0+\beta_1 x \tag{2.2a}$$

方差为

$$\mathrm{Var}(y|x)=\mathrm{Var}(\beta_0+\beta_1 x+\varepsilon)=\sigma^2 \tag{2.2b}$$ 12

因此，y 的均值是 x 的线性函数，然而 y 的方差不依赖 x 的取值. 进一步来说，因为误差是不相关的，所以响应变量也是不相关的.

参数 β_0 与 β_1 通常称为**回归系数**，这两个系数都有简单而通常有用的解释. 斜率 β_1 是由一单位 x 的变化所产生的 y 均值分布的变化率. 如果数据中 x 的范围包括 $x=0$，那么截距 β_0 是 $x=0$ 时响应变量 y 均值的分布；如果 x 的范围不包括 0，那么 β_0 没有实际含义.

2.2　回归参数的最小二乘估计

参数 β_0 与 β_1 是未知的，必须使用样本数据进行估计. 假设有几对数据，比如说(y_1, x_1)，(y_2, x_2)，…，(y_n, x_n). 正如第 1 章所提到的，这些数据可能产生于专门进行数据收集的可控试验设计中，可能产生于观测性研究中，也可能产生于已经存在的历史记录中(对回顾性研究而言).

2.2.1　$\boldsymbol{\beta_0}$ 与 $\boldsymbol{\beta_1}$ 的估计

使用最小二乘法来估计 β_0 与 β_1，也就是估计 β_0 与 β_1 使得观测值 y_i 与回归直线之间差值的平方和最小. 由方程(2.1)可以写出

$$y_i=\beta_0+\beta_1 x_i+\varepsilon_i \qquad (i=1, 2, \cdots, n) \tag{2.3}$$

有时将方程(2.1)视为**总体回归模型**，而将方程(2.3)视为**样本回归模型**，其中样本回归模型由 n 对数据$(y_i, x_i)(i=1, 2, \cdots, n)$写出. 因此最小二乘准则为

$$S(\beta_0,\beta_1)=\sum_{i=1}^{n}(y_i-\beta_0-\beta_1 x_i)^2 \tag{2.4}$$

β_0 与 β_1 的最小二乘估计量分别称为$\hat{\beta}_0$ 与$\hat{\beta}_1$，$\hat{\beta}_0$ 与$\hat{\beta}_1$ 必须满足

$$\left.\frac{\partial S}{\partial \beta_0}\right|_{\hat{\beta}_0,\hat{\beta}_1} = -2\sum_{i=1}^{n}(y_i - \hat{\beta}_0 - \hat{\beta}_1 x_i) = 0$$

以及

13

$$\left.\frac{\partial S}{\partial \beta_1}\right|_{\hat{\beta}_0,\hat{\beta}_1} = -2\sum_{i=1}^{n}(y_i - \hat{\beta}_0 - \hat{\beta}_1 x_i)x_i = 0$$

化简这两个方程，得到

$$n\hat{\beta}_0 + \hat{\beta}_1\sum_{i=1}^{n}x_i = \sum_{i=1}^{n}y_i$$

$$\hat{\beta}_0\sum_{i=1}^{n}x_i + \hat{\beta}_1\sum_{i=1}^{n}x_i^2 = \sum_{i=1}^{n}y_i x_i \tag{2.5}$$

方程(2.5)称为**最小二乘正规方程**，正规方程的解为

$$\hat{\beta}_0 = \bar{y} - \hat{\beta}_1\bar{x} \tag{2.6}$$

以及

$$\hat{\beta}_1 = \frac{\sum_{i=1}^{n}y_i x_i - \dfrac{\left(\sum_{i=1}^{n}y_i\right)\left(\sum_{i=1}^{n}x_i\right)}{n}}{\sum_{i=1}^{n}x_i^2 - \dfrac{\left(\sum_{i=1}^{n}x_i\right)^2}{n}} \tag{2.7}$$

式中：

$$\bar{y} = \frac{1}{n}\sum_{i=1}^{n}y_i \text{ 与 } \bar{x} = \frac{1}{n}\sum_{i=1}^{n}x_i$$

分别为 y_i 的平均值与 x_i 的平均值．因此，方程(2.6)中的$\hat{\beta}_0$ 与方程(2.7)中的$\hat{\beta}_1$ 分别是截距与斜率的**最小二乘估计量**．所以简单回归分析模型拟合为

$$\hat{y} = \hat{\beta}_0 + \hat{\beta}_1 x \tag{2.8}$$

方程(2.8)给出了特定 x 下 y 均值的点估计．

由于方程(2.7)的分母为 x_i 的校正平方和，分子为 x_i 与 y_i 的校正叉积和，所以可以将分母和分子用更紧凑的记号记为

$$S_{xx} = \sum_{i=1}^{n}x_i^2 - \frac{\left(\sum_{i=1}^{n}x_i\right)^2}{n} = \sum_{i=1}^{n}(x_i - \bar{x})^2 \tag{2.9}$$

以及

14

$$S_{xy} = \sum_{i=1}^{n}y_i x_i - \frac{\left(\sum_{i=1}^{n}y_i\right)\left(\sum_{i=1}^{n}x_i\right)}{n} = \sum_{i=1}^{n}y_i(x_i - \bar{x}) \tag{2.10}$$

因此，方便起见将方程(2.7)记为

$$\hat{\beta}_1 = \frac{S_{xy}}{S_{xx}} \tag{2.11}$$

响应变量的值 y_i 和与其对应的拟合值$\hat{y}_i$ 之间的差值为**残差**．数学上第 i 个残差为

$$e_i = y_i - \hat{y}_i = y_i - (\hat{\beta}_0 + \hat{\beta}_1 x_i) \qquad (i=1, 2, \cdots, n) \tag{2.12}$$

残差在研究**模型适用性**，以及在探测是否违背基本假设中扮演重要的角色，后续章节将讨论这一问题.

例 2.1 **火箭推进剂数据** 火箭助推器位于金属外罩内部，由点火装置推进剂与主发动机推进剂结合制造而成. 两种类型推进剂之间连接材料的剪切强度是一个重要的力学特性. 猜想这一剪切强度与主发动机推进剂的寿命有关，收集的 20 个剪切强度和与其对应的推进剂寿命的观测值，如表 2-1 所示. 如图 2-1 所示，其散点图意味着剪切强度与推进剂寿命间存在显著统计关系，所以尝试假设其为直线模型 $y=\beta_0+\beta_1 x+\varepsilon$，似乎是合理的.

表 2-1 例 2.1 的数据

观测值 i	剪切强度 y_i/(lbf/in²)	推进剂寿命 x_i(周)
1	2158.70	15.50
2	1678.15	23.75
3	2316.00	8.00
4	2061.30	17.00
5	2207.50	5.50
6	1708.30	19.00
7	1784.70	24.00
8	2575.00	2.50
9	2357.90	7.50
10	2256.70	11.00
11	2165.20	13.00
12	2399.55	3.75
13	1779.80	25.00
14	2336.75	9.75
15	1765.30	22.00
16	2053.50	18.00
17	2414.40	6.00
18	2200.50	12.50
19	2654.20	2.00
20	1753.70	21.50

注：1lbf/in² = 6.9kPa；1lb = 0.454kg；1in = 25mm.

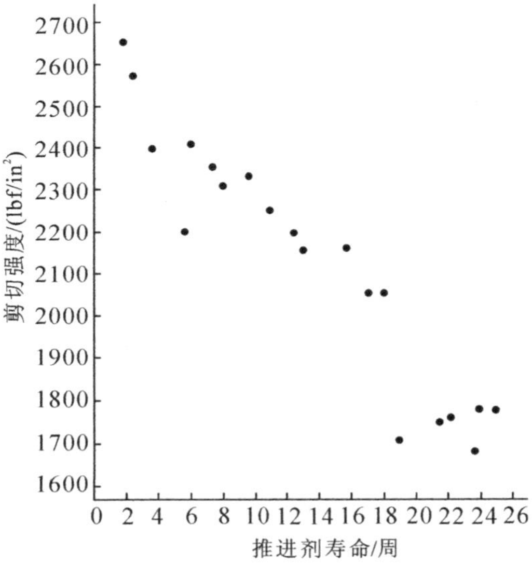

图 2-1 例 2.1 中剪切强度与推进剂寿命的散点图 15

为了估计模型参数，首先计算

$$S_{xx} = \sum_{i=1}^{n} x_i^2 - \frac{\left(\sum_{i=1}^{n} x_i\right)^2}{n} = 4677.69 - \frac{71\,422.56}{20} = 1106.56$$

以及

$$S_{xy} = \sum_{i=1}^{n} x_i y_i - \frac{\sum_{i=1}^{n} x_i \sum_{i=1}^{n} y_i}{n} = 528\,492.64 - \frac{267.25 \times 42\,627.15}{20} = -41\,112.65$$

因此，由方程(2.11)与方程(2.6)，得到

$$\hat{\beta}_1 = \frac{S_{xy}}{S_{xx}} = \frac{-41\,112.65}{1106.56} = -37.15$$

以及

$$\hat{\beta}_0 = \bar{y} - \hat{\beta}_1 \bar{x} = 2131.3575 - (-37.15) \times 13.3625 = 2627.82$$ 16

最小二乘拟合为

$$\hat{y}=2627.82-37.15x$$

可以将斜率−37.15 解释为由推进剂寿命决定的推进剂剪切强度一周内减少量的平均值. 由于 x 的下限靠近原点，所以截距 2627.82 代表推进剂在制造后即刻的剪切强度. 表 2-2 展示了观测值 y_i，拟合值 $\hat{y}_i$ 与残差.

最小二乘拟合出现一些有趣的问题.

1）方程拟合数据的程度如何？

2）将模型作为预测工具可能是有用的吗？

3）是否违背了基本假设(例如常数方差和误差不相关)中的任何一条？如果违背，情况会有多严重？

在最终采纳并使用模型前，必须研究以上所有问题. 正如前文所提及的，残差在评估模型适用性中扮演关键的角色. 残差可以视为模型误差 ε_i 的实现，因此为了检查常数方差假设与误差不相关假设，必须反躬自问，残差看起
17 来是否来自符合这些性质的分布的随机样本. 第 4 章将再次回到这些问题上来，使用残差研究模型适用性检验.

表 2-2　例 2.1 的数据、拟合值与残差

观测值 y_i	拟合值 $\hat{y}_i$	残差 e_i
2158.70	2051.94	106.76
1678.15	1745.42	−67.27
2316.00	2330.59	−14.59
2061.30	1996.21	65.09
2207.50	2423.48	−215.98
1708.30	1921.90	−213.60
1784.70	1736.14	48.56
2575.00	2534.94	40.06
2357.90	2349.17	8.73
2256.70	2219.13	37.57
2165.20	2144.83	20.37
2399.55	2488.50	−88.95
1799.80	1698.98	80.82
2336.75	2265.58	71.17
1765.30	1810.44	−45.14
2053.50	1959.06	94.44
2414.40	2404.90	9.50
2200.50	2163.40	37.10
2654.20	2553.52	100.68
1753.70	1829.02	−75.32
$\sum y_i=42\,627.15$	$\sum \hat{y}_i=42\,627.15$	$\sum e_i=0.00$

计算机输出　计算机软件包广泛应用于回归模型拟合. 回归程序不仅存在于网络软件中，也存在于基于计算机的统计软件及许多流行的电子表格包中. 表 2-3 展示了例 2.1 中火箭推进剂数据的 Minitab 输出，Minitab 是一个基于计算机的统计软件包. 表格的上半部分包含了回归模型拟合. 注意，四舍五入的回归系数与手工计算的一致. 表 2-3 也包含了关于回归模型的其他信息，后续章节将回到这一输出并解释这些量.

表 2-3　例 2.1 的 Minitab 回归输出

Regression Analysis					
The regression equation is					
Strength=2628−37.2 Age					
Predictor	Coef	StDev	T	P	
Constant	2627.82	44.18	59.47	0.000	
Age	−37.154	2.889	−12.86	0.000	
S=96.11	R−Sq=90.2%	R−Sq(adj)=89.6%			
Analysis of Variance					
Source	DF	SS	MS	F	P
Regression	1	1 527 483	1 527 483	165.38	0.000
Error	18	166 255	9236		
Total	19	1 693 738			

2.2.2 最小二乘估计量的性质与回归模型拟合

最小二乘估计量$\hat{\beta}_0$与$\hat{\beta}_1$有若干重要性质. 首先，注意方程(2.6)与方程(2.7)，$\hat{\beta}_0$与$\hat{\beta}_1$是观测值y_i的线性组合. 举例来说，

$$\hat{\beta}_1 = \frac{S_{xy}}{S_{xx}} = \sum_{i=1}^{n} c_i y_i$$

式中：$c_i = (x_i - \overline{x})/S_{xx}$　　$(i=1,2,\cdots,n)$

最小二乘估计量$\hat{\beta}_0$与$\hat{\beta}_1$是模型参数β_0与β_1的**无偏估计量**. 为了证明$\hat{\beta}_1$这一结论，可考虑$E(\hat{\beta}_1)$，所以

$$E(\hat{\beta}_1) = E\left(\sum_{i=1}^{n} c_i y_i\right) = \sum_{i=1}^{n} c_i E(y_i) = \sum_{i=1}^{n} c_i(\beta_0 + \beta_1 x_i) = \beta_0 \sum_{i=1}^{n} c_i + \beta_1 \sum_{i=1}^{n} c_i x_i$$ 18

由于假设了$E(\varepsilon_i)=0$，所以能直接证明$\sum_{i=1}^{n} c_i = 0$及$\sum_{i=1}^{n} c_i x_i = 1$，所以

$$E(\hat{\beta}_1) = \beta_1$$

也就是说，如果假设模型是正确的($E(y_i)=\beta_0+\beta_1 x_i$)，那么$\hat{\beta}_1$是$\beta_1$的无偏估计量. 同理可以证明$\hat{\beta}_0$是$\beta_0$的无偏估计量，即

$$E(\hat{\beta}_0) = \beta_0$$

得到$\hat{\beta}_1$的方差为

$$\mathrm{Var}(\hat{\beta}_1) = \mathrm{Var}\left(\sum_{i=1}^{n} c_i y_i\right) = \sum_{i=1}^{n} c_i^2 \mathrm{Var}(y_i) \tag{2.13}$$

因为观测值y_i不相关，所以和的方差就是方差的和. 和式中每项的方差为$c_i^2\mathrm{Var}(y_i)$，又假设了$\mathrm{Var}(y_i)=\sigma^2$，因此

$$\mathrm{Var}(\hat{\beta}_1) = \sigma^2 \sum_{i=1}^{n} c_i^2 = \frac{\sigma^2 \sum_{i=1}^{n} (x_i - \overline{x})^2}{S_{xx}^2} = \frac{\sigma^2}{S_{xx}} \tag{2.14}$$

$\hat{\beta}_0$的方差为

$$\mathrm{Var}(\hat{\beta}_0) = \mathrm{Var}(\overline{y} - \hat{\beta}_1 \overline{x}) = \mathrm{Var}(\overline{y}) + \overline{x}^2 \mathrm{Var}(\hat{\beta}_1) - 2\overline{x}\mathrm{Cov}(\overline{y}, \hat{\beta}_1)$$

因为$\overline{y}$的方差就是$\mathrm{Var}(\overline{y})=\sigma^2/n$，又可以证明$\overline{y}$与$\hat{\beta}_0$之间的协方差为零(见习题2.25)，所以

$$\mathrm{Var}(\hat{\beta}_0) = \mathrm{Var}(\overline{y}) + \overline{x}^2 \mathrm{Var}(\hat{\beta}_1) = \sigma^2 \left(\frac{1}{n} + \frac{\overline{x}^2}{S_{xx}}\right) \tag{2.15}$$

与最小二乘估计量$\hat{\beta}_0$与$\hat{\beta}_1$的估计质量有关的另一个重要结果是**高斯-马尔可夫定理**，这一定理是说对于满足假设$E(\varepsilon)=0$，$\mathrm{Var}(\varepsilon)=\sigma^2$及误差不相关的回归模型方程(2.1)，最小二乘估计量是无偏的，同时相比所有其他同为y_i线性组合的无偏估计量，最小二乘估计量的方差最小. 通常称最小二乘估计量是**最佳线性无偏估计量**，其中“最佳”意味着方差最小. 附录C.4对于更为一般的多元线性回归情形，证明了高斯-马尔可夫定理，而简单线性回归是多元线性回归的特例.

最小二乘拟合还有如下若干有用的性质. 19

1）所有含有截距项 β_0 的回归模型其残差之和恒为零，也就是说

$$\sum_{i=1}^{n}(y_i-\hat{y}_i)=\sum_{i=1}^{n}e_i=0$$

这一性质可以由方程(2.5)中第一个正规方程直接得到．表 2-2 论证了例 2.1 中残差的这一性质，四舍五入误差可能影响求和的值．

2）观测值 y_i 的和等于拟合值$\hat{y}_i$的和，即

$$\sum_{i=1}^{n}y_i=\sum_{i=1}^{n}\hat{y}_i$$

表 2-2 展示了例 2.1 中的这一结果．

3）最小二乘回归直线总是穿过数据的中点($\overline{y}$，$\overline{x}$)．

4）以对应回归变量值为权重的残差之和恒等于零，也就是说

$$\sum_{i=1}^{n}x_ie_i=0$$

5）以对应拟合值为权重的残差之和恒等于零，也就是说

$$\sum_{i=1}^{n}\hat{y}_ie_i=0$$

2.2.3 σ^2 的估计

除了估计 β_0 与 β_1 之外，假设检验以及构造与回归模型有关的区间估计都需要 σ^2 的估计值．理想情况下需要这一估计值与模型拟合的适用性无关，这只有在对至少一个 x 值有若干个 y 的观测值(见 4.5 节)，或者能获得与 σ^2 有关的先验信息时，才是可能的．如果不能使用以上方法得到 σ^2 的估计值，就要通过**残差平方和即误差平方和**

$$SS_{残}=\sum_{i=1}^{n}e_i^2=\sum_{i=1}^{n}(y_i-\hat{y}_i)^2 \tag{2.16}$$

20 来求得．可以将$\hat{y}_i=\hat{\beta}_0+\hat{\beta}_1x_i$ 代入方程(2.16)求得便于计算的 $SS_{残}$ 公式，

$$SS_{残}=\sum_{i=1}^{n}y_i^2-n\overline{y}^2-\hat{\beta}_1S_{xy} \tag{2.17}$$

而

$$\sum_{i=1}^{n}y_i^2-n\overline{y}^2=\sum_{i=1}^{n}(y_i-\overline{y})^2\equiv SS_{总}$$

恰是响应变量观测值的校正平方和，所以，

$$SS_{残}=SS_{总}-\hat{\beta}_1S_{xy} \tag{2.18}$$

残差平方和有 $n-2$ 个自由度，这是因为两个自由度与得到$\hat{y}_i$ 的估计值$\hat{\beta}_0$ 与$\hat{\beta}_1$ 相关．附录 C.3 证明了 $SS_{残}$ 的期望值为 $E(SS_{残})=(n-2)\sigma^2$，所以 σ^2 的无偏估计量为

$$\hat{\sigma}^2=\frac{SS_{残}}{n-2}=MS_{残} \tag{2.19}$$

式中：$MS_{残}$ 为**残差均方**．$\hat{\sigma}^2$ 的平方根有时称为**回归标准误差**，回归标准误差与响应变量 y 具有相同的单位．

因为 σ^2 取决于残差平方和，所以任何对模型误差假设的违背或对模型形式的误设都可能严重破坏 σ^2 的估计值$\hat{\sigma}^2$ 的实用性. 因为$\hat{\sigma}^2$ 由回归模型的残差算得，所以称 σ^2 的估计值是模型依赖的.

例 2.2 **火箭推进剂数据** 为了估计例 2.1 中火箭推进剂数据的 σ^2，首先得到

$$SS_{总} = \sum_{i=1}^{n} y_i^2 - n\bar{y}^2 = \sum_{i=1}^{n} y_i^2 - \frac{\left(\sum_{i=1}^{n} y_i\right)^2}{n}$$

$$= 92\,547\,433.45 - \frac{(42\,627.15)^2}{20} = 1\,693\,737.60$$

由方程(2.18)，残差平方和为

$$SS_{残} = SS_{总} - \hat{\beta}_1 S_{xy} = 1\,693\,737.60 - (-37.15) \times (-41\,112.65) = 166\,402.65$$

因此，由方程(2.19)算得 σ^2 的估计量为

$$\hat{\sigma}^2 = \frac{SS_{残}}{n-2} = \frac{166\,402.65}{18} = 9244.59$$ 21

记住，σ^2 的这一估计值是模型依赖的. 注意，由于四舍五入，这一结果与 Minitab 输出(见表 2-3)给出的值稍有不同.

2.2.4 简单线性回归模型的另一种形式

简单线性回归模型有时还会用到另一种形式. 假设重新定义回归变量 x_i 使其通过自身平均值，比如，通过 $x_i - \bar{x}$ 推导而来. 那么回归模型就变为

$$y_i = \beta_0 + \beta_1(x_i - \bar{x}) + \beta_1\bar{x} + \varepsilon_i = (\beta_0 + \beta_1\bar{x}) + \beta_1(x_i - \bar{x}) + \varepsilon_i = \beta_0' + \beta_1(x_i - \bar{x}) + \varepsilon_i \quad (2.20)$$

注意，方程中重新定义的回归变量将 x 的原点由零移到了 $\bar{x}$. 为了使原模型与变换后模型的拟合值保持相同，需要修正原模型的截距. 变换后截距与原截距之间的关系为

$$\beta_0' = \beta_0 + \beta_1\bar{x} \quad (2.21)$$

容易证明变换后截距的最小二乘估计量为$\hat{\beta}_0' = \bar{y}$，而斜率的估计量不受变换影响. 模型的这另一种形式有若干优势. 首先，最小二乘估计量$\hat{\beta}_0' = y$ 与$\hat{\beta}_0 = S_{xy}/S_{xx}$ **不相关**，即 Cov$(\hat{\beta}_0', \hat{\beta}_1) = 0$，这将使得模型的某些应用更为简单，比如，得到 y 均值的置信区间(见 2.4.2 节). 最后，模型拟合为

$$\hat{y} = \bar{y} + \hat{\beta}_1(x - \bar{x}) \quad (2.22)$$

显然方程(2.22)与方程(2.8)是等价的(对相同的 x 值都产生相同的$\hat{y}$值)，但方程(2.22)会直接提醒数据分析师，回归模型仅在**原数据**的 x 取值范围内有效，这一区域以 $\bar{x}$ 为中心.

2.3 斜率与截距的假设检验

模型参数的假设检验与置信区间的构造通常是令人感兴趣的. 假设检验在本节讨论，而 2.4 节讨论处理置信区间. 这两种处理需要还需要一个假设：ε_i 服从正态分布. 因此，完整的假设是，误差服从独立正态分布且均值为 0，方差为 σ^2，简写为 NID$(0, \sigma^2)$. 第 4 章讨论如何通过残差分析检查这些假设.

2.3.1 使用 t 检验

22 假设希望检验斜率等于常数这一假设，称这一假设为 β_{10}. 恰当的假设为

$$H_0: \beta_1=\beta_{10},\ H_1: \beta_1\neq\beta_{10} \tag{2.23}$$

式中设定了一个双侧检验. 由于误差 ε_i 服从 NID$(0,\ \sigma^2)$分布，所以观测值 y_i 服从 NID$(\beta_0+\beta_1 x_i,\ \sigma^2)$分布. $\hat{\beta}_1$ 是观测值的线性组合，所以使用 2.2.2 节得到的$\hat{\beta}_1$ 的均值与方差中，$\hat{\beta}_1$ 服从均值为 β_1、方差为 σ^2/S_{xx} 的正态分布. 因此如果零假设 $H_0: \beta_1=\beta_{10}$ 为真，那么统计量

$$Z_0=\frac{\hat{\beta}_1-\beta_{10}}{\sqrt{\sigma^2/S_{xx}}}$$

服从 $N(0,\ 1)$分布. 如果 σ^2 已知，就能使用 Z_0 检验假设方程(2.23)，而一般情况下，σ^2 是未知的. 已经看到 $MS_{残}$ 是 σ^2 的无偏估计量. 附录 C.3 验证了$(n-2)MS_{残}$ 服从 χ^2_{n-2} 分布且 $MS_{残}$ 与$\hat{\beta}_1$ 独立. 附录 C.1 给出的 t 统计量的定义为

$$t_0=\frac{\hat{\beta}_1-\beta_{10}}{\sqrt{MS_{残}/S_{xx}}} \tag{2.24}$$

如果零假设 $H_0: \beta_1=\beta_{10}$ 为真，那么 t_0 服从 t_{n-2} 分布. t_0 的自由度就是 $MS_{残}$ 的自由度. 因此，比率 t_0 是用于检验 $H_0: \beta_1=\beta_{10}$ 的统计量. 检验程序计算了 t_0，将来自方程(2.24)的 t_0 的观测值与 t_{n-2} 分布$(t_{\alpha/2,n-2})$的上 $\alpha/2$ 分位点进行比较. 如果

$$|t_0|>t_{\alpha/2,n-2} \tag{2.25}$$

这一程序将拒绝原假设. 另外，P 值方法也可以用于决策.

方程(2.24)中检验统计量 t_0 的分母通常称为斜率的**估计标准误差**，或更简单地称为斜率的**标准误差**. 也就是说，

$$\mathrm{se}(\hat{\beta}_1)=\sqrt{\frac{MS_{残}}{S_{xx}}} \tag{2.26}$$

因此，通常将 t_0 写为

$$t_0=\frac{\hat{\beta}_1-\beta_{10}}{\mathrm{se}(\hat{\beta}_1)} \tag{2.27}$$

同理可以处理用于截距的假设检验. 为了检验

$$H_0: \beta_0=\beta_{00},\ H_1: \beta_0\neq\beta_{00} \tag{2.28}$$

要使用检验统计量

23

$$t_0=\frac{\hat{\beta}_0-\beta_{00}}{\sqrt{MS_{残}(1/n+\bar{x}^2/S_{xx})}}=\frac{\hat{\beta}_0-\beta_{00}}{\mathrm{se}(\hat{\beta}_0)} \tag{2.29}$$

式中：$\mathrm{se}(\hat{\beta}_0)=\sqrt{MS_{残}(1/n+\bar{x}^2/S_x)}$ 为截距的标准误差. 如果 $|t_0|>t_{\alpha/2,n-2}$，则拒绝零假设 $H_0: \beta_0=\beta_{00}$.

2.3.2 回归显著性检验

方程(2.23)中假设的一个非常重要的特例是

$$H_0: \beta_1=0,\ H_1: \beta_1\neq 0 \tag{2.30}$$

这一假设与回归显著性有关. 不能拒绝 H_0: $\beta_1=0$, 意味着 x 与 y 之间不存在线性关系, 这一情形如图 2-2 所示. 注意, 这可能意味着 x 对解释 y 的方差几乎是无用的, 对于任意 x, y 的最优统计量 $\hat{y}=\bar{y}$(见图 2-2a), 也可能意味着 x 与 y 之间的真实关系不是线性的(见图 2-2b). 因此, 不能拒绝 H_0: $\beta_1=0$, 等价于 x 与 y 之间不存在线性关系.

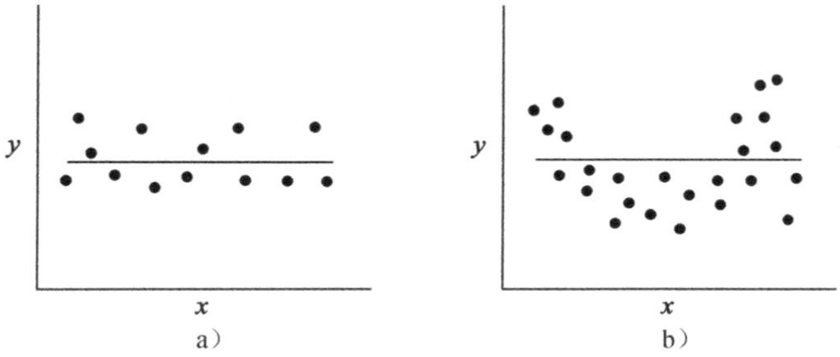

图 2-2 不能拒绝假设 H_0: $\beta_1=0$ 的情形

另外, 如果拒绝 H_0: $\beta_1=0$, 就意味着 x 对解释 y 的方差是有用的, 如图 2-3 所示.
拒绝 H_0: $\beta_1=0$, 可能意味着直线模型是合适的(见图 2-3a), 但也可能意味着, 即使存在 24
x 对 y 的线性影响, 也能通过加入关于 x 的更高阶多项式来得到更好的结果(见图 2-3b).

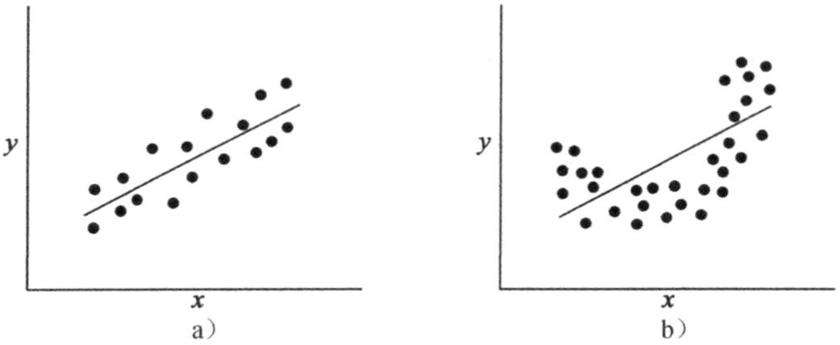

图 2-3 拒绝假设 H_0: $\beta_1=0$ 的情形

可以通过两种方法研究对 H_0: $\beta_1=0$ 的检验程序. 第一种方法就是, 利用 $\beta_{10}=0$ 时方程(2.27)中的 t 统计量, 即

$$t_0=\frac{\hat{\beta}_1}{\mathrm{se}(\hat{\beta}_1)}$$

当 $|t_0|>t_{\alpha/2,n-2}$ 时, 拒绝回归显著性的零假设.

例 2.3 火箭推进剂数据 检验例 2.1 中火箭推进剂回归模型的回归显著性. 斜率的估计值为 $\hat{\beta}_1=-37.15$, 而在例 2.2 中算得了 σ^2 的估计值 $MS_{残}=\hat{\sigma}^2=9244.59$. 所以斜率的标准误差为

$$\mathrm{se}(\hat{\beta}_1)=\sqrt{\frac{MS_{残}}{S_{xx}}}=\sqrt{\frac{9244.59}{1106.56}}=2.89$$

因此, t 统计量为

$$t_0=\frac{\hat{\beta}_1}{\mathrm{se}(\hat{\beta}_1)}=\frac{-37.15}{2.89}=-12.85$$

选择 $\alpha=0.05$ 时，t 的临界值为 $t_{0.025,18}=2.101$，因此拒绝 $H_0: \beta_1=0$，并得出结论，剪切强度与推进剂寿命之间存在线性关系.

Minitab 输出　表 2-3 中的 Minitab 输出给出了斜率与截距的标准误差(表中称为“StDev”)以及检验 $H_0: \beta_1=0$ 与 $H_0: \beta_0=0$ 的 t 统计量. 注意，表中显示的斜率结果与例 2.3 中的手工计算结果本质上是一致的. 像许多计算机软件一样，Minitab 使用 P 值方法进行假设检验. 报告中回归显著性检验的 P 值为 $P=0.0001$(这是一个四舍五入后的值，实际 P 值为 1.64×10^{-10}). 显然存在强烈的证据表明剪切强度与推进剂寿命线性相关. 报告中 $H_0: \beta_0=0$ 的检验统计量 $t_0=59.47$，$P=0.000$. 感觉到可以非常有信心地声称模型中的斜率不为零.

2.3.3 方差分析

也可以使用方差分析法检验回归显著性. 方差分析以分割响应变量 y 的总变异性为基础. 为了得到 y 总变异性的分割，从恒等式

25
$$y_i-\bar{y}=(\hat{y}_i-\bar{y})+(y_i-\hat{y}_i) \tag{2.31}$$

开始. 将方程(2.31)两边平方，并对所有 n 个观测值求和，得到

$$\sum_{i=1}^{n}(y_i-\bar{y})^2=\sum_{i=1}^{n}(\hat{y}_i-\bar{y})^2+\sum_{i=1}^{n}(y_i-\hat{y}_i)^2+2\sum_{i=1}^{n}(\hat{y}_i-\bar{y})(y_i-\hat{y}_i)$$

注意，由于残差之和恒为零(2.2.2 节性质 1)且以其对应拟合值 $\hat{y}_i$ 为权重的残差之和也为零(2.2.2 节性质 5)，所以这一表达式右边的第三项可以改写为

$$\begin{aligned}2\sum_{i=1}^{n}(\hat{y}_i-\bar{y})(y_i-\hat{y}_i)&=2\sum_{i=1}^{n}\hat{y}_i(y_i-\hat{y}_i)-2\bar{y}\sum_{i=1}^{n}(y_i-\hat{y}_i)\\&=2\sum_{i=1}^{n}\hat{y}_ie_i-2y\sum_{i=1}^{n}e_i=0\end{aligned}$$

因此，

$$\sum_{i=1}^{n}(y_i-\bar{y})^2=\sum_{i=1}^{n}(\hat{y}_i-\bar{y})^2+\sum_{i=1}^{n}(y_i-\hat{y}_i)^2 \tag{2.32}$$

方程(2.32)的左边为观测值的校正平方和 $SS_{总}$，其度量了观测值中总的变异性. $SS_{总}$ 的两个组成部分分别度量了由回归直线引起的观测值 y_i 变异性的数量与剩余的回归直线未解释的残差的方差. 方程(2.16)确认 $SS_{残}=\sum_{i=1}^{n}(y_i-\hat{y}_i)^2$ 为残差平方和即误差平方和，而习惯上将 $\sum_{i=1}^{n}(\hat{y}_i-\bar{y})^2$ 称为**回归平方和或模型平方和**.

方程(2.32)为回归模型方差分析基本恒等式. 通常用符号记为

$$SS_{总}=SS_{回}+SS_{残} \tag{2.33}$$

对比方程(2.33)与方程(2.18)，发现回归平方和可以由

$$SS_{回}=\hat{\beta}_1S_{xy} \tag{2.34}$$

算得.

确定自由度分解的方式如下. 因为对离差 $y_i-\bar{y}$ 的约束 $\sum_{i=1}^{n}(y_i-\bar{y})$ 使 $SS_{总}$ 丢失了一

个自由度，所以总平方和有 $df_{总}=n-1$ 个自由度．因为 $SS_{回}$ 完全由 $\hat{\beta}_1$ 这一个参数确定(见方程(2.34))，所以模型平方和即回归平方和有 $df_{回}=1$ 个自由度．最后注意前文中 $SS_{残}$， 26
因为估计 β_0 与 β_1 时对离差 $y_i-\hat{y}_i$ 施加了两个约束，所以 $SS_{残}$ 有 $n-2$ 个自由度．注意，自由度有可加性，即

$$\begin{aligned} df_{总}&=df_{回}+df_{残} \\ n-1&=1+(n-2) \end{aligned} \tag{2.35}$$

通常可以使用方差分析 F 检验来检验假设 H_0：$\beta_1=0$．附录 C.3 证明了：① $SS_{残}=(n-2)MS_{残}/\sigma^2$ 服从 χ^2_{n-2} 分布；②如果零假设 H_0：$\beta_1=0$ 为真，那么 $SS_{回}/\sigma^2$ 服从 χ^2_1 分布；③ $SS_{残}$ 与 $SS_{回}$ 独立．由附录 C.1 给出的 F 统计量的定义

$$F_0=\frac{SS_{回}/df_{回}}{SS_{残}/df_{残}}=\frac{SS_{回}/1}{SS_{残}/(n-2)}=\frac{MS_{回}}{MS_{残}} \tag{2.36}$$

其服从 $F_{1,n-2}$ 分布．附录 C.3 也证明了这两个均方的期望值为

$$E(MS_{残})=\sigma^2,\ E(MS_{回})=\sigma^2+\beta_1^2 S_{xx}$$

由这些均方的期望表明，如果 F_0 的观测值较大，那么就可能有斜率 $\beta_1\neq 0$．附录 C.3 也证明了当 $\beta_1\neq 0$ 时 F_0 服从以 1 和 $n-2$ 为自由度的非中心化 F 分布，其非中心化参数为

$$\lambda=\frac{\beta_1^2 S_{xx}}{\sigma^2}$$

这一非中心化参数也表明如果 $\beta_1\neq 0$，则 F_0 的观测值应当较大．因此，为了检验假设 $\beta_1\neq 0$，要计算检验统计量 F_0，当

$$F_0>F_{\alpha,1,n-2}$$

时拒绝 H_0．表 2-4 汇总了这一检验程序．

表 2-4　回归显著性检验方差分析

变异来源	平方和	自由度	均方	F_0
回归	$SS_{回}=\hat{\beta}_1 S_{xy}$	1	$MS_{回}$	$MS_{回}/MS_{残}$
残差	$SS_{残}=SS_{总}-\hat{\beta}_1 S_{xy}$	$n-2$	$MS_{残}$	
总	$SS_{总}$	$n-1$		

27

例 2.4　火箭推进剂数据　检验由例 2.1 中火箭推进剂数据得到的模型的回归显著性．模型拟合为 $\hat{y}=2627.82-37.15x$，$SS_{总}=1\,693\,737.60$，$S_{xy}=41\,112.65$．回归平方和由方程(2.34)算得，即

$$SS_{回}=\hat{\beta}_1 S_{xy}=(-37.15)\times(-41\,112.65)=1\,527\,334.95$$

表 2-5 汇总了这一方差分析．F_0 的计算值为 165.21，由附录表 A-4，有 $F_{0.01,1,18}=8.29$．这一检验的 P 值为 1.66×10^{-10}．因此拒绝 H_0：$\beta_1=0$．

表 2-5　火箭推进剂回归模型方差分析表

变异来源	平方和	自由度	均方	F_0	P 值
回归	1 527 334.95	1	1 527 334.95	165.21	1.66×10^{-10}
残差	166 402.65	18	9244.59		
总	1 693 737.60	19			

Minitab 输出　表 2-3 中的 Minitab 输出也展示了回归显著性方差分析检验．比较表 2-3 与表 2-5，注意，平方和的手工计算与计算机执行的计算有一些微小的不同．这是由于手工计算四舍五入后保留 2 位小数．两个统计量的计算值本质上是一致的．

t 检验的进一步讨论　2.3.2 节提到的 t 统计量

$$t_0=\frac{\hat{\beta}_1}{\mathrm{se}(\hat{\beta}_1)}=\frac{\hat{\beta}_1}{\sqrt{MS_{残}/S_{xx}}} \tag{2.37}$$

可以用于回归显著性检验．但是注意，对方程(2.37)两边平方，得到

$$t_0^2=\frac{\hat{\beta}_1^2 S_{xx}}{MS_{残}}=\frac{\hat{\beta}_1 S_{xy}}{MS_{残}}=\frac{MS_{回}}{MS_{残}} \tag{2.38}$$

因此，方程(2.38)中的 t_0^2 恒等于方程(2.36)方差分析方法中的 F_0．举例来说，在火箭推进剂的例子中 $t_0=-12.5$，所以 $t_0^2=(-12.5)^2=165.12\simeq F_0=165.21$．一般情况下，随机变量 t 的平方是随机变量 F，t 有 f 个自由度，而 F 分子分母的自由度分别为 1 个和 f 个．虽然对 H_0：$\beta_1=0$ 的 t 检验等价于对简单线性回归的 F 检验，但 t 检验稍微更加合适一些，这是因为 t 检验可以用于检验单侧备择假设(或者 H_1：$\beta_1<0$ 或者 H_1：$\beta_1>0$)，而 F 统计
28 量只能考虑双侧备择假设．回归计算机程序一般同时产生表 2-4 中的方差分析与 t 统计量．Minitab 的输出可参考表 2-5．

方差分析实际上只对多元回归模型有用，下一章讨论多元回归．

最后记住，确定 $\beta_1=0$ 这一极为重要的结论，t 检验或 F 检验仅能是辅助的，不能证明斜率在统计上不为零，可能也不一定意味着 y 与 x 不相关．斜率在统计上为零可能意味着测量过程的方差或不合适的 x 取值范围掩盖了探测相关关系的能力．得出 $\beta_1=0$ 这一结论需要大量的非统计证据与学科问题的知识．

2.4 简单线性回归的区间估计

本节考虑回归模型参数的置信区间估计，并讨论对给定的 x 值响应变量均值 $E(y)$ 的区间估计．本节继续应用 2.3 节引入的正态性假设．

2.4.1 $\boldsymbol{\beta_0}$、$\boldsymbol{\beta_1}$ 与 $\boldsymbol{\sigma^2}$ 的置信区间

除了 β_0、β_1 与 σ^2 的点估计以外，也可以获得这些参数的置信区间估计．置信区间的宽度度量了回归直线的整体拟合质量．如果误差服从正态分布且独立，那么两个抽样分布 $(\hat{\beta}_1-\beta_1)/\mathrm{se}(\hat{\beta}_1)$ 与 $(\hat{\beta}_0-\beta_0)/\mathrm{se}(\hat{\beta}_0)$ 均为自由度为 $n-2$ 的 t 分布．因此，斜率 β_1 的 $100(1-\alpha)\%$ 置信区间由

$$\hat{\beta}_1-t_{\alpha/2,n-2}\,\mathrm{se}(\hat{\beta}_1)\leqslant\beta_1\leqslant\hat{\beta}_1+t_{\alpha/2,n-2}\,\mathrm{se}(\hat{\beta}_1) \tag{2.39}$$

给出，而截距 β_0 的 $100(1-\alpha)\%$ 置信区间由

$$\hat{\beta}_0-t_{\alpha/2,n-2}\,\mathrm{se}(\hat{\beta}_0)\leqslant\beta_0\leqslant\hat{\beta}_0+t_{\alpha/2,n-2}\,\mathrm{se}(\hat{\beta}_0) \tag{2.40}$$

给出．这两个置信区间有通常的统计解释，即如果对同一个 x_i 水平重复收集相同大小的样本，并对每个样本的斜率构造置信区间(比如 95%置信区间)，那么这些区间中有 95%将包含 β_1 的真实值．

如果误差服从正态分布且独立，那么附录 C.3 证明了 $(n-2)MS_{残}/\sigma^2$ 的抽样分布为自

由度为 $n-2$ 的卡方分布，因此，

$$P\left\{\chi^2_{1-\alpha/2,n-2}\leqslant\frac{(n-2)MS_{残}}{\sigma^2}\leqslant\chi^2_{\alpha/2,n-2}\right\}=1-\alpha$$

因此 σ^2 的 $100(1-\alpha)\%$置信区间为 29

$$\frac{(n-2)MS_{残}}{\chi^2_{\alpha/2,n-2}}\leqslant\sigma^2\leqslant\frac{(n-2)MS_{残}}{\chi^2_{1-\alpha/2,n-2}} \tag{2.41}$$

例 2.5 火箭推进剂数据 使用例 2.1 中火箭推进剂数据构造 β_1 与 σ^2 的 95%置信区间. β_1 的标准误差为 $\text{se}(\hat{\beta}_1)=2.89$，同时 $t_{0.025,18}=2.101$. 因此，由方程(2.35)，斜率的 95%置信区间为

$$\hat{\beta}_1-t_{0.025,18}\text{se}(\hat{\beta}_1)\leqslant\beta_1\leqslant\hat{\beta}_1+t_{0.025,18}\text{se}(\hat{\beta}_1)$$
$$-37.15-2.101\times2.89\leqslant\beta_1\leqslant-37.15+2.101\times2.89$$

即

$$-43.22\leqslant\beta_1\leqslant-31.08$$

换句话说，这些置信区间中有 95%值包含斜率的真实值.

选择的 α 值不同，产生的置信区间的宽度也会不同. 举例来说，β_1 的 90%置信区间为 $-42.16\leqslant\beta_1\leqslant-32.14$，比 95%置信区间窄；$\beta_1$ 的 99%置信区间为 $-45.49\leqslant\beta_1\leqslant-28.81$，比 95%置信区间宽. 一般来说，置信系数$(1-\alpha)$越大，置信区间就越宽.

由方程(2.41)得到 σ^2 的 95%置信区间为

$$\frac{(n-2)MS_{残}}{\chi^2_{0.025,n-2}}\leqslant\sigma^2\leqslant\frac{(n-2)MS_{残}}{\chi^2_{0.975,n-2}}$$
$$\frac{18\times9244.59}{\chi^2_{0.025,18}}\leqslant\sigma^2\leqslant\frac{18\times9244.59}{\chi^2_{0.975,18}}$$

由附录表 A.2，$\chi^2_{0.025,18}=31.5$，$\chi^2_{0.975,18}=8.23$. 因此，所想望的置信区间变成

$$\frac{18\times9244.59}{31.5}\leqslant\sigma^2\leqslant\frac{18\times9244.59}{8.23}$$

即

$$5282.62\leqslant\sigma^2\leqslant20\,219.03$$

2.4.2 响应变量均值的区间估计

回归模型的一个主要应用是对取特定值的回归变量 x，估计响应变量的均值 $E(y)$. 举例来说，可能希望估计火箭助推器中推进剂连接处剪切强度的均值，其中制造该火箭主发动机组推进剂的寿命为 10 周. 令 x_0 为回归变量的水平，希望估计的响应变量均值为 $E(y|x_0)$. 30
假设 x_0 为取任意值的回归变量，其位于用于拟合模型的 x 的原始数据的范围内. 由模型拟合得到的 $E(y|x_0)$的无偏点估计为

$$\widehat{E(y|x_0)}=\hat{\mu}_{y|x_0}=\hat{\beta}_0+\hat{\beta}_1x_0 \tag{2.42}$$

为了得到 $E(y|x_0)$的 $100\times(1-\alpha)\%$置信区间，首先注意因为$\hat{\mu}_{y|x_0}$是观测值 y_i 的线性组合，所以$\hat{\mu}_{y|x_0}$是服从正态分布的随机变量. 由于 $\text{Cov}(\bar{y},\hat{\beta}_1)=0$(正如 2.2.4 节所指出的)，所以$\hat{\mu}_{y|x_0}$的方差为

$$\mathrm{Var}(\hat{\mu}_{y/x_0})=\mathrm{Var}(\hat{\beta}_0+\hat{\beta}_1x_0)=\mathrm{Var}[\bar{y}+\hat{\beta}_1(x_0-\bar{x})]=\frac{\sigma^2}{n}+\frac{\sigma^2(x_0-\bar{x})^2}{S_{xx}}=\sigma^2\left[\frac{1}{n}+\frac{(x_0-\bar{x})^2}{S_{xx}}\right]$$

因此，

$$\frac{\hat{\mu}_{y/x_0}-E(y|x_0)}{\sqrt{MS_{残}(1/n+(x_0-\bar{x})^2/S_{xx})}}$$

的抽样分布为自由度为 $n-2$ 的 t 分布. 因此，在点 $x=x_0$ 处响应变量均值的 $100(1-\alpha)\%$ 置信区间为

$$\hat{\mu}_{y/x_0}-t_{\alpha/2,n-2}\sqrt{MS_{残}\left(\frac{1}{n}+\frac{(x_0-\bar{x})^2}{S_{xx}}\right)}\leqslant E(y|x_0)\leqslant\hat{\mu}_{y/x_0}+t_{\alpha/2,n-2}\sqrt{MS_{残}\left(\frac{1}{n}+\frac{(x_0-\bar{x})^2}{S_{xx}}\right)} \tag{2.43}$$

注意，$E(y|x_0)$置信区间的宽度是 x_0 的函数. 置信区间的宽度在 $x_0=\bar{x}$ 处有最小值，并随着 $|x_0-\bar{x}|$ 的增加而变宽. 直觉上这是合理的，正如所期望的那样 y 的最佳估计值由靠近数据中心的 x 值得到，而估计的精确性随着向 x 边界的移动而变差.

例 2.6 火箭推进剂数据 考虑例 2.1 中火箭推进剂数据的 $E(y|x_0)$的 95%置信区间，由方程(2.43)得到这一置信区间为

31 $$\hat{\mu}_{y/x_0}-t_{\alpha/2,n-2}\sqrt{MS_{残}\left(\frac{1}{n}+\frac{(x_0-\bar{x})^2}{S_{xx}}\right)}\leqslant E(y|x_0)\leqslant\hat{\mu}_{y/x_0}+t_{\alpha/2,n-2}\sqrt{MS_{残}\left(\frac{1}{n}+\frac{(x_0-\bar{x})^2}{S_{xx}}\right)}$$

$$\hat{\mu}_{y|x_0}-(2.101)\sqrt{9244.59\left(\frac{1}{20}+\frac{(x_0-13.3625)^2}{1106.56}\right)}$$

$$\leqslant E(y|x_0)\leqslant\hat{\mu}_{y|x_0}+(2.101)\sqrt{9244.59\left(\frac{1}{20}+\frac{(x_0-13.3625)^2}{1106.56}\right)}$$

如果将 x_0 的值及在值 x_0 处的拟合值$\hat{y}_0=\hat{\mu}_{y|x_0}$代入上一方程(2.43)，将得到 $x=x_0$ 处响应变量均值的 95%置信区间. 举例来说，如果 $x_0=\bar{x}=13.3625$，那么$\hat{\mu}_{y|x_0}=2131.40$，所以置信区间变为

$$2086.230\leqslant E(y|13.3625)\leqslant2176.571$$

表 2-6 包含了对取其他几个 x_0 值的 $E(y|x_0)$的置信区间，这些置信区间的图像如图 2-4 所示. 注意，置信区间的宽度随着 $|x_0-\bar{x}|$ 的增加而增加.

表 2-6 几个 x_0 值的 $E(y|x_0)$的置

下置信限	x_0	上置信限
2438.919	3	2593.821
2341.360	6	2468.481
2241.104	9	2345.836
2136.098	12	2227.942
2086.230	$\bar{x}=13.3625$	2176.571
2024.318	15	2116.822
1905.890	18	2012.351
1782.928	21	1912.412
1657.395	24	1815.045

32

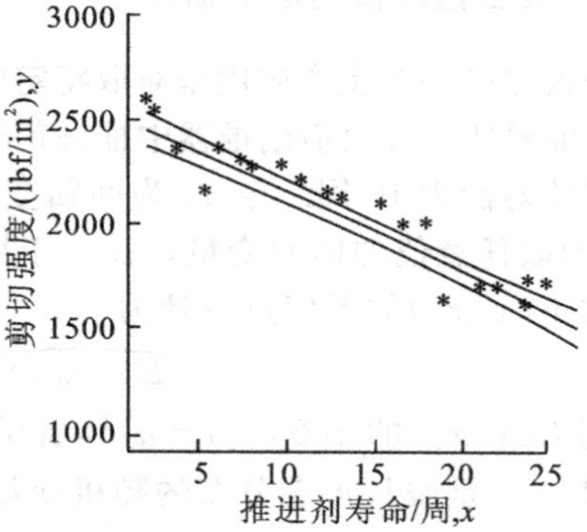

图 2-4 推进剂数据的上 95%置信限与下 95%置信限

许多回归教材都声明，不能在原始数据的范围之外对回归模型使用**外推法**．使用外推法意味着在 x 空间的边界之外使用预测方程．图 1-5 清晰地说明了使用外推法的固有危险，模型错误或方程错误能严重破坏预测．

方程(2.43)指出，外推法这一问题更为微妙得多，x 值离数据中心越远，$E(y|x_0)$的估计值的变异就越大．但请注意，在 x 空间的边界上不会发生“神奇的事情”．对最远离数据中心的观测值进行预测，结果不会理想，而在数据范围之外进行预测，结果会非常糟糕，这种看法是合理的．显然方程(2.43)指出应当关注接近边界以及超出边界时的预测质量．此外，离 x 空间的原始区域越远，方程错误或模型错误在过程中就影响越大．

这并不是说“永远不要使用外推法”．工程师和经济学家惯常使用预测方程预测其感兴趣的未来一个或多个时期内的值．严格地说，这一预测使用了外推法．方程(2.43)支持这样使用预测方程，但不支持过多地使用回归模型预测未来．一般来说，使用外推法越多，方程错误或模型错误影响结果的可能性就越高．

与置信区间有关的概率表述仅当构造响应变量均值的单个置信区间时有效．联合考虑构造特定置信水平的几个置信区间，这种处理是**联合统计推断**问题，第 3 章讨论这一问题．

2.5 新观测值的预测

回归模型的一个重要应用是预测特定水平的回归变量 x 对应的新观测值 y．如果 x_0 是所感兴趣的回归变量的值，那么

$$\hat{y}_0=\hat{\beta}_0+\hat{\beta}_1 x_0 \tag{2.44}$$

是响应变量 y_0 新值点的估计．

现在考虑如何得到这一未来观测值 y_0 的区间估计．因为在 $x=x_0$ 处响应变量均值的置信区间是对 y(参数)均值的区间估计，不是对来自分布的关于未来观测值的概率表述，所以方程(2.43)对这一问题不适用．下面研究未来观测值 y_0 的预测区间．

注意随机变量

$$\psi=y_0-\hat{y}_0$$

因为未来观测值 y_0 与$\hat{y}_0$ 独立，所以其服从均值为零，方差为 33

$$\mathrm{Var}(\psi)=\mathrm{Var}(y_0-\hat{y}_0)=\sigma^2\left[1+\frac{1}{n}+\frac{(x_0-\overline{x})^2}{S_{xx}}\right]$$

的正态分布．如果使用$\hat{y}_0$ 预测 y_0，那么 $\psi=y_0-\hat{y}_0$ 的标准误差对建立预测区间是一个恰当的统计量．因此，x_0 处未来观测值的 $100\times(1-\alpha)\%$预测区间为

$$\hat{y}_0-t_{\alpha/2,n-2}\sqrt{MS_{残}\left(1+\frac{1}{n}+\frac{(x_0-\overline{x})^2}{S_{xx}}\right)}\leqslant y_0\leqslant\hat{y}_0+t_{\alpha/2,n-2}\sqrt{MS_{残}\left(1+\frac{1}{n}+\frac{(x_0-\overline{x})^2}{S_{xx}}\right)} \tag{2.45}$$

预测区间方程(2.45)在 $x_0=\overline{x}$ 处宽度最小，并随着 $|x_0-\overline{x}|$ 的增大而变宽．对比方程(2.45)与方程(2.43)，观察到 x_0 处的预测区间总是比 x_0 处的置信区间更宽，这是因为预测区间既和来自模型拟合的误差有关，也和与未来观测值有关的误差有关．

例 2.7 **火箭推进剂数据** 求出推进剂剪切强度未来值的预测区间，其主发动机推进剂的寿命为 10 周．使用方程(2.45)，求出其预测区间为

$$\hat{y}_0-t_{\alpha/2,n-2}\sqrt{MS_{残}\left(1+\frac{1}{n}+\frac{(x_0-\overline{x})^2}{S_{xx}}\right)}\leqslant y_0\leqslant \hat{y}_0+t_{\alpha/2,n-2}\sqrt{MS_{残}\left(1+\frac{1}{n}+\frac{(x_0-\overline{x})^2}{S_{xx}}\right)}$$

$$2256.32-2.101\times\sqrt{9244.59\left(1+\frac{1}{20}+\frac{(10-13.3625)^2}{1106.56}\right)}$$

$$\leqslant y_0\leqslant 2256.32+2.101\times\sqrt{9244.59\left(1+\frac{1}{20}+\frac{(10-13.3625)^2}{1106.56}\right)}$$

化简得

$$2048.32\leqslant y_0\leqslant 2464.32$$

因此，由寿命为 10 周的主发动机组推进剂制造的助推器，其推进剂剪切强度合理的期望应
34 在 2048.32lbf/in² 与 2484.32lbf/in² 之间.

图 2-5 显示了由方程(2.45)算得的火箭推进剂回归模型的 95% 预测区间，也显示了均值(即来自方程(2.43)的 $E(y|x)$)的 95% 置信区间. 图 2-5 很好地说明了预测区间比对应的置信区间更宽这一点.

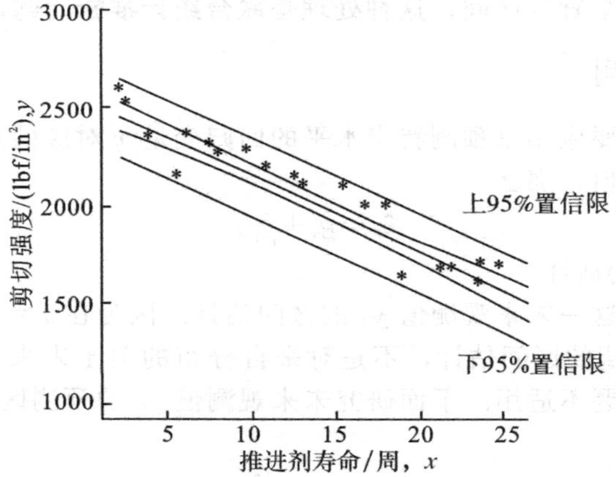

图 2-5　推进剂数据的 95% 置信区间与 95% 预测区间

可以对方程(2.45)稍加推广，得到 $x=x_0$ 处响应变量 m 个未来观测值均值的 $100\times(1-\alpha)\%$ 预测区间. 令 $\overline{y}_0$ 为 $x=x_0$ 处 m 个未来观测值的均值，$\overline{y}_0$ 点的估计为 $\hat{y}_0=\hat{\beta}_0+\hat{\beta}_1 x_0$，$\overline{y}_0$ 的 $100\times(1-\alpha)\%$ 预测区间为

$$\hat{y}_0-t_{\alpha/2,n-2}\sqrt{MS_{残}\left(\frac{1}{m}+\frac{1}{n}+\frac{(x_0-\overline{x})^2}{S_{xx}}\right)}\leqslant y_0\leqslant \hat{y}_0+t_{\alpha/2,n-2}\sqrt{MS_{残}\left(\frac{1}{m}+\frac{1}{n}+\frac{(x_0-\overline{x})^2}{S_{xx}}\right)} \tag{2.46}$$

2.6　决定系数

统计量

$$R^2=\frac{SS_{回}}{SS_{总}}=1-\frac{SS_{残}}{SS_{总}} \tag{2.47}$$

35 称为决定系数. 由于 $SS_{总}$ 是对未考虑回归变量 x 影响的 y 变异性的度量，而 $SS_{残}$ 是对考

虑 x 后剩余的 y 的变异性的度量，所以将 R^2 称为由回归变量 x 解释的变异性的性质. 因为 $0 \leqslant SS_{残} \leqslant SS_{总}$，所以得到 $0 \leqslant R^2 \leqslant 1$. R^2 的值接近 1 意味着大部分 y 的变异性由回归模型解释. 对例 2.1 中火箭推进剂数据的回归模型，有

$$R^2 = \frac{SS_{回}}{SS_{总}} = \frac{1\,527\,334.95}{1\,693\,737.60} = 0.9018$$

也就是说，剪切强度中 90.18%的变异性是回归模型所引起的.

应当谨慎地使用统计量 R^2，这是由于对模型添加足够多的项总可能使 R^2 变大. 举例来说，如果不存在重合的点(同一个 x 值上的 y 值不止一个)，那么 $n-1$ 次多项式将对 n 个数据点给出“完美”的拟合($R^2=1$). 如果存在重合的点，因为模型不能解释与“纯粹”误差有关的方差，所以 R^2 不可能精确地等于 1. 向模型中添加回归变量时虽然 R^2 不会减小，但这也不必然意味着新模型优于旧模型. 除非新模型的误差平方和被一个相同数量的等式减小到了原模型误差平方和的大小，否则因为丢失了误差的一个自由度，新模型将有比旧模型更大的均方误差.

R^2 的大小也依赖于回归变量方差的范围. 一般来说在假设的模型形式正确的前提下，R^2 将随着 x 的分散程度的增加而增加，随着 x 分散程度的下降而下降. 通过 Delta 方法(另见 Hahn(1973))，可以证明直线回归中 R^2 的期望值近似为

$$E(R^2) \approx \frac{\beta_1^2 S_{xx}/(n-1)}{\dfrac{\beta_1^2 S_{xx}}{n-1} + \sigma^2}$$

显然 R^2 的期望值将随着 S_{xx}(x 分散程度的度量)的增加(下降)而增加(下降). 因此，R^2 的值较大只是由于 x 在一个大得不切实际的范围内变化所致. 但另一方面，R^2 可能较小，这是因为 x 的范围太小而不容许探测其与 y 的关系.

对于 R^2，还存在其他误解. 一般情况下，R^2 不是回归直线斜率大小的度量. 较大的 R^2 值并不意味着斜率是陡峭的. 进一步来说，它也不是线性模型适用性程度的度量，即使 y 与 x 非线性相关，R^2 通常也将较大. 举例来说，即使线性逼近是不良的，图 2-3 中的回归方程的 R^2 也较大. 记住，即使 R^2 较大，也并不必然意味着回归模型能进行精确的预测. 36

2.7 回归在服务业中的应用

某医院正在实施一个提高其服务质量与生产率的计划，这一医院管理计划的一部分是试图对病人满意度进行度量与评估. 附录表 B-17 包含了已收集的 25 个近期出院病人的随机样本. 响应变量是满意度，这是一个增长尺度的主观响应变量. 可能的回归变量有病人年龄，病重程度(度量病人疾病严重程度的指数)，病人是外科还是内科的指示变量(0=外科，1=内科)，以及一个度量病人焦虑程度的指数. 我们从构建一个与病重程度相关的响应变量为满意度的简单线性回归模型开始.

图 2-6 是一张满意度与病重程度的散点图，两个变量之间可能存在相当轻微的潜在线性关系的迹象. 这一数据的简单线性回归模型拟合的 JMP 输出如图 2-7 所示. JMP 是 SAS 的一款产品，是一款基于菜单的计算机软件包，并有能力对回归建模与分析进行大量拓展.

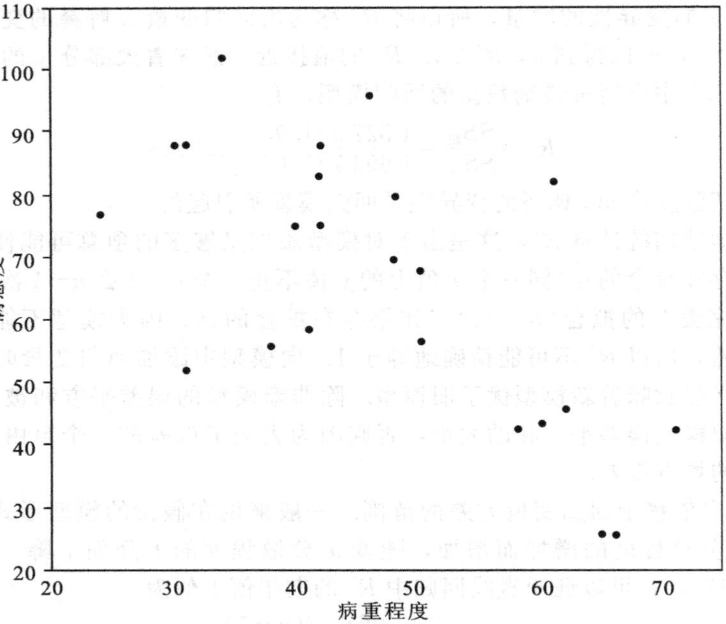

37 图 2-6 满意度与病重程度的散点图

Response Satisfaction
Whole Model
Regression Plot

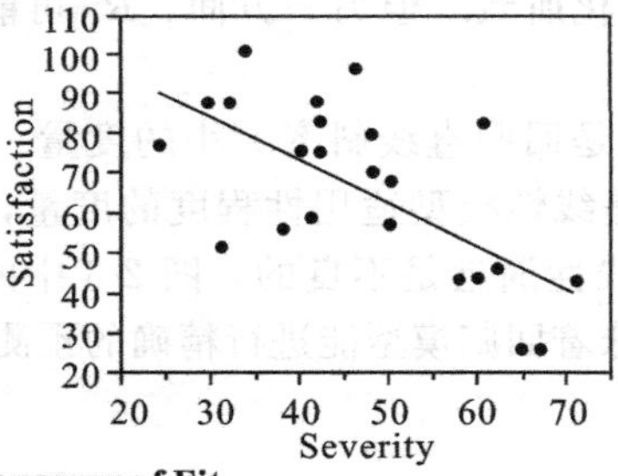

Actual by Predicted Plot

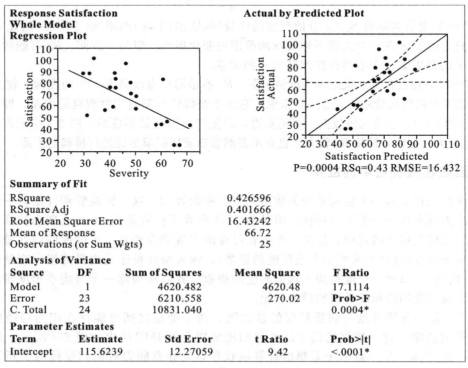

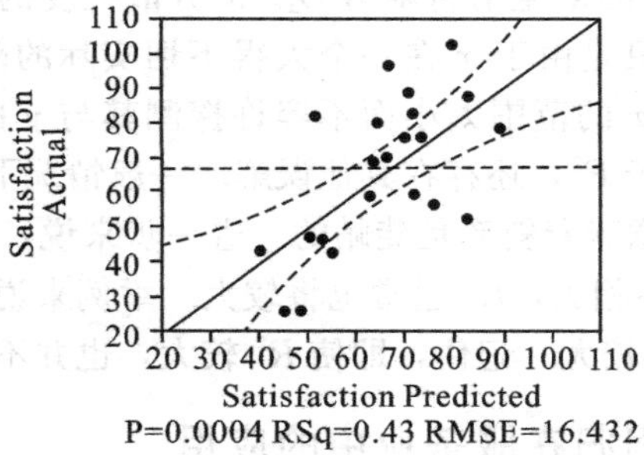

P=0.0004 RSq=0.43 RMSE=16.432

Summary of Fit

RSquare	0.426596
RSquare Adj	0.401666
Root Mean Square Error	16.43242
Mean of Response	66.72
Observations (or Sum Wgts)	25

Analysis of Variance

Source	DF	Sum of Squares	Mean Square	F Ratio
Model	1	4620.482	4620.48	17.1114
Error	23	6210.558	270.02	Prob>F
C. Total	24	10831.040		0.0004*

Parameter Estimates

Term	Estimate	Std Error	t Ratio	Prob>|t|
Intercept	115.6239	12.27059	9.42	<.0001*

38 图 2-7 病人满意度数据简单线性回归模型的 JMP 输出

JMP 输出的顶端是满意度与病重程度的散点图，以及拟合回归曲线. 即使在回归线周围的观测值存在显著的变异，这一直线拟合看起来也是合理的. 图 2-7 是一张满意度实际响应值与预测响应值的图像. 如果模型完美地拟合了数据，那么这幅图中的所有点应当精确地沿 45 度线排列. 显然，这一模型没有提供完美的拟合. 也要注意，显然回归变量是显著的(方差分析 F 统计量为 17.1114，其 P 值小于 0.0004)，但决定系数 $R^2=0.43$. 也就是说，这一模型仅仅解释了数据变异性的 43%. 但是可以用第 4 章讨论的方法证明，除非 R^2 的值相当低，否则基本假设与模型适用性不存在根本性的问题.

R^2 较低的情况在实践中偶尔也会发生. 模型是显著的，假定不存在明显问题，也不存在其他模型不适用的迹象，但是由模型解释的变异性的比例较低. 这不是一个完全灾难性的情形. 存在许多情形，虽然单独一个预测量只解释了 y 的 30%至 40%的差异性，但是也为数据分析师提供了相当有价值的信息. R^2 较低有时可能是由于使用测量工具的不同导致了响应变量测量的差异而引起的，也可能是由于进行测量的人的技术所限而引起的. 因为响应变量意见的表达，可能极为主观，所以这里响应变量的差异会上升. 另外测量是对病人进行的，人与人内部以及人与人之间都存在大量差异性. 有时，R^2 值较低是由于不良的模型设定的，在这种情况下，通过增加一个或更多预测变量即回归变量通常可以改善模型. 第 3 章将看到增加另一个回归变量会使得模型有了相当大的改善.

2.8 使用 SAS 和 R 做回归分析

本节的目的是向读者介绍 SAS 和 R. 附录 D 给出了使用 SAS 的更多细节，包括如何从文本文件和从 EXCEL 导入数据. 附录 E 介绍了统计软件包 R，由于 R 可以从因特网上免费获得，使 R 变得越来越流行.

表 2-7 给出了整章都在分析的火箭推进剂数据的 SAS 源代码. 附录 D 提供了对如何使这些数据进入 SAS 的解释. PROGREG 语句告诉计算机我们希望执行普通最小二乘线性回归分析. "model" 语句指定了指定检验并告诉计算机执行何种分析. 位于等号左边的变量名是响应变量，位于等号右面但在斜线前面的是回归变量，斜线后面的信息设定(其他)分析. 默认情况下，SAS 打印方差分析表并检验每个系数. 表中的情形已经设定了三个选项："p" 要求 SAS 打印出预测值，"clm" (代表置信限，均值)要求 SAS 打印置信域，"cli" (代表置信限，个体观测值)要求 SAS 打印预测域.

表 2-8 给出了这一分析的 SAS 输出. PROGREG 总是产生方差分析表及有关参数估计量的信息. 模型 "pclmcli" 选项产生了输出文件的剩余部分.

39

表 2-7 火箭推进剂数据的 SAS 代码

```
data rocket;
input shear age;
cards;
2158.70  15.50
1678.15  23.75
2316.00  8.00
2061.30  17.00
2207.50  5.50
1708.30  19.00
1784.70  24.00
2575.00  2.50
2357.90  7.50
2256.70  11.00
2165.20  13.00
2399.55  3.75
1779.80  25.99
2336.75  9.75
1765.30  22.00
2053.50  18.00
2414.40  6.00
2200.50  12.50
2654.20  2.00
1753.70  21.50
proc reg;
model shear= age/p clm cli;
run;
```

表 2-8　火箭推进剂回归模型方差分析表

SAS system 1
The REG Procedure
Model：MODEL1
Dependent Variable：shear

Number of Observations Read	20
Number of Observations Used	20

Analysis of Variance

Source	DF	Sum of Squares	Mean Square	F Value	Pr>F
Model	1	1527483	1527483	165.38	<.0001
Error	18	166255	9236.38100		
Corrected Total	19	1693738			

Root MSE	96.10609	R-square	0.9018
Dependent Mean	2131.35750	Adj R-Sq	0.8964
Coeff Var	4.50915		

Parameter Estimates

Variable	DF	Parameter Estimate	Standard Error	t value	Pr>|t|
Intercept	1	2627.82236	44.18391	59.47	<.0001
age	1	−37.15359	2.88911	−12.86	<.0001

The SAS System 2
The REG Procedure
Model：MODEL1
Dependent Variable：shear
Output Statistics

Obs	Dependent Variable	Predicted Value	Std Error Mean Predict	95% CL	Mean	95% CL	Predict	Residual
1	2159	2052	22.3597	2005	2099	1845	2259	106.7583
2	1678	1745	36.9114	1668	1823	1529	1962	−67.2746
3	2316	2331	26.4924	2275	2386	2121	2540	−14.5936
4	2061	1996	23.9220	1946	2046	1788	2204	65.0887
5	2208	2423	31.2701	2358	2489	2211	2636	−215.9776
6	1708	1922	26.9647	1865	1979	1712	2132	−213.6041
7	1785	1736	37.5010	1657	1815	1519	1953	48.5638
8	2575	2535	38.0356	2455	2615	2318	2752	40.0616
9	2358	2349	27.3623	2292	2407	2139	2559	8.7296
10	2257	2219	22.5479	2172	2267	2012	2427	37.5671
11	2165	2145	21.5155	2100	2190	1938	2352	20.3743
12	2400	2488	35.1152	2415	2562	2274	2703	−88.9464
13	1780	1699	39.9031	1615	1783	1480	1918	80.8174
14	2337	2266	23.8903	2215	2316	2058	2474	71.1752
15	1765	1810	32.9362	1741	1880	1597	2024	−45.1434
16	2054	1959	25.3245	1906	2012	1750	2168	94.4423
17	2414	2405	30.2370	2341	2468	2193	2617	9.4992
18	2201	2163	21.6340	2118	2209	1956	2370	37.0975
19	2654	2554	39.2360	2471	2636	2335	2772	100.6848
20	1754	1829	31.8519	1762	1896	1616	2042	−75.3202

Sum of Residuals	0
Sum of squared Residuals	166 255
Predicted Residual SS (PRESS)	205 944

SAS 也给出了日志文件，它提供了 SAS 会话的简明汇总. 日志文件对 SAS 代码的调试是基础性的. 附录 D 提供了关于日志文件的更多细节.

R 是一个流行的统计软件包，因为它可以从 www. r-project. org 上免费获得. R 的一个易用版本是 RCommander. R 本身是一门高级程序设计语言，其大多数命令是预先写好的函数. R 确实有运行循环并调用其他程序(比如 C 程序)的能力. 由于 R 是一门程序设计语言，所以通常对新手用户提出了挑战. 本节的目的是向读者介绍如何使用 R 对数据集进行简单线性回归分析的方法.

第一步是创建数据集. 向文本中输入数据最简单的方式是使用定界符空格. 数据文件的每一行都是一条记录. 最顶行应当给出每个变量名，其他所有行都用于实际的数据记录. 举例来说，考虑例 2.1 中的火箭推进剂数据. 让 propellant. txt 成为数据分析的名称，40～41
文本文件的第一行给出变量名：

```
strength age
```

下一行是第一条数据记录，使用空格定界每一个数据项

```
2158.70  15.50
```

将数据读入软件包 R 的代码为

```
prop<- read.table("propellant.txt",header= TRUE,sep= " ")
```

对象 prop 是 R 数据集，而“propellant. txt”是原始数据文件. 语句 header＝TRUE 告诉 R 第一行是变量名，sep＝" "告诉 R 数据的定界符为空格.
命令如下.

```
prop.model<- lm(strength~age,data= prop)
summary(prop.model)
```

该命令的功能是告诉 R 如下信息：

- 估计模型.
- 打印方差分析，系数的估计值及其检验.

R Commander 是 R 的附加包，也可以免费获得. 它为 R 主产品提供了易用的用户界面，很像 Minitab 和 JMP. R Commander 使得 R 的使用更方便，但是它不会提供在数据分析中的大量灵活性. R Commander 是用户熟悉的 R 的一个优良方式. 但从根本上说还是推荐使用 R 主产品.

2.9 对回归用途的若干思考

回归分析使用广泛，但不幸经常是被错误使用. 有几种滥用回归的情形应当指出.

1) 回归模型打算作为内插方程，在回归变量范围内用于拟合模型. 正如所观察到的，在这一范围外使用外推法时必须小心，如图 1-5 所示.

2) 对 x 值的处理在最小二乘拟合中扮演重要角色. 虽然所有点在决定回归直线高度中有相等的权重，但是斜率受 x 偏远点的影响更强烈. 举例来说，考虑图 2-8 中的数据，最小二乘拟合的斜率强烈依赖于点 A 与点 B 二者之一或全部. 也就是说，如果剔除 A 和 B，

42 剩余的数据将给出一个不同的斜率估计值．像这种情形通常需要进行修正，比如进一步分析已提出的异常点，使用这些点影响的严重程度比最小二乘法低的新方法估计模型参数，尽可能引入更多的回归变量等．

稍有不同的情形如图 2-9 所示，12 个观测值中有一个距离 x 的空间非常远．在这个例子中斜率很大程度上由这一极端点决定．如果剔除这一极端点，斜率的估计量可能为零．因为两类点形成的聚类之间存在一定距离，所以实际只有两个有区别的信息单元来拟合模型．因此，实际上误差的自由度比表面的自由度 10 小得多．

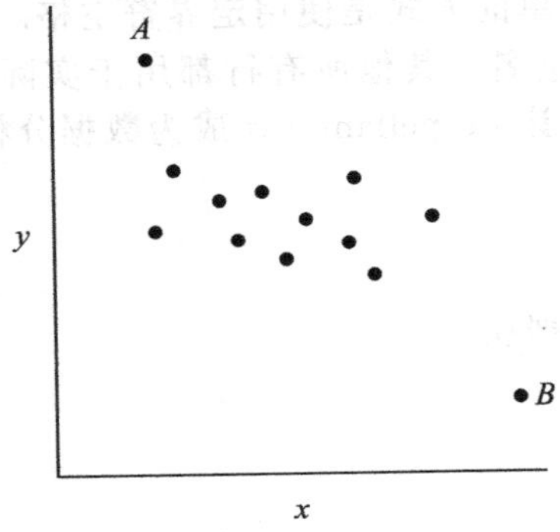

图 2-8 两个有影响的观测值图

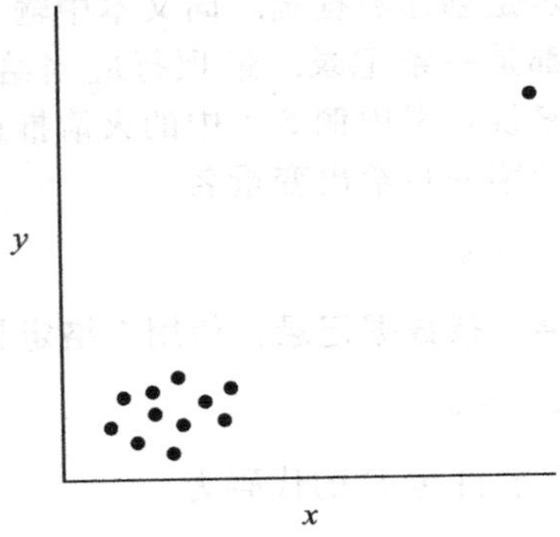

图 2-9 一个远离 x 空间的点

类似这种情形似乎在实践中发生得相当普遍．一般情况下应当意识到，在某些数据集中一个点(或一小类点)可能控制关键的模型性质．

3) **离群点**是与数据中的其他点有相当大区别的观测值．离群点可以严重干扰最小二乘拟合．举例来说，考虑图 2-10 中的数据．因为 A 落在距其他数据隐含的直线很远的地方，所以 A 似乎是一个离群点．如果这个点真的是离群点，那么截距的估计值可能就是不正确的，残差平方和也可能被 σ^2 的估计量放大．离群点可能是一个“坏值”，由数据记录错误或者其他错误导致．另一方面，数据点可能不是一个坏值，而可能是与所探索的过程相关的一项十分有用的证据．第 4 章将更完整地讨论剔除与处理离群值的方法．

4) 正如第 1 章所提到的，回归分析表明两个变量之间存在强烈的关系，而并不意味着变量之间存在任何因果联系．因果关系意味着必然存在相关性，而回归分析只能处理相关性问题，不能处理必然性问题．因此，期望通过回归探索因果关系只能是
43 适度的．

作为两个变量间“古怪”关系的一个例子，表 2-9 中的数据表明了每 10 000 人口中已被认证有精神缺陷的人数，已发放收音机许可证数(x_1)，以及 1924～1937 年美国总统名(x_2)．可以证明 y 与 x_1 相关的回归方程为

$$\hat{y}=4.582+2.204x_1$$

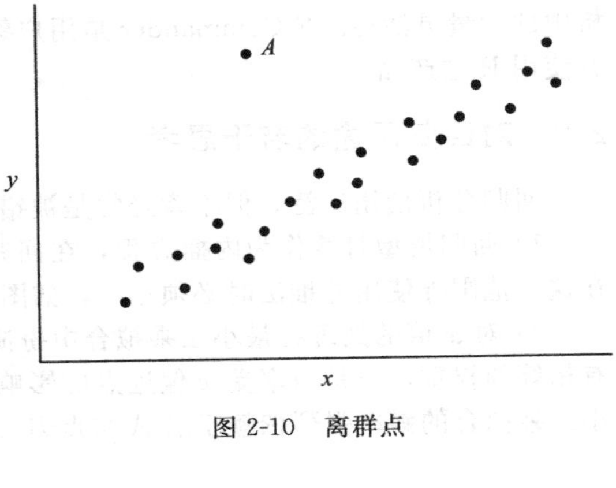

图 2-10 离群点

这一模型中检验 H_0：$\beta_1=0$ 的 t 统计量为 $t_0=27.312$（P 值为 3.58×10^{-12}），决定系数 $R^2=0.9842$. 也就是说，数据变异性的 98.42%由已发放收音机许可证数解释. 显然这是一个“古怪”回归问题，这是因为人口中已认证精神缺陷的人数与已发放收音机许可证数极不可能存在函数关系. 这一强烈的统计关系存在的原因是 y 与 x_1 是单调相关的（如果随着一个数列的增加，另一个数列总是增加或下降，那么这两个数列是单调相关的）. 在这个例子中，研究所呈现的这些年份中，y 的增加因为心理疾病诊断处理在这些年份内变得更为精确，而 x_1 的增加由这些年份内的紧急事件以及收音机的低成本获得. 44

表 2-9 说明变量间“古怪”关系的数据

年份	每 10 000 英国人口中已被认证精神缺陷的人数 y/人	英国已发放的收音机许可证数 x_1/百万个	美国总统的名 x_2
1924	8	1.350	卡尔文
1925	8	1.960	卡尔文
1926	9	2.270	卡尔文
1927	10	2.483	卡尔文
1928	11	2.730	卡尔文
1929	11	3.091	卡尔文
1930	12	3.647	吉尔波特
1931	16	4.620	吉尔波特
1932	18	5.497	吉尔波特
1933	19	6.260	吉尔波特
1934	20	7.012	富兰克林
1935	21	7.618	富兰克林
1936	22	8.131	富兰克林
1937	23	8.593	富兰克林

来源：Kendall、Yule(1950)和 Tufte(1974).

任何两个单调相关的数列都将显示类似的性质. 为了进一步说明这一点，假设对 y 做关于对应年份美国总统的名字的回归，这一模型为

$$\hat{y}=-26.442+5.900x_2$$

其 $t_0=8.996$（P 值为 1.11×10^{-6}），而 $R^2=0.8709$. 显然这也是一个“古怪回归”问题.

5）在回归的某些应用中，预测 y 需要的回归变量 x 的值是未知的. 举例来说，考虑通过联系发电系统日最大负荷与日最高温度最大值的模型预测最大负荷的情形. 为了预测明天的最大负荷，必须首先预测明天的最高温度. 因此，预测最高负荷以气温预报为条件. 最高负荷量预报的准确性取决于温度预报的准确性. 评估模型性能时必须考虑这一问题.

后续章节将讨论其他滥用回归的情形. 关于这一主题进一步的阅读材料，见 Box(1966).

2.10 过原点回归

某些回归情形可能意味着数据的直线拟合通过原点. 无截距回归模型似乎通常适用于化学工程及其他制造业中的数据分析. 举例来说，当过程操作温度为零时，化学过程的产量为零.

无截距模型为

$$y=\beta_1x+\varepsilon \tag{2.48}$$

对于给定 n 个观测值(y_i, x_i)，$i=1, 2, \cdots, n$，最小二乘函数为

45
$$S(\beta_1)=\sum_{i=1}^{n}(y_i-\beta_1 x_i)^2$$

唯一的正规方程为

$$\hat{\beta}_1\sum_{i=1}^{n}x_i^2=\sum_{i=1}^{n}y_i x_i \tag{2.49}$$

所以斜率的最小二乘估计量为

$$\hat{\beta}_1=\frac{\sum_{i=1}^{n}y_i x_i}{\sum_{i=1}^{n}x_i^2} \tag{2.50}$$

估计量$\hat{\beta}_1$ 是 β_1 的无偏估计量，所以回归模型拟合为

$$\hat{y}=\hat{\beta}_1 x \tag{2.51}$$

σ^2 的估计量为

$$\hat{\sigma}^2=MS_{残}=\frac{\sum_{i=1}^{n}(y_i-\hat{y}_i)^2}{n-1}=\frac{\sum_{i=1}^{n}y_i^2-\hat{\beta}_1\sum_{i=1}^{n}y_i x_i}{n-1} \tag{2.52}$$

其自由度为 $n-1$.

确定误差的正态性假设后，可以对无截距回归模型进行假设检验并构造置信区间与预测区间. β_1 的 $100\times(1-\alpha)\%$置信区间为

$$\hat{\beta}_1-t_{\alpha/2,n-1}\sqrt{\frac{MS_{残}}{\sum_{i=1}^{n}x_i^2}}\leqslant\beta_1\leqslant\hat{\beta}_1+t_{\alpha/2,n-1}\sqrt{\frac{MS_{残}}{\sum_{i=1}^{n}x_i^2}} \tag{2.53}$$

在响应变量均值 $x=x_0$ 处，$E(y|x_0)$的 $100\times(1-\alpha)\%$置信区间为

$$\hat{\mu}_{y|x_0}-t_{\alpha/2,n-1}\sqrt{\frac{x_0^2 MS_{残}}{\sum_{i=1}^{n}x_i^2}}\leqslant E(y|x_0)\leqslant\hat{\mu}_{y|x_0}+t_{\alpha/2,n-1}\sqrt{\frac{x_0^2 MS_{残}}{\sum_{i=1}^{n}x_i^2}} \tag{2.54}$$

46 在未来观测值 $x=x_0$ 即 y_0 处的 $100(1-\alpha)\%$预测区间为

$$\hat{y}_0-t_{\alpha/2,n-1}\sqrt{MS_{残}\left(1+\frac{x_0^2}{\sum_{i=1}^{n}x_i^2}\right)}\leqslant y_0\leqslant\hat{y}_0+t_{\alpha/2,n-1}\sqrt{MS_{残}\left(1+\frac{x_0^2}{\sum_{i=1}^{n}x_i^2}\right)} \tag{2.55}$$

置信区间方程(2.54)与预测区间方程(2.55)都随着 x_0 的增加而变宽. 进一步来说，因为模型假设已知确定在 $x=0$ 处 y 的均值(均值 y)为零，所以 $x=0$ 处置信区间的长度为零. 这一行为很大程度上不同于截距模型中所观测到的. 而 $x=0$ 处的预测区间方程(2.55)长度非零，这是因为必须考虑未来观测值的随机误差.

很容易误用无截距模型，尤其是数据位于远离原点的 x 空间的范围时. 举例来说，考虑图 2-11a 中散点图的情形，用无截距模型拟合化学过程产量(y)与操作温度(x). 虽然在回归变量 100℉$\leqslant x\leqslant$200℉的范围，产量与温度似乎是线性相关的，但强制模型通过原点

提供了一个显然不良的拟合. 包含截距的模型，比如图 2-11b 所示，对这一个 x 区域中收集的数据的空间提供了好得多的拟合.

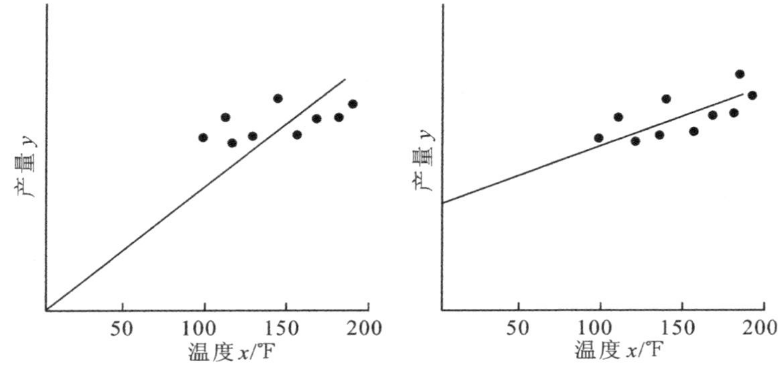

a）无截距模型　　b）截距模型

图 2-11　化学过程产量与操作温度的散点图与回归直线

很多情况下，在靠近原点时 y 与 x 之间的关系，与在包含数据的 x 空间区域内时 y 与 x 的关系，是极为不同的. 这一点对化学过程数据如图 2-12 所示. 这是在全部 x 的范围内，似乎需要分位数回归模型或更为复杂的非线性回归模型才能表达 y 与 x 之间的关系. 只有当数据中 x 的范围足够接近原点时，才考虑这种模型.

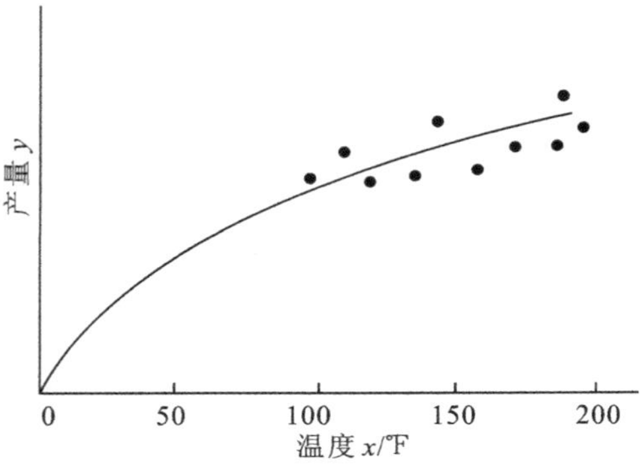

图 2-12　产量与温度之间的真实关系

散点图有时为采用还是不采用无截距模型提供了指导. 作为替代，可以同时拟合两个模型，以拟合质量为基础从中选择. 如果在截距模型中不能拒绝假设 $\beta_0=0$，那么就意味着可以使用无截距模型改进拟合. 残差均方是比较拟合精度的 47
一种有用方式. 有更小残差均方的模型，从最小化关于回归直线的 y 方差估计量的意义上是更好的拟合.

一般而言，R^2 不是一个对比两个模型好坏的良好估计量. 对截距模型，有

$$R^2=\frac{\sum_{i=1}^{n}(\hat{y}_i-\overline{y})^2}{\sum_{i=1}^{n}(y_i-\overline{y})^2}=\frac{\text{通过回归解释的 } y \text{ 的方差}}{\text{观测值 } y \text{ 的总方差}}$$

注意，R^2 是由回归解释的 $\overline{y}$ 的变异性的比例. 在无截距情况下，方差分析基本恒等式(2.32)变为

$$\sum_{i=1}^{n}y_i^2=\sum_{i=1}^{n}\hat{y}_i^2+\sum_{i=1}^{n}(y_i-\hat{y}_i)^2$$

所以对于无截距模型，R^2 的类似物为

$$R_0^2 = \frac{\sum_{i=1}^{n} \hat{y}_i^2}{\sum_{i=1}^{n} y_i^2}$$

统计量 R_0^2 是由回归引起的围绕原点(零点)变异性的比例. 偶尔会发现，即使截距模型的
48 残差平方和(对全部拟合的一个良好度量)比无截距模型的残差平方和小，R_0^2 也比 R^2 大.
出现这一结果是因为 R_0^2 的计算使用了未校正平方和.

对于无截距模型，R^2 的另一种可能形式是

$$R_{0'}^2 = 1 - \frac{\sum_{i=1}^{n} (y_i - \hat{y}_i)^2}{\sum_{i=1}^{n} (y_i - \overline{y})^2}$$

但是，万一式中 $\sum_{i=1}^{n} (y_i - \hat{y}_i)^2$ 较大，$R_{0'}^2$ 就可能为负. 更愿意使用 $MS_{残}$ 作为比较截距模型与无截距模型的基础. 一篇包含无截距模型术语的回归模型的优秀文章是 Hahn(1979).

例 2.8 **上架数据** 表 2-10 展示了商人向零售店货架上装软饮料类产品所需的时间以及上货箱数. 图 2-13 所示的散点图暗示了过原点的直线可以用于表达时间与上货箱数之间的关系. 此外，由于当箱数 $x=0$ 时上架时间 $y=0$，所以这一模型直觉上是合理的. 也要注意，x 的范围是接近原点的.

表 2-10 例 2.8 中的上架数据

时间 y/min	箱数 x/箱
10.15	25
2.96	6
3.00	8
6.88	17
0.28	2
5.06	13
9.14	23
11.86	30
11.69	28
6.04	14
7.57	19
1.74	4
9.38	24
0.16	1
1.84	5

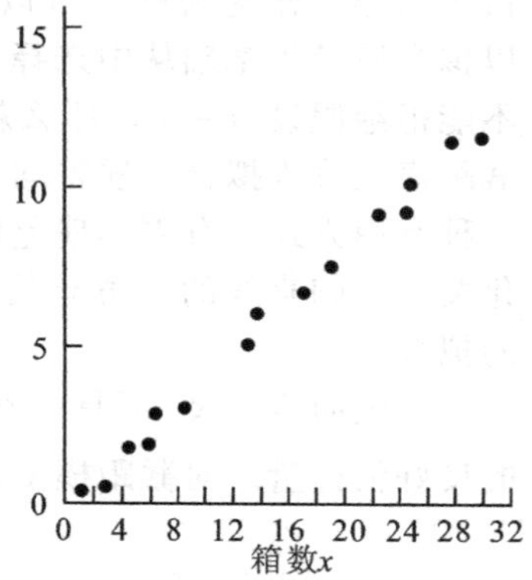

图 2-13 上架数据的散点图

无截距模型中的斜率由方程(2.50)计算而得

$$\hat{\beta}_1 = \frac{\sum_{i=1}^{n} y_i x_i}{\sum_{i=1}^{n} x_i^2} = \frac{1841.98}{4575.00} = 0.4026$$

因此，方程拟合为

$$\hat{y}=0.4026x$$

这条回归直线如图 2-14 所示．这一模型的残差均方 $MS_{残}=0.0893$，而 $R_0^2=0.9883$．此外，检验 H_0：$\beta_1=0$ 的 t 统计量 $t_0=91.13$，其 P 值为 8.02×10^{-21}．这些汇总统计量没有解释任何令人吃惊的不适用性．

为了对比，也拟合了截距模型，得到

$$\hat{y}=-0.0938+0.4071x$$

检验 H_0：$\beta_1=0$ 的 t 统计量 $t_0=-0.65$，不显著，意味着无截距模型提供的拟合可能更好．截距模型的残差均方为 $MS_{残}=0.0931$，而 $R^2=$ 49
0.9997．由于无截距模型的 $MS_{残}$ 小于截距模型的 $MS_{残}$，所以可得出结论，无截距模型更好．正如前文所提到的，不能直接比较 R^2 统计量．

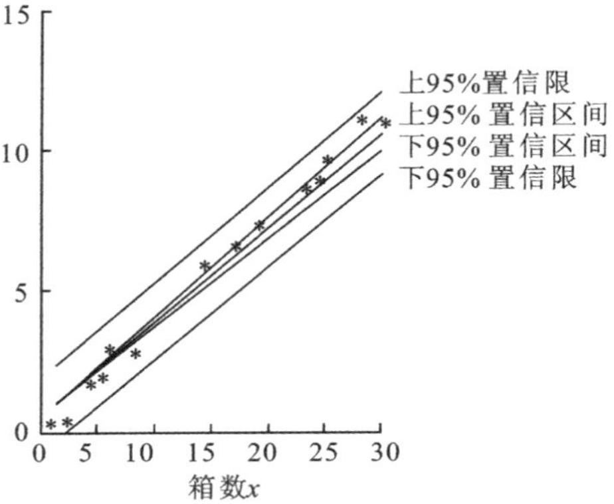

图 2-14　上架数据的置信带与预测带

图 2-14 显示了由方程(2.54)算得的 95%置信区间方程(即 $E(y|x_0)$)，与由方程(2.55)算得的$x=x_0$ 处单个未来预测值 y_0 的 95%预测区间．注意，$x_0=0$ 处置信区间的长度为零．

SAS 处理无截距回归模型的语句如下：

```
model time= cases/noint
```
50

2.11　极大似然估计

最小二乘法可以用于线性回归模型的参数估计，产生最佳线性无偏估计量，此时不对误差 ε 的分布形式做任何假设．最小二乘法可以产生 β_0 与 β_1 的最佳线性无偏估计量，其他统计过程，比如假设检验与置信区间构造，都假设误差服从正态分布．如果误差的分布形式已知，那么就可以使用另一种参数估计方法——**极大似然法**．

考虑数据(y_i，x_i)，$i=1$，2，…，n．假设回归模型中的误差服从 NID(0，σ^2)，那么样本的观测值 y_1 服从均值为 $\beta_0+\beta_1x_i$ 方差为 σ^2 的正态分布且独立．似然函数由观测值的联合分布得到．如果考虑给定观测值的联合分布，参数 β_0、β_1 及 σ^2 为未知参数，那么就有极大函数．对于误差服从正态分布的简单线性回归模型而而言，其**似然函数**为

$$\begin{aligned}L(y_i,x_i,\beta_0,\beta_i,\sigma^2)&=\prod_{i=1}^{n}(2\pi\sigma^2)^{-1/2}\exp\left[-\frac{1}{2\sigma^2}(y_i-\beta_0-\beta_1x_i)^2\right]\\&=(2\pi\sigma^2)^{-1/2}\exp\left[-\frac{1}{2\sigma^2}\sum_{i=1}^{n}(y_i-\beta_0-\beta_1x_i)^2\right]\end{aligned}\tag{2.56}$$

极大似然估计量的参数值记为$\tilde{\beta}_0$、$\tilde{\beta}_1$ 与$\tilde{\sigma}^2$．最大化 L 或与其等价的 $\ln L$ 为

$$\ln L(y_i,x_i,\beta_0,\beta_i,\sigma^2)=-\left(\frac{n}{2}\right)\ln2\pi-\left(\frac{n}{2}\right)\ln\sigma^2=-\left(\frac{1}{2\sigma^2}\right)\sum_{i=1}^{n}(y_i-\beta_0-\beta_1x_i)^2\tag{2.57}$$

而极大似然估计量$\tilde{\beta}_0$、$\tilde{\beta}_1$ 与$\tilde{\sigma}^2$ 必须满足

$$\left.\frac{\partial\ln L}{\partial\beta_0}\right|_{\tilde{\beta}_0,\tilde{\beta}_1,\tilde{\sigma}^2}=\frac{1}{\tilde{\sigma}^2}\sum_{i=1}^{n}(y_i-\tilde{\beta}_0-\tilde{\beta}_1x_i)=0\tag{2.58a}$$

$$\left.\frac{\partial \ln L}{\partial \beta_1}\right|_{\tilde{\beta}_0,\tilde{\beta}_1,\tilde{\sigma}^2}=\frac{1}{\tilde{\sigma}^2}\sum_{i=1}^{n}(y_i-\tilde{\beta}_0-\tilde{\beta}_1 x_i)x_i=0 \tag{2.58b}$$

以及

$$\left.\frac{\partial \ln L}{\partial \sigma^2}\right|_{\tilde{\beta}_0,\tilde{\beta}_1,\tilde{\sigma}^2}=-\frac{n}{2\tilde{\sigma}^2}+\frac{1}{2\tilde{\sigma}^4}\sum_{i=1}^{n}(y_i-\tilde{\beta}_0-\tilde{\beta}_1 x_i)^2=0 \tag{2.58c}$$

方程(2.58)的解给出了**极大似然估计量**为

51

$$\tilde{\beta}_0=\bar{y}-\tilde{\beta}_1\bar{x} \tag{2.59a}$$

$$\tilde{\beta}=\frac{\sum_{i=1}^{n}y_i(x_i-\bar{x})}{\sum_{i=1}^{n}(x_i-\bar{x})^2} \tag{2.59b}$$

$$\tilde{\sigma}^2=\frac{\sum_{i=1}^{n}(y_i-\tilde{\beta}_0-\tilde{\beta}_1 x_i)^2}{n} \tag{2.59c}$$

注意，截距与斜率的极大似然估计量$\tilde{\beta}_0$与$\tilde{\beta}_1$都与其最小二乘估计量相同．同时，$\tilde{\sigma}^2$是σ^2的有偏估计量，有偏估计量$\tilde{\sigma}^2$与无偏估计量$\hat{\sigma}^2$(方程(2.19))的关系为$\tilde{\sigma}^2=[(n-1)/n]\sigma^2$．当$n$为中等程度的大小时，偏倚较小．一般情况下使用无偏估计量$\hat{\sigma}^2$．

一般情况下，极大似然估计量有比最小二乘估计量更好的统计性质．极大似然估计量是**无偏**的(包括$\tilde{\sigma}^2$，它是**渐进无偏**的，即随着n的变大而无偏)，同时相比其他所有无偏估计量其方差最小．极大似然估计量也是**一致估计量**(一致性是一种大样本性质，表明随着n的增大，估计值与参数真实值之间的差异仅是一个极小的量)，也是一组**充分统计量**(意味着估计值包含了大小为n的原始样本中的所有信息)．但另一方面，极大似然估计量比最小二乘估计量需要更为严格的统计假设．最小二乘估计量只需要二阶矩假设(关于期望值、方差以及随机误差之间协方差的假设)．最大似然估计量需要关于分布的完整假设，在这种情况下随机误差服从正态分布，其二阶矩与最小二乘估计所需要的假设相同．关于回归模型中极大似然估计的更多信息，见 Graybill(1961，1976)、Myers(1990)、Searle(1971)以及 Seber(1977)．

2.12 回归变量 x 为随机变量的情形

上述介绍的线性回归模型，均假设回归变量的值x为已知常数．这一假设使得置信系数与第Ⅰ类(或第Ⅱ类)错误适用于在相同x水平下对y的重复抽样．但存在许多情形，假设x为固定常数是不恰当的．举例来说，考虑第1章图1-1中软饮料的送货时间．由于送货员走访的零售网点是随机选取的，所以认为可以控制送货量x是不切实际的，更合理的假设是y与x均为随机变量．

幸运的是，在某些确定的条件下，所有之前关于参数估计、假设与预测的结果仍是有
52 效的．下面讨论这种情形．

2.12.1 x 与 y 的联合分布

假设x与y是联合分布的随机变量，但这一联合分布的形式未知．可以证明如果满足

以下条件，那么所有之前得到的回归结果仍是有效的.

1）对给定的 x，y 的条件分布为正态分布，其条件均值为 $\beta_0+\beta_1 x$，条件方差为 σ^2.

2）x 是独立的随机变量，其概率分布与 β_0、β_1 与 σ^2 没有关联.

虽然这些条件有效时所有回归处理都没有变化，但对置信系数与统计误差的解释有所不同. x 为随机变量时，这些量适用于对$(x_i,\ y_i)$值的重复抽样，不适用于固定 x_i 水平下对 y_i 的重复抽样.

2.12.2 *x* 与 *y* 的正态联合分布：相关模型

假设 y 与 x 的联合分布服从**二元正态分布**，即

$$f(y,\ x)=\frac{1}{2\pi\sigma_1\sigma_2\sqrt{1-\rho^2}}\exp\left\{-\frac{1}{2(1-\rho^2)}\left[\left(\frac{y-\mu_1}{\sigma_1}\right)^2+\left(\frac{x-\mu_2}{\sigma_2}\right)^2-2\rho\left(\frac{y-\mu_1}{\sigma_1}\right)\left(\frac{x-\mu_2}{\sigma_2}\right)\right]\right\} \tag{2.60}$$

式中：μ_1 与 σ_1^2 分别为 y 的均值与方差；μ_2 与 σ_2^2 分别为 x 的均值与方差，而

$$\rho=\frac{E(y-\mu_1)(x-\mu_2)}{\sigma_1\sigma_2}=\frac{\sigma_{12}}{\sigma_1\sigma_2}$$

为 y 与 x 之间的**相关系数**. 项 σ_{12} 为 y 与 x 的**协方差**.

对给定 x 值的 y 的**条件分布**为

$$f(y|x)=\frac{1}{\sqrt{2\pi}\sigma_{1.2}}\exp\left[-\frac{1}{2}\left(\frac{y-\beta_0-\beta_1 x}{\sigma_{1.2}}\right)^2\right] \tag{2.61}$$

式中：

$$\beta_0=\mu_1-\mu_2\rho\frac{\sigma_1}{\sigma_2} \tag{2.62a}$$

$$\beta_1=\frac{\sigma_1}{\sigma_2}\rho \tag{2.62b}$$ 53

以及

$$\sigma_{1.2}^2=\sigma_1^2(1-\rho^2) \tag{2.62c}$$

也就是说，给定 x 时 y 的条件分布为正态分布，其条件均值为

$$E(y|x)=\beta_0+\beta_1 x \tag{2.63}$$

条件方差为 $\sigma_{1.2}^2$. 注意，给定 x 时 y 均值的条件分布是直线回归模型. 进一步来说，相关系数 ρ 与斜率 β_1 之间存在线性关系. 由方程(2.62b)看到，当 $\rho=0$ 时，$\beta_1=0$，这意味着 y 与 x 不存在线性关系. 也就是说，了解 x 对预测 y 没有帮助.

极大似然法可以用于估计参数 β_0 与 β_1. 可以证明 β_0 与 β_1 的极大似然估计量分别为

$$\hat{\beta}_0=\bar{y}-\hat{\beta}_1\bar{x} \tag{2.64a}$$

以及

$$\hat{\beta}_1=\frac{\sum_{i=1}^{n}y_i(x_i-\bar{x})}{\sum_{i=1}^{n}(x_i-\bar{x})^2}=\frac{S_{xy}}{S_{xx}} \tag{2.64b}$$

方程(2.64)的截距与斜率的估计量和最小二乘法给出的估计量是一致的，这种情况下，方程(2.63)的 x 设定为可控变量. 一般情况下，可以通过前文显示的 x 为可控变量的模型的方法，分析 y 与 x 为联合正态分布的回归模型. 这样，因为给定 x 时 y 的随机变量独立且服从正态分布，其均值为 $\beta_0+\beta_1 x$，方差为 σ^2. 正如 2.12.1 节所提到的，这些结果对任何 y 与 x 的联合分布，比如给定 x 时 y 的条件分布为正态分布，也是有效的.

可以对模型中的回归系数 ρ 做推断. ρ 的估计量为样本相关系数，即

$$r=\frac{\sum_{i=1}^{n} y_i(x_i-\overline{x})}{\left[\sum_{i=1}^{n}(x_i-\overline{x})^2\sum_{i=1}^{n}(y_i-\overline{y})^2\right]^{1/2}}=\frac{S_{xy}}{[S_{xx}SS_{总}]^{1/2}} \tag{2.65}$$

注意，

54 $$\hat{\beta}_1=\left(\frac{SS_{总}}{S_{xx}}\right)^{1/2} r \tag{2.66}$$

因此，斜率$\hat{\beta}$恰是样本的相关系数 r 乘以一个标量因子，这一因子是 y 分散程度的平方根除以 x 分散程度的平方根. 因此，$\hat{\beta}_1$ 与$\hat{r}_1$ 是有密切关系的，虽然他们提供的信息在某种程度上有所不同，但是样本相关系数 r 是对 y 与 x 之间线性关系的度量，而 β_1 是对 x 变化一单位时 y 均值变化的度量. 在 x 为可控变量的情况下，r 没有意义，这是因为 r 的大小取决于对 x 空间的选择. 也可以由方程(2.66)写出

$$r^2=\hat{\beta}_1^2\frac{S_{xx}}{SS_{总}}=\frac{\hat{\beta}_1 S_{xy}}{SS_{总}}=\frac{SS_{回}}{SS_{总}}=R^2$$

由方程(2.47)认出，这是决定系数. 也就是说，决定系数 R^2 恰是 y 与 x 之间相关系数的平方.

虽然回归与相关是密切联系的，但是在许多情况下回归是更为有力的工具. 相关仅是关系的度量，在预测中几乎没有作用. 但是，回归方法对研究变量之间的定量关系是有用的，可以用于预测.

检验相关系数等于零的假设为

$$H_0: \rho=0, \quad H_1: \rho\neq 0 \tag{2.67}$$

通常是有用的. 这一假设恰当的检验统计量为

$$t_0=\frac{r\sqrt{n-2}}{\sqrt{1-r^2}} \tag{2.68}$$

当 H_0：$\rho=0$ 为真时其服从自由度为 $n-2$ 的 t 分布. 因此，当 $|t_0|>t_{\alpha/2,n-2}$ 时，拒绝原假设. 这一检验与 2.3 节给出的对 H_0：$\beta_1=0$ 的检验等价，这一等价关系直接由方程(2.66)得到.

对于假设

$$H_0: \rho=\rho_0, \quad H_1: \rho\neq\rho_0 \tag{2.69}$$

式中：$\rho_0\neq 0$ 的检验处理在某种程度上更为复杂. 对于适中大小的样本(比如 $n\geqslant 25$)，统计量

$$Z=\operatorname{arctanh} r=\frac{1}{2}\ln\frac{1+r}{1-r} \tag{2.70}$$

是正态分布的逼近，其均值为

55 $$\mu_Z=\operatorname{arctanh}\rho=\frac{1}{2}\ln\frac{1+\rho}{1-\rho}$$

方差为

$$\sigma_Z^2=(n-3)^{-1}$$

因此，为了检验假设 $H_0: \rho=\rho_0$，可以计算统计量

$$Z_0=(\text{arctanh}r-\text{arctanh}\rho_0)(n-3)^{1/2} \tag{2.71}$$

当 $|Z_0|>Z_{\alpha/2}$ 时，拒绝 $H_0: \rho=\rho_0$.

也可以使用变换方程(2.70)构造 ρ 的 $100(1-\alpha)\%$ 置信区间. ρ 的 $100(1-\alpha)\%$ 置信区间为

$$\tanh\left(\text{arctanh}r-\frac{Z_{\alpha/2}}{\sqrt{n-3}}\right)\leqslant\rho\leqslant\tanh\left(\text{arctanh}r+\frac{Z_{\alpha/2}}{\sqrt{n-3}}\right) \tag{2.72}$$

式中：$\tanh u=(e^u-e^{-u})/(e^u+e^{-u})$.

例 2.9 **送货时间数据** 考虑第 1 章介绍的软饮料送货时间数据. 表 2-11 列出了送货时间 y 与送货箱数 x 的 25 点观测值. 图 1-1 所示的散点图表明送货时间与送货量之间存在强烈的线性关系. 这一简单线性回归模型的 Minitab 输出如表 2-12 所示.

表 2-11 例 2.9 的数据

观测值	送货时间 y	箱数 x	观测值	送货时间 y	箱数 x
1	16.68	7	14	19.75	6
2	11.50	3	15	24.00	9
3	12.03	3	16	29.00	10
4	14.88	4	17	15.35	6
5	13.75	6	18	19.00	7
6	18.11	7	19	9.50	3
7	8.00	2	20	35.10	17
8	17.83	7	21	17.90	10
9	79.24	30	22	52.32	26
10	21.50	5	23	18.75	9
11	40.33	16	24	19.83	8
12	21.00	10	25	10.75	4
13	13.50	4			

表 2-12 软饮料送货时间数据的 Minitab 输出

Regression Analysis: Time versus Cases

The regression equation is

Time=3.32+2.18 Cases

Predictor	Coef	SE Coef	T	P
Constant	3.321	1.371	2.42	0.024
Cases	2.1762	0.1240	17.55	0.000

S=4.18140　　R-Sq=93.0%　　R-Sq(adj)=92.7%

Analysis of Variance

Source	DF	SS	MS	F	P
Regression	1	5382.4	5382.4	307.85	0.000
Residual Error	23	402.1	17.5		
Total	24	5784.5			

送货时间 y 与送货量 x 之间的样本相关系数为

56

$$r=\frac{S_{xy}}{[S_{xx}SS_{总}]^{1/2}}=\frac{2473.3440}{[(1136.5600)(5784.5426)]^{1/2}}=0.9646$$

假设送货时间与送货量服从联合正态分布，那么可以检验此假设

$$H_0: \rho=0, \quad H_1: \rho\neq 0$$

使用检验统计量

$$t_0=\frac{r\sqrt{n-2}}{\sqrt{1-r^2}}=\frac{0.9646\sqrt{23}}{\sqrt{1-0.9305}}=17.55$$

由于 $t_{0.025,23}=2.069$，所以拒绝 H_0 并得出结论，相关系数 $\rho\neq 0$. 注意，由表 2-12 中的 Minitab 输出可知，这一检验与对 $H_0: \beta_1=0$ 的 t 检验是一致的. 最后，可以通过方程(2.72)构造关于 ρ 的 95％置信区间. 由于 arctanh r＝arctanh 0.9646＝2.0082，所以方程(2.72)变为

$$\tanh\left(2.0082-\frac{1.96}{\sqrt{22}}\right)\leqslant\rho\leqslant\tanh\left(2.0082+\frac{1.96}{\sqrt{22}}\right)$$

化简得

$$0.9202\leqslant\rho\leqslant 0.9845$$

虽然这里表明送货时间与送货量是高度相关的，但是这一信息对预测几乎没有用处，举例来说，送货时间是运送产品箱数的函数. 这需要一个回归模型. 送货时间与送货量关系的直线拟合(图 1-1b 展示了这一图像)为

57

$$\hat{y}=3.321+2.1762x$$

进一步的分析需要确定方程对数据是否适用，以及这一方程是否可能是一个成功的预测工具.

习题

2.1 附录表 B-1 给出了关于 1976 年美国美式橄榄球大联盟球队表现的数据. 认为对手得到的冲球码数(x_8)对球队的获胜场数(y)有影响.

a. 拟合获胜场数 y 与对手获得的冲球码数(x_8)关系的简单线性回归模型.

b. 构造回归显著性检验的方差分析表.

c. 求出斜率的 95％置信区间.

d. 总变异性的百分之多少由模型解释?

e. 当限定对手的冲球码数为 2000yd(1yd＝0.914m)时求出获胜场数均值的 95％置信区间.

2.2 假设想要使用习题 2.1 中研究的模型，预测当限定对手的冲球码数为 1800yd 时，球队将获胜的场数. 当 x_8＝1800yd 时，求出获胜场数的点估计. 求出获胜场数的 90％预测区间.

2.3 附录表 B-2 显示了佐治亚理工大学进行太阳能项目期间收集的数据. 试求:

a. 拟合总热流 y(kW)与光线偏离的弧度(mrad)关系的简单线性回归模型.

b. 构造回归显著性检验的方差分析表.

c. 求出斜率的 99％置信区间.

d. 计算 R^2.

e. 当光线偏离 16.5mrad 时求出热流均值的 95％置信区间.

2.4 附录表 B-3 给出了 32 种不同汽车汽油里程性能的数据. 试求:

a. 拟合燃油效率 y(ft/gal(1ft＝0.3048m, 1gal＝4.546L))与发动机排量 x_1(in^3)关系的简单线性回归模型.

b. 构造回归显著性检验的方差分析表.

c. 汽油里程总变异性的百分之多少由与发动机排量的线性关系解释?

d. 当发动机排量为 $275in^3$ 时，求汽油里程均值的 95%置信区间.

e. 假设希望得到预测所得到发动机排量为 $275in^3$ 汽车的汽油里程. 给出汽油里程的点估计. 求出汽油里程的 95%置信区间.

f. 比较 d 和 e 得到的两个置信区间. 解释其不同点. 哪个更宽? 为什么? 58

2.5 考虑附录表 B-3 中的汽油里程数据. 使用车重 x_{10} 取代发动机排量 x_1 作为回归变量重做习题 2.4(第 a、b、c 小问). 以比较两个模型为基础，能否得出选择 x_1 为回归变量优于选择 x_{10} 的结论?

2.6 附录表 B-4 给出了宾夕法尼亚州伊利市 27 幢已销售房屋的数据. 试求:

a. 拟合房屋销售价格与本期税额(x_1)关系的简单线性回归模型.

b. 进行回归显著性检验.

c. 销售价格总变异性的百分之多少由这一模型解释?

d. 求出 β_1 的 95%置信区间.

e. 当本期税额为 750 美元时求出房屋销售价格均值的 95%置信区间.

2.7 认为分馏过程生产氧气的纯度与过程单元主冷凝器中烃的百分率相关. 20 个样本显示如下. 试求:

氧纯度(%)	烃/(%)	氧纯度/(%)	烃/(%)
86.91	1.02	96.73	1.46
89.85	1.11	99.42	1.55
90.28	1.43	98.66	1.55
86.34	1.11	96.07	1.55
92.58	1.01	93.65	1.40
87.33	0.95	87.31	1.15
86.29	1.11	95.00	1.01
91.86	0.87	96.85	0.99
95.61	1.43	85.20	0.95
89.86	1.02	90.56	0.98

a. 拟合数据的简单线性回归模型.

b. 检验假设 H_0: $\beta_1=0$.

c. 计算 R^2.

d. 求出斜率的 95%置信区间.

e. 当烃的百分率为 1.00 时求出氧纯度均值的 95%置信区间.

2.8 考虑习题 2.7 中的氧气工厂数据并假设氧纯度与烃百分率是联合正态分布的随机变量.

a. 氧气纯度与烃百分率之间的相关性如何?

b. 检验假设 $\rho=0$.

c. 构造 ρ 的 95%置信区间.

2.9 考虑表 2-9 中的软饮料送货时间数据. 在考察原回归模型(例 2.9)之后，一位数据分析师表示因为截距不为零所以原模型是无效的. 他坚决主张如果运送了零箱饮料，那么装货与检修机器的时间将为零，而直线模型应当通过原点. 你如何来回应他的意见? 拟合这一数据的无截距模型并确定哪个模型更好. 59

2.10 26 位年龄群体为 25～30 岁随机选取的男性，其体重与血液收缩压数据显示如下.

受试者	体重	血液收缩压	受试者	体重	血液收缩压
1	165	130	14	172	153
2	167	133	15	159	128
3	180	150	16	168	132
4	155	128	17	174	149
5	212	151	18	183	158
6	175	146	19	215	150
7	190	150	20	195	163
8	210	140	21	180	156
9	200	148	22	143	124
10	149	125	23	240	170
11	158	133	24	235	165
12	169	135	25	192	160
13	170	150	26	187	159

a. 求出血液收缩压与体重相关的回归直线.

b. 估计相关系数.

c. 检验假设 $\rho=0$.

d. 检验假设 $\rho=0.6$.

e. 求出 ρ 的 95%置信区间.

2.11 考虑习题 2.10 中的体重与血压数据. 拟合数据的无截距模型并与习题 2.10 得到的模型进行对比. 哪个模型更好?

2.12 认为一株植物每月所消耗水蒸气的量与月平均环境温度(℉)㊀相关. 上一年的水蒸气消耗量与环境温度如下.

月份	环境温度(℉)	水蒸气消耗量(lb)/1000	月份	环境温度(℉)	水蒸气消耗量(lb)/1000
一月	21	185.79	七月	68	621.55
二月	24	214.47	八月	74	675.06
三月	32	288.03	九月	62	562.03
四月	47	424.84	十月	50	452.93
五月	50	454.68	十一月	41	369.95
六月	59	539.03	十二月	30	273.98

60

a. 拟合数据的简单线性回归模型.

b. 检验回归显著性.

c. 植物管理员相信平均环境温度增加 1℉, 平均月水蒸气消耗量将增加 10 000lb㊁. 数据支持这一观点吗?

d. 使用 58℉的平均环境温度构造一个月中水蒸气消耗量的 99%预测区间.

2.13 Davidson("Updated on Ozone Trends in California's South Coast AirBasin", *Air and Waste*, 43, 226, 1993)研究了 1976—1991 年南部地区加利福尼亚州空气品质区的臭氧水平. 他相信臭氧水平超过 0.20×10^{-6} 的天数(响应变量)取决于季节气象指数, 这一指数是 850mPa 下的季节平均温度(回归变量). 下面的表格给出了数据.

㊀ 1℉=17.22℃.

㊁ 1lb=0.454kg.

年份	天数/d	指数	年份	天数/d	指数
1976	91	16.7	1984	81	18.0
1977	105	17.1	1985	65	17.2
1978	106	18.2	1986	61	16.9
1979	108	18.1	1987	48	17.1
1980	88	17.2	1988	61	18.2
1981	91	18.2	1989	43	17.3
1982	58	16.0	1990	33	17.5
1983	82	17.2	1991	36	16.6

a. 做出数据的散点图.

b. 估计预测方程.

c. 进行回归显著性检验.

d. 计算并画出 95%置信带与 95%预测带.

2.14 Hsuie、Ma 和 Tsai(“Separation and Characterizations of Thermotropic Copolyesters of *p*-Hydroxybenzoic Acid, Sebacic Acid, and Hydroquinone”, *Journal of Applied Polymer Science*, 56, 471-476, 1995)研究了癸二酸摩尔比率(回归变量)对共聚酯固有黏度的影响. 下面的表格给出了数据. 61

比率	黏度/Pa·s	比率	黏度/Pa·s
1.0	0.45	0.6	0.70
0.9	0.20	0.5	0.57
0.8	0.34	0.4	0.55
0.7	0.58	0.3	0.44

a. 绘出数据的散点图.

b. 估计预测方程.

c. 做出完整而恰当的数据分析(统计检验、计算 R^2, 等等).

d. 计算并画出 95%置信带与 95%预测带.

2.15 Byers 和 Williams(“Viscosities of Binary and Ternary Mixtures of Polynomatic Hydrocarbons”, *Journal of Chemical and Engineering Data*, 32, 349-354, 1987)研究了温度对甲苯—四氢化萘混合物黏度的影响. 下面的表格给出了混合物中甲苯摩尔分数为 0.4 的数据.

温度/℃	黏度/mPa·s	温度/℃	黏度/mPa·s
24.9	1.1330	65.2	0.6723
35.0	0.9772	75.2	0.6021
44.9	0.8532	85.2	0.5420
55.1	0.7550	95.2	0.5074

a. 估计预测方程.

b. 全面分析这一模型.

c. 计算并画出 95%置信带与 95%预测带.

2.16 Carroll 和 Spiegelman(“The Effects of Ignoring Small Measurement Errors in Precision Instrument Calibration”, *Journal of Quality Technology*, 18, 170-173, 1986)审视了水箱压力与液体容量之间的关系. 下面的表格给出了数据. 使用恰当的统计软件包对这一数据做出分析. 对统计软件产出的输出做出评价. 62

容量	压力	容量	压力	容量	压力
2084	4599	2842	6380	3789	8599
2084	4600	3030	6818	3789	8600
2273	5044	3031	6817	3979	9048
2273	5043	3031	6818	3979	9048
2273	5044	3221	7266	4167	9484
2463	5488	3221	7268	4168	9487
2463	5487	3409	7709	4168	9487
2651	5931	3410	7710	4358	9936
2652	5932	3600	8156	4358	9938
2652	5932	3600	8158	4546	10377
2842	6380	3788	8597	4547	10379

2.17 Atkinson(*Plots、Transformations and Regression*，Clarendon Press，Oxford，1985)展示了关于水的沸点(℉)与大气压力(inHg)[⊖]的数据. 构造数据的散点图并提出沸点与大气压力关系的模型. 用模型拟合数据并使用本章讨论的方法对模型做完整的分析.

水的沸点/℉	大气压力/inHg	水的沸点/℉	大气压力/inHg
199.5	20.79	201.9	24.02
199.3	20.79	201.3	24.01
197.9	22.40	203.6	25.14
198.4	22.67	204.6	26.57
199.4	23.15	209.5	28.49
199.9	23.35	208.6	27.76
200.9	23.89	210.7	29.64
201.1	23.99	211.9	29.88
		212.2	30.06

2.18 1984年3月1日《华尔街日报》刊登了一份电视广告调查，该调查由Video Board Tests公司——一家纽约的广告测试公司发起，采访了4000位成年人. 采访的这些人都是常规产品的用户，测试公司要求他们提出过去一周他们看到的产品分类广告. 在这种情况下，响应变量是每周留下印象的数量(百万元)，回归变量是公司在广告上花费的钱数. 数据如下.

63

公司	花费钱数/百万元	每周挣回的印象/百万元	公司	花费钱数/百万元	每周挣回的印象/百万元
Miller Lite	50.1	32.1	Bud Lite	45.6	10.4
Pepsi	74.1	99.6	ATT Bell	154.9	88.9
Stroh's	19.3	11.7	Calvin Klein	5	12
Federal Express	22.9	21.9	Wendy's	49.7	29.2
Burger King	82.4	60.8	Polaroid	26.9	38
Coca-Cola	40.1	78.6	Shasta	5.7	10
McDonald's	185.9	92.4	Meow Mix	7.6	12.3
MCI	26.9	50.7	Oscar Meyer	9.2	23.4
Diet Cola	20.4	21.4	Crest	32.4	71.1
Ford	166.2	40.1	Kibbles N Bits	6.1	4.4
Levi's	27	40.8			

⊖ 1inHg=3386Pa.

a. 拟合这一数据的简单线性回归模型.

b. 公司在广告上花费的钱数与留下的印象之间是否存在显著的关系？根据统计显著性验证你的答案.

c. 构造这一数据的 95%置信带与 95%预测带.

d. 给出 MCI 公司留下印象数的 95%置信区间与 95%预测区间.

2.19 附录表 B-17 包含了 2.7 节所使用的病人满意度数据.

a. 拟合满意度与年龄关系的简单线性回归模型.

b. 将这一模型与 2.7 节病人满意度与病重程度关系的拟合进行比较.

2.20 考虑附录表 B-18 中的燃料消耗数据. 汽车工程师相信燃料的初沸点控制着燃料消耗. 对这一数据做彻底的分析. 数据支持工程师的看法吗？

2.21 考虑附录表 B-19 中的红葡萄酒品质数据. 红葡萄酒制造商相信含硫量对葡萄酒的口感(因此对葡萄酒的全部品质)有负面影响. 对这一数据做彻底的分析. 数据支持红酒制造商的看法吗？

2.22 考虑附录表 B-20 中的甲醛氧化数据. 化学家相信入口处氧气与入口处甲醛的比值控制着过程的转化率. 对这一数据做彻底的分析. 数据支持化学家的看法吗？

2.23 考虑简单线性回归模型 $y=50+10x+\varepsilon$，式中，ε 为 NID(0, 16)分布. 假设用于拟合模型的观测值 $n=20$ 对. 生成这 20 个观测值的 500 个样本，对每个样本画出每个水平($x=1, 1.5, 2, \cdots, 10$)的一个观测值. 64

a. 对每个样本计算斜率和截距的最小二乘估计值. 构造样本 $\hat{\beta}_0$ 与 $\hat{\beta}_1$ 值的直方图. 讨论这两个直方图的形状.

b. 对每个样本，计算 $E(y|x=5)$的估计值. 构造所得到估计值的直方图. 讨论这一直方图的形状.

c. 对每个样本，计算斜率的 95%置信区间. 这些区间中有多少包含真实值 $\beta_1=10$？这是你所期望的吗？

d. 对 b 中 $E(y|x=5)$的每个估计值，计算 95%置信区间. 这些区间中有多少个包含其真实值 $E(y|x=5)=100$？这是你所期望的吗？

2.24 仅使用每个样本的 10 个观测值重做习题 2.20，画出来自每个水平($x=1, 2, 3, \cdots, 10$)的一个观测值. 使用 $n=10$ 对习题 2.17 中所问到的问题有何影响？比较两个置信区间的长度与直方图的外观.

2.25 考虑简单线性回归模型 $y=\beta_0+\beta_1 x+\varepsilon$，其 $E(\varepsilon)=0$，$\mathrm{Var}(\varepsilon)=\sigma^2$，且 ε 不相关.

a. 证明 $\mathrm{Cov}(\hat{\beta}_0, \hat{\beta}_1)=-\bar{x}\sigma^2/S_{xx}$.

b. 证明 $\mathrm{Cov}(\bar{y}, \beta_1)=0$.

2.26 考虑简单线性回归模型 $y=\beta_0+\beta_1 x+\varepsilon$，其 $E(\varepsilon)=0$，$\mathrm{Var}(\varepsilon)=\sigma^2$，且 ε 不相关.

a. 证明 $E(MS_{回})=\sigma^2+\beta_1^2 S_{xx}$.

b. 证明 $E(MS_{残})=\sigma^2$.

2.27 假设已经拟合了直线回归模型 $\hat{y}=\hat{\beta}_0+\hat{\beta}_1 x_1$ 但响应变量受另一个变量 x_2 影响使得真实回归模型为

$$E(y)=\beta_0+\beta_1 x_1+\beta_2 x_2$$

a. 原简单线性回归模型中斜率的最小二乘估计量是无偏的吗？

b. 求解 $\hat{\beta}_1$ 的偏倚.

2.28 考虑简单线性回归中 σ^2 的极大似然估计量 $\tilde{\sigma}^2$. 已知 $\tilde{\sigma}^2$ 是 σ^2 的有偏估计量.

a. 求解 $\tilde{\sigma}^2$ 的偏倚量.

b. 样本量 n 变大时偏倚将发生什么变化？

2.29 假设拟合了一条直线并希望斜率的标准误差尽可能小. 假设“所感兴趣的” x 的区域为 $-1\leqslant x\leqslant 1$. 观测值 $x_1, x_2, \cdots, x_n$ 应当在何处选取？讨论这一数据手机计划的实用性. 65

2.30 考虑习题2.12中的数据并假设水蒸气消耗量与平均温度为联合正态分布.

a. 求出水蒸气消耗量与月平均环境温度之间的相关性.

b. 检验假设 $\rho=0$.

c. 检验假设 $\rho=0.5$.

d. 求出 ρ 的99%置信区间.

2.31 当数据在相同的 x 值上包含重复的不同观测值 y 时证明 R^2 的最大值小于1.

2.32 考虑简单线性回归模型

$$y=\beta_0+\beta_1 x+\varepsilon$$

式中斜率 β_0 已知.

a. 求出这一模型中 β_1 的最小二乘估计量. 这一答案似乎是合理的吗?

b. a小问求出的斜率($\hat{\beta}_1$)方差的最小二乘估计量是多少?

c. 求出 β_1 的 $100(1-\alpha)\%$ 置信区间. 相比式中斜率与截距均未知的情形中 β_1 估计量的置信区间,这一置信区间更窄吗?

66 **2.33** 考虑来自简单线性回归模型的最小二乘残差 $e_i=y_i-\hat{y}_i\,(i=1,2,\cdots,n)$. 求出残差的方差 $\mathrm{Var}(e_i)$. 残差的方差是常数吗? 讨论这一问题.

第 3 章　多元线性回归

包含多于一个回归变量的回归模型称为**多元回归模型**. 本章讨论多元回归模型的拟合与分析. 多元线性回归的结果是对第 2 章简单线性回归结果的拓展.

3.1　多元回归模型

设化学过程中的以 lb 为单位的转化产量取决于温度与催化剂浓度. 描述这一关系的多元回归模型为

$$y=\beta_0+\beta_1x_1+\beta_2x_2+\varepsilon \tag{3.1}$$

式中：y 表示产量；x_1 表示温度；x_2 表示催化剂浓度.

这是一个有两个回归变量的多元线性回归模型. 因为方程(3.1)是未知参数 β_0、β_1 与 β_2 的线性函数，所以使用线性这一术语.

方程(3.1)中的回归模型描述了 y、x_1 与 x_2 组成的三维空间中的一个平面. 图 3-1a 表示了这一模型的回归平面

$$E(y)=50+10x_1+7x_2$$

式中：已经假定方程(3.1)中误差项 ε 的期望值为零. 参数 β_0 是回归平面的截距. 如果数据的范围包括 $x_1=x_2=0$，那么 β_0 是 $x_1=x_2=0$ 时 y 的均值，否则 β_0 没有真实的含义. 参数 β_1 表明当 x_2 保持不变时 x_1 每变化一单位，响应变量(y)变化的期望值. 同理 β_2 度量了 x_1 保持不变时 x_2 每变化一单位，y 变化的期望值. 图 3-1b 显示了这一回归模型的等高线图，即作为 x_1 和 x_2 函数的响应变量均值为常数的 $E(y)$ 直线. 注意，图 3-1b 所示的等高线是平行直线.

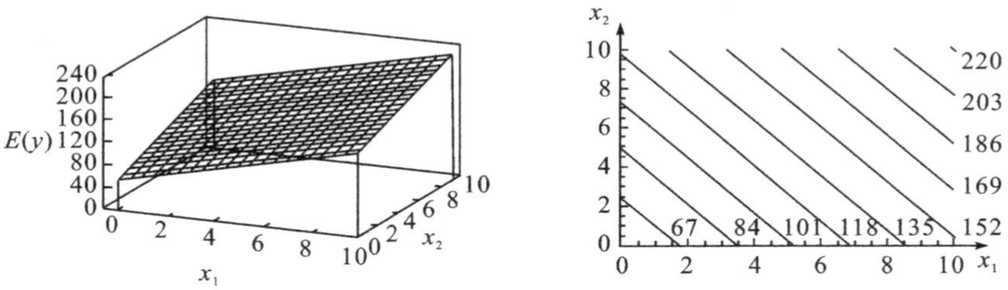

a）模型$E(y)=50+10x_1+7x_2$的回归平面　　b）等高线图

图　3-1

一般情况下，响应变量 y 可以与 k 个回归变量即预测变量相关，其模型为

$$y=\beta_0+\beta_1x_1+\beta_2x_2+\cdots+\beta_kx_k+\varepsilon \tag{3.2}$$

称为有 k 个回归变量的**多元线性回归模型**. 参数 $\beta_j(j=0，1，\cdots，k)$称为**回归系数**. 这一模型描述了回归变量 x_j 组成的 k 维空间中的一个超平面. 参数 β_j 表示当其他所有回归变量 $x_i(i\neq j)$都保持不变时，x_j 每变化一单位，响应变量 y 均值的变化的期望值. 由于这一原因，参数 $\beta_j(j=1，2，\cdots，n)$通常称为**偏回归系数**.

多元线性回归模型通常作为经验模型或逼近函数使用. 也就是说，y 与 x_1，x_2，…，x_k 之间的真实函数关系是未知的，但在确定的回归变量范围内，线性回归模型是未知真实函数的一个逼近.

比方程(3.2)结构更加复杂的模型通常仍然使用多元线性回归方法进行分析. 举例来说，考虑三次多项式模型

$$y=\beta_0+\beta_1 x_1+\beta_2 x^2+\beta_3 x^3+\varepsilon \tag{3.3}$$

如果令 $x_1=x$，$x_2=x^2$ 且 $x_3=x^3$，那么方程(3.3)可以写为

$$y=\beta_0+\beta_1 x_1+\beta_2 x_2+\beta_3 x_3+\varepsilon \tag{3.4}$$

68 这是有三个回归变量的多元线性回归模型. 第 7 章讨论多项式模型的更多细节.

包含交互作用效应的模型也可以使用多元线性回归模型进行分析. 举例来说，设模型为

$$y=\beta_0+\beta_1 x_1+\beta_2 x_2+\beta_{12} x_1 x_2+\varepsilon \tag{3.5}$$

如果令 $x_3=x_1x_2$ 且 $\beta_3=\beta_{12}$，那么方程(3.5)可以写为

$$y=\beta_0+\beta_1 x_1+\beta_2 x_2+\beta_3 x_3+\varepsilon \tag{3.6}$$

这是一个线性回归模型.

图 3-2a 展示了回归模型

$$y=50+10x_1+7x_2+5x_1x_2$$

的三维点图，而图 3-2b 展示了对应的二维等高线图. 注意，尽管这一模型是线性回归模型，但是这一模型生成的曲线的形状不是线性的. 一般情况下，不管其生成的曲线的形状如何，参数(β)为线性的任何回归模型都是线性回归模型.

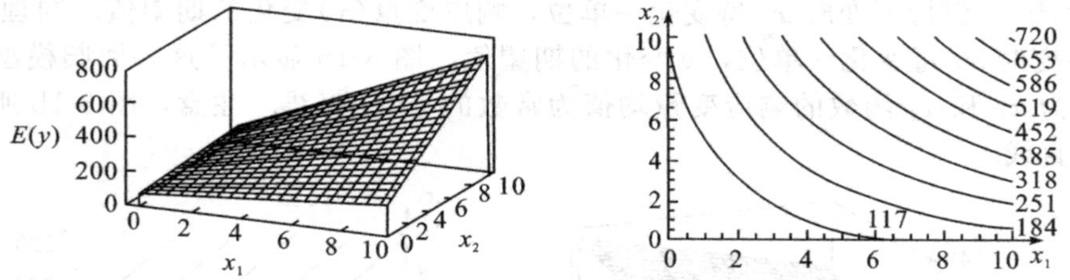

a) 回归模型$E(y)=50+10x_1+7x_2+5x_1x_2$的三维点图　　b) 等高线图

图 3-2

图 3-2 提供了对交互作用的图形解释. 一般而言，交互作用意味着，改变一个变量(比如说 x_1)产生的效应要取决于另一个变量(x_2)的水平. 举例来说，图 3-2 显示了当 $x=2$ 时将 x_1 从 2 变为 8 产生的变化比 $x=10$ 时小得多. 交互作用效应在对真实世界体系的研究与分析中频繁发生，而回归方法是可以用来描述交互作用的方法之一.

作为最后一个例子，考虑**二阶交互作用模型**

$$y=\beta_0+\beta_1 x_1+\beta_2 x_2+\beta_{11} x_1^2+\beta_{22} x_2^2+\beta_{12} x_1 x_2+\varepsilon \tag{3.7}$$

如果令 $x_3=x_1^2$，$x_4=x_2^2$，$x_5=x_1x_2$，$\beta_3=\beta_{11}$，$\beta_4=\beta_{22}$，且 $\beta_5=\beta_{12}$，那么方程(3.7)可以写为如下多元线性回归模型：

69 $$y=\beta_0+\beta_1 x_1+\beta_2 x_2+\beta_3 x_3+\beta_4 x_4+\beta_5 x_5+\varepsilon$$

图 3-3 显示了

$$E(y)=800+10x_1+7x_2-8.5x_1^2-5x_2^2+4x_1x_2$$

的三维散点图与对应的等高线图. 这些点表明当 x_1 变化一单位(比如说)时 y 期望值的变化是 x_1 与 x_2 二者的函数. 这一模型中的二次项与交互作用项产生了形如山堆的函数. 含有交互作用的二阶模型可以呈现多种多样的形状, 这些形状取决于回归系数的值, 因此, 这是一个非常灵活的模型.

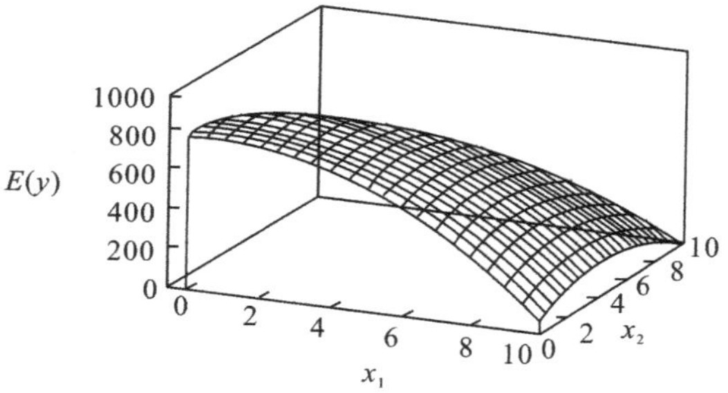

a) 回归模型 $E(y)=800+10x_1+7x_2-8.5x_1^2-5x_2^2+4x_1x_2$ 的三维点图

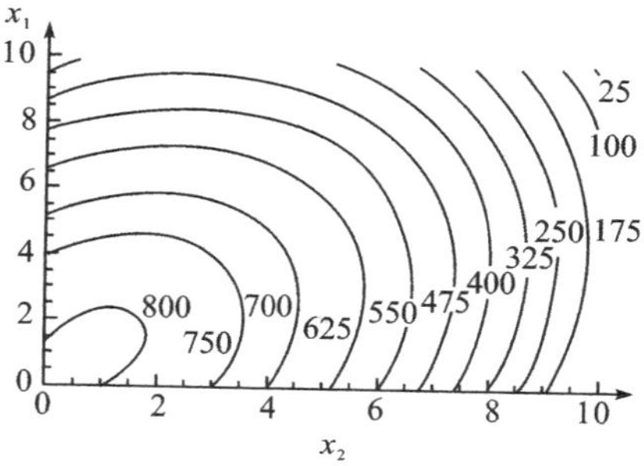

b) 等高线图

图 3-3

在大多数真实世界的问题中, 参数(回归系数 β_i)的值与误差的方差 σ^2 不是已知的, 必须通过样本数据进行估计. 回归方程拟合即回归模型拟合, 一般用于预测响应变量 y 的未来观测值或估计响应变量 y 在特定水平下的均值.

3.2 模型参数的估计

3.2.1 回归系数的最小二乘估计

最小二乘法可以用于估计方程(3.2)中的回归系数. 假设可以获得 $n>k$ 个观测值, 且令 y_i 表示第 i 个所观测的响应变量, x_{ij} 表示第 i 个观测值, 即回归变量 x_j 的水平. 其数据如表 3-1 所示. 假设模型中的误差项 ε 有 $E(\varepsilon)=0$, $\mathrm{Var}(\varepsilon)=\sigma^2$, 且误差是不相关的.

表 3-1 多元线性回归的数据

观测值 i	响应变量 y	回归变量			
		x_1	x_2	…	x_k
1	y_1	x_{11}	x_{12}	…	x_{1k}
2	y_2	x_{21}	x_{22}	…	x_{2k}
⋮	⋮	⋮	⋮		⋮
n	y_n	x_{n1}	x_{n2}	…	x_{nk}

70

本章自始至终假设回归变量 x_1, x_2, …, x_k 为没有测量误差的固定(即数值的, 非随机的)变量. 但是, 正如 2.12 节对简单线性回归模型的讨论, 所有的结果对回归变量为随机变量的情形仍然有效. 这一点当然是重要的, 这是因为当回归数据由观测性研究产生时, 某些或大部分回归变量将是随机变量; 而当数据由试验设计产生时, x 则可能是固定变量. 当 x 是随机变量时, 必要的仅是每个回归变量的观测值独立, 且分布不依赖回归系数(β)或 σ^2. 当进行假设检验或构造置信区间时, 必须假设由 x_1, x_2, …, x_k 给定的 y 的条件分布是正态分布，其中均值为 $\beta_0+\beta_1x_1+\beta_2x_2+\cdots+\beta_kx_k$，而方差为 σ^2.

可以将方程(3.2)所对应的样本回归模型写为

$$y_i=\beta_0+\beta_1x_{i1}+\beta_2x_{i2}+\cdots+\beta_kx_{ik}+\varepsilon_i=\beta_0+\sum_{j=1}^{k}\beta_jx_{ij}+\varepsilon_i \quad (i=1,2,\cdots,n) \tag{3.8}$$

最小二乘函数为

$$S(\beta_0,\beta_1,\cdots,\beta_k)=\sum_{i=1}^{n}\varepsilon_i^2=\sum_{i=1}^{n}\left(y_i-\beta_0-\sum_{j=1}^{k}\beta_jx_{ij}\right)^2 \tag{3.9}$$

必须对函数 S 做关于 β_0，β_1，…，β_k 的最小化. β_0，β_1，…，β_k 的最小二乘估计量必须满足

$$\left.\frac{\partial S}{\partial\beta_0}\right|_{\hat\beta_0,\hat\beta_1,\cdots,\hat\beta_k}=-2\sum_{i=1}^{n}\left(y_i-\hat\beta_0-\sum_{j=1}^{k}\hat\beta_jx_{ij}\right)=0 \tag{3.10a}$$

以及

$$\left.\frac{\partial S}{\partial\beta_j}\right|_{\hat\beta_0,\hat\beta_1,\cdots,\hat\beta_k}=-2\sum_{i=1}^{n}\left(y_i-\hat\beta_0-\sum_{j=1}^{k}\hat\beta_jx_{ij}\right)x_{ij}=0 \quad (j=1,2,\cdots,k) \tag{3.10b}$$

化简方程(3.10)，得到**最小二乘正规方程**为

71

$$\begin{aligned}
n\hat\beta_0+\hat\beta_1\sum_{i=1}^{n}x_{i1}+\hat\beta_2\sum_{i=1}^{n}x_{i2}+\cdots+\hat\beta_k\sum_{i=1}^{n}x_{ik}&=\sum_{i=1}^{n}y_i\\
\hat\beta_0\sum_{i=1}^{n}x_{i1}+\hat\beta_1\sum_{i=1}^{n}x_{i1}^2+\hat\beta_2\sum_{i=1}^{n}x_{i1}x_{i2}+\cdots+\hat\beta_k\sum_{i=1}^{n}x_{i1}x_{ik}&=\sum_{i=1}^{n}x_{i1}y_i\\
\vdots\qquad\quad\vdots\qquad\quad\vdots\qquad\qquad\qquad\vdots\qquad&\\
\hat\beta_0\sum_{i=1}^{n}x_{ik}+\hat\beta_1\sum_{i=1}^{n}x_{ik}x_{i1}+\hat\beta_2\sum_{i=1}^{n}x_{ik}x_{i2}+\cdots+\hat\beta_k\sum_{i=1}^{n}x_{ik}^2&=\sum_{i=1}^{n}x_{ik}y_i
\end{aligned} \tag{3.11}$$

注意上式有 $p=k+1$ 个正规方程，每个正规方程对应一个未知的回归系数. 正规方程的解将是**最小二乘估计量** $\hat\beta_0$，$\hat\beta_1$，…，$\hat\beta_k$.

使用矩阵记号表达正规方程对处理多元回归模型更加方便. 矩阵记号能够使模型、数据与结果的形式更为紧凑. 在矩阵记号中，由方程(3.8)给出的模型为

$$\boldsymbol{y}=\boldsymbol{X\beta}+\boldsymbol{\varepsilon}$$

式中：

$$\boldsymbol{y}=\begin{bmatrix}y_1\\y_2\\\vdots\\y_n\end{bmatrix},\ \boldsymbol{X}=\begin{bmatrix}1&x_{11}&x_{12}&\cdots&x_{1k}\\1&x_{21}&x_{22}&\cdots&x_{2k}\\\vdots&\vdots&\vdots&&\vdots\\1&x_{n1}&x_{n2}&\cdots&x_{nk}\end{bmatrix},\ \boldsymbol{\beta}=\begin{bmatrix}\beta_0\\\beta_1\\\vdots\\\beta_k\end{bmatrix},\ \boldsymbol{\varepsilon}=\begin{bmatrix}\varepsilon_1\\\varepsilon_2\\\vdots\\\varepsilon_n\end{bmatrix}$$

一般而言，$\boldsymbol{y}$ 为观测值的 $n\times1$ 向量，$\boldsymbol{X}$ 为回归变量水平的 $n\times p$ 矩阵，$\boldsymbol{\beta}$ 为回归系数的 $p\times1$ 向量，而 $\boldsymbol{\varepsilon}$ 为随机误差的 $n\times1$ 向量.

希望求出最小二乘法估计量向量 $\hat{\boldsymbol{\beta}}$，最小化值为

$$S(\boldsymbol{\beta})=\sum_{i=1}^{n}\varepsilon_i^2=\boldsymbol{\varepsilon}'\boldsymbol{\varepsilon}=(\boldsymbol{y}-\boldsymbol{X\beta})'(\boldsymbol{y}-\boldsymbol{X\beta})$$

注意，$S(\boldsymbol{\beta})$ 可以表达为

$$S(\boldsymbol{\beta})=\boldsymbol{y}'\boldsymbol{y}-\boldsymbol{\beta}'\boldsymbol{X}'\boldsymbol{y}-\boldsymbol{y}'\boldsymbol{X}\boldsymbol{\beta}+\boldsymbol{\beta}'\boldsymbol{X}'\boldsymbol{X}\boldsymbol{\beta}=\boldsymbol{y}'\boldsymbol{y}-2\boldsymbol{\beta}'\boldsymbol{X}'\boldsymbol{y}+\boldsymbol{\beta}'\boldsymbol{X}'\boldsymbol{X}\boldsymbol{\beta}$$

这是由于 $\boldsymbol{\beta}'\boldsymbol{X}'\boldsymbol{y}$ 为 1×1 矩阵即标量，与它的逆矩阵 $(\boldsymbol{\beta}'\boldsymbol{X}'\boldsymbol{y})^{-1}=\boldsymbol{y}'\boldsymbol{X}\boldsymbol{\beta}$ 是相同的标量. 最小二乘估计量必须满足

$$\left.\frac{\partial S}{\partial \boldsymbol{\beta}}\right|_{\hat{\beta}}=-2\boldsymbol{X}'\boldsymbol{y}+2\boldsymbol{X}'\boldsymbol{X}\hat{\boldsymbol{\beta}}=0$$

将其化简为

$$\boldsymbol{X}'\boldsymbol{X}\hat{\boldsymbol{\beta}}=\boldsymbol{X}'\boldsymbol{y} \tag{3.12}$$

方程(3.12)是**最小二乘正规方程**，是与方程(3.1)中标量表示类似的矩阵形式. 72

为了解出正规方程，在方程(3.12)的两边同时乘以 $\boldsymbol{X}'\boldsymbol{X}$ 的逆. 因此，$\hat{\boldsymbol{\beta}}$的最小二乘估计量为

$$\hat{\boldsymbol{\beta}}=(\boldsymbol{X}'\boldsymbol{X})^{-1}\boldsymbol{X}'\boldsymbol{y} \tag{3.13}$$

当回归变量线性无关时，也就是说，当 $\boldsymbol{X}$ 矩阵的所有列都不是其他列的线性组合时，逆矩阵($\boldsymbol{X}'\boldsymbol{X}^{-1}$)总是存在的.

容易看到正规方程的矩阵形式方程(3.12)与标量形式方程(3.1)是恒等的. 详细写出方程(3.12)，得到

$$\begin{bmatrix} n & \sum_{i=1}^{n} x_{i1} & \sum_{i=1}^{n} x_{i2} & \cdots & \sum_{i=1}^{n} x_{ik} \\ \sum_{i=1}^{n} x_{i1} & \sum_{i=1}^{n} x_{i1}^2 & \sum_{i=1}^{n} x_{i1}x_{i2} & \cdots & \sum_{i=1}^{n} x_{i1}x_{ik} \\ \vdots & \vdots & \vdots & & \vdots \\ \sum_{i=1}^{n} x_{ik} & \sum_{i=1}^{n} x_{ik}x_{i1} & \sum_{i=1}^{n} x_{ik}x_{i2} & \cdots & \sum_{i=1}^{n} x_{ik}^2 \end{bmatrix} \begin{bmatrix} \hat{\beta}_0 \\ \hat{\beta}_1 \\ \vdots \\ \hat{\beta}_k \end{bmatrix} = \begin{bmatrix} \sum_{i=1}^{n} y_i \\ \sum_{i=1}^{n} x_{i1}y_i \\ \vdots \\ \sum_{i=1}^{n} x_{ik}y_i \end{bmatrix}$$

如果做出上文表示的矩阵乘法，那么将得到正规方程的标量形式方程(3.11). 由这一矩阵表示看到，$\boldsymbol{X}'\boldsymbol{X}$ 为 $p\times p$ 对称矩阵，而 $\boldsymbol{X}'\boldsymbol{y}$ 为 $p\times1$ 列向量. 注意矩阵 $\boldsymbol{X}'\boldsymbol{X}$ 的特殊结构. $\boldsymbol{X}'\boldsymbol{X}$ 的对角线元素是 $\boldsymbol{X}$ 列中元素的平方和，而 $\boldsymbol{X}'\boldsymbol{X}$ 的非对角线元素是 $\boldsymbol{X}$ 列中元素的叉积和. 进一步来说，注意 $\boldsymbol{X}'\boldsymbol{y}$ 的元素是 $\boldsymbol{X}$ 的列与观测值 y_i 的叉积和.

对应回归变量 $\boldsymbol{x}'=[1, x_1, x_2, \cdots, x_k]$水平的回归拟合为

$$\hat{y}=\boldsymbol{x}'\hat{\boldsymbol{\beta}}=\hat{\beta}_0+\sum_{j=1}^{k}\hat{\beta}_j x_j$$

对应观测值 y_i 的拟合值$\hat{y}_i$ 向量为

$$\hat{\boldsymbol{y}}=\boldsymbol{X}\hat{\boldsymbol{\beta}}=\boldsymbol{X}(\boldsymbol{X}'\boldsymbol{X})^{-1}\boldsymbol{X}'\boldsymbol{y}=\boldsymbol{H}\boldsymbol{y} \tag{3.14}$$

$n\times n$ 矩阵 $\boldsymbol{H}=\boldsymbol{X}(\boldsymbol{X}'\boldsymbol{X})^{-1}\boldsymbol{X}'$通常称为**帽子矩阵**. 帽子矩阵将观测值向量映射为拟合值向量. 帽子矩阵及其性质在回归分析中扮演中心角色.

观测值 y_i 与对应拟合值$\hat{y}_i$ 之间的差值是残差 $e_i=y_i-\hat{y}_i$. 方便起见，将 n 个残差写为矩阵形式，有

$$\boldsymbol{e}=\boldsymbol{y}-\hat{\boldsymbol{y}} \tag{3.15a}$$

73

有其他几种有用的方式表达残差向量 $\boldsymbol{e}$，包括

$$\boldsymbol{e}=\boldsymbol{y}-\boldsymbol{X}\hat{\boldsymbol{\beta}}=\boldsymbol{y}-\boldsymbol{H}\boldsymbol{y}=(\boldsymbol{I}-\boldsymbol{H})\boldsymbol{y} \tag{3.15b}$$

例 3.1 **送货时间数据**　一位软饮料装瓶员正在分析其配货体系中自动售货机的服务流程．他所感兴趣的是预测普通送货员在零售网点检修自动售货机所需要的时间．这一检修活动包括将饮料产品装入机器，并做少量维护或勤杂事物．负责这项研究的工业工程师建议，影响送货时间 y 的两个最重要的变量是装货箱数(x_1)与普通送货员所走的距离(x_2)．这位工程师收集了送货时间的 25 组观测值，如表 3-2 所示(注意这一数据集是例 2.9 中所使用数据集的扩充)．用多元线性模型

$$y=\beta_0+\beta_1 x_1+\beta_2 x_2+\varepsilon$$

拟合表 3-2 中的送货时间数据．

表 3-2　例 3.1 的送货时间数据

观测值序号	送货时间 y/min	箱数 x_1/箱	距离 x_2/ft	观测值序号	送货时间 y/min	箱数 x_1/箱	距离 x_2/ft
1	16.68	7	560	14	19.75	6	462
2	11.50	3	220	15	24.00	9	448
3	12.03	3	340	16	29.00	10	776
4	14.88	4	80	17	15.35	6	200
5	13.75	6	150	18	19.00	7	132
6	18.11	7	330	19	9.50	3	36
7	8.00	2	110	20	35.10	17	770
8	17.83	7	210	21	17.90	10	140
9	79.24	30	1460	22	52.32	26	810
10	21.50	5	605	23	18.75	9	450
11	40.33	16	688	24	19.83	8	635
12	21.00	10	215	25	10.75	4	150
13	13.50	4	255				

74　注：1ft＝0.3048m.

散点图在拟合多元回归模型中是很有用的．图 3-4 是送货时间数据的**散点图矩阵**．散点图矩阵是二位散点图的二维阵列，其中(除对角线外)每个图框包含一个散点图．因此，每个散点图都试图清楚地显示出一对变量之间的关系．因为散点图矩阵给出了我们对线性或非线性的感受，并让我们在某种程度上意识到单个数据点在区域上的分布，所以散点图矩阵对变量关系的汇总通常比数值的汇总(比如显示每对变量之间的相关系数)更直观．

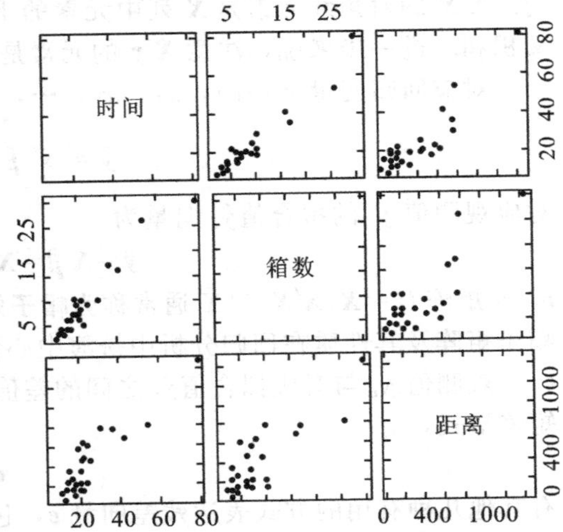

图 3-4　例 3.1 中送货时间数据的散点图矩阵

当只有两个回归变量时，三维散点图有时对响应变量与回归变量之间关系的可视化是有用的．图 3-5 显示了送货时间数据的三维散点图．某些软件包通过图形的旋转，使得到不同视角的“点云”成为可能．三维散点图表明多元线性回归模型可以提供合理的数据拟合．

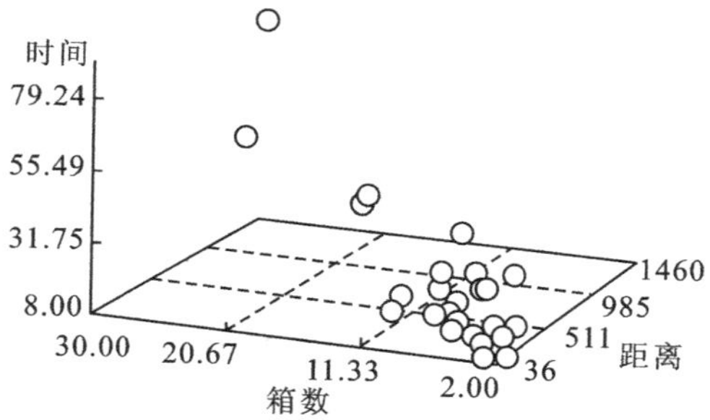

图 3-5　例 3.1 中送货时间数据的三维散点图

为了拟合多元回归模型，首先形成矩阵 $\boldsymbol{X}$ 与向量 $\boldsymbol{y}$ 分别为

$$\boldsymbol{X}=\begin{bmatrix}1 & 7 & 560\\1 & 3 & 220\\1 & 3 & 340\\1 & 4 & 80\\1 & 6 & 150\\1 & 7 & 330\\1 & 2 & 110\\1 & 7 & 210\\1 & 30 & 1460\\1 & 5 & 605\\1 & 16 & 688\\1 & 10 & 215\\1 & 4 & 255\\1 & 6 & 462\\1 & 9 & 448\\1 & 10 & 776\\1 & 6 & 200\\1 & 7 & 132\\1 & 3 & 36\\1 & 17 & 770\\1 & 10 & 140\\1 & 26 & 810\\1 & 9 & 450\\1 & 8 & 635\\1 & 4 & 150\end{bmatrix},\quad \boldsymbol{y}=\begin{bmatrix}16.68\\11.50\\12.03\\14.88\\13.75\\18.11\\8.00\\17.83\\79.24\\21.50\\40.33\\21.00\\13.50\\19.75\\24.00\\29.00\\15.35\\19.00\\9.50\\35.10\\17.90\\52.32\\18.75\\19.83\\10.75\end{bmatrix}$$

75

$\boldsymbol{X}'\boldsymbol{X}$ 矩阵为

$$\boldsymbol{X}'\boldsymbol{X}=\begin{bmatrix}1 & 1 & \cdots & 1\\7 & 3 & \cdots & 4\\560 & 220 & \cdots & 150\end{bmatrix}\begin{bmatrix}1 & 7 & 560\\1 & 3 & 220\\\vdots & \vdots & \vdots\\1 & 4 & 150\end{bmatrix}=\begin{bmatrix}25 & 219 & 10\,232\\219 & 3055 & 133\,899\\10\,232 & 133\,899 & 6\,725\,688\end{bmatrix}$$

76 而向量 $\boldsymbol{X}'\boldsymbol{y}$ 为

$$\boldsymbol{X}'\boldsymbol{y}=\begin{bmatrix}1 & 1 & \cdots & 1\\ 7 & 3 & \cdots & 4\\ 560 & 220 & \cdots & 150\end{bmatrix}\begin{bmatrix}16.68\\ 11.50\\ \vdots\\ 10.75\end{bmatrix}=\begin{bmatrix}559.60\\ 7375.44\\ 337\,072.00\end{bmatrix}$$

$\boldsymbol{\beta}$ 的最小二乘估计量为

$$\hat{\boldsymbol{\beta}}=(\boldsymbol{X}'\boldsymbol{X})^{-1}\boldsymbol{X}'\boldsymbol{y}$$

即

$$\begin{bmatrix}\hat{\beta}_0\\ \hat{\beta}_1\\ \hat{\beta}_2\end{bmatrix}=\begin{bmatrix}25 & 219 & 10\,232\\ 219 & 3055 & 133\,899\\ 10\,232 & 133\,899 & 6\,725\,688\end{bmatrix}^{-1}\begin{bmatrix}559.60\\ 7375.44\\ 337\,072.00\end{bmatrix}$$

$$=\begin{bmatrix}0.113\,215\,18 & -0.004\,448\,59 & -0.000\,083\,67\\ -0.004\,448\,59 & 0.002\,743\,78 & -0.000\,047\,86\\ -0.000\,083\,67 & -0.000\,047\,86 & 0.000\,001\,23\end{bmatrix}\begin{bmatrix}559.60\\ 7375.44\\ 337\,072.00\end{bmatrix}$$

$$=\begin{bmatrix}2.341\,231\,15\\ 1.615\,907\,12\\ 0.014\,384\,83\end{bmatrix}$$

最小二乘拟合(使用所报告回归系数的小数点后 5 位)为

$$\hat{y}=2.341\,23+1.615\,91x_1+0.014\,38x_2$$

表 3-3 显示了模型的观测值 y_i，以及对应的拟合值 $\hat{y}_i$ 与残差 e_i.

表 3-3 例 3.1 的观测值、拟合值与残差

观测值序号	y_i	$\hat{y}_i$	$e_i=y_i-\hat{y}_i$	观测值序号	y_i	$\hat{y}_i$	$e_i=y_i-\hat{y}_i$
1	16.68	21.7081	−5.0281	14	19.75	18.6825	1.0675
2	11.50	10.3536	1.1464	15	24.00	23.3288	0.6712
3	12.03	12.0798	−0.0498	16	29.00	29.6629	−0.6629
4	14.88	9.9556	4.9244	17	15.35	14.9136	0.4364
5	13.75	14.1944	−0.4444	18	19.00	15.5514	3.4486
6	18.11	18.3996	−0.2896	19	9.50	7.7068	1.7932
7	8.00	7.1554	0.8446	20	35.10	40.8880	−5.7880
8	17.83	16.6734	1.1566	21	17.90	20.5142	−2.6142
9	79.24	71.8203	7.4197	22	52.32	56.0065	−3.6865
10	21.50	19.1236	2.3764	23	18.75	23.3576	−4.6076
11	40.33	38.0925	2.2375	24	19.83	24.4028	−4.5728
12	21.00	21.5930	−0.5930	25	10.75	10.9626	−0.2126
13	13.50	12.4730	1.0270				

计算机输出 表 3-4 显示了例 3.1 中软饮料送货时间数据的一部分输出. 虽然每个计算机程序的输出格式彼此不同，但是显示中所包含的信息一般情况下是通用的. 表 3-4 中的大部分输出是对简单线性回归计算机输出在多元回归情形下的直接扩展. 后面几节将提供对这一输出信息的解释.

表 3-4 软饮料时间数据的 Minitab 输出

Regression Analysis: Time versus cases, Distance

The regression equation is

Time=2.34+1.62 cases+0.0144 Distance

Predictor	Coef	SE Coef	T	P	
Constant	2.341	1.097	2.13	0.044	
Cases	1.6159	0.1707	9.46	0.000	
Distance	0.014385	0.003613	3.98	0.001	
S=3.25947	R−Sq=96.0%	R−Sq(adj)=95.6%			
Analysis of Variance					
Source	DF	SS	MS	F	P
Regression	2	5550.8	2775.4	261.24	0.000
Residual Error	22	233.7	10.6		
Total	24	5784.5			
Source	DF	Seq SS			
Cases	1	5382.4			
Distance	1	168.4			

3.2.2 最小二乘法的几何解释

最小二乘法直觉上的几何解释有时是有用的. 可以将观测值向量 $\mathbf{y}'=[y_1, y_2, \cdots, y_n]$考虑为图 3-6 所示的从原点到点 A 的向量. 注意 $y_1, y_2, \cdots, y_n$ 形成了 n 维样本空间的坐标. 图 3-6 所示的样本空间是三维的.

举例来说, $\mathbf{X}$ 矩阵包含 $p(n\times 1)$个列向量$[\mathbf{1}, \mathbf{x}_1, \mathbf{x}_2, \cdots, \mathbf{x}_k]$, 每列定义了一个始于样本空间中原点的向量. 这 p 个向量组成了称为**估计空间**的 p 维子空间. $p=2$ 的估计空间如图 3-6 所示. 可以用向量$[\mathbf{1}, \mathbf{x}_1, \mathbf{x}_2, \cdots, \mathbf{x}_k]$的线性组合表示这一子空间中的任意点. 因此, 估计空间中的任意点向量都是 $\mathbf{X\beta}$ 的形式. 令向量 $\mathbf{X\beta}$ 确定了图 3-6 中的点 B. 从点 B 到点 A 距离的平方恰为 77~78

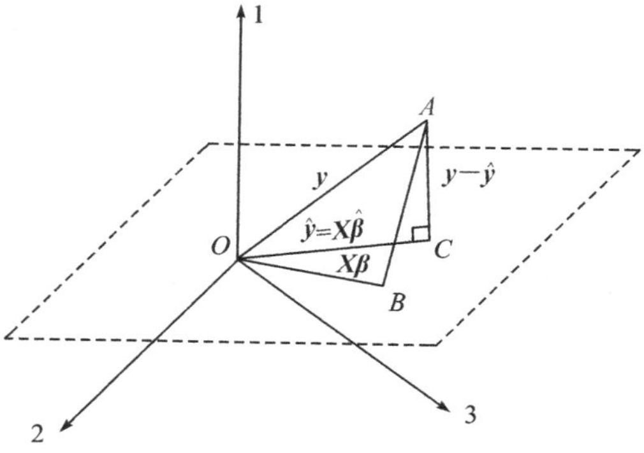

图 3-6 最小二乘法的几何解释

$$S(\boldsymbol{\beta})=(\mathbf{y}-\mathbf{X}\boldsymbol{\beta})'(\mathbf{y}-\mathbf{X}\boldsymbol{\beta})$$

因此, 最小化由观测值向量 $\mathbf{y}$ 所定义的点 A 到估计空间距离的平方, 需要找出估计空间中离点 A 最近的点. 当估计空间中的点是从点 A 的法线(垂线)到估计空间中直线的垂足时, 距离的平方最小. 这个点就是图 3-6 中的点 C. 这个点由向量$\hat{\mathbf{y}}=\mathbf{X}\hat{\boldsymbol{\beta}}$定义. 因此, 由于 $\mathbf{y}-\hat{\mathbf{y}}=\mathbf{y}-\mathbf{X}\hat{\boldsymbol{\beta}}$与估计空间是垂直的, 所以可以写出

$$\mathbf{X}'(\mathbf{y}-\mathbf{X}\hat{\boldsymbol{\beta}})=\mathbf{0} \quad 或 \quad \mathbf{X}'\mathbf{X}\hat{\boldsymbol{\beta}}=\mathbf{X}'\mathbf{y}$$

这就是最小二乘正规方程.

3.2.3 最小二乘估计量的性质

容易论证最小二乘估计量$\hat{\boldsymbol{\beta}}$的统计性质. 首先考虑偏倚, 假设模型是正确的:

$$E(\hat{\boldsymbol{\beta}})=E[(\boldsymbol{X}'\boldsymbol{X})^{-1}\boldsymbol{X}'\boldsymbol{y}]=E[(\boldsymbol{X}'\boldsymbol{X})^{-1}\boldsymbol{X}'(\boldsymbol{X}\boldsymbol{\beta}+\boldsymbol{\varepsilon})]$$
$$=E[(\boldsymbol{X}'\boldsymbol{X})^{-1}\boldsymbol{X}'\boldsymbol{X}\boldsymbol{\beta}+(\boldsymbol{X}'\boldsymbol{X})^{-1}\boldsymbol{X}'\boldsymbol{\varepsilon}]=\boldsymbol{\beta}$$

79 由于 $\boldsymbol{E}(\boldsymbol{\varepsilon})=\boldsymbol{0}$ 且 $(\boldsymbol{X}'\boldsymbol{X})^{-1}\boldsymbol{X}'\boldsymbol{X}=\boldsymbol{I}$，因此，当模型正确时，$\hat{\boldsymbol{\beta}}$是$\boldsymbol{\beta}$ 的无偏估计量.

$\hat{\beta}$方差的性质由协方差矩阵表达：

$$\mathrm{Cov}(\hat{\boldsymbol{\beta}})=E\{[\hat{\boldsymbol{\beta}}-E(\hat{\boldsymbol{\beta}})][\hat{\boldsymbol{\beta}}-E(\hat{\boldsymbol{\beta}})]'\}$$

这是一个 $p\times p$ 对称矩阵，它的第 j 个对角线元素是$\hat{\beta}_j$ 的方差，而它的第 ij 个非对角线元素是$\hat{\beta}_i$ 与$\hat{\beta}_j$ 之间的协方差. $\hat{\boldsymbol{\beta}}$的协方差矩阵由将方差算子应用到$\hat{\boldsymbol{\beta}}$求出，即

$$\mathrm{Cov}(\hat{\boldsymbol{\beta}})=\mathrm{Var}(\hat{\boldsymbol{\beta}})=\mathrm{Var}[(\boldsymbol{X}'\boldsymbol{X})^{-1}\boldsymbol{X}'\boldsymbol{y}]$$

现在$(\boldsymbol{X}'\boldsymbol{X})^{-1}\boldsymbol{X}'$为常数矩阵，而 y 的方差为$\sigma^2\boldsymbol{I}$，所以

$$\mathrm{Var}(\hat{\boldsymbol{\beta}})=\mathrm{Var}[(\boldsymbol{X}'\boldsymbol{X})^{-1}\boldsymbol{X}'\boldsymbol{y}]=(\boldsymbol{X}'\boldsymbol{X})^{-1}\boldsymbol{X}'\mathrm{Var}(\boldsymbol{y})[(\boldsymbol{X}'\boldsymbol{X})^{-1}\boldsymbol{X}']'$$
$$=\sigma^2(\boldsymbol{X}'\boldsymbol{X})^{-1}\boldsymbol{X}'\boldsymbol{X}(\boldsymbol{X}'\boldsymbol{X})^{-1}=\sigma^2(\boldsymbol{X}'\boldsymbol{X})^{-1}$$

因此，如果令 $\boldsymbol{C}=(\boldsymbol{X}'\boldsymbol{X})^{-1}$，那么$\hat{\beta}_j$ 的方差为σ^2C_{jj}，而$\hat{\beta}_i$ 与$\hat{\beta}_j$ 之间的协方差为σ^2C_{ij}.

附录 C.4 证实了最小二乘估计量$\hat{\boldsymbol{\beta}}$是$\boldsymbol{\beta}$ 的最佳线性无偏估计量(高斯-马尔可夫定理). 如果进一步假设误差 ε_i 为正态分布，那么正如 3.2.6 节所见到的，$\hat{\boldsymbol{\beta}}$也是$\boldsymbol{\beta}$ 的极大似然估计量. 极大似然估计量是$\boldsymbol{\beta}$ 的最小方差无偏估计量.

3.2.4 σ^2 的估计

正如在简单线性回归中那样，可以通过残差平方和

$$SS_{残}=\sum_{i=1}^{n}(y_i-\hat{y}_i)^2=\sum_{i=1}^{n}e_i^2=\boldsymbol{e}'\boldsymbol{e}$$

研究 σ^2 的估计量. 代入 $\boldsymbol{e}=\boldsymbol{y}-\boldsymbol{X}\hat{\boldsymbol{\beta}}$，有

$$SS_{残}=(\boldsymbol{y}-\boldsymbol{X}\hat{\boldsymbol{\beta}})'(\boldsymbol{y}-\boldsymbol{X}\hat{\boldsymbol{\beta}})=\boldsymbol{y}'\boldsymbol{y}-\hat{\boldsymbol{\beta}}'\boldsymbol{X}'\boldsymbol{y}-\boldsymbol{y}'\boldsymbol{X}\hat{\boldsymbol{\beta}}+\hat{\boldsymbol{\beta}}'\boldsymbol{X}'\boldsymbol{X}\hat{\boldsymbol{\beta}}=\boldsymbol{y}'\boldsymbol{y}-2\hat{\boldsymbol{\beta}}'\boldsymbol{X}'\boldsymbol{y}+\hat{\boldsymbol{\beta}}'\boldsymbol{X}'\boldsymbol{X}\hat{\boldsymbol{\beta}}$$

由于 $\boldsymbol{X}'\boldsymbol{X}\hat{\boldsymbol{\beta}}=\boldsymbol{X}'\boldsymbol{y}$，那么上一方程变为

$$SS_{残}=\boldsymbol{y}'\boldsymbol{y}-\hat{\boldsymbol{\beta}}'\boldsymbol{X}'\boldsymbol{y} \tag{3.16}$$

附录 C.3 证明了，由于回归模型估计了 p 个参数，所以残差平方和有与之相关的 $n-p$ 个

80 自由度. 残差均方为

$$MS_{残}=\frac{SS_{残}}{n-p} \tag{3.17}$$

附录 C.3 同时证明了 $MS_{残}$ 的期望值为 σ^2，所以 σ^2 的无偏估计量由

$$\hat{\sigma}^2=MS_{残} \tag{3.18}$$

给出. 正如简单线性回归情形中所指出的，σ^2 的估计量是模型依赖的.

例 3.2 **送货时间数据** 下面估计例 3.1 中软饮料送货时间数据的多元回归模型拟合中误差的方差 σ^2. 由于

$$\boldsymbol{y}'\boldsymbol{y}=\sum_{i=1}^{25}y_i^2=18\ 310.6290$$

且

$$\hat{\boldsymbol{\beta}}'\boldsymbol{X}'\boldsymbol{y}=[2.34123115\quad 1.61590721\quad 0.01438483]\begin{bmatrix}559.60\\7375.44\\337072.00\end{bmatrix}=18076.90304$$

所以残差平方和为

$$SS_{残}=\boldsymbol{y}'\boldsymbol{y}-\hat{\boldsymbol{\beta}}'\boldsymbol{X}'\boldsymbol{y}=18310.6290-18076.9030=233.7260$$

因此，σ^2 的估计量是残差均方，即

$$\hat{\sigma}^2=\frac{SS_{残}}{n-p}=\frac{233.7260}{25-3}=10.6239$$

表 3-4 中 Minitab 输出所报告的残差均方为 10.6.

可以容易论证这一估计量 σ^2 模型依赖的性质. 表 2-12 显示了仅使用一个回归变量箱数(x_1)时，送货时间数据最小二乘拟合的计算机输出. 这一模型的残差均方为 17.5，比上文含有两个回归变量模型的结果大得多. 哪个估计值是正确的？两个估计值在某种意义上都是正确的，但是两个估计值都严重依赖模型的选择. 也许更好的问题是哪个模型是正确的. 由于 σ^2 是误差的方差，所以相比残差均方较大的模型，人们更愿意选择残差均方较小的模型. 81

3.2.5 多元回归中散点图的不适用性

在第 2 章中，散点图是分析简单线性回归中 y 与 x 之间关系的重要工具. 同时在例 3.1 中可看到，散点图矩阵在可视化 y 与两个回归变量之间的关系上是有用的. 得出散点图是一个通用的概念这一结论是诱人的，也就是说，考察 y 与 x_1，y 与 x_2，……，y 与 x_k 的散点图在评定 y 与每个回归变量 x_1，x_2，…，x_k 之间的关系中总是有用的. 不幸的是，一般而言这一点并不是正确的.

跟随 Daniel 和 Wood(1980)，对含有两个回归变量的问题中散点图的不适用性做出解释. 考虑图 3-7 所展示的数据. 这一数据由方程

$$y=8-5x_1+12x_2$$

生成. 散点图矩阵如图 3-7 所示. y 与 x_1 的散点图没有显示两个变量之间任何明显的关系. y 与 x_2 的散点图表明存在线性关系，其斜率近似为 8. 注意两个散点图都传达了错误的信息. 由于这一数据集中存在有相同 x_2 值($x_2=2$ 与 $x_2=4$)的两对点，所以能同时通过这两对点度量定值 x_2 对 x_1 的影响. 这一度量对 $x_2=2$ 给出了 $\hat{\beta}_1=(17-27)/(3-1)=-5$ 对 $x_2=4$ 给出了 $\hat{\beta}_1=(26-16)(6-8)=-5$ 的正确结果. 知道了 $\hat{\beta}_1$，现在可以估计 x_2 的影响. 但是因为许多数据集没有重复的点，所以这一程序一般而言不是有用的. 82

这个例子解释了即使在仅有两个完全使用加法运算的回归变量的情形中，构造 y 与 $x_j(j=1,2,\cdots,k)$ 的散点图也可能是误导性的. 更为真实的回归情形有若干个回归变量与 y 的误差，将使情况进一步混乱. 当只存在一个(或几个)回归变量占支配地位时，或者当回归变量几乎是独立运算时，散点图矩阵是最为有用的. 但是，当 n 个重要的回归变量自身自相关时，散点图可能是有误导性的. 第 10 章会讨论选择若干个回归变量与一个响应变量之间关系的分析方法.

y	x_1	x_2
10	2	1
17	3	2
48	4	5
27	1	2
55	5	6
26	6	4
9	7	3
16	8	4

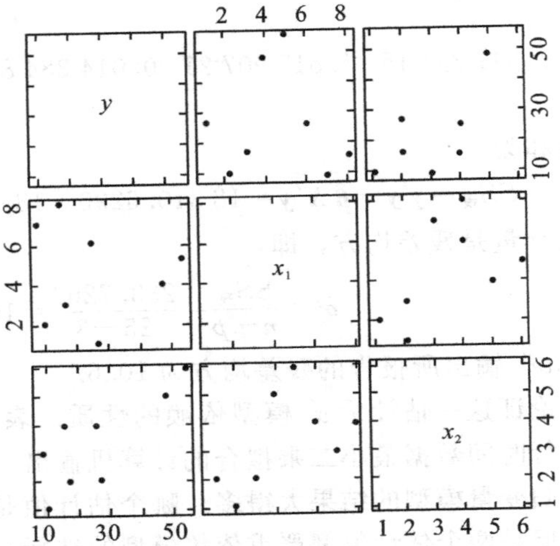

图 3-7 散点图矩阵

3.2.6 极大似然估计

正如简单线性回归的情形，可以证明当模型误差为独立正态分布时，多元线性回归中模型参数的最大似然估计量也是其最小二乘估计量. 模型为

$$\boldsymbol{y}=\boldsymbol{X\beta}+\boldsymbol{\varepsilon}$$

且误差为独立正态分布，其方差为常数 σ^2，即 $\boldsymbol{\varepsilon}$ 服从 $N(\boldsymbol{0},\ \sigma^2\boldsymbol{I})$. 误差的正态密度函数为

$$f(\varepsilon_i)=\frac{1}{\sigma\sqrt{2\pi}}\exp\left(-\frac{1}{2\sigma^2}\varepsilon_i^2\right)$$

最大似然函数是 ε_1，ε_2，…，ε_n 或 $\prod_{i=1}^{n}f(\varepsilon_i)$的联合密度函数. 因此，似然函数为

$$L(\boldsymbol{\varepsilon},\boldsymbol{\beta},\sigma^2)=\prod_{i=1}^{n}f(\varepsilon_i)=\frac{1}{(2\pi)^{n/2}\sigma^n}\exp\left(-\frac{1}{2\sigma^2}\boldsymbol{\varepsilon}'\boldsymbol{\varepsilon}\right)$$

现在由于可以写出 $\boldsymbol{\varepsilon}=\boldsymbol{y}-\boldsymbol{X\beta}$，所以似然函数变为

$$L(\boldsymbol{y},\ \boldsymbol{\beta},\ \sigma^2)=\frac{1}{(2\pi)^{n/2}\sigma^n}\exp\left(-\frac{1}{2\sigma^2}(\boldsymbol{y}-\boldsymbol{X\beta})'(\boldsymbol{y}-\boldsymbol{X\beta})\right) \tag{3.19}$$

正如简单线性回归的情形，为方便处理似然函数的对数

$$\ln L(\boldsymbol{y},\ \boldsymbol{X},\ \boldsymbol{\beta},\ \sigma^2)=-\frac{n}{2}\ln(2\pi)-n\ln(\sigma)-\frac{1}{2\sigma^2}(\boldsymbol{y}-\boldsymbol{X\beta})'(\boldsymbol{y}-\boldsymbol{X\beta})$$

显然对于定值 σ，

83 $$(\boldsymbol{y}-\boldsymbol{X\beta})'(\boldsymbol{y}-\boldsymbol{X\beta})$$

项最小时，似然函数的值最大. 因此，正态误差下 β 的最大似然估计量等价于最小二乘估计量$\hat{\boldsymbol{\beta}}=(\boldsymbol{X}'\boldsymbol{X})^{-1}\boldsymbol{X}'\boldsymbol{y}$. $\tilde{\sigma}^2$ 的最大似然函数为

$$\tilde{\sigma}^2=\frac{(\boldsymbol{y}-\boldsymbol{X}\hat{\boldsymbol{\beta}})'(\boldsymbol{y}-\boldsymbol{X}\hat{\boldsymbol{\beta}})}{n} \tag{3.20}$$

这是 2.1 节给出的简单线性回归的结果在多元线性回归的推广. 2.1 节汇总了极大似然估计量的统计性质.

3.3 多元回归中的假设检验

一旦估计了模型参数，便会立即面对如下两个问题.

1）模型的整体适用性如何？

2）哪个特定的回归变量看起来好像是重要的？

已经证明几种假设检验程序对处理这些问题是有用的. 正规的检验需要随机误差独立且服从均值为 $E(\varepsilon_i)=0$，方差为 $\mathrm{Var}(\varepsilon_i)=\sigma^2$ 的正态分布.

3.3.1 回归显著性检验

回归显著性检验可检验并确定响应变量 y 与所有回归变量 x_1，x_2，…，x_k 之间是否存在线性关系. 这一程序通常看成对模型适用性的整体检验. 恰当的假设为

$$H_0：\beta=\beta_1=\cdots=\beta_k=0$$

$$H_1：\beta_j\neq 0\quad（至少存在一个 j）$$

拒绝零假设意味着回归变量 x_1，x_2，…，x_k 中，至少有一个对模型显著性有贡献.

这一检验程序是对用于简单回归中方差分析的推广. **总平方和** $SS_{总}$ 分解为**回归平方和** $SS_{回}$ 与**残差平方和** $SS_{残}$. 因此，

$$SS_{总}=SS_{回}+SS_{残}$$

附录 C.3 证明了，如果零假设为真，那么 $SS_{回}/\sigma^2$ 服从 χ_k^2 分布，其自由度数与模型中回归变量的数量相同. 附录 C.3 也证明了，$SS_{残}/\sigma^2\sim\chi_{n-k-1}^2$ 且 $SS_{残}$ 与 $SS_{回}$ 独立. 由附录 C.1 给出的 F 统计量的定义，即 84

$$F_0=\frac{SS_{回}/k}{SS_{残}/(n-k-1)}=\frac{MS_{回}}{MS_{残}}$$

服从 $F_{k,n-k-1}$ 分布. 附录 C.3 证明了

$$E(MS_{残})=\sigma^2$$

$$E(MS_{回})=\sigma^2+\frac{\boldsymbol{\beta}^{*\prime}\boldsymbol{X}_c'\boldsymbol{X}_c\boldsymbol{\beta}^*}{k\sigma^2}$$

式中：$\boldsymbol{\beta}^*=[\beta_1，\beta_2，\cdots，\beta_k]'$ 而 $\boldsymbol{X}_c$ 是由

$$\boldsymbol{X}_c=\begin{bmatrix} x_{11}-\bar{x}_1 & x_{12}-\bar{x}_2 & \cdots & x_{1k}-\bar{x}_k \\ x_{21}-\bar{x}_1 & x_{22}-\bar{x}_2 & \cdots & x_{2k}-\bar{x}_k \\ \vdots & \vdots & & \vdots \\ x_{i1}-\bar{x}_1 & x_{i2}-\bar{x}_2 & \cdots & x_{ik}-\bar{x}_k \\ \vdots & \vdots & & \vdots \\ x_{n1}-\bar{x}_1 & x_{n2}-\bar{x}_2 & \cdots & x_{nk}-\bar{x}_k \end{bmatrix}$$

给出的“中心”模型矩阵. 这一期望均方表明，如果 F_0 的观测值较大，那么可能存在至少一个 $\beta_j\neq 0$. 附录 C.3 也证明了，如果至少有一个 $\beta_j\neq 0$，那么 F_0 服从自由度为 k 和 $n-k-1$ 的非中心参数为

$$\lambda=\frac{\boldsymbol{\beta}^{*\prime}\boldsymbol{X}_c'\boldsymbol{X}_c\boldsymbol{\beta}^*}{\sigma^2}$$

的非中心 F 分布．这一非中心分布也表明当至少一个 $\beta_j \neq 0$ 时 F_0 的观测值应当较大．因此，为了检验假设 $H_0: \beta_1=\beta_2=\cdots=\beta_k=0$，计算检验统计量 F_0，当

$$F_0 > F_{\alpha,k,n-k-1}$$

时，拒绝 H_0．这一检验程序通常汇总在**方差分析表**中，如表 3-5 所示．

表 3-5 多元回归回归显著性方差分析

变异来源	平方和	自由度	均方	F_0
回归	$SS_{回}$	k	$MS_{回}$	$MS_{回}/MS_{残}$
残差	$SS_{残}$	$n-k-1$	$MS_{残}$	
总	$SS_{总}$	$n-1$		

求出 $SS_{回}$ 的计算公式要从

85

$$SS_{残}=\boldsymbol{y}'\boldsymbol{y}-\hat{\boldsymbol{\beta}}\boldsymbol{X}'\boldsymbol{y} \tag{3.21}$$

开始，而因为

$$SS_{总}=\sum_{i=1}^{n} y_i^2-\frac{\left(\sum_{i=1}^{n} y_i\right)^2}{n}=\boldsymbol{y}'\boldsymbol{y}-\frac{\left(\sum_{i=1}^{n} y_i\right)^2}{n}$$

所以可以重写方程(3.21)为

$$SS_{残}=\boldsymbol{y}'\boldsymbol{y}-\frac{\left(\sum_{i=1}^{n} y_i\right)^2}{n}-\left[\hat{\boldsymbol{\beta}}\boldsymbol{X}'\boldsymbol{y}-\frac{\left(\sum_{i=1}^{n} y_i\right)^2}{n}\right] \tag{3.22}$$

即

$$SS_{残}=SS_{总}-SS_{回} \tag{3.23}$$

因此，回归平方和为

$$SS_{回}=\hat{\boldsymbol{\beta}}\boldsymbol{X}'\boldsymbol{y}-\frac{\left(\sum_{i=1}^{n} y_i\right)^2}{n} \tag{3.24}$$

残差平方和为

$$SS_{残}=\boldsymbol{y}'\boldsymbol{y}-\hat{\boldsymbol{\beta}}\boldsymbol{X}'\boldsymbol{y} \tag{3.25}$$

而总平方和为

$$SS_{总}=\boldsymbol{y}'\boldsymbol{y}-\frac{\left(\sum_{i=1}^{n} y_i\right)^2}{n} \tag{3.26}$$

例 3.3 **送货时间数据** 现在使用例 3.1 中的送货时间数据检验回归显著性．例 3.2 计算了一些所需要的数据．注意

86

$$SS_{总}=\boldsymbol{y}'\boldsymbol{y}-\frac{\left(\sum_{i=1}^{n} y_i\right)^2}{n}=18\,310.6290-\frac{(559.60)^2}{25}=5784.5426$$

$$SS_{回}=\hat{\boldsymbol{\beta}}\boldsymbol{X}'\boldsymbol{y}-\frac{\left(\sum_{i=1}^{n} y_i\right)^2}{n}=18\,076.9030-\frac{(559.60)^2}{25}=5550.8166$$

以及

$$SS_{残}=SS_{总}-SS_{回}=\boldsymbol{y}'\boldsymbol{y}-\hat{\boldsymbol{\beta}}\boldsymbol{X}'\boldsymbol{y}=233.7260$$

方差分析如表 3-6 所示. 为了检验 H_0: $\beta_1=\beta_2=0$, 计算统计量, 即

$$F_0=\frac{MS_{回}}{MS_{残}}=\frac{2775.4083}{10.6239}=261.24$$

表 3-6 例 3.3 的回归显著性检验

变异来源	平方和	自由度	均方	F_0	P 值
回归	5550.8166	2	2775.4083	261.24	4.7×10^{-16}
残差	233.7260	22	10.6239		
总	5784.5426	24			

由于 p 值很小, 所以可得出结论, 送货时间与送货量和送货距离二者或之一有关. 但是, 这并不必然意味着所发现的关系对预测作为送货量与送货距离函数的送货时间是恰当的. 需要进一步检验模型的适用性.

Minitab 输出 表 3-4 的 Minitab 输出也展示了回归显著性检验的方差分析. 除去四舍五入, 这一结果与表 3-6 所报告的结果一致.

R^2 与调整后的 R^2 评定模型整体适用性的两种其他方法是 R^2 与调整后的 R^2, 后者用 $R^2_{调}$ 表示. 表 3-4 的 Minitab 输出报告的送货时间数据多元回归模型的 $R^2=0.96$, 即 96.0%. 例 2.9 仅单独使用了一个回归变量 x_1(箱数), R^2 的值较小, 是 $R^2=0.93$, 即 93.0%(见表 2-12). 一般而言, 当向模型中加入一个回归变量时无论这一变量的贡献价值如何, R^2 永远都不会下降. 因此, 判断 R^2 的增加是否真的告诉了我们一些重要的事情是困难的.

某些回归建模人员更喜欢使用调整后的 $R^2_{调}$, 其定义为

$$R^2_{调}=1-\frac{SS_{残}/(n-p)}{SS_{总}/(n-1)} \tag{3.27}$$ 87

由于 $SS_{残}/(n-p)$ 为残差均方, 无论模型中有多少个变量, $SS_{总}/(n-1)$ 都为常数, 所以仅当所添加的变量是残差均方时, 减少向模型中添加变量, 才会使 $R^2_{调}$ 增加. Minitab (见表 3-4)报告了两变量模型的 $R^2_{调}=0.956$(95.6%), 而仅有 x_1(箱数)的简单线性回归模型的 $R^2_{调}=0.927$, 即 92.7%(见表 2-12). 因此可以得出结论, 向模型中添加 x_2(距离)确实引起了有意义的总变异性的减少.

在后续章节中, 当讨论模型构建与变量选择时, 对防止过度拟合即添加不必要的项的处理经常是有用的. 调整后的 R^2 对添加没有帮助的项做出惩罚, 所以调整后的 R^2 在评估与比较候选回归模型中是很有用的.

3.3.2 单个回归系数的检验与回归系数子集的检验

一旦确定了回归变量中至少有一个是重要的, 逻辑上问题就变成了哪一个(几个)变量是重要的. 向回归模型中添加变量总会引起回归平方和的增加与残差平方和的减少. 必须决定回归平方和的增加是否足够保证在模型中使用这一所添加的回归变量. 添加一个回归变量也会使拟合值 $\hat{y}$ 的方差增加, 所以必须小心处理, 而只将可以解释响应变量真实值的

回归变量包括进来. 进一步来说，增加一个不重要的回归变量将可能引起残差均方的增加，这将降低模型的实用性.

检验任意单个回归系数，比如 β_j，显著性的假设为

$$H_0: \beta_j=0, \quad H_1: \beta_j\neq 0 \tag{3.28}$$

如果不能拒绝 H_0：$\beta_j=0$，那么表明回归变量 x_j 可以从模型中剔除. 这一假设的检验统计量为

$$t_0=\frac{\hat{\beta}_j}{\sqrt{\hat{\sigma}^2 C_{jj}}}=\frac{\hat{\beta}_j}{\mathrm{se}(\hat{\beta}_j)} \tag{3.29}$$

式中：C_{jj} 为 $\hat{\beta}_j$ 所对应 $(\boldsymbol{X}'\boldsymbol{X})^{-1}$ 的对角线元素. 当 $|t_0|>t_{\alpha/2,n-k-1}$ 时，拒绝零假设 H_0：$\beta_j=0$. 注意，因为回归系数 $\hat{\beta}_j$ 取决于模型中的所有其他回归变量 $x_i(i\neq j)$，所以这一检验实际上是**部分检验即边际检验**. 因此，这一检验是回归模型中其他回归变量给定时对 x_j 贡献的检验.

例 3.4 送货时间数据 为了解释这一程序，考虑例 3.1 的送货时间数据. 假设希望评估模型中回归变量 x_1(箱数)给定时，回归变量 x_2(距离)的价值. 假设为

88 $$H_0: \beta_2=0, \quad H_1: \beta_2\neq 0$$

$\hat{\beta}_j$ 所对应 $(\boldsymbol{X}'\boldsymbol{X})^{-1}$ 的主对角线元素为 $C_{22}=0.000\,001\,23$，所以 t 统计量方程(3.29)变为

$$t_0=\frac{\hat{\beta}_2}{\sqrt{\hat{\sigma}^2 C_{22}}}=\frac{0.014\,38}{\sqrt{(10.6239)(0.000\,001\,23)}}=3.98$$

由于 $t_{0.025,22}=2.074$，所以拒绝 H_0：$\beta_2=0$，并得出结论：回归变量 x_2(距离)在模型的 x_1(箱数)给定时对模型有显著贡献. Minitab 输出(见表 3-4)也提供了这一 t 检验，而所报告的 P 值为 0.001.

回归变量比如 x_j 对回归平方和的贡献，可以使用**附加平方和方法**来求得，在给定模型中包括的其他回归变量 $x_i(i\neq j)$ 时，则可直接确定. 这一程序也会用于研究回归变量的子集对模型的贡献.

考虑有 k 个回归变量的回归模型

$$\boldsymbol{y}=\boldsymbol{X\beta}+\boldsymbol{\varepsilon}$$

式中：$\boldsymbol{y}$ 为 $n\times 1$ 向量；$\boldsymbol{X}$ 为 $n\times p$ 矩阵；$\boldsymbol{\beta}$ 为 $p\times 1$ 向量；$\boldsymbol{\varepsilon}$ 为 $n\times 1$ 向量；而 $p=k+1$. 想要确定 $r(r<k)$ 个回归变量的子集对回归模型的贡献是显著的. 可以将回归系数向量分解如下

$$\boldsymbol{\beta}=\begin{bmatrix}\boldsymbol{\beta}_1\\ \boldsymbol{\beta}_2\end{bmatrix}$$

式中：$\boldsymbol{\beta}_1$ 为 $(p-r)\times 1$ 向量；$\boldsymbol{\beta}_2$ 为 $r\times 1$ 向量. 想要检验假设

$$H_0: \boldsymbol{\beta}_2=\boldsymbol{0}, \quad H_1: \boldsymbol{\beta}_2\neq\boldsymbol{0} \tag{3.30}$$

模型可以写为

$$\boldsymbol{y}=\boldsymbol{X\beta}+\boldsymbol{\varepsilon}=\boldsymbol{X}_1\boldsymbol{\beta}_1+\boldsymbol{X}_2\boldsymbol{\beta}_2+\boldsymbol{\varepsilon} \tag{3.31}$$

式中：$n\times(p-r)$ 矩阵 $\boldsymbol{X}_1$ 代表与 $\boldsymbol{\beta}_1$ 相关的 $\boldsymbol{X}$ 的列；$n\times r$ 矩阵 $\boldsymbol{X}_2$ 代表与 $\boldsymbol{\beta}_2$ 相关的 $\boldsymbol{X}$ 的列. 这一模型称为**全模型**.

对于全模型，知道 $\hat{\boldsymbol{\beta}}=(\boldsymbol{X}'\boldsymbol{X})^{-1}\boldsymbol{X}'\boldsymbol{y}$. 模型的回归平方和为

$$SS_{回}(\boldsymbol{\beta})=\hat{\boldsymbol{\beta}}\boldsymbol{X}'\boldsymbol{y}\text{(自由度为 }p\text{)}$$

以及

$$MS_{残}=\frac{\boldsymbol{y}'\boldsymbol{y}-\hat{\boldsymbol{\beta}}\boldsymbol{X}'\boldsymbol{y}}{n-p}$$ 89

为了求出 $\boldsymbol{\beta}_2$ 项对回归的贡献，拟合零假设 H_0：$\boldsymbol{\beta}_2=0$ 为真的模型．这一简化模型为

$$\boldsymbol{y}=\boldsymbol{X}_1\boldsymbol{\beta}_1+\boldsymbol{\varepsilon} \tag{3.32}$$

简化模型中 $\boldsymbol{\beta}_1$ 的最小二乘估计量为 $\hat{\boldsymbol{\beta}}_1=(\boldsymbol{X}_1'\boldsymbol{X}_1)^{-1}\boldsymbol{X}_1'\boldsymbol{y}$．回归平方和为

$$SS_{回}(\boldsymbol{\beta}_1)=\hat{\boldsymbol{\beta}}_1\boldsymbol{X}_1'\boldsymbol{y}\text{(自由度为 }p-r\text{)} \tag{3.33}$$

模型中已经给定 $\boldsymbol{\beta}_1$ 时，$\boldsymbol{\beta}_2$ 产生的回归平方和为

$$SS_{回}(\boldsymbol{\beta}_2|\boldsymbol{\beta}_1)=SS_{回}(\boldsymbol{\beta})-SS_{回}(\boldsymbol{\beta}_1) \tag{3.34}$$

其自由度为 $p-(p-r)=r$．因为这一平方和度量了向已经包括 x_1，x_2，…，x_{k-r} 的模型中添加回归变量 x_{k-r+1}，x_{k-r+2}，…，x_k 时所产生平方和的增加，所以它称为 $\boldsymbol{\beta}_2$ 产生的**附加平方和**．现在 $SS_{回}(\boldsymbol{\beta}_2|\boldsymbol{\beta}_1)$ 与 $MS_{残}$ 独立，而零假设 $\boldsymbol{\beta}_2=0$ 可以由统计量

$$F_0=\frac{SS_{回}(\boldsymbol{\beta}_2|\boldsymbol{\beta}_1)/r}{MS_{残}} \tag{3.35}$$

检验．如果 $\boldsymbol{\beta}_2\neq 0$，那么 F_0 服从非中心 F 分布，其非中心参数为

$$\lambda=\frac{1}{\sigma^2}\boldsymbol{\beta}_2'\boldsymbol{X}_2'[\boldsymbol{I}-\boldsymbol{X}_1(\boldsymbol{X}_1'\boldsymbol{X}_1)^{-1}\boldsymbol{X}_1']\boldsymbol{X}_2\boldsymbol{\beta}_2$$

这一结果十分重要．数据中存在多重共线性时，存在 $\boldsymbol{\beta}_2$ 显著不为零的情形，但是因为 $\boldsymbol{X}_1$ 与 $\boldsymbol{X}_2$ 之间的近似共线性关系，所以这一检验事实上几乎没有势(表明区别二者的能力)．在这种情况下，即使 $\boldsymbol{\beta}_2$ 确实是重要的，λ 也近似为零．这一关系也指出当 $\boldsymbol{X}_1$ 与 $\boldsymbol{X}_2$ 彼此正交时，这一检验的功效最大．正交意味着 $\boldsymbol{X}_2'\boldsymbol{X}_1=0$．

当 $F_0>F_{\alpha,r,n-p}$ 时，拒绝 H_0，并得出结论：$\boldsymbol{\beta}_2$ 中至少一个参数不为零，所以 $\boldsymbol{X}_2$ 中的回归变量 x_{k-r+1}，x_{k-r+2}，…，x_k 中至少有一个对回归模型有显著贡献．因为方程(3.35)度量了给定模型中其他回归变量 $\boldsymbol{X}_1$ 时 $\boldsymbol{X}_2$ 中回归变量的贡献，所以某些作者将方程(3.35)中的检验称为**偏 F 检验**．为了解释这一程序的用处，考虑模型

$$y=\beta_0+\beta_1x_1+\beta_2x_2+\beta_3x_3+\varepsilon$$

平方和

$$SS_{回}(\beta_1|\beta_0,\beta_2,\beta_3),\ SS_{回}(\beta_2|\beta_0,\beta_1,\beta_3),\ SS_{回}(\beta_3|\beta_0,\beta_1,\beta_2)$$ 90

为自由度为 1 的平方和，它度量了已经给定模型中所有其他回归变量时每个回归变量 $x_j(j=1,2,3)$ 对模型的贡献．也就是说，评估添加 x_j 对不包括 x_j 这一回归变量的模型的价值．一般而言，求出

$$SS_{回}(\beta_j|\beta_0,\beta_1,\cdots,\beta_{j-1},\beta_{j+1},\cdots,\beta_k)\quad(1\leqslant j\leqslant k)$$

这是向已经包含 x_1，…，$x_{j-1}x_{j+1}$，…，x_k 的模型中添加 x_j 所产生的回归平方和的增加．有些作者发现这样考虑是有用的：将 x_j 看成是向模型中添加的最后一个变量度量 x_j 的贡献．

附录 C.3.5 证明了，对单个变量的偏 F 检验等价于方程(3.29)中的 t 检验．但是，偏 F 检验在度量变量集的影响时是更为适用的程序，第 10 章展示了偏 F 检验在模型构建中

扮演的重要角色.

附加平方和方法也能用于对所分析的特殊问题中有看起来合理的任何回归变量子集的假设检验. 有时会发现回归变量中存在自然的层次或顺序，这形成了检验子集的基础. 举例来说，考虑二次多项式

$$y=\beta_0+\beta_1 x_1+\beta_2 x_2+\beta_{12} x_1 x_2+\beta_{11} x_1^2+\beta_{22} x_2^2+\varepsilon$$

这里感兴趣的是求出

$$SS_{回}(\beta_1, \beta_2 \mid \beta_0)$$

它度量了一阶项对模型的贡献，而

$$SS_{回}(\beta_{12}, \beta_{11}, \beta_{22} \mid \beta_0, \beta_1, \beta_2)$$

度量了添加二阶项对已经包含一阶项的模型的贡献.

当考虑每次向模型中添加一个变量，并考虑给定之前添加的回归变量时每一步所添加的回归变量的贡献时，可以将回归平方和分解成自由度为 1 的边际成分. 举例来说，考虑模型

$$y=\beta_0+\beta_1 x_1+\beta_2 x_2+\beta_3 x_3+\varepsilon$$

它对应着方差分析恒等式为

$$SS_{总}=SS_{回}(\beta_1, \beta_2, \beta_3 \mid \beta_0)+SS_{残}$$

可以将自由度为 3 的回归平方和分解为

91
$$SS_{回}(\beta_1, \beta_2, \beta_3 \mid \beta_0)=SS_{回}(\beta_1 \mid \beta_0)+SS_{回}(\beta_2 \mid \beta_1, \beta_1)+SS_{回}(\beta_3 \mid \beta_1, \beta_2, \beta_0)$$

式中：左侧的每个平方和自由度都为 1. 注意这些边际成分中回归变量的阶是任意的. $SS_{回}(\beta_1, \beta_2, \beta_3 \mid \beta_0)$的另一种分解为

$$SS_{回}(\beta_1, \beta_2, \beta_3 \mid \beta_0)=SS_{回}(\beta_2 \mid \beta_0)+SS_{回}(\beta_1 \mid \beta_2, \beta_0)+SS_{回}(\beta_3 \mid \beta_1, \beta_2, \beta_0)$$

但是，附加平方和方法并不总能处理回归平方和的分解，这是因为一般而言，有

$$SS_{回}(\beta_1, \beta_2, \beta_3 \mid \beta_0) \neq SS_{回}(\beta_1 \mid \beta_2, \beta_3, \beta_0)+SS_{回}(\beta_2 \mid \beta_1, \beta_3, \beta_0)+SS_{回}(\beta_3 \mid \beta_1, \beta_2, \beta_0)$$

Minitab 输出　表 3-4 所示的 Minitab 输出，对 x_1 = 箱数与 x_2 = 距离提供了回归平方和的分解. 所报告的值为

$$SS_{回}(\beta_1, \beta_2 \mid \beta_0)=SS_{回}(\beta_1 \mid \beta_0)+SS_{回}(\beta_1, \beta_2 \mid \beta_0)$$

$$5550.8=5382.4+168.4$$

例 3.5 **送货时间数据**　考虑例 3.1 的软饮料送货时间数据. 假设希望研究变量距离(x_2)对模型的贡献. 恰当的假设为

$$H_0: \beta_2=0, \quad H_1: \beta_2 \neq 0$$

为了检验这两个检验，需要由 β_2 产生的附加平方和，即

$$\begin{aligned} SS_{回}(\beta_2 \mid \beta_1, \beta_0) &= SS_{回}(\beta_1, \beta_2, \beta_0)-SS_{回}(\beta_1, \beta_0) \\ &= SS_{回}(\beta_1, \beta_2 \mid \beta_0)-SS_{回}(\beta_1 \mid \beta_0) \end{aligned}$$

由例 3.3 知道

$$SS_{回}(\beta_1, \beta_2 \mid \beta_0)=\hat{\boldsymbol{\beta}}'\boldsymbol{X}'\boldsymbol{y}-\frac{\left(\sum_{i=1}^{n} y_i\right)^2}{n}=5550.8166 \text{(自由度为 2)}$$

简化模型 $y=\beta_0+\beta_1 x_1+\varepsilon$ 是例 2.9 中的拟合，其得到$\hat{y}=3.3208+2.1762x_1$. 这一模型的回归平方和为

$$SS_{回}(\beta_1|\beta_0)=\hat{\beta}_1 S_{xy}=2.1762\times 2473.3440$$
$$=5382.4077(\text{自由度为 }1)$$

因此，有

$$SS_{回}(\beta_2|\beta_1, \beta_0)=5550.8166-5382.4088$$
$$=168.4078(\text{自由度为 }1)$$ 92

这是向已经存在 x_1 的模型中添加 x_2 所引起的回归平方和的增加. 为了检验 H_0：$\beta_2=0$，形成检验统计量

$$F_0=\frac{SS_{回}(\beta_2|\beta_1, \beta_0)/1}{MS_{残}}=\frac{168.4078/1}{10.6239}=15.85$$

注意在这一检验统计量的分母中，使用了来自同时使用 x_1 与 x_2 的**全**模型的 $MS_{残}$. 由于 $F_{0.05,1,22}=4.30$，所以拒绝 H_0：$\beta_2=0$，并得出结论：距离(x_2)对模型有显著贡献.

由于偏 F 检验涉及单独一个回归变量，所以它与 t 检验等价. 为了看到这一点，回忆对 H_0：$\beta_2=0$ 的 t 检验产生了检验统计量 $t_0=3.98$. 附录 C.1 给出，有 ν 个自由度的 t 随机变量的平方是自由度分子为 1 分母为 ν 的 F 随机变量，而 $t_0^2=(3.98)^2=15.84\simeq F_0$.

3.3.3 $\boldsymbol{X}$ 中列为正交列的特例

考虑模型方程(3.31)

$$\boldsymbol{y}=\boldsymbol{X\beta}+\boldsymbol{\varepsilon}=\boldsymbol{X}_1\boldsymbol{\beta}_1+\boldsymbol{X}_2\boldsymbol{\beta}_2+\boldsymbol{\varepsilon}$$

附加平方和方法能够通过计算 $SS_{回}(\boldsymbol{\beta}_2|\boldsymbol{\beta}_1)$度量以 $\boldsymbol{X}_1$ 中的回归变量为条件时 $\boldsymbol{X}_2$ 中回归变量的影响. 一般而言，没有说明 $\boldsymbol{\beta}_2$ 这个量与 $\boldsymbol{X}_1$ 中回归变量的独立性，就不能讨论 $\boldsymbol{\beta}_2$ 产生的平方和 $SS_{回}(\beta_2)$. 但是，当 $\boldsymbol{X}_1$ 中的列与 $\boldsymbol{X}_2$ 中的列正交时，就可以确定 $\boldsymbol{\beta}_2$ 产生的平方和，这时它与 $\boldsymbol{X}_1$ 中的回归变量没有任何相关性.

为了论证这一点，对模型方程(3.31)构造正规方程$(\boldsymbol{X}'\boldsymbol{X})\hat{\boldsymbol{\beta}}=\boldsymbol{X}'\boldsymbol{y}$. 正规方程为

$$\begin{bmatrix}\boldsymbol{X}_1'\boldsymbol{X}_1 & \boldsymbol{X}_1'\boldsymbol{X}_2\\ \boldsymbol{X}_2'\boldsymbol{X}_1 & \boldsymbol{X}_2'\boldsymbol{X}_2\end{bmatrix}\begin{bmatrix}\hat{\boldsymbol{\beta}}_1\\ \hat{\boldsymbol{\beta}}_2\end{bmatrix}=\begin{bmatrix}\boldsymbol{X}_1'\boldsymbol{y}\\ \boldsymbol{X}_2'\boldsymbol{y}\end{bmatrix}$$

现在当 $\boldsymbol{X}_1$ 的列与 $\boldsymbol{X}_2$ 中的列正交时，$\boldsymbol{X}_1'\boldsymbol{X}_2=0$ 且 $\boldsymbol{X}_2'\boldsymbol{X}_1=0$. 那么正规方程变为

$$\boldsymbol{X}_1'\boldsymbol{X}_1\hat{\boldsymbol{\beta}}_1=\boldsymbol{X}_1'\boldsymbol{y},\quad \boldsymbol{X}_2'\boldsymbol{X}_2\hat{\boldsymbol{\beta}}_2=\boldsymbol{X}_2'\boldsymbol{y}$$

它的解为

$$\hat{\boldsymbol{\beta}}_1=(\boldsymbol{X}_1'\boldsymbol{X}_1)^{-1}\boldsymbol{X}_1'\boldsymbol{y},\quad \hat{\boldsymbol{\beta}}_2=(\boldsymbol{X}_2'\boldsymbol{X}_2)^{-1}\boldsymbol{X}_2'\boldsymbol{y}$$

注意，$\boldsymbol{\beta}_1$ 的最小二乘估计量为$\hat{\boldsymbol{\beta}}_1$，它与 $\boldsymbol{X}_2$ 是否在模型中无关；而 $\boldsymbol{\beta}_2$ 的最小二乘估计量为 93
$\hat{\boldsymbol{\beta}}_2$，它与 $\boldsymbol{X}_1$ 是否在模型中无关. 全模型的回归平方和为

$$\begin{aligned}SS_{回}(\boldsymbol{\beta})&=\hat{\boldsymbol{\beta}}'\boldsymbol{X}'\boldsymbol{y}=[\hat{\boldsymbol{\beta}}_1', \hat{\boldsymbol{\beta}}_2']\begin{bmatrix}\boldsymbol{X}_1'\boldsymbol{y}\\ \boldsymbol{X}_2'\boldsymbol{y}\end{bmatrix}=\hat{\boldsymbol{\beta}}'\boldsymbol{X}_1'\boldsymbol{y}+\boldsymbol{\beta}_2'\boldsymbol{X}_2'\boldsymbol{y}\\ &=\boldsymbol{y}'\boldsymbol{X}_1(\boldsymbol{X}_1'\boldsymbol{X}_1)^{-1}\boldsymbol{X}_1'\boldsymbol{y}+\boldsymbol{y}'\boldsymbol{X}_2(\boldsymbol{X}_2'\boldsymbol{X}_2)^{-1}\boldsymbol{X}_2'\boldsymbol{y}\end{aligned}\qquad(3.36)$$

但是，正规方程形成了两个子集，对每个子集注意有

$$SS_{回}(\boldsymbol{\beta}_1)=\hat{\boldsymbol{\beta}}_1'\boldsymbol{X}_1'\boldsymbol{y}=\boldsymbol{y}'\boldsymbol{X}_1(\boldsymbol{X}_1'\boldsymbol{X}_1)^{-1}\boldsymbol{X}_1'\boldsymbol{y}$$

$$SS_{回}(\boldsymbol{\beta}_2)=\hat{\boldsymbol{\beta}}_2'\boldsymbol{X}_2'\boldsymbol{y}=\boldsymbol{y}'\boldsymbol{X}_2(\boldsymbol{X}_2'\boldsymbol{X}_2)^{-1}\boldsymbol{X}_2'\boldsymbol{y} \tag{3.37}$$

比较方程(3.37)与方程(3.36)，看到

$$SS_{回}(\boldsymbol{\beta})=SS_{回}(\boldsymbol{\beta}_1)+SS_{回}(\boldsymbol{\beta}_2) \tag{3.38}$$

因此

$$SS_{回}(\boldsymbol{\beta}_1|\boldsymbol{\beta}_2)=SS_{回}(\boldsymbol{\beta})-SS_{回}(\boldsymbol{\beta}_2)\equiv SS_{回}(\boldsymbol{\beta}_1)$$

以及

$$SS_{回}(\boldsymbol{\beta}_2|\boldsymbol{\beta}_1)=SS_{回}(\boldsymbol{\beta})-SS_{回}(\boldsymbol{\beta}_1)\equiv SS_{回}(\boldsymbol{\beta}_2)$$

因此，$SS_{回}(\beta_1)$度量了 $\boldsymbol{X}_1$ 中的回归变量对模型的**非条件**贡献，而 $SS_{回}(\boldsymbol{\beta}_2)$度量了 $\boldsymbol{X}_2$ 中的回归变量对模型的**非条件**贡献. 因为当回归变量正交时，可以清楚地确定每个回归变量的影响，所以数据收集通常将试验设计为有正交变量的.

作为回归模型中有正交回归变量的例子，考虑模型 $y=\beta_0+\beta_1x_1+\beta_2x_2+\beta_3x_3+\varepsilon$，其中矩阵 $\boldsymbol{X}$ 为

$$\boldsymbol{X}=\begin{array}{c}\begin{matrix}\beta_0 & \beta_1 & \beta_2 & \beta_3\end{matrix}\\ \begin{bmatrix}1 & -1 & -1 & -1\\ 1 & 1 & -1 & -1\\ 1 & -1 & 1 & -1\\ 1 & -1 & -1 & 1\\ 1 & 1 & 1 & -1\\ 1 & 1 & -1 & 1\\ 1 & -1 & 1 & 1\\ 1 & 1 & 1 & 1\end{bmatrix}\end{array}$$

94 回归变量的水平对应 2^3 因子设计. 容易看到 $\boldsymbol{X}$ 的列是正交的. 因此，无论拟合中是否包括其他变量，$SS_{回}(\beta_j)(j=1, 2, 3)$都度量了回归变量 x_j 对模型的贡献.

3.3.4 一般线性假设的检验

许多关于回归系数的假设可以使用一种统一的方法进行检验. 用附加平方和方法进行检验是这一程序的特例. 在更一般的程序中用于假设检验的平方和通常计算成两个残差平方和的差值. 现在将对这一程序进行概述. 更多证明与进一步讨论见 Graybill(1976)，Searle(1971)或 Seber(1977).

假设所感兴趣的零假设可以表达成 H_0：$\boldsymbol{T\beta}=\boldsymbol{0}$，其中，$\boldsymbol{T}$ 为 $m\times p$ 常数矩阵，使得 $\boldsymbol{T\beta}=\boldsymbol{0}$ 的 m 个方程中只有 r 个是独立的. **全模型**为 $\boldsymbol{y}=\boldsymbol{X\beta}+\boldsymbol{\varepsilon}$，其 $\boldsymbol{\beta}=(\boldsymbol{X}'\boldsymbol{X})^{-1}\boldsymbol{X}'\boldsymbol{y}$，而全模型的残差平方和为

$$SS_{残}(全模)=\boldsymbol{y}'\boldsymbol{y}-\hat{\boldsymbol{\beta}}\boldsymbol{X}'\boldsymbol{y}(n-p\text{ 个自由度})$$

为了得到简化模型，$\boldsymbol{T\beta}=\boldsymbol{0}$ 中的 r 个独立方程用于求解全模型中就剩余 $p-r$ 个回归系数而言的 r 个回归系数. 举例来说，这可得到

$$\boldsymbol{y}=\boldsymbol{Z\gamma}+\boldsymbol{\varepsilon}$$

式中：$\boldsymbol{Z}$ 为 $n\times(p-r)$矩阵；$\boldsymbol{\gamma}$ 为未知回归系数的$(p-r)\times 1$ 向量. $\boldsymbol{\gamma}$ 的估计量为

$$\hat{\boldsymbol{\gamma}}=(\boldsymbol{Z}'\boldsymbol{Z})^{-1}\boldsymbol{Z}'\boldsymbol{y}$$

而简化模型的残差平方和为

$$SS_{残}(简模)=\boldsymbol{y}'\boldsymbol{y}-\hat{\boldsymbol{\gamma}}\boldsymbol{Z}'\boldsymbol{y}(n-p+r\ 个自由度)$$

简化模型包含的参数比全模型的少，因此 $SS_{残}$(全模)$\leqslant SS_{残}$(简模). 为了检验假设 H_0：$\boldsymbol{T\beta}=\boldsymbol{0}$，使用残差平方和的差值，即

$$SS_{假}=SS_{残}(全模)-SS_{残}(简模) \tag{3.39}$$

其自由度为 $n-p+r-(n-p)=r$. 这里 $SS_{假}$ 为由**假设** H_0：$\boldsymbol{T\beta}=\boldsymbol{0}$ 产生的平方和. 这一假设的检验统计量为

$$F_0=\frac{SS_{假}/r}{SS_{残}(简模)/(n-p)} \tag{3.40}$$

当 $F_0>F_{\alpha,r,n-p}$时，拒绝 H_0：$\boldsymbol{T\beta}=\boldsymbol{0}$. 95

例 3.6 **回归系数相等性的检验** 一般线性假设方法可以用于检验回归系数的相等性. 考虑模型

$$y=\beta_0+\beta_1x_1+\beta_2x_2+\beta_3x_3+\varepsilon$$

对于全模型，$SS_{残}$(全模)有 $n-p=n-4$ 个自由度. 希望检验 H_0：$\beta_1=\beta_3$. 这一假设可以声明为 H_0：$\boldsymbol{T\beta}=\boldsymbol{0}$，其中，

$$\boldsymbol{T}=[0,\ 1,\ 0,\ -1]$$

为 1×4 行向量. $\boldsymbol{T\beta}=\boldsymbol{0}$ 中只有一个方程，即 $\beta_1-\beta_3=0$. 将这一方程代入全模型得简化模型为

$$\begin{aligned}y&=\beta_0+\beta_1x_1+\beta_2x_2+\beta_1x_3+\varepsilon\\&=\beta_0+\beta_1(x_1+x_3)+\beta_2x_2+\varepsilon\\&=\gamma_0+\gamma_1z_1+\gamma_2z_2+\varepsilon\end{aligned}$$

式中：$\gamma_0=\beta_0$；$\gamma_1=\beta_1(=\beta_3)$；$z_1=x_1+x_3$；$\gamma_2=\beta_2$；$z_2=x_2$. 通过拟合简化模型将求出由假设 $SS_{假}=SS_{残}$(简模)$-SS_{残}$(全模)产生的平方和有 $n-3-(n-4)=1$ 个自由度. F 比率(见方程(3.40))为 $F_0=(SS_{假}/1)/[SS_{残}(简模)/(n-4)]$. 注意这一假设也可以使用 t 统计量来检验，即

$$t_0=\frac{\hat{\beta}_1-\hat{\beta}_3}{\mathrm{se}(\hat{\beta}_1-\hat{\beta}_3)}=\frac{\hat{\beta}_1-\hat{\beta}_3}{\sqrt{\hat{\sigma}^2(C_{11}+C_{33}-2C_{13})}}$$

其自由度为 $n-4$. 这一 t 检验与 F 检验等价.

例 3.7 假设模型为

$$y=\beta_0+\beta_1x_1+\beta_2x_2+\beta_3x_3+\varepsilon$$

而希望检验 H_0：$\beta_1=\beta_3$，$\beta_2=0$. 以一般线性假设的形式声明这一假设，令

$$\boldsymbol{T}=\begin{bmatrix}0&1&0&-1\\0&0&1&0\end{bmatrix}$$

现在 $\boldsymbol{T\beta}=\boldsymbol{0}$ 中有两个方程 $\beta_1-\beta_3=0$ 和 $\beta_2=0$. 这两个方程给出的简化模型为

$$\begin{aligned}y&=\beta_0+\beta_1x_1+\beta_1x_3+\varepsilon\\&=\beta_0+\beta_1(x_1+x_3)+\varepsilon\\&=\gamma_0+\gamma_1z_1+\varepsilon\end{aligned}$$

96

在这个例子中，$SS_{残}$(简模)有 $n-2$ 个自由度，所以 $SS_{回}$ 有 $n-2-(n-4)=2$ 个自由度. F

比率为 $F_0=(SS_{假}/2)/[SS_{残}(全模)/(n-4)]$.

一般线性假设的统计量(见方程(3.40))可以写成另一种形式，即

$$F_0=\frac{\hat{\boldsymbol{\beta}}'\boldsymbol{T}'[\boldsymbol{T}(\boldsymbol{X}'\boldsymbol{X})^{-1}\boldsymbol{T}']^{-1}\boldsymbol{T}\hat{\boldsymbol{\beta}}/r}{SS_{残}(简模)/(n-p)} \tag{3.41}$$

统计量的这种形式已经用于研究例 3.6 与例 2.7 中所解释的检验程序.

对一般线性假设稍加拓展偶尔是有用的. 假设为

$$H_0: \boldsymbol{T\beta}=\boldsymbol{c},\ H_1: \boldsymbol{T\beta}\neq\boldsymbol{c} \tag{3.42}$$

其统计量为

$$F_0=\frac{(\boldsymbol{T}\hat{\boldsymbol{\beta}}-\boldsymbol{c})'[\boldsymbol{T}(\boldsymbol{X}'\boldsymbol{X})^{-1}\boldsymbol{T}']^{-1}(\boldsymbol{T}\hat{\boldsymbol{\beta}}-\boldsymbol{c})/r}{SS_{残}(简模)/(n-p)} \tag{3.43}$$

由于在零假设 $\boldsymbol{T\beta}=\boldsymbol{c}$ 下，方程(3.43)中 F_0 的分布为 $F_{r,n-p}$，所以当 $F_0>F_{\alpha,r,n-p}$ 时拒绝 H_0: $\boldsymbol{T\beta}=\boldsymbol{c}$. 也就是说，这一检验程序是上单尾 F 检验. 注意方程(3.43)的分子表达式度量了使用协方差矩阵 $\boldsymbol{T}\hat{\boldsymbol{\beta}}$ 标准化后的 $\boldsymbol{T\beta}$ 与 $\boldsymbol{c}$ 之间距离的平方.

为了解释这一拓展处理是如何使用的，考虑例 3.6 描述的情形，并假设希望检验

$$H_0: \beta_1-\beta_3=2$$

显然，$\boldsymbol{T}=[0,\ 1,\ 0,\ -1]$ 而 $\boldsymbol{c}=[2]$. 这一程序的其他用途参考习题 3.21 与习题 3.22.

最后，如果不能拒绝假设 H_0: $\boldsymbol{T\beta}=\boldsymbol{0}$(或 H_0: $\boldsymbol{T\beta}=\boldsymbol{c}$)，那么对隶属于由零假设所施加的约束进行估计是合理的. 通常的最小二乘估计量不可能自动满足这一约束. 在这种情况下约束最小二乘估计量可能是有用的. 可参考习题 3.34.

3.4 多元回归中的置信区间

与简单线性回归相同，给出回归变量的特定水平时单个回归系数的区间估计与响应变量均值的区间估计在多元回归中扮演重要角色. 本节会依次研究这两种情形下的置信区
97 间. 本节也简要介绍了回归系数的联合置信区间.

3.4.1 回归系数的置信区间

为了构造回归系数 β_j 的置信区间估计，将继续假设误差 ε_i 为独立正态分布，其均值为零，方差为 σ^2. 因此，观测值 y_i 为独立正态分布，其均值为 $\beta_0+\sum_{i=1}^{k}\beta_j x_{ij}$，方差为 σ^2. 由于最小二乘估计量 $\hat{\boldsymbol{\beta}}$ 是观测值的线性组合，所以接着得到 $\hat{\boldsymbol{\beta}}$ 为正态分布，其均值向量为 $\boldsymbol{\beta}$，协方差矩阵为 $\sigma^2(\boldsymbol{X}'\boldsymbol{X})^{-1}$. 这意味着任何回归系数 $\hat{\beta}_j$ 的边际分布都是正态的，其均值为 β_j，方差为 $\sigma^2 C_{jj}$，式中 C_{jj} 为矩阵 $(\boldsymbol{X}'\boldsymbol{X})^{-1}$ 的第 j 个对角线元素. 因此，每个统计量

$$\frac{\hat{\beta}_j-\beta_j}{\sqrt{\hat{\sigma}^2 C_{jj}}}\quad (j=0,\ 1,\ \cdots,\ k) \tag{3.44}$$

是自由度为 $n-p$ 的 t 分布，其中，$\hat{\sigma}^2$ 为由方程(3.18)得到的误差方差的估计量.

以方程(3.44)给出的结果为基础，可以将回归系数 $\beta_j(j=0,\ 1,\ \cdots,\ k)$ 的 $100\times(1-\alpha)\%$ 置信区间定义为

$$\hat{\beta}_j-t_{\alpha/2,n-p}\sqrt{\hat{\sigma}^2 C_{jj}}\leqslant\beta_j\leqslant\hat{\beta}_j+t_{\alpha/2,n-p}\sqrt{\hat{\sigma}^2 C_{jj}} \tag{3.45}$$

称

$$\mathrm{se}(\hat{\beta}_j)=\sqrt{\hat{\sigma}^2 C_{jj}} \tag{3.46}$$

为回归系数$\hat{\beta}_j$ 的标准误差.

例 3.8 送货时间数据 现在求出例 3.1 中参数 β_1 的 95%置信区间. β_1 的点估计量为 $\hat{\beta}_1=1.615\,91$，β_1 所对应$(\boldsymbol{X}'\boldsymbol{X})^{-1}$的对角线元素为 $C_{11}=0.002\,743\,78$，而$\hat{\sigma}^2=10.6239$(由例 3.2). 使用方程(3.45)，求出

$$\hat{\beta}_j-t_{0.025,22}\sqrt{\hat{\sigma}^2 C_{11}}\leqslant\beta_1\leqslant\hat{\beta}_1+t_{0.025,22}\sqrt{\hat{\sigma}^2 C_{11}}$$

$$1.615\,91-(2.074)\sqrt{(10.6239)(0.002\,743\,78)}\leqslant\beta_1\leqslant 1.615\,91+(2.074)\sqrt{(10.6239)(0.002\,743\,78)}$$

$$1.615\,91-(2.074)(0.170\,73)\leqslant\beta_1\leqslant 1.615\,91+(2.074)(0.170\,73)$$

所以 β_1 的 95%置信区间为

$$1.261\,81\leqslant\beta_1\leqslant 1.970\,01$$

注意，表 3-4 所示的 Minitab 输出，给出了每个回归系数的标准误差. 这使得在实践中构造这些置信区间非常容易. 98

3.4.2 响应变量均值的置信区间估计

可以构造特定点，比如 x_{01}，x_{02}，…，x_{0k}处响应均值的置信区间. 定义向量 $\boldsymbol{x}_0$ 为

$$\boldsymbol{x}_0=\begin{bmatrix}1\\x_{01}\\x_{02}\\\vdots\\x_{0k}\end{bmatrix}$$

在该点的拟合值为

$$\hat{y}_0=\boldsymbol{x}_0'\hat{\boldsymbol{\beta}} \tag{3.47}$$

由于 $E(\hat{y}_0)=\boldsymbol{x}_0'\boldsymbol{\beta}=E(\boldsymbol{y}|\boldsymbol{x}_0)$，而$\hat{y}_0$ 的方差为

$$\mathrm{Var}(\hat{y}_0)=\sigma^2\boldsymbol{x}_0'(\boldsymbol{X}'\boldsymbol{X})^{-1}\boldsymbol{x}_0 \tag{3.48}$$

所以$\hat{y}_0$ 为 $E(\boldsymbol{y}|\boldsymbol{x}_0)$的无偏估计量. 因此，在点 x_{01}，x_{02}，…，x_{0k}处响应变量均值的 $100\times(1-\alpha)\%$置信区间为

$$\hat{y}_0-t_{\alpha/2,n-p}\sqrt{\hat{\sigma}^2\boldsymbol{x}_0'(\boldsymbol{X}'\boldsymbol{X})^{-1}\boldsymbol{x}_0}\leqslant E(y|x_0)\leqslant\hat{y}_0+t_{\alpha/2,n-p}\sqrt{\hat{\sigma}^2\boldsymbol{x}_0'(\boldsymbol{X}'\boldsymbol{X})^{-1}\boldsymbol{x}_0} \tag{3.49}$$

这是方程(2.43)在多元回归的推广.

例 3.9 送货时间数据 对例 3.1 的软饮料数据，对需要 $x_1=8$ 箱位于距离为 $x_2=275\text{ft}$ 的网点，希望构造其送货时间的 95%置信区间. 因此，

$$\boldsymbol{x}_0=\begin{bmatrix}1\\8\\275\end{bmatrix}$$

由方程(3.47)，在该点处的拟合值为

$$\hat{y}_0 = \boldsymbol{x}_0' \hat{\boldsymbol{\beta}} = [1 \quad 8 \quad 275]\begin{bmatrix} 2.341\,23 \\ 1.615\,91 \\ 0.014\,38 \end{bmatrix} = 19.22\text{min}$$

99 由

$$\hat{\sigma}^2 \boldsymbol{x}_0'(\boldsymbol{X}'\boldsymbol{X})^{-1}\boldsymbol{x}_0 = 10.6239 \times [1 \quad 8 \quad 275]\begin{bmatrix} 0.113\,215\,18 & -0.004\,448\,59 & -0.000\,083\,67 \\ -0.004\,448\,59 & 0.002\,743\,78 & -0.000\,047\,86 \\ -0.000\,083\,67 & -0.000\,047\,86 & 0.000\,001\,23 \end{bmatrix}\begin{bmatrix} 1 \\ 8 \\ 275 \end{bmatrix}$$

$$= 10.6239(0.053\,46) = 0.567\,94$$

估计$\hat{y}_0$的方差. 因此，由方程(3.49)得到该点处送货时间均值的 95%置信区间为

$$19.22 - 2.074\% \times \sqrt{0.567\,94} \leqslant E(y|x_0) \leqslant 19.22 + 2.074 \times \sqrt{0.567\,94}$$

化简得

$$17.66 \leqslant E(y|x_0) \leqslant 20.78$$

这种置信区间中有 95%包含真实的送货时间.

响应变量均值置信区间的长度对回归模型的质量是一个有用的度量. 这一长度也可以用于比较相互竞争的两个模型. 为了解释这一点，考虑 $x_1 = 8$ 箱，而 $x_2 = 275$ft 时送货时间均值的 95%置信区间. 例 3.9 求得这一置信区间为(17.66，20.78)，所以这一置信区间的长度为(20.78－17.16)min＝3.12min. 如果考虑只将 x_1(箱数)作为回归变量的简单线性回归模型，这一置信区间的长度为(22.47－18.99)min＝3.45min. 显然，向模型中添加距离改善了估计的精确性. 但是，置信区间长度的变化取决于 x 空间中点的位置. 考虑点 $x_1 =$ 16 箱，$x_2 = 688$ft，其多元回归模型的 95%置信区间为(36.11，40.08)长度为 3.97min，而简单线性回归模型中 $x = 16$ 箱的 95%置信区间为(35.60，40.68)长度为 5.08min. 来自多元回归模型的改善在 $x_1 = 16$ 这个点上越发好. 一般而言，点距离 x 空间的质心越远，两种置信区间长度的差值越大.

3.4.3 回归系数的联合置信区间

已经讨论了线性回归模型中构造几种不同类型的置信区间与预测区间的处理. 已经注意到，这些区间是依次得到的置信区间，也就是说，这是通常类型的置信区间或预测区间，其置信系数 $1-\alpha$ 表明在置信区间或预测区间的概率陈述中正确概率陈述的比例，是当对每个样本选择重复随机样本构造恰当的区间估计时产生的. 某些问题需要使用同一个样本数据构造几个置信区间或预测区间. 在这种情况下，所感兴趣的通常是将设定的置信区间联合应用于区间估计的全集. 以置信系数 $1-\alpha$ 同时全部为真的置信区间或预测区间的集
100 合称为**联合置信**区间或联合预测空间.

作为例子，考虑简单线性回归模型. 假设想要对截距 β_0 与斜率 β_1 进行推断. 一种可能是构造两个参数的 95%(比如说)置信区间. 但是，当这些估计区间独立时，两种置信区间的概率陈述都正确的概率为$(0.95)^2 = 0.9025$. 因此，并没有与这两种概率陈述都相关的 95%置信水平. 进一步来说，由于使用同一个样本数据集构造置信区间，所以置信区间不是独立的. 这使得决定概率陈述集的置信水平更为复杂.

定义多元回归模型参数 $\boldsymbol{\beta}$ 的**联合置信域**是相当容易的. 可以证明

$$\frac{(\hat{\boldsymbol{\beta}}-\boldsymbol{\beta})'\boldsymbol{X}'\boldsymbol{X}(\hat{\boldsymbol{\beta}}-\boldsymbol{\beta})}{pMS_{残}}\sim F_{p,n-p}$$

这意味着

$$P\left\{\frac{(\hat{\boldsymbol{\beta}}-\boldsymbol{\beta})'\boldsymbol{X}'\boldsymbol{X}(\hat{\boldsymbol{\beta}}-\boldsymbol{\beta})}{pMS_{残}}\leqslant F_{\alpha,n-p}\right\}=1-\alpha$$

因此，$\boldsymbol{\beta}$ 中所有回归参数的 $100\times(1-\alpha)\%$**联合置信域**为

$$\frac{(\hat{\boldsymbol{\beta}}-\boldsymbol{\beta})'\boldsymbol{X}'\boldsymbol{X}(\hat{\boldsymbol{\beta}}-\boldsymbol{\beta})}{pMS_{残}}\leqslant F_{\alpha,p,n-p} \tag{3.50}$$

这一不等式描述了一个椭圆形的区域. 构造这类联合置信域对简单线性回归($p=2$)是相当直接的. 对于 $p=3$，要困难得多，需要特殊的三维绘图软件.

例 3.10 **火箭推进剂数据** 对于简单线性回归的情形，可以将方程(3.50)化简为

$$\frac{n(\hat{\beta}_0-\beta_0)^2+2\sum_{i=1}^{n}x_i(\hat{\beta}_0-\beta_0)(\hat{\beta}_1-\beta_1)+\sum_{i=1}^{n}x_i^2(\hat{\beta}_1-\beta_1)^2}{2MS_{残}}\leqslant F_{\alpha,2,n-2}$$

为了解释这一置信域的构造，考虑例 2.1 的火箭推进剂数据，求出 β_0 与 β_1 的 95%置信域. $\hat{\beta}_0=2627.82$，$\hat{\beta}_1=-37.15$，$\sum_{i=1}^{20}x_i^2=4677.69$，$MS_{残}=9244.59$，而 $F_{0.05,2,18}=3.55$，将其代入上一方程，得

$$[20\times(2627.82-\beta_0)^2+2\times267.25(2627.82-\beta_0)\times(-37.15-\beta_1)$$
$$+4677.69\times(-37.15-\beta_1)^2]/[2\times9244.59]=3.55$$

这是椭圆的边界. 101

联合置信域如图 3-8 所示. 注意，这一椭圆并不平行于 β_1 轴. 椭圆的倾斜程度是$\hat{\beta}_0$ 与$\hat{\beta}_1$ 之间协方差的函数，为 $-\bar{x}\sigma^2/S_{xx}$. 正的协方差意味着 β_0 与 β_1 点估计量的误差可能是相同方向的，而负的协方差表明这两个误差是相反方向的. 例题中，因为 $\bar{x}$ 为正，所以$\mathrm{Cov}(\hat{\beta}_0,\hat{\beta}_1)$为负. 因此，当斜率的估计值非常陡峭($\beta_1$ 被高估)时，截距的估计值就可能太小(β_0 被低估). 置信域的伸长程度取决于 β_0 与 β_1 方差的相对大小. 一般而言，当椭圆在 β_0 方向伸长时(比如说)，意味着对 β_0 的估计不如对 β_1 的精确. 这就是例题中的情况.

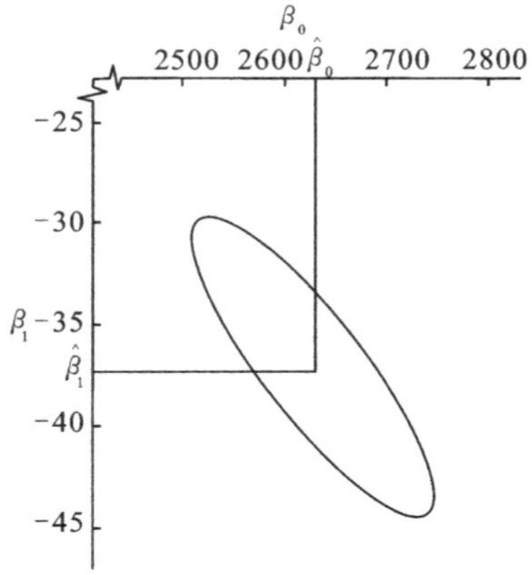

图 3-8 火箭推进剂数据 β_0 与 β_1 的联合置信域

得到线性回归模型参数的联合区间估计还有另一种通用的方法. 置信区间可以使用

$$\hat{\beta}_j\pm\Delta\mathrm{se}(\hat{\beta}_j)\qquad(j=0,\ 1,\ \cdots,\ k) \tag{3.51}$$

进行构造，式中所选择的常数 Δ 能得到一个特定的概率，在这一概率下所有置信区间都是正确的.

可以使用若干种方法选择方程(3.51)中的 Δ. 一种程序为**邦费罗尼法**. 在这一方法中，令 $\Delta=t_{\alpha/2p,n-p}$使方程(3.51)变为

$$\hat{\beta}_j\pm t_{\alpha/2p,n-p}\mathrm{se}(\hat{\beta}_j)\qquad(j=0,\ 1,\ \cdots,\ k) \tag{3.52}$$

所有区间都正确的置信系数至少为 $1-\alpha$. 注意邦费罗尼置信区间在某种程度上看起来像基

于 t 分布的普通的依次得到的置信区间，除了每个邦费罗尼置信区间的置信系数为 $1-\alpha/p$，
102 它代替了 $1-\alpha$.

例 3.11 **火箭推进剂数据** 可以通过构造 β_0 与 β_1 每个参数的 95%置信区间求出例 2.1 中火箭推进剂数据 β_0 与 β_1 的 90%联合置信区间. 由于

$$\hat{\beta}_0=2627.822,\ \mathrm{se}(\hat{\beta}_0)=44.184$$
$$\hat{\beta}_1=-37.154,\ \mathrm{se}(\hat{\beta}_1)=2.889$$

而 $t_{0.05/2,18}=t_{0.025,18}=2.101$，所以联合置信区间为

$$\hat{\beta}_0-t_{0.0125,18}\,\mathrm{se}(\hat{\beta}_0)\leqslant\beta_0\leqslant\hat{\beta}_0+t_{0.0125,18}\,\mathrm{se}(\hat{\beta}_0)$$
$$2627.822-2.445\times44.184\leqslant\beta_0\leqslant2627.822+2.445\times44.184$$
$$2519.792\leqslant\beta_0\leqslant2735.852$$

以及

$$\hat{\beta}_1-t_{0.0125,18}\,\mathrm{se}(\hat{\beta}_1)\leqslant\beta_1\leqslant\hat{\beta}_1-t_{0.0125,18}\,\mathrm{se}(\hat{\beta}_1)$$
$$-37.154-2.445\times2.889\leqslant\beta_1\leqslant-37.154+2.445\times2.889$$
$$-44.218\leqslant\beta_1\leqslant-30.090$$

由此可得出结论：这一程序以 90%的置信水平得到两个参数正确的区间估计.

因为椭圆的大小总是小于邦费罗尼置信区间所覆盖空间的大小，所以置信椭圆总是比邦费罗尼法更加有效. 但是，构造邦费罗尼置信区间更为简单.

构造邦费罗尼置信区间通常所需要的显著性水平没有列入通常的 t 表中. 许多现代计算器与统计软件包已经将 $t_{\alpha,v}$ 的值作为库函数而可随时得到.

邦费罗尼法并不是选择方程(3.51)中 Δ 的唯一方法. 其他方法包括**薛费法**(见 Scheff'e (1953，1959))，对这一方法，有

$$\Delta=(2F_{\alpha,p,n-p})^{1/2}$$

以及**最大模 t 程序**(见 Hahn(1972)以及 Hahn 和 Hendrickson(1971))，对这一程序，有

$$\Delta=u_{\alpha,p,n-p}$$

式中：$u_{\alpha,p,n-p}$ 是各自基于自由度为$(n-2)$的两个学生 t 随机变量最大绝对值分布的上 α 尾点. 比较这三种方法的一种明显方式是，比较它们所生成置信区间的长度. 一般而言，邦费罗尼置信区间的长度比薛费置信区间的长度短，而最大模 t 置信区间的长度比邦费罗尼
103 置信区间的长度短.

3.5 新观测值的预测

回归模型可以用于预测回归变量的特定值，比如说 x_{01}，x_{02}，…，x_{0k} 所对应的未来观测值 $\boldsymbol{y}$. 如果 $\boldsymbol{x}_0'=[1, x_{01}, x_{02}, \cdots, x_{0k}]$，那么在点 x_{01}，x_{02}，…，x_{0k} 处未来观测值的点估计量为

$$\hat{y}_0=\boldsymbol{x}_0'\hat{\boldsymbol{\beta}} \tag{3.53}$$

这一未来观测值的 $100\times(1-\alpha)$%预测区间为

$$\hat{y}_0-t_{\alpha/2,n-p}\sqrt{\hat{\sigma}^2(1+\boldsymbol{x}_0'(\boldsymbol{X}'\boldsymbol{X})^{-1}\boldsymbol{x}_0)}\leqslant y_0\leqslant\hat{y}_0+t_{\alpha/2,n-p}\sqrt{\hat{\sigma}^2(1+\boldsymbol{x}_0'(\boldsymbol{X}'\boldsymbol{X})^{-1}\boldsymbol{x}_0)} \tag{3.54}$$

这是简单线性回归中未来观测值预测区间方程(2.45)的推广.

例 3.12 **送货时间数据** 假设例 3.1 中的软饮料装瓶师希望构造一家网点送货时间的 95%预测区间，其送货箱数 $x_1=8$ 箱，而送货员所走的距离 $x_2=275$ft. 注意 $\boldsymbol{x}'_0=[1,8,275]$，而送货时间的点估计量为 $\hat{y}_0=\boldsymbol{x}'_0=19.22$min. 同时例 3.9 计算了 $\boldsymbol{x}'_0(\boldsymbol{X}'\boldsymbol{X})^{-1}\boldsymbol{x}_0=0.05346$. 因此，由方程(3.54)，有

$$19.22-2.074\times\sqrt{10.6239(1+0.05346)}\leqslant y_0\leqslant 19.22+2.074\times\sqrt{10.6239(1+0.05346)}$$

所以 95%预测区间为

$$12.28\leqslant y_0\leqslant 26.16$$

3.6 病人满意度数据的多元回归模型

2.7 节介绍了医院病人满意度数据，并构造了病人满意度与病人病重程度关系的简单线性回归模型. 这一例子所使用的数据在附录表 B.17 中. 简单线性回归模型中回归变量病重程度是显著的，但模型对数据的拟合并不令人完全满意. 特别是 R^2 的值相当低，近似为 0.43. 注意，存在若干个导致 R^2 值较低的原因，包括缺失了回归变量. 图 3-9 所示是当使用病重程度与病人年龄作为预测变量，通过多元线性回归模型拟合响应变量满意度时，得到的 JMP 输出.

Response Satisfaction
Whole Model
Actual by Predicted Plot

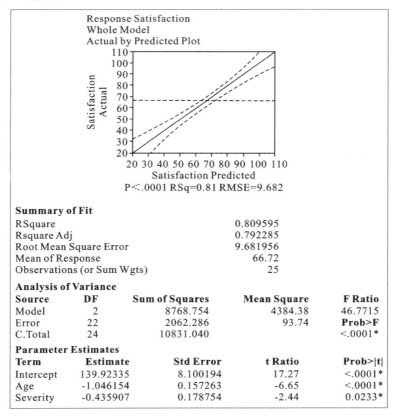

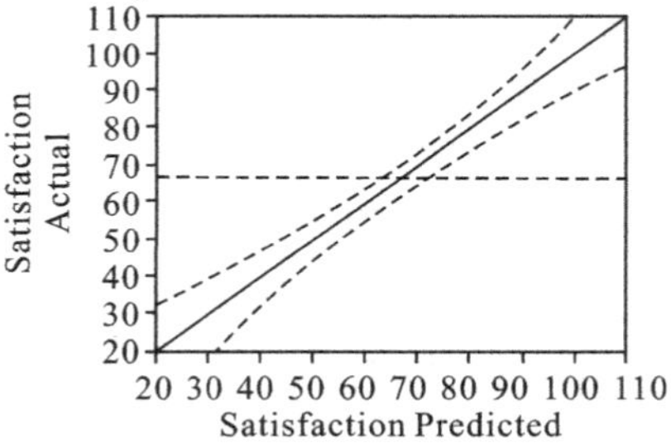

P<.0001 RSq=0.81 RMSE=9.682

Summary of Fit

RSquare	0.809595
Rsquare Adj	0.792285
Root Mean Square Error	9.681956
Mean of Response	66.72
Observations (or Sum Wgts)	25

Analysis of Variance

Source	DF	Sum of Squares	Mean Square	F Ratio
Model	2	8768.754	4384.38	46.7715
Error	22	2062.286	93.74	**Prob>F**
C.Total	24	10831.040		<.0001*

Parameter Estimates

Term	Estimate	Std Error	t Ratio	Prob>|t|
Intercept	139.92335	8.100194	17.27	<.0001*
Age	-1.046154	0.157263	-6.65	<.0001*
Severity	-0.435907	0.178754	-2.44	0.0233*

图 3-9 病人满意度数据多元线性回归模型的 JMP 输出

注意，多元线性回归中响应变量的实际点与响应变量的预测点，相对于简单线性回归模型得到的点有较大改善(对比图 3-9 与图 2-7). 进一步来说，模型是显著的，同时两个回归变量病人年龄与病重程度对模型都有显著贡献. R^2 由 0.43 增长为 0.81. 多元
104 线性回归的均方误差为 90.74，比简单线性回归模型的均方误差 270.02 小得相当多. 均方误差的大幅减少，表明两变量模型在解释数据变异性方面比原来的简单线性回归模型有效得多. 这一均方误差的减少，度量了模型的改善情况，当将预测变量年龄添加到模型中时，通过定量观察响应变量的实际点与响应变量的预测点得到了这一度量. 最后，响应变量的预测在多元线性回归中有更高的精
105 确性. 举例来说，对 42 岁病重指数为 30 的病人，在多元回归中预测的响应变量的标准差为 3.10，而在仅包括病重程度作为预测变量的简单线性回归模型中其值则为 5.25. 因此，简单线性回归的预测区间要更宽很多. 向模型中添加一个重要的预测变量(本例中为年龄)通常能产生标准误差更小的，性能好得多的拟合模型，从而所产生的响应变量均值的置信区间更窄，预测区间也更窄.

3.7 对基本多元线性回归使用 SAS 与 R

SAS 是重要的统计软件包. 表 3-7 给出了整章都已经在分析的送货时间数据分析的源代码. PROC-REG 语句告诉计算机希望做普通最小二乘线性回归分析. “model” 语句给出设定
106 的模型，并告诉计算机做何种分析. 可选分析的命令出现在斜线符号之后. PROC-REG 语句总是产生方差分析表与参数估计量的信息. 模型语句的 “pclmcli” 选项产生关于预测值的信息. 专门来说，“p” 要求 SAS 打印预测值，“clm” (代表置信限，均值)要求 SAS 打印置信带，而 “cli” (代表置信限，单个观测值)要求打印预测带. 表 3-8 给出了所得到的输出，这一输出与 Minitab 的分析一致.

表 3-7 送货时间数据的 SAS 源代码

```
date delivery;
input time cases distance;
cards;
    16.68       7     560
    11.50       3     220
    12.03       3     340
    14.88       4      80
    13.75       6     150
    18.11       7     330
     8.00       2     110
    17.83       7     210
    79.24      30    1460
    21.50       5     605
    40.33      16     688
    21.00      10     215
    13.50       4     255
    19.75       6     462
    24.00       9     448
    29.00      10     776
    15.35       6     200
    19.00       7     132
     9.50       3      36
    35.10      17     770
    17.90      10     140
    52.32      26     810
    18.75       9     450
    19.83       8     635
    10.75       4     150
proc reg;
model time =  cases distance/p clm cli;
run;
```

表 3-8 送货时间数据的 SAS 输出

SAS System 1
The REG Procedure
Model:MODEL1
Dependent Variable:time
Number of Observation Read 25
Number of Observations Used 25
Analysis of Variance

Source	DF	Sun of Squares	Mean Squire	F Value	Pr>F
Model	2	5550.81092	2775.40546	261.24	<.0001
Error	22	233.73168	10.62417		
Corrected Total	24	5784.54260			
Root MSE	3.25947	R-Square	0.9596		
Dependent Mean	22.38400	Adj R-Sq	0.9559		
Coeff Var	14.56162				

Parameter Estimates

Variable	DF	Parameter Estimate	Standard Error	t value	Pr>|t|
Intercept	1	2.34123	1.09673	2.13	0.0442
Cases	1	1.61591	0.17073	9.46	<.0001
Distance	1	0.01438	0.00361	3.98	0.0006

The SAS System 2
The REG Procedure
Model: MODEL1

（续）

Dependent Variable: time
Output Statistics

Obs	Dependent Variable	Predicted Value	Std error Mean Predict	95% CL	Mean	95% CL	Predict	Residual
1	16.6800	21.7081	1.0400	19.5513	23.8649	14.6126	28.8036	−5.0281
2	11.5000	10.3536	0.8667	8.5562	12.1510	3.3590	17.3482	1.1464
3	12.0300	12.0798	1.0242	9.9557	14.2038	4.9942	19.1654	−0.0498
4	14.8800	9.9556	0.9524	7.9805	11.9308	2.9133	16.9980	4.9244
5	13.7500	14.1944	0.8927	12.3430	16.0458	7.1857	21.2031	−0.4444
6	18.1100	18.3996	0.6749	17.0000	19.7991	11.4965	25.3027	−0.2896
7	8.0000	7.1554	0.9322	5.2221	9.0887	0.1246	14.1861	0.8446
8	17.8300	16.6734	0.8228	14.9670	18.3798	9.7016	23.6452	1.1566
9	79.2400	71.8203	2.3009	67.0486	76.5920	63.5461	80.0945	7.4197
10	21.5000	19.1236	1.4441	16.1287	22.1185	11.7301	26.5171	2.3764
11	40.3300	38.0925	0.9566	36.1086	40.0764	31.0477	45.1373	2.2378
12	21.0000	21.5930	1.0989	19.3141	23.8719	14.4595	28.7266	−0.5930
13	13.5000	12.4730	0.8059	10.8018	14.1442	5.5097	19.4363	1.0270
14	19.7500	18.6825	0.9117	16.7916	20.5733	11.6633	25.7017	1.0675
15	24.0000	23.3288	0.6609	21.9582	24.6994	16.4315	30.2261	0.6712
16	29.0000	29.6629	1.3278	26.9093	32.4166	22.3639	36.9620	−0.6629
17	15.3500	14.9136	0.7946	13.2657	16.5616	7.9559	21.8713	0.4364
18	19.0000	15.5514	1.0113	13.4541	17.6486	8.4738	22.6290	3.4486
19	9.5000	7.7068	1.0123	5.6075	9.8061	0.6286	14.7850	1.7932
20	35.1000	40.8880	1.0394	38.7324	43.0435	33.7929	47.9831	−5.7880
21	17.9000	20.5142	1.3251	17.7661	23.2623	13.2172	27.8112	−2.6142
22	52.3200	56.0065	2.0396	51.7766	60.2365	48.0324	63.9807	−3.6865
23	18.7500	23.3576	0.6621	21.9845	24.7306	16.4598	30.2553	−4.6076
24	19.8300	24.4029	1.1320	22.0553	26.7504	17.2471	31.5586	−4.5729
25	10.7500	10.9626	0.8414	9.2175	12.7076	3.9812	17.9439	−0.2126
		Sum of Residuals			0			
		Sum of Squared Residuals			233.73168			
		Predicted Residual SS (PRESS)			459.03931			

下面说明做相同的分析所需的 R 代码．第一步是创建数据集．最简单的方式是通过空格定界符将数据输入到文本文件中．数据文件的每一行都是一条记录．最顶端行应当给出每个变量的名字．其他所有行都是实际的数据记录．令 delivery.txt 为数据文件的名字．数据文件的第一行给出变量名：

```
time cases distance
```

下一列是第一条数据记录，使用空格对数据的每一项定界：

```
16.68   7   560
```

读取数据包的 R 代码如下：

```
deliver <-  read.table("delivery.txt",header= TRUE, sep= " ")
```

对象 deliver 是 R 的数据集，而“delivery.txt”是原始数据文件．语句 header＝TRUE 告诉 R 第一行是变量名．短语 sep＝“ ”告诉 R 数据由空格定界．命令

```
deliver.model <- lm(time~cases+distance,data=deliver)
summary(deliver.model)
```

告诉 R：

- 估计模型．
- 打印方差分析，估计系数，以及对估计系数的检验．

3.8 多元回归中所隐含的外推法

对给定点 x_{01}，x_{02}，…，x_{0k} 处预测新的响应变量与估计响应变量均值时，在观测值所包含的区域之外进行外推必须要小心．一个在原数据区域内拟合良好的模型，很可能在这一区域之外表现差劲．因为回归变量(x_{i1}，x_{i2}，…，x_{ik})，$i=1$，2，…，n 的水平联合定义在包含数据的区域上，所以多元回归中很容易在不经意间进行外推．作为例子，考虑图 3.10 所示的曲线，该图说明了包含两个回归变量的模型其原数据所包含的区域．注意点(x_{01}，x_{02})位于两个回归变量 x_1 与 x_2 的范围内，但位于原数据区域之外．因此，在该点处预测新观测值或估计响应变量均值是对原回归模型使用外推法得到的． 107 ~ 109

由于简单比较新数据点处 x 的水平与原 x 的范围并不总会探测出隐含的外推法，所以用一种正规的程序来处理这一问题是有帮助的．将包含所有原数据点(x_{i1}，x_{i2}，…，x_{ik})，$i=1$，2，…，n 的最小凸集定义为回归变量外壳(RVH)．如果点 x_{01}，x_{02}，…，x_{0k} 位于 RVH 的内部或边界上，那么所进行的预测或估计就包含在内插法中，而如果点位于 RVH 之外，那么便需要外推法．

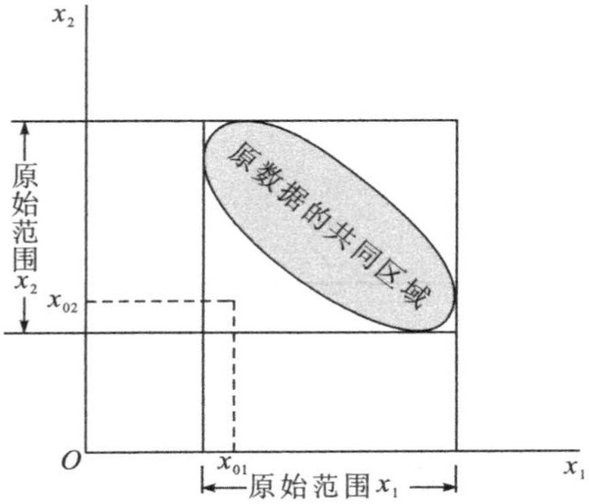

图 3-10　多元回归中使用外推法的例子

帽子矩阵 $\boldsymbol{H}=\boldsymbol{X}(\boldsymbol{X}'\boldsymbol{X})^{-1}\boldsymbol{X}'$ 的对角线元素 h_{ii} 对探测**隐含的外推法**是有用的．h_{ii} 的值同时取决于点 x 与质心的欧几里得距离以及 RVH 中点的密度．一般而

言，h_{ii} 值的最大点，即 h_{max}，将位于观测值密度相对低的 x 空间区域的边界上．点 x 的集合(并不一定是用于拟合模型的数据点)满足

$$\boldsymbol{x}'(\boldsymbol{X}'\boldsymbol{X})^{-1}\boldsymbol{x}\leqslant h_{max}$$

是一个包含了 RVH 内部所有点的椭球(见 Cook(1979)以及 Weisberg(1985))．因此，当所感兴趣的是在点 $\boldsymbol{x}'_0=[1, x_{01}, x_{02}, \cdots, x_{0k}]$ 处进行预测或估计时，该点的位置与 RVH 有关且表达为

110

$$h_{00}=\boldsymbol{x}'_0(\boldsymbol{X}'\boldsymbol{X})^{-1}\boldsymbol{x}_0$$

$H_{00}>h_{max}$ 的点位于包含了 RVH 的椭球之外，该点是外推点．但是，如果 $h_{00}<h_{max}$，那么该点在椭球内部，有可能在 RVH 内部，而因为该点靠近用于拟合模型的点云，所以将考虑该点是外推点．一般而言，h_{00} 的值越小，点 $\boldsymbol{x}_0$ 的位置与 x 空间的质心越近．[⊖]

Weisberg(1985)指出这种程序并不会产生包含 RVH 的体积最小的椭球，这一椭球称为最小覆盖椭球(MCE)．他给出了一种生成 MCE 的迭代算法．但是，基于 MCE 的外推法检验仍然只是一种近似处理，可能仍存在 MCE 的内部区域，其中不存在样本点．

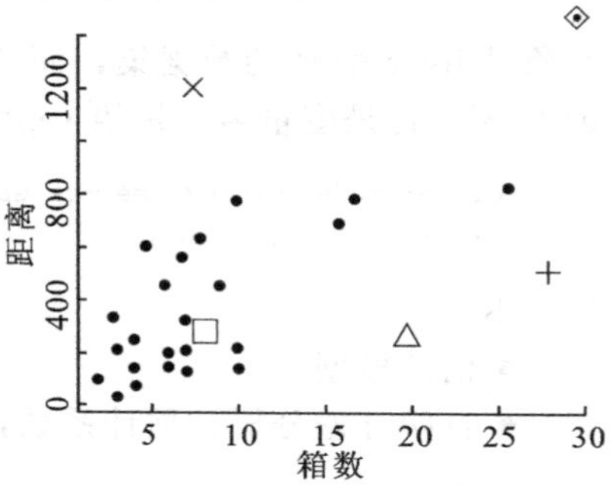

图 3-11 送货时间数据箱数与距离的散点图

例 3.13 隐含的外推法——送货时间数据 使用例 3.1 中软饮料送货时间数据解释隐含外推法的探测．25 个数据点的 h_{ii} 值如表 3-9 所示．注意观测值 9 由图 3-11 中的◆表示，为 h_{ii} 的最大值．图 3-11 确认了观测值 9 为 RVH 的边界．

表 3-9 送货时间数据的 h_{ii} 值

观测值 i	箱数 x_{i1}	距离 x_{i2}	h_{ii}	观测值 i	箱数 x_{i1}	距离 x_{i2}	h_{ii}
1	7	560	0.101 80	14	6	462	0.078 24
2	3	220	0.070 70	15	9	448	0.041 11
3	3	340	0.098 74	16	10	776	0.165 94
4	4	80	0.085 38	17	6	200	0.059 43
5	6	150	0.075 01	18	7	132	0.096 26
6	7	330	0.042 87	19	3	36	0.096 45
7	2	110	0.081 80	20	17	770	0.101 69
8	7	210	0.063 73	21	10	140	0.165 28
9	30	1460	$0.498\,29=h_{max}$	22	26	810	0.391 58
10	5	605	0.196 30	23	9	450	0.041 26
11	16	688	0.086 13	24	8	635	0.120 61
12	10	215	0.113 66	25	4	150	0.066 64
13	4	255	0.061 13				

现在假设希望对以下几个点进行预测与估计：

⊖ 当 h_{max} 比第二大的值大得多时，h_{max} 这个点是 x 空间中的严重离群点．将这种离群点包含进去，可能使椭圆比所想望的大得多．当最远点的权数被大幅降低时(比如说通过使用第 15 章所讨论的稳健拟合方法)，这一方法是有用的．

点	图 3-10 中的符号	x_{10}	x_{20}	h_{00}
a	□	8	275	0.053 46
b	△	20	250	0.589 17
c	+	28	500	0.898 74
d	×	8	1200	0.867 36

所有这些点都位于回归变量 x_1 与 x_2 的范围内. 图 3-11 中的点 a(用于在例 3.9 与例 3.12 中进行估计与预测)，其 $h_{00}=0.053\,46$，由于 $h_{00}=0.053\,46<h_{\max}=0.498\,29$ 所以 a 是内插点. 由于剩余的 b 点、c 点和 d 点的 h_{00} 都超过 $h_{\max}$，所以它们都是外推点. 这是通过图 3-11 的审视所轻松确认的.

3.9 标准化回归系数

因为 $\hat{\beta}_j$ 的大小反映了回归变量 x_j 的度量单位，所以直接比较回归系数是困难的. 举例来说，假设回归模型为 111

$$\hat{y}=5+x_1+1000x_2$$

y 以升为单位，x_1 以升为单位，而 x_2 以毫升为单位. 注意虽然 $\hat{\beta}_2$ 比 $\hat{\beta}_1$ 大得相当多，但是因为 x_1 或 x_2 变化 1 升而另一个变量保持为常数时，所产生的$\hat{y}$的变化是相同的，所以两个回归变量对$\hat{y}$的影响是完全相同的. 一般而言回归系数 β_j 的单位为 y/的单位 x_j 的单位. 由于这一原因，使用比例回归变量与比例响应变量产生的无量纲回归系数有时是有帮助的. **无量纲的回归系数**通常称为标准化回归系数. 现在展示如何使用两种流行的比例方法计算**标准化回归系数**.

单位正态比例　第一种方法是对回归变量与响应变量使用**单位正态比例**. 也就是说，

$$z_{ij}=\frac{x_{ij}-\overline{x}_j}{s_j}\qquad (i=1,\ 2,\ \cdots,\ n \text{ 且 } j=1,\ 2,\ \cdots,\ k) \tag{3.55}$$

以及

$$y_i^*=\frac{y_i-\overline{y}}{s_y}\qquad (i=1,\ 2,\ \cdots,\ n) \tag{3.56}$$

式中

$$s_j^2=\frac{\sum_{i=1}^{n}(x_{ij}-\overline{x}_j)^2}{n-1}$$

为回归变量 x_j 的样本方差而

$$s_y^2=\frac{\sum_{i=1}^{n}(y_i-\overline{y})^2}{n-1}$$

为响应变量的样本方差. 注意它们与标准化正态随机变量的相似性. 所有比例回归变量与比例响应变量都有样本均值等于零而样本方差等于 1.

使用这些新的比例变量，回归模型变为

$$y_i^*=b_1z_{i1}+b_2z_{i2}+\cdots+b_kz_{ik}+\varepsilon_i\qquad (i=1,\ 2,\ \cdots,\ n) \tag{3.57}$$

112~113 通过减去 $\overline{x}_j$ 与 $\overline{y}$ 消去模型的截距(事实上是 b_0 的最小二乘估计量，为 $\hat{b}=\overline{y}^*=0$)将回归变量与响应变量中心化. $\boldsymbol{b}$ 的最小二乘估计量为

$$\hat{\boldsymbol{b}}=(\boldsymbol{Z}'\boldsymbol{Z})^{-1}\boldsymbol{Z}'\boldsymbol{y}^* \tag{3.58}$$

单位长度比例 第二种流行的比例是单位长度比例，

$$w_{ij}=\frac{x_{ij}-\overline{x}_j}{S_{jj}^{1/2}} \quad (i=1, 2, \cdots, n \text{ 且 } j=1, 2, \cdots, k) \tag{3.59}$$

以及

$$y_i^0=\frac{y_i-\overline{y}}{SS_{总}^{1/2}} \quad (i=1, 2, \cdots, n) \tag{3.60}$$

式中

$$S_{jj} = \sum_{i=1}^{n}(x_{ij}-\overline{x}_j)^2$$

为回归系数 x_j 的校正平方和. 在单位长度比例下，每个回归变量 w_j 都有均值 $\overline{w}_j=0$，而长度 $\sqrt{\sum_{i=1}^{n}(w_{ij}-\overline{w_j})^2}=1$. 就这些变量而言，回归模型为

$$y_i^0=b_q w_{i1}+b_q w_{i2}+\cdots+b_k w_{ik}+\varepsilon_i \quad (i=1, 2, \cdots, n) \tag{3.61}$$

最小二乘回归系数向量为

$$\hat{\boldsymbol{b}}=(\boldsymbol{W}'\boldsymbol{W})^{-1}\boldsymbol{W}'\boldsymbol{y}^0 \tag{3.62}$$

在单位长度比例中，$\boldsymbol{W}'\boldsymbol{W}$ 矩阵是协方差矩阵的形式，即

$$\boldsymbol{W}'\boldsymbol{W}=\begin{bmatrix} 1 & r_{12} & r_{13} & \cdots & r_{1k} \\ r_{12} & 1 & r_{23} & \cdots & r_{2k} \\ r_{13} & r_{23} & 1 & \cdots & r_{3k} \\ \vdots & \vdots & \vdots & & \vdots \\ r_{1k} & r_{2k} & r_{3k} & \cdots & 1 \end{bmatrix}$$

式中

$$r_{ij} = \frac{\sum_{u=1}^{n}(x_{ui}-\overline{x}_j)(x_{uj}-\overline{x}_j)}{(S_{ii}S_{jj})^{1/2}} = \frac{S_{ij}}{(S_{ii}S_{jj})^{1/2}}$$

为回归变量 x_i 与回归变量 x_j 之间的简单相关系数. 同理，

$$\boldsymbol{W}'\boldsymbol{y}^0=\begin{bmatrix} r_{1y} \\ r_{2y} \\ r_{3y} \\ \vdots \\ r_{ky} \end{bmatrix}$$

114 式中

$$r_{jy} = \frac{\sum_{u=1}^{n}(x_{uj}-\overline{x}_j)(y_u-\overline{y})}{(S_{jj}SS_{总})^{1/2}} = \frac{S_{jy}}{(S_{jj}SS_{总})^{1/2}}$$

为回归变量 x_j 与响应变量 y 之间的简单相关系数⊖. 当使用单位正态比例时，$\boldsymbol{Z'Z}$ 矩阵与 $\boldsymbol{W'W}$ 矩阵有密切的关系，事实上，

$$\boldsymbol{Z'Z}=(\boldsymbol{n}-1)\boldsymbol{W'W}$$

因此，方程(3.58)与方程(3.62)中回归系数的估计量是完全相同的. 也就是说，使用哪种比例都没有关系，两种比例都产生相同的无量纲回归系数的集合.

回归系数 $\hat{\boldsymbol{b}}$ 通常称为**标准化回归系数**. 原回归系数与标准化回归系数之间的关系为

$$\hat{\beta}_j=\hat{b}_j\left(\frac{SS_{总}}{S_{jj}}\right)^{1/2} \qquad (j=1,\ 2,\ \cdots,\ k) \tag{3.63}$$

以及

$$\hat{\beta}_0=\bar{y}-\sum_{j=1}^{k}\hat{\beta}_j\bar{x}_j \tag{3.64}$$

许多多元回归计算机程序使用这种尺度化方法来消除由$(\boldsymbol{X'X})^{-1}$矩阵的舍入误差引起的问题. 当原变量的大小之间相差很多时，舍入误差可能非常严重. 大多数计算机程序也同时展示原回归系数与标准化回归系数，标准化回归系数通常称为“贝塔系数”. 解释标准化回归系数时，必须记住它们仍是**偏回归系数**(换言之，b_j 度量模型中其他回归变量 x_i，$i\neq j$ 给定时 x_j 的影响). 进一步来说，$\hat{b}_j$ 受回归变量值范围的影响. 因此，使用 $\hat{\beta}_j$ 的大小作为回归变量 x_j 相对重要性的度量可能是危险的.

例 3.14 **送货时间数据** 求出例 3.1 中送货时间数据的标准化回归系数. 由于

$SS_{总}=5784.5426$，　　$S_{11}=1136.5600$

$S_{1y}=2473.3440$，　　$S_{22}=2\,537\,935.0330$ 115

$S_{2y}=108\,038.6019$，　　$S_{12}=44\,266.6800$

求出(使用单位长度比例)

$$r_{12}=\frac{S_{12}}{(S_{11}S_{22})^{1/2}}=\frac{44\,266.6800}{\sqrt{(1136.5600)(2\,537\,935.0303)}}=0.824\,215$$

$$r_{1y}=\frac{S_{1y}}{(S_{11}SS_{总})^{1/2}}=\frac{2473.3440}{\sqrt{(1136.5600)(5784.534\,26)}}=0.964\,615$$

$$r_{2y}=\frac{S_{2y}}{(S_{22}SS_{总})^{1/2}}=\frac{108\,038.6019}{\sqrt{(2\,537\,935.0330)(5784.5426)}}=0.891\,670$$

而这一问题的协方差矩阵为

$$\boldsymbol{W'W}=\begin{bmatrix}1 & 0.824\,215\\ 0.824\,215 & 1\end{bmatrix}$$

就标准化回归系数而言的正规方程为

$$\begin{bmatrix}1 & 0.824\,215\\ 0.824\,215 & 1\end{bmatrix}\begin{bmatrix}\hat{b}_1\\ \hat{b}_2\end{bmatrix}=\begin{bmatrix}0.964\,615\\ 0.891\,670\end{bmatrix}$$

因此，标准化回归系数为

⊖ 即使回归变量不一定是随机变量，习惯上也称 r_y 与 r_{jj} 为相关系数.

$$\begin{bmatrix}\hat{b}_1\\ \hat{b}_2\end{bmatrix}=\begin{bmatrix}1 & 0.824\,215\\ 0.824\,215 & 1\end{bmatrix}^{-1}\begin{bmatrix}0.964\,615\\ 0.891\,670\end{bmatrix}$$

$$=\begin{bmatrix}3.118\,41 & -2.570\,23\\ -2.570\,23 & 3.118\,41\end{bmatrix}\begin{bmatrix}0.964\,615\\ 0.891\,670\end{bmatrix}=\begin{bmatrix}0.716\,267\\ 0.301\,311\end{bmatrix}$$

模型拟合为

$$\hat{y}^0=0.716\,267w_1+0.301\,311w_2$$

因此，箱数的标准化值 w_1 增加一单位，时间的标准化值 $\hat{y}^0$ 增加 0.716 267. 进一步来说，距离的标准化值 w_2 增加一单位，$\hat{y}_0$ 增加 0.301 311 个单位. 因此，产品送货量看起来好像比距离更加重要，根据标准化回归系数距离对送货时间的影响更大. 但是，应当在某种程度上小心，在得出这一结论的过程中，$\hat{b}_1$ 与 $\hat{b}_2$ 仍然是偏回归系数，而 $\hat{b}_1$ 与 $\hat{b}_2$ 受回归变量范围的影响. 也就是说，当采用箱数的值与距离的值有不同范围的另一个样本时，对这两个
116 回归变量的相对重要性可能会得出不同的结论.

3.10 多重共线性

回归模型用于各种各样的应用. 可能极大地影响回归模型使用的一个严重问题是回归变量之间的多重共线性，即近线性相关. 本节简短介绍这一问题并指出多重共线性的某些有害影响. 包括关于诊断与补救的更多信息，在第 9 章有更为全面的介绍.

多重共线性意味着回归变量之间的近线性关系. 回归变量是 $\boldsymbol{X}$ 矩阵的列，所以显然精确的线性相关将产生奇异的 $\boldsymbol{X'X}$. 近线性相关的出现可以极大影响估计回归系数的能力. 举例来说，考虑图 3-12 所示的回归数据.

x_1	x_2
5	20
10	20
5	30
10	30
5	20
10	20
5	30
10	30

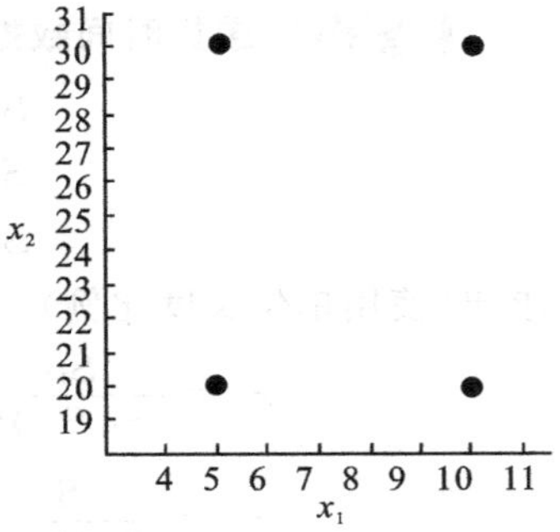

图 3-12 两个回归变量的数据

3.8 节介绍了标准化回归系数. 假设对图 3-12 的数据使用**单位长度**比例(方程(3.59)与方程(3.60))，使得 $\boldsymbol{X'X}$ 矩阵(3.8 节称为 $\boldsymbol{W'W}$ 矩阵)成为相关矩阵的形式. 这会得到

$$\boldsymbol{W'W}=\begin{bmatrix}1 & 0\\ 0 & 1\end{bmatrix}\text{和}(\boldsymbol{W'W})^{-1}=\begin{bmatrix}1 & 0\\ 0 & 1\end{bmatrix}$$

对软饮料送货时间数据，例 3.14 已经证明

$$\boldsymbol{W'W}=\begin{bmatrix}1.000\,000 & 0.824\,215\\ 0.824\,215 & 1.000\,000\end{bmatrix}\text{和}(\boldsymbol{W'W})^{-1}=\begin{bmatrix}3.118\,41 & -2.570\,23\\ -2.570\,23 & 3.118\,41\end{bmatrix}$$

现在考虑两个数据集标准化回归系数 $\hat{b}_1$ 与 $\hat{b}_2$ 的方差. 对图 3-12 所假设的数据集，

117

$$\frac{\operatorname{Var}(\hat{b}_1)}{\sigma^2}=\frac{\operatorname{Var}(\hat{b}_2)}{\sigma^2}=1$$

而对软饮料送货时间数据，

$$\frac{\operatorname{Var}(\hat{b}_1)}{\sigma^2}=\frac{\operatorname{Var}(\hat{b}_2)}{\sigma^2}=3.118\,41$$

软饮料送货时间数据因为存在多重共线性所以回归系数的方差有所膨胀. 这一多重共线性明显来自 $\boldsymbol{W}'\boldsymbol{W}$ 中的非零非对角线元素. 虽然除非 x 为随机变量否则术语相关可能并不恰当，但是这些非零非对角线元素通常也称为回归变量之间的简单相关系数. 因此，多重共线性能严重影响回归系数估计的精确性.

相关形式的 $\boldsymbol{X}'\boldsymbol{X}$ 矩阵的逆(上文的$(\boldsymbol{W}'\boldsymbol{W})^{-1}$)的主对角线元素通常称为**方差膨胀因子**(VIF)，VIF 是多重共线性的一种重要诊断. 对软饮料数据，

$$\mathrm{VIF}_1=\mathrm{VIF}_2=3.118\,41$$

而对上文所假设回归变量的数据，

$$\mathrm{VIF}_1=\mathrm{VIF}_2=1$$

这意味着两个回归变量 x_1 与 x_2 **正交**. 一般而言可以证明，第 j 个回归系数的 VIF 可以写为

$$\mathrm{VIF}_j=\frac{1}{-R_j^2}$$

式中：R_j^2 为多重决定系数，是通过对其他回归变量做关于 x_j 的回归所得到的. 显然，如果 x_j 与某些其他回归变量近线性相关，那么 R_j^2 将是接近一的而 VIF_j 将较大. VIF 大于 10 意味着严重的多重共线性问题. 大多数回归软件计算并展示 VIF_j.

当出现强烈的多重共线性时，使用最小二乘法所拟合数据的回归模型，众所周知都是不良的预测方程，而回归系数的值通常对特定样本中所收集的数据非常敏感. 图 3-13a 的解释将提供关于这一多重共线性影响的某些深刻见解. 对图 3-13a 中的(x_1，x_2，y)数据构建回归模型，类似于放置一个通过这些点的平面. 显然这一平面将非常不稳定，同时对数据点相当小的变化敏感. 进一步来说，模型可以在与样本中所观测的点类似的点处相当好地预测 y，但是任何远离这一路径的外推法都可能产生不良的预测. 作为对比，考察图 3-13b 中的正交回归变量，这些点所拟合的平面将更为稳定.

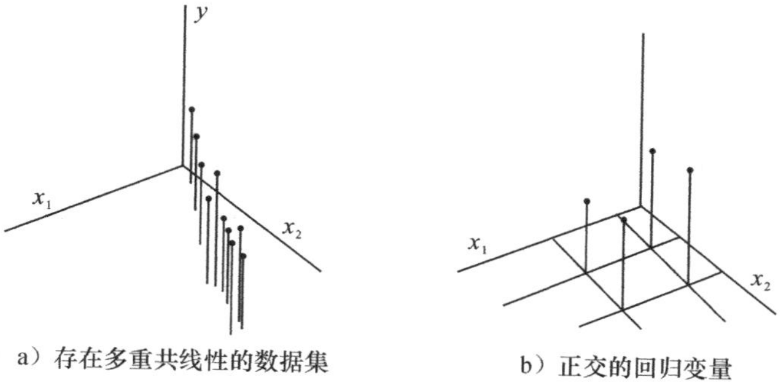

a) 存在多重共线性的数据集　　b) 正交的回归变量

图 3-13

多重共线性的诊断与处理是回归建模的一个重要方面. 这一主题更深入的处理参考第 9 章.

118

3.11 回归系数为什么有错误的正负号

使用多元回归时，偶尔会发现一个或更多回归系数看起来好像有错误的正负号，直觉与理论有明显的矛盾．举例来说，问题中的情形可能意味着某个特定的回归系数应当为正，而参数的实际估计值却为负．正负号错误的问题使人感到为难，这是因为当用户相信回归系数应当为正(比如说)时，通常难以解释模型中负的参数估计量．Mollet(1976)指出回归系数有错误的正负号可能是由于以下原因：

1) 某些回归系数的范围太小．

2) 模型未包括重要的回归变量．

3) 存在多重共线性．

4) 产生了计算误差．

容易看到 x 的范围可能影响回归系数的正负号．考虑简单线性回归模型．回归系数 $\hat{\beta}_1$ 的方差为 $\mathrm{Var}(\hat{\beta}_1)=\sigma^2/S_{xx}=\sigma^2\Big/\sum_{i=1}^{n}(x_i-\bar{x})$．注意 $\hat{\beta}_1$ 的方差与回归变量的“范围”成反比．因此，当 x 的水平都紧密得挨在一起时，$\hat{\beta}_1$ 的方差相当大．在某些情况下 $\hat{\beta}_1$ 的方差可能太大，使得回归系数的负的估计量(举例来说)实际上得到正的结果．这种情况如图 3-14 所示，为 $\hat{\beta}_1$ 抽样分布点图．考察该图，看到得到负 $\hat{\beta}_1$ 估计值的概率取决于真实回归系数接近零的程度以及 $\hat{\beta}_1$ 的方差，$\hat{\beta}_1$ 的方差大大影响着 x 的范围．

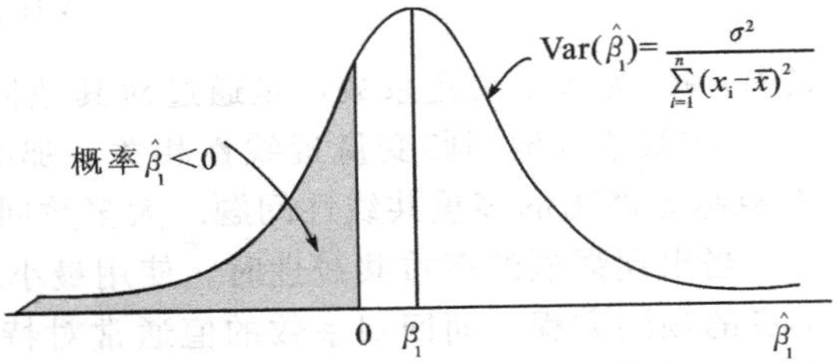

图 3-14　$\hat{\beta}_1$ 的抽样分布

在某些情况下分析师可以控制回归变量的水平．虽然在这些情况下通过增加 x 的范围来减少回归系数的方差是可能的，但是不可能将回归系数的水平向外伸展得太远．如果 x
119 覆盖了太大的范围而真实的响应变量函数是非线性的，那么分析师可能不得不研究出更为复杂得多的方程，来更适用地对系统中的曲率进行建模．进一步来说，许多问题涉及试验人员有特定兴趣的 x 的空间区域，而将回归变量伸展到所感兴趣的范围之外可能是不实际也不可能的．一般而言，必须在估计的精确性、可能的模型复杂性、与决定 x 的伸展范围多远时所感兴趣的实际回归变量的值这三者之间进行权衡取舍．

错误的正负号也会发生在遗漏了模型的重要回归变量时．在这种情况下正负号实际上并不是错误的．回归系数为偏回归系数的本质引起了正负号的反转．为了解释这一点，考虑图 3-15 的数据．假设拟合仅包含 y 与 x_1 的模型．方程为

$$\hat{y}=1.835+0.463x_1$$

式中：$\hat{\beta}_1=0.463$ 为“总”回归系数．也就是说，$\hat{\beta}_1$ 度量了忽略 x_2 的信息内容时 x_1 的总影响．同时包含 x_1 与 x_2 的模型为

120
$$\hat{y}=1.036-1.222x_1+3.649x_2$$

现在注意 $\hat{\beta}_1=-1.222$，发生了正负号反转．原因在于多元回归模型中的 $\hat{\beta}_1=-1.222$ 是偏回归系数，它度量了给定也在模型中的 x_2 时 x_1 的影响．

x_1	x_2	y
2	1	1
4	2	5
5	2	3
6	4	8
8	4	5
10	4	3
11	6	10
13	6	7

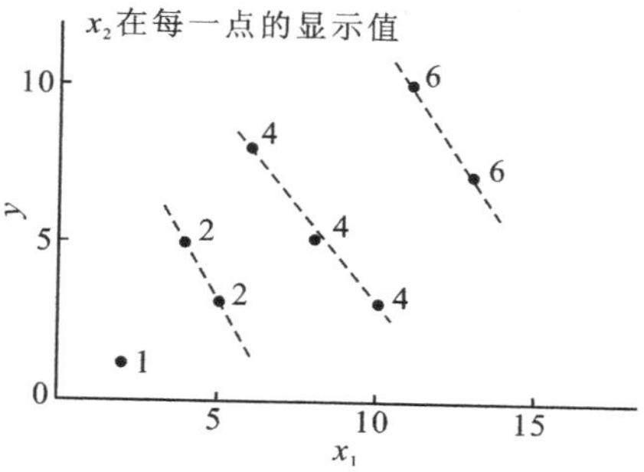

图 3-15　y 与 x_1 的点图

图 3-15 画出了这个例子的数据．偏回归系数与总回归系数正负号不同的原因通过本图的审视显而易见．当忽略 x_2 值时，y 与 x_1 之间表面上的关系有正的斜率，但是，当对常数值的 x_2 考虑 y 与 x_1 之间的关系时，注意这一关系实际上有负的斜率．因此，回归模型中错误的正负号可能表明遗漏了重要的回归变量．如果分析师可以辨认出这些遗漏的回归变量并将其包括进模型中，那么正负号错误的现象可能就会消失．

多重共线性可以引起回归变量正负号的错误．实际上，严重的多重共线性使回归系数的方差发生膨胀，而这增加了一个或更多回归系数有错误正负号的概率．第 9 章汇总了诊断与处理多重共线性的方法．计算误差也是回归模型中错误正负号的来源．不同的计算机处理舍入与截断问题的方式不同，而在这点上某些程序比其他程序更为有效．严重的多重共线性使得 $\boldsymbol{X}'\boldsymbol{X}$ 矩阵成为病态矩阵，这也是计算误差的一个来源．计算误差不但能引起正负号的反转，而且能引起回归系数相差几个数量级．当猜想会发生正负号错误的问题时应当研究计算机代码的精确度．

习题

3.1　考虑附录表 B-1 中的国家美式橄榄球大联盟数据．

a. 拟合获胜场数与球队传球码数(x_2)、冲球百分比(x_7)与对手冲球码数(x_8)关系的多元线性回归模型．

b. 构造方差分析表并检验回归显著性．

c. 计算检验假设 H_0：$\beta_2=0$、H_0：$\beta_7=0$ 与 H_0：$\beta_8=0$ 的 t 统计量．关于变量 x_2、x_7 与 x_8 在模型中扮演的角色，能得出什么结论？

d. 计算模型的 R^2 与 $R^2_{调}$．

e. 使用偏 F 检验，确定 x_7 对模型的贡献．这一偏 F 检验与上面 c 所计算的 β_7 的 t 检验有何关系？

3.2　使用习题 3.1 的结果，从数值上证明观测值 y_i 与拟合值 $\hat{y}_i$ 之间简单相关系数的平方和等于 R^2．

3.3　参考习题 3.1．

a. 求出 β_7 的 95％置信区间．

b. 当 $x_2=2300$、$x_7=56.0$，而 $x_8=2100$ 时，求出获胜场数均值的 95％置信区间． 121

3.4　重新考虑习题 3.1 的国家美式橄榄球大联盟数据．仅使用 x_7 与 x_8 作为回归变量对这一数据拟合模型．

a. 检验回归显著性．

b. 计算 R^2 与 $R^2_{调}$. 将这两个量与习题 3.1 中包括了另一个回归变量 x_2 时所计算的值进行对比，情况如何?

c. 计算 β_7 的 95%置信区间. 同时求出 $x_7=56.0$ 而 $x_8=2100$ 时球队获胜场数均值的 95%置信区间. 将这两个置信区间的长度与习题 3.3 中其所对应置信区间的长度进行对比.

d. 从这道习题中，关于忽略模型中一个重要回归变量的结果，能得出什么结论?

3.5 考虑表 B-3 中的汽油里程数据.

a. 拟合汽油里程 y(英里/加仑)与发动机排量 x_1 和化油器数 x_6 关系的多元线性回归模型.

b. 构造方差分析表并检验回归显著性.

c. 计算模型的 R^2 与 $R^2_{调}$. 将其与习题 2.4 中汽油里程与发动机排量关系的简单线性回归模型中的 R^2 与 $R^2_{调}$ 进行对比.

d. 求出 β_1 的 95%置信区间.

e. 计算检验 H_0：$\beta_1=0$ 与 H_0：$\beta_6=0$ 的 t 统计量. 能得出什么结论?

f. 求出 $x_1=275\text{in}^3$ 而 $x_6=2$ 桶时汽油里程均值的 95%置信区间.

g. 求出 $x_1=275\text{in}^3$ 而 $x_6=2$ 桶时汽油里程新观测值的 95%预测区间.

3.6 习题 2.4 要求计算当发动机排量 $x_1=275\text{in}^3$ 时汽油里程预测区间的 95%置信区间. 将这些区间的长度与上文习题 3.5 中的置信区间与预测区间的长度进行对比. 这一对比能说明向模型中添加 x_6 是有益的吗?

3.7 考虑附录表 B-4 的房屋价格数据.

a. 拟合销售价格与所有九个回归变量关系的多元回归模型.

b. 检验回归显著性. 能得出什么结论?

c. 使用 t 检验评定每个回归变量对模型的贡献. 讨论所求出的结果.

d. 给定所包括的其他所有回归变量时，lot size 与居住空间对模型的贡献如何?

e. 模型的多重共线性是否是一个潜在的问题?

3.8 附录表 B-5 中的数据展示了化学过程的运行情况，它是分离可控过程变量的函数.

122 a. 拟合 CO_2 产量(y)与总溶剂量(x_6)和氢消耗量(x_7)关系的多元回归模型.

b. 检验回归显著性. 计算 R^2 与 $R^2_{调}$.

c. 使用 t 检验确定 x_6 与 x_7 对模型的贡献.

d. 构造 β_6 与 β_7 的 95%置信区间.

e. 仅使用 x_6 作为回归变量重新拟合模型. 检验回归显著性并计算 R^2 与 $R^2_{调}$. 讨论你得到的结果. 基于这些统计量，你对这个模型满意吗?

f. 使用 e 中所拟合的模型构造 β_6 的 95%置信区间. 比较该置信区间的长度与 d 中置信区间的长度. 这一比较是否告诉了你关于 x_7 对模型贡献的重要信息?

g. 比较拟合的两个模型(a 和 e)所得到的两个 $MS_{残}$ 的值. 当把 x_7 从模型中移除时 $MS_{残}$ 如何变化? 这一变化能是否告诉了你关于 x_7 对模型贡献的重要信息?

3.9 流动管反应器中 $NbOCl_3$ 的浓度是如表 B-6 所示几个可控变量的函数.

a. 拟合 $NbOCl_3$(y)与 $COCl_2$ 浓度(x_1)和 CO_2 摩尔分数(x_4)关系的多元回归模型.

b. 检验回归显著性.

c. 计算模型的 R^2 与 $R^2_{调}$.

d. 使用 t 检验，确定 x_1 与 x_4 对模型的贡献. 两个回归变量 x_1 与 x_4 都是必要的吗?

e. 模型中是否有潜在的多重共线性关系?

3.10 认为黑皮诺红葡萄酒的品质与透明度、香味、酒体、味道，以及橡木味的性质有关. 38 种红葡萄酒的数据在表 B-1 中给出.

a. 拟合红葡萄酒品质与这些回归变量关系的多元回归模型.
b. 检验回归显著性. 能得出什么结论?
c. 使用 t 检验评定每个回归变量对模型的贡献. 讨论你得到的结果.
d. 计算模型的 R^2 与 $R^2_{调}$. 将这两个值与红葡萄酒品质与香味和味道关系的多元回归模型中的 R^2 与 $R^2_{调}$ 进行比较. 讨论这一结果.
e. 求出 d 两个模型中味道回归系数的 95%置信区间. 讨论两个置信区间的所有不同点.

3.11 一位工程师进行试验来确定 CO_2 的压力, CO_2 的温度、湿度, CO_2 的流速, 以及花生仁的大小对每批花生产油量的影响. 表 B-7 汇总了这一试验结果.
a. 拟合产油量与这些回归变量关系的多元线性回归模型.
b. 检验回归显著性. 能得出什么结论?
c. 使用 t 检验评定每个回归变量对模型的贡献. 讨论你得到的结果.
d. 计算模型的 R^2 与 $R^2_{调}$. 将这两个值与产油量与温度和花生仁大小关系的多元线性回归模型中的 R^2 与 $R^2_{调}$ 进行比较. 讨论这一结果. 123
e. 求出 d 两个模型中温度回归系数的 95%置信区间. 讨论两个置信区间的所有不同点.

3.12 一位化学工程师研究了表面活性剂的剂量与时间对笼形包合物生成的影响. 笼形包合物作为蓄冷介质使用. 表 B-8 汇总了该试验结果.
a. 拟合生成的笼形包合物与这些回归变量关系的多元线性回归模型.
b. 检验回归显著性. 能得出什么结论?
c. 使用 t 检验评定每个回归变量对模型的贡献. 讨论你得到的结果.
d. 计算模型的 R^2 与 $R^2_{调}$. 将这两个值与生成笼形包合物与时间关系的简单线性回归模型中的 R^2 与 $R^2_{调}$ 进行比较. 讨论这一结果.
e. 求出 d 两个模型中时间回归系数的 95%置信区间. 讨论两个置信区间的所有不同点.

3.13 一位工程师研究了四个变量对某个无量纲因子的影响, 这一因子用于描述筛板泡罩塔中的压降. 表 B-9 汇总了该试验结果.
a. 拟合这一无量纲数与这些回归变量关系的多元线性回归模型.
b. 检验回归显著性. 能得出什么结论?
c. 使用 t 检验评定每个回归变量对模型的贡献. 讨论你得到的结果.
d. 计算模型的 R^2 与 $R^2_{调}$. 将这两个值与该无量纲数与 x_2 和 x_3 关系的多元线性回归模型中的 R^2 与 $R^2_{调}$ 进行比较. 讨论这一结果.
e. 求出 d 两个模型中温度回归系数的 99%置信区间. 讨论两个置信区间的所有不同点.

3.14 某确定溶剂体系中的运动黏度取决于两种溶剂的比例与温度. 表 B-10 汇总了该试验结果.
a. 拟合运动黏度与这些回归变量关系的多元线性回归模型.
b. 检验回归显著性. 能得出什么结论?
c. 使用 t 检验评定每个回归变量对模型的贡献. 讨论你得到的结果.
d. 计算模型的 R^2 与 $R^2_{调}$. 将这两个值与运动粘度与时间关系的只有一个回归变量的简单线性回归模型中的 R^2 与 $R^2_{调}$ 进行比较. 讨论这一结果.
e. 求出 d 两个模型中 x_2 回归系数的 99%置信区间. 讨论两个置信区间的所有不同点.

3.15 McDonald 和 Ayers(1978)展示了来自早期研究的数据, 该数据考察了空气污染与死亡率之间可能存在的联系. 表 B-15 汇总了这一数据. 响应变量"死亡率"是每 100 000 人口中因所有原因导致 124
死亡的龄期调整后的总死亡率. 回归变量"降雨量"为平均年降雨量(in), "教育"为 25 岁及更长的人所完成教育学年数的中位数, "非白人"为 20 世纪 60 年代非白人人口的百分比, "氮氧化物"为氮氧化物的相对污染潜势, 而"SO_2"为二氧化硫的相对污染潜势. "相对污染潜势"是每天每平方公里所排放污染物的吨数乘以校正 SMSA 的因子乘以暴露时间.

a. 拟合死亡率与这些回归变量关系的多元线性回归模型.

b. 检验回归显著性. 能得出什么结论?

c. 使用 t 检验评定每个回归变量对模型的贡献. 讨论你得到的结果.

d. 计算模型的 R^2 与 $R^2_{调}$.

e. 求出 SO_2 回归系数的 95%置信区间.

3.16 Rossman(1994)展示了一项对 40 个国家人均期望寿命的有趣研究. 表 B-16 给出了这一数据. 该研究有三个响应变量:“期望寿命”是所有人的平均期望寿命;“男性期望寿命”为男性的平均期望寿命,“女性期望寿命”为女性的平均期望寿命. 回归变量“人均电视”为平均多少人拥有一台电视,而回归变量“人均医生”为平均多少人拥有一名医生.

a. 分别对每个响应变量拟合不同的多元线性回归模型.

b. 检验每个模型的回归显著性. 能得出什么结论?

c. 使用 t 检验评定每个回归变量对每个模型的贡献. 讨论你得到的结果.

d. 计算每个模型的 R^2 与 $R^2_{调}$.

e. 求出每个模型中人均医生回归系数的 95%置信区间.

3.17 考虑表 B-17 中的病人满意度数据. 为了配合这一习题的目的,忽略回归变量“外科-内科”. 对这一数据做彻底的分析. 请讨论这一分析与 2.7 节和 3.6 节所概述分析的任何不同点.

3.18 考虑表 B-18 中的燃料消耗数据. 为了配合这一练习的目的,忽略回归变量 x_1. 对这一数据做彻底的分析. 从这一分析中能得出什么结论?

3.19 考虑表 B-19 中的红葡萄酒品质数据. 为了配合这一练习的目的,忽略回归变量 x_1. 对这一数据做彻底的分析. 从这一分析中能得出什么结论?

3.20 考虑表 B-20 中的甲醛氧化数据. 对这一数据做彻底的分析. 从这一分析中能得出什么结论?

3.21 化学工程师正在研究通过原材料得到的转化产物的数量(y)如何取决于反应温度(x_1)与反应时间(x_2). 他研究了以下回归模型: 125

$$1.\ \hat{y}=100+0.2x_1+4x_2$$

$$2.\ \hat{y}=95+0.15x_1+3x_2+1x_1x_2$$

两个模型都是在 $20\leqslant x_1\leqslant 50$(℃)与 $0.5\leqslant x_2\leqslant 10$(h)的范围内构建的.

a. 同时使用两个模型,当 $x_2=2$ 时就 x_1 而言转化量的预测值是多少? 画出预测值的图像,预测值是两个转化量模型中温度的函数. 评论模型 2 中交互作用项的影响.

b. 当 $x_2=5$ 时对模型 1 求出温度 x_1 变化一单位时转化量均值期望的变化量. 这个变化量取决于所选择特定时间的值吗? 为什么?

c. 当 $x_2=5$ 时对模型 2 求出温度 x_1 变化一单位时转化量均值期望的变化量. 对 $x_2=2$ 与 $x_2=8$ 重复这一计算. 这些结果取决于所选择 x_2 的值吗?

3.22 证明检验多元线性回归的回归显著性的一种等价方式是如下基于 R^2 的检验:检验 $H_0:\beta_1=\beta_2=\cdots=\beta_k$ 与 H_1:至少有一个 $\beta_j\neq 0$,计算

$$F_0=\frac{R^2(n-p)}{k(1-R^2)}$$

当算得的 F_0 值超过 $F_{\alpha,k,n-p}$ 式中 $p=k+1$ 时,拒绝 H_0.

3.23 假设有 $k=2$ 个回归变量的线性回归模型已经拟合了 $n=25$ 个观测值且 $R^2=0.90$.

a. 在 $\alpha=0.05$ 上检验回归显著性. 使用上一道习题的结果.

b. 当 $\alpha=0.05$ 时使得回归显著的最小 R^2 值是多少? 你是否惊讶于这个 R^2 的值这么小?

3.24 证明线性回归模型中回归平方和的另一个计算公式为

$$SS_{回} = \sum_{i=1}^{n} \hat{y}_i^2 - n\bar{y}^2$$

3.25 考虑多元回归模型

$$y=\beta_0+\beta_1 x_1+\beta_2 x_2+\beta_3 x_3+\beta_4 x_4+\varepsilon$$

使用一般线性假设检验的程序，说明如何检验

a. $H_0: \beta_1=\beta_2=\beta_3=\beta_4=0$

b. $H_0: \beta_1=\beta_2,\ \beta_3=\beta_4$

c. $H_0: \beta_1-2\beta_2=4\beta_3$

$\beta_1+2\beta_2=0$ 126

3.26 假设有两个独立样本，比如说

$$\begin{array}{cc} y & x \\ \hline y_1 & x_1 \\ y_2 & x_2 \\ \vdots & \vdots \\ y_{n_1} & x_{n_1} \end{array}\Bigg\}\text{样本 1} \qquad \begin{array}{cc} y & x \\ \hline y_{n_1+1} & x_{n_1+1} \\ \vdots & \vdots \\ y_{n_1+n_2} & x_{n_1+n_2} \end{array}\Bigg\}\text{样本 2}$$

两个模型可以拟合这两组数据，

$$y_i=\beta_0+\beta_1 x_i+\varepsilon_i \qquad (i=1, 2, \cdots, n_2)$$

$$y_i=\gamma_0+\gamma_1 x_i+\varepsilon_i \qquad (i=n_1+1, n_1+2, \cdots, n_1+n_2)$$

a. 说明这两个分开的模型如何写为单一一个模型.

b. 使用 a 的结果，说明一般线性假设能如何用于检验斜率 β_1 与 γ_1 的相等性.

c. 使用 a 的结果，说明一般线性假设能如何用于检验两条回归直线的相等性.

d. 使用 a 的结果，说明一般线性假设能如何用于检验两个斜率都等于常数 c 的情况.

3.27 证明 $\mathrm{Var}(\hat{\boldsymbol{y}})=\sigma^2 \boldsymbol{H}$.

3.28 证明矩阵 $\boldsymbol{H}$ 与矩阵 $\boldsymbol{I}-\boldsymbol{H}$ 都是幂等的，即 $\boldsymbol{HH}=\boldsymbol{H}$ 同时 $(\boldsymbol{I}-\boldsymbol{H})(\boldsymbol{I}-\boldsymbol{H})=\boldsymbol{I}-\boldsymbol{H}$.

3.29 对简单线性回归模型，证明帽子矩阵的元素为

$$h_{ij}=\frac{1}{n}+\frac{(x_i-\bar{x})(x_j-\bar{x})}{S_{xx}} \quad 及\ h_{ii}=\frac{1}{n}+\frac{(x_i-\bar{x})^2}{S_{xx}}$$

讨论随着 x_i 向远离 $\bar{x}$ 的方向移动时这两个量的行为.

3.30 考虑多元线性回归模型 $\boldsymbol{y}=\boldsymbol{X\beta}+\boldsymbol{\varepsilon}$. 证明最小二乘估计量可以写为

$$\hat{\boldsymbol{\beta}}=\boldsymbol{\beta}+\boldsymbol{R\varepsilon}$$

式中：$\boldsymbol{R}=(\boldsymbol{X}'\boldsymbol{X})^{-1}\boldsymbol{X}'$.

3.31 证明线性回归模型的残差可以表达为 $\boldsymbol{e}=(\boldsymbol{I}-\boldsymbol{H})\boldsymbol{\varepsilon}$. （提示：参考方程(3.15b).）

3.32 对多元线性回归模型，证明 $SS_{回}(\boldsymbol{\beta})=\boldsymbol{y}'\boldsymbol{Hy}$.

3.33 证明 R^2 为 $\boldsymbol{y}$ 与 $\hat{\boldsymbol{y}}$ 之间相关系数的平方.

3.34 **约束最小二乘**. 假设希望求出模型 $\boldsymbol{y}=\boldsymbol{X\beta}+\boldsymbol{\varepsilon}$ 中 $\boldsymbol{\beta}$ 的最小二乘估计量，这一模型隶属于关于 $\boldsymbol{\beta}$ 的方程的约束集，比如 $\boldsymbol{T\beta}=\boldsymbol{c}$. 证明这一估计量为 127

$$\tilde{\boldsymbol{\beta}}=\hat{\boldsymbol{\beta}}+(\boldsymbol{X}'\boldsymbol{X})^{-1}\boldsymbol{T}'[\boldsymbol{T}(\boldsymbol{X}'\boldsymbol{X})^{-1}\boldsymbol{T}]^{-1}(\boldsymbol{c}-\boldsymbol{T}\hat{\boldsymbol{\beta}})$$

式中：$\hat{\boldsymbol{\beta}}=(\boldsymbol{X}'\boldsymbol{X})^{-1}\boldsymbol{X}'\boldsymbol{y}$. 讨论这一约束估计量为恰当估计量的情形. 求出约束估计量的残差平方和. 与无约束情形下的残差平方和相比更大还是更小？

3.35 令 $\boldsymbol{x}_j$ 为 $\boldsymbol{X}$ 的第 j 列，且 $\boldsymbol{X}_j$ 为移除第 j 列后的 $\boldsymbol{X}$ 矩阵. 证明

$$\mathrm{Var}(\hat{\beta}_j)=\sigma^2\left[\boldsymbol{x}'_j\boldsymbol{x}_j-\boldsymbol{x}'_j\boldsymbol{X}_{-j}(\boldsymbol{X}'_{-j}\boldsymbol{X}_{-j})^{-1}\boldsymbol{X}'_{-j}\boldsymbol{x}_j\right]$$

3.36 考虑下面两个模型，式中 $E(\boldsymbol{\varepsilon})=\boldsymbol{0}$ 且 $\mathrm{Var}(\boldsymbol{\varepsilon})=\sigma^2\boldsymbol{I}$.

模型 A：$\boldsymbol{y}=\boldsymbol{X}_1\boldsymbol{\beta}_1+\boldsymbol{\varepsilon}$

模型 B：$\boldsymbol{y}=\boldsymbol{X}'_1\boldsymbol{\beta}_1+\boldsymbol{X}_2\boldsymbol{\beta}_2+\boldsymbol{\varepsilon}$

证明：$R_A^2\leqslant R_B^2$.

3.37 假设当真实模型实际上由 $\boldsymbol{Y}=\boldsymbol{X}_1\boldsymbol{\beta}_2+\boldsymbol{X}_2\boldsymbol{\beta}_2+\boldsymbol{\varepsilon}$ 给定时，拟合的模型 $\boldsymbol{Y}=\boldsymbol{X}_1\boldsymbol{\beta}_2+\boldsymbol{\varepsilon}$ 对两个回归模型都假设 $E(\boldsymbol{\varepsilon})=\boldsymbol{0}$ 且 $\mathrm{Var}(\boldsymbol{\varepsilon})=\sigma^2\boldsymbol{I}$. 求出普通最小二乘估计量 β_1. 在什么条件下这一统计量是无偏的？

3.38 考虑一个已经正确设定的回归模型，包括截距这一模型共有 p 个项. 证明

$$\sum_{i=1}^{n}\mathrm{Var}(\hat{y}_i)=p\sigma^2$$

3.39 令 R_j^2 为对其他 $k-1$ 个回归变量做关于第 j 个回归变量的回归时的决定系数. 证明第 j 个方差膨胀因子可以表达为

$$\frac{1}{1-R_j^2}$$

3.40 考虑模型的一般线性假设，其形式为

$$H_0:\boldsymbol{T\beta}=\boldsymbol{c},\quad H_1:\boldsymbol{T\beta}\neq\boldsymbol{c}$$

128 式中：$\boldsymbol{T}$ 是秩为 q 的 $q\times p$ 矩阵. 推导零假设与备择假设两个假设下的恰当 F 统计量.

第 4 章　模型适用性检验

4.1 导引

到目前为止，研究回归分析所做的主要假设如下：

1）响应变量 y 与回归变量之间的关系是线性的，至少近似是线性的.

2）误差项 ε 有零均值.

3）误差项 ε 有常数方差 σ^2.

4）误差不相关.

5）误差为正态分布.

将这些假设放在一起考虑，假设 4 与假设 5 意味着误差是独立的随机变量，假设 5 在假设检验与区间估计中是必需的.

应当始终考虑这些假设的有效性，质疑假设的有效性并进行分析，来考察已经尝试使用的模型的有效性. 这里讨论的各种类型的模型不适用性可能会产生严重的结果. 不同的样本可能会得出结论相反的完全不同的模型，在这一意义上，严重违背假设时所产生的模型是不稳定的. 通常不能通过考察标准汇总统计量，比如 t 统计量与 F 统计量，来探测是否违背了基本假设. t 统计量、F 统计量这些统计量都具有模型的“全局”性质，就其本身而言，并不能确保模型的适用性.

本章会展示诊断违背基本回归假设的几种有用方法. 这些诊断方法根本上是以对模型**残差**的研究为基础. 处理模型不适用性的方法，以及其他更为复杂的诊断方法，在第 5 章与第 6 章讨论.

4.2 残差分析

4.2.1 残差的定义

前文已经将残差定义为

$$e_i = y_i - \hat{y}_i \qquad (i=1, 2, \cdots, n) \tag{4.1}$$

式中：y_i 为观测值；$\hat{y}_i$ 为所对应的拟合值. 由于残差可以看作数据与拟合值之间的**离差**，所以残差也是响应变量中回归模型所未解释的变异性的度量. 为方便起见，可以认为残差是模型误差的实现值即观测值. 因此，误差的任何对基本假设的违背都应当会从残差中体现出来. 残差分析是探索几种模型不适用性类型的有效方法. 正如我们将看到的，**残差图**对研究回归模型拟合数据有多好，以及对 4.1 节所列出的假设进行检验多么有效.

残差有一些重要的性质. 它有零均值，其平均方差近似由下式估计

$$\frac{\sum_{i=1}^{n}(e_i - \bar{e})^2}{n-p} = \frac{\sum_{i=1}^{n} e_i^2}{n-p} = \frac{SS_{残}}{n-p} = MS_{残}$$

但是，残差不是独立的，n 个残差只有 $n-p$ 个自由度. 只要 n 相对于参数个数 p 足够小，

那么残差不独立对模型适用性检验而言就没有什么影响.

4.2.2 残差尺度化方法

尺度化残差是有用的. 本节会介绍残差尺度化的四种主流方法. 这些尺度化残差有助于寻找观测值中的离群点, 即极端值, 也就是与数据其他部分在某种方式上分离的观测值. 离群点与极端值的例子见 2.6 节～2.8 节.

标准化残差　由于残差的平均方差要近似通过 $MS_{残}$ 来估计, 所以逻辑上一种尺度化的残差是**标准化残差**

130

$$d_i=\frac{e_i}{\sqrt{MS_{残}}}\quad (i=1, 2, \cdots, n) \tag{4.2}$$

标准化残差有零均值和近似为一的方差. 因此, 有较大的标准化残差(比如 $d_i>3$)可能表明是离群点

学生化残差　使用 $MS_{残}$ 作为第 i 个残差的方差时, e_i 仅是近似的. 用第 i 个残差的精确标准差除以 e_i 可以改进尺度化残差. 回忆一下, 方程(3.15b)将残差向量写为

$$\boldsymbol{e}=(\boldsymbol{I}-\boldsymbol{H})\boldsymbol{y} \tag{4.3}$$

式中: $\boldsymbol{H}=\boldsymbol{X}(\boldsymbol{X}'\boldsymbol{X})^{-1}\boldsymbol{X}'$ 为**帽子矩阵**. 帽子矩阵有若干有用的性质. 它是**对称的**($\boldsymbol{H}'=\boldsymbol{H}$)和**幂等的**($\boldsymbol{HH}=\boldsymbol{H}$). 同理, 矩阵 $\boldsymbol{I}-\boldsymbol{H}$ 也是对称的和幂等的. 将 $\boldsymbol{y}=\boldsymbol{X\beta}+\boldsymbol{\varepsilon}$ 代入方程(4.3), 得到

$$\begin{aligned}\boldsymbol{e}&=(\boldsymbol{I}-\boldsymbol{H})(\boldsymbol{X\beta}+\boldsymbol{\varepsilon})=\boldsymbol{X\beta}-\boldsymbol{HX\beta}+(\boldsymbol{I}-\boldsymbol{H})\boldsymbol{\varepsilon}\\&=\boldsymbol{X\beta}-\boldsymbol{X}(\boldsymbol{X}'\boldsymbol{X})^{-1}\boldsymbol{X}'\boldsymbol{X\beta}+(\boldsymbol{I}-\boldsymbol{H})\boldsymbol{\varepsilon}=(\boldsymbol{I}-\boldsymbol{H})\boldsymbol{\varepsilon}\end{aligned} \tag{4.4}$$

因此, 残差是与观测值 $\boldsymbol{y}$ 和误差 $\boldsymbol{\varepsilon}$ 相同的线性变换.

残差的协方差矩阵为

$$\mathrm{Var}(\boldsymbol{e})=\mathrm{Var}[(\boldsymbol{I}-\boldsymbol{H})\varepsilon]=(\boldsymbol{I}-\boldsymbol{H})\mathrm{Var}(\boldsymbol{\varepsilon})(\boldsymbol{I}-\boldsymbol{H})'=\sigma^2(\boldsymbol{I}-\boldsymbol{H}) \tag{4.5}$$

这是由于 $\mathrm{Var}(\varepsilon)=\sigma^2\boldsymbol{I}$ 且 $\boldsymbol{I}-\boldsymbol{H}$ 是对称且幂等的. 矩阵 $\boldsymbol{I}-\boldsymbol{H}$ 一般不是对角矩阵, 所以残差的方差不同, 同时残差是相关的.

第 i 个残差的方差为

$$\mathrm{Var}(e_i)=\sigma^2(1-h_{ii}) \tag{4.6}$$

式中: h_{ii} 为帽子矩阵 $\boldsymbol{H}$ 的第 i 个对角线元素. 残差 e_i 与 e_j 之间的协方差为

$$\mathrm{Cov}(e_i, e_j)=-\sigma^2 h_{ij} \tag{4.7}$$

式中: h_{ij} 为帽子矩阵 $\boldsymbol{H}$ 的第 ij 个元素. 现在由于 $0\leqslant h_{ii}\leqslant 1$, 所以使用残差均方 $MS_{残}$ 来估计残差的方差事实上会高估 $\mathrm{Var}(e_i)$. 进一步来说, 由于 h_{ii} 是第 i 个点在 x 中空间位置的度量(回忆 3.7 节讨论的隐含外推法), 所以 e_i 的方差取决于 $\boldsymbol{x}_i$ 位于哪里. 一般而言, 靠近 x 空间中心的点比在更远位置的点的残差有更大的方差(更为不良的最小二乘拟合). 对模型假设的违背更可能出现在较远的点中, 而因为普通残差 e_i(或标准化残差 d_i)通常较小, 所以这一违背可能难以通过检查 $e_i(d_i)$来探测到.

很多学生会发现一种违反直觉的现象: 以 x 为单位, 较远的数据点的残差较小; 而事
131
实上, 随着较远的点更加远离其他点的中心, 其残差将达到 0. 图 4-1 与图 4-2 帮助解释了这种点. 这两张图之间唯一的不同之处在于 $x=25$ 处. 在图 4-1 中, 响应变量的值为 25;

而在图 4-2 中，该值为 2. 图 4-1 是纯杠杆点的典型散点图. 这种点远离回归模型的特定值，但是响应变量的观测值与基于其他数据值的预测是一致的. $x=25$ 这一数据点是纯杠杆点的一个例子. 图中所画出的直线是实际普通最小二乘所拟合的全部数据集. 图 4-2 是强影响点的典型散点图. 这一数据值不仅远离回归变量的特定区间，而且所观测的响应变量值与仅基于其他数据点的预测值是不一致的. 该图也画出了一条直线，这条直线也是实际普通最小二乘所拟合的全部数据集. 可以明显看出强影响点将预测方程吸引到了它自己这边.

132

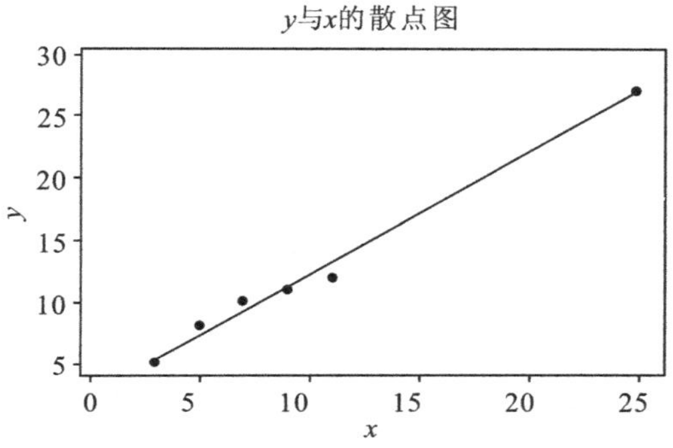

图 4-1 纯杠杆点的例子

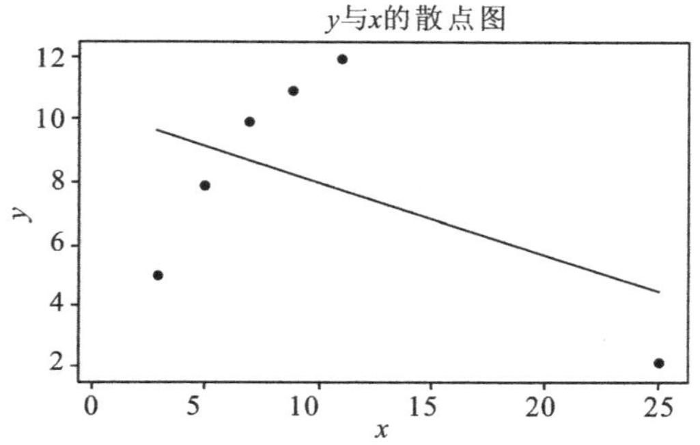

图 4-2 强影响点的例子

使用一点数学可以来深入了解这种情形. 令 y_n 为第 n 个数据点的响应变量的观测值，令 x_n 为这些数据点的回归变量的特定值，令 $\hat{y}_n^*$ 为基于其他 $n-1$ 个数据点的响应变量的预测值，而令 $\delta=y_n-\hat{y}_n^*$ 为这一响应变量事实上的观测值与基于其他值的预测值之间对比所得的差值. 注意，$y_n=\hat{y}_n^*+\delta$. 如果数据点远离回归变量的值且 $|\delta|$ 较大，那么这是一个强影响点. 在图 4-1 与图 4-2 中，考虑 $x=25$. 令来自图 4-2 的 y_n 的值为 2. 基于其他四个值的响应变量实际预测值为 25，这如图 4-1 中的点所示. 在图 4-2 的情形中，$\delta=-23$，看到这是很强的强影响点. 最后，令 $\hat{y}_n$ 为使用所有数据时第 n 个响应变量的预测值，可以证明

$$\hat{y}_n=\hat{y}_n^*+h_{nn}\delta$$

式中：h_{nn} 为帽子矩阵的第 n 个对角线元素. 如果第 n 个数据点远离由回归变量数据值所定义的空间，那么 h_{nn} 将接近 1，而 $\hat{y}_n$ 将接近 y_n. 较远的数据值会将预测结果“拽”向了它自己.

在简单线性回归的例子中容易看到这一点. 令 $\bar{x}^*$ 为其他 $n-1$ 个回归变量的平均值. 可以证明

$$\hat{y}_n=\hat{y}_n^*+\left[\frac{1}{n}+\left(\frac{n-1}{n}\right)^2\frac{(x_n-\bar{x}^*)^2}{S_{xx}}\right]\delta$$

显然，即使对中等程度大小的样本量，随着数据点越来越远离回归变量(随着 x_n 向更远离 $\bar{x}^*$ 的方向移动)，y_n 的普通最小二乘估计量也将接近 y_n 的实际观测值.

这一底线是双重的. 正如 2.4 节与 3.4 节所讨论的，远离回归变量的数据点，其方差预测值较大. 但是，这些数据点确实将预测方程吸引到了它们自己这边. 因此，这些点的残差方差较小. 这两种因素的组合显示出进行恰当残差分析的复杂性.

然后，逻辑上的程序是考察用**学生化残差**

$$r_i=\frac{e_i}{MS_{残}(1-h_{ii})}\qquad(i=1,\ 2,\ \cdots,\ n)\tag{4.8}$$

来代替 e_i(或 d_i). 当模型形式正确时，无论 x_i 的位置如何，学生化残差都有常数方差 $\mathrm{Var}(r_i)=1$. 在许多情形下，学生化残差稳定了残差方差，特别是对于大型数据集的情形. 在大型数据集的情形下，标准化残差与学生化残差之间几乎没有区别. 因此，标准化残差与学生化残差所传递的信息通常是等价的. 但是，由于任何残差较大且 h_{ii} 较大的点都可能对最小二乘拟合有较大影响，所以一般而言推荐使用学生化残差.

对于简单线性回归模型，通过考察学生化残差是容易看到某些强影响点的. 当只有一
133 个回归变量时，容易证明学生化残差为

$$r_i=\frac{e_i}{\sqrt{MS_{残}\left[1-\left(\frac{1}{n}+\frac{(x_i-\overline{x})^2}{S_{xx}}\right)\right]}}\qquad (i=1,2,\cdots,n)\tag{4.9}$$

注意：当观测值 x_i 接近 x 数据的中点时，$x_i-\overline{x}$ 将较小，而 e_i 的标准差估计值(方程(4.9)的分母)将较大. 相反，当 x_i 靠近 x 数据的最末端时，$x_i-\overline{x}$ 将较大，而 e_i 的估计标准差将较小. 同时，当样本容量 n 事实上较大时，$(x_i-\overline{x})^2$ 的影响将相对较小，所以在大型数据集中，学生化残差可能不会与标准化残差有很大区别.

PRESS 残差 标准化残差与学生化残差对探测离群点是有效的. 使得残差在寻找离群点时有用的另一种方法是考察由 $y_i-\hat{y}_{(i)}$ 所计算出的量，式中 $\hat{y}_{(i)}$ 为基于除了第 i 个观测值的其他所有观测值的第 i 个响应变量的拟合值. 这背后的逻辑是，如果第 i 个观测值确实是异常值，那么基于所有观测值的回归模型可能被这第 i 个观测值所过度影响. 可能会产生一个与观测值 y_i 非常相近的拟合值 $\hat{y}_i$，而因此普通残差 e_i 将较小. 因此，在此时探测离群点是困难的. 但是，如果剔除第 i 个观测值，那么 $\hat{y}_{(i)}$ 不会被这一观测值所影响，所以得到的残差将应当能表明离群点的存在.

如果剔除第 i 个观测值，拟合剩余 $n-1$ 个观测值的回归模型，并计算这一已剔除观测值所对应的预测值 y_i，那么该值所对应的**预测误差**为

$$e_{(i)}=y_i-\hat{y}_{(i)}\tag{4.10}$$

对每个观测值 $i=1,2,\cdots,n$ 重复计算预测误差. 这些预测误差通常称为 PRESS **残差**(这是因为其用于计算预测误差平方和，在 4.3 节讨论). 某些作者也称 $e_{(i)}$ 为**剔除残差**.

直觉上，计算 PRESS 残差似乎需要拟合 n 个不同的回归. 但是，通过对所有 n 个观测值进行简单最小二乘拟合得到的结果来计算 PRESS 残差是可能的. 附录 C.7 证明了这是如何实现的. 已经证明，第 i 个 PRESS 残差为

$$e_{(i)}=\frac{e_i}{1-h_{ii}}\qquad (i=1,2,\cdots,n)\tag{4.11}$$

由方程(4.11)容易看到，PRESS 残差就是由帽子矩阵对角线元素 h_{ii} 加权而得的普通残差.

h_{ii} 较大点的残差有较大的 PRESS 残差，这些点通常将是**强影响**点. 一般而言，普通残差与 PRESS 残差之间有较大差值，表明在该点处模型良好拟合了数据，但是不使用该点所构建
134 的模型，对其进行的**预测**是不良的. 第 6 章会讨论若干其他强影响点观测值的度量.

最后，第 i 个 PRESS 残差的方差为

$$\mathrm{Var}[e_{(i)}]=\mathrm{Var}\left[\frac{e_i}{1-h_{ii}}\right]=\frac{1}{(1-h_{ii})^2}[\sigma^2(1-h_{ii})]=\frac{\sigma^2}{1-h_{ii}}$$

所以**标准化** PRESS 残差为

$$\frac{e_{(i)}}{\sqrt{\mathrm{Var}[e_{(i)}]}}=\frac{e_i/(1-h_{ii})}{\sqrt{\sigma_i^2(1-h_{ii})}}=\frac{e_i}{\sqrt{\sigma^2(1-h_{ii})}}$$

当使用 $MS_{残}$ 估计 σ^2 时，这恰是前文所讨论的**学生化残差**.

R-学生残差　上文讨论的学生化残差 r_i 通常将其考虑为诊断离群点的方法. 习惯上在计算 r_i 时，使用 $MS_{残}$ 作为 σ^2 的估计值. 因为 $MS_{残}$ 是通过拟合所有 n 个观测值的模型所得到的 σ^2 的内部生成的估计值，所以称其为残差的**内部尺度**. 另一种方法是使用基于移除第 i 个观测值后的数据集的 σ^2 的估计值. 将这样得到的 σ^2 的估计值记为 $S_{(i)}^2$. 可以证明(见附录 C. 8)

$$S_{(i)}^2=\frac{(n-p)MS_{残}-e_i^2/(1-h_{ii})}{n-p-1} \tag{4.12}$$

使用方程(4. 12)中 σ^2 的估计量代替了 $MS_{残}$，产生的外部学生化残差，通常称之为 ***R*-学生残差**，通常由下式给出：

$$t_i=\frac{e_i}{\sqrt{S_{(i)}^2(1-h_{ii})}}\qquad (i=1,\ 2,\ \cdots,\ n) \tag{4.13}$$

在许多情况下，t_i 与学生化残差 r_i 没有多少区别. 但是，如果第 i 个观测值是强影响点，那么 $S_{(i)}^2$ 可能显著不同于 $MS_{残}$，而因此该点的 *R*-学生残差统计量将更加敏感.

已经证明，在常规回归假设下，t_i 将服从 t_{n-p-1} 分布. 附录 C. 9 建立了基于 *R*-学生残差的探测离群点的正规假设检验程序. 可以使用邦费罗尼型方法并将所有 n 个值的 $|t_i|$ 与 $t_{(\alpha/2n),n-p-i}$ 进行对比，作为探测离群点的指导. 但我们的观点是：正规方法通常是没有必要的，相对而言只需考虑大概的截点值. 一般而言，与严格的统计假设检验角度相对立的诊断角度是最好的. 进一步来说，正如在第 6 章讨论的，离群点的探测通常需要同时考虑强影响观测值的探测.

例 4.1　送货时间数据　表 4-1 使用例 3. 1 中研究的软饮料送货时间数据的模型来展示本节所讨论的尺度化残差. 考察表 4-1 的第 1 列(普通残差，最初在表 3-3 中计算)，注意有一个残差，$e_9=7.4197$，猜测其似乎偏大. 第 2 列展示了标准化残差为 $d_9=e_9/\sqrt{MS_{残}}=7.4197/\sqrt{10.6239}=2.2763$. 所有其他标准化残差都在 ± 2 的限制内部. 表 4-1 的第 3 列展示了学生化残差. 9 号点处的学生化残差为 $r_9=e_9/\sqrt{MS_{残}(1-h_{9,9})}=7.4197/\sqrt{10.6239(1-0.49829)}=3.2138$，比标准化残差大很多. 正如例 3. 13 所指出的，9 号点有最大的 x_1 值(30 箱)与 x_2 值(1460 英尺). 在尺度化 9 号点的残差时，如果考虑这个位置偏远的点，得出的结论是模型在这一点的拟合不佳. 帽子矩阵的对角线元素在第 4 列展示，其在计算尺度化残差时广泛使用. 135

表 4-1 的第 5 列包含了 PRESS 残差. 9 号点和 22 号点的 PRESS 残差在很大程度上比其所对应的普通残差更大，这表明在这两个点处的模型拟合可能是很合理的，但不能提供新数据的良好预测. 正如在例 3. 13 中所观察到的，这两个点远离了样本的其他部分. 第 6 列展示了 R-学生残差. 仅有一个值 t_9，异常的大. 注意 t_9 比其对应的学生化残差 r_9 更大，这表明当不使用 9 号试验时，$S_{(9)}^2$ 比 $MS_{残}$ 更小，所以显然 9 号试验是有强影响的. 注意由方程(4. 12)计算的 $S_{(9)}^2$ 如下：

$$S_{(9)}^2=\frac{(n-p)MS_{残}-e_9^2/(1-h_{9,9})}{n-p-1}=\frac{(22)(10.6239)-(7.4197)^2/(1-0.49829)}{21}=5.9046$$

表 4-1 例 4.1 的尺度化残差

观测值	$e_i=y_i-\hat{y}_i$	$d_i=e_i/\sqrt{MS_{残}}$	$r_i=e_i/\sqrt{MS_{残}(1-h_{ii})}$	h_{ii}	$e_{(i)}=e_i/(1-h_{ii})$	$t_i=e_i/\sqrt{S_{(i)}^2(1-h_{ii})}$	$[e_i/(1-h_{ii})]^2$
Number, i	(1)	(2)	(3)	(4)	(5)	(6)	(7)
1	−5.0281	−1.5426	−1.6277	0.101 80	−5.5980	−1.6956	31.3373
2	1.1464	0.3517	0.349	0.070 70	1.2336	0.3575	1.5218
3	−0.0498	−0.0153	−0.0161	0.098 74	−0.0557	−0.0157	0.0031
4	4.9244	1.5108	1.5798	0.058 38	5.2297	1.6392	27.3499
5	−0.4444	−0.1363	−0.1418	0.075 01	−0.4804	−0.1386	0.2308
6	−0.2896	−0.0888	−0.0908	0.042 87	−0.3025	−0.0887	0.0915
7	0.8446	0.2501	0.2704	0.081 80	0.9198	0.2646	0.8461
8	1.1566	0.3548	0.3667	0.063 73	1.2353	0.3594	1.5260
9	7.4197	2.2763	3.2138	0.498 29	14.7888	4.3108	218.7093
10	2.3764	0.7291	0.8133	0.196 30	2.9568	0.8068	8.728
11	2.2375	0.6865	0.7181	0.086 13	2.4484	0.7099	5.9946
12	−0.5930	−0.1819	−0.1932	0.113 66	−0.6690	−0.1890	0.4476
13	1.0270	0.3151	0.3252	0.061 13	1.0938	0.3185	1.1965
14	1.0675	0.3275	0.3411	0.078 24	1.1581	0.3342	1.3412
15	0.6712	0.2059	0.2103	0.041 11	0.7000	0.2057	0.4900
16	−0.6629	−0.2034	−0.2227	0.165 94	−0.7948	−0.2178	0.6317
17	0.4364	0.1339	0.1381	0.059 43	0.4640	0.1349	0.2153
18	3.4486	1.0580	1.1130	0.096 26	3.8159	1.1193	14.5612
19	1.7932	0.5502	0.5787	0.096 45	1.9846	0.5698	3.9387
20	−5.7880	−1.7758	−1.8736	0.101 69	−6.4432	−1.9967	41.5150
21	−2.6142	−0.8020	−0.8779	0.165 28	−3.1318	−0.8731	9.8084
22	−3.6865	−1.1310	−1.4500	0.391 58	−6.0591	−1.4896	36.7131
23	−4.6076	−1.4136	−1.4437	0.041 26	−4.8059	−1.4825	23.0966
24	−4.5728	−1.4029	−1.4961	0.120 61	−5.2000	−1.5422	27.0397
25	−0.2126	−0.0652	−0.0675	0.066 64	−0.2278	−0.0660	0.0519
							PRESS=457.4000

4.2.3 残差图

正如前文所提到的，残差的图形分析是研究回归模型拟合适用性与检验基本假设的非常有效的方法．本节介绍并解释基本残差图．残差图一般情况下通过回归计算机软件包生成．应当在所有回归建模问题中例行考虑残差图．因为外部学生化残差有常数方差，所以通常做出外部学生化残差图．

正态概率图　稍微违反正态性假设不会严重影响模型，但是由于 t 统计量或 F 统计量以及置信区间与预测区间依赖于正态性假设，所以总体上的非正态性可能是更加严重的．进一步来说，如果误差来自厚尾分布即重尾分布而不是正态分布，那么最小二乘拟合可能对数据的小型子集是敏感的．厚尾的误差分布通常会产生离群点，而离群点将最小二乘拟合过度地“拉”向离群点自身的方向．在这种情况下应当考虑其他估计方法(比如 15.1 节的稳健回归方法)． 136~137

检验正态性假设的一个非常简单的方法是构造残差的正态概率图．正态概率图的设计使得所画出的累积正态分布是一条直线．令 $t_{[1]}<t_{[2]}<\cdots<t_{[n]}$ 为按升序排列的外部学生化残差．在正态概率图上，如果画出了 $t_{[i]}$ 与累积概率 $P_i=(i-1/2)/n(i=1,2,\cdots,n)$，那么所得到的点应当近似位于一条直线上．这条直线通常通过视觉观察确定，强调中心值而不是极端值．点严重偏离直线表明误差的分布不是正态的．正态概率图的构造有时是通过画出已排序残差 $t_{[i]}$ 与“期望正态值” $\Phi^{-1}[(i-1/2)/n]$，式中 Φ 表示标准正态累积分布，由 $E(t_{[i]})\simeq\Phi^{-1}[(i-1/2)/n]$ 这一事实得出．

图 4-3a 展示了“理想的”正态概率图．注意点是近似沿着一条直线分布的．图 b—图 e 展示了其他典型问题．图 b 展示了在两个极端值处向上及向下的曲线形状，表明这一分布的尾部太轻以至于不能将其考虑为正态分布．相反，图 c 展示了在极端值处为水平排布，样本模式的类型来自重尾分布而不是正态分布．图 d 与图 e 分别展示了正的偏斜与负的偏斜两种模式．㊀

因为采自正态分布的样本并不会精确地画在一条直线上，所以解释正态概率图需要一些经验．Daniel 和 Wood(1980)展示了样本量为 8—384 的正态概率图．研究这些正态概率 138
图有助于得到偏离直线多少是可接受的感觉．小样本量($n\leqslant16$)产生的正态概率图通常会在很大程度上偏离线性．对大样本($n\geqslant32$)而言点的行为要好得多．通常有大约 20 个点产生的正态概率图，就足够稳定而易于解释．

Andrews(1979)与 Gnanadesikan(1977)提到即使误差 ε_i 不是正态分布，正态概率图通常也并不展示出异常的行为．这一情况的出现是因为残差不是一个简单随机样本，而是参数估计过程的剩余部分．残差事实上是模型误差(ε_i)的线性组合．因此，参数拟合易于破坏残差的非正态性，而因此不能总是依靠正态概率图来探测是否违背了正态性．

正态概率图所显露出的一个常见缺点是会出现一个或两个较大的残差．这有时表明其对应的观测值是离群点．对离群点的其他讨论见 4.4 节．

㊀ 这些解释都假设已排列的残差是在横轴上做出的．如果像某些计算机系统那样在纵轴上做残差图，那么将反转这些解释．

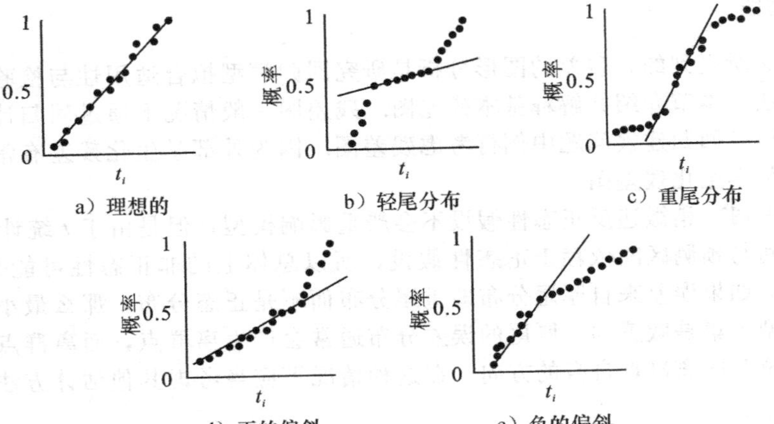

图 4-3 正态概率图

例 4.2 送货时间数据 图 4-4 展示了例 3.1 中送货时间数据回归模型外部学生化残差的正态概率图. 这一残差如表 4-1 的第 1 列与第 2 列所示.

残差并不精确沿着一条直线排列，表明正态性假设可能存在某些问题，或者数据中可能存在一个或更多离群点. 由例 4.1 得知 9 号观测值的学生化残差偏大($r_9=3.2138$)，R-学生残差($t_9=4.3108$)也有些大. 但是，这没有表明送货时间数据存在严重问题.

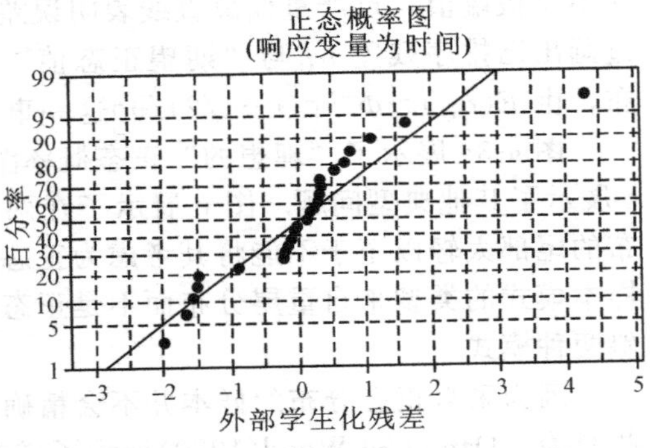

图 4-4 送货时间数据外部学生化残差的正态概率图

残差与拟合值$\hat{y}_i$的残差图 残差(是外部学生化残差更好)与对应拟合值$\hat{y}_i$的残差图对探测几种类型模型不适用性很有用.[⊖]如果残差图类似于图 4-5a，它表明残差包含在一条水平带中，那么模型不存在明显的缺点. t_i 与$\hat{y}_i$的残差图类似于图 b～图 d 中的任何模式都是模型存在缺点的表现.

图 b 与图 c 中的误差的方差不是常数. 图 b 的外开漏斗模式意味着方差是 y 的增函数(内开漏斗也是可能到，它表明 Var(ε)随着 y 的减少而增加). 图 c 的双弓模式通常出现在 y 是零与 1 之间时. 靠近 0.5 时二项比例的方差比靠近零或靠近 1 时的大. 处理方差不相等通用的方法是对回归变量或响应变量二者之一使用合适的变换(见 5.2 节与 5.3 节)，或是使用加权最小二乘法(见 5.5 节). 在实践中，通常利用对响应变量进行变换来得到稳定的方差.

⊖ 因为 e_i 与$\hat{y}_i$是不相关的，而 e_i 与 y_i 通常是相关的，所以残差应与拟合值$\hat{y}_i$，而不是观测值 y_i 作图. 这句话将在附录 C.10 中得到证明.

诸如图 d 中的曲线点表明存在非线性. 这可能意味着模型需要其他回归变量. 举例来说，平方项可能是必要的. 对回归变量与响应变量之一或两者的变换在这种情形中可能也是有帮助的. 139

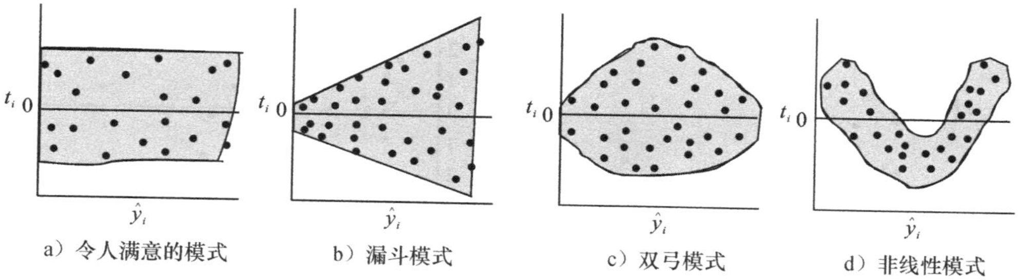

图 4-5　残差图的模式

残差与$\hat{y}_i$的点图可能会解释一个或更多异常大的残差. 这些点当然可能是离群点. 出现在极端$\hat{y}_i$处的较大残差也可能表明要么方差不是常数，要么 y 与 x 之间的真实关系不是线性的. 再考虑该点为离群点之前，应当先研究这几种可能的情况. 140

例 4.3　送货时间数据　图 4-6 展示了外部学生化残差与送货时间拟合值的残差图. 虽然较大的残差 t_9 清楚地显露了出来，但是这张残差图并没有展示出任何强烈的异常模式. 模型似乎确实轻微存在预测较短送货时间时低估结果，预测较长送货时间时高估结果的趋势.

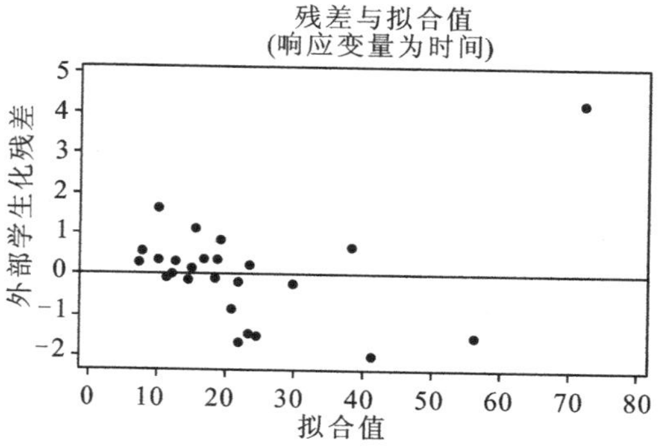

图 4-6　送货时间数据外部学生化残差与预测值的点图

残差与回归变量的残差图　作出残差与每个对应回归变量值的残差图也是有益的. 这种残差图通常展示了诸如图 4-5 的那些模式，除了水平尺度为第 j 个回归变量 x_{ij} 而不是$\hat{y}_i$. 这里也是希望得到残差是包含在水平带中的印象. 图 b 中的漏斗模式与图 c 中的双弓模式都表明了方差非常数. 图 d 中的曲线带即非线性模式一般情况下意味着所假设的 y 与回归变量 x_j 之间的关系是不正确的. 因此，应当考虑要么添加 x_j 的高阶项(比如 x_j^2)，要么进行变换.

在简单线性回归变量的情形中，作出残差与$\hat{y}_i$、残差与回归变量的两张残差图是没有必要的. 其原因在于拟合值$\hat{y}_i$是回归变量 x_i 的线性组合，所以这两张图的不同仅是横坐标的尺度.

例 4.4　送货时间数据　图 4-7 展示了例 3.1 中送货时间问题的学生化残差与两个回归变量的残差图. 图 a 对残差与箱数作图，而图 b 对残差与距离作图. 这两张图都没有揭示存在回归变量的错误设定(意味着需要要么对回归变量进行变换，要么在箱数与距离之一或两者中增加高阶项)或方差不相等这两个问题的任何明显迹象. 141

作出残差与现在不在模型中，但可能应当包括进模型中的回归变量的残差图也是有用的. 残差与所忽略回归变量的残差图中的任何结构都表明将这一回归变量包含进去可能会改善模型.

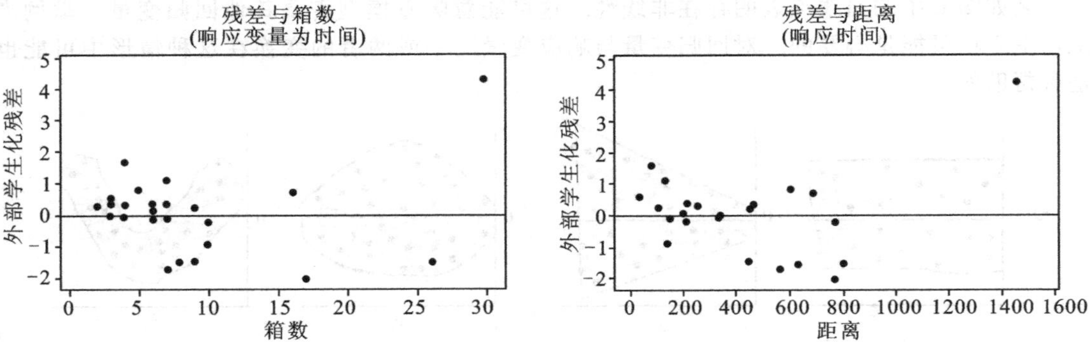

a）残差与箱数　　b）残差与距离

图 4-7　送货时间数据外部学生化残差与回归变量的残差图

做出残差与回归变量的残差图并不总是揭示模型中的这一回归变量是否需要曲线化其影响(即进行变换)的最有效的方式. 4.2.4 节描述了其他两种散点图，其对于研究响应变

142 量与回归变量之间的关系是更为有效的.

时间序列中的残差图　如果已知所收集的数据为时间序列，那么做出残差与时间顺序的残差图是个好主意. 理想情况下，这一残差图将类似于图 4-5a，也就是说，一个水平带囊括了所有残差，而残差将在这一水平带中或多或少地以随机方式波动. 但是，如果这张图类似于图 4-5b～图 4-5d，那么这可能表明方差随着时间变化，即应当向模型中添加时间的线性项或二次项.

残差的时间序列图可能会表明某一段时段上的误差与其他时段上的误差相关. 不同时段上模型误差的相关性称为**自相关**. 诸如图 4-8a 的残差图表明存在正的自相关，而图 4-8b 是负自相关的典型. 自相关的出现可能会严重违背基本回归假设. 更多探测自相关与补救方法的讨论放在第 14 章进行.

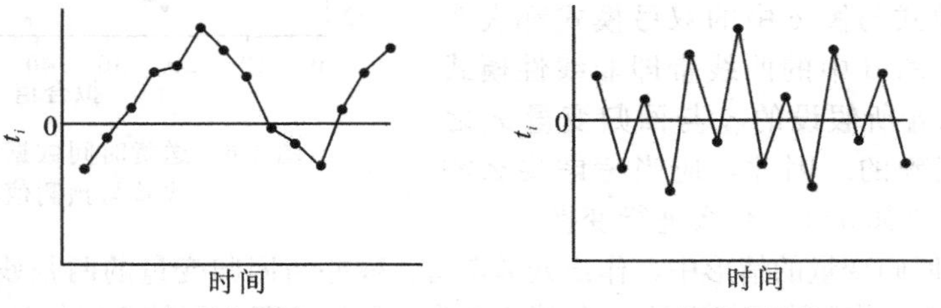

a）正自相关　　b）负自相关

图 4-8　与时间的原型残差图，展示了误差的自相关

4.2.4　偏回归图与偏残差图

在 4.2.3 节提到残差与回归变量的残差图在决定模型是否需要曲线化回归变量的影响中是有用的. 这种图的限制是，给定模型中的其他变量时，它可能不能完全展示出回归变量正确而完整的边际效应. **偏回归图**是残差与预测值的残差图的变体，是加强对给定模型中其他回归变量时回归变量边界关系研究的一种方式. 偏回归图在评估所设定的响应变量与回归变

量之间关系是否正确上可以是非常有用的．有时将偏残差图称为**添加变量图**或**调整变量图**．偏回归图也可以用来提供关于当前不在模型中的回归变量的边界是否有用的信息．

偏回归图考虑给定已经在模型中的其他回归变量时，回归变量 x_j 的边际作用．偏回归图对响应变量 y 和回归变量 x_j 两个变量与模型中其他回归变量和通过回归得到的每个残差作回归．这种残差之间相互作出的图形提供了关于所考虑回归变量 x_j 边际关系的信息． 143

为了解释以上内容，假设考虑有两个回归变量的一阶多元回归模型，即 $y=\beta_0+\beta_1x_1+\beta_2x_2+\varepsilon$．现在关心回归变量 x_1 的边界关系的性质，也就是说是否正确设定了 y 与 x_1 之间的关系．首先对 y 作关于 x_2 的回归并得到拟合值与残差：

$$\hat{y}_i(x_2)=\bar{\theta}_0+\bar{\theta}_1x_{i2}$$

$$e_i(y|x_2)=y_i-\hat{y}_i(x_2)\qquad(i=1,\ 2,\ \cdots,\ n)\tag{4.14}$$

现在对 x_1 作关于 x_2 的回归并计算残差：

$$\hat{x}_{i1}(x_2)=\hat{\alpha}_0+\hat{\alpha}_1x_{i2}$$

$$e_i(x_1|x_2)=x_{i1}-\hat{x}_{i1}(x_2)\qquad(i=1,\ 2,\ \cdots,\ n)\tag{4.15}$$

回归变量 x_1 的偏回归图通过作出 y 的残差 $e_i(y|x_2)$ 与 x_1 的残差 $e_i(x_1|x_2)$ 的残差图而得．如果回归变量线性地进入模型，那么偏回归图应当展示出线性关系，也就是说，偏残差将沿着一条非零斜率的直线落下．这条直线的斜率将是多元线性回归模型中 x_1 的回归系数．如果偏回归图展示出了曲线带，那么添加 x_1 的高阶项或进行变换(比如用 $1/x_1$ 代替 x_1)可能是有帮助的．当将 x_1 考虑为包括进模型中的**候选**变量时，有水平带的偏回归图表明 x_1 在探测 y 时不提供其他有用的信息．

例 4.5 **送货时间数据**　图 4-9 展示了送货时间数据的偏回归图，x_1 的偏回归图如图 4-9a 所示，而 x_2 的偏回归图如图 4-9b 所示．虽然 9 号观测值再次在某种程度上落在了数据其他部分所明显良好描述的直线之外，但是箱数与距离两者的线性关系在这两张图中显而易见．这也表明 9 号点需要作进一步的研究．

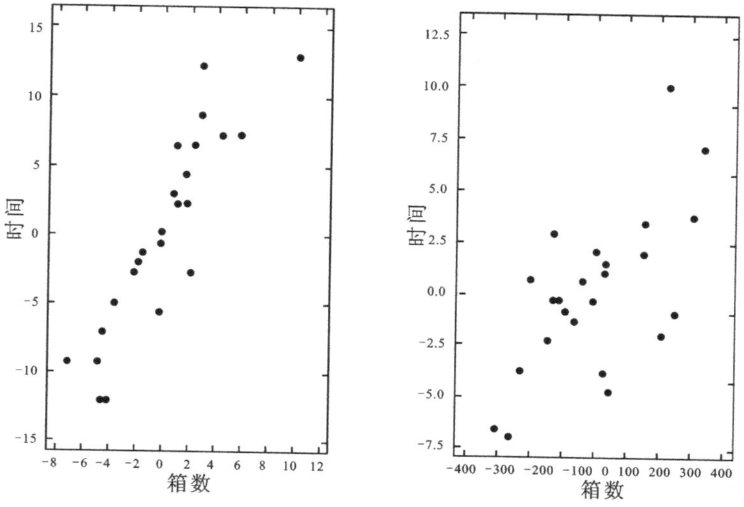

a)　　b)

图 4-9　送货时间数据的偏回归图

关于偏回归图的若干注释

1）需要小心使用偏回归图，这是因为偏回归图只是提出回归变量与响应变量之间**可能**存在关系．当模型中的若干个回归变量设定错误时，偏回归图可能不会给出关于这一关系恰当形式的信息．

144 2）一般情况下偏回归图不会探测出回归变量之间的交互作用影响．

3）强烈多重共线性（参考 3.9 节与第 9 章）的出现可能引起偏回归图给出关于相应变量与回归变量之间关系的错误信息．

4）给出偏回归图概念的一般性研究是相当简单的，偏回归图清楚地展示了为什么该图的斜率应该是所感兴趣的回归变量，比如 x_j 的回归系数．

偏回归图这种残差图，是来自关于除了已剔除的 x_j 之外与所有其他回归变量线性相关的 y，与关于已移除的其他回归变量线性相关的回归变量 x_j 的残差图．在矩阵形式中可以分别将这两个量写为 $\boldsymbol{e}[y|\boldsymbol{X}_{(j)}]$ 与 $\boldsymbol{e}[x_j|\boldsymbol{X}_{(j)}]$，式中 $\boldsymbol{X}_{(j)}$ 为将原 $\boldsymbol{X}$ 矩阵移除第 j 个回归变量 (x_j) 后的矩阵．为了证明这两个量是如何定义的，考虑模型

$$\boldsymbol{y}=\boldsymbol{X\beta}+\boldsymbol{\varepsilon}=\boldsymbol{X}_{(j)}\boldsymbol{\beta}+\beta_j\boldsymbol{x}_j+\boldsymbol{\varepsilon} \tag{4.16}$$

将方程(4.16)左乘 $\boldsymbol{I}-\boldsymbol{H}_{(j)}$ 给出

$$(\boldsymbol{I}-\boldsymbol{H}_{(j)})\boldsymbol{y}=(\boldsymbol{I}-\boldsymbol{H}_{(j)})\boldsymbol{X}_{(j)}\boldsymbol{\beta}+\beta_j(\boldsymbol{I}-\boldsymbol{H}_{(j)})\boldsymbol{x}_j+(\boldsymbol{I}-\boldsymbol{H}_{(j)})\boldsymbol{\varepsilon}$$

注意 $(\boldsymbol{I}-\boldsymbol{H}_{(j)})\boldsymbol{X}_{(j)}=0$，所以

145 $$(\boldsymbol{I}-\boldsymbol{H}_{(j)})\boldsymbol{y}=\beta_j(\boldsymbol{I}-\boldsymbol{H}_{(j)})\boldsymbol{x}_j+(\boldsymbol{I}-\boldsymbol{H}_{(j)})\boldsymbol{\varepsilon}$$

即

$$\boldsymbol{e}[\boldsymbol{y}|\boldsymbol{X}_{(j)}]=\beta_j\boldsymbol{e}[\boldsymbol{x}_j|\boldsymbol{X}_{(j)}]+\boldsymbol{\varepsilon}^*$$

式中：$\boldsymbol{\varepsilon}^*=(\boldsymbol{I}-\boldsymbol{H}_{(j)})\boldsymbol{\varepsilon}$．这意味着偏回归图应当有为 β_j 的斜率．因此，如果 x_j 以线性形式进入回归，那么偏回归图应当展示出过原点的线性关系．许多计算机程序（比如 SAS 与 Minitab）都会生成偏回归图．

偏残差图　与偏回归图紧密联系的一种残差图是偏残差图．偏残差图的设计也展示了响应变量与回归变量之间的关系．假设模型包含回归变量 x_1，x_2，…，x_k．回归变量 x_j 的**偏残差**定义为

$$e_i^*(y|x_j)=e_i+\hat{\beta}_j x_{ij} \qquad (i=1,\ 2,\ \cdots,\ n)$$

式中：e_i 为包括所有 k 个回归变量的模型的残差．当做出偏残差与 x_{ij} 的图形时，所得到偏残差图的斜率为模型中 x_j 的回归系数 $\hat{\beta}_j$．对偏残差图的解释非常类似与偏回归图．更多的细节与例子见 Larsen 和 McCeary(1972)、Daniel 和 Wood(1980)、Wood(1973)、Mallows (1986)、Mansfield 和 Conerly(1987)以及 Cook(1993)．

4.2.5 使用 Minitab、SAS 与 R 做残差分析

使用 Minitab 生成残差图是容易的．选择“graphs”，打开后选择“deleted”选项得到学生化残差，然后选择你想要的残差．

表 4-2 给出了 SAS 9 对送货时间做残差分析的 SAS 源代码．partial 选项提供偏回归图．关于 SAS 的一个常见抱怨是大多数由 SAS 程序所生成残差图的质量，其生成的偏回归图是一个很好的例子．但是版本 9 升级了某些更为重要的 PROCREG 图形．第一条作图

语句生成学生化残差与预测值的残差图，学生化残差与回归变量的残差图，以及时间点的学生化残差图(假设所给出数据的顺序就是实际的时间顺序).

正如已经提到的，多年来 SAS 改善了其生成的基本图形. 表 4-3 给出了由 SAS 的早期版本所产生“好看”残差图的恰当源代码. 当讨论来自仍不能生成好看图形的 SAS 程序时该代码是重要的. 该代码基本上使用 OUTPUT 来创造包括一个新数据集，其中包括所有上文的送货信息，并加上预测值与学生化残差. 然后是用 SAS 的 SAS-GRAPH 特性来生成残差图. 该代码使用 PRO CCAPABILITY 生成正态概率图. 不幸的是，默认的 PRO CCAPABILITY 会在输出文件中产生大量无用的信息. 146

表 4-2 送货时间数据残差分析的 SAS 代码

```
date delivery;
input time cases distance;
cards;
16.68    7   560
11.50    3   220
12.03    3   340
14.88    4   80
13.75    6   150
18.11    7   330
 8.00    2   110
17.83    7   210
79.24    30   1460
21.50    5   605
40.33    16   688
21.00    10   215
13.50    4   255
19.75    6   462
24.00    9   448
29.00    10   776
15.35    6   200
19.00    7   132
 9.50    3   36
35.10    17   770
17.90    10   140
52.32    26   810
18.75    9   450
19.83    8   635
10.75    4   150
proc reg;
 model time= cases distance/partial;
 plot rstudent.*(predicted. cases distance obs.);
 plot npp.*rstudent.;
run;
```

表 4-3 送货时间数据残差分析的旧 SAS 代码

```
date delivery;
input time cases distance;
cards;
16.68    7   560
11.50    3   220
12.03    3   340
14.88    4   80
13.75    6   150
18.11    7   330
 8.00    2   110
17.83    7   210
79.24    30   1460
21.50    5   605
40.33    16   688
21.00    10   215
13.50    4   255
19.75    6   462
24.00    9   448
29.00    10   776
15.35    6   200
19.00    7   132
 9.50    3   36
35.10    17   770
17.90    10   140
52.32    26   810
18.75    9   450
19.83    8   635
10.75    4   150
proc reg;
 model time = cases distance/partial;
 output out = delivery2 p = ptime rstudent = t;
run;
data delivery3;
 set delivery2;
 index = _n_;
proc gplot data = delivery3;
 plot t*ptime t*cases t*distance t*index;
run;
proc capability data = delivery3;
 var t;
 qqplot t;
run;
```

下面说明如何使用 R 创造恰当的残差图．再次考虑送货数据．第一步是创造使用空格定界的文件并命名为 delivery. txt．列的名称应为 time、cases 与 distance．

做基本分析与创造基于外部学生化残差的恰当残差图的 R 代码为

```
deliver <- read.table("delivery.txt",header= TRUE, sep= " ")
deliver.model <- lm(time~ cases+ distance,data= deliver)
summary(deliver.model)
yhat <- deliver.model$fit)
t <- rstudent(deliver.model)
qqnorm(t)
```

147～148

```
plot(yhat,t)
plot(deliver$x1,t)
plot(deliver$x2,t)
```

一般而言，在 R 中作图需要大量工作来使图形达到合适的质量．命令

```
deliver2 <- cbind(deliver,yhat,t)
write.table(deliver2,"delivery_output.txt")
```

创造文件“delivery_txt”，然后用户能导入其最喜欢的包来做图．

4.2.6 残差的其他作图与分析方法

除了 4.2.3 节与 4.2.4 节讨论的基本残差图之外，还有几种其他残差图会偶尔用到．举例来说，构造回归变量 x_i 与回归变量 x_j 的散点图可能是非常有用的．该图可能在研究回归变量之间的关系以及处理 x 空间中的数据时有用．考虑图 4-10 中 x_i 与 x_j 的散点图．该图表明 x_i 与 x_j 为高度正相关．因此，同时在模型中包括这两个回归变量可能不是必要的．如果两个或更多回归变量高度相关，那么数据可能会出现多重共线性．正如第 3 章(3.10 节)所观察到的，多重共线性可以严重干扰最小二乘拟合，在某些情况下致使回归模型几乎是无用的．x_i 与 x_j 的散点图在探索远离数据的其他部分，可能影响模型关键性质的点时也可能有用．Anscombe (1973)展示了几种其他类型的回归变量之间的点图．Cook 和 Weisberg(1994)对回归图形给出了一种非常现代的处理，其中包括许多本书未曾考虑的高级方法．

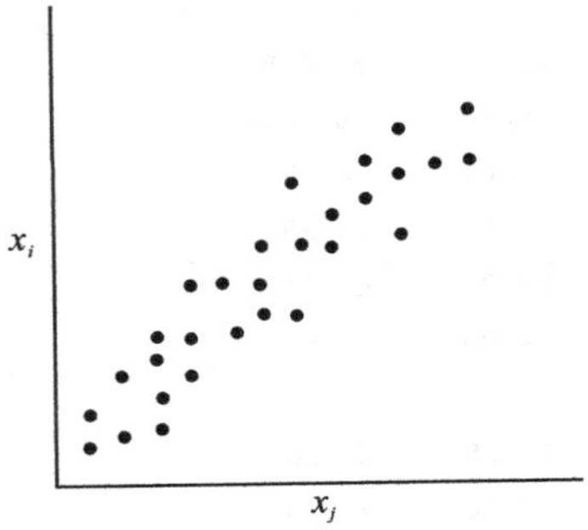

图 4-10 x_i 与 x_j 的散点图

图 4-11 为例 3.1(表 3.2)中送货时间数据 x_1(箱数)与 x_2(距离)的散点图．对比图 4-11 与图 4-10，看到箱数与距离是正相关的．事实上，x_1 与 x_2 之间的简单相关系数为 $r_{12}=0.82$．虽然高度相关的随机变量可能引起回归中的大量严重问题，但是在本例中并没有强
149 烈表明发生了任何问题．该散点图清楚揭示了 9 号观测值就箱数与距离而言($x_1=30$，$x_2=1460$)都是异常的．事实上，该观测值相当远离数据其他部分的 x 空间．22 号观测值($x_1=26$，$x_2=810$)也十分远离数据的其他部分．远离 x 空间的点可能会控制回归模型的某些性质．第 6 章讨论研究这些点的其他正规方法．

问题的具体情况通常意味着需要其他类型的残差图．举例来说，考虑例 3.1 的送货时

间数据. 表 3.2 中的 25 个观测值是在四个不同城市的卡车路线中收集的. 1～7 号观测值在圣迭戈(SD)收集，8～17 号观测值在波士顿(B)收集，18～23 号观测值在奥斯汀(A)收集，而 24～25 号观测值在明尼阿波利斯(M)收集. 可以猜测由于设备类型的差异，员工训练水平与经验水平的差异，或由管理战略影响的动机因子的差异，这些因素可能产生在当前方程中所不包括的“地点”的影响. 为了研究这一点，图 4-12 按地点作出了残差图. 由该图看到每个地点正负残差的分布是不平衡的. 特别是模型存在过高预测奥斯汀的送货时间而过低预测波士顿的送货时间的明显趋势. 这一现象的发生是因为存在上文提到的与地点有关的因素，即因为模型忽略了一个或多个重要的回归变量.

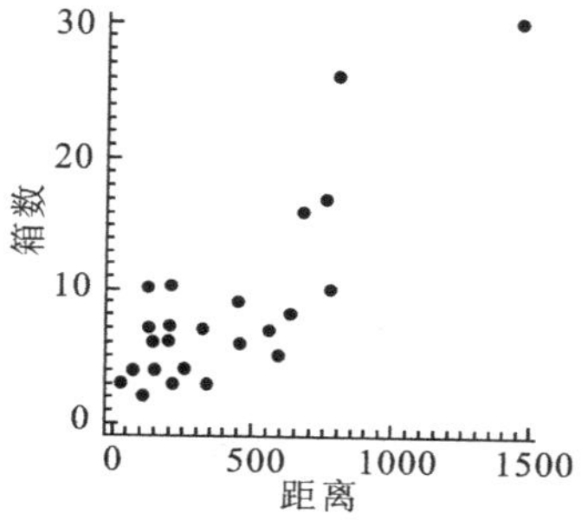

图 4-11　表 3-2 中送货时间数据回归变量 x_1(箱数)与回归变量 x_2(距离)的散点图

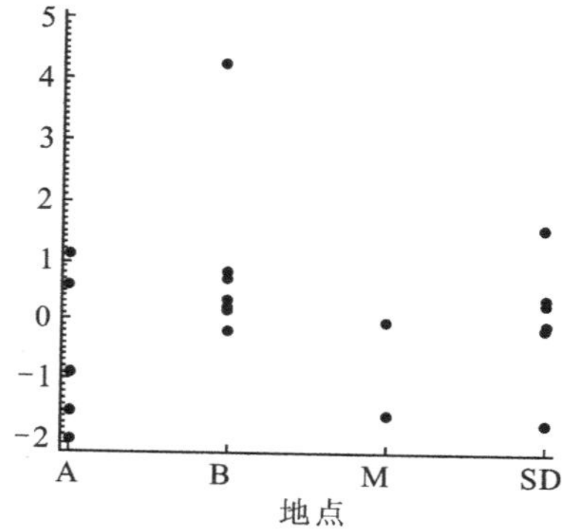

图 4-12　表 3-2 中送货时间数据按地点做出的外部学生化残差图

残差的统计检验　可以对残差使用统计检验来得到上文已讨论的某些模型不适用性的定量度量. 举例来说，见 Anscombe(1961，1976)、Anscombe 和 Tukey(1963)、Andrews(1971)、Looney 和 Gulledge(1985)、Levine(1960)，以及 Cook 和 Weisberg(1983). Draper 和 Smith(1998)与 Neter、Kunter、Nachtsheim 和 Wasserman(1996)讨论了残差的几种正规统计检验程序. 150

以我们的经验，回归模型残差的统计检验并非是广泛使用的. 在许多实际情况下，残差图提供的信息比其对应检验处理所提供的信息更多. 但是，由于确实需要解释残差图的技能与经验，所以统计检验可能偶尔也是有用的. 一个结合图形使用统计检验的好的例子见 Feder(1974).

4.3 PRESS 统计量

4.2.2 节将 PRESS 残差定义为 $e_{(i)}=y_i-\hat{y}_{(i)}$，式中 $\hat{y}_{(i)}$ 为基于剩余 $n-1$ 个样本点的模型所拟合的第 i 个所观测响应变量的预测值. 注意较大的 PRESS 残差在确定并未良好拟合数据的模型的观测值，或确定可能会提供不良未来预测值的模型的观测值时，可能是有用的.

Allen(1971，1974)建议使用预测误差平方和(即 PRESS 统计量)，其定义为 PRESS 残差点平方和，是对模型质量的一种度量. PRESS 统计量为

$$\text{PRESS}=\sum_{i=1}^{n}[y_i-\hat{y}_{(i)}]^2=\sum_{i=1}^{n}\left[\frac{e_i}{1-h_{ii}}\right]^2 \tag{4.17}$$

一般情况下，将 PRESS 当做回归模型在预测新数据时表现如何的度量．希望得到 PRESS 值较小的模型．

例 4.6 送货时间数据 表 4-1 的第 5 列展示了例 3.1 中送货时间数据 PRESS 残差的计算．表 4-1 的第 7 列包含 PRESS 残差的平方，而 PRESS 统计量在本列的末尾处显示．PRESS=457.4000 这个值大约是该模型残差平方和 $SS_{残}=233.7260$ 的两倍大．注意近乎一半的 PRESS 统计量是由 9 号点贡献的，9 号点是 x 空间中相对较远的点，其残差较大．这表明模型在预测箱数较大距离较大的新观测值时效果可能不会特别好．

基于 PRESS 的预测 R^2 PRESS 统计量可以用于计算类似 R^2 的一个统计量——预测 R^2，即

$$R^2_{预}=1-\frac{\text{PRESS}}{SS_{总}} \tag{4.18}$$

151 该统计量表明了回归模型的若干预测能力．对软饮料送货时间模型求出

$$R^2_{预}=1-\frac{\text{PRESS}}{SS_{总}}=1-\frac{457.4000}{5784.5426}=0.9209$$

因此，可以期望在预测新观测值时这一模型解释了大约 92.09% 的变异性，作为对比由最小二乘拟合解释的原数据的变异性近似为 95.96%．总体而言，模型的预测能力似乎是令人满意的．但是，回忆单个值的 PRESS 残差表明对类似 9 号点的观测值可能不会有良好的预测．

使用 PRESS 比较模型 PRESS 统计量一个非常重要的用途是比较回归模型．一般而言，PRESS 值较小的模型比 PRESS 值较大的模型更好．举例来说，当向已包含 x_1 = 箱数的送货时间数据回归模型中添加 x_2 = 距离时，PRESS 的值由 733.55 减少到了 457.40．这表明两个回归变量的模型比仅包括 x_1 = 箱数的模型可能有更好的预测能力．

4.4 离群点的探测与处理

离群点是极端的观测值，其与数据的主要部分有相当大的不同．某个残差的绝对值比其他残差大得多，比如与均值相差三或四个标准差，就表明这可能是 y 空间的离群点．离群点是不同于数据其他部分类型的数据点．离群点根据其在 x 空间中的位置不同，可以对回归模型有从中等程度到重要程度的影响(如图 2.6～图 2.8)．残差点与 $\hat{y}_i$ 的正态概率图对确定离群点有帮助．考察**尺度化残差**，比如学生化残差与 R-学生残差，是确定可能离群点的优良方式．Barnet 和 Lewis(1994)中有对离群点问题的一种优良而通用的处理，也可见 Myers(1990)中的讨论．

应当仔细研究离群点，看是否能找出其行为异常的原因．离群点有时是“不良”值，出现了异常但可以解释的事件．这样的例子包括错误的度量或分析，不正确的数据记录，测量工具的错误．如果是这些情况，那么应当修正离群点(如果可能)或从数据集中剔除离群点．显然希望舍弃离群点是因为为了使残差平方和最小，最小二乘会将拟合方程拽向离群点．但是，需要强调的是在舍弃离群点之前应当有强有力的非统计证据表明离群点是不良值．

152 有时会发现离群点是异常但又完全可信的观测值．剔除这些点来“改善方程的拟合质量”可能是危险的，这是由于剔除这些点之后模型会向用户产生估计与预测是精确的这种

虚假感觉．偶尔会发现因为离群点可以控制模型的许多关键性质，所以离群点比数据的其他部分更加重要．离群点也可以指出模型的不适用性，比如在 x 空间的特定区域中未能良好拟合．如果离群点是特别想得到的响应变量点(比如低成本高产量点)，那么当观测这一响应变量时回归变量值的知识可能是相当有价值的．离群点的确定与后续分析通常会产生过程的改进或关于以前未知的响应变量的影响因子的新知识．

为了探测出或拒绝一个点是否为离群点，已经有了多种统计检验的建议．举例来说，见 Barnett 和 Lewis(1994)．Stefansky(1971，1972)提出了确定离群点的一种近似检验，它以最大赋范残差 $|e_i|\Big/\sqrt{\sum_{i=1}^{n}e_i^2}$ 为基础，特别易于应用．Cook 和 Prescott(1981)、Daniel(1976)与 Williams(1973)中有这一检验的例子与其他相关参考资料，也可见附录 C.9．显然这些检验在确定离群点时可能有用，但是不应当将使用这些检验解释为这意味着应当自动拒绝这样探索出的点是离群点．正如已经指出的，这些点可能存在包含有价值信息的重要线索．

通过丢弃这些点并重新拟合方程可以容易地检验出离群点对回归模型的影响．可能会发现回归系数或汇总统计量，比如 t 统计量与 F 统计量以及 R^2 的值，以及残差均方可能对离群点非常敏感．这种情形是占相对小百分比对模型有显著影响的那部分数据，这可能对回归方程的使用者而言是不可接受的．一般情况下乐于假设当回归方程对少数值不敏感时回归方程才是有效的．所希望的是回归关系嵌入所有观测值中，而不只是少数数据点的游戏．

例 4.7 **火箭推进剂数据** 图 4-13 展示了例 2.1 中引入的火箭推进剂数据的外部学生化残差的正态概率图，以及外部学生化残差与所预测 $\hat{y}_i$ 的残差图．注意有两个较大的负残差，其位置十分远离其他观测值(表 2.1 中的 5 号观测值与 6 号观测值)．这两个点可能是离群点．这两个点有使正态概率图出现数据偏斜的倾向．注意 5 号观测值出现在相当低的寿命值处(5.5 周)而 6 号观测值出现在相当高的寿命值处(19 周)．因此，这两个点与 x 空间严重分离而出现在 x 的极端值处，同时这两个点可能会影响模型性质的确定．

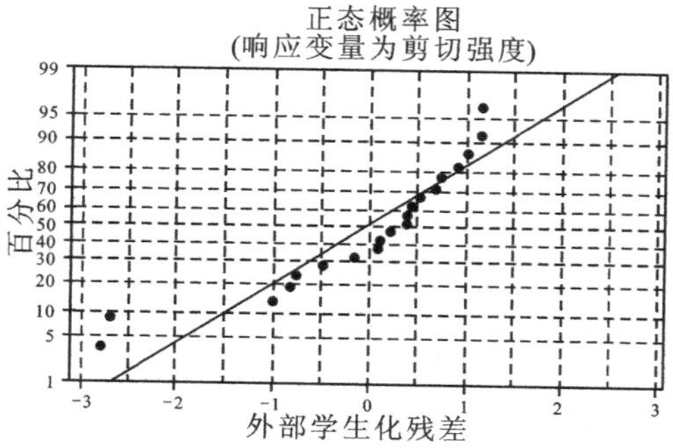

a）正态概率图

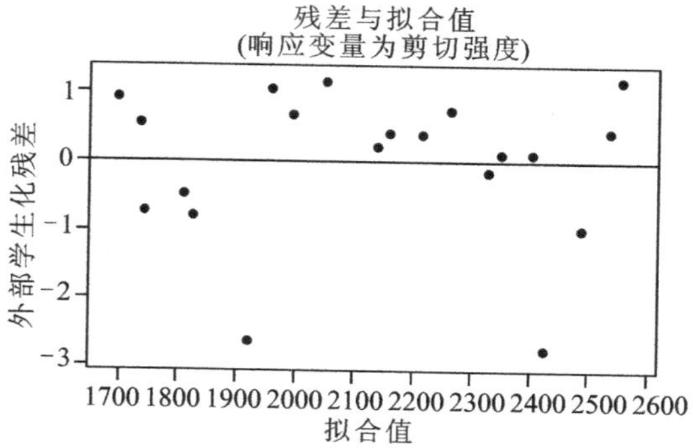

b）残差与所预测 $\hat{y}_i$ 的残差图

图 4-13 火箭推进剂数据的外部学生化残差图

为了研究模型中这两个点的影响，移除 5 号观测值与 6 号观测值后得到了一个新的回归方程．对这两个模型的汇总统计量的对比给出如下．

153

	5 号观测值与 6 号观测值在模型中	5 号观测值与 6 号观测值不在模型中
$\hat{\beta}_0$	2627.82	2658.97
$\hat{\beta}_1$	−37.15	−37.69
R^2	0.9018	0.9578
$MS_{残}$	9244.59	3964.63
$se(\hat{\beta}_1)$	2.89	1.98

剔除 5 号点与 6 号点对回归系数的估计值几乎没有影响．但是，残差平方和有极大地
154 减少，R^2 有中等程度的增加，而$\hat{\beta}_1$的标准差减少了近三分之一．

图 4-14 展示了剔除 5 号点与 6 号点之后模型的外部学生化残差的正态概率图，以及外部学生化残差与$\hat{y}_i$的点图．这两张图表明不存在任何对回归假设的严重违背．

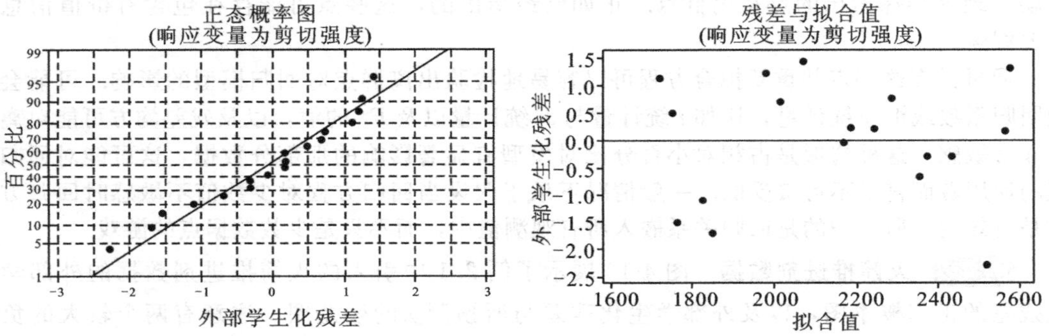

a）正态概率图　　b）残差与所预测$\hat{y}_i$的残差图

图 4-14　移除 5 号观测值与 6 号观测值后火箭推进剂数据的外部学生化残差图

对 5 号点与 6 号点的进一步考察没有揭示出得到这两个异常低的推进剂剪切强度的任何原因．因此，不应当舍弃这两个点．但是，可以感觉到能相当有信心地说包含了这两个
155 点也不会严重限制模型的使用．

4.5　回归模型的失拟

引用乔治・博克斯所说的一句名言："所有的模型都是错误的，但有的模型是有用的."这一论述解释了失拟检验的重要性．在基本英语中，失拟是"一种术语，表示已经拟合了模型，但所选择的这一拟合却不能进行拟合"．举例来说，对仅有的两个不同的点来拟合一条直线．如果有三个不同的点，那么可以拟合出一条抛物线(二阶模型)．如果选择仅拟合一条直线，那么注意一般情况下这条直线不会通过所有这三个点．一般而言假设这种现象的出现是由于存在误差．但另一方面，真实的内在机制可能确实是二次的．在这一过程中，实际上将随机误差称为由于没有拟合足够的项而导致的系统性偏离．在简单线性回归的背景下，如果有 n 个不同的数据点，那么总是可以拟合出一个高达 $n-1$ 阶的多项式．如果所选择的拟合是直线，那么当选择拟合其他高阶项时，就放弃了 $n-2$ 个用来估计误差项的自由度．

4.5.1 失拟的正规检验

对回归模型失拟的正规统计检验，要假设所需要的正态性、独立性与常数方差已满足，仅怀疑其一阶关系即直线关系. 举例来说，考虑图 4-15 中的数据. 存在某些迹象表明直线拟合并不非常令人满意. 也许应该添加一个二次项(x^2)，也许应该添加另一个回归变量. 有一种可以确定是否出现了系统性失拟的检验程序是有帮助的.

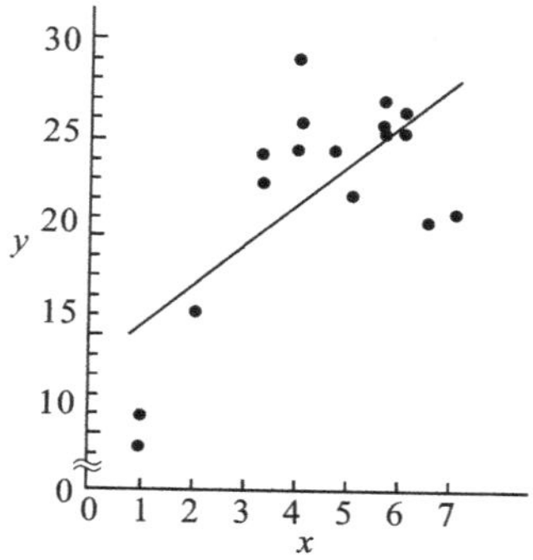

图 4-15　直线模型失拟的数据图示

失拟检验需要对至少一个水平的 x 有响应变量 y 的重复观测值. 需要强调的是重复观测值应当是真实的重复值，而不只是复制 y 的读数或测量结果. 举例来说，假设 y 为产品黏度而 x 为温度. 真实的重复值包括在 $x=x_i$ 处重复 n_i次相互无关的试验并观测黏 156
度，而不只是在 x_i 处进行一次试验然后测量黏度 n_i 次. 后一种程序所得到的读数仅能提供关于测量黏度方法变异性的信息. 误差方差 σ^2 包括测量误差，也包括与在不同试验中达到并获得相同温度水平相关的变异性. 这些重复观测值用于得到 σ^2 的模型无关的估计值.

假设在回归变量 $x_i(i=1, 2, \cdots, m)$的第 i 个水平上有 n_i 个响应变量的观测值. 令 y_{ij}表示 x_i 处响应变量的第 j 个观测值($i=1, 2, \cdots, m$ 且 $j=1, 2, \cdots, n_i$). 一共存在 $n=\sum_{i=1}^{m} n_i$ 个观测值. 该检验程序涉及将残差平方和分割成两个部分，

$$SS_{残}=SS_{纯误}+SS_{失拟}$$

式中：$SS_{纯误}$为由**纯误差**产生的平方和；$SS_{失拟}$为由**失拟**产生的平方和.

为了研究 $SS_{残}$的这一分割，注意第(ij)个残差为

$$y_{ij}-\hat{y}_i=(y_{ij}-\overline{y}_i)+(\overline{y}_i-\hat{y}_i) \tag{4.19}$$

式中：$\overline{y}_i$ 为 x_i 处 n_i 个观测值的平均值. 将方程(4.19)两边平方并对 i 和 j 求和，由于叉积项等于零，所以得到

$$\sum_{i=1}^{m}\sum_{j=1}^{n_i}(y_{ij}-\hat{y}_i)^2=\sum_{i=1}^{n}\sum_{j=1}^{n_i}(y_{ij}-\overline{y}_i)^2+\sum_{i=1}^{m}n_i(\overline{y}_i-\hat{y}_i)^2 \tag{4.20}$$

方程(4.20)的左边是常规残差平方和. 右边的两个部分度量了纯误差与失拟. 看到所得到的纯误差平方和

$$SS_{纯误} = \sum_{i=1}^{m}\sum_{j=1}^{n_i}(y_{ij} - \overline{y}_i)^2 \tag{4.21}$$

要通过计算每个 x 水平处重复观测值的校正平方和，然后对 x 的 m 个水平求和．如果已满足常数方差的假设，那么由于在每个 x 水平上只有 y 的变异性用于计算了 $SS_{纯误}$，所以这是一个**纯误差的模型无关的度量**．由于在每个 x_i 水平上纯误差有 n_i-1 个自由度，所以纯误差平方和的总自由度为

$$\sum_{i=1}^{m}(n_i - 1) = n - m \tag{4.22}$$

157 失拟平方和

$$SS_{失拟} = \sum_{i=1}^{m} n_i(\overline{y}_i - \hat{y}_i)^2 \tag{4.23}$$

是每个 x 水平上响应变量均值 $\overline{y}$ 与其对应拟合值之差的加权平方和．如果拟合值 $\hat{y}_i$ 接近所对应的响应变量平均值 $\overline{y}_i$，那么将强烈表明回归函数是线性的．如果拟合值 $\hat{y}_i$ 十分远离 $\overline{y}_i$，那么回归函数可能不是线性的．$SS_{失拟}$ 有 $m-2$ 个自由度，这是由于 x 有 m 个水平，而因为必须用两个参数来估计并得到 $\overline{y}_i$，所以损失了两个自由度．计算时通常用 $SS_{纯误}$ 来减去 $SS_{残}$ 而得到 $SS_{失拟}$．

失拟检验的统计量为

$$F_0 = \frac{SS_{失拟}/(m-2)}{SS_{纯误}/(n-m)} = \frac{MS_{失拟}}{MS_{纯误}} \tag{4.24}$$

$MS_{纯误}$ 的期望值为 σ^2，而 $MS_{失拟}$ 的期望值为

$$E(MS_{失拟}) = \sigma^2 + \frac{\sum_{i=1}^{m} n_i[E(y_i) - \beta_0 - \beta_1 x_i]^2}{m-2} \tag{4.25}$$

如果真实的回归函数是线性的，那么 $E(y_i)=\beta_0+\beta_1 x_i$，所以方程(4.25)的第二项为零，得到 $E(MS_{失拟})=\sigma^2$．但是，如果真实的回归函数不是线性的，那么 $E(y_i)\neq\beta_0+\beta_1 x_i$，所以 $E(MS_{失拟})>\sigma^2$．进一步来说，如果回归函数是线性的，那么统计量 F_0 服从 $F_{m-2,n-m}$ 分布．因此，为了检验失拟，应计算检验统计量 F_0，当 $F_0>F_{\alpha,m-2,n-m}$ 时得出结论为回归函数不是线性的．

容易将这一检验程序引入由方差分析实施的回归显著性检验中．如果得出结论回归函数是非线性的，那么必须抛弃这一试验性的模型并尝试做出一个更为恰当的模型．但另一方面，当 F_0 并未超过 $F_{\alpha,m-2,n-m}$ 时，没有失拟的强烈证据，所以通常将 $MS_{纯误}$ 与 $MS_{失拟}$ 组合在一起来估计 σ^2．

理想情况下，为发现失拟的 F 比率不变，就可拒绝回归显著性假设(H_0：$\beta_1=0$)．不幸的是，这不会确保将模型作为预测方程时是令人满意的．除非预测值的方差相对于随机误差更大，否则估计模型时没有足够的精确性，得不到令人满意的预测．也就是说，模型可能仅拟合了误差．从预测点的角度研究回归模型适用性的判断标准已经做了某些分析工作，见 Box 和 Wetz(1973)，Ellerton(1978)，Gunst 和 Mason(1979)，Hill、Judge 和 Fomby(1978)以及 Suich 和 Derringer(1977)．Box 和 Wetz 的工作建议当回归模型用于预测

时，也就是说当预测值的范围相对于噪声更大时，所观测的 F 比率必须至少是来自 F 表标准值的四或五倍.

158

得到潜在预测性能的一种相对简单的度量是比较拟合值$\hat{y}_i$的范围（比如$\hat{y}_{\max}-\hat{y}_{\min}$）与其标准误差. 可以证明，无论模型的形式如何，拟合值的平均误差均为

$$\overline{\mathrm{Var}(\hat{y})}=\frac{1}{n}\sum_{i=1}^{n}\mathrm{Var}(\hat{y}_i)=\frac{p\sigma^2}{n} \tag{4.26}$$

式中：p 为模型中参数的个数. 一般而言，除非拟合值$\hat{y}_i$的范围相对于其平均估计标准差$\sqrt{(p\hat{\sigma}^2)/n}$更大，式中 σ^2 为与误差方差的模型无关的估计量，否则模型可能不会令人满意.

例 4.8 **失拟检验** 图 4-15 的数据如下所示：

x	1.0	1.0	2.0	3.3	3.3	4.0	4.0	4.0	4.7	5.0
y	10.84	9.30	16.35	22.88	24.35	24.56	25.86	29.16	24.59	22.25
x	5.6	5.6	5.6	6.0	6.0	6.5	6.9			
y	25.90	27.20	25.61	25.45	26.56	21.03	21.46			

直线拟合为$\hat{y}=13.301+2.108x$，其 $SS_{总}=487.6126$，$SS_{回}=234.7087$，而 $SS_{残}=252.9039$. 注意存在 x 的 10 个不同水平，在 $x=1.0$，$x=3.3$，$x=4.0$，$x=5.6$ 与 $x=6.0$ 处都有重复点. 使用重复点计算的纯误差平方和如下：

x 的水平	$\sum_j(y_{ij}-\bar{y}_i)^2$	自由度
1.0	1.1858	1
3.3	1.0805	1
4.0	11.2467	2
5.6	1.4341	2
6.0	0.6161	1
总	15.5632	7

通过减法求得失拟平方和为

$$SS_{失拟}=SS_{残}-SS_{纯误}=252.9039-15.5632=237.3407$$

其自由度为 $m-2=10-2=8$. 包含失拟检验的方差分析如表 4-4 所示. 失拟检验统计量 $F_0=13.34$，而因为 P 值非常小，所以拒绝该试验性的模型对描述数据是适用的这一假设. 159

表 4-4　例 4.8 的方差分析

变异来源	平方和	自由度	均方	F_0	P 值
回归	234.7087	1	234.7087		
残差	252.9039	15	16.8603		
（失拟）	237.3407	8	29.6676	13.34	0.0013
（纯误差）	15.5632	7	2.2233		
总	487.6126	16			

例 4.9 JMP 中的失拟检验 当数据中存在重复观测值时，某些软件包将自动做出失拟检验．附录表 B.17 的病人满意度数据中存在病重程度这一预测变量的重复观测值(其出现在病重程度为 30、31、38、42、28 与 50 处)．图 4-16 是用简单线性回归模型拟合数据时所产生的 JMP 输出的一部分．方程(4.24)的失拟 F 检验如这一输出所示．P 值为 0.0874，所以表明存在轻微的失拟．回忆 3.6 节当向模型中添加第二个预测变量(年龄)时，整体的拟合质量有相当大的改善．正如本例所说明的，失拟有时是由遗漏了回归变量而引起的，向模型中添加高阶项并不总是必要的．

Response Satisfaction
Whole Model

Summary of Fit

RSquare	0.426596
RSquare Adj	0.401666
Root Mean Square Error	16.43242
Mean of Response	66.72
Observations (or Sun Wgts)	25

Analysis of Variance

Source	DF	Sum of Squares	Mean Square	F Ratio
Model	1	4620.482	4620.48	17.1114
Error	23	6210.558	270.02	Prob>F
C.Total	24	10831.040		0.0004*

Lack Of Fit

Source	DF	Sum of Squares	Mean Square	F Ratio
Lack Of Fit	16	5366.0584	335.379	2.7799
Pure Error	7	844.5000	120.643	Prob>F
Total Error	23	6210.5584		0.0874
				Max RSq
				0.9220

Parameter Estimates

Term	Estimate	Std Error	t Ratio	Prob>|t|
Intercept	115.6239	12.27059	9.42	<.0001*
Severity	-1.06498	0.257454	-4.14	0.0004*

图 4-16 满意度与病重程度关系的简单线性回归模型的 JMP 输出

4.5.2 通过近邻点估计纯误差

4.5.1 节描述了线性回归模型的失拟检验．所设计的失拟检验这一程序将误差平方和即残差平方和分割成纯误差部分与由失拟产生的部分：

$$SS_{残}=SS_{纯误}+SS_{失拟}$$

纯误差平方和 $SS_{纯误}$ 使用在相同水平的 x 处有重复观测值的响应变量来计算．$SS_{纯误}$ 是 σ^2 的**模型无关的估计值**．

这种一般性的处理原则上可以应用于任何回归模型．$SS_{纯误}$ 的计算需要回归变量 x_1，x_2，…，x_k 在相同水平的集合上有响应变量 y 的重复观测值．也就是说，$\boldsymbol{X}$ 矩阵的某些行一定是相同的．但是，多元回归中通常不会出现重复观测值，所以 4.5.1 节所描述的程序通常无法使用．

Daniel 和 Wood(1980)与 Joglekar、Schuenemeyer 和 Lariccia(1989)研究了当不存在精确的重复点时获得模型无关估计量的方法．这种方法程序搜索 x 空间中的近邻点，即获得 160
与 x_1，x_2，…，x_k 几乎完全相同的水平的观测值的集合．可以将来自这种近邻点的响应变量 y_i 考虑为重复点，而用来获得纯误差的估计值．作为两个点之间，比如 x_{i1}，x_{i2}，…，i_{ik} 与 $x_{i'1}$，$x_{i'2}$，…，$i_{i'k}$ 之间距离的度量，使用加权平方和距离(WSSD).

$$D_{ii'}^2=\sum_{j=1}^{k}\left[\frac{\hat{\beta}_j(x_{ij}-x_{i'j})}{\sqrt{MS_{残}}}\right]^2 \tag{4.27}$$

有较小 $D_{ii'}^2$ 值的一对点就是“近邻点”，也就是说，这两个点在 x 空间中相对较近．$D_{ii'}^2$ 较大(比如 $D_{ii'}^2\gg 1$)的一对点在 x 空间中较远地分离开来．在 $D_{ii'}^2$ 值较小的两个点处的残差可以用于获得纯误差的估计值．获得这一估计值要通过比较点 i 与点 i' 处残差的范围，比如 161

$$E_i=|e_i-e_{i'}|$$

来自正态总体样本的范围与总体标准差之间存在某种关系，样本量为 2 时，这一关系为

$$\hat{\sigma}=(1.128)^{-1}E=0.886E$$

这样得到的量 $\hat{\sigma}$ 是纯误差标准差的估计值.

有一种有效的算法可以用于计算这一估计值．该算法的计算机程序由 Montgomery、Martin 和 Peck(1980)给出．首先按 $\hat{y}_i$ 的升序排列数据点 x_{i1}，x_{i2}，…，x_{ik}．注意 $\hat{y}_i$ 值差值很大的点不可能是近邻点，但是 $\hat{y}_i$ 值相近的点就可能是近邻点(即 $\hat{y}_i$ 值相近的点靠近同一条常数 $\hat{y}$ 的等高线，但在某些 x 的坐标处距离较远)．然后：

1) 使用相邻的 $\hat{y}$ 值对所有 $n-1$ 个点计算 $D_{ii'}^2$ 的值．对距离为中间有一个、两个、三个 $\hat{y}$ 值的点对重复这一计算．这将产生 $4n-10$ 个 $D_{ii'}^2$ 的值.

2) 按升序计算由上文第 1)步求得的 $4n-10$ 个 $D_{ii'}^2$ 值的平均数．令 $E_u(u=1,2,\cdots,4n-10)$ 为这些点对处残差的范围.

3) 对前 m 个 E_u 值，计算其纯误差标准差的估计值，为

$$\hat{\sigma}=\frac{0.886}{m}\sum_{u=1}^{m}E_u \tag{4.28}$$

注意：$\hat{\sigma}$ 是基于 m 个最小的 $D_{ii'}^2$ 值的残差的平均范围，必须在检查 $D_{ii'}^2$ 的值之后再选择 m．计算时不应包括加权平方和距离太大的 E_u 值.

例 4.10 **送货时间数据** 使用上文所描述的程序来计算例 3.1 中软饮料送货时间数据纯误差标准差的估计值．表 4-5 展示了计算与 $\hat{y}$ 相邻、相距一个点、相距两个点与相距三个点的点对的 $D_{ii'}^2$．表中的 R 一列鉴定出了 15 个最小的 $D_{ii'}^2$ 值．这 15 对点处的残差用来估计 σ．这些计算得到了 $\hat{\sigma}=1.969$ 并汇总在表 4-6 中．通过表 3-4 求得 $\sqrt{MS_{残}}=\sqrt{10.6239}=3.259$．现在如果没有观察到失拟，那么所期望的是证明 $\hat{\sigma}=\sqrt{MS_{残}}$．在本例的情形中，$\sqrt{MS_{残}}$ 大约是 $\hat{\sigma}$ 的 65%，这表明存在一些失拟．这一失拟是由于现在不在模型中的回归变量的影响，或是由于出现了一个或更多离群点. 162

表 4-5 对例 4.10 计算 $D^2_{ii'}$

近邻点 Delta 残差的计算值和近邻点加权标准化距离的平方

观测值	拟合值 y（已排序）	残差	相邻			相隔 1 个点			相隔 2 个点			相隔 3 个点		
			Delta 值	$D^2_{ii'}$	R①	Delta 值	$D^2_{ii'}$	R	Delta 值	$D^2_{ii'}$	R	Delta 值	$D^2_{ii'}$	R
7	7.155	0.845	0.949	0.3524E+00		4.080	0.1001E+01		0.302	0.4814E+00		1.057	0.1014E+01	
19	7.707	1.793	3.131	0.2835E+00	12	0.647	0.6594E+00		2.006	0.4989E+00		1.843	0.1800E+01	
4	9.956	4.924	3.778	0.6275E+00		5.137	0.9544E−01	3	4.974	0.1562E+01		3.897	0.5965E+00	
2	10.354	1.146	1.359	0.3412E+00	15	1.196	0.2805E+00	11	0.119	0.2696E+00	9	1.591	0.2307E+01	
25	10.963	−0.213	0.163	0.9489E+00		1.240	0.2147E+00	6	0.232	0.9831E+00		0.649	0.1032E+01	
3	12.080	−0.050	1.077	0.3865E+00		0.395	0.2915E+01		0.486	0.2594E+01		3.498	0.4775E+01	
13	12.473	1.027	1.471	0.1198E+01		0.591	0.1042E+01		2.422	0.2507E+01		0.130	0.2251E+01	
5	14.194	−0.444	0.881	0.4869E−01	2	3.893	0.2521E+00	8	1.601	0.3159E+00	13	0.155	0.8768E+00	
17	14.914	0.436	3.012	0.3358E+00	14	0.720	0.2477E+00	7	0.726	0.5749E+00		0.631	0.1337E+01	
18	15.551	3.449	2.292	0.1185E+00	5	3.738	0.7636E+00		2.381	0.2367E+01		1.072	0.5341E+01	
8	16.673	1.157	1.446	0.2805E+00	10	0.089	0.1483E+01		1.220	0.4022E+01		3.771	0.2307E+01	
6	18.400	−0.290	1.357	0.5851E+00		2.666	0.2456E+01		2.325	0.2915E+01		0.303	0.2470E+01	
14	18.682	1.068	1.309	0.6441E+00		3.682	0.5952E+01		1.661	0.5121E+01		6.096	0.4328E+00	
10	19.124	2.376	4.991	0.1036E+02		2.969	0.9107E+01		7.404	0.1023E+01		1.705	0.4412E+01	
21	20.514	−2.614	2.021	0.1096E+00	4	2.414	0.5648E+01		3.285	0.2093E+01		1.993	0.2117E+01	
12	21.593	−0.593	4.435	0.4530E+01		1.264	0.1303E+01		4.015	0.1321E+01		3.980	0.4419E+01	
1	21.708	−5.028	5.699	0.1227E+01		0.421	0.1219E+01		0.455	0.3553E+00		4.365	0.3121E+01	
15	23.329	0.671	5.279	0.7791E−04	1	5.244	0.9269E+00		1.334	0.2341E+01		1.566	0.1316E+02	
23	23.358	−4.608	0.035	0.9124E+00		3.945	0.2316E+01		6.845	0.1315E+02		1.180	0.1772E+02	
24	24.403	−4.573	3.910	0.1370E+01		6.810	0.1578E+02		1.215	0.2026E+02		0.886	0.8023E+02	
16	29.663	−0.663	2.900	0.8999E+01		5.125	0.1204E+02		3.024	0.6294E+02		8.083	0.1074E+03	
11	38.093	2.237	8.025	0.3767E+00		5.924	0.2487E+02		5.182	0.5978E+02				
20	40.888	−5.788	2.101	0.1994E+02		13.208	0.5081E+02							
22	56.007	−3.687	11.106	0.1216E+02										
9	71.820	7.420												

① R 一列按大小顺序给出了 15 个最小的 $D^2_{ii'}$ 值.

表 4-6 对例 4.10 计算 $\hat{\sigma}$

序号	通过相邻观测值的误差所估计的标准差				
	累计标准差	按 $D^2_{ii'}$ 排序			
		$D^2_{ii'}$	观测值	观测值	Delta 残差
1	0.4677*E*+01	0.7791*E*−04	15	23	5.2788
2	0.2729*E*+01	0.4859*E*−01	5	17	0.8807
3	0.3336*E*+01	0.9544*E*−01	4	25	5.1369
4	0.2950*E*+01	0.1096*E*+00	21	12	2.0211
5	0.2766*E*+01	0.1185*E*+00	18	8	2.2920
6	0.2488*E*+01	0.2147*E*+00	25	13	1.2396
7	0.2224*E*+01	0.2477*E*+00	17	8	0.7203
8	0.2377*E*+01	0.2521*E*+00	5	18	3.8930
9	0.2125*E*+01	0.2696*E*+00	2	13	0.1194
10	0.2040*E*+01	0.2805*E*+00	8	6	1.4462
11	0.1951*E*+01	0.2805*E*+00	2	3	1.1962
12	0.2020*E*+01	0.2835*E*+00	19	4	3.1312
13	0.1973*E*+01	0.3159*E*+00	5	8	1.6010
14	0.2023*E*+01	0.3358*E*+00	17	18	3.0123
15	0.1969*E*+01	0.3412*E*+00	2	25	1.3590
16	0.1898*E*+01	0.3524*E*+00	7	19	0.9486
17	0.1810*E*+01	0.3553*E*+00	1	24	0.4552
18	0.2105*E*+01	0.3767*E*+00	11	20	8.0255
19	0.2044*E*+01	0.3865*E*+00	3	13	1.0768
20	0.2212*E*+01	0.4328*E*+00	14	1	6.0956
21	0.2119*E*+01	0.4814*E*+00	7	2	0.3018
22	0.2104*E*+01	0.4989*E*+00	19	25	2.0058
23	0.2040*E*+01	0.5749*E*+00	17	6	0.7259
24	0.2005*E*+01	0.5851*E*+00	6	14	1.3571
25	0.2063*E*+01	0.5965*E*+00	4	13	3.8973
26	0.2113*E*+01	0.6275*E*+00	4	2	3.7780
27	0.2077*E*+01	0.6441*E*+00	14	10	1.3089
28	0.2024*E*+01	0.6594*E*+00	19	2	0.6468
29	0.2068*E*+01	0.7636*E*+00	18	6	3.7382
30	0.2004*E*+01	0.8768*E*+00	5	6	0.1548
31	0.1940*E*+01	0.9124*E*+00	23	24	0.0347
32	0.2025*E*+01	0.9269*E*+00	15	24	5.2441
33	0.1968*E*+01	0.9489*E*+00	25	3	0.1628
34	0.1916*E*+01	0.9831*E*+00	25	5	0.2318
35	0.1964*E*+01	0.1001*E*+01	7	4	4.0797
36	0.1936*E*+01	0.1014*E*+01	7	25	1.0572
37	0.2061*E*+01	0.1023*E*+01	10	1	7.4045
38	0.2022*E*+01	0.1032*E*+01	25	17	0.6489
39	0.1983*E*+01	0.1042*E*+01	13	17	0.5907
40	0.1966*E*+01	0.1198*E*+01	13	5	1.4714

习题

4.1 考虑习题 2.1 中国家美式橄榄球大联盟球队表现数据的简单回归模型拟合.

a. 构造残差的正态概率图. 正态性假设看起来是否存在任何问题?

b. 构造并解释残差与响应变量预测值的残差图.

c. 做出残差与球队传球码数 x_2 的残差图. 这张图是否表明向模型中添加 x_2 使得模型有所改善?

4.2 考虑习题 3.1 中国家美式橄榄球大联盟球队表现数据的多元回归模型拟合.

a. 构造残差的正态概率图. 正态性假设看起来是否存在任何问题?

b. 构造并解释残差与响应变量预测值的残差图.

c. 做出残差与每个变量的残差图. 这些图是否意味着回归变量是良好设定的?

d. 构造这一模型的偏回归图.

比较这一偏回归图与题 4.1c 所得到的残差与回归变量的残差图. 讨论这些图所提供信息的类型.

e. 计算这一模型的学生化残差与 R-学生残差. 这两种尺度化残差传达了什么信息?

4.3 考虑习题 2.3 中太阳能数据的简单线性回归模型拟合.

a. 构造残差的正态概率图. 正态性假设看起来是否存在任何问题?

b. 构造并解释残差与响应变量预测值的残差图.

4.4 考虑习题 3.5 中汽油里程数据的多元回归模型拟合.

a. 构造残差的正态概率图. 正态性假设看起来是否存在任何问题?

b. 构造并解释残差与响应变量预测值的残差图.

c. 构造并解释这一模型的偏回归图.

d. 计算这一模型的学生化残差与 R-学生残差. 这两种尺度化残差传达了什么信息?

4.5 考虑习题 3.7 中房屋价格数据的多元回归模型拟合.

a. 构造残差的正态概率图. 正态性假设看起来是否存在任何问题?

b. 构造并解释残差与响应变量预测值的残差图.

c. 构造这一模型的偏回归图. 现在在模型中的某些变量看起来是否必需?

165 d. 计算这一模型的学生化残差与 R-学生残差. 这两种尺度化残差传达了什么信息?

4.6 考虑习题 2.7 中氧气纯度数据的简单线性回归模型拟合.

a. 构造残差的正态概率图. 正态性假设看起来是否存在任何问题?

b. 构造并解释残差与响应变量预测值的残差图.

4.7 考虑习题 2.10 中体重与血压数据的简单线性回归模型拟合.

a. 构造残差的正态概率图. 正态性假设看起来是否存在任何问题?

b. 构造并解释残差与响应变量预测值的残差图.

c. 假设数据是按表中所示的顺序收集的. 做出残差与时间顺序的残差图并对这一残差图做出评论.

4.8 考虑习题 2.12 中植物消耗水蒸气数据的简单线性回归模型拟合.

a. 构造残差的正态概率图. 正态性假设看起来是否存在任何问题?

b. 构造并解释残差与响应变量预测值的残差图.

c. 假设数据是按表中所示的顺序收集的. 做出残差与时间顺序的残差图并对这一残差图做出评论.

4.9 考虑习题 2.13 中臭氧数据的简单线性回归模型拟合.

a. 构造残差的正态概率图. 正态性假设看起来是否存在任何问题?

b. 构造并解释残差与响应变量预测值的残差图.

c. 做出残差与时间顺序的残差图并对这一残差图做出评论.

4.10 考虑习题 2.14 中共聚酯黏度数据的简单线性回归模型拟合.

a. 构造未尺度化残差的正态概率图. 正态性假设看起来是否存在任何问题?

b. 使用学生化残差重做 a. 两张图是否存在很大程度的区别?

c. 构造并解释残差与响应变量预测值的残差图.

4.11 考虑习题 2.15 中甲苯-四氢化萘黏度数据的简单线性回归模型拟合.

a. 构造残差的正态概率图. 正态性假设看起来是否存在任何问题?

b. 构造并解释残差与响应变量预测值的残差图.

4.12 考虑习题 2.16 中水箱压力与液体体积数据的简单线性回归模型拟合.

a. 构造残差的正态概率图. 正态性假设看起来是否存在任何问题? 166

b. 构造并解释残差与响应变量预测值的残差图.

c. 假设数据是按表中所示的顺序收集的. 做出残差与时间顺序的残差图并对这一残差图做出评论.

4.13 习题 3.8 要求对表 B-5 中的化学过程数据拟合两个不同的模型. 对这两个模型做恰当的残差分析. 讨论残差分析的结果. 计算两个模型的 PRESS 统计量. 残差图与 PRESS 是否提供了关于对该数据而言选择哪个模型更好的任何深刻见解?

4.14 习题 2.4 与习题 3.5 要求对表 B-3 中的汽油里程数据拟合两个不同的模型. 计算这两个模型的 PRESS 统计量. 以 PRESS 统计量为基础, 哪个模型最可能提供对新数据更好的预测?

4.15 习题 3.9 要求对表 B-6 中的流动管反应器数据拟合模型.

a. 构造残差的正态概率图. 正态性假设看起来是否存在任何问题?

b. 构造并解释残差与响应变量预测值的残差图.

c. 构造这一模型的偏回归图. 现在在模型中的某些变量看起来是否是不必需的?

4.16 习题 3.12 要求对表 B-8 中的笼形包合物生成数据拟合模型.

a. 构造全模型的残差的正态概率图. 正态性假设看起来是否存在任何问题?

b. 构造并解释残差与响应变量预测值的残差图.

c. 按习题 3.12 要求拟合第二个模型. 计算这两个模型的 PRESS 统计量. 以 PRESS 统计量为基础, 哪个模型最可能提供对新数据更好的预测?

4.17 按习题 3.14 要求对表 B-10 中的运动粘度数据拟合模型.

a. 构造全模型的残差的正态概率图. 正态性假设看起来是否存在任何问题?

b. 构造并解释残差与响应变量预测值的残差图.

c. 习题 3.14 要求拟合第二个模型. 计算这两个模型的 PRESS 统计量. 以 PRESS 统计量为基础, 哪个模型最可能提供对新数据更好的预测?

4.18 Coteron、Sanchez、Martinez 和 Aracil("Optimization of the Synthesis of an Analogue of Jojoba Oil Using a Fully Central Composite Design," *Canadian Journal of Chemical Engineering*, 1993)研究了反应温度 x_1、催化剂初始剂量 x_2 与压力 x_3 与荷荷巴油合成类似物产量的关系. 下表汇总了试验结果. 167

x_1	x_2	x_3	y
−1	−1	−1	17
1	−1	−1	44
−1	1	−1	19
1	1	−1	46
−1	−1	1	7
1	−1	1	55
−1	1	1	15
1	1	1	41
0	0	0	29
0	0	0	28.5
0	0	0	30
0	0	0	27
0	0	0	28

a. 对这一结果做包含残差图在内的完整分析.

b. 对失拟做恰当的检验.

4.19 Derringer 和 Suich(“Simultaneous Optimization of Several Response Variables,” *Journal of Quality Technology*，1980)研究了轮胎胎冠胶的磨蚀指数与三个因子的关系：x_1，水合二氧化硅的水平；x_2，硅烷偶联剂的水平；x_3，硫的水平. 下表给出了实际结果.

x_1	x_2	x_3	y
−1	−1	1	102
1	−1	−1	120
−1	1	−1	117
1	1	1	198
−1	−1	−1	103
1	−1	1	132
−1	1	1	132
1	1	−1	139
0	0	0	133
0	0	0	133
0	0	0	140
0	0	0	142
0	0	0	145
0	0	0	142

a. 对这一结果做包含残差图在内的完整分析.

b. 对失拟做恰当的检验.

168 **4.20** Myers、Montgomery 和 Anderson-Cook(*Response Surface Methodology 3rd edition*，Wiley，New York，2009)讨论了一个试验，其中包含五个因子：

x_1——酸浴的温度；

x_2——酸的浓度；

x_3——水的温度；

x_4——硫的浓度；

x_5——氯漂白剂的含量.

对人造纤维白度的某个恰当度量值(y)的影响. 工程师实施这次试验是希望最小化这一度量值. 试验结果如下.

酸浴的温度	酸的浓度	水的温度	硫的浓度	氯漂白剂的含量	y
35	0.3	82	0.2	0.3	76.5
35	0.3	82	0.3	0.5	76.0
35	0.3	88	0.2	0.5	79.9
35	0.3	88	0.3	0.3	83.5
35	0.7	82	0.2	0.5	89.5
35	0.7	82	0.3	0.3	84.2
35	0.7	88	0.2	0.3	85.7
35	0.7	88	0.3	0.5	99.5
55	0.3	82	0.2	0.5	89.4

（续）

酸浴的温度	酸的浓度	水的温度	硫的浓度	氯漂白剂的含量	y
55	0.3	82	0.3	0.3	97.5
55	0.3	88	0.2	0.3	103.2
55	0.3	88	0.3	0.5	108.7
55	0.7	82	0.2	0.3	115.2
55	0.7	82	0.3	0.5	111.5
55	0.7	88	0.2	0.5	102.3
55	0.7	88	0.3	0.3	108.1
25	0.5	85	0.25	0.4	80.2
65	0.5	85	0.25	0.4	89.1
45	0.1	85	0.25	0.4	77.2
45	0.9	85	0.25	0.4	85.1
45	0.5	79	0.25	0.4	71.5
45	0.5	91	0.25	0.4	84.5
45	0.5	85	0.15	0.4	77.5
45	0.5	85	0.35	0.4	79.2
45	0.5	85	0.25	0.2	71.0
45	0.5	85	0.25	0.6	90.2

a. 对这一结果做包含残差图在内的完整分析.

b. 对失拟做恰当的检验.

4.21 考虑存在失拟的模型. 求出 $E(MS_{纯误})$ 与 $E(MS_{失拟})$.

4.22 表 B-14 包含了关于电子反相器跳变点的数据. 仅使用回归变量 x_1，…，x_4 拟合这一数据. 169

a. 研究模型适用性.

b. 假设 2 号观测值的记录是不正确的. 剔除该观测值，重新拟合模型，并做完整的残差分析. 对所观察到的结果的差异做出评论.

4.23 考虑习题 2.18 给出的广告数据.

a. 构造全模型的残差的正态概率图. 正态性假设看起来是否存在任何问题?

b. 构造并解释残差与响应变量预测值的残差图.

4.24 考虑习题 3.15 与表 B-15 给出的空气污染与死亡率数据.

a. 构造全模型的残差的正态概率图. 正态性假设看起来是否存在任何问题?

b. 构造并解释残差与响应变量预测值的残差图.

4.25 考虑习题 3.16 与表 B-16 给出的寿命期望数据.

a. 对每个模型构造全模型的残差的正态概率图. 正态性假设看起来是否存在任何问题?

b. 对每个模型构造并解释残差与响应变量预测值的残差图.

4.26 考虑 3.6 节病人满意度数据的多元回归模型. 对这一模型做残差分析并评论其模型适用性.

4.27 考虑表 B-18 中的燃料消耗数据. 为了配合这一练习的目的，忽略回归变量 x_1. 对这一数据做完整的残差分析. 从这一分析中能得出什么结论?

4.28 考虑表 B-19 中的红葡萄酒品质数据. 为了配合这一练习的目的，忽略回归变量 x_1. 对这一数据做完整的残差分析. 从这一分析中能得出什么结论?

4.29 考虑表 B-20 中的甲醛氧化数据. 对这一数据做完整的残差分析. 从这一分析中能得出什么结论? 170

第5章 修正模型不适用性的变换与加权

5.1 导引

第 4 章展示了线性回归模型适用性检验的几种方法. 回忆一下，回归模型拟合有若干个内含的假设，包括：

1）模型误差有零均值与常数方差，同时误差是不相关的.

2）模型误差为正态分布——设定这一假设，是为了在进行假设检验与构造置信区间时，认定误差是不相关的.

3）模型的形式，包括回归变量的设定，都是正确的.

残差图是探测是否违背了这些基本回归假设的非常强有力的方法. 在实践中严格考虑模型的使用时，对每个回归模型都应以残差图的形式进行模型适用性检验.

本章关注当违背以上假设中的部分假设时，构建回归模型的方法程序. 需要特别强调的是**数据变换**. 会经常发现，当以正确的度量或单位尺度表达响应变量与回归变量两者或之一时，就不会再实质性地违背回归假设(比如方差不相等). 理想情况下，度量单
171 位的选择应当由工程师或科学家通过对学科内容的知识的分析来完成，但在许多情况下，不能获得关于这些知识的信息. 这时，可以启发式地或通过某些分析程序来选择数据变换.

在违背某些内含假设的情况下，加权最小二乘法在构建回归模型时也是有用的. 将要解释的是当不满足方差相等的假设时，如何使用加权最小二乘. 在后续章节中加权最小二乘法当用其他方法考虑处理非正态响应变量时也是基础性的.

5.2 方差稳定化变换

满足常数方差假设是进行回归分析的基本要求. 违背这一假设的一个常见原因是响应变量 y 所服从概率分布的方差是与均值相关的函数. 举例来说，如果 y 是简单线性回归模型中的泊松随机变量，那么 y 的方差等于其均值. 由于 y 的方差与回归变量 x 有关，所以 y 的方差与 x 成正比. 方差稳定化变换在这种情形下通常是有用的. 因此，如果 y 的分布为泊松分布，那么由于泊松随机变量的平方根的方差与均值无关，所以可对 $y'=\sqrt{y}$作关于 x 的回归. 另一个例子是，如果响应变量为比例($0\leqslant y_i\leqslant 1$)而其与 $\hat{y}_i$ 的残差图有图 4-5c 的双弓模式，那么 arcsin 变换 $y'=\sin^{-1}(\sqrt{y})$是合适的.

表 5-1 汇总了几种常用的方差稳定变换. 变换的强度取决于其引入的曲线化的数量. 表 5-1 给出的变换是从相对温和的平方根变换，到相对强力的倒数变换. 一般而言值的范围相对稳定时(比如 $y_{\max}/y_{\min}<2$，3)，应用温和的变换几乎没有作用. 但另一方面，值的范围较大时应用强力的变换对分析有很大影响.

表 5-1 有用的方差稳定化变换

σ^2 与 $E(y)$ 的关系	变换
$\sigma^2 \propto$ 常数	$y'=y$（无变换）
$\sigma^2 \propto E(y)$	$y'=\sqrt{y}$（平方根变换；对泊松数据）
$\sigma^2 \propto E(y)[1-E(y)]$	$y'=\sin^{-1}(\sqrt{y})$（arcsin 变换；对二项比例 $0 \leqslant y_i \leqslant 1$）
$\sigma^2 \propto [E(y)]^2$	$y'=\ln(y)$（对数变换）
$\sigma^2 \propto [E(y)]^3$	$y'=y^{-1/2}$（平方根倒数变换）
$\sigma^2 \propto [E(y)]^4$	$y'=y^{-1}$（倒数变换）

有时可以使用先验经验与理论上的考虑作为指导选出合适的变换．但是，在许多情况下，没有先验推理可以猜测误差方差不是常数．处理问题时首先是要审视散点图或残差图．在这种情况下可以通过**经验**选择合适的变换． 172

探测与修正非常数误差方差是重要的．如果没有消除非常数方差问题，那么虽然最小二乘估计量仍将是无偏的，但是其不再有方差最小的性质．这意味着回归系数的标准误差比必要的标准误差更大．变换的作用通常是给出模型参数更精确的估计量，并增加统计检验的敏感性．

当重新表达响应变量时，预测值的尺度都是变换后的．将预测值变回原来的单位通常是必要的．不幸的是，直接对预测值进行反向变换给出的是响应变量分布的中位数的估计值，而不是均值的估计值．设计一种能得到原单位下无偏预测值的方法通常是可能的．对几种变换产生无偏点估计量的程序由 Neyman 和 Scott(1960) 给出．Miller(1984) 也给出了关于这一问题的若干简单解决方法的建议．置信区间与预测区间可以直接由一种度量单位转换为另一种度量单位，这是由于这两种区间估计量都是分布的百分率，而百分率不受变换的影响．但是，不能确保所得到的原单位下的区间是可能的最小区间．进一步的讨论见 Land(1974)．

例 5.1 **电业数据** 电力部门所感兴趣的是研究高峰小时的用电需求(y)与某月中总电能用量(x)关系的模型．这是一个重要的规划问题，因为虽然大多数客户直接为其所使用的电能付费(以千瓦时为单位)，但是供电系统必须准备足够大的电量以满足最大需求时的用电．八月一个月 53 名居民客户的用电数据如表 5-2 所示，残差图由图 5-1 给出．作为起点，假设这是一个简单线性回归模型，最小二乘拟合为

$$\hat{y}=-0.8313+0.00368x$$

方差分析如表 5-3 所示．对这一模型，$R^2=0.7046$，也就是说，电能需求变异性的 70% 由电能用量的直线拟合所解释．汇总统计量并未揭示这一模型有任何明显问题．

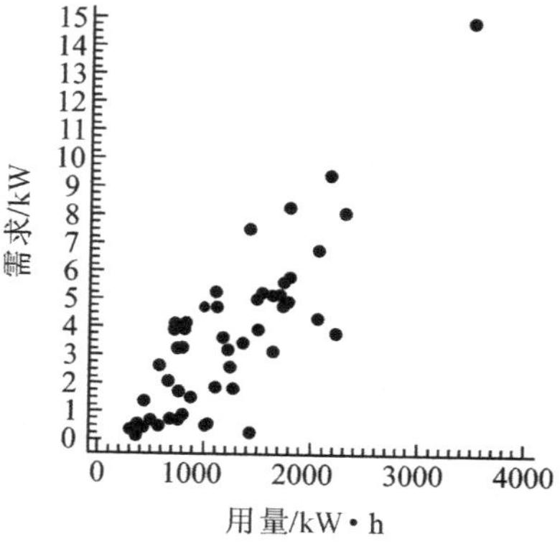

图 5-1 例 5.1 电能需求(kW)与电能用量(kW·h)的散点图

表 5-2　八月 53 位居民客户的需求(y)与电能用量(x)数据

客户	x(kW·h)	y(kW)	客户	x(kW·h)	y(kW)
1	679	0.79	27	837	4.20
2	292	0.44	28	1748	4.88
3	1012	0.56	29	1381	3.48
4	493	0.79	30	1428	7.58
5	582	2.70	31	1255	2.63
6	1156	3.64	32	1777	4.99
7	997	4.73	33	370	0.59
8	2189	9.50	34	2316	8.19
9	1097	5.34	35	1130	4.79
10	2078	6.85	36	463	0.51
11	1818	5.84	37	770	1.74
12	1700	5.21	38	724	4.10
13	747	3.25	39	808	3.94
14	2030	4.43	40	790	0.96
15	1643	3.16	41	783	3.29
16	414	0.50	42	406	0.44
17	354	0.17	43	1242	3.24
18	1276	1.88	44	658	2.14
19	745	0.77	45	1746	5.71
20	435	1.39	46	468	0.64
21	540	0.56	47	1114	1.90
22	874	1.56	48	413	0.51
23	1543	5.28	49	1787	8.33
24	1029	0.64	50	3560	14.94
25	710	4.00	51	1495	5.11
26	1434	0.31	52	2221	3.85
			53	1526	3.93

表 5-3　例 5.1 中 y 关于 x 回归的方差分析

变异来源	平方和	自由度	均方	F_0	P 值
回归	303.6331	1	302.6331	121.66	<0.0001
残差	126.8660	51	2.4876		
总	429.4991	52			

R-学生残差与拟合值$\hat{y}_i$ 的残差图如图 5-2 所示．残差的形式为外开漏斗，这表明误差的方差随着电能消耗的增加而增加．变换可能有助于修正该模型的不适用性．为了选择变换的形式，注意可以将响应变量 y 看作客户在特定一小时内所使用的千瓦数的“计数”．计数数据最简单的概率模型是泊松分布．这意味着对 $y^*=\sqrt{y}$作关于 x 的回归是方差稳定化的变换．这样得到的最小二乘拟合为

$$\hat{y}^*=0.5822+0.000\,952\,9x$$

图 5-3 为来自这一最小二乘拟合的 R-学生残差与$\hat{y}_i^*$ 的残差图．来自审视这张图的印
173 象是方差是稳定的，因此，得出结论，变换后的模型是适用的．注意怀疑存在一个大的残差(26 号客户)与一个电能用量比较大的客户(50 号客户)．在使用这一所得到的模型之前，应当进一步研究这两个点对模型的影响．

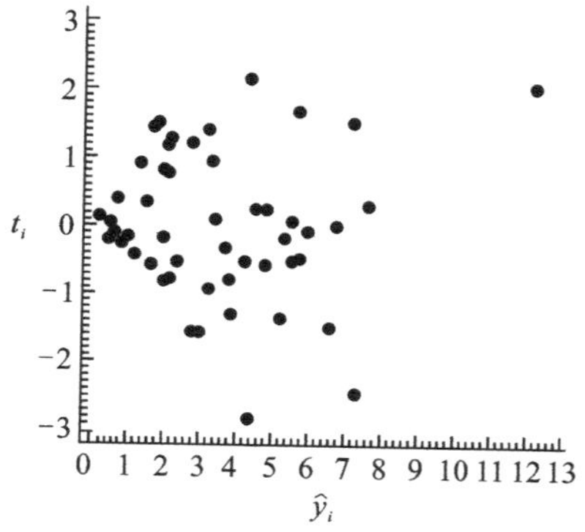

图 5-2 例 5.1 中 R-学生残差值 t_i 与拟合值 $\hat{y}_i$ 的残差图

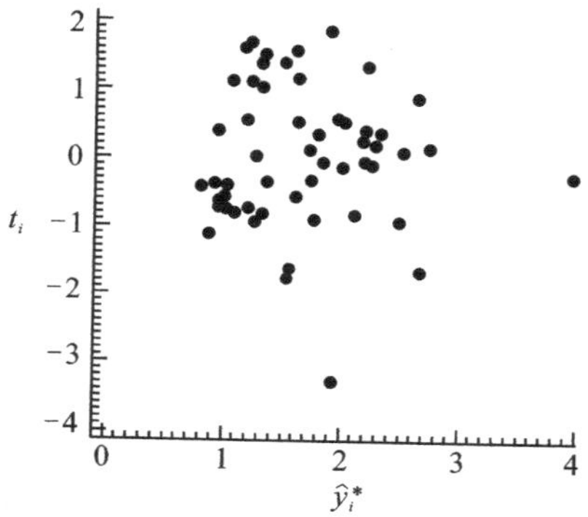

图 5-3 例 5.1 变换后数据的 R-学生残差值 t_i 与拟合值 $\hat{y}_i$ 的残差图 174~175

5.3 模型线性化变换

y 与回归变量之间线性关系的假设是回归分析通常的起点. 偶尔会发现这一假设是不恰当的. 探测非线性可以通过 4.5 节所描述的失拟检验或通过散点图、散点图矩阵或残差图, 比如偏回归图. 先验经验或理论上的考虑有时也可能表明 y 与回归变量之间的关系不是线性的. 某些情况下可以使用合适的变换来使非线性函数线性化. 这种非线性模型称为**内在线性**或**变换后线性**的模型.

几种线性化函数如图 5-4 所示. 其对应的非线性变换与其得到的线性形式如表 5-4 所示. 当表明 y 与 x 的散点图为曲线时, 就能用所观测到的散点图的行为来匹配图 5-4 中的一种曲线, 并使用模型的线性化形式表示数据.

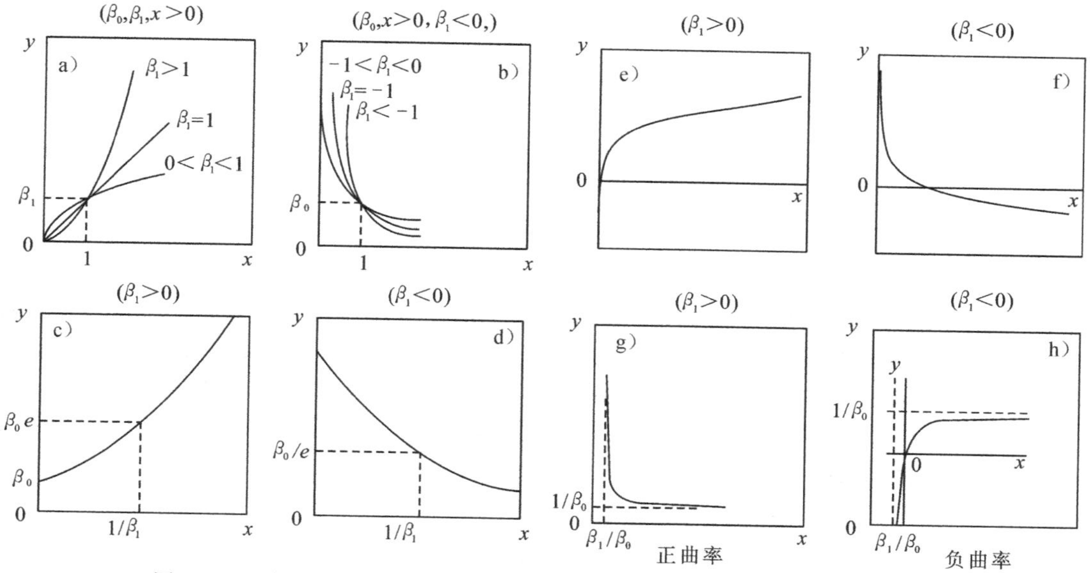

图 5-4 可线性化的函数(来自 Daniel 和 Wood(1980), 经出版商许可使用)

表 5-4 可线性化函数与其对应的线性形式

图	可线性化函数	变换	线性形式
5-4a，b	$y=\beta_0 x^{\beta_1}$	$y'=\log y$，$x'=\log x$	$y'=\log\beta_0+\beta_1 x'$
5-4c，d	$y=\beta_0 e^{\beta_1 x}$	$y'=\ln y$	$y'=\ln\beta_0+\beta_1 x$
5-4e，f	$y=\beta_0+\beta_1\log x$	$x'=\log x$	$y'=\beta_0+\beta_1 x'$
5-4g，h	$y=\dfrac{x}{\beta_0 x-\beta_1}$	$y'=\dfrac{1}{y}$，$x'=\dfrac{1}{x}$	$y'=\beta_0-\beta_1 x'$

为了说明非线性模型的内在线性，考虑指数函数

$$y=\beta_0 e^{\beta_1 x}\varepsilon$$

这一函数是内在线性的，这是由于它可以通过表 5-4 所示的**对数变换**

$$\ln y=\ln\beta_0+\beta_1 x+\ln\varepsilon$$

即

$$y'=\beta_0'+\beta_1 x+\varepsilon'$$

变换为直线．这一变换需要变换后的误差项 $\varepsilon'=\ln\varepsilon$ 为独立正态分布其均值为零而方差为 σ^2．这意味着原模型中 ε 的积为对数正态分布．应当观察变换后的模型残差，看这一假设是否是有效的．一般而言如果 x 与 y 两者或之一的度量单位是恰当的，那么就很可能满足了通常的最小二乘假设，但在这时会发现非线性模型更好(见第 12 章)．

许多种类型的倒数变换也是有用的．举例来说，模型

$$y=\beta_0+\beta_1\left(\frac{1}{x}\right)+\varepsilon$$

可以使用倒数变换

$$x'=1/x$$

176～177 来线性化．所得到的线性化模型为

$$y=\beta_0+\beta_1 x'+\varepsilon$$

其他可以通过倒数变换线性化的模型为

$$\frac{1}{y}=\beta_0+\beta_1 x+\varepsilon$$

以及

$$y=\frac{x}{\beta_0 x-\beta_1+\varepsilon}$$

上一个模型如图 5-4g，图 5-4h 所示．

当使用上文所描述的变换时，最小二乘估计量满足变换后的数据有最小二乘性质，而不是原数据有最小二乘性质．对变换的进一步讨论，见 Atkinson(1983，1985)，Box、Hunter 和 Hunter(1978)，Carroll 和 Ruppert(1985)，Dolby(1963)，Mosteller 和 Tukey(1977，第 4～6 章)，Myers(1990)，Smith(1972)以及 Tukey(1957)．

例 5.2 风车数据 一位研究员工程师正在研究使用风车发电．他收集了来自风车的直流输出与对应的风速．数据图画出在图 5-5 中并列出在表 5-5 中．检查这一散点图，表明直流输出(y)与风速(x)的关系可能是非线性的．但是首先还是用直线模型拟合数据．回归模型为

$$\hat{y}=0.1309+0.2411x$$

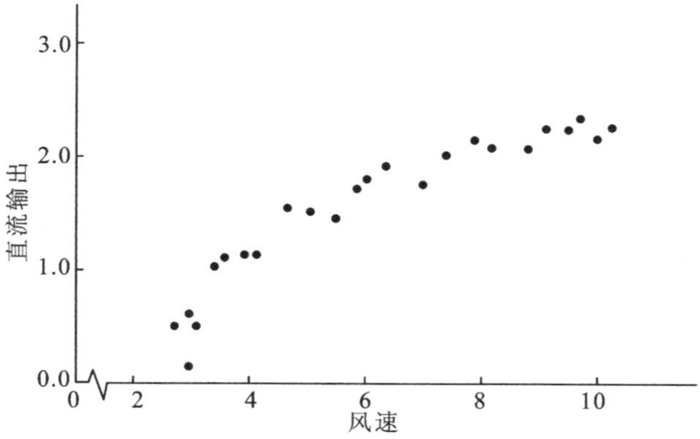

图 5-5 风车数据直流输出 y 与风速 x 的散点图

表 5-5 例 5.2 的观测值 y_i 与回归变量 x_i

观测值 i	风速 x_i(迈)	直流输出 y_i	观测值 i	风速 x_i(迈)	直流输出 y_i
1	5.00	1.582	14	5.80	1.737
2	6.00	1.822	15	7.40	2.088
3	3.40	1.057	16	3.60	1.137
4	2.70	0.500	17	7.85	2.179
5	10.00	2.236	18	8.80	2.112
6	9.70	2.386	19	7.00	1.800
7	9.55	2.294	20	5.45	1.501
8	3.05	0.558	21	9.10	2.303
9	8.15	2.166	22	10.20	2.310
10	6.20	1.866	23	4.10	1.194
11	2.90	0.653	24	3.95	1.144
12	6.35	1.930	25	2.45	0.123
13	4.60	1.562			

该模型的汇总统计量为 $R^2=0.8745$，$MS_{残}=0.0557$，而 $F_0=160.26$(P 值为<0.0001). 表 5-6 的 A 列展示了按升序排列的风速. 残差展示出了分区模式，也就是说，随着风速的增加，残差系统地从负移动到正，但又重新移动到负.

表 5-6 例 5.2 按风速升序排列的观测值 y_i，两个模型的拟合值 $\hat{y}_i$ 与残差 e_i

风速 x_i	直流输出 y_i	A. 直线模型 $\hat{y}=\hat{\beta}_0+\hat{\beta}_1 x$		B. 变换后模型 $\hat{y}=\hat{\beta}_0+\hat{\beta}_1(1/x)$	
		$\hat{y}_i$	e_i	$\hat{y}_i$	e_i
2.45	0.123	0.7217	−0.5987	0.1484	−0.0254
2.70	0.500	0.7820	−0.2820	0.4105	0.0895
2.90	0.653	0.8302	−0.1772	0.5876	0.0654
3.05	0.558	0.8664	−0.3084	0.7052	−0.1472

（续）

风速 x_i	直流输出 y_i	A. 直线模型 $\hat{y}=\hat{\beta}_0+\hat{\beta}_1 x$		B. 变换后模型 $\hat{y}=\hat{\beta}_0+\hat{\beta}_1(1/x)$	
		$\hat{y}_i$	e_i	$\hat{y}_i$	e_i
3.40	1.057	0.9508	0.1062	0.9393	0.1177
3.60	1.137	0.9990	0.1380	1.0526	0.0844
3.95	1.144	1.0834	0.0606	1.2233	−0.0793
4.10	1.194	1.1196	0.0744	1.2875	−0.0935
4.60	1.562	1.2402	0.3218	1.4713	0.0907
5.00	1.582	1.3366	0.2454	1.5920	−0.0100
5.45	1.501	1.4451	0.0559	1.7065	−0.2055
5.80	1.737	1.5295	0.2075	1.7832	−0.0462
6.00	1.822	1.5778	0.2442	1.8231	−0.0011
6.20	1.866	1.6260	0.2400	1.8604	0.0056
6.35	1.930	1.6622	0.2678	1.8868	0.0432
7.00	1.800	1.8189	−0.0189	1.9882	−0.1882
7.40	2.088	1.9154	0.1726	2.0418	0.0462
7.85	2.179	2.0239	0.1551	2.0955	0.0835
8.15	2.166	2.0962	0.0698	2.1280	0.0380
8.80	2.112	2.2530	−0.1410	2.1908	−0.0788
9.10	2.303	2.3252	−0.0223	2.2168	0.0862
9.55	2.294	2.4338	−0.1398	2.2527	−0.1472
9.70	2.386	2.4700	−0.0840	2.2640	0.1220
10.00	2.236	2.5424	−0.3064	2.2854	−0.0494
10.20	2.310	2.5906	−0.2906	2.2990	0.0110

178 ~ 179

残差与$\hat{y}_i$的残差图如图 5-6 所示．该残差图表明模型不适用，并意味着线性关系并未捕获风速变量的所有信息．注意图 5-5 中易见的曲线在残差图被大大放大了．显然必须考虑其他某些模型．

可以首先考虑使用二次模型

$$y=\beta_0+\beta_1 x+\beta_2 x^2+\varepsilon$$

来解释出现的这条曲线．但是，残差图图 5-5 表明随着风速的增加，直流输出接近逼近 2.5 这一上限．这一点也与风车运行的理论相一致．由于二次模型最终将随着风速的增加而向下弯曲，所以二次模型对这一数据是不合适的．一个更为合理的风车数据模型要包含一条上渐进线，为

$$y=\beta_0+\beta_1\left(\frac{1}{x}\right)+\varepsilon$$

图 5-7 是使用变量变换 $x'=1/x$ 的散点图．该散点图出现了线性，表明倒数变换是合适的．所拟合的模型为

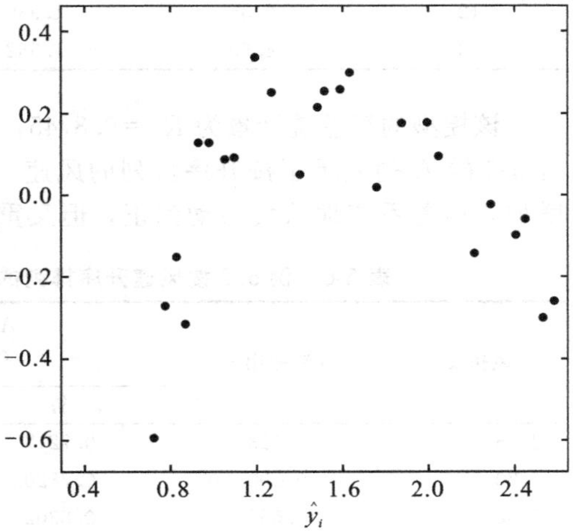

图 5-6　风车数据残差 e_i 与拟合值$\hat{y}_i$ 的残差图

$$\hat{y}=2.9789-6.9345x'$$

该模型的汇总统计量为 $R^2=0.9800$，$MS_{残}=0.0089$，而 $F_0=1128.43$(P 值为<0.0001).

来自变换后模型的拟合值与残差如表 5-6 的 B 列所示. R-学生残差值与$\hat{y}$的散点图如图 5-8 所示. 该图并未揭示存在方差不相等的任何问题. 其他残差图也都是令人满意的，而因为 180
不存在模型不适用的强烈信号，所以得出结论变换后的模型是令人满意的.

181

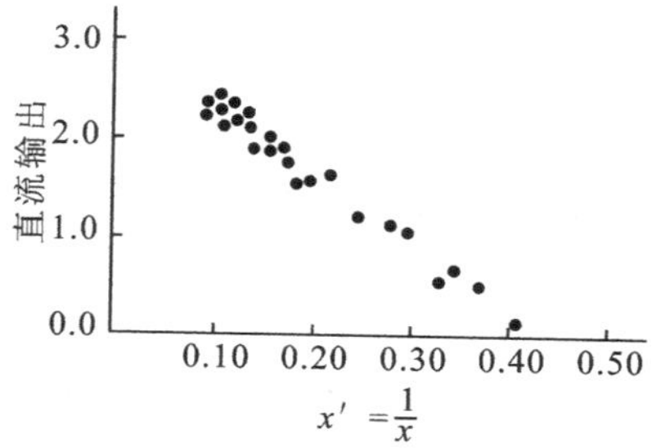

图 5-7 风车数据直流输出 y 与 $x'=1/x$ 的散点图

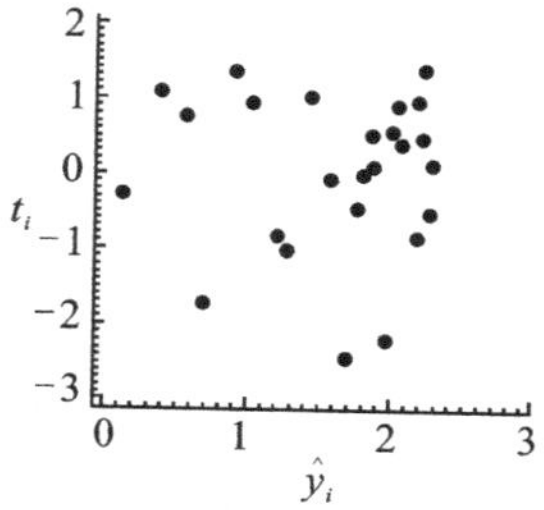

图 5-8 风车数据变换后模型 R-学生残差值与$\hat{y}_i$ 的散点图

5.4 选择变换的分析方法

在许多实例中变换是通过经验来选择的，而更为正式的，是可以应用客观的方法来帮助设定合适的变换. 本节将讨论并解释对响应变量与回归变量两者选择变换的分析程序.

5.4.1 对 y 进行变换：博克斯-考克斯方法

假设希望对 y 进行变换来修正非正态性与非常数方差这两者或其中之一. 一类有用的变换是幂变换 y^{λ}，式中 λ 为待定的参数(例如 $\lambda=\dfrac{1}{2}$意味着使用$\sqrt{y}$作为响应变量). Box 和 Cox(1964)证明了如何使用最大似然法同时估计回归模型的参数与 λ.

如果幂变换 y^{λ}，那么当 $\lambda=0$ 时会出现困难，也就是说，随着 λ 接近零，y^{λ} 会接近一. 这明显是个问题，这是由于所有响应变量的值都会等于常数，这是没有意义的. 解决这一困难(通常称其为在 $\lambda=0$ 处不连续)的方法是使用$(y^{\lambda}-1)/\lambda$ 作为响应变量的值. 这种方法解决了不连续的问题，这是因为随着 λ 趋近于零，$(y^{\lambda}-1)/\lambda$ 会达到 $\ln y$ 的极限. 但是仍然存在问题，这是因为随着 λ 的变化，$(y^{\lambda}-1)/\lambda$ 的值会剧烈变化，所以对 λ 值不同的模型，难以比较模型的汇总统计量.

合适的程序是使用

$$y^{(\lambda)}=\begin{cases}\dfrac{y^{\lambda}-1}{\lambda\dot{y}^{\lambda-1}}, & \lambda\neq 0\\ \dot{y}\ln y, & \lambda=0\end{cases} \tag{5.1}$$

式中：$\dot{y}=\ln^{-1}\left[1/n\sum_{i=1}^{n}\ln y_i\right]$是观测值的几何平均值，而拟合的模型为

$$\boldsymbol{y}^{(\lambda)}=\boldsymbol{X\beta}+\boldsymbol{\varepsilon} \tag{5.2}$$ 182

它通过最小二乘(或极大似然)得到. 已经证明除数$\dot{y}^{\lambda-1}$与将响应变量 y 变为 $y^{(\lambda)}$ 的变换的**雅可比矩阵**有关. 事实上，雅可比矩阵是一个标量因子，它确保了不同 λ 值的模型其残差平方和是可以比较的.

计算程序　所拟合模型的残差平方和 $SS_{残}(\lambda)$的 λ 值所对应的 λ 的极大似然估计值是最小的. 确定这个 λ 值通常是用不同的 λ 值将模型拟合为 $y(\lambda)$，并做出残差平方和 $SS_{残}(\lambda)$与 λ 的点图，然后从图中读出使 $SS_{残}(\lambda)$最小的 λ 值. 通常情况下 10～20 个 λ 的值在估计最优值时就足够了. 如果想做，也可以使用更好的网格做第二次迭代. 正如上文所指出的，选择 λ 时不能直接通过比较来自 y^{λ} 对 x 所做回归的残差平方和，这是因为对每个 λ 其度量残差平方和的尺度是不同的. 方程(5.1)的尺度是响应变量的尺度，因此可以直接比较其残差平方和. 向分析师推荐使用的是选择简单的 λ，这是因为在拟合时 $\lambda=0.5$ 与 $\lambda=0.596$ 的实际差异可能很小，但是前者更易于解释.

一旦选定了 λ 的值，分析师现在就有自由在 $\lambda\neq0$ 时使用 y^{λ} 作为响应变量来拟合模型. 如果 $\lambda=0$，那么使用 $\ln y$ 作为响应变量. 使用 $y^{(\lambda)}$ 作为最终模型的响应变量，这是完全可以接受的——在使用 y^{λ}(或 $\ln y$)比较模型时，该模型的尺度将有所不同，而该模型的原点也移动了. 以我们的经验，大多数工程师与科学家是喜欢使用 y^{λ}(或 $\ln y$)作为响应变量的.

λ 的近似置信区间　也可以求出变换参数 λ 的近似置信区间. 该置信区间在选择 λ 的最终取值时是有用的. 举例来说，如果$\hat{\lambda}=0.596$ 使残差平方和取得最小值，但是 $\lambda=0.5$ 在置信区间中，那么就可能以更易于解释为基础而更喜欢使用的平方根变换. 进一步来说，如果 $\lambda=1$ 在置信区间中，那么变换可能不是必需的.

在将最大似然法应用于回归模型时，根本上来说是最大化

$$L(\lambda)=-\frac{1}{2}n\ln[SS_{残}(\lambda)] \tag{5.3}$$

或等价来说，是最小化残差平方和函数 $SS_{残}(\lambda)$. λ 的近似 $100(1-\alpha)\%$置信区间所包含的 λ 值，它满足不等式

$$L(\hat{\lambda})-L(\lambda)\leqslant\frac{1}{2}\chi^2_{\alpha,1}\Big/n \tag{5.4}$$

式中：$\chi^2_{\alpha,1}$是自由度为一的卡方分布的上 α 分位点. 实际上为了构造置信区间，可以在 $L(\lambda)$与 λ 的点图上画出一条水平线，其高度为

183
$$L(\hat{\lambda})-\frac{1}{2}\chi^2_{\alpha,1}$$

其尺度为垂直方向的尺度. 这条线将与 $L(\lambda)$的区间切割出两个点，而这两个点在 λ 轴上的位置定义了近似置信区间的两个端点. 如果最小化残差平方和并做出 $SS_{残}(\lambda)$与 λ 的点图，那么所画出的这条线的高度为

$$SS^*=SS_{残}(\hat{\lambda})\exp(\chi^2_{\alpha,1}/n) \tag{5.5}$$

记住，$\hat{\lambda}$是使残差平方和最小的 λ 值.

在实际应用置信区间程序时，可能会发现方程(5.5)右边的因子 $\exp(\chi^2_{\alpha,1}/n)$被替代成了 $1+z^2_{\alpha/2}/n$ 或 $1+t^2_{\alpha/2,v}/n$ 或 $1+\chi^2_{\alpha,1}/n$ 之一还也许被替代成了 $1+z^2_{\alpha/2}/\nu$ 或 $1+t^2_{\alpha/2,v}/\nu$ 或$1+\chi^2_{\alpha,1}/\nu$ 之一，式中 ν 为残差的自由度数. 这些因子都基于 $\exp(x)=1+x+x^2/2!\ +x^3/3!\ +\cdots=$

$1+x$ 这一展开式与 $\chi_1^2=z^2\approx t_\nu^2$ 这一事实，除非是残差的自由度数 ν 较小. 也许可以争论的是应当使用 n 还是使用 ν，但是在大多数实际情形中，两者产生的置信区间之间几乎没有差异.

例 5.3 **电业数据** 回忆例 5.1 所引入的电业数据. 使用博克斯-考克斯程序来选择方差稳定化变换. 对不同的 λ 值，$SS_{残}(\lambda)$的值如表 5-7 所示. 该表表明 $\lambda=0.5$(平方根变换)十分接近最优的值. 注意已经在最优 λ 值的附近使用了一个更好的 λ 的“格子”，这有助于更加精确地定位最优的 λ，也有助于作出残差平方和函数的图形.

残差平方和与 λ 的图形如图 5-9 所示. 如果采用 $\lambda=0.5$ 作为最优值，那么要求 λ 的近似 95%置信区间，可以通过计算来自方程(5.5)的临界平方和 SS^*，如下：

$$SS^*=SS_{残}(\hat{\lambda})e^{\chi^2_{0.05,1}/n}=96.9495e^{3.84/53}=96.9495(1.0751)=104.23$$

这一高度的水平线如图 5-9 所示. $\lambda^-=0.26$ 与 $\lambda^+=0.80$ 的对应值由所给出的 λ 的下置信限与上置信限的区间分别读出. 由于这两个置信限不包括值 1(意味着无变换)，所以可证明进行变换是有帮助的. 进一步也说明，例 5.1 所使用的平方根变换在分析上是正当的.

表 5-7 例 5.3 不同 λ 值的残差平方和的值

λ	$SS_{残}(\lambda)$
−2	34 101.0381
−1	986.0423
−0.5	291.5834
0	134.0940
0.125	118.1982
0.25	107.2057
0.375	100.2561
0.5	96.9495
0.625	97.2889
0.75	101.6869
1	126.8660
2	1275.5555

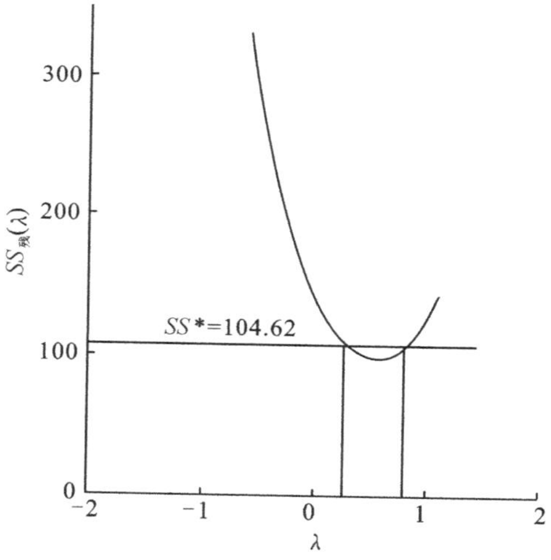

图 5-9 残差平方和 $SS_{残}(\lambda)$与 λ 的图像

5.4.2 对回归变量进行变换

假设 y 与一个或更多回归变量之间的关系是非线性的，但是响应变量至少近似满足了独立正态分布且方差为常数的一般假设. 想要对回归变量选择合适的变换，就要求 y 与变换后回归变量的关系要尽可能简单. Box 和 Tidwell(1962)描述了一种确定 x 变换形式的分析程序. 这一程序可以用于一般的回归情形，而这里只给出并解释其在简单线性回归模型中的应用. 184~185

假设响应变量 y 与回归变量的幂有关，比如 $\xi=x^\alpha$，为

$$E(y)=f(\xi,\ \beta_0,\ \beta_1)=\beta_0+\beta_1\xi$$

式中

$$\xi=\begin{cases}x^{\alpha} & \alpha\neq 0\\ \ln x & \alpha=0\end{cases}$$

而 β_0、β_1 与 α 为未知参数．假设初始先猜想 α 为常数．通常首先猜想 $\alpha_0=1$，所以 $\xi_0=x^{\alpha_0}=x$，即在第一次迭代时根本不用应用变换．将首先猜想的式子展开为泰勒级数，并忽略高于一阶的项，给出

$$\begin{aligned}E(y)&=f(\xi_0, \beta_0, \beta_1)+(\alpha-\alpha_0)\left\{\frac{\mathrm{d}f(\xi, \beta_0, \beta_1)}{\mathrm{d}\alpha}\right\}_{\substack{\xi=\xi_0\\ \alpha=\alpha_0}}\\ &=\beta_0+\beta_1 x+(\alpha-1)\left\{\frac{\mathrm{d}f(\xi, \beta_0, \beta_1)}{\mathrm{d}\alpha}\right\}_{\substack{\xi=\xi_0\\ \alpha=\alpha_0}}\end{aligned}\tag{5.6}$$

如果方程(5.6)中的括号中的项是已知的，那么可将其看作一个增添的回归变量，通过最小二乘估计方程(5.6)中的 β_0、β_1 与 α 就是可能的．可以采用 α 的估计值作为变换参数的改进估计值．方程(5.6)中的括号中的项可以写为

$$\left\{\frac{\mathrm{d}f(\xi, \beta_0, \beta_1)}{\mathrm{d}\alpha}\right\}_{\substack{\xi=\xi_0\\ \alpha=\alpha_0}}=\left\{\frac{\mathrm{d}f(\xi, \beta_0, \beta_1)}{\mathrm{d}\xi}\right\}_{\xi=\xi_0}\left\{\frac{\mathrm{d}\xi}{\mathrm{d}\alpha}\right\}_{\alpha=\alpha_0}$$

而由于变换的形式是正确的，即 $\xi=x^{\alpha}$，所以有 $\mathrm{d}\xi/\mathrm{d}\alpha=x\ln x$．进一步来说，

$$\left\{\frac{\mathrm{d}f(\xi, \beta_0, \beta_1)}{\mathrm{d}\xi}\right\}_{\xi=\xi_0}=\frac{\mathrm{d}(\beta_0+\beta_1 x)}{\mathrm{d}x}=\beta_1$$

为方便起见，通过最小二乘法拟合模型

$$\hat{y}=\hat{\beta}_0+\hat{\beta}_1 x\tag{5.7}$$

来估计这一参数．然后"调整"初始的猜想 $\alpha_0=1$，其计算是通过由将第二个回归变量定义为 $w=x\ln x$，并使用最小二乘来估计

$$E(y)=\beta_0^*+\beta_1^* x+(\alpha-1)\beta_1 w=\beta_0^*+\beta_0^* x+\gamma w\tag{5.8}$$

中的参数，给出

$$\hat{y}=\hat{\beta}_0^*+\hat{\beta}_1^*+\hat{\gamma} w\tag{5.9}$$

186 并采用

$$\alpha_1=\hat{\gamma}/\beta_1+1\tag{5.10}$$

作为修改后的 α 的估计值．注意 $\hat{\beta}_1$ 由方程(5.7)得到，而 $\hat{\gamma}$ 由方程(5.9)得到，一般情况下 $\hat{\beta}_1$ 与 $\hat{\beta}_1^*$ 将是不同的．现在可以使用新的回归变量 $x'=x^{\alpha_1}$ 重复这一程序进行计算．Box 和 Tidwell(1962)提出这一程序通常会十分快速地收敛，而第一阶段所得到的 α 通常就是令人满意的 α 的估计值．该文献也提出要小心舍入误差可能是一个问题，除非保留足够的小数位数，否则 α 的后续值可能会大幅振荡．可能遇到收敛问题的情形是误差标准差 σ 较大，或回归变量的范围相比其均值太小．这种情形意味着数据不需要进行任何变换．

例 5.4 风车数据 使用例 5.2 的风车数据解释这一程序．散点图图 5-5 表明直流输出(y)与风速(x)之间的关系不是线性关系．对 x 进行某些变换是合适的．

从初始猜想 $\alpha_0=1$ 并拟合模型开始，给出 $\hat{y}=0.1309+0.2411x$．然后定义 $w=x\ln x$，拟合方程(5.8)并得到

$$\hat{y}=\hat{\beta}_0^*+\hat{\beta}_1^*x+\hat{\gamma}w=-2.4168+1.5344x-0.4626w$$

由方程(5.10)计算出

$$\alpha_1=\hat{\gamma}/\hat{\beta}_1+1=\frac{-0.4626}{0.2411}+1=-0.92$$

作为 α 的改进估计值. 注意这一 α 的估计值十分接近 -1，所以支持使用 Box 和 Tidwell 的程序对 x 进行倒数变换，这实际上就是例 5.2 所使用的方法.

为了做第二次迭代，定义新的回归变量 $x'=x^{-0.92}$ 并拟合模型

$$\hat{y}=\hat{\beta}_0+\hat{\beta}_1x'=3.1039-6.6784x'$$

然后形成第二个回归变量 $w'=x'\ln x'$ 并拟合

$$\hat{y}=\hat{\beta}_0^*+\hat{\beta}_1^*x+\hat{\gamma}w=3.2409-6.445x'+0.5994w'$$

因此第二步中 α 的估计值为

$$\alpha_2=\frac{\hat{\gamma}}{\hat{\beta}_1}+\alpha_1=\frac{0.5994}{-6.6784}=(-0.92)=-1.01$$

该式也支持对 x 使用倒数变换. 187

5.5 广义最小二乘与加权最小二乘

非常数误差方差的线性回归模型也可以通过**加权最小二乘**进行拟合. 在这种估计方法中，y_i 的预测值与 y_i 的期望值之间的离差要乘以一个**权重** w_i，这一所选择的权重与 y_i 的方差成反比. 对于简单线性回归的情形，加权最小二乘函数为

$$S(\beta_0,\beta_1)=\sum_{i=1}^{n}w_i(y_i-\beta_0-\beta_1x_i)^2 \tag{5.11}$$

所得到的最小二乘正规方程为

$$\begin{aligned}\hat{\beta}_0\sum_{i=1}^{n}w_i+\hat{\beta}_1\sum_{i=1}^{n}w_ix_i&=\sum_{i=1}^{n}w_iy_i\\ \beta_0\sum_{i=1}^{n}w_ix_i+\hat{\beta}_1\sum_{i=1}^{n}w_ix_i^2&=\sum_{i=1}^{n}w_ix_iy_i\end{aligned} \tag{5.12}$$

解出方程(5.12)将产生 β_0 与 β_1 的加权最小二乘估计量.

本节给出对多元回归模型加权最小二乘的研究. 开始先考虑关于模型误差结构的稍为一般的情形.

5.5.1 广义最小二乘

通常对线性回归模型 $\boldsymbol{y}=\boldsymbol{X\beta}+\boldsymbol{\varepsilon}$ 所做的假设为 $E(\boldsymbol{\varepsilon})=0$ 且 $\mathrm{Var}(\boldsymbol{\varepsilon})=\sigma^2\boldsymbol{I}$. 正如已经所观察到的，这两个假设有时是不合理的，所以现在考虑当 $\mathrm{Var}(\boldsymbol{\varepsilon})=\sigma^2\boldsymbol{V}$，式中 $\boldsymbol{V}$ 为已知的 $n\times n$ 矩阵时，在做普通最小二乘程序时修正这两个假设. 这种情形有一种简单的解释：如果 $\boldsymbol{V}$ 是对角的但对角线元素不相等，那么观测值 $\boldsymbol{y}$ **不相关**但**方差不相等**；而如果 $\boldsymbol{V}$ 的某些非对角线元素非零，那么观测值**相关**. 当模型为

$$\begin{gathered}\boldsymbol{y}=\boldsymbol{X\beta}+\boldsymbol{\varepsilon}\\ E(\boldsymbol{\varepsilon})=\boldsymbol{0},\quad \mathrm{Var}(\boldsymbol{\varepsilon})=\sigma^2\boldsymbol{V}\end{gathered} \tag{5.13}$$

时，普通最小二乘估计量$\hat{\boldsymbol{\beta}}=(\boldsymbol{X}'\boldsymbol{X})^{-1}\boldsymbol{X}'\boldsymbol{y}$不再是合适的．通过将模型变换为新的观测值集合来处理这一问题，这一新的观测值集合满足标准最小二乘假设．然后对变换后的数据使用普通最小二乘．由于$\sigma^2\boldsymbol{V}$是误差的协方差，所以$\boldsymbol{V}$必须非奇异且正定，所以存在非奇异的对称矩阵$\boldsymbol{K}$，式中$\boldsymbol{K}'\boldsymbol{K}=\boldsymbol{K}\boldsymbol{K}=\boldsymbol{V}$．矩阵$\boldsymbol{K}$通常称为$\boldsymbol{V}$的平方根．一般而言，$\sigma^2$是未知的，这种情况下$\boldsymbol{V}$除了是一个常数之外，还代表了随机误差之间方差与协方差的假设结构．

188

定义新的变量

$$\boldsymbol{z}=\boldsymbol{K}^{-1}\boldsymbol{y},\quad \boldsymbol{B}=\boldsymbol{K}^{-1}\boldsymbol{X},\quad \boldsymbol{g}=\boldsymbol{K}^{-1}\boldsymbol{\varepsilon} \tag{5.14}$$

所以回归模型$\boldsymbol{y}=\boldsymbol{X\beta}+\boldsymbol{\varepsilon}$变成了$\boldsymbol{K}^{-1}\boldsymbol{y}=\boldsymbol{K}^{-1}\boldsymbol{X\beta}+\boldsymbol{K}^{-1}\boldsymbol{\varepsilon}$，即

$$\boldsymbol{z}=\boldsymbol{B\beta}+\boldsymbol{g} \tag{5.15}$$

这一变换后模型的误差有零均值，即$E(\boldsymbol{g})=\boldsymbol{K}^{-1}E(\boldsymbol{\varepsilon})=\boldsymbol{0}$．进一步来说，$\boldsymbol{g}$的协方差矩阵为

$$\begin{aligned}\mathrm{Var}(\boldsymbol{g})&=\{[\boldsymbol{g}-E(\boldsymbol{g})][\boldsymbol{g}-E(\boldsymbol{g})]'\}\\&=E(\boldsymbol{g}\boldsymbol{g}')\\&=E(\boldsymbol{K}^{-1}\boldsymbol{\varepsilon}\boldsymbol{\varepsilon}'\boldsymbol{K}^{-1})\\&=\boldsymbol{K}^{-1}E(\boldsymbol{\varepsilon}\boldsymbol{\varepsilon}')\boldsymbol{K}^{-1}\\&=\sigma^2\boldsymbol{K}^{-1}\boldsymbol{V}\boldsymbol{K}^{-1}\\&=\sigma^2\boldsymbol{K}^{-1}\boldsymbol{K}\boldsymbol{K}\boldsymbol{K}^{-1}\\&=\sigma^2\boldsymbol{I}\end{aligned} \tag{5.16}$$

因此，$\boldsymbol{g}$的元素有零均值，常数方差且方差是不相关的．由于模型(5.15)中的误差$\boldsymbol{g}$满足一般假设，所以可以应用普通最小二乘．最小二乘函数为

$$S(\boldsymbol{\beta})=\boldsymbol{g}'\boldsymbol{g}=\boldsymbol{\varepsilon}'\boldsymbol{V}^{-1}\boldsymbol{\varepsilon}=(\boldsymbol{y}-\boldsymbol{X\beta})'\boldsymbol{V}^{-1}(\boldsymbol{y}-\boldsymbol{X\beta}) \tag{5.17}$$

最小二乘正规方程为

$$(\boldsymbol{X}'\boldsymbol{V}^{-1}\boldsymbol{X})\hat{\boldsymbol{\beta}}=\boldsymbol{X}'\boldsymbol{V}^{-1}\boldsymbol{y} \tag{5.18}$$

而该方程的解为

$$\hat{\boldsymbol{\beta}}=(\boldsymbol{X}'\boldsymbol{V}^{-1}\boldsymbol{X})^{-1}\boldsymbol{X}'\boldsymbol{V}^{-1}\boldsymbol{y} \tag{5.19}$$

这里$\hat{\boldsymbol{\beta}}$称为$\boldsymbol{\beta}$的**广义最小二乘估计量**．

证明$\hat{\boldsymbol{\beta}}$是$\boldsymbol{\beta}$的无偏估计量并不困难．$\hat{\boldsymbol{\beta}}$的协方差为

$$\mathrm{Var}(\hat{\boldsymbol{\beta}})=\sigma^2(\boldsymbol{B}'\boldsymbol{B})^{-1}=\sigma^2(\boldsymbol{X}'\boldsymbol{V}^{-1}\boldsymbol{X})^{-1} \tag{5.20}$$

189 附录 C.11 证明了$\hat{\boldsymbol{\beta}}$是$\boldsymbol{\beta}$的最佳线性无偏估计量．表 5-8 汇总了广义最小二乘的方差分析．

表 5-8　广义最小二乘的方差分析

来源	平方和	自由度	均方	F_0
回归	$SS_{回}=\hat{\boldsymbol{\beta}}'\boldsymbol{B}'\boldsymbol{z}$ $=\boldsymbol{y}'\boldsymbol{V}^{-1}\boldsymbol{X}(\boldsymbol{X}'\boldsymbol{V}^{-1}\boldsymbol{X})^{-1}\boldsymbol{X}'\boldsymbol{V}^{-1}\boldsymbol{y}$	p	$SS_{回}/p$	$MS_{回}/MS_{残}$
误差	$SS_{残}=\boldsymbol{z}'\boldsymbol{z}-\hat{\boldsymbol{\beta}}'\boldsymbol{B}'\boldsymbol{z}$ $=\boldsymbol{y}'\boldsymbol{V}^{-1}\boldsymbol{y}-\boldsymbol{y}'\boldsymbol{V}^{-1}\boldsymbol{X}(\boldsymbol{X}'\boldsymbol{V}^{-1}\boldsymbol{X})^{-1}\boldsymbol{X}'\boldsymbol{V}^{-1}\boldsymbol{y}$	$n-p$	$SS_{残}/(n-p)$	
总	$\boldsymbol{z}'\boldsymbol{z}=\boldsymbol{y}'\boldsymbol{V}^{-1}\boldsymbol{y}$	n		

5.5.2 加权最小二乘

当误差 $\boldsymbol{\varepsilon}$ 不相关但方差不相等，比如说 $\boldsymbol{\varepsilon}$ 的协方差矩阵为

$$\sigma^2\mathbf{V}=\sigma^2\begin{bmatrix}\frac{1}{w_1} & & & 0\\ & \frac{1}{w_2} & & \\ & & \ddots & \\ 0 & & & \frac{1}{w_n}\end{bmatrix}$$

时，其估计程序通常称为**加权最小二乘**. 令 $\mathbf{W}=\mathbf{V}^{-1}$. 由于 $\mathbf{V}$ 是对角矩阵，所以 $\mathbf{W}$ 也是对角的，其对角线元素即**权重**为 w_1，w_2，…，w_n. 由方程(5.18)，加权最小二乘正规方程为

$$(\mathbf{X}'\mathbf{W}\mathbf{X})\hat{\boldsymbol{\beta}}=\mathbf{X}'\mathbf{W}\mathbf{y}$$

这是多元回归的加权最小二乘正规方程，类似于方程(5.12)中的一元回归. 因此，

$$\hat{\boldsymbol{\beta}}=(\mathbf{X}'\mathbf{W}\mathbf{X})^{-1}\mathbf{X}'\mathbf{W}\mathbf{y}$$

为加权最小二乘估计量. 注意方差较大的观测值将比方差较小的观测值有更小的权重.

加权最小二乘估计量可以简单地通过普通最小二乘的计算机程序得到. 如果将第 i 次观测的每个观测值(为了方便解释将 1 包括在内)乘以该观测值权重的平方根，那么会得到变换后的数据集

$$\mathbf{B}=\begin{bmatrix}1\sqrt{w_1} & x_{11}\sqrt{w_1} & \cdots & x_{1k}\sqrt{w_1}\\ 1\sqrt{w_2} & x_{21}\sqrt{w_2} & \cdots & x_{2k}\sqrt{w_2}\\ \vdots & \vdots & & \vdots\\ 1\sqrt{w_n} & x_{n1}\sqrt{w_n} & \cdots & x_{nk}\sqrt{w_n}\end{bmatrix},\quad\begin{bmatrix}y_1\sqrt{w_1}\\ y_2\sqrt{w_2}\\ \vdots\\ y_n\sqrt{w_n}\end{bmatrix}$$

190

现在如果对这一变换后的数据做普通最小二乘，那么所得到的

$$\hat{\boldsymbol{\beta}}=(\mathbf{B}'\mathbf{B})^{-1}\mathbf{B}'\mathbf{z}=(\mathbf{X}'\mathbf{W}\mathbf{X})^{-1}\mathbf{X}'\mathbf{W}\mathbf{y}$$

为 $\boldsymbol{\beta}$ 的加权最小二乘估计量.

JMP 与 Minitab 都可以做加权最小二乘. 用 SAS 做加权最小二乘，用户必须设定“权重”变量，比如说 w. 为了做加权最小二乘，用户要将下面的语句添加在模型语句之后：

```
weight w;
```

5.5.3 若干实用问题

为了使用加权最小二乘，权重 w_i 必须是已知的. 来自理论模型的先验的知识或经验或信息可以用来确定权重(这种方法的例子见 Weisberg(1985)). 另一方面，残差分析可能会表明误差的方差可能是某个回归变量的函数，比如说 $\mathrm{Var}(\varepsilon_i)=\sigma^2 x_{ij}$，所以 $w_i=1/x_{ij}$. 在某些情况下，y_i 实际上是 n_i 个观测值的平均值，而如果所有原观测值都有常数方差 σ^2，那么 y_i 的方差为 $\mathrm{Var}(y_i)=\mathrm{Var}(\varepsilon_i)=\sigma^2/n_i$，所以将权重选择为 $w_i=n_i$. 误差的最初来源有时是测量误差，而不同观测值的测量是通过不相等但已知(或能良好估计)精确度的不同工具

进行的. 所以所选择的权重与测量误差的方差成反比. 在许多实际情形中，可能不得不先猜测权重，进行分析，然后以结果为基础重新估计权重. 进行若干次迭代可能是必需的.

由于广义最小二乘与加权最小二乘都需要对误差做附加的假设，所以感兴趣的是问在 $\mathrm{Var}(\boldsymbol{\varepsilon})=\sigma^2\boldsymbol{V}$ 其中 $\boldsymbol{V}\neq\boldsymbol{I}$ 的情况下，当不做这一附加假设就使用普通最小二乘时，会发生什么. 如果在这种情形下使用普通最小二乘，那么所得到的估计量 $\boldsymbol{\beta}=(\boldsymbol{X}'\boldsymbol{X})^{-1}\boldsymbol{X}'\boldsymbol{y}$ 仍然是无偏的. 但是，普通最小二乘估计量不再是方差最小的估计量. 也就是说，普通最小二乘的协方差矩阵为

$$\mathrm{Var}(\hat{\boldsymbol{\beta}})=\sigma^2(\boldsymbol{X}'\boldsymbol{X})^{-1}\boldsymbol{X}'\boldsymbol{V}\boldsymbol{X}(\boldsymbol{X}'\boldsymbol{X})^{-1} \tag{5.21}$$

而广义最小二乘估计量的协方差矩阵方程(5.20)所给出的回归系数的方差更小. 因此，只要 $\boldsymbol{V}\neq\boldsymbol{I}$ 时，广义最小二乘或加权最小二乘就会比普通最小二乘更好.

例 5.5 加权最小二乘　30 家饭店食品销量的月均收入与所对应的年广告费如表 5-9 的 a 列与 b 列所示. 管理学所感兴趣的是这两个变量之间的关系，所以用普通最小二乘拟
191 合食品销量 y 与广告费 x 关系的线性回归模型，得到 $\hat{y}=49\,443.3838+8.0484x$. 图 5-10 为这一最小二乘拟合的残差与 $\hat{y}_i$ 的残差图. 这张图表明其违背了常数方差的假设. 因此，用普通最小二乘拟合是不合适的.

表 5-9　饭店食品销量数据

观测值 i	(a)收入 y_i	(b)广告费 x_i	(c)$\overline{x}$	(d)s_y^2	(e)权重 w_i
1	81 464	3000	3078.3	26 794 616	6.217 71 E-08
2	72 661	3150			5.795 07 E-08
3	72 344	3085			5.970 94 E-08
4	90 743	5225	5287.5	30 772 013	2.986 67 E-08
5	98 588	5350			2.901 95 E-08
6	96 507	6090			2.484 71 E-08
7	126 574	8925	8955.0	52 803 695	1.602 17 E-08
8	114 133	9015			1.584 31 E-08
9	115 814	8885			1.610 24 E-08
10	123 181	8950			1.597 17 E-08
11	131 434	9000			1.587 26 E-08
12	140 564	11 345	12 171.0	59 646 475	1.229 42 E-08
13	151 352	12 275			1.128 52 E-08
14	146 926	12 400			1.116 21 E-08
15	130 963	12 525			1.104 16 E-08
16	144 630	12 310			1.125 05 E-08
17	147 041	13 700			1.002 46 E-08
18	179 021	15 000	15 095.0	120 571 061	9.097 50 E-09
19	166 200	15 175			8.985 63 E-09
20	180 732	14 995			9.100 73 E-09
21	178 187	15 050			9.065 25 E-09
22	185 304	15 200			8.969 87 E-09
23	155 931	15 150			9.001 44 E-09
24	172 579	16 800	16 650.0	132 388 992	8.064 78 E-09
25	188 851	16 500			8.220 30 E-09
26	192 424	17 830			7.572 87 E-09
27	203 112	19 500	19 262.5	138 856 871	6.891 36 E-09
28	192 482	19 200			7.004 60 E-09
29	218 715	19 000			7.082 18 E-09
30	214 317	19 350			6.947 52 E-09

为了修正方差不相等的问题，必须知道权重 w_i. 通过考察表 5-9 中的数据注意到，存在 x 值为“近邻点”的几个集合，也就是说，存在 x 的近似重复点. 假设这些近邻点是足够接近的而将其考虑为重复点，并使用这些重复点上响应变量的残差来研究 Var(y)如何随着 x 变化. 表 5-9 的 c 列与 d 列展示了每个近邻点聚类 x 值的平均值($\bar{x}$)与每个聚类中 y 的方差. 所做出的 s_y^2 与对应 $\bar{x}$ 的点图表明 s_y^2 近似随着 $\bar{x}$ 而线性增加. 最小二乘拟合给出 192

$$\hat{s}_y^2 = -9\,226\,002 + 7781.626\bar{x}$$

将每个 x_i 的值代入这一方程，给出所对应观测值 y_i 的方差的估计值. 这些拟合值的倒数是权重 w_i 的合理估计值. 这些估计的权重如表 5-9 的 e 列所示.

使用表 5-9 中的权重对数据应用加权最小二乘，给出拟合模型

$$\hat{y} = 50\,974.564 + 7.922\,24x$$

必须考察其残差来确定使用加权最小二乘拟合是否改善了拟合. 为了这么做，作出**加权**残差 $w_i^{1/2}e_i = w_i^{1/2}(y_i - \hat{y})$，式中 $\hat{y}_i$ 来自加权最小二乘拟合，与 $w_i^{1/2}\hat{y}_i$ 的残差图. 这张图如图 5-11 所示，将其对比前文普通最小二乘的残差图，发现拟合有大幅的改善. 说明加权最小二乘拟合修正了方差不相等的问题.

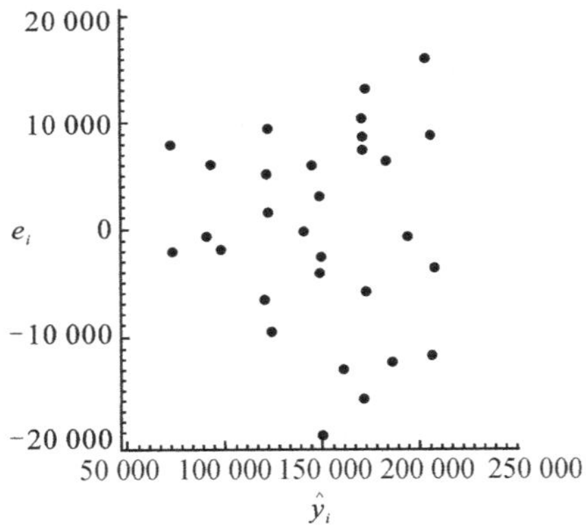

图 5-10　例 5.5 普通最小二乘残差与拟合值的残差图

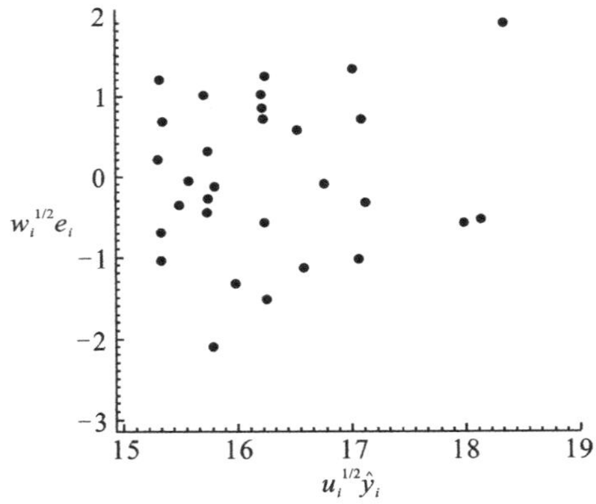

图 5-11　例 5.5 加权残差 $w_i^{1/2}e_i$ 与加权拟合值 $w_i^{1/2}\hat{y}_i$ 的残差图

关于本例还有两点应当提出. 第一点，x 空间中有几个近邻点是幸运的. 进一步来说，因为仅包括一个回归变量，所以通过审视表 5-9 容易辨认出这些点的聚类. 而有若干个回归变量时，通过观察来验证辨认出聚类要困难得多，回忆 4.5.2 节提出的找出点对的分析程序. 第二点是关于使用回归方程来估计权重. 分析师应当小心地检验通过方程产生的权重，确保这些权重是合适的. 举例来说，在上一问题中，充分小的 x 值可能会产生负的权重，这明显是不合理的. 193

5.6　带有随机效应的回归模型

5.6.1　子抽样

随机效应使得分析师要考虑变异性的多重来源. 举例来说，许多人使用简单的纸制直升机来解释试验设计的某些基本原理. 考虑确定直升机机翼的长度对常规飞行时间影响的

试验．直升机特定飞行时间的计时通常会存在相当大的误差，尤其是计时的人之前从未做过计时．因此，这一试验的主流试验报告中由三个人对每次飞行进行计时，以得到更为精确的实际飞行时间值．此外，直升机与直升机之间存在相当大的变异性，特别是在一门合作式短课程中的学生之前从未制作过纸制直升机的情形．这一特别的试验存在两个变异来源：研究中所使用的每个直升机内部的变异性，与不同直升机之间的变异性．

该试验的合理模型为

$$y_{ij}=\beta_0+\beta_1 x_i+\delta_i+\epsilon_{ij}\quad(i=1,\ 2,\ \cdots,\ m\text{ 和 }j=1,\ 2,\ \cdots,\ r_i)\tag{5.22}$$

式中：m 为直升机数；r_i 为第 i 架直升机飞行时间的测量次数；y_{ij} 为第 i 架直升机第 j 次飞行的飞行时间；x_i 为第 i 架直升机机翼的长度；ϵ_{ij} 为第 i 架直升机第 j 次飞行中的随机误差．关键点在于存在两个变异来源，用 δ_i 与 ϵ_{ij} 表示．一般情况下，假设 ϵ_i 为独立正态分
194 布、其均值为 0、方差为常数 σ_δ^2，$\epsilon_{ij}s$ 为独立正态分布、其均值为 0、方差为常数 σ^2，且 δ_i 与 ϵ_{ij} 独立．在这些假设下，特定直升机的飞行时间是相关的，而不同直升机之间的飞行时间是独立的．

方程(5.22)是**混合模型**的例子，其包含了**固定效应**，在本例中为 $x_i s$，与**随机效应**，在本例中为 $\delta_i s$ 和 $\epsilon_{ij} s$．对特定随机影响所使用的单元代表了来自一个更大的潜在单元总体的抽样．举例来说，分析师所选择用于研究的病人来自一个可能人群的大的总体．所有统计推断所关注的并不是所选择的特定病人，相反，所关注的是所有可能病人的总体．隐含在所有随机效应中的关键点是这种对总体的关注，而不是对研究中所选择的特定单元的关注．随机效应几乎总是分类数据．

数据收集方法创生了对混合模型的需求．从某些意义上来说，标准回归模型 $\boldsymbol{y}=\boldsymbol{X\beta}+\boldsymbol{\varepsilon}$ 是一个混合模型，其中 $\boldsymbol{\beta}$ 代表固定效应而 $\boldsymbol{\varepsilon}$ 代表随机效应．更为一般地来说，要将术语混合模型限定为有多于一个误差项的情况．

当一个单元有多个观测值时，方程(5.22)是标准模型．通常将这种情形称为子抽样．试验报告创生了对两个分离的误差项的需求．在大多数生物医学研究中，每个病人都有若干个观测值．同样，试验报告也创生了对两个误差项的需求：一个误差项是一个病人的观测值与观测值之间的差异，另一个误差项解释所随机选择的病人与病人之间的差异．

在子抽样的情形中，研究中观测值的总数 $n=\sum_{i=1}^{m} r_i$．方程(5.22)的矩阵形式为

$$\boldsymbol{y}=\boldsymbol{X\beta}+\boldsymbol{Z\delta}+\boldsymbol{\varepsilon}$$

式中：$\boldsymbol{Z}$ 为 $n\times m$ "关联"矩阵；$\boldsymbol{\delta}$ 为直升机与直升机之间误差的 $m\times 1$ 随机矩阵．$\boldsymbol{Z}$ 的形式为

$$\boldsymbol{Z}=\begin{bmatrix}\mathbf{1}_{r1} & \mathbf{0} & \cdots & \mathbf{0}\\ \mathbf{0} & \mathbf{1}_{r2} & \cdots & \mathbf{0}\\ \vdots & \vdots & \vdots & \vdots\\ \mathbf{0} & \mathbf{0} & \cdots & \mathbf{1}_{rm}\end{bmatrix}$$

式中：$\mathbf{1}_i$ 为其中一个误差向量．可以进行估计而得到

$$\mathrm{Var}(\boldsymbol{y})=\sigma^2\boldsymbol{I}+\sigma_\delta^2\boldsymbol{ZZ}'$$

矩阵 $\boldsymbol{ZZ}'$ 是对角分块矩阵，其每个分块都包含一个 $r_i\times r_i$ 矩阵．这一模型的净结果是

应当使用广义最小二乘来估计 $\boldsymbol{\beta}$. 在这种情况下，要平衡数据，每个直升机都要有相同数量的观测值，所以 $\boldsymbol{\beta}$ 的普通最小二乘估计量与广义最小二乘估计量完全相同，而且都是最佳线性无偏估计量. 因此，普通最小二乘是估计这一模型的优良方式. 但是，因为普通最小二乘不能反映出直升机与直升机之间的变异性，所以基于通常的普通最小二乘方法的推断存在严重的问题. 这一重要的误差来源在通常的普通最小二乘分析中被遗漏了. 因此，虽然使用普通最小二乘模型是合适的，但是以原飞行时间为基础对模型进行标准最小二乘推断是不合适的. 这样做，会忽略直升机与直升机之间误差项的影响. 在平衡数据的情形且仅在平衡数据的情形下，才能构造精确的 F 统计量与 t 统计量. 可以证明(见习题 5.19)，合适的误差项是基于 195

$$SS_{子抽样}=\boldsymbol{y}'[\boldsymbol{Z}(\boldsymbol{Z}'\boldsymbol{Z})^{-1}\boldsymbol{Z}'-\boldsymbol{X}(\boldsymbol{X}'\boldsymbol{X})^{-1}\boldsymbol{X}']\boldsymbol{y}$$

其自由度为 $m-p$. 简单地说，该误差项使用了每架直升机的平均飞行时间，而不是每次的飞行时间. 因此，广义最小二乘分析与对每架飞机的平均时间所做的普通最小二乘分析是完全等价的. 正如下例所解释的，当使用软件时这一深刻见解是重要的.

如果没有平衡数据，那么推荐使用残差最大似然，也就是所知的限制性最大似然(REML)作为估计与推断的基础(见 5.6.2 节). 非平衡数据的情况下不存在 β 的最佳线性无偏估计量. 基于 REML 的推断是渐进有效的.

例 5.6 **直升机子抽样数据** 表 5-10 汇总的数据来自关于试验设计的工业短课程，其所使用的纸制直升机是作为课堂练习的. 该班级进行了一个简单的 22 因子试验，一共重复做了两次. 因此，试验一共需要八架直升机来观察“外形”(aspect)，这是纸制直升机机身的长度，与“纸张”(paper)，这是纸的重量，对飞行时间的影响. 三个人对每次直升机的飞行计时，得到每次飞行的三个飞行时间. 变量“重复”(rep)对原飞行时间的恰当分析是必要的. 该表所给出的数据是按实际的试验顺序记录的.

表 5-10 直升机子抽样数据

直升机	外形	纸张	交互	重复	时间
1	1	−1	−1	1	3.60
1	1	−1	−1	1	3.85
1	1	−1	−1	1	3.98
2	−1	−1	1	1	6.44
2	−1	−1	1	1	6.37
2	−1	−1	1	1	6.78
3	−1	1	−1	1	6.84
3	−1	1	−1	1	6.90
3	−1	1	−1	1	7.18
4	−1	1	−1	2	6.37
4	−1	1	−1	2	6.38
4	−1	1	−1	2	6.58
5	1	1	1	1	3.44
5	1	1	1	1	3.43

（续）

直升机	外形	纸张	交互	重复	时间
5	1	1	1	1	3.75
6	1	−1	−1	2	3.75
6	1	−1	−1	2	3.73
6	1	−1	−1	2	4.10
7	1	1	1	2	4.59
7	1	1	1	2	4.64
7	1	1	1	2	5.02
8	−1	−1	1	2	6.50
8	−1	−1	1	2	6.33
8	−1	−1	1	2	6.92

原飞行时间的 Minitab 分析需要三步．第一步，可以对模型做最小二乘估计，得到模型参数的估计量．下一步，需要再次分析数据，得到合适的误差方差的估计量．最后一步需要更新第一步所得到的 t 统计量，来反映恰当的误差项．

表 5-11 给出了第一步的分析．估计模型是正确的．但是，R^2 统计量、t 统计量、F 统计量及与三个统计量相关的 P 值都是不正确的，这是因为它们没有反映出恰当的误差项．

表 5-11　直升机子抽样数据第一步的 Minitab 分析

The regression equation is

time=5.31−1.32 aspect+0.115 paper+0.0396 inter

Predictor	Coef	SE Coef	T	P
Constant	5.31125	0.08339	63.69	0.000
aspect	−1.32125	0.08339	−15.84	0.000
paper	0.11542	0.08339	1.38	0.182
inter	0.03958	0.08339	0.47	0.640

S=0.408541　　R−Sq=92.7%　　R−Sq(adj)=91.6%

Analysis of Variance

Source	DF	SS	MS	F	P
Regression	3	42.254	14.085	84.39	0.000
Residual Error	20	3.338	0.167		
Total	23	45.592			

第二步是创建恰当的误差项．这样做时必须使用 Minitab 中的“广义最小二乘”函数．简要地说，将因子及其交互作用创建为分类变量．生成正确误差项的模型语句为

```
aspect paper aspect*paper rep (aspect paper)
```

196~197 然后必须将“重复”(rep)列为随机因子．表 5-12 给出了结果．合适的误差项是 rep (aspect paper)．

表 5-12 直升机子抽样数据第二步的 Minitab 分析

Analysis of Variance for time, using Adjusted SS for Tests

Source	DF	Seq SS	Adj SS	Adj MS	F	P
aspect	1	41.8968	41.8968	41.8968	63.83	0.001
paper	1	0.3197	0.3197	0.3197	0.49	0.524
aspect* paper	1	0.0376	0.0376	0.0376	0.06	0.823
rep(aspect paper)	4	2.6255	2.6255	0.6564	14.74	0.000
Error	16	0.7126	0.7126	0.0445		
Total	23	45.5923				

S=0.211039 R−Sq=98.44% R−Sq(adj)=97.75%

第三步是修正第一步所得到的 t 统计量. 第一步的残差均方为 0.167. 正确的误差方差为 0.6564. 这两个值都是四舍五入后的，都是正确的，但当以平均飞行时间为基础做正确的第一步程序时，可能会导致这两个值有较小的差值. 令 t_j 为第一步分析中第 j 个估计系数的 t 统计量；而令 $t_{c,j}$ 为正确的统计量，其由下式给出

$$t_{c,j}=\sqrt{\frac{0.167}{0.6564}}t_j$$

这两个 t 统计量的自由度都与 rep(aspect paper)相关，在本例中为 4. 表 5-13 给出了正确的 t 统计量与 P 值. 注意正确的 t 统计量的绝对值比第一步分析中的更小. 这一结果反映了这一事实——由于第一步中的误差方差忽略了直升机与直升机之间的变异性，所以这一误差方差太小了. 得出的基本结论是“外形”(aspect)看起来似乎是唯一重要的因子，在第一步的分析与正确的分析中这都是成立的. 但是，重要的是要注意，一般情况下并不会满足这种等价关系. 第一步的分析中所出现的重要的回归变量，通常在正确的分析中是统计上不显著的.

表 5-13 直升机子抽样数据的正确 t 统计量与正确 P 值

因子	t	P 值
常数	32.125 15	0.000
机身	−7.989 68	0.001
纸张	0.606 07	0.525
机身 * 纸张	0.237 067	0.824

有一种更简单的方式在 Minitab 中做这一分析. 会发现因为有了每次直升机飞行的三个精确时间，所以这里是平衡数据的情况. 因此，可以使用每次直升机飞行的平均时间做合适的分析. 表 5-14 汇总了数据. 表 5-15 给出了来自 Minitab 的分析，除去四舍五入都与表 5-12 反映的值相同. 可以对这一数据做完整的残差分析，这作为练习留给读者.

表 5-14 直升机子抽样数据的平均飞行时间

直升机	外形	纸张	交互	时间
1	1	−1	−1	3.810
2	−1	−1	1	6.530
3	−1	1	−1	6.973
4	−1	1	−1	6.443
5	1	1	1	3.540
6	1	−1	−1	3.860
7	1	1	1	4.750
8	−1	−1	1	6.583

表 5-15 表 5-14 直升机试验最终的 Minitab 分析

The regression equation is

Average Time=5.31−1.32 Aspect+0.115 Paper+0.040 Aspect* Paper

Predictor	Coef	SE Coef	T	P
Constant	5.3111	0.1654	32.12	0.000
Aspect	−1.3211	0.1654	−7.99	0.001
Paper	0.1154	0.1654	0.70	0.524
Aspect* Paper	0.0396	0.1654	0.24	0.822

S=0.467748 R−Sq=94.1% R−Sq(adj)=89.8%

Analysis of Variance

Source	DF	SS	MS	F	P
Regression	3	14.0820	4.6940	21.45	0.006
Residual Error	4	0.8752	0.2188		
Total	7	14.9572			

5.6.2 含有单一随机效应的回归模型的一般情形

5.6.1 节所讨论的平衡数据的子抽样问题很常见. 本节将这一问题拓展到更为一般的情形——回归模型中只有单一的随机效应.

举例来说，假设环境工程师假定弗吉尼亚州的湖中特定污染物的含量取决于湖水的温度. 她从几个随机选择的弗吉尼亚的湖中的几个随机选择的位置中采集了湖水的样本. 她记录了在采样的时刻样品的水温. 然后她将湖水的样本送到实验室，确定了特定污染物的含量. 存在两个变异来源，湖中位置与位置之间的变异性，与湖与湖之间的变异性. 污染
198~199 较重的湖相比污染较轻的湖，前者的所有位置都可能比后者有更高的污染物含量.

由方程(5.22)给出的模型提供了分析这一数据的基础. 水温是固定的回归变量. 数据中的变异性有两个成分：所随机选择的湖的效应，与在湖中所随机选择的位置的效应. 令 σ^2 为位置随机效应的方差，而令 σ_δ^2 为湖随机效应的方差. 虽然可以对这一湖污染的例子使用与子抽样试验相同的模型，但是两者的试验背景是非常不同的. 在直升机试验中，直升机是基本试验单元，是进行处理的最小单元. 但是，要认识到特定直升机的飞行时间中存在大量变异性. 因此，让直升机多次飞行给出了关于特定直升机飞行时间的更好的想法. 试验误差看起来是不同试验单元中的变异性. 特定直升机飞行时间的变异性是试验误差的一部分，但也是唯一的部分. 另一个变异性成分是试图精确重复试验因子水平的变异性. 在子抽样的情形中，确保子抽样的个数(在直升机的例子中是飞行次数)相同是相当容易的，这会得到平衡数据的情形.

在湖污染的例子中，有的是一个真正的观测性研究. 工程师在每个位置各采集一份水的样本. 她可能对较小的湖随机选择较少的位置，而对较大的湖随机选择较多的位置. 此外，她在实践中不会从弗吉尼亚州的每个湖中都采集样本. 但另一方面，她很直接地随机选择了一些湖进行检验. 因此，所期望的是每个湖中位置的个数是不同的，所以，所期望的是非平衡数据的情形.

对非平衡数据的情形推荐使用 REML. REML 是分析含有随机效应的统计模型的非常

一般的方法，随机效应在方程(5.22)中由模型的项 δ_j 与 ϵ_{ij} 表示．许多软件包都使用 REML 来估计像纸制直升机试验中模型的这种混合模型的方差的成分．然后 REML 使用迭代程序进行所估计模型的加权最小二乘处理．最后，REML 使用所估计的方差成分对最终的估计模型进行统计检验并构造置信区间．

REML 的运算要将参数估计问题分成两个部分．第一阶段忽略随机效应，并估计固定效应，这通常使用普通最小二乘．然后构造模型残差的集合，并得到这些残差点的似然函数．第二阶段通过最大化残差的似然函数，得到方差成分的最大似然估计值．然后程序采用所估计的方差成分来产生 y 方差的估计值，然后使用这一估计值重新估计固定效应．继续该程序，使其达到某些收敛标准．REML 总是假设观测值为正态分布，这是因为这将简化所建立的似然函数．

REML 估计量拥有最大似然的所有性质．因此，REML 估计量是渐进无偏且方差最小的．有几种方式可以确定 REML 中最大似然估计值的自由度，确定该自由度的最佳方式存在一些争论，这一问题的完整讨论超出了本书的范围．下面的例子解释了对含有混合效应的随机模型使用 REML. 200

例 5.7　送货时间数据的重新讨论　例 3.1 引入了送货时间数据．4.2.6 节观测到前七个观测值在圣迭戈收集，8～17 号观测值在波士顿收集，18～23 号观测值在奥斯汀收集，而 24 号与 25 号观测值在明尼阿波利斯收集．这一研究中所使用的城市是来自美国城市的一个随机样本，这种假设是不合理的．最终所感兴趣的是送货箱数与送货所需要的距离对整个国家送货时间的影响．因此，恰当的分析需要考虑这一分析中城市的随机效应．

图 5-12 汇总了来自 JMP 的分析．发现这一 JMP 分析与例 3.1 所给出的不包括城市这一因子的混合模型分析之间的参数估计值几乎没有区别．箱数与距离的 P 值更大但只是大了一点．截距的 P 值要大得多．截距部分的变化是因为使用了城市的信息，所以截距效应的有效自由度有显著下降．实际送货时间与预测送货时间的点图证明了模型是合理的．城市的方差成分近似为 2.59．残差的误差方差为 8.79，在例 3.1 的原分析中该值为 10.6．显然，来自例 3.1 所考虑的纯随机分析的变异性的一部分，是来自不同城市的系统变异性，REML 通过不同城市的方差组成反映了这一点．

Parameter Estimates

Term	Estimate	Std Error	DFDen	t Ratio	Prob>|t|
Intercept	2.0754319	1.356914	6.667	1.53	0.1721
cases	1.7148234	0.1868	21.97	9.18	<.0001*
dist	0.0120317	0.003797	21.9	3.17	0.0045*

REML Variance Component Estimates

Random Effect	Var Ratio	Var Component	Std Error	95% Lower	95% Upper	Pct of Total
city	0.2946232	2.5897428	3.4964817	−4.263235	9.442721	22.757
Residual		8.7900161	2.8169566	5.1131327	18.546137	77.243
Total		11.379759				100.000

−2 LogLikelihood=136.68398351

图 5-12　将城市处理为随机效应的送货时间数据的 JMP 结果

分析这一数据的 SAS 代码为

```
proc mixed cl;
    class city;
    model time =  cases distance / ddfm= kenwardroger s;
    random city;
run;
```

201 以下 R 代码假设数据在对象 deliver 中. 同时，做这一分析时必须要加载 nlme 包.

```
deliver.model <- lme(time~ cases+ dist, random= ~ 1| city,
data= deliver) print(deliver.model)
```

R 报告所估计的是标准差而不是方差. 因此，需要将估计值平方，得到与 SAS 和 JMP 相同的结果.

5.6.3 混合模型在回归中的重要性

经典回归分析总是假设只存在一个变异来源. 但是，许多重要的试验设计分析通常需要使用多种变异来源. 因此，使用混合模型分析试验数据已经有很多年了. 但是，在这种情况下，研究人员一般规划一个平衡试验，可以直接进行分析. REML 发展成为一种处理非平衡数据的方式，其主要用于以试验设计经典分析为基础的方差分析(ANOVA)模型.

近来，回归分析已经开始理解，在观测性研究中通常存在多重的误差来源. 已经认识到经典分析在分析中不足以处理多重的误差项. 已经认识到结果所经常使用的误差项少报了合适变异性. 所得到的分析倾向于鉴定出比数据所实际证明的更为显著的因子. 本节打算作为回归分析中混合模型的一个短的导引. 十分直接的是将这里所做的拓展到含有更多误差项的混合模型. 希望这些叙述将帮助读者满足其对混合模型的需求，知道如何修正经典模型，并分析适应更为复杂的误差结构. 这一修正需要使用广义最小二乘，但这样做并不困难.

习题

5.1 Byers 和 Williams("Viscosities of Binary and Ternary Mixtures of Polyaromatic Hydrocarbons," *Journal of Chemical and Engineering Data*, **32**, 349-354, 1987)研究了温度(回归变量)对甲苯-四氢化萘混合物黏度(响应变量)的影响. 下表给出了混合物中甲苯的摩尔分数为 0.4 时的数据. 要求：

温度(℃)	黏度(mPa×s)	温度(℃)	黏度(mPa×s)
24.9	1.133	65.2	0.6723
35.0	0.9772	75.2	0.6021
44.9	0.8532	85.2	0.5420
55.1	0.7550	95.2	0.5074

202

a. 做出散点图. 直线关系看起来是否是合理的?

b. 拟合直线模型. 计算汇总统计量并画出残差图. 关于模型适用性能得出什么结论?

c. 物理化学的基本原理表明黏度是温度的指数函数. 基于这一信息，使用合适的变换重做 b 小问.

5.2 下表给出了不同温度下水的蒸汽压. 要求：

温度(℃)	蒸汽压(mmHg)	温度(℃)	蒸汽压(mmHg)
273	4.6	333	149.4
283	9.2	343	233.7
293	17.5	353	355.1
303	31.8	363	525.8
313	55.3	373	760.0
323	92.5		

注：1mmHg=133.322Pa.

a. 做出散点图. 直线关系看起来是否是合理的？

b. 拟合直线模型. 计算汇总统计量并画出残差图. 关于模型适用性能得出什么结论？

c. 物理化学中的克劳修斯-克拉伯龙方程陈述了

$$\ln(p_v) \propto -\frac{1}{T}$$

基于这一信息，使用合适的变换重做 b 小问.

5.3 以下所示的数据展示了罐装食品产品中存活的细菌平均数量与在 300℉温度下暴露的分钟数. 要求：

细菌的数量	暴露时间(min)	细菌的数量	暴露时间(min)
175	1	49	7
108	2	31	8
95	3	28	9
82	4	17	10
71	5	16	11
50	6	11	12

203

a. 做出散点图. 直线关系看起来是否是合理的？

b. 拟合直线模型. 计算汇总统计量并画出残差图. 关于模型适用性能得出什么结论？

c. 鉴定出对这一数据合适的模型变换. 用变换后的模型拟合数据并进行模型适用性的常规检验.

5.4 考虑如下所示的数据. 构造散点图并建议回归模型的合适形式. 用合适的模型拟合数据并构造模型.

x	10	15	18	12	9	8	11	6
y	0.17	0.13	0.09	0.15	0.20	0.21	0.18	0.24

5.5 玻璃瓶制造商记录了以下数据，为每 10 000 个玻璃瓶中由于存在石子(嵌入玻璃杯壁中的小块石头)而产生缺陷的平均瓶数与上次熔炉大修距今的周数. 数据如下所示.

每 10 000 瓶中有缺陷的瓶数	周数	每 10 000 瓶中有缺陷的瓶数	周数
13.0	4	34.2	11
16.1	5	65.6	12
14.5	6	49.2	13
17.8	7	66.2	14
22.0	8	81.2	15
27.4	9	87.4	16
16.8	10	114.5	17

a. 拟合数据的直线模型并做模型适用性的标准检验.

b. 建议一个合理的变换来消除 a 小问所遭遇的问题. 拟合变换后的模型并检验其适用性.

5.6 考虑表 B-18 中的燃料消耗数据. 为了配合这一联系的目的，忽略回归变量 x_1. 回忆习题 4.27 所做的完整的残差分析. 变换能改善这一分析吗？为什么能或为什么不能？如果能，进行变换并重复完整的残差分析.

204

5.7 考虑表 B-20 中的甲醇氧化数据. 对这一数据做彻底的分析. 回忆习题 4.29 对这一数据所做的完整的残差分析. 变换能改善这一分析吗？为什么能或为什么不能？如果能，进行变换并重复完整的残差分析.

5.8 考虑三个模型

a. $y=\beta_0+\beta_1(1/x)+\varepsilon$

b. $1/y=\beta_0+\beta_1 x+\varepsilon$

c. $y=x/(\beta_0-\beta_1 x)+\varepsilon$

所有这三个模型都通过倒数变换而线性化了. 画出草图表示作为 x 函数的 y 的行为. 在散点图中观察到的什么特征将让你选择三种模型中的其中一种？

5.9 考虑表 B-8 中的笼形包合物生成数据.

a. 对这一数据做完整的残差分析.

b. 鉴定出对这一数据最合适的变换. 拟合该模型并重做残差分析.

5.10 考虑表 B-9 中的压降数据.

a. 对这一数据做完整的残差分析.

b. 鉴定出对这一数据最合适的变换. 拟合该模型并重做残差分析.

5.11 考虑表 B-10 中的运动黏度数据.

a. 对这一数据做完整的残差分析.

b. 鉴定出对这一数据最合适的变换. 拟合该模型并重做残差分析.

5.12 Vining 和 Myers (“Combining Taguchi and Response Surface Philosophies: A Dual Response Approah,” *Journal of Quality Techlonogy*, 22, 15-22, 1990)分析了一个试验，其最初出现在 Box 和 Draper(1987). 该试验研究了速率(x_1)，压力(x_2)与距离(x_3)对打印机将彩色模型打印在包装标签上的能力的影响. 下表汇总了试验结果. 要求：

205

i	x_1	x_2	x_3	y_{i1}	y_{i2}	y_{i3}	$\bar{y}_i$	s_i
1	−1	−1	−1	34	10	28	24.0	12.5
2	0	−1	−1	115	116	130	120.3	8.4
3	1	−1	−1	192	186	263	213.7	42.8
4	−1	0	−1	82	88	88	86.0	3.7
5	0	0	−1	44	178	188	136.7	80.4
6	1	0	−1	322	350	350	340.7	16.2
7	−1	1	−1	141	110	86	112.3	27.6
8	0	1	−1	259	251	259	256.3	4.6
9	1	1	−1	290	280	245	271.7	23.6
10	−1	−1	0	81	81	81	81.0	0.0
11	0	−1	0	90	122	93	101.7	17.7
12	1	−1	0	319	376	376	357.0	32.9
13	−1	0	0	180	180	154	171.3	15.0
14	0	0	0	372	372	372	372.0	0.0

（续）

i	x_1	x_2	x_3	y_{i1}	y_{i2}	y_{i3}	$\overline{y}_i$	s_i
15	1	0	0	541	568	396	501.7	92.5
16	−1	1	0	288	192	312	264.0	63.5
17	0	1	0	432	336	513	427.0	88.6
18	1	1	0	713	725	754	730.7	21.1
19	−1	−1	1	364	99	199	220.7	133.8
20	0	−1	1	232	221	266	239.7	23.5
21	1	−1	1	408	415	443	422.0	18.5
22	−1	0	1	182	233	182	199.0	29.4
23	0	0	1	507	515	434	485.3	44.6
24	1	0	1	846	535	640	673.7	158.2
25	−1	1	1	236	126	168	176.7	55.5
26	0	1	1	660	440	403	501.0	138.9
27	1	1	1	878	991	1161	1010.0	142.5

a. 对每个响应变量拟合合适的模型并进行残差分析.

b. 使用样本方差作为原数据加权最小二乘估计的基础(不使用样本均值).

c. Vining 和 Myers 建议对经过合适变换的样本方差拟合线性模型. 使用这一模型研究合 S 适的权重并重做 b 小问.

5.13 Schubert 等(“The Catapult Problem: Enhanced Engineering Modeling Using Experimental Design”, *Quality Engineering*, 4, 463-473, 1992)对弹射器进行了一项试验，以确定钩子(x_1)、臂长(x_2)、初始角(x_3)与终止角(x_4)对弹射器抛出球飞行距离的影响. 对每个所设定的因子抛球三次. 下表汇总了试验结果. 要求：

x_1	x_2	x_3	x_4		y	
−1	−1	−1	−1	28.0	27.1	26.2
−1	−1	1	1	46.3	43.5	46.5
−1	1	−1	1	21.9	21.0	20.1
−1	1	1	−1	52.9	53.7	52.0
1	−1	−1	1	75.0	73.1	74.3
1	−1	1	−1	127.7	126.9	128.7
1	1	−1	−1	86.2	86.5	87.0
1	1	1	1	195.0	195.9	195.7

a. 拟合数据的一阶回归模型并进行残差分析.

b. 使用样本方差作为原数据加权最小二乘估计的基础(不使用样本均值). 206

c. 对样本方差拟合合适的模型. (注意：需要进行合适的变换!)使用这一模型研究合适的权重并重做 b 小问.

5.14 考虑简单线性回归模型 $y_i=\beta_0+\beta_1 x_i+\varepsilon_i$，式中 ε_i 的方差与 x_i^2 成正比，即 $\mathrm{Var}(\varepsilon_i)=\sigma^2 x_i^2$. 问：

a. 假设使用变换 $y'=y/x$ 与 $x'=1/x$. 这是方差稳定化的变换吗?

b. 原模型与变换后模型参数之间的关系是什么?

c. 假设使用加权最小二乘其中 $w_i=1/x_i^2$. 这与 a 小问所引入的变换是等价的吗?

5.15 假设想要使用加权最小二乘拟合无截距模型 $y=\beta x+\varepsilon$. 假设观测值是不相关且方差不相等的.

a. 求出 β 加权最小二乘估计量的一般形式.

b. 加权最小二乘估计量的方差是多少?

c. 假设 $\mathrm{Var}(y_i)=cx_i$，也就是说，y_i 的方差与所对应 x_i 的平方成正比. 使用 a 小问与 b 小问的结果，求出 β 的加权最小二乘估计量与该估计量的方差.

d. 假设 $\mathrm{Var}(y_i)=cx_i^2$，也就是说，y_i 的方差与所对应 x_i 的平方成正比. 使用 a 小问与 b 小问的结果，求出 β 的加权最小二乘估计量与该估计量的方差.

5.16 考虑模型

$$\boldsymbol{y}=\boldsymbol{X}_1\boldsymbol{\beta}_1+\boldsymbol{X}_2\boldsymbol{\beta}_2+\boldsymbol{\varepsilon}$$

式中：$E(\boldsymbol{\varepsilon})=0$ 且 $\mathrm{Var}(\boldsymbol{\varepsilon})=\sigma^2\boldsymbol{V}$. 假设 σ^2 与 $\boldsymbol{V}$ 已知. 要求对假设

$$H_0: \boldsymbol{\beta}_2=\boldsymbol{0}, \quad H_1: \boldsymbol{\beta}_2\neq\boldsymbol{0}$$

推导合适的检验统计量. 给出零假设与备择假设两者的分布.

5.17 考虑模型

$$\boldsymbol{y}=\boldsymbol{X\beta}+\boldsymbol{\varepsilon}$$

式中：$E(\boldsymbol{\varepsilon})=\boldsymbol{0}$ 且 $\mathrm{Var}(\boldsymbol{\varepsilon})=\sigma^2\boldsymbol{V}$. 假设 $\boldsymbol{V}$ 已知但 σ^2 未知. 证明

$$(\boldsymbol{y}'\boldsymbol{V}^{-1}\boldsymbol{y}-\boldsymbol{y}'\boldsymbol{V}^{-1}\boldsymbol{X}(\boldsymbol{X}'\boldsymbol{V}^{-1}\boldsymbol{X})^{-1}\boldsymbol{X}'\boldsymbol{V}^{-1}\boldsymbol{y})/(n-p)$$

207 为 σ^2 的无偏估计量.

5.18 表 B-14 包含了关于电子反相器跳变点的数据. 剔除第二个观测值并使用 $x_1\sim x_4$ 作为回归变量. 拟合这一数据的多元回归模型.

a. 做出常规残差，学生化残差，以及 R-学生残差与响应变量预测值的残差图. 对结果做出评注.

b. 研究变换对响应变量的效用. 变换改善模型了吗?

c. 除了响应变量的变换，还要考虑回归变量的变换. 使用偏回归图或偏残差图辅助研究.

5.19 考虑以下子抽样模型

$$y_{ij}=\beta_0+\beta_1x_i+\delta_i+\varepsilon_{ij}\quad (i=1, 2, \cdots, m \text{ 和 } j=1, 2, \cdots, r)$$

式中：m 为直升机数；r 为第 i 架直升机飞行时间的测量次数；y_{ij} 为第 i 架直升机第 j 次飞行的飞行时间；x_i 为第 i 架直升机机翼的长度；ε_{ij} 为第 i 架直升机第 j 次飞行中的随机误差. 关键点在于存在两个变异来源，用 δ_j 与 ε_{ij} 表示. 假设 s_i 为独立正态分布，其均值为 0，方差为常数 σ_δ^2；ε_{ij} 为独立正态分布，其均值为 0，方差为常数 σ^2，且 δ_i 与 ε_{ij} 独立. 这一研究中观测值的总数 $n=\sum_{i=1}^{m}r_i$.

这一模型的矩阵形式为

$$\boldsymbol{y}=\boldsymbol{X\beta}+\boldsymbol{Z\delta}+\boldsymbol{\varepsilon}$$

式中：$\boldsymbol{Z}$ 为 $n\times m$ “关联”矩阵，而 $\boldsymbol{\delta}$ 为直升机与直升机之间误差的随机矩阵. $\boldsymbol{Z}$ 的形式为

$$\boldsymbol{Z}=\begin{bmatrix}\boldsymbol{1}_r & \boldsymbol{0} & \cdots & \boldsymbol{0}\\ \boldsymbol{0} & \boldsymbol{1}_r & \cdots & \boldsymbol{0}\\ \vdots & \vdots & \vdots & \vdots\\ \boldsymbol{0} & \boldsymbol{0} & \cdots & \boldsymbol{1}_r\end{bmatrix}$$

式中：$\boldsymbol{1}_r$ 为其中一个 $r\times 1$ 误差向量.

a. 证明

$$\mathrm{Var}(\boldsymbol{y})=\sigma^2\boldsymbol{I}+\sigma_\delta^2\boldsymbol{ZZ}'$$

b. 证明 $\boldsymbol{\beta}$ 的普通最小二乘估计值与其广义最小二乘估计值相同.

c. 推导回归系数检验的合适的误差项.

5.20 附录表 B-18 中的燃料消耗数据实际上是一个子抽样问题. 柴油的批次分成两个部分. 一个批次供

208 给公共汽车，另一个批次供给卡车. 对这一数据做恰当的分析.

5.21 建筑工程师研究了搅拌机混合水泥的速率对硅酸盐水泥抗拉强度的影响. 工程师从每一批次所混合的水泥中，采集了四个检验样本. 当然，将混合速率应用到了每个批次的全部试验中. 数据如下. 要求做合适的分析.

搅拌机混合速率(每分钟的转数)	抗拉强度(lb/in^2)			
150	3129	3000	3065	3190
175	3200	3300	2975	3150
200	2800	2900	2985	3050
225	2600	2700	2600	2765

5.22 陶瓷化学家研究了窑温的四个最高温度对砖密度的影响. 她所检验的窑能一次容纳五块砖. 来自不同最高温度的两个样本在她检验密度之前就破碎了. 数据如下. 做合适的分析.

温度	密度				
900	21.8	21.9	21.7	21.6	21.7
910	22.7	22.4	22.5	22.4	
920	23.9	22.8	22.8	22.6	22.5
930	23.4	23.2	23.3	22.9	

5.23 造纸厂研究了三种圆网压力对其一种产品纸张强度的影响. 从存货中随机选择三个批次的纤维素. 公司对每个批次所设置的每种压力进行了两次生产试验. 因此，每个批次产生了总计六次生产试验. 数据如下. 做合适的分析.

批次	压力	强度
A	400	198.4
A	400	198.6
A	500	199.6
A	500	200.4
A	600	200.6
A	600	200.9
B	400	197.5
B	400	198.1
B	500	198.7
B	500	198.0
B	600	199.6
B	600	199.0
C	400	197.6
C	400	198.4
C	500	197.0
C	500	197.8
C	600	198.5
C	600	199.8

209

5.24 French 和 Schultz(“Water Use Efficiency of Wheat in a Mediterranean-type Environment，I The Relation between Vield，Water Use，and Climate”，*Australian Journal of Agricultral Research*，35，

743-764)研究了水的利用情况对澳大利亚小麦产量的影响. 以下数据来自 1970 年的几个地区，假设该研究中的地区是随机选择的. 响应变量 y 为产量，以千克/公顷为单位. 回归变量为

- x_1 为四月至十月期间的降雨量，以毫米为单位.
- x_2 为生长季节的天数.
- x_3 为生长季节内的降雨量，以毫米为单位.
- x_4 为生长季节所耗用的水量，以毫米为单位.
- x_5 为生长季节内的蒸发量，以毫米为单位.

对这一数据做完整的分析.

地区	x_1	x_2	x_3	x_4	x_5	y
A	227	145	196	203	727	810
B	243	194	193	226	810	1500
B	254	183	195	268	790	1340
C	296	179	239	327	711	2750
C	296	181	239	304	705	3240
D	327	196	358	388	641	2860
E	441	189	363	465	663	4970
F	356	186	340	441	846	3780
G	419	195	340	387	713	2740
H	293	182	235	306	638	3190
I	274	182	201	220	638	2350
J	363	194	316	370	766	4440
K	253	189	255	340	778	2110

210

第 6 章 杠杆与强影响的诊断

6.1 探测强影响观测值的重要性

当计算样本的平均值时，样本中的每个观测值在确定结果时都有相同的权重．回归的情形并不总是这种情况．举例来说，注意 2.9 节观测值在 x 空间中的位置在确定回归系数时扮演了非常重要的角色(参考图 2-8 与图 2-9)．也要关注离群点，即有异常 y 值的观测值．在 4.4 节观察到异常大的残差通常会被识别为离群点，而这些异常的观测值也可以影响回归的结果．本章对其中某些问题做了拓展与巩固．

考虑图 6-1 所示的情形．该图中所标注的点 A 远离样本其他部分的 x 空间，但它几乎位于通过其他样本点的回归直线上．这是一个**杠杆**点的例子，也就是说，它有异常的 x 值并可能控制确定的模型性质．现在该点没有影响回归系数的估计值，但是可以确定的是它对模型的汇总统计量(比如 R^2 与回归系数的标准误差)有极大的影响．现在考虑图 6-2 所标注的点 A．该点的 x 坐标有中等程度的异常，而 y 值也是异常的．这是一个**强影响**点，也就是说，它会将回归模型"拽"向它自身的方向，该点对模型的系数有着显而易见的影响．

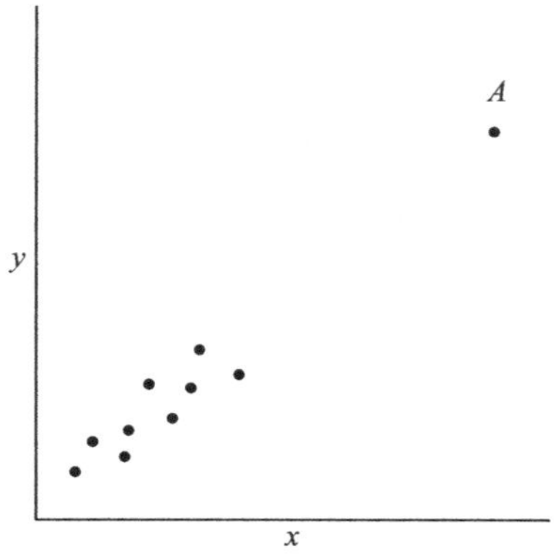

图 6-1 杠杆点的例子

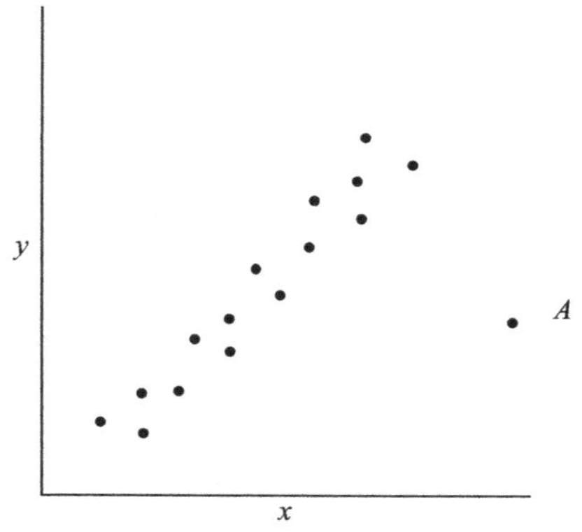

图 6-2 强影响观测值的例子

有时会发现数据的一个小的子集对模型的系数与性质施加了不成比例的影响．在极端情况下，参数的估计值相比数据的主要部分，可能更加取决于强影响点的子集．这明显是一种不利的情况，想要的是代表了所有的样本观测值的回归模型，而不是代表少数观测值的"人造"模型．因此，想要找出这些强影响点并评定其对模型的影响．如果这些强影响点的确是"不良"值，那么应当将其从样本中清除出去．但另一方面，这些点可能不存在任何错误，但如果它们控制了模型的关键性质，那么这些点能影响回归模型的最终使用结果，所以应当了解这些点．

211

本章展示了杠杆点与强影响点的几种诊断. 这些诊断在大多数多元回归计算机包中都是可用的. 重要的是应与第 4 章的残差分析方法相结合来使用这些诊断. 有时会发现回归系数的正负号没有工程或科学的意义，已知是重要的回归变量而在统计上可能是不显著的，或者良好拟合数据并从应用环境的角度看符合逻辑的模型却产生了不良的预测. 这些情形的出现可能是由于存在一个或者也许是少数几个强影响观测值. 找出这些观测值后就可以使用模型详细地探讨这一问题.

6.2 杠杆

正如上文所观察到的，x 空间中点的位置在确定回归模型的性质时可能是重要的. 特别地，较远的点可能对参数的估计值、标准误差、预测值与模型汇总统计量都有不成比例的影响. 帽子矩阵

$$\boldsymbol{H}=\boldsymbol{X}(\boldsymbol{X}'\boldsymbol{X})^{-1}\boldsymbol{X}' \tag{6.1}$$

在识别强影响观测值时扮演了重要的角色. 正如前文所提到的，由于 $\mathrm{Var}(\hat{\boldsymbol{y}})=\sigma^2\boldsymbol{H}$ 且 $\mathrm{Var}(\boldsymbol{e})=\sigma^2(\boldsymbol{I}-\boldsymbol{H})$，所以 $\boldsymbol{H}$ 确定了 $\boldsymbol{y}$ 与 $\boldsymbol{e}$ 的方差以及两者的协方差. 将矩阵 $\boldsymbol{H}$ 的元素 h_{ij} 解释为由第 i 个观测值 y_i 对第 j 个拟合值 $\hat{y}_j$ 所施加的杠杆的量. 212

通常关注的是帽子矩阵 $\boldsymbol{H}$ 的对角线元素 h_{ii}，它可以写为

$$h_{ii}=\boldsymbol{x}_i'(\boldsymbol{X}'\boldsymbol{X})^{-1}\boldsymbol{x}_i \tag{6.2}$$

式中：$\boldsymbol{x}_i'$ 为 $\boldsymbol{X}$ 矩阵的第 i 行. 帽子矩阵的对角线元素标准化地度量了第 i 个观测值与 x 空间中心(即质心)的距离. 因此，较大的帽子矩阵对角线元素揭示了观测值可能是有强影响的，这是因为这些观测值远离样本其他部分的 x 空间. 可以证明：帽子矩阵对角线元素的平均大小为 $\bar{h}=p/n$(这是因为 $\sum_{i=1}^{n}h_{ii}=\mathrm{rank}(\boldsymbol{H})=\mathrm{rank}(\boldsymbol{X})=p$)，而传统上假设任何超过帽子矩阵对角线元素平均值两倍 $2p/n$ 的观测值是足够远离数据其他部分的，可以将其考虑为**杠杆点**.

并不是所有的杠杆点都将影响回归系数. 举例来说，图 6-1 中的点 A. 该点将有较大的帽子矩阵对角线元素，虽然确实是杠杆点，但是它对回归系数几乎没有影响，这是因为它几乎位于通过其他观测值的直线上. 因为帽子矩阵对角线元素只考察 x 空间中观测值的位置，所以有的分析师喜欢将 h_{ii} 与学生化残差或 R-学生残差相结合来考虑问题. 有较大的帽子矩阵对角线元素且有较大残差的观测值可能是有强影响的. 最后，注意在使用截点值 $2p/n$ 时必须同时小心地评定 p 与 n 两者的大小. 存在 $2p/n>1$ 的情况，而在这种情况下，不要应用截点.

例 6.1 **送货时间数据** 表 6-1 的 a 列展示了例 3.1 中软饮料送货时间数据的帽子矩阵对角线元素. 由于 $p=3$ 且 $n=25$，所以帽子矩阵对角线元素 h_{ii} 超过 $2p/n=2(3)/25=0.24$ 的任何点都是杠杆点. 这一标准将鉴定出 9 号与 22 号观测值是杠杆点. 这两个点(特别是 9 号点)较远的位置，在考察图 3-4 的散点图矩阵与使用这一模型解释图 3-11 的内插法与外推法时，已经都有提及.

表 6-1　软饮料送货时间数据探测强影响观测值的统计量

观测值 i	(a) h_{ii}	(b) D_i	(c) $DFFITS_i$	(d)截距 $DFBETAS_{0,i}$	(e)箱数 $DFBETAS_{1,i}$	(f)距离 $DFBETAS_{2,i}$	(g) $COVRATIO_i$
1	0.101 80	0.100 09	−0.5709	−0.1873	0.4113	−0.4349	0.8711
2	0.070 70	0.003 38	0.0986	0.0898	−0.0478	0.0144	1.2149
3	0.098 74	0.000 01	−0.0052	−0.0035	0.0039	−0.0028	1.2757
4	0.085 38	0.077 66	0.5008	0.4520	0.0883	−0.2734	0.8760
5	0.075 01	0.000 54	−0.0395	−0.0317	−0.0133	0.0242	1.2396
6	0.042 87	0.000 12	−0.0188	−0.0147	0.0018	0.0011	1.1999
7	0.081 80	0.002 17	0.0790	0.0781	−0.0223	−0.0110	1.2398
8	0.063 73	0.003 05	0.0938	0.0712	0.0334	−0.0538	1.2056
9	0.498 29	3.418 35	4.2961	−2.5757	0.9287	1.5076	0.3422
10	0.196 30	0.053 85	0.3987	0.1079	−0.3382	0.3413	1.3054
11	0.086 13	0.016 20	0.2180	−0.0343	0.0925	−0.0027	1.1717
12	0.113 66	0.001 60	−0.0677	−0.0303	−0.0487	0.0540	1.2906
13	0.061 13	0.002 29	0.0813	0.0724	−0.0356	0.0113	1.2070
14	0.078 24	0.003 29	0.0974	0.0495	−0.0671	0.0618	1.2277
15	0.041 11	0.000 63	0.0426	0.0223	−0.0048	0.0068	1.1918
16	0.165 94	0.003 29	−0.0972	−0.0027	0.0644	−0.0842	1.3692
17	0.059 43	0.000 40	0.0339	0.0289	0.0065	−0.0157	1.2192
18	0.096 26	0.043 98	0.3653	0.2486	0.1897	−0.2724	1.0692
19	0.096 45	0.011 92	0.1862	0.1726	0.0236	−0.0990	1.2153
20	0.101 69	0.132 46	−0.6718	0.1680	−0.2150	−0.0929	0.7598
21	0.165 28	0.050 86	−0.3885	−0.1619	−0.2972	0.3364	1.2377
22	0.391 58	0.451 06	−1.1950	0.3986	−1.0254	0.5731	1.3981
23	0.041 26	0.029 90	−0.3075	−0.1599	0.0373	−0.0527	0.8897
24	0.120 61	0.102 32	−0.5711	−0.1197	0.4046	−0.4654	0.9476
25	0.066 64	0.000 11	−0.0176	−0.0168	0.0008	0.0056	1.2311

例 4.1 计算了送货时间数据的尺度化残差. 表 4-1 包含了学生化残差与 R-学生残差. 22 号观测值的这两个残差都不是异常大的，这表明其对拟合模型可能几乎没有影响. 但是，9 号点的两个尺度化残差都是中等程度大的，这表明该观测值可能对模型有中等程度的影响. 为了解释这两个点对模型的影响，做了三个附加的分析：第一个剔除了 9 号观测值，第二个剔除了 22 号观测值，而第三个同时剔除了 9 号与 22 号两个观测值. 这三个附加分析的结果如下表所示：

213~214

分析	$\hat{\beta}_0$	$\hat{\beta}_1$	$\hat{\beta}_2$	$MS_{残}$	R^2
保留 9 号与 22 号	2.341	1.616	0.014	10.624	0.9596
剔除 9 号	4.447	1.498	0.010	5.905	0.9487
剔除 22 号	1.916	1.786	0.012	10.066	0.9564
剔除 9 号与 22 号	4.643	1.456	0.011	6.163	0.9072

剔除 9 号观测值使得 $\hat{\beta}_1$ 仅产生较小的变化，但使得 $\hat{\beta}_2$ 有近似 28%的变化，同时使得 $\hat{\beta}_0$ 有近似 90%的变化. 这表明 9 号观测值不在通过其他 24 个点的平面上，对与 x_2(距离)有关的回归系数施加了中等偏强的影响. 考虑到该观测值的 x_2 值(1460 英尺)与其他观测值有非常大的差异，这并不是令人惊讶的. 事实上，9 号观测值可能会引起 x_2 方向上的曲线化. 如果剔除了 9 号观测值，那么 $MS_{残}$ 将减少到 5.905. 注意 $\sqrt{5.905}=2.430$，这与通过例 4.10 中的近邻点分析求得的纯误差的估计值 $\hat{\sigma}=1.969$ 并没有很大不同. 在例 4.1 中提到这一模型的大部分失拟看起来似乎是由于 9 号点的大残差所导致的. 剔除 22 号点对回归系数与模型的汇总统计量产生了相当小的变化. 同时剔除 9 号与 22 号两个点所产生的变化类似于仅剔除 9 号点所产生的变化.

生成强影响点诊断的 SAS 代码为

```
model time= cases dist/influence;
```

R 代码为

```
deliver.model <- lm(time~ cases+ dist,data= deliver)
summary(deliver.model)
print(influence.measures(deliver.model))
```

6.3 强影响的度量：库克 D 距离

上一节提到所期望的是同时考虑 x 空间中点的位置与度量强影响时的响应变量这两者. Cook(1977，1979)建议了这样做的一种方式，其使用基于所有 n 个点的 $\hat{\boldsymbol{\beta}}$ 的最小二乘估计值与剔除第 i 个点之后所得到的估计值(比如 $\hat{\boldsymbol{\beta}}_{(i)}$)之间距离的平方作为度量. 这一距离度量可以表达为以下的一般形式：

$$D_i=(\boldsymbol{M},\ c)=\frac{(\hat{\boldsymbol{\beta}}_{(i)}-\hat{\boldsymbol{\beta}})'\boldsymbol{M}(\hat{\boldsymbol{\beta}}_{(i)}-\hat{\boldsymbol{\beta}})}{c}\qquad (i=1,\ 2,\ \cdots,\ n)\tag{6.3}$$

通常将 $\boldsymbol{M}$ 与 c 选择为 $\boldsymbol{M}=\boldsymbol{X}'\boldsymbol{X}$ 与 $c=pMS_{残}$，所以方程(6.3)变为

$$D_i(\boldsymbol{X}'\boldsymbol{X},\ pMS_{残})\equiv D_i=\frac{(\hat{\boldsymbol{\beta}}_{(i)}-\hat{\boldsymbol{\beta}})'\boldsymbol{X}'\boldsymbol{X}(\hat{\boldsymbol{\beta}}_{(i)}-\hat{\boldsymbol{\beta}})}{pMS_{残}}\qquad (i=1,\ 2,\ \cdots,\ n)\tag{6.4}$$

D_i 值较大的点对最小二乘估计值$\hat{\boldsymbol{\beta}}$有相当大的影响.

评定 D_i 的大小通常是通过将其与 $F_{\alpha,p,n-p}$进行比较. 如果 $D_i=F_{0.5,p,n-p}$，那么剔除第 i 个点将使$\hat{\boldsymbol{\beta}}_{(i)}$移动到基于全部数据集的$\hat{\boldsymbol{\beta}}$的近似 50%置信域的边界. 这是一个大的移位，表 215 明最小二乘拟合对第 i 个数据点是敏感的. 由于 $F_{0.5,p,n-p}\simeq 1$，所以通常考虑 $D_i>1$ 的点是强影响点. 理想情况下，想要每个估计值$\hat{\boldsymbol{\beta}}_{(i)}$都留在 10%或 20%置信域的边界内. 这一推荐的截点是基于 D_i 与正态理论置信椭圆方程(3.50)的相似性. 距离度量 D_i 不是 F 统计量. 但是，在实践中统一的截点使用得相当好.

D_i 统计量可以重写为

$$D_i=\frac{r_i^2}{p}\frac{\mathrm{Var}(\hat{y}_i)}{\mathrm{Var}(e_i)}=\frac{r_i^2}{p}\frac{h_{ii}}{1-h_{ii}} \qquad (i=1,\ 2,\ \cdots,\ n) \tag{6.5}$$

因此，可以看到，除了常数 p，D_i 是第 i 个学生化残差的平方与 $h_{ii}/(1-h_{ii})$的乘积. 可以证明这一比率是向量 $\boldsymbol{x}_i$ 与其他数据质心的距离. 因此，组成 D_i 的一个成分反映模型对第 i 个观测值 y_i 拟合得如何，一个成分度量了该点与数据其他部分有多远. 其中一个成分(或两个成分)都可能对 D_i 的值有较大贡献. 因此，D_i 将第 i 个观测值残差的大小与该点在 x 空间中的位置相结合来评定强影响点.

因为 $\boldsymbol{X}\hat{\boldsymbol{\beta}}_{(i)}-\boldsymbol{X}\hat{\boldsymbol{\beta}}=\hat{\boldsymbol{y}}_{(i)}-\hat{\boldsymbol{y}}$，所以另一个书写库克距离度量的方式是

$$D_i=\frac{(\hat{\boldsymbol{y}}_{(i)}-\hat{\boldsymbol{y}})'(\hat{\boldsymbol{y}}_{(i)}-\hat{\boldsymbol{y}})}{pMS_{残}} \tag{6.6}$$

因此，剔除了第 i 个观测值时，库克距离的另一种解释就是，拟合值向量所移动的欧几里得距离的平方除以 $pMS_{残}$.

例 6.2 **送货时间数据** 表 6-1 的 b 列包含了软饮料送货时间数据的库克距离度量值. 通过考虑第一个观测值来解释其计算过程. 表 4-1 中有送货时间数据的学生化残差，而 $r_1=-1.6277$. 因此，

$$D_1=\frac{r_1^2}{p}\frac{h_{11}}{1-h_{11}}=\frac{(-1.6277)^2}{3}\frac{0.101\,80}{1-0.101\,80}=0.100\,09$$

D_i 统计量的最大值为 $D_9=3.418\,35$，这表明剔除 9 号观测值将使最小二乘估计量移动到$\hat{\boldsymbol{\beta}}$的 96%置信域的边界. 第二大的 D_i 值为 $D_{22}=0.451\,06$，而剔除 22 号观测值将使 $\boldsymbol{\beta}$ 的估计值近似移动到 35%置信域的边界. 因此，使用统一的截点得出结论，9 号观测值一定是强影响点，而 22 号观测值不是强影响点. 注意这两条结论与例 6.1 通过帽子矩阵对角线元素与学生化残差分别得到的结论是十分一致的. 216

6.4 强影响的度量：*DFFITS* 与 *DFBETAS*

库克距离是一种**剔除式诊断**，也就是说，库克距离度量了当从样本中剔除第 i 个观测值时该观测值的影响. Belsley、Kuh 和 Welsch(1980)引入了另外两种有用的剔除强影响的度量. 第一种是这样一个统计量，它表明当剔除第 i 个观测值时，回归系数$\hat{\beta}_j$ 以标准差为单位的变化. 这一统计量为

$$DFBETAS_{j,i}=\frac{\hat{\beta}_j-\hat{\beta}_{j(i)}}{\sqrt{S_{(i)}^2C_{jj}}} \tag{6.7}$$

式中：C_{jj}为$(\boldsymbol{X}'\boldsymbol{X})^{-1}$的第 j 个对角线元素；$\hat{\beta}_{j(i)}$为不使用第 i 个观测值时所计算的第 j 个回归系数. 较大的 $DFBETAS_{j,i}$值表明第 i 个观测值对第 j 个回归系数有相当大的影响. 注意：$DFBETAS_{j,i}$是一个 $n\times p$ 矩阵，其所传达的信息类似于库克距离度量中复合影响的信息.

$DFBETAS_{j,i}$的计算是令人感兴趣的. 定义 $p\times n$ 矩阵

$$\boldsymbol{R}=(\boldsymbol{X}'\boldsymbol{X})^{-1}\boldsymbol{X}'$$

$\boldsymbol{R}$ 的第 j 列的 n 个元素产生了样本中的 n 个观测值对$\hat{\beta}_j$ 的杠杆. 如果令 $\boldsymbol{r}_j'$ 表示 $\boldsymbol{R}$ 的第 j 行，那么可以证明(见附录 C. 13)

$$DFBETAS_{j,i}=\frac{r_{j,i}}{\sqrt{\boldsymbol{r}_j'\boldsymbol{r}_j}}\frac{e_i}{S_{(i)}(1-h_{ii})}=\frac{r_{j,i}}{\sqrt{\boldsymbol{r}_j'\boldsymbol{r}_j}}\frac{t_i}{\sqrt{1-h_{ii}}} \tag{6.8}$$

式中：t_i 为R-学生残差. 注意：$DFBETAS_{j,i}$同时度量了杠杆($r_{j,i}/\sqrt{\boldsymbol{r}_j'\boldsymbol{r}_j}$为第 i 个观测值对$\hat{\beta}_j$ 的影响)与较大残差两者的影响. Belsley、Kuh 和 Welsch(1980)建议 $DFBETAS_{j,i}$的截点为$2/\sqrt{n}$，也就是说，如果$|DFBETAS_{j,i}|>2/\sqrt{n}$，那么有必要对第 i 个观测值进行考察.

同时也可以研究剔除第 i 个观测值对预测值即拟合值的影响. 这会得到由 Belsley、Kuh 和 Welsch 所提出的第二种诊断：

$$DFFITS_i=\frac{\hat{y}_i-\hat{y}_{(i)}}{\sqrt{S_{(i)}^2h_{ii}}},\ i=1,\ 2,\ \cdots,\ n \tag{6.9}$$

式中：$\hat{y}_{(i)}$为不适用第 i 个观测值时所得到的 y_i 的拟合值. 由于 $\mathrm{Var}(\hat{y}_i)=\sigma^2h_{ii}$，所以分子恰好是标准化的. 因此，$DFFITS_i$ 是移除第 i 个观测值时拟合值$\hat{y}_i$ 的标准差所变化的数量.

计算上会求出(详见附录 C. 13)

217

$$DFFITS_i=\left(\frac{h_{ii}}{1-h_{ii}}\right)^{1/2}\frac{e_i}{S_{(i)}(1-h_{ii})^{1/2}}=\left(\frac{h_{ii}}{1-h_{ii}}\right)^{1/2}t_i \tag{6.10}$$

式中：t_i 为R-学生残差. 因此，$DFFITS_i$ 是R-学生残差的值乘以第 i 个观测值的杠杆$[h_{ii}/(1-h_{ii})]^{1/2}$. 如果数据点是离群点，那么$R$-学生残差将较大；而如果数据点有较高的杠杆，那么 h_{ii}将接近 1. 在其中任何一种情况下，$DFFITS_i$ 都可能较大. 但是，如果$h_{ii}\simeq 0$，那么R-学生残差的影响将是中等程度的. 同理接近零的学生化残差与高杠杆点的组合可以产生较小的 $DFFITS_i$ 值. 因此，$DFFITS_i$ 同时受杠杆与预测误差两者的影响. Belsley、Kuh 和 Welsch 建议任何$|DFFITS_i|>2\sqrt{p/n}$的预测值都有必要提起注意.

关于截点的注记 本节已经提供了 $DFFITS_i$ 与 $DFBETAS_{j,i}$的推荐截点值. 记住这两个推荐值只供参考，这是因为产生对所有情况都正确的截点是非常困难的. 因此，推荐分析师同时利用诊断所获得的结论与应用环境这两者来选择截点. 举例来说，如果$DFFITS_i=1.0$，那么将该值转化为实际响应变量的单位来确定移除第 i 个观测值对$\hat{y}_i$ 有多大的影响. 然后使用 $DFBETAS_{j,i}$看该观测值是否对特定参数的显著性(或者也许是不显著性)或回归系数的正负号是否发生改变负有责任. 通过使用系数的标准误差，诊断量$DFBETAS_{j,i}$也可用来判断数据点的回归系数变化了多少. 即使诊断统计量没有超过正式的截点值，回归系数的变化在特定问题的背景下也是重要的.

注意所推荐的截点是样本量 n 的函数. 确实，认为任何正规的截点都应当是样本量的函数，但是，以我们的经验，通过这些截点所鉴定出的数据点会比分析师所期望分析得更

多. 这一点在小样本时是特别真实的. 认为由 Belsley、Kuh 和 Welsch 所推荐的截点对大样本是有意义的，但是当 n 较小时，更适合用前文所讨论的诊断角度来处理问题.

例 6.3 送货时间数据 表 6-1 的 c 列至 f 列展示了软饮料送货时间数据的 $DFFITS_i$ 值与 $DFBETAS_{j,i}$ 值. $DFFIST_i$ 的正规截点值为 $2\sqrt{p/n}=2\sqrt{3/25}=0.69$. 审视表 6-1，揭示了 9 号点与 22 号点的 $DFFITS_i$ 值都超过了该值，此外 $DFFITS_{20}$ 也接近于截点.

考察 $DFBETAS_{j,i}$ 并回忆截点为 $2/\sqrt{25}=0.40$，立刻注意到 9 号点与 22 号点对所有三个参数都有较大的影响. 9 号点对截距有非常大的影响，对 $\hat{\beta}_1$ 与 $\hat{\beta}_2$ 有比对截距稍小的影响，而 22 号点的影响对 $\hat{\beta}_1$ 是最大的. 某些其他点所产生的对系数的影响也接近于正规的截点，包括 1 号点(对 $\hat{\beta}_1$ 与 $\hat{\beta}_2$)、4 号点(对 $\hat{\beta}_0$)与 24 号点(对 $\hat{\beta}_1$ 与 $\hat{\beta}_2$). 这些点相比 9 号点所产生的变化相对要小.

从诊断的角度，9 号点显然是强影响的，这是因为剔除该点后每个回归系数都至少产生了 0.9 个标准差的移位. 22 号点的影响就要小得多. 进一步而言，剔除 9 号点使响应变 218
量的移位超过了四个标准差. 这一清晰的信号再次表明 9 号观测值是强影响的.

6.5 模型性能的度量

诊断量 D_i、$DFBETAS_{j,i}$ 与 $DFFITS_i$ 提供了关于观测值对估计系数 $\hat{\beta}_j$ 与拟合值 $\hat{y}_i$ 影响的深刻见解，但是这些量没有提供关于整体估计精确度的任何信息. 由于在日常实践中很大程度上要使用协方差矩阵的行列式作为度量精确度的方便的标量，称其为**广义方差**，所以将 $\hat{\boldsymbol{\beta}}$ 的广义方差定义为

$$\mathrm{GV}(\hat{\boldsymbol{\beta}})=|\mathrm{Var}(\hat{\boldsymbol{\beta}})|=|\sigma^2(\boldsymbol{X}'\boldsymbol{X})^{-1}|$$

为了表达出第 i 个观测值在估计精确度中的角色，可以定义

$$COVRATIO_i=\frac{|(\boldsymbol{X}'_{(i)}\boldsymbol{X}_{(i)})^{-1}S^2_{(i)}|}{|(\boldsymbol{X}'\boldsymbol{X})^{-1}MS_{残}|}\qquad(i=1,\ 2,\ \cdots,\ n)\tag{6.11}$$

显然，当 $COVRATIO_i>1$ 时，第 i 个观测值将改进估计的精确度；当 $COVRATIO_i<1$ 时，包括第 i 个点将使估计精确度降低. 计算上

$$COVRATIO_i=\frac{(S^2_{(i)})^p}{MS^p_{残}}\left(\frac{1}{1-h_{ii}}\right)\tag{6.12}$$

注意：$[1/(1-h_{ii})]$ 是 $(\boldsymbol{X}'_{(i)}\boldsymbol{X}_{(i)})^{-1}$ 与 $(\boldsymbol{X}'\boldsymbol{X})^{-1}$ 的比率，所以高杠杆点的 $COVRATIO_i$ 较大. 除非该点是 y 空间的离群点，否则高杠杆点将改善估计的精确度，所以这是符合逻辑的. 如果第 i 个观测值是离群点，那么 $S^2_{(i)}/MS_{残}$ 将比 1 小得多.

$COVRATIO$ 的截点值是不易获得的. Belsley、Kuh 和 Welsch(1980)建议，如果 $COVRATIO_i>1+3p/n$ 或 $COVRATIO_i<1-3p/n$，那么应当将第 i 个点考虑为有强影响的点. 当 $n>3p$ 时，下界只是近似的. 这些所推荐的截点值只针对大样本.

例 6.4 送货时间数据 表 6-1 的 g 列包含了软饮料送货时间数据的 $COVRATIO_i$ 值. 所推荐的 $COVRATIO_i$ 的正规截点为 $1\pm3p/n=1\pm3(3)/25$，即 0.64 与 1.36. 注意 $COVRATIO_9$ 与 $COVRATIO_{22}$ 的值都超过了这一极限，表明这两个点是强影响点. 由于 $COVRATIO_9<1$，所以该观测值将使估计的精确度降低；而由于 $COVRATIO_{22}>1$，所以该观

测值有改善估计精确度的趋势．但是，22 号点仅是勉强超过了其截点，所以该值的影响从
219 实践的视角看是相当小的．9 号点的影响显然要大得多．

6.6 探测强影响观测值的群体

已经关注了剔除一个观测值时对强影响与杠杆的诊断．现在一群点都是高杠杆点或者对回归模型施加了不正当的影响，这种情况显然是存在的．对这一问题非常好的讨论在 Belsley、Kuh 和 Welsch(1980)与 Rousseeuw 和 Leroy(1987)中．

原则上，可以将单一观测值的诊断拓展到多个观测值的情形．事实上，存在若干种解决多个离群点影响问题的策略．举例来说，见 Atkinson(1994)，Hadi 和 Simonoff(1993)，Hawkings、Bradu 和 Kass(1984)，Pena 和 Yohai(1995)，Rousseeuw 和 van Zomeren (1990)．为了证明如何将库克距离拓展到评估几个观测值同时都是强影响点的情形，令 $\boldsymbol{i}$ 表示所指定剔除点索引的 $m\times1$ 向量，同时定义

$$D_i(\boldsymbol{X}'\boldsymbol{X},\ pMS_{残})=D_i=\frac{(\hat{\boldsymbol{\beta}}_{(i)}-\hat{\boldsymbol{\beta}})'\boldsymbol{X}'\boldsymbol{X}(\hat{\boldsymbol{\beta}}_{(i)}-\hat{\boldsymbol{\beta}})}{pMS_{残}}$$

显然，D_i 是库克距离度量对多个观测值的变体．对 D_i 的解释类似于对单一观测值统计量的解释．较大的 D_i 值表明 m 个点的集合是强影响的．但是选择包括这 m 个点中的点的子集作为强影响点并不是显而易见的，这是因为某些数据集中点的子集存在联合强影响，但是单个点不存在强影响．进一步说，同时研究从 n 个样本点中抽样 $m=1,2,\cdots,n$ 个点的所有可能组合是不实用的．

Sebert、Montgomery 和 Roilier(1998)研究了使用**聚类分析**来求出回归中存在强影响观测值的集合．聚类分析是一种找出相似观测值群体的多元方法．这一程序包括定义观测值之间相似性的度量，然后基于观测值之间的相似性使用一套规则来将观测值分类成群体．使用单链接聚类分析(见 Johnson 和 Wichern(1992)与 Everitt(1993))，将其应用于最小二乘残差与拟合值，将 $n-m$ 个观测值聚类到一个“干净”的群中，并聚类出可能有强影响观测值的几个群．然后在大小为 $1,2,\cdots,m$ 的子集中，使用库克距离度量的多个观测值变体估计潜在强影响观测值的群体．作者报告称这一程序在找出强影响观测值的子集时是非常有效的．会存在一些“困境沼泽”，也就是说，要将太多个观测值鉴定为可能的离群点，但是使用库克距离可以有效地清除非强影响观测值．在研究文献中的九个数据集时，作者称没有“被掩盖”的事件，也就是说，没有不能找出正确的强影响点子集的情况．作者也称该报告是通过进行蒙特卡罗模拟而由拓展性能研究所产生的．

6.7 强影响观测值的处理

220 对杠杆与强影响的诊断是回归模型构建工具库中的一个重要部分．所打算的是通过这一诊断向分析师提供对数据的洞察，以及观测值可能应当进行更多仔细研究的信号．应当对研究强影响点贡献多少努力，可能取决于所鉴定强影响点的数量，强影响点对模型的实际影响，以及模型构建问题的重要性．如果花费了一年时间收集了 30 个观测值，那么对所猜测的点进行大量系统的分析，看起来似乎是正当的．当因为一个强影响观测值使模型出现了我们不期望的结果时，这样做是特别正确的．

应当丢弃强影响观测值吗？这一问题与关于丢弃离群点的问题是类似的．正如总体上的规则所要求的，如果所记录的测量值中存在误差，或者样本点确实是无效的，或者样本点不是所打算抽样的总体的一部分，那么丢弃强影响观测值是合适的．但是，如果分析解释了强影响点是有效的观测值，那么移除这些观测值就不存在正当性．

剔除观测值与保留观测值之间存在“妥协”．要考虑使用这样一种估计方法，让强影响点的影响没有像对最小二乘的影响那样严重．这种稳健估计方法本质上是按残差的大小或影响的比例来降低观测值的权重．15.1 节讨论了稳健回归模型．

习题

6.1 对附录表 B-2 中所给出的太阳热能测试数据做完整的影响分析．讨论你得到的结果．

6.2 对附录表 B-4 中所给出的资产股价数据做完整的影响分析．讨论你得到的结果．

6.3 对附录表 B-5 中所给出的 BelleAyr 矿区矿物的液化试验做完整的影响分析．讨论你得到的结果．

6.4 对附录表 B-6 中所给出的流动管反应器数据做完整的影响分析．讨论你得到的结果．

6.5 对附录表 B-1 中所给出的 NFL 球队表现数据做完整的影响分析．讨论你得到的结果．

6.6 对附录表 B-7 中所给出的榨油数据做完整的影响分析．讨论你得到的结果．

6.7 对附录表 B-8 中所给出的笼形包合物生成数据做完整的影响分析．讨论你得到的结果．

6.8 对附录表 B-9 中所给出的压降数据做完整的影响分析．讨论你得到的结果．

6.9 对附录表 B-10 中所给出的运动粘度数据做完整的影响分析．讨论你得到的结果．

6.10 正规地证明 221

$$D_i = \frac{r_i}{p}\frac{h_{ii}}{1-h_{ii}}$$

6.11 正规地证明

$$COVRATIO_i = \left[\frac{S_{(i)}^2}{MS_{残}}\right]^p \left(\frac{1}{1-h_{ii}}\right)$$

6.12 附录表 B-11 包含了关于黑皮诺红葡萄酒品质的数据．使用透明度、香味、酒体、味道与橡木味作为回归变量拟合回归模型．研究这一模型的强影响观测值并对发现进行评论．

6.13 附录表 B-12 包含了所收集的关于齿轮热处理的数据．使用所有回归变量拟合这一数据的回归模型．研究这一模型的强影响观测值并对你的发现进行评论．

6.14 附录表 B-13 包含了关于涡轮喷气发动机的数据．使用所有回归变量拟合这一数据的回归模型．研究这一模型的强影响观测值并对你的发现进行评论．

6.15 附录表 B-14 包含了关于电子反相器跳变点的数据．仅使用 x_1—x_4 作为回归变量而拟合所有 25 个观测值的回归模型．研究这一模型的强影响观测值并对发现进行评论．

6.16 对附录表 B-15 中所给出的空气污染与死亡率数据做完整的影响分析．做任何合适的变换，讨论你得到的结果．

6.17 对附录表 B-16 中所给出的期望寿命数据做每个模型的完整的影响分析．做任何合适的变换，讨论你得到的结果．

6.18 考虑附录表 B-17 中的病人满意度数据．使用年龄与病重程度作为预测变量拟合满意度这一响应变量的回归模型．对数据做影响分析，并对你的发现进行评论．

6.19 考虑附录表 B-18 中的燃料消耗数据．为了配合这一练习的目的，忽略回归变量 x_1．对这一数据做完整的影响分析．通过这一分析能得出什么结论？

6.20 考虑附录表 B-19 中的红酒品质数据．为了配合这一练习的目的，忽略回归变量 x_1．对这一数据做完整的影响分析．通过这一分析能得出什么结论？

6.21 考虑附录表 B-20 中的甲醛氧化数据．对这一数据做完整的影响分析．通过这一分析能得出什么结论？ 222

第 7 章　多项式回归模型

7.1　导引

线性回归模型 $\boldsymbol{y}=\boldsymbol{X\beta}+\boldsymbol{\varepsilon}$ 是参数 $\boldsymbol{\beta}$ 未知时用于拟合任何线性关系的一般模型．该模型包括重要的一类模型——**多项式回归模型**．举例来说，单变量的二阶多项式

$$y=\beta_0+\beta_1 x+\beta_2 x^2+\varepsilon$$

与两个变量的二阶多项式

$$y=\beta_0+\beta_1 x_1+\beta_2 x_2+\beta_{11} x_1^2+\beta_{22} x_2^2+\beta_{12} x_1 x_2+\varepsilon$$

都是线性回归模型．

多项式模型广泛用于响应变量为曲线的情形，即使像复杂的非线性关系这种关系也可以适用通过多项式在 x 合理的较小范围内进行的建模．本章将调研与多项式拟合有关的若干难点与问题．

7.2　单变量的多项式模型

7.2.1　基本原理

223 作为单变量多项式回归模型的例子，考虑

$$y=\beta_0+\beta_1 x+\beta_2 x^2+\varepsilon \tag{7.1}$$

该模型称为单变量的**二阶模型**．有时也称之为**二次模型**，这是由于 y 的期望值为

$$E(y)=\beta_0+\beta_1 x+\beta_2 x^2$$

该式描述了一个二次函数．其典型例子如图 7-1 所示．通常将 β_1 称为线性效应系数，而将 β_2 称为二次效应系数．如果数据的范围包括 $x=0$，那么，当 $x=0$ 时参数 β_0 是 y 的均值；否则 β_0 没有实际解释．

一般而言，单变量的 k 阶多项式模型为

$$y=\beta_0+\beta_1 x+\beta_2 x^2+\cdots+\beta^k x^k+\varepsilon \tag{7.2}$$

如果设 $x_j=x^j\ (j=1,\ 2,\ \cdots,\ k)$，那么方程(7.2)将变为 k 个回归变量 x_1，x_2，$\cdots$，x_k 的多元线性回归模型．因此，拟合 k 阶多项式模型时可以使用前文所研究的方法．

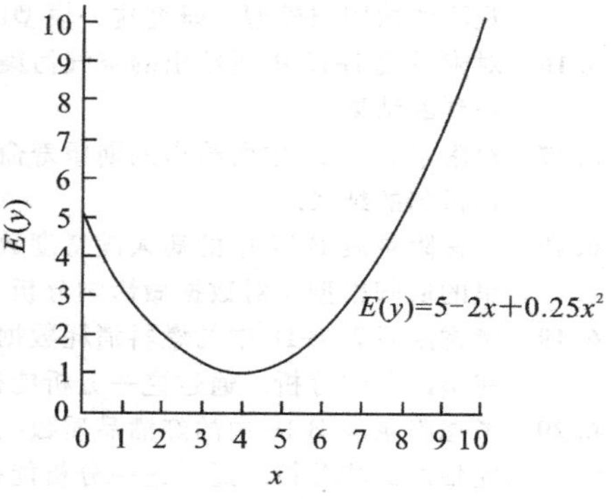

图 7-1　二次多项式的例子

多项式模型当分析师知道在实际响应变量函数中存在曲线效应时是有用的．多项式模型在像逼近未知而可能非常复杂的非线性关系函数这种函数时也是有用的．从这种意义上来说，多项式模型只是未知函数的泰勒级数展开．这种类型的应用似乎在实践中是最经常出现的．

1）**模型的阶**　保持模型的阶数尽可能低是重要

的．当响应变量的函数可能是曲线时，应当尝试**变换**使模型保持为一阶．在这点上第 5 章所讨论的方法是有用的．如果不行，应当尝试二阶多项式．除非可以证明是数据之外的原 224 因，否则应当避免使用高阶多项式($k>2$)．变换后变量的低阶模型几乎总是比原度量单位下的高阶模型更好．随意拟合高阶模型是对回归分析的严重滥用．应当始终维持“吝啬感”，也就是说，使用可能最简单的，与数据和问题环境的知识保持一致的模型．记住在极端情况下，总是可以得到过 n 个点的 $n-1$ 阶多项式，所以总是可以求出能提供数据“良好”拟合的阶数足够高的多项式．在大多数情况下，这种模型既不会加强对未知函数的理解，也不可能提供优良的预测．

2）**建模策略** 已经对选择逼近多项式阶数的几种策略给出了建议．一种方法是依次提高拟合模型的阶数，直到高阶项的 t 检验是不显著的．另一种程序是拟合合适的最高阶模型，然后一次剔除一项，从剔除最高阶的项开始，直到剩余的最高阶项有显著的 t 统计量．这两种程序分别称为**向前选择**与**向后剔除**．这两种程序不一定会得到相同的模型．根据上文的第 1 条评注，应当小心地使用这两种程序．在大多数情况下应当将注意力限制在一阶与二阶多项式上．

3）**外推法** 对多项式模型使用外推法可能是非常有害的．举例来说，考虑图 7-2 中的二阶模型．如果在原数据的范围之外进行外推，那么响应变量的预测值是转向下方的．这可能与系统的真实行为不一致．一般而言，多项式模型可能会转向出人意料的不合适的方向，在使用内插法与外推法时都是这样的． 225

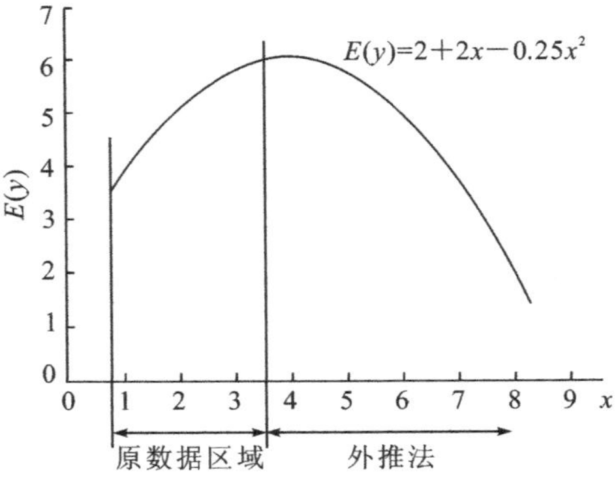

图 7-2　外推法的危险性

4）**病态Ⅰ** 随着多项式阶数的增加，$\mathbf{X}'\mathbf{X}$ 矩阵将成为**病态**矩阵．这意味着矩阵逆的计算将是不精确的，可能将相当大的误差引入参数的估计值．举例来说，见 Forsythe(1957)．由任意选择原点所引起的非本质病态首先可以通过将**回归变量中心化**来消除(比如说用平均值 $\bar{x}$ 修正 x)，但正如 Bradley 和 Srivastava(1979)所指出的，即使是中心化的数据，也仍然可以产生确定回归系数之间较大的样本协方差．7.5 节将讨论处理这一问题的方法．

5）**病态Ⅱ** 如果 x 的值是限制在一个较窄的范围内的，那么 $\mathbf{X}$ 矩阵的列可能存在显著的病态即多重共线性．举例来说，当 x 在 1 和 2 之间变动时，x^2 就在 1 和 4 之间变动，这会产生 x 与 x^2 之间强烈的共线性．

6）**分层** 回归模型

$$y=\beta_0+\beta_1x+\beta_2x^2+\beta_3x^3+\varepsilon$$

称为**分层**模型，这是因为它包括了阶数为 3 与更低阶数的所有项．相反，模型

$$y=\beta_0+\beta_1x+\beta_3x^3+\varepsilon$$

不是分层模型．Peixoto(1987，1990)指出只有分层模型在线性变换下是不变的，并建议所有模型都应当有分层的性质(短语“分层良好的模型”是频繁使用的)．已经将对这一建议

的复杂感觉作为了一条严格的规则. 拥有在线性变换下保持不变的模型形式确实是有吸引力的(比如拟合了编码后变量的模型，然后将其转化回自然变量的模型)，但是这纯粹是数学上的细节. 存在许多机理模型并不是分层的，举例来说，牛顿引力定律是平方反比定律，而磁偶极子定律是立方反比定律. 进一步而言，存在许多情形，在使用多项式回归模型表示试验设计的结果时，数据将支持像

$$y=\beta_0+\beta_1 x_1+\beta_{12} x_1 x_2+\varepsilon$$

这样的模型，式中交叉乘积项代表两个因子的交互作用. 现在分层模型要求包括另一个主要效应的项 x_2. 但是，这另一个效应的项从统计显著性的角度看可能确实是完全不必要的. 可能完全符合逻辑的是，从内含的科学或工程的视点出发，模型中有一个交互作用项而(或者甚至在某些情况下)没有其中一个单独的主效应项. 这在交互作用项中所包括的某些变量是分类变量时是频繁出现的. 最好的建议是拟合使所有项都显著的模型，并使用学
226 科的知识而不是随意的规则作为模型公式的另一个指导. 一般而言，向不熟悉统计建模的“客户”解释分层模型通常是更简单的，但是非分层模型也可能对新数据产生更好的预测.

现在解释关于拟合单变量多项式模型的某些典型分析方法.

例 7.1 **硬木数据** 表 7-1 展示了关于牛皮纸的强度与生产纸张所用每个批次的纸浆中硬木百分率的数据. 该数据的散点图如图 7-3 所示. 该图与生产过程的知识表明二次模型对描述抗张强度与硬木浓度之间的关系可能是适用的. 根据将数据中心化可以消除非本质病态这一建议来拟合模型

$$y=\beta_0+\beta_1(x-\overline{x})+\beta_2(x-\overline{x})^2+\varepsilon$$

表 7-1 例 7.1 纸浆中的硬木浓度与牛皮纸的抗张强度

硬木浓度 x_i(%)	抗张强度 y(lb/in²)
1	6.3
1.5	11.1
2	20.0
3	24.0
4	26.1
4.5	30.0
5	33.8
5.5	34.0
6	38.1
6.5	39.9
7	42.0
8	46.1
9	53.1
10	52.0
11	52.5
12	48.0
13	42.8
14	27.8
15	21.9

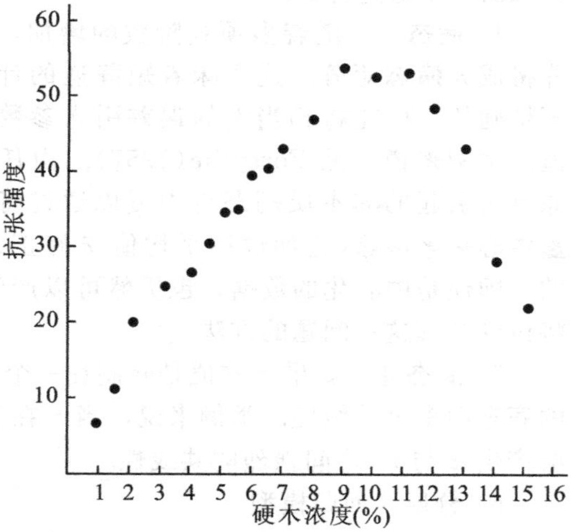

图 7-3 例 7.1 数据的散点图

由于拟合这一模型等价于拟合两个变量的回归模型，所以可以使用第 3 章中的一般方法. 模型拟合为

$$\hat{y}=45.295+2.546(x-7.2632)-0.635(x-7.2632)^2$$

该模型的方差分析如表 7-2 所示．观测值的 $F_0=79.434$ 而 P 值是较小的，所以拒绝假设 H_0：$\beta_1=\beta_2=0$．得出结论线性项与二次项两者之一(或全部)对模型有显著贡献．该模型的其他汇总统计量为 $R^2=0.9085$，$\text{se}(\hat{\beta}_1)=0.254$，而 $\text{se}(\hat{\beta}_2)=0.062$． 227

表 7-2　例 7.1 二次模型的方差分析

变异来源	平方和	自由度	均方	F_0	P 值
回归	3104.247	2	1552.123	79.434	4.91×10^{-9}
残差	312.638	16	19.540		
总	3416.885	18			

残差与 $\hat{y}_i$ 的残差图如图 7-4 所示．该残差图并未揭示任何严重的模型不适用性．残差的正态概率图如图 7-5 所示，是略微有些令人不安的，表明误差的分布比正态分布有更重的尾部．但是，这一点并不会严重质疑正态性假设．

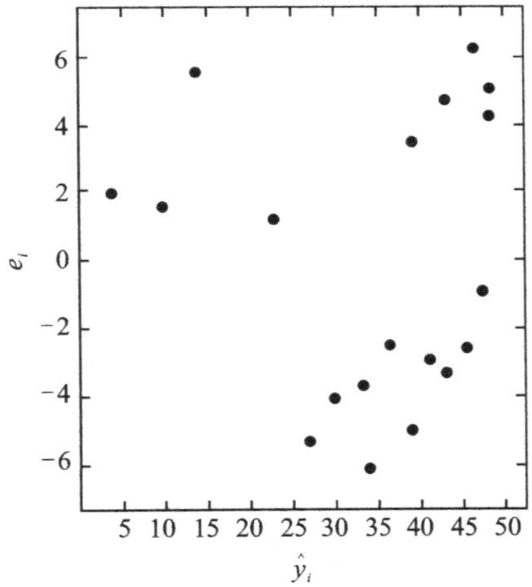

图 7-4　例 7.1 残差 e_i 与拟合值 $\hat{y}_i$ 的残差图

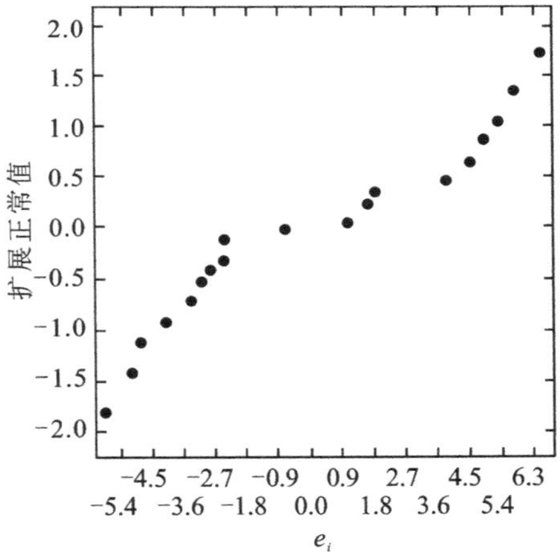

图 7-5　例 7.1 残差的正态概率图

现在假设希望研究二次项对模型的贡献．也就是说，希望检验

$$H_0：\beta_2=0，H_1：\beta_2\neq0$$

将使用附加平方和方法检验这一假设．如果 $\beta_2=0$，那么简化模型为直线 $y=\beta_0+\beta_1(x-\bar{x})+\varepsilon$．最小二乘拟合为

$$\hat{y}=34.184+1.771(x-7.2632)$$ 228

该模型的汇总统计量为 $MS_{残}=139.615$，$R^2=0.3054$，$\text{se}(\hat{\beta}_1)=0.648$，而 $SS_{回}(\beta_1|\beta_0)=1043.427$．注意剔除二次项对 R^2、$MS_{残}$ 与 $\text{se}(\hat{\beta}_1)$都有很大程度的影响．这些汇总统计量比在二次模型中要坏得多．检验 H_0：$\beta_2=0$ 的附加平方和为

$$SS_{回}(\beta_2|\beta_1,\beta_0)=SS_{回}(\beta_1,\beta_2|\beta_0)-SS_{回}(\beta_1|\beta_0)=3104.247-1043.427=2060.820$$

其自由度为 1．而由于 $F_{0.01,1,16}=8.53$，所以 F 统计量为

$$F_0\ \frac{SS_{回}(\beta_2|\beta_1,\beta_0)/1}{MS_{残}}=\frac{2060.820/1}{19.540}=105.47$$

由此得出结论 $\beta_2 \neq 0$. 因此，二次项对模型有显著贡献.

7.2.2 分段多项式拟合(样条)

有时会发现低阶多项式提供的数据拟合是不良的，而适度增加多项式的阶数并不会在很大程度上改善这种状况. 出现这种症状是由于残差平方和没有稳定化，或是由于残差图展示了其他未能解释的结构. 在不同部分的 x 范围内函数的行为不同时，可能会出现这一问题. 对 x 与 y 两者或之一的变换偶尔会消除这一问题. 但是，通常的方法是将 x 的范围
229 分段，并对每段拟合合适的曲线. **样条函数**提供了进行这种类型的**分段多项式拟合**的一种有用的方式.

样条是 k 阶的分段多项式. 段的连接处通常称为节点. 一般而言在节点处需要函数的值与前 $k-1$ 阶导数的值一致，所以样条是有 $k-1$ 阶连续导数的连续函数. **三次样条**($k=3$)通常对大多数问题是实用的.

有 h 个节点 $t_1<t_2<\cdots<t_h$ 且有连续的一阶与二阶导数的三次样条可以写为

$$E(y)=S(x)=\sum_{j=0}^{3}\beta_{0j}x^j+\sum_{i=1}^{h}\beta_i(x-t_i)_+^3 \tag{7.3}$$

式中

$$(x-t_i)_+=\begin{cases}(x-t_i) & 若\ x-t_i>0\\ 0 & 若\ x-t_i\leqslant 0\end{cases}$$

假设节点的位置是已知的. 如果节点的位置是可以估计的参数，那么所得到的问题是非线性回归问题. 但是，当节点的位置已知时，可以直接通过应用线性最小二乘来完成对方程(7.3)的拟合.

决定节点的数量和位置与决定每段多项式的阶数都不是简单的. Wold(1974)建议节点应当尽可能少，每段至少要有四或五个数据点. 因为样条函数的较大灵活性使得容易对数据产生“过度拟合”，所以这里使用时应当相当小心. Wold 也建议每段中不应存在多于一个的极端点(最大值或最小值)与不多于一个的强影响点. 在可能的情况下，极端点应当位于每段的中心，而强影响点应当靠近节点. 当可以获得关于数据生成过程的先验信息时，可以帮助进行节点的定位.

基本三次样条模型(7.3)可以容易地修正为每段阶数不同的拟合多项式，并在节点处施加不同的连续性限制. 如果 $h+1$ 个多项式段的阶数为 3，那么没有连续性限制的三次样条模型为

$$E(y)=S(x)=\sum_{j=0}^{3}\beta_{0j}x^j+\sum_{i=1}^{h}\sum_{j=0}^{3}\beta_{ij}(x-t_i)_+^j \tag{7.4}$$

式中：当 $x>t$ 时，$(x-t)_+^0$ 等于 1；而当 $x\leqslant 0$ 时等于 0. 因此，如果项 $\beta_{ij}(x-t_i)_+^j$ 在模型中，那么这会使得在 t_i 处 $S(x)$ 的 j 阶导数是不连续的. 如果该项不在模型中，那么 $S(x)$ 的 j 阶导数在 t_i 处连续. 所需要的连续性限制越少，因为模型中的参数更多所以拟合越好，
230 而所需要的连续性限制越多，拟合越差但最终的曲线越光滑. 可以使用标准多元回归的假设检验方法，来同时确定多项式段的阶与连续性限制.

作为解释考虑有单独一个在 t 处的节点且没有连续性限制的三次样条，比如说

$$E(y)=S(x)=\beta_{00}+\beta_{01}x+\beta_{02}x^2+\beta_{03}x^3+\beta_{10}(x-t)_+^0 \\ +\beta_{11}(x-t)_+^1+\beta_{12}(x-t)_+^2+\beta_{13}(x-t)_+^3$$

注意 $S(x)$、$S'(x)$与 $S''(x)$的连续性不是必需的，这是因为模型中存在包含 β_{10}、β_{11}与 β_{12}的项. 为了确定所施加的连续性限制是否降低了拟合的质量，要检验假设 H_0：$\beta_{10}=0$($S(x)$的连续性)，H_0：$\beta_{10}=\beta_{11}=0$[$S(x)$的连续性与 $S'(x)$的连续性]与 H_0：$\beta_{10}=\beta_{11}=\beta_{12}=0$[$S(x)$、$S'(x)$与 $S''(x)$的连续性]. 为了确定三次样条的数据拟合是否优于在 x 范围上的单一三次多项式拟合，只要简单地检验 H_0：$\beta_{10}=\beta_{11}=\beta_{12}=\beta_{13}=0$ 即可.

Smith(1979)中有用这一方法进行样条拟合的优良描述. 这一方法的潜在缺点是当存在大量节点时 $\boldsymbol{X}'\boldsymbol{X}$ 矩阵会成为病态矩阵. 克服这一问题可以通过使用一种不同的样条表示，称为**三次 B-样条**. 由分段差值定义的三次 B-样条为

$$B_i(x)=\sum_{j=i-4}^{i}\left[\frac{(x-t_j)_+^3}{\prod\limits_{\substack{m=i-4\\ m\neq j}}^{i}(t_j-t_m)}\right]\qquad(i=1,2,\cdots,h+4)\tag{7.5}$$

而

$$E(y)=S(x)=\sum_{i=1}^{h+4}\gamma_iB_i(x)\tag{7.6}$$

式中：γ_i($i=1$，2，…，$h+4$)为所估计的参数. 方程(7.5)中存在八个其他节点，$t_{-3}<t_{-2}<t_{-1}<t_0$ 与 $t_{h+1}<t_{h+2}<t_{h+3}<t_{h+4}$. 通常取 $t_0=x_{\min}$与 $t_{h+1}=x_{\max}$，其他节点随意取. 关于样条的进一步读物，见 BuseandLim(1977)，Curry 和 Schoenberg(1966)，Eubank(1988)，Gallant 和 Fuller(1973)，Hayes(1970，1974)，Poirier(1973，1975)以及 Wold(1974).

例 7.2 **电压降数据** 在导弹飞行时间内所观测制导导弹发动机的电池电压降数据如表 7-3 所示. 图 7-6 中的散点图表明不同时间段内电压降的行为是不同的，分别使用在发射后 $t_1=6.5$ 秒与 $t_2=13$ 秒这两个节点通过三次样条进行数据建模. 所放置的节点与通过轨道数据得知的，随导弹而变化的路线(与电池要求的变化有关)是大致一致的. 打算在导弹的数字—模拟仿真模型中使用电压模型. 231

表 7-3 电压降数据

观测值 i	时间 x_i(s)	电压降 y_i	观测值 i	时间 x_i(s)	电压降 y_i
1	0.0	8.33	14	6.5	11.67
2	0.5	8.23	15	7.0	11.76
3	1.0	7.17	16	7.5	12.81
4	1.5	7.14	17	8.0	13.30
5	2.0	7.31	18	8.5	13.88
6	2.5	7.60	19	9.0	14.59
7	3.0	7.94	20	9.5	14.05
8	3.5	8.30	21	10.0	14.48
9	4.0	8.76	22	10.5	14.92
10	4.5	8.71	23	11.0	14.37
11	5.0	9.71	24	11.5	14.63
12	5.5	10.26	25	12.0	15.18
13	6.0	10.91	26	12.5	14.51

（续）

观测值 i	时间 x_i(s)	电压降 y_i	观测值 i	时间 x_i(s)	电压降 y_i
27	13.0	14.34	35	17.0	11.15
28	13.5	13.81	36	17.5	10.14
29	14.0	13.79	37	18.0	10.08
30	14.5	13.05	38	18.5	9.78
31	15.0	13.04	39	19.0	9.80
32	15.5	12.60	40	19.5	9.95
33	16.0	12.05	41	20.0	9.51
34	16.5	11.15			

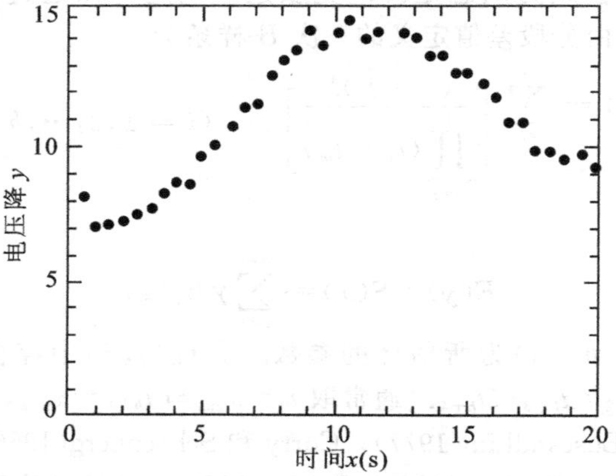

图 7-6　电压降数据的散点图

三次样条拟合为

232 $$y=\beta_{00}+\beta_{01}x+\beta_{02}x^2+\beta_{03}x^3+\beta_1(x-6.5)_+^3+\beta_2(x-13)_+^3+\varepsilon$$

而最小二乘拟合为

$$\hat{y}=8.4657-1.4531x+0.4899x^2-0.0295x^3+0.0247(x-6.5)_+^3+0.0271(x-13)_+^3$$

该模型的汇总统计量如表 7-4 所示．残差与$\hat{y}$的残差图如图 7-7 所示．该图（与其他残差图）并未揭示任何对假设的严重违背，所以得出结论三次样条模型对拟合电压降数据是合适的．

表 7-4　电压降数据三次样条模型的汇总统计量

变异来源	平方和	自由度	均方	F_0	P 值
回归	260.1784	5	52.0357	725.52	<0.0001
残差	2.5102	35	0.0717		
总	262.6886	40			

参数	估计值	标准误差	H_0：$\beta=0$ 的 t 值	P 值
β_{00}	8.4657	0.2005	42.22	<0.0001
β_{01}	−1.4531	0.1816	−8.00	<0.0001
β_{02}	0.4899	0.0430	11.39	<0.0001
β_{03}	−0.0295	0.0028	−10.54	<0.0001
β_1	0.0247	0.0040	6.18	<0.0001
β_2	0.0271	0.0036	7.53	<0.0001
233		$R_2=0.9904$		

可以容易地比较例 7.2 的三次样条模型与导弹飞行全部时间上的三次多项式，比如

$$\hat{y}=6.4910+0.7032x+0.0340x^2-0.0033x^3$$

这是一个包含更少参数的模型，如果能提供令人满意的拟合，那么它将比三次样条模型更好. 图 7-8 为来自该三次多项式的残差与$\hat{y}$的残差图. 该图强烈地展示出了曲线，以图中其他未能解释的结构为基础得出结论，简单的三次多项式模型对电压降数据是不适用的.

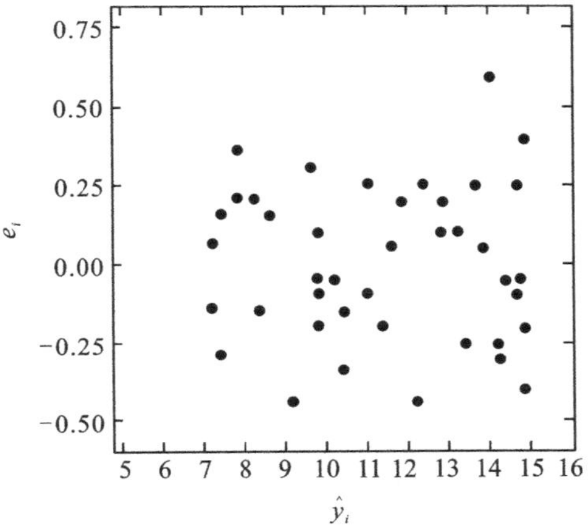

图 7-7 三次样条模型残差 e_i 与拟合值$\hat{y}_i$ 的残差图

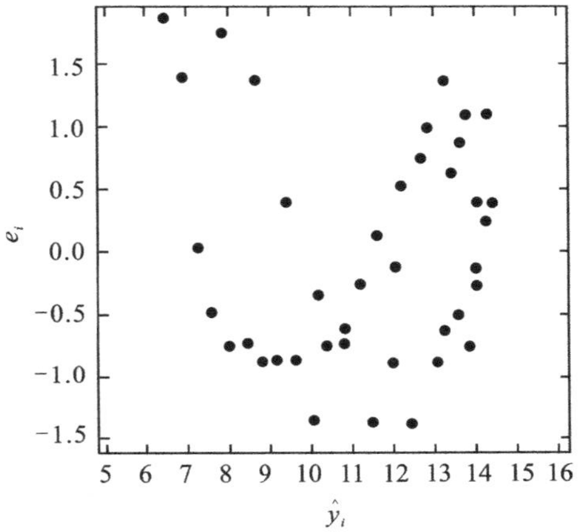

图 7-8 三次多项式模型残差 e_i 与拟合值$\hat{y}_i$ 的残差图

也可以使用附加平方和方法，通过检验假设 H_0：$\beta_1=\beta_2=0$，来研究三次样条模型是否改善了拟合. 三次多项式的回归平方和为

$$SS_{总}(\beta_{01}, \beta_{02}, \beta_{03} \mid \beta_{00})=230.4444$$

其自由度为 3. 检验 H_0：$\beta_1=\beta_2=0$ 的附加平方和为

$$\begin{aligned}SS_{回}(\beta_1, \beta_2 \mid \beta_{00}, \beta_{01}, \beta_{02}, \beta_{03}) &= SS_{回}(\beta_{01}, \beta_{02}, \beta_{03}, \beta_2, \beta_2 \mid \beta_{00})-SS_{回}(\beta_{01}, \beta_{02}, \beta_{03} \mid \beta_{00})\\ &=260.1784-230.4444=29.7340\end{aligned}$$

其自由度为 2. 由于

$$F_0=\frac{SS_{回}(\beta_1, \beta_2 \mid \beta_{00}, \beta_{01}, \beta_{02}, \beta_{03})/2}{MS_{残}}=\frac{29.7340/2}{0.0717}=207.35$$

参考 $F_{2,35}$分布，拒绝假设 H_0：$\beta_1=\beta_2=0$. 得出三次样条模型提供了更好拟合的结论.

例 7.3 **分段线性回归** 实践中所感兴趣的一个重要特例是拟合分段线性回归模型. 使用线性样条可以容易地处理这种情况. 举例来说，假设存在单独一个在 t 处的节点，而在该节点处同时存在斜率的变化与不连续性这两种情况. 所得到的线性样条模型为

$$E(y)=S(x)=\beta_{00}+\beta_{01}x+\beta_{10}(x-t)_+^0+\beta_{11}(x-t)_+^1$$

现在当 $x\leqslant t$ 时，直线模型为

$$E(y)=\beta_{00}+\beta_{01}x$$

而当 $x>t$ 时，模型为

$$\begin{aligned}E(y)&=\beta_{00}+\beta_{01}x+\beta_{10}(1)+\beta_{11}(x-t)\\ &=(\beta_{00}+\beta_{10}-\beta_{11}t)+(\beta_{01}+\beta_{11})x\end{aligned}$$ 234

也就是说，当 $x \leqslant t$ 时，模型有截距为 β_{00} 而斜率为 β_{01}；而当 $x > t$ 时，截距为 $\beta_{00}+\beta_{10}-\beta_{11}t$ 而斜率为 $\beta_{01}+\beta_{11}$. 回归函数如图 7-9a 所示. 注意参数 β_{10} 表示在节点 t 处响应变量均值的差值.

如果需要回归模型在节点处是连续的，那么就要产生光滑的函数. 这通过从原模型中剔除项 $\beta_{10}(x+t)_+^0$ 可以容易地完成，给出

$$E(y)=S(x)=\beta_{00}+\beta_{01}x+\beta_{11}(x-t)_+^1$$

现在当 $x \leqslant t$ 时，模型为

$$E(y)=\beta_{00}+\beta_{01}x$$

而当 $x > t$ 时，模型为

$$E(y)=\beta_{00}+\beta_{01}x+\beta_{11}(x-t)=(\beta_{00}-\beta_{11}t)+(\beta_{01}+\beta_{11})x$$

两个回归函数如图 7-9b 所示.

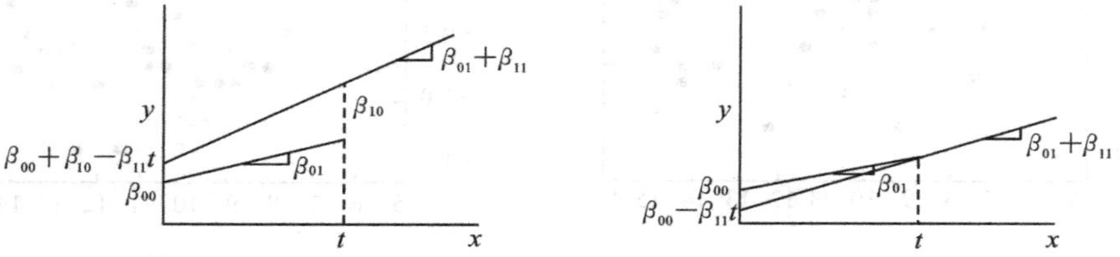

a）在节点处不连续　　b）连续的分段线性回归模型

图 7-9　分段线性回归

7.2.3　多项式与三角式

考虑同时包括多项式项与三角式项这两者的模型，将其作为仅包含多项式的模型的替代，有时是有用的. 特别地，如果散点图表明数据中存在周期性的或循环的行为，那么向模型中添加三角式项可能是非常有益的，该模型的项比仅使用多项式的模型的项要更少. Graybill(1976)与 Eubank 和 Speckman(1990)都说明了其益处.

单一回归变量 x 的模型为

235

$$y=\beta_0+\sum_{i=1}^{d}\beta_i x^i+\sum_{j=1}^{r}[\delta_j\sin(jx)+\gamma_j\cos(jx)]+\varepsilon$$

如果回归变量 x 的间隔是相等的，那么成对的项 $\sin(jx)$ 与 $\cos(jx)$ 是正交的. 即使没有精确相等的间隔，这两项之间的相关性也是十分低的.

Eubank 和 Speckman(1990)使用了例 7.2 的电压降数据来解释多项式–三角式回归模型的拟合. 首先将回归变量 x(时间)重新尺度化，使得所有观测值都在区间(0，2π)内；然后用 $d=2$ 与 $r=1$ 拟合上文的模型，使得模型以时间为二次项，并得到一对正弦–余弦值. 因此，这一模型只有四个项，而样条回归模型有五个项. Eubank 和 Speckman 得到 $R^2=0.9895$ 与 $MS_{残}=0.0767$，这一结果与样条模型所求出的结果(参考表 7-4)是非常相似的. 由于电压降数据展示出了在某种程度上表示周期性的散点图(参考图 7-6)，所以多项式–三角式回归模型确实是样条模型的一种优良替代模型. 该模型少了一个项(这总是所想要的性质)，但残差均方稍微更大一些. 由于要处理重新尺度化的回归变量变体，所以某些用

户也可能会将这考虑为一种潜在的缺点.

7.3 非参数回归

与分段多项式回归紧密相关的是**非参数回归**. 非参数回归的基本思想是在数据的范围内研究响应变量预测的**无模型**的基础. 非参数回归的早期方法大量借用了非参数密度估计. 大多数非参数回归文献都是关于一个回归变量的，但是，许多基本思想可以拓展到多于一个回归变量的情形.

对非参数回归基本的深刻见解是预测值的属性. 考虑标准最小二乘，回忆

$$\hat{\boldsymbol{y}}=\boldsymbol{X}\hat{\boldsymbol{\beta}}=\boldsymbol{X}(\boldsymbol{X}'\boldsymbol{X})^{-1}\boldsymbol{X}'\boldsymbol{y}=\boldsymbol{H}\boldsymbol{y}=\begin{bmatrix} h_{11} & h_{12} & \cdots & h_{1n} \\ h_{21} & h_{22} & \cdots & h_{2n} \\ \vdots & \vdots & \ddots & \vdots \\ h_{n1} & h_{n2} & \cdots & h_{nn} \end{bmatrix}\begin{bmatrix} y_1 \\ y_2 \\ \vdots \\ y_n \end{bmatrix}$$

因此，

$$\hat{y}_i=\sum_{j=1}^{n} h_{ij}y_j$$

换句话说，第 i 个响应变量的预测值就是原数据的一个线性组合. 236

7.3.1 核回归

非参数方法的首要替代方法之一是**核**光滑，它使用数据的加权平均值. 令 $\hat{y}_i$ 为第 i 个响应变量的核光滑估计量. 对核光滑，有

$$\tilde{y}_i=\sum_{j=1}^{n} w_{ij}y_j$$

式中：$\sum_{j=1}^{n} w_{ij}=1$. 因此，

$$\boldsymbol{y}=\boldsymbol{S}\boldsymbol{y}$$

式中：$\boldsymbol{S}=[w_{ij}]$为“光滑”矩阵. 一般情况下，所选择的权重，是在所感兴趣的特定位置处定义的“近邻点”之外的所有 y 取 $w_{ij}\cong 0$ 这样的权重. 这些核光滑使用窗宽 b 来定义这些所感兴趣的近邻点. 较大的 b 值会在该特定位置上产生用于预测响应变量的数据. 因此，所得到的预测值的图像会随着 b 的增加而变得更为光滑. 相反，随着 b 的减小，用于生成预测值的数据会更少，而所得到的图形看起来更加“扭动”而崎岖不平.

这一方法之所以称为核光滑，是因为它使用了核函数 k 来设定权重. 一般情况下，核函数有以下性质：

- 对所有 t，$K(t)\geqslant 0$
- $\int_{-\infty}^{+\infty} K(t)dt=1$
- $K(-t)=K(t)$（对称性）

核函数也有对称概率密度函数的性质，这强调了要回到它与非参数密度估计的关系上. 核光滑的特定权重由下式给出

$$w_{ij}=\frac{K\left(\frac{x_i-x_j}{b}\right)}{\sum_{k=1}^{n}K\left(\frac{x_i-x_k}{b}\right)}$$

表 7-5 汇总了 S-PLUS 中所使用的核．核光滑的性质相比实际的核函数，更多地取决于所选择的窗宽．

表 7-5 S-PLUS 所使用核函数的汇总

博克斯	$K(t)=\begin{cases}1 & \lvert t\rvert\leqslant 0.5\\ 0 & \lvert t\rvert>0.5\end{cases}$
三角形	$K(t)=\begin{cases}1-\frac{\lvert t\rvert}{c} & \lvert t\rvert\leqslant\frac{1}{c}\\ 0 & \lvert t\rvert>\frac{1}{c}\end{cases}$
帕尔逊	$K(t)=\begin{cases}\frac{k_1-t^2}{k^2} & \lvert t\rvert\leqslant C_1\\ \frac{t^2}{k_3}-k_4\lvert t\rvert+k_5 & C_1<\lvert t\rvert\leqslant C_2\\ 0 & \lvert t\rvert>C_2\end{cases}$
正态	$K(t)=\frac{1}{\sqrt{2\pi}k_6}\exp\left\{\frac{-t^2}{2k_6^2}\right\}$

7.3.2 局部加权回归

非参数方法的另一种替代方法是**局部加权回归**，通常称其为 Loess．像核回归那样，
237 Loess 使用特定位置周围的近邻点数据．一般情况下，将近邻点定义为**宽度**，是用于形成近邻点的一小部分点的总和．0.5 的宽度表明使用全部数据点中靠得最近的那一半点作为近邻点．然后 Loess 程序使用近邻点中的点，生成对特定响应变量的加权最小二乘拟合．加权最小二乘程序使用低阶多项式，通常是简单线性回归模型或者二次回归模型．估计值的加权最小二乘部分的权重，以估计时所使用的点与所感兴趣的特定位置之间的距离为基础．大多数软件包使用**三次立方**加权函数作为默认函数．令 x_0 为所感兴趣的特定位置，同时令 $\Delta(x_0)$ 为近邻点中最远的点与所感兴趣的特定位置的距离．三次立方权重函数为

$$W\left[\frac{\lvert x_0-x_j\rvert}{\Delta(x_0)}\right]$$

式中

$$W(t)=\begin{cases}(1-t^3)^3 & 对\ 0\leqslant t<1\\ 0 & 其他\end{cases}$$

可以由下式汇总 Loess 的估计处理

$$\boldsymbol{y}=\boldsymbol{S}\boldsymbol{y}$$

式中：$\boldsymbol{S}$ 为由局部加权回归所创造的光滑矩阵．

238 残差平方和的概念可以直接推广到非参数回归．特别地，

$$SS_{残} = \sum_{i=1}^{n}(y_i - \tilde{y}_i)^2 = (\boldsymbol{y} - \boldsymbol{S}\boldsymbol{y})'(\boldsymbol{y} - \boldsymbol{S}\boldsymbol{y}) = \boldsymbol{y}'[\boldsymbol{I} - \boldsymbol{S}'][\boldsymbol{I} - \boldsymbol{S}]\boldsymbol{y} = \boldsymbol{y}'[\boldsymbol{I} - \boldsymbol{S}' - \boldsymbol{S} + \boldsymbol{S}'\boldsymbol{S}]\boldsymbol{y}$$

这一光滑程序是渐进无偏的．因此，$SS_{残}$ 的渐进期望值为

$$\begin{aligned}\mathrm{trace}[(\boldsymbol{I}-\boldsymbol{S}'-\boldsymbol{S}+\boldsymbol{S}'\boldsymbol{S})\boldsymbol{\sigma}^2\boldsymbol{I}] &= \sigma^2\,\mathrm{trace}[\boldsymbol{I}-\boldsymbol{S}'-\boldsymbol{S}+\boldsymbol{S}'\boldsymbol{S}] \\ &= \sigma^2/[\mathrm{trace}(\boldsymbol{I})-\mathrm{trace}(\boldsymbol{S}')-\mathrm{trace}(\boldsymbol{S})+\mathrm{trace}(\boldsymbol{S}'\boldsymbol{S})]\end{aligned}$$

重要的是要注意 $\boldsymbol{S}$ 为 $n\times n$ 矩阵．因此，$\mathrm{trace}[\boldsymbol{S}']=\mathrm{trace}[\boldsymbol{S}]$；因此，

$$E(SS_{残})=\sigma^2[n-2\mathrm{trace}(\boldsymbol{S})+\mathrm{trace}(\boldsymbol{S}'\boldsymbol{S})]$$

从某种意义上说，$[2\mathrm{trace}(\boldsymbol{S})-\mathrm{trace}(\boldsymbol{S}'\boldsymbol{S})]$表示全模型的自由度．而在某些软件包中，$[2\mathrm{trace}(\boldsymbol{S})-\mathrm{trace}(\boldsymbol{S}'\boldsymbol{S})]$称为参数的等价个数，并表示估计程序复杂性的度量．$\sigma^2$ 的常规估计量为

$$\tilde{\boldsymbol{\sigma}}^2 = \frac{\sum_{i=1}(y_i - \tilde{y})^2}{n - 2\mathrm{trace}(\boldsymbol{S}) + \mathrm{trace}(\boldsymbol{S}'\boldsymbol{S})}$$

最后，可以由下式定义 R^2 的变体

$$R^2=\frac{SS_{总}-SS_{残}}{SS_{总}}$$

对该式的解释与前文对普通最小二乘的解释相同．所有以上公式都可以自然地推广到多元回归的情形．S-PLUS 就有这种能力．

例 7.4 **将 Loess 回归应用于风车数据** 例 5.2 讨论了工程师所收集的研究风速与风车直流电输出关系的数据．表 5-5 汇总了这一数据．在该例中，最终得出了一个包含风速倒数的简单线性回归模型．风速所能产生的直流输出存在真实的上界，该模型提供了对这一事实建模良好的基础．

该例的另一种替代方法是使用 Loess 回归．分析风车数据合适的 SAS 代码为 239

```
Proc loess;
model output= velocity/degree= 2 dfmethod= exact
residual;
```

图 7-10 给出了使用 SAS 代码的默认设置对数据所做的 Loess 拟合，而表 7-6 汇总了所得到的 SAS 报告．图 7-11 给出了残差与拟合值，该图证明不存在实际问题．图 7-12 给出了正态概率图，虽然该图并不完美，但是并没有表明存在严重的问题．

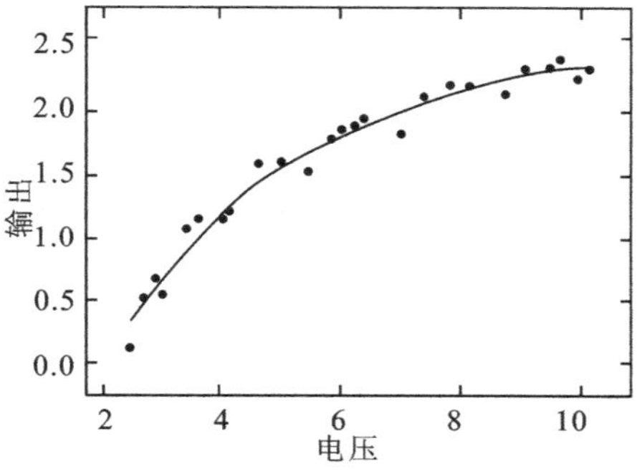

图 7-10　风车数据的 Loess 拟合

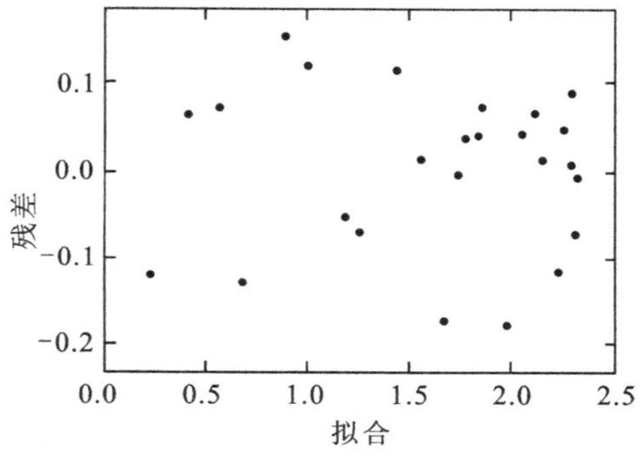

图 7-11　风车数据 Loess 拟合的残差与拟合值

表 7-6　风车数据 Loess 拟合的 SAS 输出

The LOESS Procedure

Selected Smoothing Parameter：0.78

Dependent Variable：output

Fit Summary

	Fit Method	kd Tree
	Blending	Linear
	Number of Observations	25
	Number of Fitting Points	10
	kd Tree Bucket Size	3
	Degree of Local Polynomials	2
	Smoothing Parameter	0.780 00
	Points in Local Neighborhood	19
	Residual Sum of Squares	0.221 12
	Trace[L]	4.561 99
	GCV	0.000 529 36
	AICC	−3.124 60
	AICC1	−77.850 34
	Delta1	20.033 24
	Delta2	19.702 18
	Equivalent Number of Parameters	4.157 23
	Lookup Degrees of Freedom	20.369 86
240	Residual Standard Error	0.105 06

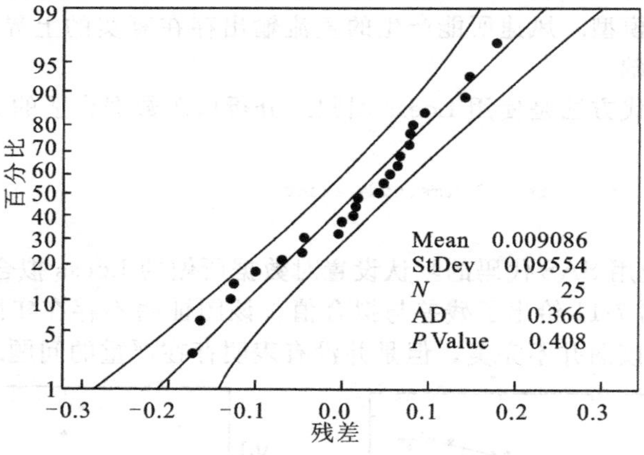

图 7-12　风车数据 Loess 拟合中残差的正态概率图

数据的 Loess 拟合十分优良，将其与前文使用普通最小二乘与风速倒数所生成的拟合进行对比，Loess 拟合也是令人称赞的.

SAS 报告表明 $R^2=0.98$，与最终得到的简单线性回归模型中的值相同. 虽然不能直接比较这两个 R^2 值，但是这两个值也都表明了拟合是良好的. Loess 的 $MS_{残}$ 为 0.1017，对比简单线性回归模型的该值为 0.0089. 显然，两个模型是互相竞争的. 令人感兴趣的是，Loess 拟合所需要的等价参数个数为 4.4 个，大约介于三次模型与二次模型之间. 但另一方面，使用风速倒数的简单线性模型只需要两个参数，所以简单线性模型是一个简单得多的模型. 由于简单线性回归模型更简单，而且与已知的工程理论相对应，所以最终简单线性回归模型是更好的. 但另一方面，Loess 模型更加复杂，并存在某种程度的"黑箱".

对这一数据做分析的 R 代码为

```
windmill<- read.table("windmill_loess.txt",header= TRUE,sep= " ")
wind.model<- loess(output~ velocity,data= windmill)
summary(wind.model)
yhat<- predict(wind.model)
plot(windmill$ velocity,yhat)
```

7.3.3 最后的警告

参数回归分析与非参数回归分析各有各的优点与缺点. 学科领域中合适的理论可以作为建立参数模型的指导. 非参数模型几乎总是反映出纯粹的经验主义. 241

当简单的参数模型提供了合理而令人满意的数据拟合时，总是会喜欢参数模型. 复杂性问题并不是无关紧要的. 简单的模型为预测提供了简单而方便的基础. 此外，模型的项通常要有重要的解释，存在像风车数据的情况，需要对响应变量与回归变量这两者或之一进行变换，来提供合适的数据拟合. 尤其是当学科领域的理论支持使用变换时，也会更喜欢参数模型.

但另一方面，存在许多情形，没有简单的参数模型能提供适用而令人满意的数据拟合，没有学科领域的理论来指导分析，或者没有出现合适而简单的变换. 在这些情况下，非参数回归会很有意义. 为了给出适用的数据拟合，会愿意接受相对的复杂性与估计的黑箱属性.

7.4 两个或更多变量的多项式模型

两个或更多回归变量的多项式回归模型拟合，是对 7.2.1 节中方法的直接拓展. 举例来说，有两个变量的二阶多项式模型为

$$y=\beta_0+\beta_1 x_1+\beta_2 x_2+\beta_{11} x_1^2+\beta_{22} x_2^2+\beta_{12} x_1 x_2+\varepsilon \tag{7.7}$$

注意该模型包含两个线性效应参数 β_1 与 β_2，两个二次效应参数 β_{11} 与 β_{22}，与一个交互作用效应参数 β_{12}.

拟合方程(7.7)这种二阶模型，要同时从研究与实践两个角度给予相当大的注意. 通常称回归模型

$$E(y)=\beta_0+\beta_1 x_1+\beta_2 x_2+\beta_{11} x_1^2+\beta_{22} x_2^2+\beta_{12} x_1 x_2$$

为**响应曲面**. 通过在纸平面上画出 x_1 轴与 x_2 轴，并将垂直于纸平面的 $E(y)$ 轴可视化，可以展示出二维响应曲面的图像. 对常数响应变量期望值 $E(y)$ 的等高线作图，会产生响应曲面. 举例来说，参考图 3-3，该图展示了响应曲面

$$E(y)=800+10x_1+7x_2-8.5x_1^2-5x_2^2+4x_1 x_2$$

注意该响应曲面是一座小山，包括一个响应变量的最大值点. 其他的可能性包括响应曲面是一座山谷，包含一个响应变量的最小值点与一个马鞍系统. **响应曲面方法**(RSM)广泛应用于工业中，根据重要的可控变量对过程所输出的响应变量进行建模，然后求出能将响应变量优化的运作条件. 对响应曲面方法更详细的处理见 Box 和 Draper(1987)，Box、

Hunter 和 Hunter(1978)，Khuri 和 Cornell(1996)，Montgomery(2009)与 Myers、Montgomery 和 Anderson Cook(2009).

242 现在解释两个变量的二阶响应曲面拟合. 表 7-7 的板块 A 所展示的数据，来自于研究反应温度(T)与反应物浓度(C)两个变量，对化学过程的转化百分率(y)的影响所做的试验. 化学工程师已经使用了一种基于**试验设计**的方法改进了这一化学过程. 第一个试验是涉及若干因子的筛选试验，将温度与浓度孤立为两个最重要的变量. 因为试验者认为该过程正在最优值的附近运作着，所以选择二次模型来拟合产出率与温度和反应物浓度的关系.

表 7-7 化学过程例子的中心组合设计

观测值	试验顺序	A		B		
		反应温度 T(℃)	反应物浓度 C(%)	x_1	x_2	y
1	4	200	15	−1	−1	43
2	12	250	15	1	−1	78
3	11	200	25	−1	1	69
4	5	250	25	1	1	73
5	6	189.65	20	−1.414	0	48
6	7	260.35	20	1.414	0	76
7	1	225	12.93	0	−1.414	65
8	3	225	27.07	0	1.414	74
9	8	225	20	0	0	76
10	10	225	20	0	0	79
11	9	225	20	0	0	83
12	2	225	20	0	0	81

表 7-7 的板块 A 展示了自然度量单位下所使用的 T 与 C 的水平. 板块 B 展示了关于编码后的变量 x_1 与 x_2 的水平.

图 7-13 展示了表 7-7 中试验设计的图形. 这种设计称为**中心组合设计**，它

243 广泛用于二阶响应曲面的拟合. 注意该设计包含了在正方形角上的四个试验，加上在正方形中心的四个试验，加上轴的四个试验. 以编码后的变量为单位，正方形的四角为$(x_1, x_2)=(-1, -1)$，$(1, -1)$，$(-1, 1)$，$(1, 1)$；中心点在$(x_1, x_2)=(0, 0)$；而轴的试验在$(x_1, x_2)=(-1.414, 0)$，$(1.414, 0)$，$(0, -1.414)$，$(0, 1.414)$.

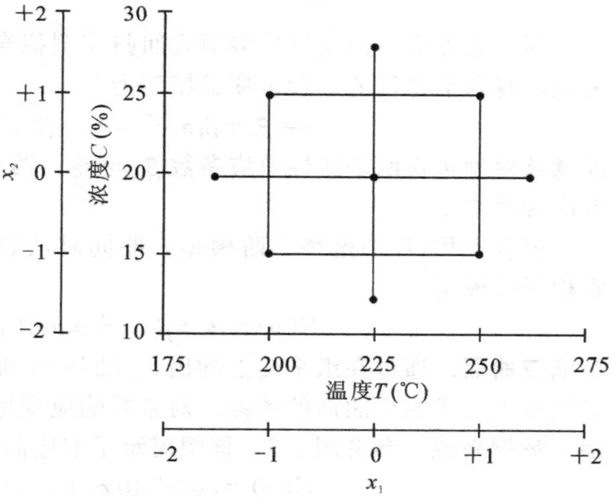

图 7-13 化学过程例子的中心合成设计

使用编码后的变量拟合二阶模型

$$y=\beta_0+\beta_1 x_1+\beta_2 x_2+\beta_{11} x_1^2+\beta_{22} x_2^2+\beta_{12} x_1 x_2+\varepsilon$$

这正是 RSM 工作的标准实践. 该模型的 $\mathbf{X}$ 矩阵与 y 向量为

$$
\begin{array}{c} \\ \boldsymbol{X}= \end{array}
\begin{array}{c}
\begin{array}{cccccc} & x_1 & x_2 & x_1^2 & x_2^2 & x_1x_2 \end{array} \\
\left[\begin{array}{cccccc}
1 & -1 & -1 & 1 & 1 & 1 \\
1 & 1 & -1 & 1 & 1 & -1 \\
1 & -1 & 1 & 1 & 1 & -1 \\
1 & 1 & 1 & 1 & 1 & 1 \\
1 & -1.414 & 0 & 2 & 0 & 0 \\
1 & 1.414 & 0 & 2 & 0 & 0 \\
1 & 0 & -1.414 & 0 & 2 & 0 \\
1 & 0 & 1.414 & 0 & 2 & 0 \\
1 & 0 & 0 & 0 & 0 & 0 \\
1 & 0 & 0 & 0 & 0 & 0 \\
1 & 0 & 0 & 0 & 0 & 0 \\
1 & 0 & 0 & 0 & 0 & 0
\end{array}\right]
\end{array},\quad
\boldsymbol{y}=\left[\begin{array}{c} 43 \\ 78 \\ 69 \\ 73 \\ 48 \\ 76 \\ 65 \\ 74 \\ 76 \\ 79 \\ 83 \\ 81 \end{array}\right]
$$

注意：已经展示出的变量与上文 $\boldsymbol{X}$ 矩阵中列的每列都有关. x_1^2 列中的项与 x_2^2 列中的项要分别通过平方 x_1 列的项与平方 x_2 列中的项而求得，而 x_1x_2 列中的项要通过将来自 x_1 列的每个项乘以来自 x_2 列的对应项而求得. $\boldsymbol{X}'\boldsymbol{X}$ 矩阵与 $\boldsymbol{X}'\boldsymbol{y}$ 向量为

$$
\boldsymbol{X}'\boldsymbol{X}=\left[\begin{array}{cccccc}
12 & 0 & 0 & 8 & 8 & 0 \\
0 & 8 & 0 & 0 & 0 & 0 \\
0 & 0 & 8 & 0 & 0 & 0 \\
8 & 0 & 0 & 12 & 4 & 0 \\
8 & 0 & 0 & 4 & 12 & 0 \\
0 & 0 & 0 & 0 & 0 & 4
\end{array}\right],\quad
\boldsymbol{X}'\boldsymbol{y}=\left[\begin{array}{r} 845.000 \\ 78.592 \\ 33.726 \\ 511.000 \\ 541.000 \\ -31.000 \end{array}\right]
$$

而由 $\hat{\boldsymbol{\beta}}=(\boldsymbol{X}'\boldsymbol{X})^{-1}\boldsymbol{X}'\boldsymbol{y}$，得到 244

$$
\hat{\boldsymbol{\beta}}=\left[\begin{array}{r} 79.75 \\ 9.83 \\ 4.22 \\ -8.88 \\ -5.13 \\ -7.75 \end{array}\right]
$$

因此，转化百分率的拟合模型为

$$\hat{y}=79.75+9.83x_1+4.22x_2-8.88x_1^2-5.13x_2^2-7.75x_1x_2$$

以自然变量为单位，模型为

$$\hat{y}=-1105.56+8.0242T+22.994C+0.0142T^2+0.20502C^2+0.062TC$$

表 7-8 展示了这一模型的方差分析. 因为试验设计有四次重复试验, 所以残差平方和可以分割为纯误差部分与失拟部分. 表 7-8 的失拟检验是检验二次模型的失拟. 这一检验的 P 值较大($P=0.8120$), 意味着二次模型是适用的. 因此, 将有六个自由度的残差平方和用于剩余的检验. 回归显著性的 F 检验为 $F_0=58.86$, 而因为 P 值非常小, 所以拒绝假设 $H_0: \beta_1=\beta_2=\beta_{11}=\beta_{22}=\beta_{12}=0$, 得出这些参数中至少有一些是非零的结论. 该表也展示了用于检验线性项对模型单独贡献的平方和[$SS_{回}(\beta_1, \beta_2 | \beta_0)=918.4$, 其自由度为 2]与用于检验给出模型中已经包含线性项时二次项贡献的平方和[$SS_{回}(\beta_{11}, \beta_{22}, \beta_{12} | \beta_0, \beta_1, \beta_2)=819.2$,
245 其自由度为 3]. 将所对应的两个均方与残差均方进行对比, 给出以下 F 统计量

$$F_0=\frac{SS_{回}(\beta_1, \beta_2 | \beta_0)/2}{MS_{残}}=\frac{914.4/2}{5.89}=\frac{457.2}{5.89}=77.62$$

其 $P=5.2\times10^{-5}$, 以及

$$F_0=\frac{SS_{回}(\beta_{11}, \beta_{22}, \beta_{12} | \beta_0, \beta_1, \beta_2)/3}{MS_{残}}=\frac{819.2/3}{5.89}=\frac{273.1}{5.89}=46.37$$

其 $P=0.0002$. 因此, 线性项与二次项都对模型有显著的贡献.

表 7-8 化学过程例子的方差分析

变异来源	平方和	自由度	均方	F_0	P 值
回归	1733.6	5	346.71	58.86	<0.0001
$SS_{回}(\beta_1, \beta_2 \| \beta_0)$	(914.4)	(2)	(457.20)		
$SS_{回}(\beta_{11}, \beta_{22}, \beta_{12} \| \beta_0, \beta_1, \beta_2)$	(819.2)	(3)	(273.10)		
残差	35.3	6	5.89		
失拟	(8.5)	(3)	(2.83)	0.3176	0.8120
纯误差	(26.8)	(3)	(8.92)		
总	1768.9	11			
$R^2=0.9800$		$R^2_{调}=0.9634$		PRESS=108.7	

表 7-9 展示了对每个单个变量的 t 检验. 所有的 t 值都足够大, 得出模型中不存在不显著的项的结论. 当这些 t 统计量中有一些较小时, 分析师将丢弃模型中不显著的变量, 产生化学过程的二次简化模型. 一般情况下, 除非全模型与简化模型从 PRESS 与调整 R^2 的角度看存在较大的差别, 否则只要可能就更喜欢拟合二次全模型. 表 7-8 表明该模型的 R^2 值与调整 R^2 值都是令人满意的. $R^2_{预}$ 是基于 PRESS 的, 为

$$R^2_{预}=1-\frac{\text{PRESS}}{SS_{总}}=1-\frac{108.7}{1768.9}=0.9385$$

表明模型将可以解释新数据中的较高百分率(约 94%)的变异性.

表 7-9 化学过程二次模型中对单个变量的检验

变量	系数估计值	标准误差	H_0: 系数=0 的 t	P 值
截距	79.75	1.21	65.72	
x_1	9.83	0.86	11.45	0.0001
x_2	4.22	0.86	4.913	0.0027
x_1^2	−8.88	0.96	−9.250	0.0001
x_2^2	−5.13	0.96	−5.341	0.0018
x_1x_2	−7.75	1.21	−6.386	0.0007

表 7-10 包含模型中转化率的观测值与预测值、残差、及其他诊断统计量. 学生化残差

与 R-学生残差都没有足够大，表明不存在潜在的离群点问题. 注意帽子矩阵对角线元素 h_{ii} 只有两个取值，要么是 0.625，要么是 0.250. $h_{ii}=0.625$ 与设计中正方形四个角的四个试验和四个轴的试验相联系. 所有这八个点与设计中心都是等距的，这就是为什么所有八个 h_{ii} 值都是同一个值. 四个中心点都有 $h_{ii}=0.250$. 图 7-14、图 7-15 与图 7-16 展示了学生化残差的正态概率图，学生化残差与预测值 $\hat{y}_i$ 的残差图，学生化残差与试验顺序的点图. 这三张图都没有揭示任何的模型不适用性. 246

表 7-10 化学过程例子的观测值、预测值、残差与其他诊断量

观测序号	实际值	预测值	残差	h_{ii}	学生化残差	库克 D	R-学生残差
1	43.00	43.96	−0.96	0.625	−0.643	0.115	−0.609
2	78.00	79.11	−1.11	0.625	−0.745	0.154	−0.714
3	69.00	67.89	1.11	0.625	0.748	0.155	0.717
4	73.00	72.04	0.96	0.625	0.646	0.116	0.612
5	48.00	48.11	−0.11	0.625	−0.073	0.001	−0.067
6	76.00	75.90	0.10	0.625	−0.073	0.001	−0.067
7	65.00	63.54	1.46	0.625	0.982	0.268	0.979
8	74.00	75.46	−1.46	0.625	−0.985	0.269	−0.982
9	76.00	79.75	−3.75	0.250	−1.784	0.177	−2.377
10	79.00	79.75	−0.75	0.250	−0.357	0.007	−0.329
11	83.00	79.75	3.25	0.250	1.546	0.133	1.820
12	81.00	79.75	1.25	0.250	0.595	0.020	0.560

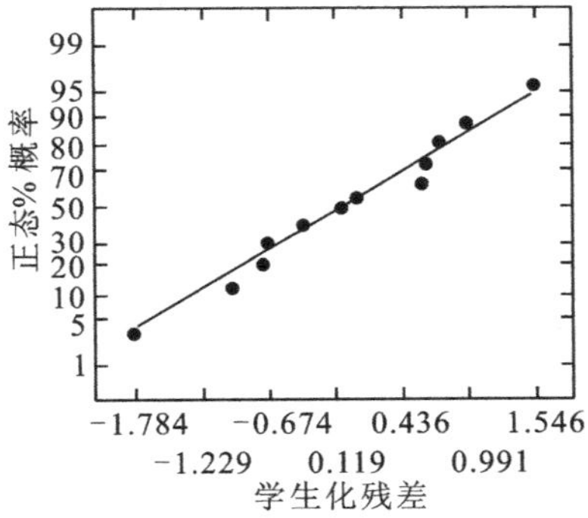

图 7-14 化学过程例子学生化残差的正态概率图

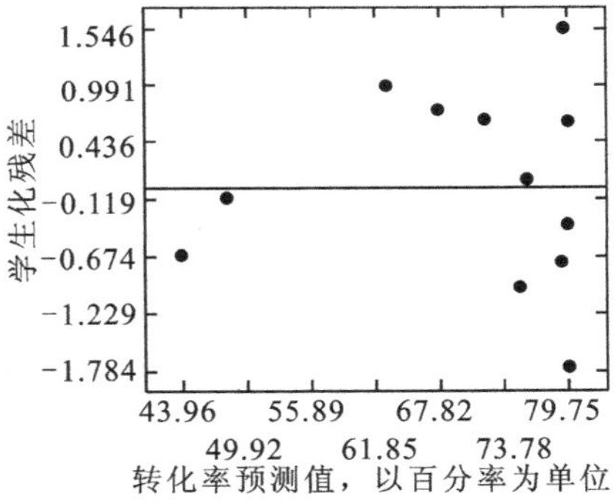

图 7-15 化学过程例子学生化残差与转化率预测值的残差图

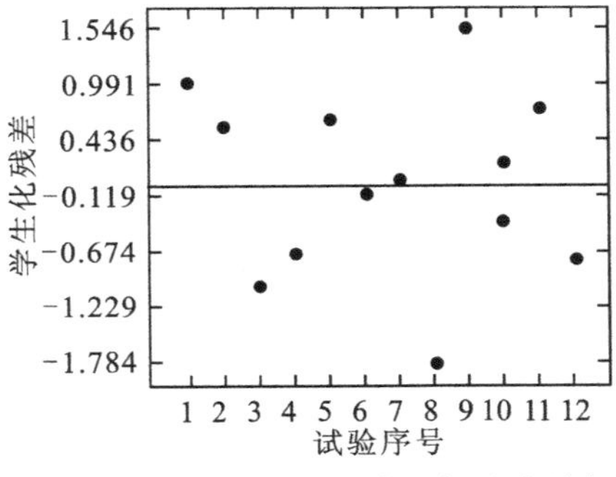

图 7-16 化学过程例子学生化残差与试验顺序的点图 247

拟合模型中转化率的响应曲面图与等高线图分别如图 7-17 的图 a 与图 b 所示．响应曲面图表明转化百分率的最大值出现在约 245℃与约 20%浓度处．

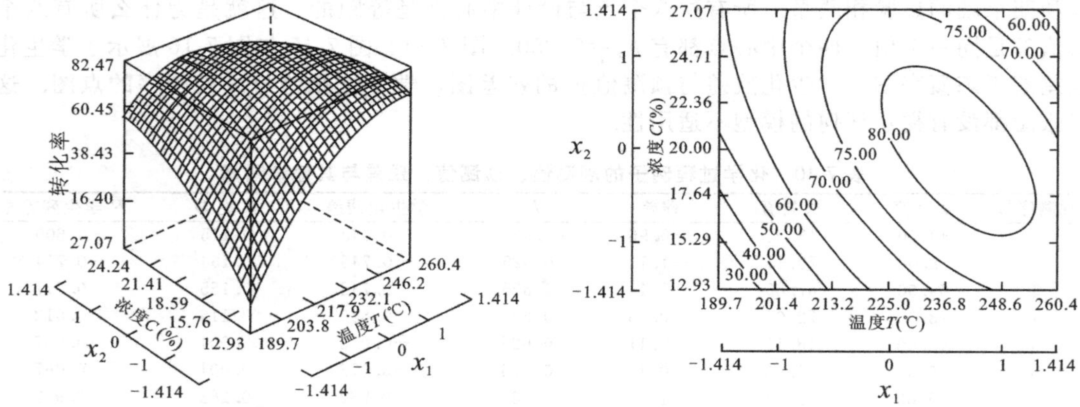

a）转化率预测值的响应曲面

b）转化率预测值的等高线图

图 7-17

在许多响应曲面问题中，试验者感兴趣的是，在过程变量中的特定点处预测响应变量 y 或估计响应变量的均值．图 7-17 中的响应曲面图给出了这两个量的图形展示．一般情况下，因为预测值的方差直接度量了可能与通过模型产生的估计量有关的误差，所以预测值的方差也是令人感兴趣的．回忆在点 $\boldsymbol{x}_0$ 处响应变量均值估计量的方差由 $\mathrm{Var}[\hat{y}(\boldsymbol{x}_0)]=\sigma^2\boldsymbol{x}_0'(\boldsymbol{X}'\boldsymbol{X}^{-1}\boldsymbol{x}_0)$ 给出．$\sqrt{\mathrm{Var}[\hat{y}(\boldsymbol{x}_0)]}$的图形，其中通过残差均方 $MS_{残}=5.89$ 对试验区域中的所有 $\boldsymbol{x}_0$ 值所估计的该模型的 σ^2，如图 7-18 的图 a 与图 b 所示．图 7-18a 中的响应曲面与图 7-18b 中常数$\sqrt{\mathrm{Var}[\hat{y}(\boldsymbol{x}_0)]}$的等高线图，都证明了与设计中心有相同距离的所有点 $\boldsymbol{x}_0$ 的 $\sqrt{\mathrm{Var}[\hat{y}(\boldsymbol{x}_0)]}$都是相同的．这是由于在中心组合设计中，轴试验的间隔为距离原点 1.414 个单位(以编码后的变量为单位)，而这一设计性质称为**可旋转性**．可旋转性是二阶响应曲面的一个非常重要的性质，在所给出的关于 RSM 的参考文献中有详细的讨论．

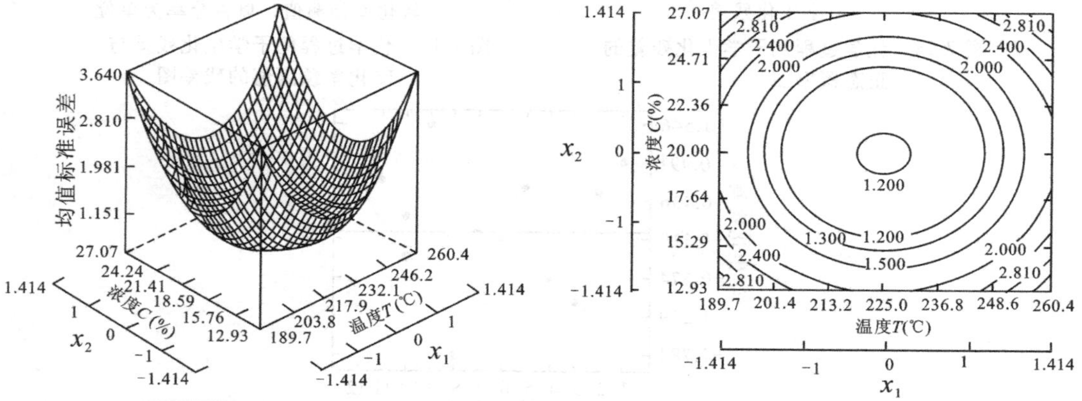

a）$\sqrt{\mathrm{Var}[\hat{y}(\boldsymbol{x}_0)]}$的响应曲面图

b）$\sqrt{\mathrm{Var}[\hat{y}_i(\boldsymbol{x}_0)]}$的等高线图

图 7-18

7.5 正交多项式

已经注意到在拟合单变量的多项式时，即使通过中心化消除了非本质病态，也仍然可能存在高度的多重共线性．通过使用**正交多项式**拟合模型，可以消除部分困难． 248

假设模型为

$$y_i=\beta_0+\beta_1 x_i+\beta_2 x_i^2+\cdots+\beta_k x_i^k+\varepsilon_i \qquad (i=1,\ 2,\ \cdots,\ n) \tag{7.8}$$

一般情况下，$\boldsymbol{X}$ 矩阵的列不是正交的．进一步而言，如果通过添加项 $\beta_{k+1}x^{k+1}$ 使多项式的阶增加，那么必须重新计算 $(\boldsymbol{X}'\boldsymbol{X})^{-1}$，同时低阶参数 $\hat{\beta}_0$，$\hat{\beta}_1$，…，$\hat{\beta}_k$ 的估计值也会改变．

现在假设拟合模型

$$y_i=\alpha_0 P_0(x_i)+\alpha_1 P_1(x_i)+\alpha_2 P_2(x_i)+\cdots+\alpha_k P_k(x_i)+\varepsilon_i \qquad (i=1,\ 2,\ \cdots,\ n) \tag{7.9}$$

式中：$P_u(x_i)$为 u 阶正交多项式，其定义使得

$$\sum_{i=1}^{n} P_r(x_i)P_s(x_i)=0 \qquad (r\neq s,\quad r,s=0,1,2,\cdots,k)$$

$$P_0(x_i)=1$$

然后模型变为 $\boldsymbol{y}=\boldsymbol{X\alpha}+\boldsymbol{\varepsilon}$，式中 $\boldsymbol{X}$ 矩阵为

$$\boldsymbol{X}=\begin{bmatrix} P_0(x_1) & P_1(x_1) & \cdots & P_k(x_1) \\ P_0(x_2) & P_1(x_2) & \cdots & P_k(x_2) \\ \vdots & \vdots & & \vdots \\ P_0(x_n) & P_1(x_n) & \cdots & P_k(x_n) \end{bmatrix}$$ 249

由于该矩阵有正交的列，所以 $\boldsymbol{X}'\boldsymbol{X}$ 矩阵为

$$\boldsymbol{X}'\boldsymbol{X}=\begin{bmatrix} \sum_{i=1}^{n} P_0^2(x_i) & 0 & \cdots & 0 \\ 0 & \sum_{i=1}^{n} P_1^2(x_i) & \cdots & 0 \\ \vdots & \vdots & & \vdots \\ 0 & 0 & \cdots & \sum_{i=1}^{n} P_k^2(x_i) \end{bmatrix}$$

通过$(\boldsymbol{X}'\boldsymbol{X})^{-1}\boldsymbol{X}'\boldsymbol{y}$ 求出 α 的最小二乘估计量为

$$\hat{\alpha}_j=\frac{\sum_{i=1}^{n} P_j(x_i)y_i}{\sum_{i=1}^{n} P_j^2(x_i)} \qquad (j=0,\ 1,\ \cdots,\ k) \tag{7.10}$$

由于 $P_0(x_i)$为零阶多项式，所以设 $P_0(x_i)=1$，因此

$$\hat{\alpha}_0=\hat{y}$$

残差平方和为

$$SS_{残}(k)=SS_{总}-\sum_{j=1}^{k}\hat{\alpha}_j\left[\sum_{i=1}^{n} P_j(x_i)y_i\right] \tag{7.11}$$

任何参数的回归平方和都不取决于模型中的其他参数. 回归平方和为

$$SS_{回}(\alpha_j) = \hat{\alpha}_j \sum_{i=1}^{n} P_j(x_i) y_i \tag{7.12}$$

如果希望评定最高阶项的显著性，那么应当检验 H_0：$\alpha_k=0$(这等价于检验方程(7.4)中的 H_0：$\beta_k=0$). 应当使用

$$F_0 = \frac{SS_{回}(\alpha_k)}{SS_{残}(k)/(n-k-1)} = \frac{\hat{\alpha}_k \sum_{i=1}^{n} P_k(x_i) y_i}{SS_{残}(k)/(n-k-1)} \tag{7.13}$$

作为 F 统计量. 进一步而言，注意如果模型的阶变为 $k+r$，那么只需计算 r 个新系数. 系
250 数$\hat{\alpha}_0$，$\hat{\alpha}_1$，…，$\hat{\alpha}_k$ 由于多项式的正交性质不会改变. 因此，后续的模型拟合在计算上是容易的.

对于 x 的水平有相等的间隔这种情况，容易构造正交多项式 $P_j(x_i)$. 前五个正交多项式为

$$P_0(x_i)=1$$

$$P_1(x_i)=\lambda_1\left[\frac{x_i-\bar{x}}{d}\right]$$

$$P_2(x_i)=\lambda_2\left[\left(\frac{x_i-\bar{x}}{d}\right)^2-\left(\frac{n^2-1}{12}\right)\right]$$

$$P_3(x_i)=\lambda_3\left[\left(\frac{x_i-\bar{x}}{d}\right)^3-\left(\frac{x_i-\bar{x}}{d}\right)\left(\frac{3n^2-7}{20}\right)\right]$$

$$P_4(x_i)=\lambda_4\left[\left(\frac{x_i-\bar{x}}{d}\right)^4-\left(\frac{x_i-\bar{x}}{d}\right)^2\left(\frac{3n^2-13}{14}\right)+\frac{3(n^2-1)(n^2-9)}{560}\right]$$

式中：d 为 x 水平的间隔；$\{\lambda_j\}$为所选择的使多项式有整数值的常数. 表 A-5 给出了正交多项式数值值的简明表格. 更为展开的表格会在 DeLury(1960)与 Pearsont 和 Hartley(1966)中找到. 也可以对 x 不是相等间隔的情况构造正交多项式. 正交多项式生成方法的概述在 Seber(1977，第 8 章)中.

例 7.5 **正交多项式** 运筹学分析师研究了单一产品库存系统的计算机仿真模型. 对仿真模型做试验，来研究不同的再订购量对年平均库存费用的影响. 数
251 据如表 7-11 所示.

表 7-11 例 7.5 的库存仿真输出

再订购量 x_i	年平均费用 y_i
50	\$335
75	326
100	316
125	313
150	311
175	314
200	318
225	328
250	337
275	345

由于已知年平均库存费用是再订购量的凸函数，所以猜测二阶多项式是所必须考虑的最高阶模型. 因此，将拟合

$$y_i=\alpha_0 P_0(x_i)+\alpha_1 P_1(x_i)+\alpha_2 P_2(x_i)+\varepsilon_i \quad (i=1, 2, \cdots, 10)$$

由表 A-5 获得了正交多项式 $P_0(x_i)$、$P_1(x_i)$与 $P_2(x_i)$的系数，如表 7-12 所示.

表 7-12　例 7.5 的库存仿真输出

i	$P_0(x_i)$	$P_1(x_i)$	$P_2(x_i)$
1	1	−9	6
2	1	−7	2
3	1	−5	−1
4	1	−3	−3
5	1	−1	−4
6	1	1	−4
7	1	3	−3
8	1	5	−1
9	1	7	2
10	1	9	6
	$\sum_{i=1}^{10} P_0^2(x_i) = 10$	$\sum_{i=1}^{10} P_1^2(x_i) = 330$	$\sum_{i=1}^{10} P_2^2(x_i) = 132$
		$\lambda_1 = 2$	$\lambda_2 = \frac{1}{2}$

因此，

$$\boldsymbol{X}'\boldsymbol{X} = \begin{bmatrix} \sum_{i=1}^{10} P_0^2(x_i) & 0 & 0 \\ 0 & \sum_{i=1}^{10} P_1^2(x_i) & 0 \\ 0 & 0 & \sum_{i=1}^{10} P_0^2(x_i) \end{bmatrix} = \begin{bmatrix} 10 & 0 & 0 \\ 0 & 330 & 0 \\ 0 & 0 & 132 \end{bmatrix}$$

$$\boldsymbol{X}'\boldsymbol{y} = \begin{bmatrix} \sum_{i=1}^{10} P_0(x_i) y_i \\ \sum_{i=1}^{10} P_1(x_i) y_i \\ \sum_{i=1}^{10} P_2(x_i) y_i \end{bmatrix} = \begin{bmatrix} 3243 \\ 245 \\ 369 \end{bmatrix}$$ 252

所以

$$\hat{\boldsymbol{\beta}} = (\boldsymbol{X}'\boldsymbol{X})^{-1}\boldsymbol{X}'\boldsymbol{y} = \begin{bmatrix} \frac{1}{10} & 0 & 0 \\ 0 & \frac{1}{330} & 0 \\ 0 & 0 & \frac{1}{132} \end{bmatrix} \begin{bmatrix} 3243 \\ 245 \\ 369 \end{bmatrix} = \begin{bmatrix} 324.3000 \\ 0.7424 \\ 2.7955 \end{bmatrix}$$

模型拟合为

$$\hat{y} = 324.30 + 0.7424 P_1(x) + 2.7955 P_2(x)$$

回归平方和为

$$SS_{总}(\alpha_1,\alpha_2)=\sum_{j=1}^{2}\hat{\alpha}_j\left[\sum_{i=1}^{10}P_j(x_i)y_i\right]$$
$$=0.7424(245)+2.7955(369)$$
$$=181.89+1031.54=1213.43$$

方差分析表如表 7-13 所示. 线性项与二次项都对模型有显著贡献. 由于这两项解释了大部分数据变异性，所以以令人满意的残差分析为条件尝试性地采纳二次模型.

表 7-13 例 7.5 二次模型的方差分析

变异来源	平方和	自由度	均方	F_0	P 值
回归	1213.43	2	606.72	159.24	<0.0001
线性，α_1	(181.89)	1	181.89	47.74	<0.0002
二次，α_2	(1031.54)	1	1031.54	270.75	<0.0001
残差	26.67	7	3.81		
总	1240.10	9			

代入 $P_j(x_i)$ 可以获得以原回归变量为单位的拟合方程，如下：

$$\hat{y}=324.30+0.7424P_1(x)+2.7955P_2(x)$$
$$=324.30+0.7424(2)\left(\frac{x-162.5}{25}\right)+2.7955\,\frac{1}{2}\left[\left(\frac{x-162.5}{25}\right)^2-\frac{(10)^2-1}{12}\right]$$
$$=312.7686+0.0594(x-162.5)+0.0022(x-162.5)^2$$

253 应当以原回归变量为单位向用户报告.

习题

7.1 考虑以下所示的 x 值：

$x=1.00, 1.70, 1.25, 1.20, 1.45, 1.85, 1.60, 1.50, 1.95, 2.00$

假设希望使用回归变量 x 的这些水平拟合二阶模型. 计算 x 与 x^2 之间的相关系数. 是否发现了拟合模型时可能的困难?

7.2 火箭的固体燃料推进剂会在其生产之后减重. 可以获得以下数据：

生产后的月数 x	减重 y(千克)	生产后的月数 x	减重 y(千克)
0.25	1.42	1.50	3.15
0.50	1.39	1.75	4.05
0.75	1.55	2.00	5.15
1.00	1.89	2.25	6.43
1.25	2.43	2.50	7.89

a. 使用减重的表达式作为生产后月数的函数拟合二阶多项式.

b. 检验回归显著性.

c. 检验假设 H_0：$\beta_2=0$. 得出结论模型是否需要二次项.

d. 对模型使用外推法是否可能是有害的?

7.3 参考习题 7.2. 计算二阶模型的残差. 进行残差分析并评论模型的适用性.

7.4 考虑以下所示的数据：

x	y	x	y
4.00	24.60	6.50	67.11
4.00	24.71	6.50	67.24
4.00	23.90	6.75	67.15
5.00	39.50	7.00	77.87
5.00	39.60	7.10	80.11
6.00	57.12	7.30	84.67

a. 对该数据拟合二阶多项式模型.

b. 检验回归显著性. 254

c. 进行失拟检验，并评论二阶模型的适用性.

d. 检验假设 $H_0: \beta_2=0$. 能否从模型中剔除二次项？

7.5 参考习题 7.4. 计算二阶模型的残差. 进行残差分析并得出关于模型适用性的结论.

7.6 软饮料的碳酸饱和水平受产品温度与罐装机运作压力的影响. 获得了十二个观测值，得到了如下所示的数据.

碳酸饱和水平 y	温度 x_1	压力 x_2	碳酸饱和水平 y	温度 x_1	压力 x_2
2.60	31.0	21.0	6.19	31.5	22.0
2.40	31.0	21.0	10.17	30.5	23.0
17.32	31.5	24.0	2.62	31.0	21.5
15.60	31.5	24.0	2.98	30.5	21.5
16.12	31.5	24.0	6.92	31.0	22.5
5.36	30.5	22.0	7.06	30.5	22.5

a. 拟合二次多项式.

b. 检验回归显著性.

c. 进行失拟检验并得出结论.

d. 交互作用项对模型有显著影响吗？

e. 二次项对模型有显著影响吗？

7.7 参考习题 7.6. 计算二阶模型的残差. 进行残差分析并评论模型的适用性.

7.8 参考习题 7.2 中的数据.

a. 使用正交多项式拟合该数据的二阶模型.

b. 假设希望研究向模型中添加三次项. 评论添加三次项的必要性. 用合适的统计分析支持你的结论.

7.9 假设希望在 $x=t$ 的节点处拟合分段二次多项式：

$$E(y)=S(x)=\beta_{00}+\beta_{01}x+\beta_{02}x^2+\beta_{10}(x-t)_+^0+\beta_{11}(x-t)_+^1+\beta_{12}(x-t)_+^2$$

a. 求解这一二次样条数据拟合优于普通二次多项式的假设检验. 255

b. 二次样条多项式函数在节点 t 处是不连续的. 如何修正这一模型，使其获得在 $x=t$ 处的连续性？

c. 求解如何修正模型，使得 $E(y)$ 与 $\mathrm{d}E(y)/\mathrm{d}x$ 在 $x=t$ 处都是连续的.

d. 讨论 b 小问与 c 小问中模型连续性限制的显著性. 在实践中，如何选择所施加连续性限制的类型？

7.10 考虑例 3.1 中的送货时间数据. 是否有迹象表明两个回归变量箱数与距离的完整二阶模型要优于例 3.1 中的一阶模型？

7.11 考虑 3.6 节中的病人满意度数据. 对该数据拟合完整的二次模型. 是否有迹象表明向模型中添加项是必需的？

7.12 假设希望拟合包含三个段的分段多项式模型：当 $x<t_1$ 时，多项式是线性的；当 $t_1\leqslant x<t_2$ 时，多项式是二次的；而当 $x>t_2$ 时，多项式是线性的. 考虑模型

$$E(y)=S(x)=\beta_{00}+\beta_{01}x+\beta_{02}x^2+\beta_{10}(x-t_1)_+^0+\beta_{11}(x-t_1)_+^1+\beta_{12}(x-t_1)_+^2$$
$$+\beta_{20}(x-t_2)_+^0+\beta_{21}(x-t_2)_+^1+\beta_{22}(x-t_2)_+^2$$

a. 该分段函数满足要求吗？如果不满足，求解如何修正该分段函数.

b. 求解如何修正分段模型，使其确保 $E(y)$在节点 t_1 与 t_2 处是连续的.

c. 求解如何修正分段模型，使其确保 $E(y)$与 $\mathrm{d}E(y)/\mathrm{d}x$ 在节点 t_1 与 t_2 处都是连续的.

7.13 运筹学分析师正在研究生产批量 x 与单元平均生产成本 y 之间的关系. 近期的运筹研究提供了以下数据：

x	100	120	140	160	180	200	220	240	260	280	300
y	9.73	9.61	8.15	6.98	5.87	4.98	5.09	4.79	4.02	4.46	3.82

分析师猜测应当使用分段线性回归模型来拟合这些数据. 假设直线的斜率在 $x=200$ 单位处变化，估计这一模型的参数. 数据支持使用这一模型吗？

7.14 修正习题 7.13 中的模型，以研究回归函数在 $x=200$ 单位处存在不连续性的可能性. 估计这一模型的参数. 进行合适的假设检验，以确定回归函数在 $x=200$ 单位处的斜率与截距是否都发生了变化.

256 **7.15** 考虑习题 7.13 中的多项式模型. 求出方差膨胀因子并评论该模型的多重共线性.

7.16 考虑习题 7.2 中的数据.

a. 用二阶模型 $y=\beta_0+\beta_1x+\beta_{11}x^2+\varepsilon$ 拟合数据. 估计其方差膨胀因子.

b. 用二阶模型 $y=\beta_0+\beta_1(x-\overline{x})+\beta_{11}(x-\overline{x})^2+\varepsilon$ 拟合数据. 估计其方差膨胀因子.

c. 关于在多项式模型中将 x 中心化对多重共线性的影响，能得出什么结论？

7.17 化学工程与机械工程通常需要知道不同温度下水的蒸汽压(这时可以使用“邪恶的”蒸汽表). 以下是关于在不同温度下水的蒸汽压(y)的数据.

蒸汽压 y(mmHg)	温度 x(℃)
9.2	10
17.5	20
31.8	30
55.3	40
92.5	50
149.4	60

a. 用一阶模型拟合数据. 将拟合模型覆盖在 y 与 x 的散点图上. 从表面上评价模型拟合.

b. 准备好 y 预测值与 y 观测值的散点图. 该图对模型拟合会给出什么建议？

c. 做出残差与 y 的拟合值即预测值的残差图. 评论模型的适用性.

d. 用二阶模型拟合数据. 是否存在证据表明二次项是统计显著的？

e. 使用二次模型重做 a 小问～c 小问. 是否存在证据表明二次模型对蒸汽压数据提供了更好的拟合？

7.18 *Journal of Pharmaceutical Science*(80, 971-977, 1991)中的一篇文章，展示了关于观测溶质的摩尔分数溶解度，以及 x_1＝色散溶解度部分，x_2＝极性溶解度部分，与 x_3＝氢键汉森溶解度部分的数据. 响应变量 y 是摩尔分数溶解度的负对数.

观测序号	y	x_1	x_2	x_3
1	0.222 00	7.3	0.0	0.0
2	0.395 00	8.7	0.0	0.3
3	0.422 00	8.8	0.7	1.0
4	0.437 00	8.1	4.0	0.2
5	0.428 00	9.0	0.5	1.0
6	0.467 00	8.7	1.5	2.8
7	0.444 00	9.3	2.1	1.0
8	0.378 00	7.6	5.1	3.4
9	0.494 00	10.0	0.0	0.3
10	0.456 00	8.4	3.7	4.1
11	0.452 00	9.3	3.6	2.0
12	0.112 00	7.7	2.8	7.1
13	0.432 00	9.8	4.2	2.0
14	0.101 00	7.3	2.5	6.8
15	0.232 00	8.5	2.0	6.6
16	0.306 00	9.5	2.5	5.0
17	0.092 30	7.4	2.8	7.8
18	0.116 00	7.8	2.8	7.7
19	0.076 40	7.7	3.0	8.0
20	0.439 00	10.3	1.7	4.2
21	0.094 40	7.8	3.3	8.5
22	0.117 00	7.1	3.9	6.6
23	0.072 60	7.7	4.3	9.5
24	0.041 20	7.4	6.0	10.9
25	0.251 00	7.3	2.0	5.2
26	0.000 02	7.6	7.8	20.7

a. 拟合数据的完整二阶模型.

b. 检验回归显著性，并对每个回归模型参数构造 t 统计量. 解释这些结果.

c. 做出残差图并评论模型的适用性.

d. 使用附加平方和方法检验所有二阶项对模型的贡献. 257

7.19 考虑来自习题 7.18 的二次回归模型. 求出方差膨胀因子并评论模型中的多重共线性.

7.20 考虑来自习题 7.18 的溶解度数据. 假设所感兴趣的点是 $x_1=8.0$，$x_2=3.0$ 与 $x_3=5.0$.

a. 对来自习题 7.18 的二次模型，预测在所感兴趣点处的响应变量值，并求出在该点处响应变量均值的 95%置信区间.

b. 对溶解度数据拟合仅包括主效应与两因子交互作用效应的模型. 使用该模型预测在所感兴趣点处的响应变量值. 求出在该点处响应变量均值的 95%置信区间.

c. 对比 a 小问与 b 小问中两个置信区间的长度. 通过对比能否得出关于哪个模型更好的结论?

7.21 以下是关于牛皮纸机中 y=绿液(克/升)与 x=造纸速度(英尺/分钟)的数据. (该数据引自 1986 年 3 月 *Tappi Journal* 的一篇文章.) 258

y	16.0	15.8	15.6	15.5	14.8
x	1700	1720	1730	1740	1750
y	14.0	13.5	13.0	12.0	11.0
x	1760	1770	1780	1790	1795

a. 用模型 $y=\beta_0+\beta_1x+\beta_2x^2+\varepsilon$ 拟合数据.

b. 使用 $\alpha=0.05$ 检验回归显著性. 会得出什么结论?

c. 使用 F 统计量检验二次项对模型的贡献与线性项对模型的贡献. 当 $\alpha=0.05$ 时, 能得出什么结论?

d. 做出模型的残差图. 模型拟合看起来是否令人满意?

7.22 重新考虑来自习题 7.21 的数据. 假设重要的是预测在 $x=1750$ 与 $x=1775$ 处的响应变量值.

a. 求出这两个点处响应变量的预测值与这两个点处未来响应变量观测值的 95%预测区间.

b. 假设也是考虑一阶模型. 拟合这一模型并求出这两个点处响应变量的预测值. 计算这两个点处
259 未来响应变量观测值的 95%预测区间. 这是否给出了关于哪个模型更好的任何深刻见解?

第8章 指示变量

8.1 指示变量的一般概念

回归分析中所使用的变量经常是**定量变量**，也就是有明确定义的度量尺度的变量．像温度、距离、压力与收入这种变量都是定量变量．在某些情况下使用定性变量即**分类变量**作为回归中的预测变量是必需的．定性变量即分类变量的例子是运算符、就业状态(就业还是失业)、轮班(白班、晚班还是夜班)与性别(男性还是女性)．一般情况下，定性变量没有自然的度量尺度．必须设置定性变量水平的集合，来解释定性变量对响应变量可能有的影响．这样做要通过使用**指示变量**．指示变量有时称为**虚拟变量**．

假设机械工程希望得出车床所使用的切削工具的有效寿命(y)与车床每分钟的转速(x_1)和所使用切削工具的类型的关系．第二个回归变量切削工具是定性的，有两个水平(比如说工具类型 A 与工具类型 B)．使用取 0 和 1 两个值的指示变量来分辨回归变量“工具类型”的类别．令

$$x_2=\begin{cases}0 & \text{当观测值来自工具类型 A 时}\\ 1 & \text{当观测值来自工具类型 B 时}\end{cases}$$

0 与 1 的选择对分辨定性变量的水平是任意的．即使 0 和 1 通常是最好的，x_2 的任何两个不同值也会是令人满意的． 260

假设一阶模型是合适的，有

$$y=\beta_0+\beta_1x_1+\beta_2x_2+\varepsilon \tag{8.1}$$

为了解释模型中的参数，首先要考虑工具类型 A，对 A 有 $x_2=0$．回归模型变为

$$y=\beta_0+\beta_1x_1+\beta_2(0)+\varepsilon=\beta_0+\beta_1x_1+\varepsilon \tag{8.2}$$

因此，工具寿命与工具类型 A 的车床转速之间的关系是一条直线，其截距为 β_0 而斜率为 β_1．对工具类型 B，有 $x_2=1$，所以

$$\begin{aligned}y&=\beta_0+\beta_1x_1+\beta_2(1)+\varepsilon\\&=(\beta_0+\beta_2)+\beta_1x_1+\varepsilon\end{aligned} \tag{8.3}$$

也就是说，对工具类型 B，工具寿命与车床转速之间的关系也是一条直线，其斜率为 β_1 而截距为 $\beta_0+\beta_2$．

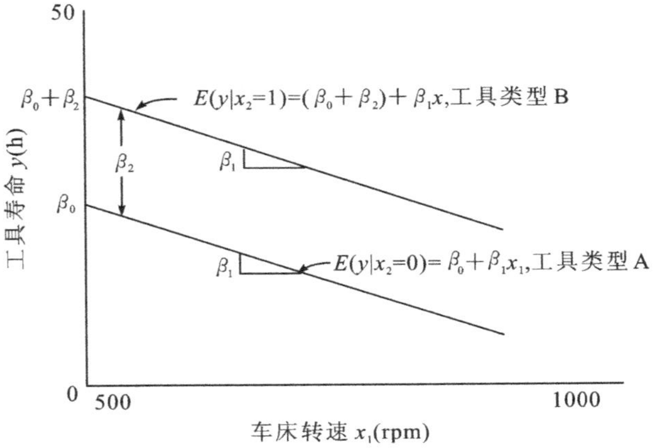

图 8-1 工具寿命数据的响应变量函数

两个响应变量函数如图 8-1 所示．模型(8.2)与模型(8.3)描述了两条平行的回归直线，也就是说，两条直线具有相同的斜率 β_1 与不同的截距．同时也假设误差 ε 的误差对两种工具类型都是相同的．参数 β_2 表达了两条回归直线之间高度的差值，也就是说，β_2

度量了由工具类型 A 变为工具类型 B 时所产生的工具寿命均值的差值.

可以将这一方法推广为有任意数量个水平的定性因子. 举例来说，假设感兴趣的有三个工
261 具类型 A、B 与 C，需要两个指示变量(比如 x_2 与 x_3)将工具类型的三个水平纳入模型中.

指示变量的水平为

x_2	x_3	
0	0	当观测值来自工具类型 A 时
1	0	当观测值来自工具类型 B 时
0	1	当观测值来自工具类型 C 时

而回归模型为

$$y=\beta_0+\beta_1 x_1+\beta_2 x_2+\beta_3 x_3+\varepsilon$$

一般情况下，有 a 个水平的定性变量要通过 $a-1$ 个指示变量来表示. 每个指示变量取值 0 和 1.

例 8.1　工具寿命数据　关于工具寿命与车床转速的二十个观测值如表 8-1 所示，而其散点图如图 8-2 所示. 审视该散点图，表明需要两条不同的回归直线来对这一数据建模是适用的，直线的截距取决于所使用的工具类型. 因此，拟合模型

262

$$y=\beta_0+\beta_1 x_1+\beta_2 x_2+\varepsilon$$

式中：当观测值来自工具类型 A 时，指示变量 $x_2=0$；而当观测值来自工具类型 B 时，指示变量 $x_2=1$. 拟合这一模型的 $\boldsymbol{X}$ 矩阵与 $\boldsymbol{y}$ 向量为

263

$$\boldsymbol{X}=\begin{bmatrix}1 & 610 & 0\\1 & 950 & 0\\1 & 720 & 0\\1 & 840 & 0\\1 & 980 & 0\\1 & 530 & 0\\1 & 680 & 0\\1 & 540 & 0\\1 & 890 & 0\\1 & 730 & 0\\1 & 670 & 0\\1 & 770 & 0\\1 & 880 & 0\\1 & 1000 & 0\\1 & 760 & 0\\1 & 590 & 0\\1 & 910 & 0\\1 & 650 & 0\\1 & 810 & 0\\1 & 500 & 0\end{bmatrix},\quad \boldsymbol{y}=\begin{bmatrix}18.73\\14.52\\17.43\\14.54\\13.44\\24.39\\13.34\\22.71\\12.68\\19.32\\30.16\\27.09\\25.40\\26.05\\33.49\\35.62\\26.07\\36.78\\34.95\\43.67\end{bmatrix}$$

最小二乘拟合为

$$\hat{y}=36.986-0.027x_1+15.004x_2$$

该模型的方差分析与其他汇总统计量如表8-2所示．由于F_0的观测值有非常小的P值，所以拒绝回归显著性假设；而由于β_1与β_2都有较小的P值，所以得出结论为两个回归变量x_1(rmp)与x_2(工具类型)对模型都有所贡献．参数β_2是工具类型A变为工具类型B时所产生的工具寿命均值的变化量．β_2的95%置信区间为

$$\hat{\beta}_2-t_{0.025,17}\mathrm{se}(\hat{\beta}_2)\leqslant\beta_2\leqslant\hat{\beta}_2+t_{0.025,17}\mathrm{se}(\hat{\beta}_2)$$

$$15.004-2.110(1.360)\leqslant\beta_2\leqslant15.004+2.110(1.360)$$

即

$$12.135\leqslant\beta_2\leqslant17.873$$

因此，由工具类型A变为工具类型B，工具寿命均值增加量的95%置信区间在12.135与17.875小时之间．

表8-1 例8.1的数据、拟合值与残差

i	y_i(h)	x_{i1}(rpm)	工具类型	$\hat{y}_i$	e_i
1	18.73	610	A	20.7552	−2.0252
2	14.52	950	A	11.7087	2.8113
3	17.43	720	A	17.8284	−0.3984
4	14.54	840	A	14.6355	−0.0955
5	13.44	980	A	10.9105	2.5295
6	24.39	530	A	22.8838	1.5062
7	13.34	680	A	18.8927	−5.5527
8	22.71	540	A	22.6177	0.0923
9	12.68	890	A	13.3052	−0.6252
10	19.32	730	A	17.5623	1.7577
11	30.16	670	B	34.1630	−4.0030
12	27.09	770	B	31.5023	−4.4123
13	25.40	880	B	28.5755	−3.1755
14	26.05	1000	B	25.3826	0.6674
15	33.49	760	B	31.7684	1.7216
16	35.62	590	B	36.2916	−0.6716
17	26.07	910	B	27.7773	−1.7073
18	36.78	650	B	34.6952	2.0848
19	34.95	810	B	30.4380	4.5120
20	43.67	500	B	38.6862	4.9838

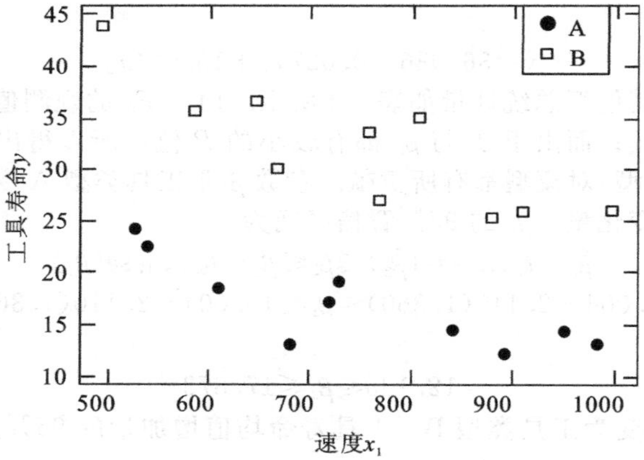

图 8-2 工具寿命 y 与车床转速 x_1 和工具类型 A 与 B 的散点图

该模型的拟合值$\hat{y}_i$ 与残差 e_i 如表 8-1 的最后两列所示. 残差与$\hat{y}_i$ 的残差图如图 8-3 所示. 通过工具类型(A 还是 B)来分辨该图中的残差. 如果对两个工具类型，误差的方差不是相同的，那么这一点将从该图中展现出来. 注意图 8-3 中“B”的残差比“A”的残差稍微更加分散一些，意味着存在轻微的方差不相等问题. 图 8-4 是残差的正态概率图. 没有迹象表明存在严重的模型不适用性.

表 8-2 例 8.1 回归模型的汇总统计量

变异来源	平方和	自由度	均方	F_0	P 值
回归	1418.034	2	709.017	76.75	3.12×10^{-9}
残差	157.055	17	9.239		
总	1575.089	19			
系数	估计值	标准误差	t_0 值		P 值
β_0	36.986				
β_1	−0.027	0.005	−5.887		8.97×10^{-6}
β_2	15.004	1.360	11.035		1.79×10^{-9}
	$R^2=0.9003$				

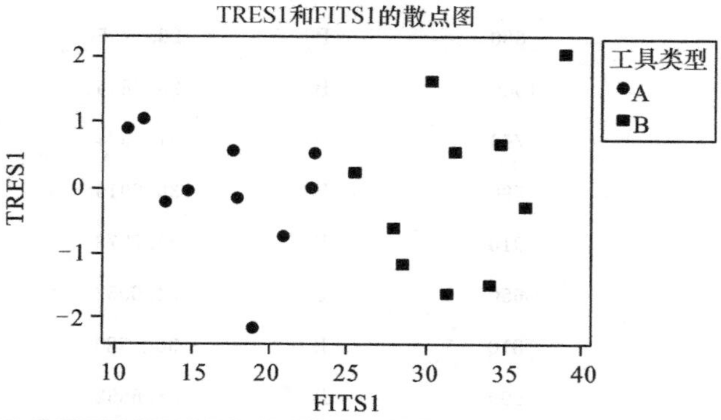

图 8-3 例 8.1 外部学生化残差 t 与拟合值$\hat{y}_i$ 的残差图

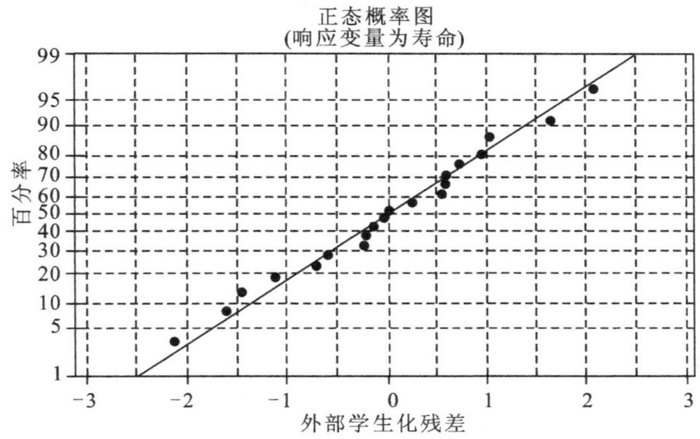

图 8-4 例 8.1 外部学生化残差的正态概率图

由于要使用两条回归直线来对例 8.1 中工具寿命与车床转速之间的关系进行建模，所以首先拟合两个单独的直线模型来代替包含一个指示变量的单一模型. 但是，由于分析师仅使用最终的一个方程，一个更为简单的实用结果，而不是两个方程来工作，所以更喜欢单一模型的方法. 进一步而言，由于假设了两条直线有相同的斜率，所以将两种工具类型的数据组合起来，产生相同参数的单一估计值是有意义的. 这种方法也会给出共同的误差方差 σ^2 的估计量，也比两个单独的回归直线所产生的拟合有更多的残差自由度.

现在假设期望得到工具寿命与车床转速关系的两条直线的截距与斜率都不同. 通过使用指示变量对这种情况进行单一回归方程的建模是可能的. 模型为

$$y=\beta_0+\beta_1 x_1+\beta_2 x_2+\beta_3 x_1 x_2+\varepsilon \tag{8.4}$$

对比方程(8.4)与(8.1)，观察到方程(8.4)向模型中添加了一个车床转速 x_1 与表示工具类型的指示变量 x_2 之间的交叉乘积项. 为了解释这一模型中的参数，首先考虑工具类型 A，对 A 有 $x_2=0$. 模型(8.4)变为

$$y=\beta_0+\beta_1 x_1+\beta_2(0)+\beta_3 x_1(0)+\varepsilon=\beta_0+\beta_1 x_1+\varepsilon \tag{8.5}$$

这是一条直线，其截距为 β_0 而斜率为 β_1. 对工具类型 B，有 $x_2=1$，所以

$$\begin{aligned} y &=\beta_0+\beta_1 x_1+\beta_2(1)+\beta_3 x_1(1)+\varepsilon \\ &=(\beta_0+\beta_2)+(\beta_1+\beta_3)x_1+\varepsilon \end{aligned} \tag{8.6}$$

这是一个直线模型，其截距为 $\beta_0+\beta_2$ 而斜率为 $\beta_1+\beta_3$. 图 8-5 做出了这两个回归函数的图形. 注意方程(8.4)使用不同的斜率与截距定义了两条回归直线. 因此，参数 β_2 反映了由于从工具类型 A 变为工具类型 B 而产生的截距的变化，而 β_3 表明了由工具类型 A 变为工具类型 B 而产生的斜率的变化.

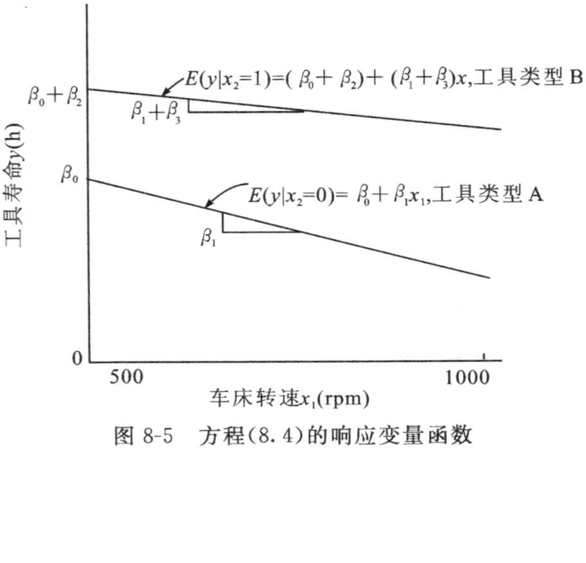

图 8-5 方程(8.4)的响应变量函数

265

拟合模型(8.4)等价于拟合两个单独的回归方程. 使用指示变量的优点是可以直接使用附加平方和方法来做假设检验. 举例来说，为了检验两个回归变量模型是否相同，要检验

$$H_0: \beta_2=\beta_3=0$$

$$H_0: \beta_2\neq 0, \quad \beta_3\neq 0 \quad \text{至少有一个成立}$$

当不能拒绝 $H_0: \beta_2=\beta_3=0$ 时，这意味着一个回归模型就可以解释工具寿命与车床转速之间的关系. 为了检验两条回归直线有共同的斜率但截距可能不同，要假设为

$$H_0: \beta_3=0, \quad H_1: \beta_3\neq 0$$

通过使用模型(8.4)，可以同时拟合两条回归直线，并通过一次计算机试验做出这两个检验，所提供的程序会产生平方和 $SS_{回}(\beta_1|\beta_0)$，$SS_{回}(\beta_2|\beta_0, \beta_1)$与 $SS_{回}(\beta_3|\beta_0, \beta_1, \beta_2)$.

266 指示变量在许多回归情形中都是有用的. 现在展示指示变量进一步的三个典型应用.

例 8.2 **工具寿命数据** 用回归模型

$$y=\beta_0+\beta_1x_1+\beta_2x_2+\beta_3x_1x_2+\varepsilon$$

拟合表 8-1 的工具寿命数据. 该模型的 $\boldsymbol{X}$ 矩阵与 $\boldsymbol{y}$ 向量为

$$\boldsymbol{X}=\begin{bmatrix} & x_1 & x_2 & x_1x_2 \\ 1 & 610 & 0 & 0 \\ 1 & 950 & 0 & 0 \\ 1 & 720 & 0 & 0 \\ 1 & 840 & 0 & 0 \\ 1 & 980 & 0 & 0 \\ 1 & 530 & 0 & 0 \\ 1 & 680 & 0 & 0 \\ 1 & 540 & 0 & 0 \\ 1 & 890 & 0 & 0 \\ 1 & 730 & 0 & 0 \\ 1 & 670 & 1 & 670 \\ 1 & 770 & 1 & 770 \\ 1 & 880 & 1 & 880 \\ 1 & 1000 & 1 & 1000 \\ 1 & 760 & 1 & 760 \\ 1 & 590 & 1 & 590 \\ 1 & 910 & 1 & 910 \\ 1 & 650 & 1 & 650 \\ 1 & 810 & 1 & 810 \\ 1 & 500 & 1 & 500 \end{bmatrix}, \quad \boldsymbol{y}=\begin{bmatrix} 18.73 \\ 14.52 \\ 17.43 \\ 14.54 \\ 13.44 \\ 24.39 \\ 13.34 \\ 22.71 \\ 12.68 \\ 19.32 \\ 30.16 \\ 27.09 \\ 25.40 \\ 26.05 \\ 33.49 \\ 35.62 \\ 26.07 \\ 36.78 \\ 34.95 \\ 43.67 \end{bmatrix}$$

回归模型拟合为

$$\hat{y}=32.775-0.021x_1+23.971x_2-0.012x_1x_2$$

该模型的汇总统计量如表 8-3 所示. 为了检验两条直线是否完全相同这一假设($H_0: \beta_2=$

$\beta_3=0$)，要使用统计量

$$F_0=\frac{SS_{回}(\beta_2, \beta_3 \mid \beta_1, \beta_0)/2}{MS_{残}}$$ 267

由于

$$SS_{回}(\beta_2, \beta_3 \mid \beta_1, \beta_0)=SS_{回}(\beta_1, \beta_2, \beta_3 \mid \beta_0)-SS_{回}(\beta_1 \mid \beta_0)$$
$$=1434.112-293.005=1141.107$$

所以检验统计量为

$$F_0=\frac{SS_{回}(\beta_2, \beta_3 \mid \beta_1, \beta_0)/2}{MS_{残}}=\frac{1141.107/2}{8.811}=64.75$$

而因为该统计量的 $P=2.14\times10^{-8}$，所以得出结论两条回归直线不是完全相同的. 为了检验两条直线有不同的截距与共同的斜率这一假设($H_0: \beta_3=0$)，要使用检验统计量

$$F_0=\frac{SS_{回}(\beta_3 \mid \beta_2, \beta_1, \beta_0)/1}{MS_{残}}=\frac{16.078}{8.811}=1.82$$

而因为该统计量的 $P=0.20$，所以得出结论两条直线的斜率是相同的. 使用表 8-3 中 β_2 与 β_3 的 t 统计量也可以得出以上结论.

表 8-3 例 8.2 工具寿命回归模型的汇总统计量

变异来源	平方和	自由度	均方	F_0	P 值
回归	1434.112	3	478.037	54.25	1.32×10^{-9}
残差	140.976	16	8.811		
总	1575.008	19			

系数	估计值	标准误差	t_0 值	平方和
β_0	32.775			
β_1	−0.021	0.0061	−3.45	$SS_{回}(\beta_1 \mid \beta_0)=293.005$
β_2	23.971	6.7690	3.45	$SS_{回}(\beta_2 \mid \beta_1, \beta_0)=1125.029$
β_3	−0.012	0.0088	−1.35	$SS_{回}(\beta_3 \mid \beta_2, \beta_1, \beta_0)=16.078$
		$R^2=0.9105$		

例 8.3 **多于两个水平的指示变量** 供电部门正在研究独栋房屋的大小，对房屋所使用空调类型与在天气炎热的月份总用电量的影响. 令 y 为六月至九月期间的总用电消耗(以千瓦时为单位)，而 x_1 为房屋的大小(建筑面积的平方英尺数). 存在四种类型的空调系 268
统：①没有空调；②窗式空调；③热泵空调；④中央空调. 这一因子的四个水平可以通过三个指示变量，x_2、x_3 与 x_4 进行建模，其定义如下：

空调类型	x_2	x_3	x_4
没有空调	0	0	0
窗式空调	1	0	0
热泵空调	0	1	0
中央空调	0	0	1

回归模型为

$$y=\beta_0+\beta_1x_1+\beta_2x_2+\beta_3x_3+\beta_4x_4+\varepsilon \tag{8.7}$$

当房屋没有空调时，方程(8.7)变为

$$y=\beta_0+\beta_1x_1+\varepsilon$$

如果房屋有窗式空调，那么

$$y=(\beta_0+\beta_2)+\beta_1x_1+\varepsilon$$

当房屋有热泵空调时，回归模型为

$$y=(\beta_0+\beta_3)+\beta_1x_1+\varepsilon$$

如果房屋有中央空调，那么

$$y=(\beta_0+\beta_4)+\beta_1x_1+\varepsilon$$

因此，模型(8.7)假设天气炎热时的用电消耗与房屋大小之间的关系是线性的，并假设斜率不取决于所使用空调系统的类型．参数 β_2、β_3 与 β_4 修正了空调系统类型不同时回归模型的高度(即截距)．也就是说，参数 β_2、β_3 与 β_4 分别度量了相比没有空调时，窗式空调、热泵空调与中央空调的效用．进一步而言，可以通过对比合适的回归系数，来确定其他效
269 应．举例来说，$\beta_3-\beta_4$ 反映了热泵空调相比中央空调的相对效率．也要注意假设了用电消耗的方差不取决于所使用空调系统的类型．这一假设可能是不合适的．

在这一问题中，假设了用电消耗的均值与房屋大小关系的回归函数的斜率不取决于空调系统的类型，这一假设看起来似乎是不可靠的．举例来说，会期望用电消耗的均值随着房屋的大小而增长，现在对更大的房屋而言因为中央空调应当比窗式空调更有效率，所以中央空调系统比窗式空调应当有更为不同的增长率．也就是说，应当存在房屋大小与空调系统类型之间的交互作用．通过对模型(8.7)进行扩充可以将**交互作用**项纳入模型．所得到的模型为

$$y=\beta_0+\beta_1x_1+\beta_2x_2+\beta_3x_3+\beta_4x_4+\beta_5x_1x_2+\beta_6x_1x_3+\beta_7x_1x_4+\varepsilon \tag{8.8}$$

四个回归模型分别对应四种空调系统的类型，如下：

$$y=\beta_0+\beta_1x_1+\varepsilon_1 \qquad (没有空调)$$
$$y=(\beta_0+\beta_2)+(\beta_1+\beta_5)x_1+\varepsilon \qquad (窗式空调)$$
$$y=(\beta_0+\beta_3)+(\beta_1+\beta_6)x_1+\varepsilon \qquad (热泵空调)$$
$$y=(\beta_0+\beta_4)+(\beta_1+\beta_7)x_1+\varepsilon \qquad (中央空调)$$

注意模型(8.8)意味着每个空调系统类型都有单独的回归直线与唯一的斜率和截距．

例 8.4 **指示变量多于一个** 一般总是存在必须纳入模型的若干个不同的定性变量．为了解释这一点，假设例 8.1 中有第二个定性因子，所使用切割油的类型，是必须考虑的．假设这一因子有两个水平，可以定义第二个指示变量，x_3，如下：

$$x_3=\begin{cases}0 & 当使用低黏度油时\\ 1 & 当使用中等黏度油时\end{cases}$$

工具寿命(y)与切割速度(x_1)、工具类型(x_2)和切割油类型(x_3)关系的回归模型为

$$y=\beta_0+\beta_1x_1+\beta_2x_2+\beta_3x_3+\varepsilon \tag{8.9}$$

显然工具寿命与切割转速关系的回归模型其斜率 β_1 既不取决于工具的类型，也不取决于切
270 割油的类型．回归直线的截距取决于这两个因子的加和形式．可以向模型中添加不同类型的交互作用效应．举例来说，假设考虑切割速度与两个定性因子之间的交互作用，所以模型(8.9)变为

$$y=\beta_0+\beta_1 x_1+\beta_2 x_2+\beta_3 x_3+\beta_4 x_1 x_2+\beta_5 x_1 x_3+\varepsilon \tag{8.10}$$

这意味着以下情况：

工具类型	切割油	回归模型
A	低黏度	$y=\beta_0+\beta_1 x_1+\varepsilon$
B	低黏度	$y=(\beta_0+\beta_2)+(\beta_1+\beta_4)x_1+\varepsilon$
A	中等黏度	$y=(\beta_0+\beta_3)+(\beta_1+\beta_5)x_1+\varepsilon$
B	中等黏度	$y=(\beta_0+\beta_2+\beta_3)+(\beta_1+\beta_4+\beta_5)x_1+\varepsilon$

注意工具类型与切割油的每种组合都产生了单独的回归直线，其斜率与截距都不同. 但是，对于指示变量的水平，模型仍然是可加的. 也就是说，无论所使用的工具类型如何，由低黏度切割油变为中等黏度切割油，都会使截距变化 β_3，使斜率变化 β_5.

假设向模型中添加了包括两个指示变量的交叉乘积项，得到

$$y=\beta_0+\beta_1 x_1+\beta_2 x_2+\beta_3 x_3+\beta_4 x_1 x_2+\beta_5 x_1 x_3+\beta_6 x_2 x_3+\varepsilon \tag{8.11}$$

那么有以下情况：

工具类型	切割油	回归模型
A	低黏度	$y=\beta_0+\beta_1 x_1+\varepsilon$
B	低黏度	$y=(\beta_0+\beta_2)+(\beta_1+\beta_4)x_1+\varepsilon$
A	中等黏度	$y=(\beta_0+\beta_3)+(\beta_1+\beta_5)x_1+\varepsilon$
B	中等黏度	$y=(\beta_0+\beta_2+\beta_3+\beta_6)+(\beta_1+\beta_4+\beta_5)x_1+\varepsilon$

向方程(8.11)中添加的交叉乘积项 $\beta_6 x_2 x_3$ 产生了一个指示变量对截距的影响，而其中的截距取决于另一个指示变量的水平. 也就是说，当使用工具类型 A 时，将低黏度切割油变为中等黏度切割油，会使截距变化 β_3；但是当使用工具类型 B 时，切割油同样的变化会使截距变化 $\beta_3+\beta_6$. 如果向模型(8.11)中添加交互作用项 $\beta_7 x_1 x_2 x_3$，那么将低黏度切割油变为中等黏度切割油时，会对截距与斜率两者都有影响，这一影响取决于所使用的工具类型.

除非可以获得关于工具类型与切割油黏度对工具寿命的预期影响，否则不得不将数据作为选择模型正确形式的指导. 一般情况下，可以使用偏 F 检验对单个回归系数进行假设检验. 举例来说，对模型(8.11)检验 H_0：$\beta_6=0$ 将给予对两个候选模型(8.11)与(8.10)之间哪个更好的判别. 271

例 8.5 **回归模型的比较** 考虑这种简单线性回归的情况，其中 n 个观测值可以形成 M 个群组，而第 m 个群组有 n_m 个观测值. 最一般的模型包含 M 个单独的方程，比如

$$y=\beta_{0m}+\beta_{1m}x+\varepsilon \qquad (m=1, 2, \cdots, M) \tag{8.12}$$

通常感兴趣的是将这种一般的模型与有更多限制的模型进行对比. 在这点上指示变量是有帮助的. 考虑以下情况：

a. 平行直线 这种情况下所有 M 个斜率都是相同的，$\beta_{11}=\beta_{12}=\cdots=\beta_{1M}$，但是截距可能不同. 注意例 8.1 就遇到了这种类型的问题(其中 $M=2$)，使得使用了一个增添的指示变量. 更为一般的情况下可以使用附加平方和方法来检验假设 H_0：$\beta_{11}=\beta_{12}=\cdots=\beta_{1M}$. 回

忆这一程序包括拟合**全模型**与受零假设限制的**简化模型**，并计算 F 统计量

$$F_0=\frac{[SS_{\text{残}}(\text{简模})-SS_{\text{残}}(\text{全模})]/(df_{\text{简模}}-df_{\text{全模}})}{SS_{\text{残}}(\text{全模})/df_{\text{全模}}} \tag{8.13}$$

如果简化模型与全模型一样令人满意，那么 F_0 相比 $F_{\alpha,df_{\text{简模}}-df_{\text{全模}},df_{\text{全模}}}$ 将较小. 较大的 F_0 值意味着简化模型是不适用的.

为了拟合全模型(8.12)，只要拟合 M 个单独的回归方程. 然后通过添加来自每个单独回归的残差平方和求出 $SS_{\text{残}}$(全模). $SS_{\text{残}}$(全模)的自由度为 $df_{\text{全模}}=\sum_{m=1}^{M}(n_m-2)=n-2M$. 为了拟合简化模型，要定义对应 M 个群组的 $M-1$ 个指示变量 D_1，D_2，…，D_{M-1}，然后拟合

$$y=\beta_0+\beta_1x+\beta_2D_1+\beta_3D_2+\cdots+\beta_MD_{M-1}+\varepsilon$$

来自该模型的残差平方和 $SS_{\text{残}}$(简模)有 $df_{\text{简模}}=n-(M+1)$ 个自由度.

如果 F 检验(8.13)表明 M 个回归变量有共同的斜率，那么来自简化模型的 $\hat{\beta}_1$ 是通过集中组合全部数据而求得的 β 的参数统计量. 这在例 8.1 中已有所解释. 更为一般的情况下，**协方差分析**用于集中数据来估计共同的斜率. 协方差分析是包含一个回归模型(其中有定性变量)组合的线性模型的特例，也是方差模型(其中有定量变量)的特例. 协方差分析的介绍见 Montgomery(2009).

b. 共点直线　本节中，所有 M 个截距都是相同的，$\beta_{01}=\beta_{02}=\cdots=\beta_{0M}$，但斜率可能不同. 简化模型为

272

$$y=\beta_0+\beta_1x+\beta_2Z_1+\beta_2Z_2+\cdots+\beta_MD_{M-1}+\varepsilon$$

式中：$Z_k=xD_k$，$k=1$，2，…，$M-1$. 来自该模型的残差平方和 $SS_{\text{残}}$(简模)的自由度为 $df_{\text{简模}}=n-(M+1)$. 注意现在假设的是在原点处共点. Graybill(1976)与 Seber(1977)处理了在任意点 x_0 处共点的更为一般的情况.

c. 重合直线　这种情况下 M 个斜率与 M 个截距同时都是相同的，$\beta_{01}=\beta_{02}=\cdots=\beta_{0M}$ 且 $\beta_{11}=\beta_{12}=\cdots=\beta_{1M}$. 简化模型就是

$$y=\beta_0+\beta_1x+\varepsilon$$

而残差平方和 $SS_{\text{残}}$(简模)有 $df_{\text{简模}}=n-2$ 个自由度. 指示变量在重合检验中不是必需的，但为了叙述完整还是将这种情况包括进来.

8.2 关于指示变量用途的评注

8.2.1 指示变量与指定代码回归

处理回归中定性变量的另一种方法是通过指定代码来度量变量的水平. 回忆例 8.3，供电部门正在研究房屋的大小与空调系统的类型对居民用电消耗的影响. 不使用三个指示变量来表示空调系统类型的定性因子，而是使用一个定量因子 x_2，其指定代码如下：

空调系统的类型	x_2
没有空调	1
窗式空调	2
热泵空调	3
中央空调	4

现在可以拟合回归模型

$$y=\beta_0+\beta_1 x_1+\beta_2 x_2+\varepsilon \tag{8.14}$$

式中：x_1 为房屋的大小．该模型意味着

$$\begin{aligned}
E(y|x_1，\text{没有空调})&=\beta_0+\beta_1 x_1+\beta_2\\
E(y|x_1，\text{窗式空调})&=\beta_0+\beta_1 x_1+2\beta_2\\
E(y|x_1，\text{热泵空调})&=\beta_0+\beta_1 x_1+3\beta_2\\
E(y|x_1，\text{中央空调})&=\beta_0+\beta_1 x_1+4\beta_2
\end{aligned}$$ 273

该式的直接结果是

$$\begin{aligned}
&E(y|x_1，\text{中央空调})-E(y|x_1，\text{热泵空调})\\
&=E(y|x_1，\text{热泵空调})-E(y|x_1，\text{窗式空调})\\
&=E(y|x_1，\text{窗式空调})-E(y|x_1，\text{没有空调})\\
&=\beta_2
\end{aligned}$$

这可能是十分不可靠的．指定代码将特定的度量尺度施加在了定性因子的水平上．指定代码的其他选择意味着定性因子水平间的不同距离，但是不能确保任何指定代码都能得到合适的间隔．

因为指示变量没有强制确定定性因子水平的特定度量尺度，所以对这种类型的问题指示变量会提供更多的信息．进一步而言，使用指示变量做回归总会得到比指示代码回归更大的 R^2（比如说，见 Searle 和 Udell(1970)）．

8.2.2 用指示变量代替定量回归变量

定量回归变量也可以通过指示变量来表示．因为收集定量变量的精确信息是困难的，所以这种处理有时是必要的．考虑例 8.3 中的电能使用例子，并假设第二个定量变量，家庭收入是包括在分析中的．因为难以得到精确的收入信息，所以收集定量变量收入可以通过将收入分组归类，比如说

$ 0 至 $ 19 999

$ 20 000 至 $ 39 999

$ 40 000 至 $ 59 999

$ 60 000 至 $ 79 999

$ 80 000 及以上

现在模型中使用了四个指示变量来表示因子“收入”．

这种方法的一个缺点是需要更多的参数来表示定量因子信息的内容．一般情况下，当将定量变量分组为 a 类时，需要 $a-1$ 个参数；而当仅使用一个原定量变量时，仅需要一个参数．因此，将定量因子处理为定性因子会增加模型的复杂性．即使当数据是数值时，误差的自由度降低并不是一个严重的问题，但是这种方法也会降低误差的自由度．指示变量方法的一个优点是，不需要制订关于响应变量与回归变量之间关系的函数形式的任何先验假设． 274

8.3 方差分析的回归方法

方差分析是通过**试验设计**分析数据时所频繁使用的方法．虽然一般情况下使用专门的计算程序来做方差分析，但是任何方差分析问题都可以处理为线性回归问题．因为专门的

计算方法通常十分有效率，所以一般不推荐使用回归方法来做方差分析．但是，在某些方差分析的情况，特别是包含不平衡试验设计的情况时，回归方法是有帮助的．一般情况下，许多分析师都没有察觉到这两种程序之间的紧密联系．从本质上来说，任何方差分析问题都可以处理为回归问题，其中的所有回归变量都是指示变量．

本节将解释用回归来替代单因素分类即单因子方差分析．回归与方差分析之间关系进一步的例子，见 Draper 和 Smith（1998），Montgomery（2009），Schilling（1974a，b）与 Seber(1977)．

单因素分类方差分析的模型为

$$y_{ij}=\mu+\tau_i+\varepsilon_{ij} \qquad (i=1, 2, \cdots, k, \quad j=1, 2, \cdots, n) \tag{8.15}$$

式中 y_{ij} 为第 i 个**处理**即**因子水平**的第 j 个观测值，μ 为 k 个处理共同的参数(通常称为**总平均值**)，τ_i 为表示第 i 个处理的影响的参数，而 ε_{ij} 为 NID(0，σ^2)的误差成分．习惯上将平衡情况下处理的效应(比如说每个处理有相等的观测值数量)定义为

$$\tau_1+\tau_2+\cdots+\tau_k=0$$

进一步而言，第 i 个处理的均值为 $\mu_i=\mu+\tau_i(i=1, 2, \cdots, k)$．在混合效应(即模型 I)的情况下，方差分析用于检验所有 k 个总体都是相等的这一假设，或者等价地检验

$$\begin{aligned} &H_0: \tau_1=\tau_2=\cdots=\tau_k=0 \\ &H_1: \tau_i\neq 0 \quad \text{对至少一个 } i \text{ 成立} \end{aligned} \tag{8.16}$$

表 8-4 展示了一般的单因子方差分析．在这种情况下，就会有真实的误差项，与残差项相对的实际的误差项，这是因为存在重复值时可以得到模型无关的误差估计值．将检验统计量 F_0 与 $F_{\alpha,k-1,k(n-1)}$ 进行比较．当 F_0 超过这一临界值时，拒绝方程(8.14)中的零假设，也就是说，得出结论 k 个处理的均值不是完全相同的．注意表 8-4 使用了与方差分析有关的通常的“点下标”记号．也就是说，第 i 个处理中 n 个观测值的平均值为

275

$$\bar{y}_{i.}=\frac{1}{n}\sum_{j=1}^{n} y_{ij} \qquad (i=1, 2, \cdots, k)$$

而总平均值为

$$\bar{y}_{..}=\frac{1}{kn}\sum_{i=1}^{k}\sum_{j=1}^{n} y_{ij}$$

为了解释单因子混合效应方差分析与回归之间的联系，假设有 $k=3$ 个处理，所以(8.17)变为

$$y_{ij}=\mu+\tau_i+\varepsilon_{ij} \qquad (i=1, 2, \cdots, k, \quad j=1, 2, \cdots, n) \tag{8.17}$$

表 8-4 单因素方差分析

变异度	平方和	自由度	均方	F_0
处理	$n\sum_{i=1}^{k}(\bar{y}_{i.}-\bar{y}_{..})^2$	$k-1$	$\frac{SS_{处理}}{k-1}$	$\frac{MS_{处理}}{MS_{残}}$
误差	$\sum_{i=1}^{k}\sum_{j=1}^{n}(y_{ij}-\bar{y}_{i})^2$	$k(n-1)$	$\frac{SS_{残}}{k(n-1)}$	
总	$\sum_{i=1}^{k}\sum_{j=1}^{n}(y_{ij}-\bar{y}_{..})^2$	$kn-1$		

这三个处理可以看作**定性因子**的三个水平，所以可以使用指示变量处理这三个水平. 特别地，有三个水平的定性因子需要两个指示变量，其定义如下：

$$x_1=\begin{cases}1 & \text{当观测值来自处理 1 时}\\ 0 & \text{其他}\end{cases}$$

$$x_2=\begin{cases}1 & \text{当观测值来自处理 2 时}\\ 0 & \text{其他}\end{cases}$$

因此，回归模型变为

$$y_{ij}=\beta_0+\beta_1 x_{1j}+\beta_2 x_{2j}+\varepsilon_{ij} \qquad (i=1,\ 2,\ 3\ \text{且}\ j=1,\ 2,\ \cdots,\ n) \tag{8.18}$$

式中 x_{1j} 为处理 i 中观测值 j 的指示变量 x_1 的值，而 x_{2j} 为第 i 个处理中第 j 个观测值的 x_2 值.

回归模型中参数 $\beta_u(u=0,\ 1,\ 2)$ 与方差分析模型中参数 μ 和 $\tau_i(i=1,\ 2,\ \cdots,\ k)$ 之间的关系是容易确定的. 考虑来自处理 1 的观测值，对其有

$$x_{1i}=1 \quad ,\ x_{2j}=0$$ 276

回归模型(8.18)变为

$$y_{1j}=\beta_0+\beta_1(1)+\beta_2(0)+\varepsilon_{1j}=\beta_0+\beta_1+\varepsilon_{1j}$$

由于在方差分析模型中来自处理 1 的观测值由 $y_{1j}=\mu+\tau_1+\varepsilon_{1j}=\mu_1+\varepsilon_{1j}$ 所代表，所以这意味着

$$\beta_0+\beta_1=\mu_1$$

同理，如果观测值来自处理 2，那么 $x_{1j}=0$，$x_{2j}=1$，所以

$$y_{2j}=\beta_0+\beta_1(0)+\beta_2(1)+\varepsilon_{2j}=\beta_0+\beta_2+\varepsilon_{2j}$$

考虑方差分析模型 $y_{2j}=\mu+\tau_2+\varepsilon_{2j}=\mu_2+\varepsilon_{2j}$，所以

$$\beta_0+\beta_2=\mu_2$$

最后，考虑来自处理 3 的观测值. 由于 $x_{1j}=x_{2j}=0$，所以回归模型变为

$$y_{3j}=\beta_0+\beta_1(0)+\beta_2(0)+\varepsilon_{3j}=\beta_0+\varepsilon_{3j}$$

其所对应的方差分析模型为 $y_{3j}=\mu+\tau_3+\varepsilon_{3j}=\mu_3+\varepsilon_{3j}$，所以

$$\beta_0=\mu_3$$

因此，在单因子方差分析的回归模型公式中，回归系数描述了前两个处理的均值 μ_1 和 μ_2 与第三个处理的均值 μ_3 的对比. 也就是说，

$$\beta_0=\mu_3, \qquad \beta_1=\mu_1-\mu_3, \qquad \beta_2=\mu_2-\mu_3$$

一般情况下，当存在 k 个处理时，单因子方差分析的回归模型需要 $k-1$ 个指示变量，举例来说，

$$y_{ij}=\beta_0+\beta_1 x_{1j}+\beta_2 x_{2j}+\cdots+\beta_{k-1}x_{k-1,j}+\varepsilon_{ij} \qquad (i=1,\ 2,\ \cdots k, \quad j=1,\ 2,\ \cdots,\ n) \tag{8.19}$$

式中

$$x_{ij}=\begin{cases}1 & \text{当观测值}\ j\ \text{来自处理}\ i\ \text{时}\\ 0 & \text{其他}\end{cases}$$

回归模型中参数与方差分析模型中参数的关系是

$$\beta_0=\mu_k$$

277 $$\beta_i=\mu_i-\mu_k \quad (i=1,\ 2,\ \cdots,\ k-1)$$

因此，β_0 总是第 k 个处理的均值的估计值，而 β_i 是处理 i 与处理 k 之间均值差值的估计值.

现在考虑单因素方差分析的回归模型拟合. 再次假设有 $k=3$ 个处理，现在又令每个处理中有 $n=3$ 个观测值. $\boldsymbol{X}$ 矩阵与 $\boldsymbol{y}$ 向量为

$$\boldsymbol{y}=\begin{bmatrix} y_{11}\\ y_{12}\\ y_{13}\\ y_{21}\\ y_{22}\\ y_{23}\\ y_{31}\\ y_{32}\\ y_{33}\end{bmatrix},\quad \boldsymbol{X}=\begin{bmatrix} 1 & 1 & 0\\ 1 & 1 & 0\\ 1 & 1 & 0\\ 1 & 0 & 1\\ 1 & 0 & 1\\ 1 & 0 & 1\\ 1 & 0 & 0\\ 1 & 0 & 0\\ 1 & 0 & 0\end{bmatrix} \quad (\text{列 } x_1,\ x_2)$$

注意 $\boldsymbol{X}$ 矩阵所包含的都是 0 和 1. 这是任何方差分析模型的回归公式所共有的特征. 最小二乘正规方程为

$$(\boldsymbol{X}'\boldsymbol{X})\hat{\beta}=\boldsymbol{X}'\boldsymbol{y}$$

即

$$\begin{bmatrix} 9 & 3 & 3\\ 3 & 3 & 0\\ 3 & 0 & 3\end{bmatrix}\begin{bmatrix}\hat{\beta}_0\\ \hat{\beta}_1\\ \hat{\beta}_2\end{bmatrix}=\begin{bmatrix} y_{..}\\ y_{1.}\\ y_{2.}\end{bmatrix}$$

式中：$y_{i.}$ 为处理 i 中观测值的和，而 $y_{..}$ 为所有九个观测值的总和(比如说 $y_{..}=y_{1.}+y_{2.}+y_{3.}$).

该正规方程的解为

$$\hat{\beta}_0=\bar{y}_{..}-\bar{y}_{1.}-\bar{y}_{2.}=\bar{y}_{3.},\quad \hat{\beta}_1=\bar{y}_{1.}-\bar{y}_{3.},\quad \hat{\beta}_2=\bar{y}_{2.}-\bar{y}_{3.}$$

附加平方和方法可以用于检验处理均值的差值. 全模型的回归平方和为

$$\begin{aligned} SS_{回}(\hat{\beta}_0,\ \hat{\beta}_1,\ \hat{\beta}_2)&=\hat{\beta}'\boldsymbol{X}'\boldsymbol{y}=[\bar{y}_{3.},\ \bar{y}_{1.}-\bar{y}_{3.},\ \bar{y}_{2.}-\bar{y}_{3.}]\begin{bmatrix} y_{..}\\ y_{1.}\\ y_{2.}\end{bmatrix}\\ &=y_{..}\bar{y}_{3.}+y_{1.}(\bar{y}_{1.}-\bar{y}_{3.})+y_{2.}(\bar{y}_{2.}-\bar{y}_{3.})\\ &=(y_{1.}+y_{2.}+y_{3.})\bar{y}_{3.}+y_{1.}(\bar{y}_{1.}-\bar{y}_{3.})+y_{2.}(\bar{y}_{2.}-\bar{y}_{3.})\\ &=\bar{y}_{1.}y_{1.}+\bar{y}_{2.}y_{2.}+\bar{y}_{3.}y_{3.}\end{aligned}$$

278 $$=\sum_{i=1}^{3}\frac{y_{i.}^2}{3}$$

其自由度为三. 全模型的残差平方和为

$$SS_{残}=\sum_{i=1}^{3}\sum_{j=1}^{3}y_{ij}^2-SS_{回}(\beta_0,\beta_1,\beta_2)=\sum_{i=1}^{3}\sum_{j=1}^{3}y_{ij}^2-\sum_{i=1}^{3}\frac{y_{i.}^2}{3}=\sum_{i=1}^{3}\sum_{j=1}^{3}(y_{ij}-\bar{y}_{i.})^2 \tag{8.20}$$

其自由度为 9－3＝6. 注意方程(8.20)是 $k=n=3$ 时方差分析表中的误差平方和.

检验处理均值的差值等价于检验

$$H_0: \tau_1=\tau_2=\tau_3=0$$
$$H_1: \text{对至少一个 } i \text{ 成立 } \tau_i \neq 0$$

当 H_0 为真时，回归模型中的参数变为

$$\beta_0=\mu, \quad \beta_1=0, \quad \beta_2=0$$

因此，简化模型只包含一个参数，即

$$y_{ij}=\beta_0+\varepsilon_{ij}$$

简化模型中 β_0 的估计值为 $\hat{\beta}_0=\bar{y}_{..}$，而该模型自由度为一的回归平方和为

$$SS_{\text{回}}(\beta_0)=\frac{y_{..}^2}{9}$$

检验处理均值相等的平方和是全模型与简化模型之间平方和的差值，即

$$\begin{aligned} SS_{\text{回}}(\beta_1, \beta_2 \mid \beta_0) &= SS_{\text{回}}(\beta_0, \beta_1, \beta_2)-SS_{\text{回}}(\beta_0) \\ &= \sum_{i=1}^{3} \frac{y_{i.}^2}{3}-\frac{y_{..}^2}{9} \\ &= 3\sum_{j=1}^{3}(y_{i.}-\bar{y}_{..})^2 \end{aligned} \tag{8.21}$$

该平方和有 3－1＝2 个自由度. 注意方程(8.21)为假设 $k=n=3$ 时表 8-4 中的处理平方和. 279
合适的检验统计量为

$$F_0=\frac{SS_{\text{回}}(\beta_1, \beta_2 \mid \beta_0)/2}{SS_{\text{残}}/6}=\frac{3\sum_{i=1}^{3}(\bar{y}_{i.}-\bar{y}_{..})^2/2}{\sum_{i=1}^{3}\sum_{j=1}^{3}(y_{ij}-\bar{y}_{i.})^2/6}=\frac{MS_{\text{处理}}}{MS_{\text{残}}}$$

如果 $H_0: \tau_1=\tau_2=\tau_3=0$ 为真，那么 F_0 服从 $F_{2,6}$ 分布. 该统计量与方差分析表(表8-14)所给出的检验统计量是相同的. 因此，回归方法与表 8-4 所概述的单因素方差分析程序是完全相同的.

习题

8.1 考虑例 8.3 中描述的回归模型(8.8). 画出该模型响应变量函数的图像，并指出模型参数在确定函数形状中所扮演的角色.

8.2 考虑例 8.4 中描述的回归模型.

a. 画出方程(8.10)所产生的响应变量函数的图像.

b. 画出方程(8.11)所产生的响应变量函数的图像.

8.3 考虑例 3.1 中的送货时间数据. 4.2.5 节提到这些观测值是在圣迭戈、波士顿、奥斯汀与明尼苏达四座城市收集的.

a. 研究送货时间 y 与箱数 x_1、距离 x_2 和送货所在城市关系的模型. 估计这一模型的参数.

b. 是否表明送货地址是一个重要的变量?

c. 对该模型进行残差分析. 能得出关于模型适用性的什么结论?

8.4 考虑表 B-3 中的汽车汽油里程数据.

a. 建立汽油里程 y 与发动机排量 x_1 和变速类型 x_{11} 关系的线性回归模型. 变速类型是否显著影响了汽油里程性能?

b. 修正 a 小问所研究的模型，使其包括发动机排量与变速类型之间的相互作用. 关于变速类型对汽
280 油里程的影响，能得出什么结论? 解释这一模型中的参数.

8.5 考虑表 B-3 中的汽车汽油里程数据.

a. 建立汽油里程 y 与汽车重量 x_{10} 和变速类型 x_{11} 关系的线性回归模型. 变速类型是否显著影响了汽油里程性能?

b. 修正 a 小问所研究的模型，使其包括汽车重量与变速类型之间的交互作用. 关于变速类型对汽油里程的影响，能得出什么结论? 解释这一模型中的参数.

8.6 考虑表 B-1 中的国家美式橄榄球大联盟比赛数据. 建立获胜场数与对手的冲球码数 x_8、冲球百分比 x_7 和失误差值 x_5 的修正值关系的线性回归模型. 特别地令失误差值为指示变量，其值由实际失误差值为正，负还是零来确定. 关于失误对获胜场次的影响，能得出什么结论?

8.7 分段线性回归. 例 7.3 展示了如何使用样条来拟合在某点 $t(x_{\min}<t<x_{\max})$ 处斜率发生变化的线性回归模型. 使用指示变量研究分段线性回归模型的公式. 假设函数在点 t 处是连续的.

8.8 继续习题 8.7. 求解指示变量如何用于研究在连接点 t 处不连续的分段线性回归模型.

8.9 假设一个单因素方差分析包括四个处理，但每个处理下所采集观测值的数量不同(比如说 n_i). 假设 $n_1=3$，$n_2=2$，$n_3=4$ 而 $n_4=3$ 写出将这一数据作为多元回归模型来分析的 y 向量与 X 矩阵. 这一数据的非平衡属性引入了任何复杂因素吗?

8.10 用回归方法做方差分析另一种代码计划. 考虑方程(8.18)，它表示了有三个处理而每个处理有 n 个观测值的方差分析所对应的回归模型. 假设指示变量 x_1 与 x_2 的定义为

$$x_1=\begin{cases}1 & \text{当观测值来自处理 1 时}\\ -1 & \text{当观测值来自处理 2 时}\\ 0 & \text{其他}\end{cases}$$

$$x_2=\begin{cases}1 & \text{当观测值来自处理 2 时}\\ -1 & \text{当观测值来自处理 3 时}\\ 0 & \text{其他}\end{cases}$$

281 a. 证明回归中的参数与方差分析模型中的参数的关系为

$$\beta_0=\frac{\mu_1+\mu_2+\mu_3}{3}=\bar{\mu}$$

$$\beta_1=\mu_1-\bar{\mu},\quad \beta_2=\mu_2-\bar{\mu}$$

b. 写出 $\boldsymbol{y}$ 向量与 $\boldsymbol{X}$ 矩阵.

c. 研究合适的平方和来检验假设 H_0：$\tau_1=\tau_2=\tau_3=0$. 该平方和是单因素方差分析中通常的处理平方和吗?

8.11 Montgomery(2009)展示了一个关于用于制造男士衬衫的布料其合成纤维剪切强度的试验. 认为剪切强度受纤维中含棉百分率的影响. 数据如下.

含棉百分率	剪切强度				
15	7	7	15	11	9
20	12	17	12	18	18
25	14	18	18	19	19
30	19	25	22	19	23
35	7	10	11	15	11

a. 写出所对应回归模型的 $\boldsymbol{y}$ 向量与 $\boldsymbol{X}$ 矩阵.

b. 求出模型参数的最小二乘估计量.

c. 求出含棉量在15%与25%之间时剪切强度均值差值的点估计量.

d. 所有五个含棉百分率的剪切强度均值都是相同的，检验这一假设.

8.12 双因素方差分析. 假设感兴趣的是两个不同处理的集合. 令 y_{ijk} 为第一种处理类型的水平为 i 而第二种处理类型的水平为 j 的第 k 个观测值. 双因素方差分析模型为

$$y_{ijk}=\mu+\tau_i+\gamma_i+(\tau\gamma)_{ij}+\varepsilon_{ijk}$$
$$i=1,\ 2,\ \cdots,\ a,\quad j=1,\ 2,\ \cdots,\ b,\quad k=1,\ 2,\ \cdots,\ n$$

式中 τ_i 为第一种处理类型的水平 i 的效应，γ_j 为第二种处理类型的水平 j 的效应，$(\tau\gamma)_{ij}$ 为两种处理类型之间的交互作用效应，而 ε_{ijk} 为 NID(0, σ^2)的随机误差成分.

a. 对 $a=b=n=2$ 的情况，写出双因素方差分析所对应的回归模型.

b. 这一回归模型的 $\boldsymbol{y}$ 向量与 $\boldsymbol{X}$ 矩阵是什么?

c. 讨论如何使用这一回归模型来检验假设 H_0：$\tau_1=\tau_2=0$(处理类型1的均值都相等)、H_0：$\gamma_1=\gamma_2=0$(处理类型2的均值都相等)与 H_0：$(\tau\gamma)_{11}=(\tau\gamma)_{12}=(\tau\gamma)_{22}=0$(处理类型之间没有交互作用). 282

8.13 表B-11展示了关于黑皮诺红葡萄酒品质的数据.

a. 建立品质 y 与味道 x_4 关系的回归模型，并将最后一列所给出的产地信息纳入模型. 产地是否对红酒的品质有影响?

b. 对这一模型做残差分析并评论模型的适用性.

c. 这一数据集是否存在任何离群点或强影响观测值?

d. 修正a小问中的模型，使其包括味道与产地变量之间的交互作用项. 这一模型比a小问所求出的模型更好吗?

8.14 使用来自表B-11的红酒品质数据，产地采用表中所示的值(1、2、3)作为指定代码，使用产地拟合红酒品质与味道 x_4 关系的模型. 讨论这一模型中参数的解释. 将这一模型与习题8.13中使用指示变量所建立的模型进行对比.

8.15 考虑表B-16中的寿命期望数据. 创建性别的指示变量. 对所有人的平均寿命期望做完整的分析. 结合前文对这一数据的分析，讨论这一分析的结果.

8.16 Smith等(1992)讨论了对南极洲上空臭氧层的研究. 科学家研究了紫外线(UVB)暴露对海洋浮游生物生命力抑制程度的度量. 响应变量为"抑制". 回归变量为"UVB"与"表面","表面"是采样时在海洋表面以下的深度. 数据如下.

位置	抑制	UVB	表面
1	0.00	0.00	较深
2	1.00	0.00	较深
3	6.00	0.01	较深
4	7.00	0.01	表面
5	7.00	0.02	表面
6	7.00	0.03	表面
7	9.00	0.04	表面
8	9.50	0.01	较深
9	10.00	0.00	较深
10	11.00	0.03	表面
11	12.50	0.03	表面

（续）

位置	抑制	UVB	表面
12	14.00	0.01	较深
13	20.00	0.03	较深
14	21.00	0.04	表面
15	25.00	0.02	较深
16	39.00	0.03	较深
17	59.00	0.03	较深

283 对这一数据做完整的分析．讨论结果．

8.17 表 B-17 包含了医院病人满意度数据．使用年龄与病重程度作为回归变量，对响应变量满意度拟合合适的回归模型，并使用指示变量区分病人是内科与外科的．添加指示变量是否改善了模型？是否有证据支持内科病人与外科病人的满意度不同这一说法？

8.18 考虑表 B-18 中的燃料消耗数据．回归变量 x_1 为指示变量．对这一数据做完整的分析．从这一分析中能得出什么结论？

8.19 考虑表 B-19 中的红葡萄酒品质数据．回归变量 x_1 为指示变量．对这一数据做完整的分析．从这一分析中能得出什么结论？

284 **8.20** 考虑表 B-20 中的甲醛氧化数据．对这一数据做完整的分析．从这一分析中能得出什么结论？

第 9 章 多重共线性

9.1 导引

对多元回归模型的使用与解释通常隐含地取决于单个回归系数的估计值．所做的大多数推断都包括以下例子．

1．鉴定回归变量的相对影响．

2．预测与估计两者或之一．

3．对模型选择合适的变量集合．

如果回归变量之间不存在线性关系，那么称回归变量是**正交**的．当回归变量正交时，可以容易地进行上文所说明的那些推断．不幸的是，在大多数回归应用中，回归变量不是正交的．缺少正交性有时并不是严重问题．但是，在某些回归变量近乎完全线性相关的情况下，基于回归模型的这些推断就可能是有误导性的和错误的．当回归变量之间存在**近线性相关**时，就称存在多重共线性问题．

本章将拓展从第 3 章开始的对多重共线性的初步讨论，并讨论与多重共线性问题相关的各种问题与方法．特别将考虑多重共线性的起因，多重共线性对推断的某些特定影响，探测存在多重共线性的方法，以及处理多重共线性问题的一些方法． 285

9.2 多重共线性的来源

写出多元回归模型

$$\boldsymbol{y}=\boldsymbol{X\beta}+\boldsymbol{\varepsilon}$$

式中：$\boldsymbol{y}$ 为 $n\times 1$ 的响应变量向量，$\boldsymbol{X}$ 为 $n\times p$ 向量，$\boldsymbol{\beta}$ 为未知常数的 $p\times 1$ 向量，而 $\boldsymbol{\varepsilon}$ 为随机误差的 $n\times 1$ 向量，其中 $\varepsilon_i\sim \mathrm{NID}(0, \sigma^2)$．为方便起见，假设回归变量与响应变量已经中心化，并已经像 3.9 节那样尺度化为单位长度．因此，$\boldsymbol{X}'\boldsymbol{X}$ 为回归变量之间的相关系数[㊀]的 $p\times p$ 矩阵，而 $\boldsymbol{X}'\boldsymbol{y}$ 为回归变量与响应变量之间相关系数的 $p\times 1$ 向量．

令将 $\boldsymbol{X}$ 矩阵的第 j 列记为 $\boldsymbol{X}_j$，所以 $\boldsymbol{X}=[\boldsymbol{X}_1, \boldsymbol{X}_2, \cdots, \boldsymbol{X}_p]$．因此，$\boldsymbol{X}_j$ 包含第 j 个回归变量的 n 个水平．可以根据 $\boldsymbol{X}$ 列的线性相关性正式定义多重共线性．如果存在不全为零的常数集 $t_1, t_2, \cdots, t_p$，满足[㊁]

$$\sum_{j=1}^{p} t_j\boldsymbol{X}_j=\boldsymbol{0} \tag{9.1}$$

那么向量 $\boldsymbol{X}_1, \boldsymbol{X}_2, \cdots, \boldsymbol{X}_p$ 是线性相关的．如果 $\boldsymbol{X}$ 列的子集恰好满足方程(9.1)，那么 $\boldsymbol{X}'\boldsymbol{X}$ 矩阵的秩会小于 p，同时 $(\boldsymbol{X}'\boldsymbol{X})^{-1}$ 不存在．但是，假设方程(9.1)对 $\boldsymbol{X}$ 列的某些子集近似为真．那么 $\boldsymbol{X}'\boldsymbol{X}$ 中将存在近线性相关，并称存在多重共线性问题．注意多重共线性是 $\boldsymbol{X}'\boldsymbol{X}$ 矩

㊀ 虽然回归变量并不一定是随机变量，但是习惯上也将 $\boldsymbol{X}'\boldsymbol{X}$ 的非对角元素称为相关系数．

㊁ 如果回归变量没有中心化，那么方程(9.1)中的 0 会变为常数向量 m，其元素并不一定全部为 0．

阵为病态矩阵的形式．进一步而言，多重共线性问题的程度是不同的，也就是说，除非 $\boldsymbol{X}$ 的列是正交的($\boldsymbol{X}'\boldsymbol{X}$ 为对角矩阵)，否则每个数据集都将遭受某种程度上的多重共线性．一般情况下，$\boldsymbol{X}'\boldsymbol{X}$ 正交仅会发生在试验设计中．正如将要看到的，多重共线性的存在使得回归模型的常规最小二乘分析出现了极大的不适用性．

多重共线性主要有四种最初来源：

1）所使用的数据收集方法；

2）对模型的约束或总体的约束；

3）模型设定；

4）过度定义的模型．

理解这些多重共线性来源之间的区别很重要，这是因为对数据分析与所产生的对模型解释的建议，在某种程度上取决于多重共线性问题的起因(对多重共线性来源的进一步讨
286 论见 Mason，Gunst 和 Webster(1975))．

当分析师只是从方程(9.1)所(近似)定义的回归变量区域的子空间中抽样时，**数据收集方法**可能会导致多重共线性问题．举例来说，考虑例 3.1 所讨论的送货时间数据．回归变量“箱数”与“距离”的空间，以及所抽样的该区域的子空间，如图 3.4 的散点图矩阵所示．注意样本对(箱数，距离)会近似沿着一条直线落下．一般情况下，如果存在多于两个的回归变量，那么数据将近似沿着由方程(9.1)所定义的超空间排布．在送货时间例子中，箱数较少的观测值一般会有较短的送货距离，而箱数较多的观测值一般会有较长的送货距离．因此，箱数与距离是正相关的，而如果这一正相关足够强烈，那么会出现多重共线性问题．由抽样方法所引起的多重共线性问题并不是模型中或总体中所固有的．举例来说，在送货时间问题中可以收集到箱数较少而送货距离较远的数据．并不存在阻碍收集到这类数据的自然结构．

对模型的约束或抽样总体中的约束可以引起多重共线性．举例来说，假设电力公司正在研究家庭收入(x_1)与房屋大小(x_2)对居民用电消耗的影响．抽样数据中得到的两个回归变量的水平如图 9-1 所示．注意数据近似沿着一条直线排布，意味着存在潜在的多重共线性问题．在本例中总体的自然约束已经引起了多重共线性现象，也就是说，收入较高的家庭比收入较低的家庭拥有更大的房屋．当存在这种自然约束时，无论使用什么抽样方法，都会存在多重共线性．约束通常出现在涉及生产与化学过程的问题中，其中回归变量是乘积的一个乘数，而这些乘数
287 的和是一个常数．

模型选择也可能会引入多重共线性．举例来说，从第 7 章得知向模型中添加多项式项会引起 $\boldsymbol{X}'\boldsymbol{X}$ 的病态．进一步而言，当 x 的范围较小时，添

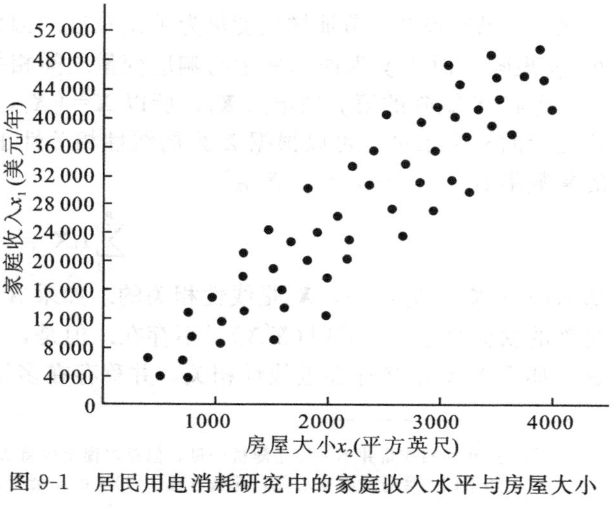

图 9-1　居民用电消耗研究中的家庭收入水平与房屋大小

加 x_2 项可以产生显著的多重共线性. 两个或更多个回归变量近线性相关时会经常遭遇这种情况，而保留所有回归变量也可能对多重共线性有所贡献. 在这些情况下从多重共线性的角度来看，使用回归变量的某些子集通常是更好的.

过度定义模型的回归变量比观测值还要多. 这种模型有时会在医学研究与行为研究中遇到，其中只存在可以获得的少量对象(样本单元)，而对每个对象收集了大量回归变量的信息. 在这种背景下处理多重共线性的通常方法是考虑去掉某些回归变量. Mason，Gunst 和 Webster(1975)给出了三种专门的建议：①对更小的回归变量集合重新定义模型；②仅使用原回归变量的子集做初步的研究；③使用主成分类型的回归方法来决定要移除哪些回归变量. 前两种方法忽略了回归变量之间的内部关系，因此会得出令人不满意的结果. 9.5.4 节将讨论主成分分析，但这一讨论不是在过定义模型的背景下的.

9.3 多重共线性的影响

多重共线性的存在对回归系数的最小二乘估计量有许多潜在的严重影响. 其中某些影响是易于展示的. 假设只存在两个回归变量. 假设 x_1、x_2 与 y 都已经尺度化为单位长度. 模型为

$$y=\beta_1 x_1+\beta_2 x_2+\varepsilon$$

而最小二乘正规方程为

$$(\boldsymbol{X}'\boldsymbol{X})\hat{\boldsymbol{\beta}}=\boldsymbol{X}'\boldsymbol{y}$$

$$\begin{bmatrix}1 & r_{12}\\ r_{12} & 1\end{bmatrix}\begin{bmatrix}\hat{\beta}_1\\ \hat{\beta}_2\end{bmatrix}=\begin{bmatrix}r_{1y}\\ r_{2y}\end{bmatrix}$$

式中：r_{12} 为 x_1 与 x_2 之间的简单相关系数；r_{jy} 为 x_j 与 y 之间的简单相关系数($j=1, 2$). 现在($\boldsymbol{X}'\boldsymbol{X}$)的逆为

$$\boldsymbol{C}=(\boldsymbol{X}'\boldsymbol{X})^{-1}=\begin{bmatrix}\dfrac{1}{1-r_{12}^2} & \dfrac{-r_{12}}{1-r_{12}^2}\\ \dfrac{-r_{12}}{1-r_{12}^2} & \dfrac{1}{1-r_{12}^2}\end{bmatrix} \tag{9.2}$$

而回归系数的估计量为 288

$$\hat{\beta}_1=\frac{r_{1y}-r_{12}r_{2y}}{1-r_{12}^2},\quad \hat{\beta}_2=\frac{r_{2y}-r_{12}r_{1y}}{1-r_{12}^2}$$

如果 x_1 与 x_2 之间存在强烈的多重共线性，那么相关系数 r_{12} 将较大. 由方程(9.2)可看到，随着 $|r_{12}|\to 1$，$\mathrm{Var}(\hat{\beta}_j)=C_{jj}\sigma^2\to+\infty$；而 $\mathrm{Var}(\hat{\beta}_1, \hat{\beta}_2)=C_{12}\sigma^2\to\pm\infty$ 取决于 $r_{12}\to+1$ 还是 $r_{12}\to-1$. 因此，x_1 与 x_2 之间强烈的多重共线性会使得回归系数的最小二乘估计量有较大的方差与协方差.[⊖] 这意味着在相同的 x 水平下所采集的不同样本，产生的模型参数估计值可以有相当大的不同.

当存在多于两个的回归变量时，多重共线性会产生类似的影响. 可以证明 $\boldsymbol{C}=(\boldsymbol{X}'\boldsymbol{X})^{-1}$ 矩阵的对角线元素为

⊖ 多重共线性不是引起回归系数有较大方差与协方差的唯一起因.

$$C_{jj}=\frac{1}{1-R_j^2}\qquad j=1,\ 2,\ \cdots,\ p \tag{9.3}$$

式中：R_j^2为来自x_j对其他$p-1$个回归变量做回归时的多重决定系数．如果x_j与其他$p-1$个回归变量的任何子集之间存在强烈的多重共线性，那么R_j^2的值将接近单位一．一般情况下，当多重共线性关系中包含回归变量x_i与x_j时，$\hat{\beta}_i$与$\hat{\beta}_j$的协方差也将较大.

多重共线性往往会产生绝对值**过大**的最小二乘估计量$\hat{\beta}_j$．为了解释这一点，举例来说，考虑$\hat{\beta}_j$与真实参数向量$\boldsymbol{\beta}$距离的平方，

$$L_1^2=(\hat{\boldsymbol{\beta}}-\boldsymbol{\beta})'(\hat{\boldsymbol{\beta}}-\boldsymbol{\beta})$$

距离平方的期望，$E(L_1^2)$，为

$$E(L_1^2)=E(\hat{\boldsymbol{\beta}}-\boldsymbol{\beta})'(\hat{\boldsymbol{\beta}}-\boldsymbol{\beta})=\sum_{j=1}^{p}E(\hat{\beta}_j-\beta_j)^2$$

$$\sum_{j=1}^{p}\mathrm{Var}(\hat{\beta}_j)=\sigma^2\mathrm{Tr}(\boldsymbol{X}'\boldsymbol{X})^{-1} \tag{9.4}$$

式中：矩阵的迹(缩写为 Tr)恰是主对角线元素的和．当存在多重共线性时，$\boldsymbol{X}'\boldsymbol{X}$的某些特征值将较小．由于矩阵的迹又等于其特征值的和，所以方程(9.4)变为

289

$$E(L_1^2)=\sigma^2\sum_{j=1}^{p}\frac{1}{\lambda_j} \tag{9.5}$$

式中：$\lambda_j>0$，$j=1,\ 2,\ \cdots,\ p$为$\boldsymbol{X}'\boldsymbol{X}$的特征值．因为存在多重共线性，所以$\boldsymbol{X}'\boldsymbol{X}$矩阵是病态的，那么至少一个$\lambda_j$将较小，而方程(9.5)意味着最小二乘估计量$\hat{\beta}$与真实参数$\boldsymbol{\beta}$的距离可能较大．等价地可以证明

$$E(L_1^2)=E(\hat{\boldsymbol{\beta}}-\boldsymbol{\beta})'(\hat{\boldsymbol{\beta}}-\boldsymbol{\beta})=E(\hat{\boldsymbol{\beta}}'\hat{\boldsymbol{\beta}}-2\,\hat{\boldsymbol{\beta}}'\boldsymbol{\beta}+\boldsymbol{\beta}'\boldsymbol{\beta})$$

即

$$E(\hat{\boldsymbol{\beta}}'\hat{\boldsymbol{\beta}})=\boldsymbol{\beta}'\boldsymbol{\beta}+\sigma^2\mathrm{Tr}(\boldsymbol{X}'\boldsymbol{X})^{-1}$$

也就是说，向量$\hat{\boldsymbol{\beta}}$一般会比向量$\boldsymbol{\beta}$更长．这意味着最小二乘法所产生的回归系数估计值的绝对值是过大的.

虽然当存在强烈的多重共线性时最小二乘法一般会产生不良的单个模型参数估计值，但是这并不一定意味着拟合模型将做出不良的预测．如果将预测控制在近似满足多重共线性的x空间区域内，那么拟合模型通常会产生令人满意的预测．即使对单个参数β_j的估计是不良的，因为可以将线性组合$\sum_{j=1}^{p}\beta_j x_{ij}$估计得十分好，所以会产生令人满意预测．也就是说，如果原数据近似沿着方程(9.1)所定义的超空间排布，那么尽管单个模型参数的估计值是不适用的，也可以精确地预测同样靠近这一超空间排布的未来观测值.

例 9.1 乙炔数据 表 9-1 展示了关于从正庚烷到乙炔的转化百分率与三个探索性变量的数据(Himmelblau(1970)，Kunugi、Tamura 和 Naito(1961)以及 Marquardt 和 Snee(1975))．这一数据是典型的化学工程数据，通常认为所有三个变量的二次全响应曲面对这一数据是合适的试验性模型．接触时间与反应器温度的图像如图 9-2 所示．由于这两个回归变量是高度相关的，所以这一数据存在潜在的多重共线性.

表 9-1 例 9.1 的乙炔数据

观测值	正庚烷到乙炔的转化率(%)	反应器温度(℃)	正庚烷中 H_2 的比率(摩尔比率)	反应时间(s)
1	49.0	1300	7.5	0.0120
2	50.2	1300	9.0	0.0120
3	50.5	1300	11.0	0.0115
4	48.5	1300	13.5	0.0130
5	47.5	1300	17.0	0.0135
6	44.5	1300	23.0	0.0120
7	28.0	1200	5.3	0.0400
8	31.5	1200	7.5	0.0380
9	34.5	1200	11.0	0.0320
10	35.0	1200	13.5	0.0260
11	38.0	1200	17.0	0.0340
12	38.5	1200	23.0	0.0410
13	15.0	1100	5.3	0.0840
14	17.0	1100	7.5	0.0980
15	20.5	1100	11.0	0.0920
16	29.5	1100	17.0	0.0860

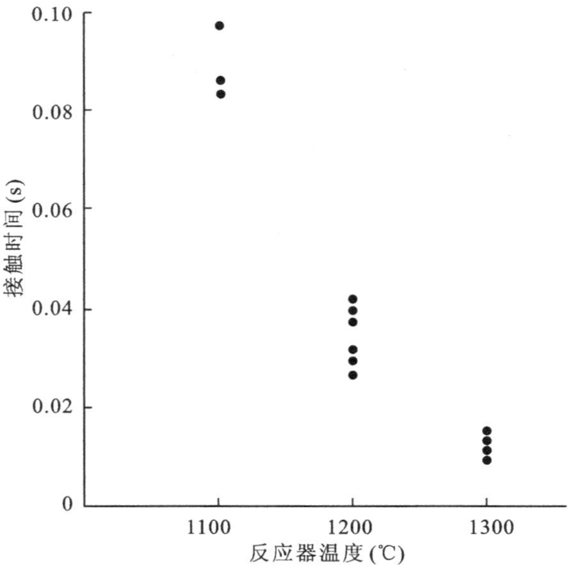

图 9-2 乙炔数据的接触时间与反应器温度

(来自 Marquardt 和 Snee(1975),经出版商许可使用.)

乙炔数据的二次全模型为

$$P=\gamma_0+\gamma_1 T+\gamma_2 H+\gamma_3 C+\gamma_{12} TH+\gamma_{13} TC+\gamma_{23} HC+\gamma_{11} T^2+\gamma_{22} H^2+\gamma_{33} C^2+\varepsilon$$

式中

$$P=\text{转化百分率}$$

$$T=\frac{\text{温度}-1212.50}{80.623}$$

290～291

$$H=\frac{H_2(\text{正庚烷})-12.44}{5.662}$$

以及

$$C=\frac{\text{接触时间}-0.0403}{0.03164}$$

每个原回归变量都已经使用 3.9 节的单位正态尺度(减去平均值(中心化)并除以标准差)尺度化了. 平方项与交叉乘积项是通过尺度化的线性项生成的. 正如在第 7 章所指出的，进行多项式拟合时线性项的中心化有助于消除非本质病态. 最小二乘拟合为

$$\hat{P}=35.897+4.019T+2.781H-8.031C-6.457TH-26.982TC$$
$$-3.768HC-12.54T^2-0.973H^2-11.594C^2$$

该模型的汇总统计量如表 9-2 所示. 该表报告了以中心化的原回归变量与标准化的回归变量两者为单位的回归系数. 六个点(A、B、E、F、I 和 J)的拟合值定义了接触时间与反应器浓度的回归变量外壳的边界，这六个拟合值及其所对应转化百分率的观测值如图 9-3 所示. 预测值与拟合值接近一致，因此模型看起来似乎对原数据范围内的内插法是适用的. 现在考虑对模型使用外推法. 图 9-3(点 C、D、G 和 H)也展示了原数据范围所定义区域的角点处的预测值. 由于没有超出回归变量的原始范围，所以这四个点代表了相对温和的外推法. 这四个外推点中有三个，其转化率预测值是负值，这显然是不可能的. 最小二乘数据拟合看起来似乎是合理的，但外推法是非常不适用的. 从接触时间与反应器温度之间表面上的强烈相关性来看，这种现象的一个可能起因是存在多重共线性. 一般情况下，如果对模型可以良好地使用外推法，那么需要单个系数的估计值是良好的. 当怀疑存在多重共线性时，回归系数的最小二乘估计量可能是非常不良的. 这可能会严重限制回归模型在推断与预测中的实用性.

表 9-2　乙炔数据的最小二乘汇总统计量

项	回归系数	标准误差	t_0	标准化回归系数
截距	35.8971	1.0903	32.93	
T	4.0187	4.5012	0.89	0.3377
H	2.7811	0.3074	9.05	0.2337
C	−8.0311	6.0657	−1.32	−0.6749
TH	−6.4568	1.4660	−4.40	−0.4799
TC	−26.9818	21.0224	−1.28	−2.0344
HC	−3.7683	1.6554	−2.28	−0.2657
T^2	−12.5237	12.3239	−1.02	−0.8346
H^2	−0.9721	0.3746	−2.60	−0.0904
C^2	−11.5943	7.7070	−1.50	−1.0015

$MS_{\text{残}}=0.8126$，$R^2=0.998$，$F_0=289.72$.

当标准化响应变量时，最小二乘模型的 $MS_{\text{残}}=0.00038$.

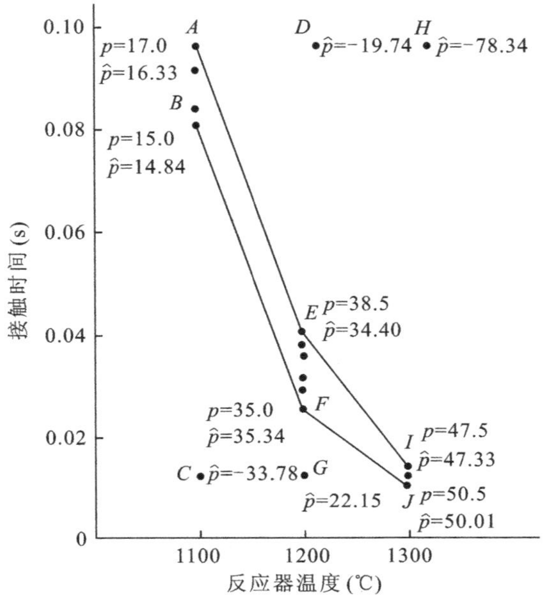

图 9-3 乙炔数据数据范围内部转化百分率的预测与最小二乘的外推法.
(改编自 Marquardt 和 Snee(1975)，经出版商许可使用.)

9.4 多重共线性的诊断

已经推荐了探测多重共线性的几种方法. 现在讨论并解释某些多重共线性的诊断度量. 诊断程序的特点是可以直接反映多重共线性问题的程度，并提供有助于确定多重共线性涉及哪些回归变量的信息.

9.4.1 考察协方差矩阵

多重共线性的一个非常简单的度量是审视 $\boldsymbol{X}'\boldsymbol{X}$ 中的非对角线元素 r_{ij}. 如果 x_i 与 x_j 是近线性相关的，那么 $|r_{ij}|$ 将接近一. 为了解释这一程序，考虑来自例 9.1 的乙炔数据. 表 9-3 展示了标准化形式的九个回归变量与响应变量. 也就是说，每个变量都通过减去该变量的均值并除以该变量校正平方和的平方根而中心化了. 乙炔数据 $\boldsymbol{X}'\boldsymbol{X}$ 矩阵的协方差形式为 292~293

$$\boldsymbol{X}'\boldsymbol{X}=\begin{bmatrix} 1.000 & 0.224 & -0.958 & -0.132 & 0.443 & 0.205 & -0.271 & 0.031 & -0.577 \\ & 1.000 & -0.240 & 0.039 & 0.192 & 0.023 & -0.148 & 0.498 & -0.224 \\ & & 1.000 & 0.194 & -0.661 & -0.274 & 0.501 & -0.018 & 0.765 \\ & & & 1.000 & -0.265 & -0.975 & 0.246 & 0.398 & 0.274 \\ & & & & 1.000 & 0.323 & -0.972 & 0.126 & -0.972 \\ & & & & & 1.000 & -0.279 & -0.374 & 0.358 \\ & & & & & & 1.000 & -0.124 & 0.874 \\ & & & & & & & 1.000 & -0.158 \\ \text{对称} & & & & & & & & 1.000 \end{bmatrix}$$

表 9-3 标准化的乙炔数据①

观测值 i	y	x_1	x_2	x_3	x_1x_2	x_1x_3	x_2x_3	x_1^2	x_2^2	x_3^2
1	0.279 79	0.280 22	−0.225 54	−0.231 06	−0.337 66	−0.020 85	0.309 52	0.078 29	−0.041 16	−0.034 52
2	0.305 83	0.280 22	−0.157 04	−0.231 06	−0.253 71	−0.020 85	0.236 59	0.078 29	−0.132 70	−0.034 52
3	0.312 34	0.280 22	−0.065 84	−0.235 14	−0.141 79	−0.025 79	0.140 58	0.078 29	−0.203 78	−0.027 35
4	0.268 94	0.280 22	0.048 17	−0.222 90	0.001 89	−0.010 98	0.019 60	0.078 29	−0.210 70	−0.048 47
5	0.247 24	0.280 22	0.207 77	−0.218 82	0.193 98	−0.006 05	−0.140 65	0.078 29	−0.067 45	−0.055 26
6	0.182 14	−0.040 03	0.481 39	−0.231 06	0.529 74	−0.020 85	−0.444 15	0.078 29	0.593 24	−0.034 52
7	0.175 90	−0.040 03	−0.325 77	−0.002 55	−0.004 13	0.258 95	0.073 00	−0.297 46	0.152 39	−0.235 48
8	−0.099 95	−0.040 03	−0.225 44	−0.018 87	−0.021 71	0.261 77	0.088 84	−0.297 46	−0.041 16	−0.234 18
9	−0.034 86	−0.040 03	−0.065 84	−0.067 84	−0.049 70	0.270 23	0.089 85	−0.297 46	−0.203 78	−0.218 22
10	−0.024 01	−0.040 03	0.048 17	−0.116 80	−0.069 68	0.278 69	0.043 28	−0.297 46	−0.210 70	−0.184 19
11	0.041 09	−0.040 03	0.207 77	−0.051 52	−0.097 66	0.267 41	0.019 96	−0.297 46	−0.067 45	−0.225 54
12	0.051 94	−0.040 03	0.481 39	0.005 61	−0.145 63	0.257 54	0.082 02	−0.297 46	0.593 29	−0.235 38
13	0.458 00	−0.360 29	−0.325 77	0.356 53	0.452 52	−0.296 15	−0.466 78	0.328 79	0.152 39	0.243 74
14	0.414 60	−0.360 29	−0.225 44	0.470 78	0.294 23	−0.473 84	−0.420 42	0.328 79	−0.041 16	0.600 00
15	−0.338 65	−0.360 29	−0.065 84	0.421 87	0.042 40	−0.397 69	−0.058 59	0.328 79	−0.203 78	0.435 27
16	−0.143 35	−0.360 29	0.207 77	0.372 85	−0.389 30	−0.321 53	−0.427 38	0.328 79	−0.067 45	0.288 61

①通过中心化表 9-1 中原数据的尺度化形式来构造标准化数据.

由于 $r_{13}=-0.958$，所以 $\boldsymbol{X}'\boldsymbol{X}$ 矩阵揭示了反应温度(x_1)与接触时间(x_3)之间的高度相关性．这一点在前文审视图 9-2 时就猜测到了．进一步而言，x_1x_2 与 x_2x_3、x_1x_3 与 x_1^2，以及 x_1^2 与 x_3^2 之间存在其他的高度相关性．因为这些变量是通过线性项生成的，同时包括了高度相关的 x_1 与 x_3，所以存在这些高度的相关性并不令人惊讶．因此，审视协方差矩阵表明乙炔数据中存在一些近线性相关．

考察回归变量之间的简单相关系数 r_{ij} 仅有助于探测两两回归变量之间的近线性相关．不幸的是，当近线性相关涉及多于两个回归变量时，并不能确保任何两两回归变量之间的相关系数 r_{ij} 是较大的．为了解释这一点，考虑表 9-4 中的数据．这一数据是由 Webster、Gunst 和 Mason(1974)人工生成的．对观测值 2～12 需要有 $\sum_{j=1}^{4} x_{ij}=10$，而对观测值 1 需要有 $\sum_{j=1}^{4} x_{1j}=11$．回归变量 5 与回归变量 6 通过正态随机数表而得．生成响应变量 y 的关系为

$$y_i=10+2.0x_{i1}+1.0x_{i2}+0.2x_{i3}-2.0x_{i4}+3.0x_{i5}+10.0x_{i6}+\varepsilon_i$$

式中：$\varepsilon_i \sim N(0, 1)$．这一数据的 $\boldsymbol{X}'\boldsymbol{X}$ 矩阵的协方差形式为

$$\boldsymbol{X}'\boldsymbol{X}=\begin{bmatrix} 1.000 & 0.052 & -0.343 & -0.498 & 0.417 & -0.192 \\ & 1.000 & -0.432 & -0.371 & 0.485 & -0.317 \\ & & 1.000 & -0.355 & -0.505 & 0.494 \\ & & & 1.000 & -0.215 & -0.087 \\ & & & & 1.000 & -0.123 \\ & & & & & 1.000 \\ \text{对称} & & & & & \end{bmatrix}$$

294～295

表 9-4 来自 Webster、Gunst 和 Mason(1974)的未标准化的回归变量与响应变量

观测值 i	y_i	x_{i1}	x_{i2}	x_{i3}	x_{i4}	x_{i5}	x_{i6}
1	10.006	8.000	1.000	1.000	1.000	0.541	−0.099
2	9.737	8.000	1.000	1.000	0.000	0.130	0.070
3	15.087	8.000	1.000	1.000	0.000	2.116	0.115
4	8.422	0.000	0.000	9.000	1.000	−2.397	0.252
5	8.625	0.000	0.000	9.000	1.000	−0.046	0.017
6	16.289	0.000	0.000	9.000	1.000	0.365	1.504
7	5.958	2.000	7.000	0.000	1.000	1.996	−0.865
8	9.313	2.000	7.000	0.000	1.000	0.228	−0.055
9	12.960	2.000	7.000	0.000	1.000	1.380	0.502
10	5.541	0.000	0.000	0.000	10.000	−0.798	−0.399
11	8.756	0.000	0.000	0.000	10.000	0.257	0.101
12	10.937	0.000	0.000	0.000	10.000	0.440	0.432

两两回归变量之间的相关系数 r_{ij} 没有大得令人怀疑，因此没有表明回归变量之间存在近线性关系．一般情况下，审视 r_{ij} 并不足以探测比两两回归变量之间的多重共线性更为复杂的关系．

9.4.2 方差膨胀因子

第 3 章曾提到 $\boldsymbol{C}=(\boldsymbol{X}'\boldsymbol{X})^{-1}$ 矩阵的对角线元素对探测多重共线性是非常有用的. 回忆方程(9.3)，$\boldsymbol{C}$ 的第 j 个对角线元素 C_{jj} 可以写成 $C_{jj}=(1-R_j^2)^{-1}$，式中 R_j^2 为对 x_j 做关于其他 $p-1$ 个回归变量的回归时所得到的决定系数.

如果 x_j 与其他回归变量是近乎正交的，那么 R_j^2 较小而 C_{jj} 接近单位 1；而如果 x_j 与其他回归变量的某些子集是近线性相关的，那么 R_j^2 接近 1 而 C_{jj} 较大. 由于第 j 个回归系数的方差为 $C_{jj}\sigma^2$，所以可以将 C_{jj} 视为由于回归变量之间的近线性关系而使得 $\hat{\beta}_j$ 的方差增加的因子. 第 3 章称

$$\text{VIF}_j=C_{jj}=(1-R_j^2)^{-1}$$

为**方差膨胀因子**. 这一术语来自 Marquardt(1970). 模型中各项的 VIF 度量了回归变量之间的相关性对该项方差的影响. 一个或更多个较大的 VIF 表明存在多重共线性. 实际经验表明当任何 VIF 超过 5 或 10 时，因为存在多重共线性，所以与之相关的回归系数的估计是不良的.

VIF 有另一种令人感兴趣的解释. 第 j 个回归系数的正态理论置信区间的长度可以写为

296 $$L_j=2(C_{jj}\sigma^2)^{\frac{1}{2}}t_{\alpha/2,n-p-1}$$

而以**正交参考试验设计**为基础，使用相同的样本大小与均方根(rms)的值(比如 $\text{rms}=\sum_{i=1}^{n}(x_{ij}-\bar{x}_j)^2/n$ 度量了回归变量 x_j 的分散程度)，并作为正交设计的对应置信区间为

$$L^*=2\sigma t_{\alpha/2,n-p-1}$$

这两个置信区间的比率为 $L_j/L^*=C_{jj}^{1/2}$. 因此，第 j 个 VIF 的平方根表明因为存在多重共线性所以第 j 个回归系数的置信区间长了多少.

乙炔数据的 VIF 如表 9-5 的板块 A 所示. 假设模型中的线性项都是中心化的，而二阶项都是通过线性项直接生成的，所以这些 VIF 都是 $(\boldsymbol{X}'\boldsymbol{X})^{-1}$ 的主对角线元素. 最大的 VIF 为 6565.91，所以得出结论存在多重共线性问题. 进一步而言，其他一些包括 x_1 与 x_3 的交叉乘积变量与平方变量的 VIF 都较大. 因此，VIF 可以帮助鉴定多重共线性涉及了哪些回归变量. 注意多项式模型中的 VIF 受线性项中心化的影响. 假设线性项不是中心化的，表 9-5 的板块 B 展示了乙炔数据的 VIF. 因此在多项式模型中线性项中心化消除了由回归变量原点的选择所引起的非本质病态.

表 9-5　乙炔数据与 Webster、Gunst 和 Mason 数据的 VIF

(A)乙炔数据 中心化项的 VIF	(B)乙炔数据 未中心化项的 VIF	(C)Webster、Gunst 和 Mason 数据项的 VIF
$x_1=374$	$x_1=2\,856\,749$	$x_1=181.83$
$x_2=1.74$	$x_2=10\,956.1$	$x_2=161.40$
$x_3=679.11$	$x_3=2\,017\,163$	$x_3=265.49$
$x_1x_2=31.03$	$x_1x_2=2\,501\,945$	$x_4=297.14$
$x_1x_3=6565.91$	$x_1x_3=65.73$	$x_5=1.74$
$x_2x_3=35.60$	$x_2x_3=12\,667.1$	$x_6=1.44$
$x_1^2=1762.58$	$x_1^2=9802.9$	
$x_2^2=3.17$	$x_2^2=1\,428\,092$	
$x_3^2=1158.13$	$x_3^2=240.36$	
最大 VIF=6565.91	最大 VIF=2 856 749	最大 VIF=297.14

Webster、Gunst 和 Mason 数据的 VIF 如表 9-5 的板块 C 所示．由于最大的 VIF 为 297.14，所以表明显然存在多重共线性．再次注意涉及多重共线性的回归变量所对应的 VIF 比 x_5 与 x_6 的 VIF 大得多．

9.4.3 $\boldsymbol{X}'\boldsymbol{X}$ 的特征系统分析

$\boldsymbol{X}'\boldsymbol{X}$ 矩阵的特征根即**特征值**，比如 λ_1，λ_2，…，λ_p，可以用于度量数据中多重共线性的程度．㊀如果数据中存在一个或更多个近线性相关，那么一个或更多个特征根将较小．一个或更多个较小的特征值意味着 $\boldsymbol{X}$ 的列之间存在近线性相关．某些分析师喜欢考察 $\boldsymbol{X}'\boldsymbol{X}$ 的**条件数**，其定义为 297

$$\kappa=\frac{\lambda_{\max}}{\lambda_{\min}} \tag{9.6}$$

该式恰好度量了 $\boldsymbol{X}'\boldsymbol{X}$ 特征值谱的分散程度．一般情况下，当条件数小于 100 时，不存在严重的多重共线性问题．条件数在 100 与 1000 之间意味着存在中等程度的多重共线性．而 κ 超过 1000 时表明存在严重的多重共线性．

$\boldsymbol{X}'\boldsymbol{X}$ 矩阵的**条件指数**为

$$\kappa_j=\frac{\lambda_{\max}}{\lambda_j} \qquad j=1,\ 2,\ \cdots,\ p$$

显然最大的条件指数是方程(9.6)所定义的条件数．较大(比如说$\geqslant$1000)条件指数的个数有用地度量了 $\boldsymbol{X}'\boldsymbol{X}$ 中近线性相关的个数．

乙炔数据 $\boldsymbol{X}'\boldsymbol{X}$ 的特征值为 $\lambda_1=4.2048$、$\lambda_2=2.1626$、$\lambda_3=1.1384$、$\lambda_4=1.0413$、$\lambda_5=0.3845$、$\lambda_6=0.0495$、$\lambda_7=0.0136$、$\lambda_8=0.0051$ 和 $\lambda_9=0.0001$．存在四个非常小的特征值，这是数据存在严重病态的症状．条件数为

$$\kappa=\frac{\lambda_{\max}}{\lambda_{\min}}=\frac{4.2048}{0.0001}=42\,048$$

该值表明存在严重的多重共线性．条件指数为

$$\kappa_1=\frac{4.2048}{4.2048}=1, \qquad \kappa_2=\frac{4.2048}{2.1626}=1.94, \qquad \kappa_3=\frac{4.2048}{1.1384}=3.69$$

$$\kappa_4=\frac{4.2048}{1.0413}=4.04, \qquad \kappa_5=\frac{4.2048}{0.3845}=10.94, \qquad \kappa_6=\frac{4.2048}{0.0495}=84$$

$$\kappa_7=\frac{4.2048}{0.0136}=309.18, \qquad \kappa_8=\frac{4.2048}{0.0051}=824.47, \qquad \kappa_9=\frac{4.2048}{0.0001}=42048$$

由于有一个条件指数超过了 1000(同时有其他两个超过了 100)，所以得出结论乙炔数据中至少存在一个强烈的近线性相关．考虑到 x_1 与 x_3 高度相关，而模型同时包含了 x_1 与 x_3 的二次项与交叉乘积项，所以这一结论当然并不令人惊讶．

Webster、Gunst 和 Mason 数据的特征值为 $\lambda_1=2.4288$、$\lambda_2=1.5462$、$\lambda_3=0.9221$、$\lambda_4=0.7940$、$\lambda_5=0.3079$ 和 $\lambda_6=0.0011$．较小的特征值表明存在近线性相关．条件数为

㊀ 回忆 $p\times p$ 矩阵 $\boldsymbol{A}$ 的特征值是方程 $|\boldsymbol{A}-\lambda\boldsymbol{I}|=0$ 的 p 个根．几乎总是使用计算机程序来计算特征值．Smith 等(1974)，Stewart(1973)与 Wilkinson(1965)讨论了特征值与特征向量的计算方法．

298

$$\kappa=\frac{\lambda_{max}}{\lambda_{min}}=\frac{2.4288}{0.0011}=2188.11$$

该值也表明存在强烈的多重共线性．只有一个条件指数超过了 1000，所以得出结论数据中只有一个近线性相关．

特征系统分析也可以用于鉴定数据中近线性相关的性质．$\boldsymbol{X}'\boldsymbol{X}$ 矩阵可以分解为

$$\boldsymbol{X}'\boldsymbol{X}=\boldsymbol{T}\boldsymbol{\Lambda}\boldsymbol{T}'$$

式中：$\boldsymbol{\Lambda}$ 为 $p\times p$ 对角矩阵，$\boldsymbol{\Lambda}$ 的主对角线元素为 $\boldsymbol{X}'\boldsymbol{X}$ 的特征值 $\lambda_j(j=1, 2, \cdots, p)$；而 $\boldsymbol{T}$ 为 $p\times p$ 正交矩阵，$\boldsymbol{T}$ 的列为 $\boldsymbol{X}'\boldsymbol{X}$ 的特征向量．令用 t_1，t_2，…，t_p 表示 $\boldsymbol{T}$ 的列．当特征值 λ_j 接近零时，表明数据中存在近线性相关，其特征向量 t_j 的元素描述了这一近线性相关的性质．特别地，向量 t_j 的元素是方程(9.1)中的系数 t_1，t_2，…，t_p．

表 9-6 展示了 Webster、Gunst 和 Mason 数据的特征向量．最小的特征值为 $\lambda_6=0.0011$，所以特征向量 t_6 的元素为方程(9.1)中回归变量的系数．这意味着

$$-0.44768x_1-0.42114x_2-0.54169x_3-0.57337x_4-0.00605x_5-0.00217x_6=0$$

假设 −0.00605 与 −0.00217 接近零，重新排列上式的项，给出

$$x_1\simeq-0.941x_2-1.120x_3-1.281x_4$$

也就是说，前四个回归系数的和近似是一个常数．因此，t_6 的元素直接反映了使用 x_1、x_2、x_3 和 x_4 所生成的关系．

表 9-6　Webster、Gunst 和 Mason 数据的特征向量

t_1	t_2	t_3	t_4	t_5	t_6
−0.390 72	−0.339 68	0.679 80	0.079 90	−0.251 04	−0.447 68
−0.455 60	−0.053 92	−0.700 13	0.057 69	−0.344 47	−0.421 14
0.482 64	−0.453 33	−0.160 78	0.191 03	0.453 64	−0.541 69
0.187 66	0.735 47	0.135 87	−0.276 45	0.015 21	−0.573 37
−0.497 73	−0.097 14	−0.031 85	−0.563 56	0.651 28	−0.006 05
0.351 95	−0.354 76	−0.048 64	−0.748 18	−0.433 75	−0.002 17

Belsley、Kuh 和 Welsch(1980)提出了一种诊断多重共线性的类似方法．$n\times p$ 的 $\boldsymbol{X}$ 矩阵可以分解为

$$\boldsymbol{X}=\boldsymbol{U}\boldsymbol{D}\boldsymbol{T}'$$

式中：$\boldsymbol{U}$ 为 $n\times p$，$\boldsymbol{T}$ 为 $p\times p$，$\boldsymbol{U}'\boldsymbol{U}=\boldsymbol{I}$，$\boldsymbol{T}'\boldsymbol{T}=\boldsymbol{I}$，而 $\boldsymbol{D}$ 为 $p\times p$ 对角矩阵其非负对角线元素为 μ，$j=1, 2, \cdots, p$．μ_j 称为 $\boldsymbol{X}$ 的**奇异值**，而 $\boldsymbol{X}=\boldsymbol{U}\boldsymbol{D}\boldsymbol{T}'$ 称为 $\boldsymbol{X}$ 的**奇异值分解**．由于 $\boldsymbol{X}'\boldsymbol{X}=(\boldsymbol{U}\boldsymbol{D}\boldsymbol{T}')'\boldsymbol{U}\boldsymbol{D}\boldsymbol{T}'=\boldsymbol{T}\boldsymbol{D}^2\boldsymbol{T}'=\boldsymbol{T}\boldsymbol{\Lambda}\boldsymbol{T}'$，所以奇异值分解与特征值和特征向量的概念是密切相关的，
299 同时 $\boldsymbol{X}$ 奇异值的平方是 $\boldsymbol{X}'\boldsymbol{X}$ 的特征值．这里 $\boldsymbol{T}$ 为前文所定义的 $\boldsymbol{X}'\boldsymbol{X}$ 的特征向量矩阵，而矩阵 $\boldsymbol{U}$ 的列为 $\boldsymbol{X}'\boldsymbol{X}$ 的 p 个非零特征值的特征向量．

$\boldsymbol{X}$ 中的病态通过奇异值的大小反映出来．每个近线性相关都存在一个较小的奇异值．病态的程度取决于相对于最大的奇异值 μ_{max} 其他的奇异值有多小．SAS 跟随 Belsley、Kuh 和 Welsch(1980)将 $\boldsymbol{X}$ 矩阵的条件指数定义为

$$\eta_j=\frac{\mu_{max}}{\mu_j}\qquad j=1, 2, \cdots, p$$

最大的 η_j 值是 $\boldsymbol{X}$ 的条件数. 注意这种方法直接处理了数据矩阵 $\boldsymbol{X}$，而所主要关心的就是矩阵 $\boldsymbol{X}$ 而不是平方和矩阵与交叉乘积 $\boldsymbol{X}'\boldsymbol{X}$. 这一方法更进一步的优点是生成奇异值分解的算法在数值上比特征系统的算法更加稳定，但是在实践中如果更喜欢特征系统方法，那么算法的稳定性也不太可能会是一个严重的不利条件.

$\hat{\boldsymbol{\beta}}$的协方差矩阵为

$$\mathrm{Var}(\hat{\boldsymbol{\beta}})=\sigma^2(\boldsymbol{X}'\boldsymbol{X})^{-1}=\sigma^2\boldsymbol{T\Lambda}^{-1}\boldsymbol{T}'$$

而第 j 个回归系数的方差为该矩阵的第 j 个对角线元素，即

$$\mathrm{Var}(\hat{\beta}_j)=\sigma^2\sum_{i=1}^{p}\frac{t_{ji}^2}{\mu_i^2}=\sigma^2\sum_{j=1}^{p}\frac{t_{ji}^2}{\lambda_i}$$

也要注意，除了 σ^2，$\boldsymbol{T\Lambda}^{-1}\boldsymbol{T}'$的第 j 个对角线元素就是第 j 个 VIF，所以

$$\mathrm{VIF}_j=\sum_{i=1}^{p}\frac{t_{ji}^2}{\mu_i^2}=\sum_{i=1}^{p}\frac{t_{ji}^2}{\lambda_i}$$

显然一个或更多个较小的奇异值(或较小的特征值)可以在很大程度上使$\hat{\beta}_j$的方差发生膨胀. Belsley、Kuh 和 Welsch 建议使用**方差分解比例**，其定义为

$$\pi_{ji}=\frac{t_{ji}^2/\mu_i^2}{\mathrm{VIF}_j}\qquad j=1,\ 2,\ \cdots,\ p$$

来作为多重共线性的度量. 如果将 $p\times p$ 矩阵 π 中的 π_{ij} 进行排列，那么 π 每列的元素都恰是第 i 个奇异值(或特征值)对每个$\hat{\beta}_j$(或每个 VIF)所贡献的方差比例. 如果两个或更多个系数的方差比例与一个较小的奇异值有关，那么表明存在多重共线性. 举例来说，当 π_{32} 与 π_{34} 较大时，第三个奇异值与使$\hat{\beta}_2$与$\hat{\beta}_4$出现方差膨胀的多重共线性有关. 推荐的指导线是条件指数大于 30，而方差分解比例大于 0.5. 300

表 9-7 展示了 Webster、Gunst 和 Mason 数据的 $\boldsymbol{X}(\eta_j)$ 的条件指数与方差分解比例(π_{ij}). 该表的板块 A 是已经中心化的回归变量，所以这些变量为$(x_{ij}-\overline{x}_j)(j=1,\ 2,\ \cdots,\ 6)$. 在 9.4.2 节观察到在生成更高阶项的多项式之前，多项式模型中的 VIF 受模型线性项中心化的影响. 中心化也会影响方差分解比例(与特征值和特征向量). 本质上来说，中心化消除了所有由截距所产生的非本质病态.

注意表中只有一个条件指数较大($\eta_6=46.86>30$)，所以 $\boldsymbol{X}$ 的列中存在一个线性相关. 进一步而言，方差分解比例 π_{61}、π_{62}、π_{63} 与 π_{64} 都超过了 0.5，表明前四个回归变量涉及多重共线性. 这在本质上与前文通过考察特征值所获得的信息是相同的.

Belsley、Kuh 和 Welsch(1980)建议当计算方差分解比例时，应当将回归变量尺度化为单位长度，但不应中心化，使得可以诊断出截距在近线性相关中的角色. 这种看法反映在表 9-7 的板块 B 中. 注意截距的影响使得特征值的范围扩大了，并使得条件指数变得更大. 当使用特征系统分析或者方差分解比例方法二者之一诊断多重共线性时，存在关于数据是否应当中心化的某些争论. 中心化使得截距与其他回归变量正交，所以可以将中心化视为一种运算，这种运算移除了由模型的常数项所导致的病态. 如果截距没有实际解释(正如回归在许多工程与自然科学中的应用那样)，那么由常数项引起的病态确实是“非本质的”，而因此中心化回归变量是完全合适的. 但是，如果截距的值有解释，那么中心化就 301
不是最好的方法了. 显然这一问题的答案是因问题而异的. 对这一点的深入讨论见 Brown

(1977)与 Myers(1990).

表 9-7 Webster、Gunst 和 Mason(1974)数据的方差分解比例

	序号	特征值	条件指数		方差分解比例					
					X_1	X_2	X_3	X_4	X_5	X_6
中心化回归变量	1	2.428 79	1.000 00		0.0003	0.0005	0.0004	0.0000	0.0531	0.0350
	2	1.546 15	1.253 34		0.0004	0.0000	0.0005	0.0012	0.0032	0.0559
	3	0.922 08	1.622 97		0.0028	0.0033	0.0001	0.0001	0.0006	0.0018
	4	0.793 98	1.749 00		0.0000	0.0000	0.0002	0.0003	0.2083	004845
	5	0.307 89	2.808 64		0.0011	0.0024	0.0025	0.0000	0.7175	004199
	6	0.001 11	46.860 52		0.9953	0.9937	0.9964	0.9984	0.0172	0.0029
非中心化回归变量	1	2.632 87	1.000 00	0.0001	0.0003	0.0003	0.0001	0.0001	0.0217	0.0043
	2	1.820 65	1.202 55	0.0000	0.0001	0.0002	0.0005	0.0000	0.0523	0.0949
	3	1.033 35	1.596 22	0.0000	0.0002	0.0000	0.0002	0.0013	0.0356	0.1010
	4	0.658 26	1.999 94	0.0000	0.0005	0.0000	0.0005	0.0003	0.1906	0.3958
	5	0.605 73	2.084 85	0.0000	0.0025	0.0035	0.0001	0.0001	0.0011	0.0002
	6	0.248 84	3.252 80	0.0000	0.0012	0.0023	0.0028	0.0000	0.6909	0.4003
	7	0.000 31	92.253 41	0.9999	0.9953	0.9936	0.9959	0.9983	0.0178	0.0034

9.4.4 其他诊断量

诊断多重共线性时有其他几种方法会偶尔用到. $\boldsymbol{X}'\boldsymbol{X}$ 的**行列式**可以用做多重共线性的指数. 由于 $\boldsymbol{X}'\boldsymbol{X}$ 矩阵以相关系数的形式存在，所以其行列式值的可能范围是 $0\leqslant|\boldsymbol{X}'\boldsymbol{X}|\leqslant 1$. 当 $|\boldsymbol{X}'\boldsymbol{X}|=1$ 时，回归变量是正交的；而当 $|\boldsymbol{X}'\boldsymbol{X}|=0$ 时，回归变量之间存在精确的线性相关. 随着 $|\boldsymbol{X}'\boldsymbol{X}|$ 接近零，多重共线性的程度会越来越严重. 虽然行列式是易于应用的，但是多重共线性的行列式度量不能提供关于多重共线性来源的任何信息.

Willan 和 Watts(1978)提供了多重共线性的另一种解释. 基于观测数据的 $\boldsymbol{\beta}$ 的 $100(1-\alpha)\%$ 联合置信域为

$$(\boldsymbol{\beta}-\hat{\boldsymbol{\beta}})'\boldsymbol{X}'\boldsymbol{X}(\boldsymbol{\beta}-\hat{\boldsymbol{\beta}})\leqslant p\hat{\sigma}^2 F_{\alpha,p,n-p-1}$$

而前文所描述的基于正交参考试验设计的 $\boldsymbol{\beta}$ 的对应置信域为

$$(\boldsymbol{\beta}-\hat{\boldsymbol{\beta}})'(\boldsymbol{\beta}-\hat{\boldsymbol{\beta}})\leqslant p\hat{\sigma}^2 F_{\alpha,p,n-p-1}$$

对固定的样本量与固定的 rms 值与给定的 α，正交参考试验设计所产生的联合置信域最小. 这两个置信域的体积之比为 $|\boldsymbol{X}'\boldsymbol{X}|^{1/2}$，所以 $|\boldsymbol{X}'\boldsymbol{X}|^{1/2}$ 度量了由多重共线性所导致的估计能力的损失. 换句话说，$100(|\boldsymbol{X}'\boldsymbol{X}|^{1/2}-1)$ 反映了 $\boldsymbol{X}$ 中的近线性相关所导致的 β 联合置信域体积增加的百分率. 举例来说，如果 $|\boldsymbol{X}'\boldsymbol{X}|=0.25$，那么联合置信域的体积会比使用正交设计时大 $100[(0.25)^{-1/2}-1]=100\%$.

回归显著性的 F 统计量与单个的 t 统计量(或偏 F 统计量)有时也可以表明存在多重共线性. 特别地，如果总体 F 检验显著而单个的 t 统计量都不显著，那么存在多重共线性. 不幸的是，许多存在显著多重共线性的数据集并不展示出这一特性，所以多重共线性的这种度量其适用性是有疑问的.

回归系数的**正负号**与**大小**有时也提供了表明存在多重共线性的迹象. 特别地，如果添加或移除一个回归变量会使回归系数的估计值产生较大的变化，那么表明存在多重共线性. 如果剔除一个或更多个数据点也会使回归系数产生较大变化，那么也可能存在多重共线性. 最后，如果回归模型中回归系数的正负号与大小与先验期望相反，那么应当警惕可能存在的多重共线性. 举例来说，乙炔数据最小二乘模型中的交互作用 x_1x_3 与平方项 x_1^2 和 x_3^2 都有较大的标准化回归系数. 二次模型展示出了较大的最高项回归系数，这在某种程度上是异常的，所以这可能表明存在多重共线性. 但是，使用回归系数的正负号与大小作为存在多重共线性的依据时应当要小心，这是因为许多严重病态的数据集并不从这一方面展示出严重异常的行为. 302

相信 VIF 与基于 $\boldsymbol{X}'\boldsymbol{X}$ 特征值的程序是当前可用的最好的多重共线性的诊断依据. 这些方法易于计算，有直接的解释，在研究多重共线性的特定性质时也是有用的. 关于探测多重共线性的这些方法与其他方法的信息见 Belsley、Kuh 和 Welsch(1980)，Farrar 和 Glauber(1997)与 Willan 和 Watts(1978).

9.4.5 生成多重共线性诊断量的 SAS 代码与 R 代码

对乙炔数据生成多重共线性诊断量的合适 SAS 代码为

```
proc reg;
model conv =  t h c t2 h2 • c2 th tc hc / corrb vif collin;
```

corrb 选项以相关系数的形式打印出估计系数的方差—协方差矩阵. VIF 选项打印出 VIF. collin 选项打印出奇异值分析，包括条件数与方差分解比例在内. SAS 使用奇异值来计算条件数. 某些其他软件包使用特征值，奇异值的平方，来计算条件数. collin 选项包括了截距对诊断量的影响. 选项 collinoint 所做的奇异值分析不包括截距的影响.

R 中的共线性诊断需要“perturb”与“car”包. 对送货数据生成共线性诊断量的 R 代码为

```
deliver.model <-  lm(time~ cases+ dist, data= deliver)
print(vif(deliver.model))
print(colldiag(deliver.model))
```

9.5 处理多重共线性的方法

已经介绍了处理由多重共线性所引起的问题的几种方法. 一般的方法包括收集额外的数据，模型重设，以及使用不同于最小二乘的专门设计用于对抗由多重共线性所引入的问题的估计方法.

9.5.1 收集额外数据

建议将收集额外收据作为对抗多重共线性的最佳方法(比如说，见 Farrar 和 Glauber (1967)与 Silvey(1969)). 应当设计可以打破已存在数据中多重共线性的方式来收集额外数据. 举例来说，考虑例 3.1 所首先引入的送货时间数据. 回归变量箱数(x_1)与距离(x_2)的 303

图形如图 3.4 的散点图矩阵所示．前文已经注意到大多数数据都沿着一条直线排布，从较低的箱数与距离值到较高的箱数与距离值，因此存在一些多重共线性问题．可以通过设计在打破潜在多重共线性的点处收集一些额外数据，来避免多重共线性．也就是说，在箱数较小而距离较大与箱数较大而距离较小的点处收集额外数据．

不幸的是，因为存在经济约束，或者正在研究的过程不再能进行抽样，所以收集额外数据并不总是可能的．即使可以获得额外数据，如果新数据将回归变量的范围扩展到了分析所感兴趣的区域之外很远，那么使用这种额外数据也是不合适的．进一步而言，如果新的数据点在正在研究的过程中是异常而非典型的，那么样本中存在这些新点可能会强烈影响模型拟合．最后，注意当多重共线性产生于对模型的约束或总体中的约束时，收集额外数据也不会是解决多重共线性问题的可行方案．举例来说，考虑如图 9.1 所示的两个因子收入(x_1)与房屋大小(x_2)．这时收集额外数据几乎是没有价值的，这是因为家庭收入与房屋大小之间的关系具有总体的结构性特征．总体中的所有数据几乎都将展示出这种关系的行为．

9.5.2 模型重设

多重共线性通常是由模型选择所引起的，比如在回归方程中使用了高度相关的回归变量．在这种情况下，对回归方程进行一些重设可能会降低多重共线性的影响．模型重设的一种方法是重新定义回归变量．举例来说，如果 x_1、x_2 与 x_3 是近线性相关的，那么求出可以保留原回归变量的信息内容，但会降低病态的某些函数，比如 $x=(x_1+x_2)/x_3$ 或 $x=x_1x_2x_3$，是可能的．

另一种被广泛使用的模型重设方法是**变量剔除**．也就是说，如果 x_1、x_2 与 x_3 是近线性相关的，那么剔除一个回归变量(比如 x_3)可能有助于对抗多重共线性．变量剔除通常是一种高效的方法．但是，当从模型中丢弃的回归变量拥有与解释响应变量 y 有关的显著能力时，这种方法可能不会提供令人满意的解决方案．也就是说，通过剔除回归变量来减少多重共线性可能会破坏模型的预测能力．进行变量选择时必须要非常小心，这是因为许多变量选择过程都被多重共线性所严重扭曲了，同时不能确保最终模型所展示多重共线性的程度比原数据中存在的多重共线性更少．第 10 章讨论了合适的变量剔除方法．

304

9.5.3 岭回归

当将最小二乘法应用于非正交数据时，可能会得出非常不良的回归系数估计值．在 9.3 节看到回归系数估计值的最小二乘方差可能会有相当大的膨胀，最小二乘参数估计量的向量长度平均而言也会太长．这意味着最小二乘估计值的绝对值太大，也就非常不稳定，也就是说，最小二乘估计量的大小与正负号在给定不同样本时会有非常大的变化．

最小二乘法的问题在于需要 $\hat{\boldsymbol{\beta}}$ 是 $\boldsymbol{\beta}$ 的**无偏估计量**．3.2.3 节提到的高斯-马尔可夫性质确保了最小二乘估计量是无偏估计量的集合中方差最小的，但不能保证这一方差是较小的．这种情况如图 9-4a 所示，该图为 $\boldsymbol{\beta}$ 的无偏估计量 $\hat{\boldsymbol{\beta}}$ 的抽样分布．$\hat{\boldsymbol{\beta}}$ 的方差越大，意味着 $\boldsymbol{\beta}$ 的置信区间越宽，同时 $\hat{\boldsymbol{\beta}}$ 的点估计会非常不稳定．

减轻这一问题的一种方式是抛弃需要得到 $\boldsymbol{\beta}$ 的无偏估计量这一要求．假设可以求出 $\boldsymbol{\beta}$ 的**有偏估计量**，比如 $\hat{\boldsymbol{\beta}}^*$，该有偏估计量比无偏估计量 $\hat{\boldsymbol{\beta}}$ 有更小的方差．将估计量 $\hat{\boldsymbol{\beta}}^*$ 的均方

误差定义为

$$\mathrm{MSE}(\hat{\boldsymbol{\beta}}^*)=E(\hat{\boldsymbol{\beta}}^*-\boldsymbol{\beta})^2=\mathrm{Var}(\hat{\boldsymbol{\beta}}^*)+[E(\hat{\boldsymbol{\beta}}^*)-\boldsymbol{\beta}]^2$$

即

$$\mathrm{MSE}(\hat{\boldsymbol{\beta}}^*)=\mathrm{Var}(\hat{\boldsymbol{\beta}}^*)+(\text{bias in }\hat{\boldsymbol{\beta}}^*)^2$$

注意 MSE 恰是$\hat{\boldsymbol{\beta}}^*$与$\boldsymbol{\beta}$距离平方的期望见方程(9.4). 通过允许$\hat{\boldsymbol{\beta}}^*$有少量的偏倚，会让$\hat{\boldsymbol{\beta}}^*$的方差较小，使得$\hat{\boldsymbol{\beta}}^*$的 MSE 小于无偏估计量$\hat{\boldsymbol{\beta}}$的方差. 图 9-4b 解释了这种情况，有偏估计量的方差比无偏估计量的方差(图 9-4a)要小得多的多. 因此，$\boldsymbol{\beta}$的置信区间会比使用无偏估计量时窄得多. 有偏估计量拥有较小的方差也意味着$\hat{\boldsymbol{\beta}}^*$是比无偏估计量$\hat{\boldsymbol{\beta}}$更为稳定的估计量.

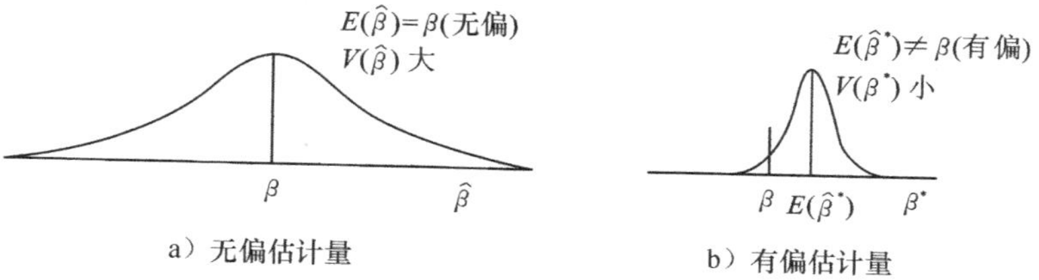

图 9-4 $\boldsymbol{\beta}$的有偏估计量与无偏估计量的抽样分布
(经出版商许可，改编自 Marquardt 和 Snee(1975))

为了得到回归系数的有偏估计量已经研究了许多种程序. 这其中的一种程序是岭回归，最初由 Hoerl 和 Kennard(1970a，b)所建议. 通过求解经过轻微修正的正规方程的变体，可以求出岭估计量. 特别地，将岭估计量($\hat{\boldsymbol{\beta}}_{岭}$)定义为

$$(\boldsymbol{X}'\boldsymbol{X}+k\boldsymbol{I})\hat{\boldsymbol{\beta}}_{岭}=\boldsymbol{X}'\boldsymbol{y}$$ 305

即

$$\hat{\boldsymbol{\beta}}_{岭}=(\boldsymbol{X}'\boldsymbol{X}+k\boldsymbol{I})^{-1}\boldsymbol{X}'\boldsymbol{y}$$

的解，式中$k\geqslant0$为由分析师所选择的常数. 将这一处理称为岭回归，是因为其中内含的数学方法类似于早期 Hoerl(1959)描述二阶响应曲面行为时的岭分析方法. 注意当$k=0$时，岭估计量是最小二乘估计量.

由于

$$\hat{\boldsymbol{\beta}}_{岭}=(\boldsymbol{X}'\boldsymbol{X}+k\boldsymbol{I})^{-1}\boldsymbol{X}'\boldsymbol{y}=(\boldsymbol{X}'\boldsymbol{X}+k\boldsymbol{I})^{-1}(\boldsymbol{X}'\boldsymbol{X})\hat{\boldsymbol{\beta}}=\boldsymbol{Z}_k\hat{\beta}$$

所以，岭估计量是最小二乘估计量的线性变换. 因此，由于$E(\hat{\boldsymbol{\beta}}_{岭})=E(\boldsymbol{Z}_k\hat{\boldsymbol{\beta}})-\boldsymbol{Z}_k\boldsymbol{\beta}$，所以$\hat{\boldsymbol{\beta}}_{岭}$是$\hat{\boldsymbol{\beta}}$的有偏估计量. 通常将常数$k$称为**偏倚系数**. $\hat{\boldsymbol{\beta}}_{岭}$的协方差矩阵为

$$\mathrm{Var}(\hat{\boldsymbol{\beta}}_{岭})=\sigma^2(\boldsymbol{X}'\boldsymbol{X}+k\boldsymbol{I})^{-1}\boldsymbol{X}'\boldsymbol{X}(\boldsymbol{X}'\boldsymbol{X}+k\boldsymbol{I})^{-1}$$

岭估计量的均方误差为

$$\begin{aligned}\mathrm{MSE}(\hat{\boldsymbol{\beta}}_{岭})&=\mathrm{Var}(\hat{\boldsymbol{\beta}}_{岭})+(\hat{\boldsymbol{\beta}}_{岭}\text{ 中的偏倚})^2\\&=\sigma^2\mathrm{Tr}[(\boldsymbol{X}'\boldsymbol{X}+k\boldsymbol{I})^{-1}\boldsymbol{X}'\boldsymbol{X}(\boldsymbol{X}'\boldsymbol{X}+k\boldsymbol{I})^{-1}]+k^2\boldsymbol{\beta}'(\boldsymbol{X}'\boldsymbol{X}+k\boldsymbol{I})^{-2}\boldsymbol{\beta}\\&=\sigma^2\sum_{j=1}^{p}\frac{\lambda_j}{(\lambda_j+k)^2}+k^2\boldsymbol{\beta}'(\boldsymbol{X}'\boldsymbol{X}+k\boldsymbol{I})^{-2}\boldsymbol{\beta}\end{aligned}$$

式中：λ_1，λ_2，…，λ_p为$\boldsymbol{X}'\boldsymbol{X}$的特征值. 这一方程右边的第一项是$\hat{\boldsymbol{\beta}}_{岭}$中参数方差的和，而

第二项是偏倚的平方．当$k>0$时，注意$\hat{\boldsymbol{\beta}}_{岭}$中的偏倚会随着$k$而增加．但是，方差也会随着$k$的增加而减小．

使用岭回归时，想要一个k的值，能满足方差项的减小大于偏倚平方的增加．如果能这样，那么岭估计量$\hat{\boldsymbol{\beta}}_{岭}$的均方误差将比最小二乘估计量$\hat{\boldsymbol{\beta}}$的方差更小．Hoerl 和 Kennard 证明了当$\boldsymbol{\beta}'\boldsymbol{\beta}$有界时，存在非零的$k$值，满足$\hat{\boldsymbol{\beta}}_{岭}$的 MSE 小于最小二乘估计量$\hat{\boldsymbol{\beta}}$的方差．残差平方和为

$$
\begin{aligned}
SS_{残} &= (\boldsymbol{y}-\boldsymbol{X}\hat{\boldsymbol{\beta}}_{岭})'(\boldsymbol{y}-\boldsymbol{X}\hat{\boldsymbol{\beta}}_{岭}) \\
&= (\boldsymbol{y}-\boldsymbol{X}\hat{\boldsymbol{\beta}})'(\boldsymbol{y}-\boldsymbol{X}\hat{\boldsymbol{\beta}})+(\hat{\boldsymbol{\beta}}_{岭}-\hat{\boldsymbol{\beta}})'\boldsymbol{X}'\boldsymbol{X}(\hat{\boldsymbol{\beta}}_{岭}-\hat{\boldsymbol{\beta}})
\end{aligned} \tag{9.7}
$$

由于方程(9.7)右边的第一项是最小二乘估计值$\hat{\boldsymbol{\beta}}$的残差平方和，所以会看到随着k的增加，残差平方和也会增加．因此，因为总平方和是固定的，所以随着k的增加$\boldsymbol{R}^2$会减小．因此，岭估计值不一定会提供最好的数据“拟合”，但也不应过度担心这一点，这是由于更
306 感兴趣的是得到稳定的参数估计值集合．岭估计值所产生的方程在预测未来观测值时可能会比最小二乘估计量做得更好(但是不能确凿地**证明**一定是这样)．

Hoerl 和 Kennard 建议可以通过审视**岭迹**来确定合适的k值．岭迹是$\hat{\boldsymbol{\beta}}_{岭}$的元素与$k$值的图像，$k$通常在区间 0～1 内．Marquardt 和 Snee(1975)建议使用高达约 25 个k值，这些k值近似对数地分布在[20，1]区间上．如果存在严重的多重共线性，那么回归系数的不稳定性将通过岭迹而明显观察到．随着k的增加，某些岭估计值将会剧烈变化．在某些k值处，岭估计值$\hat{\boldsymbol{\beta}}_{岭}$是稳定的．目标是选择一个合理的较小$k$值，在该$k$值处岭估计值$\hat{\boldsymbol{\beta}}_{岭}$是稳定的．所希望的是这种处理所产生的估计量集合有比最小二乘估计量更小的 MSE．

例 9.2 **乙炔数据** 为了获得乙炔数据的岭解，必须对几个$0\leqslant k\leqslant 1$的k值使用$\boldsymbol{X}'\boldsymbol{X}$与$\boldsymbol{X}'\boldsymbol{y}$的相关系数形式解出方程$(\boldsymbol{X}'\boldsymbol{X}+k\boldsymbol{I})\hat{\boldsymbol{\beta}}_{岭}=\boldsymbol{X}'\boldsymbol{y}$．岭迹如图 9-5 所示，而表 9-8 列出了取几个k值的岭系数．该表也展示了每个岭模型的残差均方与R^2．注意随着k的增加，$MS_{残}$也会增加而R^2则会下降．因为对较小的k值回归系数会有较大的变化，所以岭迹解释了最小二乘解的不稳定性．但是，随着k的增加，回归系数迅速稳定了．

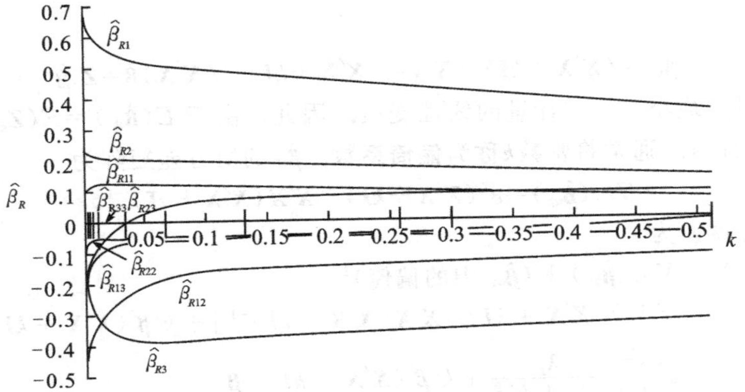

图 9-5 使用九个回归变量时乙炔数据的岭迹

表 9-8　不同 k 值处的系数

k	0.000	0.001	0.002	0.004	0.008	0.016	0.032	0.064	0.128	0.256	0.512
$\beta_{龄,1}$	0.3377	0.6770	0.6653	0.6362	0.6003	0.5672	0.5392	0.5122	0.4806	0.4379	0.3784
$\beta_{龄,2}$	0.2337	0.2242	0.2222	0.2199	0.2173	0.2148	0.2117	0.2066	0.1971	0.1807	0.1554
$\beta_{龄,3}$	−0.6749	−0.2129	−0.2284	−0.2671	−0.3134	−0.3515	−0.3735	−0.3800	−0.3724	−0.3500	−0.3108
$\beta_{龄,12}$	−0.4799	−0.4479	−0.4258	−0.3913	−0.3437	−0.2879	−0.2329	−0.1862	−0.1508	−0.1249	−0.1044
$\beta_{龄,13}$	−2.0344	−0.2774	−0.1887	−0.1350	−0.1017	−0.0809	−0.0675	−0.0570	−0.0454	−0.0299	−0.0092
$\beta_{龄,23}$	−0.2675	−0.2173	−0.1920	−0.1535	−0.1019	−0.0433	0.0123	0.0562	0.0849	0.0985	0.0991
$\beta_{龄,11}$	−0.8346	0.0643	0.1035	0.1214	0.1262	0.1254	0.1249	0.1258	0.1230	0.1097	0.0827
$\beta_{龄,22}$	−0.0904	−0.0732	−0.0682	−0.0621	−0.0558	−0.0509	−0.0481	−0.0464	−0.0444	−0.0406	−0.0341
$\beta_{龄,33}$	−1.0015	−0.2451	−0.1853	−0.1313	−0.0825	−0.0455	−0.0267	−0.0251	−0.0339	−0.0464	−0.0586
$MS_{残}$	0.000 38	0.000 47	0.000 49	0.000 54	0.000 62	0.000 74	0.000 94	0.001 27	0.002 06	0.004 25	0.010 02
R^2	0.998	0.997	0.997	0.997	0.996	0.996	0.994	0.992	0.988	0.975	0.940

307~308 需要对岭迹的解释与合适 k 值的选择进行判断. 虽希望选择足够大的 k 来提供稳定的系数，但是也没有必要选择太大的 k，这是因为太大的 k 会引入其他额外的偏倚，并使残差均方增加. 通过图 9-5 看到合理的稳定系数在区域 $0.008<k<0.064$ 内获得，没有大幅增加的残差均方(或 R^2 的严重损失). 当选择 $k=0.032$ 时，岭回归模型为

$$\hat{y}=0.5392x_1+0.2117x_2-0.3735x_3-0.2329x_1x_2-0.0675x_1x_3 \\ +0.0123x_2x_3+0.1249x_1^2-0.0481x_2^2-0.0267x_3^2$$

注意：在这一模型中，β_{13}、β_{11} 与 β_{23} 的估计值比最小二乘值小得多，而原来为负数的 β_{23} 与 β_{11} 的估计值现在是正数了. 以原回归变量为单位，岭模型的表达式为

$$\hat{P}=0.7598+0.1392T+0.0547H-0.0965C-0.0680TH-0.0194TC \\ +0.0039CH+0.0407T^2-0.0112H^2-0.0067C^2$$

图 9-6 展示了岭模型在预测内插点(点 A、B、E、F、I 和 J)与外推点(点 C、D、G 和 H)时的性能. 对比图 9-6 与图 9-3，注意在数据所覆盖区域的边界处，岭模型的预测与含有九个项的最小二乘模型是一样的. 但是，当使用外推法时，岭模型给出的预测比最小二乘可靠得多. 可见岭回归所产生的模型优于原来的最小二乘拟合.

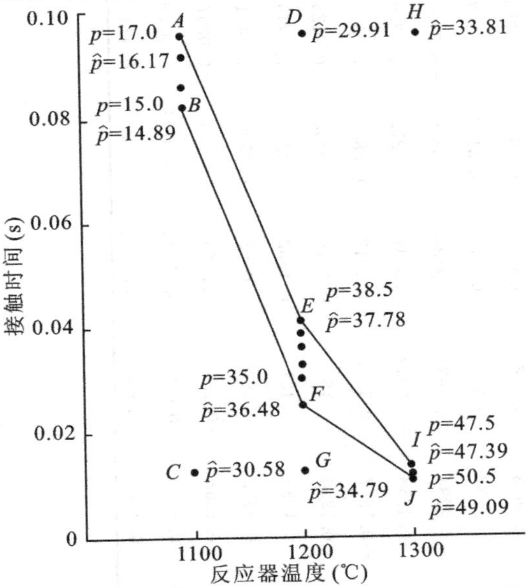

图 9-6 使用 $k=0.032$ 对乙炔数据进行预测与外推时岭模型的性能

(经出版商许可，改编自 Marquardt 和 Snee(1975))

可以使用普通最小二乘计算机程序与增广的标准化数据集来计算岭回归估计值，如下：

$$\mathbf{X}_{\mathrm{A}}=\begin{bmatrix}\mathbf{X}\\ \sqrt{k}\mathbf{I}_p\end{bmatrix},\quad \mathbf{y}_{\mathrm{A}}=\begin{bmatrix}\mathbf{y}\\ \mathbf{0}_p\end{bmatrix}$$

式中：$\sqrt{k}\mathbf{I}_p$ 为 $p\times p$ 对角矩阵其对角线元素等于偏倚参数的平方根，而 $\mathbf{0}_p$ 为 $p\times 1$ 零向量. 然后通过下式计算岭估计值

$$\hat{\boldsymbol{\beta}}_{岭}=(\mathbf{X}'_{\mathrm{A}}\mathbf{X}_{\mathrm{A}})^{-1}\mathbf{X}'_{\mathrm{A}}\mathbf{y}_{\mathrm{A}}=(\mathbf{X}'\mathbf{X}+k\mathbf{I}_p)^{-1}\mathbf{X}'\mathbf{y}$$

表 9-9 展示了使用 $k=0.032$ 产生乙炔数据的岭解时，所需要的增广矩阵 $\mathbf{X}_{\mathrm{A}}$ 与增广向量 $\mathbf{y}_{\mathrm{A}}$.

表 9-9　使用 $k=0.032$ 生成乙炔数据岭解时的增广矩阵 $\boldsymbol{X}_{\mathrm{A}}$ 与增广向量 $\boldsymbol{y}_{\mathrm{A}}$

$\boldsymbol{X}_{\mathrm{A}}=$

0.280 224	−0.225 44	−0.231 06	−0.337 66	−0.020 85	309 525	0.078 278	−0.041 16	−0.034 52
0.280 224	−0.157 04	−0.231 06	−0.253 71	−0.020 85	0.236 588	0.078 278	−0.1327	−0.034 52
0.280 224	−0.065 84	−0.235 14	−0.141 79	−0.025 79	0.140 577	0.078 278	−0.203 78	−0.027 35
0.280 224	0.048 167	−0.2229	−0.001 89	−0.010 98	0.0196	0.078 278	−0.2107	−0.048 47
0.280 224	0.207 774	−0.218 82	0.193 976	−0.006 05	−0.140 65	0.078 278	−0.067 45	−0.055 26
0.280 224	0.481 385	−0.231 06	0.529 744	−0.020 85	−0.444 15	0.078 278	0.593 235	−0.034 52
−0.040 03	−0.325 77	−0.002 55	−0.004 13	0.258 949	0.073 001	−0.297 46	0.152 387	−0.235 48
−0.040 03	−0.225 44	−0.018 87	−0.021 71	0.261 769	0.088 842	−0.297 46	−0.041 16	−0.234 18
−0.040 03	−0.065 84	−0.067 84	−0.0497	−0.270 231	0.089 856	−0.297 46	−0.203 78	−0.218 22
−0.040 03	0.048 167	−0.1168	−0.069 68	0.278 693	0.043 276	−0.297 46	−0.2107	−0.184 19
−0.040 03	0.207 774	−0.051 52	−0.097 66	0.267 411	0.019 961	−0.297 46	−0.067 45	−0.225 54
−0.040 03	0.481 385	0.005 609	−0.145 63	0.257 539	0.083 202 1	−0.297 46	0.593 235	−0.235 38
−0.360 29	−0.325 77	0.356 528	0.452 517	−0.296 15	−0.466 78	0.328 768	0.152 387	0.243 742
−0.360 29	−0.225 44	0.470 781	0.294 227	−0.473 84	−0.420 42	0.328 768	−0.041 16	0.599 999
−0.360 29	−0.065 84	0.421 815	0.042 401	−0.397 69	−0.058 59	0.328 768	−0.203 78	0.435 271
−0.360 29	0.207 774	0.372 85	−0.3893	−0.321 53	0.427 375	0.328 768	−0.067 45	0.288 613
0.178 88	0	0	0	0	0	0	0	0
0	0.178 88	0	0	0	0	0	0	0
0	0	0.178 88	0	0	0	0	0	0
0	0	0	0.178 88	0	0	0	0	0
0	0	0	0	0.178 88	0	0	0	0
0	0	0	0	0	0.178 88	0	0	0
0	0	0	0	0	0	0.178 88	0	0
0	0	0	0	0	0	0	0.178 88	0
0	0	0	0	0	0	0	0	0.178 88

$\boldsymbol{y}_{\mathrm{A}}=$

0.279 79
0.305 829
0.312 339
0.268 94
0.247 24
0.182 141
−0.1759
−0.099 95
−0.034 86
−0.024 01
0.041 094
0.051 944
−0.0458
−0.041 46
−0.338 65
−0.143 35
0
0
0
0
0
0
0
0
0

岭回归的某些其他性质　图 9-7 对两个变量的问题解释了岭回归的几何意义．椭圆中心处的点$\hat{\boldsymbol{\beta}}$对应着最小二乘解，在该点处残差平方和取最小值．较小的椭圆代表$\boldsymbol{\beta}_1$、$\boldsymbol{\beta}_2$平面中，点的残差平方和为某些比其最小值大的常数值的点的轨迹．岭估计值$\hat{\boldsymbol{\beta}}_{岭}$是距离原点最短的向量，其产生的残差平方和等于该较小椭圆所代表的值．也就是说，岭估计值$\hat{\boldsymbol{\beta}}_{岭}$所产生的回归系数向量，其最小的范数与残差平方和的特定增加量相一致．注意岭估计量使最小二乘估计值向原点收缩了．因此，岭估计量(一般而言也包括其他有偏估计量)有时称为收缩估计量．Hocking(1976)观察到岭估计量对最小二乘估计量的收缩与$\boldsymbol{X}'\boldsymbol{X}$的等高线有关．也就是说，$\hat{\boldsymbol{\beta}}_{岭}$是

309

$$\underset{\beta}{\text{最小化}}(\boldsymbol{\beta}-\hat{\boldsymbol{\beta}})'\boldsymbol{X}'\boldsymbol{X}(\boldsymbol{\beta}-\hat{\boldsymbol{\beta}})$$
$$\text{约束为}\quad \boldsymbol{\beta}'\boldsymbol{\beta}\leqslant d^2$$

的解，式中半径d取决于k．

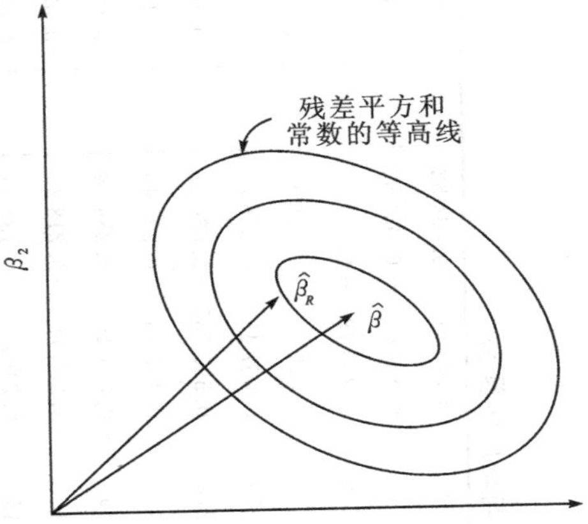

图 9-7　岭回归的几何解释

岭估计量的许多性质都假设k的值是固定的．在实践中，由于是通过审视岭迹来估计数据中的k，所以k是随机的．感兴趣的是要问当k随机时，是否满足 Hoerl 和 Kennard 所引证的最优性质．

许多作者通过统计模拟证明了当通过数据估计k时，岭回归一般都会提供相比最小二乘有所改善的均方误差．Theobald(1974)推广了使岭回归的 MSE 比最小二乘更小的条件．改进的期望取决于$\boldsymbol{\beta}$向量相对于$\boldsymbol{X}'\boldsymbol{X}$特征向量的方向．当$\boldsymbol{\beta}$与$\boldsymbol{X}'\boldsymbol{X}$最大特征值的特征向量方向一致时，改进的期望是最大的．其他令人感兴趣的结果出现在 Lowerre(1974)与 Mayer 和 Willke(1973)中．

310

Obenchain(1977)证明了非随机收缩的岭估计量会产生与最小二乘所产生的相同的用于假设检验的t统计量与F统计量．因此，虽然岭回归得到了有偏的点估计，但是一般而言不需要新的分布理论．但是，对随机选择的k，分布的性质仍然是未知的．可以假设当k较小时，可以近似应用通常的正态理论统计推断．

与其他估计量的关系　岭回归与**贝叶斯**估计密切相关．一般情况下，如果均值向量为$\boldsymbol{\beta}_0$协方差矩阵为$\mathbf{V}_0$的p个变量的正态分布描述了关于$\boldsymbol{\beta}$的先验信息，那么$\boldsymbol{\beta}$的贝叶斯估计量为

$$\hat{\boldsymbol{\beta}}_{贝}=\left(\frac{1}{\sigma^2}\boldsymbol{X}'\boldsymbol{X}+\mathbf{V}_0^{-1}\right)^{-1}\left(\frac{1}{\sigma^2}\boldsymbol{X}'\boldsymbol{y}+\mathbf{V}_0^{-1}\boldsymbol{\beta}_0\right)$$

Leamer(1973，1978)与 Zellner(1971)讨论了在回归中使用贝叶斯方法．贝叶斯方法的两个主要缺点是，数据分析师必须对先验分布的形式做出隐含的规定，以及贝叶斯理论没有为人们所广泛理解．但是，如果选择先验均值$\boldsymbol{\beta}_0=0$与先验方差$\mathbf{V}_0=\sigma_0^2\boldsymbol{I}$，那么会得到

311 ~ 312

$$\hat{\boldsymbol{\beta}}_{贝}=(\boldsymbol{X}'\boldsymbol{X}+k\boldsymbol{I})^{-1}\boldsymbol{X}'\boldsymbol{y}\equiv\hat{\boldsymbol{\beta}}_{岭},\qquad 2k=\frac{\sigma^2}{\sigma_0^2}$$

这是通常的岭估计量．实际上，可以将最小二乘法视为对$\boldsymbol{\beta}$使用了先验的无边界均匀

分布的贝叶斯估计量．岭估计量产生于对 $\boldsymbol{\beta}$ 设置了弱边际条件的先验分布．另见 Lindley 和 Smith(1972)．

选择 k 的方法 围绕选择偏倚参数 k 这个中心问题，关于岭回归存在很多争论．通过审视岭迹来选择 k 是一种主观的程序，需要一部分分析师的判断．一些作者建议选择 k 的程序要更多地通过分析．Hoerl、Kennard 和 Baldwin(1975)建议 k 合适的选择是

$$k=\frac{p\hat{\sigma}^2}{\hat{\boldsymbol{\beta}}'\hat{\boldsymbol{\beta}}} \tag{9.8}$$

式中：$\hat{\boldsymbol{\beta}}$与$\hat{\sigma}^2$要通过最小二乘的解求出．他们通过统计模拟证明了所产生岭估计量的 MSE 相比最小二乘法有显著的改善．在后续的论文中，Hoerl 和 Kennard(1976)建议了一种基于方程(9.8)的迭代估计程序．McDonald 和 Galarneau(1975)建议所选择的 k 要满足

$$\hat{\boldsymbol{\beta}}'_{岭}\hat{\boldsymbol{\beta}}_{岭}=\hat{\boldsymbol{\beta}}'\hat{\boldsymbol{\beta}}-\sigma^2\sum_{j=1}^{p}\left(\frac{1}{\lambda_j}\right)$$

这种程序的一个缺点是 k 可能是负的．Mallows(1973)建议了一种基于 C_p 统计量修正值的选择 k 的图形程序．另一种选择 k 的方法是最小化 PRESS 统计量的修正值．Wahba、Golub 和 Health(1979)建议所选择的 k 要使得交叉验证统计量最小．

存在许多种选择 k 的可能方法．举例来说，Marquardt(1970)建议所使用的 k 值要满足 VIF 的最大值在 1 和 10 之间，越接近 1 越好．Dempster、Schatzoff 和 Wermuth(1971)，Goldstein 和 Smith(1974)，Lawless 和 Wang(1976)，Lindley 和 Smith(1972)与 Obenchain(1975)提供了其他选择 k 的方法．Hoerl 和 Kennard(1970a)建议拓展标准岭回归，允许每个回归有单独的 k．这称为**广义岭回归**．不能保证这些方法比直接审视岭迹更好．

9.5.4 主成分回归

回归系数的有偏估计量也可以通过使用所知的**主成分回归**程序而得到．模型的标准形式为 313

$$\boldsymbol{y}=\boldsymbol{Z\alpha}+\boldsymbol{\varepsilon}$$

式中

$$\boldsymbol{Z}=\boldsymbol{XT},\quad \boldsymbol{\alpha}=\boldsymbol{T}'\boldsymbol{\beta},\quad \boldsymbol{T}'\boldsymbol{X}'\boldsymbol{XT}=\boldsymbol{Z}'\boldsymbol{Z}=\boldsymbol{\Lambda}$$

回忆 $\boldsymbol{\Lambda}=\mathrm{diag}(\lambda_1, \lambda_2, \cdots, \lambda_p)$为 $\boldsymbol{X}'\boldsymbol{X}$ 特征值的 $p\times p$ 矩阵，而 $p\times p$ 正交矩阵 $\boldsymbol{T}$ 的列为λ_1，λ_2，…，λ_p的特征向量．$\boldsymbol{Z}$ 的列定义了一个新的正交回归变量，满足

$$\boldsymbol{Z}=[\boldsymbol{Z}_1, \boldsymbol{Z}_2, \cdots, \boldsymbol{Z}_p]$$

称之为**主成分**．

α 的最小二乘估计量为

$$\hat{\boldsymbol{\alpha}}=(\boldsymbol{Z}'\boldsymbol{Z})^{-1}\boldsymbol{Z}'\boldsymbol{y}=\boldsymbol{\Lambda}^{-1}\boldsymbol{Z}'\boldsymbol{y}$$

而 α 的协方差矩阵为

$$\mathrm{Var}(\hat{\boldsymbol{\alpha}})=\sigma^2(\boldsymbol{Z}'\boldsymbol{Z})^{-1}=\sigma^2\boldsymbol{\Lambda}^{-1}$$

因此，较小的 $\boldsymbol{X}'\boldsymbol{X}$ 特征值意味着其所对应的正交回归系数的方差较大．由于

$$\boldsymbol{Z}'\boldsymbol{Z}=\sum_{i=1}^{p}\sum_{j=1}^{p}\boldsymbol{Z}_i\boldsymbol{Z}'_j=\boldsymbol{\Lambda}$$

所以通常将特征值 λ_j 称为第 j 个主成分的方差. 如果所有 λ_j 都等于一，那么**原**回归变量是正交的；而如果有一个 λ_j 精确地等于零，那么意味着**原**回归变量之间存在完全的线性关系. 一个或更多个 λ_j 接近零，意味着存在多重共线性. 也要注意标准化回归系数 $\hat{\boldsymbol{\beta}}$ 的协方差矩阵为

$$\mathrm{Var}(\hat{\boldsymbol{\beta}})=\mathrm{Var}(\boldsymbol{T}\hat{\boldsymbol{\alpha}})=\boldsymbol{T\Lambda}^{-1}\boldsymbol{T}'\sigma^2$$

这意味着 $\hat{\beta}_j$ 的方差为 $\hat{\sigma}^2\left(\sum_{i=j=1}^{p}t_{ji}^2/\lambda_i\right)$. 因此，$\hat{\beta}_j$ 的方差是特征值倒数的线性组合. 这展示了一个或更多个较小的特征值是如何破坏最小二乘估计量 $\hat{\beta}_j$ 的精确性的.

前文已经观察到 $\boldsymbol{X}'\boldsymbol{X}$ 矩阵的特征值与特征向量提供了关于多重共线性性质的特定信息. 由于 $\boldsymbol{Z}=\boldsymbol{XT}$，所以有

$$\boldsymbol{Z}_i=\sum_{j=1}^{p}t_{ji}\boldsymbol{X}_j \tag{9.9}$$

314 式中：$\boldsymbol{X}_j$ 为 $\boldsymbol{X}$ 矩阵的第 j 列，而 t_{ji} 为 $\boldsymbol{T}$ 第 i 列($\boldsymbol{X}'\boldsymbol{X}$ 的第 i 个特征向量)中的元素. 如果第 i 个主成分(λ_i)的方差较小，那么这意味着 $\boldsymbol{Z}_i$ 近乎为常数，而方程(9.9)表明存在近乎为常数的**原回归变量**的线性组合. 这是多重共线性的定义，也就是说，t_{ji} 是方程(9.1)中的常数. 因此，方程(9.9)解释了为什么 $\boldsymbol{X}'\boldsymbol{X}$ 较小特征值的特征向量会鉴定出涉及多重共线性的回归变量.

主成分回归方法通过使用小于模型中主成分全集的集合来对抗多重共线性. 为了得到主成分估计量，假设回归变量是按其特征值的降序 $\lambda_1\geqslant\lambda_2\geqslant\cdots\geqslant\lambda_p>0$ 排列的. 假设这些特征值中的最后 s 个接近等于零. 在主成分回归中，将接近零的特征值所对应的主成分从分析中移除，并将最小二乘应用于剩余的主成分. 也就是说，

$$\hat{\boldsymbol{\alpha}}_{主成分}=\boldsymbol{B}\hat{\boldsymbol{\alpha}}$$

式中 $b_1=b_2=\cdots=b_{p-s}=1$ 且 $b_{p-s+1}=b_{p-s+2}=\cdots=b_p=0$. 因此，主成分估计量为

$$\hat{\boldsymbol{\alpha}}_{主成分}=\begin{bmatrix}\hat{\alpha}_1\\\hat{\alpha}_2\\\vdots\\\hat{\alpha}_{p-s}\\\hdashline 0\\0\\\vdots\\0\end{bmatrix}\begin{matrix}p-s\text{ 个主成分}\\s\text{ 个主成分}\end{matrix}$$

以标准化回归变量为单位，即

$$\hat{\boldsymbol{\beta}}_{主成分}=\boldsymbol{T}\hat{\boldsymbol{\alpha}}_{主成分}=\sum_{j=1}^{p-s}\lambda_j^{-1}\boldsymbol{t}_j'\boldsymbol{X}'\boldsymbol{y}\boldsymbol{t}_j \tag{9.10}$$

Gunst 和 Mason(1977)的统计模拟研究证明了当数据为病态时，主成分回归对最小二乘提供了相当大的改进. 他们也指出，主成分回归的另一个优点，是可以获得精确的分布理论与变量选择程序(见 Mansfield、Webster 和 Gunst(1977)). 某些计算机包会进行主成分分析.

例 9.3 乙炔数据的主成分回归 将解释对乙炔数据使用主成分回归．先从线性变换 $\boldsymbol{Z}=\boldsymbol{XT}$ 开始，将原标准化回归变量变换为正交变量的集合(主成分)．乙炔数据的特征值 λ_j 315
与 $\boldsymbol{T}$ 矩阵如表 9-10 所示．$\boldsymbol{T}$ 矩阵表明 z_1(比如说)与标准化回归变量之间的关系为

$$z_1=0.3387x_1+0.1324x_2-0.4137x_3-0.2191x_1x_2+0.4493x_1x_3+0.2524x_2x_3+0.4056x_1^2+0.0258x_2^2-0.4667x_3^2$$

同理可以确定其他主成分 z_2，z_3，…，z_9 与标准化回归变量之间的关系．表 9-11 展示了 $\boldsymbol{Z}$ 矩阵的元素(有时称之为主成分得分)．

表 9-10 乙炔数据矩阵 $\boldsymbol{T}$ 的特征向量与特征值 λ_j

特征向量									特征值 λ_j
0.3387	0.1057	0.6495	0.0073	0.1428	−0.2488	−0.2077	−0.5436	0.1768	4.204 80
0.1324	0.3391	−0.0068	−0.7243	−0.5843	0.0205	−0.0102	−0.0295	−0.0035	2.162 61
−0.4137	−0.0978	−0.4696	−0.0718	−0.0182	0.0160	−0.1468	−0.7172	0.2390	1.138 39
−0.2191	0.5403	0.0897	0.3612	−0.1661	0.3733	−0.5885	0.0909	0.0003	1.041 30
0.4493	0.0860	−0.2863	0.1912	−0.0943	0.0333	0.0575	0.1543	0.7969	0.384 53
0.2524	−0.5172	−0.0570	−0.3447	0.2007	0.3232	−0.6209	0.1280	0.0061	0.049 51
−0.4056	−0.0742	0.4404	−0.2230	0.1443	0.5393	0.3233	0.0565	0.4087	0.013 63
0.0258	0.5316	−0.2240	−0.3417	0.7342	−0.0705	−0.0057	0.0761	0.0050	0.005 13
−0.4667	−0.0969	0.1421	−0.1337	−0.0350	−0.6299	−0.3089	0.3631	0.3309	0.000 10

主成分估计量通过在模型中使用主成分的子集来减小多重共线性的影响．由于乙炔数据存在四个较小的特征值，所以这意味着有四个主成分应当剔除．排除 z_6、z_7、z_8 和 z_9，考虑只包含前五个主成分的回归．

假设考虑仅包含第一个主成分的回归模型，为

$$y=\alpha_1 z_1+\varepsilon$$

模型拟合为

$$\hat{y}=-0.352\,25z_1$$

即 $\hat{\boldsymbol{\alpha}}'_{主成分}=[-0.352\,25,0,0,0,0,0,0,0,0]$．以标准化回归变量为单位的系数通过 $\hat{\boldsymbol{\beta}}'_{主成分}=\boldsymbol{T}\hat{\boldsymbol{\alpha}}'_{主成分}$ 而求出．表 9-12 的板块 A 展示了所得到的标准化回归系数与以原中心化回归变量为单位的回归系数．注意虽然只包括了一个主成分，但是模型也会产生所有九个标准化回归系数的估计值．

一次向模型中添加一个其他主成分 z_2、z_3、z_4 和 z_5 的结果分别如表 9.12 的图板 B、图板 C、图板 D 和图板 E 所示．看到在模型中使用不同数量的主成分所产生的回归系数估计 316
值会有很大程度的不同．进一步而言，主成分估计值与最小二乘估计值有相当大的不同(参见表 9-8)．但是，使用四个或五个主成分的主成分程序所产生的系数估计值，与通过其他有偏估计方法所产生的估计值并没有很大区别(参考表 9-9 的常规岭回归估计值)．主成分分析收缩了较大的 β_{13} 与 β_{33} 的最小二乘估计值，并改变了原来为负数的 β_{11} 的最小二乘估计值的正负号．由于相比最小二乘模型 R^2 几乎没有损失，所以五个主成分的模型并没有在很大程度上降低数据拟合．因此，基于前五个主成分的关系比通过普通最小二乘得到的关系提供了看起来更为合理的乙炔数据模型．

317

表 9-11　乙炔数据的 $Z=XT$

观察	Z_1	Z_2	Z_3	$Z_4(=Z_{x_1x_2})$	$Z_5(=Z_{x_1x_3})$	$Z_6(=Z_{x_2x_3})$	$Z_7(=Z_{x_1^2})$	$Z_8(=Z_{x_2^2})$	$Z_9(=Z_{x_3^2})$
1	0.5415	−1.0347	1.0487	−0.1880	1.7389	−0.6593	0.6492	0.7822	0.2402
2	0.4846	−0.8830	1.1638	−0.0468	0.8909	−0.3874	0.5067	0.2045	−0.1939
3	0.4046	−0.6129	0.2914	0.0676	−0.0025	−0.1631	0.2187	−0.0898	−1.6609
4	0.3388	−0.1513	3.3176	0.1315	−0.7526	0.3579	0.1269	−1.2150	0.9250
5	0.2353	0.6905	1.2785	−0.0089	−1.0842	0.6884	−0.4181	−1.2768	1.6754
6	0.0310	2.7455	0.9535	−0.7783	0.2235	0.2093	−1.1200	1.3128	−1.1453
7	0.5940	−0.0165	−1.0885	1.1554	1.5790	0.1926	−1.3363	−0.4626	0.5964
8	0.6385	−0.2399	−0.9170	1.0916	0.3634	0.4238	−1.2453	−0.7138	−0.3611
9	0.7139	−0.3558	−0.7151	0.8354	−0.9374	0.3207	−0.6525	0.5144	−0.7716
10	0.7436	−0.2228	−0.6170	0.5668	−1.4297	−0.4038	0.5657	2.5203	1.4085
11	0.7668	0.1034	−0.8626	−0.0706	−1.3472	−0.3706	1.5958	−0.8815	−1.3485
12	0.8726	1.1054	−1.5272	−1.8442	0.8129	−0.9285	0.8411	−0.8981	0.7053
13	−1.7109	0.8164	−0.3702	1.2052	0.8885	1.9123	2.0708	0.2251	−0.1036
14	−2.1618	0.1860	−0.1026	0.5619	−0.1290	−2.5588	−0.3380	−0.1080	0.8652
15	−1.6050	−0.6784	−0.2117	−0.3325	−0.7456	−0.0658	−0.8259	−0.4662	−1.0012
16	−0.8875	−1.4521	−0.6417	−2.3461	−0.0690	1.4324	−0.6387	0.5524	0.1699

表 9-12 乙炔数据的主成分回归参数

参数	模型主成分									
	A		B		C		D		E	
	z_1		z_1, z_2		z_1, z_2, z_3		z_1, z_2, z_3, z_4		z_1, z_2, z_3, z_3, z_5	
	标准化估计值	原估计值	标准化估计值	原估计值	标准化估计值	原估计值	标准化估计值	原估计值	标准化估计值	原估计值
β_0	0.0000	42.1943	0.0000	42.2219	0.0000	36.6275	0.0000	34.6688	0.0000	34.7517
β_1	0.1193	1.4194	0.1188	1.4141	0.5087	6.0508	0.5070	6.0324	0.5056	6.0139
β_2	0.0466	0.5530	0.0450	0.5346	0.0409	0.4885	0.2139	2.5438	0.2195	2.6129
β_3	−0.1457	−1.7327	−0.1453	−1.7281	−0.4272	−5.0830	−0.4100	−4.8803	−0.4099	4.8757
β_{12}	−0.0772	−1.0369	−0.0798	−1.0738	−0.0260	−0.3502	−0.1123	−1.5115	−0.1107	−1.4885
β_{13}	0.1583	2.0968	0.1578	2.0922	−0.0143	−0.1843	−0.0597	−0.7926	−0.0588	−0.7788
β_{23}	0.0889	1.2627	0.0914	1.2950	0.0572	0.8111	0.1396	1.9816	0.1377	1.9493
β_{11}	−0.1429	−2.1429	−0.1425	−2.1383	0.1219	1.8295	0.1751	2.6268	0.1738	2.6083
β_{22}	0.0091	0.0968	0.0065	0.0691	−0.1280	−1.3779	−0.0460	−0.4977	−0.0533	−0.5760
β_{33}	−0.1644	−1.9033	−0.1639	−1.8986	−0.0786	−0.9125	−0.0467	−0.5392	−0.0463	−0.5346
R^2	0.5217		0.5218		0.9320		0.9914		0.9915	
$MS_{残}$	0.079 713		0.079 705		0.011 333		0.001 427		0.001 42	

Marquardt(1970)建议将主成分回归进行推广．他认为 **X** 矩阵的秩为整数这一假设过于严格，建议使用“分数秩”估计量，允许分段连续函数有秩．

Hawkins(1973)与 Webster 等(1974)遵循与主成分相同的哲学，研究了本征根程序．Gunst、Webster 和 Mason(1976)与 Gunst 和 Masou(1977)表明本征根回归可以提供相对最小二乘有较大改进的误差均方．Gunst(1979)指出本征根回归可以产生非常类似于通过主成分回归所求出的回归系数，特别是当 **X** 中只有一个或两个多重共线性时．本征根的许多大样本性质在 White 和 Gunst(1979)有介绍．

9.5.5 有偏估计量的比较与评估

已经进行了许多关于蒙特卡罗模拟的研究，以考察有偏估计量的有效性，并尝试确定哪种程序的性能最好．举例来说，见 McDonald 和 Galarneau(1975)，Hoerl 和 Kennard(1976)，Hoerl、Kennard 和 Baldwin(1975)(对比了最小二乘与岭)，Gunst 等(1976)(对比了本征根与最小二乘)，Lawless(1978)，Hemmerle 和 Brantle(1978)(对比了岭、广义岭与最小二乘)，Lawless 和 Wang(1976)(对比了最小二乘、岭与主成分)，Wichern 和 Churchill(1978)，Gibbons(1979)(对比了不同形式的岭)，Gunst 和 Mason(1977)(对比了岭、主成分、本征根与其他方法)与 Dempster 等(1977)．Dempster 等(1977)的研究对比了 160 个不同模型配置的 57 个不同统计量．虽然没有一个来自该研究的程序在总体上是最好的，但是存在相当多的证据表明，当存在多重共线性时，有偏估计量要优于最小二乘估计量．实践中我们自己更喜欢通过审视岭迹来选择常规岭回归的 k．这种程序是直接的，并在标准最小二乘计算机程序上易于实现．同时分析师可以快速学到岭迹的解释．通过 Hoerl、Kennard 和 Baldwin(1975)的建议求解“最优”的 k 值，以及 Hoerl 和 Kennard(1976)迭代地估计“最优”的 k 并将所产生的模型与通过岭迹所产生的模型进行对比，这两种方法偶
319 尔也会是有用的．

在回归中使用有偏估计量并非没有争论．一些作者已经批评了岭回归与其他和有偏估计有关的方法．由于即使对于正交回归变量，$\hat{\boldsymbol{\beta}}_{岭}$ 也会缓慢变化并最终稳定，所以 Conniffe 和 Stone(1973，1975)批评了使用岭迹来选择偏倚系数．他们也称当数据的适用性不支持最小二乘分析时，那么因为参数估计值是不敏感的，所以岭回归也不太可能会有很大的帮助．Marquardt 和 Snee(1975)与 Smith 和 Goldstein(1975)不接受这一结论，而认为有偏估计量是数据分析师对抗病态数据的宝贵工具．这几位作者也提到虽然可以证明存在这样的 k，满足岭估计量的均方误差总是小于最小二乘估计量的均方误差，但是不能确保岭迹(或通过数据分析随机选择偏倚系数的其他方法)会产生最优的 k．

Draper 和 Van Nostrand[1977a，b，1979]也批评了有偏估计量．他们发现声称有偏估计方法会改善 MSE，所使用统计模拟研究的技术细节中存在大量错误，意味着所设计的统计模拟会偏向于有偏估计量．他们提到岭回归真正唯一适合的情形，是将外部信息加入到最小二乘问题中的情形．这一情形可能会采取以下两种方式之一来“改善”数据的“状况”：程序的贝叶斯公式与解释，或者选择以能反映分析师对回归系数先验知识的 $\boldsymbol{\beta}$ 为约束的约束最小二乘．

Smitht 和 Campbell(1980)建议使用隐含的贝叶斯分析或混合估计来解决多重共线性问

题. 他们拒绝使用较弱而不精确的岭方法，这是因为岭方法只是松散地将先验的信念与信息纳入模型. 如果已知隐含的先验信息，那么确实应当使用贝叶斯估计或混合估计. 但是，先验信息通常并不易于简化为特定的先验分布，而岭回归方法所提供的方法纳入了，至少是近似纳入了这些先验知识.

围绕是否应当中心化与尺度化回归变量与响应变量使得 $\boldsymbol{X}'\boldsymbol{X}$ 与 $\boldsymbol{X}'\boldsymbol{y}$ 成为相关系数的形式也存在一些争论. 这一争论产生于从模型中人工移除了截距. 在岭模型中截距可以有效地通过 $\bar{y}$ 来估计. Hoerl 和 Kennard(1970a，b)使用了这种方法，Marquardt 和 Snee(1975)也使用了这种方法，他们注意到当拟合多项式模型时中心化往往会最小化所有的非本质病态. 但另一方面，Brown(1977)认为不应将变量中心化，这是因为中心化仅会影响截距的估计值而不会影响斜率的估计值. Belsley、Kuh 和 Welsch(1980)建议不要中心化回归变量，使得可以诊断出截距在所有近线性相关中的角色. 中心化与尺度化会允许分析师将参数估计值视为标准化回归系数，这在直觉上是吸引人的. 进一步而言，中心化回归变量可以消除非本质病态，而因此减小了参数估计值的方差膨胀. 因此，推荐将数据同时中心化与尺度化.

尽管提到了以上反对意见，但是仍要相信有偏估计方法是处理多重共线性时分析师应当考虑的有用方法. 有偏估计方法相比其他方法，比如变量剔除，在处理多重共线性时确实是非常有帮助的. 正如 Marquardt 和 Snee(1975)所提到的，像岭回归那样使用所有回归变量的部分信息而言，相比像变量剔除那样使用部分回归变量的所有信息而不使用其他回归变量的任何信息而言，通常是更好的. 进一步而言，因为子集回归模型通常会产生回归系数的有偏估计值，所以可以认为变量剔除是有偏估计的一种形式. 事实上，变量剔除通常会使参数估计值向量收缩，而岭回归也是这样. 不推荐在没有仔细研究数据与仔细分析最终模型的适用性时，机械地或盲目地使用岭回归. 通过恰当的使用，有偏估计方法将是数据分析工具箱中的一种宝贵工具. 320

9.6 使用 SAS 做岭回归与主成分回归

表 9-13 给出了对乙炔数据做岭回归的 SAS 代码. 紧跟在 card 语句前面的行将线性项中心化与尺度化. 其他语句创建了交互作用项与二次项. 第一条 proc reg 语句的选项

```
ridge = 0.006 to 0.04 by .002
```

创建了岭迹所使用的一系列 k. 一般情况下，k 的范围从 0 开始，这将产生普通最小二乘(OLS)估计量. 不幸的是，乙炔数据的 OLS 估计量严重扭曲了岭迹点的图像，要选择优良的 k 是非常困难的. 语句

```
plot / ridgeplot nomodel;
```

创建了实际的岭迹. 第二条 progreg 语句的选项

```
ridge = .032
```

将 k 值固定在 0.032.

表 9-13 对乙炔数据做岭回归的 SAS 代码

```
data acetylene;
input conv t h c ;
t = (t - 121 2.5) / 80.623;
h = (h - 12.44) / 5.662;
c = (c - 0.0403) / 0.03164;
th = t*h;
tc = t*c;
hc = h*c;
t2 = t*t;
h2 = h*h;
c2 = c*c;
cards;
49.0    1300    7.5    0.0120
50.0    1300    9.0    0.0120
50.5    1300   11.5    0.0115
48.5    1300   13.5    0.0130
47.5    1300   17.0    0.0135
44.5    1300   23.0    0.0120
28.0    1200    5.3    0.0400
31.5    1200    7.5    0.0380
34.5    1200   11.0    0.0320
35.0    1200   13.5    0.0260
38.0    1200   17.0    0.0340
38.5    1200   23.0    0.0410
15.0    1100    5.3    0.0840
17.0    1100    7.5    0.0980
20.5    1100   11.0    0.0920
29.5    1100   17.0    0.0860
proc reg outest = b ridge = 0.006 to 0.04 by .002;
model conv = t h c t2 h2 c2 th tc hc / noprint;
plot / ridgeplot nomodel;
run;proc reg outest = b2 data = acetylene ridge = .032;
model conv = t h c t2 h2 c2 th tc hc; run ; proc print data= b2i
run;
```

表 9-14 给出了做主成分回归的额外 SAS 代码. 语句

```
proc princomp data= acetylene out= pc_acetylene std,
```

建立了主成分分析，并创建了一个输出数据集，其名为

321 pc_acetylene.

std 选项将主成分得分标准化为单位方差. 语句

```
var t h c th tc hc t2 h2 c2;
```

设定了创建主成分的特定变量. 在本例中，变量是所有回归变量. 语句

```
ods select eigenvectors eigenvalues;
```

创建了特征向量与特征值. 其他两个 od 语句建立了输出. 这一程序创建了主成分，将其命名为 prin1、prin2 等，然后在输出数据集中对其打分，在本例中为 322

```
pc_acetylene
```

剩余的代码说明了如何使用 proc reg 将主成分作为回归变量. SAS 并不会自动将所产生的主成分回归方程转回原变量. 分析师必须使用合适的特征向量来进行这一计算.

表 9-14 对乙炔数据做主成分回归的 SAS 代码

```
proc princomp data= acetylene out= pc_acetylene std;
var t h c th tc he t2 h2 c2;
ods select eigenvectors eigenvalues;
ods trace on;
ods show;
run;
proc reg data = pc_acetylene;
model conv = prin1 prin2 prin3 prin4 prin5 prin6 prin7 prin8 prin9 / vif;
run;
proc reg data = pc_acetylene;
model conv = prin1;
run;
proc reg data = pc_acetylene;
model conv = prin1 prin2;
run;
```

习题

9.1 考虑例 3.1 中的软饮料送货时间数据.

a. 求出箱数(x_1)与距离(x_2)之间的简单相关系数.

b. 求出方程膨胀因子.

c. 求出 $\mathbf{X'X}$ 的条件数. 是否有数据中存在多重共线性的证据?

9.2 考虑表 B-21 中的 Hald 水泥数据.

a. 通过回归变量之间的协方差矩阵，猜测是否存在多重共线性.

b. 求出方程膨胀因子.

c. 求出 $\mathbf{X'X}$ 的特征值.

d. 求出 $\mathbf{X'X}$ 的条件数.

9.3 使用 Hald 水泥数据(例 10.1)，求出 $\mathbf{X'X}$ 最小特征值的特征向量. 解释该向量的元素. 关于数据中多重共线性的来源，能说些什么?

9.4 假设回归变量是中心化的，求出 Hald 水泥数据(表 B-21)的条件指数与方差分解比例. 关于数据中的多重共线性，能说些什么?

9.5 不中心化回归变量，重做习题 9.4，并比较两个结果. 认为哪种方法更好? 323

9.6 使用表 B-1 中国家美式橄榄球大联盟数据的回归变量 x_2(传球码数)、x_7(冲球百分比)与 x_8(对手的冲球码数).

a. 协方差矩阵是否给出了存在多重共线性的任何迹象?

b. 计算方程膨胀因子与 $\mathbf{X'X}$ 的条件数. 是否有存在多重共线性的证据?

9.7 考虑表 B-3 中的汽油里程数据.

a. 协方差矩阵是否给出了存在多重共线性的任何迹象?

b. 计算方程膨胀因子与 $\boldsymbol{X}'\boldsymbol{X}$ 的条件数. 是否有存在多重共线性的证据?

9.8 使用表 B-3 中的汽油里程数据，求出 $\boldsymbol{X}'\boldsymbol{X}$ 最小特征值的特征向量. 解释该向量的元素. 关于数据中多重共线性的来源，能说些什么?

9.9 使用表 B-3 中的汽油里程数据，使用中心化的回归变量计算条件指数与方差分解比例. 关于数据中的多重共线性，能得出哪些结论?

9.10 使用方差膨胀因子与 $\boldsymbol{X}'\boldsymbol{X}$ 的条件数，分析表 B-4 中房屋价格数据的多重共线性.

9.11 使用方差膨胀因子与 $\boldsymbol{X}'\boldsymbol{X}$ 的条件数，分析表 B-5 中化学过程数据多重共线性的证据.

9.12 使用方差膨胀因子与 $\boldsymbol{X}'\boldsymbol{X}$ 的条件数，分析表 B-17 中病人满意度数据的多重共线性.

9.13 使用方差膨胀因子与 $\boldsymbol{X}'\boldsymbol{X}$ 的条件数，分析表 B-18 中燃料消耗数据的多重共线性.

9.14 使用方差膨胀因子与 $\boldsymbol{X}'\boldsymbol{X}$ 的条件数，分析表 B-19 中红葡萄酒品质数据的多重共线性.

9.15 使用方差膨胀因子与 $\boldsymbol{X}'\boldsymbol{X}$ 的条件数，分析表 B-20 中甲醛氧化数据的多重共线性.

9.16 下表展示了对乙炔数据使用中心化回归变量的条件指数与方差分解比例. 使用这些数据诊断数据中的多重共线性并得出合适的结论.

序号	特征值	条件指数	方差分解比例								
			T	H	C	TH	TC	HC	T2	H2	C2
1	4.204 797	1.000 000	0.0001	0.0024	0.0001	0.0004	0.0000	0.0004	0.0000	0.0001	0.0000
2	2.162 611	1.394 387	0.0000	0.0305	0.0000	0.0044	0.0000	0.0035	0.0000	0.0412	0.0000
3	1.138 392	1.921 882	0.0010	0.0000	0.0003	0.0002	0.0000	0.0001	0.0001	0.0139	0.0000
4	1.041 305	2.009 480	0.0000	0.2888	0.0000	0.0040	0.0000	0.0032	0.0000	0.0354	0.0000
5	0.384 532	3.306 788	0.0001	0.5090	0.0000	0.0023	0.0000	0.0029	0.0000	0.4425	0.0000
6	0.049 510	9.215 620	0.0034	0.0049	0.0000	0.0874	0.0000	0.0565	0.0033	0.0319	0.0071
7	0.013 633	17.562 062	0.0096	0.0051	0.0031	0.8218	0.0000	0.7922	0.0042	0.0001	0.0053
8	0.005 123 2	28.648 589	0.1514	0.0936	0.1461	0.0773	0.0007	0.1210	0.0002	0.3526	0.0229
9	0.000 096 9	208.285	0.8343	0.0657	0.8504	0.0022	0.9993	0.0201	0.9920	0.0822	0.9646

324

9.17 对表 B-21 中的 Hald 水泥数据应用岭回归.

a. 使用岭迹选择合适的 k 值. 最终模型是优良的模型吗?

b. 使用岭回归使残差平方和产生了多少膨胀?

c. 比较包括 x_1 与 x_2 两个回归变量的岭回归模型与例 9.1 中所研究的所有可能回归.

9.18 使用方程(9.8)中的 k 值，对 Hald 水泥数据(表 B-21)使用岭回归. 将这一 k 值与习题 9.17 中通过岭迹所选择的值进行对比. 最终模型与习题 9.17 中的模型是否有很大不同?

9.19 使用岭回归估计表 B-3 中汽油里程数据的模型参数.

a. 使用岭迹选择合适的 k 值. 所得到的模型是适用的吗?

b. 使用岭回归使残差平方和产生了多少膨胀?

c. 使用岭回归使 R^2 减少了多少?

9.20 使用通过方程(9.8)确定的 k 值，使用岭回归估计表 B-3 中汽油里程数据的模型参数. 这一模型与习题 9.19 所研究的模型有很大不同吗?

9.21 使用主成分回归估计 Hald 水泥数据(表 B-21)的模型参数.

a. 这一模型的 R^2 相比最小二乘损失了多少?

b. 所得到的系数向量收缩了多少?

c. 对比主成分模型与习题 9.17 中所研究的常规岭模型. 评论两个模型中明显的不同点.

9.22 使用主成分回归估计汽油里程数据的模型参数.

a. 残差平方和相比最小二乘增加了多少?

b. 所得到的系数向量收缩了多少?

c. 对比主成分模型与常规岭模型(习题 9.19). 更喜欢哪个模型?

9.23 考虑表 B-15 中的空气污染与死亡率数据.

a. 存在多重共线性问题吗? 说明是如何得出这一结论的.

b. 画出数据的岭迹.

c. 以 b 小问的岭迹为基础选择 k. 更喜欢数据的岭估计量还是 OLS 估计量? 验证所得到的答案. 325

d. 使用主成分回归分析数据. 讨论主成分回归的结果与岭回归和 OLS 回归的结果.

9.24 证明岭估计量是以下问题的解:

$$\underset{\beta}{\text{最小化}}(\boldsymbol{\beta}-\hat{\boldsymbol{\beta}})'\boldsymbol{X}'\boldsymbol{X}(\boldsymbol{\beta}-\hat{\boldsymbol{\beta}})$$
$$\text{约束为 } \boldsymbol{\beta}'\boldsymbol{\beta}\leqslant d^2$$

9.25 纯收缩估计量(Stein(1960)).

纯收缩估计量的定义为$\hat{\boldsymbol{\beta}}_{\text{缩}}=c\,\hat{\boldsymbol{\beta}}$, $0\leqslant c\leqslant 1$ 为分析师所选择的常数. 描述这一估计量所引入收缩的类型, 并将其与岭回归所得到的收缩进行对比. 直觉上哪个估计量看起来似乎是更好的?

9.26 证明纯收缩估计量(习题 9.25)是以下问题的解:

$$\underset{\beta}{\text{最小化}}(\boldsymbol{\beta}-\hat{\boldsymbol{\beta}})'(\boldsymbol{\beta}-\hat{\boldsymbol{\beta}})$$
$$\text{约束为 } \boldsymbol{\beta}'\boldsymbol{\beta}\leqslant d^2$$

9.27 岭回归的均方误差准则为

$$E(L_1^2)=\sum_{j=1}^{p}\frac{\lambda_j}{(\lambda_j+k)^2}+\sum_{j=1}^{p}\frac{\alpha_j^2k^2}{(\lambda_j+k)^2}$$

尝试求出使 $E(L_1^2)$最小化的 k 值. 遇到了什么困难?

9.28 考虑广义岭回归的均方误差准则. 证明通过选择 $k_j=\sigma^2/\alpha_j^2(j=1, 2, \cdots, p)$可以最小化均方误差.

9.29 证明如果 $\boldsymbol{X}'\boldsymbol{X}$ 为相关系数的形式, $\boldsymbol{\Lambda}$ 为 $\boldsymbol{X}'\boldsymbol{X}$ 特征值的对角矩阵, 而 $\boldsymbol{T}$ 为特征向量所对应的矩阵, 那么方差膨胀因子为 $\boldsymbol{T\Lambda}^{-1}\boldsymbol{T}'$的主对角线元素. 326

第 10 章　变量选择与模型构建

10.1　导引

10.1.1　模型构建问题

前几章所做的假设——包括在模型中的回归变量是已知的，是重要的．我们所关注的是方法要确保模型的函数形式是正确的，并且不违背所隐含的假设．在某些应用中，理论上的考虑与先验经验有助于选择模型中的回归变量．

前几章使用了选择回归模型的经典方法，其中假设已经拥有了关于模型基本形式的非常好的想法，并假设应当使用所有(或近乎所有)的回归变量．基本策略如下：

1）拟合全模型(包括考虑所有回归变量的模型)．

2）对模型进行完整分析，包括完整的残差分析．通常情况下，应当进行完整分析来研究可能存在的共线性．

3）确定对响应变量或某些回归变量进行变换是否有必要．

4）使用单个回归变量的 t 检验来修改模型．

327 5）对修正后的模型进行完整分析，尤其是残差分析来确定模型的适用性．

在大多数实际问题，尤其是包括历史数据的实际问题中，分析师拥有相当多可能的**候选回归变量**，其中只有少数回归变量可能是重要的．求出模型中回归变量的合适子集通常称为**变量选择问题**．

当存在多重共线性时，优良的变量选择方法是非常重要的．实际上，修正多重共线性最常见的方法就是变量选择．变量选择并不确保可以消除多重共线性．存在这种情况：两个或更多个回归变量是高度相关的，但是这些回归变量的子集确实应当归入模型．变量选择方法有助于证明最终模型中要包含这些高度相关的回归变量．

多重共线性不是要进行变量选择的唯一原因．即使多重共线性诊断没有标记出有问题的轻微多重共线性关系，多重共线性也可能会影响变量选择．使用优良的变量选择方法会增强对所推荐最终模型的信心．

建立仅包括可用回归变量子集的回归包括两个矛盾的目标．①想要模型包括尽可能多的回归变量，使得这些因子中的信息内容可以影响 y 的预测值．②想要模型包括尽可能少的变量，这是因为预测值$\hat{y}$的方差会随着回归变量个数的增加而增加．另外，模型中的回归变量越多，收集数据与维护模型的成本就越大．在这两个矛盾的目标之间求解模型的过程，称为选择**“最佳”的回归方程**．不幸的是，正如将在本章中所看到的，不存在“最佳”的唯一定义．进一步而言，存在若干种可以用于变量选择的算法，而这些程序大多数情况下会将候选回归变量的不同子集设定为“最佳”子集．

通常在理想化的背景下讨论变量选择问题．一般假设回归变量的正确函数设定是已知的(比如 $1/x_1$、$\ln x_2$)，并假设不存在离群点与强影响观测值．但实践中很少会符合这些假设．诸如在第 4 章中所推荐的**残差分析**，在揭示所研究回归变量的函数形式，指出新的候选变量，以及识别探测数据中的离群点等方面，都是有用的．也要确定强影响观测值或高杠杆观测值的影响．模型适用性研究与变量选择问题是有联系的．虽然在理想情况下应当同时解决这两个问题，但通常会使用迭代方法：①使用特定的变量选择策略，②检验所得到子集模型的正确的函数设定、离群点与强影响观测值．这可能表明必须要重复第 1 步．产生适用的模型，会需要进行若干次迭代．

本章中所描述的变量选择程序都不会确保对给定的数据集产生最佳的回归方程．事实上，通常不存在最佳的一个方程，而是存在同等好的几个方程．因为变量选择算法严重依赖于计算机，所以这有时会诱导分析师过于依赖某个特定程序的回归结果．应当避免这种诱导．经验、学科领域中的专业判断以及主观的考虑，都会进入变量问题．分析师应当将变量选择程序作为探索数据结构的方法来使用．在回归中进行变量选择的优良总体性讨论见 Cox 和 Snell（1974），Hocking（1972，1976），Hocking 和 LaMotte（1973），Myers（1990）与 Thompson（1978a，b）． 328

10.1.2 模型误设的后果

为了了解进行变量选择的必要性，将简短复习**模型误设**的后果．假设有 K 个候选回归变量 x_1，x_2，…，x_K，而这些回归变量在响应变量 y 上存在 $n \geqslant K+1$ 个观测值．包含所有 K 个回归变量的**全模型**，为

$$y_i = \beta_0 + \sum_{j=1}^{K} \beta_j x_{ij} + \varepsilon_i \qquad (i = 1,2,\cdots,n) \tag{10.1a}$$

等价地，即为

$$\boldsymbol{y} = \boldsymbol{X\beta} + \boldsymbol{\varepsilon} \tag{10.1b}$$

假设候选回归变量的列表包括了所有重要的回归变量．注意方程(10.1a)包括了截距项 $\boldsymbol{\beta}_0$．虽然 $\boldsymbol{\beta}_0$ 也应当作为重要的候选变量进行选择，但是一般而言要强制将其放入模型中．假设所有方程都包括截距项．令 $\boldsymbol{r}$ 为从方程(10.1)中所剔除回归变量的个数．那么所保留变量的个数为 $p=K+1-r$．由于包括了截距，所以子集模型会包含 $p-1=K-r$ 个原回归．

可以将模型(10.1)写为

$$\boldsymbol{y} = \boldsymbol{X}_p\boldsymbol{\beta}_p + \boldsymbol{X}_r\boldsymbol{\beta}_r + \boldsymbol{\varepsilon} \tag{10.2}$$

式中已将 $\boldsymbol{X}$ 分块为 $\boldsymbol{X}_p$ 与 $\boldsymbol{X}_r$．$n\times p$ 矩阵 $\boldsymbol{X}_p$ 的列代表了截距与子集模型中保留的 $p-1$ 个回归变量，而 $n\times r$ 矩阵 $\boldsymbol{X}_r$ 的列代表了从模型中剔除的回归变量．令 $\boldsymbol{\beta}$ 的分块 $\boldsymbol{\beta}_p$ 与 $\boldsymbol{\beta}_r$ 是与之一致的．对全模型，$\boldsymbol{\beta}$ 的最小二乘估计量为

$$\hat{\boldsymbol{\beta}}^* = (\boldsymbol{X}'\boldsymbol{X})^{-1}\boldsymbol{X}'\boldsymbol{y} \tag{10.3}$$

而残差方差 σ^2 的估计量为

$$\hat{\sigma}_*^2 = \frac{\boldsymbol{y}'\boldsymbol{y} - \hat{\boldsymbol{\beta}}^{*\prime}\boldsymbol{X}'\boldsymbol{y}}{n-K-1} = \frac{\boldsymbol{y}'[\boldsymbol{I} - \boldsymbol{X}(\boldsymbol{X}'\boldsymbol{X})^{-1}\boldsymbol{X}']\boldsymbol{y}}{n-K-1} \tag{10.4}$$

$\hat{\boldsymbol{\beta}}^*$ 的组成用 $\hat{\boldsymbol{\beta}}_p^*$ 与 $\hat{\boldsymbol{\beta}}_r^*$ 来表示，而 $\hat{y}_i$ 表示拟合值．对全模型

$$\boldsymbol{y} = \boldsymbol{X}_p\boldsymbol{\beta}_p + \boldsymbol{\varepsilon} \tag{10.5}$$ 329

$\boldsymbol{\beta}_p$ 的最小二乘估计量为

$$\hat{\boldsymbol{\beta}}_p = (\boldsymbol{X}_p'\boldsymbol{X}_p)^{-1}\boldsymbol{X}_p'\boldsymbol{y} \tag{10.6}$$

残差方差的估计量为

$$\hat{\sigma}^2 = \frac{\boldsymbol{y}'\boldsymbol{y} - \hat{\boldsymbol{\beta}}'_p \boldsymbol{X}'_p \boldsymbol{y}}{n-p} = \frac{\boldsymbol{y}'[\boldsymbol{I} - \boldsymbol{X}_p(\boldsymbol{X}'_p\boldsymbol{X}_p)^{-1}\boldsymbol{X}'_p]\boldsymbol{y}}{n-p} \tag{10.7}$$

而拟合值为$\hat{y}_i$.

一些作者已经研究了子集模型的估计量$\hat{\boldsymbol{\beta}}_p$ 与 $\boldsymbol{\sigma}^2$ 的性质，包括 Hocking(1974，1976)，Narula 和 Ramberg(1972)，Rao(1971)，Rosenberg 和 Levy(1972)以及 Walls 和 Weeks (1969).

可以将结果汇总如下：

1) $\hat{\boldsymbol{\beta}}_p$ 的期望值为

$$E(\hat{\boldsymbol{\beta}}_p) = \boldsymbol{\beta}_p + (\boldsymbol{X}'_p X_p)^{-1}\boldsymbol{X}'_p\boldsymbol{X}_r\boldsymbol{\beta}_r = \boldsymbol{\beta}_p + \boldsymbol{A}\boldsymbol{\beta}_r$$

式中：$\boldsymbol{A}=(\boldsymbol{X}'_p\boldsymbol{X}_p)^{-1}\boldsymbol{X}'_p\boldsymbol{X}_r$(有时称之为别名矩阵)．因此，除非剔除变量($\boldsymbol{\beta}_r$)所对应的回归系数为零或保留变量与剔除变量正交($\boldsymbol{X}'_p\boldsymbol{X}_r=0$)，否则$\hat{\boldsymbol{\beta}}_p$ 是 $\boldsymbol{\beta}_p$ 的有偏估计量.

2) $\hat{\boldsymbol{\beta}}_p$ 与$\hat{\boldsymbol{\beta}}^*$ 的方差分别为 $\mathrm{Var}(\hat{\boldsymbol{\beta}}_p)=\boldsymbol{\sigma}^2(\boldsymbol{X}'_p\boldsymbol{X}_p)^{-1}$ 与 $\mathrm{Var}(\hat{\boldsymbol{\beta}}^*)=\boldsymbol{\sigma}^2(\boldsymbol{X}'\boldsymbol{X})^{-1}$. 另外矩阵 $\mathrm{Var}(\hat{\boldsymbol{\beta}}^*_p)-\mathrm{Var}(\hat{\boldsymbol{\beta}}_p)$是半正定的，也就是说，全模型中参数最小二乘估计值的方差大于等于所对应子集模型中参数估计值的方差．因此，剔除变量永远不会使剩余参数估计值的方差增加.

3) 由于$\hat{\boldsymbol{\beta}}_p$ 是 $\boldsymbol{\beta}_p$ 的有偏估计量，而$\hat{\boldsymbol{\beta}}^*_p$ 不是，所以更为合理的是对全模型与子集模型中两个参数估计值的均方误差的精确性进行对比．回忆如果$\hat{\boldsymbol{\theta}}$为参数$\hat{\boldsymbol{\theta}}$的估计值，那么 $\boldsymbol{\theta}$ 的均方误差为

$$\mathrm{MSE}(\hat{\boldsymbol{\theta}}) = \mathrm{Var}(\hat{\boldsymbol{\theta}}) + [E(\hat{\boldsymbol{\theta}}) - (\boldsymbol{\theta})]^2$$

$\hat{\boldsymbol{\beta}}_p$ 的均方误差为

$$\mathrm{MSE}(\hat{\boldsymbol{\beta}}_p) = \sigma^2(\boldsymbol{X}'_p\boldsymbol{X}_p)^{-1} + \boldsymbol{A}\boldsymbol{\beta}_r\boldsymbol{\beta}'_r\boldsymbol{A}'$$

如果矩阵 $\mathrm{Var}(\hat{\boldsymbol{\beta}}^*_r)-\boldsymbol{\beta}_r\boldsymbol{\beta}'_r$ 是半正定的，那么矩阵 $\mathrm{Var}(\hat{\boldsymbol{\beta}}^*_p)-\mathrm{MSE}(\hat{\boldsymbol{\beta}}_p)$是半正定的．这意味着当剔除变量的回归系数小于全模型中回归系数估计值的标准误差时，子集模型中参
330 数最小二乘估计值的均方误差会小于全模型中所对应参数估计值的均方误差.

4) 全模型的参数$\hat{\sigma}^2$ 是 σ^2 的无偏估计量．但是，对子集模型有

$$E(\hat{\sigma}^2) = \sigma^2 + \frac{\boldsymbol{\beta}'_r\boldsymbol{X}'_r[\boldsymbol{I} - \boldsymbol{X}_p(\boldsymbol{X}'_p\boldsymbol{X}_p)^{-1}\boldsymbol{X}'_p]\boldsymbol{X}_r\boldsymbol{\beta}_r}{n-p}$$

也就是说，$\hat{\sigma}^2$ 作为 σ^2 的估计量，一般而言会出现偏倚.

5) 假设希望在点 $\boldsymbol{x}'=[\boldsymbol{x}'_p，\boldsymbol{x}'_r]$处预测响应变量．如果使用全模型，那么预测值为$\hat{y}^*=\boldsymbol{x}'\hat{\boldsymbol{\beta}}^*$，其均值为 $\boldsymbol{x}'\beta$ 而预测值的方差为

$$\mathrm{Var}(\hat{y}^*) = \sigma^2[1 + \boldsymbol{x}'(\boldsymbol{X}'\boldsymbol{X})^{-1}\boldsymbol{x}]$$

但是，当使用子集模型时，$\hat{y}=x'_p\hat{\beta}_p$ 的均值为

$$E(\hat{y}) = \boldsymbol{x}'_p\boldsymbol{\beta}_p + \boldsymbol{x}'_p\boldsymbol{A}\boldsymbol{\beta}_r$$

而预测值的均方误差为

$$\mathrm{MSE}(\hat{y}) = \sigma^2[1 + \boldsymbol{x}'_p(\boldsymbol{X}'_p\boldsymbol{X}_p)^{-1}\boldsymbol{x}_p] + (\boldsymbol{x}'_p\boldsymbol{A}\boldsymbol{\beta}_r - \boldsymbol{x}'_r\boldsymbol{\beta}_r)^2$$

注意：除非 $\boldsymbol{x}_p'\boldsymbol{A}\boldsymbol{\beta}_r=0$，而一般情况下这只在 $\boldsymbol{X}_p'\boldsymbol{X}_r\boldsymbol{\beta}_r=0$ 时成立，否则 $\hat{y}$ 是 y 的有偏估计量. 进一步而言，全模型中 $\hat{y}^*$ 的方差不会小于子集模型中 $\hat{y}$ 的方差. 可以证明当矩阵 $\mathrm{Var}(\hat{\boldsymbol{\beta}}_r^*)-\boldsymbol{\beta}_r\boldsymbol{\beta}_r'$ 为半正定矩阵时，对均方误差有

$$\mathrm{Var}(\hat{y}^*)\geqslant \mathrm{MSE}(\hat{y})$$

将进行变量选择的动机汇总如下. 通过从模型中剔除变量，即使某些所剔除的回归变量是可以忽略的，也可以改善保留变量参数估计值的精确性. 对于响应变量预测值的方差也是这样. 变量剔除可能会将偏倚引入保留回归变量与响应变量的参数估计值中. 但是，如果剔除变量的影响较小，那么有偏估计值的 MSE 会小于无偏估计量的方差. 也就是说，所引入偏倚的量小于方差所减少的量. 保留可以忽略的变量是危险的，也就是说，变量的系数为零或小于其所对应全模型中系数的标准差时，参数估计量的方差与响应变量预测值的方差都会增加，这是危险的.

最后，记住 1.2 节所说的，总是要使用回顾性数据来建立回归模型，而回顾性数据就是从历史数据中提取的. 回顾性数据通常会充满缺陷，包括离群点、“野生”点，以及随着时间的流逝由数据收集组织与信息处理系统的变化所产生的不一致性. 这些数据缺陷可能对变量选择过程有巨大的影响，并导致模型误设. 历史数据中存在的一个非常常见的问 331
题是会发现某些候选回归变量被控制在了变化非常有限的范围内. 这些变量通常是影响最强的变量，所以将这些变量牢牢地控制起来，以保持响应变量在可接受的限制内. 但因为数据的范围是有限的，所以回归变量可能看起来似乎在最小二乘拟合中是不重要的. 这是一种严重的模型误设，只有问题环境中模型构建的非统计知识才能避免这种误设. 如果认为牢牢控制变量的范围是重要的，那分析师可能不得不为了努力构建模型而去专门收集新的数据. 在这点上试验设计是有帮助的.

10.1.3 评估子集回归模型的准则

变量选择问题的两个关键方面：生成子集模型，以及决定一个子集是否优于另一个子集. 本节讨论评估与比较子集回归模型的准则. 10.2 节将展示变量选择的计算方法.

多重决定系数 一种广泛使用的回归模型适用性的度量标准是多重决定系数 R^2. 令 R_p^2 表示含有 p 个项，也就是含有 $p-1$ 个回归变量与一个截距项 β_0 的子集回归模型的多重决定系数. 计算式为：

$$R_p^2=\frac{SS_{\text{回}}(p)}{SS_{\text{总}}}=1-\frac{SS_{\text{残}}(p)}{SS_{\text{总}}} \tag{10.8}$$

式中 $SS_{\text{回}}(p)$ 与 $SS_{\text{残}}(p)$ 分别表示含有 p 个项的子集模型的回归平方和与残差平方和. 注意对每个 p 值，存在 $\binom{K}{p-1}$ 个 R_p^2 的值，每个大小为 p 的可能子集模型都有一个 R_p^2. 现在 R_p^2 会随着 p 的增加而增加，而当 $p=K+1$ 时为最大. 因此，分析师会使用这一准则向模型中添加回归变量，直到每次所添加的回归变量仅使 R_p^2 有较小而无用的增加为止. 一般的方法如图 10-1 所示，是一张每个大小为 p 的子集的 R_p^2 最大

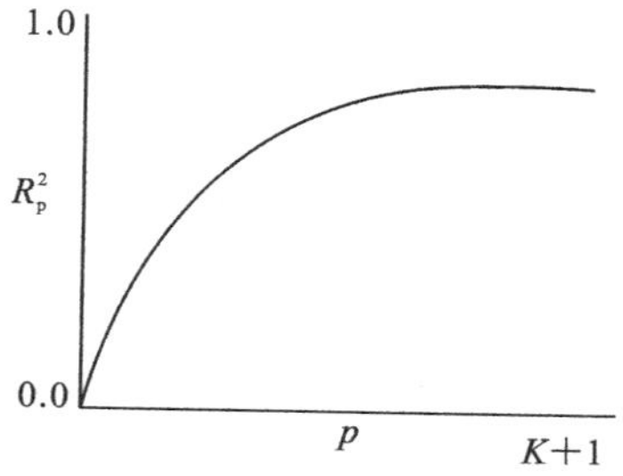

图 10-1 R_p^2 与 p 的图像

值与 p 的假设图形. 一般情况下可以考察这种图形，然后在曲线的“膝盖”变得明显的点处设定模型中回归变量的个数. 显然这需要分析师的判断.

由于不能求出子集回归模型的“最优”R^2 值，所以必须寻找“令人满意”的 R^2 值. 对这一问题 Aitkin(1974)提出了一个解决方案：识别出与全模型有显著不同 R^2 的子集回归模型，来提供一次检验. 令

332 $$R_0^2 = 1-(1-R_{K+1}^2)(1+d_{\alpha,n,k}) \tag{10.9}$$

式中

$$d_{\alpha,n,K} = \frac{KF_{\alpha,K,n-K-1}}{n-K-1}$$

而 R_{K+1}^2 为全模型的 R^2 值. Aitkin 将所有会产生比 R_0^2 更大的 R^2 的回归变量子集称为 **R^2-适用(α)子集.**

一般情况下，不直接使用 R^2 作为选择模型中所包括回归变量个数的准则. 但是，对固定的个数 p，R_p^2 可以用于比较 $\binom{K}{p-1}$ 个子集模型并生成这些模型. 有较大 R_p^2 的模型是更好的模型.

调整后的 R^2 为了避免解释 R^2 的困难，某些分析师更喜欢使用调整后的 R^2 统计量，p 项方程中调整后 R^2 的定义为

$$R_{调,p}^2 = 1-\left(\frac{n-1}{n-p}\right)(1-R_p^2) \tag{10.10}$$

$R_{调,p}^2$ 统计量并不一定会由于向模型中引入了额外的回归变量而增加. 事实上，可以证明(Edwards(1969)，Haitovski(1969)与 Seber(1977))如果向模型中添加了 s 个回归变量，那么当且仅当这 s 个所添加变量的显著性检验的偏 F 统计量都超过 1 时，$R_{调,p+s}^2$ 才会超过 $R_{调,p}^2$. 因此，选择最优子集模型的一个准则是选择有最大 $R_{调,p}^2$ 值的模型. 但是，这等价于下文所展示的另一种准则.

残差均方 子集回归模型的残差均方，比如说

$$MS_{残}(p) = \frac{SS_{残}(p)}{n-p} \tag{10.11}$$

可以作为评估模型的准则来使用. 随着 p 的增加，$MS_{残}(p)$的总体行为如图 10-2 所示. 因
333 为 $SS_{残}(p)$总会随着 p 的增加而减小，所以 $MS_{残}(p)$会先减小，然后稳定，而最终可能会增加. 当向模型中添加回归变量所产生 $SS_{残}(p)$的减少不足以抵消方程(10.11)的分母所损失的一个自由度时，$MS_{残}(p)$最终会出现增加. 也就是说，当残差平方和的减少小于 $MS_{残}(p)$ 的减少时，向 p 项模型中添加回归变量将使得 $MS_{残}(p+1)$ 大于 $MS_{残}(p)$. $MS_{残}(p)$准则提倡做出 $MS_{残}(p)$与 p 的图像，并以下列标准作为选择 p 的基础：

1) 最小的 $MS_{残}(p)$值.

2) 满足 $MS_{残}(p)$近似等于全模型 $MS_{残}$ 的 p 值.

3) 靠近最小 $MS_{残}(p)$转向上方的点处的 p 值将 $MS_{残}(p)$ 最小化的子集回归模型也会将 $R_{调,p}^2$ 最大化. 为了说明这一点，注意

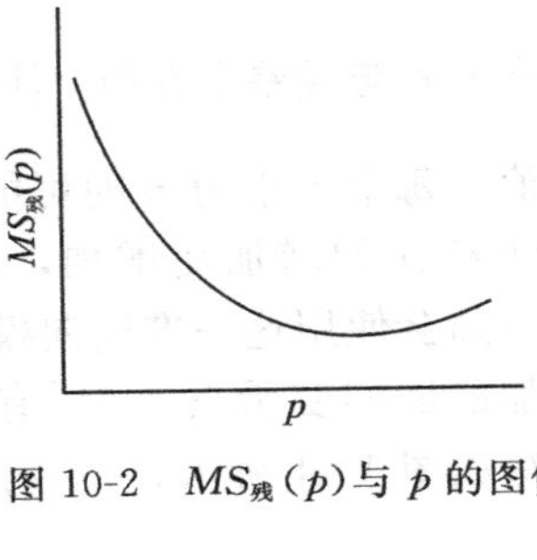

图 10-2 $MS_{残}(p)$与 p 的图像

$$R^2_{调,p}=1-\frac{n-1}{n-p}(1-R^2_p)=1-\frac{n-1}{n-p}\frac{SS_{残}(p)}{SS_{总}}=1-\frac{MS_{残}(p)}{SS_{总}/(n-1)}$$

因此，最小化 $MS_{残}(p)$的准则与最大化调整后 R^2 的准则是等价的.

马洛斯 C_p 统计量　Mallows(1964，1966，1973，1995)建议了一种与拟合值的均方误差相关的准则，即

$$E[\hat{y}_i-E(y_i)]^2=[E(y_i)-E(\hat{y}_i)]^2+\mathrm{Var}(\hat{y}_i) \tag{10.12}$$

注意：$E(y_i)$是真实回归模型中响应变量的期望，而 $E(\hat{y}_i)$是 p 项子集模型中响应变量的期望. 因此，$E(y_i)-E(\hat{y}_i)$为第 i 个数据点处的偏倚. 因此，方程(10.12)右边的两个项分别是均方误差的**平方偏倚**成分与**方差**成分. 令 p 项方程的总平方偏倚为

$$SS_{偏}(p)=\sum_{i=1}^{n}[E(y_i)-E(\hat{y}_i)]^2$$ 334

并将标准化的总均方误差定义为

$$\begin{aligned}\Gamma_p&=\frac{1}{\sigma^2}\left\{\sum_{i=1}^{n}[E(y_i)-E(\hat{y}_i)]^2+\sum_{i=1}^{n}\mathrm{Var}(\hat{y}_i)\right\}\\&=\frac{SS_{偏}(p)}{\sigma^2}+\frac{1}{\sigma^2}\sum_{i=1}^{n}\mathrm{Var}(\hat{y}_i)\end{aligned} \tag{10.13}$$

可以证明

$$\sum_{i=1}^{n}\mathrm{Var}(\hat{y}_i)=p\sigma^2$$

而 p 项模型中残差平方和的期望值为

$$E[SS_{残(p)}]=SS_{偏}(p)+(n-p)\sigma^2$$

向方程(10.13)中代入 $\sum_{i=1}^{n}\mathrm{Var}(\hat{y}_i)$与 $SS_{偏}(p)$，给出

$$\Gamma_p=\frac{1}{\sigma^2}\{E[SS_{残}(p)]-(n-p)\sigma^2+p\sigma^2\}=\frac{E[SS_{残}(p)]}{\sigma^2}-n+2p \tag{10.14}$$

假设$\hat{\sigma}^2$ 为 σ^2 的优良估计量. 然后用观测值 $SS_{残}(p)$代替 $E[SS_{偏}(p)]$，得到 Γ_p 的估计量，即

$$C_p=\frac{SS_{残}(p)}{\hat{\sigma}^2}-n+2p \tag{10.15}$$

如果 p 项模型的偏倚可以忽略，那么 $SS_{偏}(p)=0$. 因此，$E[SS_{残}(p)]=(n-p)\sigma^2$，而

$$E[C_p\,|\,偏倚=0]=\frac{(n-p)\sigma^2}{\sigma^2}-n+2p=p$$

当使用 C_p 准则时，对每个回归方程做出可视化的 C_p 作为 p 函数的图像是有帮助的，比如图 10-3 所示. 几乎没有偏倚的回归方程将拥有落在直线 $C_p=p$ 附近的 C_p 值(图 10-3 中的点 A)，而拥有很大偏倚的回归方程将落在这条直线的上方(如 10-3 中的点 B). 一般情况下，想要的是较小的 C_p 值. 举例来说，虽然图 10-3 中的点 C 在直线 $C_p=p$ 的上方，但是点 C 低于点 A，因此代表了总误差更小的模型. 我们可能会更倾向于接受存在一些偏倚的方程，来减小预测值的平均误差.

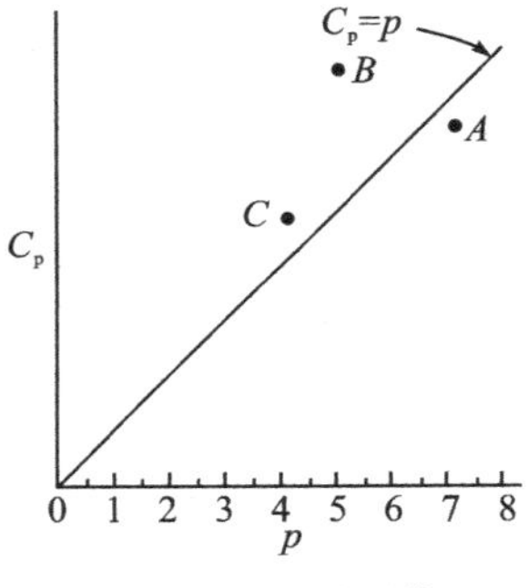

图 10-3　C_p 的图像

计算 C_p 需要 σ^2 的无偏估计量. 为了获得它，很多情况下要使用全模型的残差平方和. 但是，这会强制全模型的 $C_p=p=K+1$. 使用全模型的 $MS_{残}(K+1)$ 作为 σ^2 的估计量，要假设全模型的偏倚是可以忽略的. 如果全模型中的几个回归变量都对模型没有显著贡献
335 (回归系数为零)，那么使用 $MS_{残}(K+1)$ 通常将高估 σ^2，因此 C_p 的值将较小. 如果要 C_p 统计量能恰当地运作，那么必须使用 σ^2 的优良估计量. 正如 4.5.2 节所解释的，作为 $MS_{残}(K+1)$ 的替代，可以将 x 空间中的一对"近邻点"作为 σ^2 估计量的基础.

赤池信息准则与贝叶斯信息准则 赤池基于将模型熵的期望最大化，提出了赤池信息准则(AIC). 熵就是对信息期望的度量，在这里是相对熵的度量. 本质上来说，AIC 是一种惩罚对数似然的度量. 令 L 为特定模型的似然函数. AIC 为

$$\mathrm{AIC}=-2\ln(L)+2p$$

式中 p 为模型中参数的个数. 在普通最小二乘回归的情形中，

$$\mathrm{AIC}=n\ln\left(\frac{SS_{残}}{n}\right)+2p$$

对 AIC 的深入理解类似于 $R^2_{调}$ 与马洛斯 C_p. 随着向模型中添加回归变量，$SS_{残}$ 不可能增加. 问题变成了 $SS_{残}$ 的下降是否会证明模型包括了额外的项.

AIC 有几种贝叶斯分析的拓展. Schwartz(1978)与 Sawa(1978)是其中两种最主流的. 这两种拓展都称为贝叶斯信息准则(BIC). 因此，核对统计检验使用了哪种准则这一细节是重要的！施瓦兹准则($\mathrm{BIC}_{施}$)为

$$\mathrm{BIC}_{施}=-2\ln(L)+p\ln(n)$$

随着样本量的增加，施瓦兹准则会对所添加的回归变量进行更多的惩罚. 对普通最小二乘
336 回归，施瓦兹准则为

$$\mathrm{BIC}_{施}=n\ln\left(\frac{SS_{残}}{n}\right)+p\ln(n)$$

R 使用施瓦兹准则作为其 BIC. SAS 使用的 Sawa 准则包括了一个更为复杂的惩罚项. 该惩罚项包括 σ^2 与 σ^4，SAS 通过全模型的 $MS_{残}$ 来估计 σ^2 与 σ^4.

AIC 与 BIC 两种准则正在成为主流. 这两种准则包括了比普通最小二乘更为复杂的建模情形，比 5.6 节所概述的混合模型要常用得多. 这两种准则在广义线性模型(第 13 章)中是非常常用的.

回归的用途与模型评估的准则 正如已经所看到的，存在若干种可以用于评估子集回归模型的准则. 用于模型选择的准则确实应当与模型用途相关. 回归的用途包括：①数据描述；②预测与估计；③参数估计；④控制.

如果目标是要获得给定过程的优良描述，或者是对复杂系统的建模，那么就表明要寻找有较小残差平方和的回归方程. 由于最小化 $SS_{残}$ 要通过使用所有 K 个候选回归变量，所以当剔除变量使得 $SS_{残}$ 只有较小的增加时，通常会更喜欢剔除某些变量. 一般情况下，希望用尽可能少的回归变量来描述系统，而同时又能解释绝大多数 y 的变异性.

很多情况下，要使用回归方程来得到未来观测值的预测值，或者响应变量均值的估计值. 一般来说，想要选择的是可以满足最小化预测值均方误差的回归变量. 通常这意味着影响较小的回归变量应当从模型中剔除. 也可以使用第 4 章所介绍的 PRESS 统计量，来评

估通过子集生成程序所产生的候选方程. 回忆对 p 项回归模型有

$$\text{PRESS}_p = \sum_{i=1}^{n}[y_i - \hat{y}_{(i)}]^2 = \sum_{i=1}^{n}\left(\frac{e_i}{1-h_{ii}}\right)^2 \tag{10.16}$$

然后基于较小的 PRESS_p 值来选择子集回归模型. 虽然 PRESS_p 直觉上是有吸引力的(特别是对预测问题), 但是 PRESS_p 不是一个关于残差平方和的简单函数, 所以基于这一准则来研究变量选择的算法是不直接的. 但是, PRESS_p 统计量对判定两个替代模型哪个更好可能是有用的.

如果感兴趣的是参数估计, 那么显然应当同时考虑剔除变量所产生的偏倚与参数估计值的方差. 正如第 9 章所述, 当回归变量存在高度的多重共线性时, 单个回归系数的最小二乘估计值可能是极为不良的.

当回归模型是用于控制时, 精确的参数估计值是重要的. 这意味着回归系数的标准差应当较小. 进一步而言, 由于为了控制而对 x 所做的调整将与 $\hat{\beta}$ 成正比, 所以回归系数应当会接近于代表回归变量的影响. 如果回归变量是高度多重共线性的, 那么 $\hat{\beta}$ 可能是非常不良的单个回归变量影响的估计值. 337

10.2 变量选择的计算方法

已经看到想要考虑的是使用候选回归变量子集的回归模型. 为了找出在最终方程中所使用的变量子集, 自然要考虑使用候选回归变量的不同组合来拟合模型. 本节将讨论生成子集回归模型的几种计算方法, 并解释子集模型的评估准则.

10.2.1 所有可能的回归

这种程序需要分析师拟合包括一个候选回归变量, 两个候选回归变量等的所有回归方程. 根据某些适合的准则与所选择的"最佳"回归模型来评估这些方程. 如果假设所有方程都包括了截距项 β_0, 那么当存在 K 个候选回归变量时, 将要估计与考察总共 2^K 个方程. 举例来说, 如果 $K=4$, 那么存在 $2^4=16$ 个可能的方程; 而当 $K=10$ 时, 存在 $2^{10}=1024$ 个可能的回归方程. 显然所考察方程的个数会随着候选回归变量个数的增加而快速增加. 在开发出高效的计算机代码之前, 对包括多于少数几个变量的问题生成所有可能的回归是不现实的. 高速计算机的使用, 激励了研究所有可能回归的几种非常高效算法. 本章会解释 Minitab 与 SAS. R 的 leaps 目录中的函数 leaps()是做所有可能回归的一种方法.

例 10.1 Hald 水泥数据 Hald(1952)[⊖]展示的数据是关于每克水泥所放出的热量(以卡路里为单位)与所混合的四种成分含量的函数, 这四种成分是铝酸三钙(x_1)、硅酸三钙(x_2)、铁铝酸四钙(x_3)与硅酸二钙(x_4). 数据如表 B-21 所示. 这一数据反映出了十分严重的多重共线性问题. VIF 为

$x1$: 38.496

$x2$: 254.423

⊖ 该数据是用于解释变量选择内在问题的"经典"数据. 数据的其他分析见 Daniel 和 Wood(1980), Draper 和 Smith(1998)以及 Seber(1977).

$x3$：46.868

$x4$：282.513

338 我们将使用这一数据来解释变量选择的所有可能回归方法.

由于存在 $K=4$ 个候选回归变量，所以当总是包括截距 β_0 时会存在 $2^4=16$ 个可能的回归方程. 拟合这 16 个方程所得到的结果如表 10-1 所示. 该表也给出了 R_p^2、$R_{调,p}^2$、$MS_{残,p}$ 与 C_p 统计量.

表 10-1 Hald 水泥数据所有可能回归变量的汇总

模型中回归变量的个数	p	模型中的回归变量	$SS_{残(p)}$	R_p^2	$R_{调,p}^2$	$MS_{残(p)}$	C_p
None	1	None	2715.7635	0	0	226.3136	442.92
1	2	x_1	1265.6867	0.533 95	0.491 58	115.0624	202.55
1	2	x_2	906.3363	0.666 27	0.635 93	82.3942	142.49
1	2	x_3	1939.4005	0.285 87	0.220 95	176.3092	315.16
1	2	x_4	883.8669	0.674 59	0.644 95	80.3515	138.73
2	3	x_1x_2	57.9045	0.978 68	0.974 41	5.7904	2.68
2	3	x_1x_3	1227.0721	0.548 17	0.457 80	122.7073	198.10
2	3	x_1x_4	74.7621	0.972 47	0.966 97	7.4762	5.50
2	3	x_2x_3	415.4427	0.847 03	0.816 44	41.5443	62.44
2	3	x_2x_4	868.8801	0.680 06	0.616 07	86.8880	138.23
2	3	x_3x_4	175.7380	0.935 29	0.922 35	17.5738	22.37
3	4	$x_1x_2x_3$	48.1106	0.982 28	0.976 38	5.3456	3.04
3	4	$x_1x_2x_4$	47.9727	0.982 34	0.976 45	5.3303	3.02
3	4	$x_1x_3x_4$	50.8361	0.981 28	0.975 04	5.6485	3.50
3	4	$x_2x_3x_4$	73.8145	0.972 82	0.963 76	8.2017	7.34
4	5	$x_1x_2x_3x_4$	47.8636	0.982 38	0.973 56	5.9829	5.00

表 10-2 展示了回归系数的最小二乘估计值. 考察该表通常可以明显看到偏回归系数的
339 性质. 举例来说，考虑 x_2. 当模型仅包括 x_2 时，x_2 影响的最小二乘估计量为 0.789. 如果向模型中添加 x_4，那么 x_2 的影响为 0.311，减少了超过 50%. 进一步添加 x_3 将使 x_2 的影响变为 −0.923. 显然单个回归系数的最小二乘估计值会强烈依赖于模型中的其他回归变量. 从 Hald 水泥数据中观察到了回归系数的较大变化，这与存在严重的多重共线性问题相一致.

表 10-2 Hald 水泥数据所有可能回归的最小二乘估计

模型中的变量	$\hat{\beta}_0$	$\hat{\beta}_1$	$\hat{\beta}_2$	$\hat{\beta}_3$	$\hat{\beta}_4$
x_1	81.479	1.869			
x_2	57.424		0.789		
x_3	110.203			−1.256	
x_4	117.568				−0.738
x_1x_2	52.577	1.468	0.662		
x_1x_3	72.349	2.312		0.494	

(续)

模型中的变量	$\hat{\beta}_0$	$\hat{\beta}_1$	$\hat{\beta}_2$	$\hat{\beta}_3$	$\hat{\beta}_4$
x_1x_4	103.097	1.440			−0.614
x_2x_3	72.075		0.731	−1.008	
x_2x_4	94.160		0.311		−0.457
x_3x_4	131.282			−1.200	−0.724
$x_1x_2x_3$	48.194	1.696	0.657	0.250	
$x_1x_2x_4$	71.648	1.452	0.416		−0.237
$x_2x_3x_4$	203.642		−0.923	−1.448	−1.557
$x_1x_3x_4$	111.684	1.052		−0.410	−0.643
$x_1x_2x_3x_4$	62.405	1.551	0.510	0.102	−0.144

考虑通过 R_p^2 准则来评估子集模型. R_p^2 与 p 的图像如图 10-4 所示. 通过考察该图, 显然, 在模型中有了两个回归变量之后, 再引入额外的回归变量几乎不会再使 R^2 增加. 两个回归变量的模型(x_1, x_2)与(x_1, x_4)本质上有相同的 R^2 值, 而根据这一准则, 选择哪个模型作为最终的回归方程几乎没有区别. 因为 x_4 会提供最好的单一回归变量模型, 所以(x_1, x_4)可能是更好的. 由方程(10.9), 当取 $\alpha=0.05$ 时求出

$$R_0^2 = 1-(1-R_5^2)\left(1+\frac{4F_{0.05,4,8}}{8}\right)$$
$$= 1-0.01762\left[1+\frac{4(3.84)}{8}\right]$$
$$= 0.94855$$

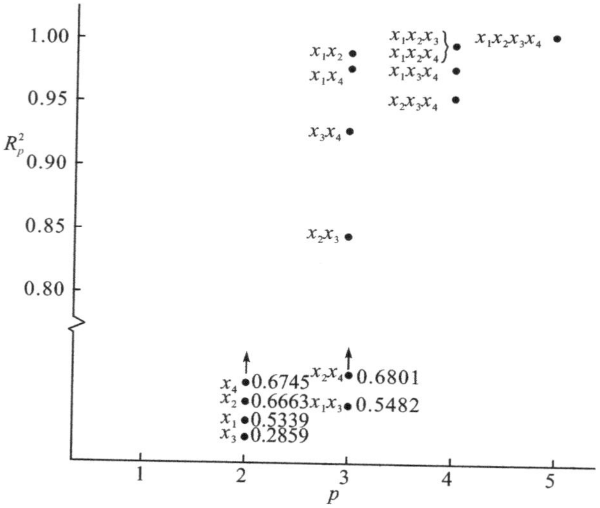

图 10-4 例 10.1 中 R_p^2 与 p 的图像

因此, $R_p^2 > R_0^2 = 0.94855$ 的所有子集模型都是 R^2-适用(0.05)的. 也就是说, 其 R^2 与 R_{K+1}^2 没有显著区别. 显然, 表 10-1 中的某些模型将满足这一准则, 但仍然不 340
清楚最终应该选择的模型.

考察 x_i 与 x_j 之间与 x_i 与 y 之间的一对相关系数是有指导意义的. 这两种简单相关系数如表 10-3 所示. 注意回归变量对(x_1, x_3)与(x_2, x_4)是高度相关的, 这是由于

$$r_{13} = -0.824 \quad 和 \quad r_{24} = -0.973$$

表 10-3 例 10.1 中 Hald 水泥数据的简单相关系数矩阵

	x_1	x_2	x_3	x_4	y
x_1	1.0				
x_2	0.229	1.0			
x_3	−0.824	−0.139	1.0		
x_4	−0.245	−0.973	0.030	1.0	
y	0.731	0.816	−0.535	−0.821	1.0

因此，当 x_1 与 x_2 或 x_1 与 x_4 已经在模型中时，由于模型中未包括的回归变量的信息内容本质上存在于模型中已包括的回归变量中，所以添加更多的回归变量几乎是没有用的. 这一相关系数对表 10-2 所提到的回归系数的较大变化负有部分责任.

$MS_{残}(p)$ 与 p 的图像如图 10-5 所示. 残差均方最小的模型为 (x_1, x_2, x_4)，其 $MS_{残}(4)=5.3303$. 注意，正如所期望的，最小化 $MS_{残}(p)$ 的模型也将最大化调整后的 R^2. 但是，其他三个回归变量的模型中的两个[(x_1, x_2, x_3) 与 (x_1, x_3, x_4)]以及两个回归变量的模型[(x_1, x_2) 与 (x_1, x_4)]都有数量相当的残差均方值. 如果 (x_1, x_2) 或 (x_1, x_4) 在模型中，那么添加更多的回归变量几乎不会再使残差均方减小. 因为子集模型 (x_1, x_2) 比子集模型 (x_1, x_4) 有更小的残差均方值，所以 (x_1, x_2) 会比 (x_1, x_4) 更加合适.

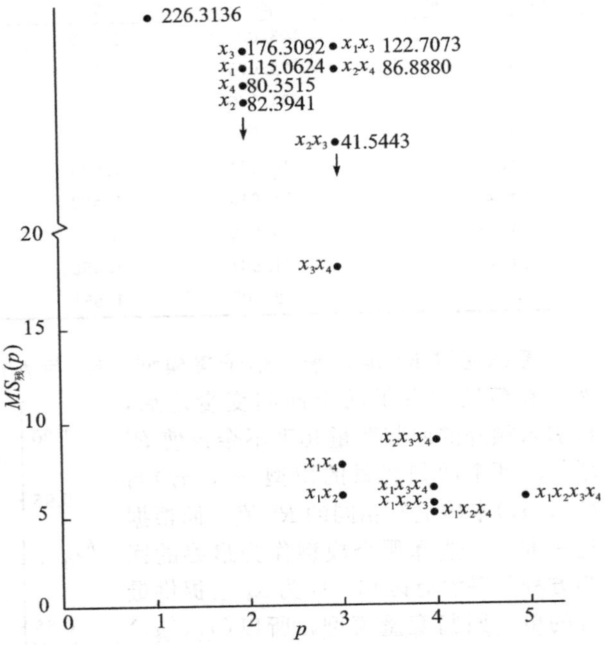

图 10-5 例 10.1 中 $MS_{残}(p)$ 与 p 的图像

C_p 的图像如图 10-6 所示. 为了解释计算过程，假设取 $\hat{\sigma}=5.9829$（全模型的 $MS_{残}$），并计算模型 (x_1, x_4) 的 C_3. 由方程(10.15)求得

$$\begin{aligned}C_3 &= \frac{SS_{残}(3)}{\hat{\sigma}^2}-n+2p\\ &= \frac{74.7621}{5.9829}-13+2\times 3\\ &= 5.50\end{aligned}$$

通过考察该图会发现存在四个可接受的模型：(x_1, x_2)、(x_1, x_2, x_3)、(x_1, x_2, x_4) 与 (x_1, x_3, x_4). 不考虑诸如关于回归变量的技术信息或数据收集成本的附加因素，因为 (x_1, x_2) 有最小的 C_p，所以选择最简单的模型 (x_1, x_2) 作为最终模型可能是合适的.

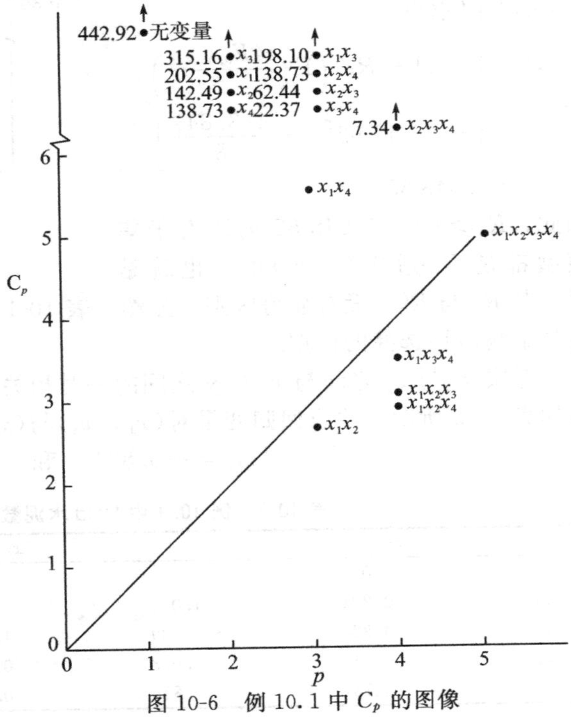

图 10-6 例 10.1 中 C_p 的图像

本例解释了所有可能回归模型构建的计算程序. 注意，不存在最佳回归方

程的明确选择. 我们会经常发现，不同的准则会建议不同的方程. 举例来说，C_p 最小的方程为(x_1, x_2)，而 $MS_{残}$ 最小的方程为(x_1, x_2, x_4). 所有的“最终”模型都应受常规适 341
用性检验的约束，包括研究杠杆点、强影响与多重共线性. 作为例子，表 10-4 从 PRESS 与方差膨胀因子(VIF)的方面考察了两个模型(x_1, x_2)与(x_1, x_2, x_4). 这两个模型有非常类似的 PRESS 值(大约两倍于 $MS_{残}$ 最小的方程的残差平方和)，而通过 PRESS 计算的两个模型的预测 R^2 也是类似的. 但是，作为 x_2 与 x_4 为高度多重共线性的证据，(x_1, x_2, x_4)的方差膨胀因子更大. 由于两个模型有等价的 PRESS 统计量，所以基于(x_1, x_2)不存在多重共线性而推荐(x_1, x_2)模型.

表 10-4　比较 Hald 水泥数据的两个模型

观测值 i	$\hat{y}=52.58+1.468x_1+0.662x_2$①			$\hat{y}=71.65+1.452x_1+0.416x_2-0.237x_4$②		
	e_i	h_{ii}	$[e_i/(1-h_{ii})]^2$	e_i	h_{ii}	$[e_i/(1-h_{ii})]^2$
1	−1.5740	0.251 19	4.4184	0.0617	0.520 58	0.0166
2	−1.0491	0.261 89	2.0202	1.4327	0.276 70	3.9235
3	−1.5147	0.118 90	2.9553	−1.8910	0.133 15	4.7588
4	−1.6585	0.242 25	4.7905	−1.8016	0.244 31	5.6837
5	−1.3925	0.083 62	2.3091	0.2562	0.357 33	0.1589
6	4.0475	0.115 12	20.9221	3.8982	0.117 37	19.5061
7	−1.3031	0.361 80	4.1627	−1.4287	0.363 41	5.0369
8	−2.0754	0.241 19	7.4806	−3.0919	0.345 22	22.2977
9	1.8245	0.171 95	4.9404	1.2818	0.208 81	2.6247
10	1.3625	0.550 02	9.1683	0.3539	0.652 44	1.0368
11	3.2643	0.184 02	16.0037	2.0977	0.321 05	9.5458
12	0.8628	0.196 66	1.1535	1.0556	0.200 40	1.7428
13	−2.8934	0.214 20	13.5579	−2.2247	0.259 23	9.0194
		PRESS x_1，x_2=93.8827			PRESS x_1，x_2，x_4=85.3516	

①$R^2_{预}=0.9654$，$VIF_1=1.05$，$VIF_2=1.06$.

②$R^2_{预}=0.9684$，$VIF_1=1.07$，$VIF_2=18.78$，$VIF_4=18.94$.

所有可能回归的高效生成　生成所有可能回归存在若干种可能有用的算法. 举例来说，见 Furnival(1971)，Furnical 和 Wilson(1974)，Gartside(1965，1971)，Morgan 和 Tatar(1972)以及 Schatzoff、Tsao 和 Fienberg(1968). 这些算法中所隐含的基本观点是对 2^K 个可能的子集模型做计算，这些子集模型与其后一个子集模型仅有一个变量是不同的. 这将允许使用非常高效的数值算法来做计算. 这些方法通常都基于高斯-若尔当算法或扫描 342
算子(见 Beaton(1964)或 Seber(1977)). 其中一些方法是商用的. 举例来说，Furnival 和 Wilson(1974)的算法是 Minitab 与 SAS 计算机程序的一个选项.

将 Minitab 数据应用于 Hald 水泥数据的计算机输出样本如图 10-7 所示. Minitab 程序允许用户对 $1\leqslant p\leqslant K+1$ 的每个大小的 p 选择最佳的回归模型，并展示出 C_p、R_p^2 与$MS_{残}(p)$三种准则. Minitab 程序也会展示出每个 p 值的某些(但不是全部)模型的 C_p、R_p^2、$R^2_{调,p}$ 与 $S=\sqrt{MS_{残}(p)}$的值. Minitab 程序还有能力识别出最佳的 $m(m\leqslant 5)$个子集回归模型.

Best Subsets Regression: y versus x1,x2,x3,x4
Response is y

Vars	R-Sq	R-Sq(adj)	C-p	S	x 1	x 2	x 3	x 4
1	67.5	64.5	138.7	8.9639				x
1	66.6	63.6	142.5	9.0771		x		
1	53.4	49.2	202.5	10.727	x			
1	28.6	22.1	315.2	13.278			x	
2	97.9	97.4	2.7	2.4063	x	x		
2	97.2	96.7	5.5	2.7343	x			x
2	93.5	92.2	22.4	4.1921			x	x
2	84.7	81.6	62.4	6.4455		x	x	
2	68.0	61.6	138.2	9.3214		x		x
3	98.2	97.6	3.0	2.3087	x	x		x
3	98.2	97.6	3.0	2.3121	x	x	x	x
3	98.1	97.5	3.5	2.3766	x		x	
3	97.3	96.4	7.3	2.8638		x	x	x
4	98.2	97.4	5.0	2.4460	x	x	x	x

图 10-7 Furnival 和 Wilson 所有可能回归算法的计算机输出(Minitab)

现在的所有可能回归程序将会高效地处理高达 30 个候选回归变量，其计算时间与 10.2.2 节所讨论的常规逐步型回归算法相当. 经验表明小于等于 30 个候选回归变量的问题通常能通过所有可能回归的方法来相对简单地解决.

10.2.2 逐步回归方法

343~344 因为评估所有回归可能会存在繁重的计算，所以研究了通过一次添加或剔除一个回归变量，而仅评估少数子集回归模型的若干种方法. 这些方法一般而言称为**逐步型程序**. 逐步型程序可以分成三大类：①**向前选择**；②**向后剔除**；③**逐步回归**，逐步回归是第 1 种程序与第 2 种程序的主流组合. 现在来简要描述与解释这三种程序.

向前选择　这种程序从假设除截距外模型中不存在回归变量开始. 通过一次向模型中插入一个回归变量，来尝试求解最优的子集. 所选择进入方程的第一个回归变量是与响应变量 y 有**最大简单相关系数**的回归变量. 假设这一回归变量为 x_1. 这一回归变量所产生的回归显著性检验 F 统计量也是最大的. 当该 F 统计量超过预先设定的 F 值，比如 $F_{入}$ 时，这一回归变量将进入模型. 所选择的第二个进入方程的变量，是在调整了第一个进入的回归变量(x_1)对 y 的影响之后，现在与 y 的简单相关系数为最大的回归变量. 将这种相关系数称为**偏相关系数**. 偏相关系数是来自回归 $\hat{y}=\hat{\beta}_0+\hat{\beta}_1 x_1$ 的残差与来自其他候选回归变量对 x_1 所做回归，比如说 $\hat{x}_j=\hat{\alpha}_{0j}+\hat{\alpha}_{1j}x_1(j=2,3,\cdots,K)$ 的残差之间的简单相关系数.

假设在第 2 步中与 y 有最高偏相关系数的回归变量为 x_2. 这意味着最大的偏 F 统计量为

$$F=\frac{SS_{回}(x_2\mid x_1)}{MS_{残}(x_1,x_2)}$$

如果这一 F 值超过了 $F_{入}$，那么将 x_2 添加进模型. 一般情况下，当回归变量的偏 F 统计量超过了预先设定的进入水平 $F_{入}$ 时，每一步都会向模型中添加一个与 y 有最高偏相关系数的回归变量(或者等价地说，给定已经在模型中的其他回归变量时，有最大偏 F 统计量的回归变量). 当在特定某步上偏 F 统计量没有超过 $F_{入}$，或当向模型中添加了最后一个回归变量时，向前选择程序终止.

某些计算机软件包会报告进入变量或剔除变量的 t 统计量. 因为 $t^2_{\alpha/2,\nu}=F_{\alpha,1,\nu}$，所以相对于所描述的程序这一变动完全是可以接受的.

我们将解释 Minitab 中的逐步程序. SAS 与 R 的 mass 文件中的函数 step()也可以做逐步型程序.

例 10.2 向前选择——Hald 水泥数据 将对例 10.1 中给出的 Hald 水泥数据应用向前选择程序. 图 10-8 展示了将特定的计算机程序——Minitab 向前选择算法应用于该数据时，所得到的结果. 在该程序中用户通过选择第Ⅰ类错误的比率 α 来设定进入变量的截点值. 进一步而言，Minitab 使用关于变量选择的 t 统计量，所以当 $|t|>t_{\alpha/2}$ 时会向模型中添加与 y 有最大偏相关系数的变量. 本例使用 $\alpha=0.25$，这是 Minitab 的默认值. 345

Stepwise Regression: y versus x1,x2,x3,x4

Forward selection.Alpha - to - enter: 0.25

Response is y on 4 predictors,with N=13

Step	1	2	3
Constant	117.57	103.10	71.65
x4	-0.738	-0.614	-0.237
T - Value	-4.77	-12.62	-1.37
P - Value	0.001	0.000	0.205
x1		1.44	1.45
T - Value		10.40	12.41
P - Value		0.000	0.000
x2			0.42
T - Value			2.24
R - Value			0.052
S	8.96	2.73	2.31
R - Sq	67.45	97.25	98.23
R - Sq(adj)	64.50	96.70	97.64
Mallows C - p	138.7	5.5	3.0

图 10-8 Hald 水泥数据由 Minitab 所产生的向前选择

由表 10-3 看到，与 y 有最高相关系数的回归变量是 $x_4(r_{4y}=-0.821)$，而由于使用 x_4 时模型的 t 统计量为 $t=4.77$ 而 $t_{0.25/2,11}=1.21$，所以将 x_4 添加进方程. 第 2 步与 y 有最大偏相关系数(即给定 x_4 在模型中时有最大 t 统计量)的回归变量是 x_1，而由于该回归变量的偏 F 统计量为 $t=10.40$，超过了 $t_{0.25/2,10}=1.22$，所以将 x_1 添加进模型. 第三步，x_2 展示了与 y 有最高的偏相关系数. 该变量的 t 统计量为 2.24，大于 $t_{0.25/2,9}=1.23$，所以将 x_2 添加进模型. 这时只剩下一个候选回归变量 x_3，其 t 统计量没有超过截点值 $t_{0.25/2,8}=1.24$，所以向前选择程序终止，将

$$\hat{y}=71.6483+1.4519x_1+0.4161x_2-0.2365x_4$$

作为最终模型.

向后剔除 向前选择从模型中没有回归变量开始，然后尝试插入变量直至得到适合的模型. **向后剔除**会尝试从相反的方向求解优良的模型. 也就是说，从模型中包括了所有 K 个回归变量开始. 然后计算每个回归变量的 F 统计量(或者等价的 t 统计量)，把它当做最后进入模型的变量. 将这些偏 F(或 t)统计量中最小的与预先设定的值，比如说 $F_{出}$(或 $t_{出}$) 346
进行比较，当最小的 $F(t)$ 值小于 $F_{出}(t_{出})$ 时，要从模型中移除该回归变量. 现在使用 $K-1$ 个回归变量来拟合回归模型，对这一新模型计算偏 F(或 t)统计量，然后重复这一程序. 当最小的偏 F(或 t)值不小于预先设定的截点值 $F_{出}$(或 $t_{出}$)时，向后剔除算法终止.

向后剔除法是一个十分好用的变量选择的方法. 对于那些想要看到所有候选变量的影响而不漏掉任何有显著影响变量的分析师来说，这个方法尤其有用.

例 10.3 向后剔除——Hald 水泥数据 我们将使用例 10.1 中的 Hald 水泥数据来解释向后剔除. 图 10-9 展示了对该数据使用 Minitab 版本的向后剔除时所得到的结果. 本次分析通过使用 $\alpha=0.10$, Minitab 的默认值, 来选择截点值. Minitab 使用 t 统计量来移除变量, 因此, 当回归变量 t 统计量的绝对值小于 $t_{出}=t_{0.10/2,n-p}$ 时要丢弃这一回归变量. 第 1 步展示了全模型的拟合结果. 最小的 t 值是 0.14, 这是 x_3 的 t 值. 因此, 由于 $t=0.14<t_{出}=t_{0.10/2,8}=1.86$, 所以将 x_3

347 移除出模型. 图 10-9 的第 2 步会看到三个变量 (x_1, x_2, x_4) 的模型拟合结果. 这一模型中最小的 t 统计量为 $t=-1.37$, 是 x_4 的 t 统计量. 由于 $|t|=1.37<t_{出}=t_{0.20/2,9}=1.83$, 所以将 x_4 移除出模型. 第 3 步会看到包括两个变量 (x_1, x_2) 的模型拟合. 这一模型中最小的 t 统计量为 12.41, 是 x_1 的 t 统计量, 由于这一统计量超过了 $t_{出}=t_{0.10/2,10}=1.81$, 所以不再进一步从模型中移除变量. 因此, 向后剔除终止, 产生了最终模型

$$\hat{y}=52.5773+1.4683x_1+0.6623x_2$$

注意这一模型不同于向前选择所求出的模型. 进一步而言, 这一模型是所有可能回归程序所鉴定的最佳试验性模型.

Stepwise Regression: y versus x1,x2,x3,x4

Backward elimination. Alpha - to - Remove: 0.1

Response is y on 4 predictors, with N=13

Step	1	2	3
Constant	62.41	71.65	52.58
x1	1.55	1.45	1.47
T - Value	2.08	12.41	12.10
P - Value	0.071	0.000	0.000
x2	0.510	0.416	0.662
T - Value	0.70	2.24	14.44
P - Value	0.501	0.052	0.000
x3	0.10		
T - Value	0.14		
P - Value	0.896		
x4	−0.14	−0.24	
T - Value	−0.20	−1.37	
P - Value	0.844	0.205	
S	2.45	2.31	2.41
R - Sq	98.24	98.23	97.87
R - Sq(adj)	97.36	97.64	97.44
Mallows C - p	5.0	3.0	2.7

图 10-9 Hald 水泥数据由 Minitab 所产生的向后剔除

逐步回归 上文所描述的两种程序意味着存在许多种可能的组合. 其中最流行的一种程序是 Efroymson(1960) 的*逐步回归算法*. 逐步回归修正了向前选择, 每一步都要通过偏 F(或 t)统计量来重新评定已经进入模型的所有回归变量. 前几步所添加进来的回归变量现在可能要剔除出去, 这产生于该回归变量与现在模型中回归变量之间的关系. 当一个变量的偏 F(或 t)统计量小于 $F_{出}$(或 $t_{出}$)时, 要将该变量从模型中丢弃.

逐步回归需要两个截点值, 一个用于进入变量, 一个用于移除变量. 某些分析师喜欢选择 $F_{入}=F_{出}$(或 $t_{入}=t_{出}$), 但这并不是必需的. 很多情况下选择 $F_{入}=F_{出}$(或 $t_{入}=t_{出}$)时, 添加回归变量会比剔除回归变量相对更加困难.

例 10.4 逐步回归——Hald 水泥数据 图 10-10 展示了对 Hald 水泥数据使用 Minitab 逐步回归方法所得到的结果. 已经设定添加或移除回归变量的 α 水平为 0.15. 第 1 步, 程序从模型中没有回归变量开始, 当 t 统计量超过 $t_{入}=t_{0.15/2,11}=1.55$ 时, 将 x_4 添加进模型. 第 2 步, 将 x_1 添加进模型. 当 x_4 的 t 统计量小于 $t_{出}=t_{0.15/2,10}=1.56$ 时要剔除 x_4. 但是, 第 2 步 x_4 的 t 值为 -12.62, 所以保留 x_4. 第 3 步, 逐步回归算法将 x_2 添加进模型. 然后将 x_1 与 x_4 的统计量与 $t_{出}=t_{0.15/2,9}=1.57$ 进行对比. 由于对 x_4 求得的 t 值为 -1.37, 又由于 $|t|=1.37$ 小于 $t_{出}=1.57$, 所以剔除 x_4. 第 4 步展示了从模型中移除了 x_4 的结果. 这时只剩下候选回归变量 x_3, 因为其 t 值没有超过 $t_{入}$ 所以不能添加 x_3. 因此, 逐步回归终

止，模型为

$$\hat{y}=52.5773+1.4683x_1+0.6623x_2$$

这与所有可能回归程序和向后剔除程序所鉴定的方程是相同的. 348

Stepwise Regression：y versus x1,x2,x3,x4

Alpha - to - Enter：0.15 Alpha - to - Remove：0.15

Response is y on 4 predictors,with N=13

Step	1	2	3	4
Constant	117.57	103.10	71.65	52.58
x4	−0.738	−0.614	−0.237	
T - Value	−4.77	−12.62	−1.37	
P - Value	0.001	0.000	0.205	
x1		1.44	1.45	1.47
T - Value		10.40	12.41	12.10
P - Value		0.000	0.000	0.000
x2			0.416	0.662
T - Value			2.24	14.44
P - Value			0.052	0.000
S	8.96	2.73	2.31	2.41
R - Sq	67.45	97.25	98.23	97.87
R - Sa(adj)	64.50	96.70	97.64	97.44
Mallows C - p	138.7	5.5	3.0	2.7

图 10-10 Hald 水泥数据由 Minitab 所产生的逐步选择

对逐步型程序的总体评论 上文所描述的逐步回归算法会由于多种原因而被批评，最常见的原因是逐步型回归程序一般不会保证能鉴定出所有大小的子集模型. 进一步而言，由于所有逐步型程序最终都会终止于一个最终方程，所以缺少经验的分析师可能会得出结论：已经求出了在某种程度上最优的模型. 问题不是不存在最优的子集模型，而是可能存在几个同样优良的模型.

分析师应当记住，回归变量进入或离开模型的顺序并不必然意味着回归变量的重要性. 程序先将一个回归变量插入方程，而该变量在后续步骤中成为了可以忽略的变量，这是正常的. 这一点在 Hald 水泥数据中是明显的，向前选择选择了 x_4 作为第一个进入的回归变量. 但是，当将 x_2 添加进回归变量时，因为 x_2 与 x_4 之间存在高度的交互相关性，所以这时不再需要 x_4. 这事实上是向前选择程序的一个普遍问题. 一旦添加了一个回归变量，该变量就不会在后续的步骤中被移除.

注意向前选择、向后剔除与逐步回归不一定会得到相同的最终模型选择. 回归变量之间的交互相关性会影响变量进入与移除的顺序. 举例来说，使用 Hald 水泥数据，会发现每种程序所选择的回归变量如下： 349

向前选择 $x_1\ x_2\ x_4$

向后剔除 $x_1\ x_2$

逐步回归 $x_1\ x_2$

某些用户推荐应用所有可能回归，是希望从数据结构中看到一些一致性并学到一些东西，而这在仅使用一种选择程序时可能会被忽略. 进一步而言，任何逐步型程序与所有可能回归之间不一定会存在一致性. 但是，Berk(1978)提到，向前选择往往在子集较小时与所有可能回归相一致，在子集较大时不一致；而向后剔除往往在子集较大时与所有可能回归相一致，较小时不一致.

出于这些原因，应当小心地使用逐步型变量选择程序. 我个人的偏好是使用逐步回归算法，然后使用向后剔除. 向后剔除算法相比向前选择，对存在相关性的回归变量结构通常会有更小的不利影响(见 Mantel(1970)).

逐步程序的停止规则 选择逐步型程序的截点值 $F_{入}$(或 $t_{入}$)与 $F_{出}$(或 $t_{出}$)两者或之一是设定逐步型算法的停止规则. 某些计算机程序允许分析师直接设定这两个数，而其他计算机程序则需要选择第Ⅰ类错误的比率 α 来生成截点值. 但是，因为每一阶段所考察的偏 F(或 t)值都是若干相关的偏 F(或 t)变量的最大值，所以认为 α 是第Ⅰ类错误显著性水平的比率是有误导性的. 某些作者(比如说 Draper、Guttman 和 Kanemasa(1971)与 Pope 和 Webster(1972))已经研究了这一问题，但几乎没有什么进展：没有求出使得 t 或 F 统计量的显著性“广告”水平有意义的条件，也没有研究出 $F_{入}$(或 $t_{入}$)与 $F_{出}$(或 $t_{出}$)统计量的精确分布.

某些用户喜欢选择相对较小的 $F_{入}$ 与 $F_{出}$(或与其等价的 t 统计量)值，使得可以研究通常会被更为保守的 F 值所拒绝的一些额外回归变量. 在极端情况下可以选择 $F_{入}$ 与 $F_{出}$，使其满足所有回归变量都会通过向前选择进入或向后剔除移除，来揭示每个大小 $p=2$，3，…，$K+1$ 的子集模型. 然后可以通过诸如 C_p 或 $MS_{残}$ 这样的准则来评估这些子集模型，来决定最终模型. 一般并不推荐这种极端的策略，这是因为如果忽略了最优的子集模型，分析师可能会认为这样决定的子集在某种意义上是最优的. 非常流行的程序是设置 $F_{入}=F_{出}=4$，这大体上对应 F 分布的上 5%分位点. 仍然有可能要使用不同的截点值进行多次分析，观察准则的选择对所得到子集的影响.

已经有一些研究直接提供了选择停止规则的实用指导线. Bendel 和 Afifi(1974)对向前选择推荐 $\alpha=0.25$. 这是 Minitab 中的默认值. 该值一般会产生在 1.3 与 2 之间的 $F_{入}$ 数值. Kennedy 和 Bancroft (1971)也对向前选择建议 $\alpha=0.25$，并对向后剔除推
350 荐 $\alpha=0.10$. 截点值的选择主要是分析师的个人偏好问题，在选择截点值的方面通常会有相当大的变通余地.

10.3 变量选择与模型构建的策略

图 10-11 汇总了变量选择与模型构建的基本方法. 基本的步骤如下：

1) 对数据拟合最大的可能模型.

2) 对该模型做完整的分析.

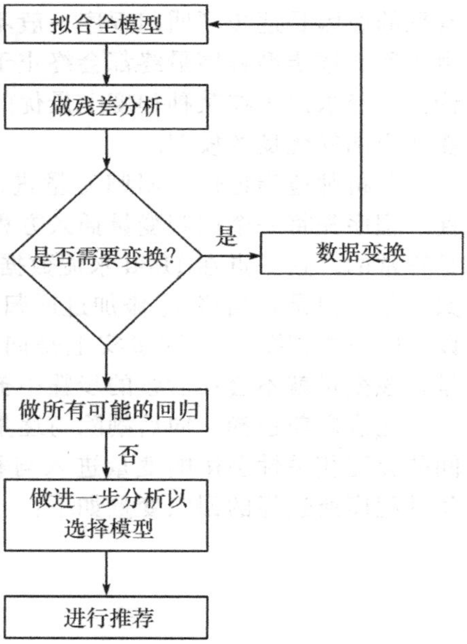

图 10-11 模型构建过程的流程图

3）确定是否必要对响应变量与部分回归变量进行变换.

4）确定所有可能回归是否是可行的.

- 如果所有回归可行，那么使用诸如马洛斯 C_p、调整后的 R^2 与 PRESS 统计量这样的准则来做所有可能回归，并按排名给出最佳的子集模型. 351
- 如果所有回归不可行，那么使用逐步选择方法来生成使得所有可能回归可行的最大模型. 做上文所概述的所有可能回归.

5）对比每种准则所推荐的最佳模型.

6）对“最佳”的模型（通常是三至五个模型）做完整的分析.

7）探究是否需要进一步的变换.

8）与学科专家讨论最终模型集合的优点与缺点.

到现在为止，相信读者已经对如何对全模型做彻底分析有了良好的基础. 分析全模型的主要目的是要获得一些“全面”的看法. 重要的问题包括以下几点：

- 回归变量看起来重要吗？
- 存在可能的离群点吗？
- 是否需要对响应变量进行变换？
- 有需要进行变换的回归变量吗？

对分析师而言关键是要了解存在两个可能需要对响应变量进行变换的基本原因：

- 分析师使用了错误的“尺度”来做分析. 说明这种情况的最好例子是汽油里程数据. 很多人会发现可以将响应变量简单解释为“英里每加仑”. 但是，数据的实际测量单位是“加仑每英里”. 对许多工程数据，恰当的尺度会涉及对数变换.
- 数据中存在显著的离群点，尤其是全模型拟合时的离群点. 存在离群点代表模型没能解释某些响应变量. 在某些情况下，举例来说当所收集的响应变量数据存在测量错误时，响应变量本身就是有问题的. 在其他情况下，产生离群点的根源正是模型本身. 在这种情况下，丢弃一个不重要的回归变量事实上可能就会清除离群点问题.

当所有可能回归可行时，推荐使用所有可能回归来鉴定子集模型. 以现在的计算能力，所有可能回归一般对 20～30 个候选回归变量是可行的，这取决于数据集的总体大小. 重要的是要记住无论分析师是根据哪种准则，所有可能回归都完全会建议出最佳的模型. 进一步而言，可以使用若干种优良的准则，尤其是马洛斯 C_p、调整后的 R^2 与 PRESS 统计量. 一般情况下，PRESS 统计量往往会推荐比马洛斯 C_p 更小的模型，而依次地马洛斯 C_p 往往会推荐比调整后的 R^2 更小的模型. 分析师需要根据所使用的每种准则来反映模型的区别. 所有可能回归本身往往会推荐若干个候选模型，其好处在于这将允许学科专家提供有关的知识. 不幸的是，并不是所有统计包都支持所有可能回归方法. 352

逐步方法快速，易于实现，并在许多软件包中都容易获得. 不幸的是，逐步方法不会推荐相对于所有标准准则都一定会最好的子集模型. 逐步方法会推荐单一的最终方程，而没有经验的用户可能会不正确地认为：该方程在某种意义上是最优的.

当候选回归变量的个数太大而不能首先使用所有可能回归方法时，推荐使用**两步走**战略. 第一步使用逐步方法来“扫描”回归变量，剔除影响显然可以忽略的回归变量. 然后推荐将所有可能回归方法用于简化的回归模型子集. 分析师在评估候选回归变量时应当始终使用问题环境的知识与常识．当面对一个较大的候选变量列表时，在不得不求助于计算机之前，进行严肃的思考通常是必要的．一般情况下，会发现可以根据逻辑意义或工程意义来剔除某些回归变量．

合适地应用所有可能回归方法时应当会产生若干个(3～5 个)最终的候选模型．从这点上讲，对每个最终模型都做完整的残差分析与其他诊断分析是关键性的．在对模型做最后的评估时，强烈建议分析师提出以下问题：

1）模型实用性的常规诊断检验令人满意吗？举例来说，残差图表明存在未能解释的结构，或存在离群点，或存在可能控制拟合的一个或更多个高杠杆点吗？残差图是否表明可能要对响应变量或某些回归变量进行变换？

2）哪个方程看起来是最合理的？根据问题环境这一最佳模型中的回归变量都是有意义的吗？根据学科理论哪个模型是最有意义的？

3）针对需要，确定哪个模型是最可用的？举例来说，打算用于预测的模型如果包含了现在不可观察的回归变量，那么就不能用于所需要的预测．另一个不可用的例子是模型包括了收集成本高得负担不起的回归变量．

4）回归系数是合理的吗？特别是系数的正负号与大小是可靠的吗？标准误差是相对较小的吗？

5）是否仍然存在多重共线性问题？

如果对这五个问题进行了严格地权衡，那么在某些(也许是很多)实例中将难以找到令人满意的最终回归方程．举例来说，变量选择方法不能确保会修正所有的多重共线性问题与强影响问题．虽然通常情况下可以确保能修正这些问题，但是存在许多情形，即使回归变量是
353 高度相关的，它们仍会对模型有显著贡献．存在看起来似乎始终存在问题的确定数据点．

分析师在推荐最终模型时需要评估所有的折中情况．显然，在所打算的模型运行环境中，判断与经验一定会指导分析师决定最终的推荐模型．

最后，某些模型在研究数据拟合时是非常好的，但可能不能良好地预测新观测值．推荐分析师通过观察模型在分析不用于构建模型的数据时的表现，来评估模型的**预测能力**．如果不易获得新数据，那么分析师应当分出一些原始数据(如果可行)来完成这一评估．第 11 章会更详细地讨论这一问题．

10.4 案例研究：使用 SAS 研究 Gorman 和 Toman 沥青数据

Gorman 和 Toman(1966)展示了关于在所设定的五个回归变量的不同条件下，31 种不同沥青路面的车辙深度数据．第六个回归变量是用于将数据分成两个试验数据集的指示变量．变量如下：y 为每百万次车轮通过后的车辙深度，x_1 为沥青的黏度，x_2 为面层中所含沥青的百分率，x_3 为基层中所含沥青的百分率，x_4 为试验类型，x_5 为面层中所含粉末的百分率，x_6 为面层中所含空隙的百分率．决定使用黏度的对数而不是实际黏度来作为回归变量，是基于对熟悉该种材料的建筑工程师的咨询．黏度是用对数表达时通常更加近似线性的度量实例．

回归变量试验类型事实上是指示变量．在构建回归模型时，指示变量通常会展示出独特的挑战．在许多情况下，响应变量与其他回归变量之间关系的变化取决于指示变量的特定水平．熟悉试验设计的读者将会认出这一概念是指示变量与至少某些其他回归变量之间

的**交互作用**. 这种交互作用使得模型构建过程、模型的解释及对新(未来)观测值的预测复杂化. 在某些情况下，响应变量的方差在不同的指示变量水平处是非常不同的，这使得模型的构建与预测进一步复杂化.

有一个例子可以帮助看到引入指示变量所可能带来的复杂化. 考虑在澳大利亚、加利福尼亚州与法国生产赤霞珠的一家跨国红葡萄酒酿造公司. 该公司希望对红葡萄酒的品质进行建模，以标准百分制为尺度，由专业的品酒员工对红葡萄酒的品质进行度量. 显然，各地的环境与小气候以及处理过程的变化都会影响红葡萄酒的口味. 某些潜在的回归变量，比如用于酿酒的橡木桶的年龄，在产地与产地之间会有类似的行为. 而其他回归变量，比如用于发酵过程的酵母，在不同产地之间会有根本上不同的行为. 因此，对三种产地所酿造红葡萄酒的排名会存在相当大的变异性，而不纳入指示变量就对三种产地进行建模并求出单一的回归方程来描述红葡萄酒的品质可能是十分困难的. 这一模型在预测用在俄勒冈州生长的葡萄所生产的赤霞珠红葡萄酒的品质时也会只有极小的价值. 在某些情况下，对指示变量的每个水平构建单独的模型是最好的. 354

表 10-5 给出了沥青数据. 表 10-6 给出了合适的 SAS 代码来做初始的数据分析. 表 10-7 给出了所得到的 SAS 输出. 图 10-12～图 10-19 给出了来自 Minitab 的残差图.

表 10-5　Gorman 和 Toman 的沥青数据

观测值 i	y_i	x_{i1}	x_{i2}	x_{i3}	x_{i4}	x_{i5}	x_{i6}
1	6.75	2.80	4.68	4.87	0	8.4	4.916
2	13.00	1.40	5.19	4.50	0	6.5	4.563
3	14.75	1.40	4.82	4.73	0	7.9	5.321
4	12.60	3.30	4.85	4.76	0	8.3	4.865
5	8.25	1.70	4.86	4.95	0	8.4	3.776
6	10.67	2.90	5.16	4.45	0	7.4	4.397
7	7.28	3.70	4.82	5.05	0	6.8	4.867
8	12.67	1.70	4.86	4.70	0	8.6	4.828
9	12.58	0.92	4.78	4.84	0	6.7	4.865
10	20.60	0.68	5.16	4.76	0	7.7	4.034
11	3.58	6.00	4.57	4.82	0	7.4	5.450
12	7.00	4.30	4.61	4.65	0	6.7	4.853
13	26.20	0.60	5.07	5.10	0	7.5	4.257
14	11.67	1.80	4.66	5.09	0	8.2	5.144
15	7.67	6.00	5.42	4.41	0	5.8	3.718
16	12.25	4.40	5.01	4.74	0	7.1	4.715
17	0.76	88.00	4.97	4.66	1	6.5	4.625
18	1.35	62.00	4.01	4.72	1	8.0	4.977
19	1.44	50.00	4.96	4.90	1	6.8	4.322
20	1.60	58.00	5.20	4.70	1	8.2	5.087
21	1.10	90.00	4.80	4.60	1	6.6	5.971
22	0.85	66.00	4.98	4.69	1	6.4	4.647
23	1.20	140.00	5.35	4.76	1	7.3	5.115
24	0.56	240.00	5.04	4.80	1	7.8	5.939
25	0.72	420.00	4.80	4.80	1	7.4	5.916
26	0.47	500.00	4.83	4.60	1	6.7	5.471
27	0.33	180.00	4.66	4.72	1	7.2	4.602

（续）

观测值 i	y_i	x_{i1}	x_{i2}	x_{i3}	x_{i4}	x_{i5}	x_{i6}
28	0.26	270.00	4.67	4.50	1	6.3	5.043
29	0.76	170.00	4.72	4.70	1	6.8	5.075
30	0.80	98.00	5.00	5.07	1	7.2	4.334
31	2.00	35.00	4.70	4.80	1	7.7	5.705

表 10-6 初始的未变换响应变量的 SAS 代码

```
data asphalt;
input rut_depth viscosity surface base run fines voids;
log_visc= log(viscosity);
cards;
 6.75    2.80   4.68   4.87   0   8.4   4.916
13.00    1.40   5.19   4.50   0   6.5   4.563
14.75    1.40   4.82   4.73   0   7.9   5.321
12.60    3.30   4.85   4.76   0   8.3   4.865
 8.25    1.70   4.86   4.95   0   8.4   3.776
10.67    2.90   5.16   4.45   0   7.4   4.397
 7.28    3.70   4.82   5.05   0   6.8   4.867
12.67    1.70   4.86   4.70   0   8.6   4.828
12.58    0.92   4.78   4.84   0   6.7   4.865
20.60    0.68   5.16   4.76   0   7.7   4.034
 3.58    6.00   4.57   4.82   0   7.4   5.450
 7.00    4.30   4.61   4.65   0   6.7   4.853
26.20    0.60   5.07   5.10   0   7.5   4.257
11.67    1.80   4.66   5.09   0   8.2   5.144
 7.67    6.00   5.42   4.41   0   5.8   3.718
12.25    4.40   5.01   4.74   0   7.1   4.715
 0.76   88.00   4.97   4.66   1   6.5   4.625
 1.35   62.00   4.01   4.72   1   8.0   4.977
 1.44   50.00   4.96   4.90   1   6.8   4.322
 1.60   58.00   5.20   4.70   1   8.2   5.087
 1.10   90.00   4.80   4.60   1   6.6   5.971
 0.85   66.00   4.98   4.69   1   6.4   4.647
 1.20  140.00   5.35   4.76   1   7.3   5.115
 0.56  240.00   5.04   4.80   1   7.8   5.939
 0.72  420.00   4.80   4.80   1   7.4   5.916
 0.47  500.00   4.83   4.60   1   6.7   5.471
 0.33  180.00   4.66   4.72   1   7.2   4.602
 0.26  270.00   4.67   4.50   1   6.3   5.043
 0.76  170.00   4.72   4.70   1   6.8   5.075
 0.80   98.00   5.00   5.07   1   7.2   4.334
 2.00   35.00   4.70   4.80   1   7.7   5.705
proc reg;
  mode rut_depth= log_visc surface base run fines voids/vif;
  plot rstudent.*(predicted. log_visc surface base run fines voids);
  plot npp.*rstudent.;
run;
```

表 10-7　沥青数据初始分析的 SAS 输出

The REG Procedure

Model：MODEL1

Dependent Variable：rut _ depth

Number of Observations Read	31
Number of Observations Used	31

Analysis of Variance

Source	DF	Sum of Squares	Mean Square	F Value	Pr > F
Model	6	1101.41861	183.56977	16.62	<.0001
Error	24	265.09983	11.04583		
Corrected Total	30	1366.51844			
Root MSE		3.32353	R-Square	0.8060	
Dependent Mean		6.50710	Adj R-Sq	0.7575	
Coeff Var		51.07541			

Parameter Estimates

Variable	DF	Parameter Estimate	Standard Error	t Value	Pr > |t|	Variance Inflation
Intercept	1	−14.95916	25.28809	−0.59	0.5597	0
log _ visc	1	−3.15151	0.91945	−3.43	0.0022	10.86965
surface	1	3.97057	2.49665	1.59	0.1248	1.23253
base	1	1.26314	3.97029	0.32	0.7531	1.33308
run	1	1.96548	3.64720	0.54	0.5949	9.32334
fines	1	0.11644	1.01239	0.12	0.9094	1.47906
voids	1	0.58926	1.32439	0.44	0.6604	1.59128

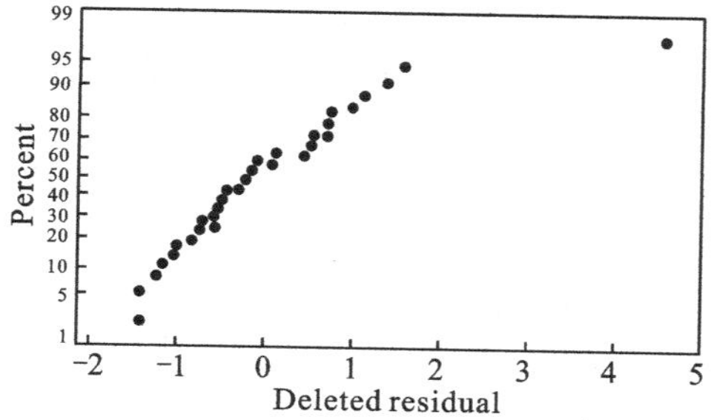

图 10-12　沥青数据残差的正态概率图

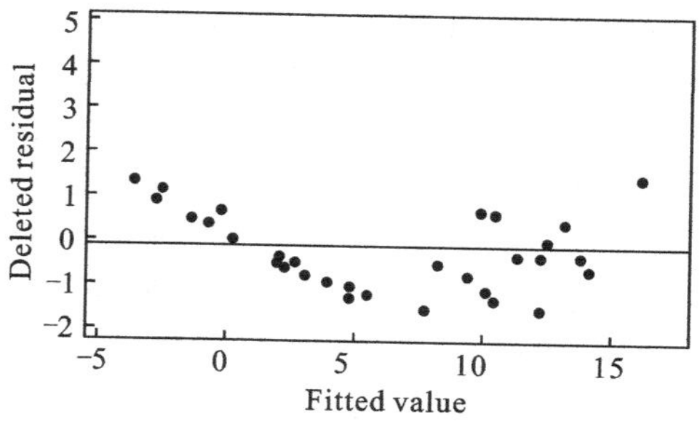

图 10-13　沥青数据的残差与拟合值

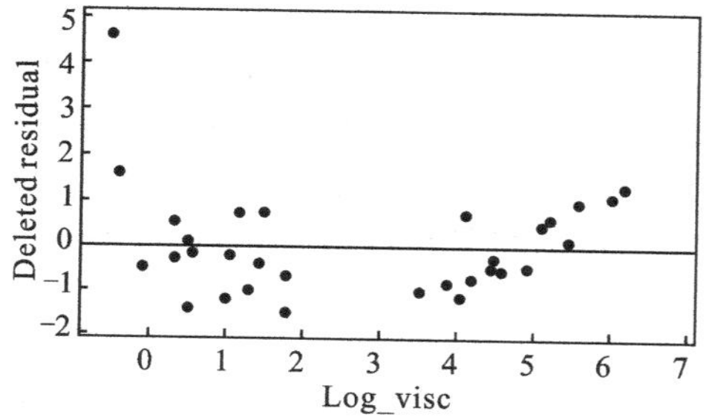

图 10-14　沥青数据的残差与黏度对数

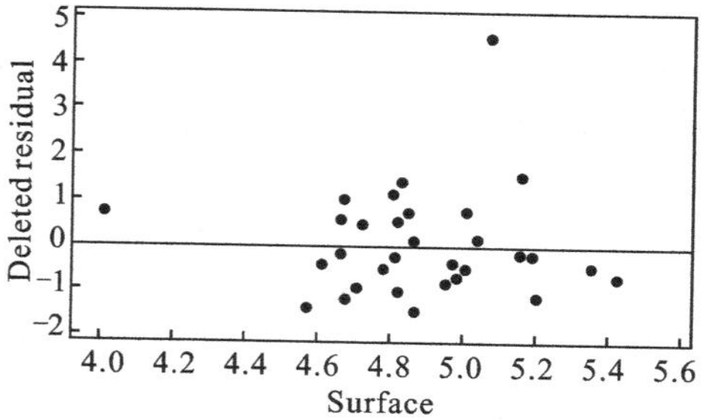

图 10-15　沥青数据的残差与面层

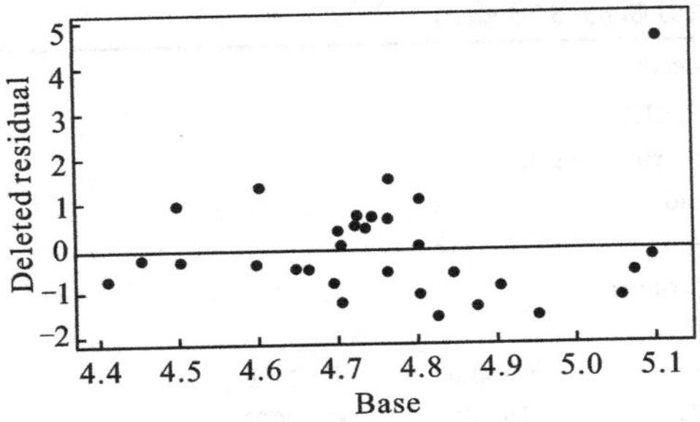

图 10-16 沥青数据的残差与基层

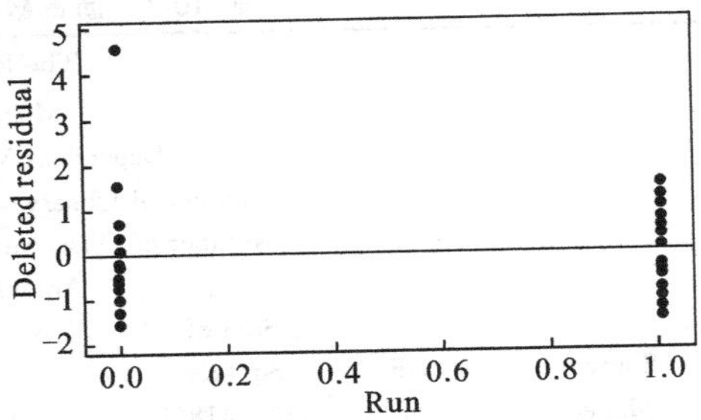

图 10-17 沥青数据的残差与试验类型

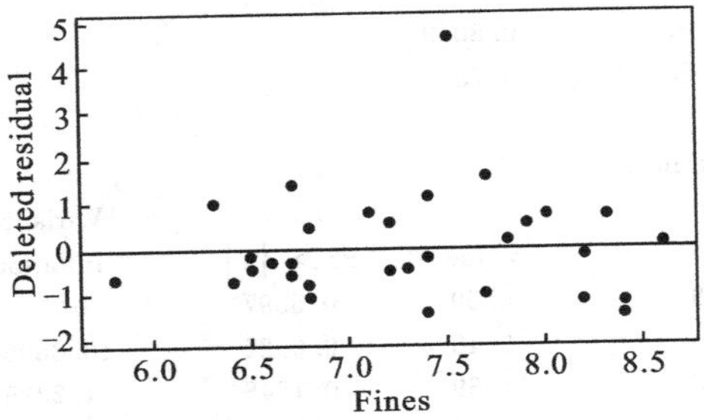

图 10-18 沥青数据的残差与粉末

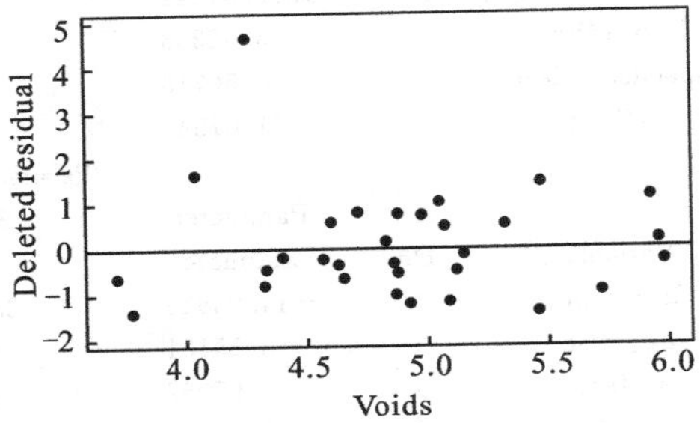

图 10-19 沥青数据的残差与空隙

注意，总体 F 检验表明了至少有一个回归变量是重要的. R^2 为 0.8060，是良好的. 对单个系数的 t 检验表明只有黏度的对数是重要的，后文将会看到这是有误导性的. 方差膨胀因子表明黏度对数与试验类型存在问题. 图 10-13 是残差与预测值的残差图，表明存在较大的问题. 该图表明需要对响应变量进行对数变换. 从图 10-14 中会看到类似的问题，该图是残差与黏度对数的残差图. 该图也是令人感兴趣的，这是因为该图表明可能存在两个不同的模型：一个针对低黏度的模型与一个针对高黏度的模型. 图 10-17 再次强调了这一点，该图是残差与类型的残差图. 该图看起来好像是第一次试验(试验类型 0)包括了所有的低黏度材料，而第二次(试验类型 1)包括了所有高黏度材料.

355~358 这一残差与试验类型的残差图揭示了两种试验类型之间的变异性存在极大差异. 对这一问题的探索将留作练习. 残差图也表明存在一个可能的离群点.

表 10-8 给出了 SAS 代码来生成对车辙深度数据对数的分析. 表 10-9 给出了所得到的 SAS 输出.

整体 F 检验再次表明至少有一个回归变量是重要的. R^2 是非常良好的. 重要的是要注意不能直接比较未变换响应变量的 R^2 与变换后响应变量的 R^2. 但是，本例中所观察到的改进确实支持使用变换. 对单个系数的 t 检验继续表明黏度的对数是重要的. 此外，面层看起来也是重要的. 回归变量空隙显得是边缘性的. 因为只是对响应变量进行变换，所以方差膨胀因子没有变化，方差膨胀因子只取决于回归变量之间的关系.

图 10-20～图 10-27 给出了残差图. 残差与预测值以及残差与单个回归变量的残差图看起来都要好得多，也支持变换后的值. 有趣的是，残差的正态概率图看起来存在缺陷. 整体上讲，应当对使用车辙深度的对数作为响应变量感到满意. 将把所有的进一步分析限定

在变换后的响应变量上.

表 10-8 使用全模型分析变换后响应变量的 SAS 代码

```
data asphalt;
input rut_depth viscosity surface base run fines voids;
log_rut = log(rut_depth);
log_visc = log(viscosity);
cards;
 6.75    2.80   4.68  4.87  0  8.4  4.916
13.00    1.40   5.19  4.50  0  6.5  4.563
14.75    1.40   4.82  4.73  0  7.9  5.321
12.60    3.30   4.85  4.76  0  8.3  4.865
 8.25    1.70   4.86  4.95  0  8.4  3.776
10.67    2.90   5.16  4.45  0  7.4  4.397
 7.28    3.70   4.82  5.05  0  6.8  4.867
12.67    1.70   4.86  4.70  0  8.6  4.828
12.58    0.92   4.78  4.84  0  6.7  4.865
20.60    0.68   5.16  4.76  0  7.7  4.034
 3.58    6.00   4.57  4.82  0  7.4  5.450
 7.00    4.30   4.61  4.65  0  6.7  4.853
26.20    0.60   5.07  5.10  0  7.5  4.257
11.67    1.80   4.66  5.09  0  8.2  5.144
 7.67    6.00   5.42  4.41  0  5.8  3.718
12.25    4.40   5.01  4.74  0  7.1  4.715
 0.76   88.00   4.97  4.66  1  6.5  4.625
 1.35   62.00   4.01  4.72  1  8.0  4.977
 1.44   50.00   4.96  4.90  1  6.8  4.322
 1.60   58.00   5.20  4.70  1  8.2  5.087
 1.10   90.00   4.80  4.60  1  6.6  5.971
 0.85   66.00   4.98  4.69  1  6.4  4.647
 1.20  140.00   5.35  4.76  1  7.3  5.115
 0.56  240.00   5.04  4.80  1  7.8  5.939
 0.72  420.00   4.80  4.80  1  7.4  5.916
 0.47  500.00   4.83  4.60  1  6.7  5.471
 0.33  180.00   4.66  4.72  1  7.2  4.602
 0.26  270.00   4.67  4.50  1  6.3  5.043
 0.76  170.00   4.72  4.70  1  6.8  5.075
 0.80   98.00   5.00  5.07  1  7.2  4.334
 2.00   35.00   4.70  4.80  1  7.7  5.705
proc reg;
  model log_rut = log_visc surface base run fines voids / vif;
  plot rstudent.*(predicted. log_visc surface base run fines voids);
  plot npp.*rstudent.;
run;
```

表 10-9 变换后响应变量与全模型的 SAS 输出

The REG Procedure

Model: MODEL1

Dependent Variable: log _ rut

Number of Observations Read	31
Number of Observations Used	31

Analysis of Variance

Source	DF	Sum of Squares	Mean Square	F Value	Pr > F
Model	6	56.34362	9.39060	98.47	<.0001
Error	24	2.28876	0.09537		
Corrected Total	30	58.63238			
Root MSE		0.30881	R-Square	0.9610	
Dependent Mean		1.12251	Adj R-Sq	0.9512	
Coeff Var		27.51101			

Parameter Estimates

Variable	DF	Parameter Estimate	Standard Error	t Value	Pr > |t|	Variance Inflation
Intercept	1	−1.23294	2.34970	−0.52	0.6046	10.86965
log _ visc	1	−0.55769	0.8543	−6.53	<.0001	1.23253
surface	1	0.58358	0.23198	2.52	0.0190	1.33308
base	1	−0.10337	0.36891	−0.28	0.7817	9.32334
run	1	−0.34005	0.33889	−1.00	0.3257	1.47906
fines	1	0.09775	0.09407	1.04	0.3091	1.59128
voids	1	0.19885	0.12306	1.62	0.1192	

359 ~ 360

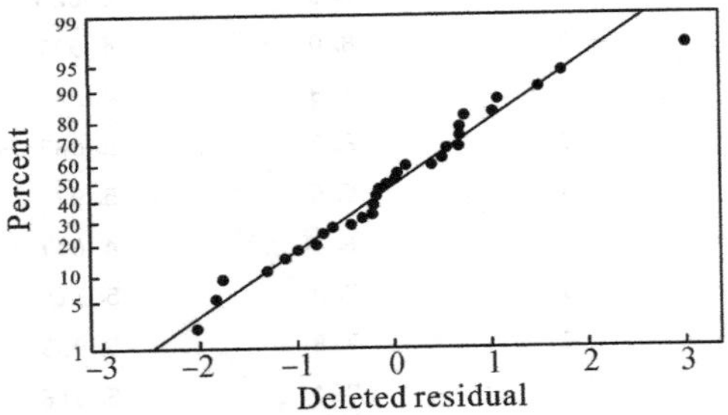

图 10-20 对数变换后沥青数据残差的正态概率图

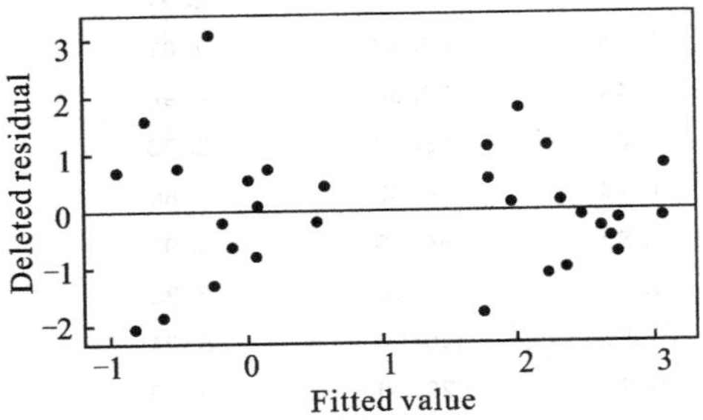

图 10-21 对数变换后沥青数据的残差与拟合值

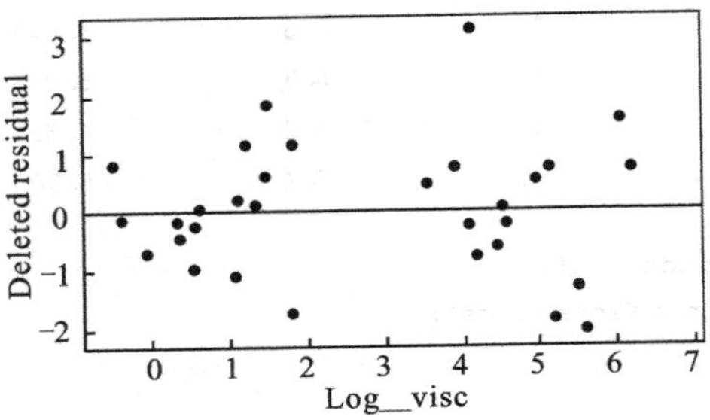

图 10-22 对数变换后沥青数据的残差与黏度对数

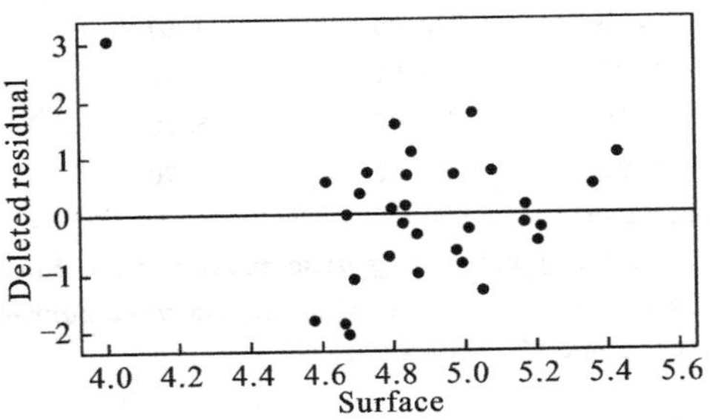

图 10-23 对数变换后沥青数据的残差与面层

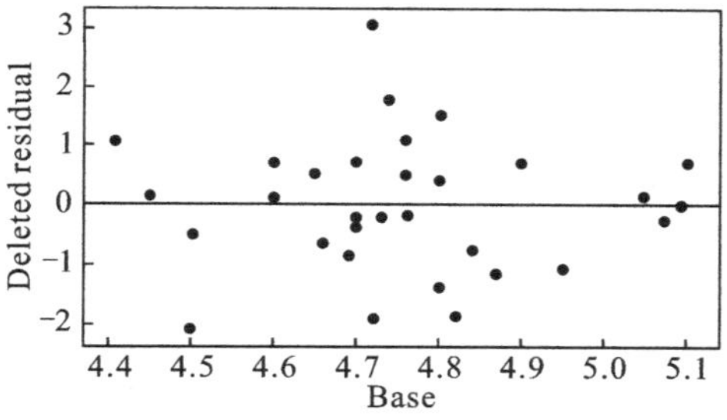

图 10-24 对数变换后沥青数据的残差与基层

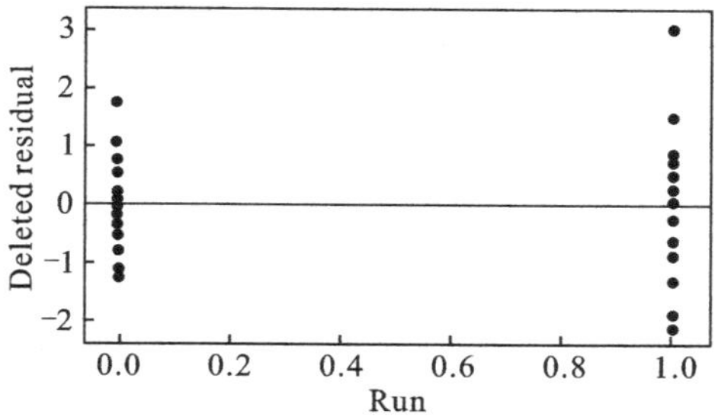

图 10-25 对数变换后沥青数据的残差与试验类型

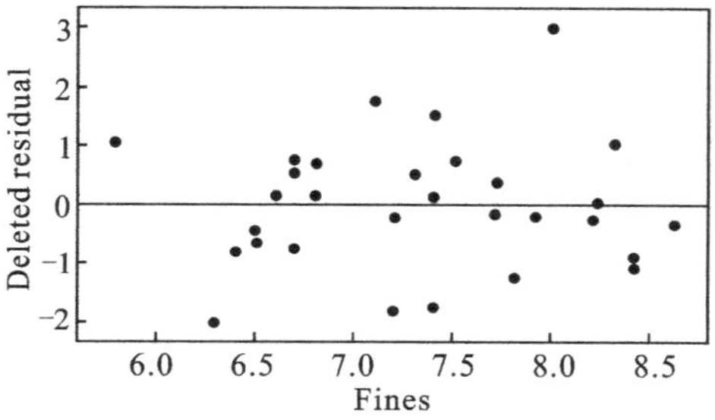

图 10-26 对数变换后沥青数据的残差与粉末

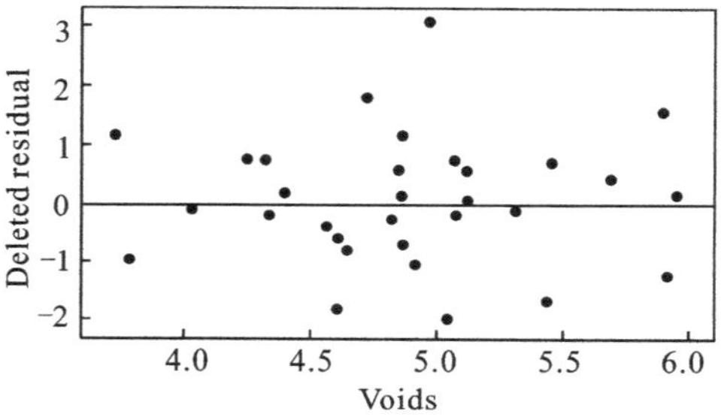

图 10-27 对数变换后沥青数据的残差与空隙

表 10-10 给出了所有可能回归的 SAS 源代码. 表 10-11 给出了带注释的 SAS 输出. 逐步方法与向后剔除方法都表明变量为车辙深度的对数、面层与空隙. 向前选择方法表明变量为车辙深度的对数、面层、空隙、试验类型与空隙. 根据 C_p 这两个模型都在顶尖的前五个模型中.

表 10-10 沥青数据所有可能回归的 SAS 代码

```
proc reg;
model log_rut = log_visc surface base
  run fines voids / selection = cp best = 10;
run;
proc reg;
model log_rut = log_visc surface base run
  fines voids / selection = adjrsq best = 10;
run;
proc reg;
model log_rut = log_visc surface base
  run fines voids / selection = forward;
run;
proc reg;
model log_rut = log_visc surface base
  run fines voids / selection = backward;
run;
proc reg;
model log_rut = log_visc surface base
  run fines voids / selection = stepwise;
run;
```

表 10-11 沥青数据所有可能回归的带注释的 SAS 代码

```
                                   The REG Procedure
                                    Model: MODEL1
                              Dependent Variable:log_rut
                                 C(p)Selection Method
                        Number of Observations Read            31
                        Number of Observations Used            31
Number in
  Model       C(p)         R-Square      Variables in Model
    3        2.9066         0.9579       log_visc   surface voids
    4        4.0849         0.9592       log_visc   surface run voids
    4        4.2564         0.9589       log_visc   surface fines voids
    4        4.8783         0.9579       log_visc   surface base voids
    5        5.0785         0.9608       log_visc   surface run fines voids
    2        5.2093         0.9509       log_visc   surface
    3        5.6161         0.9535       log_visc   surface fines
    4        5.7381         0.9565       log_visc   surface run fines
    3        5.8902         0.9530       log_visc   surface run
    5        6.0069         0.9593       log_visc   surface base fines voids
                                   The REG Procedure
                                    Model: MODEL1
                              Dependent Variable:log_rut
                          Adjusted R-Square Selection Method
                        Number of Observations Read            31
                        Number of Observations Used            31
Number in Adjusted
  Model     R-Square         R-Square      Variables in Model
    3        0.9532         0.9579       log_visc   surface voids
    5        0.9530         0.9608       log_visc   surface run fines voids
    4        0.9529         0.9592       log_visc   surface run voids
    4        0.9526         0.9589       log_visc   surface fines voids
    4        0.9514         0.9579       log_visc   surface base voids
    6        0.9512         0.9610       log_visc   surface base run fines voids
    5        0.9512         0.9593       log_visc   surface base fines voids
    5        0.9510         0.9592       log_visc   surface base run voids
    4        0.9498         0.9565       log_visc   surface run fines
    3        0.9483         0.9535       log_visc   surface fines
```

可以通过 SAS 的以下模型语句来获得特定模型的 PRESS 统计量：

```
model log_rut= log_visc surface voids/p clm cli;
```

361~363 表 10-12 汇总了就 C_p 而言最好的五个模型的 C_p、调整后的 R^2 与 PRESS 的信息．该表展示了一种非常罕见的情形：有一个模型看起来似乎是压倒性的．

表 10-12 沥青数据最佳模型的汇总

模型中的变量							
黏度对数	面层	空隙	试验类型	粉末	C_p	调整后的 R^2	PRESS
X	X	X			2.9	0.9532	3.75
X	X	X	X		4.1	0.9529	4.16
X	X	X		X	4.3	0.9526	3.91
X	X	X	X	X	4.9	0.9530	4.24
X	X				5.1	0.9474	3.66

表 10-13 给出了对车辙深度对数与黏度对数、面层以及空隙所做回归模型分析的 SAS 代码. 表 10-14 给出了所得到的 SAS 输出. 整体 F 统计量很大. R^2 为 0.9579，是十分高的. 所有三个回归变量都是重要的. 以方差膨胀因子为证据看到没有多重共线性问题. 残差图并没有给出，但所有残差图看起来都是良好的. 18 号观测值有最大的帽子矩阵对角线元素、R-学生残差与 DFFITS 值，表明是强影响观测值. DFBETAS 表明该观测值影响了截距与回归变量面层. 整体上讲，应当对所推荐的模型感到满意.

表 10-13 沥青数据推荐模型的 SAS 代码

```
data asphalt;
input rut_depth viscosity surface base run fines voids;
log_rut = log(rut_depth);
log_visc = log(viscosity);
cards;
 6.75    2.80    4.68   4.87   0   8.4   4.916
13.00    1.40    5.19   4.50   0   6.5   4.563
14.75    1.40    4.82   4.73   0   7.9   5.321
12.60    3.30    4.85   4.76   0   8.3   4.865
 8.25    1.70    4.86   4.95   0   8.4   3.776
10.67    2.90    5.16   4.45   0   7.4   4.397
 7.28    3.70    4.82   5.05   0   6.8   4.867
12.67    1.70    4.86   4.70   0   8.6   4.828
12.58    0.92    4.78   4.84   0   6.7   4.865
20.60    0.68    5.16   4.76   0   7.7   4.034
 3.58    6.00    4.57   4.82   0   7.4   5.450
 7.00    4.30    4.61   4.65   0   6.7   4.853
26.20    0.60    5.07   5.10   0   7.5   4.257
11.67    1.80    4.66   5.09   0   8.2   5.144
 7.67    6.00    5.42   4.41   0   5.8   3.718
12.25    4.40    5.01   4.74   0   7.1   4.715
 0.76   88.00    4.97   4.66   1   6.5   4.625
 1.35   62.00    4.01   4.72   1   8.0   4.977
 1.44   50.00    4.96   4.90   1   6.8   4.322
 1.60   58.00    5.20   4.70   1   8.2   5.087
 1.10   90.00    4.80   4.60   1   6.6   5.971
 0.85   66.00    4.98   4.69   1   6.4   4.647
 1.20  140.00    5.35   4.76   1   7.3   5.115
 0.56  240.00    5.04   4.80   1   7.8   5.939
 0.72  420.00    4.80   4.80   1   7.4   5.916
 0.47  500.00    4.83   4.60   1   6.7   5.471
 0.33  180.00    4.66   4.72   1   7.2   4.602
 0.26  270.00    4.67   4.50   1   6.3   5.043
 0.76  170.00    4.72   4.70   1   6.8   5.075
 0.80   98.00    5.00   5.07   1   7.2   4.334
 2.00   35.00    4.70   4.80   1   7.7   5.705
proc reg;
  model log_rut = log_visc surface voids / influence vif;
  plot rstudent. *(predicted. log_visc surface voids);
  plot npp. *rstudent.;
run;
```

365

表 10-14　分析推荐模型的 SAS 输出

The REG Procedure

Model: MODEL1

Dependent Variable: log _ rut

Number of Observations Read	31
Number of Observations Used	31

Analysis of Variance

Source	DF	Sum of Squares	Mean Square	F Value	Pr > F
Model	3	56.161 80	18.720 60	204.59	<0.0001
Error	27	2.470 59	0.091 50		
Corrected Total	30	58.632 38			
Root MSE		0.302 50	R-Square	0.9579	
Dependent Mean		1.122 51	Adj R-Sq	0.9532	
Coeff Var		26.948 21			

Parameter Estimates

Variable	DF	Parameter Estimate	Standard Error	t Value	Pr > |t|	Variance Inflation
Intercept	1	−1.020 79	1.364 30	−0.75	0.4608	
log _ visc	1	−0.646 49	0.028 79	−22.46	<0.0001	1.286 17
surface	1	0.555 47	0.220 44	2.52	0.0180	1.159 93
voids	1	0.244 79	0.115 60	2.12	0.0436	1.463 44

Dependent Variable: log _ rut

Output Statistics

						DFBETAS			
Obs	Residual	RStudent	Hat Diag H	Cov Ratio	DFFITS	Intercept	log _ visc	surface	voids
1	−0.2070	−0.7058	0.0772	1.1681	−0.2041	−0.0769	0.1167	0.0960	−0.0261
2	−0.1966	−0.6826	0.1114	1.2189	−0.2417	0.1182	0.1332	−0.1428	−0.0446
3	−0.0503	−0.1764	0.1424	1.3495	−0.0719	0.0200	0.0574	−0.0056	−0.0489
4	0.4414	1.5366	0.0528	0.8671	0.3626	0.0080	−0.2230	−0.0230	0.0828
5	−0.1499	−0.5391	0.1778	1.3529	−0.2507	−0.1569	0.0084	0.0893	0.1975

6	0.1340	0.4559	0.0839	1.2297	0.1380	−0.0421	−0.0402	0.0710	−0.0196
7	−0.0170	−0.0567	0.0510	1.2248	−0.0131	−0.0016	0.0075	0.0021	−0.0024
8	0.0216	0.0729	0.0723	1.2526	0.0203	−0.0003	−0.0150	−0.0007	0.0053
9	−0.3471	−1.2241	0.1053	1.0388	−0.4199	−0.0402	0.3364	0.0760	−0.1167
10	−0.0570	−0.1993	0.1394	1.3431	−0.0802	0.0044	0.0341	−0.0232	0.0251
11	−0.4181	−1.5063	0.1185	0.9440	−0.5522	−0.0904	0.2813	0.2296	−0.2858
12	0.1610	0.5484	0.0827	1.2107	0.1646	0.1004	−0.0596	−0.1102	−0.0145
13	0.0980	0.3392	0.1177	1.2950	0.1239	−0.0066	−0.0744	0.0264	−0.0177
14	0.0101	0.0348	0.1125	1.3101	0.0124	0.0020	−0.0089	−0.0041	0.0051
15	0.2957	1.1257	0.2385	1.2625	0.6300	−0.1032	0.1201	0.3139	−0.3428
16	0.5471	1.9489	0.0496	0.7093	0.4453	−0.1210	−0.1883	0.1606	0.0472
17	−0.2519	−0.8659	0.0835	1.1325	−0.2614	−0.0360	−0.1884	−0.0208	0.1372
18	0.5433	2.6569	0.4405	0.7952	2.3574	2.1151	0.5423	−2.2282	−0.8813
19	0.1014	0.3489	0.1071	1.2783	0.1209	0.0421	0.0768	−0.0081	−0.0906
20	−0.0179	−0.0614	0.1100	1.3060	−0.0216	0.0157	−0.0051	−0.0166	−0.0066
21	−0.1027	−0.3638	0.1568	1.3515	−0.1569	0.0739	0.0072	−0.0317	−0.1260
22	−0.3369	−1.1632	0.0711	1.0220	−0.3218	−0.0272	−0.2132	−0.0420	0.1546
23	0.1740	0.6355	0.1992	1.3654	0.3169	−0.2377	0.1073	0.2581	0.0801
24	−0.2692	−1.0019	0.2108	1.2664	−0.5178	0.3663	−0.0799	−0.2768	−0.3662
25	0.4828	1.8173	0.1628	0.8610	0.8015	−0.2915	0.2740	0.1280	0.4568
26	0.2613	0.9190	0.1216	1.1651	0.3420	−0.0501	0.2267	0.0250	0.0588
27	−0.4457	−1.6629	0.1636	0.9281	−0.7354	−0.4870	−0.5330	0.3814	0.4930
28	−0.5355	−1.9830	0.1166	0.7494	−0.7204	−0.3287	−0.5361	0.3067	0.2484
29	0.2025	0.6930	0.0851	1.1814	0.2114	0.0768	0.1467	−0.0740	−0.0525
30	−0.0765	−0.2671	0.1348	1.3295	−0.1054	−0.0273	−0.0770	−0.0015	0.0746
31	0.005194	0.0178	0.1036	1.2973	0.0060	−0.0013	−0.0011	−0.0004	0.0044
				Sum of Residuals				0	
				Sum of Squared Residuals				2.470 59	
				Predicted Residual SS (PRESS)				3.751 52	

习题

10.1 考虑表 B-1 中的国家美式橄榄球大联盟数据．

a. 使用向前选择算法选择子集回归模型．

b. 使用向后剔除算法选择子集回归模型．

c. 使用逐步回归算法选择子集回归模型．

d. 评论通过这三种程序所选择的最终模型．

10.2 考虑表 B-1 中的国家美式橄榄球大联盟数据．将注意力限制于 x_1（冲球码数）、x_2（传球码数）、x_4（点球百分比）、x_7（冲球百分比）、x_8（对手的冲球码数）与 x_9（对手的传球码数），并应用所有可能回归程序．评估每个模型的 R_p^2、C_p 与 $MS_{残}$．要推荐哪个回归变量子集？

10.3 在逐步回归中会设定 $F_{入} \geqslant F_{出}$（或 $t_{入} \geqslant t_{出}$）．验证这一截点值的选择．

10.4 考虑表 B-2 中的太阳热能测试数据．

a. 使用向前选择设定子集回归模型．

b. 使用向后剔除设定子集回归模型．

c. 使用逐步回归设定子集回归模型．

d. 对数据应用所有可能回归．评估每个模型的 R_p^2、C_p 与 $MS_{残}$．要推荐哪个子集模型？

e. 对比 a 小问～d 小问中通过变量选择策略所产生的四种模型．

10.5 考虑表 B-3 中的汽油里程性能数据．

a. 使用所有可能回归求出合适的回归模型．

b. 使用逐步回归设定子集回归模型．会得到与 a 小问所求出的相同的模型吗？

10.6 考虑表 B-4 中的财产估值数据．

a. 使用所有可能回归方法求出“最优”的回归变量集合．

b. 使用逐步回归方法选择子集回归模型．该模型与 a 小问所求出的模型一致吗？

10.7 使用 $F_{入}=F_{出}=4.0$ 的逐步回归求解表 B-5 中 Belle Ayr 液化数据的“最佳”回归变量子集．使用 $F_{入}=F_{出}=2.0$ 重做这一分析．所得到的两个模型是否存在很大程度的不同？

10.8 使用所有可能回归方法选择表 B-5 中 Belle Ayr 液化数据的子集回归模型．使用 C_p 准则评估子集模
367 型．使用标准的模型适用性检验验证所选择的最终模型．

10.9 使用所有可能回归方法分析表 B-6 中的流动管反应器数据．使用 R_p^2、C_p 与 $MS_{残}$ 三种准则评估子集模型．使用标准模型适用性检验验证所选择的最终模型．

10.10 使用所有可能回归方法分析表 B-15 中的空气污染与死亡率数据．使用 R_p^2、C_p 与 $MS_{残}$ 三种准则评估子集模型．使用标准模型适用性检验验证所选择的最终模型．

a. 使用 C_p 作为准则，使用所有可能回归方法求解车辙深度的最优子集模型．

b. 使用 $MS_{残}$ 作为准则重做 a 小问．会求出相同的模型吗？

c. 使用逐步回归求解最优的子集模型．会求出与上文 a 小问或 b 小问所求出的相同的模型吗？

10.11 考虑例 10.1 中 Hald 水泥数据的所有可能回归分析．如果目标是研究用于预测新观测值的模型，那么将会推荐哪个模型？为什么？

10.12 考虑习题 10.2 中国家美式橄榄球大联盟数据的所有可能回归分析．鉴定出 R^2 适用(0.05)的子集回归模型．

10.13 假设全模型为 $y_i=\beta_0+\beta_1 x_{i1}+\beta_2 x_{i2}+\varepsilon_i(i=1, 2, \cdots, n)$，式中 x_{i1} 与 x_{i2} 为满足 $S_{11}=S_{22}=1$ 的代码．考虑拟合子集模型，比如说 $y_i=\beta_0+\beta_1 x_{i1}+\varepsilon_i$．

a. 令 $\hat{\beta}_1^*$ 为全模型中 β_1 的最小二乘估计量．证明 $\mathrm{Var}(\hat{\beta}_1^*)=\sigma^2/(1-r_{12}^2)$，式中 r_{12} 为 x_1 与 x_2 之间的相关系数．

b. 令$\hat{\beta}_1$为子集模型中β_1的最小二乘估计量．证明 $\mathrm{Var}(\hat{\beta}_1)=\sigma^2$．子集模型所估计的$\beta_1$是否比全模型的更加精确？

c. 证明 $E(\hat{\beta}_1)=\beta_1+r_{12}\beta_2$．在什么条件下$\hat{\beta}_1$是$\beta_1$的无偏估计量？

d. 求出子集估计量$\hat{\beta}_1$的均方误差．对比 $\mathrm{MSE}(\hat{\beta}_1)$与 $\mathrm{Var}(\hat{\beta}_1^*)$．在什么条件下$\hat{\beta}_1$是相对于 MSE 更好的估计量？

提示：重读 10.1.2 节可能是有帮助的．

10.14 表 B-11 展示了关于黑皮诺红葡萄酒品质的数据．

a. 使用 C_p 作为模型选择的准则并通过使用指示变量纳入产地信息，使用所有可能的回归方法对品质 y 构建合适的回归模型．

b. 对以 C_p 为根据的两个最佳模型，使用残差图研究模型的适用性．是否存在从这两个模型中选择出一个的任何实践基础？

c. 以 PRESS 统计量为根据，b 小问的两个模型是否存在区别？ 368

10.15 使用表 B-11 中的红葡萄酒品质数据，使用逐步回归方法构造品质的回归模型．将这一模型与习题 10.14 中 a 小问所求出的模型进行对比．

10.16 排除产地信息，重做习题 10.14 的 a 小问．

a. 评论所求得的两个模型的区别．是否表明产地信息会在很大程度上改善模型？

b. 使用本题中 a 小问与习题 10.14 中 a 小问的两种模型，对所有数据点计算品质平均值的置信区间．基于这一分析，哪个模型更好？

10.17 表 B-12 展示了关于用于齿轮渗碳的热处理过程数据．渗碳层的厚度是该组分整体可靠性的关键因子．响应变量 $y=$ “沥青”是对径节齿轮横断面部分进行碳分析的结果．使用所有可能回归方法与 C_p 准则对这一数据求解合适的回归模型．使用残差图研究模型适用性．

10.18 重新考虑表 B-12 中的热处理数据．使用变量

$$x_1 = SOAKTIME \times SOAKPCT \quad 和 \quad x_2 = DIFFTIME \times DIFFPCT$$

作为回归变量，拟合响应变量“沥青”的模型．如何将这一模型与习题 10.17 中通过所有可能回归方法所求得的模型进行对比？

10.19 使用习题 10.18 中所定义的两个交叉乘积变量作为额外的候选回归变量重做习题 10.17．评论所求出的模型．

10.20 通过对所有原数据集中的点计算响应变量“沥青”均值的置信区间，来比较习题 10.17、习题 10.18 与习题 10.19 所求出的三个模型．基于对这三个置信区间的对比，哪个模型更好？现在计算这三个模型的 PRESS 统计量．PRESS 表明对预测“沥青”的新观测值，哪个模型可能是最好的？

10.21 表 B-13 展示了关于涡轮喷气发动机的推力与六个回归变量关系的数据．使用所有可能回归方法与 C_p 准则对这一数据求解合适的回归模型．使用残差图研究模型适用性．

10.22 重新考虑表 B-13 中的涡轮喷气发动机推力数据．使用逐步回归对这一数据求解合适的回归模型．使用残差图研究模型适用性．将这一模型与习题 10.21 中通过所有可能回归所求出的模型进行对比．

10.23 通过对所有原数据集中的点计算响应变量推力均值的置信区间，根据 C_p 比较习题 10.21 中所求出的两个最佳模型．基于对这两个置信区间的对比，哪个模型更好？现在计算这两个模型的 369
PRESS 统计量．PRESS 表明对预测推力的新观测值，哪个模型可能是最好的？

10.24 表 B-14 展示了关于电子反相器跳变点的数据．使用所有可能回归方法与 C_p 准则对这一数据求解合适的回归模型．使用残差图研究模型适用性．

10.25 重新考虑表 B-14 中的电子反相器数据．使用逐步回归对这一数据求解合适的回归模型．使用残差

图研究模型适用性. 将这一模型与习题 10.24 中通过所有可能回归方法所求出的模型进行对比.

10.26 通过对所有原数据集中的点计算响应变量均值的置信区间，根据 C_p 比较习题 10.24 中所求出的两个最佳模型. 基于对这两个置信区间的对比，哪个模型更好？现在计算这两个模型的 PRESS 统计量. PRESS 表明对预测新的响应变量观测值，哪个模型可能是最好的？

10.27 重新考虑表 B-14 中的电子反相器数据. 在习题 10.24 与习题 10.25 中，使用不同的变量选择算法对数据构建了模型. 假设现在了解到第二个观测值的记录是不正确的，应忽略该观测值.

a. 使用 C_p 作为准则，使用所有可能回归方法对修正后的数据拟合模型. 将这一模型与习题 10.24 中所求得的模型进行对比.

b. 使用逐步回归对修正后的数据求解合适的模型. 将这一模型与习题 10.25 所求出的模型进行对比.

c. 对所有修正后数据集中点计算响应变量均值的置信区间. 将这一结果与习题 10.26 的置信区间进行对比. 讨论所求出的结果.

10.28 考虑表 B-14 中的电子反相器数据. 从原数据中剔除第 2 个观测值. 电气工程理论表明应当定义如下的新变量：$y^* = \ln y$，$x_1^* = 1/\sqrt{x_1}$，$x_2^* = \sqrt{x_2}$，$x_3^* = 1/\sqrt{x_3}$ 与 $x_4^* = \sqrt{x_4}$.

a. 使用所有可能回归与 C_p 准则对这一数据求解合适的子集回归模型.

b. 做出该模型的残差与 $\hat{y}^*$ 的图像. 评论这张图.

c. 讨论如何将这一模型与习题 10.27 中使用原响应变量与回归变量所构建的模型进行对比.

10.29 考虑 10.4 节中的 Gorman 和 Toman 沥青数据. 还记得试验类型是指示变量.

a. 对试验类型＝0 与试验类型＝1 单独分析这一数据.

370 b. 比较 a 小问中两种分析的结果.

c. 使用 10.4 节的分析结果对比 a 小问中两种分析的结果.

10.30 表 B-15 展示了关于空气污染与死亡率的数据. 对空气污染数据使用所有可能回归方法，对这一数据求解合适的模型. 对最佳的候选模型做完整的分析. 将结果与逐步回归进行对比. 完整地讨论所要推荐的模型.

10.31 对表 B-17 中的病人满意度数据使用所有可能回归选择. 对最佳的候选模型做完整分析. 将结果与逐步回归进行对比. 完整地讨论所要推荐的模型.

10.32 对表 B-18 中的燃料消耗数据使用所有可能回归选择. 对最佳的候选模型做完整分析. 将结果与逐步回归进行对比. 完整地讨论所要推荐的模型.

10.33 对表 B-19 中的红葡萄酒品质数据使用所有可能回归选择. 对最佳的候选模型做完整分析. 将结果与逐步回归进行对比. 完整地讨论所要推荐的模型.

10.34 对表 B-20 中的甲醛氧化数据使用所有可能回归选择. 对最佳的候选模型做完整分析. 将结果与逐步回归进行对比. 完整地讨论将要推荐的模型.

371

第 11 章　回归模型的验证

11.1　导引

回归模型广泛用于预测与估计、数据描述、参数估计及控制．很多情况下，回归模型的用户与回归模型的研究人员是不同的．在将模型发布给用户之前，应当评定模型**验证**．要区分**模型适用性检验**与**模型验证**．模型适用性检验包括残差分析、失拟检验、寻找高杠杆观测值与强影响观测值，以及研究用回归模型拟合可用数据的内部分析．然而，模型验证所针对的是决定在所打算的运作环境中，模型是否会成功运行．

由于模型对可用数据的拟合构成了用于模型研究过程(比如变量选择)的许多方法的基础，所以得出诱人的结论是：良好拟合数据的模型将在最终应用时获得成功．但并非一定会这样．举例来说，模型最初是为预测新观测值而研究的．并不能确保对已存在数据提供最佳拟合的方程可以成功地进行预测．模型构建步骤中未知的过度影响因子可能会显著影响新观测值，使得几乎无法进行预测．进一步而言，回归变量之间的相关性结构可能与模型构建和预测数据中的相关性结构不同．这可能会导致模型的预测性能是不良的．在将模型发布给用户之前，为了预测新观测值而研究的恰当模型验证应当要包括在这种环境中检验模型． 372

使用模型验证的另一个关键原因是模型研究人员几乎不了解或不会控制模型的最终用途．举例来说，模型是作为内插方程来研究的．但当用户发现模型在内插方面成功时，如果有需要该用户就也将使用该模型进行外推，而不顾研究人员的任何警告．进一步而言，如果所做的这一外推是不良的，那么应对这一不良外推受到责备的几乎总是模型的研究人员而不是模型的用户．即使回归模型的用户对解释偏相关系数的危害是谨慎的，模型用户在很多情况下也会得出关于所研究过程模型系数的大小与正负号的结论．模型验证则可提供同时保护模型研究人员与模型用户的度量．

恰当的回归模型验证应当包括研究**回归系数**，以确定其正负号与大小是否是合理的．也就是说，将$\hat{\beta}_j$ 作为 x_j 影响估计值的解释会是合理的吗？也应当研究回归系数的**稳定性**．也就是说，从新样本中获得的$\hat{\beta}_j$ 与当前的系数可能是相似的吗？最后，模型验证需要研究模型的预测性能．应当同时考虑内插模式与外推模式．

本章讨论并解释用于回归模型验证的几种方法．关于模型验证总体主题的若干参考文献为 Brown、Durbin 和 Evans(1975)，Geisser(1975)，McCarthy(1976)，Snee(1977)与 Stone(1974)．特别推荐 Snee 的论文．

11.2　模型验证的方法

三种类型的程序对回归模型的验证是有用的：

1) 模型系数与预测值的分析，包括与先验经验，实际理论，以及对其他分析模型或模拟的结果进行对比．

2）使用所收集的新数据来研究模型的预测性能.

3）数据分割，也就是说，拿出一部分原数据并使用这些数据的观测值来研究模型的预测性能.

模型最终用途通常会表明合适的模型验证方法. 因此，打算作为预测方程使用的模型验证应当集中于确定模型的预测精确性. 但是，因为研究人员通常不会控制模型的用途，所以推荐只要可能就使用以上所有的模型验证方法. 现在将讨论并解释这些方法. 某些附加的例子，见 Snee(1977).

11.2.1 模型系数与预测值的分析

应当研究最终回归模型的系数来确定这些系数是否稳定以及这些系数的正负号与大小
373 是否合理. 先验经验，理论上的考虑，或者对模型的分析，通常都可以提供关于回归模型影响的方向与相对大小的信息. 应当将所估计模型的系数与这些信息进行对比. 正负号不符合期望或绝对值过大的系数通常会表明要么模型是不适用的(缺失或误设了回归变量)，要么单个回归变量影响的估计值是不良的. 第 9 章中的**方差膨胀因子**与其他多重共线性诊断量也是模型验证的重要指导. 如果有 VIF 超过 5 或 10，那么因为存在回归变量之间的近线性关系，所以该特定回归系数是估计不良而不稳定的. 当数据是跨时间收集的时，可以通过对较短的时间间隔拟合模型来考虑系数的稳定性. 举例来说，如果有若干个年份的月度数据，那么可以对每个年份构建模型. 所希望的是每个年份的系数都是相似的.

响应变量的预测值$\hat{y}$也可以提供模型验证的度量. 不切实际的预测值，比如正数数量的负数预测值或者落在所期望响应变量范围之外的预测值，会表明所估计的系数是不良的，或者模型的形式是不正确的. 在回归变量外壳边界内部或边界上的预测值会提供模型**内插**性能的度量. 而在该区域之外的预测值是**外推**性能的度量.

例 11.1 Hald 水泥数据 考虑例 10.1 所介绍的 Hald 水泥数据. 使用所有可能回归方法对这一数据研究提出了两个可能的模型. 模型 1 为

$$\hat{y} = 52.58 + 1.468x_1 + 0.662x_2$$

而模型 2 为

$$\hat{y} = 71.65 + 1.452x_1 + 0.416x_2 - 0.237x_4$$

注意两个模型的回归系数 x_1 都是非常相似的，但是截距非常不同而 x_2 的系数有中等程度的不同. 表 10-5 计算了两个模型的 PRESS 统计量、$R^2_{预}$ 与 VIF. 对模型 1，两个系数的 VIF 都非常小，表明没有潜在的多重共线性问题. 但是对模型 2，x_2 与 x_4 的 VIF 都超过了 10，表明存在中等程度的多重共线性问题. 因为多重共线性通常会影响回归模型的预测性能，所以最初的合理模型验证努力是应当考察预测值来观察是否出现了异常现象. 表 11-1 展示了两个模型中每个单个观测值所对应的拟合值. 两个模型的预测值是十分一致的，所以以这一对预测性能的检验为基础，几乎没有理由会认为两个模型是不适用的. 但是，这只是相当简单的模型预测性能检验，并没有研究当需要使用中等程度的外推法时两个模型的性能会如何. 基于这一对系数与预测值的简单分析，几乎没有理由要怀疑两个模型的验证，但正如例 10.1 所提到的，因为模型 1 有更少的参数与更小的 VIF，所以人们可
374 能会更喜欢模型 1.

表 11-1 Hald 水泥数据两个模型的预测值

y	x_1	x_2	x_3	x_4	模型 1	模型 2
78.5	7	26	6	60	80.074	78.438
74.3	1	29	15	52	73.251	72.867
104.3	11	56	8	20	105.815	106.191
87.6	11	31	8	47	89.258	89.402
95.9	7	52	6	33	97.293	95.644
109.2	11	55	9	22	105.152	105.302
102.7	3	71	17	6	104.002	104.129
72.5	1	31	22	44	74.575	75.592
93.1	2	54	18	22	91.275	91.818
115.9	21	47	4	26	114.538	115.546
83.8	1	40	23	34	80.536	81.702
113.3	11	66	9	12	112.437	112.244
109.4	10	68	8	12	112.293	111.625

11.2.2 收集新数据——确认性试验

度量回归模型预测性能验证的最有效方法是收集新数据并直接将预测值与新观测值进行对比．如果模型对新数据给出了精确的预测，那么用户对模型与模型构建过程将都会有更强的信心．这些新观测值有时称为**确认性试验**．想要至少 15～20 个新观测值来给出模型预测性能的可靠评定．在对数据研究出了两个或更多个其他回归模型的情况下，对新数据对比这些模型的预测性能可能会提供最终模型选择的基础．

例 11.2 **送货时间数据** 考虑例 3.1 中所介绍的送货时间数据．前文研究了这一数据的最小二乘拟合．拟合该回归模型的目标是预测新观测值．将通过对新数据预测送货时间来研究最小二乘拟合的模型验证．回忆 25 个原观测值来自于四座城市：奥斯汀、圣迭戈、波士顿与明尼苏达．十五个新观测值如表 11-2 所示，来自于奥斯汀、波士顿、圣迭戈与第五座城市路易斯维尔，以及其对应的送货时间预测值与来自最小二乘拟合 $\hat{y}=2.3412+1.6159x_1+0.0144x_2$ 的预测误差(第 5 列与第 6 列)．注意这一预测数据集包含了用于原数据收集过程城市的 11 个观测值与来自新增城市的 4 个观测值．将新老城市混合，可能会提供关于在原数据收集地点与在新地点的两个模型预测准确度的信息．

表 11-2 送货时间数据的预测数据集

	(1)	(2)	(3)	(4)	(5)	(6)
观测值	城市	箱数 x_1	距离 x_2	送货时间观测值 y	最小二乘拟合	
					$\hat{y}$	$y-\hat{y}$
26	圣迭戈	22	905	51.00	50.9230	0.0770
27	圣迭戈	7	520	16.80	21.1405	−4.3405
28	波士顿	15	290	26.16	30.7557	−4.5957
29	波士顿	5	500	19.90	17.6207	2.2793
30	波士顿	6	1000	24.00	26.4366	−2.4366
31	波士顿	6	225	18.55	15.2766	3.2734
32	波士顿	10	775	31.93	29.6602	2.2698
33	波士顿	4	212	16.95	11.8576	5.0924

（续）

	(1)	(2)	(3)	(4)	(5)	(6)
观测值	城市	箱数 x_1	距离 x_2	送货时间观测值 y	最小二乘拟合	
					$\hat{y}$	$y-\hat{y}$
34	奥斯汀	1	144	7.00	6.0307	0.9693
35	奥斯汀	3	126	14.00	9.0033	4.9967
36	奥斯汀	12	655	37.03	31.1640	5.8660
37	路易斯维尔	10	420	18.62	24.5482	−5.9282
38	路易斯维尔	7	150	16.10	15.8125	0.2875
39	路易斯维尔	8	360	24.38	20.4524	3.9276
40	路易斯维尔	32	1530	64.75	76.0820	−11.3320

表 11-2 的第 6 列展示了最小二乘拟合的预测误差. 平均的预测误差为 0.4060，近乎为零，所以模型看起来似乎会产生近似无偏的预测值. 仅存在一个相对较大的预测误差：来
375 自路易斯维尔的最后一个观测值. 检查原数据将会揭示该观测值是外推点. 进一步而言，该点十分类似于 9 号点这个已知有强影响的点. 整体上看，这些预测误差总体上都大于最小二乘拟合的残差. 通过对比拟合模型的残差平方和

$$MS_{残} = 10.6239$$

与新预测数据的平均预测误差平方

$$\frac{\sum_{i=26}^{40}(y_i - \hat{y}_i)^2}{15} = \frac{332.2809}{15} = 22.1521$$

可以容易地看到这一点. 由于 $MS_{残}$(可以认为是拟合残差的平均方差)小于平均预测误差平方，所以最小二乘拟合模型对新数据的预测没有对已存在数据的拟合那么好. 但是，这一预测性能的恶化并不严重，所以得出结论最小二乘模型可能会进行成功的预测. 也要注意除了一个外推点之外，来自路易斯维尔的预测误差明显不同于来自原数据收集城市试验的预测误差. 虽然样本较小，但是这也表明可以将模型应用于其他城市. 在其他城市收集更为广泛的数据将有助于验证这一结论.

376 对比最小二乘拟合的 $R^2(0.9596)$ 与由模型所解释的新数据变异性的百分率，比如说

$$R^2_{预} = 1 - \frac{\sum_{i=26}^{40}(y_i - \hat{y}_i)^2}{\sum_{i=26}^{40}(y_i - \hat{y}_i)^2} = 1 - \frac{332.2809}{3206.2338} = 0.8964$$

此结果也是有指导意义的. 可再次看到最小二乘拟合对新观测值的预测没有对原数据的拟合那么好. 但是，预测 R^2 的“损失”也只是轻微的.

11.2.3 数据分割

在许多情况下，为了达到数据验证的目的而去收集新数据是不可行的. 数据收集的预算可能已经花光了，工厂可能已经转变为生产其他产品，或者不能获得收集数据所需要的其他设备或资源. 当发生这些情况时，合理的程序是将可用数据分割为两个部分，Snee (1977)称之为**估计性数据与验证性数据**. 估计性数据用于构建回归模型，而后预测性数据

用于研究模型的预测能力．有时会将数据分割称为交叉验证（见 Mosteller 和 Tukey(1968) 与 Stone(1974)）．

数据分割可以用若干种方式来完成．举例来说，PRESS 统计量

$$\text{PRESS} = \sum_{i=1}^{n}[y_i - \hat{y}_{(i)}]^2 = \sum_{i=1}^{n}\left(\frac{e_i}{1-h_{ii}}\right)^2 \tag{11.1}$$

是数据分割的一种形式．回忆 PRESS 可以用于类似 R^2 的统计量

$$R^2_{预} = 1 - \frac{\text{PRESS}}{SS_{总}}$$

它近似度量了期望模型可以解释多少新观测值的变异性．为了解释这一点，回忆第 4 章（例 4.6）计算了送货时间数据的 25 个原观测值的模型拟合的 PRESS，并求得 PRESS＝457.4000．因此

$$R^2_{预} = 1 - \frac{\text{PRESS}}{SS_{总}} = 1 - \frac{457.4000}{5784.5426} = 0.9209$$

因为对最小二乘拟合有 $R^2=0.9596$，所以 PRESS 将表明模型可以非常良好地预测新观测值．注意基于 PRESS 的预测 R^2 非常类似于例 11.2 中对这一数据使用新观测值时所观察到的实际预测性能． 377

如果所收集的数据是**时间序列**，那么**时间**就可以用作数据分割的基础．也就是说，鉴定出特定的时间时期，然后所有在这一时期之前所收集的观测值用于形成估计性数据集，而所有之后收集的观测值用于形成预测性数据集．通过模型拟合来估计数据并考察预测数据的预测精确性，是合理的数据验证程序，可以决定模型在未来是否可能有良好的性能．这种类型的数据验证程序在时间序列分析中是研究预测模型潜在性能的相当普遍的实践（某些例子，见 Montgomery、Johnson 和 Gardiner(1990)）．涉及回归模型的例子，见 Cady 和 Allen(1972) 与 Draper 和 Smith(1998)．

除了时间之外，数据的其他特征通常也可以用于数据分割．举例来说，考虑例 3.1 的送货时间数据，并假设获得了表 11-2 中的 15 个额外观测值．由于样本中存在五座城市，所以可以利用来自圣迭戈、波特兰与明尼苏达（举例来说）的观测值作为估计性数据，利用来自奥克兰与路易斯维尔的观测值作为预测性数据．这将给出 29 个估计性观测值与 11 个验证性观测值．在其他的问题情形中，可以发现操作员、原材料的分类、测试设备的单元、实验室等，都可以用于形成估计性数据集与预测性数据集．在不存在数据分割的逻辑基础的情况下，可以随机安排观测值进入估计性数据集与预测性数据集．如果使用了随机安排，那么应当将这一随机安排过程重复若干次，使观测值的不同子集用于模型拟合．

这些数据分割的在某种程度上任意的方法，其潜在缺点是通常不能确保预测性数据集十分足够地"强调"了模型．举例来说，数据的随机划分不一定会确保预测性数据集中的某些点是外推点，而数据验证的努力也不会提供关于模型的外推性能可能会如何的信息．使用若干种不同的随机选择估计性数据集与预测性数据集的方法将有助于解决这一潜在问题．明显缺少数据分割的基础时，在某些情况下拥有一种可以选择估计性数据集与预测性数据集的正规程序可能是有帮助的．

Snee(1977) 描述了数据分割的 DUPLEX 算法．他将对该程序的研究归功于 R. W. Kennard，并指出该算法类似于 Kennard 和 Stone(1969) 所建议的设计构造的 CADEX 算

法．DUPLEX 程序使用了数据集中所有观测值对的距离．该算法开始于 n 个观测值的列表，其中 k 个回归变量已经标准化为单位长度，即

$$z_{ij}=\frac{x_{ij}-\overline{x}_j}{S_{jj}^{1/2}}\qquad(i=1,2,\cdots n,j=1,2,\cdots,k)$$

式中：$S_{jj}=\sum_{i=1}^{n}(x_{ij}-\overline{x}_j)^2$ 为第 j 个回归变量的校正平方和．然后将标准化回归系数**正交**
378 **化**．这可以通过 $\boldsymbol{Z}'\boldsymbol{Z}$ 矩阵的因子分解得到．

$$\boldsymbol{Z}'\boldsymbol{Z}=\boldsymbol{T}'\boldsymbol{T}\tag{11.2}$$

式中：$\boldsymbol{T}$ 为唯一的 $k\times k$ 上三角形矩阵．求出 $\boldsymbol{T}$ 的元素可以使用求平方根或乔里斯基方法(见 Graybill(1976，第 231—236 页))．然后进行变换

$$\boldsymbol{W}=\boldsymbol{Z}\boldsymbol{T}^{-1}\tag{11.3}$$

得到新的(w 的)变量集合，该变量集合是正交的且有单位方差．这一变换使得因子空间变得更加球形．

使用正交化后的点，就可以计算所有 $\binom{n}{2}$ 个点对之间的欧几里得距离．安排相距最远的点对为估计性数据集．将这一点对移除出点的列表，并将剩余点中的距离最远的点对安排为预测性数据集．然后将这一点对移除出数据集，并将剩余点中距离估计性数据集最远的点对包括进估计性数据集中．下一步，将剩余未安排的点中与预测数据集中距离最远的两个点添加进预测性数据集中．然后算法继续，将剩余的点二选一地放置在估计性数据集或预测性数据集中，直到安排完所有 n 个观测值．

Snee(1977)所建议的度量估计性数据集与预测性数据集统计性质的方法是通过算出 $\boldsymbol{X}'\boldsymbol{X}$ 矩阵的行列式的 p 次方根，式中 p 为模型的参数．$\boldsymbol{X}'\boldsymbol{X}$ 的行列式与点所覆盖区域的体积有关．因此，如果 $\boldsymbol{X}_{估}$ 与 $\boldsymbol{X}_{预}$ 分别表示 $\boldsymbol{X}$ 矩阵中的估计性数据集点与预测性数据集点，那么

$$\left(\frac{|\boldsymbol{X}'_{估}\boldsymbol{X}_{估}|}{|\boldsymbol{X}'_{预}\boldsymbol{X}_{预}|}\right)^{1/p}$$

将度量两个数据集所张成区域的相对体积．理想情况下这一比率应当接近于单位一．考察两个数据集的方差膨胀因子以及 $\boldsymbol{X}'_{估}\boldsymbol{X}_{估}$ 与 $\boldsymbol{X}'_{预}\boldsymbol{X}_{预}$ 的特征值来度量回归变量之间的相对相关性也可能是有用的．

在使用任何数据分割程序(包括 DUPLEX 算法)时，应当牢记这几点：

1) 某些数据集可能会太小，而不能有效地使用数据分割．Snee(1977)建议当估计性数据集与预测性数据集大小相等时，至少需要 $n\geqslant 2p+25$ 个观测值，式中 p 为模型可能需要参数的最大个数．这一对样本量的研究会确保模型有合理的误差自由度数．

2) 虽然估计性数据集与预测性数据集的大小通常是相等的，但是也可以将数据分割为任何想要的比率．一般情况下估计性数据集会比预测性数据集更大．要求做出这种大小不
379 等的分割，可以通过使用数据分割程序，直到预测性数据集包含了所需要的足够多的点的个数，然后将剩余未安排的点放置于估计性数据集中．记住，预测性数据集应当至少包含 15 个点，以获得模型性能的合理评定．

3) 重复点或 x 空间中的近邻点，应当在数据分割之前剔除．只有剔除了重复点，估计

性数据集与预测性数据集才可能是相似的，而这不一定能足够地检验模型. 在所有点都是重复的两个点的极端情况下，DUPLEX 算法将会使用一组重复值形成估计性数据集，而使用另一组重复值形成预测性数据集. 4.5.2 节所描述的最近邻方法也可能是有帮助的. 一旦鉴定出近邻点的集合，就应当在数据分割程序中使用这些点的 x 坐标的平均值.

4）数据分割的潜在缺点是会降低所估计回归系数的精确性. 也就是说，通过估计性数据集获得的回归系数的标准误差将大于使用所有数据来估计系数时的标准误差. 在较大的数据集中，标准误差可能会足够小，这一精确性的损失并不重要. 但是，标准误差百分率的增加可能会较大. 如果通过估计性数据集研究出的模型可以进行令人满意的预测，那么改善估计精确性的一种方式是使用全部数据集来重新估计系数. 当模型可以适用地对预测性数据集进行预测时，两次分析中系数的估计值应当会非常相似.

5）双交叉验证在某些问题中也可能是有用的. 这一程序首先将数据分割为估计性数据集与预测性数据集，通过估计性数据集研究出模型，并使用预测性数据集研究其性能. 然后互换这两个数据集，使用原预测性数据研究出模型，并将模型用于预测原估计性数据. 这种程序的优点是会提供模型性能的两次评估. 缺点是现在会存在供选择的三个模型：两个是通过数据分割研究出来的模型，一个是拟合所有数据的模型. 如果模型可以进行良好的预测，那么使用哪一个模型几乎没有区别，只是拟合全部数据集的模型时系数的标准误差将更小. 如果预测性能、系数估计值或模型的函数形式存在较大不同，那么必须进行进一步分析，来探索存在不同的原因.

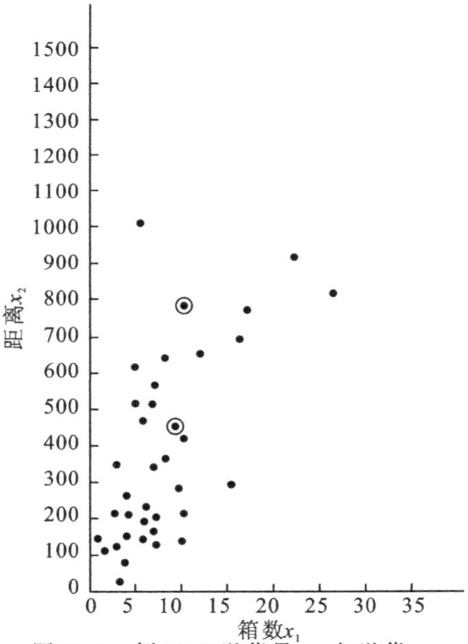

图 11-1　例 11.3 送货量 x_1 与送货距离 x_2 的散点图 380

例 11.3　送货时间数据　例 3.1 与例 11.2 中送货时间数据的所有 40 个观测值如表 11-3 所示. 假设这 40 个点是一次收集的，并通过 DUPLEX 算法使用该数据集来解释数据分割. 由于模型有两个回归变量，所以相等的数据分割将给出估计性数据的 17 个误差自由度. 这是适用的，所以可以使用 DUPLEX 来生成估计性数据集与预测性数据集. x_1-x_2 的图像如图 11-1 所示. 对数据的考察将揭示 x 空间中存在两对紧邻点，为 15 号和 23 号观测值与 10 号和 22 号观测值. 图 11-1 圈出了这两个聚类点. 这两个聚类点的 x_1-x_2 坐标是平均后的，而使用 DUPLEX 算法的点的列表如表 11-4 的第 1 列与第 2 列所示.

表 11-3　送货时间数据

观测值 i	箱数 x_1	距离 x_2	送货时间 y	估计性数据集还是预测性数据集
1	7	560	16.68	预测
2	3	220	11.50	预测
3	3	340	12.03	预测

（续）

观测值 i	箱数 x_1	距离 x_2	送货时间 y	估计性数据集还是预测性数据集
4	4	80	14.88	估计
5	6	150	13.75	估计
6	7	330	18.11	估计
7	2	110	8.00	估计
8	7	210	17.83	估计
9	30	1460	79.24	估计
10	5	605	21.50	估计
11	16	688	40.33	预测
12	10	215	21.00	预测
13	4	255	13.50	估计
14	6	462	19.75	预测
15	9	448	24.00	估计
16	10	776	29.00	预测
17	6	200	15.35	预测
18	7	132	19.00	估计
19	3	36	9.50	预测
20	17	770	35.10	估计
21	10	140	17.90	估计
22	26	810	52.32	估计
23	9	450	18.75	估计
24	8	635	19.83	估计
25	4	150	10.75	估计
26	22	905	51.00	预测
27	7	520	16.80	估计
28	15	290	26.16	预测
29	5	500	19.90	估计
30	6	1000	24.00	估计
31	6	225	18.55	估计
32	10	775	31.93	预测
33	4	212	16.95	预测
34	1	144	7.00	预测
35	3	126	14.00	预测
36	12	655	37.03	预测
37	10	420	18.62	预测
38	7	150	16.10	预测
39	8	360	24.38	预测
40	32	1530	64.75	预测

标准化与正交化后的数据如表 11-4 的第 3 列与第 4 列以及图 11-2 所示．注意所覆盖
381 的区域相比图 11-1 是更为球形的．图 11-2、表 11-3 与表 11-4 也展示了 DUPLEX 如何将原始点分割为估计性数据集与预测性数据集．两个数据集的凸性外壳如图 11-2 所示．该图表明预测性数据集同时包含了内插点与外推点．对这两个数据集，求得 $|\boldsymbol{X}'_{估}\ \boldsymbol{X}_{估}|=0.446\ 96$ 与 $|\boldsymbol{X}'_{预}\ \boldsymbol{X}_{预}|=0.224\ 41$．因此，

$$\left(\frac{|\boldsymbol{X}'_{估}\ \boldsymbol{X}_{估}|}{|\boldsymbol{X}'_{预}\ \boldsymbol{X}_{预}|}\right)^{1/3}=\left(\frac{0.446\ 96}{0.224\ 41}\right)^{1/3}=1.26$$

表明两个区域的体积是非常相似的. 估计性数据与预测性数据的 VIF 分别为 2.22 与 4.43，所以没有存在多重共线性的强烈证据，两个数据集有相似的相关性结构.

表 11-4 将最近邻点平均后的送货时间数据

观测值 i	(1) 原变量 箱数 x_1	(2) 原变量 距离 x_2	(3) 标准化正交化后的数据 w_1	(4) 标准化正交化后的数据 w_2	估计性数据集还是预测性数据集
1	7	560	−0.047 671	0.158 431	预测
2	3	220	−0.136 037	0.013 739	预测
3	3	340	0.136 037	0.108 082	预测
4	4	80	−0.113 945	−0.126 981	估计
5	6	150	−0.069 762	−0.133 254	估计
6	7	330	−0.047 671	−0.022 393	估计
7	2	110	−0.158 128	−0.042 089	估计
8	7	210	−0.047 671	−0.116 736	估计
9	30	1460	0.460 432	0.160 977	估计
10	5	605	−0.091 854	0.255 116	估计
11	16	688	0.151 152	−0.016 816	预测
12	10	215	0.018 603	−0.204 765	预测
13	4	255	−0.113 945	0.010 603	估计
14	6	462	−0.069 762	0.112 038	预测
15，23	9	449	−0.003 488	0.009 857	估计
16，32	10	775.5	0.018 603	0.235 895	预测
17	6	200	−0.069 762	−0.093 945	预测
18	7	132	−0.047 671	−0.178 059	估计
19	3	36	−0.136 037	−0.130 920	预测
20	17	770	0.173 243	0.016 998	估计
21	10	140	0.018 603	−0.263 729	估计
22	26	810	0.372 066	−0.227 434	估计
24	8	635	−0.025 580	0.186 742	估计
25	4	150	−0.113 945	−0.071 948	估计
26	22	905	0.283 700	−0.030 133	预测
27	7	520	−0.047 671	0.126 983	估计
28	15	290	0.129 060	−0.299 067	预测
29	5	500	−0.091 854	0.172 566	估计
30	6	1000	−0.069 762	0.535 009	估计
31	6	225	−0.069 762	−0.074 290	估计
33	4	212	−0.113 945	−0.023 204	预测
34	1	144	−0.180 219	0.015 295	预测
35	3	126	−0.136 037	−0.060 163	预测
36	12	655	0.062 786	0.079 853	预测
37	10	420	0.018 603	−0.043 596	预测
38	7	150	−0.047 671	−0.163 907	预测
39	8	360	−0.025 580	−0.029 461	预测
40	32	1530	0.504 614	0.154 704	预测

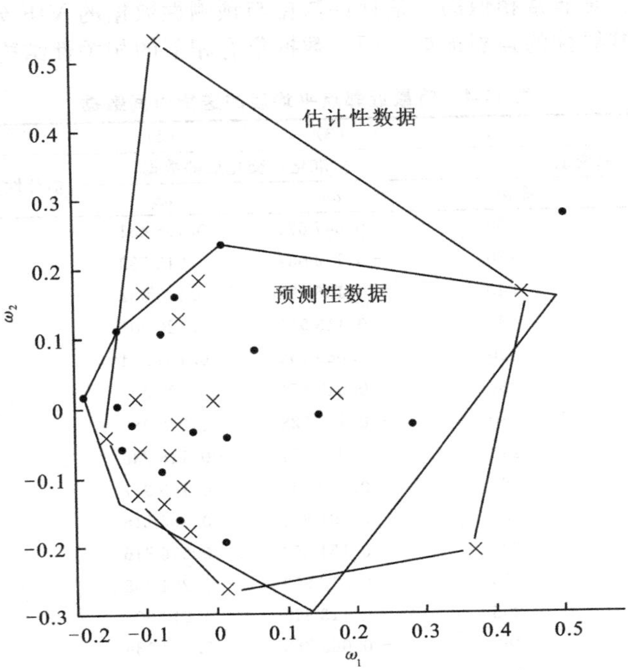

图 11-2 使用正交回归变量时的估计性数据(×)与预测性数据(•)

表 11-5 的板块 A 汇总了估计性数据的最小二乘拟合. 这一模型的参数预测值展示出了合理的正负号与大小，而 VIF 较小可以接受. 残差分析(未画出)揭示出不存在严重的模型不适用性，只是正态概率图表明误差分布比正态分布有更重的尾部. 检验表 11-3，看到 9 号点，这一在前文中已经证明有强影响的点，在估计性数据中. 除去对正态性假设与 9 号
382 点强影响的关注，可以得出结论：估计性数据的最小二乘拟合并不是不合理的.

表 11-5 送货时间数据最小二乘拟合的汇总

A. 使用估计性数据进行分析				B. 使用全部数据进行分析			
变量	系数估计值	标准误差	t_0	变量	系数估计值	标准误差	t_0
截距	2.4123	1.4165	1.70	截距	3.9840	0.9861	4.04
x_1	1.6392	0.1769	9.27	x_1	1.4877	0.1376	10.81
x_2	0.0136	0.0036	3.78	x_2	0.0134	0.0028	4.72
$MS_{残}=13.9145$，$R^2=0.952$				$MS_{残}=13.6841$，$R^2=0.944$			

表 11-6 的第 2 列与第 3 列展示了使用通过估计性数据研究出最小二乘模型时，预测性数据集中观测值的结果. 看到预测值总体上是接近于所对应观测值的. 唯一有较大预测误差的异常点是 40 号点，其在预测性数据中有最大的时间观测值. 该点也在全体数据集中有最大的
383 x_1 值(32 箱)与 x_2 值(1530 英尺). 该点非常类似于估计性数据中的 9 号点($x_1=30$，$x_2=1460$)，但是该点展示了对估计性数据模型拟合的外推. 误差平方和的预测值为 $\sum e_i^2=322.4452$，而预测 R^2 近似为

$$R^2_{预} = 1 - \frac{\sum e_i^2}{SS_{总}} = 1 - \frac{322.4452}{4113.5442} = 0.922$$ 384

式中：$SS_{总}=4113.5442$ 为预测性数据集中响应变量的校正平方和. 因此，可以期望该模型会解释新数据中约 92.2% 的变异性，作为对比最小二乘拟合解释了估计性数据中约 95.2% 的变异性. R^2 的损失较小，所以存在合理的强烈证据，表明最小二乘模型将给出令人满意的预测.

表 11-6 通过估计性数据所研究出模型的预测性能

	(1)	(2)	(3)
观测值 i	观测值 y_i	最小二乘拟合	
		预测值 $\hat{y}_i$	预测误差 $e_i=y_i-\hat{y}$
1	16.68	21.4976	−4.8176
2	11.50	10.3199	1.1801
3	12.03	11.9508	0.0792
11	40.33	37.9901	2.3399
12	21.00	21.7264	−0.7264
14	19.75	18.5265	1.2235
16	29.00	29.3509	−0.3509
17	15.35	14.9657	0.3843
19	9.50	7.8192	1.6808
26	51.00	50.7746	0.2254
28	26.16	30.9417	−4.7817
32	31.93	29.3373	2.5927
33	16.95	11.8504	5.0996
34	7.00	6.0086	0.9914
35	14.00	9.0424	4.9576
36	37.03	30.9848	6.0452
37	18.62	24.5125	−5.8925
38	16.10	15.9254	0.1746
39	24.38	20.4187	3.9613
40	64.75	75.6609	−10.9109

11.3 来自试验设计的数据

本章所讨论的大多数模型验证方法都假设模型是通过非试验数据研究出来的. 虽然验证方法也可以用于用试验设计来收集数据的情形，但是对通过试验设计数据所研究出模型的验证在某种程度上通常会更加容易. 许多产生于试验设计的回归系数都是近乎不相关的，所以通常不存在多重共线性问题. 试验设计的一个重要方面是选择所要研究的因子，并鉴定这些因子的变化范围. 如果设计得恰当，试验设计会有助于确保数据中包括了所有重要的回归变量，并得到每个回归变量值的恰当范围. 进一步而言，在试验设计中，通常 385 对数据收集过程本身要奉献相当多的努力. 这有助于最小化“野生”数据与可疑数据所产生的问题，并产生测量误差相对较小的数据.

当使用试验设计收集数据时，通常想要做额外的尝试，使得在检验模型的预测性能时可以使用模型. 在试验设计的文献中，这种额外的尝试称为确认性试验. 一种广泛使用的方法是要包括允许拟合比现在使用的模型高一阶的模型的点. 因此，如果考虑拟合一阶模型，那么试验设计应当包括足够的点来拟合二阶模型中的至少某些项.

习题

11.1 考虑习题 3.1 中所研究出国家美式橄榄球大联盟数据的回归模型.

a. 计算这一模型的 PRESS 统计量. 关于这一模型可能的预测性能，能做出什么评论?

b. 剔除一半观测值(随机选择)，并重新拟合回归模型. 回归系数是否有很大变化? 这一模型会将已剔除观测值的获胜场数预测得如何?

c. 剔除达拉斯、洛杉矶、休斯顿、旧金山、芝加哥与亚特兰大六支球队的观测值并重新拟合模型. 这一重新拟合的模型会将这六支球队的获胜场数预测得如何?

11.2 将习题 3.1 中所使用的国家美式橄榄球大联盟数据分割成估计性数据集与预测性数据集. 评估这两个数据集的统计性质. 通过估计性数据研究出模型，并评估其对预测性数据的预测性能. 讨论这一模型的预测性能.

11.3 计算习题 11.2 通过估计性数据所研究出模型的 PRESS 统计量. 该模型可能会预测得如何? 将这一模型所表明的预测性能与习题 11.2 所观察到的实际预测性能进行对比.

11.4 考虑例 11.3 中的送货时间数据. 求出通过估计性数据所研究出模型的 PRESS 统计量. 模型进行预测的质量可能会如何? 将这一预测性能与预测值中所观察到的预测性能进行对比.

11.5 考虑例 11.3 中所讨论的送货时间数据.

a. 使用预测性数据集研究出回归模型.

b. 将这一模型中的参数估计值与通过估计性数据集研究出模型的参数估计值进行对比会如何? 这一对比暗示了关于模型验证的什么东西?

c. 使用 a 小问所研究出的模型，预测原估计性数据中观测值的送货时间. 其结果与例 11.3 中所得到的结果一致吗?

386

11.6 在习题 3.5 中，使用回归变量发动机排量 x_1 与化油器桶个数 x_6 对汽油里程数据研究出了回归模型. 计算这一模型的 PRESS 统计量. 关于模型可能的预测性能会得出什么结论?

11.7 在习题 3.6 中，使用回归变量车长 x_8 与车重 x_{10} 对汽油里程数据研究出了回归模型. 计算这一模型的 PRESS 统计量. 关于模型潜在的预测性能会得出什么结论?

11.8 习题 11.6 与习题 11.7 对汽油里程数据的两个不同模型计算了 PRESS 统计量. 以 PRESS 统计量为基础，哪个模型将进行更优的预测?

11.9 考虑表 B-3 中的汽油里程数据. 从数据中剔除八个观测值(随机选择)，并研究出合适的回归模型. 使用这一模型预测所保留的八个观测值. 对这一模型的预测性能会做出什么评定?

11.10 考虑表 B-3 中的汽油里程数据. 将数据分割为估计性集与预测性集.

a. 评估这两个数据集的统计性质.

b. 对估计性数据拟合包含 x_1 与 x_6 的模型. 这一模型的系数与拟合值看起来合理吗?

c. 使用这一模型对预测性数据集中的观测值进行预测. 评估这一模型的预测性能.

11.11 参考习题 11.2. 通过估计性数据所研究出模型的回归系数的标准误差是多少? 将其与习题 3.5 中使用所有数据所研究出模型的标准误差进行对比结果如何?

11.12 参考习题 11.2. 使用预测性数据集研究出国家美式橄榄球大联盟数据的模型.

a. 将其系数和估计值与通过估计性数据所研究出模型的这两个量进行对比结果如何?

b. 这一模型对原估计性数据中的观测值进行预测结果如何?

11.13 在研究实现 DUPLEX 算法的计算机程序时，会遇到的困难是什么? 举例来说，程序在样本量较大时的效率可能会如何? 程序建议为了克服这些困难要进行什么修正?

11.14 当 $\boldsymbol{Z}$ 为标准化回归系数的 $n\times k$ 矩阵而 $\boldsymbol{T}$ 为方程(11.3)中的 $k\times k$ 上三角形矩阵时，证明变换后的回归变量 $\boldsymbol{W}=\boldsymbol{Z}\boldsymbol{T}^{-1}$ 是正交的且有单位方差.

11.15 证明剔除第 i 个观测值时 $\boldsymbol{\beta}$ 的最小二乘估计量(比如说 $\hat{\boldsymbol{\beta}}_{(i)}$)可以写为与以所有 n 个观测值为基础的估计量有关的

$$\hat{\boldsymbol{\beta}}_{(i)}=\hat{\boldsymbol{\beta}}-\frac{e_i}{1-h_{ii}}(\boldsymbol{X}'\boldsymbol{X})^{-1}\boldsymbol{x}_i$$ 387

11.16 考虑表 B-12 中的热处理数据. 将数据分割为预测性数据集与估计性数据集.

a. 使用所有可能回归方法对估计性数据集拟合模型. 选择 C_p 最小的模型.

b. 使用 a 小问中的模型对预测性数据集中的每个观测值的响应变量进行预测. 计算预测 R^2. 评估模型适用性.

11.17 考虑表 B-13 中的涡轮喷气发动机推力数据. 将数据分割为预测性数据集与估计性数据集.

a. 使用所有可能回归对估计性数据集拟合模型. 选择 C_p 最小的模型.

b. 使用 a 小问中的模型对预测性数据集中的每个观测值进行预测. 计算预测 R^2. 评估模型适用性.

11.18 考虑表 B-14 中的电子反相器数据. 剔除数据集中的第二个观测值. 将数据分割为预测性数据集与估计性数据集.

a. 对估计性数据集求出 C_p 最小的模型.

b. 使用 a 小问中的模型对预测性数据集中的每个观测值进行预测. 计算预测 R^2. 评估模型适用性.

11.19 表 B-11 展示了关于红葡萄酒品质的 38 个观测值.

a. 从数据集中随机选择四个观测值，然后剔除这四个观测值并对剩余观测值拟合仅包括回归变量味道与表示产地信息的指示变量的模型. 使用这一模型预测所剔除的观测值并计算预测 R^2.

b. 重复 a 小问 100 次并计算 100 次重复计算的预测 R^2 的平均值.

c. 对所有 38 个观测值拟合模型，以 PRESS 为基础计算预测 R^2.

d. 要将上文 a 小问～c 小问的三种方法作为模型验证的度量. 对此做出评估.

11.20 考虑送货时间数据的所有 40 个观测值. 随机剔除 10%(4 个)观测值. 对剩余的 36 个观测值拟合模型，对四个所剔除的值进行预测，并计算预测 R^2. 将这一计算重复 100 次. 计算预测 R^2 的平均值. 该值传达了关于模型预测能力的什么信息？将 100 个预测 R^2 值的平均值与以 PRESS 为基础的所有 40 个观测值的预测 R^2 进行对比有什么结果？ 388

第 12 章　非线性回归导引

线性回归模型提供了充分而灵活的分析框架，并满足了许多回归分析的需要. 但是，线性回归模型并非适用于所有情形. 在许多工程学问题与自然科学问题中，响应变量与预测变量是通过一个已知的**非线性**函数联系起来的，这就会产生**非线性回归模型**. 将最小二乘法应用于非线性模型时，所得到的正规方程是非线性的，而一般情况下非线性方程是难以求解的. 处理非线性问题的常规方法是通过迭代程序直接将残差平方和最小化. 本章将描述非线性回归模型的参数估计，并展示如何对模型参数做出恰当的推断. 本章也将解释非线性回归的计算机软件.

12.1　线性回归模型与非线性回归模型

12.1.1　线性回归模型

前几章已经关注了**线性回归模型**

$$y=\beta_0+\beta_1 x_1+\beta_2 x_2+\cdots+\beta_k x_k+\varepsilon \tag{12.1}$$

线性模型不仅包括一阶关系，比如方程(12.1)，也会包括多项式模型与其他复杂关
389 系. 事实上，可以将线性回归模型写为

$$y=\beta_0+\beta_1 z_1+\beta_2 z_2+\cdots+\beta_r z_r+\varepsilon \tag{12.2}$$

式中：z_i 代表原回归变量 x_1，x_2，…，x_k 的任意函数，包括诸如 $\exp(x_i)$、$\sqrt{x_i}$与 $\sin(x_i)$这种变换. 将这种模型称为**线性**回归模型，是因为其关于未知参数 $\beta_j(j=1, 2, \cdots, k)$是线性的.

可以将线性回归模型(12.1)写为一般形式：

$$y=\boldsymbol{x}'\boldsymbol{\beta}+\varepsilon=f(\boldsymbol{x}, \boldsymbol{\beta})+\varepsilon \tag{12.3}$$

式中 $\boldsymbol{x}'=[1, x_1, x_2, \cdots, x_k]$. 由于模型误差的期望值为零，所以响应变量的期望值为

$$E(y)=E[f(\boldsymbol{x},\boldsymbol{\beta})+\varepsilon]=f(\boldsymbol{x},\boldsymbol{\beta})$$

通常称 $f(\boldsymbol{x}, \boldsymbol{\beta})$为模型的**期望函数**. 显然，这里的期望函数是未知参数的线性函数.

12.1.2　非线性回归模型

存在许多线性回归模型并不适用的情形. 举例来说，工程学与自然科学中可能会得到响应变量与回归变量之间关系形式的直接知识，这些知识有可能来源于隐含在现象之下的理论. 响应变量与回归变量之间的真实关系可能是微分方程或微分方程的解. 通常情况下，这将导致模型有非线性的形式.

所有关于未知参数不为线性的模型都是**非线性回归模型**. 举例来说，模型

$$y=\theta_1 e^{\theta_2 x}+\varepsilon \tag{12.4}$$

关于未知参数 θ_1 与 θ_2 是非线性的. 使用符号 θ 代表非线性模型中的参数，以强调线性情形与非线性情形之间的区别.

一般情况下，将非线性回归模型写为

$$y=f(\boldsymbol{x},\ \boldsymbol{\theta})+\varepsilon \tag{12.5}$$

式中：$\boldsymbol{\theta}$为未知参数的$p\times1$向量；ε为不相关的随机误差项，其$E(\varepsilon)=0$且$\mathrm{Var}(\varepsilon)=\sigma^2$. 一般情况下也会假设误差为正态分布，正像在线性回归中所假设的那样．由于

$$E(y)=E[f(\boldsymbol{x},\boldsymbol{\theta})+\varepsilon]=f(\boldsymbol{x},\boldsymbol{\theta}) \tag{12.6}$$ 390

所以称$f(\boldsymbol{x},\ \boldsymbol{\theta})$为非线性回归模型的**期望函数**．这非常类似于线性回归的情形，只是现在期望方程是参数的**非线性**函数．

在非线性回归模型中，期望函数关于参数的导数至少会有一个导数要取决于至少一个参数．在线性回归中，期望函数的导数不是未知参数的函数．为了解释这一点，考虑线性回归模型

$$y=\beta_0+\beta_1x_1+\beta_2x_2+\cdots+\beta_kx_k+\varepsilon$$

其期望函数为$f(\boldsymbol{x},\ \boldsymbol{\beta})=\beta_0+\sum_{j=1}^{k}\beta_jx_j$．现在

$$\frac{\partial f(\boldsymbol{x},\boldsymbol{\beta})}{\partial\beta_j}=x_j\qquad(j=0,1,\cdots,k)$$

式中：$x_0\equiv1$．注意在线性情形中，该导数不是β的函数．

现在考察非线性模型

$$y=f(x,\boldsymbol{\theta})+\varepsilon=\theta_1\mathrm{e}^{\theta_2x}+\varepsilon$$

期望函数关于θ_1与θ_2的导数为

$$\frac{\partial f(x,\boldsymbol{\theta})}{\partial\theta_1}=\mathrm{e}^{\theta_2x}\quad 和 \quad \frac{\partial f(x,\boldsymbol{\theta})}{\partial\theta_2}=\theta_1x\mathrm{e}^{\theta_2x}$$

由于导数是未知参数θ_1与θ_2的函数，所以模型是非线性的．

12.2 非线性模型的起源

非线性回归模型通常给人们以非常“特别”的印象，这是因为非线性模型一般情况下会包含违背人们直觉的，在特定应用领域之外的数学函数．在很多情况下，人们不会欣赏隐含在非线性回归模型之下的科学理论．科学方法使用数学模型来描述自然现象．在许多情形中，尤其是数学模型的基础是变化率的各种情形中，描述自然关系的理论将会包括一系列微分方程的解．本节将概述，微分方程作为描述自然行为的理论核心，将如何产生非线性模型．以下会讨论两个例子：第一个例子处理反应速率，是比较直接的讨论．第二个例子给出了关于隐含理论的细节，以解释非线性回归模型为什么有其特定的形式．讨论的关键在于非线性回归模型几乎永远都是根植于近似科学的． 391

例 12.1 首先考虑将温度的影响正规地纳入二阶反应动力学模型．举例来说，乙酸乙酯的水解可以通过二阶模型来良好建模．令A_t为t时刻乙酸乙酯的含量．二阶模型为

$$\frac{\mathrm{d}A_t}{\mathrm{d}t}=-kA_t^2$$

式中：k为速率常数．速率常数取决于温度，而温度将会在后文纳入模型．令A_0为零时刻乙酸乙酯的含量．速率方程的解为

$$\frac{1}{A_t}=\frac{1}{A_0}+kt$$

使用一些代数学知识，得到

$$A_t = \frac{A_0}{1 + A_0 tk}$$

下面考虑温度对速率常数的影响. 阿列纽斯方程陈述了

$$k = C_1 \exp\left(-\frac{E_a}{RT}\right)$$

式中：E_a 为活化能而 C_1 为常数. 将阿列纽斯方程代入速率方程，得到

$$A_t = \frac{A_0}{1 + A_0 t C_1 \exp(-E_a/RT)}$$

因此，合适的非线性回归模型为

$$A_t = \frac{\theta_1}{1 + \theta_2 t\ \exp(-\theta_3/T)} + \varepsilon_t \tag{12.7}$$

式中：$\theta_1 = A_0$、$\theta_2 = C_1 A_0$，而 $\theta_3 = E_a/R$.

例 12.2 下面考虑克劳休斯—克拉伯龙方程，该方程是物理化学与化学工程中的一个
392 重要结果. 克劳休斯-克拉伯龙方程描述了蒸气压与温度的关系.

蒸气压是一种物理性质，其解释了水洼中的水为什么会向外蒸发. 给定温度下的稳定液体是已经达到其蒸汽相平衡的液体. 蒸气压是在平衡时蒸气相的局部压力. 如果蒸气压等于外界气压，那么液体会沸腾. 当外界大气中水蒸气的局部压力小于在该温度下的蒸气压时，水将会蒸发. 实际局部压力与蒸气压之间的差值所表现出的非平衡条件会引起水洼中的水随时间而蒸发.

描述气液界面处行为的化学理论提到：平衡时蒸汽相与液相两者的吉布斯自由能必须相等. 吉布斯自由能 G 由下式给出：

$$G = U + PV - TS = H - TS$$

式中：U 为“内能”；P 为压力；V 为体积；T 为“绝对”温度；S 为熵；$H = U + PV$ 为焓. 一般情况下，在热力学中，对吉布斯自由能的变化值比对其绝对值更感兴趣. 因此，对 U 实际值的兴趣通常是有限的. 克劳休斯-克拉伯龙方程的推导也要利用理想气体定律

$$PV = RT$$

式中：R 为理想气体常数.

考虑保持体积固定时温度发生微小变化的影响. 通过理想气体定律，会观察到温度增加必然会使压力增加. 令 $\mathrm{d}G$ 为所得到的吉布斯自由能的微分. 注意到

$$\mathrm{d}G = \left(\frac{\partial G}{\partial P}\right)_{\text{总}} \mathrm{d}P = \left(\frac{\partial G}{\partial T}\right)_{\text{预}} \mathrm{d}T = V\mathrm{d}P - S\mathrm{d}T$$

令下标“液”表示液相，而下标“气”表示蒸汽相. 因此，$G_{\text{液}}$ 与 $G_{\text{气}}$ 分别为液相的自由能与蒸汽相的自由能. 随着温度与压力的变化，如果要保持气液平衡，那么

$$\mathrm{d}G_{\text{液}} = \mathrm{d}G_{\text{气}}$$

$$V_{\text{液}}\ \mathrm{d}P - S_{\text{液}}\ \mathrm{d}T = V_{\text{气}}\ \mathrm{d}P - S_{\text{气}}\ \mathrm{d}T$$

整理，得

393 $$\frac{\mathrm{d}P}{\mathrm{d}T} = \frac{S_{\text{气}} - S_{\text{液}}}{V_{\text{气}} - V_{\text{液}}} \tag{12.8}$$

会观察到蒸汽所占有的体积比液体所占有的体积大得多. 实际上，这一差值非常大，以至于可以将 $V_{液}$ 处理为零. 下一步，观察到熵由下式定义：

$$dS = \frac{dQ}{T}$$

式中 Q 为系统与环境之间的可逆热交换. 对气液平衡的情形，热交换的净值为 $H_{汽化}$，该值为在温度 T 时的汽化热. 因此，

$$S_{气} - S_{液} = \frac{H_{汽化}}{T}$$

然后可以将(12.8)重写为

$$\frac{dP}{dT} = \frac{H_{汽化}}{VT}$$

由理想气体定律，

$$V = \frac{RT}{P}$$

然后可以将(12.8)重写为

$$\frac{dP}{dT} = \frac{PH_{汽化}}{RT^2}$$

整理，得

$$\frac{dP}{P} = \frac{H_{汽化}\,dT}{RT^2}$$

积分，得

$$\ln(P) = C - C_1\frac{1}{T} \tag{12.9}$$

式中 C 为积分常数而

$$C_1 = \frac{H_{汽化}}{R}$$

可以将(12.9)重新表达成

$$P = C_0 + C\exp\left(-\frac{C_1}{T}\right) \tag{12.10}$$ 394

式中 C_0 为另一个积分常数. 方程(12.9)建议了简单线性回归的模型形式：

$$\ln(P)_i = \beta_0 + \beta_1\frac{1}{T_i} + \varepsilon_i \tag{12.11}$$

但另一方面，方程(12.10)建议了非线性回归的模型形式：

$$P_i = \theta_1\exp\left(\frac{\theta_2}{T_i}\right) + \varepsilon_i \tag{12.12}$$

重要的是要注意到，这两个可能的模型之间存在不易察觉而意义深远的区别. 12.4 节将讨论线性模型与非线性模型之间某些可能的区别.

12.3 非线性最小二乘

假设拥有了响应变量与回归变量的几个观测值的样本，比如说 y_i，x_{i1}，x_{i2}，…，x_{ik}

($i=1, 2, \cdots, n$). 前文观察到线性回归的最小二乘法会涉及最小化最小二乘函数

$$S(\boldsymbol{\beta}) = \sum_{i=1}^{n}\Big[y_i - \big(\boldsymbol{\beta}_0 + \sum_{j=1}^{k}\boldsymbol{\beta}_j x_{ij}\big)\Big]^2$$

因为是线性回归模型，所以当对 $S(\boldsymbol{\beta})$ 做关于未知参数的微分并使导数等于零时，所得到的正规方程是线性方程，而因此是易于求解的.

现在考虑非线性回归模型的情形. 模型为

$$y_i = f(\boldsymbol{x}_i, \boldsymbol{\theta}) + \varepsilon_i \qquad (i = 1,2,\cdots,n)$$

现在式中 $x_i' = [1, x_{i1}, x_{i2}, \cdots, x_{ik}]$($i=1, 2, \cdots, n$). 最小二乘函数为

$$S(\boldsymbol{\theta}) = \sum_{i=1}^{n}[y_i - f(\boldsymbol{x}_i, \boldsymbol{\theta})]^2 \tag{12.13}$$

为了求解最小二乘估计量，必须对方程(12.13)做关于 θ 的每个元素的微分. 这将为非线性回归情形提供一系列的 p 个正规方程. 正规方程为

$$\sum_{i=1}^{n}[y_i - f(\boldsymbol{x}_i, \boldsymbol{\theta})]\left[\frac{\partial f(\boldsymbol{x}_i, \boldsymbol{\theta})}{\partial \boldsymbol{\theta}_j}\right]_{\theta=\hat{\theta}} = 0 \qquad (j = 1,2,\cdots,p) \tag{12.14}$$

在非线性回归模型中，大方括号中的导数将是未知参数的函数. 进一步而言，期望函数也
395 是非线性函数，所以正规方程可能会非常难以求解.

例 12.3 非线性模型的正规方程 考虑方程(12.4)中的非线性回归模型

$$y = \theta_1 e^{\theta_2 x} + \varepsilon$$

这一模型的最小二乘正规方程为

$$\sum_{i=1}^{n}[y_i - \hat{\theta}_1 e^{\hat{\theta}_2 x_i}]e^{\hat{\theta}_2 x_i} = 0$$

$$\sum_{i=1}^{n}[y_i - \hat{\theta}_1 e^{\hat{\theta}_2 x_i}]\,\hat{\theta}_1 x_i e^{\hat{\theta}_2 x_i} = 0 \tag{12.15}$$

化简后，正规方程为

$$\sum_{i=1}^{n} y_i e^{\hat{\theta}_2 x_i} - \hat{\theta}_1 \sum_{i=1}^{n} e^{2\hat{\theta}_2 x_i} = 0$$

$$\sum_{i=1}^{n} y_i x_i e^{\hat{\theta}_2 x_i} - \hat{\theta}\sum_{i=1}^{n} x_i e^{2\hat{\theta}_2 x_i} = 0 \tag{12.16}$$

这两个方程不是 $\hat{\theta}_1$ 与 $\hat{\theta}_2$ 的线性方程，所以不存在简单的闭合形式解. 一般情况下，必须使用**迭代方法**来求解 θ_1 与 θ_2 的值. 使得问题进一步复杂化的是，正规方程有时会存在多个解. 也就是说，残差平方和函数 $S(\theta)$ 会存在多个平稳值.

线性最小二乘与非线性最小二乘的几何解释 考察最小二乘问题的几何解释会有助于理解由非线性模型所引入的复杂性. 对于一个给定的样本，残差平方和函数 $S(\theta)$ 仅取决于模型参数 θ. 因此，在参数的空间(由 θ_1, θ_2, $\cdots$, θ_p 所定义的空间)中，可以将函数 $S(\theta)$ 表示为等高线图，图中曲面的每条等高线都是常数残差平方和的曲线.

假设回归模型是线性的；也就是说，参数为 $\theta=\beta$，所以残差平方和函数为 $S(\beta)$. 图 12-1a 展示了这种情形下的等高线图. 如果模型的未知参数是线性的，那么等高线会是椭圆，并在最小二乘估计值 β 处有唯一的全局最小值.

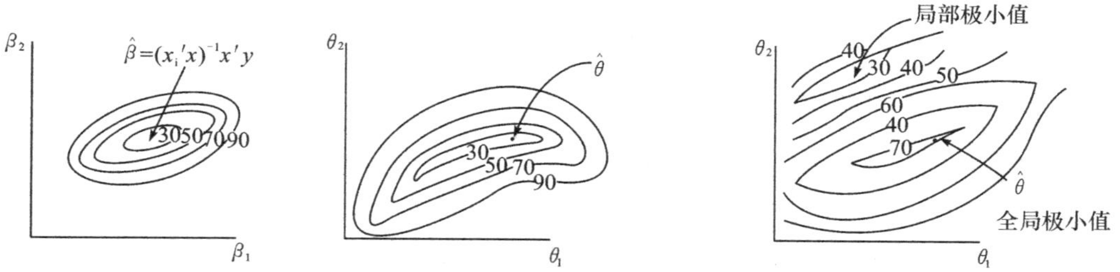

a）线性模型　　b）非线性模型　　c）有局部极小值与全局极小值的非线性模型

图 12-1　残差平方和函数的等高线图

当模型为非线性回归模型时，等高线通常将显得像图 12-1b 那样. 注意图 12-1b 中的等高线不是椭圆，而事实上其形状是被严重拉长而不规则的. “香蕉形”的形状是非常典型的. 残差平方和等高线的特定形状与方向取决于非线性模型的形式与所获得的数据样本. 通常情况下靠近最优值时曲面会被严重拉长，所以 θ 的许多解所产生的残差平方和都会接近于全局最小值. 这会产生**病态**问题，而在存在病态问题时通常难以求解 θ 的全局最小值. 在某些情形下，等高线可能非常不规则，以至于会存在若干个局部极小值，也可能会存在多于一个的全局最小值. 图 12-1c 展示了存在一个局部极小值与一个全局最小值的情形. 396

最大似然估计　已经关注了非线性情形中的最小二乘. 如果模型中的误差项为独立正态分布且有常数方差，那么应用最大似然方法来对问题进行估计将会得到最小二乘的估计结果. 举例来说，考虑方程(12.4)中的模型

$$y_i = \theta_1 e^{\theta_2 x_i} + \varepsilon_i \qquad (i = 1,2,\cdots,n) \tag{12.17}$$

如果误差为独立正态分布且均值为零，方差为 σ^2，那么似然函数为

$$L(\theta,\sigma^2) = \frac{1}{(2\pi\sigma^2)^{n/2}}\exp\left[-\frac{1}{2\sigma^2}\sum_{i=1}^{n}[y_i - \theta_1 e^{\theta_2 x_i}]^2\right] \tag{12.18}$$

显然，最大化这一似然函数等价于最小化残差平方和. 因此，在正态理论的情形中，最小二乘估计值与最大似然估计值相同.

12.4　将非线性模型变换为线性模型

变换会将线性引入模型期望函数，所以变换有时是有用的. 举例来说，考虑模型

$$y=f(x,\ \boldsymbol{\theta})+\varepsilon=\theta_1 e^{\theta_2 x}+\varepsilon \tag{12.19}$$

克劳休斯—克拉伯龙方程(12.12)是这一模型的实例. 现在由于 $E(y)=f(x,\ \boldsymbol{\theta})=\theta_1 e^{\theta_2 x}$，所以可以使用对数将期望函数线性化：

$$\ln E(y)=\ln\theta_1+\theta_2 x$$

在推导克劳休斯—克拉伯龙方程时的方程(12.11)中看到过该式. 因此，诱人的是考虑将模型重写为 397

$$\ln y=\ln\theta_1+\theta_2 x+\varepsilon=\beta_0+\beta_1 x+\varepsilon \tag{12.20}$$

并使用简单线性回归模型来估计 β_0 与 β_1. 但是，方程(12.20)中参数的线性最小二乘估计量在一般情况下并不等价于原模型(12.19)中的非线性参数估计量；其原因在于：在原非线性模型中最小二乘意味着最小化 y 的残差平方和，然而在变换后模型(12.20)中所最小

化的是 lny 的残差平方和.

注意方程(12.19)中的误差结构是**加性**的，所以使用对数变换不可能会产生方程(12.20)中的模型. 而如果误差结构是**乘性**的，比如说

$$y=\theta_1 e^{\theta_2 x}\varepsilon \tag{12.21}$$

那么使用对数变换将是合适的，这是因为

$$\ln y=\ln\theta_1+\theta_2 x+\ln\varepsilon=\beta_0+\beta_1 x+\varepsilon^* \tag{12.22}$$

而如果 ε^* 服从正态分布，那么所有标准线性回归模型的性质与相关推断都可以应用进来.

可以变换为等价线性形式的非线性模型称为**非本质线性**模型. 但是，问题通常以误差的结构为中心；也就是说，将关于误差的标准假设应用于原非线性模型还是线性化后的模型？有时这并不是一个易于回答的问题.

例 12.4 **嘌呤霉素数据** Bates 和 Watts(1988)使用化学动力学中的**米氏**模型来研究酶反应的初始速率与基质浓度 x 的相关性. 模型为

$$y=\frac{\theta_1 x}{x+\theta_2}+\varepsilon \tag{12.23}$$

使用嘌呤霉素处理酶反应的初始速率数据如表 12-1 所示，其图像为图 12-2.

表 12-1 嘌呤霉素试验中的反应速率与基质浓度

基质浓度(百万分之一)	反应速率((计数/分钟)/分钟)	
0.02	47	76
0.06	97	107
0.11	123	139
0.22	152	159
0.56	191	201
1.10	200	207

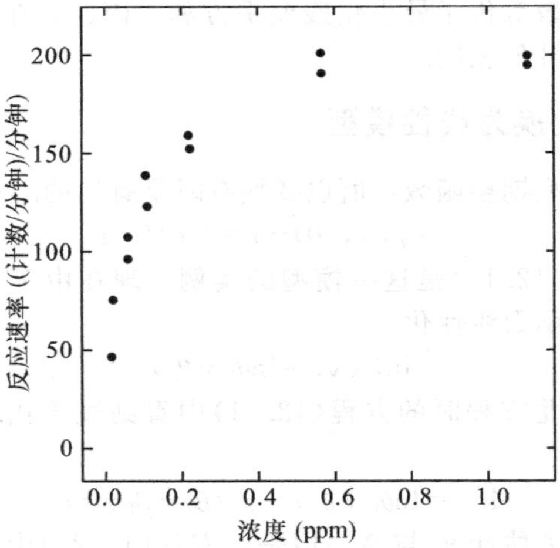

图 12-2 嘌呤霉素试验中反应速率与基质浓度的图像

(改编自 Bates and Watts(1988)，经出版商许可使用)

注意到可以简单地将期望函数线性化，这是由于

$$\frac{1}{f(x,\boldsymbol{\theta})}=\frac{x+\theta_2}{\theta_1 x}=\frac{1}{\theta_1}+\frac{\theta_2}{\theta_1}\frac{1}{x}=\beta_0+\beta_1 x$$

所以诱人的是拟合线性模型

$$y^*=\beta_0+\beta_1 u+\varepsilon$$ 398

式中 $y^*=1/y$ 而 $u=1/x$. 所得到的最小二乘拟合为

$$\hat{y}^*=0.005\,107+0.000\,247\,2u$$

图 12-3a 展示了变换后数据 y^* 与 u 的散点图并叠加了直线拟合. 因为数据中存在重复值，所以通过图 12-2 容易看到原数据的方差近似为常数，而图 12-3a 表明在变换后模型的尺度下方差为常数的假设是不合理的.

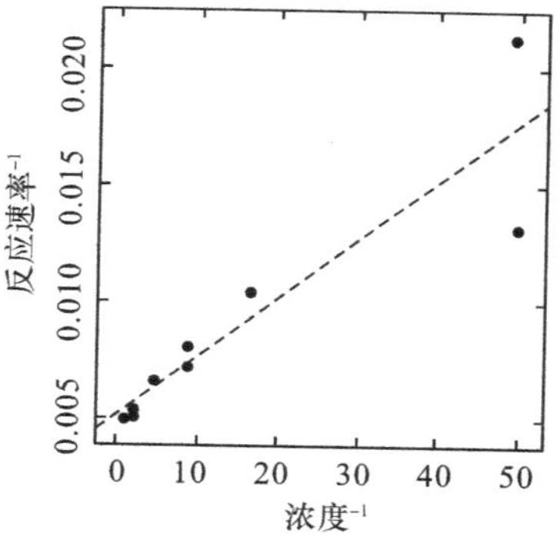

a）嘌呤霉素数据中速率倒数与浓度倒数的图像

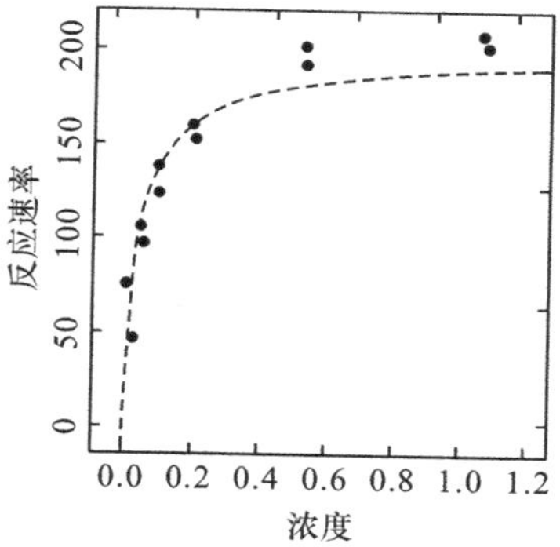

b）原尺度下的拟合曲线

图 12-3

（改编自 Bates 和 Watts(1988)，经出版商许可使用）

现在由于

$$\beta_0=\frac{1}{\theta_1}\quad 且\quad \beta_1=\frac{\theta_2}{\theta_1}$$ 399

所以有

$$0.005\,107=\frac{1}{\hat{\theta}_1}\quad 和\quad 0.000\,247\,2=\frac{\hat{\theta}_2}{\hat{\theta}_1}$$

所以可以将原模型中的 θ_1 与 θ_2 估计为

$$\hat{\theta}_1=195.81\quad 和\quad \hat{\theta}_2=0.048\,41$$

图 12-3b 展示了原尺度下的拟合曲线与数据. 通过该图观察到所拟合的渐近线太小了. 重复点处的方差已经被变换所扭曲了，所以有较低浓度(较高浓度倒数)的试验将控制最小二乘拟合，而因此在较高浓度处模型不能良好地拟合数据.

12.5 非线性系统中的参数估计

12.5.1 线性化

非线性回归计算机算法中的一种广为使用的方法是依照参数估计的高斯-牛顿迭代方法

将非线性函数线性化. 完成线性化要使用在点 $\theta_0'=[\theta_{10},\ \theta_{20},\ \cdots,\ \theta_{p0}]$处的**泰勒级数展开式**，并仅保留线性项. 这会得到

400
$$f(\boldsymbol{x}_i,\boldsymbol{\theta})=f(\boldsymbol{x}_i,\boldsymbol{\theta}_0)+\sum_{j=1}^{p}\left[\frac{\partial f(\boldsymbol{x}_i,\boldsymbol{\theta})}{\partial\theta_j}\right]_{\theta=\theta_0}(\theta_j-\theta_{j0}) \tag{12.24}$$

如果令

$$f_i^0=f(\boldsymbol{x}_i,\boldsymbol{\theta}_0),\quad \beta_j^0=\theta_j-\theta_{j0},\quad Z_{ij}^0=\left[\frac{\partial f(\boldsymbol{x}_i,\boldsymbol{\theta}_0)}{\partial\theta_j}\right]_{\theta=\theta_0}$$

会注意到非线性回归模型可以写为

$$y_i-f_i^0=\sum_{j=1}^{p}\beta_j^0 Z_{ij}^0+\varepsilon_i\qquad(i=1,2,\cdots,n) \tag{12.25}$$

也就是说，现在拥有了线性回归模型. 通常将 0 称为参数的初始值.

可以将方程(12.25)写为

$$\boldsymbol{y}_0=\boldsymbol{Z}_0\boldsymbol{\beta}_0+\boldsymbol{\varepsilon} \tag{12.26}$$

所以 $\boldsymbol{\beta}_0$ 的估计值为

$$\hat{\boldsymbol{\beta}}_0=(\boldsymbol{Z}_0'\boldsymbol{Z}_0)^{-1}\boldsymbol{Z}_0'\boldsymbol{y}_0=(\boldsymbol{Z}_0'\boldsymbol{Z}_0)^{-1}\boldsymbol{Z}_0'(\boldsymbol{y}-\boldsymbol{f}_0) \tag{12.27}$$

现在由于 $\boldsymbol{\beta}_0=\boldsymbol{\theta}-\boldsymbol{\theta}_0$，所以可以将

$$\hat{\boldsymbol{\theta}}_1=\hat{\boldsymbol{\beta}}_0+\boldsymbol{\theta}_0 \tag{12.28}$$

定义为 $\boldsymbol{\theta}$ 的修订估计量. 有时会将$\hat{\boldsymbol{\beta}}_0$ 称为**增量向量**. 现在可以将修订估计量$\hat{\boldsymbol{\theta}}_1$ 放入方程(12.24)中(与初始估计值 $\boldsymbol{\theta}_0$ 扮演了相同的角色)，然后产生另一个修订估计量的集合，比如说$\hat{\boldsymbol{\theta}}_2$，依此类推.

一般情况下，在第 k 次迭代时有

$$\hat{\boldsymbol{\theta}}_{k+1}=\hat{\boldsymbol{\theta}}_k+\hat{\boldsymbol{\beta}}_k=\hat{\boldsymbol{\theta}}_k+(\boldsymbol{Z}'_k\boldsymbol{Z}_k)^{-1}\boldsymbol{Z}_k'(\boldsymbol{y}-\boldsymbol{f}_k) \tag{12.29}$$

式中

$$\boldsymbol{Z}_k=[Z_{ij}^k]$$
$$\boldsymbol{f}_k=[f_1^k,f_2^k,\cdots,f_n^k]'$$
$$\hat{\boldsymbol{\theta}}_k=[\theta_{1k},\theta_{2k},\cdots,\theta_{pk}]'$$

要继续这一迭代过程直至收敛，也就是说直到

$$[(\hat{\theta}_{j,k+1}-\hat{\theta}_{jk})/\hat{\theta}_{jk}]<\delta\qquad(j=1,2,\cdots,p)$$

式中 δ 为某个较小的数，比如说 1.0×10^{-6}. 在每次迭代时都应当评估残差平方和 $S(\hat{\boldsymbol{\theta}}_k)$，

401
以确保所得到的值有所减小.

例 12.5 **嘌呤霉素数据** Bates 和 Watts(1988)使用了高斯-牛顿算法来对表 12-1 中的嘌呤霉素数据拟合米氏模型，使用了初始值 $\theta_{10}=205$ 与 $\theta_{20}=0.08$. 后文将讨论如何得到这两个初始值. 在初始值处，残差平方和 $S(\boldsymbol{\theta}_0)=3155$. 数据、拟合值、残差以及对每个观测值所估计的导数如表 12-2 所示. 为了解释如何计算所需要的量，注意

$$\frac{\partial f(x,\theta_1,\theta_2)}{\partial\theta_1}=\frac{x}{\theta_2+x}\quad 和\quad \frac{\partial f(x,\theta_1,\theta_2)}{\partial\theta_2}=\frac{-\theta_1 x}{(\theta_2+x)^2}$$

而由于 x 的第一个观测值为 $x_1=0.02$，所以有

$$Z_{11}^0 = \frac{x_1}{\theta_2 + x}\bigg|_{\theta_2=0.08} = \frac{0.02}{0.08+0.02} = 0.2000$$

$$Z_{12}^0 = \frac{-\theta_1 x_1}{(\theta_2 + x_1)^2}\bigg|_{\theta_1=205,\theta_2=0.08} = \frac{(-205)(0.02)}{(0.08+0.02)^2} = -410.00$$

现在将导数 Z_{ij}^0 收进矩阵 $\boldsymbol{Z}_0$ 中，通过方程(12.27)计算出增量向量为

$$\hat{\boldsymbol{\beta}}_0 = \begin{bmatrix} 8.03 \\ -0.017 \end{bmatrix}$$ 402

由方程(12.28)，修订估计量$\hat{\boldsymbol{\theta}}_1$ 为

$$\hat{\boldsymbol{\theta}}_1 = \hat{\boldsymbol{\beta}}_0 + \boldsymbol{\theta}_0 = \begin{bmatrix} 8.03 \\ -0.017 \end{bmatrix} + \begin{bmatrix} 205.00 \\ 0.08 \end{bmatrix} = \begin{bmatrix} 213.03 \\ 0.063 \end{bmatrix}$$

在该点处的残差平方和 $S(\hat{\boldsymbol{\theta}}_1)=1206$，该值比 $S(\hat{\boldsymbol{\theta}}_0)$小得非常多. 因此，将 $\boldsymbol{\theta}_1$ 采纳为 $\boldsymbol{\theta}$ 的修订估计值，并做下一次迭代.

表 12-2　在$\hat{\theta}_0'=[205, 0.08]'$处嘌呤霉素数据的数据、拟合值、残差与导数

i	x_i	y_i	f_i^0	$y_i-f_i^0$	Z_{i1}^0	Z_{i2}^0
1	0.02	76	41.00	35.00	0.2000	−410.00
2	0.02	47	41.00	6.00	0.2000	−410.00
3	0.06	97	87.86	9.14	0.4286	−627.55
4	0.06	107	87.86	19.14	0.4286	−627.55
5	0.11	123	118.68	4.32	0.5789	−624.65
6	0.11	139	118.68	20.32	0.5789	−624.65
7	0.22	159	150.33	8.67	0.7333	−501.11
8	0.22	152	150.33	1.67	0.7333	−501.11
9	0.56	191	179.38	11.62	0.8750	−280.27
10	0.56	201	179.38	21.62	0.8750	−280.27
11	1.10	207	191.10	15.90	0.9322	−161.95
12	1.10	200	191.10	8.90	0.9322	−161.95

高斯-牛顿算法收敛于$\hat{\boldsymbol{\theta}}'=[212.7, 0.0641]$其 $S(\hat{\boldsymbol{\theta}})=1195$. 因此，通过线性化所得到的模型拟合为

$$\hat{y} = \frac{\hat{\boldsymbol{\theta}}_1 x}{x+\hat{\boldsymbol{\theta}}_2} = \frac{212.7x}{x+0.0641}$$

图 12-4 展示了拟合模型. 注意非线性模型对数据所提供的拟合相比例 12.4 中依照线性回归进行变换时的拟合要好得多(对比图 12-4 与图 12-3b).

可以用常规方法通过非线性回归模型拟合来得到残差，也就是说

$$e_i = y_i - \hat{y}_i \qquad (i=1,2,\cdots,n)$$ 403

在本例中残差由下式计算

$$e_i = y_i - \frac{\hat{\theta}_1 x_i}{x_i+\hat{\theta}_2} = y_i - \frac{212.7x}{x_i+0.0641} \qquad (i=1,2,\cdots,10)$$

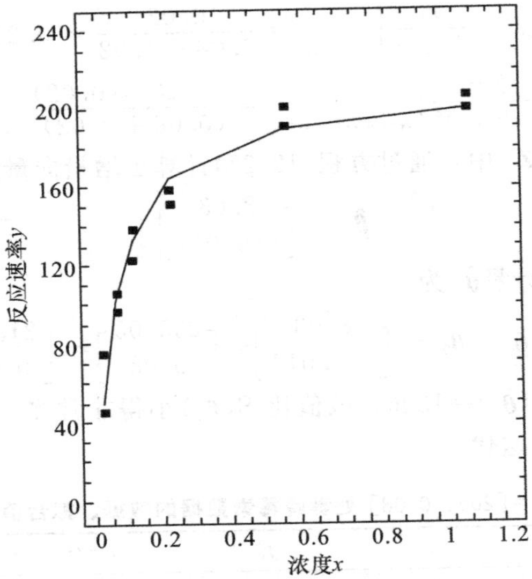

图 12-4 例 12.5 非线性回归模型拟合的图像

残差与预测值的图像为图 12-5. 残差的正态概率图如图 12-6 所示. 存在一个中等程度大的残差；但是，整体拟合是令人满意的，而模型看起来也在很大程度上相对例 12.4 中通过变换方法所得到的模型是有所改善的.

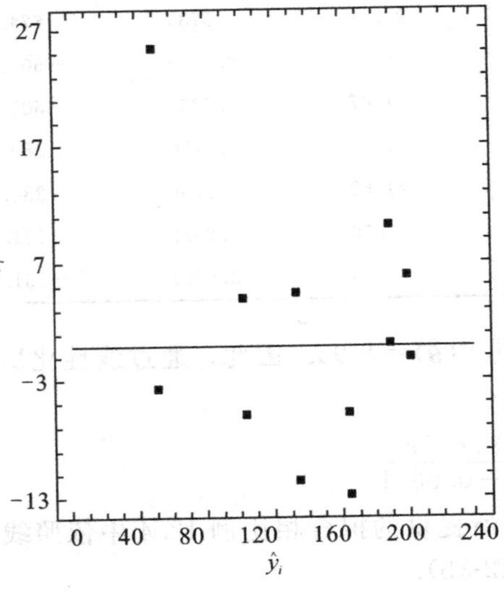

图 12-5 例 12.5 残差与预测值的图像

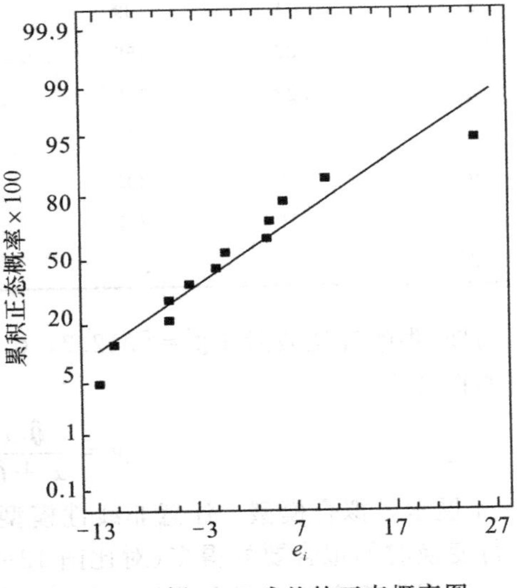

图 12-6 例 12.5 残差的正态概率图

计算机程序 若干种 *PC* 统计包都有能力拟合非线性回归模型. JMP 与 Minitab(版本 16 或更高版本)两种软件都有拟合非线性回归模型的能力. 表 12-3 是来自 JMP 的输出，产生于对表 12-1 的嘌呤霉素数据拟合的米氏模型. JMP 需要 13 次迭代而收敛于最终的参数估计值. 该模型可提供模型参数的估计值、参数估计值标准误差的近似值、误差平方和即残差平方和，以及参数估计值的相关系数．后面几节会利用其中某些量．

表 12-3　对嘌呤霉素数据拟合米氏模型的 JMP 输出

Nonlinear Fit

Response：Velocity，Predictor：Michaelis　Menten Model (2p)

Criterion	**Current**	**Stop Limit**
Iteration	13	60
Obj Change	2.001932e−12	1e−15
Relative Gradient	3.5267226e−7	0.000001
Gradient	0.0001344207	0.000001

Parameter	**Current Value**
theta1	212.68374295
theta2	0.0641212814
SSE	1195.4488144
N	12

Solution

SSE	**DFE**	**MSE**	**RMSE**
1195.4488144	10	119.54488	10.933658

Parameter	**Estimate**	**ApproxStdErr**
theta1	212.68374295	6.94715515
theta2	0.0641212814	0.00828095

Solved By：Analytic NR

Correlation of Estimates

	theta1	**theta2**
theta1	1.0000	0.7651
theta2	0.7651	1.0000

σ^2 **的估计**　当估计程序收敛于最终的参数估计值向量$\hat{\boldsymbol{\theta}}$时，可以通过残差平方和得到误差方差 σ^2 的估计值

$$\hat{\sigma}^2 = MS_{残} = \frac{\sum_{i=1}^{n}(y_i - \hat{y}_i)^2}{n-p} = \frac{\sum_{i=1}^{n}\left[y_i - f(\boldsymbol{x}_i, \hat{\boldsymbol{\theta}})\right]^2}{n-p} = \frac{S(\hat{\boldsymbol{\theta}})}{n-p} \tag{12.30}$$ 404～405

式中 p 为非线性回归模型中的参数个数．对例 12.5 中的嘌呤霉素数据，会求得最后一次迭代的残差平方和为 $S(\hat{\boldsymbol{\theta}})=1195$(也可见表 12-3 中的 JMP 输出)，所以 σ^2 的估计量为

$$\hat{\sigma}^2 = \frac{S(\hat{\boldsymbol{\theta}})}{n-p} = \frac{1195}{12-2} = 119.5$$

也可以通过下式估计参数向量$\hat{\boldsymbol{\theta}}$的**渐进协方差矩阵**(**大样本协方差矩阵**)

$$\mathrm{Var}(\hat{\boldsymbol{\theta}}) = \sigma^2(\boldsymbol{Z}'\boldsymbol{Z})^{-1} \tag{12.31}$$

式中：$\boldsymbol{Z}$ 为前文所定义的，在最后一次迭代的最小二乘估计$\hat{\boldsymbol{\theta}}$处所估计的偏导数矩阵．

例 12.5 中米氏模型$\hat{\boldsymbol{\theta}}$向量的协方差矩阵为

$$\mathrm{Var}(\hat{\boldsymbol{\theta}}) = \hat{\sigma}^2(\boldsymbol{Z}'\boldsymbol{Z})^{-1} = 119.5\begin{bmatrix} 0.4037 & 36.82\times 10^{-5} \\ 36.82\times 10^{-5} & 57.36\times 10^{-8}\end{bmatrix}$$

这一矩阵的主对角线元素近似是回归系数估计值的方差．因此，系数的**标准误差**近似为

$$se(\hat{\theta}_1)=\sqrt{Var(\hat{\theta}_1)}=\sqrt{119.5(0.4037)}=6.95$$

与

$$se(\hat{\theta}_2)=\sqrt{Var(\hat{\theta}_2)}=\sqrt{119.5(57.36\times10^{-8})}=8.28\times10^{-3}$$

而$\hat{\theta}_1$与$\hat{\theta}_2$之间的相关系数约为

$$\frac{36.82\times10^{-5}}{\sqrt{0.4037(57.36\times10^{-8})}}=0.77$$

这三个值与表 12-3 中的 JMP 输出所报告的值是接近一致的.

从图像视角看线性化 已经观察到非线性回归模型的残差平方和函数 $S(\theta)$通常是不规则的"香蕉形"函数，如图 12-1 的图 b 与图 c 所示. 但另一方面，线性最小二乘的残差平方和函数有非常良好的行为；事实上，该函数是椭圆形的，并在"碗"的底部有全局最小值. 参考图 12-7a. 线性化方法将非线性回归问题转化为一系列线性回归问题，其初始点在点 $\boldsymbol{\theta}_0$ 处.

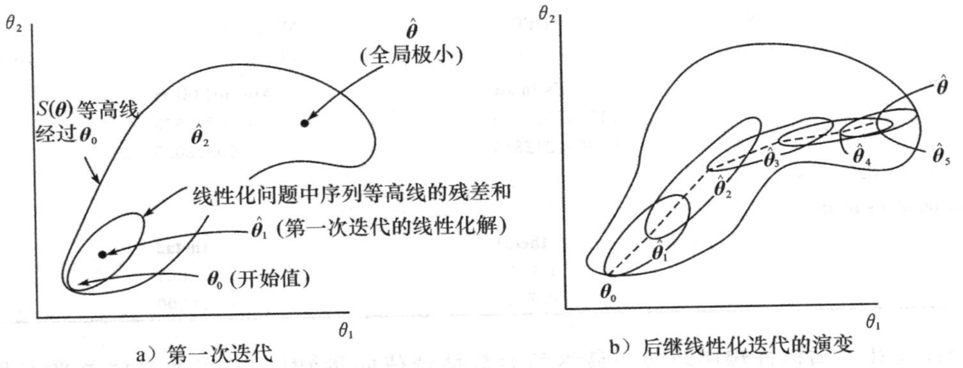

图 12-7 从几何视角看线性化

线性化的第一次迭代将不规则的等高线替换为一系列椭圆形的等高线. $S(\hat{\boldsymbol{\theta}})$的不规则
406 等高线会精确地通过起始点 $\boldsymbol{\theta}_0$，如图 12-7a 所示. 当求解线性化问题时，会向椭圆形等高线集合的全局最小值处移动. 完成这一步要通过普通最小二乘法. 然后下一步迭代就是重复了该过程，初始点为新的解$\hat{\boldsymbol{\theta}}_1$. 最后线性化会演变为一系列线性问题，这些线性问题的解"逼近"非线性函数的全局最小值如图 12-7b 所示. 如果非线性问题由于模型的不良设定或数据的不适用性而是有些病态的，那么线性化程序经过少数几次迭代就应当可以收敛于全局最小值的良好估计值.

良好的初始点即合理地接近于全局最小值的点 $\boldsymbol{\theta}_0$，$\boldsymbol{\theta}_0$ 可以对线性化起到促进作用. 当 $\boldsymbol{\theta}_0$ 接近$\hat{\boldsymbol{\theta}}$时，非线性问题的实际残差平方和等高线可以通过线性化问题的等高线来良好逼近. 12.5.3 节讨论初始值的获取.

12.5.2 参数估计的其他方法

12.5.1 节所描述的基本线性化方法在某些问题中可能会收敛得非常缓慢. 在其他问题中，该方法可能会向错误的方向移动，这时的残差平方和函数 $S(\hat{\boldsymbol{\theta}}_k)$实际上在第 k 次迭代时会增加. 极端情况下，该方法可能根本不会收敛. 因此，已经研究出了求解非线性回归问题的几种其他方法. 这其中某些方法修正并完善了线性化的框架. 本节会给出其中某些程序的简短描述.

最速下降法　最速下降法试图通过直接进行最小化来求解残差平方和函数的全局最小值. 最速下降法的任务是从最初的初始点 $\boldsymbol{\theta}_0$ 开始，朝着残差平方和函数关于 $\boldsymbol{\theta}$ 元素的导数所给定的向量分量的方向移动. 通常要通过在点 $\boldsymbol{\theta}_0$ 附近拟合一阶逼近即平面逼近来估计这些导数. 将一阶模型中的回归系数采用为第一个导数的近似值. 407

最速下降法广泛应用于响应曲面方法中，从过程的最优值条件的初始估计值移动到更可能包含最优值的区域. 最速下降法的主要缺点是求解非线性回归问题时该方法可能会收敛得非常缓慢. 最速下降通常是在初始值与最优值有较长距离时进行得最好. 但是，因为当前的解与最优值更近，所以该程序的移动将越来越短，会产生"锯齿形"的行为. 这就是前文所提到的收敛性问题.

分数增量　使用分数增量可以对线性化方法进行标准修正. 为了描述这种方法，令 $\hat{\beta}_k$ 为第 k 次迭代时方程(12.29)中的标准增量向量，但当且仅当 $S(\hat{\boldsymbol{\theta}}_{k+1})<S(\hat{\boldsymbol{\theta}}_k)$ 时才继续进行下一次迭代. 如果 $S(\hat{\boldsymbol{\theta}}_{k+1})>S(\hat{\boldsymbol{\theta}}_k)$，那么使用 $\hat{\boldsymbol{\beta}}_k/2$ 作为增量向量. 如果必要在一次迭代中使用这一减半的量若干次，如果在特定次数的尝试之后没有得到减小了的 $S(\hat{\boldsymbol{\theta}}_{k+1})$，那么程序终止. 分数增量方法背后的整体观点是使线性化程序不会在任何一次迭代中"跨出太大的步子". 分数增量方法当基本线性化程序遇到收敛性问题时会是有帮助的.

马奎特折中　Marquardt(1963)研究了另一种基本线性化算法的主流修正. 他建议由下式计算第 k 次迭代时的增量向量：

$$(\boldsymbol{Z}_k'\boldsymbol{Z}_k+\lambda\boldsymbol{I}_p)\hat{\boldsymbol{\beta}}_k=\boldsymbol{Z}_k'(\boldsymbol{y}-\boldsymbol{f}_k) \tag{12.32}$$

式中 $\lambda>0$. 注意这类似于第 11 章中的岭回归估计量. 由于回归变量是同一个函数的导数，所以线性化后的函数会产生多重共线性. 因此，方程(12.32)的类岭回归在直觉上是合理的. Marquardt(1963)使用搜索程序求出了在每一步中残差平方和都会减小的 λ 值.

不同计算机程序选择 λ 的方式不同. 举例来说，SAS 中的 PROG NLIN 从 $\lambda=10^{-8}$ 开始. 进行一次迭代，λ 就乘以 10，以此完成一系列的试错计算，直至

$$S(\hat{\boldsymbol{\theta}}_{k+1})<S(\hat{\boldsymbol{\theta}}_k) \tag{12.33}$$

只要满足方程(12.33)，该程序就会在每次迭代中减小为原来的 1/10. 该策略会保持尽可能小，但也确保了每次迭代中都会使残差平方和减小. 通常将这个一般性的程序称为马奎特折中，是因为通过这一方法所产生的增量向量结果，通常位于线性化向量中的高斯-牛顿向量与最速下降的方向之间.

12.5.3 初始值

拟合非线性回归模型需要模型参数的初始值 $\boldsymbol{\theta}_0$. 良好的初始值，即靠近参数实际值的 $\boldsymbol{\theta}_0$ 值，将会最小化收敛的难度. 诸如马奎特折中这种对线性化程序的修正，对初始值选择的敏感性已经降低了，但是谨慎选择 $\boldsymbol{\theta}_0$ 永远是一个好的主意. 不良的选择将会引起函数收敛于局部最小值，而可能在完全没有察觉的情况下获得了次优解. 408

在非线性回归模型中，参数通常有一些物理意义，而这些物理意义可能会非常有助于

获得初始值. 对参数的若干个值做出期望函数的图像，熟悉模型的行为与参数值的变化如何影响图像的行为，也会是有帮助的.

举例来说，在用于嘌呤霉素的米氏函数中，参数 θ_1 是反应速度的渐进值，也就是随着 $x\to\infty$ 时 f 的最大值. 同理，θ_2 代表浓度的一半，也就是满足当浓度达到该值时速率为其最高值一半的浓度值. 考察图 12.2 的散点图将暗示 $\theta_1=205$ 与 $\theta_2=0.08$ 是合理的初始值. 例 12.5 使用了这两个值.

在某些情况下可以对期望函数进行变换来获得初始值. 举例来说，可以通过采用期望函数的倒数来线性化米氏模型. 正如例 12.4 中所做的那样，对倒数数据使用最小二乘法，会产生参数的线性估计值. 这些估计值然后可以用于获得必要的初始值 $\boldsymbol{\theta}_0$. 图像变换也可能是非常有效的. Bates 和 Watts(1988，第 47 页)给出了图像变换的例子.

12.6 非线性回归中的统计推断

在误差为独立正态分布的**线性回归模型**中，可以基于 t 分布与 F 分布获得精确的统计检验与置信区间，而这些参数估计值会拥有有用而吸引人的性质. 但是，误差为独立正态分布时的非线性回归中并不是这种情况. 也就是说，在非线性回归中模型参数的最小二乘估计量(或极大似然估计量)不会拥有线性回归中模型参数的任何吸引人的性质，比如说无偏性、最小方差与正态的抽样分布. 非线性回归中的统计推断取决于**大样本**结果即**渐近**结果. 大样本理论一般情况下同时应用于正态误差分布与非正态误差分布.

将关键的渐近结果简短地汇总如下. 一般情况下，当样本量 n 较大时，$\hat{\boldsymbol{\theta}}$的期望值近似等于参数估计向量的真实值 $\boldsymbol{\theta}$，而$\hat{\boldsymbol{\theta}}$的协方差矩阵近似为$\sigma^2(\boldsymbol{Z}'\boldsymbol{Z})^{-1}$，式中 $\boldsymbol{Z}$ 为在最后一次迭代的最小二乘估计$\hat{\boldsymbol{\theta}}$中所估计的偏导数矩阵. 进一步而言，$\hat{\boldsymbol{\theta}}$的抽样分布近似为正态分布. 因此，当样本量较大时，非线性回归的统计推断可以精确地由线性回归的统计推断来完
409 成. 统计检验与置信区间的程序也都只是近似的.

例 12.6 **嘌呤霉素数据** 重新考虑例 12.5 中嘌呤霉素数据的米氏模型. 模型的 JMP 输出如表 12-3 所示. 为了检验回归显著性(即 H_0：$\theta_1=\theta_2=0$)，可以使用类 ANONA 程序. 可以算得 y 的总平方和为$SS_{总}=271\,909.0$. 所以模型平方和即回归平方和为

$$SS_{\text{model}}=SS_{总}-SS_{残}=271\,410-1195.4=270\,214.6$$

因此，回归显著性检验为

$$F_0=\frac{SS_{\text{model}}/2}{MS_{\text{Error}}}=\frac{270\,241.6/2}{119.5}=1130.61$$

并通过 $F_{2,10}$ 分布算得 P 值的近似值. P 值在很大程度上小于 0.0001，所以会安全地拒绝零假设并得出结论：至少有一个模型参数是非零的. 为了检验单个模型参数 H_0：$\theta_1=0$ 与 H_0：$\theta_2=0$，算得 t 统计量的近似值为

$$t_0=\frac{\hat{\theta}_1}{\text{se}(\hat{\theta}_1)}=\frac{212.7}{6.9471}=30.62$$

与

$$t_0=\frac{\hat{\theta}_2}{\text{se}(\hat{\theta}_2)}=\frac{0.0641}{0.008\,28}=7.74$$

这两个检验统计量的 P 值的近似值都小于 0.01. 因此可以得出结论：两个参数都是非零的.

所求得 θ_1 与 θ_2 的 95%置信区间的近似区间分别如下：

$$\hat{\theta}_1 - t_{0.025,10}\,\mathrm{se}(\hat{\theta}_1) \leqslant \theta_1 \leqslant \hat{\theta}_1 + t_{0.025,10}\,\mathrm{se}(\hat{\theta}_1)$$
$$212.7 - 2.228(6.9471) \leqslant \theta_1 \leqslant 212.7 + 2.228(6.9471)$$
$$197.2 \leqslant \theta_1 \leqslant 228.2$$

与

$$\hat{\theta}_2 - t_{0.025,10}\,\mathrm{se}(\hat{\theta}_2) \leqslant \theta_2 \leqslant \hat{\theta}_2 + t_{0.025,10}\,\mathrm{se}(\hat{\theta}_2)$$
$$0.0641 - 2.228(0.008\,28) \leqslant \theta_2 \leqslant 0.0641 + 2.228(0.008\,28)$$
$$0.0457 \leqslant \theta_2 \leqslant 0.0825$$

在构建这两个置信区间时，已经使用了表 12.3 的计算机输出的结果. 可以通过将非线性回归量的近似值插入所对应线性回归的方程中来构造置信区间与预测区间的近似区间. 410

近似推断的有效性 由于非线性回归中的检验、程序与置信区间都基于大样本理论，而一般情况下非线性回归问题中的样本量可能不都是较大的，所以逻辑上要研究非线性程序的有效性. 想要的是拥有一条指导线或者一条“通用法则”，来告诉我们当样本量足够大时渐进结果是有效的. 不幸的是，不会获得这种总体上的指导线. 但是，存在某些**指示**会表明结果在特定应用中可能有效.

1）如果非线性回归的估计算法在几次迭代后就收敛了，那么这表明用于求解问题的线性逼近是非常令人满意的，而渐进结果也可能会应用得较好. 需要许多次迭代才能收敛是渐进结果不可应用的标志，并应当考虑其他适用性检验.

2）已经研究出了模型的曲线与非线性的若干种度量方式. Bates 和 Watts(1988)讨论了这一问题. 这些度量定量地描述了线性逼近的适用性. 不适用的线性逼近将再次表明渐进推断的结果是有疑问的.

3）第 15 章将解释称为**自助法**的重抽样方法；自助法可以用于研究估计量的抽样分布，来计算标准误差的近似值，并求出置信区间的近似区间. 可以计算出这些量的自助法估计量，并将其与渐近结果所产生的标准误差的近似值与置信区间的近似区间进行对比. 渐近结果与自助法估计量良好地一致时，表明大样本推断的结果是有效的.

当存在渐近推断结果无效的迹象时，模型构建人员只有几种选择. 一种可能是考虑模型的替代形式(如果存在)，或是考虑也许存在的不同的非线性回归模型. 有些情况下，数据的图像与不同的非线性模型期望函数的图像可能对建模有帮助. 另一种可能是，可以适用来自重抽样或者自助法的推断结果. 但是，如果模型是错误的或设定不良，那么几乎没有理由要相信再抽样的结果将比来自大样本推断的结果更加有效.

12.7 非线性模型的实例

理想情况下，要根据来自学科领域的理论上的考虑来选择非线性回归模型. 也就是说，特定的化学、物理学与生物学知识，可以得到期望函数的**机理模型**而不是实证模型. 411
许多非线性回归模型都会归入特定的情形或环境下的分类设计. 本节讨论一些非线性模型.

或许最广为人知的非线性模型类型是**增长模型**. 增长模型用于描述事物如何随着回归

变量的变化而增长. 通常情况下，回归变量是时间. 其典型应用是生物学中的植物或生物随着时间的流逝而生长，但是在经济学与工程学中也存在许多应用. 举例来说，复杂系统中随着时间的流逝可靠性的增长通常可以通过非线性回归模型来描述.

逻辑斯蒂增长模型为

$$y=\frac{\theta_1}{1+\theta_2\exp(-\theta_3 x)}+\varepsilon \tag{12.34}$$

该模型中的系数拥有简单的自然解释. 对 $x=0$，$y=\theta_1/(1+\theta_2)$为在时间(或水平)为零时 y 的水平. 参数 θ_1 是随着 $x\to\infty$的增长极限. θ_2 与 θ_3 的值必须是正数. 同时，方程(12.34)中分母的指数项$-\theta_3 x$ 可以用若干个回归变量中的更为一般的结构来代替. 逻辑斯蒂增长模型本质上是由例 12.1 中推导出的方程(12.7)所给出的模型.

龚帕兹模型由下式给出

$$y=\theta_1\exp(-\theta_2 e^{-\theta_3 x})+\varepsilon \tag{12.35}$$

该式是另一个广泛使用的增长模型. 在 $x=0$ 处有 $y=\theta_1 e^{-\theta_3}$，而 θ_1 为随着 $x\to\infty$的增长极限.

韦伯增长模型为

$$y=\theta_1-\theta_2\exp(-\theta_3 x^{\theta_4})+\varepsilon \tag{12.36}$$

当 $x=0$ 时有 $y=\theta_1-\theta_2$，而随着 $x\to\infty$其增长极限为 θ_1.

在某些应用中响应变量的期望值由一系列线性微分方程的解来给出. 这种模型通常称为**隔室模型**，而由于化学反应在很多情况下都可以由一阶微分方程的线性系统来描述，所以隔室模型在化学、化学工程与药物动力学中有频繁的应用. 其他的情形会将期望函数设定为非线性微分方程的解或者没有解析解的积分方程. 存在对这种问题建模与求解的特殊方法. 有兴趣的读者可以参考 Bates 和 Watts(1988).

12.8 使用 SAS 与 R

SAS 研究出了 PROC NLIN 来做非线性回归分析. 表 12-4 给出了分析例 12.4 中所介绍嘌呤霉素数据的源代码. 语句 PROC NLIN 告诉软件希望做非线性回归模型. 默认情况下，SAS 使用高斯-牛顿方法来求解参数估计值. 如果高斯-牛顿方法在收敛于最终估计值时存在问题，那么建议使用马奎特

412 折中. 请求马奎特折中的合适 SAS 命令为

```
proc nlin method = marquardt;
```

parms 语句设定了未知参数的参数名并

表 12-4 嘌呤霉素数据集的 SAS 代码

```
data puromycin;
input x y;
cards;
0.02  76
0.02  47
0.06  97
0.06  107
0.11  123
0.11  139
0.22  159
0.22  152
0.56  191
0.56  201
1.10  207
1.10  200
proc nlin;
parms t1= 195.81
      t2= 0.04841;
model y= t1* x/(t2+ x);
der.t1= x/(t2+ x);
der.t2= - t1* x/((t2+ x)* (t2+ x));
output out = puro2 student= rs p= yp;
run;
goptions device= win hsize= 6 vsize= 6;
symbol value= star;
proc gplot data= puro2;
plot rs* yp rs* x;
plot y* x= "* " yp* x= "+ "/overlay;
run;
proc capability data= puro2;
var rS;
qqplot rs;
run;
```

给出了参数估计值的初始值．高度推荐使用估计程序的特定初始值，尤其是当可以线性化期望函数的情形．在这一特定的例子中，当线性化模型时已经使用了例 12.2 中所求得的模型参数的解．SAS 允许用户使用网格搜索作为替代．更多细节请看 SAS 的帮助菜单．以下语句解释了 SAS 中对嘌呤霉素数据如何开始做网格搜索：

```
parms  t1= 190 to 200 by 1
       t2= 0.04 to 0.05 by .01;
```

413

model 语句给出了特定模型．通常情况下，非线性模型是相当复杂的，以至于通过定义新的变量来简化模型表达式是有用的．米氏模型是足够简单的，以至于不需要新的变量．但是，以下语句揭示了如何定义变量．以下这两条语句必须放在 parms 语句与 model 语句之间．

```
denom= x+ t2;
model y= t1* x/denom;
```

两条以 der. 开头的语句是期望函数关于未知参数的导数．der. t1 是关于 θ_1 的导数，而 der. t2 是关于 θ_2 的导数．可以使用已经定义的为了简化模型表达式的任何变量来设定这两个导数．高度推荐设定好这两个导数，这是因为估计算法的效率通常在很大程度上取决于这些关于导数的信息．SAS 并不需要导数的信息，但是强烈推荐使用导数．

output 语句告诉 SAS 希望向原嘌呤霉素数据中添加什么信息．在本例中，是添加了残差的信息，所以可以创建“优良的”残差图．语句的一部分 out＝puro2 将所得到的数据集命名为 puro2．语句的一部分 student＝rs 告诉 SAS 将学生化残差添加进 puro2 并将其称为 rs．同理，语句的一部分 p＝yp 告诉 SAS 将预测值添加进来并称之为 yp．output 语句的更多背景见附录 D. 4 与 SAS 的帮助菜单．

剩余的代码非常类似于 4. 2. 3 节中所解释的对线性回归生成优良的残差图的代码．这一部分代码会产生残差与预测值的图像，残差与回归变量的图像，覆盖上原数据与预测值，以及残差的正态概率图．书中并没有展示出这些图像．表 12-5 给出了所产生的类似版本的 SAS 输出文件．只想要来自 PROC CAPABILITY 分析的残差的正态概率图．

现在概述分析嘌呤霉素数据的合适 R 代码．这一分析假设数据在名为“puromycin. txt”的文件中．将数据传入包中的 R 代码为

```
puro<- read.table("puromycin.txt",header= TRUE, sep= "")
```

对象 puro 为 R 的数据集．命令

```
puro.model<- nls(y~ t1* x/(t2+ x),start= list(t1= 205,t2= .08),data= puro)
summary(puro.model)
```

告诉 R 估计模型并打印出估计系数及其检验．命令为

```
yhat <- fitted(puro.model)
e <-  residuals(trans.model)
qqnorm(e)
plot(yhat,e)
plot(puro$x,t)
```

414

设置并然后创建了合适的残差图．命令

```
puro2 <- cbind(puro, yhat, e)
write.table(puro2, "puromycin_output.txt)
```

创建文件“puromycin_output.txt”，然后用户可以将该文件导入其最喜欢的包中来作图．

表 12-5 嘌呤霉素数据的 SAS 输出

The NLIN Procedure
Dependent Variable y
Method: Gauss-Newton
Iterative Phase

Iter	t1	t2	Sum of Squares
0	195.8	0.0484	1920.0
1	210.9	0.0614	1207.0
2	212.5	0.0638	1195.6
3	212.7	0.0641	1195.5
4	212.7	0.0641	1195.4
5	212.7	0.0641	1195.4

NOTE: Convergence criterion met.

Estimation Summary

Method	Gauss-Newton
Iterations	5
R	9.867E-6
PPC(t2)	4.03E-6
RPC(t2)	0.000042
Object	1.149E-8
Objective	1195.449
Observations Read	12
Observations Used	12
Observations Missing	0

NOTE: An intercept was not specified for this model.

Source	DF	Sum of Squares	Mean Square	F Value	Approx Pr > F
Model	2	270214	135107	1130.18	<.0001
Error	10	1195.4	119.5		
Uncorrected Total	12	271409			

Parameter	Estimate	Approx Std Error	Approximate 95% Confidence Limits	
t1	212.7	6.9471	197.2	228.2
t2	0.0641	0.00828	0.0457	0.0826

The SAS System 2
The NLIN Procedure
Approximate Correlation Matrix

	t1	t2
t1	1.0000000	0.7650834
t2	0.7650834	1.0000000

415

习题

12.1 考虑方程(12.23)中所介绍的米氏模型．对 $\theta_1=200$ 与 $\theta_2=0.04$，0.06，0.08，0.10 做出这一模型的期望函数的图像．将这些曲线覆盖在 x-y 轴的同一个集合上．问参数 θ_2 对期望函数的行为有什么影响？

12.2 考虑方程(12.23)中所介绍的米氏模型．对 $\theta_1=100$，150，200，250 与 $\theta_2=0.06$ 做出这一模型的期望函数的图像．将这些曲线覆盖在 x-y 轴的同一个集合上．问参数 θ_1 对期望函数的行为有什么影响？

12.3 对于 $\theta_1=10$，$\theta_2=23$，$\theta_3=0.25$ 做出逻辑斯蒂增长模型(12.34)的期望函数的图像．参数 θ_3 对期望函数的行为有什么影响？

12.4 对于 $\theta_1=10$，$\theta_3=1$ 与 $\theta_2=1$，4，8，做出逻辑斯蒂增长模型(12.34)的期望函数的图像．参数 θ_2 对期望函数的行为有什么影响？

12.5 考虑方程(12.35)中的龚帕兹模型．对 $\theta_1=1$，$\theta_3=1$ 与 $\theta_2=\frac{1}{8}$，1，8，64 在范围 $0\leqslant x\leqslant 10$ 上做出期望函数的图像．

a. 讨论模型作为 θ_2 的函数，其性质如何．

b. 讨论随着 $x\to\infty$ 模型的行为．

c. 当 $x=0$ 时 $E(y)$ 是多少？

12.6 对以上所展示的模型，确定其是线性模型、非本质线性模型、还是非线性模型．如果模型是非本质线性的，那么求解如何通过适合的变换将其线性化．

a. $y=\theta_1 e^{\theta_2+\theta_3 x}+\varepsilon$

b. $y=\theta_1+\theta_2 x_1+\theta_2 x_2^{\theta_3}+\varepsilon$

c. $y=\theta_1+\theta_2/\theta_1 x+\varepsilon$

d. $\theta_1(x_1)^{\theta_2}(x_2)^{\theta_3}+\varepsilon$

e. $\theta_1+\theta_2 e^{\theta_3 x}+\varepsilon$

12.7 重新考虑习题 12.6a～e 小问中的回归模型．假设这些模型中的误差项是乘性的而非加性的．在这一关于误差结构的新假设下重做该题． 416

12.8 考虑以下观测值：

x	y		x	y	
0.5	0.68	1.58	8	56.1	54.2
1	0.45	2.66	9	89.8	90.2
2	2.50	2.04	10	147.7	146.3
4	6.19	7.85			

a. 对这一数据拟合非线性回归模型

$$y=\theta_1 e^{\theta_2 x}+\varepsilon$$

讨论如何获得初始值．

b. 检验回归显著性．

c. 估计误差方差 σ^2．

d. 检验假设 H_0：$\theta_1=0$ 与 H_0：$\theta_2=0$．两个模型参数都不同于零吗？如果并非不同于零，重新拟合合适的模型．

e. 对这一模型进行残差分析．讨论模型适用性．

12.9 重新考虑上题中的数据．两列中的响应变量测量值是通过两种不同的方式收集的．对这一数据拟合新模型

$$y = \theta_3 x_2 + \theta_1 e^{\theta_2 x_1} + \varepsilon$$

式中 x_1 为习题 12.8 中的原回归变量，x_2 为指示变量，当观测值在第 1 天收集时有 $x_2=0$，而当观测值在第 2 天收集时有 $x_2=1$．是否有迹象表明两天之间存在不同(使用 $\theta_{30}=0$ 作为初始值)？

12.10 考虑模型

$$y = \theta_1 - \theta_2 e^{-\theta_3 x} + \varepsilon$$

该式称为米切尔里希方程，通常在化学工程中使用．举例来说，y 可以是产量，而 x 可以是反应时间．

a. 该模型是非线性回归模型吗？

b. 讨论将如何获得参数 θ_1、θ_2 与 θ_3 的合理初始值．

c. 对参数值 $\theta_1=0.5$、$\theta_2=-0.10$ 与 $\theta_3=0.10$ 做出期望函数的图像．讨论该函数的形状．

d. 对参数值 $\theta_1=0.5$、$\theta_2=0.10$ 与 $\theta_3=0.10$ 做出期望函数的图像．将其形状与 c 小问所获得的形状进行对比．

417

12.11 以下数据展示了化学产品中活性氯的分数，该值是制造后时间的函数．

活性氯 y_i	时间 x_i
0.49，0.49	8
0.48，0.47.0.48，0.47	10
0.46，0.46，0.45，0.43	12
0.45，0.43，0.43	14
0.44，0.43，0.43	16
0.46，0.45	18
0.42，0.42，0.43	20
0.41，0.41，0.40	22
0.42，0.40，0.40	24
0.41，0.40，0.41	26
0.41，0.40	28
0.40，0.40，0.38	30
0.41，0.40	32
0.40	34
0.41，0.38	36
0.40，0.40	38
0.39	40
0.39	42

a. 构造该数据的散点图．

b. 对这一数据拟合米切尔里希法则(见习题 12.10)．讨论如何获得初始值．

c. 检验回归显著性．

d. 求解参数 θ_1、θ_2 与 θ_3 的 95%置信区间的近似区间．是否有证据支持所有三个参数都不同于零这一断言？

e. 进行残差分析，并评论模型适用性．

12.12 考虑以下数据.

		x_2 = 50	75	100
x_1	2	4.70 2.68	5.52 3.75	3.98 4.22
	4	6.35 6.10	5.88 7.69	6.28 7.12
	6	7.85 9.25	9.00 9.78	11.43 9.62

这一数据收集于一次试验，其 x_1 = 反应时间(以分钟为单位)而 x_2 = 温度(以摄氏度为单位). 响应变量 y 为浓度(克每升). 工程师正在考虑模型

$$y=\theta_1(x_1)^{\theta_2}(x_2)^{\theta_3}+\varepsilon$$ 418

a. 注意到可以通过对数将期望函数线性化. 对该数据拟合所得到的线性回归模型.

b. 检验回归显著性. 是否表明两个变量 x_1 与 x_2 都有重要的影响?

c. 进行残差分析，并评论模型适用性.

12.13 继续习题 12.12.

a. 使用通过线性化函数而得到的解作为初始值，拟合习题 12.12 中所给出的非线性模型.

b. 检验回归显著性. 是否表明两个变量 x_1 与 x_2 都有重要的影响?

c. 进行残差分析，并评论模型适用性.

d. 更喜欢这一非线性模型还是习题 12.12 中的线性模型?

12.14 继续习题 12.12. 习题 12.12 中数据表格的每个样本中的两个观测值都是试验的重复值. 每个重复值的试验都来自单独的原材料组. 拟合模型

$$y=\theta_4 x_3+\theta_1(x_1)^{\theta_2}(x_2)^{\theta_3}+\varepsilon$$

式中当观测值来自重复值 1 时有 $x_3=0$ 而当观测值来自重复值 2 时有 $x_3=1$. 是否有迹象表明两束原材料之间存在区别?

12.15 以下表格给出了不同温度下水的蒸汽压，前文的习题 2.5 中也报告了该表.

温度(开尔文)	蒸汽压(毫米汞柱)	温度(开尔文)	蒸汽压(毫米汞柱)
273	4.6	333	149.4
283	9.2	343	233.7
293	17.5	353	355.1
303	31.8	363	525.8
313	55.3	373	760.0
323	92.5		

a. 做出散点图. 直线模型看起来是否是适用的?

b. 拟合直线模型. 计算汇总统计量与残差图. 关于模型适用性能得出什么结论?

c. 来自物理化学的克劳休斯-克拉伯龙方程陈述了

$$\ln(p_v)\propto -\frac{1}{T}$$ 419

以这一信息为基础使用合适的变换重做 b 小问.

d. 拟合合适的非线性模型.

e. 讨论这两个模型的区别. 讨论更喜欢哪个模型.

12.16 以下数据收集于对 NG(硝化甘油)、TA(三乙酸甘油脂)与 2NDPA(2-硝基二苯胺)的 26 种混合物所做的比重分析与分光光度计分析.

混合物	x_1(NG 的百分率)	x_2(TA 的百分率)	x_3(2NDPA 的百分率)	y(比重)
1	79.98	19.85	0	1.4774
2	80.06	18.91	1.00	1.4807
3	80.10	16.87	3.00	1.4829
4	77.61	22.36	0	1.4664
5	77.60	21.38	1.00	1.4677
6	77.63	20.35	2.00	1.4686
7	77.34	19.65	2.99	1.4684
8	75.02	24.96	0	1.4524
9	75.03	23.95	1.00	1.4537
10	74.99	22.99	2.00	1.4549
11	74.98	22.00	3.00	1.4565
12	72.50	27.47	0	1.4410
13	72.50	26.48	1.00	1.4414
14	72.50	25.48	2.00	1.4426
15	72.49	24.49	3.00	1.4438
16	69.98	29.99	0	1.4279
17	69.98	29.00	1.00	1.4287
18	69.99	27.99	2.00	1.4291
19	69.99	26.99	3.00	1.4301
20	67.51	32.47	0	1.4157
21	67.50	31.47	1.00	1.4172
22	67.48	30.50	2.00	1.4183
23	67.49	29.49	3.00	1.4188
24	64.98	34.00	1.00	1.4042
25	64.98	33.00	2.00	1.4060
26	64.99	31.99	3.00	1.4068

来源：Raymond H. Myers，*Technometrics*，vol. 6，no. 4(November 1964). 343-356.

需要通过以下模型来估计活度系数：

$$y = \frac{1}{\beta_1 x_1 + \beta_1 x_2 + \beta_3 x_3} = \varepsilon$$

定量参数 β_1、β_2 与 β_3 分别是活度系数与 NG、TA 与 2NDPA 的各自比重的比率.

a. 确定模型参数的初始值.

b. 使用非线性回归拟合模型.

420 c. 研究非线性模型的适用性.

第 13 章　广义线性模型

13.1　导引

第 5 章研究并解释了当响应变量为正态分布且有常数方差这一假设不适用时，数据变换是回归模型拟合的方法. 对响应变量进行变换通常是解决响应变量非正态与方差不相等的非常有效的方法. 加权最小二乘可能也是处理非常数方差问题的有效方法. 本章将展示当不满足正态性与常数方差的“常规”假设时，替代数据变换的另一种方法，这种方法的基础是**广义线性模型**(generalized linear model，GLM).

GLM 统一了线性回归模型与允许纳入非正态响应变量分布的非线性回归模型. GLM 中的响应变量分布必须是**指数族**分布的成员之一，包括正态分布、泊松分布、指数分布与伽玛分布. 进一步而言，有正态误差的线性模型只是 GLM 的特例，所以在很多情况下，可以认为 GLM 是一种统一的方法，可以处理经验性建模与数据分析的许多方面.

展示广义线性模型，先从考虑**逻辑斯蒂回归**(logistic regression)的情形开始. 逻辑斯蒂回归的情形是响应变量只有两种可能的结果，一般称为成功和失败，表示为 0 和 1. 注意响应变量本质上是定性的，这是因为指定成功还是失败是完全任意的. 然后考虑响应变量是计数变量的情形，比如一单位产品中的有缺陷产品的个数；或者稀有事件发生的相对次数，比如一年中登陆美国的大西洋飓风的个数. 最后将讨论如何将所有这些情形统一为 GLM. 关于 GLM 的更多细节，请参考 Myers、Montgomery、Vining 和 Robinson(2010). 421

13.2　逻辑斯蒂回归模型

13.2.1　有二值响应变量的模型

考虑这种情形：回归问题中的响应变量只有两个可能的取值，0 和 1. 可以将产生于定性响应变量观测的随机变量任意安排为 0 或 1. 举例来说，响应变量可能是半导体设备功能性电子测试的结果：要么为成功，意味着设备将会恰当地运作；要么为失败，这可能是由于短路、开路或某些其他功能性问题.

假设回归模型的形式为

$$y_i = \boldsymbol{x}_i'\boldsymbol{\beta} + \varepsilon_i \tag{13.1}$$

式中：$\boldsymbol{x}_i' = [1,\ x_{i1},\ x_{i2},\ \cdots,\ x_{ik}]$，$\boldsymbol{\beta}' = [\beta_0,\ \beta_1,\ \beta_2,\ \cdots,\ \beta_k]$，而响应变量 y_i 的取值要么为 0 要么为 1. 将会假设响应变量 y_i 为**伯努利随机变量**(Bernoulli random variable)，其概率分布如下：

y_i	概率
1	$P(y_i=1)=\pi_i$
0	$P(y_i=0)=1-\pi_i$

现在由于 $E(\varepsilon_i)=0$，所以响应变量的期望值为

$$E(y_i) = 1(\pi_i) + 0(1-\pi_i) = \pi_i$$

这意味着

$$E(y_i) = \boldsymbol{x}_i'\boldsymbol{\beta} = \pi_i$$

该式意味着响应变量的期望由响应变量函数 $E(y_i)=\boldsymbol{x}_i'\boldsymbol{\beta}$ 给出，而该期望也恰是响应变量值取 1 时的概率.

方程(13.1)中的回归模型存在某些非常基本的问题. 第一，注意到如果响应变量为二值变量，那么误差项 ε_i 只能取两个值，即

422

$$\varepsilon_i = 1 - \boldsymbol{x}_i'\boldsymbol{\beta}, \quad 当\ y_i = 1\ 时$$

$$\varepsilon_i = -\boldsymbol{x}_i'\boldsymbol{\beta}, \quad 当\ y_i = 0\ 时$$

因此，这一模型的误差不可能是正态的. 第二，误差的方差不是常数，这是由于

$$\sigma_{yi}^2 = E\{y_i - E(y_i)\}^2 = (1-\pi_i)^2\pi_i + (0-\pi_i)^2(1-\pi_i) = \pi_i(1-\pi_i)$$

注意到由于 $E(y_i)=\boldsymbol{x}_i'\boldsymbol{\beta}=\pi_i$，所以上一表达式就是

$$\sigma_{yi}^2 = E(y_i)[1-E(y_i)]$$

该式表明观测值的方差(因为 $\varepsilon_i = y_i - \pi_i$ 且 π_i 为常数，所以该方差与误差方差相同)是均值的函数. 最后，因为

$$0 \leqslant E(y_i) = \pi_i \leqslant 1$$

所以响应变量函数存在一个约束. 因为已经在方程(13.1)中做了假设，所以这一约束可以引起线性响应变量函数选择的严重问题. 对数据拟合出的模型，其响应变量预测值可能会位于 0，1 区间之外.

一般情况下，当响应变量为二值变量时，会存在相当多的经验性证据表明响应变量函数的形状应当是非线性的. 通常要使用 S 形的单调递增(或单调递减)函数，如图 13-1 所

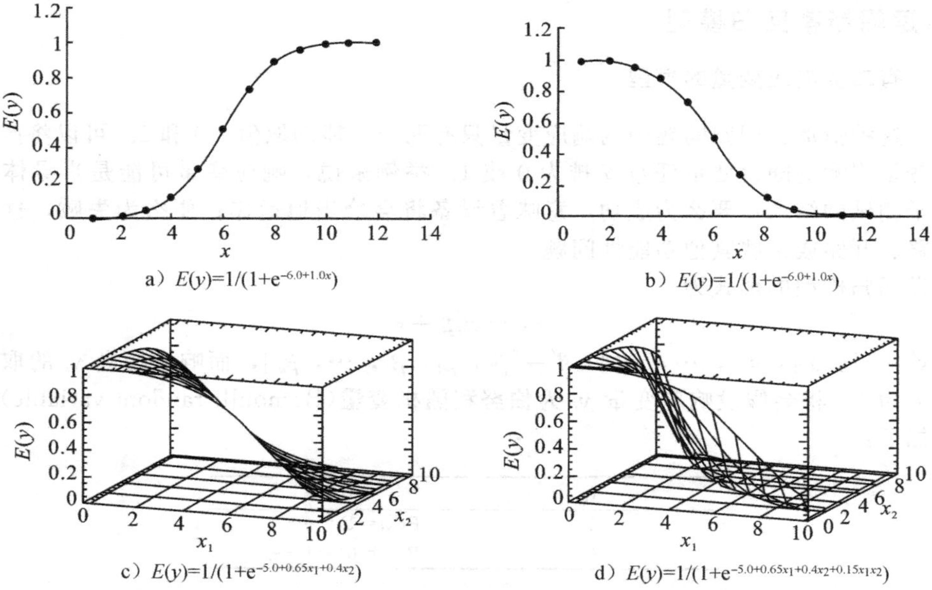

图 13-1　逻辑斯蒂响应变量函数的实例

示. 这一函数称为**逻辑斯蒂响应变量函数**，其形式为

$$E(y)=\frac{\exp(\boldsymbol{x}'\boldsymbol{\beta})}{1+\exp(\boldsymbol{x}'\boldsymbol{\beta})}=\frac{1}{1+\exp(-\boldsymbol{x}'\boldsymbol{\beta})} \tag{13.2}$$

可以简单地将逻辑斯蒂响应变量函数线性化. 一种方法将响应变量函数的均值函数的结构化部分定义出来. 令

$$\eta=\boldsymbol{x}'\boldsymbol{\beta} \tag{13.3}$$

为**线性预测项**，式中 η 通过以下变换定义：

$$\eta=\ln\frac{\pi}{1-\pi} \tag{13.4}$$

这一变换通常称为 Logit **变换**，而变换中的比率 $\pi/(1-\pi)$ 称为**优势比**. 有时将 Logit 变换称为对数优势比.

13.2.2 逻辑斯蒂回归模型中的参数估计

逻辑斯蒂回归模型的一般形式为 423

$$y_i=E(y_i)+\varepsilon_i \tag{13.5}$$

式中：观测值 y_i 为独立的伯努利随机变量，其期望值为

$$E(y_i)=\pi_i=\frac{\exp(\boldsymbol{x}_i'\boldsymbol{\beta})}{1+\exp(\boldsymbol{x}_i'\boldsymbol{\beta})} \tag{13.6}$$

将使用**最大似然**方法来估计线性预测项 $\boldsymbol{x}_i'\boldsymbol{\beta}$ 中的参数.

每个样本观测值都服从伯努利分布，所以每个样本观测值的概率分布为

$$f_i(y_i)=\pi_i^{y_i}(1-\pi_i)^{1-y_i}\qquad(i=1,2,\cdots,n)$$

每个观测值 y_i 的取值当然为 0 或 1. 由于观测值是独立的，所以似然函数就是

$$L(y_1,y_2,\cdots,y_n,\boldsymbol{\beta})=\prod_{i=1}^{n}f_i(y_i)=\prod_{i=1}^{n}\pi_i^{y_i}(1-\pi_i)^{1-y_i} \tag{13.7}$$ 424

更为方便的是使用对数似然函数

$$\ln L(y_1,y_2,\cdots,y_n,\boldsymbol{\beta})=\ln\prod_{i=1}^{n}f_i(y_i)=\sum_{i=1}^{n}\left[y_i\ln\left(\frac{\pi}{1-\pi_i}\right)\right]+\sum_{i=1}^{n}\ln(1-\pi_i)$$

现在由于 $1-\pi_i=[1+\exp(\boldsymbol{x}_i'\boldsymbol{\beta})]^{-1}$ 且 $\eta_i=\ln[\pi_i/(1-\pi_i)]=\boldsymbol{x}_i'\boldsymbol{\beta}$，所以对数似然函数可以写为

$$\ln L(\boldsymbol{y},\boldsymbol{\beta})=\sum_{i=1}^{n}y_i\boldsymbol{x}_i'\boldsymbol{\beta}-\sum_{i=1}^{n}\ln[1+\exp(\boldsymbol{x}_i'\boldsymbol{\beta})] \tag{13.8}$$

通常在逻辑斯蒂回归模型中，在 x 变量的每个水平上都会有重复观测值或重复试验. 这一点在试验设计时会经常出现. 令 y_i 表示观测到第 i 个观测值取 1 的个数，且 η_i 为在每个观测值上的试验个数. 然后对数似然函数变为

$$\begin{aligned}\ln L(\boldsymbol{y},\boldsymbol{\beta})&=\sum_{i=1}^{n}y_i\ln(\pi_i)+\sum_{i=1}^{n}n_i\ln(1-\pi_i)-\sum_{i=1}^{n}y_i\ln(1-\pi_i)\\&=\sum_{i=1}^{n}y_i\ln(\pi_i)+\sum_{i=1}^{n}(n_i-y_i)\ln(1-\pi_i)\end{aligned} \tag{13.9}$$

数值搜索方法可以用来计算最大似然估计值(即 MLE)$\hat{\boldsymbol{\beta}}$. 但是已经证明，可以使用迭

代再加权最小二乘(IRLS)来最终求出 MLE. 关于这一程序的细节，参考附录 C.14. 有若干种优良的计算机程序可以实现逻辑斯蒂回归模型的极大似然估计，比如 SAS PROC GENMOD、JMP 及 Minitab.

令$\hat{\boldsymbol{\beta}}$为模型参数的最终估计值，由以上算法产生. 如果模型假设正确，那么可以证明下式渐进成立：

$$E(\hat{\boldsymbol{\beta}}) = \boldsymbol{\beta} \quad 且 \quad \mathrm{Var}(\hat{\boldsymbol{\beta}}) = (\boldsymbol{X}'\boldsymbol{V}\boldsymbol{X})^{-1} \tag{13.10}$$

式中：矩阵 $\boldsymbol{V}$ 为 $n\times n$ 对角矩阵，其包含了主对角线上的每个观测值的方差的估计值. 也就是说，$\boldsymbol{V}$ 的第 i 个对角线元素为

$$\boldsymbol{V}_{ii} = n_i\,\hat{\pi}_i(1-\hat{\pi}_i)$$

线性预测项的估计值为$\hat{\eta}_i=\boldsymbol{x}_i'\boldsymbol{\beta}$，所以写出逻辑斯蒂回归模型的拟合值为

425

$$\hat{y}_i = \hat{\pi}_i = \frac{\exp(\hat{\eta}_i)}{1+\exp(\hat{\eta}_i)} = \frac{\exp(\boldsymbol{x}_i'\,\hat{\boldsymbol{\beta}})}{1+\exp(\boldsymbol{x}_i'\,\hat{\boldsymbol{\beta}})} = \frac{1}{1+\exp(-\boldsymbol{x}_i'\,\hat{\boldsymbol{\beta}})} \tag{13.11}$$

例 13.1 **尘肺病数据** 1959 年 Biometrics 杂志的一篇文章给出了关于出现重症尘肺病症状的煤矿工人的比例与暴露年数的数据. 数据如表 13-1 所示. 所感兴趣的响应变量 y 是有重症症状的矿工的比例. 响应变量与暴露年数的图像如图 13-2 所示. 重症病例个数的合理概率模型是二项模型，所以将对该数据拟合逻辑斯蒂回归模型.

表 13-1 尘肺病数据

暴露年数	重症病例的个数	矿工总人数	重症病例的比例 y
5.8	0	98	0
15.0	1	54	0.0185
21.5	3	43	0.0698
27.5	8	48	0.1667
33.5	9	51	0.1765
39.5	8	38	0.2105
46.0	10	28	0.3571
51.5	5	11	0.4545

表 13-2 包含了来自 Minitab 的部分输出. 在后续章节中，将会讨论这一输出所包含信息的更多细节. 标题为“逻辑斯蒂回归表”的这部分输出给出了线性预测项中回归系数的估计值. 逻辑斯蒂回归模型拟合为

$$\hat{y} = \hat{\pi} = \frac{1}{1+\mathrm{e}^{+4.7965-0.0935x}}$$

式中：x 为暴露年数. 图 13-3 展示的图像来自于这一模型的拟合值，并附加了样本数据的散点图. 逻辑斯蒂回归模型看起来似乎合理地拟合了样本数据. 如果令 CASES 为重症病例的个数而 MINERS 为矿工的人数，那么分析这一数据的 SAS 代码为

```
proc genmod;
model CASES = MINERS/dist= binomial type1 type3;
```

Minitab 也会计算并展示出模型参数的协方差矩阵. 对于尘肺病数据，协方差矩阵为

$$\mathrm{Var}(\hat{\boldsymbol{\beta}}) = \begin{bmatrix} 0.323\,283 & -0.008\,348\,0 \\ -0.008\,348\,0 & 0.000\,238\,0 \end{bmatrix}$$

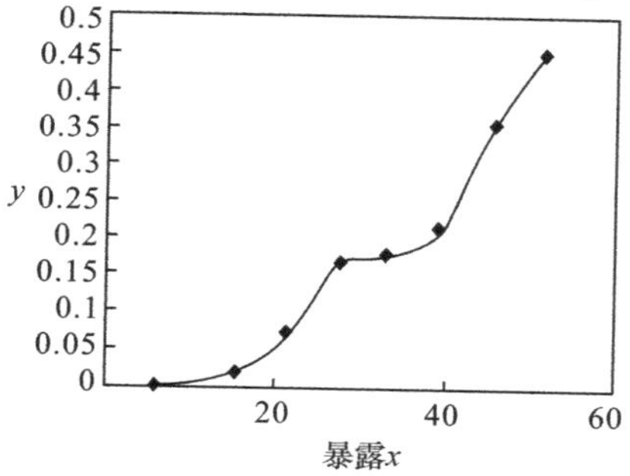

图 13-2　表 13-1 尘肺病数据的散点图

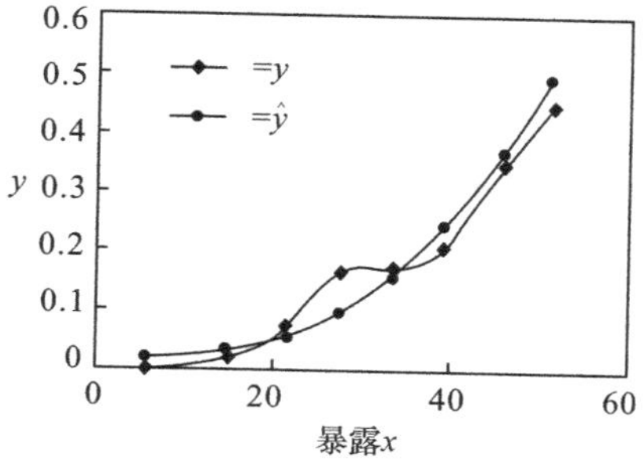

图 13-3　表 13-1 尘肺病数据的逻辑斯蒂回归模型拟合

表 13-2 中所报告的模型参数估计值的标准误差是这一矩阵主对角线元素的平方根. 426

表 13-2　二值逻辑斯蒂回归：重症病例的人数、矿工人数与暴露年数

Link Function Logit

Response Information

Variable	Value	Count
Severe cases	Success	44
	Failure	327
Number of miners	Total	371

Logistic Regression Table

Predictor	Coef	SE Coef	Z	P	Odds Ratio	95% Lower	CI Upper
Constant	−4.79648	0.568580	−8.44				
Years	0.0934629	0.0154258	6.06	0.000	1.10	1.07	1.13

Log-Likelihood = −109.664

Test that all slopes are zero：G=50.852，DF=1，P-Value=0.000

Goodness-of-Fit Tests

Method	Chi-Square	DF	P
Pearson	5.02854	6	0.540
Deviance	6.05077	6	0.418
Hosmer-Lemeshow	5.00360	5	0.415

Table of Observed and Expected Frequencies：

(See Hosmer-Lemeshow Test for the Pearson Chi-Square Statistic)

		Group							
Value		1	2	3	4	5	6	7	Total
Success	Obs	0	1	3	8	9	8	15	44
	Exp	1.4	1.8	2.5	4.7	8.1	9.5	16.1	
Failure	Obs	98	53	40	40	42	30	24	327
	Exp	96.6	52.2	40.5	43.3	42.9	28.5	22.9	
Total		98	54	43	48	51	38	39	371

427

13.2.3 解释逻辑斯蒂回归模型中的参数

解释逻辑斯蒂回归模型的参数是相当简单的. 首先考虑这种情形：线性预测项只有一个回归变量，那么在 x 的特定值，比如说 x_i 处，线性预测项的拟合值为

$$\hat{\eta}(x_i)=\hat{\beta}_0+\hat{\beta}_1 x_i$$

在 x_i+1 处的拟合值为

$$\hat{\eta}(x_i+1)=\hat{\beta}_0+\hat{\beta}_1(x_i+1)$$

所以两个预测值的差值为

$$\hat{\eta}(x_i+1)-\hat{\eta}(x_i)=\hat{\beta}_1$$

现在当回归变量等于 x_i 时，$\hat{\eta}(x_i)$恰为对数优势比；而当回归变量等于 x_i+1 时，$\hat{\eta}(x_i+1)$也恰为对数优势比. 因此，两个拟合值的差值为

$$\hat{\eta}(x_i+1)-\hat{\eta}(x_i)=\ln(\text{odds}_{x_i+1})-\ln(\text{odds}_{x_i})=\ln\left(\frac{\text{odds}_{x_i+1}}{\text{odds}_{x_i}}\right)=\hat{\beta}_1$$

如果取逆对数，那么会得到优势比

$$\hat{O}_{\text{R}}=\frac{\text{odds}_{x_i+1}}{\text{odds}_{x_i}}=\text{e}^{\hat{\beta}_1} \tag{13.12}$$

可以将优势比解释为预测变量的值发生一个单位的变化时，成功概率估计值的增加. 一般情况下，预测变量发生 d 个单位的变化，优势比的估计值增加 $\exp(d\,\hat{\beta}_1)$.

例 13.2 尘肺病数据 例 13.1 对表 13-1 中的尘肺病数据拟合了逻辑斯蒂回归模型

$$\hat{y}=\frac{1}{1+\text{e}^{+4.7965-0.0935x}}$$

由于线性预测项仅包括一个回归变量且$\hat{\beta}_1=0.0935$，所以可以通过方程(13.12)计算出优势比，为

428 $$\hat{O}_{\text{R}}=\text{e}^{\hat{\beta}_1}=\text{e}^{0.0935}=1.10$$

该值意味着每多暴露一年，染上尘肺病的重症病例的优势比就会增加 10%. 如果暴露时间增加 10 年，那么优势比变为 $\exp(d\,\hat{\beta}_1)=\exp[10(0.0935)]=2.55$. 这表明暴露十年会使优势比增加两倍多.

逻辑斯蒂回归中的优势比与广泛用于分类数据分析中的 2×2 列联表之间存在紧密的联系. 考虑表 13-3，该表给出了一个 2×2 列联表，表中的分类响应变量表示使用活性药物治疗与安慰剂治疗两者之一的一组病人的结果(染病，未染病). n_{ij} 为每个单元格中的病人个数. 2×2 列联表中的优势比由下式定义：

$$\frac{\text{染病比例}\mid\text{活性药物}}{\text{染病比例}\mid\text{安慰剂}}=\frac{n_{11}/n_{01}}{n_{10}/n_{00}}=\frac{n_{11}\cdot n_{00}}{n_{10}\cdot n_{01}}$$

考虑这一数据的逻辑斯蒂回归模型. 线性预测项为

$$\ln\left(\frac{\pi}{1-\pi}\right)=\beta_0+\beta_1 x_1$$

当 $x_1=0$ 时，有

$$\beta_0 = \ln \frac{P(y=1|x_1=0)}{P(y=0|x_1=0)}$$

现在令 $x_1=1$：

$$\ln\left(\frac{\pi}{1-\pi}\right) = \beta_0 + \beta_1 x_1$$

$$\ln \frac{P(y=1|x_1=1)}{P(y=0|x_1=1)} = \ln \frac{P(y=1|x_1=0)}{P(y=0|x_1=0)} + \beta_1$$

解出 β_1，得

$$\beta_1 = \ln \frac{P(y=1|x_1=1) \cdot P(y=0|x_1=0)}{P(y=0|x_1=1) \cdot P(y=1|x_1=0)} = \ln \frac{n_{11} \cdot n_{00}}{n_{01} \cdot n_{10}}$$ 429

所以 $\exp(\beta_1)$等价于 2×2 列联表中的优势比．但是，来自逻辑斯蒂回归的优势比相比传统22 列联表的优势比要更为通用得多．逻辑斯蒂回归可以容纳其他预测变量，而这些其他预测变量的存在可以影响优势比．举例来说，假设有另一个回归变量 x_2＝年龄，表 13-3 所描述药物研究中的每个病人的 x_2 都是可以获得的．现在该数据的逻辑斯蒂回归模型的线性预测项将为

$$\ln\left(\frac{\pi}{1-\pi}\right) = \beta_0 + \beta_1 x_1 + \beta_2 x_2$$

表 13-3　2×2 列联表

响应变量	$x_1=0$，活性药物	$x_1=1$，安慰剂
$y=0$，未染病	n_{00}	n_{01}
$y=1$，染病	n_{10}	n_{11}

这一模型的预测变量年龄可以影响药物变量优势比的估计值．药物的优势比仍为$\exp(\beta_1)$，但是 β_1 的估计值可能会受到模型中包括进的 x_2＝年龄的影响．包括进一个药物与年龄的交互作用项也是可能的，比如说

$$\ln\left(\frac{\pi}{1-\pi}\right) = \beta_0 + \beta_1 x_1 + \beta_2 x_2 + \beta_{12} x_1 x_2$$

在这一模型中药物的优势比取决于年龄的水平，将会计算出该优势比为 $\exp(\beta_1 + \beta_{12} x_2)$．

解释多元逻辑斯蒂回归模型中的回归系数，类似于解释线性预测项中仅包括一个回归变量的情形．也就是说，假设其他所有预测变量均为常数时，量 $\exp(\hat{\beta})$为回归变量 x_j 的优势比．

13.2.4　模型参数的统计推断

逻辑斯蒂回归中统计推断的基础是最大似然估计量的确定性质以及似然比检验．这两者都是**大样本**结果即**渐进**结果．本节讨论并解释这两种处理，用逻辑斯蒂回归模型来拟合例 13.1 的尘肺病数据．

似然比检验　似然比检验可以用于比较“全模型”与所感兴趣的“简化模型”．似然比检验类似于前文用于对比全模型与简化模型的“附加平方和”方法．似然比检验程序会比较全模型的似然函数值对数的两倍与简化模型的似然函数值对数的两倍，来得到检验统

计量，比如说

$$LR = 2\ln\frac{L(\text{全模})}{L(\text{简模})} = 2[\ln L(\text{全模}) - \ln L(\text{简模})] \tag{13.13}$$

对于大样本的情况，当简化模型正确时，检验统计量 LR 服从卡方分布，其自由度等于全
430 模型与简化模型之间参数个数的差值. 因此，当检验统计量 LR 超过卡方分布的上 α 百分点时，将会拒绝简化模型是合适的这一论断.

似然比方法可以用于检验逻辑斯蒂回归中的回归显著性. 该检验所使用的模型是已经将数据拟合为全模型的正确模型，并将该全模型与有常数成功概率的简化模型进行对比. 这一常数成功概率的模型为

$$E(y) = \pi = \frac{e^{\beta_0}}{1+e^{\beta_0}}$$

也就是没有回归变量的逻辑斯蒂回归模型. 常数成功概率的最大似然估计值恰为 y/n，式中 y 为所观测到的成功事件的总数，而 n 为观测值的个数. 将上式代入方程(13.9)中的对数似然模型，会给出简化模型对数似然函数的极大值，为

$$\ln L(\text{简模}) = y\ln(y) + (n-y)\ln(n-y) - n\ln(n)$$

而因此回归显著性检验的似然比统计量为

$$LR = 2\left\{\sum_{i=1}^{n} y_i \ln\hat{\pi}_i + \sum_{i=1}^{n}(n_i - y_i)\ln(1-\hat{\pi}_i) - [y\ln(y) + (n-y)\ln(n-y) - n\ln(n)]\right\} \tag{13.14}$$

这一统计量的值较大时，因为其回归系数非零，所以将表明逻辑斯蒂回归模型中至少有一个回归变量是重要的.

Minitab 会计算出逻辑斯蒂回归中回归显著性的似然比检验. 在表 13-2 的 Minitab 输出中，所报告的方程(13.14)中的检验统计量为 $G=50.852$，自由度为 1(这是因为全模型只有一个预测变量). 所报告的 p 值为 0.000(当计算出的 p 值小于 0.001 时 Minitab 默认报告出 0.000).

拟合优度检验 逻辑斯蒂回归模型的拟合优度检验也可以使用似然比检验程序来进行评定. 拟合优度检验会将当前的模型与**饱和模型**进行对比. 在饱和模型中，每个观测值(或者当 $n_i>1$ 时是观测值的集群)都可以有它自己的参数(即成功概率). 这些参数即成功概率为 η_i/n_i，式中 η_i 为成功事件的个数，而 n_i 为观测值的个数. 将离差定义为饱和模型与全模型(全模型是当前的模型)之间对数似然函数差值的两倍，其中全模型已经拟合了数
431 据，且其成功概率的估计值为$\hat{\pi}_i=\exp(\boldsymbol{x}_i'\hat{\boldsymbol{\beta}})/[1+\exp(\boldsymbol{x}_i'\hat{\boldsymbol{\beta}})]$. 离差的定义为

$$D = 2\ln\frac{L(\text{饱和模型})}{L(\text{全模})} = 2\sum_{i=1}^{n}\left[y_i\ln\left(\frac{y_i}{n_i\pi_i}\right) + (n_i - y_i)\ln\left(\frac{n_i - y_i}{n_i(1-\hat{\pi}_i)}\right)\right] \tag{13.15}$$

在计算离差时要注意：当 $y=0$ 时，有 $y\ln(y/n\hat{\pi})=0$；而当 $y=n$ 时，有 $(n-y)\ln[(n-y)/n(1-\hat{\pi})]=0$. 当逻辑斯蒂回归模型是适用的数据拟合且样本量较大时，离差有自由度为 $n-p$ 的卡方分布，其中 p 为模型中的参数个数. 较小的离差值(即较大的 p 值)意味着当前的模型是不适用的. 一条优良的“首要准则”是将离差除以其自由度数. 如果比值 $D/(n-p)$ 比一大得多，那么当前的模型不适用于数据拟合.

Minitab 会计算出拟合优度统计量的离差．在表 13-2 的 Minitab 输出中，离差的报告位于“拟合优度检验”的下方．所报告的离差值为 $D=6.050\,77$，自由度为 $n-p=8-2=6$；P 值为 0.418，而比值 $D/(n-p)$ 近似为 1，所以不存在明显的理由去怀疑模型适用性．

在常规正态理论线性回归中，也有类似于离差的统计量．在线性回归中 $D=SS_{残}/\sigma^2$．当观测值为独立正态分布时，该量有自由度为 $n-p$ 的卡方分布．但是，正态理论线性回归中的离差包含了令人讨厌的未知参数 σ^2，所以不能直接计算出离差．但是，尽管有微小的差别，离差与残差平方和在本质上也是等价的．

拟合优度也可以使用**皮尔逊卡方**统计量来求得．皮尔逊卡方统计量会将每组观测值上的成功失败概率与其期望值进行对比．成功次数的期望为 $n_i\hat{\pi}_i$，而失败次数的期望为 $n_i(1-\hat{\pi}_i)(i=1, 2, \cdots, n)$．皮尔逊卡方统计量为

$$\chi^2=\sum_{i=1}^{n}\left\{\frac{(y_i-n_i\hat{\pi}_i)^2}{n_i\hat{\pi}_i}+\frac{[(n_i-y_i)-n_i(1-\hat{\pi}_i)]^2}{n_i(1-n_i\hat{\pi}_i)}\right\}=\sum_{i=1}^{n}\frac{(y_i-n_i\hat{\pi}_i)}{n_i\hat{\pi}_i(1-\hat{\pi}_i)} \tag{13.16}$$

可以将皮尔逊卡方拟合优度统计量与自由度为 $n-p$ 的卡方分布进行比较．较小的统计量值(即较大的 P 值)意味着模型提供了令人满意的数据拟合．也可以用皮尔逊卡方统计量除以自由度数 $n-p$，并将这一比值与 1 进行比较．如果这一比值超过 1 很多，那么模型的拟合优度是有疑问的．

表 13-2 中的 Minitab 输出所报告的皮尔逊卡方统计量在“拟合优度检验”的下方．所报告的皮尔逊卡方值为 $\chi^2=6.028\,54$，自由度为 $n-p=8-2=6$；P 值为 0.54，而比值 $D/(n-p)$ 没有超过 1，所以没有明显的理由去怀疑拟合的适用性．

当回归变量没有重复值时，可以将观测值分组来做拟合优度检验，这称为 Hosmer-Lemeshow 检验．在这一程序中，以成功概率的估计值为基础，将观测值分类成 g 个组． 432
一般情况下，使用大约 10 个组($g=10$ 的组称为风险十分位数)，并将所观测的成功次数 O_j 以及失败次数 N_j-O_j 与每组中这两个频数的期望值 $N_j\bar{\pi}_j$ 以及 $N_j(1-\bar{\pi}_j)$ 进行对比，式中 N_j 为第 j 组中观测值的个数，而第 j 组中成功概率估计值的平均值为 $\bar{\pi}_j=\sum_{i\in 第j组}\hat{\pi}_i/N_j$．Hosmer-Lemeshow 统计量事实上恰好是比较频数观测值与频数期望值时的皮尔逊卡方拟合优度统计量：

$$HL=\sum_{j=1}^{n}\frac{(O_j-N_j\bar{\pi}_j)^2}{N_j\bar{\pi}_j(1-\bar{\pi}_j)} \tag{13.17}$$

如果所拟合的逻辑斯蒂回归模型是正确的，那么当样本量较大时，HL 统计量服从自由度为 $g-2$ 的卡方分布．较大的 HL 统计量值意味着模型的数据拟合是不适用的．计算出 HL 统计量与自由度数 $g-p$ 的比值也是有用的，该值接近 1 时意味着有适用的拟合．

Minitab 会计算出 Hosmer-Lemeshow 统计量．对于尘肺病数据，表 13-2 中的 HL 统计量报告在了“拟合优度检验”的下方．Minitab 这一计算机包已经将数据组合成了 $g=7$ 个组．对成功频数与失败频数的观测值与期望值的分组与计算报告在了 Minitab 输出的顶端．HL 检验统计量的值为 $HL=5.0036$，自由度为 $g-p=7-2=5$；P 值为 0.415，而比值 HL/自由度非常接近于 1，所以没有明显的理由去怀疑拟合的适用性．

使用离差对参数的子集进行假设检验　也可以使用离差来对模型参数的子集进行假设

检验，这恰如使用回归平方和(或误差平方和)的差值来检验正态误差线性回归模型中的类似假设检验．回忆出子集模型可以写为

$$\boldsymbol{\eta} = \boldsymbol{X}\boldsymbol{\beta} = \boldsymbol{X}_1\boldsymbol{\beta}_1 + \boldsymbol{X}_2\boldsymbol{\beta}_2 \tag{13.18}$$

式中**全模型**有 p 个参数，$\boldsymbol{\beta}_1$ 包含这些参数中的 $p-r$ 个参数，$\boldsymbol{\beta}_2$ 包含这些参数中的 r 个参数，而矩阵 $\boldsymbol{X}_1$ 与 $\boldsymbol{X}_2$ 的列包含了与这些参数的变量．

将全模型的离差记为 $D(\boldsymbol{\beta})$．假设希望检验假设

$$H_0: \boldsymbol{\beta}_2 = \mathbf{0}, \quad H_1: \boldsymbol{\beta}_2 \neq \mathbf{0} \tag{13.19}$$

因此，**简化模型**为

433 $$\boldsymbol{\eta} = \boldsymbol{X}_1\boldsymbol{\beta}_1 \tag{13.20}$$

现在拟合简化模型，同时令 $D(\boldsymbol{\beta}_1)$ 为简化模型的离差．简化模型的离差永远会大于全模型的离差，这是因为简化模型所包含的参数更少．但是，如果简化模型的离差不比全模型大出很多，就表明简化模型的拟合与全模型一样好，所以 $\boldsymbol{\beta}_2$ 中的参数就可能等于零．也就是说，不能拒绝上文的零假设．但是，如果离差的差值较大，那么 $\boldsymbol{\beta}_2$ 中的参数至少有一个可能不为零，所以应当拒绝零假设．正式地说，离差的差值为

$$D(\boldsymbol{\beta}_2 | \boldsymbol{\beta}_1) = D(\boldsymbol{\beta}_1) - D(\boldsymbol{\beta}) \tag{13.21}$$

该量有 $n-(p-r)-(n-p)=r$ 个自由度．当零假设为真且 n 较大时，方程(13.21)中离差的差值有自由度为 r 的卡方分布．因此，检验统计量与决策准则为

$$\begin{aligned} &\text{若 } D(\boldsymbol{\beta}_2 | \boldsymbol{\beta}_1) \geqslant \chi^2_{\alpha,r} \quad \text{拒绝原假设} \\ &\text{若 } D(\boldsymbol{\beta}_2 | \boldsymbol{\beta}_1) < \chi^2_{\alpha,r} \quad \text{不拒绝原假设} \end{aligned} \tag{13.22}$$

有时将离差的差值 $D(\boldsymbol{\beta}_2 | \boldsymbol{\beta}_1)$ 称为**偏离差**．

例 13.3 尘肺病数据 再次考虑表 13.1 的尘肺病数据．最初对数据拟合的模型为

$$\hat{y} = \hat{\pi} = \frac{1}{1 + e^{+4.7965-0.0935x}}$$

假设希望确定向线性预测项中添加二次项是否将会改善模型．因此将要考虑的全模型为

$$y = \frac{1}{1 + e^{-(\beta_0+\beta_1 x+\beta_{11} x^2)}}$$

表 13-4 包含了该模型的 Minitab 输出．现在全模型的线性预测项可以写为

434 $$\eta = \boldsymbol{X}\boldsymbol{\beta} = \boldsymbol{X}_1\boldsymbol{\beta}_1 + \boldsymbol{X}_2\boldsymbol{\beta}_2 = \beta_0 + \beta_1 x + \beta_{11} x^2$$

由表 13-4，会发现全模型的离差为

$$D(\boldsymbol{\beta}) = 3.281\,64$$

其自由度为 $n-p=8-3=5$．现在简化模型有 $\boldsymbol{X}_1\boldsymbol{\beta}_1 = \boldsymbol{\beta}_0 + \boldsymbol{\beta}_1 x$，所以 $\boldsymbol{X}_2\boldsymbol{\beta}_2 = \boldsymbol{\beta}_{11} x^2$ 其自由度 $r=1$．简化模型原先在例 13.1 中拟合过了，而表 13-2 展示了简化模型的离差为

$$D(\boldsymbol{\beta}_1) = 6.050\,77$$

其自由度为 $p-r=3-1=2$．因此，使用方程(13.21)计算全模型与简化模型之间离差的差值，为

$$D(\boldsymbol{\beta}_2 | \boldsymbol{\beta}_1) = D(\boldsymbol{\beta}_1) - D(\boldsymbol{\beta}) = 6.050\,77 - 3.281\,64 = 2.769\,13$$

该式将会归为自由度为 $r=1$ 的卡方分布．由于离差差值的 P 值为 0.0961，所以可以得出结论：逻辑斯蒂回归模型的线性预测项包括进了回归变量 $x=$暴露年数的二次项时，会存

在某些边际值.

单个回归系数的检验 检验单个的模型系数，比如说

$$H_0:\beta_j = 0, H_1:\beta_j \neq 0 \tag{13.23}$$

可以通过使用例 13.3 所解释的离差差值方法来完成. 还存在一种方法，这种方法的基础同样是最大似然估计量理论. 对于大样本的情形，最大似然估计量的分布近似为正态分布，没有或几乎没有偏倚. 进一步而言，最大似然估计量集合的方差与协方差可以通过在最大似然估计值处所估计的模型参数的对数似然函数的二阶偏导数来求得. 然后就可以构造类似的 t 统计量来检验上一假设. 这有时称为**怀尔德推断**.

表 13-4 二值逻辑斯蒂回归：重症病例的人数、矿工人数与暴露年数

Link Function Logit

Response Information

Variable	Value	Count
Severe cases	Success	44
	Failure	327
Number of miners	Total	371

Logistic Regression Table

Predictor	Coef	SE Coef	Z	P	Odds Ratio	95% Lower	CI Upper
Constant	−6.71079	1.53523	−4.37	0.000			
Years	0.227607	0.0927560	2.45	0.014	1.26	1.05	1.51
Yesrs * Years	−0.0020789	0.0013612	−1.53	0.127	1.00	1.00	1.00

Log-Likelihood = −108.279

Test that all slopes are zero: G=53.621, DF=2, P-Value=0.000

Goodness-of-Fit Tests

Method	Chi-Square	DF	P
Pearson	2.94482	5	0.708
Deviance	3.28164	5	0.657
Hosmer-Lemeshow	2.80267	5	0.730

Table of Observed and Expected Frequencies:

(See Hosmer-Lemeshow Test for the Pearson Chi-Square Statistic)

	Group							
Value Success	1	2	3	4	5	6	7	Total
Obs	0	1	3	8	9	8	15	44
Exp Failure	0.4	1.2	2.5	5.6	9.9	10.5	13.8	
Obs	98	53	40	40	42	30	24	327
Exp	97.6	52.8	40.5	42.4	41.1	27.5	25.2	
Total	98	54	43	48	51	38	39	371

令 $\boldsymbol{G}$ 表示对数似然函数的二阶偏导数的 $p\times p$ 矩阵，即

$$G_{ij} = \frac{\partial^2 \mathcal{L}(\boldsymbol{\beta})}{\partial\beta_i \partial\beta_j} \quad (i,j = 0,1,\cdots,k)$$

435 ~ 436

$\boldsymbol{G}$ 称为**黑塞矩阵**. 如果黑塞矩阵的元素在最大似然估计量 $\boldsymbol{\beta}=\hat{\boldsymbol{\beta}}$ 处估计，那么回归系数的大样本协方差近似为

$$\mathrm{Var}(\hat{\boldsymbol{\beta}}) = -\boldsymbol{G}(\hat{\boldsymbol{\beta}})^{-1} = (\boldsymbol{X}'\boldsymbol{V}\boldsymbol{X})^{-1} \tag{13.24}$$

注意该式恰为上文所给出的$\hat{\boldsymbol{\beta}}$的协方差矩阵．这一协方差矩阵的对角线元素的平方根是回归系数的大样本标准误差，所以零假设

$$H_0: \beta_j = 0, \quad H_1: \beta_j \neq 0$$

中的检验统计量为

$$Z_0 = \frac{\hat{\beta}_j}{\mathrm{se}(\hat{\beta}_j)} \tag{13.25}$$

这一统计量的参考分布为标准正态分布．某些计算机软件包会将 Z_0 平方并对其与自由度为 1 的卡方分布进行比较．

例 13.4 **尘肺病数据** 表 13-3 包括了原在表 13-1 中给出的尘肺病数据的 Minitab 输出．模型拟合为

$$\hat{y} = \frac{1}{1 + \mathrm{e}^{+6.7108 - 0.2276x + 0.0021x^2}}$$

Minitab 输出给出了每个模型系数的标准误差与方程(13.24)中的 Z_0 检验统计量．注意到 β_1 的 P 值为 0.014，这意味着暴露年数是重要的回归变量．但是，注意到 β_1^2 的 P 值为 $P=0.127$，这意味着暴露年数的二次项对拟合没有显著贡献．

回忆在上一例中，当使用偏离差方法检验 β_{11} 的显著性时，会获得不同的 P 值．现在在线性回归中，单个回归变量的 t 检验等价于对这个变量的偏 F 检验(回忆出 t 统计量的平方等于偏 F 统计量)．但是，这一等价关系仅对**线性模型**成立，而 GLM 是**非线性模型**．

置信区间　直接使用怀尔德推断来构造逻辑斯蒂回归中的置信区间．首先考虑求出线性预测项中单个回归系数的置信区间．第 j 个模型参数的 $100(1-\alpha)\%$置信区间近似为

437 $$\hat{\beta}_j - Z_{\alpha/2}\,\mathrm{se}(\hat{\beta}_j) \leqslant \hat{\beta}_j \leqslant \hat{\beta}_j + Z_{\alpha/2}\,\mathrm{se}(\hat{\beta}_j) \tag{13.26}$$

例 13.5 **尘肺病数据** 使用表 13-3 中的 Minitab 输出，可以用式 13.26 求出 β_{11} 的 95%置信区间的近似值，如下：

$$\hat{\beta}_{11} - Z_{0.025}\,\mathrm{se}(\hat{\beta}_{11}) \leqslant \beta_{11} \leqslant \hat{\beta}_{11} + Z_{0.025}\,\mathrm{se}(\hat{\beta}_{11})$$

$$-0.0021 - 1.96(0.001\,36) \leqslant \beta_{11} \leqslant -0.0021 + 1.96(0.001\,36)$$

$$-0.0048 \leqslant \beta_{11} \leqslant 0.0006$$

注意这一置信区间包括零，所以在 5%的显著性水平上，将不会拒绝 β_{11} 这一模型系数为零的假设．回归系数 β_j 也是对数优势比．因为知道了如何求解 β_j 的置信区间，所以求出优势比的置信区间是容易的．优势比的点估计量为$\hat{O}_{\mathrm{R}} = \exp(\hat{\beta}_j)$，同时优势比的 $100(1-\alpha)\%$置信区间为

$$\exp[\hat{\beta}_j - Z_{\alpha/2}\,\mathrm{se}(\hat{\beta}_j)] \leqslant O_{\mathrm{R}} \leqslant \exp[\hat{\beta}_j + Z_{\alpha/2}\,\mathrm{se}(\hat{\beta}_j)] \tag{13.27}$$

一般情况下优势比的置信区间不是围绕其点估计量对称的．进一步而言，点估计量$\hat{O}_{\mathrm{R}} = \exp(\hat{\beta}_j)$事实上估计了$\hat{O}_{\mathrm{R}}$ 的样本分布的中位数．

例 13.6 **尘肺病数据** 重新考虑例 13.1 对尘肺病数据所拟合的原逻辑斯蒂回归模型．由表 13-2 中所示的这一数据的 Minitab 输出，可以发现 β_1 的估计量为$\hat{\beta}_1 = 0.093\,462\,9$，而

优势比$\hat{O}_R=\exp(\hat{\beta}_1)=1.10$. 由于$\hat{\beta}_1$ 的标准差为 $se(\hat{\beta}_1)=0.0154258$，所以可以求出优势比的 95%置信区间如下：

$$\exp[0.0934629-1.96(0.0154258)]\leqslant O_R\leqslant\exp[0.0934629-1.96(0.0154258)]$$

$$\exp(0.063228)\leqslant O_R\leqslant\exp(0.123697)$$

$$1.07\leqslant O_R\leqslant 1.13$$

这一置信区间与表 13-2 中 Minitab 输出所报告的 95%置信区间一致.

在所感兴趣的预测变量值的集合处求解线性预测项的置信区间是可能的. 令 $\boldsymbol{x}_0'=[1, x_{01}, x_{02}, \cdots, x_{0k}]$为所感兴趣的回归变量值. 在 $\boldsymbol{x}_0$ 处所估计的线性预测项为 $\boldsymbol{x}_0'\hat{\boldsymbol{\beta}}$. 在该点处线性预测项的方差为

$$\mathrm{Var}(\boldsymbol{x}_0'\hat{\boldsymbol{\beta}})=\boldsymbol{x}_0'\mathrm{Var}(\hat{\boldsymbol{\beta}})\boldsymbol{x}_0=\boldsymbol{x}_0'(\boldsymbol{X}'\boldsymbol{V}\boldsymbol{X})^{-1}\boldsymbol{x}_0$$

所以线性预测项的 100(1−α)%为 438

$$\boldsymbol{x}_0'\hat{\boldsymbol{\beta}}-Z_{\alpha/2}\sqrt{\boldsymbol{x}_0'(\boldsymbol{X}'\boldsymbol{V}\boldsymbol{X})^{-1}\boldsymbol{x}_0}\leqslant\boldsymbol{x}_0'\boldsymbol{\beta}\leqslant\boldsymbol{x}_0'\hat{\boldsymbol{\beta}}+Z_{\alpha/2}\sqrt{\boldsymbol{x}_0'(\boldsymbol{X}'\boldsymbol{V}\boldsymbol{X})^{-1}\boldsymbol{x}_0}\tag{13.28}$$

方程(13.28)所给出的线性预测项的置信区间使得可以求出在所感兴趣的点 $\boldsymbol{x}_0'=[1, x_{01}; x_{02}; \cdots, x_{0k}]$处成功概率的估计值 π_0. 令

$$L(\boldsymbol{x}_0)=\boldsymbol{x}_0'\hat{\boldsymbol{\beta}}-Z_{\alpha/2}\sqrt{\boldsymbol{x}_0'(\boldsymbol{X}'\boldsymbol{V}\boldsymbol{X})^{-1}\boldsymbol{x}_0}$$

以及

$$U(\boldsymbol{x}_0)=\boldsymbol{x}_0'\hat{\boldsymbol{\beta}}+Z_{\alpha/2}\sqrt{\boldsymbol{x}_0'(\boldsymbol{X}'\boldsymbol{V}\boldsymbol{X})^{-1}\boldsymbol{x}_0}$$

为通过方程(13.28)所获得的在点 $\boldsymbol{x}_0$ 处线性预测项的上 100(1−α)%置信域与下 100(1−α)%置信域. 所以在该点处成功概率的点估计值为$\hat{\pi}_0=\exp(\boldsymbol{x}_0'\hat{\boldsymbol{\beta}})/[1+\exp(\boldsymbol{x}_0'\hat{\boldsymbol{\beta}})]$，而在 $\boldsymbol{x}_0$ 处成功概率的 100(1−α)%置信区间为

$$\frac{\exp[L(\boldsymbol{x}_0)]}{1+\exp[L(\boldsymbol{x}_0)]}\leqslant\pi_0\leqslant\frac{\exp[U(\boldsymbol{x}_0)]}{1+\exp[U(\boldsymbol{x}_0)]}\tag{13.29}$$

例 13.7 尘肺病数据 假设想要求出矿工患尘肺病概率的 95%置信区间，其暴露年数 $x=40$. 通过例 13.1 所拟合的逻辑斯蒂回归模型，可以计算出在暴露年数为 40 处的点估计值为

$$\hat{\pi}_0=\frac{e^{-4.7965+0.0935(40)}}{1+e^{-4.7965+0.0935(40)}}=\frac{e^{-1.0565}}{1+e^{-1.0565}}=0.2580$$

为了求出置信区间，需要计算出该点处线性预测项的方差. 这一方差为

$$\mathrm{Var}(\boldsymbol{x}_0'\hat{\boldsymbol{\beta}})=\boldsymbol{x}_0'(\boldsymbol{X}'\boldsymbol{V}\boldsymbol{X})^{-1}\boldsymbol{x}_0=[1\quad 40]\begin{bmatrix}0.32383 & -0.0083480\\ -0.0083480 & 0.0002380\end{bmatrix}\begin{bmatrix}1\\40\end{bmatrix}=0.036243$$

现在有

$$L(\boldsymbol{x}_0)=-1.0565-1.96\sqrt{0.036343}=-1.4296$$

以及

$$U(\boldsymbol{x}_0)=-1.0565+1.96\sqrt{0.036343}=-0.6834$$ 439

因此暴露年数为 40 时矿工患尘肺病概率的 95%置信区间的估计值为

$$\frac{\exp[L(\boldsymbol{x}_0)]}{1+\exp[L(\boldsymbol{x}_0)]}\leqslant\pi_0\leqslant\frac{\exp[U(\boldsymbol{x}_0)]}{1+\exp[U(\boldsymbol{x}_0)]}$$

$$\frac{\exp(-1.4296)}{1+\exp(-1.4296)} \leqslant \pi_0 \leqslant \frac{\exp(-0.6834)}{1+\exp(-0.6834)}$$
$$0.1932 \leqslant \pi_0 \leqslant 0.3355$$

13.2.5 逻辑斯蒂回归中的诊断检验

残差可以用于逻辑斯蒂回归中的诊断检验与模型适用性研究. 常规残差的定义就是一般的

$$e_i = y_i - \hat{y}_i = y_i - n_i\hat{\pi}_i \qquad (i=1,2,\cdots,n) \tag{13.30}$$

在线性回归中常规残差是由残差平方和组成的；也就是说，将残差平方并求和，就会产生残差平方和. 在逻辑斯蒂回归中，类似于残差平方和的量是离差. 这会得到**离差残差**，其定义如下：

$$d_i = \pm\left\{2\left[y_i\ln\left(\frac{y_i}{n_i\hat{\pi}_i}\right)+(n_i-y_i)\ln\left(\frac{n_i-y_i}{n_i(1-\hat{\pi}_i)}\right)\right]\right\}^{1/2} \qquad (i=1,2,\cdots,n) \tag{13.31}$$

离差残差的正负号与所对应常规残差的正负号相同. 同时，当 $y_i=0$ 时，$d_i=-\sqrt{-2n\ln(1-\hat{\pi}_i)}$；而当 $y_i=n_i$ 时，$d_i=\sqrt{-2n\ln\hat{\pi}_i}$. 同理，可以定义**皮尔逊残差**

$$r_i = \frac{y_i - n_i\hat{\pi}_i}{\sqrt{n_i\hat{\pi}_i(1-\hat{\pi}_i)}} \qquad (i=1,2,\cdots,n) \tag{13.32}$$

也可以类似地定义逻辑斯蒂回归的帽子矩阵

$$\boldsymbol{H} = \boldsymbol{V}^{1/2}\boldsymbol{X}(\boldsymbol{X}'\boldsymbol{V}\boldsymbol{X})^{-1}\boldsymbol{X}'\boldsymbol{V}^{1/2} \tag{13.33}$$

式中 V 为早前所定义的对角矩阵，其主对角线元素为每个观测值的方差 $V_{ii}=n_i\hat{\pi}_i(1-\hat{\pi}_i)$，而计算这些方差值要使用由逻辑斯蒂回归模型拟合所产生的概率估计值. H 的对角线元素是 h_{ii}，可以用于计算**标准皮尔逊残差**

$$sr_i = \frac{r_i}{\sqrt{1-h_{ii}}} = \frac{y_i - n_i\hat{\pi}_i}{\sqrt{(1-h_{ii})n_i\hat{\pi}_i(1-\hat{\pi}_i)}} \qquad (i=1,2,\cdots,n) \tag{13.34}$$

440 离差与皮尔逊残差对于进行模型适用性检验是最为适用的. 残差与概率估计值的图像以及离差残差的正态概率图在检验单个数据点处的模型拟合以及检验可能的离群点时都是有用的.

表 13-5 展示了尘肺病数据的离差残差、皮尔逊残差、帽子矩阵的对角线元素，以及标准化皮尔逊残差. 为了解释这些计算结果，考虑第三个观测值的离差残差. 由方程(13.31)，

$$\begin{aligned} d_3 &= \left\{2\left[y_3\ln\left(\frac{y_3}{n_3\hat{\pi}_3}\right)+(n_3-y_3)\ln\left(\frac{n_3-y_3}{n_3(1-\hat{\pi}_3)}\right)\right]\right\}^{1/2} \\ &= +\left\{2\left[3\ln\left(\frac{3}{43(0.058\,029)}\right)+(43-3)\ln\left(\frac{43-3}{43(1-0.058\,029)}\right)\right]\right\}^{1/2} \\ &= 0.3196 \end{aligned}$$

该值与表 13-5 中的 Minitab 报告值是基本吻合的. 离差残差 d_3 的正负号为正，这是因为常规残差 $e_3=y_3-n_3\hat{\pi}_3$ 为正.

表 13-5 尘肺病数据的残差

观测值	概率观测值	概率估计值	离差残差	皮尔逊残差	h_{ii}	标准化皮尔逊残差
1	0.000 000	0.014 003	−1.662 51	−1.179 73	0.317 226	−1.427 72
2	0.018 519	0.032 467	−0.627 95	−0.578 31	0.214 379	−0.652 46
3	0.069 767	0.058 029	0.319 61	0.329 23	0.174 668	0.362 39
4	0.166 667	0.097 418	1.485 16	1.617 97	0.186 103	1.793 44
5	0.176 471	0.159 029	0.335 79	0.340 60	0.211 509	0.383 58
6	0.210 526	0.248 861	−0.556 78	−0.546 57	0.249 028	−0.630 72
7	0.357 143	0.378 202	−0.230 67	−0.229 79	0.387 026	−0.293 50
8	0.454 545	0.504 215	−0.329 66	−0.329 48	0.260 001	−0.383 01

图 13-4 是常规残差的正态概率图，而图 13-5 是离差残差与成功概率估计值的图像. 441
这两张图都表明模型拟合可能存在一些问题. 离差残差与成功概率估计值的图像表明拟合问题可能会出现在成功概率估计值较低处. 但是，不同值观测值的个数较少($n=8$)，所以不要试图从这两张图中读出更多的信息.

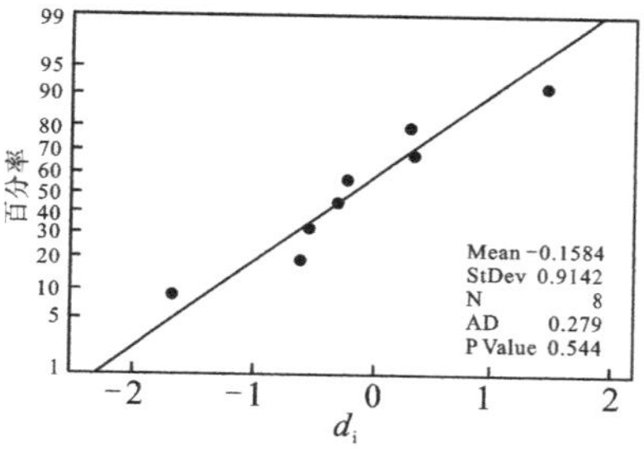

图 13-4 离差残差的正态概率图

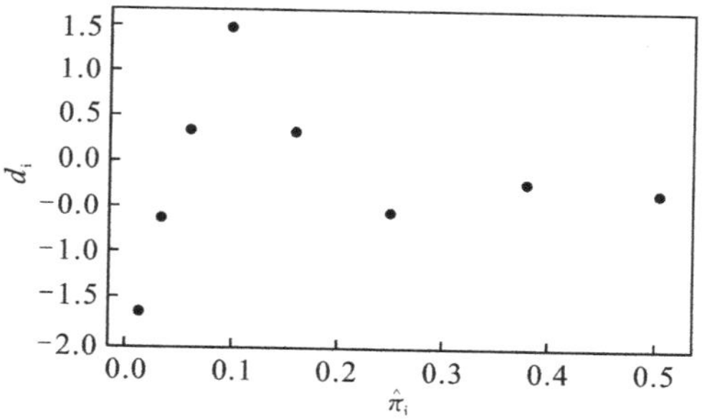

图 13-5 离差残差与成功概率估计值的图像合

13.2.6 二值响应数据的其他模型

在讨论逻辑斯蒂回归时，已经关注了使用 Logit，其定义为 $\ln[\pi/(1-\pi)]$，来强制成功概率位于 0 和 1 之间. 这回得到逻辑斯蒂回归模型

$$\pi=\frac{\exp(\boldsymbol{x}'\boldsymbol{\beta})}{1+\exp(\boldsymbol{x}'\boldsymbol{\beta})}$$

但是，这不是建模二值响应变量的唯一途径. 有另一种概率模型，它会利用累积概率分布，比如说 $\boldsymbol{\Phi}^{-1}(\pi)$. 函数 $\Phi^{-1}(\pi)$称为 Probit. 可以将线性预测项与 Probit 相联系：$\boldsymbol{X}'\boldsymbol{\beta}=\boldsymbol{\Phi}^{-1}(\pi)$，这会产生回归模型

$$\pi=\boldsymbol{\Phi}(\boldsymbol{x}'\boldsymbol{\beta}) \tag{13.35}$$

另一种可能的模型要通过**互补双对数**关系 $\log[-\log(1-\pi)]=\boldsymbol{x}'\boldsymbol{\beta}$ 来提供. 这将会得到回归模型

$$\pi=1-\exp[-\exp(\boldsymbol{x}'\boldsymbol{\beta})] \tag{13.36}$$

通过线性预测项 $\boldsymbol{X}'\boldsymbol{\beta}=1+5x$ 来对比所有三种可能的模型如图 13-6 所示. Logit 函数与

Probit 函数是非常相似的，只有当概率的估计值非常接近于 0 或 1 时是例外. 这两种函数当 $x=-\beta_0/\beta_1$ 时都会将概率估计为 $\pi=\frac{1}{2}$，并围绕 $\pi=\frac{1}{2}$ 展示出对称的性质. 互补双对数函数不是对称的. 一般情况下，当样本量较小时，很难看出这三种模型之间的显著区别.

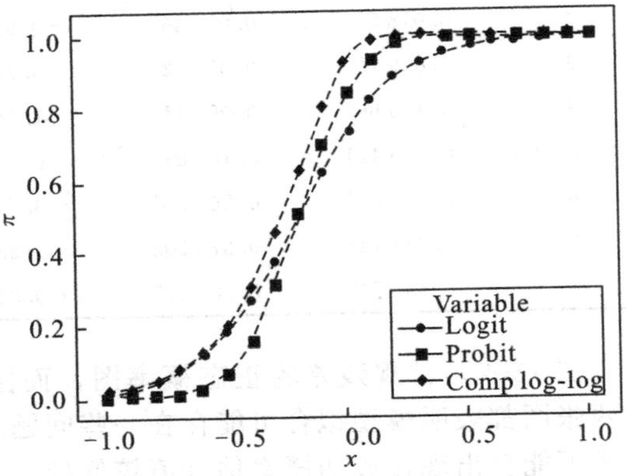

图 13-6 线性预测项 $x'\beta$ 的 Logit 连接函数、Probit 连接函数与互补双对数连接函数

13.2.7 分类回归变量的结果多于两个

逻辑斯蒂回归所考虑的响应变量是分类的，并且只有两个结果. 可以将经典逻辑斯蒂回归模型拓展为包括多于两个结果的情形. 首先考虑这种情形：存在 $m+1$ 个可能的分类结果，但这些结果是**定类**结果. 这意味着响应变量的分类不存在自然的顺序. 令将结果表示为 0，1，2，…，m. 观测值 i 处响应变量取 $m+1$ 个可能结果之一的概率

442 可以建模为

$$
\begin{aligned}
P(y_i=0) &= \frac{1}{1+\sum_{j=1}^{m}\exp[\boldsymbol{x}_i'\boldsymbol{\beta}^{(j)}]}\\
P(y_i=1) &= \frac{\exp[\boldsymbol{x}_i'\boldsymbol{\beta}^{(1)}]}{1+\sum_{j=i}^{m}\exp[\boldsymbol{x}_i'\boldsymbol{\beta}^{(j)}]}\\
P(y_i=m) &= \frac{\exp[\boldsymbol{x}_i'\boldsymbol{\beta}^{(m)}]}{1+\sum_{j=i}^{m}\exp[\boldsymbol{x}_i'\boldsymbol{\beta}^{(j)}]}
\end{aligned}
\tag{13.37}
$$

注意到存在 m 个参数向量. 将每个响应变量的分类与“基线”分类进行对比，得到 Logits

$$
\begin{aligned}
\ln\frac{P(y_i=1)}{P(y_i=0)} &= \boldsymbol{x}_i'\boldsymbol{\beta}^{(1)}\\
\ln\frac{P(y_i=2)}{P(y_i=0)} &= \boldsymbol{x}_i'\boldsymbol{\beta}^{(2)}\\
\ln\frac{P(y_i=m)}{P(y_i=0)} &= \boldsymbol{x}_i'\boldsymbol{\beta}^{(m)}
\end{aligned}
\tag{13.38}
$$

式中作为分类基线的零是任意选择的. 对于这三个模型中的参数进行极大似然估计是非常

443 直接的，可以通过若干种统计软件包来完成.

第二种情形所涉及的多水平分类响应变量是**定序**响应变量. 举例来说，可以将顾客满意度度量为若干个尺度：不满意、一般满意、比较满意与非常满意. 可以将这四种结果分别编码为 0，1，2，3. 建模定序响应变量的通用方法是使用累积概率的 Logit：

$$
\ln\frac{P(y_i\leqslant k)}{1-P(y_i\leqslant k)}=\alpha_k+\boldsymbol{x}_i'\boldsymbol{\beta}\qquad(k=0,1,\cdots,m)
$$

累积概率为

$$P(y_i \leqslant k) = \frac{\exp(\alpha_k + \boldsymbol{x}_i'\boldsymbol{\beta})}{1 + \exp(\alpha_k + \boldsymbol{x}_i'\boldsymbol{\beta})} \qquad (k = 0,1,\cdots,m)$$

这一模型会从根本上使得每个响应变量的水平都有其自己唯一的截距. 这些截距会随着分类定序秩的增加而增加. 存在若干种统计软件包可以拟合定序模型这种变型的逻辑斯蒂回归模型.

13.3 泊松回归

现在考虑另一种回归建模的可能情形：所感兴趣的响应变量不是正态分布的. 在这种情形中，响应变量代表了某些相对稀有事件的计数，比如说一单位所制造的产品中的缺陷数，软件中的错误即 bug 数，以及环境中特定物质或其他污染物的计数. 泊松回归分析所感兴趣的是对所观测的计数与可能有用的回归变量即预测变量的关系进行建模. 举例来说，工程学所感兴趣的是一单位产品中所观测到的缺陷个数，与事实上制造这一产品的生产条件进行建模.

假设响应变量 y_i 为计数变量，比如说有观测值 $y_i=0$，1，……计数数据的合理概率模型通常是泊松分布

$$f(y) = \frac{e^{-\mu}\mu^y}{y!} \qquad (y = 0,1,\cdots) \tag{13.39}$$

式中参数 $\mu>0$. 泊松分布也是一个均值与方差相关的概率分布的实例. 事实上，对泊松分布，可以直接证明：

$$E(y) = \mu \qquad 和 \qquad \mathrm{Var}(y) = \mu$$

也就是说，泊松分布的均值与方差两者都等于参数 μ. 444

泊松回归模型可以写为

$$y_i = E(y_i) + \varepsilon_i \qquad (i = 1,2,\cdots,n) \tag{13.40}$$

假设响应变量观测值的期望值可以写为

$$E(y_i) = \mu_i$$

并假设存在函数 g，g 与线性预测项，比如说

$$g(\mu_i) = \eta_i = \beta_0 + \beta_1 x_1 + \cdots + \beta_k x_k = \boldsymbol{x}_i'\boldsymbol{\beta} \tag{13.41}$$

的响应变量均值相等. 函数 g 通常称为**连接函数**. 均值与线性预测项之间的关系为

$$\mu_i = g^{-1}(\eta_i) = g^{-1}(\boldsymbol{x}_i'\boldsymbol{\beta}) \tag{13.42}$$

会存在若干个连接函数，这些连接函数通常都使用泊松分布. 其中有一个函数是**恒等连接函数**

$$g(\mu_i) = \mu_i = \boldsymbol{x}_i'\boldsymbol{\beta} \tag{13.43}$$

当使用恒等连接函数时，由于 $\mu_i=g^{-1}(\boldsymbol{x}_i'\boldsymbol{\beta})=\boldsymbol{x}_i'\boldsymbol{\beta}$，所以 $E(y_i)=\mu_i=\boldsymbol{x}_i'\boldsymbol{\beta}$. 泊松分布的另一种主流连接函数是**对数连接函数**

$$g(\mu_i) = \ln(\mu_i) = \boldsymbol{x}_i'\boldsymbol{\beta} \tag{13.44}$$

对于方程(13.44)中的对数连接函数，响应变量均值与线性预测项之间的关系为

$$\mu_i = g^{-1}(\boldsymbol{x}_i'\boldsymbol{\beta}) = e^{\boldsymbol{x}_i'\boldsymbol{\beta}} \tag{13.45}$$

对数连接函数对泊松分布是特别有吸引力的，这是因为对数连接函数能确保一切响应变量的预测值都是非负的.

极大似然方法可以用于泊松回归中的参数估计. 对泊松回归的研究会紧密地依照逻辑斯蒂回归所使用的方法. 如果有关于响应变量 y 与预测变量 x 的 n 个观测值的一个随机样本，那么似然函数为

$$L(\mathbf{y},\beta)=\prod_{i=1}^{n}f_i(y_i)=\prod_{i=1}^{n}\frac{\mathrm{e}^{-\mu}\mu_i^{y_i}}{y_i\,!}=\frac{\prod_{i=1}^{n}\mu_i^{y_i}\exp\left(-\sum_{i=1}^{n}\mu_i\right)}{\prod_{i=1}^{n}y_i\,!} \tag{13.46}$$

445 式中 $\mu_i=g^{-1}(\boldsymbol{x}_i'\boldsymbol{\beta})$. 一旦选择好了连接函数，就可以最大化对数似然函数

$$\ln L(\mathbf{y},\boldsymbol{\beta})=\sum_{i=1}^{n}y_i\ln(\mu_i)-\sum_{i=1}^{n}\mu_i-\sum_{i=1}^{n}\ln(y_i\,!) \tag{13.47}$$

迭代再加权最小二乘可以用于求解泊松回归中参数的最大似然估计值，该求解过程所依照的方法类似于逻辑斯蒂回归. 一旦获得了参数估计值$\hat{\boldsymbol{\beta}}$，就可以拟合泊松回归模型，为

$$\hat{y}_i=g^{-1}(\boldsymbol{x}_i'\,\hat{\boldsymbol{\beta}}) \tag{13.48}$$

举例来说，如果使用恒等连接函数，那么预测方程会变为

$$\hat{y}_i=g^{-1}(\boldsymbol{x}_i'\,\hat{\boldsymbol{\beta}})=\boldsymbol{x}_i'\,\hat{\boldsymbol{\beta}}$$

而如果选择对数连接函数，那么

$$\hat{y}_i=g^{-1}(\boldsymbol{x}_i'\,\hat{\boldsymbol{\beta}})=\exp(\boldsymbol{x}_i'\,\hat{\boldsymbol{\beta}})$$

对这一模型及其参数的推断要精确地依照逻辑斯蒂回归使用的相同方法. 也就是说，模型的离差与皮尔逊卡方统计量从整体上度量了拟合优度，而全模型与简化模型之间的离差检验了模型参数的子集. 这些都是似然比检验. 以极大似然估计量的大样本性质为基础的怀尔德推断，可以用于假设检验与构造单个模型参数的置信区间.

例 13.8 攻击机破坏目标数据 越南战争期间，美国海军使用了若干种类型的攻击机(美国海军术语中对轰炸机的称谓)，通常执行炸毁桥梁道路与针对其他交通设施的低空空袭任务. 两种轰炸机包括麦克唐纳道格拉斯公司生产的 A-4 天鹰式攻击机与格鲁门公司生产的 A-6 入侵者式攻击机. A-4 攻击机是单引擎单座的轻型轰炸机，主要在白天使用. 同时 A-4 攻击机也在美国海军“蓝天使”飞行表演队飞行过多年. A-6 攻击机是双引擎双座全天候的中型轰炸机，有卓越的昼夜飞行能力. 但是，入侵者式攻击机不能配置在较小的埃塞克斯级航空母舰上，而在越战期间仍有许多埃塞克斯级航空母舰正在服役.

对抗 A-4 攻击机与 A-6 攻击机要利用相当多的武器资源，包括轻型武器、高射炮与地对空导弹. 表 13-6 包含了这两类轰炸机所执行的 30 次空袭任务的数据. 回归变量 x_1 为指
446 示变量(A-4 攻击机为 0，而 A-6 攻击机为 1)，而其他两个回归变量 x_2 与 x_3 是炸弹负重(以吨为单位)与全体机组人员飞行经验积累的总月数. 响应变量是攻击机所打击并破坏的目标个数.

表 13-6　攻击机破坏目标数据

观测值	y	x_1	x_2	x_3
1	0	0	4	91.5
2	1	0	4	84.0
3	0	0	4	76.5
4	0	0	5	69.0
5	0	0	5	61.5
6	0	0	5	80.0
7	1	0	6	72.5
8	0	0	6	65.0
9	0	0	6	57.5
10	2	0	7	50.0
11	1	0	7	103.0
12	1	0	7	95.5
13	1	0	8	88.0
14	1	0	8	80.5
15	2	0	8	73.0
16	3	1	7	116.1
17	1	1	7	100.6
18	1	1	7	85.0
19	1	1	10	69.4
20	2	1	10	53.9
21	0	1	10	112.3
22	1	1	12	96.7
23	1	1	12	81.1
24	2	1	12	65.6
25	5	1	8	50.0
26	1	1	8	120.0
27	1	1	8	104.4
28	5	1	14	88.9
29	5	1	14	73.7
30	7	1	14	57.8

将要把响应变量破坏目标个数建模为三个回归变量的函数．由于响应变量是计数的，所以将使用有对数连接函数的泊松回归模型．表 13-7 展示了来自 SAS PROC GENMOD 的部分输出，该统计软件包广泛应用于拟合广义线性模型，包括泊松回归．本例的 SAS 代码为

```
proc genmod;
model y= x1 x2 x3 / dist =  poisson type1 type3;
```

表 13-7 例 13.8 中攻击机破坏目标数据的 SAS PROC GENMOD 输出

The GENMOD Procedure

Model Information

Description	Value
Data Set	WORK. PLANE
Distribution	POISSON
Link Function	LOG
Dependent Variable	Y
Observations Used	30

Criteria for Assessing Goodness of Fit

Criterion	DF	Value	Value/DF
Deviance	26	28.4906	1.0958
Scaled Deviance	26	28.4906	1.0958
Pearson Chi-Square	26	25.4279	0.9780
Scaled Pearson X2	26	25.4279	0.9780
Log Likelihood		−11.3455	

Analysis if Parameter Estimates

Parameter	DF	Estimate	Std Err	Chi Square	Pr > Chi
INTERCEPT	1	−0.3824	0.8630	0.1964	0.6577
X1	1	0.8805	0.5010	3.0892	0.0788
X2	1	0.1352	0.0653	4.2842	0.0385
X3	1	−0.0127	0.0080	2.5283	0.1118
SCALE	0	1.0000	0.0000		

Note: The scale parameter was held fixed.

LR Statistics for Type 1 Analysis

Source	Deviance	DF	Chi Square	Pr > Chi
INTERCEPT	57.5983	0		
X1	38.3497	1	19.2486	0.0001
X2	31.0223	1	7.3274	0.0068
X3	28.4906	1	2.5316	0.1116

LR Statistics for Type 3 Analysis

Source	DF	Chi Square	Pr > Chi
X1	1	3.1155	0.0775
X2	1	4.3911	0.0361
X3	1	2.5316	0.1116

The GENMOD Procedure

Model Information

Description	Value
Date Set	WORK. PLANE
Distribution	POISSON
Link Function	LOG
Dependent Variable	Y
Observations Used	30

Criteria for Assessing Goodness of Fit

Criterion	DF	Value	Value/DF

（续）

Deviance	28	33.0137	1.1791
Scaled Deviance	28	33.0137	1.1791
Pearson Chi-Square	28	33.4108	1.1932
Scaled Pearson X2	28	33.4108	1.1932
Log Likelihood		−13.6071	

Analysis of Parameter Estimates

Parameter	DF	Estimate	Std Err	Chi Square	Pr > Chi
INTERCEPT	1	−1.6491	0.4996	10.8980	0.0010
X2	1	0.2282	0.0462	24.3904	0.0001
SCALE	0	1.0000	0.0000		

Note：The scale parameter was held fixed.

LR Statistics for Type 1 Analysis

Source	Deviance	DF	Chi Square	Pr > Chi
INTERCEPT	57.5983	0		
X2	33.0137	1	24.5846	0.0001

LR Statistics for Type 3 Analysis

Source	DF	Chi Square	Pr > Chi
X2	1	24.5846	0.0001

Type 1 分析类似于 Type 1 的平方和分析，即序列平方和分析．对任意给定项的检验有条件地基于分析时模型所包括的前一项．总是要假设模型有截距，这就是为什么 Type 1 分析开始于 x_1 项，x_1 为模型语句所设定的第一项．Type 3 分析类似于单一系数的 t 检验，会检验给定模型中所有其他项时特定项的贡献．模型适用性检验基于离差与皮尔逊卡方统计量，是令人满意的，但是要注意：同时使用怀尔德检验与 Type 3 的偏离差时(注意所报告的怀尔德统计量为$[\hat{\beta}/\mathrm{se}(\hat{\beta})]$，这一统计量服从自由度为 1 的卡方分布)，$x_3$＝机组人员的飞行经验是不显著的．这合理地表明了 x_3 应当从模型中剔除．但是，当剔除了 x_3 时，可以证明现在的 x_1＝攻击机类型不再是显著的(可以简单地验证出，这时模型中 x_1 的 Type 3 的偏残差的 P 值为 0.1582)．对表 13-6 中的数据思考片刻，就会发现数据存在大量的多重共线性．A-6 攻击机更大，所以将会负重更多的炸弹，又因为 A-6 攻击机由两人操作，所以会倾向于有更长的机组人员飞行经验．因此，随着 x_1 的增加，其他两个回归变量也都有增加的趋势．

为了研究是否可能使用不同的子集模型，将对表 13-6 中的模型拟合有两个变量的所有三个模型与有一个变量的所有三个模型．所得到的结果简明汇总如下： 447~449

模型	离差	对比全模型的离差差值	P 值
$x_1x_2x_3$	28.4906		
x_1x_2	31.0223	2.5316	0.1116
x_1x_3	32.8817	4.3911	0.0361
x_2x_3	31.6062	3.1155	0.0775
x_1	38.3497	9.8591	0.0072
x_2	33.0137	4.5251	0.1041
x_3	54.9653	26.4747	<0.0001

通过考察每个子集模型与全模型之间离差的差值，会注意到，剔除了 x_1 或 x_2 两者之一所产生的有两个变量的模型相比全模型要差得多，而剔除 x_3 所产生的模型与全模型有显著的不同，这就使得要考虑有一个变量的模型. 在三个有一个变量的模型中，与全模型有显著不同的只有包含 x_2 的模型，这一模型的 SAS PROC GENMOD 输出如表 13-7 的第二页所示. 预测破坏地点个数的泊松回归模型为

$$\hat{y} = e^{-1.6491+0.2282x_2}$$

这一模型的离差为 $D(\hat{\boldsymbol{\beta}})=33.0137$，其自由度为 28，而 P 值为 0.2352，所以得出结论：这一模型适用于数据拟合.

13.4 广义线性模型

本章之前的两节所考虑的所有回归模型都属于称为**广义线性模型**(GLM)的回归模型家族. GLM 事实上是一种统一的方法，可以处理回归模型与试验设计模型，单位化常规正态理论的线性回归模型，以及单位化非线性模型(比如说逻辑斯蒂回归与泊松回归).

GLM 中的关键假设是响应变量的分布为**指数族**分布的成员，包括正态分布(尤其是)、二项分布、泊松分布、逆正态分布、指数分布，以及伽玛分布. 指数族分布的成员都有一般性的形式

$$f(y_i,\theta_i,\phi) = \exp\{[y_i\theta_i - b(\theta_i)]/a(\phi) + h(y_i,\phi)\} \tag{13.49}$$

式中 ϕ 为尺度化参数，而 θ_i 称为自然位置参数. 对于指数族分布的成员，有

450

$$\mu = E(y) = \frac{\mathrm{d}b(\theta_i)}{\mathrm{d}\theta_i}$$

$$\mathrm{Var}(y) = \frac{\mathrm{d}^2 b(\theta_i)}{\mathrm{d}\theta_i^2}a(\phi) = \frac{\mathrm{d}\mu}{\mathrm{d}\theta_i}a(\phi) \tag{13.50}$$

令

$$\mathrm{Var}(\mu) = \frac{\mathrm{Var}(y)}{a(\phi)} = \frac{\mathrm{d}\mu}{\mathrm{d}\theta_i} \tag{13.51}$$

式中 $\mathrm{Var}(\mu)$表示响应变量的方差与响应变量的均值有关. 这是所有指数族分布成员的一个特征，只有正态分布不是. 由方程(13.50)，有

$$\frac{\mathrm{d}\theta_i}{\mathrm{d}\mu} = \frac{1}{\mathrm{Var}(\mu)} \tag{13.52}$$

附录 C.14 证明了正态分布、二项分布与泊松分布都是指数族分布的成员.

13.4.1 连接函数与线性预测项

GLM 的基本观点是研究响应变量期望值的近似函数的线性模型. 令 y_i 为线性预测项，将其定义如下：

$$\eta_i = g[E(y_i)] = g(\mu_i) = \boldsymbol{x}_i'\boldsymbol{\beta} \tag{13.53}$$

注意到，响应变量的期望恰为

$$E(y_i) = g^{-1}(\eta_i) = g^{-1}(\boldsymbol{x}_i'\boldsymbol{\beta}) \tag{13.54}$$

称函数 g 为**连接函数**. 此前已经从对泊松回归的描述中介绍过了连接函数. 存在许多种连接函数的选择，但如果选择了

$$\eta_i=\theta_i \tag{13.55}$$

那么称 η_i 为典型连接函数. 表 13-8 展示了 GLM 所选择并使用的最常用的分布. 451

也存在用于 GLM 的其他连接函数，包括：

1）Probit 连接函数

$$\eta_i = \Phi^{-1}[E(y_i)]$$

式中 Φ 表示累积标准正态分布函数.

2）互补双对数连接函数

$$\eta_i = \ln\{\ln[1-E(y_i)]\}$$

3）幂族连接函数

$$\eta_i = \begin{cases} E(y_i)^\lambda, & \lambda \neq 0 \\ \ln[E(y_i)], & \lambda = 0 \end{cases}$$

表 13-8 广义线性模型的典型连接函数

分布	典型连接函数
正态分布	$\eta_i=\mu_i$（恒等连接函数）
二项分布	$\eta_i=\ln\left(\frac{\pi_i}{1-\pi_i}\right)$（逻辑斯蒂连接函数）
泊松分布	$\eta_i=\ln(\lambda)$（对数连接函数）
指数分布	$\eta_i=\frac{1}{\lambda_i}$（倒数连接函数）
伽马分布	$\eta_i=\frac{1}{\lambda_i}$（倒数连接函数）

一种非常基本的看法是，GLM 有两个成分：响应变量的分布与连接函数. 可以观察出，选择连接函数与选择响应变量的变换是非常相似的. 但是，不同于响应变量的变换，连接函数利用了响应变量的**自然**分布. 正如不合适的响应变量变换可以使线性模型的拟合产生问题，不恰当地选择连接函数也可能使 GLM 产生严重的问题.

13.4.2 GLM 的参数估计与推断

极大似然方法是 GLM 中参数估计的理论基础. 但是，在算法中实际实现最大似然的基础是 IRLS. 这实际上是前文中逻辑斯蒂回归与泊松回归的特例. 附录 C.14 展示了这一程序的细节. 本节会根据 SAS PROC GENMOD 来进行模型的拟合与推断.

如果$\hat{\boldsymbol{\beta}}$为 IRLS 算法程序所产生的回归系数的最终值，同时如果模型的假设，包括连接函数的选择都是正确的，那么可以证明，下式渐进成立：

$$E(\hat{\boldsymbol{\beta}}) = \boldsymbol{\beta} \qquad \text{和} \qquad \operatorname{Var}(\hat{\boldsymbol{\beta}}) = a(\phi)(\boldsymbol{X}'\boldsymbol{V}\boldsymbol{X})^{-1} \tag{13.56}$$

式中矩阵 $\mathbf{V}$ 为对角矩阵，由线性预测项中参数估计值的方差组成，除此之外还有 $a(\phi)$.

关于 GLM 的某些主要观测结果如下：

1）一般而言，当试验与数据分析中使用了变换时，实际要使用 OLS 来在变换后的尺度下拟合模型.

2）在 GLM 中已经认识到，响应变量的方差不是常数，所以要使用加权最小二乘作为参数估计的基础. 452

3）上一点暗示出，在使用变换时，如果问题在变换后仍然保持常数方差，那么 GLM 应当会胜过标准回归分析.

4）前文所描述的逻辑斯蒂回归的所有推断都可以直接推广到 GLM. 也就是说，模型的离差可以用于检验模型的整体拟合，而全模型与简化模型之间的离差可以用于模型参数子集的假设检验. 怀尔德推断可以应用于单个模型参数的假设检验与构造置信区间.

例 13.9 **精纺数据** 表 13-9 包含了一组试验数据，进行这一试验是为了研究三个因子 x_1＝长度，x_2＝波幅，x_3＝负荷，与失效周期 y. 回归变量已经经过了编码. 熟悉试验设计的读者将会发现这里的试验是一个 3^3 因子设计. 这一数据在 Box 和 Draper(1987) 以及 Myers、Montgomery 和 Anderson-Hook(2009) 中. 这两本书使用这一数据解释了如何使用 453

方差稳定化变换. Box 和 Draper(1987)与 Myers、Montgomery 和 Anderson-Hook(2009)两本书都证明了，对数变换会非常有效地对响应变量失效周期完成方差稳定化. 最小二乘模型为

$$\hat{y} = \exp(6.33 + 0.83x_1 - 0.63x_2 - 0.39x_3)$$

这一试验中的响应变量是一个非负响应变量的例子. 会期望非负响应变量有不对称的分布，右尾较长. 经常会将失效数据建模为指数分布、韦伯分布、对数正态分布或伽马分布，这是因为这些分布拥有所期望的形状，也是因为有的会从理论或经验上验证出某个特定分布.

表 13-9 精纺试验数据

x_1	x_2	x_3	y	x_1	x_2	x_3	y
−1	−1	−1	674	1	0	0	1070
0	−1	−1	1414	−1	1	0	118
1	−1	−1	3636	0	1	0	332
−1	0	−1	338	1	1	0	884
0	0	−1	1022	−1	−1	1	292
1	0	−1	1568	0	−1	1	634
−1	1	−1	170	1	−1	1	2000
0	1	−1	442	−1	0	1	210
1	1	−1	1140	0	0	1	438
−1	−1	0	370	1	0	1	566
0	−1	0	1198	−1	1	1	90
1	−1	0	3184	0	1	1	220
−1	0	0	266	1	1	1	360
0	0	0	620				

将会通过 GLM，使用伽玛分布与对数连接函数对失效周期数据进行建模. 通过表 13.8 会观察到，这时的典型连接函数是可逆连接函数. 但是，对数连接函数通常在使用伽玛分布时是最为有效的选择.

表 13-10 展示了对精纺数据的来自 SAS PROC GENMOD 的部分汇总输出信息. 合适的 SAS 代码为

```
proc genmod;
model y = x1 x2 x3/ dist = gamma link = log typel type3;
```

注意到拟合模型为

$$\hat{y} = \exp(6.35 + 0.84x_1 - 0.63x_2 - 0.39x_3)$$

这一模型与通过数据变换所获得的模型几乎是一样的. 事实上，因为对数变换在这里是非常有效的，所以 GLM 会产生几乎一样的模型并不是令人惊讶的. 此前已经观察到，当变换不能产生所想望的常数方差与近似正态的性质时，GLM 最可能是数据变换的有效替代方法.

表 13-10 精纺试验的 SAS PROC GENMOD 输出

The GENMOD Procedure

Model Information

Description	Value
Data Set	WORK. WOOL
Distribution	GAMMA
Link Function	LOG
Dependent Variable	CYCLES
Observations Used	27

Criteria for Assessing Goodness of Fit

Criterion	DF	Value	Value/DF
Deviance	23	0.7694	0.0335
Scaled Deviance	23	27.1276	1.1795
Pearson Chi-Square	23	0.7274	0.0316
Scaled Pearson X2	23	25.6456	1.1150
Log Likelihood		−161.3784	

Analysis of Parameter Estimates

Parameter	DF	Estimate	Std Err	Chi Square	Pr > Chi
INTERCEPT	1	6.3489	0.0324	38373.0419	0.0001
A	1	0.8425	0. 0402	438.3606	0.0001
B	1	−0.6313	0.0396	253.7576	0.0001
C	1	−0.3851	0.0402	91.8566	0.0001
SCALE	1	35.2585	9.5511		

Note: The scale parameter was estimated by maximum likelihood.

LR Statistics for Type 1 Analysis

Source	Deviance	DF	Chi Square	Pr > Chi
INTERCEPT	22.8861	0		
A	10.2104	1	23.6755	0.0001
B	3.3459	1	31.2171	0.0001
C	0.7694	1	40.1106	0.0001

LR Statistics for Type 3 Analysis

Source	DF	Chi Square	Pr > Chi
A	1	77.2935	0.0001
B	1	63.4324	0.0001
C	1	40.1106	0.0001

对于伽马响应变量的情形，恰当的是在 SAS 输出中使用**尺度化残差**作为模型整体拟合的度量. 一般会将尺度化残差与自由度为 $n-p$ 的卡方分布进行对比. 通过表 13-10 会发现尺度化残差为 27.1276，而参考该值，自由度为 23 的卡方分布给出了 P 值近似为 0.25，所以离差准则没有不适用于模型的迹象. 注意到尺度化残差除以其自由度也接近于 1. 表 13-10 也给出了模型中每个回归变量的怀尔德推断与偏残差统计量(对 type 1 即“按顺序添加项的效应”与 type 3 即“添加最后的项的效应”两者都进行分析). 这些统计量表明，

所有三个回归变量都是重要的预测变量，应当包括进模型中.

13.4.3 使用 GLM 进行预测与估计

对于所有广义线性模型，某个所感兴趣的点，比如 $\boldsymbol{x}_0$ 处响应变量均值的估计值，均为

454 $$\hat{y}_0=\hat{\mu}_0=g^{-1}(\boldsymbol{x}_0'\hat{\boldsymbol{\beta}}) \tag{13.57}$$

式中 g 为连接函数；同时可以理解，如果有必要纳入可能已经包括在线性预测项中的项，比如交互作用项，那么可以将 $\boldsymbol{x}_0$ 展开为模型的形式. $\boldsymbol{x}_0$ 处响应变量均值的近似置信区间可以按如下方式计算. 令 $\boldsymbol{\Sigma}$ 为 $\hat{\boldsymbol{\beta}}$ 的渐进方差-协方差矩阵，因此

455 $$\boldsymbol{\Sigma}=a(\phi)(\boldsymbol{X}'\boldsymbol{V}\boldsymbol{X})^{-1}$$

$\boldsymbol{x}_0$ 处线性预测项估计值的渐进方差为

$$\mathrm{Var}(\hat{\eta}_0)=\mathrm{Var}(\boldsymbol{x}_0'\hat{\boldsymbol{\beta}})=\boldsymbol{x}_0'\boldsymbol{\Sigma}\boldsymbol{x}_0$$

因此，这一方差估计值为 $\boldsymbol{x}_0'\hat{\boldsymbol{\Sigma}}\boldsymbol{x}_0$，式中 $\hat{\boldsymbol{\Sigma}}$ 为 $\hat{\boldsymbol{\beta}}$ 的方差—协方差矩阵的估计值. 点 $\boldsymbol{x}_0$ 处真实响应变量均值的 $100(1-\alpha)\%$ 置信区间为

$$L\leqslant\mu(\boldsymbol{x}_0)\leqslant U \tag{13.58}$$

式中

$$L=g^{-1}(\boldsymbol{x}_0'\hat{\boldsymbol{\beta}}-Z_{\alpha/2}\boldsymbol{x}_0'\hat{\boldsymbol{\Sigma}}\boldsymbol{x}_0)\quad 和\quad U=g^{-1}(\boldsymbol{x}_0'\hat{\boldsymbol{\beta}}+Z_{\alpha/2}\boldsymbol{x}_0'\hat{\boldsymbol{\Sigma}}\boldsymbol{x}_0) \tag{13.59}$$

这一方法已经用于计算 SAS PROC GENMOD 中所报告的响应变量均值的置信区间. 求解置信区间的这种方法通常在实践中运作良好，这是因为 $\hat{\boldsymbol{\beta}}$ 为极大似然估计值，而因此 $\hat{\boldsymbol{\beta}}$ 的任何函数也都是极大似然估计值. 以上程序简单地在线性预测项所定义的空间上构造了置信区间，然后要将这一置信区间变换回原尺度.

也可以使用怀尔德推断来推导响应变量均值置信区间的其他表达式. 其细节可参考 Myers、Montgomery 和 Anderson-Hook(2009).

例 13.10 **精纺试验** 表 13-11 展示了前文在例 13.10 中所描述的精纺试验的响应变量均值置信区间的三个集合. 在本表中，对三种模型展示了原试验数据中所有 27 个点的响应变量均值的 95%置信区间，这三种模型为：对数尺度的最小二乘模型，不变换响应变量的该最小二乘模型，以及 GLM(伽玛响应变量分布与对数连接函数). GLM 置信区间要通过方程(13.58)来计算. 表 13-11 的后两列比较了不变换响应变量时正态理论最小二乘置信区间的长度与不变换响应变量时 GLM 置信区间的长度. 注意到 GLM 置信区间的长度比变换响应变量时置信区间的长度都要短. 所以，即使两种方法所产生的预测方程是非常相似的，也有证据表明：从置信区间更短的意义上讲，通过 GLM 所得到的预测值是更为精确的.

表 13-11 对比精纺数据中响应变量均值的 95%置信区间

预测	使用对数数据变换与最小二乘方法				使用广义线性模型		95%置信区间的长度	
	进行变换		不进行变换					
	预测值	95%置信区间	预测值	95%置信区间	预测值	95%置信区间	预测值	95%置信区间
1	2.83	(2.76, 2.91)	682.50	(573.85, 811.52)	680.52	(583.83, 793.22)	237.67	209.39
2	2.66	(2.60, 2.73)	460.26	(397.01, 533.46)	463.00	(407.05, 526.64)	136.45	119.50
3	2.49	(2.42, 2.57)	310.38	(260.98, 369.06)	315.01	(271.49, 365.49)	108.09	94.00
4	2.56	(2.50, 2.62)	363.25	(313.33, 421.11)	361.96	(317.75, 412.33)	107.79	94.58

（续）

预测	使用对数数据变换与最小二乘方法				使用广义线性模型		95%置信区间的长度	
	进行变换		不进行变换					
	预测值	95%置信区间	预测值	95%置信区间	预测值	95%置信区间	预测值	95%置信区间
5	2.39	(2.34，2.44)	244.96	(217.92，275.30)	246.26	(222.55，272.51)	57.37	49.96
6	2.22	(2.15，2.28)	165.20	(142.50，191.47)	167.55	(147.67，190.10)	48.97	42.42
7	2.29	(2.21，2.36)	193.33	(162.55，229.93)	192.52	(165.69，223.70)	67.38	58.01
8	2.12	(2.05，2.18)	130.38	(112.46，151.15)	130.98	(115.43，148.64)	38.69	33.22
9	1.94	(1.87，2.02)	87.92	(73.93，104.54)	89.12	(76.87，103.32)	30.62	26.45
10	3.20	(3.13，3.26)	1569.28	(1353.94，1819.28)	1580.00	(1390.00，1797.00)	465.34	407.00
11	3.02	(2.97，3.08)	1058.28	(941.67，1189.60)	1075.00	(972.52，1189.00)	247.92	216.48
12	2.85	(2.79，2.92)	713.67	(615，60，827.37)	731.50	(644.35，830.44)	211.77	186.09
13	2.92	(2.87，2.97)	835.41	(743.19，938.86)	840.54	(759.65，930.04)	195.67	170.39
14	2.75	(2.72，2.78)	563.25	(523.24，606.46)	571.87	(536.67，609.38)	83.22	72.70
15	2.58	(2.63，2.63)	379.84	(337.99，426.97)	389.08	(351.64，430.51)	88.99	78.87
16	2.65	(2.58，2.71)	444.63	(383.53，515.35)	447.07	(393.81，507.54)	131.82	113.74
17	2.48	(2.43，2.53)	299.85	(266.75，336.98)	304.17	(275.13，336.28)	70.23	61.15
18	2.31	(2.24，2.37)	202.16	(174.42，234.37)	206.95	(182.03，235.27)	59.95	53.23
19	3.56	(3.48，3.63)	3609.11	(3034.59，4292.40)	3670.00	(3165.00，4254.00)	1257.81	1089.00
20	3.39	(3.32，3.45)	2433.88	(2099.42，2821.63)	2497.00	(2200.00，2833.00)	722.21	633.00
21	3.22	(3.14，3.29)	1641.35	(1380.07，1951.64)	1699.00	(1462.00，1974.00)	571.57	512.00
22	3.28	(3.22，3.35)	1920.88	(1656.91，2226.90)	1952.00	(1720.00，2215.00)	569.98	495.00
23	3.11	(3.06，3.16)	1295.39	(1152.66，1455.79)	1328.00	(1200.00，1470.00)	303.14	270.00
24	2.94	(2.88，3.01)	873.57	(753.53，1012.74)	903.51	(793.15.1029.00)	259.22	235.85
25	3.01	(2.93，3.08)	1022.35	(859.81，1215.91)	1038.00	(894.79，1205.00)	356.10	310.21
26	2.84	(2.77，2.90)	689.45	(594.70，799.28)	706.34	(620.99，803.43)	204.58	182.44
27	2.67	(2.59，2.74)	464.94	(390.93，552.97)	480.57	(412.29，560.15)	162.04	147.86

13.4.4 GLM 中的残差分析

正如在所有模型拟合程序中那样，残差分析在拟合 GLM 时是重要的．残差可以提供关于模型整体适用性的指导，帮助验证回归假设，并表明关于所选择的连接函数是否合适． 456~457

GLM 的常规残差即**原始残差**就是观测值与拟合值之间的差值：

$$e_i = y_i - \hat{y}_i = y_i - \hat{\mu}_i \tag{13.60}$$

一般情况下，推荐在 GLM 的残差分析中使用**离差残差**．此前已知第 i 个离差残差的定义为：第 i 个观测值对离差的贡献的平方根乘以常规残差的正负号．方程(13.31)给出了逻辑斯蒂回归的离差残差．对于使用对数连接函数的泊松回归，离差残差为

$$d_i = \pm\left[y_i \ln\left(\frac{y_i}{e^{x_i'\hat{\beta}}}\right) - (y_i - e^{x_i'\hat{\beta}})\right]^{1/2} \qquad (i = 1, 2, \cdots, n)$$

式中的正负号是常规残差的正负号．会注意到，随着响应变量的观测值 y_i 与预测值 $\hat{y}_i = e^{x_i'\hat{\beta}}$ 变得相互靠近，离差残差会接近于零．

一般情况下，离差残差的性质在标准正态线性回归模型中与常规残差非常相像．因此，做出离差残差的正态概率尺度图以及离差残差与拟合值的图像逻辑上就是统计诊断．当做出了离差残差与拟合值的图像时，习惯上会将拟合值变换为常数信息尺度．因此，

1）对于正态响应变量，使用$\hat{y}_i$.

2）对于二项响应变量，使用 $2\sin^{-1}\sqrt{\hat{\pi}_i}$.

3）对于泊松响应变量，使用 $2\sqrt{\hat{y}_i}$.

4）对于伽马响应变量，使用 $2\ln(\hat{y}_i)$.

例 13.11 **精纺试验** 表 13-12 展示了例 13.9 中精纺数据的实际观测值，以及 GLM（伽玛分布与对数连接函数）数据拟合的预测值，原始残差与离差残差. 这三种量的计算使用了 SAS PROC GENMOD. 图 13-7a 是离差残差的正态概率图，而图 13-7b 是离差残差与“常数信息”拟合值 $2\ln(\hat{y}_i)$的图像. 离差残差的正态概率图总体上是令人满意的，而离差残差与拟合值的图像表明其中一个观测值可能是非常轻微的离群点. 但是，两张图都没有给出模型不适用的显著迹象，所以得出结论：使用伽马回归变量与对数连接函数的伽玛分布对于响应变量失效周期是非常令人满意的模型.

表 13-12 精纺试验数据

响应变量 y_i	预测值$\hat{y}$	线性预测项 $x'\beta$	e_i	d_i
674	680.5198	6.5229	−6.5198	−0.009 611
370	462.9981	6.1377	−92.9981	−0.2161
292	315.0052	5.7526	−23.0052	−0.0749
338	361.9609	5.8915	−23.9609	−0.0677
266	246.2636	5.5064	19.7364	0.0781
210	167.5478	5.1213	42.4522	0.2347
170	192.5230	5.2602	−22.5230	−0.1219
118	130.9849	4.8751	−12.9849	−0.1026
90	89.1168	4.4899	0.8832	0.009 878
1414	1580.2950	7.3654	−166.2950	−0.1092
1198	1075.1687	6.9802	122.8313	0.1102
634	731.5013	6.5951	−97.5013	−0.1397
1022	840.5414	6.7340	181.4586	0.2021
620	571.8704	6.3489	48.1296	0.0819
438	389.0774	5.9638	48.9226	0.1208
442	447.0747	6.1027	−5.0747	−0.0114
332	304.1715	5.7176	27.8285	0.0888
220	206.9460	5.3325	13.0540	0.0618
3636	3669.7424	8.2079	−33.7424	−0.009 223
3184	2496.7442	7.8227	687.2558	0.2534
2000	1698.6836	7.4376	301.3164	0.1679
1568	1951.8954	7.5766	−383.8954	−0.2113
1070	1327.9906	7.1914	−257.9906	−0.2085
566	903.5111	6.8063	−337.5111	−0.4339
1140	1038.1916	6.9452	101.8084	0.0950
884	706.3435	6.5601	177.6565	0.2331
360	480.5675	6.1750	−120.5675	−0.2756

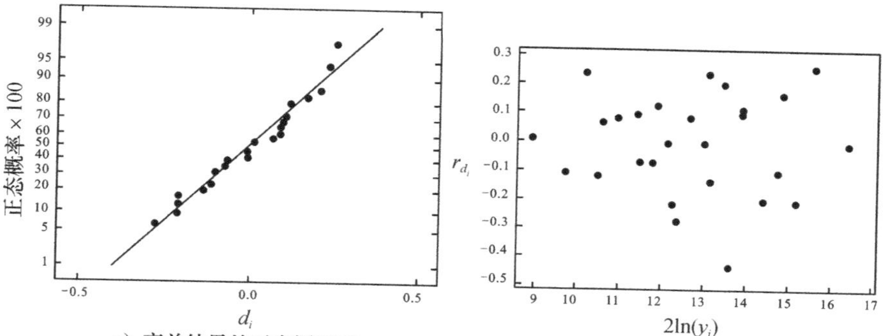

a）离差结果的正态概率图　　b）离差残差与$2\ln(y_i)$的图像

图 13-7　精纺数据 GLM 的离差残差图

13.4.5　使用 R 做 GLM 分析 458~459

R 中分析 GLM 的工作程序是“glm”．这一语句的基本形式为：

```
glm(formula, family, data)
```

公式的设定与标准线性模型完全相同．举例来说，模型 $\eta=\beta_0+\beta_1x_1+\beta_2x_2$ 的公式为

```
y~ x1+ x2
```

可供选择的分布族与连接函数为：

- 二项分布族(Logit 连接函数、Probit 连接函数、对数连接函数、互补双对数连接函数)；
- 高斯分布族(恒等连接函数、对数连接函数、逆连接函数)；
- 伽马分布族(恒等连接函数、逆连接函数、对数连接函数)；
- 逆高斯分布族($1/\mu^2$ 连接函数、恒等连接函数、逆连接函数、对数连接函数、对数连接函数)；
- 泊松分布族(恒等连接函数、对数连接函数、平方根连接函数)；
- 拟分布族(Logit 连接函数、Probit 连接函数、互补双对数连接函数、恒等链接函数、逆对数连接函数、$1/\mu^2$ 连接函数、平方根连接函数)．

R 是大小写敏感的，所以伽马分布族为 Gamma，而不是 gamma．默认情况下，R 使用典型连接函数．为了设定二项分布族的 Probit 连接函数，合适的分布族语句为 binomial(link=Probit)．

R 可以产生两种不同的预测值．“fit”(拟合值)是原尺度下的预测值向量．“linear.predictor”(线性预测项)是线性预测项的预测值向量．R 可以产生原始残差、皮尔逊残差与离差残差．R 也可以产生“influence measures”(强影响的度量)，这是剔除了统计量的单个观测值．将以上信息组合在一起的最简单方式是使用例子．

首先考虑例 13.1 中的尘肺病数据．数据集较小，所以不需要分割数据文件．R 代码为

```
> years <- c(5.8, 15.0, 21.5, 27.5, 33.5, 39.5, 46.0, 51.5)
> cases <- c(0, 1, 3, 8, 9, 8, 10, 5)
> miners <- c(98,43, 43, 48, 51, 38, 28, 11)
```

```
> ymat <- cbind(cases, miners-cases)
> ashford <- data.frame(ymat, years)
> anal <- glm(ymat ~ years, family= binomial, data= ashford)
summary(anal)
pred_prob <- anal$fit
eta_hat <- anal$linear.predictor
dev_res <- residuals(anal, c= "deviance")
influence.measures(anal)
df <- dfbetas(anal)
df_int <- df[,1]
df_years <- df[,2]
hat <- hatvalues(anal)
qqnorm(dev_res)
plot(pred_prob, dev_res)
plot(eta_hat, dev_res)
plot(years, dev_res)
plot(hat, dev_res)
plot(pred_prob, df_years)
plot(hat, df_years)
ashfords2 <- cbind(ashford, pred_prob, eta_hat, dev_res, df_int,
df_years, hat)
write.table(ashford2), "ashford_output.txt")
```

460

然后考虑例 13.8 中的攻击机破坏目标例子. 数据在文件 aircraft _ damage _ data. txt 中. 合适的 R 代码为

```
air <- read.table("aircraft_damage_data.txt",header= TRUE,sep= "")
air.model <- glm(y~ x1+ x2+ x3, dist= "poisson", data= air)
summary(air.model)
print(influence.measures(air.model))
yhat <- air.model$fit
dev_res <- residuals(air.model, c= "deviance")
qqnorm(dev_res)
plot(yhat, dev_res)
plot(air$x1,dev_res)
plot(air$x2,dev_res)
plot(air$x3,dev_res)
air2 <- cbind(air,yhat, dev_res)
write.table(air2,"aircraft damage_output.txt"
```

最后考虑例 13.9 中的精纺例子. 数据在文件 worsted _ data. txt 中. 合适的 R 代码为

```
yarn <- read.table("worsted_data.txt", header= TRUE, sep= "")
yarn.model <- glm(y~ x1+ x2+ x3,dist= Gamma(link= log),data= air)
summary(yarn.model)
print(influence.measures(yarn.model))
yhat <- air.model$fit
dev_res <- residuals(yarn.model, c= "deviance")
qqnorm(dev_res)
plot(yhat,dev_res)
```

```
plot(yarn$ x1,dev_res)
plot(yarn$ x2,dev_res)
plot(yarn$ x3,dev_res)
yarn2 <- cbind(yarn, yhat, dev_res)
write.table(yarn2, "yarn_output.txt")
```

13.4.6 超散布性

当响应变量为二项分布或泊松分布时，有时会出现超散布性的现象．从基础上说，超散布性意味着响应变量的方差大于选择响应变量分布时所期望的值．超散布性条件的诊断通常要通过求出模型的离差除以其自由度的值．如果该值比 1 大得多，那么就要考虑出现这一问题的来源可能是超散布性． 461

对超散布性的情形进行建模的最直接方式是：将二项分布或泊松分布的方差乘以散布因子 ϕ，使得

$$\mathrm{Var}(y) = \phi\mu(1-\mu) \quad 二项分布$$
$$\mathrm{Var}(y) = \phi\mu \quad 泊松分布$$

按常规的方式拟合出模型，模型参数的值不会受到 ϕ 的影响．如果 ϕ 的值已知，或者某些数据点存在的重复值可以直接估计出 ϕ 时，可以直接设定参数 ϕ．另外，也可以直接估计 ϕ．ϕ 逻辑上的估计值是离差除以其自由度．模型参数的协方差矩阵要乘以 ϕ，而用于假设检验的尺度化离差与对数似然函数要除以 ϕ．

对于二项误差分布与泊松误差分布的情形，将对数似然函数除以 ϕ 所得到的函数将不再是合适的对数似然函数．这是一个**拟似然函数**的例子．幸运的是，可以将对数似然函数的大多数渐进理论应用于拟似然函数，所以就可以证明近似标准误差与离差统计量的计算的正确性．

习题

13.1 下表展示了不同目标速度下 25 枚地对空防空导弹的试发射结果．每次的测试结果为击中($y=1$)或打偏($y=0$)．

测试	目标速度 x(节)	y	测试	目标速度 x(节)	y
1	400	0	14	330	1
2	220	1	15	280	1
3	490	0	16	210	1
4	210	1	17	300	1
5	500	0	18	470	1
6	270	0	19	230	0
7	200	1	20	430	0
8	470	0	21	460	0
9	480	0	22	220	1
10	310	1	23	250	1
11	240	1	24	200	1
12	490	0	25	390	0
13	420	0			

a. 对响应变量 y 拟合逻辑斯蒂回归模型. 使用简单线性回归模型作为线性预测项的结构.

462 b. 模型的残差是否表明 a 小问的逻辑斯蒂回归模型是适用的?

c. 解释模型中的参数 β_1.

d. 将线性预测项拓展为包括进目标速度的二次项. 是否有模型需要这一二次项的证据?

13.2 实施了一项研究，来尝试建立房屋所有权与家庭收入的关系. 选择了二十户家庭并估计了家庭收入，以及关于房屋所有权($y=1$ 表明有所有权)，而 $y=0$ 表明没有所有权)的信息. 数据如下.

家庭	收入	房屋所有权状态	家庭	收入	房屋所有权状态
1	38 000	0	11	38 700	1
2	51 200	1	12	40 100	0
3	39 600	0	13	49 500	1
4	43 400	1	14	38 000	0
5	47 700	0	15	42 000	1
6	53 000	0	16	54 000	1
7	41 500	1	17	51 700	1
8	40 800	0	18	39 400	0
9	45 400	1	19	40 900	0
10	52 400	1	20	52 800	1

a. 对响应变量 y 拟合逻辑斯蒂回归模型. 使用简单线性回归模型作为线性预测项的结构.

b. 模型的残差是否表明 a 小问的逻辑斯蒂回归模型是适用的?

c. 解释模型中的参数 1.

d. 将线性预测项拓展为包括进收入的二次项. 是否有模型需要这一二次项的证据?

13.3 正在研究用于飞行器结构中的合金纽扣的抗压强度. 在 2500～4000 磅/平方英寸的范围内，选择了十种负重，并在这十种负重下对大量合金纽扣进行了测试，记录下每种负重下失效纽扣的个数. 完整的测试数据如下表所示.

负重 x(磅/平方英寸)	样本量 n	失效个数 r	负重 x(磅/平方英寸)	样本量 n	失效个数 r
2500	50	10	3500	85	43
2700	70	17	3700	90	54
2900	100	30	3900	50	33
3100	60	21	4100	80	60
3300	40	18	4300	65	51

463

a. 对响应变量 y 拟合逻辑斯蒂回归模型. 使用简单线性回归模型作为线性预测项的结构.

b. 模型的残差是否表明 a 小问的逻辑斯蒂回归模型是适用的?

c. 将线性预测项拓展为包括进二次项. 是否有模型需要这一二次项的证据?

d. 对于 c 小问的二次模型，求出每个模型参数的怀尔德统计量.

e. 对 c 小问的二次模型求出模型参数的 95%近似置信区间.

13.4 软饮料制造商的营销调研部门正在研究：价格折扣券对于促进两升装饮料产品的购买是否有效. 在 5 至 25 美分的不同价格折扣下，对 5500 名顾客的样本发放了优惠券. 响应变量是一个月后价格折扣分类下所兑换的优惠券张数. 数据如下所示.

折扣 x	样本量 n	兑券张数 r	折扣 x	样本量 n	兑券张数 r
5	500	100	17	500	277
7	500	122	19	500	310
9	500	147	21	500	343
11	500	176	23	500	372
13	500	211	25	500	391
15	500	244			

a. 对响应变量 y 拟合逻辑斯蒂回归模型．使用简单线性回归模型作为线性预测项的结构．

b. 模型的残差是否表明 a 小问的逻辑斯蒂回归模型是适用的？

c. 画出数据与逻辑斯蒂回归模型的图像．

d. 将线性预测项拓展为包括进二次项．是否有模型需要这一二次项的证据？

e. 画出 c 小问所准备出的新模型的同一种图像．这一拓展模型相比 a 小问的原模型实际上是否会更好地拟合数据？

f. 对于 d 小问的二次模型，求出每个模型参数的怀尔德统计量．

g. 对 d 小问的二次模型求出模型参数的 95％近似置信区间． 464

13.5 进行了一项关于购买新汽车的研究．选择出了 20 个家庭的样本．对每个家庭进行调查，来确定其最旧一辆车的车龄，以及家庭总收入．6 个月之后进行后续的调查，来确定在这 6 个月中这些家庭是否已经购买了新车（$y=1$ 表示购买了新车，而 $y=0$ 表明没有购买新车）．研究中的数据如下表所示．

收入 x_1	车龄 x_2	y	收入 x_1	车龄 x_2	y
45 000	2	0	37 000	5	1
40 000	4	0	31 000	7	1
60 000	3	1	40 000	4	1
50 000	2	1	75 000	2	0
55 000	2	0	43 000	9	1
50 000	5	1	49 000	2	0
35 000	7	1	37 500	4	1
65 000	2	1	71 000	1	0
53 000	2	0	34 000	5	0
48 000	1	0	27 000	6	0

a. 对数据拟合逻辑斯蒂回归模型．

b. 模型的残差是否表明 a 小问的逻辑斯蒂回归模型是适用的？

c. 解释模型系数 β_1 与 β_2．

d. 收入为 4500 美元，车龄为 5 年的家庭，其在未来 6 个月内购买新车的概率估计值是多少？

e. 将线性预测项拓展为包括进二次项．是否有模型需要这一二次项的证据？

f. 对于 a 小问的模型，求出每个单个模型参数的怀尔德统计量．

g. 对 a 小问的逻辑斯蒂回归模型求出模型参数的 95％近似置信区间．

13.6 化学品制造商持续记录了：用于过程单元的特定类型阀门的失效个数与已经安装该阀门后的时间

(月数). 数据如下所示.

阀门	失效个数	月数	阀门	失效个数	月数
1	5	18	9	0	7
2	3	15	10	0	12
3	0	11	11	0	3
4	1	14	12	1	7
5	4	23	13	0	2
6	0	10	14	7	30
7	0	5	15	0	9
8	1	8			

465

a. 对数据拟合泊松回归模型.

b. 模型的残差是否表明 a 小问的泊松回归模型是适用的?

c. 构造出模型拟合与月数的图像. 同时在该图中画出观测值的序号.

d. 将线性预测项拓展为包括进二次项. 是否有模型需要这一二次项的证据?

e. 对于 a 小问的模型, 求出每个单个模型参数的怀尔德统计量.

f. 对 a 小问的逻辑斯蒂回归模型求出模型参数的 95%近似置信区间.

13.7 Myers(1990)展示了关于西弗吉尼亚州阿帕拉契地区煤矿上部煤层断裂带的个数(y). 报告了四个回归变量: x_1=内部承重厚度(英尺), 是煤层底版与下层煤层之间的最短距离; x_2=下层煤层已经进行开采的百分率; x_3=下层煤层的高度(英尺); 以及 x_4=时间(年), 是煤矿已经运营的年数. 数据如下所示.

观测值	子地区存在断裂带的个数 y	x_1	x_2	x_3	x_4
1	2	50	70	52	1.0
2	1	230	65	42	6.9
3	0	125	70	45	1.0
4	4	75	65	68	0.5
5	1	70	65	53	0.5
6	2	65	70	46	3.0
7	0	65	60	62	1.0
8	0	350	60	54	0.5
9	4	350	90	54	0.5
10	4	160	80	38	0.0
11	1	145	65	38	10.0
12	4	145	85	38	0.0
13	1	180	70	42	2.0
14	5	43	80	40	0.0
15	2	42	85	51	12.0
16	5	42	85	51	0.0
17	5	45	85	42	0.0
18	5	83	85	48	10.0
19	0	300	65	68	10.0
20	5	190	90	84	6.0
21	1	145	90	54	12.0

（续）

观测值	子地区存在断裂带的个数 y	x_1	x_2	x_3	x_4	
22	1	510	80	57	10.0	
23	3	65	75	68	5.0	
24	3	470	90	90	9.0	
25	2	300	80	165	9.0	
26	2	275	90	40	4.0	
27	0	420	50	44	17.0	
28	1	65	80	48	15.0	466
29	5	40	75	51	15.0	
30	2	900	90	48	35.0	
31	3	95	88	36	20.0	
32	3	40	85	57	10.0	
33	3	140	90	38	7.0	
34	0	150	50	44	5.0	
35	0	80	60	96	5.0	
36	2	80	85	96	5.0	
37	0	145	65	72	9.0	
38	0	100	65	72	9.0	
39	3	150	80	48	3.0	
40	2	150	80	48	0.0	
41	3	210	75	42	2.0	
42	5	11	75	42	0.0	
43	0	100	65	60	25.0	
44	3	50	88	60	20.0	

a. 使用对数连接函数，对数据拟合泊松回归模型.

b. 模型残差是否表明 a 小问的模型是令人满意的?

c. 对模型参数做 Type 3 偏残差分析. 是否会表明应当从模型中剔除某些回归变量?

d. 计算出检验每个回归变量对模型所做贡献的怀尔德统计量.

e. 求出模型参数的 95%近似置信区间.

13.8 重新考虑习题 13.7 中的煤层断裂带数据. 从原模型中剔除你认为可能不重要的回归变量. 从残差分析的观点来看，模型是否是令人满意的?

13.9 重新考虑习题 13.7 与习题 13.8 中的煤层断裂带数据. 构造出你所求得的最佳模型的离差残差图. 从残差分析的观点来看，模型是否是令人满意的?

13.10 重新考虑习题 13.5 中 a 问的汽车购买数据的模型. 构造出模型的离差残差图，并评论这张图.

13.11 重新考虑习题 13.4 中 a 小问的软饮料优惠券数据的模型. 构造出模型的离差残差图，并评论这张图.

13.12 重新考虑习题 13.3 中 a 小问的飞行器纽扣数据的模型. 构造出模型的离差残差图，并评论这张图.

13.13 伽马概率密度函数为 467

$$f(y,r,\lambda)=\frac{\lambda^{r}}{\Gamma(r)}\mathrm{e}^{-\lambda y}y^{r-1}\qquad(y,\lambda\geqslant 0)$$

证明：伽玛分布为指数族分布的成员.

13.14 指数概率密度函数为

$$f(y,\lambda)=\lambda e^{-\lambda y} \qquad (y,\lambda \geqslant 0)$$

证明：指数分布为指数族分布的成员.

13.15 负二项概率质量函数为

$$f(y,\pi,\alpha)=\binom{y+\alpha-1}{\alpha-1}\pi^{\alpha}(1-\pi)^{y}$$

$$y=0,1,2,\cdots,\alpha>0 \quad \text{和} \quad 0\leqslant \pi \leqslant 1$$

证明：负二项分布为指数族分布的成员.

13.16 下表中的数据来自一个试验设计，该试验设计研究了钻头的钻进速率 y. 四个设计因子为 x_1 = 压力，x_2 = 冷却水流，x_3 = 钻头转速，x_4 = 钻头的类型(原试验设计的描述在 Cuthbert Daniel 于 1976 年所著的工业试验图书中).

观测值	x_1	x_2	x_3	x_4	前进速率 y
1	−	−	−	−	1.68
2	+	−	−	−	1.98
3	−	+	−	−	3.28
4	+	+	−	−	3.44
5	−	−	+	−	4.98
6	+	−	+	−	5.70
7	−	+	+	−	9.97
8	+	+	+	−	9.07
9	−	−	−	+	2.07
10	+	−	−	+	2.44
11	−	+	−	+	4.09
12	+	+	−	+	4.53
13	−	−	+	+	7.77
14	+	−	+	+	9.43
15	−	+	+	+	11.75
16	+	+	+	+	16.30

468

a. 对响应变量钻进速率拟合广义线性模型. 使用伽马响应变量分布与对数连接函数，并包括进线性预测项中的所有四个回归变量.

b. 求出 a 小问的 GLM 的模型离差.

c. 对模型参数做 Type 3 偏离差分析. 是否表明可以从模型中剔除某些回归变量?

d. 计算出检验每个回归变量对模型所做贡献的怀尔德统计量. 解释这些怀尔德检验统计量的结果.

e. 求出模型参数的 95% 近似置信区间.

13.17 重新考虑习题 13.16 的钻头数据. 从原模型中剔除你认为可能不重要的回归变量. 从残差分析的观点来看，模型是否是令人满意的?

13.18 重新考虑习题 13.16 的钻头数据. 使用对数连接函数与伽玛分布拟合 GLM，但要将线性预测项拓展为包括进四个原回归变量的双因子交互作用项的所有六个项. 比较这一模型的模型残差与习题 13.16 中 “仅有模型主效应” 的模型残差. 添加进交互作用项看起来是否是有用的?

13.19 重新考虑习题 13.16 的钻头数据. 构造出你所求得的最佳模型的离差残差图. 从残差分析的观点来看，模型是否是令人满意的?

13.20 下表展示了例 13.8 攻击机破坏目标数据中，使用 x_2＝炸弹负重作为回归变量时，泊松回归模型拟合的预测值与离差残差．画出残差图，并评论模型适用性．

y	$\hat{y}$	$x_i'\beta$	e_i	r_{pi}	
0	0.4789	−0.7364	−0.4789	−0.9786	
1	0.4789	−0.7364	0.5211	0.6561	
0	0.4789	−0.7364	−0.4789	−0.9786	
0	0.6016	−0.5083	−0.6016	−1.0969	
0	0.6016	−0.5082	−0.6016	−1.0969	
0	0.6016	−0.5082	−0.6016	−1.0969	
1	0.7558	−0.2800	0.2442	0.2675	
0	0.7558	−0.2800	−0.7558	−1.2295	
0	0.7558	−0.2800	−0.7558	−1.2295	
2	0.9495	−0.0518	1.0505	0.9374	
0	0.9495	−0.0518	−0.9495	−1.3781	
1	0.9495	−0.0518	0.0505	0.0513	
1	1.1929	0.1764	−0.1929	−0.1818	469
1	1.1929	0.1764	−0.1929	−0.1818	
2	1.1929	0.1764	0.8071	0.6729	
3	0.9495	−0.0518	2.0505	1.6737	
1	0.9495	−0.0518	0.0505	0.0513	
1	0.9495	−0.0518	0.0505	0.0513	
1	1.8829	0.6328	−0.8829	−0.7072	
2	1.8829	0.6328	0.1171	0.0845	
0	1.8829	0.6328	−1.8829	−1.9406	
1	2.9719	1.0892	−1.9719	−1.3287	
1	2.9719	1.0892	−1.9719	−1.3287	
2	2.9719	1.0892	−0.9719	−0.5996	
5	1.1929	0.1764	3.8071	2.5915	
1	1.1929	0.1764	−0.1929	−0.1818	
3	1.1929	0.1764	1.8071	1.3853	
5	4.6907	1.5456	0.3093	0.1413	
5	4.6907	1.5456	0.3093	0.1413	
7	4.6907	1.5456	2.3093	0.9930	

13.21 考虑线性预测项包括进一个交互作用项的逻辑斯蒂回归模型，比如说 $\boldsymbol{x}'\boldsymbol{\beta}=\beta_0+\beta_1x_1+\beta_2x_2+\beta_{12}x_1x_2$．推导出回归变量 x_1 的优势比的表达式．这种情形与对线性预测项没有交互作用项的情形的解释相同吗？

13.22 极大似然理论称：极大似然估计量的大样本协方差的估计值是**信息矩阵**的逆矩阵，其中信息矩阵的元素为对数似然函数在极大似然估计值处所求得的二阶偏导数的期望值的负值．考虑有正态误差的线性回归模型．求出信息矩阵与极大似然估计值的协方差矩阵．

13.23 考虑习题 13.5 中的汽车购买数据．使用 Probit 连接函数与互补双对数连接函数来拟合模型．将这两种模型与使用 Logit 连接函数所得到的模型进行对比．

13.24 考虑表 13.1 中的尘肺病数据．使用 Probit 连接函数与互补双对数连接函数来拟合模型．将这两种模型与例 13.1 中使用 Logit 连接函数所得到的模型进行对比．

13.25 1986 年 1 月 28 日，挑战者号航天飞机在肯尼迪角发射后不久即发生爆炸．最终经过鉴定，爆炸的起因是固体火箭助推器的 O 型密封环灾难性地失效了．失效的原因可能是 O 型环的材料遭受了发射时的低温(31°F)，低于其适用温度．这种材料及固体火箭接头从未在这样的低温下进行过测试，某些 O 型环在其他航天飞机发射期间(或者火箭发动机静态试验期间)就已经失效了．挑战者
470 号发射前所观测的失效数据如下表所示．

发射时的气温	至少有一个 O 型环失效	发射时的气温	至少有一个 O 型环失效
53	1	70	1
56	1	70	1
57	1	72	0
63	0	73	0
66	0	75	0
67	0	75	1
67	0	76	0
67	0	76	0
68	0	78	0
69	0	79	0
70	0	80	0
70	1	81	0

a. 对这一数据拟合逻辑斯蒂回归模型．构造出数据的图像，并展示出模型拟合．

b. 50°F时，失效概率的估计值为多少？

c. 75°F时，失效概率的估计值为多少？

d. 31°F时，失效概率的估计值为多少？注意获得这一估计值时涉及外推法．这对发射航天飞机的建议会产生什么影响？

e. 计算并分析这一模型的离差残差．

f. 向 a 小问的逻辑斯蒂回归模型中添加一个气温的二次项．是否存在这个二次项会改善模型的证据？

13.26 一名学生进行了一个项目：观察制作温度、油量与制作时间对爆米花中不能食用的玉米硬核个数的影响．数据如下．使用泊松回归分析这一数据．

温度	油量	时间	y
7	4	90	24
5	3	105	28
7	3	105	40
7	2	90	42
6	4	105	11
6	3	90	16
5	3	75	126
6	2	105	34
5	4	90	32
6	2	75	32
5	2	90	34
7	3	75	17
6	3	90	30
6	3	90	17
6	4	75	50

471

13.27 Bailer 和 Piegorsch(2000)报告了一项试验：考察除草剂和氮对某种特定淡水无脊椎动物生产后代

个数的影响．数据如下．对这一数据做合适的分析．

剂量	后代个数									
受控	27	32	34	33	36	34	33	30	24	31
80	33	33	35	33	36	26	27	31	32	29
160	29	29	23	27	30	31	30	26	29	29
235	23	21	7	12	27	16	13	15	21	17
310	6	6	7	0	15	5	6	4	6	5

13.28 Chapman(1997—1998)进行了一项试验：使用加速寿命试验来确定显影剂保质期的估计值．数据如下．保质期通常会服从指数分布．该公司已经发现，密度最大值可以良好地指示出整体显影性能，这对应使用广义线性模型．对最终的模型进行合适的残差分析．

t(小时)	$D_{\max}$(72℃)	t(小时)	$D_{\max}$(82℃)	t(小时)	$D_{\max}$(92℃)
72	3.55	48	3.52	24	3.46
144	3.27	96	3.35	48	2.91
216	2.89	144	2.50	72	2.27
288	2.55	192	2.10	96	1.49
360	2.34	240	1.90	120	1.20
432	2.14	288	1.47	144	1.04
504	1.77	336	1.19	168	0.65

13.29 Gupta 和 Das(2000)进行了一项试验来增加尿素甲醛树脂的电阻率．因子有氢氧化钠的用量 A，回流时间 B，溶剂溜出物 C，苯酐 D，水的收集时间 E，以及溶剂溜出物的收集时间 F．数据如下，其中 y_1 为第一次重复试验的电阻率，而 y_2 为第二次重复试验的电阻率．假设要使用伽玛分布．使用典型连接函数与对数连接函数两种连接函数来分析这一数据．对最终的模型进行合适的残差分析

A	B	C	D	E	F	y_1	y_2	
−1	−1	−1	−1	−1	−1	60	135	
−1	−1	−1	1	−1	−1	220	160	
0	−1	−1	−1	1	1	85	180	
0	−1	−1	1	1	1	330	110	
0	1	1	1	−1	−1	95	130	
0	1	1	−1	−1	−1	190	175	
−1	1	1	1	1	1	145	200	
−1	1	1	−1	1	1	300	210	
1	−1	1	1	−1	1	110	100	472
1	−1	1	−1	−1	1	125	130	
1	−1	1	1	1	−1	300	170	
1	−1	1	−1	1	−1	65	160	
1	1	−1	−1	−1	1	170	90	
1	1	−1	1	−1	1	70	250	
1	1	−1	−1	1	−1	380	80	
1	1	−1	1	1	−1	105	200	473

第 14 章 时间序列数据的回归分析

14.1 时间序列数据的回归模型导引

许多回归应用所包括的预测变量与响应变量都是**时间序列**，时间序列变量就是面向时间的变量．使用时间序列的回归模型相对经常地出现于经济学、商学与工程学的许多领域中．通常对回归数据的假设是误差不相关即误差独立，而这一假设不与时间有关，所以通常不适用于时间序列数据．时间序列数据的误差通常会展示出若干种**自相关**结构的类型．自相关意味着不同时间段上的误差是相互相关的．下文将会简短地给出自相关的正式定义．

时间序列回归数据中的自相关存在若干种来源．在许多情况下，自相关产生于分析师没有使模型包括进一个或更多个重要的预测变量．举例来说，假设希望对国家某特定地区的产品年销量与该产品的年广告费做回归．现在这一地区的人口会在研究中的时间段内增长，这将影响产品销量．没有将人口规模包括进模型可能会引起模型中的误差是正自相关的，这是因为当产品的人均需求为常数或随着时间增长时，人口规模与产品销量是正相关的．

474 误差中存在自相关对普通最小二乘回归程序有若干种影响．将这些影响总结如下：

1）普通最小二乘（OLS）的回归系数仍然是无偏的，但是不再是方差最小的估计值．从 5.5 节对广义最小二乘的研究中已经了解到了这一点．

2）当误差为正自相关时，残差平方和可能会严重低估误差方差 σ^2．因此，回归系数的标准误差可能会过小．因此置信区间与预测区间都比其所应有的长度更短；同时回归系数的假设检验也可能会是有误导性的：当一个或更多个预测变量实际上对模型没有显著贡献时，也可能会表明其有显著贡献．总体上来说，低估误差方差 σ^2 会使得分析师产生关于估计精确性与潜在预测精确性的错误印象．

3）严格地讲，基于 t 分布与 F 分布的置信区间、预测区间以及假设检验都不再是精确的程序．

有三种方法可以处理自相关问题．如果自相关的存在是因为忽略了一个或更多个预测变量，并且可以识别出这些预测变量并将其包括进模型，那么所观测到的自相关现象就会消失．此外，当自相关结构的知识足够多时，可以使用 5.5 节中所讨论的加权最小二乘法或广义最小二乘法来处理．最后，如果不能使用以上这两种方法，那么必须回到专门纳入自相关的模型上来．纳入自相关的模型通常需要特殊的系数估计方法．14.3 节将介绍这种估计程序．

14.2 自相关的探测：杜宾-沃森检验

残差图可以用于自相关的探测．最为有用的是残差与时间的图像．如果存在正的自相关，那么连续的若干个残差点会有相同的正负号．也就是说，残差的模式没有足够大的变化来改变正负号. 但另一方面，如果存在负的自相关，那么残差的正负号将会非常迅速地变化.

探测自相关的存在性可以使用不同的**统计检验**. Durbin 和 Watson(1950，1951，1971)所研究出的检验是使用非常广泛的程序. 杜宾-沃森检验的基础是假设：生成回归模型中的误差，要通过在相等间隔的时间段内所观测到的**一阶自回归过程**，即

$$\varepsilon_t = \phi\varepsilon_{t-1} + a_t \tag{14.1}$$

式中 ε_t 为第 t 期的模型误差项，a_t 为 NID(0，σ_a^2)的随机变量，ϕ 为后一个模型误差 ε_t 与 ε_{t-1}之间关系的参数，而时间索引为 $t=1$，2，…，T(T 为可以获得的观测值个数，通常代表当前期.)将会需要 $|\phi|<1$，使得第 t 期的模型误差项等于前一期所经历的误差加上当前期各自的正态独立分布的随机冲击或扰动. 在时间序列回归模型中，ϕ 有时称为**自相关系数**. 因此，有**一阶自相关误差**的简单线性回归模型将为 475

$$y_t = \beta_0 + \beta_1 x_1 + \varepsilon_t, \quad \varepsilon_t = \phi\varepsilon_{t-1} + a_t \tag{14.2}$$

式中 y_t 与 x_t 为第 t 期的响应变量观测值与预测变量观测值.

当回归模型的误差由方程(14.1)中的一阶自相关过程所生成时，此误差存在某些令人感兴趣的性质. 将方程(14.1)右侧的 ε_t，ε_{t-1}，…依次代入，得到

$$\varepsilon_t = \sum_{j=0}^{\infty}\phi^j a_{t-j}$$

换句话说，回归模型第 t 期的误差项恰是所有 NID(0，σ^2)的随机误差 ε_t 的当前期的值与之前期的值的线性组合. 进一步来说，可以证明

$$E(\varepsilon_t) = 0$$

$$\mathrm{Var}(\varepsilon_t) = \sigma^2 = \sigma_a^2\left(\frac{1}{1-\phi^2}\right)$$

$$\mathrm{Cov}(\varepsilon_t, \varepsilon_{t\pm j}) = \phi^j\sigma_a^2\left(\frac{1}{1-\phi^2}\right) \tag{14.3}$$

也就是说，误差有零均值与常数方差，但只当 $\phi=0$ 时才有为零的协方差.

相邻的两个误差之间的自相关，即**一阶滞后自相关**，为

$$\rho_1 = \frac{\mathrm{Cov}(\varepsilon_t, \varepsilon_{t+1})}{\sqrt{\mathrm{Var}(\varepsilon_t)}\sqrt{\mathrm{Var}(\varepsilon_t)}} = \frac{\phi\sigma_a^2\left(\frac{1}{1-\phi^2}\right)}{\sqrt{\sigma_a^2\left(\frac{1}{1-\phi^2}\right)}\sqrt{\sigma_a^2\left(\frac{1}{1-\phi^2}\right)}} = \phi$$

相距 k 期的两个误差，其自相关系数为

$$\rho_k = \phi^k \qquad (i = 1,2,\cdots)$$

该系数称为**自相关函数**. 此前已经要求了 $|\phi|<1$. 当 ϕ 为正数时，所有误差项都是正自相关的，但是相关系数的大小会随着误差相隔时期的变远而减小. 当且仅当 $\phi=0$ 时模型误差是不相关的. 476

大多数时间序列回归问题所包含的数据都是正自相关的. 杜宾-沃森检验是针对回归模型误差中正自相关存在性的统计检验. 专门地来说，杜宾-沃森检验所考虑的假设为

$$H_0: \phi = 0 \qquad H_1: \phi > 0 \tag{14.4}$$

杜宾-沃森**检验统计量**为

$$d=\frac{\sum_{t=2}^{T}(e_t-e_{t-1})^2}{\sum_{t=1}^{T}e_1^2}=\frac{\sum_{t=2}^{T}e_t^2+\sum_{t=2}^{T}e_{t-1}^2-2\sum_{t=2}^{T}e_te_{t-1}}{\sum_{t=1}^{T}e_t^2}\approx 2(1-r_1) \tag{14.5}$$

式中 $t=1, 2, \cdots, T$ 为 y_t 对 x_t 做 OLS 回归时的残差，而 r_1 为**一阶滞后自相关系数**，其定义为

$$r_1=\frac{\sum_{t=1}^{T-1}e_te_{t+1}}{\sum_{t=1}^{T}e_t^2} \tag{14.6}$$

对于不相关的误差 $r_1=0$(至少是近似不相关)，杜宾-沃森统计量的值应当近似为 2. 需要进行必要的统计检验来确定该统计量的位置离 2 有多远，以此得出结论：误差不相关的假设不成立. 不幸的是，杜宾-沃森检验统计量 d 的分布取决于 $\boldsymbol{X}$ 矩阵，这使得难以得到该检验统计量的临界值. 但是，Durbin 和 Watson(1951)证明了 d 位于上限与下限比如说 d_L 与 d_U 之间，所以当 d 在这两个界限之外时，可以得到关于方程(14.4)中的假设的结论. 决策程序如下：

若 $d<d_L$　拒绝　$H_0:\rho=0$

若 $d>d_U$　接受　$H_0:\rho=0$

若 $d_L\leqslant d\leqslant d_U$　试验是不确定的

表 A-6 对一定范围内的样本量，不同的预测变量个数，以及三种第Ⅰ类错误的比率($\alpha=0.05$，$\alpha=0.025$ 与 $\alpha=0.01$)给出了界限值 d_L 与 d_U. 显然，d 检验统计量的值较小意味着应当拒绝 $\phi=0$，这是因为正的自相关会表明后一个误差项与当前误差项的大小相近，所以
477 残差的差值 e_t-e_{t-1} 将会较小. Durbin 和 Waston(1951)建议了当求解结果为无法判断时的若干种程序. 在许多无法判断的情况下，合理的方法是将所分析的数据看作好似存在着正的自相关，看结果是否存在较大变化.

并不会经常遇到负自相关的情形. 但是，如果想要检验负的自相关，那么可以使用统计量 $4-d$，式中 d 由方程(14.4)所定义. 然后假设检验 H_0：$\phi=0$ 与 H_1：$\phi<0$ 的决策准则与正自相关所使用的准则是相同的. 检验双侧备择假设(H_0：$\phi=0$ 与 H_1：$\phi=0$)也是可以的，这要通过同时使用两个单侧检验来完成. 如果使用了双侧备择假设，那么其第Ⅰ类错误值为 2α，式中 α 为每一个单侧检验所使用的第Ⅰ类错误值.

例 14.1 某软饮料公司想要使用回归模型来研究某地区的年广告费用与该地区年集中销售量的关系. 表 14-1 展示了 20 个年份中的这些数据. 首先假设直线关系是适用的，并通过普通最小二乘来拟合简单线性回归模型. 简单线性回归模型的 Minitab 输出如表 14-2 所示，而其残差如表 14-1 的最后一列所示. 因为这一数据为时间序列数据，所以可能会存在自相关. 残差与时间关系的图像如图 14-1 所示. 该残差图的模式表明存在潜在的自相关：图中先有明确的向上趋势，而后有向下的趋势.

表 14-1 软饮料集中销售数据

年份	销量(单元)	广告费(1000 美元)	残差
1	3083	75	−32.3298
2	3149	78	−26.6027
3	3218	80	2.2154
4	3239	82	−16.9665
5	3295	84	−1.1484
6	3374	88	−2.5123
7	3475	93	−1.9671
8	3569	97	11.6691
9	3597	99	−1.5128
10	3725	104	27.0324
11	3794	109	−4.4224
12	3959	115	40.0318
13	4043	120	23.5770
14	4194	127	33.9403
15	4318	135	−2.7874
16	4493	144	−8.6060
17	4683	153	0.5753
18	4850	161	6.8476
19	5005	170	−18.9710
20	5236	182	−29.0625

478

表 14-2 软饮料集中销售数据的 Minitab 输出

Regression Analysis: Sales versus Expenditures

The regression equation is

Sales = 1609 + 20.1 Expenditures

Predictor	Coef	SE Coef	T	P
Constant	1608.51	17.02	94.49	0.000
Expenditures	20.0910	0.1428	140.71	0.00

S = 20.5316 R-Sq=99.9% R-Sq(adj)=99%

Analysis of Variance

Source	DF	SS	MS	F	P
Regression	1	8346283	8346283	19799.11	0.000
Residual Error	18	7588	422		
Total	19	8353871			

Unusual Observations

Obs	Expenditures	Sales	Fit	SE Fit	Residual	St Resid
12	115	3959.00	3918.97	4.59	40.03	2.00R

R denotes an observation with a large standardized residual.

Durbin-Watson statistic = 1.08005

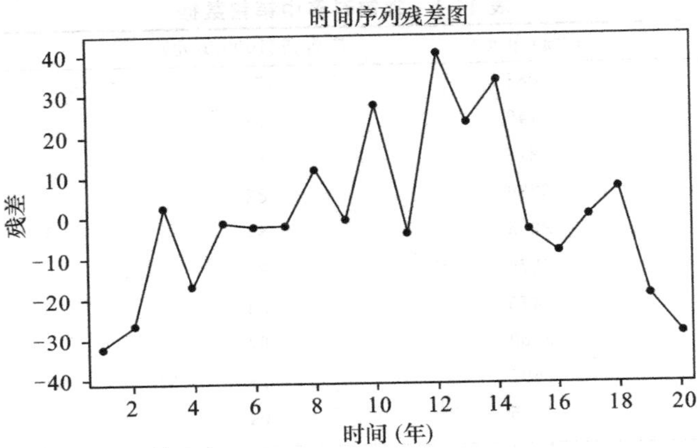

图 14-1 软饮料集中销售模型的残差与时间关系的图像

将使用杜宾-沃森检验来检验

$$H_0:\phi=0 \qquad H_1:\phi>0$$

479 该统计量的计算如下：

$$d=\frac{\sum_{t=2}^{20}(e_t-e_{t-1})^2}{\sum_{t=1}^{20}e_t^2}$$

$$=\frac{[-26.6027-(-32.3298)]^2+[2.2154-(-26.6027)]^2+\cdots+[-29.0625-(-18.9710)]^2}{(-32.3298)^2+(-26.6027)^2+\cdots+(-29.0625)^2}$$

$$=1.08$$

Minitab 也会计算并展示出杜宾-沃森统计量. 参考表 14-2 的 Minitab 输出. 当使用 0.05 为显著性水平时，表 A-6 给出了一个预测变量与 20 个观测值所对应的临界值，为 $d_L=1.20$ 与 $d_U=1.41$. 由于杜宾-沃森统计量的计算值 $d=1.08$ 小于 $d_L=1.20$，所以拒绝零假设并得出：回归模型中的误差是正自相关的结论.

14.3 时间序列回归模型中的参数估计

杜宾-沃森统计量的临界值与令人怀疑的残差图都会表明模型误差存在潜在的自相关问题. 自相关问题可能是误差中时间相关性的实际结果，也可能是忽略了一个或更多个预测变量所引起的“人工”时间相关性的结果. 如果从表面上看自相关产生于预测变量的缺失，就可以将所缺失的预测变量鉴定出来并纳入模型，就可能会从表面上消除自相关问题. 以下例子将会解释这一点.

例 14.2 表 14-3 给出了例 14.1 所介绍的软饮料集中销售量问题的数据集的扩展数据集. 因为地区的人口数量对软饮料销量的影响可能是合理存在的，所以对所研究的每个年份都提供了地区人口的数据. 表 14-4 中回归模型的 Minitab 输出包括了两个预测变量：广告费用与人口数量. 这两个预测变量都是高度显著的. 表 14-3 的最后一列展示了这一模型的残差. Minitab 对这一模型计算出杜宾-沃森统计量为 $d=3.05932$，而 5%的临界值为 $d_L=1.10$ 与 $d_U=1.54$；由于 d 大于 d_U，所以得出结论：没有证据可以拒绝零假设. 也就是说，没有迹象表明误差中存在自相关.

表 14-3 例 14.2 软饮料集中销售数据的拓展

年份	销量(单元)	广告费(1000 美元)	人口	残差
1	3083	75	825 000	−4.8290
2	3149	78	830 445	−3.2721
3	3218	80	838 750	14.9179
4	3239	82	842 940	−7.9842
5	3295	84	846 315	5.4817
6	3374	88	852 240	0.7986
7	3475	93	860 760	−4.6749
8	3569	97	865 925	6.9178
9	3597	99	871 640	−11.5443
10	3725	104	877 745	14.0362
11	3794	109	886 520	−23.8654
12	3959	115	894 500	17.1334
13	4043	120	900 400	−0.9420
14	4194	127	904 005	14.9669
15	4318	135	908 525	−16.0945
16	4493	144	912 160	−13.1044
17	4683	153	917 630	1.8053
18	4850	161	922 220	13.6264
19	5005	170	925 910	−3.4759
20	5236	182	929 610	0.1025

表 14-4 例 14.2 软饮料集中销售数据的 Minitab 输出

Regression Analysis: Sales versus Expenditures, Population

The regression equation is

Sales = 320 + 18.4 Expenditures + 0.00168 Population

Predictor	Coef	SE Coef	T	P
Constant	320.3	217.3	1.47	0.159
Expenditures	18.4342	0.2915	63.23	0.000
Population	0.0016787	0.0002829	5.93	0.000

S = 12.0557 R-Sq=100.0% R-Sq(adj)=100.0%

Analysis of Variance

Source	DF	SS	MS	F	P
Regression	2	8351400	4175700	28730.40	0.000
Residual Error	17	2471	145		
Total	19	8353871			

Source	DF	Seq SS
Expenditures	1	8346283
Population	1	5117

Unusual Observations

Obs	Expenditures	Sales	Fit	SE Fit	Residual	St Resid
11	109	3794.00	3817.87	4.27	−23.87	−2.12R

R denotes an observation with a large standardized residual.

Durbin-Watson statistic = 3.05932

480~481 图 14-2 是这一回归模型的按时间顺序的残差图. 这一残差图展示出，相对于仅使用广告费用作为预测变量的模型，包含了广告费用与人口数量的两个观测值的模型相当大地改善了模型. 因此，可以得出结论：向原模型中添加新的预测变量人口数量，已经消除了误差中存在自相关这一明显问题.

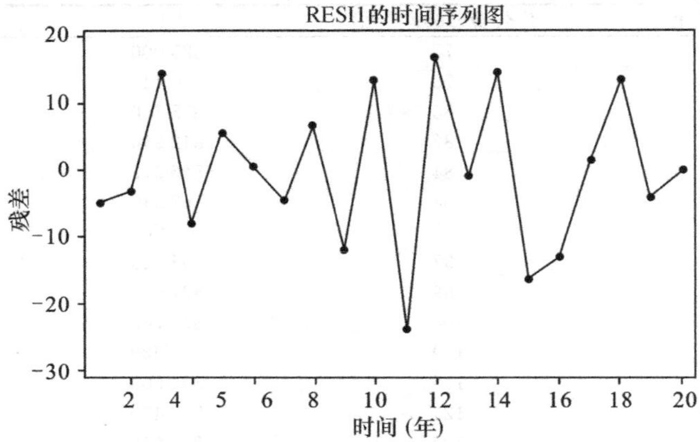

图 14-2 例 14.2 中软饮料集中销售模型的残差与时间关系的图像

科克伦-奥克特方法 当所观测到的模型误差中的自相关不能通过向模型中添加一个或更多个预测变量来去除时，要直接考虑模型中的自相关结构，并且使用合适的参数估计方法是必要的. Cochrane 和 Orcutt(1949)所发明的程序是一种非常优秀而使用广泛的方法.

现在对方程(14.2)所给出的有一阶自相关误差的简单线性回归模型描述科克伦-奥克特方法. 科克伦-奥克特程序的基础是对响应变量进行变换，使得 $y_t'=y_t-\phi y_{t-1}$. 将该式代入 y_t 与 y_{t-1}，模型变为

$$\begin{aligned} y_t' &= y_t-\phi y_{t-1} \\ &=\beta_0+\beta_1 x_t+\varepsilon_t-\phi(\beta_0+\beta_1 x_{t-1})+\varepsilon_{t-1} \\ &=\beta_0(1-\phi)+\beta_1(x_t-\phi x_{t-1})+\varepsilon_t-\phi\varepsilon_{t-1} \\ &=\beta_0'+\beta_1 x_t'+\varepsilon_t \end{aligned} \tag{14.7}$$

式中 $\beta_0'=\beta_0(1-\phi)$而 $x_t'=x_t-\phi x_{t-1}$. 注意，在变换后即重新参数化后的模型中，模型误差项 a_t 是独立的随机变量. 不幸的是，这一新的重新参数化后的模型包含了未知参数 ϕ，并且因为包含了 ϕ、β_0 与 β_1 的乘积所以模型的未知参数不再是线性的. 但是，一阶自回归过程 $\varepsilon_t=\phi\varepsilon_{t-1}+a_t$ 可以视为过原点的简单线性回归；并且可以通过获得 y_t 对 x_t 的 OLS 回归的残差，然后做 e_t 与 e_{t-1}的回归来估计参数 ϕ. e_t 与 e_{t-1}的 OLS 回归结果为

482
$$\hat{\phi}=\frac{\sum_{t=2}^{T} e_t e_{t-1}}{\sum_{t=1}^{T} e_t^2} \tag{14.8}$$

使用$\hat{\phi}$作为 ϕ 的估计值，就可以计算出变换后的响应变量与回归变量，为

$$y_t'=y_t-\hat{\phi} y_{t-1}$$

$$x'_t = x_t - \hat{\phi} y_{t-1}$$

现在应用普通最小二乘对数据进行变换. 这将会产生变换后的斜率$\hat{\beta}'_0$，截距$\hat{\beta}_1$，以及一系列新的残差估计值. 可以通过重新参数化后的模型来将杜宾-沃森检验应用于这些新的残差. 如果杜宾-沃森检验表明新的残差是不相关的，那么就不需要进行其他分析. 但是，如果表明仍然存在正的自相关，那么就需要再次进行迭代. 在第二次迭代中，估计ϕ要使用新的残差，而获得新的残差要通过使用来自于原回归变量与原响应变量的重新参数化后的模型的回归系数. 必须持续进行这一迭代程序，直至残差会表明重新参数化后的模型的误差项是不相关的. 通常只使用一次或两次迭代就足以产生不相关的误差.

例 14.3 表 14-5 展示了 30 个时期内的某特定牙膏品牌的市场占有率及其对应的每磅的销售价格. 对这一数据进行简单线性回归拟合，所产生的 Minitab 输出在表 14-6 中. 该模型的残差如表 14-5 所示. 该模型残差的杜宾-沃森统计量为$d=1.135\ 82$(见 Minitab)输出，而 5%的临界值为$d_L=1.20$与$d_U=1.41$，所以存在证据支持得出残差是正自相关的结 483
论. 下面使用科克伦-奥克特方法来估计模型系数. 使用表 14-7 与方程(14.8)中的残差来估计自相关系数，如下： 484

$$\hat{\phi} = \frac{\sum_{t=2}^{T} e_t e_{t-1}}{\sum_{t=1}^{T} e_t^2} = \frac{1.3547}{3.3083} = 0.409$$

变换后的变量要根据下式计算：

$$y'_t = y_t - 0.409 y_{t-1}$$
$$x'_t = x_t - 0.409 x_{t-1}$$

其中$t=2, 3, \cdots, 20$. 变换后的变量如表 14-5 所示. 变换后数据的回归模型拟合的 Minitab 结果汇总在了表 14-7 中. 变换后模型的残差如表 14-5 的最后一列所示. 变换后模型的杜宾-沃森统计量为$d=2.156\ 71$，而由表 A-6 得到的 5%临界值为$d_L=1.18$与$d_U=1.40$，所以得出结论：变换后的模型不存在误差自相关问题. 科克伦-奥克特方法已经有效地消除了自相关.

表 14-5　牙膏市场占有率数据

时间	市场占有率	价格	残差	y'_t	x'_t	残差
1	3.63	0.97	0.281 193			
2	4.20	0.95	0.365 398	2.715	0.533	−0.189 435
3	3.33	0.99	0.466 989	1.612	0.601	0.392 201
4	4.54	0.91	−0.266 193	3.178	0.505	−0.420 108
5	2.89	0.98	−0.215 909	1.033	0.608	−0.013 381
6	4.87	0.90	−0.179 091	3.688	0.499	−0.058 753
7	4.90	0.89	−0.391 989	2.908	0.522	−0.268 949
8	5.29	0.86	−0.730 682	3.286	0.496	−0.535 075
9	6.18	0.85	−0.083 580	4.016	0.498	0.244 473
10	7.20	0.82	0.207 727	4.672	0.472	0.256 348
11	7.25	0.79	−0.470 966	4.305	0.455	−0.531 811
12	6.09	0.83	−0.659 375	3.125	0.507	−0.423 560

（续）

时间	市场占有率	价格	残差	y_i'	x_i'	残差
13	6.80	0.81	−0.435 170	4.309	0.471	−0.131 426
14	8.65	0.77	0.443 239	5.869	0.439	0.635 804
15	8.43	0.76	−0.019 659	4.892	0.445	−0.192 552
16	8.29	0.80	0.811 932	4.842	0.489	0.847 507
17	7.18	0.83	0.430 625	3.789	0.503	0.141 344
18	7.90	0.79	0.179 034	4.963	0.451	0.027 093
19	8.45	0.76	0.000 341	5.219	0.437	−0.063 744
20	8.23	0.78	0.266 136	4.774	0.469	0.284 026

表 14-6　牙膏市场占有率数据的 Minitab 回归结果

Regression Analysis: Market Share versus Price

The regression equation is

Market Share = 26.9 − 24.3 Price

Predictor	Coef	SE Coef	T	P
Constant	26.910	1.110	24.25	0.000
Price	−24.290	1.298	−18.72	0.000

S = 0.428710　　R-Sq=95.1%　　R-Sq(adj)=94.8%

Analysis of Variance

Source	DF	SS	MS	F	P
Regression	1	64.380	64.380	350.29	0.000
Residual Error	18	3.308	0.184		
Total	19	67.688			

Durbin-Watson statistic = 1.13582

表 14-7　对牙膏市场占有率数据拟合变换后模型的 Minitab 回归结果

Regression Analysis: y-prime versus x-prime

The regression equation is

y-prime = 16.1 − 24.8 x-prime

Predictor	Coef	SE Coef	T	P
Constant	16.1090	0.9610	16.76	0.000
x-prime	−24.774	1.934	−21.81	0.000

S = 0.390963　　R-Sq=90.6%　　R-Sq(adj)=90.1%

Analysis of Variance

Source	DF	SS	MS	F	P
Regression	1	25.080	25.080	164.08	0.000
Residual Error	17	2.598	0.153		
Total	18	27.679			

Unusual Observations

Obs	x-prime	y-prime	Fit	SE Fit	Residual	St Resid
2	0.601	1.6120	1.2198	0.2242	0.3922	1.22X
4	0.608	1.0330	1.0464	0.2367	−0.0134	−0.04X
15	0.489	4.8420	3.9945	0.0904	0.8475	2.23R

R denotes an observation with a large standardized residual.

X denotes an observation whose X value gives it large influence.

Durbin-Watson statistic = 2.15671

变换后模型的斜率 β_1' 等于原模型的斜率 β_1. 对比表 14-6 与表 14-7 中两个模型的斜率，会发现这两个 β_1 的估计值是非常相近的. 但是在对比标准误差时，科克伦-奥克特方法所产生的斜率估计值比普通最小二乘估计值有更大的标准误差. 这反映了以下事实：当误差自相关且使用普通最小二乘时，可能会低估模型的标准误差.

极大似然方法 存在可以替代科克伦-奥克特的其他方法. 一种主流的方法是使用**极大似然**方法来估计时间系列回归模型中的系数. 将会关注有一阶自回归误差的简单线性回归模型

$$y_t = \beta_0 + \beta_1 x_1 + \varepsilon_t, \quad \varepsilon_t = \phi_{t-1} + a_t \tag{14.9}$$

极大似然方法非常有吸引力的一个原因是：与科克伦-奥克特方法不同，极大似然方法可以用于相比一阶自回归，误差有更为复杂的自相关结构的情形.

回忆方程(14.9)中的 a 为独立正态分布其均值为零且方差为 σ_a^2，而 ϕ 为自相关系数. 对 y_{t-1} 写出这一方程，并用 ϕy_{t-1} 减去 y_t. 这会产生

$$y_t - \phi y_{t-1} = (1-\phi)\beta_0 + \beta_1(x_t - \phi x_{t-1}) + a_t$$ 485

即

$$y_t = \phi y_{t-1} + (1-\phi)\beta_0 + \beta_1(x_t - \phi x_{t-1}) + a_t = \mu(\boldsymbol{z}_t, \boldsymbol{\theta}) + a_t \tag{14.10}$$

式中 $\boldsymbol{z}_t' = [y_{t-1}, x_t]$ 而 $\boldsymbol{\theta}' = [\phi, \beta_0, \beta_1]$. 可以将 $\boldsymbol{z}_t$ 考虑为预测变量的向量而将 $\boldsymbol{\theta}$ 考虑为回归模型系数的向量. 由于 y_{t-1} 出现于方程(14.10)中模型的右侧，所以其时间索引必须为 2，3，…，T. 在 $t=2$ 期处，要将 y_1 视为预测变量的观测值.

因为 a 为独立正态分布，所以 a 的联合概率密度为

$$f(a_2, a_3, \cdots, a_T) = \prod_{t=2}^{T} \frac{1}{\sigma_a\sqrt{2\pi}} e^{-\frac{1}{2}\left(\frac{a_t}{\sigma_a}\right)^2} = \left(\frac{1}{\sigma_a\sqrt{2\pi}}\right)^{T-1} \exp\left(-\frac{1}{2\sigma_a^2}\sum_{t=1}^{T} a_t^2\right)$$

通过将这一联合分布代入 a，得到似然函数

$$l(y_t, \phi, \beta_0, \beta_1) = \left(\frac{1}{\sigma_a\sqrt{2\pi}}\right)^{T-1} \exp\left(-\frac{1}{2\sigma_a^2}\sum_{t=2}^{T}\{y_t - [\phi y_{t-1} + (1-\phi)\beta_0 + \beta_1(x_t - \phi x_{t-1})]\}^2\right)$$

对数似然函数为

$$\ln l(y_t, \phi, \beta_0, \beta_1) =$$
$$-\frac{T-1}{2}\ln(2\pi) - (T-1)\ln\sigma_a - \frac{1}{2\sigma_a^2}\sum_{t=2}^{T}\{y_t - [\phi y_{t-1} + (1-\phi)\beta_0 + \beta_1(x - \phi x_{t-1})]\}^2$$

对这一对数似然函数做关于参数 ϕ、β_0 与 β_1 的最大化，要通过最小化量

$$SS_E = \sum_{t=2}^{T}\{y_t - [\phi y_{t-1} + (1-\phi)\beta_0 + \beta_1(x_t - \phi x_{t-1})]\}^2 \tag{14.11}$$

上式为模型的误差平方和. 因此，β_0 与 β_1 的极大似然估计量也是其最小二乘估计量. 关于极大似然估计量(即最小二乘估计量)有两点是重要的. 第一点：方程(14.11)中的平方和，以时间序列 y_1 的初始值为条件；因此，通过最小化条件平方和而求得的最大似然估计量(即最小二乘估计量)是条件极大似然估计量(条件最小二乘估计量). 第二点：因为模型包含了参数 ϕ 与 β_0 的乘积，所以该模型不再是未知参数的线性模型. 也就是说，该模型不是线性回归模型，因此不能给出参数估计量的直接的闭合形式解，必须使用非线性回归拟合 486

的迭代方法；由第 12 章可知，完成这一迭代程序要将系数集合的初始猜想值线性化，解出线性化模型，得到改进后的系数估计值，然后使用改进后的参数估计值来定义新的线性化模型，而新的线性化模型又会产生新的参数估计值，以此类推.

假设已经获得了参数估计值的集合，比如说$\hat{\boldsymbol{\theta}}'=[\hat{\phi},\hat{\beta}_0,\hat{\beta}_1]$. 将要计算$\sigma_a^2$的极大似然估计值，为

$$\hat{\sigma}_a^2=\frac{SS_E(\hat{\boldsymbol{\theta}})}{n-1} \tag{14.12}$$

式中$SS_{误}(\hat{\boldsymbol{\theta}})$为在条件极大似然(即条件最小二乘)参数估计值$\hat{\boldsymbol{\theta}}'=[\hat{\phi},\hat{\beta}_0,\hat{\beta}_1]$处所估计的误差平方和. 某些作者(与计算机程序)会在分母中使用调整后的自由度，来解释所要估计参数的个数. 如果有k个预测变量，那么所估计参数的个数将为$p=k+3$，而估计σ_a^2的公式为

$$\hat{\sigma}_a^2=\frac{SS_E(\hat{\boldsymbol{\theta}})}{n-p-1}=\frac{SS_E(\hat{\boldsymbol{\theta}})}{n-k-4} \tag{14.13}$$

为了检验关于模型参数的假设并求出置信区间，就需要模型参数的标准误差. 通常要通过在最终参数估计值$\hat{\boldsymbol{\theta}}'=[\hat{\phi},\hat{\beta}_0,\hat{\beta}_1]$附近，用一阶泰勒级数展开非线性模型，求得标准误差. 这会产生

$$y_t\approx\mu(\boldsymbol{z}_t,\hat{\boldsymbol{\theta}})+(\boldsymbol{\theta}-\hat{\boldsymbol{\theta}})'\frac{\partial\mu(\boldsymbol{z}_t,\boldsymbol{\theta})}{\partial\boldsymbol{\theta}}\Big|_{\boldsymbol{\theta}=\hat{\boldsymbol{\theta}}}+a_t$$

要通过对模型做关于向量$\hat{\boldsymbol{\theta}}'=[\phi,\beta_0,\beta_1]$中每个参数的微分来求得导数的列向量$\frac{\partial\mu(\boldsymbol{z}_t,\boldsymbol{\theta})}{\partial\boldsymbol{\theta}}$.

这一导数向量为

$$\frac{\partial\mu(\boldsymbol{z}_t,\boldsymbol{\theta})}{\partial\boldsymbol{\theta}}=\begin{bmatrix}1-\phi\\ x_t-x_{t-1}\\ y_{t-1}-\beta_0-\beta_1x_{t-1}\end{bmatrix}$$

在条件极大参数估计值集$\hat{\boldsymbol{\theta}}'=[\hat{\phi},\hat{\beta}_0,\hat{\beta}_1]$处，对每个观测值估计出这一向量，并汇集为$\boldsymbol{X}$矩阵. 然后参数估计值的协方差矩阵由下式求得：

$$\mathrm{Cov}(\hat{\boldsymbol{\theta}})=\sigma_a^2(\boldsymbol{X}'\boldsymbol{X})^{-1}$$

当用来自方程(14.13)的$\hat{\sigma}_a^2$代替σ_a^2时，会产生协方差矩阵的估计值，而模型参数的标准误
487 差就是协方差矩阵的主对角线元素.

例 14.4 将要使用方程(14.9)中有时间序列误差的回归模型来拟合最初在例 14.3 中所分析的牙膏市场占有率数据. Minitab 不会做这类回归模型，所以将要使用另一种广为使用的软件包——SAS(统计分析系统). 拟合时间序列误差回归模型的是 SAS PROC AUTOREG. 表 14-8 包含了 SAS 软件程序对牙膏市场占有率数据的输出. 注意到自相关系数(即一阶滞后自相关)的估计值为 0.4094，该值非常接近于通过科克伦-奥克特方法所获得的值. SAS 所得到模型的整体R^2为 0.9601，并且可以证明残差没有出现自相关结构，所以这一模型是数据的合理模型.

表 14-8 假设有一阶自回归误差时，牙膏市场占有率数据的 SAS PROC AUTOREG 输出

The SAS System

The AUTOREG Procedure

Dependent Variable y

Ordinary Least Squares Estimates

SSE	3.30825739	DFE	18
MSE	0.18379	Root MSE	0.42871
SBC	26.762792	AIC	24.7713275
Regress R-Square	0.9511	Total R-Square	0.9511
Durbin-Watson	1.1358	Pr < DW	0.0098
Pr > DW	0.9902		

NOTE: Pr<DW is the p-value for testing positive autocorrelation, and Pr>DW is the p-value for testing negative autocorrelation.

Standard Variable	DF	Estimate	ApproxVariable Error	t Value	Pr > |t|	Variable Label
Intercept	1	26.9099	1.1099	24.25	<.0001	
X	1	−24.2898	1.2978	−18.72	<.0001	x

Estimates of Autocorrelations

```
Lag   Covariance   Correlation   -1 9 8 7 6 5 4 3 2 1 0 1 2 3 4 5 6 7 8 9 1
 0    0.1654       1.000000       |                    |********************|
 1    0.0677       0.409437       |                    |********            |
```

Preliminary MSE 0.1377

Estimates of Autoregressive Parameters

Standard Lag	Coefficient	Error	t Value
1	−0.409437	0.221275	−1.85

Algorithm converged.

The SAS System

The Autoreg Procedure

Maximum Likelihood Estimates

SSE	2.69864377	DFE	17
MSE	0.15874	Root MSE	0.39843
SBC	25.8919447	AIC	22.9047479
Regress R-Square	0.9170	Total R-Square	0.9601
Durbin-Watson	1.8924	Pr < DW	0.3472
Pr > DW	0.6528		

NOTE: Pr<DW is the p-value for testing positive autocorrelation, and Pr>DW is the p-value for testing negative autocorrelation.

Standard Variable	DF	Estimate	Error	t Value	Approx Pr > |t|	Variable Label
Intercept	1	26.3322	1.4777	17.82	<.0001	
X	1	−23.5903	1.7222	−13.70	<.0001	x
AR1	1	−0.4323	0.2203	−1.96	0.0663	

Autoregressive parameters assumed given.

Standard Variable	DF	Approx Estimate	Variable Error	t Value	Pr > |t|	Label
Intercept	1	26.3322	1.4776	17.82	<.0001	
X	1	−23.5903	1.7218	−13.70	<.0001	x

当然，存在比一阶自相关更为复杂的自相关结构也是可能的. SAS PROC AUTOREG 可以拟合更为复杂的自相关模式. 由于显然存在一阶自相关，所以自相关为二阶自回归显然也是可能的，二阶自回归为

$$\varepsilon_t = \varphi_1 \varepsilon_{t-1} + \varphi_2 \varepsilon_{t-2} + a_t$$

式中参数 θ_1 与 θ_2 分别为一阶滞后自相关系数与二阶滞后自相关系数. 二阶自回归模型的 SAS 的 AUTOREG 输出在表 14-9 中. 一阶滞后自相关系数的 t 统计量是不显著的，所以没有理由认为这一更为复杂的自相关结构对适用的数据建模是必需的. 有一阶自相关误差的模型就是令人满意的模型了.

表 14-9　假设有二阶自回归误差时，牙膏市场占有率数据的 SAS PROC AUTOREG 输出

The SAS System

The AUTOREG Procedure

Dependent Variable y

Ordinary Least Squares Estimates

SSE	3.30825739	DFE	18
MSE	0.18379	Root MSE	0.42871
SBC	26.762792	AIC	24.7713275
Regress R-Square	0.9511	Total R-Square	0.9511
Durbin-Watson	1.1358	Pr < DW	0.0098
Pr > DW	0.9902		

NOTE: Pr<DW is the p-value for testing positive autocorrelation, and Pr>DW is the p-value for testing negative autocorrelation.

Variable	DF	Estimate	Standard Error	t Value	Approx Pr > |t|	Variable Label
Intercept	1	26.9099	1.1099	24.25	<.0001	
X	1	−24.2898	1.2978	−18.72	<.0001	x

Estimates of Autocorrelations

```
Lag   Covariance   Correlation   -1 9 8 7 6 5 4 3 2 1 0 1 2 3 4 5 6 7 8 9 1
 0     0.1654       1.000000         |  |********************|
 1     0.0677       0.409437         |  |********         |
 2     0.0223       0.134686         |  |***  |
```

Preliminary MSE 0.1375

Estimates of Autoregressive Parameters

Lag	Coefficient	Standard Error	t Value
1	−0.425646	0.249804	−1.70
2	0.039590	0.249804	0.16

Algorithm converged.

The SAS System

The AUTOREG Procedure

Maximum Likelihood Estimates

SSE	2.69583958	DFE	16
MSE	0.16849	Root MSE	0.41048
SBC	28.8691217	AIC	24.8861926
Regress R-Square	0.9191	Total R-Square	0.9602
Durbin-Watson	1.9168	Pr < DW	0.3732
Pr > DW	0.6268		

NOTE: Pr<DW is the p-value for testing positive autocorrelation, and Pr>DW is the p-value for testing negative autocorrelation.

（续）

Standard Variable	DF	Approx Estimate	Error	Variable t Value	Pr > |t|	Label
Intercept	1	26.3406	1.5493	17.00	<.0001	
X	1	−23.6025	1.8047	−13.08	<.0001	x
AR1	1	−0.4456	0.2562	−1.74	0.1012	
AR2	1	0.0297	0.2617	0.11	0.9110	

Autoregressive parameters assumed given.

Standard Variable	DF	Approx Estimate	Variable Error	t Value	Pr > |t|	Label
Intercept	1	26.3406	1.5016	17.54	<.0001	
X	1	−23.6025	1.7502	−13.49	<.0001	x

新观测值与预测区间的预测 现在考察如何获得新观测值的预测值．预测新观测值实际上就是预测某些未来时间上的未来值．当预测未来值时，将数据中的自相关结构忽略掉是非常诱人的，并且将条件极大似然估计值直接代入回归方程：

$$\hat{y}_t = \hat{\beta}_0 + \hat{\beta}_1 x_t$$

假设现在是在当前期 T 的末尾，而希望获得第 $T+1$ 期的预测值．使用上面的方程，会产生

$$\hat{y}_{T+1}(T) = \hat{\beta}_0 + \hat{\beta}_1 x_{T+1}$$

上式假设了下一期 x_{T+1} 的预测变量值是已知的．不幸的是，这种朴素的方法是不正确的．由方程(14.10)得知，在第 t 期处的观测值为 488~490

$$y_t = \phi y_{t-1} + (1-\phi)\beta_0 + \beta_1(x_t - \phi x_{t-1}) + a_t \tag{14.14}$$

而在当前期 T 的末尾，下一期的预测值为

$$y_{T+1} = \phi y_T + (1-\phi)\beta_0 + \beta_1(x_{T+1} - \phi x_T) + a_{T+1}$$

假设回归变量 x_{T+1} 的未来值是已知的．显然，在当前期的末尾处，y_T 与 x_T 都是已知的．并没有观测到 $T+1$ 处的随机误差 a_{T+1}，这是因为已经假设了误差的期望值为零，所以对 a_{T+1} 所做的最佳估计是 $a_{T+1}=0$．这意味着在当前期 T 的末尾处，所能预测的第 $T+1$ 期的观测值的最佳预测值为

$$\hat{y}_{T+1}(T) = \hat{\phi} y_T + (1-\hat{\phi})\hat{\beta}_0 + \hat{\beta}_1(x_{T+1} - \hat{\phi} x_T) \tag{14.15}$$

注意，这一预测过程可能会比忽略自相关时所获得的朴素预测要困难得多．

为了求得预测值的**预测区间**，就需要求出预测误差的方差．后一期的预测误差为

$$y_{T+1} - \hat{y}_{T+1}(T) = a_{T+1}$$

假设预测模型中的所有参数都是已知的．后一期的预测误差的方差为

$$V(a_{T+1}) = \sigma_a^2$$

使用后一期的预测误差方差，就可以构造出后一期预测值的 $100(1-\alpha)\%$ 预测区间．这一预测区间为

$$\hat{y}_{T+1}(T) \pm z_{\alpha/2}\sigma_a$$

式中 $z_{\alpha/2}$ 为标准正态分布的上 $\alpha/2$ 分位点．为了计算出实际的预测区间值，必须使用 σ_a 的估计值代替 σ_a，所得到的

$$\hat{y}_{T+1}(T) \pm z_{\alpha/2}\hat{\sigma}_a \tag{14.16}$$

为预测区间. 因为预测方程中的 σ_a 与模型参数已经为其估计值所替代，所以方程(14.16)中预测区间的概率水平只是近似的.

现在假设是在当前期的末尾处，想要预测两期后的值. 使用方程(14.14)，可以写出在第 $T+2$ 处的观测值为

$$\begin{aligned}y_{T+2} &= \phi y_{T+1} + (1-\phi)\beta_0 + \beta_1(x_{T+2} - \phi x_{T+1}) + a_{T+2}\\ &= \phi[\phi y_T + (1-\phi)\beta_0 + \beta_1(x_{T+1} - \phi x_T) + a_{T+1}] + (1-\phi)\beta_0 + \beta_1(x_{T+2} - \phi x_{T+1}) + a_{T+2}\end{aligned}$$

假设回归变量的未来观测值 x_{T+1} 与 x_{T+2} 是已知的；而在当前期的末尾处，y_T 与 x_T 也是已
491 知的. 在时间 $T+1$ 与时间 $T+2$ 处的随机误差还没有观测到，而因为已经假设了误差的期望值为零，所以对 a_{T+1} 与 a_{T+2} 所做的最佳估计值都是零. 这意味着在当前期 T 处对第 $T+2$ 期的观测值的预测结果为

$$\begin{aligned}\hat{y}_{T+2}(T) &= \hat{\phi}[\hat{\phi} y_T + (1-\hat{\phi})\hat{\beta}_0 + \hat{\beta}_1(x_{T+1} - \hat{\phi} x_T)] + (1-\hat{\phi})\beta\phi_0 + \hat{\beta}_1(x_{T+2} - \hat{\phi} x_{T+1})\\ &= \hat{\phi}\hat{y}_{T+1}(T) + (1-\hat{\phi})\hat{\beta}_0 + \hat{\beta}_1(x_{T+2} - \hat{\phi} x_{T+1})\end{aligned} \tag{14.17}$$

两期后的预测误差为

$$y_{T+2} - \hat{y}_{T+2}(T) = a_{T+2} + \phi a_{T+1}$$

上式假设了所有所估计的参数实际上都是已知的. 两期后值的预测误差的方差为

$$V(a_{T+2} + \phi a_{T+1}) = \sigma_a^2 + \phi^2\sigma_a^2 = (1+\phi^2)\sigma_a^2$$

使用两期后值的预测方差的误差，可以由方程(14.15)构造两期后预测值的 $100(1-\alpha)\%$ 预测区间：

$$\hat{y}_{T+2}(T) \pm z_{\alpha/2}[(1+\phi^2)]^{1/2}\sigma_a$$

实际上为了计算这一预测区间，必须用 σ_a 与 ϕ 的估计值代替 σ_a 与 ϕ，得到的

$$\hat{y}_{T+2}(T) \pm z_{\alpha/2}[(1+\hat{\phi}^2)]^{1/2}\hat{\sigma}_a \tag{14.18}$$

就是预测区间. 因为 σ_a 与 ϕ 已经为其估计值所代替，所以方程(14.18)中预测区间的概率水平只是近似的.

一般情况下，如果想要预测期后的值，那么预测方程为

$$\hat{y}_{T+\tau}(T) = \hat{\phi}\hat{y}_{T+\tau-1}(T) + (1-\hat{\phi})\hat{\beta}_0 + \hat{\beta}_1(x_{T+\tau} - \hat{\phi} x_{T+\tau-1}) \tag{14.19}$$

τ 期后的预测误差为(假设模型参数的估计值已知)

$$y_{T+\tau} - \hat{y}_{T+\tau}(T) = a_{T+\tau} + \phi a_{T+\tau-1} + \cdots + \phi^{\tau-1}a_{T+1}$$

而 τ 期后的预测误差的方差为

492 $$V(a_{T+\tau} + \phi a_{T+\tau-1} + \cdots + \phi^{\tau-1}a_{T+1}) = (1+\phi^2+\cdots+\phi^{2(\tau-1)})\sigma_a^2 = \frac{1-\phi^{2\tau}}{1+\varphi^2}\sigma_a^2$$

由方程(14.19)，τ 期后预测值的 $100(1-\alpha)\%$ 预测区间为

$$\hat{y}_{T+\tau}(T) \pm z_{\alpha/2}\left(\frac{1-\phi^{2\tau}}{1+\varphi^2}\right)^{1/2}\sigma_a$$

用 σ_a 与 ϕ 的预测值代替 σ_a 与 ϕ 时，$100(1-\alpha)\%$ 预测区间的近似值实际上由下式算得：

$$\hat{y}_{T+\tau}(T) \pm z_{\alpha/2}\left(\frac{1-\hat{\phi}^{2\tau}}{1+\hat{\varphi}^2}\right)\hat{\sigma}_a \tag{14.20}$$

必须同时对预测变量进行预测的情形 在上文的讨论中，假设为了进行预测，未来 $T+\tau$ 期上预测变量的所有必要值都是已知的. 这一假设一般而言(可能会经常)是不可靠的. 举

例来说，如果试图预测在未来的第 $T+\tau$ 年亚利桑那州将会注册的新机动车的数量. 这一数量值是第 $T+\tau$ 年州人口数量的函数，而实际上获知未来年份的州人口数量是根本不可能的.

解决这一问题的直接方案是将所需要的未来第 $T+\tau$ 期的预测变量未来值替代为这些值的预测值. 举例来说，假设对一期之后的值进行预测. 由方程(14.15)，得知 y_{T+1} 的预测值为

$$\hat{y}_{T+1}(T)=\hat{\phi}y_T+(1-\hat{\phi})\hat{\beta}_0+\hat{\beta}_1(x_{T+1}-\hat{\phi}x_T)$$

但是 x_{T+1} 的未来值是未知的. 令 $\hat{x}_{T+1}(T)$ 为 x_{T+1} 的无偏预测值，而 x_{T+1} 可在当前第 T 期的末尾处得到. 现在 y_{T+1} 的预测值为

$$\hat{y}_{T+1}(T)=\hat{\phi}y_T+(1-\hat{\phi})\hat{\beta}_0+\hat{\beta}_1[\hat{x}_{T+1}(T)-\hat{\phi}x_T] \tag{14.21}$$

如果假设模型参数是已知的，那么后一期的预测误差为

$$y_{T+1}-\hat{y}_{T+1}(T)=a_{T+1}+\beta_1[x_{T+1}-\hat{x}_{T+1}(T)]$$

而这一预测误差的方差为

$$V(a_{T+1})=\sigma_a^2+\beta_1^2\sigma_x^2(1) \tag{14.22}$$

式中 $\sigma_x^2(1)$ 为预测变量 x 的后一期的预测误差，并且该式已经假设了第 $T+1$ 期的随机误差 a_{T+1} 与预测变量的误差是独立的. 使用一期后预测变量误差的方差，可以由方程(14.21)构造后一期预测值的 $100(1-\alpha)\%$ 预测区间. 这一预测区间为

$$\hat{y}_{T+1}(T)\pm z_{\alpha/2}[\sigma_a^2+\beta_1^2\sigma_x^2(1)]^{1/2}$$

式中 $z_{\alpha/2}$ 为标准正态分布的上 $2/\alpha$ 分位点. 为了计算出实际的预测区间，必须将参数 β_1、σ_x^2 与 $\sigma_x^2(1)$ 替代为其估计值，得到 493

$$\hat{y}_{T+1}(T)\pm z_{\alpha/2}[\hat{\sigma}_a^2+\hat{\beta}_1^2\hat{\sigma}_x^2(1)]^{1/2} \tag{14.23}$$

这一预测区间. 因为已经用估计值代替了参数，所以方程(14.23)中预测区间的概率水平只是近似的.

一般情况下，如果想要预测 τ 期后的值，那么预测方程为

$$\hat{y}_{T+\tau}(T)=\hat{\phi}\hat{y}_{T+\tau-1}(T)+(1-\hat{\phi})\hat{\beta}_0+\hat{\beta}_1[\hat{x}_{T+\tau}(T)-\hat{\phi}\hat{x}_{T+\tau-1}(T)] \tag{14.24}$$

假设模型参数已知时，τ 期后的误差为

$$y_{T+\tau}-\hat{y}_{T+\tau}(T)=a_{T+\tau}+\phi a_{T+\tau-1}+\cdots+\phi^{\tau-1}a_{T+1}+\beta_1[x_{T+\tau}-\hat{x}_{T+\tau}(T)]$$

而 τ 期后预测值误差的方差为

$$\begin{aligned}V(a_{T+\tau}+\phi a_{T+\tau-1}+\cdots+\phi^{\tau-1}a_{T+1})&=(1+\phi^2+\cdots+\phi^{2(\tau-1)})\sigma_a^2+\beta_1^2\sigma_x^2(\tau)\\&=\frac{1-\phi^{2\tau}}{1+\varphi^2}\sigma_a^2+\beta_1^2\sigma_x^2(\tau)\end{aligned}$$

式中 $\sigma_x^2(\tau)$ 为预测变量 x 的 τ 期后预测值误差的方差. 由(14.24)，τ 期后预测值的 $100(1-\alpha)\%$ 预测区间为

$$\hat{y}_{T+\tau}(T)\pm z_{\alpha/2}\left(\frac{1-\phi^{2\tau}}{1+\varphi^2}\sigma_a^2+\beta_1^2\sigma_x^2(\tau)\right)^{1/2}$$

使用未知参数的估计值替代所有未知参数时，$100(1-\alpha)\%$ 的近似值事实上由下式算得：

$$\hat{y}_{T+\tau}(T)\pm z_{\alpha/2}\left(\frac{1-\hat{\phi}^{2\tau}}{1+\hat{\varphi}^2}\hat{\sigma}_a^2+\hat{\beta}_1^2\hat{\sigma}_x^2(\tau)\right)^{1/2} \tag{14.25}$$

模型的另一种形式 有自相关误差的回归模型

$$y_t = \phi y_{t-1} + (1-\phi)\beta_0 + \beta_1(x_t - \phi x_{t-1}) + a_t$$

它对预测时间序列回归数据是非常有用的模型．但是，当使用这一模型时，还应当考虑两种替代模型．第一种替代模型是

$$y_t = \phi y_{t-1} + \beta_0 + \beta_1 x_t + \beta_2 x_{t-1} + a_t \tag{14.26}$$

这一模型不需要之后预测变量 x_{t-1} 的回归系数等于 $-\beta_1\theta_0$．这一模型的优点是可以通过普通最小二乘进行拟合．第二种替代模型考虑直接删去方程(14.26)中预测变量的滞后值，得到

494

$$y_t = \phi y_{t-1} + \beta_0 + \beta_1 x_t + a_t \tag{14.27}$$

通常情况下仅包括进响应变量的滞后值就足够了，方程(14.27)是令人满意的．

当在两种替代模型之间进行选择决策时，应当始终以数据为导向．可以用不同的模型来拟合数据，而模型选择的基础可以是前文所讨论的准则，比如说模型适用性检验与残差分析，并(如果可以获得足够多的数据，那么要将数据分割，用估计性数据集来拟合模型，然后评估用不同模型所拟合的剩余数据所形成的测试集)在一段测试期上预测模型性能．更多细节见 Montgomery、Jennings 和 Kulahci(2008)．

例 14.5 重新考虑前文在例 14.3 中所展示的牙膏市场占有率数据，并使用例 14.4 中的有一阶回归误差的时间序列回归模型进行建模．首先要尝试拟合方程(14.26)中的模型．这一模型放松了滞后预测变量 x_{t-1}(本例中为价格)的回归系数等于 $-\beta_1\theta$ 这一假定．由于这一模型恰是线性回归模型，所以可以使用 Minitab 进行拟合．表 14-10 包含了 Minitab 所得到的结果．

表 14-10 对牙膏市场占有率数据拟合模型(14.26)的 Minitab 结果

Regression Analysis：y-versus y(t−1)，x，x(t−1)

The regression equation is

y = 16.1 + 0.425 y(t−1) − 22.2x + 7.56 x(t−1)

Predictor	Coef	SE Coef	T	P
Constant	16.100	6.095	2.64	0.019
y(t−1)	0.4253	0.2239	1.90	0.077
x	−22.250	2.488	−8.94	0.000
x(t−1)	7.562	5.872	1.29	0.217

S = 0.402205　　R-Sq=96.0%　　R-Sq(adj)=95.2%

Analysis of Variance

Source	DF	SS	MS	F	P
Regression	3	58.225	19.408	119.97	0.000
Residual Error	15	2.427	0.162		
Total	18	60.651			

Source	DF	Seq SS
y(t−1)	1	44.768
x	1	13.188
x(t−1)	1	0.268

Durbin-Watson statistic = 2.04203

这一模型良好地拟合了数据．杜宾-沃森统计量为 $d=2.04203$，表明残差不存在自相关问题．但是要注意，滞后预测变量(价格)的 t 统计量是不显著的($P=0.217$)，表明这一变量可以从模型中去除．如果去除了 x_{t-1}，那么模型将编程方程(14.27)中的模型．这一模型的 Minitab 输出在表 14-11 中． 495

表 14-11　对牙膏市场占有率数据拟合模型(14.27)的 Minitab 结果

Regression Analysis：y-versus y(t−1)，x

The regression equation is

y = 23.3 + 0.162 y(t−1) − 21.2x

Predictor	Coef	SE Coef	T	P
Constant	23.279	2.515	9.26	0.000
y(t−1)	0.16172	0.09238	1.75	0.099
x	−21.181	2.394	−8.85	0.000

S = 0.410394　　R-Sq=95.6%　　R-Sq(adj)=95.0%

Analysis of Variance

Source	DF	SS	MS	F	P
Regression	2	57.956	28.978	172.06	0.000
Residual Error	16	2.695	0.168		
Total	18	60.651			

Source	DF	Seq SS
y(t−1)	1	44.768
x	1	13.188

Durbin-Watson statistic = 1.61416

这一模型也良好地拟合了数据．滞后变量 y_{t-1} 与 x_t 这两个预测变量都是显著的．杜宾-沃森统计量表明不存在任何显著的自相关问题．两个模型中的每个模型看起来似乎都是牙膏市场占有率数据的合理模型．这两个模型相对于有自相关误差的时间序列回归模型，其优点在于可以通过普通最小二乘进行拟合．在本例中，将滞后响应变量与滞后预测变量包括进模型已经从本质上消除了所有自相关误差问题．

习题

14.1 表 B-17 包含了关于全球表面年平均气温与全球 CO_2 浓度的数据．对这一数据拟合回归模型，并使用全球 CO_2 浓度作为预测变量．分析这一模型的残差．是否有证据表明数据中存在自相关？如果有，使用科克伦-奥克特方法做一次迭代来估计参数值．

14.2 表 B-18 包含了化学过程每小时的产量与过程温度的数据．使用科克伦-奥克特方法对这一数据拟合回归模型，并使用运作温度作为预测变量．分析这一模型的残差．是否有证据表明数据中存在自相关？

14.3 下表中的数据给出了过去 15 个月中特定品牌桃罐头的市场占有率百分比(y_t)与相对售价(x_t)． 496

a. 对这一数据拟合简单线性回归模型．画出残差与时间的图像．是否存在自相关的迹象？

b. 使用杜宾-沃森检验来确定是否存在正的自相关．会得出什么结论？

c. 使用科克伦-奥克特程序做一次迭代来估计回归参数．求出回归系数的标准误差．

d. 在第一次迭代后是否仍然存在正的自相关？能否得出迭代参数估计方法已经成功的结论？

桃罐头的市场占有率与价格

t	x_t	y_t	t	x_t	y_t
1	100	15.93	9	85	16.60
2	98	16.26	10	83	17.16
3	100	15.94	11	81	17.77
4	89	16.81	12	79	18.05
5	95	15.67	13	90	16.78
6	87	16.47	14	77	18.17
7	93	15.66	15	78	17.25
8	82	16.94			

14.4 下表中的数据给出了化妆品制造商的月度销售收入(y_t)与对应月份全部工业品的销售收入(x_t). 两个变量的单位都是百万美元.

a. 构建化妆品公司销售情况与工业品销售情况关系的简单线性回归模型. 画出残差与时间的图像. 是否存在自相关的迹象?

b. 使用杜宾-沃森检验来确定是否存在正的自相关. 会得出什么结论?

c. 使用科克伦-奥克特程序做一次迭代来估计模型参数. 将本题中回归系数的标准误差与最小二乘估计值的标准误差进行对比.

d. 做完第一次迭代后, 再次检验正自相关. 迭代程序成功了吗?

习题 14.4 的化妆品销售情况数据

t	x_t	y_t	t	x_t	y_t
1	5.00	0.318	10	6.16	0.650
2	5.06	0.330	11	6.22	0.685
3	5.12	0.356	12	6.31	0.713
4	5.10	0.334	13	6.38	0.724
5	5.35	0.386	14	6.54	0.775
6	5.57	0.455	15	6.68	0.78
7	5.61	0.460	16	6.73	0.796
8	5.80	0.527	17	6.89	0.859
9	6.04	0.598	18	6.97	0.88

497

14.5 重新考虑习题 14.4 中的数据. 定义一个新的变换后变量的集合: 原变量的一阶差分 $y'_t = y_t - y_{t-1}$ 与 $x'_t = x_t - x_{t-1}$. 对 y'_t 做关于 x'_t 的过原点回归. 将来自一阶差分方法的斜率估计值与习题 14.4 中通过迭代方法获得的估计值进行对比.

14.6 考虑简单线性回归模型 $y_t = \beta_0 + \beta_1 x + \varepsilon_t$, 式中误差项由二阶自回归过程

$$\varepsilon_t = \rho_1 \varepsilon_{t-1} + \rho_2 \varepsilon_{t-2} + a_t$$

生成. 讨论在这种情形下如何使用科克伦-奥克特迭代程序. 对变量 y_t 与 x_t 使用何种变换? 如何估计参数 ρ_1 与 ρ_2?

14.7 考虑简单线性回归情形中的加权最小二乘正规方程, 其中时间为预测变量. 假设误差项的方差正比于时间索引, 使得 $w_t = 1/t$. 在这种情形下化简正规方程. 求出模型参数的估计值.

14.8 考虑简单线性回归模型, 其中时间为预测变量. 假设误差项不相关且有常数方差 σ^2. 证明: 模型参数估计值的方差为

$$V(\hat{\beta}_0) = \sigma^2 \frac{2(2T+1)}{T(T-1)}$$

以及

$$V(\hat{\beta}_1)=\sigma^2\frac{12}{T(T^2-1)}$$

14.9 考虑习题 14.3 中的数据. 对这一数据拟合有自相关误差项的时间序列回归模型. 使用科克伦-奥克特程序将本模型与习题 14.3 所得到的结果进行对比.

14.10 考虑习题 14.3 中的数据. 对这一数据拟合方程(14.26)与方程(14.27)所示的滞后变量回归模型. 使用科克伦-奥克特程序将这两个模型与习题 14.3 所得到的结果进行对比，并与习题 14.9 的时间 498
序列回归模型进行对比.

14.11 考虑习题 14.4 中的化妆品销售情况数据. 对这一数据拟合有自相关误差的时间序列回归模型. 使用科克伦-奥克特程序将这一模型与习题 14.4 所得到的结果进行对比.

14.12 考虑习题 14.4 中的化妆品销售情况数据. 对这一数据拟合方程(14.26)与方程(14.27)所示的滞后变量回归模型. 使用科克伦-奥克特程序将这两个模型与习题 14.4 所得到的结果进行对比，并与习题 14.11 的时间序列回归模型进行对比.

14.13 考虑表 B-17 中的全球表面年平均气温与全球 CO_2 浓度数据. 使用全球表面年平均气温作为响应变量，对这一数据拟合时间序列回归模型. 是否有迹象表明残差存在自相关? 应当推荐哪种修正
方法与建模策略? 499

第 15 章 使用回归分析时的其他论题

本章所概述的很多问题都会出现在使用回归分析时. 其中某些论题只会简短地一扫而过，而某些论题则会完整地进行展现并给出参考文献.

15.1 稳健回归

15.1.1 为什么需要稳健回归

当线性回归模型 $\boldsymbol{y}=\boldsymbol{X\beta}+\boldsymbol{\varepsilon}$ 中的观测值 $\boldsymbol{y}$ 服从正态分布时，最小二乘方法是良好的参数估计程序，良好的意思是所产生的参数估计量 $\boldsymbol{\beta}$ 会拥有良好的统计性质. 但是存在许多情形，会有证据表明其中响应变量的分布(在很大程度上)不是正态分布，并且存在着会影响回归模型的离群点. 其中一种非常适用而令人感兴趣的情形是：观测值所服从的分布比正态分布有更长即更重的尾部. 这种重尾分布会有产生离群点的倾向，而离群点可能会对最小二乘方法产生强烈的影响；强影响的意思是离群点会在很大程度上将回归方程“拽向”离群点自身的方向.

举例来说，考虑图 15-1 所示的 10 个观测值. 图中标注为 A 的点恰好在 x 空间右侧的末端，但其响应变量值接近于其他 9 个观测值的平均值. 如果考虑所有十个观测值，那么所得到的回归模型为 $\hat{y}=2.12+0.971x$，$R^2=0.526$. 但是，如果除去观测值 A，拟合所有九个观测值的回归模型，那么会得到 $\hat{y}=0.715+1.45x$，而对该方程有 $R^2=0.894$. 两条回归直线如图 15-1 所示. 显然，点 A 对回归模型与所得到的 R^2 值有巨大的影响.

500

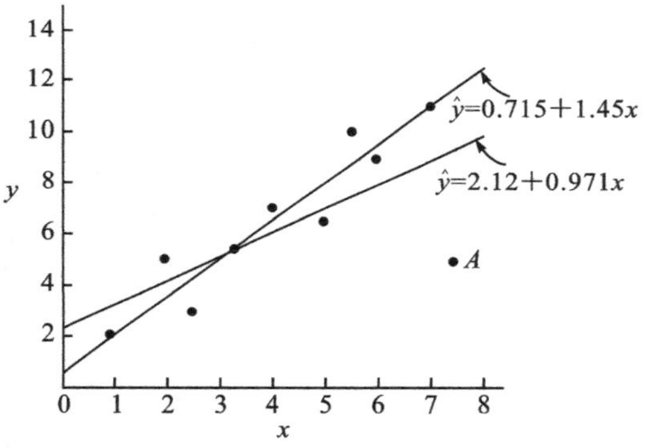

图 15-1 样本中包含强影响观测值时的散点图

处理这种情况的一种方式是丢弃点 A. 这样所产生的直线将会良好地通过其他九个数据点，而从统计学的观点来说这条直线也是更为令人满意的. 但是，这样只是简单地丢弃了观测值，从统计建模的角度来说这只是权宜之计，而一般情况下这也不是一种良好的实践. 对数据的丢弃(或者修正)有时要以学科的知识为基础，但是当纯粹地以统计学为基础丢弃(或者修正)数据时，通常会自讨苦吃. 也要注意，在更为复杂的情形中，会包括更多的回归变量与更大的样本. 即使是探测出 A 点这种会扭曲回归模型的观测值，也可能是困难的.

稳健回归模型可在使用最小二乘时抑制强影响观测值的影响. 也就是说，稳健回归倾向于将离群点的残差保留？得较大，因此可以容易得多地鉴定出强影响点. 除了对离群点不敏感之外，当隐含分布为正态分布且不存在离群点时，稳健估计程序也应当产生本质上与最小二乘相同的结果. 稳健回归还有一个令人想望的目标：稳健估计程序及相关程序的进行相对简单.

进行稳健回归的大多数工作，其起始动机都源于普林斯顿大学的稳健性研究(见 Andrew 等(1972)). 后来，又提出了若干种类型的稳健估计量. 一些重要的基础性参考文献包括 Andrew(1974)，Carroll 和 Ruppert(1988)，Hogg(1974，1979a，b)，Huber(1972，1973，1981)，Krasker 和 Welsch(1982)，Rousseeuw(1984，1998)以及 Rousseeuw 和 Leroy(1987).

为什么当观测值为非正态分布时，要使用稳健方法来代替最小二乘呢？为了进行下面的讨论并进一步解释这一问题，考虑简单线性回归模型

$$y_i = \beta_0 + \beta_1 x_i + \varepsilon_i \qquad (i = 1,2,\cdots,n) \tag{15.1}$$ 501

式中误差项为相互独立的随机变量，并服从**双指数分布**

$$f(\varepsilon_i) = \frac{1}{2\sigma}\mathrm{e}^{-|\varepsilon_i|/\sigma} \qquad (-\infty < \varepsilon_i < \infty) \tag{15.2}$$

双指数分布如图 15-2 所示. 双指数分布的中部相比正态分布更为尖锐，同时随着 $|\varepsilon_i|$ 趋向无穷其尾部将接近零. 但是，由于双指数分布的密度函数会随着 $\mathrm{e}^{-|\varepsilon_i|}$ 趋向于零而趋向于零，而正态分布是随着 $\mathrm{e}^{-\varepsilon_i^2}$ 趋向于零而趋向于零，所以会看到双指数分布比正态分布有更重的尾部.

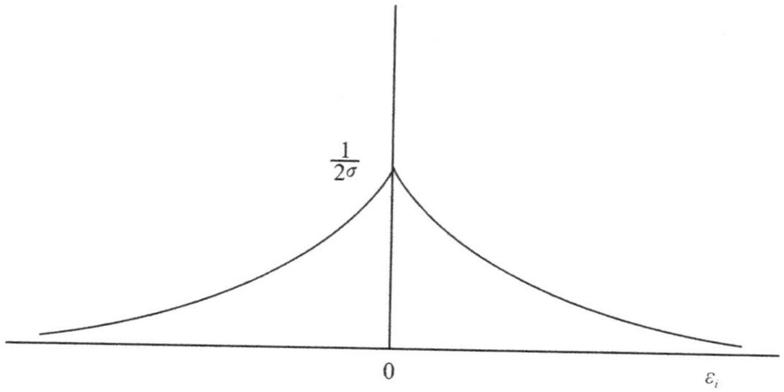

图 15-2 双指数分布

下面使用**最大似然**方法来估计方程(15.1)中的 β_0 与 β_1. 似然函数为

$$L(\beta_0,\beta_1) = \prod_{i=1}^{n}\frac{1}{2\sigma}\mathrm{e}^{-|\varepsilon_i|/\sigma} = \frac{1}{(2\sigma)^n}\exp\left(-\frac{\sum_{i=1}^{n}|\varepsilon_i|}{\sigma}\right) \tag{15.3}$$

因此，最大化似然函数就是最小化误差绝对值之和 $\sum_{i=1}^{n}|\varepsilon_i|$. 此前将极大似然方法应用于有正态误差项的回归模型时，将会得出最小二乘准则. 因此，假设误差分布有比正态分布更重的尾部，就意味着最小二乘方法不再是进行估计的最优方法. 注意，绝对值误差准则所给予离群点的权重要比最小二乘准则轻得多. 最小化绝对误差和通常称为 L_1 范式回归问题(最小二乘是 L_2 范式回归问题). L_1 准则首先由 F. Y. Edgeworth 于 1887 年提出，他认为最小二乘会受到较大离群点的过度影响. 求解 L_1 范式问题的一种途径是使用线性规划方法. 对于 L_1 范式回归问题的更多细节，见 Sielken 和 Hartley(1973)，Book 等(1980)，Gentle、Kennedy

502 和 Sposito(1977)，Bloomfield 和 Steiger(1983)以及 Dodge(1987).

L_1 范式回归问题是 L_p 范式回归的特例；在 L_p 范式中，模型参数的选择要通过最小化 $\sum_{i=1}^{n}|\varepsilon|^p$，式中 $1\leqslant p\leqslant 2$. 当 $1<p<2$ 时，可以构造非线性规划方法来进行求解. Forsythe (1972)研究了其程序，拓展了对简单线性回归模型的处理.

15.1.2 *M*-估计量

L_1 范式会自然地出现在有双指数误差的极大似然方法中. 一般情况下，可以定义**一类稳健估计量**，它会将残差的函数 ρ 最小化. 举例来说，

$$\underset{\beta}{\text{Minimize}}\sum_{i=1}^{n}\rho(e_i)=\underset{\beta}{\text{Minimize}}\sum_{i=1}^{n}\rho(y_i-\boldsymbol{x}_i'\boldsymbol{\beta}) \tag{15.4}$$

式中 $\boldsymbol{x}_i'$ 表示 $\boldsymbol{X}$ 的第 i 列. 这种类型的稳健估计量称为 ***M*-估计量**，其中 M 表示**极大似然**. 也就是说，函数 ρ 与选择了合适误差分布的似然函数有关. 举例来说，如果使用最小二乘方法(意味着误差分布为正态分布)，那么 $\rho(z)=\frac{1}{2}z^2(-\infty<z<+\infty)$.

M-估计量的尺度并非一定不变. 举例来说，如果用常数乘以误差 $y-\boldsymbol{x}_i'\boldsymbol{\beta}$，那么方程(15.4)的新解可能会不同于原来的解. 为了获得尺度不变的 *M*-估计量，通常要求解

$$\underset{\beta}{\text{Minimize}}\sum_{i=1}^{n}\rho\left(\frac{e_i}{s}\right)=\underset{\beta}{\text{Minimize}}\sum_{i=1}^{n}\rho\left(\frac{y_i-\boldsymbol{x}_i'\boldsymbol{\beta}}{s}\right) \tag{15.5}$$

式中 s 为稳健估计量的尺度. s 的主流选择是中位数绝对离差

$$s=\text{median}|e_i-\text{median}(e_i)|/0.6745 \tag{15.6}$$

当 n 较大且误差为正态分布时，调整常数 0.6745 将使 s 近似成为 σ 的无偏估计量.

为了将方程(15.5)最小化，要使 ρ 关于 $\beta_j(j=0, 1, \cdots, k)$的一阶偏导数等于零，这是产生最小值的必要条件. 这会给出含有 $p=k+1$ 个方程的方程组

$$\sum_{i=1}^{n}x_{ij}\psi\left(\frac{y_i-\boldsymbol{x}_i'\boldsymbol{\beta}}{s}\right)=0\qquad(j=0,1,\cdots,k) \tag{15.7}$$

式中 $\psi=\rho'$，而 x_{ij} 为第 i 个回归变量的第 j 个观测值，且有 $x_{i0}\equiv 0$. 一般情况下，ψ 函数为非线性函数，所以必须使用迭代方法来求解方程(15.7). 虽然可以使用若干种非线性最优化方法，但是最为广泛使用的方法是**迭代重加权最小二乘**(IRLS). IRLS 方法主要是由
503 Beaton 和 Tukey(1974)所贡献的.

为了使用迭代重加权最小二乘，就要假设初始估计值 $\hat{\boldsymbol{\beta}}_0$ 已知，且 s 为尺度的估计值. 然后写出方程(15.7)中的 $p=k+1$ 个方程

$$\sum_{i=1}^{n}x_{ij}\psi\,\frac{y_i-\boldsymbol{x}_i'\boldsymbol{\beta}}{s}=\sum_{i=1}^{n}\frac{x_{ij}\{\psi[y_i-\boldsymbol{x}_i'\boldsymbol{\beta})/s](y_i-\boldsymbol{x}_i'\boldsymbol{\beta}/s\}(y_i-\boldsymbol{x}_i'\boldsymbol{\beta})}{s}=0$$
$$(j=0,1,\cdots,k) \tag{15.8}$$

即

$$\sum_{i=1}^{n}x_{ij}w_{i0}(y_i-\boldsymbol{x}_i'\boldsymbol{\beta})=0\quad(j=0,1,\cdots,k) \tag{15.9}$$

式中

$$w=\begin{cases}\dfrac{\psi[(y_i-\boldsymbol{x}_i'\hat{\boldsymbol{\beta}}_0)/s]}{(y_i-\boldsymbol{x}_i'\hat{\boldsymbol{\beta}}_0)/s} & 若\ y_i\neq \boldsymbol{x}_i'\hat{\boldsymbol{\beta}}_0\\ 1 & 若\ y_i=\boldsymbol{x}_i'\hat{\boldsymbol{\beta}}_0\end{cases}\tag{15.10}$$

使用矩阵记号，方程(15.9)会变为

$$\boldsymbol{X}'\boldsymbol{W}_0\boldsymbol{X}\boldsymbol{\beta}=\boldsymbol{X}'\boldsymbol{W}_0\boldsymbol{y}\tag{15.11}$$

式中 $\boldsymbol{W}_0$ 为“权重”的 $n\times n$ 对角矩阵，其对角线元素 w_{10}，w_{20}，…，w_{n0} 由方程(15.10)给出. 会发现方程(15.11)就是一般的加权最小二乘正规方程. 因此，第一步所得到的估计量为

$$\hat{\boldsymbol{\beta}}_1=(\boldsymbol{X}'\boldsymbol{W}_0\boldsymbol{X})^{-1}\boldsymbol{X}'\boldsymbol{W}_0\boldsymbol{y}\tag{15.12}$$

下一步是重新计算方程(15.10)中的权重，但要使用 $\hat{\boldsymbol{\beta}}_1$ 代替 $\hat{\boldsymbol{\beta}}_0$. 通常只需要几次迭代就会收敛. 可以使用标准加权最小二乘计算机程序来实现迭代重加权最小二乘程序.

表 15-1 展示了许多主流的稳健准则函数. 图 15-3 与图 15-4 分别画出了这些 ρ 函数及其所对应 ψ 函数的图像. 可以使用 ψ 函数的图像来对稳健回归程序进行分类. ψ 函数控制着给予每个残差的权重，并且有时将其称为**影响函数**(相差一个比例常数). 举例来说，最小二乘的 ψ 函数是无界函数，因此将最小二乘用于重尾分布的数据时会不稳健. Huber t 函数(Huber(1964))的 ψ 函数是单调函数，所以对于较大的残差值，该函数所给出的权重会比最小二乘要小. 后三个影响函数实际上会随着残差值的变大而重新下降. Ramsey E_a 函数(见 Ramsey(1977))会缓慢地重新下降；也就是说对较大的 $|z|$，ψ 会渐进为零. Andrew 波函数与 Hampel 17A 函数(见 Andrews 等(1972)与 Andrews(1974))迅速地重新下降；也就是说，对充分大的 $|z|$，ψ 函数会等于零. 应当注意到，ψ 函数递减时的 ρ 函数是 504
非凸函数，而从理论上讲非凸性在使用迭代估计程序时会使收敛性产生问题. 但是，收敛性问题并不会经常出现. 进一步来说，每个稳健估计程序都需要分析师对 ψ 函数设定正确的调整常数. 表 15-1 展示了调整函数的常用值.

表 15-1 稳健准则函数

准则函数	$\rho(z)$	$\psi(z)$	$w(z)$	取值范围
最小二乘函数	$\frac{1}{2}z^2$	z	1.0	$\lvert z\rvert<\infty$
Hubert 函数	$\frac{1}{2}z^2$	z	1.0	$\lvert z\rvert\leqslant t$
$t=2$	$\lvert z\rvert t-\frac{1}{2}t^2$	$t\text{sign}(z)$	$\frac{t}{\lvert z\rvert}$	$\lvert z\rvert>t$
Ramsey E_a 函数	$a^{-2}[1-\exp(-a\lvert z\rvert)(1+a\lvert z\rvert)]$	$z\exp(-a\lvert z\rvert)$	$\exp(-a\lvert z\rvert)$	$\lvert z\rvert<\infty$
$a=0.3$				
Andrew 波函数	$a[1-\cos(z/a)]$	$\sin(z/a)$	$\frac{\sin(z/a)}{z/a}$	$\lvert z\rvert\leqslant a\pi$
$a=1.339$	$2a$	0	0	$\lvert z\rvert>a\pi$
Hampel 17A 函数	$\frac{1}{2}z^2$	z	1.0	$\lvert z\rvert\leqslant a$
$a=1.7$	$a\lvert z\rvert-\frac{1}{2}a^2$	$a\sin(z)$	$a/\lvert z\rvert$	$a<\lvert z\rvert\leqslant b$
$b=3.4$	$\frac{a(c\lvert z\rvert-\frac{1}{2}z^2)}{c-b}-(7/6)a^2$	$\frac{a\text{sign}(z)(c-\lvert z\rvert)}{c-b}$	$\frac{a(c-\lvert z\rvert)}{\lvert z\rvert(c-b)}$	$b<\lvert z\rvert\leqslant c$
$c=8.5$	$a(b+c-a)$	0	0	$\lvert z\rvert>c$

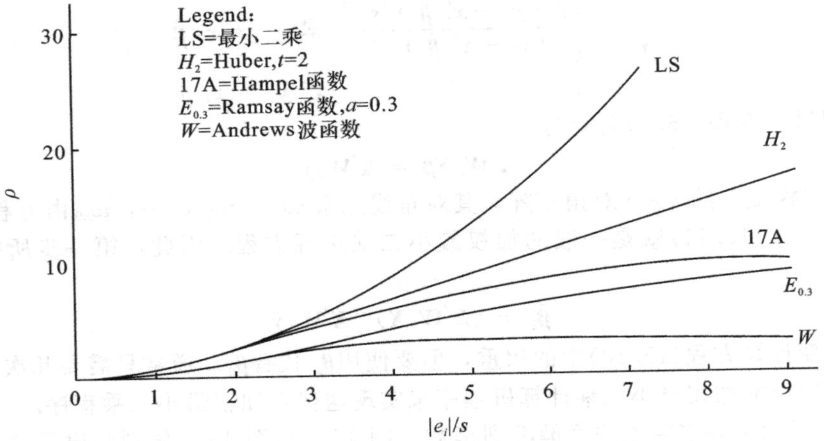

图 15-3　稳健准则函数

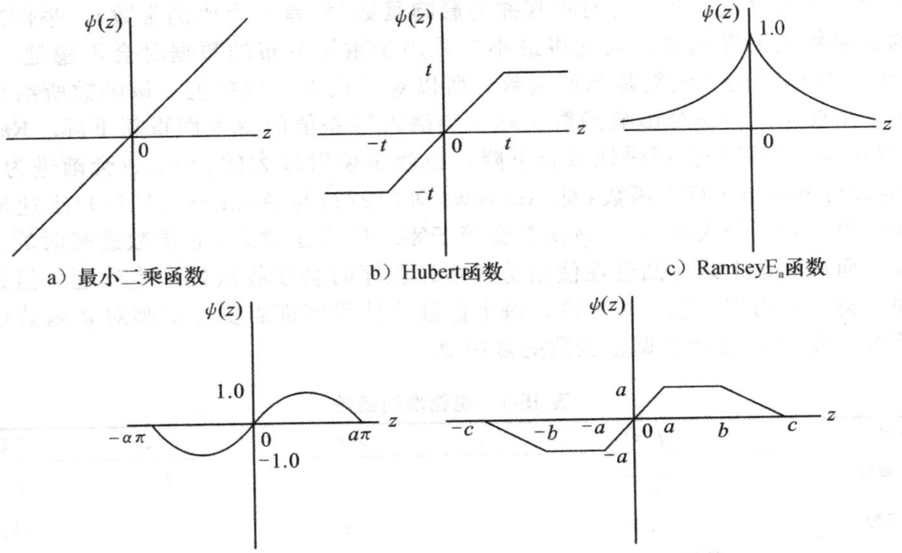

a）最小二乘函数　b）Hubert函数　c）RamseyE_a函数

d）Andrew波函数　e）Hampel 17A函数

图 15-4　稳健影响函数

对用于稳健回归的起始值$\hat{\boldsymbol{\beta}}_0$可能须慎重考量．使用最小二乘解可能会掩饰高杠杆点的存在．L_1 范式估计值是起始值的一种可能选择．Andrews(1974)与 Dutter(1977)也建议了选择起始值的程序．

了解关于最终稳健回归估计值$\hat{\boldsymbol{\beta}}$的误差结构的某些信息是重要的．当要构造置信区间或者进行其他模型推断时，重要的是确定$\hat{\boldsymbol{\beta}}$的协方差．Huber(1973)已经证明，$\hat{\boldsymbol{\beta}}$渐进服从近似正态分布，其协方差矩阵为

$$\sigma^2\,\frac{E[\psi^2(\varepsilon/\sigma)]}{\{E[\psi'(\varepsilon/\sigma)]\}^2}(\boldsymbol{X}'\boldsymbol{X})^{-1}$$

因此，$\hat{\boldsymbol{\beta}}$协方差的合理近似值为

$$\frac{ns^2}{n-p}\frac{\sum_{i=1}^{n}\Psi^2[(y_i-\boldsymbol{x}_i'\boldsymbol{\beta})/s]}{\left\{\sum_{i=1}^{n}\psi'[(y_i-\boldsymbol{x}_i'\boldsymbol{\beta})/s]\right\}^2}(\boldsymbol{X}'\boldsymbol{X})^{-1}$$

505~506

加权最小二乘计算机程序也会产生$\hat{\boldsymbol{\beta}}$协方差矩阵的估计值

$$\frac{\sum_{i=1}^{n}w_i(y_i-\boldsymbol{x}_i'\hat{\boldsymbol{\beta}})^2}{n-p}(\boldsymbol{X}'\boldsymbol{W}\boldsymbol{X})^{-1}$$

Welsch(1975)与 Hill(1979)建议了其他估计值. 关于哪一个$\hat{\boldsymbol{\beta}}$协方差的近似值更好，并不存在一般性的结论. Welsch(1975)与 Hill(1979)都提到，$\boldsymbol{X}$矩阵中存在离群点时，这些$\hat{\boldsymbol{\beta}}$协方差的估计值都是不良的. 病态(多重共线性)的存在也会扭曲稳健估计值. 但是，有迹象表明在许多情况下，可以使用类似于一般正态理论的程序来近似推断出$\hat{\boldsymbol{\beta}}$.

例 15.1 **烟道阻力损失数据** Andrews(1974)使用了 Daniel 和 Wood(1980)所分析的烟道阻力损失数据来解释稳健回归. 该数据来自工厂通过氨氧化来制取硝酸，如表 15-2 所示. 数据的普通最小二乘拟合会给出

$$\hat{y}=-39.9+0.72x_1+1.30x_2-0.15x_3$$ 507

该模型的残差如表 15-3 的第 1 列所示，而其正态概率图如图 15-5a 所示. Daniel 和 Wood (1980)提到，21 号点的残差异常的大，会对回归系数产生相当大的影响. 在深入分析之后，Daniel 和 Wood(1980)删去了数据中的 1、3、4、21 四个点. 对剩余数据的 OLS 拟合[⊖]会产生

$$\hat{y}=-37.6+0.80x_1+0.58x_2-0.07x_3$$

该模型的残差如表 15-3 的第 2 列所示，而其对应的正态概率图如图 15-5b 所示. 该图表明残差不存在任何异常行为.

表 15-2 Daniel 和 Wood(1980)中的烟道阻力损失数据

观测值序号	烟道阻力损失 y	空气流量 x_1	冷水进口处温度 x_2	硝酸浓度 x_3
1	42	80	27	89
2	37	80	27	88
3	37	75	25	90
4	28	62	24	87
5	18	62	22	87
6	18	62	23	87
7	19	62	24	93
8	20	62	24	93
9	15	58	23	87
10	14	58	18	80
11	14	58	18	89

⊖ Daniel 和 Wood(1980)所拟合的模型包括的是 x_1、x_2 与 x_1^2，而 Andrews(1974)选择了使用所有这三个原始回归变量. Andrews(1974)提到，如果剔除 x_3 并添加 x_1^2，虽然会产生更小的方差，但整体结论是相同的.

（续）

观测值序号	烟道阻力损失 y	空气流量 x_1	冷水进口处温度 x_2	硝酸浓度 x_3
12	13	58	17	88
13	11	58	18	82
14	12	58	19	93
15	8	50	18	89
16	7	50	18	86
17	8	50	19	72
18	8	50	19	79
19	9	50	20	80
20	15	56	20	82
21	15	70	20	91

表 15-3　烟道阻力损失数据的两种拟合的残差[1]

观测值	残差			
	最小二乘		Andrew 稳健拟合	
	(1)	(2)	(3)	(4)
	所有 21 个点	剔除 1、3、4、21 四个点	所有 21 个点	剔除 1、3、4、21 四个点
1	3.24	6.08[2]	6.11	6.11
2	−1.92	1.15	1.04	1.04
3	4.56	6.44	6.31	6.31
4	5.70	8.18	8.24	8.24
5	−1.71	−0.67	−1.24	−1.24
6	−3.01	−1.25	−0.71	−0.71
7	−2.39	−0.42	−0.33	−0.33
8	−1.39	0.58	0.67	0.67
9	−3.14	−1.06	−0.97	−0.97
10	1.27	0.35	0.14	0.14
11	2.64	0.96	0.79	0.79
12	2.78	0.47	0.24	0.24
13	−1.43	−2.51	−2.71	−2.71
14	−0.05	−1.34	−1.44	−1.44
15	2.36	1.34	1.33	1.33
16	0.91	0.14	0.11	0.11
17	−1.52	−0.37	−0.42	−0.42
18	−0.46	0.10	0.08	0.08
19	−0.60	0.59	0.63	0.63
20	1.41	1.93	1.87	1.87
21	−7.24	−8.63	−8.91	−8.91

①改编自 Andrews(1974) 的表 5，经出版商许可使用.

②有下划线的残差的对应点不包括在该拟合中.

Andrews(1974)观察到，大多数回归使用者都缺乏 Daniel 和 Wood(1980)中的技能，所以他们使用稳健回归来产生等价的结果. 使用 $a=1.5$ 的波函数时，烟道阻力损失数据的
508 稳健回归拟合会产生

$$\hat{y}=-37.2+0.82x_1+0.52x_2-0.07x_3$$

该方程与 Daniel 和 Wood(1980)经过大量细致的分析后使用 OLS 所求得的方程实质上是相同的. 这一模型的残差如表 15-3 的第 3 列所示，而其正态概率图如图 15-6a 所示. 该图清晰地鉴定出了四个可疑的点. 最后，Andrews(1974)对移除了 1、3、4、21 四个点的数据做了稳健拟合，所得到的方程与使用所有 21 个点时的稳健方程是一致的. 这一拟合的残差及其对应的正态概率图分别如表 15-3 的第 4 列与图 15-6b 所示. 该正态概率图与剔除了 1、3、4、21 四个点的 OLS 分析所得到的图像(图 15-5b)实质上是一致的.

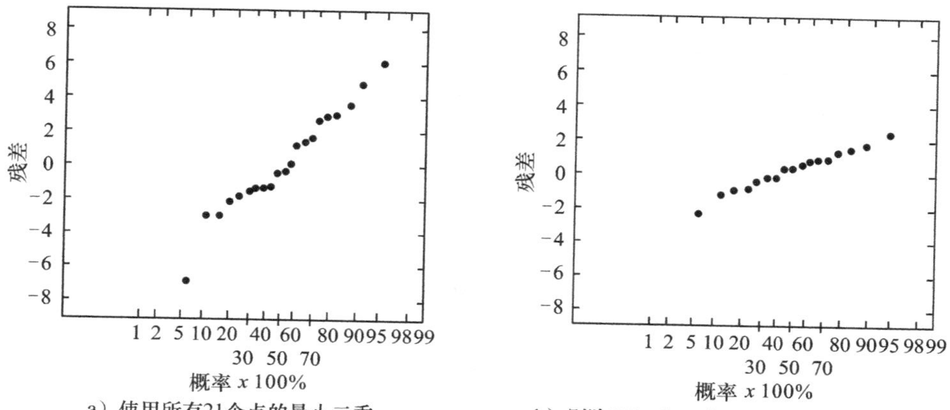

a）使用所有21个点的最小二乘 b）剔除了1、3、4与21四个点后的最小二乘

图 15-5 最小二乘拟合的正态概率图

(引自 Andrews(1974)，经出版商许可使用)

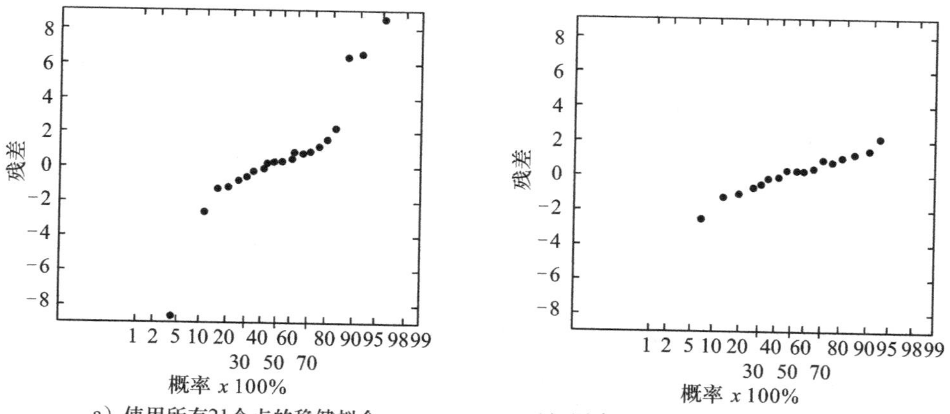

a）使用所有21个点的稳健拟合 b）剔除了1、3、4与21四个点后的稳健拟合

图 15-6 稳健拟合的正态概率图

(引自 Andrews(1974)，经出版商许可使用)

会再次发现，稳健回归的常规应用会自动地识别出可疑的点. 稳健回归所产生的拟合在使用任何重要的方法时都不会取决于这些可疑的点. 因此，可以将稳健回归方法看做会隔离异常的强影响点的程序，因而给出了对这些强影响点的进一步研究.

M-估计值的计算　只有少数统计软件包可以计算 *M*-估计值. S-PLUS 与 STATA 就有计算 M-估计值的能力. SAS 在最近也添加了计算 M-估计值的功能. 分析烟道阻力损失数据的 SAS 代码为

```
proc  robustreg;
   model y =  x1  x2  x3 / diagnostics leverage;
run;
```

SAS 程序默认使用双平方加权函数(见习题 15.3)与中位数方法来估计尺度参数.

稳健回归方法可以为数据分析提供很多信息. 稳健回归方法可能会非常有助于定位出
509 离群点与强影响观测值. 无论在何时进行最小二乘分析, 同时进行稳健拟合都将是有用的. 如果两种程序的结果在很大程度上是一致的, 那么就使用最小二乘的结果, 这是因为基于最小二乘的推断目前可以为人们所更好的理解. 但是, 如果两种分析的结果不同, 那么应当鉴定出存在差异的原因. 应当仔细检查稳健拟合中权数有所下降的观测值.

15.1.3 稳健估计量的性质

本节会介绍稳健估计量的两个重要性质: **崩溃性**与**有效性**. 将会观察到, 当选择稳健回归程序时, 应当要实用地考虑估计量的崩溃点. 一般情况下, *M*-估计量在崩溃点处的拟合是不良的. 这激励了许多其他替代性程序的研究.

崩溃点　有限样本的崩溃点是反常数据的最小子集, 可以使得估计失效. 可能的最小崩溃点是 $1/n$; 也就是说, 单独一个观测值就可以严重地扭曲估计量, 使其不能实际地用于回归模型构建. OLS 的崩溃点是 $1/n$.

M-估计量可能会受到 x 空间中离群点的影响, 这与 OLS 的性质是一致的. 因此, *M*-估计量这类估计量的崩溃点也是 $1/n$. 崩溃点将对 *M*-估计量的实际使用产生潜在的严重影响, 这是由于可能难以确定被反常数据所污染的样本的范围. 大多数试验数据分析师认为, 被错误数据所污染的数据部分一般在 1% 与 10% 之间变化. 因此, 如果想要估计值的
510 崩溃点在一般情况下超过 10%, 就产生了对**高崩溃统计量**的研究.

有效性　假设数据集没有严重的误差, 不存在强影响观测值, 并且观测值来自于正态样本. 如果对这一数据集使用稳健估计量, 那么想要的结果实际上会与 OLS 一致, 这是由于 OLS 对于这一数据是合适的处理方法. 可以将回归估计量的有效性认为是用 OLS 得到的残差均方除以由稳健程序得到的残差均方. 显然, 想要的是这一有效性的度量接近于一.

稳健回归文献中会大量强调**渐进有效性**; 渐进有效性就是随着样本量变为无穷时估计量的有效性. 渐进有效性在比较稳健回归估计量时是有用的概念, 但是许多实际回归问题所涉及的样本量是较小与中等大小的(比如说 $n<50$), 而已经知道样本的有效性会在很大程度上不同于其渐进值. 因此, 构建模型时所感兴趣的应该是可以用于给定情形的估计量的所有渐进性质, 而不应该对渐进性质过于兴奋. 从实用的观点看, 更为重要的是**有限样本的有效性**; 也就是说, 在所感兴趣的常见问题中, 对于其包含的样本量, 将特定的估计量用于对 "干净" 的数据进行 OLS 推断时会如何. 稳健估计量的有限样本有效性的定义是 OLS 的残差均方与稳健估计量的残差均方的比值, 其中 OLS 仅应用于 "干净" 的数据. 蒙特卡罗模拟方法通常会用于求出有限样本的有效性.

15.2 测量误差对回归的影响

在几乎所有的回归模型中，都会假设响应变量 y 受控于误差项 ε；同时假设回归变量 x_1，x_2，…，x_k 为**确定性变量**即**数学变量**，不受误差的影响．这种情况下存在两种变异性．第一种变异性的情形是响应变量与回归变量是联合分布的随机变量，这一假设会产生第 2 章所讨论的**协方差模型**(参考 2.12 节)．第二种变异性是响应变量与回归变量存在**测量误差**．如果测量误差只存在于响应变量中，那么只要误差不相关且没有偏倚(期望为零)，就不会出现新的问题．但是，x 中存在测量误差时，就会出现不同的情况．本节将讨论这一问题．

15.2.1 简单线性回归

假设希望拟合简单线性回归模型，但是回归变量存在测量误差，所以回归变量的观测值为

$$X_i = x_i + a_i \qquad (i = 1,2,\cdots,n)$$

式中 x_i 为回归变量的真实值，X_i 为回归变量的观测值，而 a_i 为测量误差，其 $E(a_i)=0$ 且 $\mathrm{Var}(a_i)=\sigma_a^2$．响应变量 y_i 受控于常规误差 $\varepsilon_i(i=1，2，\cdots，n)$，所以回归模型为

$$y_i = \beta_0 + \beta_1 x_i + \varepsilon_i \tag{15.13}$$ 511

假设误差 ε_i 与 a_i 是不相关的，即 $E(\varepsilon_i a_i)=0$．这一模型有时会称为双误差变量模型．由于 X_i 为回归变量的观测值，所以可以写出

$$y_i = \beta_0 + \beta_1(X_i - a_i) + \varepsilon_i = \beta_0 + \beta_1 X_i + (\varepsilon_i - \beta_1 a_i) \tag{15.14}$$

初看起来方程(15.14)像常规线性回归模型，其误差项 $\gamma_i=\varepsilon_i-\beta_1 a_i$．但是，回归变量 X_i 为随机变量，且 X_i 与误差项 $\gamma_i=\varepsilon_i-\beta_1 a_i$ 相关．X_i 与 γ_i 之间的相关系数是容易求得的，这是由于

$$\begin{aligned}\mathrm{Cov}(X_i,\gamma_i) &= E\{[X_i - E(X_i)][\gamma_i - E(\gamma_i)]\} \\ &= E[(X_i - x_i)\gamma_i] = E[(X_i - x_i)(\varepsilon_i - \beta_1 a_i)] \\ &= E(a_i\varepsilon_i - \beta_1 a_i^2) = -\beta_1 \sigma_a^2\end{aligned}$$

因此，当 $\beta_1\neq 0$ 时，回归变量 X_i 的观测值与误差项 ε_i 是相关的．

当回归变量为随机变量时，所做的假设通常是回归变量与误差项是无关的．违背这一假设会向问题中引入某些复杂性．举例来说，如果这时对数据应用最小二乘方法(即忽略测量误差)，那么模型系数的估计量就不再是无偏的．实际上，可以证明，如果 $\mathrm{Cov}(X_i,\gamma_i)=0$，那么

$$E(\hat{\beta}_1) = \frac{\beta_1}{1+\theta}$$

式中

$$\theta = \frac{\sigma_a^2}{\sigma_x^2} \quad 和 \quad \sigma_x^2 = \sum_{i=1}^{n} \frac{(x_i - \bar{x})^2}{n}$$

也就是说，只有 $\sigma_a^2=0$ 时，$\hat{\beta}_1$ 才是 β_1 的无偏估计量；而 $\sigma_a^2=0$ 只会出现在 X_i 不存在测量误差时．

由于在几乎所有实际的回归情形中，总会存在某种程度的测量误差，所以提出处理测量误差问题的某些建议是有益的．注意，如果 σ_a^2 相对于 σ_x^2 较小，那么 $\hat{\beta}_1$ 中的偏倚也将较小．这意味着如果测量误差中的变异性相对于 x 中的变异性较小，那么可以忽略测量误差，并使用标准最小二乘方法．

对于如何处理变量中存在测量误差的问题，已经提出了若干种**其他替代的估计方法**，这些替代方法有时要在回归中**结构关系或函数关系**的论题下进行讨论．经济学中会使用一种称为**两阶段最小二乘**的方法来处理测量误差．一般而言，这些替代方法需要对测量误差所服从分布的参数做出范围更大的假设，或者要获得其更多的信息．Graybill(1961)、Johnston(1972)、Sprent(1969)以及 Wonnacott 和 Wonnacott(1970)展示了这些替代方法．其他有用的参考文献包括 Davies 和 Hutton(1975)、Dolby(1976)、Halperin(1961)、Hod-
512 ges 和 Moore(1972)、Lindley(1974)、Mandansky(1959)以及 Sprent 和 Dolby(1980)．对这一领域的深入讨论也可参考 Draper 和 Smith(1998)以及 Seber(1977)．

15.2.2 博克森模型

Berkson(1950)研究了一种涉及 x_i 中测量误差的情形，在这种情形中可以直接使用最小二乘方法．博克森的方法包含了将回归变量 X_i 的观测值设定为目标值．这会强制将 X_i 作为固定的量进行处理，而回归变量的真实值 $x_i=X_i-a_i$ 变成了随机变量．举一个使用博克森方法作为例子的情形．假设使用电路中的电流作为回归变量．电流要使用安培计进行测量，而安培计并不是完全精确的，所以会出现测量误差．但是，通过将电流的观测值设定为目标水平 100 安、125 安、150 安与 175 安(举例来说)，可以将电流观测值考虑为固定变量，而实际电流变成了随机变量．这种类型的问题会在工程学与自然科学中经常遇到．回归变量是温度、压力或流速这种变量，而用于观测变量的测量仪器存在误差．这种方法有时也会称为**受控独立变量模型**．

如果将 X_i 看做在预设目标值处的固定值，那么仍然可以使用关系 $X_i=x_i+a_i$ 来求解方程(15.14)．但是，受控独立变量模型中的误差项 $\gamma_i=\varepsilon_i-\beta_1 a_i$ 现在与 X_i 是独立的，这是因为将 X_i 考虑为了固定变量即非随机变量．因此，误差与回归变量是不相关的，也满足了常规最小二乘假设．因此，这种情形适用于标准最小二乘分析．

15.3 逆估计——校准问题

大多数涉及预测与估计的回归问题都需要确定给定 x，比如说 x_0 时其所对应的 y 值．本节考虑逆问题；也就是说，已经观测到了 y 的值，比如说 y_0，要确定其所对应的 x 值．举例来说，假设希望校准一个热电偶，并且已知热电偶所给出的温度读数是实际温度的线性函数，比如说

令 y 代表观测温度，　x 代表实际温度

则

$$y=\beta_0+\beta_1 x+\varepsilon \tag{15.15}$$

现在假设使用该热电偶测量了一个未知温度，并得到了读数 y_0．想要估计实际温度，也就是所观测的温度读数 y_0 对应的实际温度 x_0．这种情形通常会出现在工程学与自然科学中，

有时称这种情形为**校准问题**. 校准问题也会出现在生物检定法中，这时校准曲线的结构与所进行的所有未来的检定即**区分方法**相反. 513

假设热电偶会受到受控且已知的温度集合 x_1，x_2，…，x_n 的控制，同时已经获取了对应的温度读数 y_1，y_2，…，y_n. 给定 y 时估计 x 的一种方法是拟合模型(15.15)，这会给出

$$\hat{y} = \hat{\beta}_0 + \hat{\beta}_1 x \tag{15.16}$$

现在令 y_0 为 y 的观测值. 对应 x 值的点估计量自然会是

$$\hat{x}_0 = \frac{y_0 - \hat{\beta}_0}{\hat{\beta}_1} \tag{15.17}$$

式中假设了$\hat{\beta}_1 \neq 0$. 这种方法通常称为**经典估计量**方法.

Graybill(1976)与 Seber(1977)概述了创建 x_0 的 $100(1-\alpha)\%$置信域的方法. 本节的前几版确实推荐过使用这种方法. 而 Parker 等(2010)证明了，这种方法实际上并不会良好地运作. 实际置信水平比所宣称的$(1-\alpha)\%$要小得多. Parker 等(2010)确认了，基于 delta 方法的置信区间会十分良好地运作. 令 n 为收集校准数据时数据点的个数. 基于 delta 方法的置信区间为

$$\hat{x}_0 \pm t_{1-\alpha/2,n-2}\,\frac{1}{\hat{\beta}_1}\sqrt{MS_{残}\left(1 + \frac{1}{n} + \frac{\hat{x}_0 - \overline{x}}{S_{xx}}\right)}$$

式中 $MS_{残}$、$\overline{x}$ 与 S_{xx} 都要通过由校准所收集的数据计算出来.

例 15.2 **热电偶的校准** 一位机械工程师正在校准一个热电偶. 他从 100℃～400℃的空间区间上均匀选择了 16 个温度水平. 实际温度 x(由已知精确度的量热计来测量)与观测到的热电偶上的读数 y 如表 15-4 所示，而其散点图如图 15-7 所示. 考察这一散点图，会表明热电偶上的温度观测值与实际温度线性相关. 直线模型为

$$\hat{y} = -6.67 + 0.953x$$

式中 $\sigma^2 = MS_{残} = 5.86$. 这一模型的 F 统计量超过了 20 000，所以要拒绝 H_0：$\beta_1 = 0$ 并得出结论：校准直线的斜率不为零. 残差分析没有揭示出存在任何异常的行为，所以这一模型可以使用热电偶上的温度读数来得出实际温度的点估计值与区间估计值.

表 15-4 温度的观测值与实际值

观测值 i	温度实际值 x_i (℃)	温度观测值 y_i (℃)	观测值 i	温度实际值 x_i (℃)	温度观测值 y_i (℃)
1	100	88.8	9	260	245.1
2	120	108.7	10	280	257.7
3	140	129.8	11	300	277.0
4	160	146.2	12	320	298.1
5	180	161.6	13	340	318.8
6	200	179.9	14	360	334.6
7	220	202.4	15	380	355.2
8	240	224.5	16	400	377.0

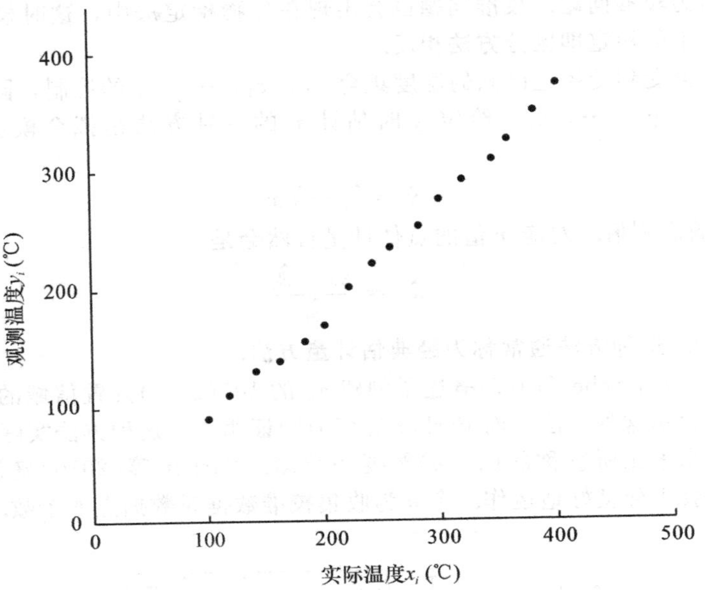

图 15-7　例 15.2 中温度观测值与温度实际值的散点图

假设使用热电偶得到了一个新的温度观测值 $y_0=200$℃. 通过校准直线，实际温度的点估计值为

514~515

$$\hat{x}_0=\frac{y_0-\hat{\beta}_0}{\hat{\beta}_1}=\frac{200-(-6.67)}{0.953}=216.86℃ \tag{15.18}$$

而以(15.18)为基础，95%预测区间为 $211.21\leqslant x_0\leqslant 222.5$.

其他方法　例 15.2 所概述的经典程序并不是完全令人满意的. Williams(1969)称，经典估计量有有限方差的基础是假设了该统计量服从类柯西分布. 柯西随机变量是标准正态随机变量的倒数. 标准正态随机变量的均值为零，这一特点会使柯西分布出现问题. 分析师总是会将校准数据重新尺度化，使得斜率为一. 一般情况下，校准试验的方差很小，近似为 $\sigma=0.01$. 在这种情况下，校准数据的斜率与 0 会有近似 100 个标准差的距离. Williams(1969)及关于有限方差的类似观点在实践中并不重要.

实践中经典估计量的最大缺点在于难以用程序加以实现. 许多分析师，特别是在经典的实验室校准环境之外的分析师，会更喜欢**逆回归**. 在逆回归分析中，将校准试验中的 x 处理为响应变量，而将 y 处理为回归变量. 当然，这一角色的逆转本身是有疑问的. 普通最小二乘回归假设了回归变量没有测量误差，而响应变量是随机的. 显然，逆回归违背了这一基本假设.

Krutchkoff(1967，1969)所做的一系列模拟，将经典方法与逆回归进行了对比. Krutchkoff(1967，1969)得出结论，以预测值的均方误差为标准，逆回归是更好的方法. 但是，Berkson(1969)、Halperin(1970)与 Williams(1969)批评了 Krutchkoff(1967，1969)的结果与结论.

Parker 等(2010)完整地对比了经典方法与逆回归. Parker 等(2010)证明了这两种方法

都会产生有偏倚的估计值. 经典估计量的偏倚为

$$\frac{(x_0-\overline{x})\sigma^2}{\beta_1^2 S_{xx}}$$

而逆回归的偏倚近似为

$$-\frac{x_0}{1+\dfrac{1}{\sigma^2}}$$

有趣的是，逆回归的偏倚比经典方法更大.

Parker 等(2010)得出结论，对于十分精确的测量仪器($\sigma \approx 0.01$)，经典方法与逆回归实际上会产生相同的区间估计. 而对于差强人意的测量仪器($\sigma \approx 0.1$)，逆回归所给出的区间会稍小一些. 两种程序都会产生其所宣称的概率覆盖.

也已存在很多其他估计量. Graybill(1961，1976)考虑了这种情形：在未知的 x 值处，有 y 的重复观测值. Graybill(1961，1976)研究了使用经典方法时 x 的点估计值与区间估计值：对未知的 x，当它们是在 y 上的重复观测值时，得到有限置信区间的概率会更大. Hoadley(1970)给出了这一问题的贝叶斯处理，并推导出了一个经典方法与逆方法之间的折中估计量. Hoadley(1970)注意到，逆估计量是选择特定先验分布时的贝叶斯估计量. 516 Kalotay(1971)、Naszódi(1978)、PerngandTong(1974)与 Tucker(1980)提出了其他估计量. Scheffé(1973)的论文也是令人感兴趣的. 总体而言，Parker 等(2010)证明了这些方法都不会令人十分满意，这是由于所得到的区间估计是非常保守的，其实际概率覆盖远大于 $100(1-\alpha)$.

在许多情况而不是所有情况下，校准问题研究的是分析师所可以进行的**数据收集试验设计**. 也就是说，分析师可以设定所要观测的 x 值是什么. Ott 和 Myers(1968)考虑了对逆估计问题如何选择合适的试验设计，其中假设了要通过经典方法来估计未知的 x. Ott 和 Myers(1968)所研究的试验设计，在最小化积分均方误差的意义下是最优的. 画出图像可以帮助分析师来选择试验设计.

15.4 回归自助法

对于标准线性回归模型，当满足回归假设时，回归程序可以考察出回归系数的精确度，均值估计值的精确度，以及在任意所感兴趣的点处未来观测值的精确度. 这些程序包括前面几章已经讨论过的求标准误差、置信区间与预测区间. 但是，存在许多拟合回归模型的情形，或是没有标准的回归程序，或是因为结果基于大样本理论即渐进理论所以获得的结果只是近似的. 举例来说，对于岭回归与许多类型的稳健回归拟合程序，不存在置信区间的统计检验的理论；而在非线性回归与广义线性回归中，统计检验与置信区间只可用于大样本结果.

自助法是一种计算密集型程序；自助法的出现可以使得在前文所描述的情形中确定回归系数估计值标准误差的可靠估计值. 自助方法最初由 Efron(1979，1982)研究. 其他主要与有用的参考文献是 Davison 和 Hinkley(1997)、Efron(1987)、Efron 和 Tibshirani (1986，1993)与 Wu(1986). 本节会在求解回归系数估计值标准误差的背景下解释自助法，而使用相同的程序也会得到响应变量均值估计值的标准误差与在特定点处响应变量的未来观测值．然后将会展示如何通过自助法得到近似置信区间．

假设已经拟合了一个回归模型，所感兴趣的焦点是某个特定的回归系数，比如说$\hat{\beta}$．希望使用自助方法来估计这一估计值的精确度．现在这一回归模型是使用了 n 个观测值的样本来拟合的．自助方法需要从这一原样本中有放回地选择一个大小为 n 的随机样本．新的样本称为自助样本．由于是有放回地选择，所以自助样本将会包含原样本中的观测值，有的观测值会被重复选择，有的观测值则被忽略了．然后使用与原样本相同的回归程序，来对自助样本进行模型拟合．这一程序会产生第一个自助估计量，比如说$\hat{\beta}_1^*$．多次重复这一
517 过程．在每次重复过程中，都会选取一个自助样本，拟合模型，并对 $i=1，2，\cdots，m$ 个自助样本得到估计值$\hat{\beta}_i^*$．因为是从原样本中抽出重复样本，所以自助法也称为**重抽样程序**．将 m 个自助估计值$\hat{\beta}_i^*$ 的标准差估计值记为 $s(\hat{\beta}^*)$．这一**自助标准差** $s(\hat{\beta}^*)$是$\hat{\beta}$抽样分布标准差的估计值，而因此度量了回归系数 β 的估计精确度．

15.4.1 回归中的自助抽样

本节将会描述如何将自助抽样应用于回归模型．方便起见，将会展示线性回归模型的自助法程序，但本质上可以将相同的方法应用于非线性回归模型与广义线性模型．

存在两种求出自助回归估计值的基本方法．第一种方法，要拟合线性回归模型 $\boldsymbol{y}=\boldsymbol{X\beta}+\boldsymbol{\varepsilon}$，并得到 n 个残差 $\boldsymbol{e}'=[e_1，e_2，\cdots，e_n]$．从这 n 个残差中有效地选择大小为 n 的随机样本，并将其设为**自助残差向量** e^*．将自助残差加到预测值$\hat{\boldsymbol{y}}=\boldsymbol{X}\hat{\boldsymbol{\beta}}$中，形成响应变量的自助向量 $\boldsymbol{y}^*$．

也就是说，要计算

$$\boldsymbol{y}^*=\boldsymbol{X}\hat{\boldsymbol{\beta}}+\boldsymbol{e}^* \tag{15.19}$$

现在是通过回归程序使用原拟合模型对自助响应变量做关于原回归变量的回归．这一程序会产生第一个回归系数向量的自助估计值．现在也可以得到所感兴趣的任意量的自助估计值，这些自助估计值是参数估计值的函数．这一程序通常称为求**自助残差**．

另一种自助抽样程序通常称为**自助判例**(或**自助配对**)，其使用情形是所考虑的回归函数的适用性存在疑问时，或者误差方差不为常数时，以及回归变量并非固定类型的变量时．在这些自助估计的变体中，要将 n 个样本对$(\boldsymbol{x}_i，y_i)$考虑为进行重抽样的数据．也就是说，对 n 个原样本对$(\boldsymbol{x}_i，y_i)$进行有放回的抽样 n 次，产生自主样本，比如说$(\boldsymbol{x}_i^*，y_i^*)$ $(i=1，2，\cdots，n)$．然后用回归模型拟合这一自助样本，即

$$\boldsymbol{y}^*=\boldsymbol{X}\hat{\boldsymbol{\beta}}+\boldsymbol{\varepsilon} \tag{15.20}$$

得到第一个回归系数向量的自助估计值．

可以将自助抽样程序重复 m 次．一般情况下，m 的选择取决于应用实例．某些情况下，使用相当小的自助样本通过自助法就可以得到可靠的结果．但是一般而言，要使用 200～1000 个自助样本．选择 m 的一种方法是观察随着 m 的增加自助标准差 $s(\hat{\beta}^*)$的变异
518 性．当 $s(\hat{\beta}^*)$稳定时，就获得了适用大小的自助样本．

15.4.2 自助置信区间

可以使用自助法来得到回归系数的**近似置信区间**，所感兴趣的量比如 x 空间中特定点

处的响应变量均值，以及响应变量未来观测值的近似预测区间．正如在前几节中那样，将会关注回归系数，并且可以将其直接拓展用于其他回归量．

通过自助法得到近似 $100(1-\alpha)\%$ 的简单程序是**反射方法**（也即所谓的**百分数方法**）．反射方法通常在处理无偏估计量时会良好运作．反射置信区间方法使用 $\hat{\beta}^*$ 自助分布的下 $100(\alpha/2)$ 百分数与上 $100(1-\alpha/2)$ 百分数．令这两个百分数分别表示为 $\hat{\beta}^*(\alpha/2)$ 与 $\hat{\beta}^*(1-\alpha/2)$．从运算上讲，将会通过所计算的自助估计程序得到的 $\hat{\beta}_i^*$（$i=1, 2, \cdots, m$）来得到这两个百分数．将这两个百分数与 $\hat{\beta}$（$\hat{\beta}$ 为由原样本所得到的回归系数估计值）的距离定义如下：

$$D_1 = \hat{\beta} - \hat{\beta}^*(\alpha/2)$$
$$D_2 = \hat{\beta}^*(1-\alpha/2) - \hat{\beta} \tag{15.21}$$

那么回归系数 β 的近似 $100(1-\alpha/2)\%$ 自助置信区间由下式给出：

$$\hat{\beta} - D_2 \leqslant \beta \leqslant \hat{\beta} + D_1 \tag{15.22}$$

在给出本程序的例子之前，先要注意重要的两点：

1）在使用反射方法构造自助置信区间时，一般情况下良好的方法是使用比通常用于得到自助标准误差更大的自助样本．原因是：需要自助分布的尾百分率较小，而较大的样本将会提供更为可靠的结果．推荐至少使用 $m=500$ 个自助样本．

2）方程(15.22)中的置信区间表达式的下置信限与 D_2 有关，而上置信限与 D_1 有关．乍看起来这是相当奇怪的，这是由于 D_1 包含了自助分布的下限，而 D_2 包含了自助分布的上限．为了解释为什么会这样，考虑 $\hat{\beta}$ 的一般抽样分布，其下 $100(\alpha/2)\%$ 与上 $100(1-\alpha/2)\%$ 分别由 $\beta^*(\alpha/2)$ 与 $\beta^*(1-\alpha/2)$ 表示．现在可以说，$\hat{\beta}$ 将以概率 $100(1-\alpha/2)$ 落入区间

$$\hat{\beta}(\alpha/2) \leqslant \hat{\beta} \leqslant \hat{\beta}(1-\alpha/2) \tag{15.23}$$

将这两个百分数表达为其与 $\hat{\beta}$ 抽样分布均值的距离，即 $E(\hat{\beta})=\beta$，得到 519

$$d_1 = \beta - \hat{\beta}(\alpha/2) \quad 和 \quad d_2 = \hat{\beta}(1-\alpha/2) - \beta$$

因此，

$$\hat{\beta}(\alpha/2) = \beta - d_1$$
$$\hat{\beta}(1-\alpha/2) = \beta + d_2 \tag{15.24}$$

将方程(15.24)代入方程(15.23)，得到

$$\beta - d_1 \leqslant \hat{\beta} \leqslant \beta + d_2$$

上式可以写为

$$\beta - \beta - \hat{\beta} - d_1 \leqslant \hat{\beta} - \beta - \hat{\beta} \leqslant \beta - \beta - \hat{\beta} + d_2$$
$$-\hat{\beta} - d_1 \leqslant -\beta \leqslant -\hat{\beta} + d_2$$
$$\hat{\beta} - d_2 \leqslant \beta \leqslant \hat{\beta} + d_1$$

最后这个方程与方程(15.22)的自助置信区间有相同的形式，其中 d_1 与 d_2 代替了 D_1 与 D_2，同时使用了 $\hat{\beta}$ 作为抽样分布均值的估计值．

现在将给出两个例子．在第一个例子中，可以使用标准方法来构造置信区间，而这里的目标是展示如何通过自助法得到类似的结果．第二个例子涉及非线性回归，其置信区间仅适用于以渐进理论为基础时．第二个例子会展示自助法如何用于渐进结果的适用性检验．

例 15.3 **送货时间数据** 这一数据的多元回归版本最初在例 3.1 中进行了介绍，在全

书中也已经使用了若干次，解释了许多种回归方法．这里将会展示如何得到预测变量箱数 β_1 这一回归系数的自助置信区间．由例 3.1，β_1 的最小二乘估计值为$\hat{\beta}_1=1.615\ 91$．在例 3.8 中，求出了$\hat{\beta}_1$ 的标准误差为 0.17073，而 β_1 的 95%置信区间为 $1.261\ 81\leqslant\beta_1\leqslant1.970\ 01$．

由于模型看起来似乎良好地拟合了数据，不存在方差不相等的问题，所以将要使用自助残差来得到 β_1 的 95%近似自助区间．表 3-3 展示了基于原最小二乘拟合的所有 25 个观测值的拟合值与残差．为了构造第一个自助样本，考虑第一个观测值．由表 3-3，第一个观测值的拟合值为$\hat{y}=21.7081$．现在从表 3-3 的最后一列中随机选择一个残差，比如说 $e_5=-0.4444$．e_5 将变成第一个自助残差 $e_1^*=-0.4444$．然后第一个自助观测值变为 $y_1^*=y_1+e_1^*=21.7081-0.444=21.2637$．现在对每个后面的观测值使用拟合值$\hat{y}_1$ 与自助残差

520 $e_i^*(i=1,2,3,\cdots,25)$来构造自助样本中的其他观测值．记住，自助残差来自于表 3-3 的最后一列的**可重复**抽样．在完成自助抽样后，要对观测值$(x_{i1},x_{i2},y_i^*)(i=2,3,\cdots,25)$拟合线性回归模型，其结果是会产生回归系数的第一个自助估计值$\hat{\beta}_{1,1}^*=1.642\ 31$．重复这一过程 $m=1000$ 次，会产生 1000 个自助估计值$\hat{\beta}_{1,u}^*(u=1,2,\cdots,1000)$．图 15-8 展示了这 1000 个自助估计值的直方图．注意，这一直方图的形状十分类似于正态分布．这并不是预料之外的，这是由于$\hat{\beta}_1$ 的抽样分布应当就是正态分布．进一步而言，1000 个自助估计值的标准差为 $s(\hat{\beta}_1^*)=0.189\ 94$，该值合理地接近于 β_1 基于一般正态理论的标准差 $\mathrm{se}(\hat{\beta}_1)=0.170\ 73$．

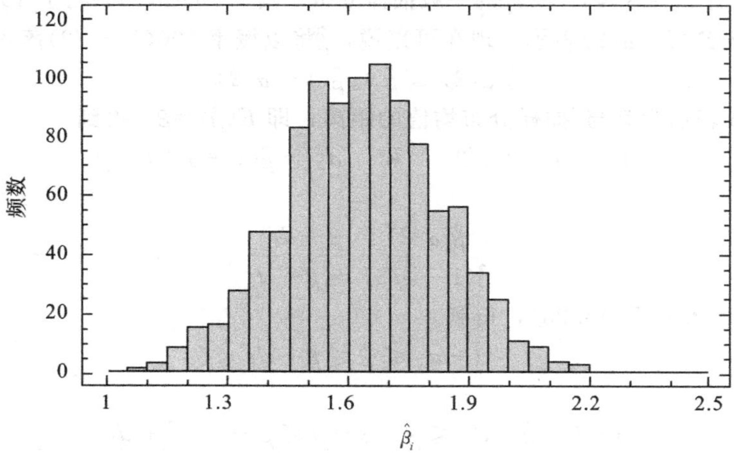

图 15-8　例 15.3 中自助估计值$\hat{\beta}_1^*$ 的直方图

为了构造$\hat{\beta}_1$ 的 95%置信区间，需要自助抽样分布的 2.5 与 97.5 分位数．这两个量分别为$\hat{\beta}_1^*(0.025)=1.246\ 52$ 与$\hat{\beta}_1^*(0.975)=1.989\ 70$(参考图 15-8)．距离 D_1 与 D_2 要通过方程(15.21)算得，如下：

$$D_1=\hat{\beta}_1-\hat{\beta}_1^*(0.025)=1.615\ 91-1.246\ 52=0.369\ 39$$

$$D_2=\hat{\beta}_1^*(0.975)-\hat{\beta}_1=1.989\ 70-1.615\ 91=0.373\ 79$$

最后，通过方程(15.22)得到 95%近似自助置信区间：

$$\hat{\beta}_1 - D_2 \leqslant \hat{\beta}_1 \leqslant \hat{\beta}_1 + D_1$$
$$1.615\,91 - 0.373\,79 \leqslant \beta_1 \leqslant 1.615\,91 + 0.369\,39$$
$$1.242\,12 \leqslant \beta_1 \leqslant 1.985\,30$$

这一置信区间十分类似于例 3.8 中求得的精确正态理论的置信区间 $1.261\,81 \leqslant \beta_1 \leqslant 1.970\,01$. 会预料到这两个置信区间是接近一致的，这是由于在本例中常规回归假设不存在严重问题. 521

在回归中自助法最为重要的应用是在没有可用的理论来构造统计推断时，以及程序使用了大样本结果即渐进结果时. 举例来说，在非线性回归中，所有的统计检验与置信区间都是大样本程序，只能视为近似的程序. 在特定问题中，自助法可以用于检验使用渐进程序时的有效性.

例 15.4 嘌呤霉素数据 例 12.2 与例 12.3 引入了嘌呤霉素数据，并对表 12-1 中的数据拟合了米氏模型

$$y = \frac{\theta_1 x}{x + \theta_2} + \varepsilon$$

产生的估计值分别为$\hat{\theta}_1 = 212.7$ 与$\hat{\theta}_2 = 0.0641$. 也求出了这两个参数估计值的大样本标准误差为 $se(\hat{\theta}_1) = 6.95$ 与 $se(\hat{\theta}_2) = 8.28 \times 10^{-3}$，而例 12.6 中计算的 95%近似置信区间为

$$197.2 \leqslant \theta_1 \leqslant 228.2$$

与

$$0.0457 \leqslant \theta_2 \leqslant 0.0825$$

由于这里所使用的推断程序是基于大样本理论的，而且用于模型拟合的样本量相对较小($n=12$)，所以通过计算 θ_1 与 θ_2 的自助标准差与自助置信区间来检验使用渐进结果的有效性将是有用的. 由于米氏模型看起来似乎良好地拟合了数据，而且不显著存在方差不相等的问题，所以可以使用自助残差方法来得到每个大小均为 $n=12$ 的 1000 个样本. 所得到的 θ_1 与 θ_2 的自助估计量的直方图分别如图 15-9 与图 15-10 所示. 图中也展示出了每个自

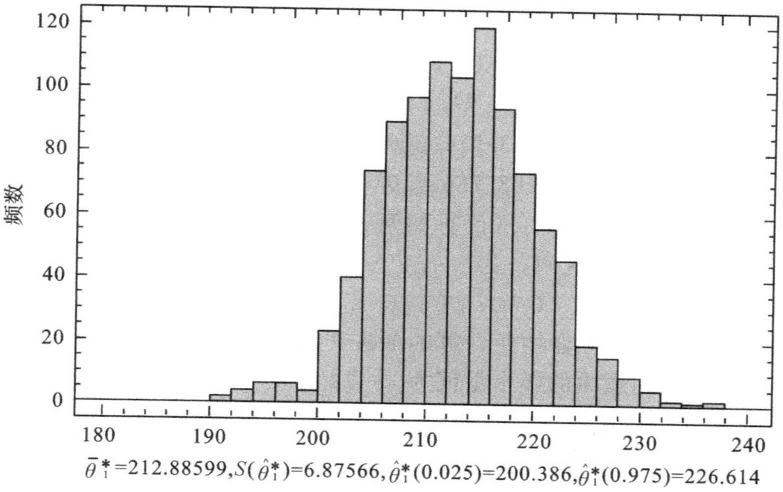

图 15-9 例 15.4 中自助估计值$\hat{\theta}_1^*$ 的直方图

助分布的样本平均值，标准差，以及 2.5 分位数与 97.5 分位数. 会注意到，自助均值与自助标准差都合理地接近于由原非线性回归拟合所得到的值. 进一步而言，两张直方图都明显是合理的正态分布，只是$\hat{\theta}_1^*$ 的分布可能有轻微的偏斜.

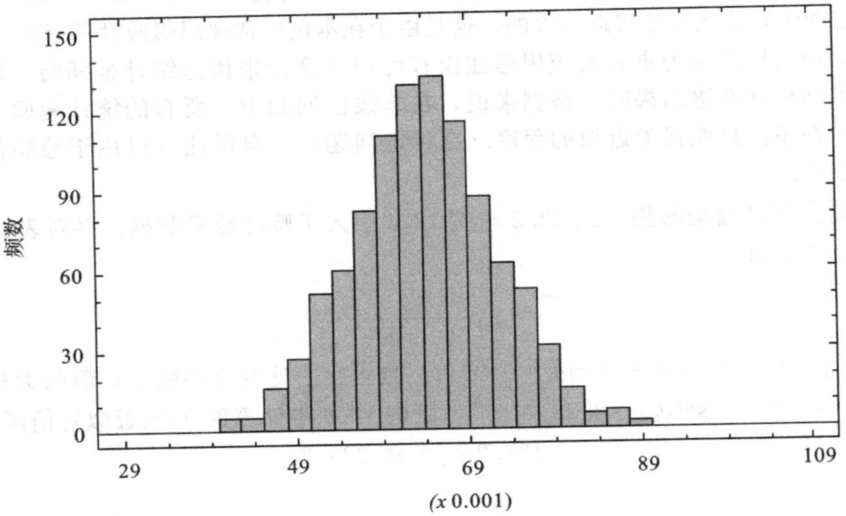

$\bar{\theta}_2^*=0.06388, S(\hat{\theta}_2^*)=0.00845, \hat{\theta}_2^*(0.025)=0.04757, \hat{\theta}_2^*(0.975)=0.08043$

图 15-10 例 15.4 中自助估计值$\hat{\theta}_2^*$ 的直方图

这里可以计算出 θ_1 与 θ_2 的 95%近似置信区间. 首先考虑 θ_1. 由方程(15.21)与图 15-9 中的信息，可以求出

$$D_1 = \hat{\theta}_1 - \hat{\theta}_1^*(0.025) = 212.7 - 200.386 = 12.314$$

$$D_2 = \hat{\theta}_1^*(0.975) - \hat{\theta}_1 = 226.614 - 212.7 = 13.914$$

因此，由方程(15.22)求得的 95%近似置信区间如下：

$$\hat{\theta}_1 - D_2 \leqslant \theta_1 \leqslant \hat{\theta}_1 + D_1$$

$$212.7 - 13.914 \leqslant \theta_1 \leqslant 212.7 + 12.314$$

$$198.786 \leqslant \theta_1 \leqslant 225.014$$

522~523 这一置信区间非常接近于原问题中所计算的渐进正态理论的置信区间. 跟随相似的程序，可以得到 θ_2 的 95%近似置信区间，为

$$0.04777 \leqslant \theta_2 \leqslant 0.08063$$

同样，这一结果也类似于原问题中所计算的渐进正态理论的置信区间. 这就确保了可以使用渐进结果，只是这一问题中的样本量仅为 $n=12$.

15.5 分类回归树(CART)

可以对一般的分类问题做如下陈述：给定某些单元上所感兴趣的响应变量与确定类型的数据(测量数据或类型数据)，使用这些数据来预测“类”会落入哪个单元. 然后完成这

一分类任务的算法来对未来的单元进行预测，这时类型数据是已知的，而响应变量是未知的. 当然，这是一个非常一般性的问题，所以可以将许多不同的统计工具应用于这一问题，包括标准多元回归、逻辑斯谛回归与广义线性模型、聚类分类、判别分析，等等. 最近几年来，统计学与计算机科学研究出了处理分类问题的**基于树的方法**. 本节会简短地介绍基于树的算法. 更多细节见 Breiman、Friedman、Olshen 和 Stone(1984)与 Gunter(1997a，b，1998).

当响应变量离散时，通常将程序称为**分类树**；而当响应变量连续时，程序会得出**回归树**. 完成该程序的算法常用首字母缩写为 CART，表示**分类回归树**. 分类回归树会分层地展示出关于样本中每个单元的一系列问题. 这些问题与每个单元类型数据的值有关，当可以回答这些问题时，就会知道每个单元最可能会属于哪个“类”. 通常将这种信息的一般展示形式称为树，这是因为树逻辑上会将问题表示为一颗颠倒过来的树：树顶有一个根，根联系着一系列分支，而叶在底部. 在每个结点处，会提出关于类型变量的若干问题之一，而该结点处所展开的分支将会取决于该问题的答案. 决定提出问题的顺序是重要的，这是因为问题的顺序会决定树的结构. 虽然有许多方式都可以决定提出问题的顺序，但是一般的方法是最大化在每个分裂节点机会处的**结点纯度**的增加量，这里结点纯度是通过最小化结点处响应变量数据的变异性而改善得到的. 因此，如果响应变量是离散分类的，那么较高的结点纯度意味着会有较少的分类；包含单独一个响应变量分类的节点是完全纯度结点. 如果响应变量连续，那么诸如标准差，均方误差，或者结点处响应变量平均绝对离差等变异性的变量应当尽可能地小，以最大化结点纯度.

有大量的特定算法可以实现这些一般性的处理，而同时也可以使用许多不同的计算机软件代码. CART 方法通常会应用于非常大型的数据集，所以 CART 算法倾向于是非常计算密集型的. 从解释试验设计数据的情形到研究大型数据(在数据库中通常称为数据挖掘或知识发现)的情形，都存在 CART 方法的许多应用. 524

例 15.5 **燃油效率性能数据** 表 B-3 展示了 32 辆汽车的燃油效率性能数据，以及 11 个类别变量. 有两个观测值存在缺失，所以仅对有完整样本的 30 辆汽车进行分析. 图 15-11 展示了将 S-PLUS 应用于这一数据集时所产生的回归树. 图的底部展示了由 S-PLUS 所产生的树中的每个结点的描述性信息. 每个结点处的结点纯度即**离差**的度量恰是在该结点处观测值的校正平方和，yval 为这些观测值的平均值，而 n 为结点处观测值的个数.

在根结点处，有所有 30 辆汽车，所以根结点处的离差恰是所有 30 辆汽车的校正平方和. 样本中汽油里程的平均值为 20.04 英里/加仑. 第一个分支是变量 CID，即以立方英寸为单位的发动机排量. 在结点 2 处有 4 辆汽车，其 CID 低于 115.25，离差为 22.55，而平均燃油效率为 33.38 英里/加仑. 结点 3 是根结点右侧的分支，其离差为 295.6，所以结点 2 与结点 3 的离差之和为 318.15. 在所有变量的所有水平上，都不可能存在其他划分会将观测值进行分类，并产生低于 318.15 的离差之和. 所以结点 2 是终结点，这是因为其结点 525
离差是比用户所设定的允许值更小的根结点离差的百分数. 终结点也会出现在没有足够的观测值(也是由用户设定的)来分割结点时. 所以在该点处，如果希望鉴定出有最高燃油效率群组中的汽车，那么所需要的只是观察其发动机排量.

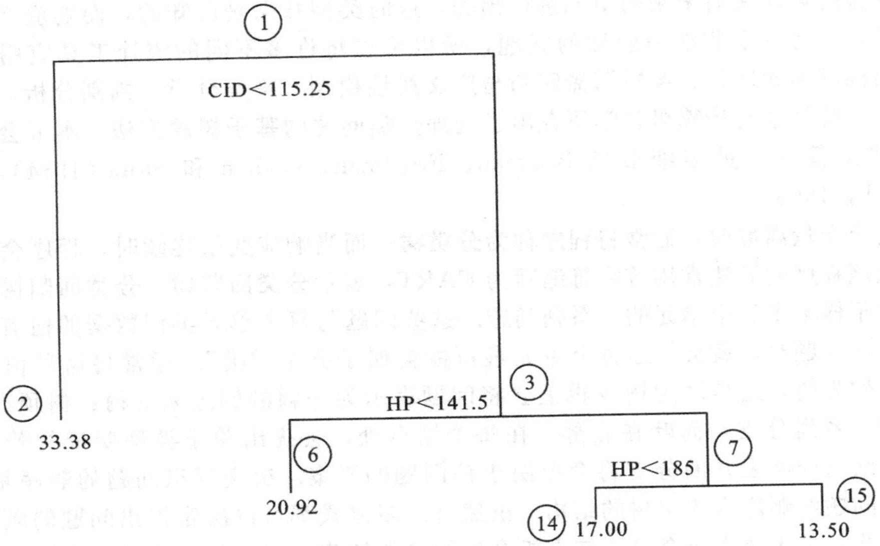


```
dc),split,n,deviance,yval
   * denotes terminal node
1) root 30 1139.0000 20.04
2) CID<115.25   4   22.5500   33.38 *
3)  CID>115.25      295.600   17.99
6) HP<141.5   11   32.4200   20.92 *
7) HP>141.5   11   99.0400   15.83
14) HP<185   10   50.1600   17.00 *
15) HP>185.5      8.1400   13.50 *
```

图 15-11　使用 S-PLUS 对表 B-3 的汽油里程性能数据进行 CART 分析

结点 3 包含 26 辆汽车，在下一个结点处的后续分割要通过变量发动机马力．十一辆低于 141.5 马力的汽车组成了另一个分支．左边的分支会产生终结点；右侧的分支会进入另一个结点(7)，这一分支也是根据马力进行分割的．这就解释了回归树的一个重要特点：可以对树上的不同结点询问相同的问题，这反映了问题中变量之间关系的复杂性．结点 14 与结点 15 是终结点，而这两个终结点上的汽车有相近的燃油效率性能．

回归树表明，可以将汽车分类为高燃油效率、中等燃油效率与低燃油效率三类，分类方法是考察 CID 与马力——在原数据集所给出的 11 个类别变量中只需考虑其中两个类别变量．作为对比，使用英里/加仑作为响应变量的向前变量选择将会选出 CID 是唯一的重要变量，而逐步回归与向后剔除则会选择出后轴比率、车长与车宽作为重要变量．但是要记住，CART 与多元回归的目标在某种程度上是不同的：CART 试图找出最优的(或次优的)分类结果，而多元回归试图研究出一个预测方程．

15.6　神经网络

神经网络，更为精确地说是**人工神经网络**．人类大脑处理信息的方式与一般数字计算机的处理方式有根本的不同，而对这一点的认识激励了对人工神经网络的研究．神经是大脑的基本构造单元与信息处理模块. 一般的人脑有大量的神经元(大脑皮质中大约有 1000 亿个神经元)与 60 万亿个突触连接在神经元之间; 神经元的排列结构是高度复杂的、非线性的与并行的. 因此, 人脑的结构可以非常有效地进行信息的处理、学习与推理.

设计人工神经网络的结构, 就要通过尝试模仿人脑解决问题的方式来求解特定类型的问题. 人工神经网络的一般形式是“黑箱”型模型, 通常用于建模高维的非线性数据. 一般而言, 大多数神经网络都会用于求解某些系统中的预测问题, 而不是正式地构建模型或研究系统如何运作的内在知识. 举例来说, 计算机公司可能想要研究出一种自动读取手写文件并将其转换为打印文件的程序. 如果程序可以快速而准确地完成这一任务, 那么该公司可能就对完成任务所使用的特定模型没有什么兴趣了.

多层正反馈人工神经网络是一种多元统计模型, 用于将 p 个预测变量 x_1, x_2, $\cdots$, x_p 与 q 个响应变量 y_1, y_2, $\cdots$, y_q 建立相关关系. 模型有若干层, 每个层都包含了原始变量或某些构造后的变量. 最常见的模型结构有三个层: **输入层**, 是原始的预测变量; **隐含层**, 包含了构造后变量的集合; 以及**输出层**, 组成了响应变量. 某个层中的每个变量称为**结点**. 图 15-12 展示了一个典型的三层人工神经网络. 526

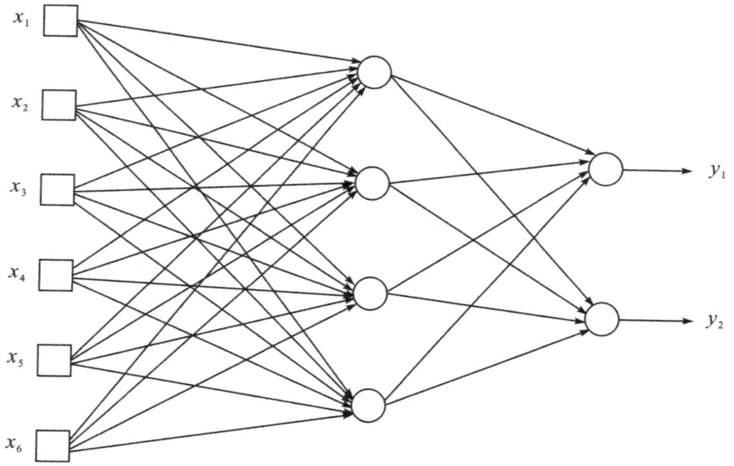

图 15-12 有一个隐含层的人工神经网络

结点将输入视为来自其下层结点的输出的变换后的线性组合, 然后结点将输出作为其自身的输出变换, 传递到下层的一个或更多个结点. 变换函数通常是 S 型的或线性的, 通常称其为**激活函数**或**传递函数**. 令 k 个隐含层结点的每个结点 a_u 为输入变量的线性组合:

$$a_u = \sum_{j=1}^{p} w_{1ju} x_j + \theta_u$$

式中 w_{1ju} 为必须要进行估计的未知参数(称为权重), 而 θ_u 这一参数扮演了线性回归中截距的角色(θ_u 这一参数有时称为偏倚结点).

每个结点都要通过激活函数 g 进行变换. 大多数神经网络文献将激活函数记为 σ, 这是因为激活函数是 S 型的(从统计学所关注的角度来说, 选择这种记法是不好的). 令将结

点 a_u 的输出表示为 $Z_u = g(a_u)$. 现在就形成了输出的线性组合，比如说 $b_v = \sum_{u=0}^{k} w_{2uv} z_u$，式中 $z_0 = 1$. 最后，第 v 个响应变量 y 是 b 的变换，比如说 $y_v = \tilde{g}(b_v)$，式中 $\tilde{g}$ 为响应变量的
527 激活函数. 将以上这些都组合在一起，会给出

$$y_v = \tilde{g}\left[\sum_{u=1}^{k} w_{2uv} g\left(\sum_{j=1}^{p} w_{1ju} x_j + \theta_{1j}\right) + \theta_{2u}\right] \tag{15.25}$$

响应变量 y_v 是原始预测变量变换后的线性组合. 对于隐含层，激活函数的选择通常是逻辑斯谛函数 $g(x) = 1/(1+e^{-x})$ 或双曲正切函数 $g(x) = \tanh x = (e^x - e^{-x})/(e^x + e^{-x})$ 二者之一. 输出层激活函数的选择取决于响应变量的性质. 如果响应变量是有界的或两分的，那么输出层的激活函数通常会选择 S 型函数；而如果响应变量是连续的，那么一般会使用恒等函数.

方程(15.25)中的模型有非常灵活的形式，包含了许多参数；而正是这种特性，使得神经网络有了近似统一的逼近性质. 也就是说，这一模型会自然地拟合出所出现的函数. 但是，方程(15.25)中的参数必须要估计出来，而该方程中的参数是很多的. 估计这些参数的一般方法是最小化所有响应变量与所有观测值的总残差平方和. 这是一个非线性最小二乘问题，可以用许多种算法来求解. 通常使用称为**反向传播**(是最速下降法的变种)的程序，但也要使用基于导数的梯度方法. 正如在所有非线性估计程序中那样，使用算法时必须要设定参数的起始值. 习惯上会将所有输入变量都标准化，并选择本质上较小的随机值作为起始值.

复杂的非线性函数中包括了太多的参数，就会存在**过度拟合**的风险；也就是说，神经网络会近乎完美地拟合历史数据集或“训练”数据集，但对新数据的预测将是极为不良的. 过拟合是统计学中构建经验模型时的常见问题. 神经网络社区已经研究出了许多种处理过拟合的方法，比如说减少未知参数的个数(这称为“最优脑外科手术”)，在收敛完成前就停止参数估计过程，以及向残差平方和中添加惩罚函数来使其随着参数估计值平方和函数的增加而增加. 也存在许多种选择层数、神经元数与激活函数形式的不同策略，这通常称为**神经网络架构**. 交叉验证可以用于选择隐含层中的结点数. 人工神经网络的优秀参考文献包括 Bishop(1995)、Haykin(1994)与 Ripley(1994).

人工神经网络是一个活跃的研究与应用领域，特别是分析大型的、复杂的、高度非线性的问题时. 许多用户与神经网络的支持者总是会忽视过拟合问题，并且因为神经网络社区的许多成员都没有在经验建模时进行过可靠的训练，所以通常不会理解过拟合所引起的困难. 进一步来说，实现神经网络的许多计算机程序并不会十分理想地处理好过拟合问题. 我们的看法是：神经网络相对于回归分析与试验设计这种熟悉的统计工具是复杂的，
528 并且不能代替回归与试验，这是因为神经网络只能给出预测模型，不能从根本上深入研究由数据所产生的隐含的过程机制.

15.7　回归试验设计

回归模型的许多性质都取决于预测变量的水平. 举例来说，$\boldsymbol{X}'\boldsymbol{X}$ 矩阵会决定模型回归系数的方差与协方差. 因此，在不能选择 x 水平的情况下，自然要考虑**试验设计**问题. 也

就是说，如果选出了每个预测变量的水平(甚至是所要使用的观测值个数)，那么应当如何进行处理呢？在第 5 章已经看到过多项式拟合的试验设计实例，其中使用了中心组合设计来拟合有两个变量的二阶多项式．因为在解决工程学、商学与自然科学的许多问题时都会使用低阶多项式模型(一般是一阶多项式或二阶多项式)，所以就有了低阶多项式模型拟合试验设计的拓展性文献．举例来说，有试验设计的图书(Montgomery(2009))与响应曲面方法的图书(Myers、Montgomery 和 Anderson-Cook(2009))．本节将概述回归模型的试验设计，并给出一些有用的文献．

假设想要拟合有三个变量的一阶多项式模型，比如说

$$y = \beta_0 + \beta_1 x_1 + \beta_2 x_2 + \beta_3 x_3 + \varepsilon$$

并且可以设定三个回归变量的水平．假设回归变量是连续的，可以在 -1 与 $+1$ 的范围内变动，即 $-1 \leqslant x_i \leqslant +1 (i=1, 2, 3)$．**因子设计**在拟合回归模型时是非常有用的．因子设计意味着因子的每个可能水平上的试验都会组合着其他所有因子的每个可能水平来进行．举例来说，假设想要对每个回归变量在两个水平 -1 到 $+1$ 上进行试验，那么因子设计将会称为 2^3 因子设计，有 $n=8$ 次试验．设计矩阵 $\boldsymbol{D}$ 恰是一个 8×3 矩阵，这一矩阵包含了回归变量的水平：

$$\boldsymbol{D} = \begin{bmatrix} -1 & -1 & -1 \\ 1 & -1 & -1 \\ -1 & 1 & -1 \\ 1 & 1 & -1 \\ -1 & -1 & 1 \\ 1 & -1 & 1 \\ -1 & 1 & 1 \\ 1 & 1 & 1 \end{bmatrix}$$ 529

$\boldsymbol{X}$ 矩阵(即模型矩阵)为

$$\boldsymbol{X} = \begin{bmatrix} 1 & -1 & -1 & -1 \\ 1 & 1 & -1 & -1 \\ 1 & -1 & 1 & -1 \\ 1 & 1 & 1 & -1 \\ 1 & -1 & -1 & 1 \\ 1 & 1 & -1 & 1 \\ 1 & -1 & 1 & 1 \\ 1 & 1 & 1 & 1 \end{bmatrix}$$

所以 $\boldsymbol{X}'\boldsymbol{X}$ 矩阵为

$$\boldsymbol{X}'\boldsymbol{X} = \begin{bmatrix} 8 & 0 & 0 & 0 \\ 0 & 8 & 0 & 0 \\ 0 & 0 & 8 & 0 \\ 0 & 0 & 0 & 8 \end{bmatrix}$$

会注意到 $\boldsymbol{X}'\boldsymbol{X}$ 矩阵是对角矩阵，这表明 2^3 因子设计是**正交**的，任何回归系数的方差

均为

$$\mathrm{Var}(\hat{\beta})=\frac{\sigma^2}{8}$$

进一步来说，在以±1 为界的设计空间上，所设计的这八次试验将会使得模型回归系数的方差最小.

对于 2^3 设计，$\boldsymbol{X}'\boldsymbol{X}$ 矩阵的行列式为 $|\boldsymbol{X}'\boldsymbol{X}|=4096$. 对于在以±1 为界的设计空间上所设计的八次试验，4096 是最大的可能值. 这就证明了包含所有模型回归系数的联合置信域的体积与 $\boldsymbol{X}'\boldsymbol{X}$ 行列式的平方根成反比. 因此，为了使得联合置信域尽可能小，就要选出使得 $\boldsymbol{X}'\boldsymbol{X}$ 的行列式尽可能大的试验设计. 2^3 设计就完成了这一选择.

以上结果可以推广到有 k 个变量的一阶模型，以及有交互作用项的一阶模型的情形中. 2^k 因子设计(也就是所有 k 个因子都有 2 个水平(±1)的因子设计)将会最小化回归系数的方差，并且最小化所有模型参数的联合置信域的体积. 拥有这一性质的试验设计称为 **D-最优设计**. 最优设计产生自 Kiefer(1959，1961)与 Kiefer 和 Wolfowitz(1959)的工作，其基础框架是测度论，将试验设计看作设计测度. 最优设计于 20 世纪 70 至 80 年代进入了实用领域，这是因为对于 Kiefer 及其合作者们所开启的准则而言，所提出的试验设计是有效
530 的. 对计算机算法的研究会使得可以通过计算机软件包来生成“最优设计”，而算法的基础是实践时所选择的样本量、模型、变量的取值范围，以及其他约束.

现在考虑 2^3 设计中一阶模型的响应变量预测值的方差：

$$\begin{aligned}\mathrm{Var}[\hat{y}(x_1,x_2,x_3)]&=\mathrm{Var}(\hat{\beta}_0+\hat{\beta}_1x_1+\hat{\beta}_2x_2+\hat{\beta}_3x_3)\\&=\frac{\sigma^2}{8}(1+x_1^2+x_2^2+x_3^3)\end{aligned}$$

响应变量预测值的方差是设计空间中的点的函数，其中要对(x_1，x_2 与 x_3)以及模型回归系数的方差进行预测. 因为 2^3 设计是正交的且模型参数的方差均为 $\sigma^2/8$，所以回归系数的估计值是独立的. 因此，所预测方差的最大值产生于 $x_1=x_2=x_3=\pm1$ 时，且值等于 $\sigma^2/2$.

为了确定这样做的好处，需要知道最大方差预测值所能达到的最小可能值. 可以证明，设计空间上最大方差预测值的最小可能值为 $p\sigma^2/n$，其中 p 为模型参数的个数，而 n 为试验中所进行试验的次数. 2^3 设计有 $n=8$ 次试验，同时模型有 $p=4$ 个参数，所以通过这一试验来拟合数据的模型将最小化试验域上的最大方差预测值. 有这种性质的试验设计称为 **G-最优设计**. 一般情况下，2^k 设计是拟合一阶模型或有交互作用项的一阶模型的 G-最优设计.

可以求出设计空间中任意所感兴趣的点处的方差预测值. 举例来说，当位于设计的中心时，$x_1=x_2=x_3=0$，那么方差预测值为

$$\mathrm{Var}[\hat{y}(x_1=0,x_2=0,x_3=0]=\mathrm{Var}(\hat{\beta}_0)=\frac{\sigma^2}{8}$$

而当 $x_1=1$，$x_2=x_3=0$ 时，方差的预测值为

$$\mathrm{Var}[\hat{y}(x_1=1,x_2=0,x_3=0)]=\mathrm{Var}(\hat{\beta}_0+\hat{\beta}_1)=\frac{\sigma^2}{4}$$

在这两个点处方差预测值的平均值为

$$\frac{1}{2}\left(\frac{\sigma^2}{8}+\frac{\sigma^2}{4}\right)=\frac{3\sigma^2}{16}.$$

可以在所选择的点的集合上最小化方差预测值平均值的试验设计称为 V-**最优设计**.

在设计空间中特定点的集合上求方差预测值平均值的另一种方法，是考虑全部设计空间上的**方差预测值平均值**. 计算该方差预测值平均值即**积分方差**的途径是 531

$$I=\frac{1}{A}\int_R \mathrm{Var}[\hat{y}(\boldsymbol{x})]\mathrm{d}\boldsymbol{x}$$

式中 A 为设计空间的面积或体积，而 R 为设计域. 为了计算出方差预测值的平均值，需要对设计空间上的方差函数做积分，然后除以设计域的面积或体积. 对于 2^3 设计，设计域的体积为 8，所以积分方差为

$$I=\sigma^2\ \frac{1}{8}\int_{-1}^{1}\int_{-1}^{1}\int_{-1}^{1}(1+x_1^2+x_2^2+x_3^2)\mathrm{d}x_1\mathrm{d}x_2\mathrm{d}x_3=0.25\sigma^2$$

可以证明，该值是方差预测值平均值的最小可能值，可以通过设计空间上用于拟合一阶模型的八次试验设计而得. 有这种性质的试验设计称为 I-**最优设计**. 一般情况下，2^k 设计是拟合一阶模型或有交互作用项的一阶模型的 I-最优设计.

现在考虑拟合二阶多项式的试验设计. 正如在第 1 章所提及到的，二阶多项式广泛用于工业中的**响应曲面方法**(RSM)、试验设计组合、模型拟合、最优化方法等应用，这些方法都广泛用于过程改进与最优化. 有 k 个因子的二阶模型为

$$y=\beta_0+\sum_{i=1}^{k}\beta_i x_i+\sum_{i=1}^{k}\beta_{ii}x_i^2+\sum_{i<}\sum_{j=2}^{k}\beta_{ij}x_i x_j+\varepsilon_i$$

这一模型有 $1+2k+k(k-1)/2$ 个参数，所以试验设计必须要包含至少这么多次试验. 7.4 解释了有 $k=2$ 个因子的二阶模型拟合的试验设计，以及相关的模型拟合与主要 RSM 研究的一般性分析.

有许多种二阶模型拟合的标准设计. 两种使用最为广泛的设计是**中心组合设计**与 **Box-Behnken 设计**. 7.4 节使用了中心组合设计. 中心组合设计包括了一个 2^k 设计(即可以估计出二阶模型所有项分数的因子)、$2k$ 个轴试验其定义如下：

x_1	x_2	…	x_k
$-\alpha$	0	…	0
α	0	…	0
0	$-\alpha$	…	0
0	α	…	0
⋮	⋮	⋮	
0	0	…	$-\alpha$
0	0	…	α

532

以及在 $x_1=x_2=\cdots=x_k=0$ 处的 n_C 个中心试验. 因为试验可以同时选择轴距 α 与中心试验个数这两个参数，所以可以相当灵活地使用中心组合设计. 这两个参数的选择可能是极为重要的. 图 15-13 与图 15-14 展示了 $k=2$ 与 $k=3$ 时的 CCD. 轴距的值一般会在 1.0 至$\sqrt{k}$之间变化：前一个值 1.0 将所有轴点都放置在了立方体或超立方体的表面上，产生了**立方形域的设计**；后一个值$\sqrt{k}$使得所有点距离设计中心的距离都是相等的，产生了**球形域的设

计. 当 $\alpha=1$ 时中心组合设计通常称为**面心立方体**设计. 正如 7.4 节所观察到的, 当轴距为 $\alpha=\sqrt[4]{F}$式中 F 为因子设计点的个数时, 中心组合设计是**可旋转**的; 也就是说, 响应变量预测值的方差 $\mathrm{Var}[\hat{y}(\boldsymbol{x})]$对于与设计中心距离相等的所有点都是常数. 可旋转性当试验数据的模型拟合将要用于最优化时是一种所想望的性质. 可旋转性会确保响应变量预测值的方差只取决于所感兴趣的点与设计中心的距离, 而不取决于方向. 中心组合设计与 Box-Behnken 设计两种设计相对于 D-最优设计与 I-最优设计也都是相当好的.

533

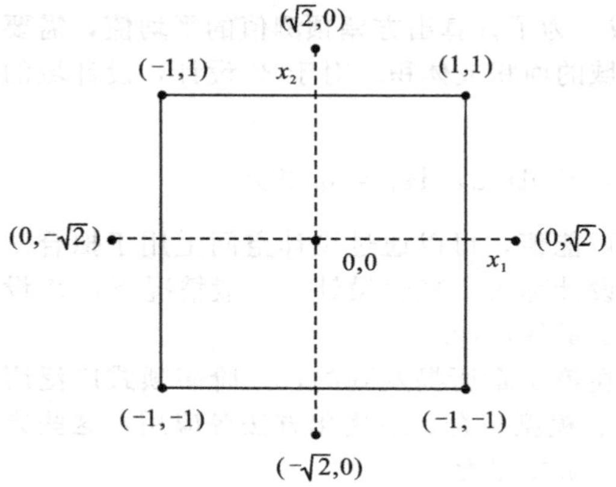

图 15-13 $k=2$ 且 $\alpha=\sqrt{k}=\sqrt{2}$时的中心组合设计

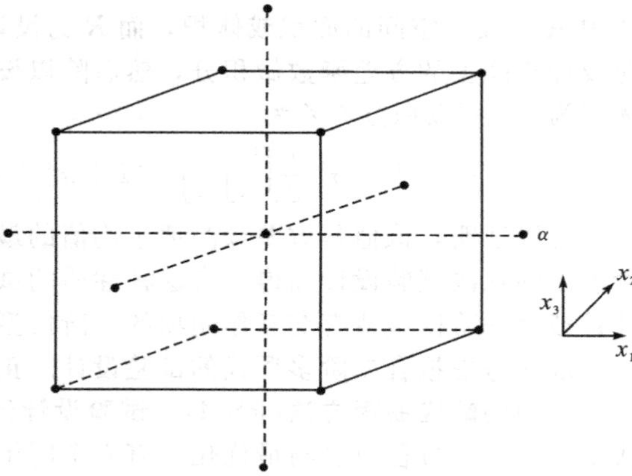

图 15-14 $k=3$ 且 $\alpha=\sqrt{k}=\sqrt{3}$时的中心组合设计

Box-Behnken 设计也是一种球形设计, 是可旋转的或近似可旋转的. 有 $k=3$ 个因子的 Box-Behnken 设计如图 15-15 所示. 这一设计中的所有点都在半径为$\sqrt{2}$的球面上. 中心组合设计与 Box-Behnken 设计的更多细节以及二阶多项式模型拟合的其他标准设计, 参考 Montgomery(2009)或 Myers、Montgomery 和 Anderson-Cook(2009).

JMP 软件可以构造 D-最优设计与 I-最优设计, 其所使用方法的基础是 Meyer 和 Nachtsheim(1995)所研究的坐标交换算法. 试验时要设定因子的个数, 以及所要使用的优化准则(D-最优还是 I-最优). 坐标交换方法首先要随机选出一个设计, 然后在每个试验的每个坐标上系统地进行搜索, 来寻找可以产生最优准则的最优值的坐标设置. 当完成了最后一次试验的搜索时, 就从第一个试验的第一个坐标重新开始. 继续这样进行下去, 直到不能再对准则进行进一步的改进. 现在通过这一方法所求得的设计不是最优的, 这是因为该设计可能会取决于开始时的随机设计, 所以要创建另一个随机设计并重复坐标交换过程. 在这样随机地开始若干次之后, 就可以说所求得的最佳设计是最优的了. 坐标交换算法是极为有效的, 并且通常都会产生最优或者十分接近最优的设计.

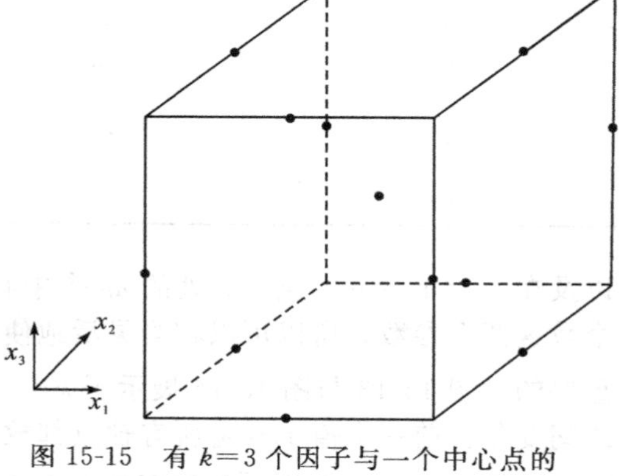

图 15-15 有 $k=3$ 个因子与一个中心点的 Box-Behnken 设计

为了解释如何构造最优设计，假设想要进行一个有 $k=4$ 个因子的二阶模型拟合试验. 所感兴趣的设计域是立方形的，而且所有四个因子都定义在区间 -1 到 $+1$ 内. 模型有 $p=15$ 个参数，所以必须要有至少 15 次试验. $k=4$ 个因子的中心组合设计有 25 到 30 个试验，其试验次数取决于中心点的个数. 与所必须进行估计的参数个数相比，这是一个相当大的设计. 最优设计最典型的使用是在资源不允许使用标准设计的试验次数时，去创建定制的 534
设计. 将会用 18 次试验来构造最优设计. 使用 JMP 构造的有 18 次试验的 D-最优设计如表 15-5 所示，I-最优设计如表 15-6 所示. 这两个最优设计看起来在某种程度上是相似的. JMP 报告出表 15-5 中设计的 D-效率为 44.982 32%，而表 15-6 中设计的 D-效率为 39.919 03%. 注意，D-最优设计算法并不会产生 D-效率为 100%的设计，这是因为计算出的 D-效率是相对于可能并不存在的"理论"正交设计的. 表 15-5 中设计的 G-效率为 75.384 78%，而表 15-6 中设计的 G-效率为 73.578 05%. 设计的 G-效率是容易计算的，这是因为正如在前文中所观察到的，设计空间上尺度化的方差预测值最大值的理论最小值为 $p\sigma^2/n$，式中 p 为模型参数的个数，而 n 为试验的试验次数，所以必须要做的只是求出方差预测值的实际最大值，而 G-效率可以用下式算得：

$$G_{\text{效率}} = \frac{p}{\max\left\{\dfrac{n\mathrm{Var}[\hat{y}(\boldsymbol{x})]}{\sigma^2}\right\}}$$

一般而言，所报告的效率有百分之一的偏倚. 这两个设计有十分接近的 G-效率. JMP 也报告出了设计空间上方差预测值的平均值(积分方差)为 $0.652\,794\sigma^2$ (D-最优设计)与 $0.485\,53\sigma^2$ (I-最优设计). 因为构造积分方差时最小化了 G-效率，所以积分方差比 I-最优设计更小并不会令人惊讶.

表 15-5 有 $k=4$ 个因子的二阶模型的 D-最优设计的 18 次试验

试验	X1	X2	X3	X4
1	0	0	1	0
2	1	1	1	−1
3	−1	−1	1	1
4	1	1	−1	1
5	−1	1	1	1
6	−1	−1	1	−1
7	1	−1	1	−1
8	1	−1	1	1
9	0	1	−1	−1
10	1	0	−1	−1
11	−1	0	−1	1
12	−1	1	1	−1
13	−1	−1	−1	−1
14	0	1	0	1
15	−1	0	0	−1
16	1	−1	0	0
17	−1	1	−1	0
18	0	−1	−1	1

535

表 15-6 有 $k=4$ 个因子的二阶模型的 I-最优设计的 18 次试验

试验	X1	X2	X3	X4
1	1	0	1	1
2	−1	−1	1	1
3	−1	−1	0	−1
4	1	1	1	−1
5	0	−1	1	−1
6	−1	1	1	0
7	1	−1	−1	1
8	1	−1	−1	−1
9	0	1	0	1
10	−1	1	−1	−1
11	0	0	0	0
12	0	0	0	0
13	−1	0	−1	1
14	1	−1	0	0
15	−1	0	1	−1
16	0	−1	−1	0
17	1	1	−1	0
18	0	0	0	−1

为了进一步对比这两种设计，考虑图 15-16 的图像. 这是设计空间分数(FDS)的图像. 对于纵坐标上方差预测值的任意值，曲线都展示出了总设计空间所占的分数即比例，其中方差预测值会小于等于纵坐标的值. “理想”试验设计的 FDS 图应当是一条低而平缓的曲线. 图 15-16 中，较低的区间是 I-最优设计，而较高的区间是 D-最优设计. 显然，I-最优设计的方差预测值相比 D-最优设计，在几乎所有设计空间上都要更高. 确实也存在 I-最优设计的 G-效率更低的点，这表明设计空间中存在一个非常小的部分，这部分中的 D-最优设计的最大方差预测值相比 I-最优设计要更小. 这样的点位于设计域的最末端.

536

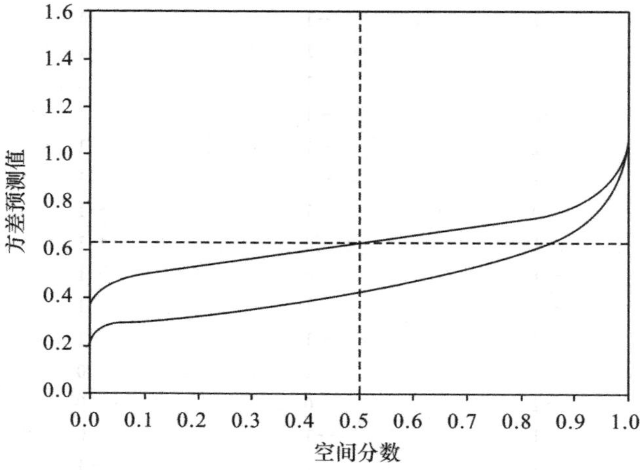

图 15-16 表 15-5 与表 15-6 中 D-最优设计与 I-最优设计的设计空间分数图

习题

15.1 为什么有一个50%崩溃点的估计量在拟合回归模型时可能不会给出令人满意的结果?

15.2 考虑连续型概率分布 $f(x)$. 假设 θ 为未知的局部估计量,且概率密度可以写为 $f(x-\theta)(-\infty<\theta<+\infty)$. 令 x_1, x_2, …, x_n 为来自这一概率密度的大小为 n 的随机样本.

a. 证明:θ 的极大似然估计量是下式的解:

$$\sum_{i=1}^{n}\psi(x_i-\theta)=0$$

该式会最大化似然函数的对数 $\ln L(\mu)=\sum_{i=1}^{n}\ln f(x_i-\theta)$,式中 $\psi(x)=\rho'(x)$ 且 $\rho(x)=-\ln f(x)$.

b. $f(x)$为正态分布时,求出 $\rho(x)$、$\psi(x)$与对应的 θ 最大似然估计量.

c. $f(x)=(2\sigma)^{-1}\mathrm{e}^{-|x|/\sigma}$(双指数分布)时,求出 $\rho(x)$与 $\psi(x)$. 将这一估计量与b小问所求出的估计量进行对比. 在本小问的情形中样本中位数看起来是合理的估计量吗?

d. $f(x)=[\pi(1+x^2)]^{-1}$(柯西分布)时,求出 $\rho(x)$与 $\psi(x)$. 在本小问的情形中如何求解 $\sum_{i=1}^{n}\psi(x_i-\theta)$?

15.3 **图基双权数函数**. 稳健回归的一个主流 ψ 函数是图基双权函数,式中

$$\psi(z)=\begin{cases}z[1-(z/a)^2]^2 & |z|\leqslant a\\ 0 & |z|>a\end{cases}$$

其 $a=5$, 6. 画出 $a=5$ 时的 ψ 函数,并讨论其性质. 图基双权数函数会给出与安德鲁波函数类似的结果吗?

15.4 美国空军使用回归模型进行成本估算,这一应用几乎总是会涉及离群点. Simpson 和 Montgomery (1998a)展示了关于卫星首台机组的成本数据(y)与电子配件的重量(x)的19个观测值. 数据如下表所示. 537

观测值	成本(千美元)	重量(磅)	观测值	成本(千美元)	重量(磅)
1	2449	90.6	11	2628	34.9
2	2248	87.8	12	3989	46.6
3	3545	38.6	13	2308	80.9
4	794	28.6	14	376	14.6
5	1619	28.9	15	5428	48.1
6	2079	23.3	16	2786	38.1
7	918	21.1	17	2497	73.2
8	1231	17.5	18	5551	40.8
9	3641	27.6	19	5208	44.6
10	4314	39.2			

a. 画出数据的散点图. 讨论可能会存在哪种类型的离群点.

b. 对这一数据使用OLS拟合一条直线. 结果看起来是令人满意的吗?

c. 对这一数据使用你所选出的 *M*-估计量拟合一条直线. 结果是令人满意的吗?讨论 *M*-估计量为什么在这一问题中是不良的选择.

d. 讨论你认为适合这一数据集的估计量的类型.

15.5 表B-14展示了关于电子反相器跳变点的数据. 对这一数据使用 *M*-估计量来拟合模型. 有迹象表明可能存在记录有误的观测值吗?

15.6 考虑习题 2.10 中收缩压与体重关系的回归模型. 假设希望预测某个人的体重，并给出了收缩压的一个观测值. 使用 15.3 节所描述的，对给定的一个 y 值预测 x 的程序，可以完成这一预测吗？在本题的特定应用中，关于构建体重与收缩压关系的回归模型，要如何给出建议回答？

15.7 考虑习题 2.4 中燃油效率与发动机排量关系的回归.

a. 某辆汽车的燃油效率观测值为每加仑 17 英里，求出所对应发动机排量的点估计值.

538 b. 求出发动机排量的 95%置信区间.

15.8 考虑表 B-2 中太阳热能数据的总热流与径向偏转距离关系的回归模型.

a. 假设总热流的观测值为 250 千瓦，求出所对应径向偏转距离的点估计值.

b. 求出径向偏转距离的 90%置信区间.

15.9 考虑例 3.1 中的软饮料送货时间数据. 使用 $m=1000$ 个自助样本，求出送货距离回归系数的 95%近似自助置信区间. 将这一置信区间与普通正态理论的置信区间进行对比.

15.10 考虑例 3.1 中的软饮料送货时间数据. 使用以下个数的自助样本，求出$\hat{\beta}_1$ 标准差的自助估计值：$m=100$、$m=200$、$m=300$、$m=400$ 与 $m=500$. 求解：要可靠地估计$\hat{\beta}_1$ 的估计精确度，需要多少个自助样本？

15.11 描述如何求解特定点比如说 x_0 处响应变量均值估计值标准差的自助估计值.

15.12 描述如何求解特定点比如说 x_0 处响应变量均值估计值的近似自助置信区间.

15.13 考虑习题 12.11 中数据的非线性回归模型拟合. 使用 $m=1000$ 自助样本，求出回归系数$\hat{\theta}_1$、$\hat{\theta}_2$ 与 $\hat{\theta}_3$ 的自助标准误差. 以所得到的结果为基础，对渐进理论在这一问题中应用得如何做出评论.

15.14 考虑习题 12.11 中数据的非线性回归模型拟合. 使用 $m=1000$ 自助样本，求出回归系数$\hat{\theta}_1$、$\hat{\theta}_2$ 与 $\hat{\theta}_3$ 的 95%近似自助置信区间. 以对比本题的置信区间与习题 12.11 的置信区间为基础，对渐进理论在这一问题中应用得如何做出评论.

15.15 考虑表 B-1 中的国家美式橄榄球大联盟球队表现数据. 对这一数据集构造回归树.

15.16 线性回归的试验设计. 希望有 10 个观测值来在域 $-1\leqslant x\leqslant +1$ 上拟合简单线性回归模型. 考虑了四个试验设计：(ⅰ)$x=-1$ 处有 5 个观测值与 $x=+1$ 处有 5 个观测值；(ⅱ)$x=-1$ 处有 4 个观测值与 $x=+1$ 处有 5 个观测值；(ⅲ)$x=-1$，-12，0，$+12$，$+1$ 处各有 2 个观测值；(ⅳ)$x=-1$，-0.8，-0.6，-0.4，-0.2，$+0.2$，$+0.4$，$+0.6$，$+0.8$，$+1$ 处各有 1 个观测值. 对于每种试验设计，求出可以用于求解纯误差与失拟检验的自由度数，斜率(直到常数 σ)的标准误差，以及 $\boldsymbol{X}'\boldsymbol{X}$ 行列式的值. 以这些分析为基础，要选择哪种试验设计？

15.17 以得到截距 β_0 估计值的最小方差为目标，拟合一个简单线性回归模型. 应当如何设计数据收集

539 试验？

15.18 假设拟合了一个简单线性模型，这一模型将会用于预测特定点比如说 x_0 处的响应变量平均值. 应当如何设计数据收集试验，使得 x_0 处 y 均值的方差估计值最小？

15.19 考虑线性回归模型 $y=\beta_0+\beta_1x_1+\beta_2x_2+\varepsilon$，式中回归变量的编码满足

$$\sum_{i=1}^{n} x_{i1} = \sum_{i=1}^{n} x_{i2} = 0 \quad 和 \quad \sum_{i=1}^{n} x_{i1}^2 = \sum_{i=1}^{n} x_{i2}^2 = n$$

a. 证明：正交设计($\boldsymbol{X}'\boldsymbol{X}$ 正交)将最小化$\hat{\beta}_1$ 与$\hat{\beta}_2$ 的方差.

540 b. 证明：拟合这一一阶模型的所有正交设计都是可旋转的.

附录A 统计用表

表 A-1 标准累积正态分布

$$\Phi(z)=\int_{-\infty}^{z}\frac{1}{\sqrt{2\pi}}e^{-u^2/2}du$$

z	0.00	0.01	0.02	0.03	0.04	z
0.0	0.500 00	0.503 99	0.507 98	0.511 97	0.515 95	0.0
0.1	0.539 83	0.543 79	0.547 76	0.551 72	0.555 67	0.1
0.2	0.579 26	0.583 17	0.587 06	0.590 95	0.594 83	0.2
0.3	0.617 91	0.621 72	0.625 51	0.629 30	0.633 07	0.3
0.4	0.655 42	0.659 10	0.662 76	0.666 40	0.670 03	0.4
0.5	0.691 46	0.694 97	0.698 47	0.701 94	0.705 40	0.5
0.6	0.725 75	0.729 07	0.732 37	0.735 65	0.738 91	0.6
0.7	0.758 03	0.761 15	0.764 24	0.767 30	0.770 35	0.7
0.8	0.788 14	0.791 03	0.793 89	0.796 73	0.799 54	0.8
0.9	0.815 94	0.818 59	0.821 21	0.823 81	0.826 39	0.9
1.0	0.841 34	0.843 75	0.846 13	0.848 49	0.850 83	1.0
1.1	0.864 33	0.866 50	0.868 64	0.870 76	0.872 85	1.1
1.2	0.884 93	0.886 86	0.888 77	0.890 65	0.892 51	1.2
1.3	0.903 20	0.904 90	0.906 58	0.908 24	0.909 88	1.3
1.4	0.919 24	0.920 73	0.922 19	0.923 64	0.925 06	1.4
1.5	0.933 19	0.934 48	0.935 74	0.936 99	0.938 22	1.5
1.6	0.945 20	0.946 30	0.947 38	0.948 45	0.949 50	1.6
1.7	0.955 43	0.956 37	0.957 28	0.958 18	0.959 07	1.7
1.8	0.964 07	0.964 85	0.965 62	0.966 37	0.967 11	1.8
1.9	0.971 28	0.971 93	0.972 57	0.973 20	0.973 81	1.9
2.0	0.977 25	0.977 78	0.978 31	0.978 82	0.979 32	2.0
2.1	0.982 14	0.982 57	0.983 00	0.983 41	0.983 82	2.1
2.2	0.986 10	0.986 45	0.986 79	0.987 13	0.987 45	2.2
2.3	0.989 28	0.989 56	0.989 83	0.990 10	0.990 36	2.3
2.4	0.991 80	0.992 02	0.992 24	0.992 45	0.992 66	2.4
2.5	0.993 79	0.993 96	0.994 13	0.994 30	0.994 46	2.5
2.6	0.995 34	0.995 47	0.995 60	0.995 73	0.995 85	2.6
2.7	0.996 53	0.996 64	0.996 74	0.996 83	0.996 93	2.7
2.8	0.997 44	0.997 52	0.997 60	0.997 67	0.997 74	2.8
2.9	0.998 13	0.998 19	0.998 25	0.998 31	0.998 36	2.9
3.0	0.998 65	0.998 69	0.998 74	0.998 78	0.998 82	3.0
3.1	0.999 03	0.999 06	0.999 10	0.999 13	0.999 16	3.1
3.2	0.999 31	0.999 34	0.999 36	0.999 38	0.999 40	3.2
3.3	0.999 52	0.999 53	0.999 55	0.999 57	0.999 58	3.3
3.4	0.999 66	0.999 68	0.999 69	0.999 70	0.999 71	3.4
3.5	0.999 77	0.999 78	0.999 78	0.999 79	0.999 80	3.5
3.6	0.999 84	0.999 85	0.999 85	0.999 86	0.999 86	3.6
3.7	0.999 89	0.999 90	0.999 90	0.999 90	0.999 91	3.7
3.8	0.999 93	0.999 93	0.999 93	0.999 94	0.999 94	3.8
3.9	0.999 95	0.999 95	0.999 96	0.999 96	0.999 96	3.9

（续）

$$\Phi(z)=\int_{-\infty}^{z}\frac{1}{\sqrt{2\pi}}\mathrm{e}^{-u^2/2}\mathrm{d}u$$

z	0.05	0.06	0.07	0.08	0.09	z
0.0	0.519 94	0.523 92	0.527 90	0.531 88	0.535 86	0.0
0.1	0.559 62	0.563 56	0.567 49	0.571 42	0.575 34	0.1
0.2	0.598 71	0.602 57	0.606 42	0.610 26	0.614 09	0.2
0.3	0.636 83	0.640 58	0.644 31	0.648 03	0.651 73	0.3
0.4	0.673 64	0.677 24	0.680 82	0.684 38	0.687 93	0.4
0.5	0.708 84	0.712 26	0.715 66	0.719 04	0.722 40	0.5
0.6	0.742 15	0.745 37	0.748 57	0.751 75	0.754 90	0.6
0.7	0.773 37	0.776 37	0.779 35	0.782 30	0.785 23	0.7
0.8	0.802 34	0.805 10	0.807 85	0.810 57	0.813 27	0.8
0.9	0.828 94	0.831 47	0.833 97	0.836 46	0.838 91	0.9
1.0	0.853 14	0.855 43	0.857 69	0.859 93	0.862 14	1.0
1.1	0.874 93	0.876 97	0.879 00	0.881 00	0.882 97	1.1
1.2	0.894 35	0.896 16	0.897 96	0.899 73	0.901 47	1.2
1.3	0.911 49	0.913 08	0.914 65	0.916 21	0.917 73	1.3
1.4	0.926 47	0.927 85	0.929 22	0.930 56	0.931 89	1.4
1.5	0.939 43	0.940 62	0.941 79	0.942 95	0.944 08	1.5
1.6	0.950 53	0.951 54	0.952 54	0.953 52	0.954 48	1.6
1.7	0.959 94	0.960 80	0.961 64	0.962 46	0.963 27	1.7
1.8	0.967 84	0.968 56	0.969 26	0.969 95	0.970 62	1.8
1.9	0.974 41	0.975 00	0.975 58	0.976 15	0.976 60	1.9
2.0	0.979 82	0.980 30	0.980 77	0.981 24	0.981 69	2.0
2.1	0.984 22	0.984 61	0.985 00	0.985 37	0.985 74	2.1
2.2	0.987 78	0.988 09	0.988 40	0.988 70	0.988 99	2.2
2.3	0.990 61	0.990 86	0.991 11	0.991 34	0.991 58	2.3
2.4	0.992 86	0.993 05	0.993 24	0.993 43	0.993 61	2.4
2.5	0.994 61	0.994 77	0.994 92	0.995 06	0.995 20	2.5
2.6	0.995 98	0.996 09	0.996 21	0.996 32	0.996 43	2.6
2.7	0.997 02	0.997 11	0.997 20	0.997 28	0.997 36	2.7
2.8	0.997 81	0.997 88	0.997 95	0.998 01	0.998 07	2.8
2.9	0.998 41	0.998 46	0.998 51	0.998 56	0.998 61	2.9
3.0	0.998 86	0.998 89	0.998 93	0.998 97	0.999 00	3.0
3.1	0.999 18	0.999 21	0.999 24	0.999 26	0.999 29	3.1
3.2	0.999 42	0.999 44	0.999 46	0.999 48	0.999 50	3.2
3.3	0.999 60	0.999 61	0.999 62	0.999 64	0.999 65	3.3
3.4	0.999 72	0.999 73	0.999 74	0.999 75	0.999 76	3.4
3.5	0.999 81	0.999 81	0.999 82	0.999 83	0.999 83	3.5
3.6	0.999 87	0.999 87	0.999 88	0.999 88	0.999 89	3.6
3.7	0.999 91	0.999 92	0.999 92	0.999 92	0.999 92	3.7
3.8	0.999 94	0.999 94	0.999 95	0.999 95	0.999 95	3.8
3.9	0.999 96	0.999 96	0.999 96	0.999 97	0.999 97	3.9

543 来源：经许可复制自 *Probability and Statistics in Engineering and Management Science*，3rd ed.，1990，by W. W. Hines and D. C. Montgomery，Wiley，New York.

表 A-2　X^2 分布的百分位点

ν	α										
	0.995	0.990	0.975	0.950	0.900	0.500	0.100	0.050	0.025	0.010	0.005
1	0.00+	0.00+	0.00+	0.00+	0.02	0.45	2.71	3.84	5.02	6.63	7.88
2	0.01	0.02	0.05	0.10	0.21	1.39	4.61	5.99	7.38	9.21	10.60
3	0.07	0.11	0.22	0.35	0.58	2.37	6.25	7.81	9.35	11.34	12.84
4	0.21	0.30	0.48	0.71	1.06	3.36	7.48	9.49	11.14	13.28	14.86
5	0.41	0.55	0.83	1.15	1.61	4.35	9.24	11.07	12.83	15.09	16.75
6	0.68	0.87	1.24	1.64	2.20	5.35	10.65	12.59	14.45	16.81	18.55
7	0.99	1.24	1.69	2.17	2.83	6.35	12.02	14.07	16.01	18.48	20.28
8	1.34	1.65	2.18	2.73	3.49	7.34	13.36	15.51	17.53	20.09	21.96
9	1.73	2.09	2.70	3.33	4.17	8.34	14.68	16.92	19.02	21.67	23.59
10	2.16	2.56	3.25	2.94	4.87	9.34	15.99	18.31	20.48	23.21	25.19
11	2.60	3.05	3.82	4.57	5.58	10.34	17.28	19.68	21.92	24.72	26.76
12	3.07	3.57	4.40	5.23	6.30	11.34	18.55	21.03	23.34	26.22	28.30
13	3.57	4.11	5.01	5.89	7.04	12.34	19.81	22.36	24.74	27.69	29.82
14	4.07	4.66	5.63	6.57	7.79	13.34	21.06	23.68	26.12	29.14	31.32
15	4.60	5.23	6.27	7.26	8.55	14.34	22.31	25.00	27.49	30.58	32.80
16	5.14	5.81	6.91	7.96	9.31	15.34	23.54	26.30	28.85	32.00	34.27
17	5.70	6.41	7.56	8.67	10.09	16.34	24.77	27.59	30.19	33.41	35.72
18	6.26	7.01	8.23	9.39	10.87	17.34	25.99	28.87	31.53	34.81	37.16
19	6.84	7.63	8.91	10.12	11.65	18.34	27.20	30.14	32.85	36.19	38.58
20	7.43	8.26	9.59	10.85	12.44	19.34	28.41	31.41	34.17	37.57	40.00
21	8.03	8.90	10.28	11.59	13.24	20.34	29.62	32.67	35.48	38.93	41.40
22	8.64	9.54	10.98	12.34	14.04	21.34	30.81	33.92	36.78	40.29	42.80
23	9.26	10.20	11.69	13.09	14.85	22.34	32.01	35.17	38.08	41.64	44.18
24	9.89	10.86	12.40	13.85	15.66	23.34	33.20	36.42	39.36	42.98	45.45
25	10.52	11.52	13.12	14.61	16.47	24.34	34.28	37.65	40.65	44.31	46.93
26	11.16	12.20	13.84	15.38	17.29	25.34	35.56	38.89	41.92	45.64	48.29
27	11.81	12.88	14.57	16.15	18.11	26.34	36.74	40.11	43.19	46.96	49.65
28	12.46	13.57	15.31	16.93	18.94	27.34	37.92	41.34	44.46	48.28	50.99
29	13.12	14.26	16.05	17.71	19.77	28.34	39.09	42.56	45.72	49.59	52.34
30	13.79	14.95	16.79	18.49	20.60	29.34	40.26	43.77	46.98	50.89	53.67
40	20.71	22.16	24.43	26.51	29.05	39.34	51.81	55.76	59.34	63.69	66.77
50	27.99	29.71	32.36	34.76	37.69	49.33	63.17	67.50	71.42	76.15	79.49
60	35.53	37.48	40.48	43.19	46.46	59.33	74.40	79.08	83.30	88.38	91.95
70	43.28	45.44	48.76	51.74	55.33	69.33	85.53	90.53	95.02	100.42	104.22
80	51.17	53.54	57.15	60.39	64.28	79.33	96.58	101.88	106.63	112.33	116.32
90	59.20	61.75	65.65	69.13	73.29	89.33	107.57	113.14	118.14	124.12	128.30
100	67.33	70.06	74.22	77.93	82.36	99.33	118.50	124.34	139.56	135.81	140.17

注：ν=自由度

来源：经许可复制自 *Probability and Statistics in Engineering and Management Science*，3rd ed.，1990，by W. W. Hines and D. C. Montgomery，Wiley，New York.

表 A-3 t 分布的百分位点

ν	α									
	0.40	0.25	0.10	0.05	0.025	0.01	0.005	0.0025	0.001	0.0005
1	0.325	1.000	3.078	6.314	12.706	31.821	63.657	127.32	318.31	636.62
2	0.289	0.816	1.886	2.920	4.303	6.965	9.925	14.089	23.326	31.598
3	0.277	0.765	1.638	2.353	3.182	4.541	5.841	7.453	10.213	12.924
4	0.271	0.741	1.533	2.132	2.776	3.747	4.604	5.598	7.173	8.610
5	0.267	0.727	1.476	2.015	2.571	3.365	4.032	4.773	5.893	6.869
6	0.265	0.718	1.440	1.943	2.447	3.143	3.707	4.317	5.208	5.959
7	0.263	0.711	1.415	1.895	2.365	2.998	3.499	4.029	4.785	5.408
8	0.262	0.706	1.397	1.860	2.306	2.896	3.355	2.833	4.504	5.041
9	0.261	0.703	1.383	1.833	2.262	2.821	3.250	3.690	4.297	4.781
10	0.260	0.700	1.372	1.812	2.228	2.764	3.169	3.581	4.144	4.587
11	0.260	0.697	1.363	1.796	2.201	2.718	3.106	3.497	4.025	4.437
12	0.259	0.695	1.356	1.782	2.179	2.681	3.055	3.428	3.930	4.318
13	0.259	0.694	1.350	1.771	2.160	2.650	3.012	3.372	3.852	4.221
14	0.258	0.692	1.345	1.761	2.145	2.624	2.977	3.326	3.787	4.140
15	0.258	0.691	1.341	1.753	2.131	2.602	2.947	3.286	3.733	4.073
16	0.258	0.690	1.337	1.746	2.120	2.583	2.921	3.252	3.686	4.015
17	0.257	0.689	1.333	1.740	2.110	2.567	2.898	3.222	3.646	3.965
18	0.257	0.688	1.330	1.734	2.101	2.552	2.878	3.197	3.610	3.922
19	0.257	0.688	1.328	1.729	2.093	2.539	2.861	3.174	3.579	3.883
20	0.257	0.687	1.325	1.725	2.086	2.528	2.845	3.153	3.552	3.850
21	0.257	0.686	1.323	1.721	2.080	2.518	2.831	3.135	3.527	3.819
22	0.256	0.686	1.321	1.717	2.074	2.508	2.819	3.119	3.505	3.792
23	0.256	0.685	1.319	1.714	2.069	2.500	2.807	3.104	3.485	2.767
24	0.256	0.685	1.318	1.711	2.064	2.492	2.797	3.091	3.467	3.745
25	0.256	0.684	1.316	1.708	2.060	2.485	2.787	8.078	3.450	3.725
26	0.256	0.684	1.315	1.706	2.056	2.479	2.779	3.067	3.435	3.707
27	0.256	0.684	1.314	1.703	2.052	2.473	2.771	3.057	3.421	3.690
28	0.256	0.683	1.313	1.701	2.048	2.467	2.763	3.047	3.408	2.674
29	0.256	0.683	1.311	1.699	2.045	2.462	2.756	3.308	3.396	3.659
30	0.256	0.683	1.310	1.697	2.042	2.457	2.750	3.030	3.385	3.646
40	0.255	0.681	1.303	1.648	2.021	2.423	2.704	2.971	3.307	3.551
60	0.254	0.679	1.296	1.671	2.000	2.390	2.660	2.915	3.232	3.460
120	0.254	0.677	1.289	1.658	1.980	2.358	2.617	2.860	3.160	3.373
∞	0.253	0.674	1.282	1.645	1.960	2.326	2.576	2.807	3.090	3.291

来源：经许可改编自 *Biometrika Tables for Statisticians*, Vol. 1, 3rd ed., 1966, by E. S. Pearsonand H. O. Hartley, Cambridge University Press, Cambridge.

545

表 A-4 F 分布的百分位点

$F_{0.25,\nu_1,\nu_2}$

分母的自由度 (ν_2)	分子的自由度 (ν_1) 1	2	3	4	5	6	7	8	9	10	12	15	20	24	30	40	60	120	∞
1	5.83	7.50	8.20	8.58	8.82	8.98	9.10	9.19	9.26	9.32	9.41	9.49	9.58	9.63	9.67	9.71	9.76	9.80	9.85
2	2.57	3.00	3.15	3.23	3.28	3.31	3.34	3.35	3.37	3.38	3.39	3.41	3.43	3.43	3.44	3.45	3.46	3.47	3.48
3	2.02	2.28	2.36	2.39	2.41	2.42	2.43	2.44	2.44	2.44	2.45	2.46	2.46	2.46	2.47	2.47	2.47	2.47	2.47
4	1.81	2.00	2.05	2.06	2.07	2.08	2.08	2.08	2.08	2.08	2.08	2.08	2.08	2.08	2.08	2.08	2.08	2.08	2.08
5	1.69	1.85	1.88	1.89	1.89	1.89	1.89	1.89	1.89	1.89	1.89	1.89	1.88	1.88	1.88	1.88	1.87	1.87	1.87
6	1.62	1.76	1.78	1.79	1.79	1.78	1.78	1.78	1.77	1.77	1.77	1.76	1.76	1.75	1.75	1.75	1.74	1.74	1.74
7	1.57	1.70	1.72	1.72	1.71	1.71	1.70	1.70	1.70	1.69	1.68	1.68	1.67	1.67	1.66	1.66	1.65	1.65	1.65
8	1.54	1.66	1.67	1.66	1.66	1.65	1.64	1.64	1.63	1.63	1.62	1.62	1.61	1.60	1.60	1.59	1.59	1.58	1.58
9	1.51	1.62	1.63	1.63	1.62	1.61	1.60	1.60	1.59	1.59	1.58	1.57	1.56	1.56	1.55	1.54	1.54	1.53	1.53
10	1.49	1.60	1.60	1.59	1.59	1.58	1.57	1.56	1.56	1.55	1.54	1.53	1.52	1.52	1.51	1.51	1.50	1.49	1.48
11	1.47	1.58	1.58	1.57	1.56	1.55	1.54	1.53	1.53	1.52	1.51	1.50	1.49	1.49	1.48	1.47	1.47	1.46	1.45
12	1.46	1.56	1.56	1.55	1.54	1.53	1.52	1.51	1.51	1.50	1.49	1.48	1.47	1.46	1.45	1.45	1.44	1.43	1.42
13	1.45	1.55	1.55	1.53	1.52	1.51	1.50	1.49	1.49	1.48	1.47	1.46	1.45	1.44	1.43	1.42	1.42	1.41	1.40
14	1.44	1.53	1.53	1.52	1.51	1.50	1.49	1.48	1.47	1.46	1.45	1.44	1.43	1.42	1.41	1.41	1.40	1.39	1.38
15	1.43	1.52	1.52	1.51	1.49	1.48	1.47	1.46	1.46	1.45	1.44	1.43	1.41	1.41	1.40	1.39	1.38	1.37	1.36
16	1.42	1.51	1.51	1.50	1.48	1.47	1.46	1.45	1.44	1.44	1.43	1.41	1.40	1.39	1.38	1.37	1.36	1.35	1.34
17	1.42	1.51	1.50	1.49	1.47	1.46	1.45	1.44	1.43	1.43	1.41	1.40	1.39	1.38	1.37	1.36	1.35	1.34	1.33
18	1.41	1.50	1.49	1.48	1.46	1.45	1.44	1.43	1.42	1.42	1.40	1.39	1.38	1.37	1.36	1.35	1.34	1.33	1.32
19	1.41	1.49	1.49	1.47	1.46	1.44	1.43	1.42	1.41	1.41	1.40	1.38	1.37	1.36	1.35	1.34	1.33	1.32	1.30
20	1.40	1.49	1.48	1.47	1.45	1.44	1.43	1.42	1.41	1.40	1.39	1.37	1.36	1.35	1.34	1.33	1.32	1.31	1.29
21	1.40	1.48	1.48	1.46	1.44	1.43	1.42	1.41	1.40	1.39	1.38	1.37	1.35	1.34	1.33	1.32	1.31	1.30	1.28
22	1.40	1.48	1.47	1.45	1.44	1.42	1.41	1.40	1.39	1.39	1.37	1.36	1.34	1.33	1.32	1.31	1.30	1.29	1.28
23	1.39	1.47	1.47	1.45	1.43	1.42	1.41	1.40	1.39	1.38	1.37	1.35	1.34	1.33	1.32	1.31	1.30	1.28	1.27
24	1.39	1.47	1.46	1.44	1.43	1.41	1.40	1.39	1.38	1.38	1.36	1.35	1.33	1.32	1.31	1.30	1.29	1.28	1.26
25	1.39	1.47	1.46	1.44	1.42	1.41	1.40	1.39	1.38	1.37	1.36	1.34	1.33	1.32	1.31	1.29	1.28	1.27	1.25
26	1.38	1.46	1.45	1.44	1.42	1.41	1.39	1.38	1.37	1.37	1.35	1.34	1.32	1.31	1.30	1.29	1.28	1.26	1.25
27	1.38	1.46	1.45	1.43	1.42	1.40	1.39	1.38	1.37	1.36	1.35	1.33	1.32	1.31	1.30	1.28	1.27	1.26	1.24
28	1.38	1.46	1.45	1.43	1.41	1.40	1.39	1.38	1.37	1.36	1.34	1.33	1.31	1.30	1.29	1.28	1.27	1.25	1.24
29	1.38	1.45	1.45	1.43	1.41	1.40	1.38	1.37	1.36	1.35	1.34	1.32	1.31	1.30	1.29	1.27	1.26	1.25	1.23
30	1.38	1.45	1.44	1.42	1.41	1.39	1.38	1.37	1.36	1.35	1.34	1.32	1.30	1.29	1.28	1.27	1.26	1.24	1.23
40	1.36	1.44	1.42	1.40	1.39	1.37	1.36	1.35	1.34	1.33	1.31	1.30	1.28	1.26	1.25	1.24	1.22	1.21	1.19
60	1.35	1.42	1.41	1.38	1.37	1.35	1.33	1.32	1.31	1.30	1.29	1.27	1.25	1.24	1.22	1.21	1.19	1.17	1.15
120	1.34	1.40	1.39	1.37	1.35	1.33	1.31	1.30	1.29	1.28	1.26	1.24	1.22	1.21	1.19	1.18	1.16	1.13	1.10
∞	1.32	1.39	1.37	1.35	1.33	1.31	1.29	1.28	1.27	1.25	1.24	1.22	1.19	1.18	1.16	1.14	1.12	1.08	1.00

547

（续）

ν_2	$F_{0.10,\nu_1,\nu_2}$ 分子的自由度（ν_1）																		
	1	2	3	4	5	6	7	8	9	10	12	15	20	24	30	40	60	120	∞
1	39.86	49.50	53.59	55.83	57.24	58.20	58.91	59.44	59.86	60.19	60.71	61.22	61.74	62.00	62.26	62.53	62.79	63.06	63.33
2	8.53	9.00	9.16	9.24	9.29	9.33	9.35	9.37	9.38	9.39	9.41	9.42	9.44	9.45	9.46	9.47	9.47	9.48	9.49
3	5.54	5.46	5.39	5.34	5.31	5.28	5.27	5.25	5.24	5.23	5.22	5.20	5.18	5.18	5.17	5.16	5.15	5.14	5.13
4	4.54	4.32	4.19	4.11	4.05	4.01	3.98	3.95	3.94	3.92	3.90	3.87	3.84	3.83	3.82	3.80	3.79	3.78	2.76
5	4.06	3.78	3.62	3.52	3.45	3.40	3.37	3.34	3.32	3.30	3.27	3.24	3.21	3.19	3.17	3.16	3.14	3.12	3.10
6	3.78	3.46	3.29	3.18	3.11	3.05	3.01	2.98	2.96	2.94	2.90	2.87	2.84	2.82	2.80	2.78	2.76	2.74	2.72
7	3.59	3.26	3.07	2.96	2.88	2.83	2.78	2.75	2.72	2.70	2.67	2.63	2.59	2.58	2.56	2.54	2.51	2.49	2.47
8	3.46	3.11	2.92	2.81	2.73	2.67	2.62	2.59	2.56	2.54	2.50	2.46	2.42	2.40	2.38	2.36	2.34	2.32	2.29
9	3.36	3.01	2.81	2.69	2.61	2.55	2.51	2.47	2.44	2.42	2.38	2.34	2.30	2.28	2.25	2.23	2.21	2.18	2.16
10	3.29	2.92	2.73	2.61	2.52	2.46	2.41	2.38	2.35	2.32	2.28	2.24	2.20	2.18	2.16	2.13	2.11	2.08	2.06
11	3.23	2.86	2.66	2.54	2.45	2.39	2.34	2.30	2.27	2.25	2.21	2.17	2.12	2.10	2.08	2.05	2.03	2.00	1.97
12	3.18	2.81	2.61	2.48	2.39	2.33	2.28	2.24	2.21	2.19	2.15	2.10	2.06	2.04	2.01	1.99	1.96	1.93	1.90
13	3.14	2.76	2.56	2.43	2.35	2.28	2.23	2.20	2.16	2.14	2.10	2.05	2.01	1.98	1.96	1.93	1.90	1.88	1.85
14	3.10	2.73	2.52	2.39	2.31	2.24	2.19	2.15	2.12	2.10	2.05	2.01	1.96	1.94	1.91	1.89	1.86	1.83	1.80
15	3.07	2.70	2.49	2.36	2.27	2.21	2.16	2.12	2.09	2.06	2.02	1.97	1.92	1.90	1.87	1.85	1.82	1.79	1.76
16	3.05	2.67	2.46	2.33	2.24	2.18	2.13	2.09	2.06	2.03	1.99	1.94	1.89	1.87	1.84	1.81	1.78	1.75	1.72
17	3.03	2.64	2.44	2.31	2.22	2.15	2.10	2.06	2.03	2.00	1.96	1.91	1.86	1.84	1.81	1.78	1.75	1.72	1.69
18	3.01	2.62	2.42	2.29	2.20	2.13	2.08	2.04	2.00	1.98	1.93	1.89	1.84	1.81	1.78	1.75	1.72	1.69	1.66
19	2.99	2.61	2.40	2.27	2.18	2.11	2.06	2.02	1.98	1.96	1.91	1.86	1.81	1.79	1.76	1.73	1.70	1.67	1.63
20	2.97	2.59	2.38	2.25	2.16	2.09	2.04	2.00	1.96	1.94	1.89	1.84	1.79	1.77	1.74	1.71	1.68	1.64	1.61
21	2.96	2.57	2.36	2.23	2.14	2.08	2.02	1.98	1.95	1.92	1.87	1.83	1.78	1.75	1.72	1.69	1.66	1.62	1.59
22	2.95	2.56	2.35	2.22	2.13	2.06	2.01	1.97	1.93	1.90	1.86	1.81	1.76	1.73	1.70	1.67	1.64	1.60	1.57
23	2.94	2.55	2.34	2.21	2.11	2.05	1.99	1.95	1.92	1.89	1.84	1.80	1.74	1.72	1.69	1.66	1.62	1.59	1.55
24	2.93	2.54	2.33	2.19	2.10	2.04	1.98	1.94	1.91	1.88	1.83	1.78	1.73	1.70	1.67	1.64	1.61	1.57	1.53
25	2.92	2.53	2.32	2.18	2.09	2.02	1.97	1.93	1.89	1.87	1.82	1.77	1.72	1.69	1.66	1.63	1.59	1.56	1.52
26	2.91	2.52	2.31	2.17	2.08	2.01	1.96	1.92	1.88	1.86	1.81	1.76	1.71	1.68	1.65	1.61	1.58	1.54	1.50
27	2.90	2.51	2.30	2.17	2.07	2.00	1.95	1.91	1.87	1.85	1.80	1.75	1.70	1.67	1.64	1.60	1.57	1.53	1.49
28	2.89	2.50	2.29	2.16	2.06	2.00	1.94	1.90	1.87	1.84	1.79	1.74	1.69	1.66	1.63	1.59	1.56	1.52	1.48
29	2.89	2.50	2.28	2.15	2.06	1.99	1.93	1.89	1.86	1.83	1.78	1.73	1.68	1.65	1.62	1.58	1.55	1.51	1.47
30	2.88	2.49	2.28	2.14	2.03	1.98	1.93	1.88	1.85	1.82	1.77	1.72	1.67	1.64	1.61	1.57	1.54	1.50	1.46
40	2.84	2.44	2.23	2.09	2.00	1.93	1.87	1.83	1.79	1.76	1.71	1.66	1.61	1.57	1.54	1.51	1.47	1.42	1.38
60	2.79	2.39	2.18	2.04	1.95	1.87	1.82	1.77	1.74	1.71	1.66	1.60	1.54	1.51	1.48	1.44	1.40	1.35	1.29
120	2.75	2.35	2.13	1.99	1.90	1.82	1.77	1.72	1.68	1.65	1.60	1.55	1.48	1.45	1.41	1.37	1.32	1.26	1.19
∞	2.17	2.30	2.08	1.94	1.85	1.77	1.72	1.67	1.63	1.60	1.55	1.49	1.42	1.38	1.34	1.30	1.24	1.17	1.00

分母的自由度（ν_2）

（续）

$F_{0.05,\nu_1,\nu_2}$

ν_2	分子的自由度（ν_1）																		
	1	2	3	4	5	6	7	8	9	10	12	15	20	24	30	40	60	120	∞
1	161.4	199.5	215.7	224.6	230.2	234.0	236.8	238.9	240.5	241.9	243.9	245.9	248.0	249.1	250.1	251.1	252.2	253.3	254.3
2	18.51	19.00	19.16	19.25	19.30	19.33	19.35	19.37	19.38	19.40	19.41	19.43	19.45	19.45	19.46	19.47	19.48	19.49	19.50
3	10.13	9.55	9.28	9.12	9.01	8.94	8.89	8.85	8.81	8.79	8.74	8.70	8.66	8.64	8.62	8.59	8.57	8.55	8.53
4	7.71	6.94	6.59	6.39	6.26	6.16	6.09	6.04	6.00	5.96	5.91	5.86	5.80	5.77	5.75	5.72	5.69	5.66	5.63
5	6.61	5.79	5.41	5.19	5.05	4.95	4.88	4.82	4.77	4.74	4.68	4.62	4.56	4.53	4.50	4.46	4.43	4.40	4.36
6	5.99	5.14	4.76	4.53	4.39	4.28	4.21	4.15	4.10	4.06	4.00	3.94	3.87	3.84	3.81	3.77	3.74	3.70	3.67
7	5.59	4.74	4.35	4.12	3.97	3.87	3.79	3.73	3.68	3.64	3.57	3.51	3.44	3.41	3.38	3.34	3.30	3.27	3.23
8	5.32	4.46	4.07	3.84	3.69	3.58	3.50	3.44	3.39	3.35	3.28	3.22	3.15	3.12	3.08	3.04	3.01	2.97	2.93
9	5.12	4.26	3.86	3.63	3.48	3.37	3.29	3.23	3.18	3.14	3.07	3.01	2.94	2.90	2.86	2.83	2.79	2.75	2.71
10	4.96	4.10	3.71	3.48	3.33	3.22	3.14	3.07	3.02	2.98	2.91	2.85	2.77	2.74	2.70	2.66	2.62	2.58	2.54
11	4.48	3.98	3.59	3.36	3.20	3.09	3.01	2.95	2.90	2.85	2.79	2.72	2.65	2.61	2.57	2.53	2.49	2.45	2.40
12	4.75	3.89	3.49	3.26	3.11	3.00	2.91	2.85	2.80	2.75	2.69	2.62	2.54	2.51	2.47	2.43	2.38	2.34	2.30
13	4.67	3.81	3.41	3.18	3.03	2.92	2.83	2.77	2.71	2.67	2.60	2.53	2.46	2.42	2.38	2.34	2.30	2.25	2.21
分母的自由度（ν_2） 14	4.60	3.74	3.34	3.11	2.96	2.85	2.76	2.70	2.65	2.60	2.53	2.46	2.39	2.35	2.31	2.27	2.22	2.18	2.13
15	4.54	3.68	3.29	3.06	2.90	2.79	2.71	2.64	2.59	2.54	2.48	2.40	2.33	2.29	2.25	2.20	2.16	2.11	2.07
16	4.49	3.63	3.24	3.01	2.85	2.74	2.66	2.59	2.54	2.49	2.42	2.35	2.28	2.24	2.19	2.15	2.11	2.06	2.01
17	4.45	3.59	3.20	2.96	2.81	2.70	2.61	2.55	2.49	2.45	2.38	2.31	2.23	2.19	2.15	2.10	2.06	2.01	1.96
18	4.41	3.55	3.16	2.93	2.77	2.66	2.58	2.51	2.46	2.41	2.34	2.27	2.19	2.15	2.11	2.06	2.02	1.97	1.92
19	4.38	3.52	3.13	2.90	2.74	2.63	2.54	2.48	2.42	2.38	2.31	2.23	2.16	2.11	2.07	2.03	1.98	1.93	1.88
20	4.35	3.49	3.10	2.87	2.71	2.60	2.51	2.45	2.39	2.35	2.28	2.20	2.12	2.08	2.04	1.99	1.95	1.90	1.84
21	4.32	3.47	3.07	2.84	2.68	2.57	2.49	2.42	2.37	2.32	2.25	2.18	2.10	2.05	2.01	1.96	1.92	1.87	1.81
22	4.30	3.44	3.05	2.82	2.66	2.55	2.46	2.40	2.34	2.30	2.23	2.15	2.07	2.03	1.98	1.94	1.89	1.84	1.78
23	4.28	3.42	3.03	2.80	2.64	2.53	2.44	2.37	2.32	2.27	2.20	2.13	2.05	2.01	1.96	1.91	1.86	1.81	1.76
24	4.26	3.40	3.01	2.78	2.62	2.51	2.42	2.36	2.30	2.25	2.18	2.11	2.03	1.98	1.94	1.89	1.84	1.79	1.73
25	4.24	3.39	2.99	2.76	2.60	2.49	2.40	2.34	2.28	2.24	2.16	2.09	2.01	1.96	1.92	1.87	1.82	1.77	1.71
26	4.23	3.37	2.98	2.74	2.59	2.47	2.39	2.32	2.27	2.22	2.15	2.07	1.99	1.95	1.90	1.85	1.80	1.75	1.69
27	4.21	3.35	2.96	2.73	2.57	2.46	2.37	2.31	2.25	2.20	2.13	2.06	1.97	1.93	1.88	1.84	1.79	1.73	1.67
28	4.20	3.34	2.95	2.71	2.56	2.45	2.36	2.29	2.24	2.19	2.12	2.04	1.96	1.91	1.87	1.82	1.77	1.71	1.65
29	4.18	3.33	2.93	2.70	2.55	2.43	2.35	2.28	2.22	2.18	2.10	2.03	1.94	1.90	1.85	1.81	1.75	1.70	1.64
30	4.17	3.32	2.92	2.69	2.53	2.42	2.33	2.27	2.21	2.16	2.09	2.01	1.93	1.89	1.84	1.79	1.74	1.68	1.62
40	4.08	3.23	2.84	2.61	2.45	2.34	2.25	2.18	2.12	2.08	2.00	1.92	1.84	1.79	1.74	1.69	1.64	1.58	1.51
60	4.00	3.15	2.76	2.53	2.37	2.25	2.17	2.10	2.04	1.99	1.92	1.84	1.75	1.70	1.65	1.59	1.53	1.47	1.39
120	3.92	3.07	2.68	2.45	2.29	2.17	2.09	2.02	1.96	1.91	1.83	1.75	1.66	1.61	1.55	1.55	1.43	1.35	1.25
∞	3.84	3.00	2.60	2.37	2.21	2.10	2.01	1.94	1.88	1.83	1.75	1.67	1.57	1.52	1.46	1.39	1.32	1.22	1.00

549

（续）

$F_{0.01,\nu_1,\nu_2}$

ν_2	分子的自由度（ν_1）																		
	1	2	3	4	5	6	7	8	9	10	12	15	20	24	30	40	60	120	∞
1	4052	4999.5	5403	5625	5764	5859	5928	5982	6022	6056	6106	6157	6209	6235	6261	6287	6313	6339	6366
2	98.50	99.00	99.17	99.25	99.30	99.33	99.36	99.37	99.39	99.40	99.42	99.43	99.45	99.46	99.47	99.47	99.48	99.49	99.50
3	34.12	30.82	29.46	28.71	28.24	27.91	27.67	27.49	27.35	27.23	27.05	26.87	26.69	26.00	26.50	26.41	26.32	26.22	26.13
4	21.20	18.00	16.69	15.98	15.52	15.21	14.98	14.80	14.66	14.55	14.37	14.20	14.02	13.93	13.84	13.75	13.65	13.56	13.46
5	16.26	13.27	12.06	11.39	10.97	10.67	10.46	10.29	10.16	10.05	9.89	9.72	9.55	9.47	9.38	9.29	9.20	9.11	9.02
6	13.75	10.92	9.78	9.15	8.75	8.47	8.26	8.10	7.98	7.87	7.72	7.56	7.40	7.31	7.23	7.14	7.06	6.97	6.88
7	12.25	9.55	8.45	7.85	7.46	7.19	6.99	6.84	6.72	6.62	6.47	6.31	6.16	6.07	5.99	5.91	5.82	5.74	5.65
8	11.26	8.65	7.59	7.01	6.63	6.37	6.18	6.03	5.91	5.81	5.67	5.52	5.36	5.28	5.20	5.12	5.03	4.95	4.86
9	10.56	8.02	6.99	6.42	6.06	5.80	5.61	5.47	5.35	5.26	5.11	4.96	4.81	4.73	4.65	4.57	4.48	4.40	4.31
10	10.04	7.56	6.55	5.99	5.64	5.39	5.20	5.06	4.94	4.85	4.71	4.56	4.41	4.33	5.25	4.17	4.08	4.00	3.91
11	9.65	7.21	6.22	5.67	5.32	5.07	4.89	4.74	4.63	4.54	4.40	4.25	4.10	4.02	3.94	3.86	3.78	3.69	3.60
12	9.33	6.93	5.95	5.41	5.06	4.82	4.64	4.50	4.39	4.30	4.16	4.01	3.86	3.78	3.70	3.62	3.54	3.45	3.36
13	9.07	6.70	5.74	5.21	4.86	4.62	4.44	4.30	4.19	4.10	3.96	3.82	3.66	3.59	3.51	3.43	3.34	3.25	3.17
14	8.86	6.51	5.56	5.04	4.69	4.46	4.28	4.14	4.03	3.94	3.80	3.66	3.51	3.43	3.35	3.27	3.18	3.09	3.00
15	8.68	6.36	5.42	4.89	4.36	4.32	4.14	4.00	3.89	3.80	3.67	3.52	3.37	3.29	3.21	3.13	3.05	2.96	2.87
16	8.53	6.23	5.29	4.77	4.44	4.20	4.03	3.89	3.78	3.69	3.55	3.41	3.26	3.18	3.10	3.02	2.93	2.84	2.75
17	8.40	6.11	5.18	4.67	4.34	4.10	3.93	3.79	3.68	3.59	3.46	3.31	3.16	3.08	3.00	2.92	2.83	2.75	2.65
18	8.29	6.01	5.09	4.58	4.25	4.01	3.84	3.71	3.60	3.51	3.37	3.23	3.08	3.00	2.92	2.84	2.75	2.66	2.57
19	8.18	5.93	5.01	4.50	4.17	3.94	3.77	3.63	3.52	3.43	3.30	3.15	3.00	2.92	2.84	2.76	2.67	2.58	2.59
分母的自由度（ν_2） 20	8.10	5.85	4.94	4.43	4.10	3.87	3.70	3.56	3.46	3.37	3.23	3.09	2.94	2.86	2.78	2.69	2.61	2.52	2.42
21	8.02	5.78	4.87	4.37	4.04	3.81	3.64	3.51	3.40	3.31	3.17	3.03	2.88	2.80	2.72	2.64	2.55	2.46	2.36
22	7.95	5.72	4.82	4.31	3.99	3.76	3.59	3.45	3.35	3.26	3.12	2.98	2.83	2.75	2.67	2.58	2.50	2.40	2.31
23	7.88	5.66	4.76	4.26	3.94	3.71	3.54	3.41	3.30	3.21	3.07	2.93	2.78	2.70	2.62	2.54	2.45	2.35	2.26
24	7.82	5.61	4.72	4.22	3.90	3.67	3.50	3.36	3.26	3.17	3.03	2.89	2.74	2.66	2.58	2.49	2.40	2.31	2.21
25	7.77	5.57	4.68	4.18	3.85	3.63	3.46	3.32	3.22	3.13	2.99	2.85	2.70	2.62	2.54	2.45	2.36	2.27	2.17
26	7.72	5.53	4.64	4.14	3.82	3.59	3.42	3.29	3.18	3.09	2.96	2.81	2.66	2.58	2.50	2.42	2.33	2.23	2.13
27	7.68	5.49	4.60	4.11	3.78	3.56	3.39	3.26	3.15	3.06	2.93	2.78	2.63	2.55	2.47	2.38	2.29	2.20	2.10
28	7.64	5.45	4.57	4.07	3.75	3.53	3.36	3.23	3.12	3.03	2.90	2.75	2.60	2.52	2.44	2.35	2.26	2.17	2.06
29	7.60	5.42	4.54	4.04	3.73	3.50	3.33	3.20	3.09	3.00	2.87	2.73	2.57	2.49	2.41	2.33	2.23	2.14	2.03
30	7.56	5.39	4.51	4.02	3.70	3.47	3.30	3.17	3.07	2.98	2.84	2.70	2.55	2.47	2.39	2.30	2.21	2.11	2.01
40	7.31	5.18	4.31	3.83	3.51	3.29	3.12	2.99	2.89	2.80	2.66	2.52	2.37	2.29	2.20	2.11	2.02	1.92	1.80
60	7.08	4.98	4.13	3.65	3.34	3.12	2.95	2.82	2.72	2.63	2.50	2.35	2.20	2.12	2.03	1.94	1.84	1.73	1.60
120	6.85	4.79	3.95	3.48	3.17	2.96	2.79	2.66	2.56	2.47	2.34	2.19	2.03	1.95	1.86	1.76	1.66	1.53	1.38
∞	6.63	4.61	3.78	3.32	3.02	2.80	2.64	2.51	2.41	2.32	2.18	2.04	1.88	1.79	1.70	1.59	1.47	1.32	1.00

（续）

$F_{0.025,\nu_1,\nu_2}$

ν_2	分子的自由度（ν_1）																		
	1	2	3	4	5	6	7	8	9	10	12	15	20	24	30	40	60	120	∞
1	647.8	799.5	864.2	899.6	921.8	937.1	948.2	956.7	963.3	968.6	976.7	984.9	993.1	997.2	1001	1006	1010	1014	1018
2	38.51	39.00	39.17	39.25	39.30	39.33	39.36	39.37	39.39	39.40	39.41	39.43	39.45	39.46	39.46	39.47	29.48	39.49	39.50
3	17.44	16.04	15.44	15.10	14.88	14.73	14.62	14.54	14.47	14.42	14.34	14.25	14.17	14.12	14.08	14.04	13.99	13.95	13.90
4	12.22	10.65	9.98	9.60	9.36	9.20	9.07	8.98	8.90	8.84	8.75	8.66	8.56	8.51	8.46	8.41	8.36	8.31	8.26
5	10.01	8.43	7.76	7.39	7.15	6.98	6.85	6.76	6.68	6.62	6.52	6.43	6.33	6.28	6.23	6.18	6.12	6.07	6.02
6	8.81	7.26	6.60	6.23	5.99	5.822	5.70	5.60	5.52	5.46	5.37	5.27	5.17	5.12	5.07	5.01	4.96	4.90	4.85
7	8.07	6.54	5.89	5.52	5.29	5.12	4.99	4.90	4.82	4.76	4.67	4.57	4.47	4.42	4.36	4.31	4.25	4.20	4.14
8	7.57	6.06	5.42	5.05	4.82	4.65	4.53	4.43	4.36	4.30	4.20	4.10	4.00	3.95	3.89	3.84	3.78	3.73	3.67
9	7.21	5.71	5.08	4.72	4.48	4.32	4.20	4.10	4.03	3.96	3.87	3.77	3.67	3.61	3.56	3.51	3.45	3.39	3.33
10	6.94	5.46	4.83	4.47	4.24	4.07	3.95	3.85	3.78	3.72	3.62	3.52	3.42	3.37	3.31	3.26	3.20	3.14	3.08
11	6.72	5.26	4.63	4.28	4.04	3.88	3.76	3.66	3.59	3.53	3.43	3.33	3.23	3.17	3.12	3.06	3.00	2.94	2.88
12	6.55	5.10	4.47	4.12	3.89	3.73	3.61	3.51	3.44	3.37	3.28	3.18	3.07	3.02	2.96	2.91	2.85	2.79	2.72
13	6.41	4.97	4.35	4.00	3.77	3.60	3.48	3.39	3.31	3.25	3.15	3.05	2.95	2.89	2.84	2.78	2.72	2.66	2.60
分 14	6.30	4.86	4.24	3.89	3.66	3.50	3.38	3.29	3.21	3.15	3.05	2.95	2.84	2.79	2.73	2.67	2.61	2.55	2.49
母 15	6.20	4.77	4.15	3.80	3.58	3.41	3.29	3.20	3.12	3.06	2.96	2.86	2.76	2.70	2.64	2.59	2.52	2.46	2.40
的 16	6.12	4.69	4.08	3.73	3.50	3.34	3.22	3.12	3.05	2.99	2.89	2.79	2.68	2.63	2.57	2.51	2.45	2.38	2.32
自 17	6.04	4.62	4.01	3.66	3.44	3.28	3.16	3.06	2.98	2.92	2.82	2.72	2.62	2.56	2.50	2.44	2.38	2.32	2.25
由 18	5.98	4.56	3.95	3.61	3.38	3.22	3.10	3.01	2.93	2.87	2.77	2.67	2.56	2.50	2.44	2.38	2.32	2.26	2.19
度 19	5.92	4.51	3.90	3.56	3.33	3.17	3.05	2.96	2.88	2.82	2.72	2.62	2.51	2.45	2.39	2.33	2.27	2.20	2.13
(ν_2) 20	5.87	4.46	3.86	3.51	3.29	3.13	3.01	2.91	2.84	2.77	2.68	2.57	2.46	2.41	2.35	2.29	2.22	2.16	2.09
21	5.83	4.42	3.82	3.48	3.25	3.09	2.97	2.87	2.80	2.73	2.64	2.53	2.42	2.37	2.31	2.25	2.18	2.11	2.04
22	5.79	4.38	3.78	3.44	3.22	3.05	2.93	2.84	2.76	2.70	2.60	2.50	2.39	2.33	2.27	2.21	2.14	2.08	2.00
23	5.75	4.35	3.75	3.41	3.18	3.02	2.90	2.81	2.73	2.67	2.57	2.47	2.36	2.30	2.24	2.18	2.11	2.04	1.97
24	5.72	4.32	3.72	3.38	3.15	2.99	2.87	2.78	2.70	2.64	2.54	2.44	2.33	2.27	2.21	2.15	2.08	2.01	1.94
25	5.69	4.29	3.69	3.35	3.13	2.97	2.85	2.75	2.68	2.61	2.51	2.41	2.30	2.24	2.18	2.12	2.05	1.98	1.91
26	5.66	4.27	3.67	3.33	3.10	2.94	2.82	2.73	2.65	2.59	2.49	2.39	2.28	2.22	2.16	2.09	2.03	1.95	1.88
27	5.63	4.24	3.65	3.31	3.08	2.92	2.80	2.71	2.63	2.57	2.47	2.36	2.25	2.19	2.13	2.07	2.00	1.93	1.85
28	5.61	4.22	3.63	3.29	3.06	2.90	2.78	2.69	2.61	2.55	2.45	2.34	2.23	2.17	2.11	2.05	1.98	1.91	1.83
29	5.59	4.20	3.61	3.27	3.04	2.88	2.76	2.67	2.59	2.53	2.43	2.32	2.21	2.15	2.09	2.03	1.96	1.89	1.81
30	5.57	4.18	3.59	3.25	3.03	2.87	2.75	2.65	2.57	2.51	2.41	2.31	2.20	2.14	2.07	2.01	1.94	1.87	1.79
40	5.42	4.05	3.46	3.13	2.90	2.74	2.62	2.53	2.45	2.39	2.29	2.18	2.07	2.01	1.94	1.88	1.80	1.72	1.64
60	5.29	3.93	3.34	3.01	2.79	2.63	2.51	2.41	2.33	2.27	2.17	2.06	1.94	1.88	1.82	1.74	1.67	1.58	1.48
120	5.15	3.80	3.23	2.89	2.67	2.52	2.39	2.30	2.22	2.16	2.05	1.94	1.82	1.76	1.69	1.61	1.53	1.43	1.31
∞	5.02	3.69	3.12	2.79	2.57	2.41	2.29	2.19	2.11	2.05	1.94	1.83	1.71	1.64	1.57	1.48	1.39	1.27	1.00

来源：经许可改编自 *Biometrika Tables for Statisticians*, Vol. 1, 3rd ed., 1966, by E. S. Pearson and H. O. Hartley, Cambridge University Press, Cambridge.

551

表 A-5 正交多项式

X_j	$n=3$		$n=4$			$n=5$				$n=6$					$n=7$					
	P_1	P_2	P_1	P_2	P_3	P_1	P_2	P_3	P_4	P_1	P_2	P_3	P_4	P_5	P_1	P_2	P_3	P_4	P_5	P_6
1	−1	1	−3	1	−1	−2	2	−1	1	−5	5	−5	1	−1	−3	5	−1	3	−1	1
2	0	−2	−1	−1	3	−1	−1	2	−4	−3	−1	7	−3	5	−2	0	1	−7	4	−6
3	1	1	1	−1	−3	0	−2	0	6	−1	−4	4	2	−10	−1	−3	1	1	−5	15
4			3	1	1	1	−1	−2	−4	1	−4	−4	2	10	0	−4	0	6	0	−20
5						2	2	1	1	3	−1	−7	−3	−5	1	−3	−1	1	5	5
6										5	5	5	1	1	2	0	−1	−7	−4	−6
7															3	5	1	3	1	1
$\sum_{j=1}^{n}\{P_i(X_j)\}^2$	2	6	20	4	20	10	14	10	70	70	84	180	28	252	28	84	6	154	84	924
λ	1	3	2	1	$\frac{10}{3}$	1	1	$\frac{5}{6}$	$\frac{35}{12}$	2	$\frac{3}{2}$	$\frac{5}{3}$	$\frac{7}{12}$	$\frac{21}{10}$	1	1	$\frac{1}{6}$	$\frac{7}{12}$	$\frac{7}{20}$	$\frac{77}{60}$

X_j	$n=8$						$n=9$						$n=10$					
	P_1	P_2	P_3	P_4	P_5	P_6	P_1	P_2	P_3	P_4	P_5	P_6	P_1	P_2	P_3	P_4	P_5	P_6
1	−7	7	−7	7	−7	1	−4	28	−14	14	−4	4	−9	6	−42	18	−6	3
2	−5	1	5	−13	23	−5	−3	7	7	−21	11	−17	−7	2	14	−22	14	−11
3	−3	−3	7	−3	−17	9	−2	−8	13	−11	−4	22	−5	−5	35	−17	−1	10
4	−1	−5	3	9	−15	−5	−1	−17	9	9	−9	1	−3	−3	31	3	−11	6
5	1	−5	−3	9	15	−5	0	−20	0	18	0	−20	−1	−4	12	18	−6	−8
6	3	−3	−7	−3	17	9	1	−17	−9	9	9	1	1	−4	−12	18	6	−8
7	5	1	−5	−13	−23	−5	2	−8	−13	−11	4	22	3	−3	−31	3	11	6
8	7	7	7	7	7	1	3	7	−7	−21	−11	−17	5	−1	−35	−17	1	10
9							4	28	14	14	4	4	7	2	−14	−22	−14	−11
10													9	6	42	18	6	3
$\sum_{j=1}^{n}\{P_i(X_j)\}^2$	168	168	264	616	2184	264	60	2772	990	2002	468	1980	330	132	8580	2860	780	660
λ	2	1	$\frac{2}{3}$	$\frac{7}{12}$	$\frac{7}{10}$	$\frac{11}{60}$	1	3	$\frac{5}{6}$	$\frac{7}{12}$	$\frac{3}{20}$	$\frac{11}{60}$	2	$\frac{1}{2}$	$\frac{5}{3}$	$\frac{5}{12}$	$\frac{1}{10}$	$\frac{11}{240}$

来源：经许可改编自 *Biometrika Tables for Statisticians*，Vol. 1，3rd ed.，1966，by E. S. Pearsonand H. O. Hartley，Cambridge University Press，Cambridge.

表 A-6　杜宾-沃森统计量的临界值

样本大小	左尾概率（显著水平 $=\alpha$）	k = 回归变量个数（排除截距）									
		1		2		3		4		5	
		d_L	d_U	d_L	d_U	d_L	d_U	d_L	d_U	d_L	d_U
15	0.01	0.81	1.07	0.70	1.25	0.59	1.46	0.49	1.70	0.39	1.96
	0.025	0.95	1.23	0.83	1.40	0.71	1.61	0.59	1.84	0.48	2.09
	0.05	1.08	1.36	0.95	1.54	0.82	1.75	0.69	1.97	0.56	2.21
	0.01	0.95	1.15	0.86	1.27	0.77	1.41	0.63	1.57	0.60	1.74
20	0.025	1.08	1.28	0.99	1.41	0.89	1.55	0.79	1.70	0.70	1.87
	0.05	1.20	1.41	1.10	1.54	1.00	1.68	0.90	1.83	0.79	1.99
	0.01	1.05	1.21	0.98	1.30	0.90	1.41	0.83	1.52	0.75	1.65
25	0.025	1.13	1.34	1.10	1.43	1.02	1.54	0.94	1.65	0.86	1.77
	0.05	1.20	1.45	1.21	1.55	1.12	1.66	1.04	1.77	0.95	1.89
	0.01	1.13	1.26	1.07	1.34	1.01	1.42	0.94	1.51	0.88	1.61
30	0.025	1.25	1.38	1.18	1.46	1.12	1.54	1.05	1.63	0.98	1.73
	0.05	1.35	1.49	1.28	1.57	1.21	1.65	1.14	1.74	1.07	1.83
	0.01	1.25	1.34	1.20	1.40	1.15	1.46	1.10	1.52	1.05	1.58
40	0.025	1.35	1.45	1.30	1.51	1.25	1.57	1.20	1.63	1.15	1.69
	0.05	1.44	1.54	1.39	1.60	1.34	1.66	1.29	1.72	1.23	1.79
	0.01	1.32	1.40	1.28	1.45	1.24	1.49	1.20	1.54	1.16	1.59
50	0.025	1.42	1.50	1.38	1.54	1.34	1.59	1.30	1.64	1.26	1.69
	0.05	1.50	1.59	1.46	1.63	1.42	1.67	1.38	1.72	1.34	1.77
	0.01	1.38	1.45	1.35	1.48	1.32	1.52	1.28	1.56	1.25	1.60
60	0.025	1.47	1.54	1.44	1.57	1.40	1.61	1.37	1.65	1.33	1.69
	0.05	1.55	1.62	1.51	1.65	1.48	1.69	1.44	1.73	1.41	1.77
	0.01	1.47	1.52	1.44	1.54	1.42	1.57	1.39	1.60	1.36	1.62
80	0.025	1.54	1.59	1.52	1.62	1.49	1.65	1.47	1.67	1.44	1.70
	0.05	1.61	1.66	1.59	1.69	1.56	1.72	1.53	1.74	1.51	1.77
	0.01	1.52	1.56	1.50	1.58	1.48	1.60	1.45	1.63	1.44	1.65
100	0.025	1.59	1.63	1.57	1.65	1.55	1.67	1.53	1.70	1.51	1.72
	0.05	1.65	1.69	1.63	1.72	1.61	1.74	1.59	1.76	1.57	1.78

来源：经出版商许可改编自 "Testing for Serial Correlation in Least Squares Regression Ⅱ," by J. Durbin and G. S. Watson, *Biometrika*, Vol. 38, 1951.

552

附录B 习题数据集

表 B-1 1976 年国家美式橄榄球大联盟球队的表现

球队	y	x_1	x_2	x_3	x_4	x_5	x_6	x_7	x_8	x_9
Washington	10	2113	1985	38.9	64.7	+4	868	59.7	2205	1917
Minnesota	11	2003	2855	38.8	61.3	+3	615	55.0	2096	1575
New England	11	2957	1737	40.1	60.0	+14	914	65.6	1847	2175
Oakland	13	2285	2905	41.6	45.3	−4	957	61.4	1903	2476
Pinsburgh	10	2971	1666	39.2	53.8	+15	836	66.1	1457	1866
Baldmore	11	2309	2927	39.7	74.1	+8	786	61.0	1848	2339
Los Angeles	10	2528	2341	38.1	65.4	+12	754	66.1	1564	2092
Dallas	11	2147	2737	37.0	78.3	−1	761	58.0	1821	1909
Atlanta	4	1689	1414	42.1	47.6	−3	714	57.0	2577	2001
Buffalo	2	2566	1838	42.3	54.2	−1	797	58.9	2476	2254
Chicago	7	2363	1480	37.3	48.0	+19	984	67.5	1984	2217
Cincinnati	10	2109	2191	39.5	51.9	+6	700	57.2	1917	1758
Cleveland	9	2295	2229	37.4	53.6	−5	1037	58.8	1761	2032
Denver	9	1932	2204	35.1	71.4	+3	986	58.6	1709	2025
Detroit	6	2213	2140	38.8	58.3	+6	819	59.2	1901	1686
Gteen Bay	5	1722	1730	36.6	52.6	−19	791	54.4	2288	1835
Houston	5	1498	2072	35.3	59.3	−5	776	49.6	2072	1914
Kansas City	5	1873	2929	41.1	55.3	+10	789	54.3	2861	2496
Miami	6	2118	2268	38.2	69.6	+6	582	58.7	2411	2670
New Orleans	4	1775	1983	39.3	78.3	+7	901	51.7	2289	2202
New York Giants	3	1904	1792	39.7	38.1	−9	734	61.9	2203	1988
New York Jets	3	1929	1606	39.7	68.8	−21	627	52.7	2592	2324
Philadelphia	4	2080	1492	35.5	68.8	−8	722	57.8	2053	2550
St. Louis	10	2301	2835	35.3	74.1	+2	683	59.7	1979	2110
San Diego	6	2040	2416	38.7	50.0	0	576	54.9	2048	2628
San Francisco	8	2447	1638	39.9	57.1	−8	848	65.3	1786	1776
Seanle	2	1416	2649	37.4	56.3	−22	684	43.8	2876	2524
Tampa Bay	0	1503	1503	39.3	47.0	−9	875	53.5	2560	2241

注：y：获胜场数(每赛季 14 场比赛)

x_1：冲球码数(赛季)

x_2：传球码数(赛季)

x_3：平均踢球距离(码数/踢球数)

x_4：点球成功率(赛季中点球成功次数/点球次数)

x_5：失误差值(失误后得到球权-失误后丢球)

x_6：被罚码数(赛季)

x_7：冲球百分比(冲球成功次数/冲球总数)

x_8：对手的冲球码数(赛季)

x_9：对手的传球码数(赛季)

553 ~ 554

表 B-2 太阳热能测试数据

y	x_1	x_2	x_3	x_4	x_5
271.8	783.35	33.53	40.55	16.66	13.20
264.0	748.45	36.50	36.19	16.46	14.11
238.8	684.45	34.66	37.31	17.66	15.68
230.7	827.80	33.13	32.52	17.50	10.53
251.6	860.45	35.75	33.71	16.40	11.00
257.9	875.15	34.46	34.14	16.28	11.31
263.9	909.45	34.60	34.85	16.06	11.96
266.5	905.55	35.38	35.89	15.93	12.58
229.1	756.00	35.85	33.53	16.60	10.66
239.3	769.35	35.68	33.79	16.41	10.85
258.0	793.50	35.35	34.72	16.17	11.41
257.6	801.65	35.04	35.22	15.92	11.91
267.3	819.65	34.07	36.50	16.04	12.85
267.0	808.55	32.20	37.60	16.19	13.58
259.6	774.95	34.32	37.89	16.62	14.21
240.4	711.85	31.08	37.71	17.37	15.56
227.2	694.85	35.73	37.00	18.12	15.83
196.0	638.10	34.11	36.76	18.53	16.41
278.7	774.55	34.79	34.62	15.54	13.10
272.3	757.90	35.77	35.40	15.70	13.63
267.4	753.35	36.44	35.96	16.45	14.51
254.5	704.70	37.82	36.26	17.62	15.38
224.7	666.80	35.07	36.34	18.12	16.10
181.5	568.55	35.26	35.90	19.05	16.73
227.5	653.10	35.56	31.84	16.51	10.58
253.6	704.05	35.73	33.16	16.02	11.28
263.0	709.60	36.46	33.83	15.89	11.91
265.8	726.90	36.26	34.89	15.83	12.65
263.8	697.15	37.20	36.27	16.71	14.06

注：y：总热流(千瓦)

x_1：日照(瓦特/米^2)

x_2：东方方向的焦点位置(英寸)

x_3：南方方向的焦点位置(英寸)

x_4：北方方向的焦点位置(英寸)

x_5：当日时间

1 英寸＝0.0254 米

555

表 B-3　32 种汽车的燃油效率数据

汽车	y	x_1	x_2	x_3	x_4	x_5	x_6	x_7	x_8	x_9	x_{10}	x_{11}
Apollo	18.90	350	165	260	8.0∶1	2.56∶1	4	3	200.3	69.9	3910	A
Omega	17.00	350	170	275	8.5∶1	2.56∶1	4	3	199.6	72.9	2860	A
Nova	20.00	250	105	185	8.25∶1	2.73∶1	1	3	196.7	72.2	3510	A
Monarch	18.25	351	143	255	8.0∶1	3.00∶1	2	3	199.9	74.0	3890	A
Duster	20.07	225	95	170	8.4∶1	2.76∶1	1	3	194.1	71.8	3365	M
Jeason Conv.	11.2	440	215	330	8.2∶1	2.88∶1	4	3	184.5	69	4215	A
Skvhawk	22.12	231	110	175	8.0∶1	2.56∶1	2	3	179.3	65.4	3020	A
Moilza	21.47	262	110	200	8.5∶1	2.56∶1	2	3	179.3	65.4	3180	A
Scirocco	34.70	89.7	70	81	8.2∶1	3.90∶1	2	4	155.7	64	1905	M
Corolla SR-5	30.40	96.9	75	83	9.0∶1	4.30∶1	2	5	165.2	65	2320	M
Camaro	16.50	350	155	250	8.5∶1	3.08∶1	4	3	195.4	74.4	3885	A
Datsun B210	36.50	85.3	80	83	8.5∶1	3.89∶1	2	4	160.6	62.2	2009	M
Capri Ⅱ	21.50	171	109	146	8.2∶1	3.22∶1	2	4	170.4	66.9	2655	M
Pacer	19.70	258	110	195	8.0∶1	3.08∶1	1	3	171.5	77	3375	A
Babcat	20.30	140	83	109	8.4∶1	3.40∶1	2	4	168.8	69.4	2700	M
Granada	17.80	302	129	220	8.0∶1	3.0∶1	2	3	199.9	74	3890	A
Eldorado	14.39	500	190	360	8.5∶1	2.73∶1	4	3	224.1	79.8	5290	A
Imperial	14.89	440	215	330	8.2∶1	2.71∶1	4	3	231.0	79.7	5185	A
Nova LN	17.80	350	155	250	8.5∶1	3.08∶1	4	3	196.7	72.2	3910	A
Valiant	16.41	318	145	255	8.5∶1	2.45∶1	2	3	197.6	71	3660	A
Starfire	23.54	231	110	175	8.0∶1	2.56∶1	2	3	179.3	65.4	3050	A
Cordoba	21.47	360	180	290	8.4∶1	2.45∶1	2	3	214.2	76.3	4250	A
Trans AM	16.59	400	185	NA	7.6∶1	3.08∶1	4	3	196	73	3850	A
Corolla E-5	31.90	96.9	75	83	9.0∶1	4.30∶1	2	5	165.2	61.8	2275	M
Astre	29.40	140	86	NA	8.0∶1	2.92∶1	2	4	176.4	65.4	2150	M
Mark Ⅳ	13.27	460	223	366	8.0∶1	3.00∶1	4	3	228	79.8	5430	A
Celka GT	23.90	133.6	96	120	8.4∶1	3.91∶1	2	5	171.5	63.4	2535	M
Charger SE	19.73	318	140	255	8.5∶1	2.71∶1	2	3	215.3	76.3	4370	A
Cougar	13.90	351	148	243	8.0∶1	3.25∶1	2	3	215.5	78.5	4540	A
Elite	13.27	351	148	243	8.0∶1	3.26∶1	2	3	216.1	78.5	4715	A
Matador	13.77	360	195	295	8.25∶1	3.15∶1	4	3	209.3	77.4	4215	A
Corvette	16.50	350	165	255	8.5∶1	2.73∶1	4	3	185.2	69	3660	A

注：y：英里/加仑　x_1：排量(立方英寸)　x_2：马力(英尺磅)
x_3：扭力(英尺磅)　x_4：压缩比率　x_5：后轴比率
x_6：化油器(桶)　x_7：变速级数　x_8：总车长(英寸)
x_9：车宽(英寸)　x_{10}：车重(磅)　x_{11}：变速器类型(A 为自动，M 为手动)

1 英里/加仑＝0.354 千米/升，1 立方英寸＝0.0164 升，1 英寸＝0.0254 米，1 磅＝0.454 千克

556　来源：*Motor Trend*，1975.

表 B-4 财产估值数据

y	x_1	x_2	x_3	x_4	x_5	x_6	x_7	x_8	x_9
25.9	4.9176	1.0	3.4720	0.9980	1.0	7	4	42	0
29.5	5.0208	1.0	3.5310	1.5000	2.0	7	4	62	0
27.9	4.5429	1.0	2.2750	1.1750	1.0	6	3	40	0
25.9	4.5573	1.0	4.0500	1.2320	1.0	6	3	54	0
29.9	5.0597	1.0	4.4550	1.1210	1.0	6	3	42	0
29.9	3.8910	1.0	4.4550	0.9880	1.0	6	3	56	0
30.9	5.8980	1.0	5.8500	1.2400	1.0	7	3	51	1
28.9	5.6039	1.0	9.5200	1.5010	0.0	6	3	32	0
35.9	5.8282	1.0	6.4350	1.2250	2.0	6	3	32	0
31.5	5.3003	1.0	4.9883	1.5520	1.0	6	3	30	0
31.0	6.2712	1.0	5.5200	0.9750	1.0	5	2	30	0
30.9	5.9592	1.0	6.6660	1.1210	2.0	6	3	32	0
30.0	5.0500	1.0	5.0000	1.0200	0.0	5	2	46	1
36.9	8.2464	1.5	5.1500	1.6640	2.0	8	4	50	0
41.9	6.6969	1.5	6.9020	1.4880	1.5	7	3	22	1
40.5	7.7841	1.5	7.1020	1.3760	1.0	6	3	17	0
43.9	9.0384	1.0	7.8000	1.5000	1.5	7	3	23	0
37.5	5.9894	1.0	5.5200	1.2560	2.0	6	3	40	1
37.9	7.5422	1.5	5.0000	1.6900	1.0	6	3	22	0
44.5	8.7951	1.5	9.8900	1.8200	2.0	8	4	50	1
37.9	6.0831	1.5	6.7265	1.6520	1.0	6	3	44	0
38.9	8.3607	1.5	9.1500	1.7770	2.0	8	4	48	1
36.9	8.1400	1.0	8.0000	1.5040	2.0	7	3	3	0
45.8	9.1416	1.5	7.3262	1.8310	1.5	8	4	31	0

注：y：房屋销售价格/1000

x_1：(地方的，学校的，国家的)税额/1000

x_2：浴缸数

x_3：占地面积(平方英尺×1000)

x_4：居住面积(平方英尺×1000)

x_5：车库数

x_6：房间数

x_7：卧室数

x_8：房龄(年)

x_9：壁炉数

1 平方英尺=0.0929 平方米

来源："Pridicition, Linear Regression and Minimun Sum of Relative Errors," by S. C. Narula and J. F. Wellington, *Technometrics*, 19, 1977. 另见 "Letter to the Editor," *Technometrics*, 22, 1980.

表 B-5 Belle Ayr 矿区矿物液化试验

试验编号	y	x_1	x_2	x_3	x_4	x_5	x_6	x_7
1	36.98	5.1	400	51.37	4.24	1484.83	2227.25	2.06
2	13.74	26.4	400	72.33	30.87	289.94	434.90	1.33
3	10.08	23.8	400	71.44	33.01	320.79	481.19	0.97
4	8.53	46.4	400	79.15	44.61	164.76	247.14	0.62
5	36.42	7.0	450	80.47	33.84	1097.26	1645.89	0.22
6	26.59	12.6	450	89.90	41.26	605.06	907.59	0.76
7	19.07	18.9	450	91.48	41.88	405.37	608.05	1.71
8	5.96	30.2	450	98.6	70.79	253.70	380.55	3.93
9	15.52	53.8	450	98.05	66.82	142.27	213.40	1.97
10	56.61	5.6	400	55.69	8.92	1362.24	2043.36	5.08
11	26.72	15.1	400	66.29	17.98	507.65	761.48	0.60
12	20.80	20.3	400	58.94	17.79	377.60	566.40	0.90
13	6.99	48.4	400	74.74	33.94	158.05	237.08	0.63
14	45.93	5.8	425	63.71	11.95	130.66	1961.49	2.04
15	43.09	11.2	425	67.14	14.73	682.59	1023.89	1.57
16	15.79	27.9	425	77.65	34.49	274.20	411.30	2.38
17	21.60	5.1	450	67.22	14.48	1496.51	2244.77	0.32
18	35.19	11.7	450	81.48	29.69	652.43	978.64	0.44
19	26.14	16.7	450	83.88	26.33	458.42	687.62	8.82
20	8.60	24.8	450	89.38	37.98	312.25	468.28	0.02
21	11.63	24.9	450	79.77	25.66	307.08	460.62	1.72
22	9.59	39.5	450	87.93	22.36	193.61	290.42	1.88
23	4.42	29.0	450	79.50	21.52	155.96	233.95	1.43
24	38.89	5.5	460	72.73	17.86	1392.08	2088.12	1.35
25	11.19	11.5	450	77.88	25.20	663.09	994.63	1.61
26	75.62	5.2	470	75.50	8.66	1464.11	2196.17	4.78
27	36.03	10.6	470	83.15	22.39	720.07	1080.11	5.88

注：y：CO_2

x_1：时间，分钟

x_2：温度，℃

x_3：溶剂所占的百分比

x_4：产油量(克/100 克 MAF)

x_5：煤的总量

x_6：溶剂的总量

x_7：氢的消耗量

来源："Belle Ayr Liquefaction Runs with Solvent," *Industrial Chemical Process Design Development*, 17, No. 3, 1978.

558

表 B-6　流动管反应器数据

试验编号	y	x_1	x_2	x_3	x_4
1	0.000 450	0.0105	90.9	0.0164	0.0177
2	0.000 450	0.0110	84.6	0.0165	0.0172
3	0.000 473	0.0106	88.9	0.0164	0.0157
4	0.000 507	0.0116	488.7	0.0187	0.0082
5	0.000 457	0.0121	454.4	0.0187	0.0070
6	0.000 452	0.0123	439.2	0.0187	0.0065
7	0.000 453	0.0122	447.1	0.0186	0.0071
8	0.000 426	0.0122	451.6	0.0187	0.0062
9	0.001 215	0.0123	487.8	0.0192	0.0153
10	0.001 256	0.0122	467.6	0.0192	0.0129
11	0.001 145	0.0094	95.4	0.0163	0.0354
12	0.001 085	0.0100	87.1	0.0162	0.0342
13	0.001 066	0.0101	82.7	0.0162	0.0323
14	0.001 111	0.0099	87.0	0.0163	0.0337
15	0.001 364	0.0110	516.4	0.0190	0.0161
16	0.001 254	0.0117	488.0	0.0189	0.0149
17	0.001 396	0.0110	534.5	0.0189	0.0163
18	0.001 575	0.0104	542.3	0.0189	0.0164
19	0.001 615	0.0067	98.8	0.0163	0.0379
20	0.001 733	0.0066	84.8	0.0162	0.0360
21	0.002 753	0.0044	69.6	0.0163	0.0327
22	0.003 186	0.0073	436.9	0.0189	0.0263
23	0.003 227	0.0078	406.3	0.0192	0.0200
24	0.003 469	0.0067	447.9	0.0192	0.0197
25	0.001 911	0.0091	58.5	0.0164	0.0331
26	0.002 588	0.0079	394.3	0.0177	0.0674
27	0.002 635	0.0068	461.0	0.0174	0.0770
28	0.002 725	0.0065	469.2	0.0173	0.0780

注：y：$NbOCl_3$ 的浓度(克·摩尔/升)

x_1：$COCl_2$ 的浓度(克·摩尔/升)

x_2：时间(秒)

x_3：摩尔密度(克·摩尔/升)

x_4：CO_2 的摩尔分数

来源："Kinetics of Chlorination of Niobium Oxychloride by Phosgene in a Tube-Flow Reactor," *Industrial and Engineering Chemistry*, *Process Design Development*, 11, No. 2, 1972.

表 B-7 花生榨油数据

压力(巴)	温度(℃)	湿度(重量百分数)	流速(升/分钟)	花生仁的大小(毫米)	产油量
415	25	5	40	1.28	63
550	25	5	40	4.05	21
415	95	5	40	4.05	36
550	95	5	40	1.28	99
415	25	15	40	4.05	24
550	25	15	40	1.28	66
415	95	15	40	1.28	71
550	95	15	40	4.05	54
415	25	5	60	4.05	23
550	25	5	60	1.28	74
415	95	5	60	1.28	80
550	95	5	60	4.05	33
415	25	15	60	1.28	63
550	25	15	60	4.05	21
415	95	15	60	4.05	44
550	95	15	60	1.28	96

来源："An Application of Fractional Experimental Designs," by M. B. Kilgo, *Quality Engineering*, **1**, pp. 19-23.

表 B-8 笼形包合物生成数据

x_1	x_2	y	x_1	x_2	y
0	10	7.5	0.02	30	19
0	50	15	0.02	60	26.4
0	85	22	0.02	90	28.5
0	110	28.6	0.02	120	29
0	140	31.6	0.02	210	35
0	170	34	0.02	30	15.1
0	200	35	0.02	60	26.4
0	230	35.5	0.02	120	27
0	260	36.5	0.02	150	29
0	290	385	0.05	20	21
0	10	12.3	0.05	40	27.3
0	30	18	0.05	130	48.5
0	62	20.8	0.05	190	50.4
0	90	25.7	0.05	250	52.5
0	150	32.5	0.05	60	34.4
0	210	34	0.05	90	46.5
0	270	35	0.05	120	50
0.02	10	14.4	0.05	150	51.9

注：y：生成的笼形包合物(质量百分比)

x_1：表面活性剂的剂量(质量百分比)

x_2：时间(分钟)

来源："Study on a Cool Storage System Using HCFC (Hydro-chloro-fluoro-carbon)-14 lb (1, 1-dichloro-1-fluoro-ethane) Clathrate," by T. Tanii, M. Minemoto, K. Nakazawa, and Y. Ando, *Canadian Journal of Chemical Engineering*, **75**, 353-360.

表 B-9　压降数据

x_1	x_2	x_3	x_4	y
2.14	10	0.34	1	28.9
4.14	10	0.34	1	31
8.15	10	0.34	1	26.4
2.14	10	0.34	0.246	27.2
4.14	10	0.34	0.379	26.1
8.15	10	0.34	0.474	23.2
2.14	10	0.34	0.141	19.7
4.14	10	0.34	0.234	22.1
8.15	10	0.34	0.311	22.8
2.14	10	0.34	0.076	29.2
4.14	10	0.34	0.132	23.6
8.15	10	0.34	0.184	23.6
2.14	2.63	0.34	0.679	24.2
4.14	2.63	0.34	0.804	22.1
8.15	2.63	0.34	0.89	20.9
2.14	2.63	0.34	0.514	17.6
4.14	2.63	0.34	0.672	15.7
8.15	2.63	0.34	0.801	15.8
2.14	2.63	0.34	0.346	14
4.14	2.63	0.34	0.506	17.1
8.15	2.63	0.34	0.669	18.3
2.14	2.63	0.34	1	33.8
4.14	2.63	0.34	1	31.7
8.15	2.63	0.34	1	28.1
5.6	1.25	0.34	0.848	18.1
5.6	1.25	0.34	0.737	16.5
5.6	1.25	0.34	0.651	15.4
5.6	1.25	0.34	0.554	15
4.3	2.63	0.34	0.748	19.1
4.3	2.63	0.34	0.682	16.2
4.3	2.63	0.34	0.524	16.3
4.3	2.63	0.34	0.472	15.8
4.3	2.63	0.34	0.398	15.4

（续）

x_1	x_2	x_3	x_4	y
5.6	10.1	0.25	0.789	19.2
5.6	10.1	0.25	0.677	8.4
5.6	10.1	0.25	0.59	15
5.6	10.1	0.25	0.523	12
5.6	10.1	0.34	0.789	21.9
5.6	10.1	0.34	0.677	21.3
5.6	10.1	0.34	0.59	21.6
5.6	10.1	0.34	0.523	19.8
4.3	10.1	0.34	0.741	21.6
4.3	10.1	0.34	0.617	17.3
4.3	10.1	0.34	0.524	20
4.3	10.1	0.34	0.457	18.6
2.4	10.1	0.34	0.615	22.1
2.4	10.1	0.34	0.473	14.7
2.4	10.1	0.34	0.381	15.8
2.4	10.1	0.34	0.32	13.2
5.6	10.1	0.55	0.789	30.8
5.6	10.1	0.55	0.677	27.5
5.6	10.1	0.55	0.59	25.2
5.6	10.1	0.55	0.523	22.8
2.14	112	0.34	0.68	41.7
4.14	112	0.34	0.803	33.7
8.15	112	0.34	0.889	29.7
2.14	112	0.34	0.514	41.8
4.14	112	0.34	0.672	37.1
8.15	112	0.34	0.801	40.1
2.14	112	0.34	0.306	42.7
4.14	112	0.34	0.506	48.6
8.15	112	0.34	0.668	42.4

注：y：通过泡罩时压降的无量纲因子

x_1：气体表面流速(厘米/秒)

x_2：运动黏度

x_3：网孔(厘米)

x_4：气体表面流速与液体表面流速关系的无量纲数

来源："A Correlation of Two-Phase Pressure Drops in Screen-plate Bublle Column," by C. H. Liu, M. Kan, and B. H. Chen, *Canadian Journal of Chemical Engineering*, **71**, 460-463.

562

表 B-10 运动黏度数据

x_1	x_2	y
0.9189	−10	3.128
0.9189	0	2.427
0.9189	10	1.94
0.9189	20	1.586
0.9189	30	1.325
0.9189	40	1.126
0.9189	50	0.9694
0.9189	60	0.8473
0.9189	70	0.7481
0.9189	80	0.6671
0.7547	−10	2.27
0.7547	0	1.819
0.7547	10	1.489
0.7547	20	1.246
0.7547	30	1.062
0.7547	40	0.916
0.7547	50	0.8005
0.7547	60	0.7091
0.7547	70	0.6345
0.7547	80	0.5715
0.5685	−10	1.593
0.5685	0	1.324
0.5685	10	1.118
0.5685	20	0.9576
0.5685	30	0.8302
0.5685	40	0.7282
0.5685	50	0.647
0.5685	60	0.5784
0.5685	70	0.5219
0.5685	80	0.4735
0.361	−10	1.161
0.361	0	0.9925
0.361	10	0.8601
0.361	20	0.7523
0.361	30	0.6663
0.361	40	0.594
0.361	50	0.5338
0.361	60	0.4804
0.361	70	0.4361
0.361	80	0.4016

注：y：运动黏度(10^{-6}米^2/秒)

x_1：2-甲氧基乙酸与 1，2-二甲基乙烷的比例

x_2：温度(℃)

来源："Viscosimetric Studies on 2-Methoxyethanol+1，2-Dimethoxyethane Binary Mixtures from −10℃ to 80℃，" *Canadian Journal of Chemical Engineering*，**75**，494-501. 563

表 B-11　红葡萄酒品质数据(从 Minitab 中得到)

透明度 x_1	香味 x_2	酒体 x_3	味道 x_4	橡木味 x_5	品质 y	产地
1	3.3	2.8	3.1	4.1	9.8	1
1	4.4	4.9	3.5	3.9	12.6	1
1	3.9	5.3	4.8	4.7	11.9	1
1	3.9	2.6	3.1	3.6	11.1	1
1	5.6	5.1	5.5	5.1	13.3	1
1	4.6	4.7	5	4.1	12.8	1
1	4.8	4.8	4.8	3.3	12.8	1
1	5.3	4.5	4.3	5.2	12	1
1	4.3	4.3	3.9	2.9	13.6	3
1	4.3	3.9	4.7	3.9	13.9	1
1	5.1	4.3	4.5	3.6	14.4	3
0.5	3.3	5.4	4.3	3.6	12.3	2
0.8	5.9	5.7	7	4.1	16.1	3
0.7	7.7	6.6	6.7	3.7	16.1	3
1	7.1	4.4	5.8	4.1	15.5	3
0.9	5.5	5.6	5.6	4.4	15.5	3
1	6.3	5.4	4.8	4.6	13.8	3
1	5	5.5	5.5	4.1	13.8	3
1	4.6	4.1	4.3	3.1	11.3	1
0.9	3.4	5	3.4	3.4	7.9	2
0.9	6.4	5.4	6.6	4.8	15.1	3
1	5.5	5.3	5.3	3.8	13.5	3
0.7	4.7	4.1	5	3.7	10.8	2
0.7	4.1	4	4.1	4	9.5	2
1	6	5.4	5.7	4.7	12.7	3
1	4.3	4.6	4.7	4.9	11.6	2
1	3.9	4	5.1	5.1	11.7	1
1	5.1	4.9	5	5.1	11.9	2
1	3.9	4.4	5	4.4	10.8	2
1	4.5	3.7	2.9	3.9	8.5	2
1	5.2	4.3	5	6	10.7	2
0.8	4.2	3.8	3	4.7	9.1	1
1	3.3	3.5	4.3	4.5	12.1	1
1	6.8	5	6	5.2	14.9	3
0.8	5	5.7	5.5	4.8	13.5	1
0.8	3.5	4.7	4.2	3.3	12.2	1
0.8	4.3	5.5	3.5	5.8	10.3	1
0.8	5.2	4.8	5.7	3.5	13.2	1

注：表中红葡萄酒的种类为黑皮诺．产地代表不同的地理地区．

表 B-12 渗碳热处理数据

温度	渗碳时间	渗碳百分率	扩散时间	扩散百分率	测试结果
1650	0.58	1.10	0.25	0.90	0.013
1650	0.66	1.10	0.33	0.90	0.016
1650	0.66	1.10	0.33	0.90	0.015
1650	0.66	1.10	0.33	0.95	0.016
1600	0.66	1.15	0.33	1.00	0.015
1600	0.66	1.15	0.33	1.00	0.016
1650	1.00	1.10	0.50	0.80	0.014
1650	1.17	1.10	0.58	0.80	0.021
1650	1.17	1.10	0.58	0.80	0.018
1650	1.17	1.10	0.58	0.80	0.019
1650	1.17	1.10	0.58	0.90	0.021
1650	1.17	1.10	0.58	0.90	0.019
1650	1.17	1.15	0.58	0.90	0.021
1650	1.20	1.15	1.10	0.80	0.025
1650	2.00	1.15	1.00	0.80	0.025
1650	2.00	1.10	1.10	0.80	0.026
1650	2.20	1.10	1.10	0.80	0.024
1650	2.20	1.10	1.10	0.80	0.025
1650	2.20	1.15	1.10	0.80	0.024
1650	2.20	1.10	1.10	0.90	0.025
1650	2.20	1.10	1.10	0.90	0.027
1650	2.20	1.10	1.50	0.90	0.026
1650	3.00	1.15	1.50	0.80	0.029
1650	3.00	1.10	1.50	0.70	0.030
1650	3.00	1.10	1.50	0.75	0.028
1650	3.00	1.15	1.66	0.85	0.032
1650	3.33	1.10	1.50	0.80	0.033
1700	4.00	1.10	1.50	0.70	0.039
1650	4.00	1.10	1.50	0.70	0.040
1650	4.00	1.15	1.50	0.85	0.035
1700	12.50	1.00	1.50	0.70	0.056
1700	18.50	1.00	1.50	0.70	0.068

注：y=沥青碳分析的测试结果

温度：熔炉的温度

渗碳时间：渗碳期的持续时间

渗碳百分率：碳的浓度

扩散时间：扩散期的持续时间

扩散百分率：扩散期碳的浓度

表 B-13 涡轮喷气发动机推力数据

观测值	y	x_1	x_2	x_3	x_4	x_5	x_6
1	4540	2140	20 640	30 250	205	1732	99
2	4315	2016	20 280	30 010	195	1697	100
3	4095	1905	19 860	29 780	184	1662	97
4	3650	1675	18 980	29 330	164	1598	97
5	3200	1474	18 100	28 960	144	1541	97
6	4833	2239	20 740	30 083	216	1709	87
7	4617	2120	20 305	29 831	206	1669	87
8	4340	1990	19 961	29 604	196	1640	87
9	3820	1702	18 916	29 088	171	1572	85
10	3368	1487	18 012	28 675	149	1522	85
11	4445	2107	20 520	30 120	195	1740	101
12	4188	1973	20 130	29 920	190	1711	100
13	3981	1864	19 780	29 720	180	1682	100
14	3622	1674	19 020	29 370	161	1630	100
15	3125	1440	18 030	28 940	139	1572	101
16	4560	2165	20 680	30 160	208	1704	98
17	4340	2048	20 340	29 960	199	1679	96
18	4115	1916	19 860	29 710	187	1642	94
19	3630	1658	18 950	29 250	164	1576	94
20	3210	1489	18 700	28 890	145	1528	94
21	4330	2062	20 500	30 190	193	1748	101
22	4119	1929	20 050	29 960	183	1713	100
23	3891	1815	19 680	29 770	173	1684	100
24	3467	1595	18 890	29 360	153	1624	99
25	3045	1400	17 870	28 960	134	1569	100
26	4411	2047	20 540	30 160	193	1746	99
27	4203	1935	20 160	29 940	184	1714	99
28	3968	1807	19 750	29 760	173	1679	99
29	3531	1591	18 890	29 350	153	1621	99
30	3074	1388	17 870	28 910	133	1561	99
31	4350	2071	20 460	30 180	198	1729	102
32	4128	1944	20 010	29 940	186	1692	101
33	3940	1831	19 640	29 750	178	1667	101
34	3480	1612	18 710	29 360	156	1609	101
35	3064	1410	17 780	28 900	136	1552	101
36	4402	2066	20 520	30 170	197	1758	100
37	4180	1954	20 150	29 950	188	1729	99
38	3973	1835	19 750	29 740	178	1690	99
39	3530	1616	18 850	29 320	156	1616	99
40	3080	1407	17 910	28 910	137	1569	100

注：y：推力　　x_1：一级涡轮的转速

x_2：二级涡轮的转速　　x_3：燃料流率

x_4：压力　　x_5：排气温度

x_6：测试时的环境温度

566

表 B-14 电子反相器数据

观测序号	x_1	x_2	x_3	x_4	x_5	y
1	3	3	3	3	0	0.787
2	8	30	8	8	0	0.293
3	3	6	6	6	0	1.710
4	4	4	4	12	0	0.203
5	8	7	6	5	0	0.806
6	10	20	5	5	0	4.713
7	8	6	3	3	25	0.607
8	6	24	4	4	25	9.107
9	4	10	12	4	25	9.210
10	16	12	8	4	25	1.365
11	3	10	8	8	25	4.554
12	8	3	3	3	25	0.293
13	3	6	3	3	50	2.252
14	3	8	8	3	50	9.167
15	4	8	4	8	50	0.694
16	5	2	2	2	50	0.379
17	2	2	2	3	50	0.485
18	10	15	3	3	50	3.345
19	15	6	2	3	50	0.208
20	15	6	2	3	75	0.201
21	10	4	3	3	75	0.329
22	3	8	2	2	75	4.966
23	6	6	6	4	75	1.362
24	2	3	8	6	75	1.515
25	3	3	8	8	75	0.751

注：y：PMOS-NMOS 反相器的跳变点(伏特)　x_1：NMOS 装置的宽度　x_2：NMOS 装置的长度
x_3：PMOS 装置的宽度　x_4：PMOS 装置的长度

表 B-15 空气污染与死亡率数据

城市	死亡率	降雨率	教育	非白人	氮氧化物	SO_2
San Jose，CA	790.73	13.00	12.20	3.00	32.00	3.00
Wichita，KS	823.76	28.00	12.10	7.50	2.00	1.00
SanDliego，CA	839.71	10.00	12.10	5.90	66.00	20.00
Lancaster，PA	844.05	43.00	9.50	2.90	7.00	32.00
Minneapolis，MN	857.62	25.00	12.10	3.00	11.00	26.00
Dallas，TX	860.10	35.00	11.80	14.80	1.00	1.00
Miami，FL	861.44	60.00	11.50	11.50	1.00	1.00
Los Angeles，CA	861.83	11.00	12.10	7.80	319.00	130.00
Grand Rapids，MI	871.34	31.00	10.90	5.10	3.00	10.00
Denver，CO	871.77	15.00	12.20	4.70	8.00	28.00
Rochester，NY	874.28	32.00	11.10	5.00	4.00	18.00
Hartford，CT	887.47	43.00	11.50	7.20	3.00	10.00
Fort Worth. TX	891.71	31.00	11.40	11.50	1.00	1.00
Portland，OR	893.99	37.00	12.00	3.60	21.00	44.00
Worcester，MA	895.70	45.00	11.10	1.00	3.00	8.00
Seattle，WA	899.26	35.00	12.20	5.70	7.00	20.00

567

（续）

城市	死亡率	降雨率	教育	非白人	氮氧化物	SO_2
Bridgeport，CT	899.53	45.00	10.60	5.30	4.00	4.00
Springfield，MA	904.16	45.00	11.10	3.40	4.00	20.00
San Francisco，CA	911.70	18.00	12.20	13.70	171.00	86.00
York，PA	911.82	42.00	9.00	4.80	8.00	49.00
Utica，NY	912.20	40.00	10.30	2.50	2.00	11.00
Canton，OH	912.35	36.00	10.70	6.70	7.00	20.00
Kansas City，MO	919.73	35.00	12.00	12.60	4.00	4.00
Akron，OH	921.87	36.00	11.40	8.80	15.00	59.00
NewHaven，CT	923.23	46.00	11.30	8.80	3.00	8.00
Milwasukee，WI	929.15	30.00	11.10	5.80	23.00	125.00
Boston，MA	934.70	43.00	12.10	3.50	32.00	62.00
Dayton，OH	936.23	36.00	11.40	12.40	4.00	16.00
Providence，RI	938.50	42.00	10.10	2.20	4.00	18.00
Flint，MI	941.18	30.00	10.80	13.10	4.00	11.00
Reading，PA	946.18	41.00	9.60	2.70	11.00	89.00
Syracuse，NY	950.67	38.00	11.40	3.80	5.00	25.00
Houston，TX	952.53	46.00	11.40	21.00	5.00	1.00
Saint Louis，MO	953.56	34.00	9.70	17.20	15.00	68.00
Youngstown，OH	954.44	38.00	10.70	11.70	13.00	39.00
Columbus，OH	958.84	37.00	11.90	13.10	9.00	15.00
Detroit，MI	959.22	31.00	10.80	15.80	35.00	124.00
Nashville，TN	961.01	45.00	10.10	21.00	14.00	78.00
Allentown，PA	962.35	44.00	9.80	0.80	6.00	33.00
Washington，DC	967.80	41.00	12.30	25.90	28.00	102.00
Indianapolis，IN	968.66	39.00	11.40	15.60	7.00	33.00
Cincinnati，OH	970.47	40.00	10.20	13.00	26.00	146.00
Greensboro，NC	971.12	42.00	10.40	22.70	3.00	5.00
Toledo，OH	972.46	31.00	10.70	9.50	7.00	25.00
Atlanta，GA	982.29	47.00	11.10	27.10	8.00	24.00
Cleveland，OH	985.95	35.00	11.10	14.70	21.00	64.00
Louisville，KY	989.27	30.00	9.90	13.10	37.00	193.00
Pinsburgh，PA	991.29	36.00	10.60	8.10	59.00	263.00
New York，NY	994.65	42.00	10.70	11.30	26.00	108.00
Albany，NY	997.88	35.00	11.00	3.50	10.00	39.00
Buffalo，NY	1001.90	36.00	10.50	8.10	12.00	37.00
Wilmington，DE	1003.50	45.00	11.30	12.10	11.00	42.00
Memphis，TE	1006.49	50.00	10.40	36.70	18.00	34.00
Philadelphia，PA	1015.02	42.00	10.50	17.50	32.00	161.00
Chattallooga，TN	1017.61	52.00	9.60	22.20	8.00	27.00
Chicago，IL	1024.89	33.00	10.90	16.30	63.00	278.00
Richmond，VA	1025.50	44.00	11.00	28.60	9.00	48.00
Birmingham，AL	1030.38	53.00	10.20	38.50	32.00	72.00
Baltimore，MD	1071.29	43.00	9.60	24.40	38.00	206.00
568 New Orleans，LA	1113.06	54.00	9.70	31.40	17.00	1.00

表 B-16 期望寿命数据

国家	期望寿命	拥有一台电视机的平均人数	拥有一位医生的平均人数	男性期望寿命	女性期望寿命
Argentina	70.5	4	370	74	67
Bangladesh	53.5	315	6166	53	54
Brazil	65	4	684	68	62
Canada	76.5	1.7	449	80	73
China	70	8	643	72	68
Colombia	71	5.6	1551	74	68
Egypt	60.5	15	616	61	60
Ethiopia	51.5	503	36 660	53	50
Prance	78	2.6	403	82	74
Germany	76	2.6	346	79	73
India	57.5	44	2471	58	57
Indonesia	61	24	7427	63	59
Iran	64.5	23	2992	65	64
Italy	78.5	3.8	233	82	75
Japan	79	1.8	609	82	76
Kenya	61	96	7615	63	59
Korea, North	70	90	370	73	67
Korea, South	70	4.9	1066	73	67
Mexico	72	6.6	600	76	68
Morocco	64.5	21	4873	66	63
Burma	54.5	592	3485	56	53
Pakistan	56.5	73	2364	57	56
Peru	64.5	14	1016	67	62
Philippines	64.5	8.8	1062	67	62
Poland	73	3.9	480	77	69
Romania	72	6	559	75	69
Russia	69	3.2	259	74	64
South Africa	64	11	1340	67	61
Spain	78.5	2.6	275	82	75
Sudan	53	23	12 550	54	52
Taiwan	75	3.2	965	78	72
Thailand	68.5	11	4883	73	66
Turkey	70	5	1189	72	68
Ukraine	70.5	3	226	75	66
United Kingdom	76	3	611	79	73
United States	75.5	1.3	404	79	72
Venezuela	74.5	5.6	576	78	71
Vietnam	65	29	3096	67	63

表 B-17 病人满意度数据

满意度	年龄	病重程度	外科-内科	焦虑程度
68	55	50	0	2.1
77	46	24	1	2.8
96	30	46	1	3.3
80	35	48	1	4.5
43	59	58	0	2
44	61	60	0	5.1
26	74	65	1	5.5
88	38	42	1	3.2
75	27	42	0	3.1
57	51	50	1	2.4
56	53	38	1	2.2
88	41	30	0	2.1
88	37	31	0	1.9
102	24	34	0	3.1
88	42	30	0	3
70	50	48	1	4.2
82	58	61	1	4.6
43	60	71	1	5.3
46	62	62	0	7.2
56	68	38	0	7.8
59	70	41	1	7
26	79	66	1	6.2
52	63	31	1	4.1
83	39	42	0	3.5
75	49	40	1	2.1

表 B-18 燃料消耗数据

y	x_1	x_2	x_3	x_4	x_5	x_6	x_7	x_8
343	0	52.8	811.7	2.11	220	261	87	1.8
356	1	52.8	811.7	2.11	220	261	87	1.8
344	0	50.0	821.3	2.11	223	260	87	16.6
356	1	50.0	821.3	2.11	223	260	87	16.6
352	0	47.2	832.0	2.09	221	261	92	23.0
361	1	47.2	832.0	2.09	221	261	92	23.0
372	0	47.0	831.3	2.26	190	323	75	25.1
355	1	47.0	831.3	2.26	190	323	75	25.1
375	0	48.3	836.8	2.47	180	364	71	26.1
359	1	48.3	836.8	2.47	180	364	71	26.1
364	0	44.7	808.3	1.41	180	300	64	20.0
357	1	44.7	808.3	1.41	180	300	64	20.0
368	0	55.7	808.7	1.44	176	299	64	20.5
360	1	55.7	808.7	1.44	176	299	64	20.5
372	0	52.8	813.2	1.96	175	301	75	17.3
352	1	52.8	813.2	1.96	175	301	75	17.3

注：y：燃料消耗(克/千米)

x_1：交通工具(0—公共汽车，1—卡车)

x_2：十六烷值

x_3：密度(克/升，15℃)

x_4：黏度(运动黏度，40℃)

x_5：初沸点(摄氏度)

x_6：终沸点(摄氏度)

x_7：闪点(摄氏度)

x_8：总芳香物含量(百分比)

570～571

来源："A Multivariate Statistical Analysis of Fuel-Related Polycyclic Aromatic Hydrocarbon Emissions from Heavy-Duty Diesel Vehicles," by R. Westerholmand H. Li, *Environmental Science and Technology*, **28**, 965-972.

表 B-19 红葡萄酒的品质

y	x_1	x_2	x_3	x_4	x_5	x_6	x_7	x_8	x_9	x_{10}
19.2	0	3.85	66	9.35	5.65	2.40	3.25	0.33	19	0.065
18.3	0	3.73	79	11.15	6.95	3.15	3.80	0.36	21	0.076
17.1	0	3.88	73	9.40	5.75	2.10	3.65	0.40	18	0.073
17.3	0	3.86	99	12.85	7.70	3.90	3.80	0.35	22	0.076
16.8	0	3.93	75	8.55	5.05	2.05	3.00	0.49	12	0.060
16.5	0	3.85	61	10.30	6.20	2.50	3.70	0.38	20	0.074
15.8	0	3.93	66	4.90	2.75	1.20	1.55	0.29	11	0.031
15.2	0	3.66	86	6.40	4.00	1.50	2.50	0.27	19	0.050
15.2	0	3.91	78	5.80	3.30	1.40	1.90	0.40	9	0.038
14.0	0	3.47	178	3.60	2.25	0.75	1.50	0.37	8	0.030
14.0	0	3.91	81	3.90	2.15	1.00	1.15	0.32	7	0.023
13.8	0	3.75	108	5.80	3.20	1.60	1.60	0.38	8	0.032
13.6	0	3.90	92	5.40	2.85	1.55	1.30	0.44	6	0.026
12.8	0	3.92	96	5.00	2.70	1.40	1.30	0.35	7	0.026
18.5	1	3.87	89	9.15	5.60	1.95	3.65	0.46	16	0.073
17.3	1	3.97	59	10.25	6.10	2.40	3.70	0.40	19	0.074
16.3	1	3.76	22	8.20	5.00	1.85	3.15	0.25	25	0.063
16.3	1	3.76	77	8.35	5.05	1.90	3.15	0.37	17	0.063
16.0	1	3.98	58	10.15	6.00	2.60	3.40	0.38	18	0.068
16.0	1	3.88	85	6.85	4.10	1.50	2.60	0.33	16	0.052
15.7	1	3.75	120	8.80	5.50	1.85	3.65	0.39	19	0.073
15.5	1	3.98	94	5.45	3.05	1.50	1.55	0.41	8	0.031
15.3	1	3.69	122	8.00	5.05	1.90	3.15	0.27	23	0.063
15.3	1	3.77	144	5.60	3.35	1.10	2.25	0.36	12	0.045
14.8	1	3.74	10	7.90	4.75	1.95	2.80	0.25	23	0.056
14.3	1	3.76	100	5.55	3.25	1.15	2.10	0.34	12	0.042
14.3	1	3.91	73	4.65	2.70	0.95	1.75	0.36	10	0.035
14.2	1	3.60	301	4.25	2.40	1.25	1.15	0.42	6	0.023
14.0	1	3.76	104	8.70	5.10	2.25	2.85	0.34	17	0.057
13.8	1	3.90	67	7.40	4.40	1.60	2.80	0.45	13	0.056
12.5	1	3.80	89	5.35	3.15	1.20	1.95	0.32	12	0.039
11.5	1	3.65	192	6.35	3.90	1.25	2.65	0.63	8	0.053

注：y：品质等级(最大为 20)　x_1：葡萄酒品种(0—赤霞珠，1—西拉)　x_2：pH
x_3：总 SO_2(ppm)　x_4：色密度　x_5：葡萄酒的颜色
x_6：聚合色素的颜色　x_7：花青素的颜色　x_8：总花青素(克/升)
x_9：花青素的点离度(百分比)　x_{10}：已电离的花青素(百分比)

来源："Wine Quality：Correlations with Colour Density and Anthocyanin Equilibria in a Group of Young Red Wines"，by T. C. Somers and M. E. Evans，*Journal of the Science of Food and Agricuture*，**25**，1369-1379.

572

表 B-20 甲醇的超临界水氧化

x_1	x_2	x_3	x_4	x_5	y
0	454	8.8	3.90	1.30	1.1
0	474	8.2	3.68	1.16	4.2
0	524	7.0	2.78	1.25	94.2
0	503	7.4	2.27	1.57	20.7
0	493	7.6	2.40	1.55	15.7
0	493	7.6	1.28	2.71	15.9
0	493	7.5	5.68	0.54	14.7
0	493	7.6	4.65	0.74	10.8
0	493	7.4	3.30	1.01	9.6
0	493	7.4	2.52	1.12	12.7
0	493	7.5	2.44	0.86	7.1
0	493	7.5	2.47	0.45	9.0
1	530	6.7	1.97	1.74	96.0
1	522	6.9	2.03	0.94	78.4
1	522	6.9	2.05	0.93	78.3
1	503	7.3	2.16	0.94	71.4
1	453	8.7	2.76	0.90	0.5
1	483	7.7	2.42	0.91	3.1

注：x_1：反应体系　x_2：温度(摄氏度)　x_3：反应持续时间(秒)

x_4：进口处的甲醇浓度　x_5：进口处氧气与进口处甲醇的比值　y：转化百分比

来源："Revised Global Kinetic Measurements of Methanol Oxidation in Supercritical Water", by J. W. Tester, P. A. Webley, and H. R. Holgate, *Industrial and Engineering Chemical Research*, **32**, 236-239.

表 B-21 Hald 水泥数据

i	y_i	x_{i1}	x_{i2}	x_{i3}	x_{i4}
1	78.5	7	26	6	60
2	74.3	1	29	15	52
3	104.3	11	56	8	20
4	87.6	11	31	8	47
5	95.9	7	52	6	33
6	109.2	11	55	9	22
7	102.7	3	71	17	6
8	72.5	1	31	22	44
9	93.1	2	54	18	22
10	115.9	21	47	4	26
11	83.8	1	40	23	34
12	113.3	11	66	9	12
13	109.4	10	68	8	12

573 来源：Hald, A. (1952), *Statistical Theory with Engineering Application*, Wiley, New York.

附录C 统计方法的补充内容

C.1 基本检验统计学的背景知识

用 Y 表示随机变量，其服从均值为 μ 方差为 σ^2 的正态分布

$$Y \sim N(\mu,\sigma^2)$$ 574

C.1.1 中心分布

1) 令 Y_1，Y_2，…，Y_n 为独立的正态随机变量其 $E(Y_i)=\mu_i$，而 $\mathrm{Var}(Y_i)=\sigma_i^2$. 令 a_1，a_2，…，a_n 为已知常数. 如果定义 Y_i 的线性组合

$$U = \sum_{i=1}^{n} a_i Y_i$$

那么

$$U \sim N\Big(\sum_{i=1}^{n} a_i\mu_i, \sum_{i=1}^{n} a_i^2\sigma_i^2\Big)$$

关键在于正态分布随机变量的线性组合也服从正态分布.

2) 如果 $Y \sim N(\mu,\ \sigma^2)$，那么

$$Z = \frac{Y-\mu}{\sigma} \sim N(0,1)$$

Z 称为标准正态随机变量.

3) 令 $Z=(Y-\mu)/\sigma$，如果 $Y \sim N(\mu,\ \sigma^2)$，那么 Z^2 服从 χ^2 分布，表示为

$$Z^2 \sim \chi_1^2$$

关键点在于标准正态随机变量的平方是自由度为 1 的 χ^2 随机变量.

4) 令 Y_1，Y_2，…，Y_n 为独立的正态随机变量，其 $E(Y_i)=\mu_i$，$\mathrm{Var}(Y_i)=\sigma_i^2$，同时令

$$Z_i = \frac{Y_i-\mu_i}{\sigma_i}.$$

那么

$$\sum_{i=1}^{n} Z_i^2 \sim \chi_n^2$$

关键点在于：(1)n 个标准正态随机变量的平方和服从自由度为 n 的 χ^2 分布；(2)χ^2 随机变量的和也服从 χ^2 分布.

5) **中心极限定理** 如果 Y_1，Y_2，…，Y_n 为独立同分布的随机变量其中 $E(Y_i)=\mu$，$\mathrm{Var}(Y_i)=\sigma^2<\infty$，那么

$$\frac{\overline{Y}-\mu}{\sigma/\sqrt{n}}$$ 575

随着 $n\to\infty$ 其依分布收敛为标准正态分布. 关键点在于如果 n 充分大，那么 $\overline{Y}$ 近似服从正

态分布．如何视为充分大取决于 Y_i 的潜在分布．

6）如果 $Z \sim N(0, 1)$，$V \sim \chi^2_\nu$，且 Z 与 V 独立，那么

$$\frac{Z}{\sqrt{V/\nu}} \sim t_\nu$$

式中 t_ν 是自由度为 ν 的 t 分布．

7）令 $V \sim \chi^2_\nu$，且令 $W \sim \chi^2_\eta$．如果 V 与 W 独立，那么

$$\frac{V/\nu}{W/\eta} \sim E_{\nu,\eta}$$

式中 $F_{\nu,\eta}$ 是自由度为 ν 和 η 的 F 分布．关键点在于两个独立的 χ^2 随机变量分别除以其各自的自由度，得到的比率服从 F 分布．

C.1.2 非中心分布

1）令 $X \sim N(\delta, 1)$，且令 $V \sim \chi^2_\nu$．如果 X 与 V 独立，那么

$$\frac{X}{\sqrt{V/\nu}} \sim t'_{\nu,\delta}$$

式中 $t'_{\nu,\delta}$ 是自由度为 ν，非中心参数为 δ 的非中心 t 分布．

2）如果 $X \sim N(\delta, 1)$，那么

$$X^2 \sim \chi^{2\prime}_{1,\delta^2}$$

式中 χ^2_{1,δ^2} 是自由度为 1，非中心参数为 δ^2 的非中心 χ^2 分布．

3）如果 X_1，X_2，…，X_n 为独立的正态分布的随机变量其 $E(X_i) = \delta_i$，$\mathrm{Var}(X_i) = 1$，那么

$$\sum_{i=1}^{n} X_i^2 \sim \chi^{2\prime}_{n,\lambda}$$

式中非中心参数 λ 为

576 $$\lambda = \sum_{i=1}^{n} \delta_i^2$$

4）令 $V \sim \chi^2_{\nu,\lambda}$，且令 $W \sim \chi^2_\eta$．如果 V 与 W 独立，那么

$$\frac{V/\nu}{W/\eta} \sim F'_{\nu,\eta,\lambda}$$

式中 $F'_{\nu,\eta,\lambda}$ 是自由度为 ν 和 η，非中心参数为 λ 的非中心 F 分布．

C.2 线性模型理论的背景知识

C.2.1 基本定义

1）**矩阵的秩** 矩阵 $\boldsymbol{A}$ 的秩是线性无关行的数量，等价的也是线性无关列的数量．

2）**单位矩阵** k 阶单位矩阵记为 $\boldsymbol{I}$ 或 $\boldsymbol{I}_k$，是对角线元素为 1，非对角线元素为 0 的 $k \times k$ 方阵，因此

$$\boldsymbol{I}=\begin{bmatrix}1&0&0&\cdots&0\\0&1&0&\cdots&0\\\vdots&\vdots&\vdots&\ddots&\vdots\\0&0&0&0&1\end{bmatrix}$$

3) **矩阵的逆** 令 $\boldsymbol{A}$ 为 $k\times k$ 阶矩阵. $\boldsymbol{A}$ 的逆记为 $\boldsymbol{A}^{-1}$，这一 $k\times k$ 矩阵使得

$$\boldsymbol{A}\boldsymbol{A}^{-1}=\boldsymbol{A}^{-1}\boldsymbol{A}=\boldsymbol{I}$$

如果逆矩阵存在，那么它是唯一的.

4) **矩阵的转置** 令 $\boldsymbol{A}$ 为 $n\times k$ 矩阵. $\boldsymbol{A}$ 的转置记为 $\boldsymbol{A}'$ 或 $\boldsymbol{A}^{\mathrm{T}}$，这一 $k\times n$ 矩阵的行是 $\boldsymbol{A}$ 的列，因此如果

$$\boldsymbol{A}=\begin{bmatrix}a_{11}&a_{12}&\cdots&a_{1k}\\a_{21}&a_{22}&\cdots&a_{2k}\\\vdots&\vdots&\ddots&\vdots\\a_{n1}&a_{n2}&\cdots&a_{nk}\end{bmatrix}\quad \text{那么 } \boldsymbol{A}'=\begin{bmatrix}a_{11}&a_{21}&\cdots&a_{n1}\\a_{12}&a_{22}&\cdots&a_{n2}\\\vdots&\vdots&\ddots&\vdots\\a_{1k}&a_{2k}&\cdots&a_{nk}\end{bmatrix}$$

注意：如果 $\boldsymbol{A}$ 为 $n\times m$ 矩阵，$\boldsymbol{B}$ 为 $m\times p$ 矩阵，那么

$$(\boldsymbol{AB})'=\boldsymbol{B}'\boldsymbol{A}'$$

5) **对称矩阵** 令 $\boldsymbol{A}$ 为 $k\times k$ 矩阵，当 $\boldsymbol{A}=\boldsymbol{A}'$ 时称 $\boldsymbol{A}$ 是对称的.

6) **幂等矩阵** 令 $\boldsymbol{A}$ 为 $k\times k$ 矩阵. 当

$$\boldsymbol{A}=\boldsymbol{AA}$$ 577

时称 $\boldsymbol{A}$ 是幂等的. 如果 $\boldsymbol{A}$ 也是对称的，那么称 $\boldsymbol{A}$ 是对称幂等的. 如果 $\boldsymbol{A}$ 是对称幂等的，那么 $\boldsymbol{I}-\boldsymbol{A}$ 也是对称幂等的.

7) **正交矩阵** 令 $\boldsymbol{A}$ 为 $k\times k$ 矩阵. 如果 $\boldsymbol{A}$ 是正交矩阵，那么 $\boldsymbol{A}'\boldsymbol{A}=\boldsymbol{I}$. 因此，如果 $\boldsymbol{A}$ 是正交矩阵，那么 $\boldsymbol{A}^{-1}=\boldsymbol{A}'$.

8) **二次型** 令 $\boldsymbol{y}$ 为 $k\times 1$ 向量，且令 $\boldsymbol{A}$ 为 $k\times k$ 矩阵. 函数

$$\boldsymbol{y}'\boldsymbol{A}\boldsymbol{y}=\sum_{i=1}^{k}\sum_{j=1}^{k}a_{ij}y_iy_j$$

称为二次型，$\boldsymbol{A}$ 称为二次型的矩阵.

9) **正定矩阵与半正定矩阵** 令 $\boldsymbol{A}$ 为 $k\times k$ 矩阵. 当以下条件成立时 $\boldsymbol{A}$ 称为正定矩阵：

(a) $\boldsymbol{A}=\boldsymbol{A}'$（$\boldsymbol{A}$ 是对称的）

(b) $\boldsymbol{y}'\boldsymbol{A}\boldsymbol{y}>0\ \forall\ \boldsymbol{y}\in\mathbf{R}^k$，$\boldsymbol{y}\neq\boldsymbol{0}$

当以下条件成立时 $\boldsymbol{A}$ 称为半正定矩阵：

(c) $\boldsymbol{y}'\boldsymbol{A}\boldsymbol{y}>0$ 对某些 $\boldsymbol{y}\neq\boldsymbol{0}$ 成立

10) **矩阵的迹** 令 $\boldsymbol{A}$ 为 $k\times k$ 矩阵. $\boldsymbol{A}$ 的迹记为 trace($\boldsymbol{A}$)或 tr($\boldsymbol{A}$)，是 $\boldsymbol{A}$ 的对角线元素之和，因此

$$\mathrm{trace}(\boldsymbol{A})=\sum_{i=1}^{k}a_{ii}$$

注意：

(a) 如果 $\boldsymbol{A}$ 为 $m\times n$ 矩阵且 $\boldsymbol{B}$ 为 $n\times m$ 矩阵，那么

$$\mathrm{trace}(\boldsymbol{AB})=\mathrm{trace}(\boldsymbol{BA})$$

(b) 如果矩阵是合理可乘的，那么

$$\text{trace}(\boldsymbol{ABC}) = \text{trace}(\boldsymbol{CAB})$$

(c) 如果 $\boldsymbol{A}$ 与 $\boldsymbol{B}$ 为 $k \times k$ 矩阵且 a 与 b 为标量，那么

$$\text{trace}(a\boldsymbol{A} + b\boldsymbol{B}) = a\ \text{trace}(\boldsymbol{A}) + b\ \text{trace}(\boldsymbol{B})$$

11) **幂等矩阵的秩** 令 $\boldsymbol{A}$ 为幂等矩阵. $\boldsymbol{A}$ 的秩就是它的迹.

12) **分块矩阵的重要恒等式** 令 $\boldsymbol{X}$ 为 $n \times p$ 分块矩阵使得

578 $$\boldsymbol{X} = [\boldsymbol{X}_1 \boldsymbol{X}_2]$$

注意

$$\boldsymbol{X}(\boldsymbol{X}'\boldsymbol{X})^{-1}\boldsymbol{X}'\boldsymbol{X} = \boldsymbol{X}$$
$$\boldsymbol{X}(\boldsymbol{X}'\boldsymbol{X})^{-1}\boldsymbol{X}'[\boldsymbol{X}_1 \boldsymbol{X}_2] = \boldsymbol{X}$$
$$\boldsymbol{X}(\boldsymbol{X}'\boldsymbol{X})^{-1}\boldsymbol{X}'[\boldsymbol{X}_1 \boldsymbol{X}_2] = [\boldsymbol{X}_1 \boldsymbol{X}_2]$$

因此

$$\boldsymbol{X}(\boldsymbol{X}'\boldsymbol{X})^{-1}\boldsymbol{X}'\boldsymbol{X}_1 = \boldsymbol{X}_1 \quad \text{且} \quad \boldsymbol{X}(\boldsymbol{X}'\boldsymbol{X})^{-1}\boldsymbol{X}'\boldsymbol{X}_2 = \boldsymbol{X}_2$$

同理

$$\boldsymbol{X}_1'\boldsymbol{X}(\boldsymbol{X}'\boldsymbol{X})^{-1}\boldsymbol{X}' = \boldsymbol{X}_1' \quad \text{且} \quad \boldsymbol{X}_2'\boldsymbol{X}(\boldsymbol{X}'\boldsymbol{X})^{-1}\boldsymbol{X}' = \boldsymbol{X}_2'$$

13) **分块矩阵的逆** 考虑形如

$$\boldsymbol{X}'\boldsymbol{X} = \begin{bmatrix} \boldsymbol{X}_1'\boldsymbol{X}_1 & \boldsymbol{X}_1'\boldsymbol{X}_2 \\ \boldsymbol{X}_2'\boldsymbol{X}_1 & \boldsymbol{X}_2'\boldsymbol{X}_2 \end{bmatrix}$$

的矩阵. 可以证明该矩阵的逆为

$$(\boldsymbol{X}'\boldsymbol{X})^{-1} = \begin{bmatrix} (\boldsymbol{X}_1'\boldsymbol{X}_1)^{-1} + (\boldsymbol{X}_1'\boldsymbol{X}_1)^{-1}\boldsymbol{X}_1'\boldsymbol{X}_2\boldsymbol{G}\boldsymbol{X}_2'\boldsymbol{X}_1(\boldsymbol{X}_1'\boldsymbol{X}_1)^{-1} & -(\boldsymbol{X}_1'\boldsymbol{X}_1)^{-1}\boldsymbol{X}_1'\boldsymbol{X}_2\boldsymbol{G} \\ -\boldsymbol{G}\boldsymbol{X}_2'\boldsymbol{X}_1(\boldsymbol{X}_1'\boldsymbol{X}_1)^{-1} & \boldsymbol{G} \end{bmatrix}$$

式中 $\boldsymbol{H}_1 = \boldsymbol{X}_1(\boldsymbol{X}_1\boldsymbol{X}_1')^{-1}\boldsymbol{X}_1'$ 且 $\boldsymbol{G} = [\boldsymbol{X}_2'(\boldsymbol{I} - \boldsymbol{H}_1)\boldsymbol{X}_2]^{-1}$.

C.2.2 矩阵的导数

令 $\boldsymbol{A}$ 为 $k \times k$ 常数矩阵，$\boldsymbol{a}$ 为 $k \times 1$ 常数向量，且 $\boldsymbol{y}$ 为 $k \times 1$ 变量向量.

1) 如果 $z = \boldsymbol{a}'\boldsymbol{y}$，那么

$$\frac{\partial z}{\partial \boldsymbol{y}} = \frac{\partial \boldsymbol{a}'\boldsymbol{y}}{\partial \boldsymbol{y}} = \boldsymbol{a}$$

2) 如果 $z = \boldsymbol{y}'\boldsymbol{y}$，那么

$$\frac{\partial z}{\partial \boldsymbol{y}} = \frac{\partial \boldsymbol{y}'\boldsymbol{y}}{\partial \boldsymbol{y}} = 2\boldsymbol{y}$$

3) 如果 $z = \boldsymbol{a}'\boldsymbol{A}\boldsymbol{y}$，那么

579 $$\frac{\partial z}{\partial \boldsymbol{y}} = \frac{\partial \boldsymbol{a}'\boldsymbol{A}\boldsymbol{y}}{\partial \boldsymbol{y}} = \boldsymbol{A}'\boldsymbol{a}$$

4) 如果 $z = \boldsymbol{y}'\boldsymbol{A}\boldsymbol{y}$，那么

$$\frac{\partial z}{\partial \boldsymbol{y}} = \frac{\partial \boldsymbol{y}'\boldsymbol{A}\boldsymbol{y}}{\partial \boldsymbol{y}} = \boldsymbol{A}\boldsymbol{y} + \boldsymbol{A}'\boldsymbol{y}$$

如果 $\boldsymbol{A}$ 对称，那么

$$\frac{\partial \boldsymbol{y}'\boldsymbol{A}\boldsymbol{y}}{\partial \boldsymbol{y}} = 2\boldsymbol{A}\boldsymbol{y}$$

C.2.3 期望

令 $\boldsymbol{A}$ 为 $k\times k$ 常数矩阵，$\boldsymbol{a}$ 为 $k\times 1$ 常数向量且 $\boldsymbol{y}$ 为 $k\times 1$ 随机向量，其均值为 $\boldsymbol{\mu}$，非奇异方差—协方差矩阵为 $\boldsymbol{V}$.

1) $E(\boldsymbol{a}'\boldsymbol{y})=\boldsymbol{a}'\boldsymbol{\mu}$

2) $E(\boldsymbol{A}\boldsymbol{y})=\boldsymbol{A}\boldsymbol{\mu}$

3) $\mathrm{Var}(\boldsymbol{a}'\boldsymbol{y})=\boldsymbol{a}'\boldsymbol{V}\boldsymbol{a}$

4) $\mathrm{Var}(\boldsymbol{A}\boldsymbol{y})=\boldsymbol{A}\boldsymbol{V}\boldsymbol{A}'$

注意：如果 $\boldsymbol{V}=\sigma^2\boldsymbol{I}$，那么 $\mathrm{Var}(\boldsymbol{A}\boldsymbol{y})=\sigma^2\boldsymbol{A}\boldsymbol{A}'$.

5) $E(\boldsymbol{y}'\boldsymbol{A}\boldsymbol{y})=\mathrm{trace}(\boldsymbol{A}\boldsymbol{V})+\boldsymbol{\mu}'\boldsymbol{A}\boldsymbol{\mu}$

注意：如果 $\boldsymbol{V}=\sigma^2\boldsymbol{I}$，那么 $E(\boldsymbol{y}'\boldsymbol{A}\boldsymbol{y})=\sigma^2\mathrm{trace}(\boldsymbol{A})+\boldsymbol{\mu}'\boldsymbol{A}\boldsymbol{\mu}$.

C.2.4 分布理论

令 $\boldsymbol{A}$ 为 $k\times k$ 常数矩阵且 $\boldsymbol{y}$ 为 $k\times 1$ 多元正态随机向量，其均值为 $\boldsymbol{\mu}$，非奇异方差-协方差矩阵为 $\boldsymbol{V}$，因此

$$\boldsymbol{y} \sim N(\boldsymbol{\mu},\boldsymbol{V})$$

令 U 为通过 $U=\boldsymbol{y}'\boldsymbol{A}\boldsymbol{y}$ 定义的二次型，因此

1) 如果 $\boldsymbol{A}\boldsymbol{V}$ 或 $\boldsymbol{V}\boldsymbol{A}$ 是秩为 p 的幂等矩阵，那么

$$U \sim \chi^{2\prime}_{p,\lambda}$$

式中 $\lambda=\boldsymbol{\mu}'\boldsymbol{A}\boldsymbol{\mu}$.

2) 令 $\boldsymbol{V}=\sigma^2\boldsymbol{I}$，这是个一般的假设条件. 如果 $\boldsymbol{A}$ 是秩为 p 的幂等矩阵，那么

$$\frac{U}{\sigma^2} \sim \chi^{2\prime}_{p,\lambda}$$

式中 $\lambda=\boldsymbol{\mu}'\boldsymbol{A}\boldsymbol{\mu}/\sigma^2$.

3) 令 $\boldsymbol{B}$ 为 $q\times k$ 矩阵，且令 $\boldsymbol{W}$ 为由 $\boldsymbol{W}=\boldsymbol{B}\boldsymbol{y}$ 给定的线性形式. 如果 580

$$\boldsymbol{BVA} = \boldsymbol{0}$$

那么二次型 $\boldsymbol{U}=\boldsymbol{y}'\boldsymbol{A}\boldsymbol{y}$ 与 $\boldsymbol{W}$ 独立. 注意，如果 $\boldsymbol{V}=\sigma^2\boldsymbol{I}$，那么如果 $\boldsymbol{B}\boldsymbol{A}=\boldsymbol{0}$ 则 $\boldsymbol{U}$ 与 $\boldsymbol{W}$ 独立.

4) 令 $\boldsymbol{B}$ 为 $k\times k$ 矩阵. 令 $\boldsymbol{V}=\boldsymbol{y}'\boldsymbol{B}\boldsymbol{y}$. 如果

$$\boldsymbol{AVB} = \boldsymbol{0}$$

那么两个二次型 $\boldsymbol{U}$ 与 $\boldsymbol{V}$ 独立. 注意：如果 $\boldsymbol{V}=\sigma^2\boldsymbol{I}$，那么如果 $\boldsymbol{A}\boldsymbol{B}=\boldsymbol{0}$ 则 $\boldsymbol{U}$ 与 $\boldsymbol{V}$ 独立.

C.3 关于 $SS_{回}$ 与 $SS_{残}$ 的重要结果

C.3.1 $SS_{回}$

由定义，

$$SS_{回} = \sum_{i=1}^{n}(\hat{y}_i - \overline{y})^2$$

注意$\hat{\boldsymbol{y}}=\boldsymbol{X}(\boldsymbol{X}'\boldsymbol{X})^{-1}\boldsymbol{X}'_y$，以及

$$\overline{y}=\frac{1}{n}\sum_{i=1}^{n}y_i=\frac{1}{n}\mathbf{1}'\boldsymbol{y}$$

式中$\mathbf{1}$为$n\times1$向量其元素均为$\mathbf{1}$. 进一步来说，$\overline{y}=(\mathbf{1}'\mathbf{1})^{-1}\mathbf{1}'\boldsymbol{y}$. 因此，可以将$SS_{回}$写作

$$\begin{aligned}SS_{回}&=\sum_{i=1}^{n}(\hat{y}_i-\overline{y})^2\\&=[\hat{\boldsymbol{y}}-\mathbf{1}\overline{y}]'[\hat{\boldsymbol{y}}-\mathbf{1}\overline{y}]\\&=[\boldsymbol{X}(\boldsymbol{X}'\boldsymbol{X})^{-1}\boldsymbol{X}'\boldsymbol{y}-\mathbf{1}(\mathbf{1}'\mathbf{1})^{-1}\mathbf{1}'\boldsymbol{y}]'[\boldsymbol{X}(\boldsymbol{X}'\boldsymbol{X})^{-1}\boldsymbol{X}'\boldsymbol{y}-\mathbf{1}(\mathbf{1}'\mathbf{1})^{-1}\mathbf{1}'\boldsymbol{y}]\\&=\boldsymbol{y}'[\boldsymbol{X}(\boldsymbol{X}'\boldsymbol{X})^{-1}\boldsymbol{X}'-\mathbf{1}(\mathbf{1}'\mathbf{1})^{-1}\mathbf{1}']'[\boldsymbol{X}(\boldsymbol{X}'\boldsymbol{X})^{-1}\boldsymbol{X}'-\mathbf{1}(\mathbf{1}'\mathbf{1})^{-1}\mathbf{1}']\boldsymbol{y}\end{aligned}$$

请注意$\boldsymbol{X}=[\mathbf{1}\boldsymbol{X}_R]$，式中$\boldsymbol{X}_R$是由回归变量实际值组成的矩阵. 因此，$SS_{回}$包含了分块矩阵的一个特殊情形. 因此可以使用分块矩阵的特殊恒等式证明

$$\boldsymbol{X}(\boldsymbol{X}'\boldsymbol{X})^{-1}\boldsymbol{X}'\mathbf{1}=\mathbf{1}\qquad 和\qquad \mathbf{1}'\boldsymbol{X}(\boldsymbol{X}'\boldsymbol{X})^{-1}\boldsymbol{X}'=\mathbf{1}'$$

因此，可以证明$[\boldsymbol{X}(\boldsymbol{X}'\boldsymbol{X})^{-1}\boldsymbol{X}'-\mathbf{1}(\mathbf{1}'\mathbf{1})^{-1}\mathbf{1}']$是幂等的. 在$\mathrm{Var}(\varepsilon)=\sigma^2\boldsymbol{I}$的假设条件下，

581

$$\frac{SS_{回}}{\sigma^2}=\frac{1}{\sigma^2}\boldsymbol{y}'[\boldsymbol{X}(\boldsymbol{X}'\boldsymbol{X})^{-1}\boldsymbol{X}'-\mathbf{1}(\mathbf{1}'\mathbf{1})^{-1}\mathbf{1}']\boldsymbol{y}$$

服从非中心参数为λ，自由度等于$[\boldsymbol{X}(\boldsymbol{X}'\boldsymbol{X})^{-1}\boldsymbol{X}'-\mathbf{1}(\mathbf{1}'\mathbf{1})^{-1}\mathbf{1}']$秩的$\chi^2$分布. 因为该矩阵是幂等的，所以它的秩是它的迹. 注意

$$\begin{aligned}\mathrm{trace}[\boldsymbol{X}(\boldsymbol{X}'\boldsymbol{X})^{-1}\boldsymbol{X}'-\mathbf{1}(\mathbf{1}'\mathbf{1})^{-1}\mathbf{1}']&=\mathrm{trace}[\boldsymbol{X}(\boldsymbol{X}'\boldsymbol{X})^{-1}\boldsymbol{X}']-\mathrm{trace}[\mathbf{1}(\mathbf{1}'\mathbf{1})^{-1}\mathbf{1}']\\&=\mathrm{trace}[\boldsymbol{X}'\boldsymbol{X}(\boldsymbol{X}'\boldsymbol{X})^{-1}]-\mathrm{trace}[\mathbf{1}'\mathbf{1}(\mathbf{1}'\mathbf{1})^{-1}]\\&=\mathrm{trace}(\boldsymbol{I}_p)-\mathrm{trace}(1)\\&=p-1=k\end{aligned}$$

在模型正确的假设条件下，

$$E(\boldsymbol{y})=\boldsymbol{X\beta}=[\mathbf{1}\quad \boldsymbol{X}_R]\begin{bmatrix}\boldsymbol{\beta}_0\\\boldsymbol{\beta}_R\end{bmatrix}=\boldsymbol{\beta}_0\mathbf{1}+\boldsymbol{X}_R\boldsymbol{\beta}_R$$

因此，非中心参数为

$$\begin{aligned}\lambda&=\frac{1}{\sigma^2}E(\boldsymbol{y})'[\boldsymbol{X}(\boldsymbol{X}'\boldsymbol{X})^{-1}\boldsymbol{X}'-\mathbf{1}(\mathbf{1}'\mathbf{1})^{-1}\mathbf{1}']E(\boldsymbol{y})\\&=\frac{1}{\sigma^2}\boldsymbol{\beta}'\boldsymbol{X}'[\boldsymbol{X}(\boldsymbol{X}'\boldsymbol{X})^{-1}\boldsymbol{X}'-\mathbf{1}(\mathbf{1}'\mathbf{1})^{-1}\mathbf{1}']\boldsymbol{X\beta}\\&=\frac{1}{\sigma^2}[\beta_0\quad \boldsymbol{\beta}'_R]\begin{bmatrix}\mathbf{1}'\\\boldsymbol{X}'_R\end{bmatrix}[\boldsymbol{X}(\boldsymbol{X}'\boldsymbol{X})^{-1}\boldsymbol{X}'-\mathbf{1}(\mathbf{1}'\mathbf{1})^{-1}\mathbf{1}'][\mathbf{1}\quad \boldsymbol{X}_R]\begin{bmatrix}\beta_0\\\boldsymbol{\beta}_R\end{bmatrix}\\&=\frac{1}{\sigma^2}[\beta_0\quad \boldsymbol{\beta}'_R]\begin{bmatrix}\mathbf{1}'\boldsymbol{X}(\boldsymbol{X}'\boldsymbol{X})^{-1}\boldsymbol{X}'-\mathbf{1}'\mathbf{1}(\mathbf{1}'\mathbf{1})^{-1}\mathbf{1}'\\\boldsymbol{X}'_R\boldsymbol{X}(\boldsymbol{X}'\boldsymbol{X})^{-1}\boldsymbol{X}'-\boldsymbol{X}'_R\mathbf{1}(\mathbf{1}'\mathbf{1})^{-1}\mathbf{1}'\end{bmatrix}[\mathbf{1}\quad \boldsymbol{X}_R]\begin{bmatrix}\beta_0\\\boldsymbol{\beta}_R\end{bmatrix}\\&=\frac{1}{\sigma^2}[\beta_0\quad \boldsymbol{\beta}'_R]\begin{bmatrix}\mathbf{0}'\\\boldsymbol{X}'_R-\boldsymbol{X}'_R\mathbf{1}(\mathbf{1}'\mathbf{1})^{-1}\mathbf{1}'\end{bmatrix}[\mathbf{1}\quad \boldsymbol{X}_R]\begin{bmatrix}\beta_0\\\boldsymbol{\beta}_R\end{bmatrix}\\&=\frac{1}{\sigma^2}[\beta_0\quad \boldsymbol{\beta}'_R]\begin{bmatrix}0&\mathbf{0}'\\\mathbf{0}&\boldsymbol{X}'_R\boldsymbol{X}_R-\boldsymbol{X}'_R\mathbf{1}(\mathbf{1}'\mathbf{1})^{-1}\mathbf{1}'\boldsymbol{X}_R\end{bmatrix}\begin{bmatrix}\beta_0\\\boldsymbol{\beta}_R\end{bmatrix}\\&=\frac{1}{\sigma^2}\boldsymbol{\beta}'_R[\boldsymbol{X}'_R\boldsymbol{X}_R-\boldsymbol{X}'_R\mathbf{1}(\mathbf{1}'\mathbf{1})^{-1}\mathbf{1}'\boldsymbol{X}_R]\boldsymbol{\beta}_R\end{aligned}$$

如果定义**中心**回归变量值的矩阵为

$$\boldsymbol{X}_C=\begin{bmatrix} x_{11}-\bar{x}_1 & x_{12}-\bar{x}_2 & \cdots & x_{1k}-\bar{x}_k \\ x_{21}-\bar{x}_1 & x_{22}-\bar{x}_2 & \cdots & x_{2k}-\bar{x}_k \\ \vdots & \vdots & & \vdots \\ x_{n1}-\bar{x}_1 & x_{n2}-\bar{x}_2 & \cdots & x_{nk}-\bar{x}_k \end{bmatrix}$$

式中 $\bar{x}_1$ 为第一个回归变量的平均值，$\bar{x}_2$ 为第二个回归变量的平均值，等等，那么可以简单地确定，非中心参数可以改写为

$$\lambda=\frac{1}{\sigma^2}\boldsymbol{\beta}'_R[\boldsymbol{X}'_C\boldsymbol{X}_C]\boldsymbol{\beta}_R$$ 582

$SS_{回}$ 的期望值为

$$\begin{aligned} E(SS_{回}) &= E(\boldsymbol{y}'[\boldsymbol{X}(\boldsymbol{X}'\boldsymbol{X})^{-1}\boldsymbol{X}'-\mathbf{1}(\mathbf{1}'\mathbf{1})^{-1}\mathbf{1}']\boldsymbol{y}) \\ &= \text{trace}([\boldsymbol{X}(\boldsymbol{X}'\boldsymbol{X})^{-1}\boldsymbol{X}'-\mathbf{1}(\mathbf{1}'\mathbf{1})^{-1}\mathbf{1}']\boldsymbol{\sigma}^2\boldsymbol{I})+E(\boldsymbol{y})'[\boldsymbol{X}(\boldsymbol{X}'\boldsymbol{X})^{-1}\boldsymbol{X}'-\mathbf{1}(\mathbf{1}'\mathbf{1})^{-1}\mathbf{1}']E(\boldsymbol{y}) \\ &= k\sigma^2+\boldsymbol{\beta}'_R\boldsymbol{X}'_C\boldsymbol{X}_C\boldsymbol{\beta}_R \end{aligned}$$

所以，

$$E(MS_{回})=E\left(\frac{SS_{回}}{k}\right)=\sigma^2+\frac{\boldsymbol{\beta}'_R\boldsymbol{X}'_C\boldsymbol{X}_C\boldsymbol{\beta}_R}{k}$$

C. 3. 2 $SS_{残}$

由定义，

$$SS_{残}=\sum_{i=1}^{n}(y_i-\hat{y}_i)^2$$

注意，可以将

$$SS_{残}$$

改写为

$$\begin{aligned} SS_{残} &= (\boldsymbol{y}-\hat{\boldsymbol{y}})'(\boldsymbol{y}-\hat{\boldsymbol{y}}) \\ &= [\boldsymbol{y}-\boldsymbol{X}(\boldsymbol{X}'\boldsymbol{X})^{-1}\boldsymbol{X}'\boldsymbol{y}]'[\boldsymbol{y}-\boldsymbol{X}(\boldsymbol{X}'\boldsymbol{X})^{-1}\boldsymbol{X}'\boldsymbol{y}] \\ &= \boldsymbol{y}'[\boldsymbol{I}-\boldsymbol{X}(\boldsymbol{X}'\boldsymbol{X})^{-1}\boldsymbol{X}']\boldsymbol{y} \end{aligned}$$

可以繁琐地证明$[\boldsymbol{I}-\boldsymbol{X}(\boldsymbol{X}'\boldsymbol{X})^{-1}\boldsymbol{X}']$是对称幂等的. 因此，

$$\frac{SS_{残}}{\sigma^2}=\frac{1}{\sigma^2}\boldsymbol{y}'[\boldsymbol{I}-\boldsymbol{X}(\boldsymbol{X}'\boldsymbol{X})^{-1}\boldsymbol{X}']\boldsymbol{y}$$

服从 χ^2 分布. 其自由度来自$[\boldsymbol{I}-\boldsymbol{X}(\boldsymbol{X}'\boldsymbol{X})^{-1}\boldsymbol{X}']$的秩，也就是它的迹. 可以直接证明它的迹为 $n-p$. 在模型正确的假设条件下，

$$E(\boldsymbol{y})=\boldsymbol{X\beta}$$

因此，非中心参数为

$$\begin{aligned} \frac{1}{\sigma^2}E(\boldsymbol{y})'[\boldsymbol{I}-\boldsymbol{X}(\boldsymbol{X}'\boldsymbol{X})^{-1}\boldsymbol{X}']E(\boldsymbol{y}) &= \frac{1}{\sigma^2}\boldsymbol{\beta}'\boldsymbol{X}'[\boldsymbol{I}-\boldsymbol{X}(\boldsymbol{X}'\boldsymbol{X})^{-1}\boldsymbol{X}']\boldsymbol{X\beta} \\ &= \frac{1}{\sigma^2}\boldsymbol{\beta}'[\boldsymbol{X}'\boldsymbol{X}-\boldsymbol{X}'\boldsymbol{X}(\boldsymbol{X}'\boldsymbol{X})^{-1}\boldsymbol{X}'\boldsymbol{X}]\boldsymbol{\beta}=0 \end{aligned}$$

583 因此，

$$\frac{SS_{残}}{\sigma^2} \sim \chi^2_{n-p}$$

$SS_{残}$的期望值为

$$\begin{aligned} E(SS_{残}) &= E(\boldsymbol{y}'[\boldsymbol{I}-\boldsymbol{X}(\boldsymbol{X}'\boldsymbol{X})^{-1}\boldsymbol{X}']\boldsymbol{y}) \\ &= \text{trace}([\boldsymbol{I}-\boldsymbol{X}(\boldsymbol{X}'\boldsymbol{X})^{-1}\boldsymbol{X}']\sigma^2\boldsymbol{I}) + E(\boldsymbol{y})'[\boldsymbol{I}-\boldsymbol{X}(\boldsymbol{X}'\boldsymbol{X})^{-1}\boldsymbol{X}']E(\boldsymbol{y}) = (n-p)\sigma^2 \end{aligned}$$

则有

$$E(MS_{残}) = E\left(\frac{SS_{残}}{n-p}\right) = \sigma^2$$

C.3.3 整体 F 检验

F 统计量是两个独立的 χ^2 随机变量分别除以其各自自由度的比率. 已经证明 $SS_{回}$与 $SS_{残}$服从 χ. 2 分布. 现在的关键点在于证明它们是独立的. 由基本线性模型理论，在 $\text{Var}(\boldsymbol{\varepsilon})=\sigma^2\boldsymbol{I}$ 的假设条件下，如果

$$[\boldsymbol{X}(\boldsymbol{X}'\boldsymbol{X})^{-1}\boldsymbol{X}' - \boldsymbol{1}(\boldsymbol{1}'\boldsymbol{1})^{-1}\boldsymbol{1}']\sigma^2\boldsymbol{I}[\boldsymbol{I}-\boldsymbol{X}(\boldsymbol{X}'\boldsymbol{X})^{-1}\boldsymbol{X}'] = \boldsymbol{0}$$

那么 $SS_{回}$ 与 $SS_{残}$ 是独立的. 注意

$$\begin{aligned} &[\boldsymbol{X}(\boldsymbol{X}'\boldsymbol{X})^{-1}\boldsymbol{X}' - \boldsymbol{1}(\boldsymbol{1}'\boldsymbol{1})^{-1}\boldsymbol{1}']\sigma^2\boldsymbol{I}[\boldsymbol{I}-\boldsymbol{X}(\boldsymbol{X}'\boldsymbol{X})^{-1}\boldsymbol{X}'] \\ &= \sigma^2[\boldsymbol{X}(\boldsymbol{X}'\boldsymbol{X})^{-1}\boldsymbol{X}' - \boldsymbol{1}(\boldsymbol{1}'\boldsymbol{1})^{-1}\boldsymbol{1}'][\boldsymbol{I}-\boldsymbol{X}(\boldsymbol{X}'\boldsymbol{X})^{-1}\boldsymbol{X}'] \\ &= \sigma^2[\boldsymbol{X}(\boldsymbol{X}'\boldsymbol{X})^{-1}\boldsymbol{X}' - \boldsymbol{1}(\boldsymbol{1}'\boldsymbol{1})^{-1}\boldsymbol{1}' - \boldsymbol{X}(\boldsymbol{X}'\boldsymbol{X})^{-1}\boldsymbol{X}'\boldsymbol{X}(\boldsymbol{X}'\boldsymbol{X})^{-1}\boldsymbol{X}' + \boldsymbol{1}(\boldsymbol{1}'\boldsymbol{1})^{-1}\boldsymbol{1}'\boldsymbol{X}(\boldsymbol{X}'\boldsymbol{X})^{-1}\boldsymbol{X}'] \\ &= \boldsymbol{X}(\boldsymbol{X}'\boldsymbol{X})^{-1}\boldsymbol{X}' - \boldsymbol{X}(\boldsymbol{X}'\boldsymbol{X})^{-1}\boldsymbol{X}' - \boldsymbol{1}(\boldsymbol{1}'\boldsymbol{1})^{-1}\boldsymbol{1}' + \boldsymbol{1}(\boldsymbol{1}'\boldsymbol{1})^{-1}\boldsymbol{1}' = \boldsymbol{0} \end{aligned}$$

因此，$SS_{回}$ 与 $SS_{残}$ 独立. 然后注意

$$\frac{SS_{回}}{k\sigma^2} = \frac{MS_{回}}{\sigma^2} \quad \text{和} \quad \frac{SS_{残}}{(n-p)\sigma^2} = \frac{MS_{残}}{\sigma^2}$$

为 χ^2 随机变量分别除以其各自的自由度. 所以，

$$\frac{MS_{回}}{MS_{残}} \sim F'_{k,n-p,\lambda}$$

式中

584

$$\lambda = \frac{1}{\sigma^2}\boldsymbol{\beta}'_{\mathrm{R}}\boldsymbol{X}'_C\boldsymbol{X}_C\boldsymbol{\beta}_{\mathrm{R}}$$

在简单线性模型这一特例中，只有一个回归变量，因此 $\beta_{\mathrm{R}}=\beta_1$ 且

$$\boldsymbol{X}'_C\boldsymbol{X}_C = \sum_{i=1}^{n}(x_i-\overline{x})^2$$

所以，对于简单线性回归，

$$\frac{MS_{回}}{MS_{残}} \sim F_{1,n-2,\lambda}$$

式中 $\lambda = \beta_1^2\sum_{i=1}^{n}(x_i-\overline{x})^2$.

C.3.4 附加平方和原理

$SS_{回}$ 是附加平方和原理的一个特例. 考虑模型

$$y = X\beta + \varepsilon = X_1\beta_1 + X_2\beta_2 + \varepsilon$$

式中 X_1 为与 β_1 的 $p\times 1$ 模型矩阵，X_2 为与 β_2 的 $p\times 1$ 模型矩阵，且 $p_1+p_2=p$. 给定模型中存在 β_1 时，β_2 的贡献的一般度量为

$$R(\beta_2 | \beta_1) = y'[X(X'X)^{-1}X' - X_1(X_1'X_1)^{-1}X_1']y$$

在 $SS_{回}$ 的情形中，$X_1=1$ 且 $X_2=X_R$. 在某种意义中，$SS_{回}=R(\beta_R/\beta_0)$. 可以证明$[X(X'X)^{-1}X'-X_1(X_1'X_1)^{-1}X_1']$是对称幂等的. 这一推导的关键在于 $X(X'X)^{-1}X'X_1=X_1$ 以及 $X_1'X(X'X)^{-1}X'=X_1'$. 然后可以直接证明

$$\frac{R(\beta_2 | \beta_1)}{\sigma^2} \sim \chi^{2'}_{p2,\lambda}$$

式中 $\lambda=(1/\sigma^2)\beta_2'X_2'[I-X_1(X_1'X_1)^{-1}X_1']X_2\beta_2$. 然后得到

$$\frac{R(\beta_2 | \beta_1)}{p_2 MS_{残}} \sim F'_{p2,n-p,\lambda}$$

C.3.5 单个系数 t 检验与附加平方和原理的关系

单一系数 t 检验的平方恰好等价于使用附加平方和原理的 F 检验，其中 X_2 就是与特定系数 β_j 的模型矩阵 X 的行向量. 再次考虑模型

$$y = X\beta + \varepsilon = X_1\beta_1 + X_2\beta_2 + \varepsilon \qquad (C.3.1)$$ 585

为了证明 t 检验恰好等价于基于附加平方和原理的 F 检验，需要建立

$$\frac{\hat{\beta}_j^2}{\mathrm{Var}(\hat{\beta}_j)} = \frac{1}{\sigma^2}y'[X(X'X)^{-1}X' - X_1(X_1'X_1)^{-1}X_1']y$$

首先需要以矩阵形式表达$\hat{\beta}_2^j/\mathrm{Var}(\hat{\beta}_j)$. 首先注意$\hat{\beta}_j$ 与 $\mathrm{Var}(\hat{\beta}_j)$都是标量，所以

$$\frac{\hat{\beta}_J^2}{\mathrm{Var}(\hat{\beta}_j)} = \hat{\beta}_j'[\mathrm{Var}(\hat{\beta}_j)]^{-1}\hat{\beta}_j$$

现在需要以矩阵形式表达$\hat{\beta}_j$. 令 $H_1=X_1(X_1'X_1)^{-1}X_1'$. 在(C.3.1)的两边先乘以 $I-H$ 得

$$(I-H_1)y = (I-H_1)X_1\beta_1 + (I-H_1)X_2\beta_2 + (I-H_1)\varepsilon$$

但是，

$$(I-H_1)X_1 = X_1 - H_1X_1 = X_1 - X_1(X_1'X_1)^{-1}X_1'X_1 = X_1 - X_1 = 0$$

因此，

$$(I-H_1)y = (I-H_1)X_2\beta_2 + (I-H_1)\varepsilon$$

令 $y^*=(I-H)y$，$X_2^*=(I-H_1)X_2$，且 $\varepsilon*=(I-H_1)\varepsilon$. 观察

$$\mathrm{Var}(\varepsilon^*) = \mathrm{Var}[I-H_1)\varepsilon] = \sigma^2[I-H_1]$$

对这一特定情形，β_2 的普通最小二乘估计量与广义最小二乘估计量相同. 这一证明留给读者. β_2 的合理估计量为

$$\begin{aligned}\hat{\beta}_2 &= (X_2^{*\prime}X_2^*)^{-1}X_2^{*\prime}y^* \\ &= [X_2'(I-H_1)'(I-H_1)X_2]^{-1}X_2'(I-H_1)'(I-H_1)y\end{aligned}$$

但是，$I-H$ 是对称且幂等的. 所以，

$$\hat{\beta}_2 = [X_2'(I-H_1)X_2]^{-1}X_2'(I-H_1)y$$

可以证明

$$\mathrm{Var}(\hat{\beta}_2)=\boldsymbol{\sigma}^2[\boldsymbol{X}_2'(\boldsymbol{I}-\boldsymbol{H}_1)\boldsymbol{X}_2]^{-1}$$

所以，

$$\frac{\hat{\beta}_j^2}{\mathrm{Var}(\hat{\beta}_j)}=\hat{\beta}_2'[\mathrm{Var}(\hat{\beta}_2)]^{-1}\hat{\beta}_2=\frac{1}{\sigma^2}\boldsymbol{y}'(\boldsymbol{I}-\boldsymbol{H}_1)\boldsymbol{X}_2[\boldsymbol{X}_2'(\boldsymbol{I}-\boldsymbol{H}_1)\boldsymbol{X}_2]^{-1}\boldsymbol{X}_2'(\boldsymbol{I}-\boldsymbol{H}_1)\boldsymbol{y} \tag{C.3.2}$$

586 回忆 C.2.1 小节(13)，

$$(\boldsymbol{X}'\boldsymbol{X})^{-1}=\begin{bmatrix}(\boldsymbol{X}_1'\boldsymbol{X}_1)^{-1}+(\boldsymbol{X}_1'\boldsymbol{X}_1)^{-1}\boldsymbol{X}_1'\boldsymbol{X}_2\boldsymbol{G}\boldsymbol{X}_2'\boldsymbol{X}_1(\boldsymbol{X}_1'\boldsymbol{X}_1)^{-1} & -(\boldsymbol{X}_1'\boldsymbol{X}_1)^{-1}\boldsymbol{X}_1'\boldsymbol{X}_2\boldsymbol{G}\\ -\boldsymbol{G}\boldsymbol{X}_2'\boldsymbol{X}_1(\boldsymbol{X}_1'\boldsymbol{X}_1)^{-1} & \boldsymbol{G}\end{bmatrix}$$

式中 $\boldsymbol{H}_1=\boldsymbol{X}_1(\boldsymbol{X}_1'\boldsymbol{X}_1)^{-1}\boldsymbol{X}_1'$ 且 $\boldsymbol{G}=[\boldsymbol{X}_2'(\boldsymbol{I}-\boldsymbol{H}_1)\boldsymbol{X}_2]^{-1}$. 所以，

$$\begin{aligned}\boldsymbol{X}(\boldsymbol{X}'\boldsymbol{X})^{-1}\boldsymbol{X}'&=[\boldsymbol{X}_1\boldsymbol{X}_2]\begin{bmatrix}(\boldsymbol{X}_1'\boldsymbol{X}_1)^{-1}+(\boldsymbol{X}_1'\boldsymbol{X}_1)^{-1}\boldsymbol{X}_1'\boldsymbol{X}_2\boldsymbol{G}\boldsymbol{X}_2'\boldsymbol{X}_1(\boldsymbol{X}_1'\boldsymbol{X}_1)^{-1} & -(\boldsymbol{X}_1'\boldsymbol{X}_1)^{-1}\boldsymbol{X}_1'\boldsymbol{X}_2\boldsymbol{G}\\ -\boldsymbol{G}\boldsymbol{X}_2'\boldsymbol{X}_1(\boldsymbol{X}_1'\boldsymbol{X}_1)^{-1} & \boldsymbol{G}\end{bmatrix}\begin{bmatrix}\boldsymbol{X}_1'\\ \boldsymbol{X}_2'\end{bmatrix}\\ &=\boldsymbol{H}_1+\boldsymbol{H}_1\boldsymbol{X}_2\boldsymbol{G}\boldsymbol{X}_2'\boldsymbol{H}_1-\boldsymbol{X}_2\boldsymbol{G}\boldsymbol{X}_2'\boldsymbol{H}_1-\boldsymbol{H}_1\boldsymbol{X}_2\boldsymbol{G}\boldsymbol{X}_2'+\boldsymbol{X}_2\boldsymbol{G}\boldsymbol{X}_2'\\ &=\boldsymbol{H}_1-(\boldsymbol{I}-\boldsymbol{H}_1)\boldsymbol{X}_2\boldsymbol{G}\boldsymbol{X}_2'(\boldsymbol{I}-\boldsymbol{H}_1)\end{aligned}$$

所以，

$$\boldsymbol{X}(\boldsymbol{X}'\boldsymbol{X})^{-1}\boldsymbol{X}'-\boldsymbol{X}_1(\boldsymbol{X}_1'\boldsymbol{X}_1)^{-1}\boldsymbol{X}_1'=(\boldsymbol{I}-\boldsymbol{H}_1)\boldsymbol{X}_2\boldsymbol{G}\boldsymbol{X}_2'(\boldsymbol{I}-\boldsymbol{H}_1)$$

因此，

$$\begin{aligned}\frac{1}{\sigma^2}\boldsymbol{y}'[\boldsymbol{X}(\boldsymbol{X}'\boldsymbol{X})^{-1}\boldsymbol{X}'-\boldsymbol{X}_1(\boldsymbol{X}_1'\boldsymbol{X}_1)^{-1}\boldsymbol{X}_1']\boldsymbol{y}&=\frac{1}{\sigma^2}\boldsymbol{y}'(\boldsymbol{I}-\boldsymbol{H}_1)\boldsymbol{X}_2\boldsymbol{G}\boldsymbol{X}_2'(\boldsymbol{I}-\boldsymbol{H}_1)\boldsymbol{y}\\ &=\frac{1}{\sigma^2}\boldsymbol{y}(\boldsymbol{I}-\boldsymbol{H}_1)\boldsymbol{X}_2[\boldsymbol{X}_2'(\boldsymbol{I}-\boldsymbol{H}_1)\boldsymbol{X}_2]^{-1}(\boldsymbol{I}-\boldsymbol{H}_1)\boldsymbol{y}\end{aligned}$$

这恰是(C.3.2). 因此，单个系数 t 检验的平方与基于附加平方和原理的 F 检验恰好相同.

C.4 高斯-马尔可夫定理，$\mathrm{Var}(\varepsilon)=\sigma^2 I$

高斯-马尔可夫定理建立了 $\boldsymbol{\beta}$ 的普通最小二乘(OLS)估计量 $\hat{\boldsymbol{\beta}}=(\boldsymbol{X}'\boldsymbol{X})^{-1}\boldsymbol{X}'\boldsymbol{y}$，它是 BLUE(**最佳线性无偏估计量**). 最佳意味着在某种意义上，在是数据线性组合的所有无偏估计量的类当中，$\boldsymbol{\beta}$ 具有最小的方差. 一个问题是 $\hat{\boldsymbol{\beta}}$ 是向量，所以它的方差实际上是一个矩阵. 因此，寻求证明对估计系数 $\ell'\boldsymbol{\beta}$ 的任意线性组合，$\hat{\boldsymbol{\beta}}$ 的方差最小. 注意

$$\mathrm{Var}(\ell'\hat{\boldsymbol{\beta}})=\ell'\mathrm{Var}(\hat{\boldsymbol{\beta}})\ell=\ell'[\sigma^2(\boldsymbol{X}'\boldsymbol{X})^{-1}]\ell=\sigma^2\ell'(\boldsymbol{X}'\boldsymbol{X})^{-1}\ell$$

这是一个标量. 令 $\tilde{\boldsymbol{\beta}}$ 为数据线性组合的另一个 $\boldsymbol{\beta}$ 的无偏估计量. 然后我们的目标是证明
587 $\mathrm{Var}(\ell'\tilde{\beta})\geqslant\sigma^2\ell'(\boldsymbol{X}'\boldsymbol{X})^{-1}\ell$，其至少有一个 ℓ 满足 $\mathrm{Var}(\ell'\tilde{\boldsymbol{\beta}})\geqslant\sigma^2\ell'(\boldsymbol{X}'\boldsymbol{X})^{-1}\ell$.

首先注意可以将是数据线性组合的任意其他 $\boldsymbol{\beta}$ 的估计量写为

$$\tilde{\boldsymbol{\beta}}=[(\boldsymbol{X}'\boldsymbol{X})^{-1}\boldsymbol{X}'+\boldsymbol{B}]\boldsymbol{y}+\boldsymbol{b}_0$$

式中 $\boldsymbol{B}$ 为 $p\times n$ 矩阵且 $\boldsymbol{b}_0$ 为 $p\times 1$ 常数向量，其合理地调整了 OLS 估计量来形成另一个估计量. 然后注意如果模型是正确的，那么

$$E(\tilde{\boldsymbol{\beta}})=E([(\boldsymbol{X}'\boldsymbol{X})^{-1}\boldsymbol{X}'+\boldsymbol{B}]\boldsymbol{y}+\boldsymbol{b}_0)$$

$$
\begin{aligned}
&=[(\boldsymbol{X}'\boldsymbol{X})^{-1}\boldsymbol{X}'+\boldsymbol{B}](\boldsymbol{y})+\boldsymbol{b}_0\\
&=[(\boldsymbol{X}'\boldsymbol{X})^{-1}\boldsymbol{X}'+\boldsymbol{B}]\boldsymbol{X\beta}+\boldsymbol{b}_0\\
&=(\boldsymbol{X}'\boldsymbol{X})^{-1}\boldsymbol{X}'\boldsymbol{X\beta}+\boldsymbol{BX\beta}+\boldsymbol{b}_0\\
&=\boldsymbol{\beta}+\boldsymbol{BX\beta}+\boldsymbol{b}_0
\end{aligned}
$$

因此，$\tilde{\boldsymbol{\beta}}$是无偏的当且仅当 $\boldsymbol{b}_0=\boldsymbol{0}$ 且同时 $\boldsymbol{BX}=\boldsymbol{0}$. 因为 $\boldsymbol{BX}=\boldsymbol{0}$，这进而意味着$(\boldsymbol{BX})'=\boldsymbol{X}'\boldsymbol{B}'=\boldsymbol{0}$，所以$\tilde{\boldsymbol{\beta}}$的方差为

$$
\begin{aligned}
\mathrm{Var}(\tilde{\boldsymbol{\beta}})&=\mathrm{Var}([(\boldsymbol{X}'\boldsymbol{X})^{-1}\boldsymbol{X}'+\boldsymbol{B}]\boldsymbol{y})\\
&=[(\boldsymbol{X}'\boldsymbol{X})^{-1}\boldsymbol{X}'+\boldsymbol{B}]\mathrm{Var}(\boldsymbol{y})[(\boldsymbol{X}'\boldsymbol{X})^{-1}\boldsymbol{X}'+\boldsymbol{B}]'\\
&=[(\boldsymbol{X}'\boldsymbol{X})^{-1}\boldsymbol{X}'+\boldsymbol{B}]\sigma^2\boldsymbol{I}[(\boldsymbol{X}'\boldsymbol{X})^{-1}\boldsymbol{X}'+\boldsymbol{B}]'\\
&=\sigma^2[(\boldsymbol{X}'\boldsymbol{X})^{-1}\boldsymbol{X}'+\boldsymbol{B}][\boldsymbol{X}(\boldsymbol{X}'\boldsymbol{X})^{-1}+\boldsymbol{B}']\\
&=\sigma^2[(\boldsymbol{X}'\boldsymbol{X})^{-1}\boldsymbol{X}'+\boldsymbol{BB}']
\end{aligned}
$$

因为 $\boldsymbol{BX}=\boldsymbol{0}$，也意味着$(\boldsymbol{BX})'=\boldsymbol{X}'\boldsymbol{B}'=\boldsymbol{0}$. 所以

$$
\begin{aligned}
\mathrm{Var}(\ell'\tilde{\boldsymbol{\beta}})&=\ell'\mathrm{Var}(\tilde{\boldsymbol{\beta}})\ell\\
&=\ell'(\sigma^2[(\boldsymbol{X}'\boldsymbol{X})^{-1}\boldsymbol{X}'+\boldsymbol{BB}'])\ell\\
&=\sigma^2\,\ell'(\boldsymbol{X}'\boldsymbol{X})^{-1}\,\ell+\sigma^2\,\ell'\boldsymbol{BB}'\ell\\
&=\mathrm{Var}(\ell'\tilde{\boldsymbol{\beta}})+\sigma^2\,\ell'\boldsymbol{BB}'\ell
\end{aligned}
$$

首先注意 $\boldsymbol{BB}'$至少是一个半正定矩阵，所以 $\sigma^2\ell'\boldsymbol{BB}\ell'\geqslant\boldsymbol{0}$. 然后注意可以定义 $\ell^*=\boldsymbol{B}'\ell$. 所以，

$$
\ell'\boldsymbol{BB}'\ell=\ell^{*\prime}\ell^*=\sum_{i=1}^{p}\ell_i^{*2}
$$

除非 $\boldsymbol{B}=\boldsymbol{0}$ 否则对某些 $\ell\neq\boldsymbol{0}$ 该式必须严格大于 0. 因此，$\boldsymbol{\beta}$ 的 OLS 估计量是最佳线性无偏估计量. 588

C.5 多元回归的计算方法

本节简要概述一种求解最小二乘回归问题的重要计算程序. 最小二乘准则为

$$
\min_{\beta}S(\boldsymbol{\beta})=(\boldsymbol{y}-\boldsymbol{x\beta})'(\boldsymbol{y}-\boldsymbol{X\beta})
$$

同时回忆 3.2.2 节最小二乘解向量垂直于 p 维估计空间. 由于欧几里得范数在正交变换下是不变的，所以最小二乘问题的等价公式为

$$
\min_{\beta}S(\boldsymbol{\beta})=(\boldsymbol{Qy}-\boldsymbol{QX\beta})'(\boldsymbol{Qy}-\boldsymbol{QX\beta}) \tag{C.5.1}
$$

式中 $\boldsymbol{Q}$ 为 $n\times n$ 正交矩阵. 现在选取 $\boldsymbol{Q}$ 使得

$$
\boldsymbol{QX}=\begin{bmatrix}\boldsymbol{R}\\ \boldsymbol{0}\end{bmatrix}
$$

式中 $\boldsymbol{R}$ 为 $p\times p$ 上三角形矩阵(即主对角线以下的元素全部为零的矩阵). 如果令

$$
\boldsymbol{Qy}=\begin{bmatrix}\boldsymbol{q}_1\\ \boldsymbol{q}_2\end{bmatrix}=\begin{bmatrix}\boldsymbol{Q}_1'\boldsymbol{y}\\ \boldsymbol{Q}_2'\boldsymbol{y}\end{bmatrix}
$$

式中 $\boldsymbol{Q}_1'$ 为包含 $\boldsymbol{Q}$ 前 p 行的 $p\times n$ 矩阵，$\boldsymbol{Q}_2'$ 为包含 $\boldsymbol{Q}$ 后 $n-p$ 行的$(n-p)\times n$ 矩阵，而 $\boldsymbol{q}_1$ 为 $p\times 1$ 向量，那么(C.5.1)的解满足

$$R\hat{\beta}=q_1 \tag{C.5.2}$$

即

$$\hat{\beta}=R^{-1}q_1=R^{-1}Q_1'y \tag{C.5.3}$$

这种方法的优势是可以通过回代方法得到的 R 的逆有数值稳定性. 为了解释这一点，假设 $p=3$ 时 R 与 $Q_1'y$ 为

$$R=\begin{bmatrix}3&1&2\\0&3&1\\0&0&2\end{bmatrix},\quad q_1=Q_1'y=\begin{bmatrix}3\\-1\\4\end{bmatrix}$$

方程(C.5.2)为

$$\begin{bmatrix}3&1&2\\0&3&1\\0&0&2\end{bmatrix}\begin{bmatrix}\hat{\beta}_0\\\hat{\beta}_1\\\hat{\beta}_2\end{bmatrix}=\begin{bmatrix}3\\-1\\4\end{bmatrix}$$

589 而事实上方程组的解一定为

$$\begin{aligned}3\hat{\beta}_0+1\hat{\beta}_1+2\hat{\beta}_2&=3\\3\hat{\beta}_1+1\hat{\beta}_2&=-1\\2\hat{\beta}_2&=4\end{aligned}$$

由最后一个方程，有 $2\hat{\beta}_2=4$ 即 $\hat{\beta}_2=2$. 直接代入方程，得到 $3\hat{\beta}_1+1(2)=-1$ 即 $\hat{\beta}_1=-1$. 最后，第一个方程给出 $3\hat{\beta}_0+1\hat{\beta}_1+2\hat{\beta}_2=3$ 即 $\hat{\beta}_0=0$.

Golub(1969)、Lawson 和 Hanson(1974)以及 Seber(1977)描述了 QR 分解的计算算法.

矩阵 $(X'X)^{-1}$ 可以由 QR 分解直接求出. 由于

$$QX=\begin{bmatrix}R\\0\end{bmatrix}$$

那么

$$X=Q'\begin{bmatrix}R\\0\end{bmatrix}=Q_1R$$

因此，由于 $Q_1'Q=I$，所以

$$(X'X)^{-1}=(R'Q_1'Q_1R)^{-1}=(R'R)^{-1}=R^{-1}(R')^{-1} \tag{C.5.4}$$

这一分解也带来了帽子矩阵中元素的高效计算，而已经看到帽子矩阵在若干方面都是有用的. 注意

$$H=X(X'X)^{-1}X'=Q_1RR^{-1}(R')^{-1}R'Q_1'=Q_1Q_1' \tag{C.5.5}$$

因此，帽子矩阵的主对角线元素可以由 Q_1 行的平方和组成. 因此，可以容易计算出许多重要的回归诊断统计量，比如学生化残差与库克距离度量. Belsley、Kuh 和 Welsch(1980)展示了如果使用以上想法计算许多回归诊断统计量.

C.6 关于逆矩阵的结果

本节所给出的结果是谢尔曼-莫里森-伍德伯里定理(即伍德伯里矩阵恒等式). 这一定

理用于获得 PRESS 统计量的计算形式．考虑 $p\times p$ 矩阵 $\boldsymbol{X}'\boldsymbol{X}$，并令 $\boldsymbol{x}'$ 为 $\boldsymbol{X}$ 的第 i 行．注意到 $\boldsymbol{X}'\boldsymbol{X}-\boldsymbol{x}\boldsymbol{x}'$ 为移除了第 i 行的 $\boldsymbol{X}'\boldsymbol{X}$ 矩阵．结果为

$$(\boldsymbol{X}'\boldsymbol{X}-\boldsymbol{x}\boldsymbol{x}')^{-1}=(\boldsymbol{X}'\boldsymbol{X})^{-1}+\frac{(\boldsymbol{X}'\boldsymbol{X})^{-1}\boldsymbol{x}\boldsymbol{x}'(\boldsymbol{X}'\boldsymbol{X})^{-1}}{1-\boldsymbol{x}'(\boldsymbol{X}'\boldsymbol{X})^{-1}\boldsymbol{x}} \tag{C.6.1}$$ 590

这一结果的证明要通过在右边乘以 $\boldsymbol{X}'\boldsymbol{X}-\boldsymbol{x}\boldsymbol{x}'$，来给出以下单位矩阵：

$$\begin{aligned}&\left[(\boldsymbol{X}'\boldsymbol{X})^{-1}+\frac{(\boldsymbol{X}'\boldsymbol{X})^{-1}\boldsymbol{x}\boldsymbol{x}'(\boldsymbol{X}'\boldsymbol{X})^{-1}}{1-\boldsymbol{x}'(\boldsymbol{X}'\boldsymbol{X})^{-1}\boldsymbol{x}}\right](\boldsymbol{X}'\boldsymbol{X}-\boldsymbol{x}\boldsymbol{x}')\\
&=\boldsymbol{I}+\frac{(\boldsymbol{X}'\boldsymbol{X})^{-1}\boldsymbol{x}\boldsymbol{x}'}{1-\boldsymbol{x}'(\boldsymbol{X}'\boldsymbol{X})^{-1}\boldsymbol{x}}-(\boldsymbol{X}'\boldsymbol{X})^{-1}\boldsymbol{x}\boldsymbol{x}'-\frac{(\boldsymbol{X}'\boldsymbol{X})^{-1}\boldsymbol{x}\boldsymbol{x}'}{1-\boldsymbol{x}'(\boldsymbol{X}'\boldsymbol{X})^{-1}\boldsymbol{x}}(\boldsymbol{X}'\boldsymbol{X})^{-1}\boldsymbol{x}\boldsymbol{x}'\\
&=\boldsymbol{I}+\frac{(\boldsymbol{X}'\boldsymbol{X})^{-1}\boldsymbol{x}\boldsymbol{x}'-(\boldsymbol{X}'\boldsymbol{X})^{-1}\boldsymbol{x}\boldsymbol{x}'(1-\boldsymbol{x}'(\boldsymbol{X}'\boldsymbol{X})^{-1}\boldsymbol{x})-(\boldsymbol{X}'\boldsymbol{X})^{-1}\boldsymbol{x}[\boldsymbol{x}'(\boldsymbol{X}'\boldsymbol{X})^{-1}\boldsymbol{x}]x'}{1-\boldsymbol{x}'(\boldsymbol{X}'\boldsymbol{X})^{-1}\boldsymbol{x}}\\
&=\boldsymbol{I}-\frac{(\boldsymbol{X}'\boldsymbol{X})^{-1}\boldsymbol{x}\boldsymbol{x}'-(\boldsymbol{X}'\boldsymbol{X})^{-1}\boldsymbol{x}\boldsymbol{x}'+(\boldsymbol{X}'\boldsymbol{X})^{-1}\boldsymbol{x}\boldsymbol{x}'[\boldsymbol{x}'(\boldsymbol{X}'\boldsymbol{X})^{-1}\boldsymbol{x}]-(\boldsymbol{X}'\boldsymbol{X})^{-1}\boldsymbol{x}\boldsymbol{x}'[\boldsymbol{x}'(\boldsymbol{X}'\boldsymbol{X})^{-1}\boldsymbol{x}]}{1-\boldsymbol{x}'(\boldsymbol{X}'\boldsymbol{X})^{-1}\boldsymbol{x}}\\
&=\boldsymbol{I}\end{aligned}$$

注意到可以将结果(C.6.1)写为

$$[\boldsymbol{X}'_{(i)}\boldsymbol{X}_{(i)}]^{-1}=(\boldsymbol{X}'\boldsymbol{X})^{-1}+\frac{(\boldsymbol{X}'\boldsymbol{X})^{-1}\boldsymbol{x}_i\boldsymbol{x}'_i(\boldsymbol{X}'\boldsymbol{X})^{-1}}{1-h_{ii}} \tag{C.6.2}$$

这是因为 $h_{ii}=\boldsymbol{x}'_i(\boldsymbol{X}'\boldsymbol{X})^{-1}\boldsymbol{x}_i$，且 $\boldsymbol{X}_{(i)}$ 表示没有第 i 列 $\boldsymbol{x}_i$ 的原 $\boldsymbol{X}$ 矩阵.

C.7 研究 PRESS 统计量

已经使用了 PRESS 统计量，并将其作为回归模型验证与潜在预测性能的度量．回忆出 $e_{(i)}=y_i-\hat{y}_{(i)}$ 为 PRESS 残差，式中 $\hat{y}_{(i)}$ 为没有第 i 个观测值时通过模型拟合所获得的预测值．然后有

$$\text{PRESS}=\sum_{i=1}^{n}e_{(i)}^2=\sum_{i=1}^{n}[y_i-\hat{y}_{(i)}]^2 \tag{C.7.1}$$

PRESS 统计量初看起来好像需要拟合 n 个不同的回归．但是，通过所有 n 个观测值的最小二乘的单一一个结果来计算 PRESS 也是可能的．为了了解这是如何实现的，令 $\hat{\beta}_{(i)}$ 为没有第 i 个观测值时所获得的回归系数向量．然后有

$$\hat{\boldsymbol{\beta}}_{(i)}=[\boldsymbol{X}'_{(i)}\boldsymbol{X}_{(i)}]^{-1}\boldsymbol{X}'_{(i)}\boldsymbol{y}_{(i)} \tag{C.7.2}$$

式中 $\boldsymbol{X}_{(i)}$ 与 $\boldsymbol{y}_{(i)}$ 为没有第 i 个观测值时的 $\boldsymbol{X}$ 与 $\boldsymbol{y}$ 向量.

因此，第 i 个 PRESS 残差可以为写

$$e_{(i)}=y_i=\hat{y}_{(i)}=y_i-\boldsymbol{x}'_i\hat{\boldsymbol{\beta}}_{(i)}=\boldsymbol{y}_i-\boldsymbol{x}'_i(\boldsymbol{X}'_{(i)}\boldsymbol{X}_{(i)})^{-1}\boldsymbol{X}'_{(i)}\boldsymbol{y}_{(i)}$$ 591

$(\boldsymbol{X}'\boldsymbol{X})^{-1}$ 矩阵与 $[\boldsymbol{X}'_{(i)}\boldsymbol{X}^{-1}_{(i)}]$ 矩阵之间存在紧密的联系．特别是，由方程(C.7.2)，

$$[\boldsymbol{X}'_{(i)}\boldsymbol{X}_{(i)}]^{-1}=(\boldsymbol{X}'\boldsymbol{X})^{-1}+\frac{(\boldsymbol{X}'\boldsymbol{X})^{-1}\boldsymbol{x}_i\boldsymbol{x}'_i(\boldsymbol{X}'\boldsymbol{X})^{-1}}{1-h_{ii}} \tag{C.7.3}$$

式中 $h_{ii}=\boldsymbol{x}'_i(\boldsymbol{X}'\boldsymbol{X})^{-1}\boldsymbol{x}_i$．使用方程(C.7.3)，可以写出

$$\begin{aligned}e_{(i)}&=y_i-\boldsymbol{x}'_i\left[(\boldsymbol{X}'\boldsymbol{X})^{-1}+\frac{(\boldsymbol{X}'\boldsymbol{X})^{-1}\boldsymbol{x}_i\boldsymbol{x}'_i(\boldsymbol{X}'\boldsymbol{X})^{-1}}{1-h_{ii}}\right]\boldsymbol{X}'_{(i)}\boldsymbol{y}_{(i)}\\
&=y_i-\boldsymbol{x}'_i(\boldsymbol{X}'\boldsymbol{X})^{-1}\boldsymbol{X}'_{(i)}\boldsymbol{y}_{(i)}-\frac{\boldsymbol{x}'_i(\boldsymbol{X}'\boldsymbol{X})^{-1}\boldsymbol{x}_i\boldsymbol{x}'_i(\boldsymbol{X}'\boldsymbol{X})^{-1}\boldsymbol{X}'_{(i)}\boldsymbol{y}_{(i)}}{1-h_{ii}}\end{aligned}$$

$$=\frac{(1-h_{ii})y_i-(1-h_{ii})\boldsymbol{x}_i'(\boldsymbol{X}'\boldsymbol{X})^{-1}\boldsymbol{X}_{(i)}'\boldsymbol{y}_{(i)}-h_{ii}\boldsymbol{x}_i'(\boldsymbol{X}'\boldsymbol{X})^{-1}\boldsymbol{X}_{(i)}'\boldsymbol{y}_{(i)}}{1-h_{ii}}$$

$$=\frac{(1-h_{ii})y_i-\boldsymbol{x}_i'(\boldsymbol{X}'\boldsymbol{X})^{-1}\boldsymbol{X}_{(i)}'\boldsymbol{y}_{(i)}}{1-h_{ii}}$$

因为 $\boldsymbol{X}'\boldsymbol{y}=\boldsymbol{X}_{(i)}'\boldsymbol{y}_{(i)}+\boldsymbol{x}_i y_i$，所以上一个方程会变为

$$\begin{aligned} e_{(i)} &=\frac{(1-h_{ii})y_i-\boldsymbol{x}_i'(\boldsymbol{X}'\boldsymbol{X})^{-1}(\boldsymbol{X}'\boldsymbol{y}-\boldsymbol{x}_i y_i)}{1-h_{ii}} \\ &=\frac{(1-h_{ii})y_i-\boldsymbol{x}_i'(\boldsymbol{X}'\boldsymbol{X})^{-1}\boldsymbol{X}'\boldsymbol{y}+\boldsymbol{x}_i'(\boldsymbol{X}'\boldsymbol{X})^{-1}\boldsymbol{x}_i y_i}{1-h_{ii}} \\ &=\frac{(1-h_{ii})y_i-\boldsymbol{x}_i'\hat{\boldsymbol{\beta}}+h_{ii}y_i}{1-h_{ii}} \\ &=\frac{y_i-\boldsymbol{x}_i'\hat{\boldsymbol{\beta}}}{1-h_{ii}} \end{aligned} \tag{C.7.4}$$

现在方程(C.7.4)的分子是所有 n 个观测值的最小二乘拟合的常规残差 e_i，所以第 i 个 PRESS 统计量为

$$e_{(i)}=\frac{e_i}{1-h_{ii}} \tag{C.7.5}$$

因此，由于 PRESS 恰为 PRESS 残差的平方和，所以 PRESS 的一个简单计算公式为

$$\text{PRESS}=\sum_{i=1}^{n}\left(\frac{e_i}{1-h_{ii}}\right)^2 \tag{C.7.6}$$

在这种形式中，容易看到 PRESS 恰为残差的加权平方和，其中的权数与观测值的杠杆有关. PRESS 对高杠杆观测值所对应残差所做的加权要重于影响较小的点的残差.

592

C.8 研究 $S_{(i)}^2$

第 4 章展示了没有第 i 个观测值时，回归模型的残差均方的表达式. 所得到的量 $S_{(i)}^2$，常用于计算 R-学生残差. $S_{(i)}^2$ 计算公式的推导首先要使用 C.6 节的谢尔曼—莫里森—伍德伯里恒等式

$$[\boldsymbol{X}_{(i)}'\boldsymbol{X}_{(i)}]^{-1}=(\boldsymbol{X}'\boldsymbol{X})^{-1}+\frac{(\boldsymbol{X}'\boldsymbol{X})^{-1}\boldsymbol{x}_i\boldsymbol{x}_i'(\boldsymbol{X}'\boldsymbol{X})^{-1}}{1-h_{ii}}$$

如果在两边右乘 $\boldsymbol{X}'\boldsymbol{y}-\boldsymbol{x}_i y_i$，那么会得到

$$\hat{\boldsymbol{\beta}}_{(i)}=\hat{\boldsymbol{\beta}}-(\boldsymbol{X}'\boldsymbol{X})^{-1}\boldsymbol{x}_i y_i+\frac{(\boldsymbol{X}'\boldsymbol{X})^{-1}\boldsymbol{x}_i\boldsymbol{x}_i'(\boldsymbol{X}'\boldsymbol{X})^{-1}(\boldsymbol{X}'\boldsymbol{y}-\boldsymbol{x}_i y_i)}{1-h_{ii}}$$

将该式化简为

$$\hat{\boldsymbol{\beta}}-\hat{\boldsymbol{\beta}}_{(i)}=\frac{(\boldsymbol{X}'\boldsymbol{X})^{-1}\boldsymbol{x}_i e_i}{1-h_{ii}} \tag{C.8.1}$$

现在有

$$(n-p-1)S_{(i)}^2=\sum_{j\neq i}(y_i-\boldsymbol{x}_j'\hat{\boldsymbol{\beta}}_{(i)})^2 \tag{C.8.2}$$

而在使用方程(C.8.1)之后，上式变为

$$\sum_{j\neq i}(y_j-\boldsymbol{x}_j'\hat{\boldsymbol{\beta}}_{(i)})^2=\sum_{j=i}^{n}\left(y_i-\boldsymbol{x}_j'\boldsymbol{\beta}+\frac{\boldsymbol{x}_j'(\boldsymbol{X}'\boldsymbol{X})^{-1}\boldsymbol{x}_i e_i}{1-h_{ii}}\right)^2-\left(y_i-\boldsymbol{x}_i'\hat{\boldsymbol{\beta}}+\frac{h_{ii}e_i}{1-h_{ii}}\right)^2$$

$$= \sum_{j=1}^{n}\left(e_j + \frac{h_{ii}e_i}{1-h_{ii}}\right)^2 - \frac{e_i^2}{(1-h_{ii})^2} \tag{C. 8. 3}$$

如果将方程(C. 8. 3)右边的第一项展开，那么会得到

$$\sum_{j=1}^{n}\left(e_j + \frac{h_{ii}e_i}{1-h_{ii}}\right)^2 = \sum_{j=1}^{n}e_j^2 + \frac{2e}{1-h_{ii}}\sum_{j=1}^{n}e_jh_{ij} - \frac{e_i^2}{(1-h_{ii})^2}\sum_{j=1}^{n}h_{ij}^2$$

但是，由于 $\boldsymbol{H}\boldsymbol{y}=\boldsymbol{H}\,\hat{\boldsymbol{y}}$，所以 $\sum_{j=1}^{n}e_jh_{jj}=0$．又因为 $\boldsymbol{H}$ 是幂等的，所以 $\sum_{j=1}^{n}h_{ij}^2=h_{ii}$．因此，方程(C. 8. 2)可以写为

$$\begin{aligned}(n-p-1)S_{(i)}^2 &= \sum_{j=1}^{n}e_j^2 + \frac{h_{ii}e_i^2}{(1-h_{ii})^2} - \frac{e_i^2}{(1-h_{ii})^2} = \sum_{j=1}^{n}e_j^2 - \frac{e_i^2}{1-h_{ii}} \\ &= (n-p)MS_{残} - \frac{e_i^2}{1-h_{ii}}\end{aligned}$$ 593

最后，就得到了方程(4. 12)的结果，即

$$S_{(i)}^2 = \frac{(n-p)MS_{残} - e_i^2/(1-h_{ii})}{n-p-1}$$

C. 9 基于 R-学生残差的离群点检验

对离群点进行建模的常见方式是使用**均值漂移离群点模型**．假设拟合出的模型为 $\boldsymbol{y}=\boldsymbol{X\beta}+\boldsymbol{\varepsilon}$，而这时的实际模型为

$$\boldsymbol{y} = \boldsymbol{X\beta} + \boldsymbol{\delta} + \boldsymbol{\varepsilon}$$

式中 $\boldsymbol{\delta}$ 为除去了第 u 个观测值(其值为 δ_u)的 $n\times 1$ 零向量．因此，

$$\delta = \begin{bmatrix} 0 \\ \vdots \\ 0 \\ \delta_u \\ 0 \\ \vdots \\ 0 \end{bmatrix}$$

对于拟合模型与均值漂移离群点模型，都假设了 $E(\boldsymbol{\varepsilon})\sim N(\boldsymbol{0},\ \sigma^2\boldsymbol{I})$．目标是求出合适的模型统计量，来验证假设

$$H_0:\delta_u = 0, H_0:\delta_u \neq 0$$

这一程序假设对第 u 个观测值特别感兴趣；也就是说，拥有先验信息，表明第 u 个观测值可能是离群点.

第一步是求解合适的 δ_u 的估计值．逻辑上 δ 估计值的候选是第 u 个残差．令 $\boldsymbol{e}=[\boldsymbol{I}-\boldsymbol{X}(\boldsymbol{X}'\boldsymbol{X})^{-1}\boldsymbol{X}']\boldsymbol{y}$ 为残差的 $n\times 1$ 向量．$\boldsymbol{e}$ 的期望值为

$$\begin{aligned}E(\boldsymbol{e}) &= E[(\boldsymbol{I}-\boldsymbol{X}(\boldsymbol{X}'\boldsymbol{X})^{-1}\boldsymbol{X}']\boldsymbol{y}) \\ &= [\boldsymbol{I}-\boldsymbol{X}(\boldsymbol{X}'\boldsymbol{X})^{-1}\boldsymbol{X}']E(\boldsymbol{y}) \\ &= [\boldsymbol{I}-\boldsymbol{X}(\boldsymbol{X}'\boldsymbol{X})^{-1}\boldsymbol{X}'][\boldsymbol{X\beta}+\boldsymbol{\delta}] \\ &= [\boldsymbol{I}-\boldsymbol{X}(\boldsymbol{X}'\boldsymbol{X})^{-1}\boldsymbol{X}']\boldsymbol{X\beta} + [\boldsymbol{I}-X(\boldsymbol{X}'\boldsymbol{X})^{-1}\boldsymbol{X}']\boldsymbol{\delta}\end{aligned}$$

$$=[\boldsymbol{X}-\boldsymbol{X}]\boldsymbol{\beta}+[\boldsymbol{I}-\boldsymbol{X}(\boldsymbol{X}'\boldsymbol{X})^{-1}\boldsymbol{X}']\boldsymbol{\delta}$$
$$=[\boldsymbol{I}-\boldsymbol{X}(\boldsymbol{X}'\boldsymbol{X})^{-1}\boldsymbol{X}']\boldsymbol{\delta}$$

594 因此，

$$E(e_u)=(-h_{uu})\delta_u$$

式中 h_{uu} 为帽子矩阵即 $\boldsymbol{X}(\boldsymbol{X}'\boldsymbol{X})^{-1}\boldsymbol{X}'$ 的第 u 个对角线元素．因此，δ_u 的无偏估计量为

$$\delta_u=\frac{e_u}{1-h_{uu}}$$

第 4 章证明了，δ_u 就是第 u 个 PRESS 残差．下一步是确定估计量的方差．注意到

$$\begin{aligned}\mathrm{Var}(\boldsymbol{e})&=\mathrm{Var}([\boldsymbol{I}-\boldsymbol{X}(\boldsymbol{X}'\boldsymbol{X})^{-1}\boldsymbol{X}']\boldsymbol{y})\\&=[\boldsymbol{I}-\boldsymbol{X}(\boldsymbol{X}'\boldsymbol{X})^{-1}\boldsymbol{X}']\sigma^2\boldsymbol{I}[\boldsymbol{I}-\boldsymbol{X}(\boldsymbol{X}'\boldsymbol{X})^{-1}\boldsymbol{X}']'\\&=\sigma^2[\boldsymbol{I}-\boldsymbol{X}(\boldsymbol{X}'\boldsymbol{X})^{-1}\boldsymbol{X}'][\boldsymbol{I}-\boldsymbol{X}(\boldsymbol{X}'\boldsymbol{X})^{-1}\boldsymbol{X}']\\&=\sigma^2[\boldsymbol{I}-\boldsymbol{X}(\boldsymbol{X}'\boldsymbol{X})^{-1}\boldsymbol{X}']\end{aligned}$$

因此，$\mathrm{Var}(e_u)=(1-h_{uu})\sigma^2$．然后$\delta_u$ 的方差为

$$\mathrm{Var}\left(\frac{e_u}{1-h_{uu}}\right)=\frac{1}{(1-h_{uu})^2}\mathrm{Var}(e_u)=\frac{(1-h_{uu})\sigma^2}{(1-h_{uu})^2}=\frac{\sigma^2}{1-h_{uu}}$$

然后要注意到 $\boldsymbol{e}$ 是 $\boldsymbol{y}$ 的线性组合．因此，$\boldsymbol{e}$ 是正态分布随机变量的线性组合．因此，$\boldsymbol{e}$ 服从正态分布，正如$\boldsymbol{\delta}_u$ 也服从正态分布那样．因此，在假设 H_0：$\delta_u=0$ 下，

$$\frac{e_u/(1-h_{uu})}{\sigma/(\sqrt{1-h_{uu}})}=\frac{e_u}{\sigma\sqrt{1-h_{uu}}}$$

服从标准正态分布．要注意该量就是学生化残差的实例，正如在第 4 章所看到的那样．一般情况下，σ^2 是未知的．已经看到过 $MS_{\text{回}}$ 是 σ^2 的无偏估计量．进一步而言

$$\frac{MS_{\text{残}}}{\sigma^2}$$

是一个由它的自由度划分的 χ^2 随机变量．结果，候选的模型统计量为

$$\frac{e_u}{\sqrt{MS_{\text{残}}(1-h_{uu})}}$$

当 $\boldsymbol{e}=[\boldsymbol{I}-\boldsymbol{X}(\boldsymbol{X}'\boldsymbol{X})^{-1}\boldsymbol{X}']\boldsymbol{y}$ 与 $SS_{\text{残}}=\boldsymbol{y}'[\boldsymbol{I}-\boldsymbol{X}(\boldsymbol{X}'\boldsymbol{X})^{-1}\boldsymbol{X}']\boldsymbol{y}$ 独立时，该式服从 t 分布．可以
595 证明，当

$$[\boldsymbol{I}-\boldsymbol{X}(\boldsymbol{X}'\boldsymbol{X})^{-1}\boldsymbol{X}']\sigma^2\boldsymbol{I}[\boldsymbol{I}-\boldsymbol{X}(\boldsymbol{X}'\boldsymbol{X})^{-1}\boldsymbol{X}']=\boldsymbol{0}$$

时，e 与 $SS_{\text{残}}$ 是独立的．但不幸的是，

$$[\boldsymbol{I}-\boldsymbol{X}(\boldsymbol{X}'\boldsymbol{X})^{-1}\boldsymbol{X}']\sigma^2\boldsymbol{I}[\boldsymbol{I}-\boldsymbol{X}(\boldsymbol{X}'\boldsymbol{X})^{-1}\boldsymbol{X}']=\sigma^2[\boldsymbol{I}-\boldsymbol{X}(\boldsymbol{X}'\boldsymbol{X})^{-1}\boldsymbol{X}']\neq\boldsymbol{0}$$

问题在于

$$SS_{\text{残}}=\boldsymbol{e}'\boldsymbol{e}=\sum_{i=1}^{n}e_i^2$$

该式意味着：因为每个单个残差的平方都是 $SS_{\text{残}}$ 的一部分，所以 $SS_{\text{残}}$ 与每个单个残差都相关．C.8 节研究过剔除了第 u 个观测值时 σ^2 的估计值．在随机误差独立这一基本假设下，这一估计值与 e_u 是独立的．因此，均值漂移离群点模型的恰当检验统计量为

$$\frac{e_u}{S_{(u)}\sqrt{1-h_{uu}}}$$

该式为外部学生化残差即 R-学生残差．在假设 H_0：$\delta_u=0$ 下，这一统计量服从中心 t_{n-p-1} 分布；而在 H_0：$\delta_u\neq 0$ 下，这一统计量服从 $t'_{n-p-1,\gamma}$分布，其中

$$\gamma=\frac{\delta_u}{\sigma/(\sqrt{1-h_{uu}})}=\frac{\delta_i\sqrt{1-h_{uu}}}{\sigma}$$

重要的是要注意到，这一检验的势取决于 h_{uu}．回忆出如果拟合中含有截距，那么 $\gamma_n\leqslant h_{uu}\leqslant 1$．最大的势出现在 $h_{uu}=1/n$ 时，这时是在 $\boldsymbol{X}$ 的数据云的中心处．随着 $h_{uu}\to 1$，势趋向于零．换句话说，这一统计量在高杠杆点处探测离群点的能力比较差．

C.10 残差与拟合值的独立性

已经知道，$\boldsymbol{y}=\boldsymbol{X}\hat{\boldsymbol{\beta}}=\boldsymbol{X}(\boldsymbol{X}'\boldsymbol{X})^{-1}\boldsymbol{X}'\boldsymbol{y}=\boldsymbol{H}\boldsymbol{y}$ 且 $\boldsymbol{e}=\boldsymbol{y}-\hat{\boldsymbol{y}}=(\boldsymbol{I}-\boldsymbol{H})\boldsymbol{y}$．进一步来说，要假设 $\boldsymbol{y}\sim N(\boldsymbol{X\beta},\sigma^2\boldsymbol{I})$．为了证明残差与拟合值是独立的，要使用新的向量

$$\begin{bmatrix}\hat{\boldsymbol{y}}\\ \hline \boldsymbol{e}\end{bmatrix}=\begin{bmatrix}\boldsymbol{H}\\ \hline \boldsymbol{I}-\boldsymbol{H}\end{bmatrix}\boldsymbol{y}=\boldsymbol{My}$$

因为 $\boldsymbol{y}$ 是多元正态的，所以新向量 $\boldsymbol{My}$ 也是多元正态的．$\boldsymbol{My}$ 的期望值为 596

$$E(\boldsymbol{My})=\boldsymbol{M}E(\boldsymbol{y})=\begin{bmatrix}\boldsymbol{H}\\ \hline \boldsymbol{I}-\boldsymbol{H}\end{bmatrix}\boldsymbol{X\beta}=\begin{bmatrix}\boldsymbol{X\beta}\\ \hline \boldsymbol{0}\end{bmatrix}$$

$\boldsymbol{My}$ 的协方差为

$$\begin{aligned}\mathrm{Var}(\boldsymbol{My})&=\boldsymbol{M}\mathrm{Var}(\boldsymbol{y})\boldsymbol{M}'\\&=\sigma^2\begin{bmatrix}\boldsymbol{H}\\ \hline \boldsymbol{I}-\boldsymbol{H}\end{bmatrix}\left[\boldsymbol{H}\;\vdots\;\boldsymbol{I}-\boldsymbol{H}\right]\\&=\sigma^2\left[\begin{array}{c|c}\boldsymbol{HH}&\boldsymbol{H}(\boldsymbol{I}-\boldsymbol{H})\\ \hline (\boldsymbol{I}-\boldsymbol{H})\boldsymbol{H}&(\boldsymbol{I}-\boldsymbol{H})(\boldsymbol{I}-\boldsymbol{H})\end{array}\right]\\&=\sigma^2\left[\begin{array}{c|c}\boldsymbol{H}&\boldsymbol{0}\\ \hline \boldsymbol{0}&(\boldsymbol{I}-\boldsymbol{H})\end{array}\right]\end{aligned}$$

因为$\hat{\boldsymbol{y}}$与 $\boldsymbol{e}$ 之间的所有协方差均为零，且随机变量$\hat{\boldsymbol{y}}$与 $\boldsymbol{e}$ 为联合正态分布，所以拟合值与残差是独立的．

C.11 高斯-马尔可夫定理，Var(ε)＝V

高斯-马尔可夫定理保证了，$\hat{\boldsymbol{\beta}}$的广义最小二乘(GLS)估计量$\hat{\boldsymbol{\beta}}=(\boldsymbol{X}'\boldsymbol{V}^{-1}\boldsymbol{X})^{-1}\boldsymbol{X}'\boldsymbol{V}^{-1}\boldsymbol{y}$ 为 BLUE(**最佳线性无偏估计量**)．“最佳”的意思同样是$\hat{\beta}$将最小化系数估计值的所有线性组合 $\ell'\hat{\boldsymbol{\beta}}$的方差．注意到如果模型是正确的，那么

$$E[(\boldsymbol{X}'\boldsymbol{V}^{-1}\boldsymbol{X})^{-1}\boldsymbol{X}'\boldsymbol{V}^{-1}\boldsymbol{y}]=(\boldsymbol{X}'\boldsymbol{V}^{-1}\boldsymbol{X})^{-1}\boldsymbol{X}'\boldsymbol{V}^{-1}E(\boldsymbol{y})=(\boldsymbol{X}'\boldsymbol{V}^{-1}\boldsymbol{X})^{-1}\boldsymbol{X}'\boldsymbol{V}^{-1}\boldsymbol{X\beta}=\boldsymbol{\beta}$$

因此，$(\boldsymbol{X}'\boldsymbol{V}^{-1}\boldsymbol{X})^{-1}\boldsymbol{X}'\boldsymbol{V}^{-1}\boldsymbol{y}$ 是 $\boldsymbol{\beta}$ 的无偏估计量．这一估计量的方差为

$$\begin{aligned}\mathrm{Var}[(\boldsymbol{X}'\boldsymbol{V}^{-1}\boldsymbol{X})^{-1}\boldsymbol{X}'\boldsymbol{V}^{-1}\boldsymbol{y}]&=[(\boldsymbol{X}'\boldsymbol{V}^{-1}\boldsymbol{X})^{-1}\boldsymbol{X}'\boldsymbol{V}^{-1}]\mathrm{Var}(\boldsymbol{y})[(\boldsymbol{X}'\boldsymbol{V}^{-1}\boldsymbol{X})^{-1}\boldsymbol{X}'\boldsymbol{V}^{-1}]'\\&=[(\boldsymbol{X}'\boldsymbol{V}^{-1}\boldsymbol{X})^{-1}\boldsymbol{X}'\boldsymbol{V}^{-1}]\boldsymbol{V}[(\boldsymbol{X}'\boldsymbol{V}^{-1}\boldsymbol{X})^{-1}\boldsymbol{X}'\boldsymbol{V}^{-1}]'\\&=[(\boldsymbol{X}'\boldsymbol{V}^{-1}\boldsymbol{X})^{-1}\boldsymbol{X}'\boldsymbol{V}^{-1}]\boldsymbol{V}[\boldsymbol{V}^{-1}\boldsymbol{X}(\boldsymbol{X}'\boldsymbol{V}^{-1}\boldsymbol{X})^{-1}]\\&=(\boldsymbol{X}'\boldsymbol{V}^{-1}\boldsymbol{X})^{-1}\end{aligned}$$

因此，

597 $$\mathrm{Var}(\ell'\hat{\boldsymbol{\beta}}) = \ell'\mathrm{Var}(\hat{\boldsymbol{\beta}})\ell = \ell'[(\boldsymbol{X}'\boldsymbol{V}^{-1}\boldsymbol{X})^{-1}]\ell$$

令$\tilde{\boldsymbol{\beta}}$为$\boldsymbol{\beta}$的另一个无偏估计量，其中$\tilde{\boldsymbol{\beta}}$为数据的线性组合. 然后目标是证明 $\mathrm{Var}(\ell'\tilde{\beta})\geq \ell'(\boldsymbol{X}'\boldsymbol{V}^{-1}\boldsymbol{X})^{-1}\ell$ 对至少一个ℓ成立，使得 $\mathrm{Var}(\ell'\tilde{\boldsymbol{\beta}})>\ell'(\boldsymbol{X}'\boldsymbol{V}^{-1}\boldsymbol{X})^{-1}\ell$.

首先要注意到，可以将$\boldsymbol{\beta}$的任意其他估计值(是数据的线性组合)写为

$$\tilde{\boldsymbol{\beta}} = [(\boldsymbol{X}'\boldsymbol{V}^{-1}\boldsymbol{X})^{-1}\boldsymbol{X}'\boldsymbol{V}^{-1} + \boldsymbol{B}]\boldsymbol{y} + \boldsymbol{b}_0$$

式中$\boldsymbol{B}$为$p\times n$矩阵，而$\boldsymbol{b}_0$为$p\times 1$常数向量，近似地调整了 GLS 估计量并组成了另一个估计值. 下面要注意到，如果模型正确，那么

$$\begin{aligned}
E(\tilde{\boldsymbol{\beta}}) &= E([(\boldsymbol{X}'\boldsymbol{V}^{-1}\boldsymbol{X})^{-1}\boldsymbol{X}'\boldsymbol{V}^{-1} + \boldsymbol{B}]\boldsymbol{y} + \boldsymbol{b}_0)\\
&= [(\boldsymbol{X}'\boldsymbol{V}^{-1}\boldsymbol{X})^{-1}\boldsymbol{X}'\boldsymbol{V}^{-1} + \boldsymbol{B}]E(\boldsymbol{y}) + \boldsymbol{b}_0\\
&= [(\boldsymbol{X}'\boldsymbol{V}^{-1}\boldsymbol{X})^{-1}\boldsymbol{X}'\boldsymbol{V}^{-1} + \boldsymbol{B}]\boldsymbol{X\beta} + \boldsymbol{b}_0\\
&= (\boldsymbol{X}'\boldsymbol{V}^{-1}\boldsymbol{X})^{-1}\boldsymbol{X}'\boldsymbol{V}^{-1}\boldsymbol{X\beta} + \boldsymbol{BX\beta} + \boldsymbol{b}_0\\
&= \boldsymbol{\beta} + \boldsymbol{BX\beta} + \boldsymbol{b}_0
\end{aligned}$$

因此，$\tilde{\boldsymbol{\beta}}$是无偏的当且仅当$\boldsymbol{b}_0=\boldsymbol{0}$且$\boldsymbol{BX}=\boldsymbol{0}$. $\tilde{\boldsymbol{\beta}}$的方差为

$$\begin{aligned}
\mathrm{Var}(\tilde{\boldsymbol{\beta}}) &= \mathrm{Var}([(\boldsymbol{X}'\boldsymbol{V}^{-1}\boldsymbol{X})^{-1}\boldsymbol{X}'\boldsymbol{V}^{-1} + \boldsymbol{B}]\boldsymbol{y})\\
&= [(\boldsymbol{X}'\boldsymbol{V}^{-1}\boldsymbol{X})^{1}\boldsymbol{X}'\boldsymbol{V}^{-1} + \boldsymbol{B}]\mathrm{Var}(\boldsymbol{y})[(\boldsymbol{X}'\boldsymbol{V}^{-1}\boldsymbol{X})^{-1}\boldsymbol{X}'\boldsymbol{V}^{-1} + \boldsymbol{B}]'\\
&= [(\boldsymbol{X}'\boldsymbol{V}^{-1}\boldsymbol{X})^{-1}\boldsymbol{X}'\boldsymbol{V}^{-1} + \boldsymbol{B}]\boldsymbol{V}[(\boldsymbol{X}'\boldsymbol{V}^{-1}\boldsymbol{X})^{-1}\boldsymbol{X}'\boldsymbol{V}^{-1} + \boldsymbol{B}]'\\
&= [(\boldsymbol{X}'\boldsymbol{V}^{-1}\boldsymbol{X})^{-1}\boldsymbol{X}'\boldsymbol{V}^{-1} + \boldsymbol{B}]\boldsymbol{V}[\boldsymbol{V}^{-1}\boldsymbol{X}(\boldsymbol{X}'\boldsymbol{V}^{-1}\boldsymbol{X})^{-1} + \boldsymbol{B}']\\
&= [(\boldsymbol{X}'\boldsymbol{V}^{-1}\boldsymbol{X})^{-1} + \boldsymbol{BVB}']
\end{aligned}$$

这是因为$\boldsymbol{BX}=\boldsymbol{0}$，这继而有$(\boldsymbol{BX})'=\boldsymbol{X}'\boldsymbol{B}'=\boldsymbol{0}$. 因此，

$$\begin{aligned}
\mathrm{Var}(\ell'\tilde{\boldsymbol{\beta}}) &= \ell'\mathrm{Var}(\tilde{\boldsymbol{\beta}})\ell\\
&= \ell'([(\boldsymbol{X}'\boldsymbol{V}^{-1}\boldsymbol{X})^{-1} + \boldsymbol{BVB}'])\ell\\
&= \ell'(\boldsymbol{X}'\boldsymbol{V}^{-1}\boldsymbol{X})^{-1}\ell + \ell'\boldsymbol{BVB}'\ell\\
&= \mathrm{Var}(\ell'\hat{\boldsymbol{\beta}}) + \ell'\boldsymbol{BVB}'\ell
\end{aligned}$$

注意到$\boldsymbol{V}$为正定矩阵. 因此，会存在非奇异矩阵Σ使得$\boldsymbol{V}=\boldsymbol{\Gamma}'\boldsymbol{\Gamma}$. 因此，$\boldsymbol{BVB}'=\boldsymbol{B\Gamma}'\boldsymbol{\Gamma B}'$至

598 少为半正定矩阵，所以有$\ell'\boldsymbol{BVB}\ell\geq\boldsymbol{0}$. 下面要注意可以将$\ell^*$定义为$\ell'=\boldsymbol{\Gamma B}'\ell$. 因此，

$$\ell'\boldsymbol{BVB}'\ell = \ell^{*\prime}\ell^* = \sum_{i=1}^{p}\ell_i^{*2}$$

对某些$\ell'=\boldsymbol{0}$该式一定会严格大于零，除非$\boldsymbol{B}=\boldsymbol{0}$. 因此，$\boldsymbol{\beta}$的 GLS 估计值是最佳线性无偏估计量.

C.12 模型设定不足时 $MS_{残}$ 的偏倚

C.3.1 节已经证明，如果模型是正确设定的，那么$E(MS_{残})=0$，而因此$MS_{残}$是σ^2的无偏估计量. 现在假设拟合了模型$\boldsymbol{y}=\boldsymbol{x}_p\boldsymbol{\beta}_p+\boldsymbol{\varepsilon}$，式中$\boldsymbol{X}_p$为$\boldsymbol{\beta}_p$的$n\times p$模型矩阵，$\boldsymbol{\beta}_p$为拟合参数的向量. 进一步假设实际模型为

$$\boldsymbol{y} = \boldsymbol{X}_p\boldsymbol{\beta}_p + \boldsymbol{X}_r\boldsymbol{\beta}_r + \boldsymbol{\varepsilon} + [\boldsymbol{X}_p\quad \boldsymbol{X}_r]\begin{bmatrix}\boldsymbol{\beta}_p\\ \boldsymbol{\beta}_r\end{bmatrix} + \boldsymbol{\varepsilon}$$

式中$\boldsymbol{X}_r$为$\boldsymbol{\beta}_r$的模型矩阵，$\boldsymbol{\beta}_r$为未拟合的重要项所组成的向量(无论由于什么原因). 对两

个模型都假设有 $E(\boldsymbol{\varepsilon})=\mathbf{0}$ 且 $\mathrm{Var}(\boldsymbol{\varepsilon})=\sigma^2\boldsymbol{I}$. 10.2 节对这种情形证明了，$\hat{\boldsymbol{\beta}}_p=(\boldsymbol{X}_p'\boldsymbol{X}_p)^{-1}\boldsymbol{X}_p'\boldsymbol{y}$ 为 β_p 的有偏估计量. 考虑 $SS_{残}$ 的期望值，为

$$\begin{aligned}
E(SS_{残}) &= E(\boldsymbol{y}'[\boldsymbol{I}-\boldsymbol{X}_p(\boldsymbol{X}_p'\boldsymbol{X}_p)^{-1}\boldsymbol{X}_p']\boldsymbol{y}) \\
&= \mathrm{trace}([\boldsymbol{I}-\boldsymbol{X}_p(\boldsymbol{X}_p'\boldsymbol{X}_p)^{-1}\boldsymbol{X}_p']\sigma^2\boldsymbol{I}) \\
&\quad + [\boldsymbol{\beta}_p'\boldsymbol{\beta}_r']\begin{bmatrix}\boldsymbol{X}_p'\\ \boldsymbol{X}_r'\end{bmatrix}[\boldsymbol{I}-\boldsymbol{X}_p(\boldsymbol{X}_p'\boldsymbol{X}_p)^{-1}\boldsymbol{X}_p'][\boldsymbol{X}_p \quad \boldsymbol{X}_r]\begin{bmatrix}\boldsymbol{\beta}_p\\ \boldsymbol{\beta}_r\end{bmatrix} \\
&= \sigma^2\,\mathrm{trace}[\boldsymbol{I}-\boldsymbol{X}_p(\boldsymbol{X}_p'\boldsymbol{X}_p)^{-1}\boldsymbol{X}_p'] \\
&\quad + [\boldsymbol{\beta}_p'\boldsymbol{\beta}_r']\begin{bmatrix}\boldsymbol{X}_p'-\boldsymbol{X}_p'\boldsymbol{X}_p(\boldsymbol{X}_p'\boldsymbol{X}_p)^{-1}\boldsymbol{X}_p'\\ \boldsymbol{X}_r'\boldsymbol{X}_r-\boldsymbol{X}_r'\boldsymbol{X}_p(\boldsymbol{X}_p'\boldsymbol{X}_p)^{-1}\boldsymbol{X}_p'\end{bmatrix}[\boldsymbol{X}_p \quad \boldsymbol{X}_r]\begin{bmatrix}\boldsymbol{\beta}_p\\ \boldsymbol{\beta}_r\end{bmatrix} \\
&= (n-p)\sigma^2 + [\boldsymbol{\beta}_p'\boldsymbol{\beta}_r']\begin{bmatrix}\mathbf{0}'\\ \boldsymbol{X}_r'\boldsymbol{X}_r-\boldsymbol{X}_r'\boldsymbol{X}_p(\boldsymbol{X}_p'\boldsymbol{X}_p)^{-1}\boldsymbol{X}_p'\end{bmatrix}[\boldsymbol{X}_p \quad \boldsymbol{X}_r]\begin{bmatrix}\boldsymbol{\beta}_p\\ \boldsymbol{\beta}_r\end{bmatrix} \\
&= (n-p)\sigma^2 + [\boldsymbol{\beta}_p'\boldsymbol{\beta}_r']\begin{bmatrix}\mathbf{0} & \mathbf{0}'\\ \mathbf{0} & \boldsymbol{X}_r'\boldsymbol{X}_r-\boldsymbol{X}_r'\boldsymbol{X}_p(\boldsymbol{X}_p'\boldsymbol{X}_p)^{-1}\boldsymbol{X}_p'\boldsymbol{X}_r\end{bmatrix}\begin{bmatrix}\boldsymbol{\beta}_p\\ \boldsymbol{\beta}_r\end{bmatrix} \\
&= (n-p)\sigma^2 + \boldsymbol{\beta}_r'[\boldsymbol{X}_r'\boldsymbol{X}_r-\boldsymbol{X}_r'\boldsymbol{X}_p(\boldsymbol{X}_p'\boldsymbol{X}_p)^{-1}\boldsymbol{X}_p'\boldsymbol{X}_r]\boldsymbol{\beta}_r
\end{aligned}$$

而在这种情形中 $MS_{残}$ 的期望值为

$$E(MS_{残}) = E\left(\frac{SS_{残}}{n-p}\right) = \sigma^2 + \frac{\boldsymbol{\beta}_r'[\boldsymbol{X}_r'\boldsymbol{X}_r-\boldsymbol{X}_r'\boldsymbol{X}_p(\boldsymbol{X}_p'\boldsymbol{X}_p)^{-1}\boldsymbol{X}_p'\boldsymbol{X}_r]\boldsymbol{\beta}_r}{n-p}$$

因此，当模型设定不足时，$MS_{残}$ 不是 σ^2 的无偏估计量. 偏倚为 599

$$\frac{\boldsymbol{\beta}_r'[\boldsymbol{X}_r'\boldsymbol{X}_r-\boldsymbol{X}_r'\boldsymbol{X}_p(\boldsymbol{X}_p'\boldsymbol{X}_p)^{-1}\boldsymbol{X}_p']\boldsymbol{\beta}_r}{n-p}$$

C.13 强影响诊断量的计算

本节将研究最初在第 6 章给出的强影响诊断量 *DFFITS*、*DFBETAS* 与库克 *D* 距离的非常有用的计算形式.

C.13.1 $DFFITS_i$

回忆出由方程(6.9)，有

$$DFFITS_i = \frac{\hat{y}_i - \hat{y}_{(i)}}{\sqrt{S_{(i)}^2 h_{ii}}} \qquad (i=1,2,\cdots,n) \tag{C.13.1}$$

同时，由 C.8 节，有

$$\hat{\boldsymbol{\beta}}_i - \hat{\boldsymbol{\beta}}_{(i)} = \frac{(\boldsymbol{X}'\boldsymbol{X})^{-1}\boldsymbol{x}_i e_i}{1-h_{ii}} \tag{C.13.2}$$

在方程(C.13.2)两边同时乘以 x_i'，会产生

$$\hat{y}_i - \hat{y}_{(i)} = \frac{h_{ii}e_i}{1-h_{ii}} \tag{C.13.3}$$

在方程(C.13.3)两边同时除以 $\sqrt{S_{(i)}^2 h_{ij}}$，将会产生 $DFFITS_i$：

$$DFFITS_i = \frac{\hat{y}_i - \hat{y}_{(i)}}{\sqrt{S_{(i)}^2 h_{ii}}} = \frac{h_{ii}e_i}{1-h_{ii}}\left[\frac{1}{S_{(i)}^2 h_{ii}}\right]^{1/2}$$

$$
\begin{aligned}
&= \frac{e_i}{\sqrt{S_{(i)}^2(1-h_{ii})}}\left(\frac{h_{ii}}{1-h_{ii}}\right)^{1/2} \\
&= t_i\left(\frac{h_{ii}}{1-h_{ii}}\right)
\end{aligned}
\tag{C.13.4}
$$

式中 t_i 为 R-学生残差.

C. 13. 2 库克 D_i

可以使用方程(C. 13. 2)来研究库克 D 距离的计算形式. 此前给出库克 D_i 统计量为

$$
D_i = \frac{(\hat{\boldsymbol{\beta}}_i - \hat{\boldsymbol{\beta}}_{(i)})'\boldsymbol{X}'\boldsymbol{X}(\hat{\boldsymbol{\beta}}_i - \hat{\boldsymbol{\beta}}_{(i)})}{pMS_{残}} \qquad (i = 1,2,\cdots,n) \tag{C.13.5}
$$

600 在方程(C. 13. 5)中使用(C. 13. 2), 会得到

$$
\begin{aligned}
D_i &= \frac{\boldsymbol{x}_i'(\boldsymbol{X}'\boldsymbol{X})^{-1}\boldsymbol{X}'\boldsymbol{X}(\boldsymbol{X}'\boldsymbol{X})^{-1}\boldsymbol{x}_i\boldsymbol{e}_i^2}{(1-h_{ii})^2 pMS_{残}} \\
&= \left(\frac{e_i}{1-h_{ii}}\right)^2\left(\frac{h_{ii}}{pMS_{残}}\right) \\
&= \frac{r_i^2}{p}\left(\frac{h_{ii}}{1-h_{ii}}\right)
\end{aligned}
$$

式中 t_i 为学生化残差.

C. 13. 3 $DFBETAS_{j,i}$

方程(6. 7)将 $DFBETAS_{j,i}$ 统计量定义为

$$
DFBETAS_{j,i} = \frac{\beta_j - \beta_{j(i)}}{\sqrt{S_{(i)}^2 C_{jj}}}
$$

因此, $DFBETAS_{j,i}$ 恰为方程(C. 13. 2)中 $\hat{\beta}-\hat{\beta}_{(i)}$ 的第 j 个元素除以标准化因子. 现在有

$$
\hat{\beta}_j - \hat{\beta}_{j(i)} = \frac{r_{j,i}e_i}{1-h_{ii}} \tag{C.13.6}
$$

此前已给出 $\boldsymbol{R}=(\boldsymbol{X}'\boldsymbol{X})^{-1}\boldsymbol{X}$, 所以

$$
(\boldsymbol{RR}')' = [(\boldsymbol{X}'\boldsymbol{X})^{-1}\boldsymbol{X}'\boldsymbol{X}(\boldsymbol{X}'\boldsymbol{X})^{-1}]' = (\boldsymbol{X}'\boldsymbol{X})^{-1} = \boldsymbol{C} = \boldsymbol{R}'\boldsymbol{R}
$$

因此, $c_{jj}=\boldsymbol{r}_j'\boldsymbol{r}_j$, 所以可以写出标准化因子

$$
\sqrt{S_{(i)}^2 C_{jj}} = \sqrt{S_{(i)}^2 \boldsymbol{r}_j'\boldsymbol{r}_j}
$$

最后, $DFBETAS_{j,i}$ 的计算形式为

$$
DFBETAS_{j,i} = \frac{\hat{\beta}_j - \hat{\beta}_{j(i)}}{\sqrt{S_{(i)}^2 C_{jj}}} = \left[\frac{r_{j,i}e_i}{1-h_{ii}}\right]\frac{1}{\sqrt{S_{(i)}^2\boldsymbol{r}_j'\boldsymbol{r}_j}} = \frac{\boldsymbol{r}_{j,i}}{\sqrt{\boldsymbol{r}_j'\boldsymbol{r}_j}}\frac{t_i}{\sqrt{1-h_{ii}}}
$$

式中 t-i 为 R-学生残差.

C. 14 广义线性模型

C. 14. 1 逻辑斯蒂回归中的参数估计

逻辑斯蒂回归模型的对数似然函数由方程(13. 8)给出, 为

$$\ln L(\boldsymbol{y},\boldsymbol{\beta}) = \sum_{i=1}^{n} \boldsymbol{y}_i \boldsymbol{x}'_i \boldsymbol{\beta} - \sum_{i=1}^{n} \ln[1+\exp(\boldsymbol{x}'_i\boldsymbol{\beta})]$$ 601

在逻辑斯蒂回归模型的许多应用实例中，都会存在 x 变量的每个水平上的重复观测值或重复试验. 令 y_i 表示第 i 个观测值的观测结果为 1 的个数，而 n_i 为每个观测值的试验次数. 然后对数似然函数变为

$$\ln L(\boldsymbol{y},\boldsymbol{\beta}) = \sum_{i=1}^{n} y_i \pi_i - \sum_{i=1}^{n} n_i \ln(1-\pi_i) - \sum_{i=1}^{n} y_i \ln(1-\pi_i)$$

极大似然估计值(MLE)的计算可以使用迭代再加权最小二乘(IRLS)算法. 为了了解 IRLS 算法，回忆出 MLE 是下式的解：

$$\frac{\partial L}{\partial \boldsymbol{\beta}} = \mathbf{0}$$

该式可以展开为

$$\frac{\partial L}{\partial \pi_i}\frac{\partial \pi_i}{\partial \boldsymbol{\beta}} = \mathbf{0}$$

注意到

$$\frac{\partial L}{\partial \pi_i} = \sum_{i=1}^{n}\frac{n_i}{\pi_i} - \sum_{i=1}^{n}\frac{n_i}{1-\pi_i} + \sum_{i=1}^{n}\frac{y_i}{1-\pi_i}$$

以及

$$\frac{\partial \pi_i}{\partial \boldsymbol{\beta}} = \left\{\frac{\exp(\boldsymbol{x}'_i\boldsymbol{\beta})}{1+\exp(\boldsymbol{x}'_i\boldsymbol{\beta})} - \left[\frac{\exp(\boldsymbol{x}'_i\boldsymbol{\beta})}{1+\exp(\boldsymbol{x}'_i\boldsymbol{\beta})}\right]^2\right\}\boldsymbol{x}_i$$

将以上两个式子放在一起，给出

$$\begin{aligned}\frac{\partial L}{\partial \boldsymbol{\beta}} &= \left[\sum_{i=1}^{n}\frac{n_i}{\pi_i} - \sum_{i=1}^{n}\frac{n_i}{1-\pi_i} + \sum_{i=1}^{n}\frac{y_i}{1-\pi_i}\right]\pi_i(1-\pi_i)\boldsymbol{x}_i \\ &= \sum_{i=1}^{n}\left[\frac{y_i}{\pi_i} - \frac{n_i}{1-\pi_i} + \frac{y_i}{1-\pi_i}\right]\pi_i(1-\pi_i)\boldsymbol{x}_i \\ &= \sum_{i=1}^{n}(y_i - n_i\pi_i)\boldsymbol{x}_i\end{aligned}$$

因此，极大似然估计量求解出了

$$\boldsymbol{X}'(\boldsymbol{y}-\boldsymbol{\mu}) = \mathbf{0}$$

式中 $\boldsymbol{y}'=[\boldsymbol{y}_1, \boldsymbol{y}_2, \cdots, \boldsymbol{y}_n]$，而 $\mu'=[n_1\pi_1, n_2\pi_2, \cdots, n_n\pi_n]$. 这一方程的集合通常称为**极大似然得分方程**. 极大似然得分方程实际上与前文所看到的线性最小二乘的正规方程有相同的形式，这是因为在线性回归模型中，$E(\boldsymbol{y})=\boldsymbol{X\beta}=\boldsymbol{\mu}$，所以正规方程为 602

$$\boldsymbol{X}'\boldsymbol{X}\hat{\boldsymbol{\beta}} = \boldsymbol{X}'\boldsymbol{y}$$

该式可以写为

$$\boldsymbol{X}'(\boldsymbol{y}-\boldsymbol{X\beta}) = \mathbf{0}$$
$$\boldsymbol{X}'(\boldsymbol{y}-\boldsymbol{\mu}) = \mathbf{0}$$

事实上要使用**牛顿-拉弗森**方法来求解逻辑斯蒂回归模型的得分方程. 这一程序会观察出，在解的近邻值中，可以使用一阶泰勒级数展开式来形成逼近：

$$p_i - \pi_i \approx \left(\frac{\partial \pi_i}{\partial \boldsymbol{\beta}}\right)'(\boldsymbol{\beta}^* - \boldsymbol{\beta}) \tag{C.14.1}$$

式中

$$p_i = \frac{y_i}{n_i}$$

而 $\beta*$ 为得分方程所解出的 $\boldsymbol{\beta}$ 值. 现在 $\eta_i = \boldsymbol{x}_i'\boldsymbol{\beta}$，所以

$$\frac{\partial \eta_i}{\partial \boldsymbol{\beta}} = \boldsymbol{x}_i$$

注意到

$$\pi_i = \frac{\exp(\eta_i)}{1+\exp(\eta_i)}$$

由链式法则，

$$\frac{\partial \pi_i}{\partial \boldsymbol{\beta}} = \frac{\partial \pi_i}{\partial \eta_i}\frac{\partial \eta_i}{\partial \boldsymbol{\beta}} = \frac{\partial \pi_i}{\partial \eta_i}\boldsymbol{x}_i$$

因此，可以将方程(C. 14. 1)重写为

$$p_i - \pi_i \approx \left(\frac{\partial \pi_i}{\partial \eta_i}\right)\boldsymbol{x}_i'(\boldsymbol{\beta}^* - \boldsymbol{\beta})$$

$$p_i - \pi_i \approx \left(\frac{\partial \pi_i}{\partial \eta_i}\right)(\boldsymbol{x}_i'\boldsymbol{\beta}^* - \boldsymbol{x}_i'\boldsymbol{\beta})$$

603 $$p_i - \pi_i \approx \left(\frac{\partial \pi_i}{\partial \eta_i}\right)(\eta_i^* - \eta_i) \tag{C.14.2}$$

式中 η_i^* 为在 $\boldsymbol{\beta}^*$ 所求得的 η_i 值. 注意到

$$(y_i - n_i\pi_i) = (n_ip_i - n_i\pi_i) = n_i(p_i - \pi_i)$$

而由于

$$\pi_i = \frac{\exp(\eta_i)}{1+\exp(\eta_i)}$$

所以可以写出

$$\frac{\partial \pi_i}{\partial \boldsymbol{\beta}} = \frac{\exp(\eta_i)}{1+\exp(\eta_i)} - \left[\frac{\exp(\eta_i)}{1+\exp(\eta_i)}\right]^2$$

因此，

$$y_i - n_i\pi_i \approx [n_i\pi_i(1-\pi_i)] = (\eta_i^* - \eta_i)$$

现在通过第一次逼近，线性预测量 $\eta_i^* = \boldsymbol{x}_i'\boldsymbol{\beta}^*$ 的方差为

$$\mathrm{Var}(\eta_i^*) \approx \frac{1}{n_i\pi_i(1-\pi_i)}$$

因此，

$$y_i - n_i\pi_i \approx \left[\frac{1}{\mathrm{Var}(\eta_i^*)}\right](\eta_i^* - \eta_i) = 0$$

所以可以将得分方程重写为

$$\sum_{i=1}^{n}\left[\frac{1}{\mathrm{Var}(\eta_i)}\right](\eta_i^* - \eta_i) = 0$$

或者使用矩阵记号，为

$$\mathbf{X}'\mathbf{V}^{-1}(\boldsymbol{\eta}^{*}-\boldsymbol{\eta})=\mathbf{0}$$

式中 $\mathbf{V}$ 为由 η_i 的方差所组成的权数的对角矩阵. 因为 $\boldsymbol{\eta}=\boldsymbol{X\beta}$，所以可以将得分方程写为

$$\mathbf{X}'\mathbf{V}^{-1}(\boldsymbol{\eta}^{*}-\boldsymbol{X\beta})=\mathbf{0}$$

所以 $\boldsymbol{\beta}$ 的极大似然估计值为

$$\hat{\boldsymbol{\beta}}=(\mathbf{X}'\mathbf{V}^{-1}\mathbf{X})^{-1}\mathbf{X}'\mathbf{V}^{-1}\boldsymbol{\eta}^{*}$$ 604

但是有一个问题：不知道 η^{*}. 求出这一问题的解要使用方程(C.14.2)：

$$p_i-\pi_i\approx\left(\frac{\partial\pi_i}{\partial\eta_i}\right)(\eta_i^{*}-\eta_i)$$

上式可以对 η_i^{*} 进行求解：

$$\eta_i^{*}=\eta_i+(p_i-\pi_i)\frac{\partial\eta_i}{\partial\pi_i}$$

令 $z_i=\eta_i+(p_i-\pi_i)(\partial\eta_i)\ell(\partial\pi_i)$ 且 $z'=[z_1,\ z_2,\ \cdots,\ z_n]$. 然后 $\boldsymbol{\beta}$ 的牛顿-拉弗森估计值为

$$\hat{\boldsymbol{\beta}}=(\mathbf{X}'\mathbf{V}^{-1}\mathbf{X})^{-1}\mathbf{X}'\mathbf{V}^{-1}\boldsymbol{z}$$

注意到 z_i 的随机部分为

$$(p_i-\pi_i)\frac{\partial\eta_i}{\partial\pi_i}$$

因此，

$$\begin{aligned}\mathrm{Var}\left[(p_i-\pi_i)\frac{\partial\eta_i}{\partial\pi_i}\right]&=\left[\frac{\pi_i(1-\pi_i)}{n_i}\right]\left(\frac{\partial\eta_i}{\partial\pi_i}\right)^2\\&=\left[\frac{\pi_i(1-\pi_i)}{n_i}\right]\left(\frac{1}{\pi_i(1-\pi_i)}\right)^2\\&=\frac{1}{n_i\pi_i(1-\pi_i)}\end{aligned}$$

所以 $\mathbf{V}$ 为由 z 的随机部分所组成的权重的对角矩阵. 因此，可以对基于牛顿-拉弗森方法的 IRLS 算法做如下描述：

1）使用普通最小二乘得出 $\boldsymbol{\beta}$ 的初始估计值，比如说 $\hat{\boldsymbol{\beta}}_0$.

2）使用 $\hat{\boldsymbol{\beta}}_0$ 估计 $\mathbf{V}$ 与 π.

3）令 $\boldsymbol{\eta}_0=\boldsymbol{X}\hat{\boldsymbol{\beta}}_0$.

4）将 z_1 作为 $\boldsymbol{\eta}_0$ 的基.

5）得出新的估计值 $\hat{\boldsymbol{\beta}}_1$，进行迭代，直到满足了某些合适的收敛准则.

C.14.2 指数族

容易证明，正态分布、二项分布与泊松分布都是指数族分布的成员. 已知指数族分布的定义是方程(13.48)，为方便起见将其写在下面： 605

$$f(y_i,\theta_i,\phi)=\exp([y_i\theta_i-b(\theta_i)]/a(\phi)+h(y_i,\phi)]$$

1. 正态分布

$$f(y_i,\theta_i,\phi)=\frac{1}{2\pi\sigma^2}\exp\left(-\frac{1}{2\sigma^2}(y-\mu)^2\right)$$

$$=\exp\left[-\ln(2\pi\sigma^2)-\frac{y^2}{2\sigma^2}+\frac{y\mu}{\sigma^2}-\frac{\mu^2}{2\sigma^2}\right]$$

$$=\exp\left[\frac{1}{\sigma^2}\left(-\frac{y^2}{2}+y\mu-\frac{\mu^2}{2}\right)-\frac{1}{2}\ln(2\pi\sigma^2)\right]$$

$$=\exp\left[\frac{1}{\sigma^2}\left(y\mu-\frac{\mu^2}{2}\right)-\frac{y^2}{2\sigma^2}-\frac{1}{2}\ln(2\pi\sigma^2)\right]$$

因此，对于正态分布，有

$$\theta_i=\mu, b(\theta_i)=\frac{\mu^2}{2},\quad a(\phi)=\sigma^2$$

$$h(y_i,\phi)=-\frac{y^2}{2\sigma^2}-\frac{1}{2}\ln(2\pi\sigma^2)$$

$$E(y)=\frac{\mathrm{d}b(\theta_i)}{\mathrm{d}\theta_i}=\mu,\quad \mathrm{Var}(y)=\frac{\mathrm{d}^2b(\theta_i)}{\mathrm{d}\theta_i^2}a(\phi)=\sigma^2$$

2. 二项分布

$$f(y_i,\theta_i,\phi)=\binom{n}{m}\pi^y(1-\pi)^{n-y}$$

$$=\exp\left\{\ln\binom{n}{y}+y\ln\pi+(n-y)\ln(1-\pi)\right\}$$

$$=\exp\left\{\ln\binom{n}{y}+y\ln\pi+n\ln(1-\pi)-y\ln(1-\pi)\right\}$$

$$=\exp\left\{y\ln\left(\frac{\pi}{1-\pi}\right)+n\ln(1-\pi)+\ln\binom{n}{y}\right\}$$

因此，对于二项分布，有

606 $$\theta_i=\ln\left[\frac{\pi}{1-\pi}\right],\pi=\frac{\exp(\theta_i)}{1+\exp(\theta_i)}$$

$$b(\theta_i)=n\ln(1-\pi),a(\phi)=1,h(y_i,\phi)=\ln\binom{n}{y}$$

$$E(y)=\frac{\mathrm{d}b(\theta_i)}{\mathrm{d}\theta_i}=\frac{\mathrm{d}b(\theta_i)}{\mathrm{d}\pi}\frac{\mathrm{d}\pi}{\mathrm{d}\theta_i}$$

注意到

$$\frac{\mathrm{d}\pi}{\mathrm{d}\theta_i}=\frac{\exp(\theta_i)}{1+\exp(\theta_i)}-\left[\frac{\exp(\theta_i)}{1+\exp(\theta_i)}\right]^2=\pi(1-\pi)$$

因此，

$$E(y)=\left(\frac{n}{1-\pi}\right)\pi(1-\pi)=n\pi$$

会发现上式是二项分布的均值. 同时，

$$\mathrm{Var}(y)=\frac{\mathrm{d}E(y)}{\mathrm{d}\theta_i}=\frac{\mathrm{d}E(y)}{\mathrm{d}\pi}\frac{\mathrm{d}\pi}{\mathrm{d}\theta_i}=n\pi(1-\pi)$$

以上表达式就是二项分布的方差.

3. 泊松分布

$$f(y_i, \theta_i, \phi) = \frac{\lambda^y e^{-\lambda}}{y!} = \exp[y\ln\lambda - \lambda\ln(y!)]$$

因此，对于泊松分布，有

$$\theta_i = \ln(\lambda) \qquad 和 \qquad \lambda = \exp(\theta_i)$$

$$b(\theta_i) = \lambda$$

$$a(\phi) = 1$$

$$h(y_i, \phi) = -\ln(y!)$$

现在

$$E(y) = \frac{\mathrm{d}b(\theta_i)}{\mathrm{d}\theta_i} = \frac{\mathrm{d}b(\theta_i)}{\mathrm{d}\lambda}\frac{\mathrm{d}\lambda}{\mathrm{d}\theta_i}$$

但是，由于

$$\frac{\mathrm{d}\lambda}{\mathrm{d}\theta_i} = \exp(\theta_i) = \lambda$$ 607

所以泊松分布的均值为

$$E(y) = 1 \cdot \lambda = \lambda$$

泊松分布的方差为

$$\mathrm{Var}(y) = \frac{\mathrm{d}E(y)}{\mathrm{d}\theta_i} = \lambda$$

C.14.3 广义线性模型的参数估计

考虑将极大似然方法应用于 GLM，并假设使用典型连接函数. 对数似然函数为

$$\ell(\mathbf{y}, \boldsymbol{\beta}) = \frac{\sum_{i=1}^{n}[y_i\theta_i - b(\theta_i)]}{a(\phi)} + h(y_i, \phi)$$

对于典型连接函数，有 $\eta_i = g[E(y_i)] = g(\mu_i) = \mathbf{x}_i'\boldsymbol{\beta}$. 因此，

$$\frac{\partial\ell}{\partial\beta} = \frac{\partial\ell}{\partial\theta_i}\frac{\partial\theta_i}{\partial\beta} = \frac{1}{a(\phi)}\sum_{i=1}^{n}\left[y_i - \frac{\mathrm{d}b(\theta_i)}{\mathrm{d}\theta_i}\right]\mathbf{x}_i = \frac{1}{a(\phi)}\sum_{i=1}^{n}(y_i - \mu_i)\mathbf{x}_i$$

因此，求解参数的极大似然估计值，可以通过求解方程组

$$\frac{1}{a(\phi)}\sum_{i=1}^{n}(y_i - \mu_i)\mathbf{x}_i = \mathbf{0}$$

在大多数情况下，$a(\phi)$为常数，所以上一方程会变为

$$\sum_{i=1}^{n}(y_i - \mu_i)\mathbf{x}_i = \mathbf{0}$$

上式实际上是有 $p=k+1$ 个方程的方程组，每个方程对应一个模型参数. 在矩阵形式中，方程为

$$\mathbf{X}'(\mathbf{y} - \boldsymbol{\mu}) = \mathbf{0}$$

式中 $\boldsymbol{\mu}' = [\mu_1, \mu_2, \cdots, \mu_p]$. 上式称为最大似然得分方程，与前文在逻辑斯蒂回归的情形中所看到的方程相同，逻辑斯蒂回归中的 $\boldsymbol{\mu}' = [n_1\pi_1, n_2\pi_2, \cdots, n_n\pi_n]$.

为了求解得分方程，可以使用 IRLS，正如在逻辑斯蒂回归中所做的那样. 首先是求出
608 解的近邻值的一阶泰勒级数逼近

$$y_i-\mu_i\approx\frac{d\mu_i}{d\eta_i}(\eta_i^*-\eta_i)$$

现在是对于典型连接函数 $\eta_i=\theta_i$，所以

$$y_i-\mu_i\approx\frac{d\mu_i}{d\theta_i}(\eta_i^*-\eta_i)\tag{C. 14. 3}$$

因此，有

$$\eta_i^*-\eta_i\approx(y_i-\mu_i)\frac{d\theta_i}{d\mu_i}$$

这一表达式是逼近 $\hat{\eta}_i$ 的基础.

在极大似然估计中，会把 η_i 替代为其估计值 $\hat{\eta}_i$. 所以有

$$\mathrm{Var}(\eta_i^*-\eta_i)\approx\mathrm{Var}\left[(y_i-\mu_i)\frac{d\theta_i}{d\mu_i}\right]$$

由于 $\hat{\eta}_i^*$ 与 μ_i 为常数，所以

$$\mathrm{Var}(\hat{\eta}_i)=\left[\frac{d\theta_i}{d\mu_i}\right]^2\mathrm{Var}(y_i)$$

但是

$$\frac{d\theta_i}{d\mu_i}=\frac{1}{\mathrm{Var}(\mu_i)}$$

式中 $\mathrm{Var}(y_i)=\mathrm{Var}(\mu_i)a(\phi)$. 因此

$$\mathrm{Var}(\hat{\eta}_i)=\left[\frac{1}{\mathrm{Var}(\mu_i)}\right]^2\mathrm{Var}(\mu_i)a(\phi)\approx\frac{1}{\mathrm{Var}(\mu_i)}a(\phi)$$

方便起见，定义 $\mathrm{Var}(\eta_i)=[\mathrm{Var}(\mu_i)]^{-1}$，所以有

$$\mathrm{Var}(\hat{\eta}_i)\approx\mathrm{Var}(\hat{\eta}_i)a(\phi)$$

将上式代入方程(C. 14. 3)，会产生

$$y_i-\mu_i\approx\frac{1}{\mathrm{Var}(\eta_i)}(\eta_i^*-\eta)\tag{C. 14. 4}$$

如果令 $\mathbf{V}$ 为 $n\times n$ 对角矩阵，其对角线元素为 $\mathrm{Var}(\eta_i)$，那么在矩阵形式中，方程(C. 14. 4)
609 会变为

$$\boldsymbol{y}-\boldsymbol{\mu}\approx\boldsymbol{V}^{-1}(\boldsymbol{\eta}^*-\boldsymbol{\eta})$$

然后可以将得分方程重写如下：

$$\boldsymbol{X}'(\boldsymbol{y}-\boldsymbol{\mu})=\mathbf{0}$$

$$\boldsymbol{X}'\boldsymbol{V}^{-1}(\boldsymbol{\eta}^*-\boldsymbol{\eta})=\mathbf{0}$$

$$\boldsymbol{X}'\boldsymbol{V}^{-1}(\boldsymbol{\eta}^*-\boldsymbol{X\beta})=\mathbf{0}$$

因此，β 的极大似然估计值为

$$\hat{\boldsymbol{\beta}}=(\boldsymbol{X}'\boldsymbol{V}^{-1}\boldsymbol{X})^{-1}\boldsymbol{X}'\boldsymbol{V}^{-1}\boldsymbol{\eta}^*$$

现在正如在逻辑斯蒂回归的情形中所看到的那样，不知道 η^*，所以进行迭代要以下式为基础：

$$z_i = \hat{\eta}_i + (y_i - \hat{\mu}_i)\frac{\mathrm{d}\eta_i}{\mathrm{d}\mu_i}$$

使用牛顿-拉弗森方法的迭代再加权最小二乘解由下式求得：

$$\hat{\boldsymbol{\beta}} = (\boldsymbol{X}'\mathbf{V}^{-1}\boldsymbol{X})^{-1}\boldsymbol{X}'\mathbf{V}^{-1}\boldsymbol{z}$$

渐进地来说，$\boldsymbol{z}$ 的随机成分来自观测值 y_i. 矩阵 $\mathbf{V}$ 的对角线元素为 z_i 的方差，除此之外还有 $a(\phi)$.

作为例子，考虑逻辑斯蒂回归的情形：

$$\eta_i = \ln\left(\frac{\pi_i}{1-\pi_i}\right)$$

$$\frac{\mathrm{d}\eta_i}{\mathrm{d}\eta_i} = \frac{\mathrm{d}\eta_i}{\mathrm{d}\pi_i} = \frac{\mathrm{d}\ln[\pi_i/(1-\pi_i)]}{\mathrm{d}\pi_i} = \frac{1-\pi_i}{\pi_i}\left[\frac{\pi_i}{1-\pi_i} + \frac{\pi_i}{(1-\pi_i)^2}\right]$$

$$= \frac{1-\pi_i}{\pi_i(1-\pi_i)}\left[1+\frac{\pi_i}{1-\pi_i}\right] = \frac{1}{\pi_i}\left[\frac{1-\pi_i+\pi_i}{1-\pi_i}\right] = \frac{1}{\pi_i(1-\pi_i)}$$

因此，对于逻辑斯蒂回归，矩阵 $\mathbf{V}$ 的对角线元素为

$$\left(\frac{\mathrm{d}\eta_i}{\mathrm{d}\mu_i}\right)^2 \mathrm{Var}(y_i) = \left[\frac{1}{\pi_i(1-\pi_i)}\right]^2 \frac{\pi_i(1-\pi_i)}{n_i} = \frac{1}{n_i\pi_i(1-\pi_i)}$$ 610

上式在前文中得到过.

因此，可以将基于牛顿-拉弗森方法的 IRLS 描述如下：

1）使用普通最小二乘得出 $\boldsymbol{\beta}$ 的初始估计值，比如说$\hat{\boldsymbol{\beta}}_0$.

2）使用$\hat{\boldsymbol{\beta}}_0$ 估计 $\mathbf{V}$ 与 $\boldsymbol{\mu}$.

3）令 $\boldsymbol{\eta}_0 = \boldsymbol{X}\hat{\boldsymbol{\beta}}_0$.

4）将 $\boldsymbol{z}_1$ 作为 $\boldsymbol{\eta}_0$ 的基.

5）得出新的估计值$\hat{\boldsymbol{\beta}}_1$，进行迭代，直到满足了某些合适的收敛准则. 如果不适用典型连接函数，那么 $\eta_i \neq \theta_i$，所以对数似然函数的合适导数为

$$\frac{\partial \ell}{\partial \boldsymbol{\beta}} = \frac{\mathrm{d}\ell}{\mathrm{d}\theta_i}\frac{\mathrm{d}\theta_i}{\mathrm{d}\mu_i}\frac{\mathrm{d}\mu_i}{\mathrm{d}\eta_i}\frac{\mathrm{d}\eta_i}{\partial \boldsymbol{\beta}}$$

注意：

1）$\frac{\mathrm{d}\ell}{\mathrm{d}\theta_i} = \frac{1}{a(\phi)}\left[y_i - \frac{\mathrm{d}b(\theta_i)}{\mathrm{d}\theta_i}\right] = \frac{1}{a(\phi)}(y_i - \mu_i)$

2）$\frac{\mathrm{d}\theta_i}{\mathrm{d}\mu_i} = \frac{1}{\mathrm{var}(\mu_i)}$

3）$\frac{\mathrm{d}\eta_i}{\partial \boldsymbol{\beta}} = \boldsymbol{x}_i$

将以上三个式子放在一起，会产生

$$\frac{\partial \ell}{\partial \boldsymbol{\beta}} = \frac{y_i - \mu_i}{a(\phi)}\frac{1}{\mathrm{Var}(\mu_i)}\frac{\mathrm{d}\mu_i}{\mathrm{d}\eta_i}\boldsymbol{x}_i$$

同样可以使用泰勒级数表达式来得到

$$y_i - \mu_i \approx \frac{\mathrm{d}\mu_i}{\mathrm{d}\eta_i}(\eta_i^* - \eta_i)$$

跟随前文所使用的类似结论，有

$$\mathrm{Var}(\hat{\eta}_i) \approx \left[\frac{\mathrm{d}\theta_i}{\mathrm{d}\mu_i}\right]^2 \mathrm{Var}(y_i)$$

611 同时可以最终证明：

$$\frac{\partial \ell}{\partial \boldsymbol{\beta}} = \sum_{i=1}^{n} \frac{\eta_i^* - \eta_i}{a(\phi)\mathrm{Var}(\eta_i)} \boldsymbol{x}_i$$

令上一表达式等于零，并将其写为矩阵形式，得到

$$\boldsymbol{X}'\boldsymbol{V}^{-1}(\boldsymbol{\eta}^* - \boldsymbol{\eta}) = \boldsymbol{0}$$

或者说，由于 $\boldsymbol{\eta} = \boldsymbol{X\beta}$，所以

$$\boldsymbol{X}'\boldsymbol{V}^{-1}(\boldsymbol{\eta}^* - \boldsymbol{X\beta}) = \boldsymbol{0}$$

牛顿-拉弗森解的基础是

$$\hat{\boldsymbol{\beta}} = (\boldsymbol{X}'\boldsymbol{V}^{-1}\boldsymbol{X})^{-1}\boldsymbol{X}'\boldsymbol{V}^{-1}z$$

式中

$$z_i = \hat{\eta}_i + (y_i - \hat{\mu}_i)\frac{\mathrm{d}\eta_i}{\mathrm{d}\mu_i}$$

正如在典型连接函数的情形中那样，矩阵 $\mathbf{V}$ 为对角矩阵，由线性预测项的方差和 $a(\phi)$
612 组成.

附录D　SAS导论

学习SAS最困难的部分之一是创建数据集．本附录的大部分内容都是关于数据集的创建．要特别注意的是，任意给定时刻SAS使用的默认数据集都是最近一次创建的数据集．我们可以通过SAS程序(PROC)指定数据集．假设我们希望对名为delivery的数据集做多元回归分析．恰当的PROC REG语句为

```
proc reg data = delivery;
```

我们现在考虑如何创建SAS数据集的更多细节． 613

D.1　基本数据录入

A. 使用SAS编辑器窗口

将数据集录入SAS最简单的方式是使用SAS编辑器．我们将使用表3-2给出的送货时间数据作为贯穿本附录的例子．

第1步：打开SAS编辑器窗口　SAS编辑器窗口当启动SAS的Windows版本或UNIX版本时将自动打开．

第2步：数据命令　每个SAS数据集都需要一个由数据声明提供的名称．本索引使用的约定为，SAS命令中的所有大写字母表示用户必须提供的名称．这种数据声明最简单的形式是

```
data NAME;
```

学习SAS最痛苦的教训是分号(;)的使用．每条SAS命令必须以分号结尾．SAS初学者犯的95%的错误可能都是忘记录入分号．SAS对于分号的使用严格到近乎残忍．对于送货时间数据，恰当的数据命令是

```
data delivery;
```

后面我们将讨论恰当的数据命令选项．

第3步：输入命令　输入命令告诉SAS数据集中每个变量的名称．SAS假设每个变量都是数据型的．输入命令的一般形式是

```
input VAR1 VAR2……;
```

我们首先考虑所有变量都是数值型的情形，正如第2章的送货数据：

```
input times cases distance;
```

我们通过在变量名的后面加上一个$来指明这一变量是字符型的(包含若干字符而不是数字)．举例来说，假设我们知道每次送货时送货人的姓名，我们能通过以下输入命令来输入修改后的变量名：

```
input times cases distance person $ ;
```

第 4 步：给出实际数据 我们向 SAS 报警实际数据，或者通过卡片(这是相对过时的)，或者通过命令行. 录入数据最简单的方式是使用空格定界符的形式. 每一行代表表
614 3-2 的一行. 不要在数据行的结尾放置分号. 许多 SAS 用户在数据后面的一行单独放置分号，以表明数据集的结束. 这个分号不是必需的，但是许多人认为这是一种良好的实践. 对于送货时间数据，SAS 代码的实际数据部分如下：

```
cards;
16.68     7     560
11.50     3     220
12.03     3     340
14.88     4      80
13.75     6     150
18.11     7     330
 8.00     2     110
17.83     7     210
79.24    30    1460
21.50     5     605
40.33    16     688
21.00    10     215
13.50     4     255
19.75     6     462
24.00     9     448
29.00    10     776
15.35     6     200
19.00     7     132
 9.50     3      36
35.10    17     770
17.90    10     140
52.32    26     810
18.75     9     450
19.83     8     635
10.75     4     150
;
```

第 5 步：使用 PROC PRINT 检查数据录入 我们容易在数据录入中犯错. 如果数据集足够小，那么将其打印出来常常是明智的. SAS 中打印数据集最简单的语句如下：

```
proc print;
```

这条语句打印出最近一次所创建的数据集. 这条语句打印了数据集的全部. 如果我们希望打印数据的子集，那么可以打印指定的变量：

```
proc print;
var VAR1 VAR2…;
```

许多 SAS 用户相信指定想得到的数据集是一种良好的实践. 在这种习惯下，我们保证我们
615 打印了想要的数据. 修改的命令是

```
proc print data= NAME;
```

以下命令打印出数据集的全部：

```
proc print data= delivery;
```

以下命令打印送货数据集的时间：

```
proc print data= delivery;
var time;
```

Run 命令将提交代码．提交代码时，SAS 将产生两个文件：输出文件和日志文件．送货数据 PROC PRINT 命令的输出文件如下：

The SAS System

Obs	time	cases	distance
1	16.68	7	560
2	11.50	3	220
3	12.03	3	340
4	14.88	4	80
5	13.75	6	150
6	18.11	7	330
7	8.00	2	110
8	17.83	7	210
9	79.24	30	1460
10	21.50	5	605
11	40.33	16	688
12	21.00	10	215
13	13.50	4	255
14	19.75	6	462
15	24.00	9	448
16	29.00	10	776
17	15.35	6	200
18	19.00	7	132
19	9.50	3	36
20	35.10	17	770
21	17.90	10	140
22	52.32	26	810
23	18.75	9	450
24	19.83	8	635
25	10.75	4	150

得到的日志文件如下：

```
NOTE: Copyright (c) 2002-2003 by SAS Institute Inc., cary, NC, USA.
NOTE:SAS (r) 9.1 (TS1M2)
      Licensed to VA POLYTECHNIC INST &
      STATE UNIV-CAMPUSWIDE-IN, Site 0001798011.
NOTE: This session is executiong on the WIN_PRO platform
NOTE:SAS initalization used:
      real time        19.30 seconds
      cpu time         1.56 seconds
1     data delivery;
2     input time cases distance;
3     cards;
NOTE: The date set WORK.DELIVERY has 25 observations and 3 variables.
```

616

```
NOTE:DATA statement used (Total process time):
      real time        1.22 seconds
      CPU time         0.23 seconds
29    proc print data-delivery;
30    run;
NOTE: There wre 25 observations read from the data set WORK.DELIVERY.
NOTE: PROCEDURE PRINT used (Total process time):
       real time        0.55 seconds
       cpu time         0.17 seconds
```

日志文件提供了 SAS 会话的简短汇总．它告诉分析师数据集中有多少个观测值，有多少个缺失数据(在本例中没有缺失值)，已经执行的命令，以及任何错误．日志文件对调试 SAS 代码几乎是必需的．D.5 节提供了关于日志文件的更多细节．

B. 通过文本文件录入数据

我们可以使用 infile 语句来读入文本文件的数据．这一语句的形式为

```
infile 'FULL FILE NAME';
```

Infile 语句需要完整的文件名，包括所有路径信息(所有目录)．完整的文件名必须用单引号括起来．当然，这条语句必须以分号(;)结尾．下面的例子的数据包含在一个名为 delivery.txt 的文本文件中，其位于我的 Windows 笔记本电脑的目录

```
C:\My Stuff\Disk-Books\Regression 5th Ed
```

617 之中．UNIX 采用的路径约定稍有不同．下面的例子解释如何对送货数据使用 infile 语句．

```
data delivery;
infile 'C:\My Stuff\Disk-Books\Regression 5th Ed\delivery.txt';
input time cases distance;
run;
```

D.2 创建永久的 SAS 数据集

在很多场合下，我们希望很多次使用某一个数据集．举例来说，许多回归课程需要包含多次分析某一个数据集的项目，这一数据集在整个学期中让学生学习更多的分析方法．在这种情况下，正确的是仅读入数据一次然后创建可在未来使用的永久数据集．

第 1 步：指定永久数据集的目录　我们是通过 libname 语句指定永久数据集的目录，其形式为

```
libname NAME1 'FULL DIRECTORY NAME';
```

NAME1 是我们仅在 SAS 代码中使用的目录．FULL DIRECTORY NAME 是这一目录的实际名称，包括完整的路径信息．

第 2 步：使用 data 语句创建数据集　关键点在于在 data 语句中使用恰当的数据集永久名称．特别地，假设我们希望创建名为 setname 的数据集，同时我们已将目录命名为 namel，那么这一永久 SAS 数据集的恰当名称是 namel.setname．下面的例子在目录 C:\My Stuff\Disk-Books\Regression 5th Ed 中创建了一个名为 book.delivery 的 SAS 数据集．

```
libname book 'C:\My Stuff\Disk-Books\Regression 5th Ed';
data book.delivery;
  infile 'C:\My stuff\Disk-Books\Regression 5th Ed\delivery.txt';
  input time cases distance;
run;
```

下面的代码解释了如何使用永久数据集. libname 语句必须先于数据集所使用的程序出现在 SAS 代码的某处.

```
libname book 'C:\My Stuff\Disk-Books\Regression 5th Ed';
proc reg data= book.delivery;
  model time= cases distance;
run;
```

618

这一代码的输出如下：

```
                        The REG Procedure
                         Model: MODEL1
                  Dependent Variable: time
            Number of Observations Read          25
            Number of Observations Used          25
                      Analysis of Variance
                          Sum of          Mean
   Source          DF     Squares         Square       F Value    Pr > F
   Model            2     5550.81092      2775.40546   261.24     <.0001
   Error           22      233.73168        10.62417
   Corrected Total 24     5784.54260

   Root MSE                 3.25947      R-Square       0.9596
   Dependent Mean          22.38400      Adj R-Sq       0.9559
   Coeff Var               14.56162
                      Parameter Estimates
                         Parameter      Standard
   Variable        DF    Estimate       Error         t Value    Pr > |t|
   Intercept        1    2.34123        1.09673       2.13       0.0442
   cases            1    1.61591        0.17073       9.46       <.0001
   distance         1    0.01438        0.00361       3.98       0.0006
```

D.3 从 EXCEL 文件导入数据

SAS 的 PC 版本有一种良方将 EXCEL 电子表格导入为 SAS 数据集. 用户可以选择将数据导入为永久数据集或临时数据集. 临时数据集仅在 SAS 会话持续时存在. 为了将 EXCEL 电子表格导入为永久数据集，我们需要在良方之前运行一条恰当的 libname 语句.

EXCEL 电子表格的第一行需要提供与每列相关的变量名. 第一行提供的这些变量名将成为 SAS 数据集的变量.

将 EXCEL 电子表格导入 SAS 的 UNIX 版本并不容易，需要以下步骤.

第 1 步：导出 EXCEL 电子表格　我们将需要 dbf 格式(DBF Ⅲ，Ⅳ或Ⅴ)的 EXCEL

电子表格，这一步可以通过 SaveAs 摁扭简单完成.

第 2 步：得到 UNIX 格式的 dbf 文件　如果 dbf 文件是在 Windows 计算机上创建的，那么我们需要为 UNIX 转换其格式. 在 UNIX 目录中保存文件然后执行以下 UNIX 命令：

619

```
dos2unix-ascii data>newdata
```

第 3 步：将文件导入 SAS　令 NAME. def 为这一 def 文件的文件名. 以下命令将创建一个名为 NAME 的临时工作文件：

```
proc import dbms=dbf out=work.NAME datafile="NAME.def";
```

第 4 步：遇到麻烦时，联系系统管理员！　跨平台时比如从 Windows 到 UNIX 时好像总会出错. 在一个系统集上运作良好，在另一个系统集上可能不会完美运作.

D.4 输出命令

输出命令允许在之前创建的数据集上附加由 SAS 程序生成的信息. 许多 SAS 程序都支持输出命令，其一般形式为

```
output out=SAS-NAME(out list);
```

在这一情形下，SAS-NAME 是由输出命令创建的数据集的名称. 得到的数据集是使用程序的数据集加上通过(输出列表)附加的变量. 假设我们希望向送货时间数据集中加入预测值与原始残差. 恰当的输出命令为

```
output out=delivery2 p=ptime r=res;
```

p 是 SAS 为由 PROC REG 生成的预测值指定的名称，而 r 是为原始残差指定的名称. 在输出列表中，SAS 指定的名称总是在＝号的左侧，新数据集中的变量名总是在右侧.

重要的是记住，SAS 程序默认使用的数据集是最近一次创建的那个数据集. 输出命令的长处之一是它包括了使用程序的数据集来创建输出数据集.

D.5 日志文件

每个 SAS 会话都生成一个“日志”文件，它提供了一个简短的汇总. 新的 SAS 用户会很快(也很痛苦地)发现 SAS 源代码是必须通过编译的计算机程序. 就代码本身而言，必须服从确定的语法规则. 重要的是注意即使 SAS 没有拒绝语法，SAS 也可能产出不正确的甚至荒谬的分析. 日志文件对调试 SAS 代码几乎是必需的.

620 日志文件提供了 SAS 会话的简短汇总. 它告诉分析师数据集中有多少个观测值，有多少个缺失数据(在本例中没有缺失值)，已经执行的命令，以及任何错误. 下面是一个正确的分析的简单例子.

```
NOTE: Copyright (c) 2002-2003 by SAS Institute Inc., Cary, Nc, USA
NOTE: SAS(r) 9.1 (TSIM2)
      Licensed to VA POLYTECHNIC INST & STATE UNIVCAMPUSWIDE-IN, Site 0001798011.
NOTE: This session is executing on the WIN_PRO platform.

NOTE: SAS initialization used:
```

```
      real time       19.30 seconds
      cpu time        1.56 seconds
1     data delivery; 2    input time cases distance;
3     cards;
NOTE: The data set WORK.DELIVERY has 25 observations and 3 variables.
NOTE: DATA statement used (Total process time):
      real time       1.22 seconds
      cpu time        0.23 seconds
29    proc print data= delivery; 30 run;
NOTE: There were 25 observations read from the date set WORK.DELIVERY
NOTE: PROCEDURE PRINT used (Total process time):
      real time       0.55 seconds
      cpu time        0.17 seconds
```

下面的例子给出命令

```
print data=deli very
```

替代正确的语法

```
print data=delivery;
NOTE: Copyright (c) 2002-2003 by SAS Institute Inc., Cary, NC, USA.
NOTE: SAS (r) 9.1 (TS1M2)
      Licensed to VA POLYTECHNIC INST & STATE UNIV-
      CAMPUSWIDE-IN, Site 0001798011.
NOTE: This session is executing on the WIN_PRO platform.
NOTE: SAS initialization used:
      real time       5.03 seconds
      cpu time        1.73 seconds
1     libname book 'c:\My Stuff\Disk-Books\Regression 5th Ed';
NOTE: Libref BOOK was successfully assigned as follows:
      Engine   2q   V9
      physical Name: c:\My Stuff\Disk-Books\Regression 5th Ed
2     print data= book.delivery;
      - -
      180
      ERROR 180- 322:Statement is not valid or it is used out of
proper order.
3     run;
```

621

当忘记分号时将发生 SAS 最令人沮丧的错误之一. SAS 很少，但也曾经将缺少分号直接标记为错误！缺少分号的结果是 SAS 在源代码之后标记一个语法问题.

最后，对于大型数据集而言，打印全部数据集并不实用. 许多人使用 SAS 通过“merge”以及其他方法创建大型数据集. 在这种条件下，日志文件通常通过数据集中观测值的数量给出问题的首要信息. 日志对良好的 SAS 编程是必需的.

D.6 向已经存在的 SAS 数据集中添加变量

我们可以向以前创建的 SAS 数据集中添加变量．举例来说，假设我们想要使用 cases2＝$cases^2$ 作为送货数据的回归变量，同时调用新的数据集 delivery2．恰当的 SAS 命令是

```
data delibery2;
  set delivery;
  cases2=cases*cases;
run;
```

假设我们希望创建一个新的永久 SAS 数据集，我们向这一永久 SAS 数据集中添加 cases2．假设代码已经包含了恰当的 libname 语句．恰当的 SAS 命令为

622

```
data book.delibery2;
  set book.delivery;
  cases2=cases* cases;
run;
```

附录E　R导论并用R做线性回归

R是一个流行的统计软件包，这主要是因为它可以从 www.r-project.org 上免费获得．所以，许多教师以及更多富有经验的统计实践者转到了R．我们发现使用R对于熟悉统计方法的研究生是有意义的，尤其是使用更为复杂的统计软件包比如SAS的研究生．我们个人为本科生以及那些新进入正式统计分析的研究生推荐较为不复杂，而又有完整支持的统计软件包比如Minitab和SAS-JMP．但是我们认识到某些教师即使对那些缺少经验的学生也更喜欢使用R．所以，我们创作了这一索引来介绍R的若干基础知识．

E.1　R的基本背景

根据R项目的网站：

R基金会是基于公共利益的非营利组织．它由R核心研发小组的成员成立，主要用来

- 为R项目和其他统计计算的创新提供支持．我们相信，R已经成为一个成熟而有价值的工具，我们希望能确保它的继续发展，以及统计和计算研究软件未来创新的发展．
- 为个人、研究机构，以及希望支持或与R发展社区互动的企业提供一些参考．
- 持有和管理R软件和文档的版权．

R是自由软件基金会GNU项目的正式组成部分，与R基金会有相同目标的开源软件基金会还有Apache基金会或者GNOME基金会．

R基金会的目标是支持R的继续发展，探索新的方法，对统计计算以及与之相关的会议组织做教学和培训．

我们希望能吸引足够的资金来实现这些目标．

R是一个非常复杂的统计软件环境，即使R可以免费获得．R的贡献者包括许多从事统计计算的顶尖研究员．在许多方面，R反映了最新的统计方法．但另一方面，贡献者组成的社区事实上是相当流动的．这需要相对多的工作来跟随R最新特性的趋势．发布的基本帮助文档实际上价值有限．当然，在许多方面，你所得到的就是你所支付的！

R本身是一门高级程序设计语言，其大多数命令是预先写好的函数．R确实有运行循环并调用其他程序比如C程序的能力．由于R是一门程序设计语言，所以R通常对新手用户是挑战性的．

E.2　基本数据录入

理解R的最佳方式是通过例子．这里介绍了一些整本教材都在解释的R代码．我们使用练习5.2中的蒸汽压数据集，能解释许多数据录入与数据操作的基本特性．数据为

623

温度	蒸汽压	温度	蒸汽压
273	4.6	333	149.4
283	9.2	343	233.7
293	17.5	353	355.1
303	31.8	363	525.8
313	55.3	373	760.0
323	92.5		

624

高效录入数据的方式是使用 c() 函数：

```
temp<- c(273, 283, 293, 303, 313, 323, 333, 343, 353, 363, 373)
vp<- c(4.6, 9.2, 17.5, 31.8, 55.3, 92.5, 149.4, 233.7, 355.1, 525.8, 760.0)
```

为了检查数据的录入，你可以使用 print() 函数．在这一例子中，

```
print(temp)
print(vp)
```

得到的输出为

```
> print(temp)
 [1]273  283  293  303  313  323  333  343  353  363  373
> print(vp)
 [1]4.6  9.2  17.5  31.8  55.3  92.5  149.4  233.7  355.1  525.8  760.0
```

对于小型数据集，此法运作良好．而对大型数据，我们推荐使用 read.table() 函数．你可以使用行数据创建一个文本文件．一般情况下，第一行是给出变量名的"头部"．read.table() 函数这种类型的文件运作良好．令 vapor.txt 代表蒸汽压数据这类文件．第一步是改变 R 的工作目录，使工作目录包含这一数据文件．你可以在 File 盒子中做这一步．以下命令读入数据文件并将数据放入对象 vapor 中．

```
vapor<- read.table("vapor.txt",header= TRUE,sep= "")
```

为了检查 vapor 的内容，我们可以使用 print() 函数．得到的输出为

```
> print(vapor)
    temp     vp
 1   273    4.6
 2   283    9.2
 3   293   17.5
 4   303   31.8
 5   313   55.3
 6   323   92.5
 7   333  149.4
 8   343  233.7
 9   353  355.1
10   363  525.8
11   373  760.0
```

625

如果我们通过文件读入数据，那么我们不能将 temperatures 引用为 temp，即使 temp 是原始数据文件的列名．相反，我们必须指定包含 temperatures 的对象．以下命令打印 vapor

对象的 temp 列.

```
> print(vapor$temp)
  [1]273 283 293 303 313 323 333 343 353 363 373
```

基本物理化学研究建议将蒸汽压的自然对数作为温度倒数的线性函数进行建模. 以下命令创建了温度的倒数然后打印出来.

```
> inv_temp<- 1/vapo$temp
> print(inv_temp)
  [1]0.00363004  0.003533569  0.003412969  0.003300330  0.003194888  0.003095975
  [7]0.003003003  0.002915452  0.002832861  0.002754821  0.002680965
```

log()函数生成自然对数. 以下命令创建了蒸汽压的自然对数然后打印出来.

```
> log_vp<- log(vapor$vp)
> print(log_vp)
  [1]1.526056  2.219203  2.862201  3.459466  4.012773  4.527209  5.006627  5.454038
  [9]5.872399  6.264921  6.633318
```

对于回归分析另一个有用的命令是 sqrt()函数，它的运作方式恰好类似于 log()函数.

R 确实可以生成点图，但制作好看的点图需要大量工作. 基本的点图函数是 plot(y, x)，其中 y 是 y 轴上的对象而 x 是 x 轴上的对象. 以下命令生成了蒸汽压数据的散点图

```
> plot(vapor$vp,vapor$temp)
```

write.table()函数生成一个输出数据文件，它对使用其他绘图软件是有用的. 以下代码将温度的倒数与蒸汽压的自然对数附加到原始数据中，形成一个新的对象 vapoR2，然后创建输出文件 vapor_output.txt.

```
> vapor2<- cbind(vapor,inv_temp,log\_vp)
> write.table(vapor2,"vapor\_output.txt")
```

E.3 对 R 中其他函数的简短评论

R 能极好地完成矩阵操作. 但是，本教材使用统计软件做矩阵计算，打个比方是“在引擎盖之下”的，即不涉及矩阵计算的深入内容. 本教材展示了我们讨论的程序的矩阵表述. 但是，我们不要求学生直接做这种计算. 所以，我们认为介绍使用 R 做矩阵操作超出了本书的范围. 恰当的做法是，本教材只给出做数据分析的基本 R 代码. 我们将介绍使用 R 做矩阵操作的细节留给任课教师. 626

E.4 R Commander

R Commander 是 R 的附加包，也可以免费获得. 它为 R 主产品提供了易用的用户界面，很像 Minitab 和 JMP. R Commander 使得 R 的使用更方便得多，但是它不会提供在数据分析中的大量灵活性. 举例来说，R Commander 不允许用户在残差图中使用外部学生化残差. R Commander 是用户熟悉 R 的一个入门方式. 但从根本上说我们推荐使用 R 主产品. 627

参考文献

Adichie, J. N. [1967], "Estimates of regression parameters based on rank tests," *Ann. Math. Stat.*, **38**, 894–904.

Aitkin, M. A. [1974], "Simultaneous inference and the choice of variable subsets," *Technometrics* **16**, 221–227.

Akaike, H. [1973], "Information theory and an extension of the maximum likelihood principle," in B. N. Petrov and F. Csaki (editors), *Second International Symposium on Information Theory*. Budapest: Academiai Kiado.

Allen, D. M. [1971], "Mean square error of prediction as a criterion for selecting variables," *Technometrics*, **13**, 469–475.

Allen, D. M. [1974], "The relationship between variable selection and data augmentation and a method for prediction," *Technometrics*, **16**, 125–127.

Andrews, D. F. [1971], "Significance tests based on residuals," *Biometrika*, **58**, 139–148.

Andrews, D. F. [1974], "A robust method for multiple linear regression," *Technometrics*, **16**, 523–531.

Andrews, D. F. [1979], "The robustness of residual displays," in R. L. Launer and G. N. Wilkinson (Eds.), *Robustness in Statistics*, Academic Press, New York, pp. 19–32.

Andrews, D. F., P. J. Bickel, F. R. Hampel, P. J. Huber, W. H. Rogers, and J. W. Tukey [1972], *Robust Estimates of Location*, Princeton University Press, Princeton, N.J.

Anscombe, F. J. [1961], "Examination of residuals," in *Proceedings of the Fourth Berkeley Symposium on Mathematical Statistics and Probability*, Vol. 1, University of California, Berkeley, pp. 1–36.

Anscombe, F. J. [1967], "Topics in the investigation of linear relations fitted by the method of least squares," *J. R. Stat. Soc. Ser. B*, **29**, 1–52.

Anscombe, F. J. [1973], "Graphs in statistical analysis," *Am. Stat.*, **27**(1), 17–21.

Anscombe, F. J. and J. W. Tukey [1963], "The examination and analysis of residuals," *Technometrics*, **5**, 141–160.

Askin, R. G. and D. C. Montgomery [1980], "Augmented robust estimators," *Technometrics*, **22**, 333–341.

Askin, R. G. and D. C. Montgomery [1984], "An analysis of constrained robust regression estimators," *Nav. Res. Logistics Q*, **31**, 283–296.

Atkinson, A. C. [1983], "Diagnostic regression for shifted power transformations," *Technometrics*, **25**, 23–33.

Atkinson, A. C. [1985], *Plots, Transformations, and Regression*, Clarendon Press, Oxford.

Atkinson, A. C. [1994], "Fast very robust methods for the detection of multiple outliers," *J. Am. Stat. Assoc.*, **89**, 1329–1339.

Bailer, A. J. and Piegorsch, W. W. [2000], "From quanal counts to mechanisms and systems: The past present, and future of biometrics in environmental toxicology," *Biometrics*, **56**, 327–336.

Barnett, V. and T. Lewis [1994], *Outliers in Statistical Data*, 3rd ed., Wiley, New York.

Bates, D. M. and D. G. Watts [1988], *Nonlinear Regression Analysis and Its Applications*, Wiley, New York.

Beaton, A. E. [1964], *The Use of Special Matrix Operators in Statistical Calculus*, Research Bulletin RB-64-51, Educational Testing Service, Princeton, N.J.

Beaton, A. E. and J. W. Tukey [1974], "The fitting of power series, meaning polynomials, illustrated on band spectroscopic data," *Technometrics*, **16**, 147–185.

Belsley, D. A., E. Kuh, and R. E. Welsch [1980], *Regression Diagnostics: Identifying Influential Data and Sources of Collinearity*, Wiley, New York.

Bendel, R. B. and A. A. Afifi [1974], "Comparison of stopping rules in forward stepwise regressions," presented at the Joint Statistical Meeting, St. Louis, Mo.

Berk, K. N. [1978], "Comparing subset regression procedures," *Technometrics*, **20**, 1–6.

Berkson, J. [1950], "Are there two regressions?" *J. Am. Stat. Assoc.*, **45**, 164–180.

Berkson, J. [1969], "Estimation of a linear function for a calibration line; consideration of a recent proposal," *Technometrics*, **11**, 649–660.

Bishop, C. M. [1995], *Neural Networks for Pattern Recognition*, Clarendon Press, Oxford.

Bloomfield, P. and W. L. Steiger [1983], *Least Absolute Deviations: Theory, Applications, and Algorithms*, Birkhuser Verlag, Boston.

Book, D., J. Booker, H. O. Hartley, and R. I. Sielken, Jr. [1980], "Unbiased L1 estimators and their covariances," ONR THEMIS Technical Report No. 64, Institute of Statistics, Texas A & M University.

Box, G. E. P. [1966], "Use and abuse of regression," *Technometrics*, **8**, 625–629.

Box, G. E. P. and D. W. Behnken [1960], "Some new three level designs for the study of quantitative variables," *Technometrics*, **2**, 455–475.

Box, G. E. P. and D. R. Cox [1964], "An analysis of transformations," *J. R. Stat. Soc. Ser. B*, **26**, 211–243.

Box, G. E. P. and N. R. Draper [1959], "A basis for the selection of a response surface design," *J. Am. Stat. Assoc.*, **54**, 622–654.

Box, G. E. P. and N. R. Draper [1963], "The choice of a second-order rotatable design," *Biometrika*, **50**, 335–352.

Box, G. E. P. and N. R. Draper [1987], *Empirical Model Building and Response Surfaces*, Wiley, New York.

Box, G. E. P. and J. S. Hunter [1957], "Multifactor experimental designs for exploring response surfaces," *Ann. Math. Stat.*, **28**, 195–242.

Box, G. E. P., W. G. Hunter, and J. S. *Hunter* [1978], *Statistics for Experimenters*, Wiley, New York.

Box, G. E. P., G. M. Jenkins, and G. C. *Reinsel* [1994], *Time Series Analysis, Forecasting, and Control*, 3rd ed., Prentice-Hall, Englewood Cliffs, N.J.

Box, G. E. P. and P. W. Tidwell [1962], "Transformation of the independent variables," *Technometrics*, **4**, 531–550.

Box, G. E. P. and J. M. Wetz [1973], "Criterion for judging the adequacy of estimation by an approximating response polynomial," Technical Report No. 9, Department of Statistics, University of Wisconsin, Madison.

Bradley, R. A. and S. S. Srivastava [1979], "Correlation and polynomial regression," *Am. Stat.*, **33**, 11–14.

Breiman, L., J. H. Friedman, R. A. Olshen, and C. J. Stone [1984], *Classification and Regression Trees*, Wadsworth, Belmont, Calif.

Brown, P. J. [1977], "Centering and scaling in ridge regression," *Technometrics*, **19**, 35–36.

Brown, R. L., J. Durbin, and J. M. Evans [1975], "Techniques for testing the constancy of regression relationships over time (with discussion)," *J. R. Stat. Soc. Ser. B*, **37**, 149–192.

Buse, A. and L. Lim [1977], "Cubic splines as a special case of restricted least squares," *J. Am. Stat. Assoc.*, **72**, 64–68.

Cady, F. B. and D. M. Allen [1972], "Combining experiments to predict future yield data," *Agron. J.*, **64**, 211–214.

Carroll, R. J. and D. Ruppert [1985], "Transformation in regression: A robust analysis," *Technometrics*, **27**, 1–12.

Carroll, R. J. and D. Ruppert [1988], *Transformation and Weighting in Regression*, Chapman & Hall, London.

Chapman, R. E. [1997–98], "Degradation study of a photographic developer to determine shelf life," *Quality Engineering*, **10**, 137–140.

Chatterjee, S. and B. Price [1977], *Regression Analysis by Example*, Wiley, New York.

Coakley, C. W. and T. P. Hettmansperger [1993], "A bounded influence, high breakdown, efficient regression estimator," *J. Am. Stat. Assoc.*, **88**, 872–880.

Cochrane, D. and G. H. Orcutt [1949], "Application of least squares regression to relationships containing autocorrelated error terms," *J. Am. Stat. Assoc.*, **44**, 32–61.

Conniffe, D. and J. Stone [1973], "A critical view of ridge regression," *The Statistician*, **22**, 181–187.

Conniffe, D. and J. Stone [1975], "A reply to Smith and Goldstein," *The Statistician*, **24**, 67–68.

Cook, R. D. [1977], "Detection of influential observation in linear regression," *Technometrics*, **19**, 15–18.

Cook, R. D. [1979], "Influential observations in linear regression," *J. Am. Stat. Assoc.*, **74**, 169–174.

Cook, R. D. [1993], "Exploring partial residual plots," *Technometrics*, **35**, 351–362.

Cook, R. D. and P. Prescott [1981], "On the accuracy of Bonferroni significance levels for detecting outliers in linear models," *Technometrics*, **22**, 59–63.

Cook, R. D. and S. Weisberg [1983], "Diagnostics for heteroscedasticity in regression," *Biometrika*, **70**, 1–10.

Cook, R. D. and S. Weisberg [1994]. *An Introduction to Regression Graphics*, Wiley, New York.

Cox, D. R. and E. J. Snell [1974], "The choice of variables in observational studies," *Appl. Stat.*, **23**, 51–59.

Curry, H. B. and I. J. Schoenberg [1966], "On Polya frequency functions IV: The fundamental spline functions and their limits," *J. Anal. Math.*, **17**, 71–107.

Daniel, C. [1976], *Applications of Statistics to Industrial Experimentation*, Wiley, New York.

Daniel, C. and F. S. Wood [1980], *Fitting Equations to Data*, 2nd ed., Wiley, New York.

Davies, R. B. and B. Hutton [1975], "The effects of errors in the independent variables in linear regression," *Biometrika*, **62**, 383–391.

Davison, A. C. and D. V. Hinkley [1997], *Bootstrap Methods and Their Application*, Cambridge University Press, London.

De Jong, P. J., T. De Wet, and A. H. Welsh [1988], "Mallows-type bounded-influence-regression trimmed means," *J. Am. Stat. Assoc.*, **83**, 805–810.

DeLury, D. B. [1960], *Values and Integrals of the Orthogonal Polynomials up to N = 26*, University of Toronto Press, Toronto.

Dempster, A. P., M. Schatzoff, and N. Wermuth [1977], "A simulation study of alternatives to ordinary least squares," *J. Am. Stat. Assoc.*, **72**, 77–90.

Denby, L. and W. A. Larson [1977], "Robust regression estimators compared via Monte Carlo," *Commun. Stat.*, **A6**, 335–362.

Dodge, Y. [1987], *Statistical Data Analysis Based on the L_1-Norm and Related Methods*, North-Holland, Amsterdam.

Dolby, G. R. [1976], "The ultrastructural relation: A synthesis of the functional and structural relations," *Biometrika*, **63**, 39–50.

Dolby, J. L. [1963], "A quick method for choosing a transformation," *Technometrics*, **5**, 317–325.

Draper, N. R., J. Guttman, and H. Kanemasa [1971], "The distribution of certain regression statistics," *Biometrika*, **58**, 295–298.

Draper, N. R. and H. Smith [1998], *Applied Regression Analysis*, 3rd ed., Wiley, New York.

Draper, N. R. and R. C. Van Nostrand [1977a], "Shrinkage estimators: Review and comments," Technical Report No. 500, Department of Statistics, University of Wisconsin, Madison.

Draper, N. R. and R. C. Van Nostrand [1977b], "Ridge regression: Is it worthwhile?" Technical Report No. 501, Department of Statistics, University of Wisconsin, Madison.

Draper, N. R. and R. C. Van Nostrand [1979], "Ridge regression and James–Stein estimators: Review and comments," *Technometrics*, **21**, 451–466.

Durbin, J. [1970], "Testing for serial correlation in least squares regression when some of the regressors are lagged dependent variables," *Econometrica*, **38**, 410–421.

Durbin, J. and G. S. Watson [1950], "Testing for serial correlation in least squares regression I," *Biometrika*, **37**, 409–438.

Durbin, J. and G. S. Watson [1951], "Testing for serial correlation in least squares regression II," *Biometrika*, **38**, 159–178.

Durbin, J. and G. S. Watson [1971], "Testing for serial correlation in least squares regression III," *Biometrika*, **58**, 1–19.

Dutter, R. [1977], "Numerical solution of robust regression problems: Computational aspects, a comparison," *J. Stat. Comput. Simul.*, **5**, 207–238.

Dutter, R. and P. J. Hober [1981], "Numerical methods for the robust nonlinear regression problem," *J. Stat. Comput. Simul.*, **13**, 79–114.

Dykstra, O., Jr. [1971], "The augmentation of experimental data to maximize $(\mathbf{X'X})$," *Technometrics*, **13**, 682–688.

Edwards, J. B. [1969], "The relation between the *F-test* and R^2," *Am. Stat.*, **23**, 28.

Efron, B. [1979], "Bootstrap methods: Another look at the jackknife," *Ann. Stat.*, **7**, 1–26.

Efron, B. [1982], *The Jackknife, the Bootstrap and Other Resampling Plans*, Society for Industrial and Applied Mathematics, Philadelphia.

Efron, B. [1987], "Better bootstrap confidence intervals (with discussion)," *J. Am. Stat. Assoc.*, **82**, 172–200.

Efron, B. and R. Tibshirani [1986], "Bootstrap methods for standard errors, confidence intervals, and other measures of statistical accuracy," *Stat. Sci.*, **1**, 54–77.

Efron, B. and R. Tibshirani [1993], *An Introduction to the Bootstrap*, Chapman & Hall, London.

Efroymson, M. A. [1960], "Multiple regression analysis," in A. Ralston and H. S. Wilf (Eds.), *Mathematical Methods for Digital Computers*, Wiley, New York.

Ellerton, R. R. W. [1978], "Is the regression equation adequate—A generalization," *Technometrics*, **20**, 313–316.

Eubank, R. L. [1988], *Spline Smoothing and Nonparametric Regression*, Dekker, New York.

Eubank, R. L. and P. Speckman [1990], "Curve fitting by polynomial–trigonometric regression," *Biometrika*, **77**, 1–9.

Everitt, B. S. [1993], *Cluster Analysis*, 3rd ed., Halsted Press, New York.

Farrar, D. E. and R. R. Glauber [1967], "Multicollinearity in regression analysis: The problem revisited," *Rev. Econ. Stat.*, **49**, 92–107.

Feder, P. I. [1974], "Graphical techniques in statistical data analysis—Tools for extracting information from data," *Technometrics*, **16**, 287–299.

Forsythe, A. B. [1972], "Robust estimation of straight-line regression coefficients by minimizing *p*th power deviations," *Technometrics*, **14**, 159–166.

Forsythe, G. E. [1957], "Generation and use of orthogonal polynomials for data-fitting with a digital computer," *J. Soc. Ind. Appl. Math.*, **5**, 74–87.

Fuller, W. A. [1976], *Introduction to Statistical Time Series*, Wiley, New York.

Furnival, G. M. [1971], "All possible regressions with less computation," *Technometrics*, **13**, 403–408.

Furnival, G. M. and R. W. M. Wilson, Jr. [1974], "Regression by leaps and bounds," *Technometrics*, **16**, 499–511.

Gallant, A. R. and W. A. Fuller [1973], "Fitting segmented polynomial regression models whose join points have to be estimated," *J. Am. Stat. Assoc.*, **63**, 144–147.

Garside, M. J. [1965], "The best subset in multiple regression analysis," *Appl. Stat.*, **14**, 196–200.

Gartside, P. S. [1972], "A study of methods for comparing several variances," *J. Am. Stat. Assoc.*, **67**, 342–346.

Gaylor, D. W. and J. A. Merrill [1968], "Augmenting existing data in multiple regression," *Technometrics*, **10**, 73–81.

Geisser, S. [1975], "The predictive sample reuse method with applications," *J. Am. Stat. Assoc.*, **70**, 320–328.

Gentle, J. M., W. J. Kennedy, and V. A. Sposito [1977], "On least absolute deviations estimators," *Commun. Stat.*, **A6**, 839–845.

Gibbons, D. G. [1979], *A Simulation Study of Some Ridge Estimators*, General Motors Research Laboratories, Mathematics Department, GMR-2659 (rev. ed.), Warren, Mich.

Gnanadesikan, R. [1977], *Methods for Statistical Analysis of Multivariate Data*, Wiley, New York.

Goldberger, A. S. [1964], *Econometric Theory*, Wiley, New York.

Goldstein, M. and A. F. M. Smith [1974], "Ridge-type estimators for regression analysis," *J. R. Stat. Soc. Ser. B*, **36**, 284–291.

Golub, G. H. [1969], "Matrix decompositions and statistical calculations," in R. C. Milton and J. A. Welder (Eds.), *Statistical Computation*, Academic, New York.

Gorman, J. W. and R. J. Toman [1966], "Selection of variables for fitting equations to data." *Technometrics*, **8**, 27–51.

Graybill, F. A. [1961], *An Introduction to Linear Statistical Models*, Vol. 1, McGraw-Hill, New York.

Graybill, F. A. [1976], *Theory and Application of the Linear Model*, Duxbury, North Scituate, Mass.

Guilkey, D. K. and J. L. Murphy [1975], "Directed ridge regression techniques in cases of multicollinearity," *J. Am. Stat. Assoc.*, **70**, 769–775.

Gupta, A. and A. K. Das [2000], "Improving resistivity of UF resin through setting of process parameters," *Quality Engineering*, **12**, 611–618.

Gunst, R. F. [1979], "Similarities among least squares, principal component, and latent root regression estimators," presented at the Washington, D.C., Joint Statistical Meetings.

Gunst, R. F. and R. L. Mason [1977], "Biased estimation in regression: An evaluation using mean squared error," *J. Am. Stat. Assoc.*, **72**, 616–628.

Gunst, R. F. and R. L. Mason [1979], "Some considerations in the evaluation of alternative prediction equations," *Technometrics*, **21**, 55–63.

Gunst, R. F., J. T. Webster, and R. L. Mason [1976], "A comparison of least squares and latent root regression estimators," *Technometrics*, **18**, 75–83.

Gunter, B. [1997a], "Tree-based classification and regression. Part I: Background and fundamentals," *Qual. Prog.*, **28**, August, 159–163.

Gunter, B. [1997b], "Tree-based classification and regression. Part II: Assessing classification performance," *Qual. Prog.*, **28**, December, 83–84.

Gunter, B. [1998], "Tree-based classification and regression. Part III: Tree-based procedures," *Qual. Prog.*, **31**, February, 121.

Hadi, A S. and J. S. Simonoff [1993], "Procedures for the identification of multiple outliers in linear models," *J. Am. Stat. Assoc.*, **88**, 1264–1272.

Hahn, G. J. [1972], "Simultaneous prediction intervals for a regression model," *Technometrics*, **14**, 203–214.

Hahn, G. J. [1973], "The coefficient of determination exposed!" *Chem. Technol.*, **3**, 609–614.

Hahn, G. J. [1979], "Fitting regression models with no intercept term," *J. Qual. Technol.*, **9**(2), 56–61.

Hahn, G. J. and R. W. Hendrickson [1971], "A table of percentage points of the largest absolute value of k student t variates and its applications," *Biometrika*, **58**, 323–332.

Haitovski, Y. [1969], "A note on the maximization of R^2," *Am. Stat.*, **23**(1), 20–21.

Hald, A. [1952], *Statistical Theory with Engineering Applications*, Wiley, New York.

Halperin, M. [1961], "Fitting of straight lines and prediction when both variables are subject to error," *J. Am. Stat. Assoc.*, **56**, 657–669.

Halperin, M. [1970], "On inverse estimation in linear regression," *Technometrics*, **12**, 727–736.

Hawkins, D. M. [1973], "On the investigation of alternative regressions by principal components analysis," *Appl. Stat.*, **22**, 275–286.

Hawkins, D. M. [1994], "The feasible solution algorithm for least trimmed squares regression," *Comput. Stat. Data Anal.*, **17**, 185–196.

Hawkins, D. M., D. Bradu, and G. V. Kass [1984], "Location of several outliers in multiple regression using elemental sets," *Technometrics*, **26**, 197–208.

Hayes, J. G. (Ed.) [1970], *Numerical Approximations to Functions and Data*, Athlone Press, London.

Hayes, J. G. [1974], "Numerical methods for curve and surface fitting," *J. Inst. Math. Appl.*, **10**, 144–152.

Haykin, S. [1994], *Neural Networks: A Comprehensive Foundation*, Macmillan Co., New York.

Hemmerle, W. J. and T. F. Brantle [1978], "Explicit and constrained generalized ridge regression," *Technometrics*, **20**, 109–120.

Hettmansperger, T. P. and J. W. Mckean [1998], *Robust Nonparametric Statistical Methods*, Vol. 5 of Kendall's Library of Statistics, Arnold, London.

Hill, R. C., G. G. Judge, and T. B. Fomby [1978], "On testing the adequacy of a regression model," *Technometrics*, **20**, 491–494.

Hill, R. W. [1979], "On estimating the covariance matrix of robust regression M-estimates," *Commun. Stat.*, **A8**, 1183–1196.

Himmelblau, D. M. [1970], *Process Analysis by Statistical Methods*, Wiley, New York.

Hoadley, B. [1970], "A Bayesian look at inverse linear regression," *J. Am. Stat. Assoc.*, **65**, 356–369.

Hoaglin, D. C. and R. E. Welsch [1978], "The hat matrix in regression and ANOVA," *Am. Stat.*, **32**(1), 17–22.

Hocking, R. R. [1972], "Criteria for selection of a subset regression: Which one should be used," *Technometrics*, **14**, 967–970.

Hocking, R. R. [1974], "Misspecification in regression," *Am. Stat.*, **28**, 39–40.

Hocking, R. R. [1976], "The analysis and selection of variables in linear regression," *Biometrics*, **32**, 1–49.

Hocking, R. R. and L. R. LaMotte [1973], "Using the SELECT program for choosing subset regressions," in W. O. Thompson and F. B. Cady (Eds.), *Proceedings of the University of Kentucky Conference on Regression with a Large Number of Predictor Variables*, Department of Statistics, University of Kentucky, Lexington.

Hocking, R. R., F. M. Speed, and M. J. Lynn [1976], "A class of biased estimators in linear regression," *Technometrics*, **18**, 425–437.

Hodges, S. D. and P. G. Moore [1972], "Data uncertainties and least squares regression," *Appl. Stat.*, **21**, 185–195.

Hoerl, A. E. [1959], "Optimum solution of many variable equations," *Chem. Eng. Prog.*, **55**, 69.

Hoerl, A. E. and R. W. Kennard [1970a], "Ridge regression: Biased estimation for nonorthogonal problems," *Technometrics*, **12**, 55–67.

Hoerl, A. E. and R. W. Kennard [1970b], "Ridge regression: Applications to nonorthogonal problems," *Technometrics*, **12**, 69–82.

Hoerl, A. E. and R. W. Kennard [1976], "Ridge regression: Iterative estimation of the biasing parameter," *Commun. Stat.*, **A5**, 77–88.

Hoerl, A. E., R. W. Kennard, and K. F. Baldwin [1975], "Ridge regression: Some simulations," *Commun. Stat.*, **4**, 105–123.

Hogg, R. V. [1974], "Adaptive robust procedures: A partial review and some suggestions for future applications and theory," *J. Am. Stat. Assoc.*, **69**, 909–925.

Hogg, R. V. [1979a], "Statistical robustuess: One view of its use in applications today," *Am. Stat.*, **33**(3), 108–115.

Hogg, R. V. [1979b], "An introduction to robust estimation," in R. L. Launer and G. N. Wilkinson (Eds.), *Robustness in Statistics*, Academic, New York, pp. 1–18.

Hogg, R. V. and R. H. Randles [1975], "Adaptive distribution-free regression methods and their applications," *Technometrics*, **17**, 399–407.

Holland, P. W. and R. E. Welsch [1977], "Robust regression using iteratively reweighted least squares," *Commun. Stat.*, **A6**, 813–828.

Huber, P. J. [1964], "Robust estimation of a location parameter," *Ann. Math. Stat.*, **35**, 73–101.

Huber, P. J. [1972], "Robust statistics: A review," *Ann. Math. Stat.*, **43**, 1041–1067.

Huber, P. J. [1973], "Robust regression: Asymptotics, conjectures, and Monte Carlo," *Ann. Stat.*, **1**, 799–821.

Huber, P. J. [1981], *Robust Statistics*, Wiley, New York.

Jaeckel, L. A. [1972], "Estimating regression coefficients by minimizing the dispersion of the residuals," *Ann. Math. Stat.*, **43**, 1449–1458.

Joglekar, G., J. H. Schuenemeyer, and V. LaRiccia [1989], "Lack-of-fit testing when replicates are not available," *Am. Stat.*, **43**, 135–143.

Johnson, R. A. and D. W. Wichern [1992], *Applied Multivariate Statistical Analysis*, Prentice-Hall, Englewood Cliffs, N.J.

Johnston, J. [1972], *Econometric Methods*, McGraw-Hill, New York.

Jurečková, J. [1977], "Asymptotic relations of *M*-estimates and *R*-estimates in linear regression models," Ann. *Stat.*, **5**, 464–472.

Kalotay, A. J. [1971], "Structural solution to the linear calibration problem," *Technometrics*, **13**, 761–769.

Kendall, M. G. and G. U. Yule [1950], *An Introduction to the Theory of Statistics*, Charles Griffin, London.

Kennard, R. W. and L. Stone [1969], "Computer aided design of experiments," *Technometrics*, **11**, 137–148.

Kennedy, W. J. and T. A. Bancroft [1971], "Model-building for prediction in regression using repeated significance tests," *Ann. Math. Stat.*, **42**, 1273–1284.

Khuri, A. H. and J. A. Cornell [1996], *Response Surfaces: Designs and Analyses*, 2nd ed., Dekker, New York.

Kiefer, J. [1959], "Optimum experimental designs," *Journal of the Royal Statistical Society*, Series B, **21**, 272–304.

Kiefer, J. [1961], "Optimum designs in regression problems. II," *Annals of Mathematical Statistics*, **32**, 298–325.

Kiefer, J. and J. Wolfowitz [1959], "Optimum designs in regression problems," *Annals of Mathematical Statistics*, **30**, 271–294.

Krasker, W. S. and R. E. Welsch [1982], "Efficient bounded-influence regression estimation," *J. Am. Stat. Assoc.*, **77**, 595–604.

Krutchkoff, R. G. [1967], "Classical and inverse regression methods of calibration," *Technometrics*, **9**, 425–439.

Krutchkoff, R. G. [1969], "Classical and inverse regression methods of calibration in extrapolation," *Technometrics*, **11**, 605–608.

Kunugi, T., T. Tamura, and T. Naito [1961], "New acetylene process uses hydrogen dilution," *Chem. Eng. Prog.*, **57**, 43–49.

Land, C. E. [1974], "Confidence interval estimation for means after data transformation to normality," *J. Am. Stat. Assoc.*, **69**, 795–802 (Correction, ibid., **71**, 255).

Larsen, W. A. and S. J. McCleary [1972], "The use of partial residual plots in regression analysis," *Technometrics*, **14**, 781–790.

Lawless, J. F. [1978], "Ridge and related estimation procedures: Theory and practice," *Commun. Stat.*, **A7**, 139–164.

Lawless, J. F. and P. Wang [1976], "A simulation of ridge and other regression estimators,"

Commun. Stat., **A5**, 307–323.

Lawrence, K. D. and J. L. Arthur [1990], "Robust nonlinear regression," in K. D. Lawrence and J. L. Arthur (Eds.), *Robust Regression: Analysis and Applications*, Dekker, New York, pp. 59–86.

Lawson, C. R. and R. J. Hanson [1974], *Solving Least Squares Problems*, Prentice-Hall, Englewood Cliffs, N.J.

Leamer, E. E. [1973], "Multicollinearity: A Bayesian interpretation," *Rev. Econ. Stat.*, **55**, 371–380.

Leamer, E. E. [1978], *Specification Searches: Ad Hoc Inference with Nonexperimental Data*, Wiley, New York.

Levine, H. [1960], "Robust tests for equality of variances," in I. Olkin (Ed.), *Contributions to Probability and Statistics*, Stanford University Press, Palo Alto, Calif., pp. 278–292.

Lieberman, G. J., R. G. Miller, Jr., and M. A. Hamilton [1967], "Unlimited simultaneous discrimination intervals in regression," *Biometrika*, **54**, 133–145.

Lindley, D. V. [1974], "Regression lines and the linear functional relationship," *J. R. Stat. Soc. Suppl.*, **9**, 218–244.

Lindley, D. V. and A. F. M. Smith [1972], "Bayes estimates for the linear model (with discussion)," *J. R. Stat. Soc. Ser. B*, **34**, 1–41.

Looney, S. W. and T. R. Gulledge, Jr. [1985], "Use of the correlation coefficient with normal probability plots," *Am. Stat.*, **35**, 75–79.

Lowerre, J. M. [1974], "On the mean square error of parameter estimates for some biased estimators," *Technometrics*, **16**, 461–464.

McCarthy, P. J. [1976], "The use of balanced half-sample replication in cross-validation studies," *J. Am. Stat. Assoc.*, **71**, 596–604.

McCullagh, P. and J. A. Nelder [1989], *Generalized Linear Models*, 2nd ed., Chapman & Hall, London.

McDonald, G. C. and J. A. Ayers [1978], "Some applications of 'Chernuff faces': A technique for graphically representing multivariate data," in *Graphical Representation of Multivariate Data*, Academic Press, New York.

McDonald, G. C. and D. I. Galarneau [1975], "A Monte Carlo evaluation of some ridge-type estimators," *J. Am. Stat. Assoc.*, **70**, 407–416.

Mallows, C. L. [1964], "Choosing variables in a linear regression: A graphical aid," presented at the Central Regional Meeting of the Institute of Mathematical Statistics, Manhattan, Kans.

Mallows, C. L. [1966], "Choosing a subset regression," presented at the Joint Statistical Meetings, Los Angeles.

Mallows, C. L. [1973], "Some comments on C_p," *Technometrics*, **15**, 661–675.

Mallows, C. L. [1986], "Augmented partial residuals," *Technometrics*, **28**, 313–319.

Mallows, C. L. [1995], "More comments on C_p," *Technometrics*, **37**, 362–372. (Also see [1997], **39**, 115–116.)

Mandansky, A. [1959], "The fitting of straight lines when both variables are subject to error," *J. Am. Stat. Assoc.*, **54**, 173–205.

Mansfield, E. R. and M. D. Conerly [1987], "Diagnostic value of residual and partial residual plots," *Am. Stat.*, **41**, 107–116.

Mansfield, E. R., J. T. Webster, and R. F. Gunst [1977], "An analytic variable selection procedure for principal component regression," *Appl. Stat.*, **26**, 34–40.

Mantel, N. [1970], "Why stepdown procedures in variable selection," *Technometrics*, **12**, 621–625.

Marazzi, A. [1993], *Algorithms, Routines and S Functions for Robust Statistics*, Wadsworth and Brooks/Cole, Pacific Grove, Calif.

Maronna, R. A. [1976], "Robust *M*-estimators of multivariate location and scatter," *Ann. Stat.*, **4**, 51–67.

Marquardt, D. W. [1963], "An algorithm for least squares estimation of nonlinear parameters," *J. Soc. Ind. Appl. Math.*, **2**, 431–441.

Marquardt, D. W. [1970], "Generalized inverses, ridge regression, biased linear estimation, and nonlinear estimation," *Technometrics*, **12**, 591–612.

Marquardt, D. W. and R. D. Snee [1975], "Ridge regression in practice," *Am. Stat.*, **29**(1), 3–20.

Mason, R. L., R. F. Gunst, and J. T. Webster [1975], "Regression analysis and problems of multicollinearity," *Commun. Stat.*, **4**(3), 277–292.

Mayer, L. S. and T. A. Willke [1973], "On biased estimation in linear models," *Technometrics*, **16**, 494–508.

Meyer, R. K. and C. J. Nachtsheim [1995], "The coordinate exchange algorithm for constructing exact optimal designs," *Technometrics*, **37**, 60–69.

Miller, D. M. [1984], "Reducing transformation bias in curve fitting," *Am. Stat.*, **38**, 124–126.

Miller, R. G., Jr. [1966], *Simultaneous Statistical Inference*, McGraw-Hill, New York.

Montgomery, D. C. [2009], *Design and Analysis of Experiments*, 7th ed., Wiley, New York.

Montgomery, D. C., L. A. Johnson, and J. S. Gardiner [1990], *Forecasting and Time Series Analysis*, 2nd ed., McGraw-Hill, New York.

Montgomery, D. C., C. L. Jennings, and M. Kulahci [2008], *Introduction to Time Series Analysis and Forecasting*, Wiley, Hoboken, N.J.

Montgomery, D. C., E. W. Martin, and E. A. Peck [1980], "Interior analysis of the observations in multiple linear regression," *J. Qual. Technol.*, **12**(3), 165–173.

Morgan, J. A. and J. F. Tatar [1972], "Calculation of the residual sum of squares for all possible regressions," *Technometrics*, **14**, 317–325.

Mosteller, F. and J. W. Tukey [1968], "Data analysis including statistics," in G. Lindzey and E. Aronson (Eds.), *Handbook of Social Psychology*, Vol. 2, Addison-Wesley, Reading, Mass.

Mosteller, F. and J. W. Tukey [1977], *Data Analysis and Regression: A Second Course in Statistics*, Addison-Wesley, Reading, Mass.

Moussa-Hamouda, E. and F. C. Leone [1974], "The 0-blue estimators for complete and censored samples in linear regression," *Technometrics*, **16**, 441–446.

Moussa-Hamouda, E. and F. C. Leone [1977a], "The robustness of efficiency of adjusted trimmed estimators in linear regression," *Technometrics*, **19**, 19–34.

Moussa-Hamouda, E. and F. C. Leone [1977b], "Efficiency of ordinary least squares from trimmed and Winsorized samples in linear regression," *Technometrics*, **19**, 265–273.

Mullet, G. M. [1976], "Why regression coefficients have the wrong sign," *J. Qual. Technol.*, **8**, 121–126.

Myers, R. H. [1990], *Classical and Modern Regression with Applications*, 2nd ed., PWS-Kent Publishers, Boston.

Myers, R. H. and D. C. Montgomery [1997], "A tutorial on generalized linear models," *Journal of Quality Technology*, **29**, 274–291.

Myers, R. H., D. C. Montgomery, and C. M. Anderson-Cook [2009], *Response Surface Methodology: Process and Product Optimization Using Designed Experiments*, 3rd ed., Wiley, New York.

Myers, R. H., D. C. Montgomery, G. G. Vining, and T. J. Robinson [2010], *Generalized Linear Models with Applications in Engineering and the Sciences*, Wiley, Hoboken, NJ.

Narula, S. and J. S. Ramberg [1972], Letter to the Editor, *Am. Stat.*, **26**, 42.

Naszódi, L. J. [1978], "Elimination of the bias in the course of calibration," *Technometrics*, **20**, 201–205.

Nelder, J. A. and R. W. M. Wedderburn [1972], "Generalized linear models," *J. R. Stat. Soc. Ser. A*, **153**, 370–384;

Neter, J., M. H. Kuther, C. J. Nachtsheim, and W. Wasserman [1996], *Applied Linear Statistical Models*, 4th ed., Richard D. Irwin, Homewood, Ill.

Neyman, J. and E. L. Scott [1960], "Correction for bias introduced by a transformation of variables," *Ann. Math. Stat.*, **31**, 643–655.

Obenchain, R. L. [1975], "Ridge analysis following a preliminary test of the shrunken hypothesis," *Technometrics*, **17**, 431–441.

Obenchain, R. L. [1977], "Classical *F*-tests and confidence intervals for ridge regression," *Technometrics*, **19**, 429–439.

Ott, R. L. and R. H. Myers [1968], "Optimal experimental designs for estimating the independent variable in regression," *Technometrics*, **10**, 811–823.

Parker, P. A., G. G. Vining, S. A. Wilson, J. L. Szarka, III, and N. G. Johnson [2010], "Prediction properties of classical and inverse regression for the simple linear calibration problem," *J. Qual. Technol.*, **42**, 332–347.

Pearson, E. S. and H. O. Hartley [1966], *Biometrika Tables for Statisticians*, Vol. 1, 3rd ed., Cambridge University Press, London.

Peixoto, J. L. [1987], "Hierarchical variable selection in polynomial regression models," *Am. Stat.*, **41**, 311–313.

Peixoto, J. L. [1990], "A property of well-formulated polynomial regression models," *Am. Stat.*, **44**, 26–30. (Also see [1991], **45**, 82.)

Pena, D. and V. J. Yohai [1995], "The detection of influential subsets in linear regression by using an influence matrix," *J. R. Stat. Soc. Ser. B*, **57**, 145–156.

Perng, S. K. and Y. L. Tong [1974], "A sequential solution to the inverse linear regression problem," *Ann. Stat.*, **2**, 535–539.

Pesaran, M. H. and L. J. Slater [1980], *Dynamic Regression: Theory Algorithms*, Halsted Press, New York.

Pfaffenberger, R. C. and T. E. Dielman [1985], "A comparison of robust ridge estimators," in *Business and Economics Section Proceedings of the American Statistical Association*, pp. 631–635.

Poirier, D. J. [1973], "Piecewise regression using cubic splines," *J. Am. Stat. Assoc.*, **68**, 515–524.

Poirier, D. J. [1975], "On the use of bilinear splines in economics," *J. Econ.*, **3**, 23–24.

Pope, P. T. and J. T. Webster [1972], "The use of an *F*-statistic in stepwise regression procedures," *Technometrics*, **14**, 327–340.

Pukelsheim, F. [1995], *Optimum Design of Experiments*, Chapman & Hall, London.

Ramsay, J. O. [1977], "A comparative study of several robust estimates of slope, intercept, and scale in linear regression," *J. Am. Stat. Assoc.*, **72**, 608–615.

Rao, P. [1971], "Some notes on misspecification in regression," *Am. Stat.*, **25**, 37–39.

Ripley, B. D. [1994], "Statistical ideas for selecting network architectures," in B. Kappen and S. Grielen (Eds.), *Neural Networks: Artificial Intelligence Industrial Applications*, Springer-Verlag, Berlin, pp. 183–190.

Rocke, D. M. and D. L. Woodruff [1996], "Identification of outliers in multivariate data," *J. Am. Stat. Assoc.*, **91**, 1047–1061.

Rosenberg, S. H. and P. S. Levy [1972], "A characterization on misspecification in the general linear regression model," *Biometrics*, **28**, 1129–1132.

Rossman, A. J. [1994]. "Televisions, physicians and life expectancy," *J. Stat. Educ.*, **2**.

Rousseeuw, P. J. [1984], "Least median of squares regression," *J. Am. Stat. Assoc.*, **79**, 871–880.

Rousseeuw, P. J. [1998], "Robust estimation and identifying outliers," in H. M. Wadsworth (Ed.), *Handbook of Statistical Methods for Engineers and Scientists*, McGraw–Hill, New York, Chapter 17.

Rousseeuw, P. J. and A. M. Leroy [1987], *Robust Regression and Outlier Detection*, Wiley, New York.

Rousseeuw, P. J. and B. L. van Zomeren [1990], "Unmasking multivariate outliers and leverage points," *J. Am. Stat. Assoc.*, **85**, 633–651.

Rousseeuw, P. J., and V. Yohai [1984], "Robust regression by means of S-estimators," in J. Franke, W. Härdle, and R. D. Martin (Eds.), *Robust Nonlinear Time Series Analysis: Lecture Notes in Statistics*, Vol. 26, Springer, Berlin, pp. 256–272.

Ryan, T. P. [1997], *Modern Regression Methods*, Wiley, New York.

SAS Institute [1987], *SAS Views: SAS Principles of Regression Analysis*, SAS Institute, Cary, N.C.

Sawa, T. [1978], "Information criteria for discriminating among alternative regression models," *Econometrica*, **46**, 1273–1282.

Schatzoff, M., R. Tsao, and S. Fienberg [1968], "Efficient calculation of all possible regressions," *Technometrics*, **10**, 769–779.

Scheffé, H. [1953], "A method for judging all contrasts in the analysis of variance," *Ann. Math. Stat.*, **40**, 87–104.

Scheffé, H. [1959], *The Analysis of Variance*, Wiley, New York.

Scheffé, H. [1973], "A statistical theory of calibration," *Ann. Stat.*, **1**, 1–37.

Schilling, E. G. [1974a], "The relationship of analysis of variance to regression. Part I. Balanced designs," *J. Qual. Technol.*, **6**, 74–83.

Schilling, E. G. [1974b], "The relationship of analysis of variance to regression. Part II. Unbalanced designs," *J. Qual. Technol.*, **6**, 146–153.

Sclove, S. L. [1968], "Improved estimators for coefficients in linear regression," *J. Am. Stat. Assoc.*, **63**, 596–606.

Searle, S. R. [1971], *Linear Models*, Wiley, New York.

Searle, S. R. and J. G. Udell [1970], "The use of regression on dummy variables in market research," *Manage. Sci. B*, **16**, 397–409.

Seber, G. A. F. [1977], *Linear Regression Analysis*, Wiley, New York.

Sebert, D. M., D. C. Montgomery, and D. A. Rollier [1998], "A clustering algorithm for identifying multiple outliers in linear regression," *Comput. Stat. Data Anal.*, **27**, 461–484.

Sielken, R. L., Jr. and H. O. Hartley [1973], "Two linear programming algorithms for unbiased estimation of linear models," *J. Am. Stat. Assoc.*, **68**, 639–641.

Silvey, S. D. [1969], "Multicollinearity and imprecise estimation," *J. R. Stat. Soc. Ser. B*, **31**, 539–552.

Simpson, D. G., D. Ruppert, and R. J. Carroll [1992], "On one-step *GM*-estimates and stability of inference in linear regression," *J. Am. Stat. Assoc.*, **87**, 439–450.

Simpson, J. R. and D. C. Montgomery [1996], "A biased-robust regression technique for the combined-outlier multicollinearity problem," *J. Stat. Comput. Simul.*, **56**, 1–22.

Simpson, J. R. and D. C. Montgomery [1998a], "A robust regression technique using compound estimation," *Nov. Res. Logistics*, **45**, 125–139.

Simpson, J. R. and D. C. Montgomery [1998b], "The development and evaluation of alternative generalized M-estimation techniques," *Commun. Stat. Simul. Comput.*, **27**, 999–1018.

Simpson, J. R. and D. C. Montgomery [1998c], "A performance-based assessment of robust regression methods," *Commun. Stat. Simul. Comput.*, **27**, 1031–1099.

Smith, A. F. M. and M. Goldstein [1975], "Ridge regression: Some comments on a paper of Conniffe and Stone," *The Statistician*, **24**, 61–66.

Smith, B. T., J. M. Boyle, B. S. Garbow, Y. Ikebe, V. C. Klema, and C. B. Moler [1974], *Matrix Eigensystem Routines*, Springer-Verlag, Berlin.

Smith, G. and F. Campbell [1980], "A critique of some ridge regression methods (with discussion)," *J. Am. Stat. Assoc.*, **75**, 74–103.

Smith, J. H. [1972], "Families of transformations for use in regression analysis," *Am. Stat.*, **26**(3), 59–61.

Smith, P. L. [1979], "Splines as a useful and convenient statistical tool," *Am. Stat.*, **33**(2), 57–62.

Smith, R. C. et al. [1992], "Ozone depletion: Ultraviolet radiation and phytoplankton biology in Antartic waters," *Science*, **255**, 952–957.

Snee, R. D. [1973], "Some aspects of nonorthogonal data analysis, Part I. Developing prediction equations," *J. Qual. Technol.*, **5**, 67–79.

Snee, R. D. [1977], "Validation of regression models: Methods and examples," *Technometrics*, **19**, 415–428.

Sprent, P. [1969], *Models in Regression and Related Topics*, Methuen, London.

Sprent, P. and G. R. Dolby [1980], "The geometric mean functional relationship," *Biometrics*, **36**, 547–550.

Staudte, R. G. and S. J. Sheather [1990], *Robust Estimation and Testing*, Wiley, New York.

Stefanski, W. [1991], "A note on high-breakdown estimators," *Stat. Probab. Lett.*, **11**, 353–358.

Stefansky, W. [1971], "Rejecting outliers by maximum normed residual," *Ann. Math. Stat.*, **42**, 35–45.

Stefansky, W. [1972], "Rejecting outliers in factorial designs," *Technometrics*, **14**, 469–479.

Stein, C. [1960], "Multiple regression," in I. Olkin (Ed.), *Contributions to Probability and Statistics: Essays in Honor of Harold Hotelling*, Stanford Press, Stanford, Calif.

Stewart, G. W. [1973], *Introduction to Matrix Computations*, Academic, New York.

Stone, M. [1974], "Cross-validating choice and assessment of statistical predictions (with discussion)," *J. R. Stat. Soc. Ser. B*, **36**, 111–147.

Stromberg, A. J. [1993], "Computation of high breakdown nonlinear regression parameters," *J. Am. Stat. Assoc.*, **88**, 237–244.

Stromberg, A. J. and D. Ruppert [1989], "Breakdown in nonlinear regression," *J. Am. Stat. Assoc.*, **83**, 991–997.

Suich, R. and G. C. Derringer [1977], "Is the regression equation adequate—one criterion," *Technometrics*, **19**, 213–216.

Schwartz, G. [1978], "Estimating the dimension of a model," *Ann. Stat.*, **6**, 461–464.

Theobald, C. M. [1974], "Generalizations of mean square error applied to ridge regression," *J. R. Stat. Soc. Ser. B*, **36**, 103–106.

Thompson, M. L. [1978a], "Selection of variables in multiple regression: Part I. A review and evaluation," *Int. Stat. Rev.*, **46**, 1–19.

Thompson, M. L. [1978b], "Selection of variables in multiple regression: Part II. Chosen procedures, computations and examples," *Int. Stat. Rev.*, **46**, 129–146.

Tucker, W. T. [1980], "The linear calibration problem revisited," presented at the ASQC Fall Technical Conference, Cincinnati, Ohio.

Tufte, E. R. [1974], *Data Analysis for Politics and Policy*, Prentice-Hall, Englewood Cliffs, N.J.

Tukey, J. W. [1957], "On the comparative anatomy of transformations," *Ann. Math. Stat.*, **28**, 602–632.

Wagner, H. M. [1959], "Linear programming techniques for regression analysis," *J. Am. Stat. Assoc.*, **54**, 206–212.

Wahba, G., G. H. Golub, and C. G. Health [1979], "Generalized cross-validation as a method for choosing a good ridge parameter," *Technometrics*, **21**, 215–223.

Walker, E. [1984], *Influence, Collinearity, and Robust Estimation in Regression*, Ph.D. dissertation, Department of Statistics, Virginia Tech, Blacksburg.

Walker, E. and J. B. Birch [1988], "Influence measures in ridge regression," *Technometrics*, **30**, 221–227.

Walls, R. E. and D. L. Weeks [1969], "A note on the variance of a predicted response in regression," *Am. Stat.*, **23**, 24–26.

Webster, J. T., R. F. Gunst, and R. L. Mason [1974], "Latent root regression analysis," *Technometrics*, **16**, 513–522.

Weisberg, S. [1985], *Applied Linear Regression*, 2nd ed., Wiley, New York.

Welsch, R. E. [1975], "Confidence regions for robust regression," in *Statistical Computing Section Proceedings of the American Statistical Association*, Washington, D.C.

Welsch, R. E. and S. C. Peters [1978], "Finding influential subsets of data in regression models," in A. R. Gallant and T. M. Gerig (Eds.), *Proceedings of the Eleventh Interface Symposium on Computer Science and Statistics*, Institute of Statistics, North Carolina State University, pp. 240–244.

White, J. W. and R. F. Gunst [1979], "Latent root regression: Large sample analysis," *Technometrics*, **21**, 481–488.

Wichern, D. W., and G. A. Churchill [1978], "A comparison of ridge estimators," *Technometrics*, **20**, 301–311.

Wilcox, R. R. [1997], *Introduction to Robust Estimation and Hypothesis Testing*, Academic, New York.

Wilde, D. J. and C. S. Beightler [1967], *Foundations of Optimization*, Prentice-Hall, Englewood Cliffs, N.J.

Wilkinson, J. W. [1965], *The Algebraic Eigenvalue Problem*, Oxford University Press, London.

Willan, A. R. and D. G. Watts [1978], "Meaningful multicollinearity measures," *Technometrics*, **20**, 407–412.

Williams, D. A. [1973], Letter to the Editor, *Appl. Stat.*, **22**, 407–408.

Williams, E. J. [1969], "A note on regression methods in calibration," *Technometrics*, **11**, 189–192.

Wold, S. [1974], "Spline functions in data analysis," *Technometrics*, **16**, 1–11.

Wonnacott, R. J. and T. H. Wonnacott [1970], *Econometrics*, Wiley, New York.

Wood, F. S. [1973], "The use of individual effects and residuals in fitting equations to data," *Technometrics*, **15**, 677–695.

Working, H. and H. Hotelling [1929], "Application of the theory of error to the interpretation of trends," *J. Am. Stat. Assoc. Suppl. (Proc.)*, **24**, 73–85.

Wu, C. F. J. [1986], "Jackknife, bootstrap, and other resampling methods in regression analysis (with discussion)," *Ann. Stat.*, **14**, 1261–1350.

Yale, C. and A. B. Forsythe [1976], "Winsorized regression," *Technometrics*, **18**, 291–300.

Yohai, V. J. [1987], "High breakdown-point and high efficiency robust estimates for regression," *Ann. Stat.*, **15**, 642–656.

Younger, M. S. [1979], *A Handbook for Linear Regression*, Duxbury Press, North Scituate, Mass.

Zellner, A. [1971], *An Introduction to Bayesian Inference in Econometrics*, Wiley, New York.

索 引

索引中的页码为英文原书页码，与书中页边标注的页码一致.

A

B

C

D

E

F

G

H

I

J

L

M

Q

R

S

T

U

V

W